中国石化"十三五"重点科技图书出版规划项目
炼油工艺技术进展与应用丛书

延迟焦化技术进展与应用

赵日峰　主编

中国石化出版社

内 容 提 要

本书系统介绍了延迟焦化技术的国内外进展、原料和产品、工艺原理和反应动力学，工艺流程及操作参数、基础工艺计算、流程模拟计算、主要工艺设备和仪表控制、工业装置操作技术、节能减排与安全环保、工程伦理和职业操守等方面的内容，特别是重点突出了工艺计算的内容。

本书具有很强的实用性和学术性，对延迟焦化领域从事科研、设计、生产和管理工作的广大人员及高等院校相关专业师生有较大的实用价值。

图书在版编目(CIP)数据

延迟焦化技术进展与应用／赵日峰主编．—北京：中国石化出版社，2020.6(2025.4 重印)
(炼油工艺技术进展与应用丛书)
ISBN 978-7-5114-5249-8

Ⅰ．①延… Ⅱ．①赵… Ⅲ．①石油炼制-延迟焦化-研究 Ⅳ．①TE624.3

中国版本图书馆 CIP 数据核字(2020)第 083056 号

中国石化出版社出版发行
地址：北京市东城区安定门外大街 58 号
邮编：100011 电话：(010)57512500
发行部电话：(010)57512575
http://www.sinopec-press.com
E-mail：press@sinopec.com
北京捷迅佳彩印刷有限公司印刷
全国各地新华书店经销
*
787毫米×1092 毫米 16 开本 51 印张 1269 千字
2020 年 6 月第 1 版　2025 年 4 月第 2 次印刷
定价：298.00 元

《延迟焦化技术进展与应用》
编　委　会

撰　稿　人

第一章　李出和

第二章　赵锁奇　王玉璋

第三章　申海平　杨军卫

第四章　李出和

第五章　罗　莹　傅钢强

第六章　李和杰　顾一天

第七章　李和杰

第八章　杨成炯

第九章　高莉萍

第十章　郑学鹏

第十一章　李国庆

第十二章　刘贵平

第十三章　冯新国

第十四章　王建平

第十五章　于凤昌　张国信　郑丽群

第十六章　贾　萍　李选民

第十七章　杨云峰　傅钢强

第十八章　杨云峰　傅钢强

其他撰稿人：郭永博　李　卓　杜　翔　钱　锋　蔡　文
苑方伟　张文波　杨　佳　何　健　田　帅
王　庚　赵恒平　张振远　陈玉石

前　言

延迟焦化是炼油厂重要的重油加工装置，我国延迟焦化装置的总加工规模超过144Mt/a，占原油加工能力的18.5%，居世界第二位；装置在提高液体产品收率，适应性和可操作性、节能降耗、装置大型化、自动控制水平、防腐抗腐、长周期运行、安全和环保等方面均取得了长足的进步。

随着我国原油对外依存度不断提高以及安全环保要求的严格，延迟焦化的发展也已由占统治地位的渣油加工装置转变为注重效益的高质量发展，这就迫切需要众多专家型人才。为了适应这一形势，满足广大从事延迟焦化领域的研究开发、工程设计、生产操作和运行管理的人员深入了解延迟焦化的发展方向、工艺技术、设备技术、工程技术、生产和管理技术的需要，特别是满足生产和管理人员掌握基本工艺计算和设备计算知识的需要，中国石化于2018年、2019年连续举办了两期焦化专家培训班，培养了一批焦化装置专家。中国石化出版社适时组织授课的专家依据讲授的课件内容编写了《延迟焦化技术进展与应用》一书。

全书共18章，系统介绍了延迟焦化技术的国内外进展、原料和产品、工艺原理和反应动力学、工艺流程及操作参数、基础工艺计算、流程模拟计算、主要工艺设备和仪表控制、工业装置操作技术、节能减排与安全环保、工程伦理和职业操守等方面的内容，特别是重点突出了工艺计算的内容。

本书由中国石油化工股份有限公司副总裁赵日峰主编，参与本书编写的作者是多年来一直从事延迟焦化领域的教学、科研、设计、生产和管理专家，这些同志都具有较高的理论水平和丰富的实践经验，为本书的质量提供了基本保证。本书具有很强的实用性和学术性，达到较高的技术水平，对延迟焦化领域从事科研、设计、生产和管理工作的广大人员及高等院校相关专业师生有较大的实用价值。

本书的编写力求做到理论与实践相结合、工艺与工程相结合，以使本书具有科学性、新颖性、系统性和实用性。但由于国外可供参考的有关延迟焦化的书籍较少，多数撰写者都有繁忙的本职工作，时间有限，虽经多次审查、讨论和修改，仍难免有不妥和不足之处，敬请广大读者批评指正。

本书编写过程中，还有一些专家班学员参与了资料收集和编写工作，中国石化集团高级专家、广州(洛阳)工程有限公司首席专家、石油化工行业设计大师李和杰对全书进行了修改和审阅，中国石化炼油事业部李鹏和中国石化出版社王瑾瑜对本书的编写、编辑和出版提供了强有力的支持，在此一并表示感谢。

目　　录

第一章　绪论

一、延迟焦化的基本概念

延迟焦化是以渣油或类似渣油的重油、污油、油浆、燃料油、原油为原料，通过加热炉快速加热到一定的温度(500℃左右)后进入焦炭塔，在焦炭塔内适宜的温度、压力和停留时间条件下发生裂解、缩合等一系列反应，生成气体、石脑油、柴油、蜡油、循环油组分和焦炭的工艺过程。其基本原理是利用重质油在热转化深度较低时不易结焦的特点，让重质油快速通过加热炉炉管并获得重质油轻质化所需要的能量，使生焦反应“延迟”到焦炭塔，故该过程被称为“延迟焦化”。焦炭塔内不同进料阶段的反应状态见图1-1-1[1]。

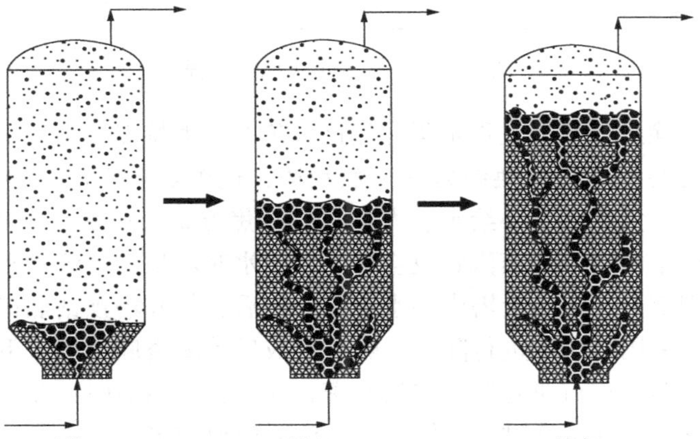

图1-1-1　焦炭塔不同进料阶段的反应状态

在炼油厂，延迟焦化的原料主要来自常减压装置的减压塔，属于石油蒸馏中最重的馏分，主要特点是密度大、残炭高、硫含量高、黏度大、沥青质含量高、重金属镍+钒含量高等。延迟焦化的主要产品有干气、液化气、石脑油、柴油、蜡油和焦炭，除焦炭直接作为产品出厂外其他均需到下游装置进一步加工处理。延迟焦化装置的主要设备有焦化加热炉、焦炭塔、分馏塔、吹汽放空塔、加热炉进料泵、水力除焦机械等，其中焦化加热炉被认为是焦化装置的关键设备，而焦炭塔则是焦化装置的核心设备。通常一台加热炉对应两台并联的焦炭塔，也叫延迟焦化装置的一个系列，加热炉连续进料和出料操作，焦炭塔间断切换操作，一个在进料过程中生焦，另一个则在冷焦过程中除焦，两个焦炭塔18~24h切换一次。原料经与分馏塔侧线产品和回流油换热后进入分馏塔，与分馏塔和焦炭塔来的高温油气脱过热冷凝下来的循环油混合，由加热炉进料泵升压后进焦化加热炉，在焦化加热炉加热到设定的温度后通过四通阀进焦炭塔底，在焦炭塔发生裂化及缩合反应，缩合生成的焦炭停留在焦炭塔内，裂化生成的高温油气自塔顶进入分馏塔，在分馏塔自上而下分馏出富气、石脑油、柴油、蜡油和循环油，焦炭塔内的焦炭经冷却后通过水力除焦除出塔外。原则流程见图 1-1-2。

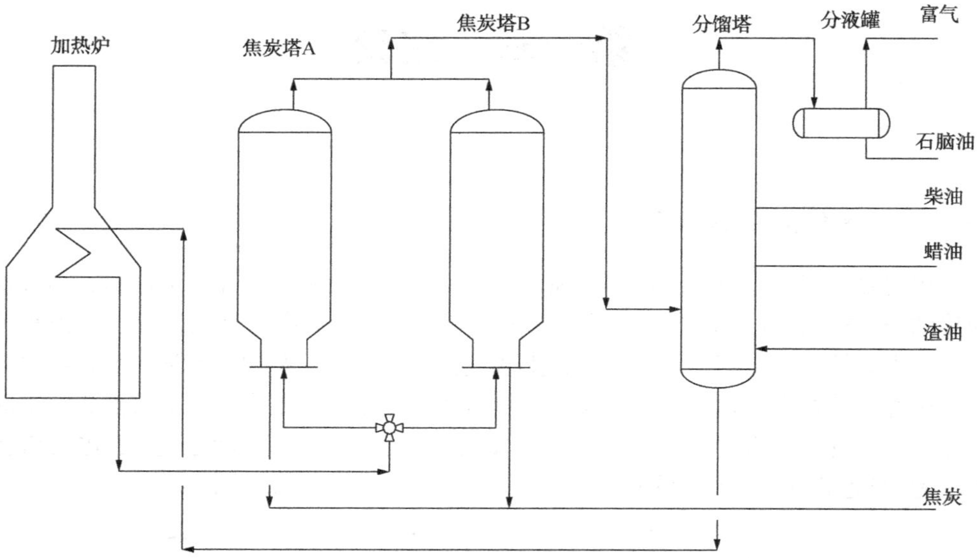

图 1-1-2　延迟焦化原则流程

焦炭塔的冷焦、除焦和预热过程是延迟焦化工艺的最大特点，当一个焦炭塔内的焦炭达到一定的高度后，需要把进料切换到另一个焦炭塔，这个焦炭塔需要冷焦、切焦和预热操作。通常采用小吹汽、大吹汽、小给水、大给水的冷焦方式，小吹汽是把油气吹到分馏塔，大吹汽和小给水时产生的油气和蒸汽到放空塔。大给水时塔顶的溢流水和冷焦结束时塔底排放水进到冷焦水处理部分。待焦炭塔内的水排放完之后，打开塔顶钻焦口上的顶盖机和塔底出焦口下的底盖机，采用高压水进行除焦。除焦完成后关闭塔底出焦口下的底盖机和塔顶钻焦口的顶盖机，采用蒸汽进行驱赶塔内空气和密封性试验，然后引正在生焦塔的高温油气对该塔进行预热，油气自上而下通过焦炭塔进入甩油罐或放空塔，甩油罐分离出的气体进入分馏塔或放空塔，凝缩油由泵抽送到分馏塔、原料罐或急冷管线回炼，也可以经冷却后送出装置。待焦炭塔预热达到一定的温度后，切换四通阀引渣油进入该焦炭塔进行裂解和缩合反应，另一个焦炭塔进行上述冷焦、切焦和预热操作，两个焦炭塔循环交替。

二、延迟焦化在炼油厂的主要作用和地位

1. 延迟焦化在炼油厂的作用

图 1-1-3 为某 1000Mt/a 加工重质原油的炼油厂总流程，可以明显地看出延迟焦化在炼油厂的重要作用。

归纳其主要作用有：

① 加工减压深拔后的劣质渣油，平衡炼油厂的重油。

② 生产石脑油馏分，经加氢精制后去重整做原料增产汽油。

③ 生产柴油馏分，经加氢精制后增产高十六烷值柴油。

④ 生产蜡油馏分，经过加氢处理后作为催化裂化原料或直接作为加氢裂化的原料，进

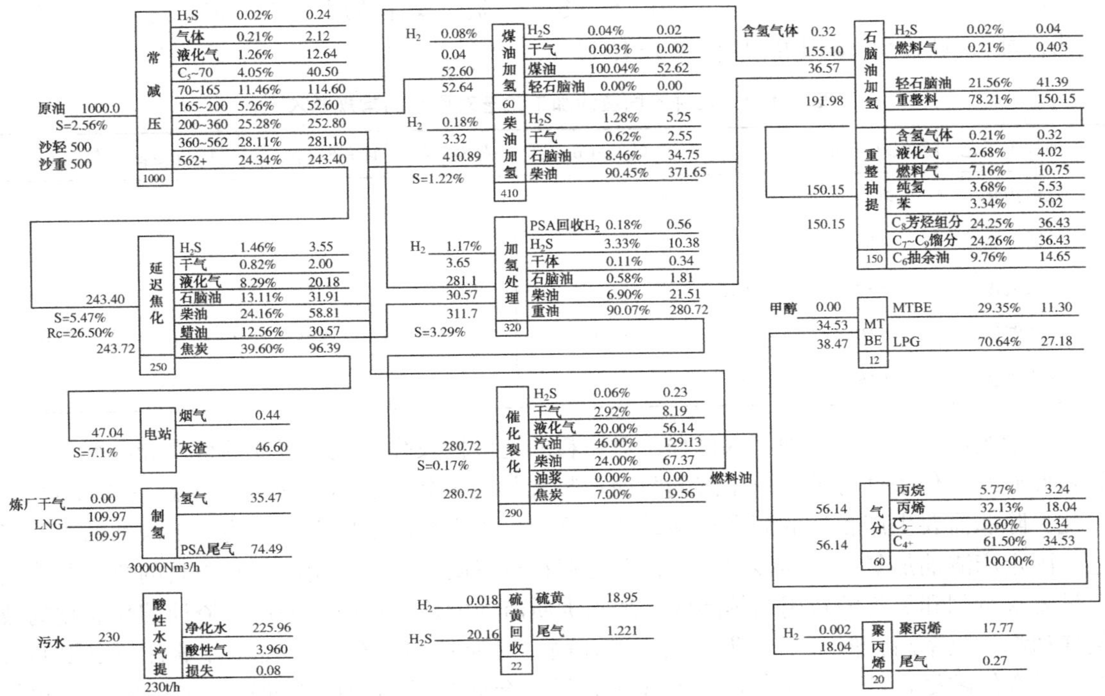

图 1-1-3　原油加工总流程

一步提高炼油厂的轻质油收率。

⑤ 生产石油焦，为 CFB 锅炉提供燃料，进而为全厂提供蒸汽和电能，同时提供冶金行业使用的石油焦。

⑥ 生产的干气经过脱硫后作为全厂加热炉用燃料气或制氢装置的原料，也可以进一步回收 C_2 作为乙烯装置原料。

⑦ 生产的液化气经过脱硫、脱硫醇后作为民用液化气，也可以经过气体分馏装置分馏出丙烯和丙烷，丙烯送至聚丙烯装置，丙烷送至乙烯裂解装置，进一步提高炼油厂的经济效益。

目前，炼油厂延迟焦化的主要作用是渣油轻质化，最大限度地提高全厂的轻质油收率。在化工型炼油厂，延迟焦化还担负着最大化提高石脑油收率、增加裂解原料的作用。随着石油焦特别是针状焦和低硫焦用途的不断拓展和冶金及碳素行业对石油焦需求量的不断增加，石油焦作为延迟焦化副产品的地位将会改变，针状焦或低硫焦也会成为延迟焦化装置的主要产品。

近几年，延迟焦化装置除加工减压渣油外还经常担负着加工其他装置排出的物料的工作，主要是原料中掺炼沥青、催化油浆和污油等，解决沥青、催化油浆和污油的出路问题；利用焦炭塔换塔后的焦炭热量，处理炼油厂的污泥、浮渣和废胺液，解决炼油厂的“三废”排放问题；利用压缩和吸收稳定系统，加工加氢装置的硫化氢汽提塔顶气、常减压装置减顶气和催化重整装置汽提塔顶气等，解决炼油厂的低压气体回收问题。

2. 延迟焦化在炼油厂的地位

目前，炼油厂加工渣油的主要工艺有：延迟焦化、灵活焦化、减黏裂化、渣油催化裂化、渣油加氢和溶剂脱沥青等。每种工艺在炼油厂的地位主要取决于该工艺对原料的适应性、产品性质指标、产品收率、产品市场、建设投资、操作费用、安全环保等。每一种加工工艺，都有其特点和适用范围(见表1-1-1)。

表1-1-1 几种不同渣油加工工艺对原料的常规要求[2]

渣油加工工艺	残炭/%(质)	沥青质/%(质)	碱氮/(μg/g)	硫/%(质)	镍+钒/(μg/g)	铁/(μg/g)	钠/(μg/g)
延迟焦化	≯45	≯20					≯10
灵活焦化	≯50						
减黏裂化	≯30	≯15					≯10
渣油催化	≯10	≯2	≯1000		≯25	10	≯10
渣油加氢	≯15	≯3			≯130	≯15	≯10

溶剂脱沥青是一个物理萃取过程，对原料的适应性较强，脱沥青油的性质和收率主要和原料性质及操作条件有关，由于溶剂脱沥青装置的能耗较大，脱油沥青的出路受市场限制，因此，除非需要生产较好的润滑油基础料，炼油厂很少把溶剂脱沥青作为加工渣油的主要工艺。固定床渣油加氢工艺的转化率高，但是存在投资高、操作费用高、对原料的金属及残炭含量要求苛刻和氢气的费用高等问题，加工劣质渣油的炼油厂较少采用。渣油催化裂化的液化气和汽油收率高，但由于烧焦量大、能耗高，对原料的重金属及残炭含量有一定限制要求，只有低碱氮含量、低硫含量、低残炭和低重金属含量的减压渣油适合采用催化裂化加工。虽然近期新建炼油厂采用加氢处理对催化原料进行脱硫、脱氮、脱金属和脱残炭处理，但是由于加氢处理深度不足，催化产品和烟气仍然需要进一步的脱硫处理，大大增加了建设投资和操作费用。减黏裂化属于渣油浅度热裂化，主要目的是利用渣油生产重质燃料油的同时减少轻质油的混兑比例，由于热裂化深度浅、装置的轻油收率低、重质燃料油的附加值不高、不能对重质燃料油降低硫含量等原因，在中国和美国采用减黏裂化工艺加工渣油的装置不多。灵活焦化与延迟焦化相比焦炭产率低得多(一般为原料的2%左右)，连续性强，环境污染小，对原料的适应性强，且约4%的硫和99%的金属富集到焦炭中，但是投资较大，操作复杂，石油焦和蒸汽、空气反应生成的灵活气(H_2、CO、CO_2和惰性气体)的热值低，在炼油厂利用较为困难。

延迟焦化装置虽然具有连续性差、除焦系统的密闭性差、对环境存在看得见的污染和焦炭市场波动性大的不利因素，但是，由于延迟焦化装置对原料的适应性特别强，可加工高硫、高残炭和高重金属含量的减压渣油，是深度热裂化装置，轻油收率较高，投资和操作费用相对较低，能够生产优质乙烯裂解原料-焦化石脑油，增产高十六烷值柴油，增加中间馏分焦化重瓦斯油，为催化裂化及加氢裂化提供原料和提供冶金行业使用的石油焦，并且沥青、催化油浆、污泥、废胺液和污油等也可掺炼到焦化装置中去进行处理，因此，目前延迟焦化工艺在炼油厂仍具有非常重要的地位。但是，随着国家环保法规日益严格，国家大气污染防治法已经规定禁止进口、销售和燃用不符合质量标准的石油焦，一旦国家的石油焦标准出台，将对以高硫渣油为原料的延迟焦化装置提出挑战。

3. 延迟焦化和其他重油加工工艺的组合[1]

延迟焦化装置和其他炼油装置及其产品加工装置的优化组合通常称为焦化组合工艺，组合工艺的目的是发挥各相关组合装置的技术优势，使整体效益达到最大化。目前既有延迟焦化和减压蒸馏、减黏裂化、溶剂脱沥青、渣油加氢、加氢裂化、催化裂化等装置原料互供的组合，也有延迟焦化和减压蒸馏、加氢裂化、加氢精制、催化裂化、渣油加氢、溶剂抽提、石油焦气化、石油焦焙烧、CFB 锅炉等处理焦化产品装置的组合。优化延迟焦化和其他重油加工工艺的组合是巩固延迟焦化工艺技术地位的有效措施。

减黏-延迟焦化组合工艺是一种比较简单实用的组合工艺，它是 20 世纪末发展起来的，由于锅炉以煤代油和内燃机轮船的发展，燃料油的需求减少，延迟焦化为过剩的减黏渣油找到了出路。发现减压渣油经过减黏之后，黏度降低，减黏渣油再用作焦化原料，可以提高液体产品收率。加工劣质减压渣油的延迟焦化装置采用延迟焦化-溶剂脱沥青联合流程，对焦化蜡油进行抽提精制就可以改善焦化蜡油性质，为后续的催化裂化/加氢裂化装置提供合格的原料油组分。采用延迟焦化-溶剂脱沥青-催化裂化组合工艺，即渣油经过溶剂脱沥青，脱油沥青掺入渣油中作为延迟焦化的进料，脱沥青油和焦化蜡油作为催化裂化的原料。该组合工艺可以扩大催化装置的原料，减少焦化装置的规模。但是由于焦化原料中掺入沥青对焦化装置的操作带来影响，导致生焦率提高和炉管结焦等；脱沥青油的收率太高以后，其质量变差，直接进催化对催化操作也会产生影响，因此该组合工艺没有推广。不过随着延迟焦化技术的改进使之能够加工高沥青质含量的原料，同时配套建设催化原料预处理装置使之处理脱沥青油和重质焦化蜡油，延迟焦化-溶剂脱沥青-加氢处理-催化裂化组合工艺有一定的应用前景。

延迟焦化-减压深拔-蜡油加氢处理-催化裂化组合工艺是目前经常采用的一种组合工艺，该组合工艺是常压渣油经减压深拔，渣油去延迟焦化，减压瓦斯油和焦化蜡油经蜡油加氢处理后去催化裂化，催化油浆进焦化加工。先对焦化原料减压渣油进行加氢处理后进焦化装置加工，通过脱硫、脱氮、脱残炭改善焦化原料性质，以生产冶金工业用的低硫焦炭，同时降低焦炭产率，增产高质量柴油。在一些急需冶金用石油焦的国家或地区是生产低硫石油焦(或针焦)的选择之一。延迟焦化-移动床加氢裂化组合工艺是指移动床加氢裂化生产的约 10%～30%的未转化油送至延迟焦化进一步加工，劣质的焦化重蜡油再送至移动床加氢裂化。据资料介绍移动床加氢裂化未转化油的性质和其原料渣油的性质相差不大，收率约为 20%，通过焦化装置加工后约 70%的转化为气体及液体，仅 30%的转化为焦炭，由此可推算延迟焦化-移动床加氢裂化组合工艺的生焦率约为渣油的 6%，转化率高达 94%，而渣油直接焦化的生焦率约 30%。虽然延迟焦化-移动床加氢裂化组合工艺的投资高、剂耗大、氢耗高和操作费用高，但是在高油价和低焦炭价格时，其经济效益还是比较明显的。

延迟焦化-石油焦循环流化床锅炉的组合是由于国内大部分生产高硫石油焦的炼油厂配置了石油焦循环流化床(CFB)，并实现了延迟焦化-石油焦循环流化床锅炉的有机结合，即焦炭在焦化装置脱水、破碎和除铁后直接由皮带运输至循环流化床(CFB)的焦炭料仓，减少了中间倒运环节，降低了环境污染，节省了操作费用。延迟焦化-气化联合循环(IGCC)组合工艺的核心设备是焦炭气化炉。工业化气化炉型式有急冷型(TEXACO 公司)和合成气冷却型(SHELL 公司)二种，各有不同的优缺点，目前较多公司使用 TEXACO 焦炭气化技术(TGP)。有乙烯裂解装置的炼油化工厂应配置一套较大规模的延迟焦化装置，因为焦化装置能为乙烯裂解提供比直馏石脑油更廉价的原料，实现延迟焦化-乙烯裂解的组合。焦化干气和液化气中含有大量的饱和烃，如乙烷、丙烷和丁烷等。干气通过低温吸收、加氢及变压吸附等工艺可回收 C_2，直接送去乙烯裂解装置进一步处理后作为裂解原料。液化气在焦化装置经过深度脱硫、脱硫醇，然后经气体分馏分离出丙烯，剩余的丙烷等组分也可去乙烯作原料。

三、延迟焦化的主要特点[3]

1. 原料性质的特点

延迟焦化原料渣油是以碳、氢、硫、氮、氧和金属为主要元素组成大分子(平均分子量约为500~1500)烃类和非烃类化合物的混合物，具有残炭值高、重金属含量高、沸点高、凝点高、硫和氮含量高、碳氢比值大、自燃点低和热稳定性差等特点。其化学组成和分子结构非常复杂，目前很难用具体的分子式来描述渣油中各种物质的组成。通常把渣油按照组成及极性分为饱和烃、芳烃、胶质和沥青质四个组分进行研究，含硫化合物分为噻吩和硫醚等，含氮化合物分为苯胺、吡啶、吡咯和环己胺等，含氧化合物分为酸、酚、酮和脂，金属主要是镍、钒的配位化合物等。

2. 产品性质的特点

焦化装置的产品主要有干气、液化气、石脑油、柴油、蜡油和焦炭，焦化装置的产品除焦炭外均为半成品，需要下游装置进一步的加工，对产品性质要求不高。其特点为：

① 干气和液化气：硫化氢和硫醇含量高，烷烃含量比烯烃含量高，易夹带焦粉。干气经脱硫后适宜作为制氢原料和加热炉燃料，液化气经脱硫后一般作为民用燃料。

② 石脑油：溴值高，安定性差，空气环境容易变色，刚生产的石脑油为白色，在大气中放置一会儿，会变成淡黄色；辛烷值比较低，抗爆性不好；易夹带焦炭粉末；经加氢精制后适宜作为乙烯裂解原料。

③ 柴油：溴值高，安定性差，容易变色；刚生产的柴油为黄色，在大气中放置一会儿，会变成酱油色；十六烷值较高，其自燃性较好；易带焦粉；经加氢精制后适宜作为高质量柴油馏分。

④ 蜡油：其芳烃含量较高，并含有硫、氮和金属；易带焦粉；经加氢处理后适宜作为催化原料。

⑤ 焦炭：主要成分是炭青质，并含有一定量的挥发分、灰分和水分，生焦的外观为黑色多孔固体，含有硫、氮和金属；主要用于锅炉燃料和冶金行业的原材料。

3. 渣油热转化的特点

渣油是由饱和烃、芳烃、胶质和沥青质四个组分以及硫、氮、氧和金属等非烃化合物组成的，是一种胶体分散体系，其分散相是以沥青质为核心并吸附以胶质形成的胶束。

① 链烷烃的热反应主要有：C—C键断裂生成较小分子的烷烃和烯烃，C—H键断裂生成碳原子数保持不变的烯烃及氢气。

$$C_nH_{2n+2} \longrightarrow C_mH_{2m+2} + C_{n-m}H_{2(n-m)}$$

$$C_nH_{2n+2} \longrightarrow C_nH_{2n} + H_2$$

② 环烷烃的热反应主要有：侧链断裂反应，使侧链变短或脱除，生成较小分子的烷烃或烯烃；环烷环的断裂反应，生成小分子烯烃；脱氢反应生成环烯烃直至芳香烃。

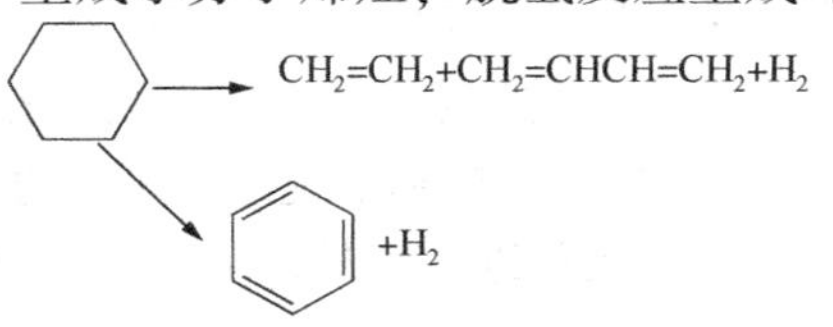

③ 芳香环非常稳定，一般条件下芳环不会断裂，但在较高温度下会进行脱氢缩合反应，生成环数较多的芳烃，直至生成焦炭。它主要发生下列反应：烷基芳香烃的断侧链及脱烷基反应，侧链的脱氢反应，以及芳香烃在高温下脱氢缩合成环数更多的芳烃。

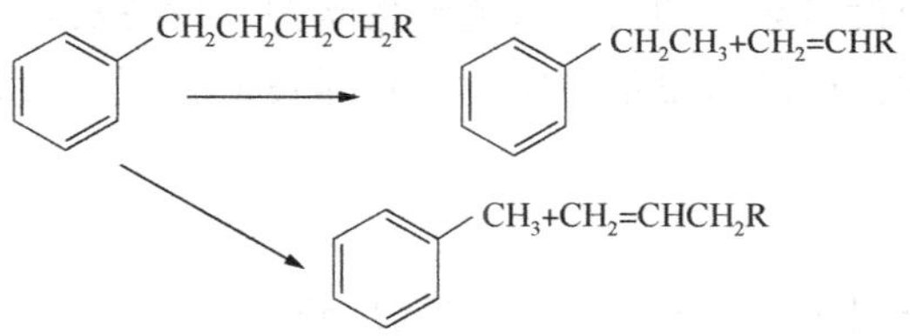

④ 胶质在受热过程中，一方面发生断侧链、断链桥等裂解反应生成气体、馏分油、饱和分和芳香分，另一方面缩合为沥青质。

⑤ 沥青质在热反应中，除了发生断侧链、断链桥等反应生成少量的较小分子的烃，大部分聚合生成更大分子的苯不溶物直至焦炭。沥青质分子的稠合程度很高，带有的烷基链很少，而且是很短的侧链，因此，反应生成的气体也很少。

⑥ 渣油在热转化过程中，裂化和缩合两种反应是同时发生的。温度较低时，裂化反应速度大于缩合反应速度，主要生成裂化产物，当温度升高裂化深度增加，缩合反应的速度增大，芳烃、胶质裂化和缩合生成的沥青质增加，渣油的胶体性质就会受到破坏，渣油中作为分散相的沥青质的含量逐渐增多，而裂解反应不仅使分散介质的黏度变小，还使其芳香性减弱，同时，作为胶溶组分的胶质含量则逐渐减少。这些变化都会导致分散相和分散介质之间的相容性变差。这种变化趋势发展到一定程度后，就会导致沥青质不能全部在体系中稳定地胶溶，使部分沥青质聚集并发生缩合反应生成焦炭。渣油热转化过程中的生焦现象是一个复杂的相变过程，沥青质是渣油热转化体系中生焦的根源，渣油热转化历程见图 1-1-4。

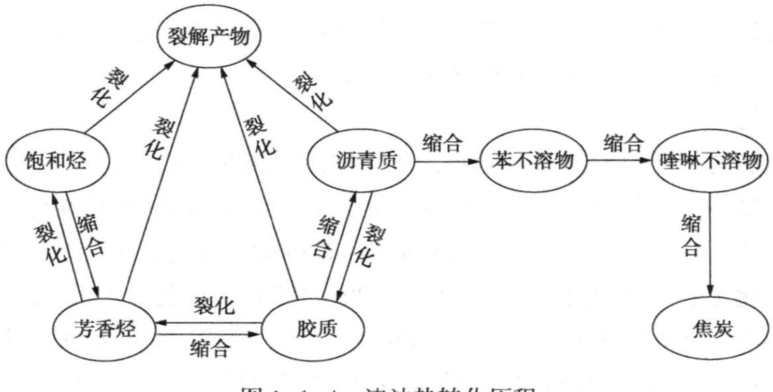

图 1-1-4　渣油热转化历程

⑦ 渣油在热转化过程中，含硫化合物噻吩和硫醚等会裂化生成硫化氢和硫醇等，含氮化合物苯胺、吡啶、吡咯和环己胺等会裂化生成氨等，含氧化合物酸、酚、酮和脂等裂化会产生 O_2 和 CO_2 等，镍、钒等金属主要沉积在焦炭中。

4. 操作特点

(1) 半连续-半间歇操作

延迟焦化装置根据原料加工规模采用一炉两塔、二炉四塔、三炉六塔或四炉八塔，通常一炉两塔称为一个系列，加热炉、分馏塔和压缩吸收稳定部分连续操作，焦炭塔进料部分、焦炭塔油气预热部分、吹汽给水冷焦部分、放空塔部分、水力除焦部分和冷切焦水处理部分间歇操作，针对单系列间歇操作的一般 18～24h 轮换一次。操作的间歇性导致阀门频繁开关，机泵频繁启停，冷换设备频繁切换、管道频繁吹扫、设备及阀门操作温度和压力频繁波动等，使设备事故率增加，产品质量不稳定、操作难度和劳动强度增加，误操作概率增加，危险性加大。

（2）波动性的操作

由于焦炭塔的切换进料和切换进料前的油气预热，使焦炭塔的反应温度和操作压力降低，导致反应产物的收率和性质发生变化；由于焦炭塔的预热减少了油气到分馏塔的质量流量和热量，导致分馏塔的回流取热量、分馏塔底温度、产品抽出量、压缩机的流量发生变化；由于焦炭塔的吹蒸汽和加热炉的在线清焦，导致分馏塔的气相负荷发生变化。上述的变化都会导致装置操作的波动，产物收率和性质变化的影响相对较小，焦炭塔的预热和吹蒸汽影响较大，针对一炉两塔的装置，一般操作波动范围约为 10%～30%。因此，焦化装置的操作是一个动态调整的过程。

（3）易结焦和焦粉夹带

延迟焦化加工的是热稳定性较差的渣油，温度大于 350℃ 时就会发生裂化和缩合反应，焦化加热炉出口温度通常为 500℃ 左右，因此在加热炉管内结焦是不可避免的。目前采用的主动措施是提高管内流速、缩短管内停留时间、降低表面热强度、提高炉管受热均匀性、减少管内介质中易诱发的结焦物（如 Na^+ 含量不大于 10μg/g）等；采用的被动措施是在线蒸汽剥焦、分炉膛烧焦和机械清焦、停炉烧焦和机械清焦等。焦炭塔是一个生焦和储焦的容器，当塔内的焦炭料位或空塔线速超高时，泡沫焦会带到下游加工工序中去，导致分馏系统、吸收稳定系统和脱硫系统不同程度地夹带焦粉，影响产品质量和正常操作，如何减少产品夹带焦粉和防止焦粉堵塞设备是设计和操作必须考虑的。

（4）易凝和易自燃

焦化原料渣油的凝点一般为 30～60℃，焦化重瓦斯油的凝点一般为 20～40℃，均高于常温，焦炭塔预热凝缩油（甩油）是轻瓦斯油、重瓦斯油和重循环油的混合油，凝点一般为 10～40℃，且间歇操作，在低温或不流动区域容易被冷凝，因此延迟焦化装置的防冻防凝显得特别重要。焦化原料渣油的自燃点一般为 200～300℃，焦化重瓦斯油的自燃点一般为 300～350℃，原料渣油所处的操作温度在 150～500℃，焦化重瓦斯油所处的操作温度在 150～400℃，有比较多的设备和管道的操作介质温度高于其自燃点，所以焦化装置经常发生因设备、管道、阀门和仪表等泄漏着火事故。因此，焦化装置的防止泄漏着火是减少安全事故的重点，应充分考虑介质的腐蚀性和操作温度、压力及流速等条件，选择合适材料、耐温耐压等级、防腐措施和制造工艺等。

5. 主要设备特点

（1）加热炉

延迟焦化工艺对加热炉的要求是把渣油加热到所需温度而炉管内不结焦或少结焦，即使结焦也能够方便快捷地把结的焦炭清除，同时提高效率节省燃料。加热炉的技术发展也是围绕此目的进行的，如双面辐射、附墙燃烧、扁平火焰火嘴、多点注汽、高冷油流速、耐高温炉管、炉管表面温度和炉膛温度的检测和控制、操作联锁系统等都是减少炉管结焦延长操作周期的相关技术措施，在线清焦、在线烧焦、机械清焦和双向烧焦等都是炉管除焦的技术措施，热管空气预热器、板式空气预热器、铸铁预热器、水热煤预热器、氧含量分析仪、变频调速鼓引风机和燃料气深度脱硫等都是提高热效率的技术。焦化加热炉的在线清焦周期一般为3~6个月，停炉机械清焦或蒸汽-空气烧焦的周期一般为1.5~3年。单管程在线清焦的时间为12~24h，四管程加热炉的机械清焦或蒸汽-空气烧焦的时间一般为1~3d。

(2) 焦炭塔

焦炭塔是焦化装置的反应器，是没有任何内构件的空筒容器，属于低压高温设备、二类压力容器。其操作特点是：介质多样(渣油、油气、蒸汽、焦炭和水)和温度交替变化(高温—常温—高温)，设备易疲劳。为延长疲劳寿命，裙座采用整体锻焊结构；为减少腐蚀，塔体采用合金钢复合材料；为防止管线结焦，塔顶油气出口设置急冷设施；为检测焦高和泡沫层高度，塔外壁设置中子料位计；为降低泡沫层高度，塔顶设置注消泡剂设施。焦炭塔操作温度频繁变化，轴向伸缩膨胀量裙座上部约100~300mm，裙座下部约30~60mm，径向伸缩膨胀量达到10~20mm，使焦炭塔塔体易发生裂纹、鼓包等。

(3) 水力除焦设备

水力除焦设备主要包括：高压水泵、除焦控制阀、高压胶管、风动(或电动)水龙头、钻杆、水涡轮(或水力马达)、切焦器、钻机绞车和焦炭塔顶/底卸盖机等，是延迟焦化装置的特有设备。其操作特点是：操作压力高(最高达36MPa)，设备间断操作，启停比较频繁，切焦水含有焦粉，对管道和设备磨蚀严重，相对其他设备故障率和设备维修率较高。

(4) 分馏塔

焦化分馏塔的主要特点有：操作温度高，硫腐蚀较严重，通常采用合金钢复合材料，属于二类压力容器；容易结焦、结盐和堆积焦粉，堵塞塔板和抽出口；产品分离精度要求不高，分离塔板数量相对较少；分馏塔的过剩热量较多，循环回流和产品取热回流数量较多，高温位取热回流量操作波动。分馏塔下部的高温油气脱过热、循环比调节方式和对油气中焦粉的洗涤是焦化分馏塔设计的关键，目前主要有：原料渣油和高温油气换热脱过热、循环油和高温油气换热脱过热及蜡油和高温油气换热脱过热，或三种形式的结合。循环比调节方式主要有：循环油不抽出直接和渣油在塔内混合，循环油抽出和渣油在塔外混合，无论哪种方式，循环油的量或循环比的大小，都受蜡油或重蜡油的质量控制。焦粉的洗涤通常用原料渣油、循环油或蜡油，洗涤内构件通常用挡板、塔板、填料或喷头。

四、原料性质及操作条件对产品分布的影响

1. 原料性质的影响[1]

焦化热转化反应的产品分布及产品性质和渣油的密度、残炭值、四组分组成、硫含量、氮含量等有关，沥青质含量高或渣油残炭值高的渣油容易结焦，生焦率较高，轻油收率较低。

产品分布和渣油中的残炭的大概关系为：

① 硫化氢收率：　　$W\%$：$H_2S=0.25\times S_f$
② 干气收率：　　$W\%$：$RG=3.5+0.1\times CCR$
③ 液化气收率：　　$W\%$：$LPG=3.0+0.044\times CCR$
④ 焦炭收率：　　$W\%$：$COK=1.6\times CCR$
⑤ 石脑油收率：　　$W\%$：$NaO=11.38+0.335\times CCR$
⑥ 瓦斯油收率：　　$W\%$：$TGO=100-(H_2S+RG+LPG+COK+NaO)$
⑦ 柴油收率/瓦斯油收率：　　$R=0.38+0.011\times CCR-0.00031\times CCR$
⑧ 柴油收率：　　$W\%$：$LCGO=R\times TGO$
⑨ 蜡油收率：　　$W\%$：$HCGO=TGO-LCGO$

其中：CCR——原料的残炭值，%(质)；S_f——原料中硫含量，%(质)；操作条件为：循环比0.4，焦炭塔顶压力0.17MPa(表)。当操作条件不同时，需要对计算值进行修正。

2. 操作条件对产品分布的影响

(1) 循环比

循环比为循环油量和新鲜原料量的比，通常为0.05~0.6。低循环比下液收高，焦炭收率低，蜡油收率高，但柴油收率低、汽油收率略低；低循环比下蜡油变重、变稠；低循环比下焦化炉进料油性质变差，特别是康氏残炭和沥青质含量提高，会影响到焦化炉运行周期。

(2) 反应压力

反应压力一般是指焦炭塔顶的压力，通常为0.1~0.2MPa(表)。压力升高，反应的深度增加，气体和焦炭的收率增加，液体收率减少，焦炭的挥发分提高；反之压力降低，反应的深度减少，气体和焦炭的收率减少，液体收率增加，焦炭的挥发分降低。

(3) 反应温度

反应温度一般是指加热炉辐射炉管的出口温度，通常为495~505℃，温度的变化直接影响着焦炭塔内的反应温度和反应深度，从而影响到产品分布和产品质量。温度低，焦化反应深度不足，液体产品收率低，焦炭挥发分高。温度太高反应过深，使汽油和柴油继续裂化，降低汽油和柴油的收率，增加气体收率，焦炭变硬，使除焦困难。

(4) 生焦时间

生焦时间是指同一个焦炭塔从开始进料到停止进料的时间间隔，可理解为焦炭塔的装焦时间，生焦时间不是反应时间，也不同于焦炭塔操作周期，通常生焦时间为18~24h，生焦时间对产品收率影响不大，但生焦时间太短，会影响液体收率。

(5) 操作条件对装置的综合影响

液体收率↑=f(温度↑、压力↓、循环比↓、生焦时间↑)
焦炭收率↓=f(温度↑、压力↓、循环比↓、生焦时间↑)
加工能力↑=f(温度↑、压力↑、循环比↓、生焦时间↓)
加工能耗↓=f(温度↓、压力↑、循环比↓、生焦时间↑)
开工周期↑=f(温度↓、压力↑、循环比↑、生焦时间↑)
装置优化↑=f(温度↑、压力↓、循环比↓、生焦时间↓)

其中：↑代表提高或增加，↓代表降低或减少。

3. 延迟焦化的典型产品分布

延迟焦化装置典型的原料名称、产品分布和产品去向见图 1-1-5。

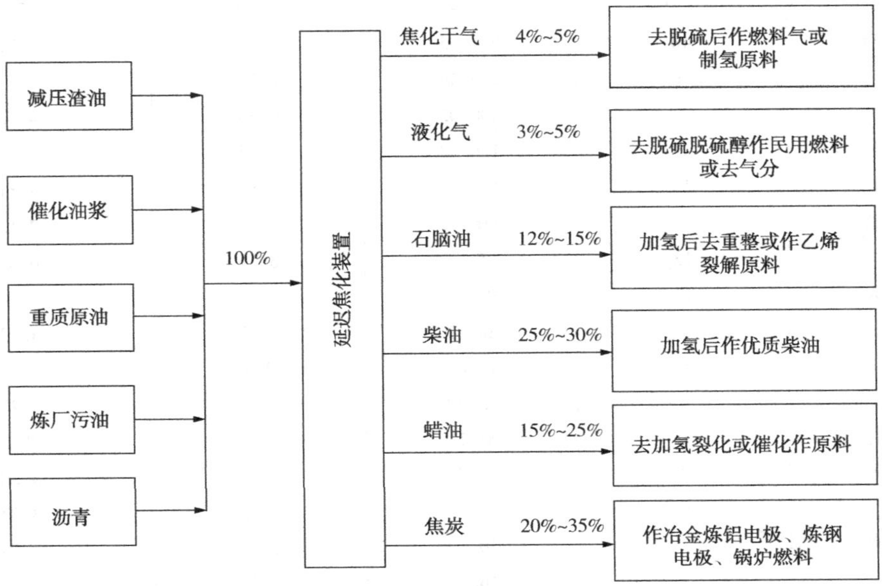

图 1-1-5　典型的原料名称、产品分布和产品去向

五、延迟焦化技术发展历程及现状

1. 国内外延迟焦化技术的发展

(1)国外延迟焦化技术[1]

国外延迟焦化技术的发展是以美国的技术发展为主导。1929 年，美国标准石油公司(Standard Oil Co. Indiana)在美国印第安纳州的怀亭炼油厂建设了世界上第一套延迟焦化工业化装置。设计处理能力 382m^3/d，原料为渣油，于 1930 年 8 月投产，半连续生产，采用钢丝绳除焦方法。1938 年，美国壳牌(Shell)石油公司发明和设计了水力除焦方法，大大促进了延迟焦化工艺的发展。1938 年 11 月 18 日，第一个采用水力除焦方法的延迟焦化装置诞生，该装置加工能力 454m^3/d，原料为美国中部大陆减压渣油，连续生产，焦炭塔操作周期 108h。随后在美国延迟焦化加工规模和技术得到快速发展，如：1950 年投产的泛美南方炼油厂的延迟焦化装置，加工高硫渣油(含硫 3%)，处理能力 1480m^3/d；1957 年投产的约克顿城炼油厂的焦化装置，加工高残炭渣油，处理能力 1460m^3/d。美国是世界上拥有延迟焦化装置最多、装置加工能力最大的国家，2015 年美国延迟焦化装置已经发展到约 54 套，焦化装置的加工能力达到 136Mt/a，并保持焦化加工能力在世界排名第一。2015 年全世界延迟焦化装置的总加工能力预计约 3. 58Mt/a，随着经济和石油消费的增长，亚太地区、中东地区、南美和非洲的延迟焦化加工量也得到较快增长。2015 年世界部分国家和地区炼油能力和焦化加工能力统计见表 1-1-2。

表 1-1-2　2015 年世界部分国家和地区炼油能力和焦化加工能力统计

国家和地区	炼厂数/座	常压蒸馏/(Mt/a)	焦化能力/(Mt/a)	占原油加工量的比例/%
美国	129	893.46	136.08	15.2
俄罗斯	40	271.55	4.67	1.72
日本	30	236.49	6.79	2.87
印度	21	200.02	9.33	4.66
韩国	6	136.08	1.05	0.77
德国	15	120.88	5.82	4.81
意大利	17	116.86	2.48	2.12
巴西	13	95.41	6.34	6.65
加拿大	17	95.10	3.14	3.30
英国	10	88.31	3.55	4.02
墨西哥	6	77.00	10.51	13.6
中国台湾	4	65.50	2.81	4.27
委内瑞拉	5	64.11	7.97	12.43
西班牙	9	63.58	3.36	5.28
荷兰	6	60.43	2.28	3.77
印度尼西亚	8	50.59	1.79	3.54
科威特	3	46.80	3.96	8.40
乌克兰	6	43.99	1.22	2.81
埃及	9	36.31	2.16	5.95
阿根廷	10	31.35	5.02	16.0

目前延迟焦化装置的大部分成熟技术发明自美国。1938 年美国 Shell 公司把水力采煤的方法成功用于焦炭塔的除焦，由此发明了焦化的水力除焦；1976 年美国太平洋(Pacific)公司发明了除焦控制阀；1979 年 Conoco 公司成功开发了水力除焦程序控制系统；另外，高压除焦水泵、焦炭塔自动卸盖机、焦炭塔中子料位计、焦炭塔注消泡剂、高温四通阀，铬钼钢材料的大型焦炭塔，双面辐射加热炉，扁平焰低 NO_x 火嘴，加热炉烧焦、在线清焦和机械清焦工艺及设备等都是由美国首先开发和应用的。

目前世界上延迟焦化技术专利商有：ABB Lummus，Conoco/Bechtel，Foster Wheeler，Kellog Brown&Root 等。Foster-Wheeler 公司主要是 SYDEC™可选择液体收率技术，Conoco/Bechtel 公司主要是 ThruPlus™馏分油循环专利技术，ABB-Lummus 公司主要是低压、低循环比设计技术，Kellog Brown&Root 公司主要是低压、高炉出口温度设计技术等。

(2) 国内延迟焦化技术[5]

国内的延迟焦化技术自第一套 0.3Mt/a 延迟焦化装置于 1963 年在抚顺石油二厂建成投产开始逐步得到发展，首先是 1990 年锦州石油六厂“两炉四塔”1.0Mt/a 延迟焦化装置建成投产，攻克了过去“一炉两塔”只能达到 0.3Mt/a 的难题，同时改变了焦炭塔的堵焦阀预热方式，使国内的延迟焦化技术向大型化迈出了第一步，随后锦西、天津、镇海和广州先后建设了 0.8~1.0Mt/a 的延迟焦化装置，更进一步促进了延迟焦化技术的发展。2000 年上海石化“一炉两塔”1.0Mt/a 延迟焦化装置建成投产，更是拉开了国内延迟焦化技术跨跃式发展的帷幕，无论是工艺技术、设备技术、节能减排技术、安全环保技术还是加工规模都得到了突飞猛进的发展，特别是惠州 4.2Mt/a 延迟焦化装置和镇海 2.1Mt/a 延迟焦化装置建成投产后，进一步拉近了国内延迟焦化技术和国外先进技术的差距。2000年国内约有30套延迟焦化装置，加工能力约21.0Mt/a，主要集中在中国石化和中国石油的炼油厂，地方炼厂的焦化装置较少，另外冶金行业有几套以煤焦油为原料的焦化装置。2015年年底国内约有110套延迟焦化装置，总加工能力约110Mt/a，装置统计见表1-1-3。

表1-1-3 2015年国内延迟焦化装置统计

公司名称	规模/(Mt/a)	公司名称	规模/(Mt/a)	公司名称	规模/(Mt/a)
燕山石化	1.4	福建炼化	6.0	山东东明石化	1.0
石家庄炼化	0.8	广州石化(3)	1.2	山东富海石化	0.8
天津石化(1)	1.2	北海炼化	1.2	山东中海石化	0.6
天津石化(2)	2.3			山东海科化学	1.0
沧州炼化	1.2	克拉玛依石化(1)	4.0	山东海化集团	1.5
济南炼化	1.2	克拉玛依石化(2)	1.5	山东昌邑石化	1.0
齐鲁石化(2)	1.4	克拉玛依石化(3)	1.0	山东京博石化	1.0
齐鲁石化(3)	1.4	辽河石化	1.0	山东垦利石化	1.0
胜利石化	0.4	大港石化	1.0	山东利华益石化	1.0
青岛炼化	2.5	乌鲁木齐石化(1)	6.0	山东中海石化	0.6
青岛石化	1.6	乌鲁木齐石化(2)	1.2	山东青岛胶州焦化厂	0.4
金陵石化(1)	1.2	兰州石化	1.2	山东正和集团	1.0
金陵石化(2)	0.4	独山子石化(1)	4.0	山东弘润石化	1.0
金陵石化(3)	1.6	独山子石化(2)	1.2	山东淄博鑫泰石化	0.4
扬子石化(1)	0.8	大庆石化	1.2	山东弘润石化	1.0
扬子石化(2)	1.6	锦西石化(1)	1.0	山东淄博金诚石化	0.8
高桥石化(1)	1.4	锦西石化(2)	1.0	山东岚桥石化	1.0
高桥石化(2)	1.2	锦州石化(1)	1.0	山东日照晨曦石化	0.5
上海石化(1)	1.0	锦州石化(2)	1.0	山东滨州石化	1.0
上海石化(2)	1.2	锦州石化(3)	1.6	山东汇丰石化	1.0
安庆石化	1.5	抚顺石化二厂	1.2	山东永鑫石化	0.4
九江石化	1.0	抚顺石化二厂	2.4	山东恒源石化	1.0
武汉石化(1)	1.0	抚顺石化一厂	1.2	山东神驰石化	0.4
武汉石化(2)	1.2	吉林石化	1.2	山东万通石化	1.0
长岭炼化	1.2	辽阳石化	1.6	山东华星集团	1.4
荆门石化	1.4	玉门石化	4.0	山东中化济南蓝星石化	1.0
茂名石化(1)	1.0	云南石化	1.0	上海新海石化	1.0
茂名石化(2)	1.0	揭阳石化	3.6×2	上海淮安润尔华石化	1.2
广州石化(1)	1.0			华北燕京石化	0.9
广州石化(2)	1.0	中海油惠州炼化	4.2	辽宁营口佳孚石化	1.0
镇海炼化(1)	1.5			辽宁华锦石化	1.0
镇海炼化(2)	200	陕西神木石化	6.0	辽宁鞍山钢铁研究院	100
镇海炼化(3)	210	宁夏宝塔石化	1.0	河北鑫泉焦化	40
塔河炼化(1)	120	四川盛马石化	3.0	河北炼化华雨石化	90
塔河炼化(2)	220	浙江和邦化学	2.4	江苏连云港新海石化	100
杭州石化	30	河北黄骅鑫隆石化	6.0	广东康达石化	30
洛阳石化	140	广东中山天乙	3.0	广东瑞丰石化	40

近几年，国内先后开发了全自动底盖机和顶盖机、焦炭塔安全操作顺序控制系统、远程智能水力除焦技术、高液体收率的超低循环比和低压工艺技术、高液体收率的加热炉技术、清洁高效安全环保的密闭除焦技术等。高压除焦水泵、焦炭塔中子料位计、高温四通阀，铬钼钢材料的大型焦炭塔，双面辐射加热炉，扁平焰低 NO_x 火嘴，加热炉烧焦、在线清焦和机械清焦等技术及装备均实现了国产化。

2. 国内外延迟焦化技术的现状

(1) 原料劣质化及规模大型化方面

国内外延迟焦化装置的原料劣质化及大型化技术现状见表 1-1-4。

表 1-1-4 国内外延迟焦化装置的原料劣质化及大型化技术现状

项　　目	国内技术状况[6]	国外技术状况
原料劣质化程度	残炭：~28%，硫含量：~8%，沥青质：~17%	残炭：~40%，硫含量：~8%，沥青质：~20%
装置加工规模	最大：4.20Mt/a	最大：6.70Mt/a
单系列加工规模	最大：2.10Mt/a	最大：2.50Mt/a
焦炭塔直径	最大：9.8m	最大：9.75m
焦炭塔允许气速	通常：0.15m/s	通常：0.21m/s

(2) 提高液收的操作苛刻度方面

国内外延迟焦化装置提高液收的操作苛刻度现状见表 1-1-5。

表 1-1-5 国内外延迟焦化装置提高液收的操作苛刻度现状

项　　目	国内技术状况[6]	国外技术状况
加热炉出口温度	通常：490~500℃	通常：495~510℃
操作循环比	通常：0.1~0.25	通常：0.05~0.10
焦炭塔顶压力	通常：0.13~0.2MPa(表)	通常：0.10~0.15MPa(表)
生焦时间	20~24h	18h
馏份油循环	很少	较少
>426℃油炉管内停留时间	不大于 40s	不大于 30s
弹丸焦的生产	限制生产	基本不限制生产

(3) 主要设备方面

国内外延迟焦化装置主要设备技术现状见表 1-1-6。

表 1-1-6 国内外延迟焦化装置主要设备技术现状

项　　目	国内技术状况[6]	国外技术状况
加热炉炉型	双面辐射立式炉	双面辐射立式炉
燃烧形式	部分采用附墙燃烧	少部分采用附墙燃烧
注汽形式	多点注汽、单点注水	单点注汽或水
加热炉清焦	蒸汽-空气烧焦、在线蒸汽剥焦、机械清焦均采用	主要采用在线蒸汽剥焦和机械清焦，不烧焦
加热炉炉管材质	大多数 Cr9Mo	大多数 ASTM P91
焦炭塔材质	15CrMo 或 14CrMo，上部复合 0Cr13	15CrMo 或 14CrMo，全塔复合 0Cr13
过渡短形式	大部分采用堆焊，少数采用整体锻焊	大部分采用整体锻焊，少数采用堆焊
焦炭塔顶/底卸盖	大部分为密闭自动闸板式，少部分为半密闭自动旋启式	自动密闭闸板式居多

（4）节能降耗方面

国内外延迟焦化装置节能降耗技术现状见表 1-1-7。

表 1-1-7 国内外延迟焦化装置节能降耗技术现状

项 目	国内技术状况	国外技术状况
加热炉空气预热器	热管式、板式、水热煤式、扰流子管式等都有采用，铸铁式应用较少	铸铁式应用较多
加热炉热效率	大多数为 90%~92%，少数 92%以上	一般 91%左右
低温热利用	较多	较少
变频调速机泵	较多	较少
最大化利用空冷器	较少	较多
装置能耗	20~30kgEO/t 原料	30kgEO/t 原料以上

（5）安全方面

国内外延迟焦化装置安全技术现状见表 1-1-8。

表 1-1-8 国内外延迟焦化装置安全技术现状

项 目	国内技术状况	国外技术状况
加热炉操作联锁	基本都已设置	都设置
加热炉顺控点火	个别装置设置	大多数装置设置
焦炭塔操作顺控及联锁	较少	较多
水力除焦联锁	较多	较多
焦炭塔自动拆卸顶底法兰	较多	较多
远程智能水力除焦	较少	很少
泵罐（或塔）隔离阀	少数装置设置	多数装置设置
焦炭塔顶部逃生梯	大部分装置为斜梯+直梯，无专用逃生梯	焦炭塔两侧均为斜梯，部分设专用逃生梯
焦炭塔下部操作平台	大部分为两层布置，逃生有障碍	一层布置，逃生无障碍

（6）环保方面

国内外延迟焦化装置环保技术现状见表 1-1-9。

表 1-1-9 国内外延迟焦化装置环保技术现状

项 目	国内技术状况	国外技术状况
焦炭塔吹汽放空污水	部分装置去污水汽提，部分装置去冷焦水罐	基本都去污水汽提处理
焦炭塔吹汽放空瓦斯	部分装置去压缩机，部分装置去火炬系统	基本都去压缩机
冷焦水	独立密闭处理并循环利用，设尾气脱硫	公用一套系统，采用非密闭处理并循环利用，无脱硫设施
切焦水	独立非密闭处理并循环利用	
给水冷焦工艺	主要采用给水溢流冷焦工艺	采用给水泡焦冷焦工艺
除焦废气回收处理	部分装置采用	没有
全密闭除焦工艺	大量推广	仅一套装置运行
冷焦水系统 VOCs 回收处理	部分装置采用	没有

由上述对比可以看出，通过近几年国内焦化技术的发展，使国内的延迟焦化技术基本达到或接近国外先进的延迟焦化技术。

六、国内外主要延迟焦化技术的特点[1]

1. 焦化炉管外定向反射与管内深度裂解技术

焦化炉管外定向反射与管内深度裂解技术是以控制焦化炉炉管结焦为核心，通过特制燃烧器、炉管排布与炉膛结构合理分配炉管表面热强度，尽量降低最高油膜温度，尽量在较低的出口温度下提高焦化炉出口转化深度并提供尽可能多的生焦反应给热量，在中国延迟焦化工业快速发展过程中形成的延迟焦化高效转化技术。它具有以下特点：

① 以追求最大单程加工能力为目标，将焦化炉单程处理能力从 0.25Mt/a 提高到 0.50～0.60Mt/a，尽量降低管程数。

② 从降低焦化炉有效负荷和提高加热炉热效率两方面着手，降低装置燃料消耗，多方面措施降低这个装置能耗。

③ 从追求辐射强度均匀分配上升到合理分配炉管表面热强度，尽量降低最高油膜温度，减少炉管结焦速率，延长装置周期。

④ 基于现场炉管结焦现状诊断及趋势预测系统和原料结焦倾向定量评价，延长介质在管内的反应停留时间，提高焦化炉生焦反应给热量及生焦反应给热品质，在较低的出口温度下，提高焦化炉出口转化深度，装置干气产率低，轻油收率高。

⑤ 通过增加炉管数延长炉管内的停留时间；增加加热炉的给热量；改变介质流向，辐射室由过去的上进下出改为下进上出；加热炉墙由平面墙改为异型墙，改变辐射传热方向；火嘴由垂直燃烧改为贴墙燃烧，以减少炉管结焦和降低焦炭产率。

该技术在国内多套焦化装置得到应用，其效果为降低焦炭收率 1%～2%，增加能耗约 0.5kgEO/t 原料。

2. 蜡油下回流脱过热和循环比定量控制技术

技术的主要特点是循环比全部由蜡油下回流量来控制，蜡油下回流量大，且蜡油和重蜡油之间的分馏板数较多(没有取热回流板)，提高了蜡油和循环油的分离精度，降低了蜡油的残炭及干点，提高了蜡油产品的质量；循环比可维持恒定不变，不受分馏塔底液位波动的影响，有利于加热炉、焦炭塔及分馏塔的平稳操作和维持产品性质的稳定；操作上循环比可以根据原料变化及产品质量要求及时调整，操作简单灵活，且循环油的量可以单独计量。此外，维持循环比的恒定既有利于加热炉的长周期稳定操作，又可以保证延迟焦化装置的处理能力；焦化原料油不直接与油气的换热，减缓了换热挡板上的结焦倾向，降低了分馏塔底温度(约 310～330℃)，使分馏塔底的结焦倾向大大降低，同时减少了分馏塔底焦粉沉积的可能性。

3. 高效强适应性延迟焦化加热炉技术

辐射室炉墙为直墙与斜墙组合型式，配备附墙燃烧器燃烧方式，采用一个管程一个辐射室，可以多辐射室配一个对流室，也可以一个辐射室对应一个对流室。其优点是改善了炉膛内流场结构，增强了炉管表面热强度分布的均匀性，防止局部过热，减缓炉管结焦；有效延长焦化油高温段停留时间，同时提高炉出口温度而加热炉不会严重结焦，因此可进一步提高裂解深度，增加液体收率；一管程一辐射室，有利于在线清焦，进而延长加热炉运行周期。

4. 一种改进的延迟焦化工艺——ADCP

该工艺把焦化反应过程分为2个阶段，第1阶段把重油加热到370~430℃，先行发生浅度的热裂化反应，使键能较弱的大分子从链的中间断裂，以增加中间馏分油的产率，同时降低重油的黏度；第2阶段再把减黏重油加热到480~510℃进行深度热裂化反应，因给重油的热反应多提供了约7%的热量，故提高了重油的反应深度，从而降低了干气和焦炭产率，提高了液体产品尤其是柴油馏分的产率。中试结果表明，在焦炭塔非绝热的条件下，降低了气体和焦炭产率，液体产品产率提高1.5~2.0个百分点，尤其是柴油馏分产率提高了1.0~2.5个百分点。

5. 可灵活调节循环比工艺技术

可灵活调节循环比技术是在重蜡油集油箱下方设置分离塔板和洗涤换热挡板，高温油气进入洗涤换热挡板下方，塔底循环油抽出后分为两股：一股与经过换热升温新鲜原料混合进入加热炉缓冲罐，然后送至加热炉；另一股循环油经过换热降温，分为上、下两股进料，分别进入洗涤换热挡板上方和分馏塔底部。上进料与高温油气逆向接触换热，油气被部分冷凝形成循环油流入塔底。轻蜡油、重蜡油之间设置分离塔板，降低轻蜡油干点、提升轻蜡油质量。重蜡油和循环油之间也设置分离塔板，提高二者分离度，有利于控制重蜡油干点、残炭等技术指标。塔底设置搅拌环，防止焦粉堆积。塔底抽出线设置过滤器，及时清除焦粉。

6. 提高液收和改善加热炉进料性质的供氢体循环技术

重油中含有较多的胶质及沥青质，这些物质热解很容易产生活泼的自由基。根据自由基理论和反应机理，这些活泼的自由基极易缩合生成焦，当渣油在加热炉内达到反应温度时，生成的焦炭堆积在加热炉炉管上，增加加热炉管路压降，严重时造成装置被迫停工。中国石油根据对委内瑞拉渣油特性研究，优选采用适宜的供氢体馏分进行循环，可提高装置液体产品收率0.5%~1.0%，同时改善加热炉进料性质，延长装置操作周期。

7. 福斯特-惠勒公司(Foster Wheeler)超低循环比工艺技术

福斯特-惠勒公司(Foster Wheeler)工艺流程为选择性产率延迟焦化技术(Selective Yield Delayed Coking，SYDECSM)。全世界已有50余套焦化装置应用SYDECSM技术。SYDECSM技术可实现超低循环比和零循环比操作。换热升温后新鲜原料进入分馏塔底部，底部设置隔热挡板，焦炭塔油气入口在隔热挡板和洗涤段之间，新鲜原料不与油气换热。油气入口以上设置洗涤换热段，洗涤油为蜡油。洗涤油与油气逆向接触，冷凝下来的循环油流入塔底，塔底设搅拌环和清除焦粉设施。当洗涤段液体流量低时，塔板或填料可能结焦，洗涤段采用喷淋式空塔。

8. 大陆-菲利普斯公司(Conoco-Philips)低循环比馏分油循环工艺技术

美国Conoco-Philips公司焦化工艺的主要特点是低循环比和馏分油循环。该技术已应用于20余套装置。蜡油集油箱下方设置喷淋洗涤段，重蜡油(循环油)集油箱位于洗涤换热段下方，高温油气入口位于二者之间，新鲜原料直接进入分馏塔底部，不与油气换热。油气与洗涤油换热冷凝下来的重组分流入循环油集油箱，抽出后进入分馏塔底与新鲜原料混合送至加热炉。Conoco-Philips焦化分馏塔下部特殊的内构件设计可实现零自然循环比操作，同时可根据原料特性、产品方案和加热炉结焦情况，采用馏分油(包括汽油、柴油、轻蜡油和重蜡油)选择性循环。由于蜡油和重蜡油之间没有分离段，重蜡油质量较差。

七、国内延迟焦化技术面临的挑战及应对

1. *产品结构方面*

延迟焦化装置产品结构的特点是柴汽比高，汽油是较好的乙烯裂解原料，柴油的十六烷值较高。在目前的国内市场环境下，汽油的需求量大且价格高，以石脑油为原料的乙烯裂解装置效益下降，都直接影响到焦化汽油的利用价值；受交通运输和天然气供应量增加的影响，国内柴油需求量增速远低于汽油，炼油厂的生产目标由过去的提高柴汽比改为降低柴汽比以提高效益，柴汽比较高的焦化装置将受到影响。表 1-1-10 为常压渣油加氢+催化加工流程常压渣油的产品产率[7]，表 1-1-11 为减压深拔+焦化+蜡油加氢+催化加工流程常压渣油的产品产率[7]。

表 1-1-10　常压渣油加氢+催化加工流程常压渣油的产品产率

原料或产品	常渣加氢		渣油催化裂化		总收率/%(质)
	10^4t/a	%(质)	10^4t/a	%(质)	
原料：常压渣油，残炭 11%	500	100			
精制渣油，残炭 4.9%			465.40	100	
产品：气体	3.10	0.62	25.74	5.53	5.77
液化气	—	—	76.56	16.45	15.31
汽油	3.40	0.68	195.47	42.00	39.77
柴油	28.10	5.62	102.57	22.04	26.13
精制渣油	465.40	93.08			
油浆			25.04	5.38	5.02
焦炭			40.02	8.60	8.00

表 1-1-11　减压深拔+焦化+蜡油加氢+催化加工流程常压渣油的产品产率

原料或产品	减压深拔		延迟焦化		蜡油加氢		蜡油催化裂化		总收率/%(质)
	10^4t/a	%(质)	10^4t/a	%(质)	10^4t/a	%(质)	10^4t/a	%(质)	
常压渣油，残炭 11%	500	100							
减压蜡油，残炭 0.36%				275	91.76				
焦化蜡油，残炭 0.25%				24.71	8.24				
精制蜡油，残炭 0.15%						292.21	100		
减压渣油，残炭 24.0%		225	100						
产品：气体			10.78	4.79	4.43	1.48	9.26	3.17	4.89
液化气			6.80	3.02	—	—	55.64	19.04	12.49
汽油			34.42	15.30	2.44	0.81	145.78	49.89	36.53
柴油			72.69	32.31	0.63	0.21	60.63	20.75	26.79
焦化蜡油			24.71	10.98					
减压蜡油	275	55							
减压渣油	225	45							
精制蜡油					292.21	97.50			
油浆							6.14	2.10	1.23
焦炭			75.60	33.60			14.76	5.05	18.07

由表1-1-10和表1-1-11看出，针对常压渣油加工，常压渣油加氢+催化加工流程和减压深拔+焦化+蜡油加氢+催化加工流程的柴汽比分别为0.66和0.73。根据渣油和成品油的碳氢平衡，加氢路线是通过补充氢气使渣油轻质化，氢碳比高的汽油收率高；脱碳路线是通过碳的浓缩使渣油轻质化，焦炭收率高，氢碳比低的柴油收率也高。氢耗与所得轻质油价差和轻质油与焦炭价差的大小直接关系到两种工艺路线的经济性。要降低减压深拔+焦化+蜡油加氢+催化加工流程的柴汽比，一是提高减压拔出率，降低焦化负荷；二是提高焦化装置的液体收率，特别是蜡油收率，增加蜡油加氢原料提高催化装置负荷。针对延迟焦化装置通过降低循环比、降低操作压力和提高炉出口温度以提高液体收率是主要的降低全厂柴汽比的应对措施，也是延迟焦化工艺技术发展的主题。

2. 石油焦出路方面

延迟焦化装置生产约25%~35%的焦炭，焦炭作为优质的还原剂和燃料，被广泛应用于电解铝、钢铁、玻璃、水泥、煤化工等领域，成为相关行业不可或缺的原料。石油焦产量和质量与炭素行业等下游生产和应用有重要的关联性。冶炼行业是石油焦的主要用户，目前国内年采购量大约为16Mt以上，约占全国石油焦总产量的60%以上。冶炼行业采购石油焦主要用于铝用煅后焦和预焙炭阳极生产，部分用于电炉炼钢石墨电极生产。因此，对石油焦的质量和性质有着较严格的要求，最重要的指标是硫含量一般不能超过3%，钒、钠、钙、镍等微量元素的含量应在标准范围之内。

目前各国石油焦标准主要以硫含量不同划分等级，根据硫含量的不同，通常以3%含量划分为高硫焦和低硫焦，小于3%为低硫石油焦，3%以上为高硫焦。小于3%硫含量的石油焦是行业标准，高硫焦目前尚没有行业标准，仅有企业标准。1A和1B焦适用于炼钢工业中制作普通功率石墨电极，也适用于炼铝工业中制作铝用炭素。2A、2B、3A、3B和4A焦用于炼铝工业中制作铝用炭素材料，主要作为预焙阳极煅烧焦原料、化学工业中制作碳化物、工业硅和碳化硅等。硫含量更高的石油焦主要用作燃料或与超低硫焦混兑生产低硫焦。

2013年9月12日国务院发布《大气污染防治行动计划》（“大气十条”），提出十条措施力促空气质量改善。该计划要求加大综合治理力度，减少多污染物排放，全面整治燃煤小锅炉，加快重点行业脱硫、脱硝、除尘改造工程建设等。随着环保法规的完善和标准的提升，预计将对电厂、炭素厂、电解铝厂等石油焦应用行业产生影响，进而会影响石油焦的供应。

2015年8月29日修订的《中华人民共和国大气污染防治法》第三十七条提出禁止进口、销售和燃用不符合标准的石油焦，虽然目前石油焦产品的国家标准未发布，如果按照行业标准执行，硫含量3%以上的高硫焦将被限制，高硫焦的出路成为延迟焦化工艺技术发展的最大问题。基于国家冶金、碳素和电解铝行业的提升发展和环保措施的完善，对低硫焦的需求不会降低，限制高硫焦的生产可能导致低硫焦供应紧张，因此，近期低硫焦的出路不会存在问题，减少高硫焦的产量和降低高硫焦的硫含量成为解决焦炭出路的关键。现阶段的主要措施是通过购买低硫原油、焦化原料加氢或非加氢脱硫、掺炼低硫重油等来降低焦化进料的硫含量以降低焦炭的硫含量。通过改变操作条件和添加助剂或催化剂，使原本进入焦炭的硫转移到其他焦化产品中的焦化过程硫转移技术正在进行研究。固体焦炭的直接脱硫难度相对较大，但也有研究单位在进行试验室探索。石油焦产品的行业标准见表1-1-12。

表 1-1-12　石油焦产品的行业标准

项　　目	质量指标 NB/SH/T 0527—2015						
	一级	合　　格					
		1A	1B	2A	2B	3A	3B
硫含量/%	0.5	0.5	0.8	1.0	1.5	2.0	3.0
挥发分/%	12	12	14	14	17	18	20
灰分/%	0.3	0.3	0.5	0.5	0.5	0.8	1.2
水分/%	3						
真密度/(g/cm^3)	2.08~2.13	报告					
粉焦量(8mm 以下)/%	25	报告					
硅含量/%	0.08						
矾含量/%	0.015						
铁含量/%	0.08						

3. *环境保护方面*

随着国家生态文明建设的逐步发展，人们更加需要的是碧水蓝天，因此炼油厂的环境保护越来越得到重视。虽然延迟焦化装置不是炼油厂排放污染物最多的装置，但是焦化装置中的开放式焦池、黑色焦炭的露天储存和装运会给人们一个不环保的印象，焦炭储运时焦粉的飘洒、除焦时焦池上空废气的排放、切焦水中有毒组分的挥发等也的确给环境造成了不良影响，这也严重影响到了延迟焦化技术的推广和应用。

目前延迟焦化装置在环保方面的突出问题主要有：除焦过程排放的废气、开放式切焦水系统挥发的废气、石油焦露天堆放及装运过程产生的粉尘和加热炉烧焦时产生的烟气等。针对除焦过程产生的废气，可以单独采用除焦排放废气的回收处理技术处理，该技术主要由收集、增压、冷凝冷却、脱硫、去加热炉燃烧等工艺过程组成，该技术把除焦废气中的硫化物由 $50mg/Nm^3$ 降低到 $0.5mg/Nm^3$ 后送入加热炉，不但降低了硫化物的环境污染，而且减少了 VOC 的排放[7]。针对石油焦、切焦水、除焦废气的污染问题，国外已有成熟的密闭除焦技术(CCSS)，其工艺过程是焦炭先经破碎后进焦坑，然后由粉焦泵抽送至罐进行脱水和储焦。国内已经成功开发密闭式除焦技术：一种是安全环保型延迟焦化石油焦密闭除焦、输送及储存成套技术(S-CCHS)，其工艺过程是焦炭先经破碎后进入密闭的焦坑，在焦坑停留一定的时间以实现焦炭、切焦水和废气的分离，废气通过抽空、增压和脱硫后送至加热炉，切焦水经过提升、沉降和过滤然后送切焦水罐，焦炭由垂直安装的螺旋提升机提升经皮带输运机输送至焦炭料仓，根据需要再由斗提机把焦炭提升经皮带输运机输送至汽车或火车装车料斗。该技术已经成功应用到多套延迟焦化装置上，效果良好。另一种是清洁高效密全闭除焦成套技术(CQDS)，其工艺过程是焦炭先经破碎后进入密闭的焦炭缓冲仓，在缓冲仓实现焦炭与切焦水的初步分离和焦炭与废气的彻底分离，废气通过抽空、增压和脱硫后送至加热炉，切焦水自流至密闭的沉淀池，然后经过提升、增压、过滤后送切焦水罐，焦炭和未脱除的切焦水由具有脱水功能的管链机连续送至焦炭储料仓，根据需要再由斗提机把焦炭提升经皮带输运机输送至汽车或火车装车料斗。国内也有公司在开发离心泵送焦炭的密闭除焦技术，其工艺过程是焦炭先经破碎后进带搅拌功能的缓冲罐，在缓冲罐内用水稀释焦炭，然后由泵抽送至脱水罐，在脱水罐内焦炭重力脱水合格后自流至皮带输送机，经皮带输运机输送至焦炭料仓、汽车或火车装车料斗。缓冲罐和脱水罐脱除的废气通过抽空、增压和脱硫后送至加热炉，脱水罐脱除的水经增压、过滤后部分去切焦水罐，部分去缓冲罐循环利用。不管哪种工艺技术，都采用了废气的脱硫和燃烧，减少了 VOC 的排放，解决了除焦过程的污染问题。由于除焦过程实现了密闭操作，常规的靠操作人员观察的操作模式已经不适用，因此都需配套远程智能水力除焦系统，该系统可实现除焦过程的远距离、全程自动操作与监控。针对炉管烧焦烟气对环境的污染，在美国炉管烧焦已被限制，目前国内的机械清焦技术已经成熟，也在逐步减少烧焦或取消烧焦。

八、国内延迟焦化技术的推广

经过近年来延迟焦化产能的飞速发展，国内延迟焦化技术已经相对成熟，今后它将处于一个全面发展的新阶段，现代延迟焦化值得推广和开发的新技术如下。

1. 新型焦化加热炉[8]

延迟焦化是一种利用重油在热转化深度较低时不易生成结焦前体物(结焦母体)的特性，在焦化加热炉管内获得重油轻质化所需要的能量，然后在焦炭塔内完成生焦反应的工艺过程。控制焦化加热炉炉管结焦速率是确保延迟焦化装置长周期运行的基础，在此基础上要确保焦化加热炉把工艺介质加热到特定的炉出口温度、供给介质升温、部分汽化和反应所需要的热量，增加馏分油产率，减少装置的焦炭产率，从而使焦化过程获得良好经济效益。由此可见，良好的加热炉设计和操作是延迟焦化装置实施“安、稳、长、满、优”生产过程中的关键设备之一。

(1) 双面辐射焦化加热炉

美国双面辐射焦化炉的设计始于 1994 年，从那时开始，美国新建的延迟焦化装置有 90%以上均采用双面辐射焦化炉。国内第一台双面辐射焦化炉于 1999 年年底在上海石化股份有限公司建成并顺利投产，并且在 2001 年 2 月成功地实施了在线清焦操作。与常规单面辐射焦化炉相比，双面辐射焦化炉在操作周期及操作费用等方面有着显著的技术和经济优势。双面辐射延迟焦化加热炉的辐射段燃烧室有三种形式：箱式、阶梯式、组合截面式。可以是一个辐射段设置一个对流段，或是几个辐射段公用一个对流段。双面辐射焦化炉辐射炉管内介质一般采用自上向下流动方式，但也有关于采用自下向上流动方式的报道。为强化焦化加热炉传热，FW 公司阶梯式双面辐射加热炉是当今世界上比较先进的焦化加热炉。

(2) 高效强适应性延迟焦化加热炉技术

为满足加工劣质化原料、降低循环比和提高裂化苛刻度等的工艺要求，我国开发了高效强适应性延迟焦化加热炉技术。该技术主要内容是辐射室炉墙为直墙与斜墙组合型式，配备附墙燃烧器燃烧方式，采用一个管程一个辐射室，可以多辐射室配一个对流室，也可以一个辐射室对应一个对流室。其特点是改善了炉膛内流场结构，增强了炉管表面热强度分布的均匀性，防止局部过热，减缓炉管结焦；有效延长焦化油高温段停留时间，同时提高炉出口温度而加热炉不会严重结焦，因此可进一步提高裂解深度，增加液体收率。

(3) 推广铸铁双向翅片空气预热器

铸铁双向翅片空气预热器是空气预热器的空气侧和烟气侧均有与气体流动方向一致、采用添加微量元素的抗露点腐蚀的铸铁材质的不连续翅片。其技术特点为：间壁式换热，比表面积大；既强化换热效果，又有效减少流动阻力；可有效避免积灰和便于水清洗；换热元件间的密封结构的设置可有效减少泄漏，利用热膨胀现象，强化热态下的密封性；由于流动空间较大对燃料的灰分含量要求不高；适应温度高和抗腐蚀性能好等。推广采用铸铁双向翅片空气预热器对提高加热炉热效率能起到良好作用。

2. 焦炭塔自动底盖机

自从美国 Delta Valve 公司开发了单闸板阀式自动底盖机和德国 G&J 公司开发了双闸板阀式自动底盖机后，国外的焦化装置基本都陆续更换了自动底盖机。国内开发并成功应用了4种自动卸盖机，包括半密闭液压旋启式卸盖机、全密闭闸板阀式卸盖机、全密闭可调密封力的闸板阀式卸盖机和全密闭可调密封力的扇形阀式卸盖机，涉及的种类已超过国外并在国内取代进口产品，设备投资也大大低于进口产品。焦炭塔顶/底自动卸盖机的应用对提高焦化装置的安全水平、自动化水平、环境水平和缩短生焦时间、提高处理量等方面发挥了重要作用。

3. 焦化加热炉清焦/机械清焦

延迟焦化加热炉炉管管内结焦是难以避免的，管内结焦除影响到传热效果和增加压降外，还会造成装置处理量降低，影响装置操作周期和效益。及时迅速清除炉管内结焦，特别是在不停炉的条件下清焦，是提高延迟焦化加热炉长周期运转及装置开工率的有效措施。清除管内结焦常用的方法有：在线蒸汽剥焦、水力机械清焦、蒸汽-空气烧焦等，推荐在线蒸汽剥焦+水力机械清焦，取消蒸汽-空气烧焦。

(1) 在线蒸汽剥焦

在线蒸汽剥焦(On-line spalling)是在延迟焦化加热炉不停炉情况下对炉管内结焦进行清除的一种比较简单和高效的过程。多管程的炉子可采用这种清焦方式。操作时，需清焦的炉管通入蒸汽、切断进料(通常是多管程中的一个管程)，其余管程正常操作，清焦用的蒸汽及被剥离的碎焦炭与其他管程油品一同进入焦炭塔。

(2) 空气-蒸汽烧焦

过去国内应用广泛且较成熟的延迟焦化清焦技术是空气-蒸汽烧焦。随着国内工艺流程设计的改进和优化，烧焦技术得以实现分炉膛实施。全部停炉与分炉膛烧焦的原理是相同的，将空气、蒸汽通入需清焦的管程，并升温。管内焦层在高温环境下，与空气接触燃烧。在此过程中，利用蒸汽量控制烧焦速度并带走燃烧产生的热量，同时降低管壁温度起到保护炉管的作用。

(3) 机械清焦

机械清焦方法是国内外近年广泛采用的清焦技术，英文名称为 Pigging 或 Pigging-clean，可翻译成清焦球或管道清洁球，也有工程公司称之为水力机械清焦。水力机械清焦时，将需要清焦管程的出入口与清焦工程车的水系统连接，用安装在工程车上的泵组打出 2~3MPa 压力的水流，推动特殊材料及工艺制造的清焦球(PIG)在管道内运动，清理管内焦层。如果加热炉每个炉膛的对流及辐射能够隔离，可实现分炉膛的水力机械清焦。

采用以上三种清焦技术或其组合模式，可以有效地保证装置的在线率，提高延迟焦化炉的操作苛刻度，为优化装置目标产品加工劣质原料提供技术保障。不同清焦方式的对比见表1-1-13。

表1-1-13　不同清焦方法的比较[8]

清焦方法	空气-蒸汽烧焦	蒸汽在线清焦	水力机械清焦
清焦效果	基本清除可燃烧的焦炭物质，但管壁的无机盐垢以及对流段结焦无法彻底清除	清焦并不彻底，需要每半年左右一次，最终还是需要停炉清焦	可以彻底地清除干净炉管内所有的结焦及锈垢，可实现两年一次清焦
清焦时间（以四管程为例）	24h左右	48h左右	30h左右
安全系数	炉管局部温度达到700℃以上，对炉管的使用寿命有影响，易造成局部过热而引起炉管变形甚至超温损坏	有可能造成清焦效果差、炉管堵塞、炉管变形，甚至炉管爆裂等严重的事故发生	无风险
环保	产生大量的烟尘、硫化物和污水	无污染	无污染
清焦效果检测	烧焦过程中无法直观检测	恢复正常操作后才能进行检测	用炉管清焦器检测清焦效果
适应性	多种加热炉	特殊设计的加热炉	多种加热炉

4. 中国石化延迟焦化安全环保型密闭除焦、输送及存储成套技术(S-CCHS)

中国石化为解决延迟焦化装置除焦、输送及存储过程的安全环保问题，开发了延迟焦化安全环保型石油焦密闭除焦、输送及存储成套技术(S-CCHS)，其技术包括四个部分：石油焦密闭除焦技术，远程智能水力除焦技术，焦炭塔操作安全控制系统，石油焦密闭存储、输送及定量装车技术。

石油焦密闭除焦技术框图如图1-1-6所示，石油焦密闭除焦系统包括：闸板阀式顶/底盖机、筛分破碎机、密闭石油焦脱水仓、垂直螺旋提升机、切焦水处理单元、尾气回收及处理单元。

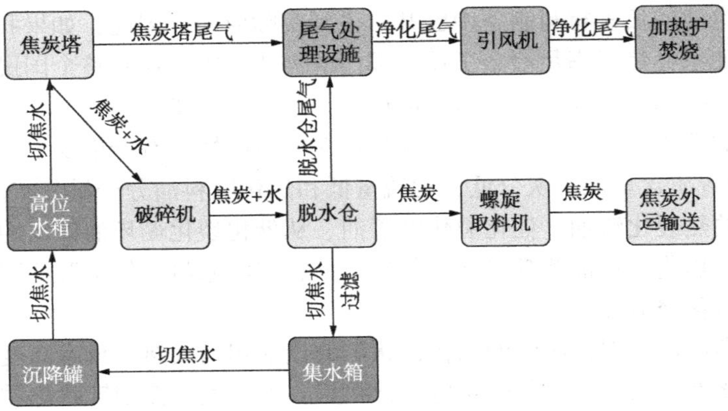

图1-1-6　石油焦密闭除焦技术框图

焦炭塔中的石油焦经水力除焦系统切割后，通过底盖机进入筛分破碎机，破碎后的石油焦颗径小于150mm，与切焦水一起进入密闭式脱水仓中；石油焦在脱水仓中经摊平、脱水后，通过智能取焦系统控制的垂直螺旋提升机自动输送至石油焦密闭存储、输送及定量装车系统，实现石油焦全流程密闭作业，彻底解决了有关的污染问题。

切焦水通过脱水仓底部排出，自流进入多功能集水箱，多功能集水箱设置有切焦水输送泵；切焦水经过脱水仓中焦炭层和底部的过滤网过滤，泵送至沉降罐进一步静止分离，沉降罐底部焦浆回送脱水仓过滤分离，干净水输送至后续储水罐进行储存，作为水力除焦及装置冲洗水循环使用。

整个除焦过程中产生的废气，包括塔顶气在内，经引风机统一收集，集中输送至尾气处理装置，经尾气处理装置进行除尘、脱硫除臭处理后，作为加热炉配风焚烧，排放符合有关环保要求。

该技术的主要特点是：

① 利用原焦池改造成的脱水仓，容积可容纳缓冲一塔石油焦量，除焦过程与取

焦过程分开，和现有的延迟焦化的生产操作程序一致，如取焦部分设备发生故障也不会影响焦化装置生产。

② 来自焦炭塔的石油焦自流进入脱水仓，静止脱水后，采用螺旋提升机将干石油焦取出，系统能耗低。

③ 综合考虑了除焦过程中各种尾气收集并进行无害化处理，环保水平高。

④ 螺旋提升机、破碎机等设备采用专门设计，结构简单，易损件维护更换容易，可靠性高。

⑤ 系统全部采用远程智能控制，改善了除焦操作人员的作业环境、减轻了劳动强度。

⑥ 系统流程简单、施工周期短、投资少，尤其适合老装置改造。

5. 油系针状焦制备

近年来，国内针状焦生产和市场波动较大。从长期发展看，我国钢铁工业电炉炼钢比例约为10%，远低于70%的国际水平，电炉炼钢吨钢综合能耗可减少53%，吨钢CO_2排放减少88.9%，总排放减少64%，说明无论是从炼钢的能耗还是减排角度分析，发展电炉炼钢、提高电炉钢比例都是钢铁工业至关重要的方向。此外，近年来由于针焦的价格优势和技术突破，在新能源锂电池的负极材料制备中已开始得到实际应用。因此，如果我国焦化行业能够生产国内急需的油系针焦以满足冶金工业等部门的需要，则不仅对整个国民经济做出了重要贡献，也是在焦化技术进步和产品增值方面迈出了重要的一步。

根据针状焦的性质和生成机理，生产针状焦对原料的性质有严格要求，主要是要求芳烃含量高、胶质/沥青质含量低、灰分低、含硫量低和焦化原料油分子量分布范围较窄等特点。理论上，炼油厂的热裂化渣油、催化裂化澄清油、从催化裂化循环油抽出的重芳烃、润滑油糠醛精制抽出油、焦化重蜡油等都可能用作生产针状焦的原料，但实践证明，生产针状焦的最佳原料是催化裂化澄清油。

目前，国外利用催化裂化澄清油制备针状焦的技术相当成熟，技术高度保密。以低硫减压渣油和催化裂化澄清油为原料共碳化生产针状焦，可以人为控制针状焦质量，根据需要生产不同档次的针状焦。共碳化生产针状焦技术是根据针状焦的形成机理，通过添加另一种原料共碳化，在液相碳化过程中组分分子间发生氢转移、烷基化转移、狄尔斯-阿尔德加成反

应，以改善反应体系的组成与结构，满足针状焦质量要求。

我国催化裂化装置大部分加工进口高硫原油，很多是重油催化裂化，得到的催化油浆质量在灰分和含硫等指标方面不能满足针状焦原料要求，当务之急是要解决从劣质催化油浆制备油系针状焦所面临的困难。

催化油浆制备油系针状焦包括三个步骤：即原料预处理-焦化-针焦焙烧，其中重要一步是针状焦原料的制备(原料预处理)，尤其在使用劣质催化油浆作为原料时更为重要。

(1) 催化油浆预处理

针状焦生产过程中原料预处理是非常重要的一环。对于以劣质催化油浆为针状焦原料的方案而言，油浆的脱灰和脱硫是预处理的两个主要目的。随着油浆精制技术的进步，开发了不少预处理工艺，包括油浆直接过滤、减压蒸馏深拔、超临界抽提和加氢精制等技术。

(2) 催化油浆的减压蒸馏深拔-加氢精制

通过减压蒸馏从催化油浆中得到70%左右的低灰分针焦原料，然后经过加氢精制将硫含量降低到0.3%水平，加氢工艺不太复杂，可以利用一些闲置的小装置去做，投资也能得到降低。据国外报道，油浆预处理第一道工序大部分可采用“减压闪蒸”工艺，油浆加热炉设计时要注意避免因含有催化剂粉末引起产生炉管堵塞甚至结焦现象。

(3) 针状焦焦化

从针状焦生成机理可知，要生产出质量合格的针状焦，除原料能满足要求外，还必须要有适宜的环境，使原料油能够成长为中间相小球体，并再从中间相小球体转化为广域中间相，最后得到针状焦。因此生产针状焦的技术关键之一是选择、确定适宜的成焦工艺条件，尽量靠近理想的生焦条件，包括：低温/高温、绝热、高压、长停留时间。利用常规延迟焦化工业装置生产针状焦时，在操作上一般采用变温操作，大循环比和延长焦炭塔的生焦周期才能生产出质量合格的针状焦。鲁姆斯针状焦工艺认为只有做到所要求质量传递/反应动力学之间的巧妙平衡以后才能形成针状焦。因此，针状焦生产时焦化温度要足够高并在适宜的黏度下以允许中间相的生长和聚结，温度过高或过低都是不利的。温度过高，焦化反应过快；温度过低，黏度过高，抑制中间相的生长，有利于生成均质焦(isotropic coke)。高焦化压力/高循环比有利于保持反应的流动性和提高焦收率，尤其是高焦化压力实际可能是制备优质针状焦的关键因数。

国外生产针状焦一般是根据原料油的性质和种类确定生产针状焦工艺流程。采用高芳烃原料油(热裂化渣油、催化裂化澄清油、乙烯裂解焦油等)生产针状焦时，可采用一段法流程，即按照需要的工艺条件将原料直接焦化生产针状焦。两段法流程是热裂化-焦化联合过程。其目的是首先将原料油(如焦化蜡油)在热裂化工序中制取适合于生产针状焦的原料(热裂化焦油)，生成的热裂化焦油再进入焦化工序生产针状焦。这种情况下，可根据原料的种类及性质，在流程中适当安排必要的精制、处理工序。

参考文献

[1] 瞿国华．延迟焦化装置工艺与工程[M]．2版．北京：中国石化出版社，2017.

[2] 李出和，李蕾，李卓．国内现有延迟焦化技术状况及优化的探讨[J]．石油化工设计，2012，29(1)：10-12.

[3] 胡尧良．延迟焦化装置技术手册[M]．北京：中国石化出版社，2013.

[4] 李出和，李卓，袁志祥．2. 5Mt/a 延迟焦化装置的设计与运行探析[J]. 石油化工设计，2010，27(1)：1-4.
[5] 汪华林，扬强．延迟焦化生产技术进展[M]. 上海：华东理工大学出版社，2010.
[6] 李蕾，李出和．加工劣质渣油的延迟焦化技术探讨[J]. 炼油技术与工程，2013，(8)：14-17.
[7] 李出和，李晋楼．国内延迟焦化技术面临的挑战和发展的探讨[J]. 石油化工设计，2015，32(4)：1-4.
[8] 中国石油化工信息学会石油炼制分会．2013 年中国石油炼制技术大会论文集[M]. 北京：中国石化出版社，2013.

第二章　原料与产品

第一节　原料的性质与表征

延迟焦化适用原料品种较多，既有石油常减压渣油、溶剂脱油沥青，石油加工中的各种副产物如催化裂化油浆、溶剂精制抽出油，也可以直接加工重质原油，国内煤焦油沥青也可作为延迟焦化原料，但加工量很小，因此延迟焦化原料的性质组成、结构特征属于重质油的范畴。

一、重质油组成

（一）元素组成

石油重质油的主要元素组成同原油类似，主要由碳、氢、硫、氮、氧五种元素组成，此外还含有微量的镍、钒、铁、铜等金属元素，其元素组成在含量上有共性和差异性。

1. 重质油的碳氢元素组成及氢碳比

元素组成含量可以体现重质油特征，一些原油的减压渣油的碳氢元素组成数据列于表2-1-1，其中元素含量用 ω_C、ω_H、ω_S、ω_N 和 ω_O 分别表示元素碳、氢、硫、氮、氧的质量分数。由表可见，重质油中碳的含量一般在83%~87%之间，氢的含量一般在10%~12%之间。

碳氢含量可以大体表征重质油碳氢结构的化学特性，但当重质油中的杂原子含量的差别较大时，单纯用氢含量就不能准确地对重质油进行比较，而用氢、碳原子数之间的比值（N_H/N_C）来表征重质油的化学特性就更为直观。对于像重质油这样复杂的混合物，氢碳原子数比可为表征重质油的平均分子结构提供重要的信息。从重质油加工的角度看，氢碳原子数比也是一个能很好地与其加工性能相关联的重要参数。

从表2-1-1中所列国内外一些重质油的氢碳原子比可以看出，其范围约在1.4~1.7之间。其中大庆、阿曼等减压渣油的氢碳比较大，约为1.7，而科威特、卡夫奇等减压渣油的氢碳比则较小，只有约1.4。我国大多数原油减压渣油的氢碳比在1.6左右，居于中间。表2-1-1中的数据还表明，一般来说，石蜡基原油减压渣油的氢碳比较大，环烷基原油减压渣油的氢碳比较小。但也不尽然，例如同为石蜡基原油的减压渣油，大庆减压渣油的氢碳比显著较大，为1.70，而任丘减压渣油的氢碳比则只为1.60，与一般中间基原油的减压渣油相似。这是由于按照特性因数 K 或美国矿务局关键馏分密度评定原油基属的方法，并不一定能表征其中渣油的特性。为此，梁文杰[1]提出将氢碳原子比作为表征重质油化学结构、转化性能及其分类的指标之一，将 $N_H/N_C>1.65$ 的归属为质量较好、易于轻质化的重质油，将 N_H/N_C 为1.50~1.65的归属为中等质量的重质油，而将 $N_H/N_C<1.50$ 的归属为质量较差、不易轻质化的重质油。

表 2-1-1　减压渣油的元素组成

减压渣油	ω_C/%	ω_H/%	ω_S/%	ω_N/%	ω_O/%	N_H/N_C
大庆	86.7	12.3	0.15	0.53	0.6	1.7
胜利	84.4	11.6	1.95	0.92	0.73	1.63
孤岛	85.2	10.5	2.86	1.18	1.05	1.47
单家寺	86	10.8	0.87	1.42		1.5
临盘	87.2	11.8	0.6	0.8		1.61
高升	85.8	11.4	0.77	1.19		1.58
欢喜岭	86.3	10.7	0.57	0.88		1.48
任丘	86.2	11.6	0.76	1.08		1.6
中原	85.6	11.6	1.0	0.6		1.61
新疆九区	86.7	11.7	0.45	0.79		1.61
井楼	86.5	11.6	0.65	1.18		1.6
阿曼	85.8	12.2	1.6S	0.45		1.69
阿拉伯(轻)	84.9	10.4	3.99	0.45		1.46
阿拉伯(重)	83.5	10.9	5.5	0.46		1.57
伊朗(轻)	85	10.3	3.2	0.66		1.44
伊朗(重)	85	10.2	3.6	0.7		1.43
科威特	84	10.1	5.05	0.31		1.43
卡夫奇	84.1	9.84	5.4	0.36		1.39
米纳斯	87.1	12	0.16	0.47		1.64
阿萨巴斯卡	82.9	10.5	4.89	0.44		1.51
阿拉斯加北坡	85.6	10.5	2.77	0.68		1.47

陈俊武[2]早期提出将重质油表征为平均分子$(CH_mS_nN_pO_q)_x$，并对重油加工过程中的氢碳平衡和分配进行了讨论，对于延迟焦化，若无外加的氢进入，重质油在转化过程中，其产物总的碳含量及氢含量是和原料的碳含量及氢含量相等的，碳平衡和氢平衡可用下列各式表达：

碳平衡式：

$$100=A+B+C+D+E+F+G \tag{2-1-1}$$

氢平衡式：

$$100m=A\times m_a+B\times m_b+C\times m_c+D\times m_d+E\times m_e+F\times m_f+G\times m_g+J \tag{2-1-2}$$

$$100J=A\times[2\times V_{(H_2S)}+3\times V_{(NH_3)}+2\times V_{(H_2O)}+2\times V_{(H_2)}] \tag{2-1-3}$$

式中，$A\sim G$代表每一个原料油的碳原子中干气、富气、石脑油、柴油、蜡油、甩油和石油焦中的碳原子数；J为与S、N、O结合成为H_2S、NH_3和H_2O的氢原子数；m为原料油的氢碳原子比值；m_a至m_g相应于A至G产品的氢碳原子比值；$V_{(H_2S)}$、$V_{(NH_3)}$、$V_{(H_2O)}$、$V_{(H_2)}$分别为H_2S、NH_3、H_2O、H_2的体积分数,%。表2-1-2是任丘和大庆减渣焦化过程中氢碳平衡式参数，这些参数可使我们对焦化过程碳氢分配有较深入的认识。

表 2-1-2 任丘和大庆减渣焦化过程中氢碳平衡式参数[2]

原油名称 馏分 脱碳过程	任丘 减压渣油 延迟焦化	大庆 减压渣油 流化焦化	原油名称 馏分 脱碳过程	任丘 减压渣油 延迟焦化	大庆 减压渣油 流化焦化
A	8	6	m	1.68	1.73
B	2	5	m_a	3.5	3.2
C	12	19	m_b	2.4	2.2
D	25.5	25	m_c	2.05	1.9
E	28	38	m_d	1.84	1.75
F	2.5	0	m_e	1.74	1.6
G	22	7	m_f	1.75	0
J	2	~0	m_g	0.4	0.2

重油焦化过程实际上是一个分子向两极分化的过程，总的氢碳比是守恒，但转化后碳、氢在各产物中的分配发生变化，总体来说就是氢向轻产物端转移，碳向重产物端转移。也就是说，当转化后裂解产物的氢碳原子比主要是升高的过程，焦化重蜡油中有部分组分氢碳原子比可能低于原料，石油焦的氢碳原子比显著降低。为了维持氢平衡，特别是当产生过多的干气，不可避免产生更多的焦炭。因此，碳平衡、氢平衡及氢碳比平衡常用来作为考察重质油转化过程的一个手段。

2. 重质油中的杂原子

石油中的杂原子主要是硫、氮和氧，其中一般以硫含量为最高。如表 2-1-1 所示，重质油中硫含量的范围为 0.15%~5.5%，差别很大；而氮含量的差别较小，为 0.3%~1.4%。由于早期对氧含量一般并不直接进行测定，而是采用减差法得到的，不很准确，如今已经可以直接测定氧含量，但直接法的数据还是太少，表 2-1-1 中仅列出了几个用直接法测得的含氧量。总体来看，重质油中杂原子的含量大体在 2%~7%之间。

我国原油减压渣油中的硫含量一般不高，大部分渣油硫含量在 1%以下，但胜利、孤岛、江汉和塔河减压渣油等硫含量较高；国外中东原油的渣油硫含量较高，而一些重质渣油如加拿大阿萨巴斯卡油砂沥青硫含量很高。一般而言原油中所含的硫约有 70%集中在其减压渣油中，图 2-1-1 是国内外八种原油馏分及渣油氮相对含量，可见硫含量随馏程变重增加，增加速率介于平均沸点的一次方和二次方之间；以每种原油硫含量作为 100，减压渣油的相对硫含量为 130~230，如果减压渣油硫含量高于一定值，则延迟焦化石油焦的硫含量会高于 3.0%，按照我国环保法规不能出厂，石油焦硫含量和进料硫含量的关系还需要深入研究。

我国减压渣油氮的含量相对较高，大多在 1%左右，其中单家寺、孤岛、高升和井楼减压渣油的含氮量都高于 1%，图 2-1-2 是国内外七种原油馏分及渣油氮相对含量，以原油氮含量作为 100，减压渣油的氮含量为 180~325，可见随馏分变重，氮含量近似呈指数增加，减压渣油中集中了原油中 90%的氮。

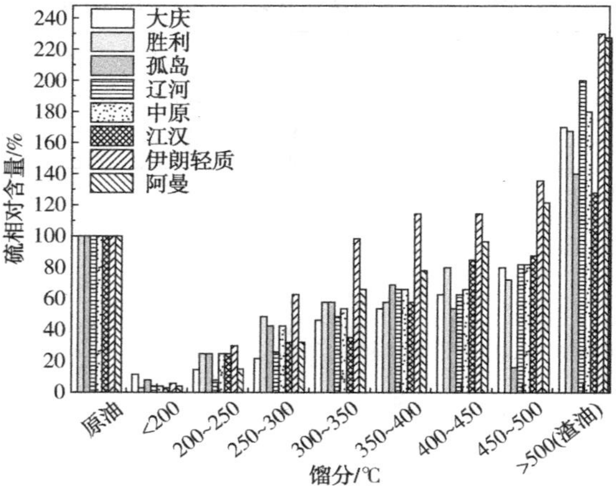

图 2-1-1　八种原油馏分及渣油硫相对含量

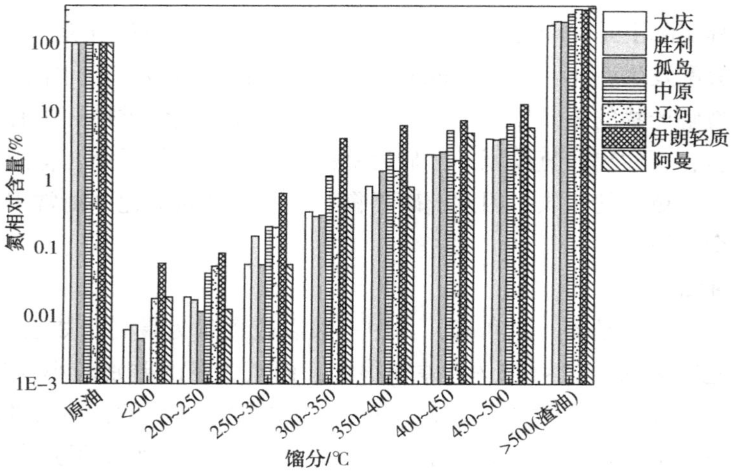

图 2-1-2　七种原油馏分及渣油氮相对含量

从减压渣油平均分子中的原子数目来看，每 100 个原子中只有几个杂原子，但目前的研究结果表明重质油的杂原子化合物以单杂原子化合物为主，因而从化合物的含量来看，则其中所含的非烃化合物可达百分之几十，甚至超过百分之五十。因此，对于重质油中非烃化合物的研究是重质油研究工作的重点之一。

3. 重质油中的微量元素

石油中含有微量的多种元素，其中大部分是金属，这些金属都是以金属有机化合物的形式存在于石油中，与硫、氮、氧等杂原子以化合物或络合状态存在。由于石油生成的条件不同，不同原油中的金属含量差别很大，一般为几到几百 μg/g，也有高达上千 μg/g。对重质油延迟焦化及后续加工而言，影响比较大的有 Ni、V、Fe、Cu、Ca、Na 等。

表 2-1-3 所列为一些减压渣油中的 Ni、V、Fe、Cu 含量，与相应原油中的微量金属含量相比，即可发现原油中 95%以上的微量金属集中在其减压渣油中。这些金属在减压渣油中的含量虽然很少，对延迟焦化的影响并不很确切，如影响生焦率和产品分布还没有明确结

论，但对延迟焦化产品质量有影响，如石油焦的灰分含量会受影响，而且由于一些金属化合物的挥发性，焦化蜡油可能会含有少量的微量金属，如几个 μg/g 的 Ni、V，这会给后续催化加工的催化剂带来危害，Ni 和 V 能使催化裂化催化剂的活性降低，碱金属会导致催化剂的失活或床层堵塞。

表 2-1-3 减压渣油中微量金属的含量

减压渣油	Ni 含量/(μg/g)	V 含量/(μg/g)	Fe 含量/(μg/g)	Cu 含量/(μg/g)	Ni、V 质量比
大庆	7.2	0.1	2.4	<0.2	72
大庆	7.2	0.1	2.4	<0.2	72
胜利	55.7	3.27	150	0.4	18
孤岛	40.7	4.92			8.3
辽河稠油	175	3.6	36.8	0.3	29
新疆九区	34.3	1.3			26
华北	25.2	0.5		0.5	50
中原	12.6	5.7	45.9	0.5	2.2
大港	66.9	1		2.6	67
轮南	4.2	14.7	142.7	1.5	0.29
阿曼	18	21.8			0.83
沙特轻	23	60.6			0.38
沙特中	36.7	147.1			0.36
伊朗(轻)	66.3	245			0.31
伊朗(重)	89.9	205			0.32
科威特	27.3	95.3			0.29
米纳斯	64	5.3			12
卡夫奇	48.6	153.2			0.31
阿萨巴斯卡	144	357	171		0.41
波斯坎	147.3	1225.6			0.12
奥里超重油	175.5	751.7			

我国含钙量高的原油(以下简称高钙原油)主要分布在克拉玛依油田、辽河油田、胜利油田、中原油田、大港油田、冀东油田等，国外有苏丹 Fula-AG 稠油及美国的圣华金谷油田，原油中的钙主要分布在减压渣油中[3,4]，如表 2-1-4 中的几种原油中 96%以上钙分布在减压渣油中，原油中的钙分为水溶性钙和油溶性钙，水溶性钙可在电脱盐过程中脱除，油溶性钙也可以通过在电脱盐中加入脱钙剂等方法脱除。

表 2-1-4 减压渣油中钙含量占原油比例

原油	ω_{Ca}(原油)/%	ω_{Ca}(>540℃减压渣油)/%	>540℃减压渣油收率/%	$\frac{\omega_{Ca}(原油)}{\omega_{Ca}(>540℃减压渣油)}$/%
辽河	46	106	43.22	99.4
克拉玛依	145	428	33.32	98.3
冀东	340	898	36.62	96.7
大港	2300	4060	54.9	96.9

但对焦化原料而言[5]，油溶性钙的影响可能主要是石油焦的灰分含量，对加工过程影响不大。苏丹六区原油主要以稀油(Fula-North-AG4)与稠油(Fula-North-B)按1∶3的比例混合，以喀土穆炼油有限公司停注脱钙剂工业试验结果表明，苏丹稠油中以环烷酸盐形式为主存在的钙，没有沉积在加热炉炉管等高温设备上，而是进入焦炭塔沉积在石油焦上，因此不会对装置长周期运行产生不利影响；停注脱钙剂后，焦化馏分油产品中钙等金属含量变化不大，石油焦灰分增加；电脱盐污水和分馏顶酸性水和处理难度降低。表2-1-5中数据表明灰分远远超过我国石油焦(生焦)行业标准NB/SH/T 0527—2015的灰分<0.6%的要求，但钙含量和石油焦灰分含量之间的关系还不明确，因为仅按照钙含量计算得到的灰分量远低于实际值，表明钙仅是灰分贡献的一部分，甚至只是一小部分。

表2-1-5　苏丹高酸高钙原油石油焦灰分[5]

Ca含量/(μg/g)		Fe含量/(μg/g)		石焦油灰分/%
电脱盐前	电脱盐后(停注脱钙剂)	电脱盐前	电脱盐后(停注脱钙剂)	
1318	1248	85	60	2.68
1304	1232	76	59	3.24
1306	1216	74	58	3.22

(二)四组分及八组分组成

重质油四组分国内采用的标准分析方法是石化行业标准SH/T 0509—1992，其分离程序如图2-1-3所示，首先是沉淀分离沥青质，一般都是用低分子正构烷烃为溶剂来对重质油进行分离，将其中不溶于低分子正构烷烃(正戊烷、正己烷或正庚烷等)而溶于苯(或甲苯)的物质定义为沥青质(Asphaltene)，依所用溶剂的不同，相应地称为正戊烷沥青质、正己烷沥青质或正庚烷沥青质(也称为C_7 Insolubles)。而低分子正构烷烃可以溶解的部分则称为可溶质(Maltene)。可溶质采用中性氧化铝色谱分离，按极性由弱到强采用正庚烷或石油醚冲洗出饱和分(Saturates)，在存在争议需要仲裁时必须使用正庚烷、苯为溶剂冲洗出芳香分(Aromatics)，最后采用苯/乙醇(1∶1)、苯和乙醇按顺序冲洗合并得到胶质(Resins)，四个组分的英语第一个字母组合起来称为SARA法。对于沥青质含量低于2%的重质油，也可不经溶剂沉淀分离沥青质，直接分离出饱和分、芳香分，最后在色谱柱上直接冲洗得到胶质加沥青质。由分离方法可见，沥青质和胶质的区别在于在低分子正构烷烃中的溶解度的差别，可能是沥青质的分子量大，也有可能沥青质其实并不是大分子，和胶质之间并没有严格界限，只是极性更强，分子间缔和形成了大的聚集体，导致其溶解度降低，这一争议到目前依然没有结论。

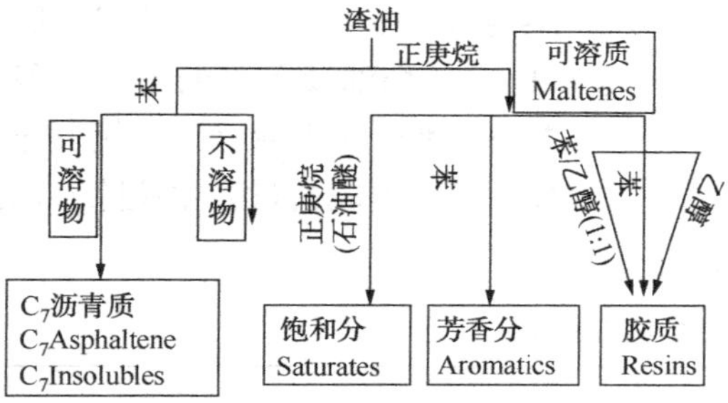

图2-1-3　四组分分离方案图

1. 渣油四组分组成分类

根据国内外重质油的四组分组成分布，本文认为可以将其分为以下五个类型：

① Ⅰ类：低C_5、C_7沥青质含量，高饱和烃含量，代表性的有大庆渣油。

② Ⅱ类：低 C_7 沥青质(<2%)，较高 C_5 沥青质(~10%)，高胶质含量(~50%)，芳烃含量中等(~30%)，我国大部分渣油(如胜利、孤岛渣油)均属此类。

③ Ⅲ类：较高 C_7 沥青质含量(2%~10%)，胶质含量中(~30%)，高芳香烃含量(50%)，代表性的有中东含硫渣油。

④ Ⅳ类：高 C_7 沥青质含量(>10%)，高胶质含量(40%~50%)，低芳香烃含量(<20%)，低饱和烃含量(<15%)，代表性的有委内瑞拉超重油、加拿大油砂沥青等渣油。

⑤ Ⅴ类：高 C_7 沥青质含量(>15%)，低胶质含量(<20%)，高芳香烃含量(40%~50%)，低饱和烃含量(<15%)，代表性的有塔河重油渣油。

表 2-1-6 数据也部分印证了以上分类，在我国的减压渣油中，饱和分的含量差别较大，从井楼渣油的 14.3%到新疆白克渣油的 47.3%相差达三倍之多；芳香分的含量相当接近，一般为 30%左右；庚烷沥青质的含量普遍较低，一般都小于 3%；胶质的含量较高，约占 40%~50%。由此可见，与国外大多数减压渣油相比，我国减压渣油四组分组成的特点是胶质含量高、沥青质含量低。

表 2-1-6　减压渣油四组分组成

类别	减压渣油	饱和分/%	芳香分/%	胶质/%	庚烷沥青质/%	戊烷沥青质/%
Ⅰ	大庆	40.8	32.2	26.9	<0.1	0.4
Ⅱ	大港	33.7	34	29.8	1.9	20.7
Ⅱ	欢喜岭	28.7	35	33.6	2.7	12.6
Ⅱ	新疆九区	28.2	26.9	44.8	<0.1	8.5
Ⅱ	中原	23.6	31.6	44.6	0.2	15.5
Ⅱ	高升	22.6	26.4	50.8	0.2	11
Ⅱ	临盘	21.2	31.7	44	3.1	13.8
Ⅱ	胜利	19.5	32.4	47.9	0.2	13.7
Ⅱ	任丘	19.5	29.2	51.1	0.2	10.1
Ⅱ	单家寺	17.1	27	53.5	2.4	17
Ⅱ	孤岛	15.7	33	48.6	2.8	11.3
Ⅱ	井楼	14.3	34.3	51.3	0.1	5.4
Ⅲ	阿曼	26.3	40.6	31.2	2	
Ⅲ	阿拉伯(轻)	16.5	49.5	26.8	7.3	
Ⅲ	伊朗(轻)	16.4	45	31.9	6.7	
Ⅲ	阿拉伯(中)	9.1	56.2	25	9.7	
Ⅳ	辽河稠油	20.38	25.98	38.21	14.6	
Ⅳ	伊朗(重)	13.5	44.9	31.5	10.1	
Ⅳ	Merey16 重油	17.28	39.71	27.79	13.68	
Ⅳ	Cold Lake 油砂沥青	11	38.88	32.79	17.73	
Ⅳ	Athabasca 油砂沥青	9.31	43.44	21.67	25.58	
Ⅳ	奥里超重油井口油	7.3	32.36	37.23	14.58	
Ⅴ	塔河 12 区	24.25	25.41	13.17	23.07	

2. 催化裂化油浆四组分

催化裂化油浆与减压渣油相比主要有以下特点：密度大、黏度低、馏程变化范围大、芳烃含量高、胶质含量低，含有催化剂颗粒。油浆的四组分组成(见表2-1-7)除受催化剂和催化裂化工艺条件影响外，催化原料性质是一个重要因素，如催化裂化原料以VRDS尾油为主(广西石化和大连石化)，油浆的沥青质含量可达10%。由于重油催化裂化油浆中含有少量固体催化剂颗粒，且芳烃含量较高，易导致延迟焦化装置设备冲刷磨损及炉管结焦，因此油浆掺炼量不宜过高。从装置长周期运行考虑，脱固后油浆掺炼量以5%~10%为宜。

表2-1-7　油浆四组分组成

项目	饱和烃/%	芳香烃/%	胶质/%	沥青质/%
安庆石化	27.1	52.1	18.6	1.4
抚顺石化	22.57	74.61	2.82	
兰州石化	27.11	52.2	18.63	1.39
高桥石化	27.94	65.03	6.67	0.36
海南炼化	15.33	64.81	17.12	2.74
九江石化	14.56	74.69	8.24	2.44
广西石化	22.40	59.49	7.81	10.30
大连石化	38.56	47.59	3.23	10.60

3. 渣油四组分元素组成

对大庆、胜利和孤岛减压渣油四组分的元素组成分析表明，见表2-1-8，饱和分的氢碳原子比较高，硫氮含量很低；芳香分氢碳原子比1.56~1.67，并不是很低，硫含量高，氮含量较高；胶质氢碳原子比进一步降低，1.4~1.47，硫含量高，氮含量很高；沥青质氢碳原子比低，硫氮含量均很高。值得注意的是芳香分和胶质的区别在于胶质的氮含量远高于芳香分，而硫含量反而低于芳香分。表2-1-9加拿大油砂沥青超临界戊烷萃取组分四组分元素组成数据进一步说明这一特征[6]，表中组分1、4和8是采用超临界戊烷萃取分馏得到的组分，这些组分不含沥青质，将其进一步分离成三个组分，芳香分和胶质的分子量相近，更能说明各组分的特征，同一组分的胶质和芳香分比较，氢碳比有一定下降，组分越重，其差别减小，胶质氮含量显著高于芳香分，硫含量低于芳香分。这些数据还说明，即使是同一类组分，不同渣油之间也是有区别的，如孤岛渣油饱和分N_H/N_C低于大庆减渣，芳香分和胶质也是这样，更需要注意的是沥青质因为是分离中萃余的部分，不同原油的沥青质之间差别可能更大。

表2-1-8　减压渣油四组分的元素组成[7,8]

项目	饱和分			芳香分			胶质			正庚烷沥青质	
	大庆	胜利	孤岛	大庆	胜利	孤岛	大庆	胜利	孤岛	胜利	孤岛
ω_C/%	85.5	85.7	85.6	87.3	85.5	84.7	86.7	84.3	85.8	84.1	81
ω_H/%	14.4	14.2	13.9	12.1	11.6	11.1	10.6	10.2	10	9	7.8
ω_S/%	0	0	0	0.31	1.83	3.66	0.31	1.61	3.31	2.27	7.37
ω_N/%	0	0	0	0.20	0.56	0.44	0.99	1.43	1.49	1.73	1.36
N_H/N_C	2.01	1.98	1.94	1.67	1.63	1.56	1.47	1.45	1.4	1.28	1.16

表 2-1-9　加拿大油砂沥青萃取组分四组分元素组成[6]

组分	亚组分	分子量/(g/mol)	ω_S/%	ω_N/%	N_H/N_C	芳碳率
1	饱和分	745	0.27	0.02	1.8	0.11
	芳香分	512	5.56	0.26	1.48	0.31
	胶质	493	3.7	1.7	1.34	0.39
4	芳香分	799	6	0.33	1.43	0.33
	胶质	793	4.85	1.43	1.33	0.39
8	芳香分	1079	7.72	0.36	1.37	0.37
	胶质	1065	5.98	1.3	1.3	0.41

4. 六组分及八组分

鉴于四组分对复杂的重质油分离仍显粗糙，中国石油大学早期提出基于四组分分离方法的六组分和八组分分离方法[8]，分离方案图见图 2-1-4。将渣油脱除正戊烷沥青质，得到的正戊烷可溶物用 5%H_2O 饱和的中性 Al_2O_3 色谱分成 5 个组分，采用正庚烷和正庚烷/苯按 85∶15(体积比，下同)冲洗得到饱和烃和芳香烃的混合物，按极性由弱到强分别为组分 1 和组分 2，用正庚烷/苯按 1∶1 冲洗得到轻胶质，用苯冲洗得到中胶质，用苯/乙醇按 1∶1 冲洗得到重胶质；将组分 1 和组分 2 混合后，用 1%H_2O 饱和的中性 Al_2O_3 色谱分离，正庚烷冲洗得到饱和分，正庚烷/苯按 95∶5 和 85∶15 冲洗分别得到轻芳烃和中芳烃，最后用苯冲洗得到重芳烃，值得注意的是如果四组分法采用正庚烷沥青质表示，需要对重胶质的含量进行修正：

重胶质含量校正=实验重胶质含量+戊烷沥青质-庚烷沥青质

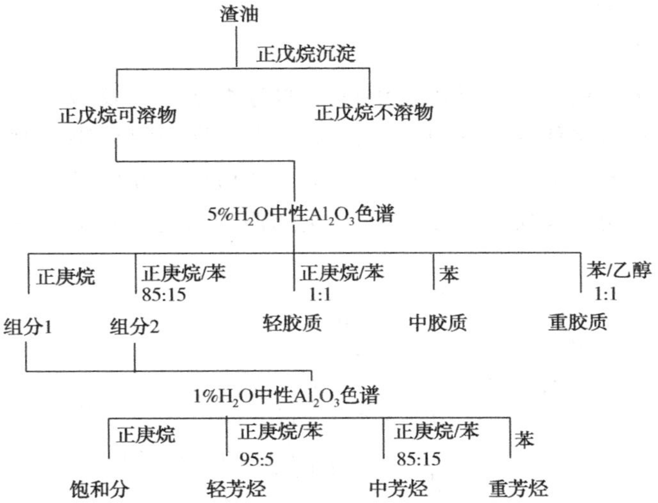

图 2-1-4　渣油六组分及八组分分离方案示意图

八组分分离对轻芳烃和中芳烃的分离具有较明确的物理意义，轻芳烃的平均芳环数约为 1，中芳烃的芳环数约为 2，这一点采用核磁平均结构得到证明，但重芳烃为多环芳烃，其平均芳环数随渣油不同差别较大。

国内 7 种减渣的八组分数据见表 2-1-10，可见渣油芳香分的主要差别是重芳烃含量不同；其他渣油和大庆渣油的主要区别在于重胶质含量差别较大。

表 2-1-10　7 种国内减压渣油的八组分数据

减压渣油名称	饱和分/%	轻芳烃/%	中芳烃/%	重芳烃/%	轻胶质/%	中胶质/%	重胶质/%	庚烷沥青质/%
大庆	40.8	8.9	6.5	17.4	11.1	6.1	9.2	<0.1
胜利	19.5	7.8	6.9	18.3	14.2	7.7	25.4	0.2
孤岛	15.7	6.2	6.1	22.8	16.0	8.2	22.2	2.8
单家寺	17.1	6.3	4.9	15.9	16.9	9.5	27.0	2.4
临盘	21.2	6.5	5.3	20.4	15.8	7.7	20.0	3.1
任丘	19.5	5.4	5.3	18.9	14.1	8.9	27.6	0.2
中原	23.6	6.1	6.0	14.3	12.1	7.4	30.3	0.2

注：基于文献[8]数据，将戊烷沥青质修正为庚烷沥青质。

二、重质油结构

烃类结构的分析方法主要有核磁法和化学法等，自 20 世纪 50 年代末期以来，核磁共振波谱逐渐成为研究重质油平均化学结构的最重要手段，本节重点介绍基于^{1}H-NMR 的 Brown-Ladner 法[9]（简称 B-L 法）对重油化学结构的研究进展。化学衍生法中钌离子选择性催化氧化方法是研究重质油结构的重要方法[10]。

（一）芳香环系结构

1. *核磁平均结构*

B-L 法提出了从核磁共振氢谱求取油样中的芳香碳分率及芳香环系缩合程度和取代程度的方法。对重质油这种分子量很大、是复杂化合物的混合物，对^{1}H-NMR 谱上的各区域只能粗略划分一下，又由于相同相近位置上 H 所处的化学环境基本相似，因此将各种 H 作了分类归属，分为 4 类，图 2-1-5 烃类的假想结构标明了各种 H 的定义，详细解释见表 2-1-11。

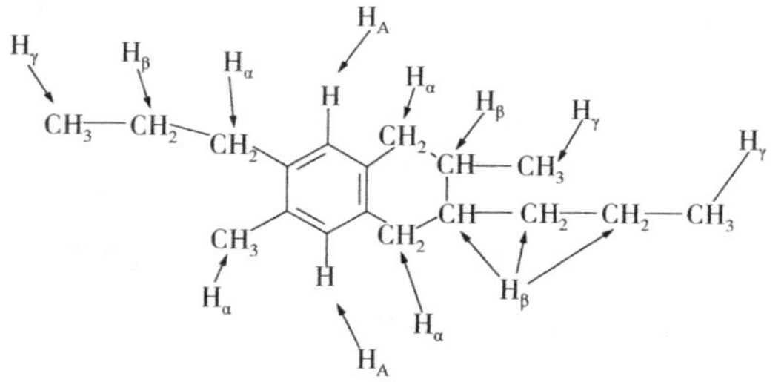

图 2-1-5　各种烃类结构中 H 原子归属

表 2-1-11　各种烃类结构中^{1}H-NMR 的 H 原子归属[11]

定义	H 归属	化学位移 δ
H_A	与芳香环直接相连的 H 定义为 H_A	6.0~9.0
H_α	芳环相连的第一碳原子所连的氢	2.0~4.0
H_β	芳环相连的第二位碳原子上的 H(CH_3、CH_2和 CH)及以远碳原子上的 H[CH_2和 CH(含环烷碳)]	1.0~2.0
H_γ	芳环相连的第三位及远碳原子上的甲基 H(γ 位及 γ 位以远的 CH_3)	0.5~1.0

B-L 法确定重质油烃类结构需要如下基础数据：

① 元素含量：C%，H%；

② 数均分子量 M_n[蒸气压渗透法(VPO)或凝胶渗透色谱法(GPC)]；

③ ^{1}H-NMR 各类 H 的分率 h_α、h_β，h_γ、h_A。

为了使问题简化，此法主要有两个假设：

a. 假定油样平均分子中全部为碳氢结构，不考虑杂原子的存在，由于重质油平均分子结构中杂原子的数目仅占总原子数的百分之几，忽略 S、N、O(<5%)，而且不含非芳烃双键，这个假设基本合理。

b. 认为平均分子芳香环系 α 位、β 位和 γ 位以远的氢碳比均为 2，这个假设很重要，只有做此假设才能从关于平均分子中氢分布的信息转换为碳分布的信息。

其中 $x=H_\alpha/C_\alpha=2$ 即芳香环 α 位 H/C 原子比为 2；

$y=(H_\beta+H_\gamma)/(C_\beta+C_\gamma)=2$，即非 α 位 H/C 原子比为 2。

根据是 CH_3、CH_2、CH、C 构成饱和部分的基本体，一般认为在重油分子中 $-\overset{|}{\underset{|}{C}}-$ 结构很少，这样平均 CH_3、CH_2、CH 为 CH_2。这一假设对于直馏重质油通过^{1}H-NMR 与^{13}C-NMR结合起来得到部分验证。但这一假设对非直馏重质油如热转化产物可能带来较大的误差。

芳香环系的结构参数包括如下内容，计算公式见表 2-1-12，其中 * 表示结构单元的参数。

表 2-1-12　重质油结构 B-L 法计算公式

结构参数分类	定义		计算公式	备注
分子结构参数	C_T	碳原子总数	$C_T=C\%\times M_n/1201$	
	H_T	氢原子总数	$H_T=H\%\times M_n/100.8$	
		总环数	$R_T=C_T-H_T/2+1-C_A/2$	
芳碳率	$\frac{n_C}{n_H}$	碳氢原子比	$\frac{n_C}{n_H}=\frac{C\%/12.01}{H\%/1.008}$	
	f_A	芳碳率	$f_A=\frac{\frac{n_C}{n_H}-\frac{h_\alpha+h_\beta+h_\gamma}{2}}{n_C/n_H}$	
分子芳香碳数	C_A	芳碳原子数	$C_A=f_A\times C_T$	
芳香环系缩合度	$\frac{H_{AU}}{C_A}$	芳香环系的缩合度参数	$\frac{H_{AU}}{C_A}=\frac{h_A+h_\alpha/2}{\frac{n_C}{n_H}-\left(\frac{h_\alpha}{2}+\frac{h_\beta+h_\gamma}{2}\right)}$	

续表

结构参数分类	定义		计算公式	备注
结构单元结构参数	C_A^*	结构单元芳碳原子数	$C_A^*=6$	联苯型
			$C_A^*=\dfrac{3}{\dfrac{H_{AU}}{C_A}-\dfrac{1}{2}}$	渺位缩合
			$C_A^*=\left[\left(2\dfrac{H_{AU}}{C_A}+6\right)+\sqrt{\left(2\dfrac{H_{AU}}{C_A}+6\right)^2-48}\right]\Bigg/\left[2\left(\dfrac{H_{AU}}{C_A}\right)^2\right]$	渺位缩合 $\dfrac{H_{AU}}{C_A}=\dfrac{1+\sqrt{6C_A^*-11}}{C_A^*}$
	n	结构单元数	$n=\dfrac{C_A}{C_A^*}$	
	USW	结构单元片重	$USW=\dfrac{M_n}{n}$	Unit Sheet Weight
	R_A^*	结构单元芳香环数	$R_A^*=1$	联苯型
			$R_A^*=\dfrac{C_A^*-2}{4}$	渺位缩合
			$R_A^*=\dfrac{C_A^*-4}{3}$	迫位缩合
			$C_T^*=C_T/n$	
			$H_T^*=H_T/n$	
			$C_A^*=C_T^*\cdot f_A$	
			$C_s^*=C_T^*-C_A^*$	
			$C_\alpha^*=h_\alpha\cdot H_T^*/x$	
			$C_{AP}^*=C_\alpha^*+h_A\cdot H_T^*$	
			$C_I^*=C_A^*-C_{AP}^*$	
			$C_f^*=6+C_A^*-2C_{AP}^*$	
			$C_P^*=C_T^*-C_N^*-C_A^*$	
			$R_A^*=C_I^*/2+1$	
			$R_A^*=C_I^*/2+1$	
$f_N=\dfrac{C_N^*}{C_T^*}$			$R_T=C_T-H_T/2+1-C_A/2$	
$f_P=1-f_A-f_P$			$R_T^*=R_T/n$	
$l=C_P^*/nCH_{3,\gamma}^*$			$R_N^*=R_T^*-R_A^*$	
			$C_N^*=4R_N^*$ $C_N^*=3R_N^*$	

（1）芳香环系的缩合度参数 H_{au}/C_A

芳香环系的缩合程度有联苯型、渺位缩合和迫位缩合之别，环系中的芳香环之间若只以单个芳香碳相连者为联苯型，若以两个公有的芳香碳相连者为渺位缩合，而以三个或三个以上的公有芳香碳相连者则称为迫位缩合。为了表征平均分子中芳香环系的缩合程度，B-L法中引入了一个结构参数 H_{AU}/C_A，其含义为假定芳香环系未被取代情况下的氢碳比。此参数可更明确地表示为 C_{AP}/C_A，其中，C_{AP} 为芳香环系的外周碳数，C_A 为芳香环系的总芳碳原子数，此值越低，则缩合程度越高。对联苯结构和渺位缩合，H_{AU}/C_A 高于 0.5，而迫位缩合在结构单元芳碳数高于一定值时此值会低于 0.5。表 2-1-13 是国内外 14 种减压渣油结构参数范围，表 2-1-14 给出了几种减压渣油芳香分、胶质和 C_7 沥青质的平均结构参数。

表 2-1-13　国内外 14 种减压渣油结构参数范围

项目	渣油	饱和分	芳香分	胶质	C_7 沥青质
H/C	1.47~1.68	1.9~2.0	1.5~1.7	1.4~1.5	1.1~1.3
M_n	810~1340	666~900	700~1100	1500~2500	3500~10000
N	~1		~1	2~3	4~6
USW			700~1100	700~1200	700~1200
f_A	0.16~0.31	0	0.2~0.3	0.3~0.4	0.4~0.5
f_P	0.46~0.66	0.7~0.9	0.5~0.7	~0.5	~0.4
R_T^*	4.8~9	1~3	5~6	7~10	11~18
R_A^*	2.6~5.6	0	2~4	5~7	7~14
R_N^*	2.2~3.9	1~3	2~3	~3	~4
R_A/R_N	1~1.7		0.8~1.3	~2	2~3
H_{AU}/C_A	0.57~0.74		6~0.8	0.5~0.6	0.4~0.5
L	3.7~6.1		4~7	4~5	3~4

表 2-1-14　减压渣油芳香分、胶质和 C_7 沥青质的平均结构参数

项目	大庆减渣		胜利			孤岛减渣			欢喜岭减渣		
	芳香烃	胶质	芳香烃	胶质	C_7 沥青质	芳香烃	胶质	C_7 沥青质	芳香烃	胶质	C_7 沥青质
$\omega_C/\%$	87.3	86.7	85.5	84.3	84.1	84.7	85.8	81	87.4	85.9	87.4
$\omega_H/\%$	12.1	10.6	11.6	10.2	9	11.1	10	7.8	11	9.7	8.2
$\omega_S/\%$	0.31	0.31	1.83	1.61	2.27	3.66	3.31	7.37			
$\omega_N/\%$	0.2	0.99	0.56	1.44	1.73	0.44	1.49	1.36	0.93	1.74	1.9
n_H/n_C	1.67	1.47	1.63	1.45	1.28	1.56	1.39	1.16	1.5	1.35	1.11
M_n	1080	1780	850	1730	3410	760	1380	5620	640	1070	6660
f_A	0.21	0.31	0.23	0.32	0.41	0.26	0.36	0.47	0.32	0.37	0.5
f_N	0.14	0.15	0.21	0.15	0.17	0.23	0.17	0.18	0.21	0.14	0.12
f_P	0.65	0.54	0.56	0.53	0.42	0.51	0.47	0.35	0.47	0.49	0.38
n	1	2.1	1	2.1	3.9	1	1.9	5.8	1	1.1	5.3
USW	1080	850	850	820	870	760	730	980	640	970	1260

续表

项目	大庆减渣		胜利			孤岛减渣			欢喜岭减渣		
	芳香烃	胶质	芳香烃	胶质	C_7 沥青质	芳香烃	胶质	C_7 沥青质	芳香烃	胶质	C_7 沥青质
f_A	0.21	0.31	0.23	0.32	0.41	0.26	0.36	0.47	0.32	0.37	0.5
f_N	0.14	0.15	0.21	0.15	0.17	0.23	0.17	0.18	0.21	0.14	0.12
f_P	0.65	0.54	0.56	0.53	0.42	0.51	0.47	0.35	0.47	0.49	0.38
R_T^*	6.5	8.1	5.6	7.9	10.5	5.9	7.8	13.5	5.2	10.6	18.5
R_A^*	3.7	5.1	2.4	4.9	7.1	2.8	4.8	9.5	2.8	7.4	14
R_N^*	2.8	3	3.2	3	3.4	3.1	3	4	2.5	3.2	4.5
R_A/R_N	1.3	1.7	0.8	1.6	2.1	0.9	1.6	2.4	1.1	2.3	3.1
H_{AU}/C_A	0.67	0.58	0.8	0.59	0.51	0.75	0.59	0.46	0.76	0.5	0.37
σ	0.5	0.54	0.57	0.53	0.54	0.59	0.53	0.57	0.44	0.52	0.45
L	7.1	5.2	5.3	4.6	4.3	4.6	4.6	3.4	3.5	3.8	4

（2）芳碳率

芳碳率的高低是重油轻质化的重要指标，芳碳率越高，对应芳环结构含量越高，对应结构一般也更复杂，重油轻质化液收越低。文献报道国内减压渣油的芳碳率f_A的范围为0.16~0.31，环烷碳率的变化幅度为0.11~0.23，而烷基碳率在0.46~0.66之间。饱和分烷基碳率为0.7~0.9，环烷碳率在0.1~0.3之间，说明饱和分之间的差别主要是环烷环结构的含量。芳香分的芳碳率为0.2~0.3，烷基碳率为0.5~0.7；胶质芳碳率为0.3~0.4，烷基碳率约为0.5；C_7 沥青质芳碳率为0.4~0.5，烷基碳率约为0.4。

（3）结构单元

结构单元的概念是重质油结构中最重要的概念之一，假设重质油是由重复 n 个结构单元构成，每个结构单元片重 $USW=M_n/n$，一般芳香分 n 为1，胶质、C_7 沥青质、C_5 沥青质的结构单元数差别比较大，一般胶质 n 为1~2，C_5 和 C_7 沥青质的 n 值较大。但一般而言，对大多数渣油，其芳香分、胶质和沥青质的单元片重都在1000左右，但目前对于沥青质结构单元之间的结合方式是化学键结合还是物理缔和还有争议，主要原因是采用质谱法确定的沥青质分子量也在1000左右，其他方法如VPO法确定的沥青质分子量为数千甚至上万，而结构单元数直接取决于分子量。

（4）芳香环系结构

芳香环系的参数一般包括分子的芳环数、环烷数和总环数，芳香环系周边碳的取代率为σ，环系的烷基取代基平均长度为L。但作为结构特征的比较，结构单元的结构参数更具有可比性。国内外10余种渣油的结构单元数据见表2-1-13，国内外10余种渣油的结构单元总环数 R_T^* 在4.8~9之间，其中 R_A^* 在2.6~5.6之间，R_N^* 在2.2~3.9之间。一般而言，渣油各组分中芳香环 C_7 沥青质>胶质>芳香分，各组分中环烷环数差别不大，为3左右。

各减压渣油平均结构中芳香环系周边碳的取代率 σ 的范围为0.3~0.6，多数在0.5左右（见表2-1-14）。平均长度 L 由于确定方法的问题，仅具有定性参考的意义，而下一段将要简述的RICO法能较好描述芳香环系的侧链长度分布。

2. RICO 法确定芳香环系结构及类型

由于重质油的分子量大、挥发性低及分子结构的复杂多样，分析重质油的分子结构相当困难。目前应用于研究重质油分子结构的方法大致可以分成两大类：一类是核磁共振波谱及红外光谱等各种物理仪器分析方法；另一类是化学降解方法如热分解、选择性氧化等。根据物理仪器分析方法得到的结果，可以描述重质油的平均分子结构；而借助化学降解分析法，可得到关于组成重质油分子的各种结构碎片的信息，据此便可推断重质油分子结构的某些细节。应该说没有哪一种单独的方法可以全面阐明重质油分子的化学本质，只有综合各种用物理和化学方法得到的信息才能更好地认识这类复杂的有机混合物。

本段重点介绍对芳香碳有较高氧化选择性的钌离子催化氧化法(Ruthenium Ions Catalyzed Oxidation，简称 RICO)及其在研究重质油分子结构方面的应用。由于重质油属于大分子复杂体系，芳香结构的缩合方式一直存在诸多争议，而 RICO 可以通过芳羧酸的产物分布为我们提供许多有价值的信息[12-14]。

检测到的苯二甲酸二甲酯、1,2,4-苯三甲酸三甲酯、1,2,3,5-苯四甲酸四甲酯说明原始样品中存在联苯型结构，如：

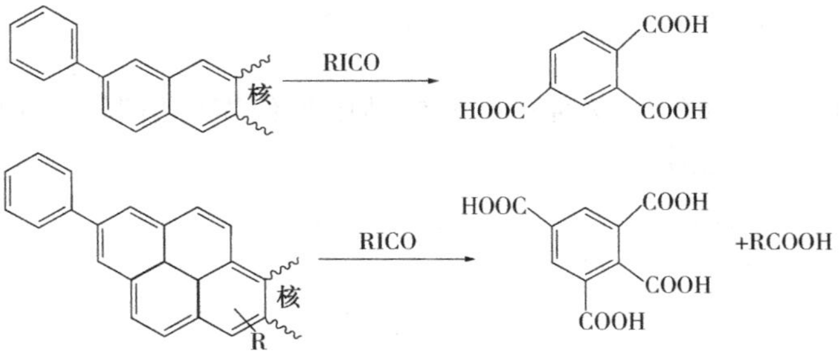

根据 RICO 反应机理，多联苯型结构的存在将生成某些特定的苯二甲酸或苯三甲酸：

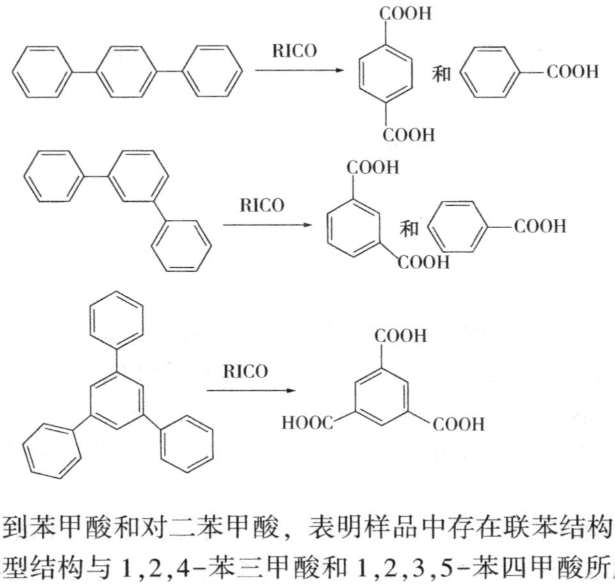

反应产物中检测到苯甲酸和对二苯甲酸，表明样品中存在联苯结构和二联苯结构。这两种芳羧酸反应的联苯型结构与 1,2,4-苯三甲酸和 1,2,3,5-苯四甲酸所反映的芳环缩合程度有一定的区别，后者的缩合程度明显比前者要大得多，也就是说，当前关于重质油窄馏分的

化学结构认识可能存在对芳环缩合程度的高估。

检测到邻苯二甲酸二甲酯、1,2,4-苯三甲酸三甲酯、1,2,4,5-苯四甲酸四甲酯等物质说明原始样品中存在渺位缩合结构，如：

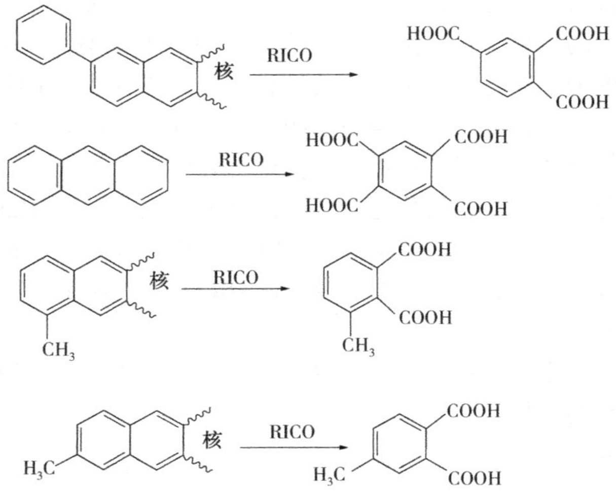

1,2,3-苯三甲酸三甲酯的多少通常反映样品中迫位缩合情况。RICO 反应中可以生成 1,2,3-苯三甲酸的结构，包括：

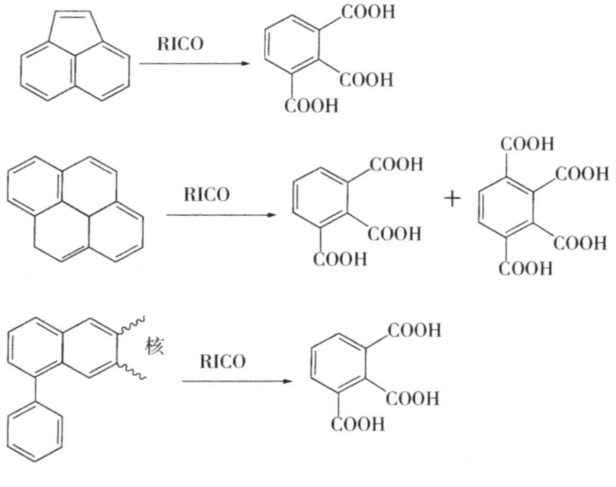

等等。

其中含五元环的苊是可以生成 1,2,3-苯三甲酸的最小结构单元，而完全由苯环构成的单核芳香结构中，芘是能够生成 1,2,3-苯三甲酸的最小结构单元。最后一种含联苯结构的结构单元，由于空间位阻和热力学稳定原因，在石油样品中存在的概率较低。因此，石油窄馏分 RICO 产物中 1,2,3-苯三甲酸的量，可以在一定程度上反映原始样品里多环芳香结构中迫位缩合芳香结构的多少。

此外，还可以用 RICO 产物中 1,2,4-苯三甲酸与 1,2,3-苯三甲酸的量比反映石油的成熟程度。成熟原油 RICO 降解产物中 1,2,4-苯三甲酸与 1,2,3-苯三甲酸的比值范围为 0.9~1.2，低熟原油 RICO 降解产物中两种芳羧酸的比值要高，也就是说低熟原油中类似如下包含联苯结构的结构单元含量较高：

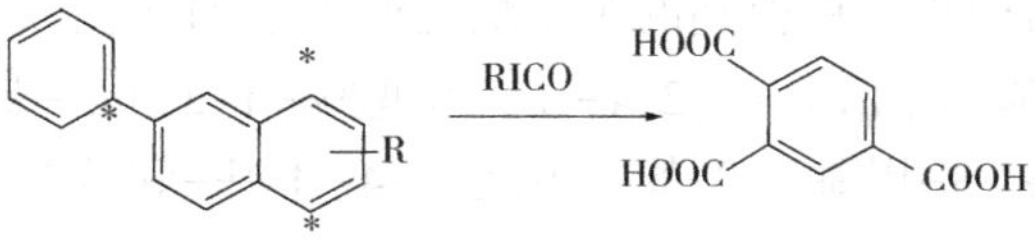

1,2,3,5-苯四甲酸和1,2,4,5-苯四甲酸是检测到最多的四元芳羧酸。其中，1,2,3,5-苯四甲酸反映出样品中同时含有联苯型和迫位缩合结构的多环结构。如：

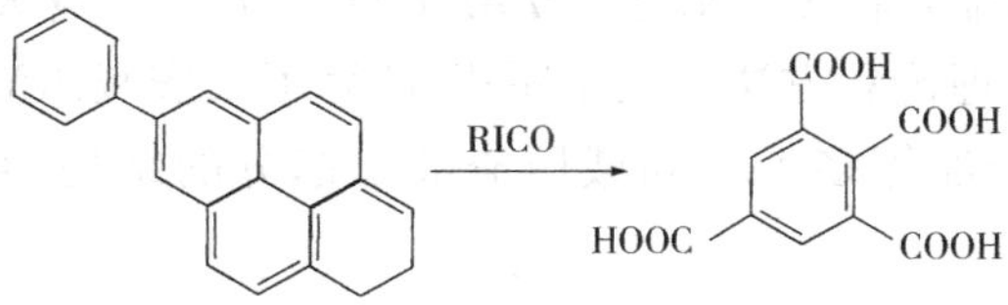

可以生成1,2,4,5-苯四甲酸的结构主要为渺位缩合结构单元：

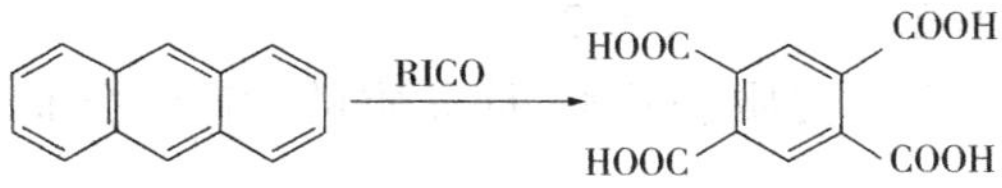

苯五甲酸的生成表明原始样品中存在更为复杂的迫位缩合芳香结构，理论上可以生成苯五甲酸的最小的迫位缩合芳香结构是苯并苊，而苯并芘是可以生成苯五甲酸的最小的苯环缩合结构。

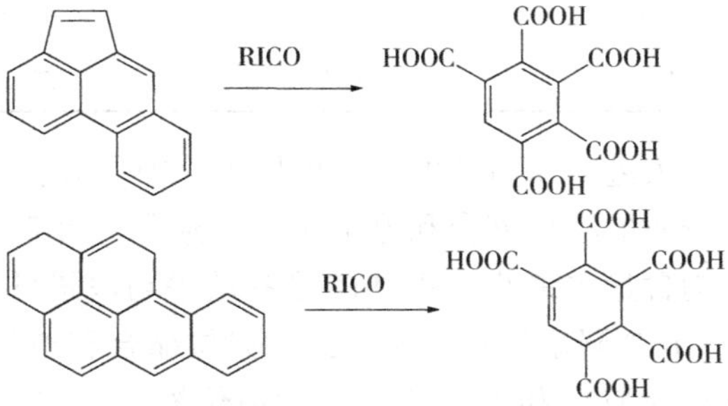

沥青质的苯五甲酸的产率比胶质和芳香分高1倍以上。苯六甲酸是由周边缩合的苯环被氧化生成的，可以生成苯六甲酸的芳香结构有：

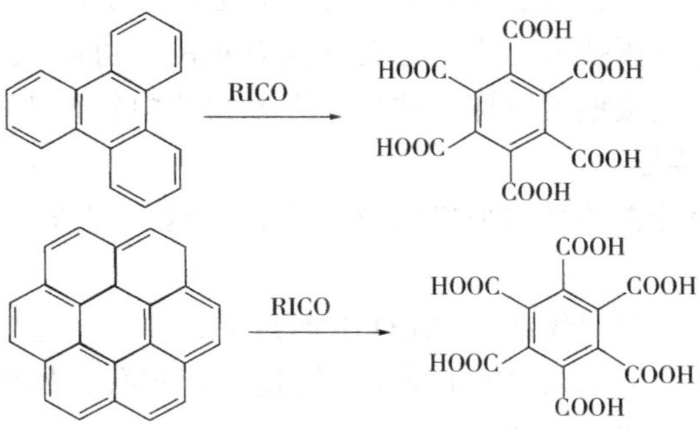

以及更为复杂，环数更多的迫位缩合芳香结构。

各种类型芳环原始结构与分析得到的苯甲酸之间关系如下：

BIPH=苯甲酸%+对苯二甲酸%+1,2,4-苯三甲酸%+1,2,3,5-苯四甲酸%

CATA =邻苯二甲酸%+3-甲基—邻苯二甲酸%+4-甲基-邻苯二甲酸%
+1,2,4-苯三甲酸%+1,2,4,5-苯四甲酸%

PERI =1,2,3-苯三甲酸%+1,2,3,4-苯四甲酸%+1,2,3,5 苯四甲酸%
+5-甲基-1,2,3,4-苯四甲酸%+苯五甲酸%+苯六甲酸%

样品芳香环系结构的缩合程度(*PCI*)= *PERI*/*CATA*。*PCI* 值越大表明样品中芳香结构的缩合程度越高。利用上述理论和方法，王子军[15]计算了大庆减压渣油、辽河减压渣油、胜利减压渣油、涠洲减压渣油等多种不同减压渣油窄馏分的结构参数，并总结出了一定的规律：

芳香分　　*PCI*<0.6

胶质　　0.6<*PCI*<1.5(通常约为 1)

沥青质　　1.5<*PCI*<2.5(通常大于 2)

对大港减压渣油芳香分、胶质和庚烷沥青质的 RICO 分析结果进行了计算，结果见表 2-1-15。

表 2-1-15　大港减压渣油芳香环系结构缩合程度评价参数

样　　品	联苯型	渺位缩合	迫位缩合	*PCI*
芳香分	21.6	51.5	36.1	0.70
胶质	19.4	47.9	46.2	0.96
C_7 沥青质	14.5	44.5	52.2	1.17

上述分析数据表明，在大港减压渣油的三个极性组分中，芳香分以渺位缩合为主，而且联苯结构的含量也最多；胶质的渺位缩合和迫位缩合的芳香结构基本相当，而沥青质中的迫位缩合含量最高，联苯结构含量也最小。得到的这些结果与改进的 B-L 法的假设有一定出入。从研究结果看，根据 RICO 降解产物分析得到的渺位缩合和迫位缩合结构的实际比例来计算平均结构模型，比直接将胶质和沥青质假定为迫位缩合，把芳香分假定为渺位缩合更合理。

由于芳羧酸与原始样品中的结构并非完全一一对应，所以上述芳香结构缩合程度评价方法虽然给出了一定的定量指标，但也并不是完全准确地反映了样品的真实分布情况。毋庸置疑，这种分析方法在现有分析技术手段下还是比较客观的，可以比基于 NMR 分析数据的平均结构分析方法更详细和直接地反应样品的化学组成和结构分布特征。

(二) 烷基侧链分布特征

虽然核磁法也能获得芳香环系的平均侧链长度，但这一方法过于粗糙，RICO 法可获得芳香环系侧链长度的分布。

芳香结构中芳环上的饱和取代基在 RICO 中不会被破坏，而连接取代基的芳碳将转化为羧基，所以芳环上的烷基取代基在 RICO 反应中转化为脂肪酸，如果取代基是正构烷基，生成的脂肪酸就是一元正构脂肪酸，如：

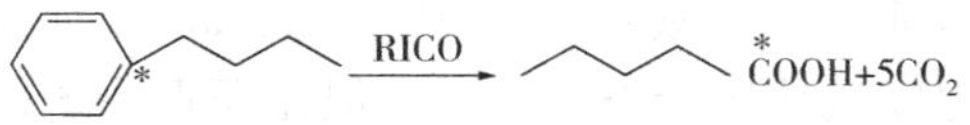

由于上述反应的选择性很高，因此通过对 RICO 反应产物中一元脂肪酸的分析，可以获得芳香结构中烷基侧链的量以及随碳数的分布情况。大港减压渣油芳香分、胶质和沥青质组分中芳环上正构烷基含量随链长分布情况[16]见图 2-1-6。

在大港减压渣油芳香分、胶质和沥青质 RICO 产物中检测到的脂肪酸的碳数范围介于 2~32 之间，表明三个组分中烷基侧链的碳数范围在 1~31 左右。烷基侧链随碳数基本呈单调递降趋势，尤其是碳数小于 10 的具有挥发性的脂肪酸甲酯的含量迅速下降，碳数高于 10 的量的变化明显变缓。芳香分的正构烷基侧链含量最高、胶质次之，沥青质的烷基侧链含量最低。这也符合以往对芳香分、胶质和沥青质化学组成的特点的认识：芳香分、胶质和沥青质中的芳碳含量依次增加，芳香结构的缩合程度依次增大。

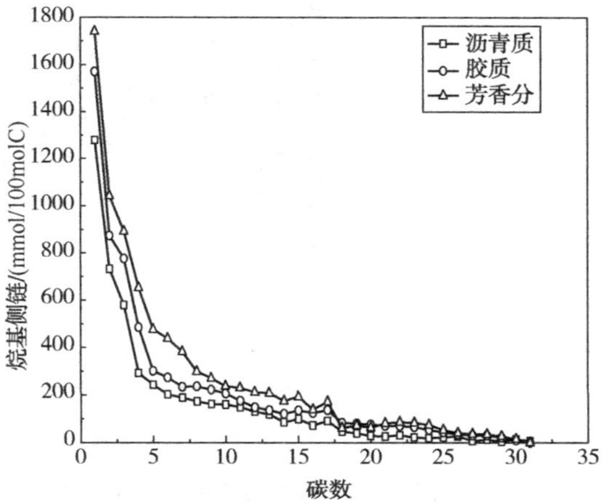

图 2-1-6　大港减渣各组分中不同碳数烷基侧链含量分布

利用 RICO 法可以得到的烷基侧链随碳数的分布情况，可以定量分析芳香结构的烷基侧链。RICO 法比通过平均结构族组成法获得烷基侧链要准确得多，也更真实、详细地反映了样品的实际结构特征，充分体现了 RICO 法对重质油组分的化学组成和结构特征研究的优越性。

（三）聚亚甲基桥链

桥接不同芳碳的烷基链在 RICO 中转化为二元羧酸，如果这些烷基链是聚亚甲基链，转化的二元羧酸就是 α，ω-二元正构脂肪酸，如：

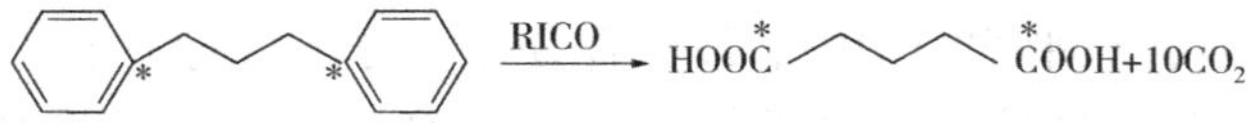

大港减渣芳香分、胶质和沥青质的 RICO 反应产物在 GC 和 GC-MS 分析时都检测到了一定量的 α，ω-二元正构脂肪酸[16]，其中 C_8以上 α，ω-二元正构脂肪酸分布在有机相中，C_7、C_6在水相和有机相中都有分布，C_4、C_5主要分布在水相中。

由于联苯和二苯甲烷 RICO 反应中氧化生成的乙二酸和丙二酸以后会继续被氧化，所以难以检测到，但可以通过苯多羧酸异构体的分析推测这些结构的存在与否，这将在后面进一步讨论。

采用内标法对有机相和水相中的 α，ω-二元正构脂肪酸甲酯进行了定量分析，得到了在芳香分、胶质和沥青质中不同碳数聚亚甲基桥链的分布情况，见图 2-1-7。检测到的 α，ω-二元正构脂肪酸比带支链的 α，ω-二元脂肪酸多，碳数范围在 4~20 之间，而且随着碳数增长，含量呈递减趋势。芳香分中长链 α，ω-二元正构脂肪酸含量相对胶质和沥青质多，这表明芳香分中连接不同芳核的长链聚亚甲基桥链数量也比胶质和沥青质多。胶质中的低碳

数 α，ω-二元脂肪酸比沥青质少，但碳数大于 10 的 α，ω-二元脂肪酸比沥青质明显要高，这也反映出胶质分子紧密程度虽然比芳香分要大，但比沥青质还是要小一些。这些结构信息仅利用仪器分析(如 NMR，FTIR)是无法直接获得的。

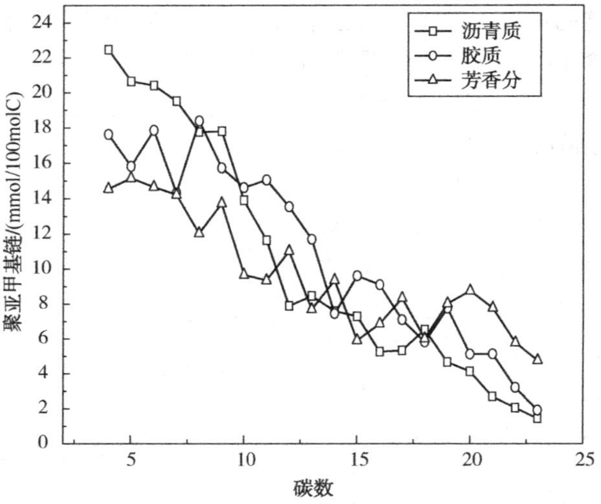

图 2-1-7　各组分 RICO 产物中桥接不同芳碳的不同碳数聚亚甲基链含量分布

另外还检测到一些带支链的 α，ω-二元脂肪酸，但含量远小于 α，ω-二元正构脂肪酸。如以下结构在 RICO 中可以生成带支链的 α，ω-二元脂肪酸：

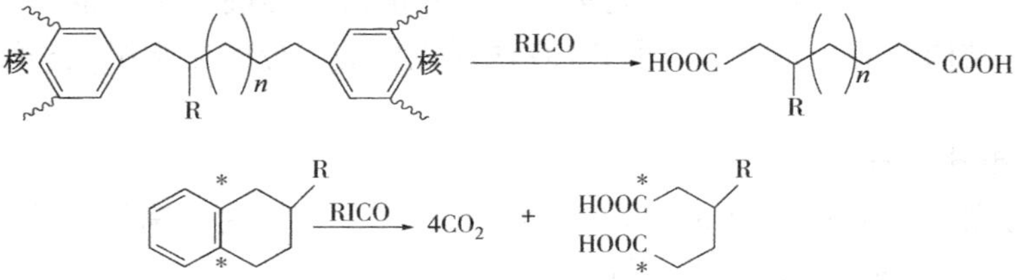

从上述实验结果看，在平均结构中假设芳香分每个分子只有一个环系(也即只有一个结构单元)不太合适，而且无论是沥青质还是胶质，RICO 中检测到一系列的 α，ω-二元脂肪酸也说明分子中芳核的紧密程度(即缩合程度)也没有平均结构那么大。

(四) 硫化物结构

X 射线光电子谱是重要的表面分析技术之一。它不仅能探测表面的化学组成，而且可以确定各元素的化学状态，因此，在化学、材料科学及表面科学中得以广泛应用。

XPS 通过测定原子内层电子的结合能来确定原子的归属，是一种表面分析技术，但在假设表面元素组成可以代表本体组成的情况下，也可以用于石油重质油和煤等的硫氮氧杂原子结构类型分析[17]，如 C1s 电子结合能为 285eV，但当 C—O 和 C ═O 结合，其结合能会有所提高，但这一方法在 O 含量较低时很难获得定量结果；对于硫化物，其 $2P_{1/2}$ 和 $2P_{3/2}$ 电子结合能在 160~170eV 之间，理论上 $2P_{3/2}$ 和 $2P_{1/2}$ 的强度(面积)比为 2∶1，根据各种硫化物的结合能谱峰位置和半峰宽，可以确定其相对含量，如果有硫含量数据，就可以确定硫的类型含量。C1s 和 S 原子的 XPS 谱图见图 2-1-8 和图 2-1-9。

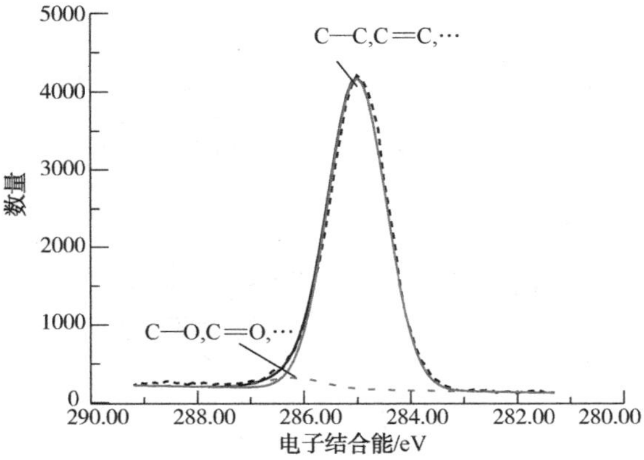

图 2-1-8　C1s XPS 谱图

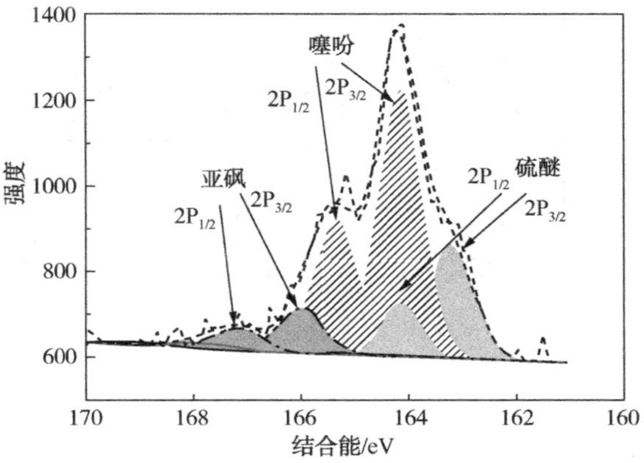

图 2-1-9　S 原子 XPS 谱图

图 2-1-10 为加拿大油砂沥青及其转化产物渣油类型硫含量分布，加拿大油砂沥青直馏渣油(Pitch)的类型硫含量，随萃取组分变重(收率提高)，萃取组分噻吩硫含量从 2.5%提高到 4.7%，萃余组分其值为 5.2%，硫醚类相对总硫含量的比例降低由 35%降低到 18.5%；一次通过流化焦化(CK-Resid)的产物中渣油馏分噻吩硫有相似的趋势，但噻吩硫含量更高，从 1.4%~6.0%，硫醚类相对总硫含量的比例降低由 9%降低到 3%，可见焦化反应对硫醚硫有脱除作用，但噻吩硫含量反而升高；沸腾床加氢裂化渣油(HC-Resid)噻吩硫含量变化趋势与前两者相近，但含量要低一些，在萃取馏分中硫醚硫很低，该方法未检测出来。

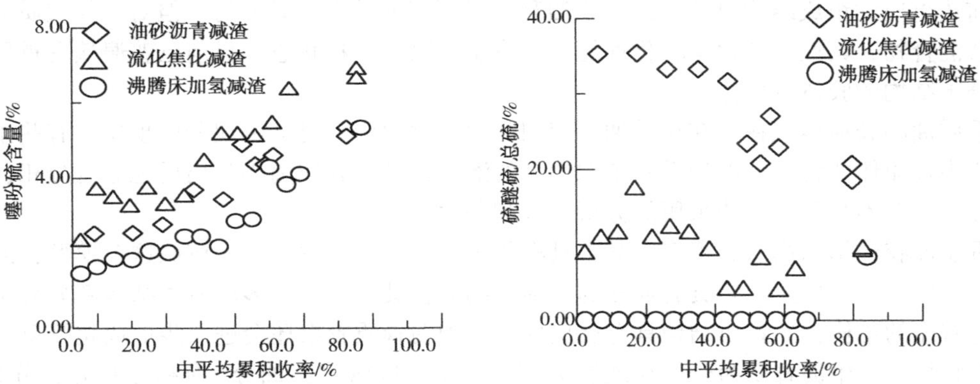

图 2-1-10　加拿大油砂沥青及其衍生渣油的硫类型含量分布[17]

将 NMR 结构和硫化物 XPS 结构数据结合，对高含硫渣油结构会有更清楚的描述，硫化物结构可以确定硫醚(含硫醇)，可确定含硫平均结构，图 2-1-11 即是加拿大油砂沥青及其一次通过流化焦化的产物中渣油馏分的结构及加氢裂化尾油的平均结构[18]，并比较了其超临界萃取分离组分的结构变化规律。可以看出，原料的平均结构看似并不复杂，其可萃取组分的结构比较简单，直馏渣油萃取组分含有 2~4 个芳环，加氢裂化尾油萃取组分含有 1~3 个芳环，流化焦化渣油含有 2~5 个芳环；但萃余残渣的结构非常复杂，每个结构单元中含有约 10 个芳环，加氢裂化尾油和焦化渣油的萃余残渣和直馏渣油萃余残渣的主要区别是结构单元数由 3 降低到 1.4 和 1。

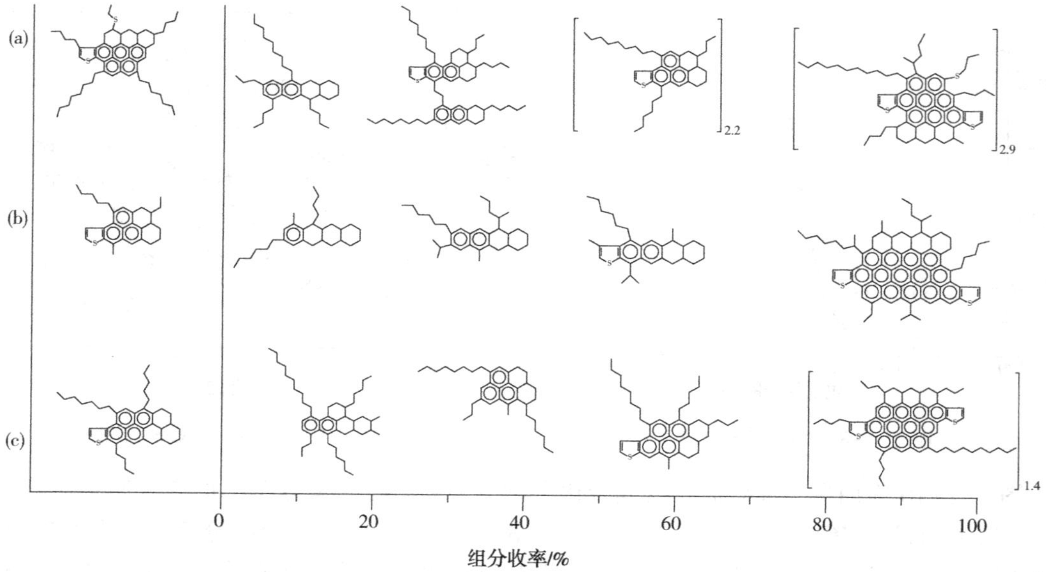

图 2-1-11　加拿大油砂沥青及其转化渣油 524℃⁺的组分的平均结构

(a)减压渣油；(b)流化焦化(一次通过)渣油；(c)沸腾床加氢裂化尾油

三、重质油的胶体结构

前述重质油组成结构对于认识重质油和加工利用都是十分必要的，但对于像重质油这样的复杂混合物，其性质和化学转化性能还取决于其物理存在状态，目前已普遍接受重质油具有超分子结构的胶体分散体系。

重质油的胶体体现在：在重质油的使用和混合过程中有时会出现分层现象，有些条件下具有非牛顿流体的特征，即使看起来像均匀的溶液，经过高速离心分离后也会有分相，重质油的分子量并不是常数，依采用的分析方法和条件变化。

重质油胶体结构模型有很多，其中具有代表性的是晏德福模型，按照这个模型，沥青质是形成胶束的基本单元，它具有强烈的自缔合趋势，其分子中的多环芳香结构部分易于堆集为局部有序的结构，沥青质结构具有层次性，认为沥青质胶束还会进一步形成超胶束、簇状物及絮状物。其中沥青质为分散相或胶束相，胶质为胶溶剂，油分(饱和分和芳香分)为分散介质或胶束间相，沥青质通过胶质与分散介质作用形成亲液性沥青溶胶。这一类模型的提出是基于核磁共振波谱、红外光谱、X 射线衍射谱、电子显微镜等各种近代物理方法对沥青质的结构系统的研究结果，且主要是基于固体沥青质的结构推衍胶体的结构模型。

重质油胶体结构模型另一类是缔和-聚集体模型，主要通过 X 射线散射和中子散射研究沥青质在溶剂中的分散状态和尺度，但其结构层次和胶体模型大同小异，沥青质超分子结构包含芳香片层-缔和体-聚集体-大聚集体或网状结构。这一类模型和沥青质的胶体结构模型有相似之处。

(一) 重质油胶体结构

对于沥青质及其超分子结构，目前在学术界还存在着许多不同的认识，尚无定论。根据晏德福提出的沥青质超分子结构模型，沥青质类超分子结构可分为单元片、似晶缔合体、胶束、超胶束、簇状物(絮状物或液晶)等几个结构层次。

尚需指出，对于用X射线衍射法研究沥青质，有的学者提出不同看法。诚然，由于沥青质分子结构的复杂性，其中的芳香盘大小不一，而且周边又有不规整的、非平面的饱和结构，因此实际上在重质油体系中的沥青质分子并不都是有序排列的，但是至少有一部分分子是有序排列为各向异性的似晶结构。胶状沥青状组分超分子结构模型见图2-1-12。

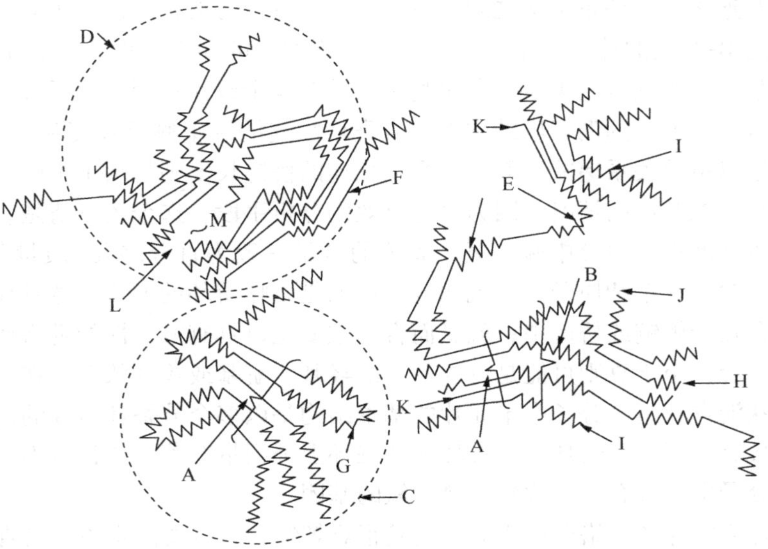

图2-1-12　胶状沥青状组分超分子结构模型

注：直线表示芳香环系，锯齿形线表示饱和结构(含链烷和环烷结构)

A—晶粒；B—侧链束；C—微粒束；D—胶束；E—弱键；F—空穴；

G—分子内堆簇；H—分子间堆簇；I—胶质；J—单片；K—石油卟啉；L—金属

1. 单元片

虽然目前对于沥青质的分子结构尚无定论，但沥青质胶体模型显然是把单元片看成是“孤岛”结构，或者是芳香环系比较大的“群岛”结构，把沥青质分子看成是由若干个单元片所构成，每个单元片中含有一个芳香-环烷环系，分子中各单元片之间由以碳原子为主(或硫原子)的链相连。此类单元片的结构可大体用如图2-1-13所示的平均结构模式来表示。这里需要强调的是，这仅仅是一个虚拟的模式，并不是单元片实际的分子结构，它只是表示沥青质的分子结构中可能包括的各部分。

沥青质分子结构的核心部分是一个稠合芳香环系，其环数有多有少，环系的缩合状态有迫位的、渺位的，也有联苯型的。就我国减压渣油中的庚烷沥青质而言，按照改进的B-L法计算结果，其单元片结构中芳香环系的环数平均约为8，缩合状态以迫位为主。由于芳香环系中的碳原子是以π键相连而形成一个具有大π键的平面结构，所以也称为芳香盘。这个芳香盘的大小随环数的多少而异，大体在1nm左右。

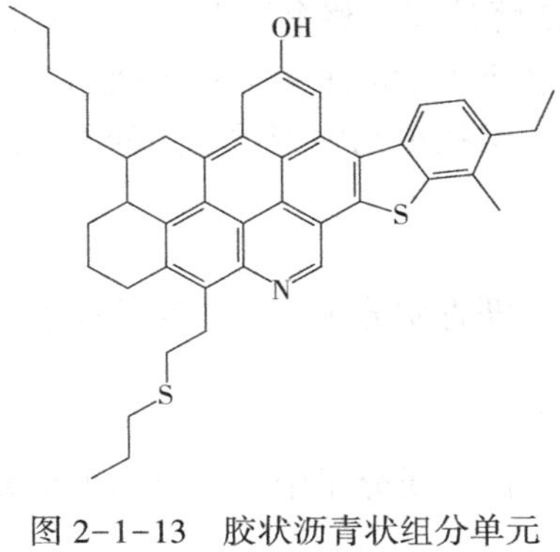

图2-1-13　胶状沥青状组分单元片结构模式示意图

根据石油馏分分子结构的一般规律，可以推断在重质油中芳香环系的周围也有以各种状态并合的环烷环。但是，由于至今对于重质油胶状沥青状组分中的环烷结构还缺乏直接的分析手段，所以目前还未能取得这方面的确切信息。根据改进的 B-L 法的计算结果，对我国减压渣油中的庚烷沥青质而言其单元片结构中的环烷环数平均约为 4。

在胶状沥青状组分中，以芳香盘和相并合的环烷环形成的环系周围均连有烷基链，包括单独的侧链以及连接两个环系结构之间的桥链，这些链中有的是直链，也有的是带有分支的链。根据改进的 B-L 法的计算结果，就我国减压渣油中的沥青质而言，其单元片结构中在烷基链中的碳数约占总碳数的 45%，其平均链长约为 4 个碳。从用钌离子催化氧化法得到的结果看，我国减压渣油中的沥青质结构中与芳香环相连的烷基侧链长度从 1 个碳至 30 个碳的都有，其含量以指数关系递减；而与芳香环相连的桥链长度则是从 1 个碳至 12 个碳左右。至于与环烷环相连烷基链的情况，因为没有有效的分析手段，迄今还不清楚。

重质油的胶状沥青状组分中硫、氮、氧等的含量一般为百分之几(质量分数)，其每个单元结构中平均含有几个杂原子。就硫而言，有的是以噻吩环的形式与芳香环系相并合，有的以硫醚结构存在于侧链或桥链中；就氮而言，主要是以具有芳香性的吡咯环或吡啶环形式与芳香环系相并合，至于氧则可能是以羰基、酚羟基、醚基或羧基状态存在。

总之，胶状沥青状组分分子中单元片的基本结构是以多个芳香环组成的稠合芳香环系为核心，周围连接有若干个环烷环，芳香环和环烷环上都还带有若干个长度不一的正构的或异构的烷基链，分子中还含有各种含硫、氮、氧的基团。

由于单元片之间存在着络合作用力，使其很难解缔，所以要测定单个沥青质分子的分子量是比较困难的。但在极性极强的溶剂中，也可能有部分解缔为单分子。用质谱法求得沥青质的单元片相对质量约为 1000，这与借助改进的 B-L 法计算得到的单元片重 USW 结果基本一致。

2. 似晶缔和体

自从 1961[19] 年 Yen 采用 XRD 分析沥青质结构以来，广大学者们便开始运用 XRD 技术进一步了解沥青质的结构[20]，其中部分学者将 NMR 和 XRD 技术结合，对沥青质的结构有了更深层的理解[21]。

沥青质的 XRD 谱图见图 2-1-15。三个主要的峰是 γ，002 和 100，其 2θ 分别在 20°，25°和 44°附近。沥青质中芳香片层，即平均结构单元中的芳香层结构，可通过 XRD 中的 002 峰计算。整个沥青质分子中 z 轴方向的高度 L_c 可以利用布拉格方程求得。表征沥青质结构各个参数的求解方程[22]如下。

结构单元中芳香层间的平均距离，d_m(Å)：

$$d_m = \frac{\lambda}{2\sin\theta_{002}} \tag{2-1-4}$$

沥青质分子中芳香层的高度，L_c(Å)：

$$L_c = \frac{0.9\lambda}{\omega\cos\theta_{002}} \tag{2-1-5}$$

沥青质分子中芳香层的平均数目，M：

$$M = \left(\frac{L_c}{d_m}\right) + 1 \tag{2-1-6}$$

芳香层的平均直径，L_a(Å)：

$$L_a=\frac{0.9\lambda}{\omega_{100}\cos\theta_{100}} \tag{2-1-7}$$

烷基链间的距离，d_γ(Å)：

$$d_\gamma=\frac{5\lambda}{8\sin\theta} \tag{2-1-8}$$

其中，ω 为半峰宽；λ 为 X 射线波长 1.54056，Å；θ 为衍射角度。

由稠合芳香环构成的沥青质单元片层之间通过 π-π 络合等作用力可形成沥青质的似晶缔合体的局部有序结构(如图 2-1-14 所示)，而沥青质片层的堆积结构可通过烷基侧链相互作用形成较大的聚集体。

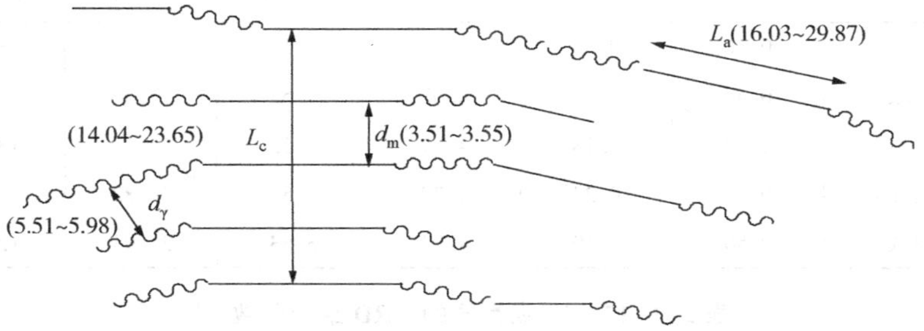

图 2-1-14　沥青质似晶缔和体结构图

利用 X 射线衍射(XRD)技术可以对沥青质有序结构进行分析并得出其结构参数，C_5 及 C_7 沥青质的 XRD 谱图如图 2-1-15 所示。该 XRD 谱图中包含三个峰，分别分布在 $2\theta=20°$、25°、45°左右，20°左右的 γ 峰反映了饱和侧链结构的堆积，而 25°左右的(002)峰反映了沥青质片层的堆积结构，据此得出另外一种计算芳碳率 f_A 的公式：

$$f_A=C_A/C=C_A/(C_A+C_s)=A_{(002)}/[A_{(002)}+A_{\lambda\ (\gamma)}] \tag{2-1-9}$$

其中，C_s，C_A 及 C 分别为沥青质堆积结构中饱和碳数、芳香碳数以及总碳数。

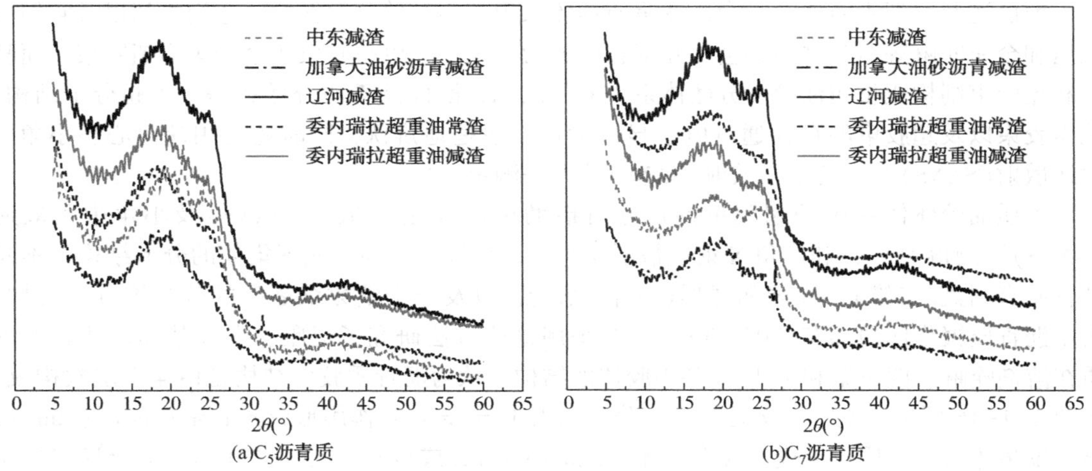

图 2-1-15　C_5 及 C_7 沥青质的 X 射线衍射图

经过计算得出的 C_5 及 C_7 沥青质的结构参数列于表 2-1-16 和表 2-1-17 中。可以看出，各种沥青质的片层大小及层间距都比较接近，没有发现非常明显的规律，这说明五种沥青质的芳香片层类似，并无显著差异。但是对于不同重油来说，利用 XRD 方法计算得出的芳碳率 f_A 却有较大的不同。加拿大油砂沥青减压渣油沥青质的芳碳率最低，而中东减压渣油沥青质的最高，并且所有重油沥青质的芳碳率均低于核磁计算得到的数据。因此 XRD 方法明显低估了沥青质的芳碳率[23]，必须对该现象进行深入分析。通过比较沥青质的软化点，发现 XRD 得到的芳碳率对应的是有序的芳香片结构，而并不是所有的芳香环都是以多层有序芳香片存在的。

表 2-1-16　C_5 沥青质的 XRD 结构参数[23]

样品	f_A^{NMR}	f_A	d_γ/nm	d_{002}/nm	L_c/nm	L_a/nm	M
中东减渣	0.50	0.23	4.40	3.51	25.66	13.91	8.3
加拿大油砂沥青减渣	0.48	0.11	4.62	3.53	27.54	12.87	8.8
辽河减渣	0.52	0.18	4.69	3.52	28.53	13.99	9.1
委内瑞拉超重油常渣	0.47	0.24	4.70	3.54	22.82	13.63	7.4
委内瑞拉超重油减渣	0.50	0.19	4.72	3.53	24.93	12.95	8.1

表 2-1-17　C_7 沥青质的 XRD 结构参数[23]

样品	f_A^{NMR}	f_A	d_γ/nm	d_{002}/nm	L_c/nm	L_a/nm	M
中东减渣	0.54	0.25	4.53	3.54	26.52	13.46	8.5
加拿大油砂沥青减渣	0.50	0.13	4.56	3.49	26.77	12.69	8.7
辽河减渣	0.54	0.15	4.65	3.51	30.64	11.93	9.7
委内瑞拉超重油常渣	0.50	0.21	4.72	3.53	25.93	13.95	8.3
委内瑞拉超重油减渣	0.52	0.22	4.73	3.53	24.14	12.74	7.8

3. *胶束及超胶束*

前已述及，沥青质似晶缔合体在重质油体系中并不是单独存在的，它们之间以及它们与胶质和金属卟啉等组分之间还会相互缔合而成为胶束。胶束与胶束还会聚集为超胶束，而胶束和超胶束则构成重质油胶体分散体系中的分散相，因此沥青质分散相是一类超分子结构。此类胶束以及超胶束的存在通过电子显微镜可以清楚地辨认，同时还可用超离心、小角 X 射线散射(SAXS)及小角中子散射(SANS)等方法测定。

重质油胶体体系中的超胶束的尺寸可借助小角 X 射线散射(SAXS)及小角中子散射(SANS)法测得[24,25]，和广角 X 射线散射结合，还可以确定沥青质聚集体的分形结构，不同沥青质有圆盘(二维)、椭球和球形(三维)结构，以及介于整数维之间的分数维分形结构，表示沥青质聚集体内部有空隙。Tanaka[20]采用这些方法研究了玛雅、卡夫基和伊朗轻沥青质在溶剂喹啉、四氢萘和 1-甲基萘中胶体的结构，认为沥青质胶体结构是由 4 个层次构成，如图 2-1-16 所示。基本层次是分子，分子间由于 π-π 相互作用形成核心聚集体(约 2nm)，核心聚集体与可溶质再形成介质聚集体(3nm×15nm)，或核心聚集体之间形成的分形聚集体(100nm)(扩散限制 DLCA，或反应限制 RLCA)。并研究了胶体尺寸在室温~360℃范围的变化，示意图见图 2-1-17。玛雅、卡夫基和伊朗轻沥青质分形聚集体在 241℃、179℃和

243℃分解，核心聚集体在300℃以上依然稳定存在。这一观点实际上和Yen的观点并不矛盾，只是在溶液中沥青质胶体结构的体现。

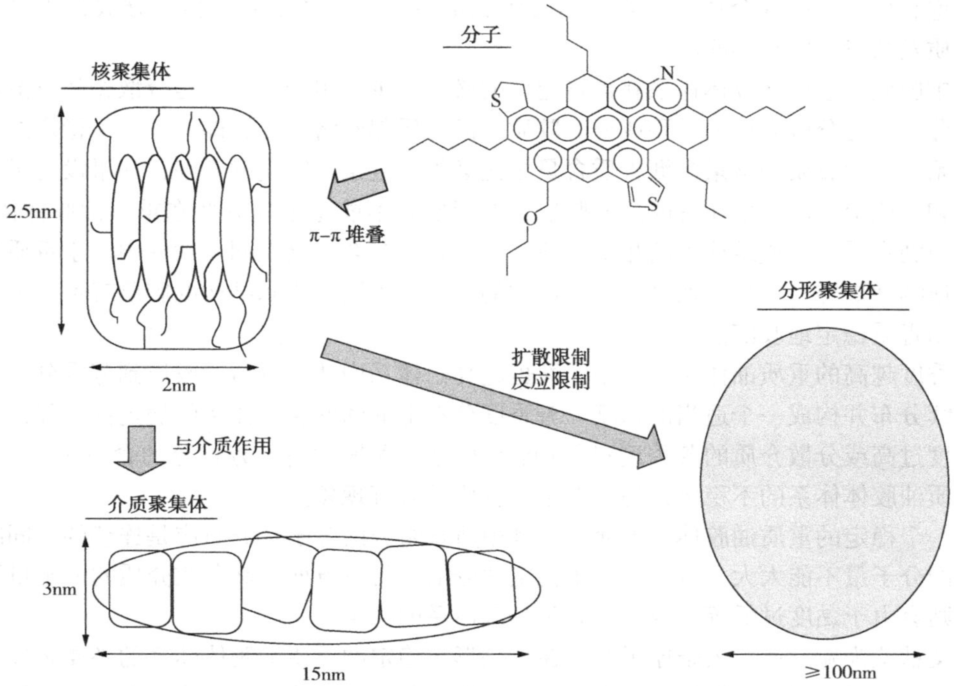

图 2-1-16 沥青质聚集体的结构层次

4. 簇状物及絮状物

沥青质超胶束在一定条件下还会聚集为很大的簇状物，其对应于前一节的分形聚集体，在高温条件下，沥青质簇状物还会形成在光学显微镜下即能看到的、尺寸约为10~60μm的絮状物。簇状物及絮状物都是焦炭的前身物。进一步加温后，由于簇状物、絮状物及液晶的成长、聚集等过程，在体系中便会出现各向异性的中间相小球体，进而生焦。由此可见，重质油在受热条件下的生焦现象，是与其中沥青质超分子结构的聚集过程密切联系的。

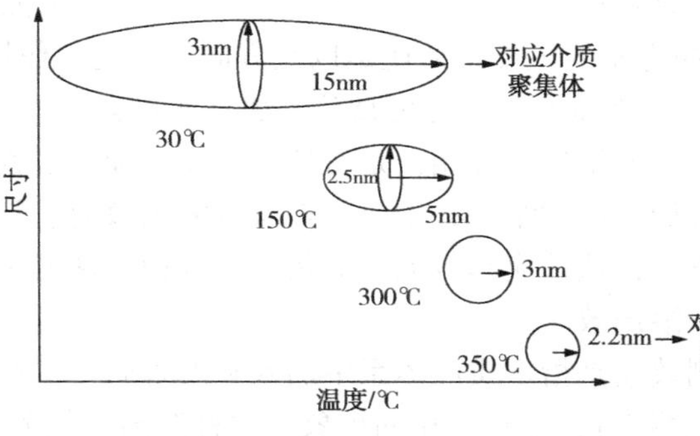

图 2-1-17 沥青质聚集体尺寸随温度变化

（二）重质油胶体结构的稳定性

天然的石油或重质油体系是相对稳定的，然而一旦其所处的环境（温度、压力等）发生变化，或者有其他物质加入后，这种相对稳定状态就有可能被破坏，从而出现相分离现象。

1. 重质油胶体稳定性与化学组成及结构的定性关系

如前所述，影响重质油胶体体系稳定性的因素很多，其中很重要的是其化学组成与结构。若以重质油的SARA四组分组成为基础，来分析化学组成与结构对重质油胶体稳定性的影响，可以得出以下一些定性的认识：

重质油中的分散相是由沥青质及重胶质构成的超分子结构，分散介质则为由轻胶质、芳香分及饱和分组成的混合物。重质油的胶体稳定性取决于其中分散相和分散介质两者在组成、性质及数量上的相容匹配性。

其中胶质是重质油胶体体系获得稳定性的必不可少的组分，它既是分散相超分散结构的组成部分，又是分散介质的重要成分。胶质对沥青质起胶溶作用，即对于一个稳定的重质油胶体体系，其中胶质的含量与沥青质含量之比必须超过某一特定的界限，如果没有足够数量在结构和性质上与沥青质相容匹配的胶质，沥青质就不能稳定地分散在重质油胶体体系中，而胶质与沥青质在组成结构上的相似性使其易于相互缔合，这在同一油样中由于重质油组成结构的连续性更容易实现，而来自其他油样的、具有不同组成和结构的胶质就不一定能使体系中的沥青质稳定地胶溶。

芳香度越高的重质油体系，其稳定性也越高。体系中从沥青质、胶质到芳香分，其芳香度要连续分布并构成一个适当的梯度。芳香度分布上的间断会使体系的稳定性下降，分散相的芳香度过高或分散介质的芳香度过低(即饱和分的含量过高、芳香分的含量过低)，都会导致重质油胶体体系的不稳定，易于发生沥青质的聚沉现象。

就一个稳定的重质油胶体体系而言，其中所含组分的分子量分布应是连续的。同时，其沥青质的分子量不能太大，否则不易于稳定地分散；另一方面，其分散介质的分子量不能过小，否则会由于黏度过低等原因而不利于分散体系的稳定。

有文献认为硫、氮、氧杂原子的存在也是形成稳定的重质油胶体体系的必要条件，原因是含杂原子的基团都带有极性，其中有的还能形成氢键，这些都是形成以沥青质为核心的超分子结构分散相的内在原因。所以，含杂原子更多的重质油胶体体系往往具有更高的稳定性。但这种结论还有待验证，根据 Weihe 对冷湖油砂沥青渣油四组分二维溶解度参数研究[26]，沥青质的主要特征还是以无方向性的场力作用为主。

2. 影响重质油胶体稳定性的物理化学因素

沥青质的聚集和分相，是石油在开发与加工过程中其胶体结构在各种物理及化学因素作用下丧失稳定性的结果，主要因素有抗溶剂效应、热效应、力效应及电效应，其中在重质油加工过程中，热效应和溶剂效应是影响其稳定性的主要因素。

(1) 溶剂效应

溶剂效应是指重质油体系中加入和沥青质互溶性差的溶剂(反应转化产生的轻组分也可以看成是溶剂)，导致分相的现象，这种溶剂一般芳香性较低，在实验室中，经常用加入小分子正构烷烃作为抗溶剂的方法测定其中沥青质聚沉的起始点，以作为表征体系稳定性的参数；强化采油中采用的 CO_2 和丙烷等在有些条件下也具有这种效应。

溶剂效应可根据重质油体系的胶体结构模型予以解释。在重质油胶体体系中，胶质组分在沥青质聚集体表面和作为溶剂的油分(芳香分+饱和分)之间处于分配平衡状态。当加入抗溶剂后，可溶质 Maltene 的芳香性减弱后，胶质组分在溶剂中的化学位降低。在化学位差的推动下，部分胶质组分离开沥青质聚集体进入可溶质，因而使沥青质聚集体表面出现胶质空缺的点位。在 Brown 运动驱使下，这些沥青质质点(实际上是胶质-沥青质组合体)会克服分子间排斥作用而相互聚集，最终发生絮凝和相分离。显然，抗溶剂效应对重质油体系胶体稳定性的影响与溶剂的芳香度高低有关。

(2) 热效应

热效应体现在物理和化学两个方面，在热力学方面，在低温范围，随温度降低沥青质和石油蜡析出，这一范围一般在溶剂脱蜡的操作范围内；在较高的温度范围，沥青质在可溶质中的溶解度降低，会导致沥青质的析出率增加[27]。

热效应对重质油体系物理结构稳定性的动力学表现为：在一定的温度范围，随着热效应的增加，质点的热运动程度加强，胶质在油相中的溶解度增大，使得具有保护作用的胶质分子容易从沥青质聚集体表面解吸，部分或全部丧失胶质保护的沥青质质点通过 Brown 运动发生非弹性碰撞，从而聚集和絮凝，最终产生相分离现象。

当温度高至足以引发化学反应时，由于重质油热化学反应的两极化特性(即随着热处理时间的延长，重组分和轻组分都增多)，致使沥青质分散相和可溶质分散介质之间的溶解度参数差增加，沥青质溶解度参数增加，可溶质溶解度参数降低[28]，甚至出现溶解度参数不连续分布问题，导致分相。

(3) 力效应

在石油开发过程中会遇到压力剧烈变化的情况，压力的强烈变化可能会显著地改变其中各组分的化学位，如在井筒中油气压力的降低，会导致分相，从而破坏其物理结构的热力学平衡状态。这一过程非常复杂，并不是简单的沥青质析出，而是石油重组分的大量析出。

(4) 电效应

石油在油藏内的多孔介质中的渗流和在输送管道中的流动是产生电效应的主要场合。环境电场如果和沥青质胶束的电荷作用相反，可导致沥青质聚沉，施加反向电场则可能阻止石油流经多孔介质时发生沥青质聚沉。

3. *胶体稳定性判别的理论方法*

胶体稳定性判别的方法理论和实验方法，理论方法有胶体不稳定参数法、溶解度参数法等，溶解度又分为一维和二维溶解度参数。

(1) 胶体不稳定参数

根据上一段介绍，重质油胶体稳定性参数取决于结构，这其中四组分组成是重要的表达，Asomaning 和 Watkinson 提出了胶体不稳定参数[29]：

$$CII=\frac{\omega_{\mathrm{Asp}}+\omega_{\mathrm{Sat}}}{\omega_{\mathrm{Re}}+\omega_{\mathrm{Ar}}} \qquad (2-1-10)$$

CII(Colloidal Instability Index)为胶体不稳定性参数，$\omega_{\mathrm{Asp}}\%$、$\omega_{\mathrm{Sat}}\%$、$\omega_{\mathrm{Re}}\%$和 $\omega_{\mathrm{Ar}}\%$分别是沥青质、饱和分、胶质和芳香分的质量含量,%。

CII 的表达式表明沥青质和饱和分含量越高，体系稳定性越差；胶质和芳香分含量越高，稳定性越好。但不同文献给出准确的稳定和不稳定界限 *CII* 值不同，原文献[29]指出 *CII* 高于 1.0 则体系不稳定。从 Shell 总结的 230 种原油稳定性和四组分比值的相关性来看[30]，其中按照稳定性可以划分为稳定区域和非稳定区域，在渐近线以下为稳定区，其中低的饱和分/芳香分表征油品有高的溶剂化能力，低的沥青质/胶质比表征沥青质好的胶溶能力。原油可以分为两大类，一类是胶质控制(高胶质含量)，一类是芳香度控制的(高芳香分含量)。从图 2-1-18 中可以看出仅用四组分比或 *CII* 不能完全表征石油的稳定性。

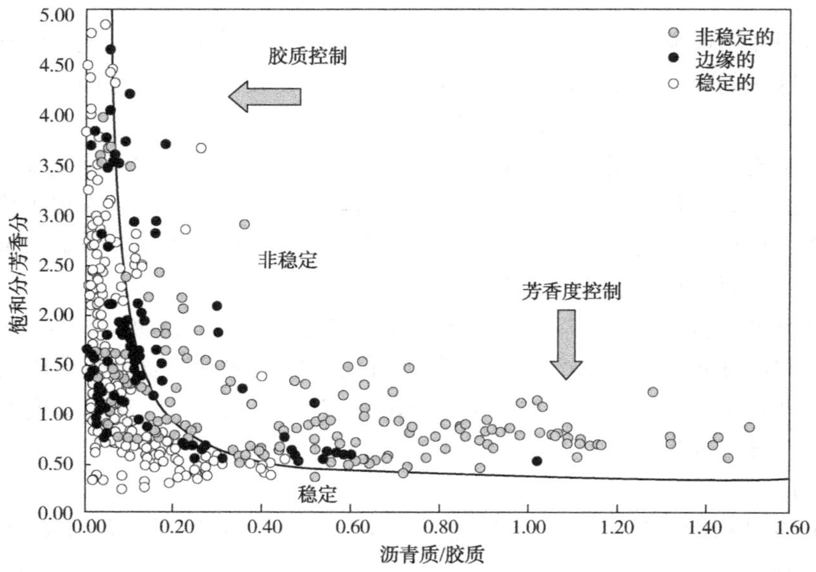

图 2-1-18　Shell 总结的 230 原油的稳定性和四组分质量比关系

（2）溶解度参数法

对液体非电解质溶液，可以采用各种溶液理论来判断胶体体系的稳定性，由于沥青质是其中分子量最大、极性最强的部分，沥青质从体系中析出是分相首先会遇到的问题，因此可以通过判断沥青质分散相和分散介质之间的互溶性，判断体系的稳定性。如采用溶解度参数来判断体系的稳定性，关键是如何计算沥青质和可溶质的溶解度参数。有两种观点，一是沥青质和可溶质之间的作用以非极性力作用为主，可根据 Hildebrand 提出的非电解质溶液理论，另一种观点是重质油体系中极性作用力起主要作用，因此要采用二维或三维溶解度参数。

假设有纯固相沥青质析出，其活度 $a_{asp}^{solid}=1$，因此溶液体系的稳定性必须满足 $a_{asp}^{solut}<a_{asp}^{solid}$，即 $a_{asp}^{solut}<1$ 才能满足沥青质不析出的条件，因溶解度参数的差别而导致的两种物质的分相可由 Scatchard-Hildebrand 方程来估计，其中包括一些假设并考虑了混合热和熵：

$$\ln a_{asp}^{solut}=\ln x_{asp}^{solut}+\frac{M_{asp}}{RT\times\rho_{asp}}\times[\phi_{maltene}(\delta_{asp}-\delta_{maltene})]^2<0 \qquad (2-1-11)$$

式中　$a_{asp}^{solution}$——重油溶液中沥青质的活度；

x_{asp}——沥青质在重油溶液中的摩尔分数溶解度；

M_{asp}——沥青质的分子量，kg/mol；

ρ_{asp}——沥青质的密度，kg/m^3；

$\phi_{maltene}$——可溶质的体积分数；

R——8. 314J/(mol · K)。

在沥青质含量不是很高的情况下：

$$(\delta_{asp}-\delta_{maltene})<\frac{\sqrt{-\ln x_{asp}^{solution}\times RT\times\rho_{asp}/M_{asp}}}{\phi_{maltene}} \qquad (2-1-12)$$

对于常规的两种液体的互溶性判断，一般认为两种溶质的互溶度参数差别超过 3.5～4.0MPa$^{1/2}$，两种溶质的互溶性较差；但对于含沥青质体系，以减压渣油为例，假设其平均分子量为 1000g/mol，沥青质分子量为 5000g/mol，其在重油中质量含量为 10%，密度为 1200kg/m^3，则当沥青质与可溶质的溶解度参数差值高于 1.7MPa$^{1/2}$时就可能发生沥青质沉淀。

1）一维溶解度参数模型

很多溶解度参数模型在含沥青质的原油体系中被采用。比较模型预测和减压渣油馏分的实验数据，可以检验它们的适用性。已发表的模型可分成三类。

第一类仅将分子量(M)作为变量，比如 Riazi[31]模型：

$$\delta = 5.30789 + 0.48649\ln M \tag{2-1-13}$$

第二类将进料的化学组成或分子结构信息作为变量，比如 Krevelen[32]的模型，包括了 H/C、O/C、N/C、S/C，芳碳率(f_a)和密度这些因素：

$$\delta = \frac{\sum_i \left(\dfrac{N_i}{C}\right) F_i}{\dfrac{V_M}{carbon}} = \frac{68.5\dfrac{H}{C} + 300\dfrac{O}{C} + 115\dfrac{N}{C} + 225\dfrac{S}{C} + 66.5 f_a}{\dfrac{M_C}{\rho}} \tag{2-1-14}$$

其中 $$M_c = 12.00 + 1.008\frac{H}{C} + 16.00\frac{O}{C} + 32.00\frac{S}{C} \tag{2-1-15}$$

第三类是以分子量、密度和沸点为变量的经验模型，由三个关键物性参数分子量、密度和 H/C 原子比[33]关联。

$$\delta_{av} = 16.14M^{0.0166}\left(\frac{\rho}{H/C}\right)^{0.4393} \tag{2-1-16}$$

$$\delta_{max} = 19.92\left(\frac{\rho}{H/C}\right)^{0.3788} \tag{2-1-17}$$

δ_{av}是 25℃时的平均溶解度参数，δ_{max}是 25℃时的最大溶解度参数。式(2-1-16)和式(2-1-17)表明溶解度参数强烈依赖密度和 H/C 原子比等分子结构特征。

2）Weihe 二维溶解度参数模型

Weihe[34]提出了一种二维溶解度参数模型，把内聚能分成两个分量。

一个分量叫作场力溶解度参数，与方向无关，代号为 δ_f；另一分量为复合溶解度参数，与方向有关，代号为 δ_c。色散力和偶极子相互作用力属于场力溶解度参数分量的一部分；氢键力属于复合溶解度参数分量的一部分。富电原子与缺电原子相互作用有一定的方向性，因此属于复合溶解度参数的一部分。不需要一个独立的溶解度参数来代表分子间的极性作用力。

这种模型建立在五种基本假设上：

① 液体或液体混合物溶解其他任何物质，其溶解能力只由两变量决定：

$$\delta_f: 0, \delta_c: 0$$

② 液体的总溶解度参数 δ 表达式为：

$$\delta^2 = E_V/V = \delta_f^2 + \delta_c^2$$

③ N 个液体混合后符合下面的混合规则：

$$\delta_{\mathrm{f}}^{M}=\sum_{i=1}^{N}\phi_i\delta_{\mathrm{f}i} \tag{2-1-18}$$

$$\delta_{\mathrm{c}}^{M}=\sum_{i=1}^{N}\phi_i\delta_{\mathrm{c}i} \tag{2-1-19}$$

式中　上标 M——混合物；

下标 i——液体 i，ϕ_i是液体 i 的体积分量。

这些混合规则意味着任何两液体 1 和 2 的混合溶解度参数分量落在(δ_{f1}，δ_{c})和(δ_{f2}，δ_{c2})两点连成的线上。

④ $\delta_{\mathrm{fA}}-\delta_{\mathrm{fB}}$和$\delta_{\mathrm{cA}}-\delta_{\mathrm{cB}}$值越小，A 越易于溶于液体或液体混合物 B。

⑤ 物质在两液体混合物中的溶解度大于在任一单个液体中的溶解度。

以场力溶解度参数分量为横坐标，复合溶解度参数分量为纵坐标，可分别为渣油中的饱和分、芳香分、胶质和沥青质作出溶解度参数平面图。多边形内部各点为渣油各组分的良好溶剂，渣油馏分在每一液体中的溶解分成可溶、部分可溶、不溶。

沥青质的溶剂为胶质的溶剂的一部分。沥青质不溶于场力溶解度参数小的液体，也不溶于复合溶解度参数中等到大的液体，能溶解胶质的溶剂不如芳香分溶剂的多，这是因为胶质具有更大的分子量和更高的芳香分溶解度，区域图范围最宽，因为芳香分是分子量最小的组分，且其芳香度比其他芳香度高的组分的芳香度小。结果芳香分既溶于无缔和能力的溶剂，也溶于适度缔和的液体(如苯胺/二甲基甲酰胺)。饱和分即使在轻度缔和的液体中的溶解度也很低，如饱和分不溶于喹啉，而喹啉是沥青质的最好溶剂之一。

4. 胶体稳定性判别的试验方法

常用的石油体系稳定性测定方法有多种，包括斑点实验、滴扩散法、界面张力法、质量分数电导率法、分光光度法、激光粒度法和溶液滴定法等。光学法将折射率、透光率等突变点作为沉积起始点；电导率法将电导率先升后降的突变点作为沉积起始点；界面张力法将表面张力先平缓减小后迅速增大的突变点作为沉积起始点；黏度法将黏度曲线的转折点作为沉积起始点，黏度梯度法测定油品上下层黏度的差别；量热法将沥青质浓度/吸热曲线的突变点作为沉积起始点；声共振法将声波响应明显增强的突变点作为沉积起始点。

目前最常用的是溶液滴定法，已经仪器化和商品化，溶液滴定法尽管有多种，但具有代表性的主要有两类，一类是静态滴定法，另一类是动态光学扫描法。

(1) 静态法

静态法原理是相同的，即将待测油品溶解到富芳烃溶剂中，再用溶解度参数低的正构烷烃滴定，沥青质开始析出后体系的透光率下降，通过确定不同起始油品/芳烃溶剂浓度、沥青质起始析出点对应的滴定溶剂量，可以计算体系的稳定性参数。

1) P 值法

P 值法涉及的方法标准有多个，ASTM D7060 是其中一种。

其定义如下：

$$P\text{-value}=P_{\mathrm{o}}/FR_{\max} \tag{2-1-20}$$

式中　P_{o}——可溶质的溶剂化能力；

$FR_{\max}$——最大凝絮比，表征沥青质需要的溶解能力。

在 P-value>1 体系是稳定的，P-value=1 将会出现絮凝，体系开始不稳定。

图 2-1-19 是最大絮凝比和稀释比倒数关系图，在图中纵坐标$FR_x\%=\dfrac{V_{\mathrm{Ar}}}{V_{\mathrm{Ar}}+V_{\mathrm{p}}}\times100$，为芳

烃溶剂占总溶剂体积比，横坐标是样品稀释比倒数：

$$\frac{1}{X}=\frac{m_{\mathrm{a}}}{V_{\mathrm{Ar}}+V_{\mathrm{p}}} \tag{2-1-21}$$

外推到无限稀$\frac{1}{X}=0$，得到所谓最大$FR_{\max}$，出现凝絮的体系的最高芳香度(最小稀释比的倒数$X_{\min}$)，此值对应稀释溶剂不含芳烃出现絮凝的最大稀释比：

$$P_{\mathrm{o}}=FR_{\max}\times(X_{\min}+1) \tag{2-1-22}$$

$$P\text{-value}=X_{\min}+1 \tag{2-1-23}$$

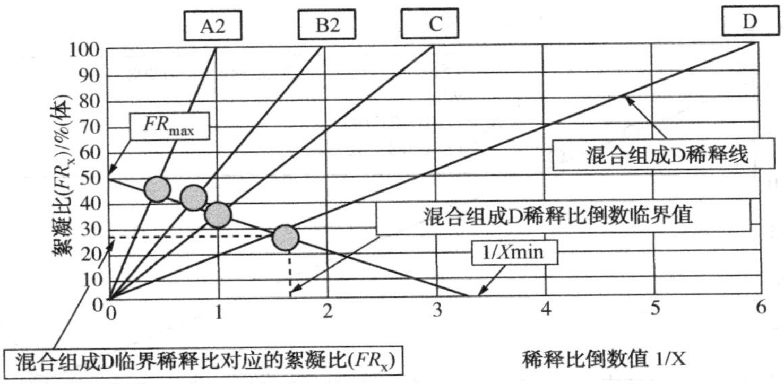

图 2-1-19　最大絮凝比和稀释比倒数关系图

2）相容性模型

相容性模型原料与P值法原理相同，只不过其表述是采用溶解度参数定义的，见式(2-1-24)和式(2-1-25)。

$$I_{\mathrm{N}}=100\,\frac{\delta_{\mathrm{f}}-\delta_{\mathrm{H}}}{\delta_{\mathrm{T}}-\delta_{\mathrm{H}}} \tag{2-1-24}$$

$$S_{\mathrm{BN}}=100\,\frac{\delta_{\mathrm{Oil}}-\delta_{\mathrm{H}}}{\delta_{\mathrm{T}}-\delta_{\mathrm{H}}} \tag{2-1-25}$$

式中　δ_{f}——凝絮溶解度参数；

δ_{H}——正庚烷溶解度参数；

δ_{T}——甲苯溶解度参数；

δ_{Oil}——油溶解度参数；

I_{N}——不溶解数；

S_{BN}——溶解度混合数。

石油混合物兼容性标准是$S_{\mathrm{BNmix}}>I_{\mathrm{Nmax}}$。其中凝絮溶解度参数和稀释比倒数与溶解度参数的关系如下：

$$\delta_{\mathrm{f}}=\frac{V_{\mathrm{T}}\delta_{\mathrm{T}}+V_{\mathrm{H}}\delta_{\mathrm{H}}+V_{\mathrm{Oil}}\delta_{\mathrm{Oil}}}{V_{\mathrm{T}}+V_{\mathrm{H}}+V_{\mathrm{Oil}}} \tag{2-1-26}$$

$$\frac{100\,V_{\mathrm{T}}}{V_{\mathrm{TL}}}=I_{\mathrm{N}}+\frac{100\,V_{\mathrm{Oil}}}{V_{\mathrm{TL}}}\left(\frac{I_{\mathrm{N}}-S_{\mathrm{BN}}}{100}\right) \tag{2-1-27}$$

其中，$V_{\mathrm{TL}}=V_{\mathrm{T}}+V_{\mathrm{H}}$

式中　V_T——甲苯体积；

V_H——正庚烷体积。

其原理见图 2-1-20，以不同起始浓度滴定，得到起始凝絮点，见图中的数据点，这几个点近似为直线，得到纵轴截距 I_N，横坐标轴截距 H_D，可计算得到 S_{BN}：

$$S_{BN}=\left(1+\frac{100}{H_D}\right)I_N \tag{2-1-28}$$

这一方法和 P 值法实际上是等价的，不过此方法的物理意义更加清晰。

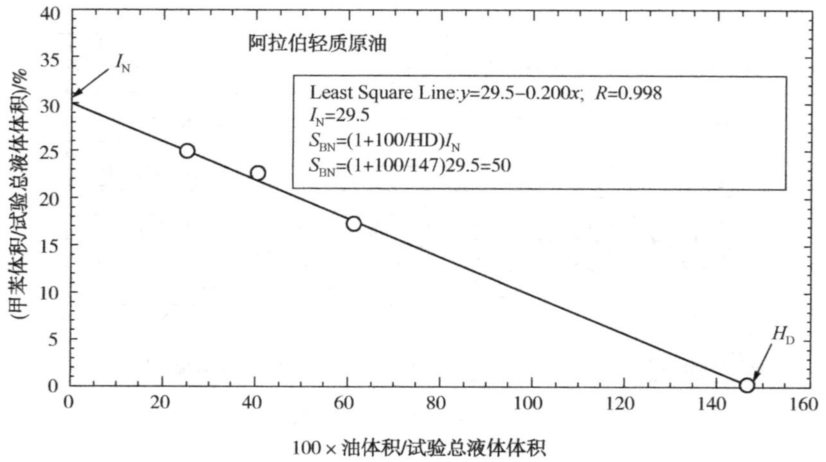

图 2-1-20　甲苯在滴定液体中的体积分数与稀释比倒数关系

实际上以上静态法是有理论缺陷的，并不能得到 P-value 小于 1 或 $S_{BN}<I_N$ 的实验结果，如图 2-1-20 所示，最多只能得到 H_D 无穷大的极限情形，也就是 P-value 等于 1 或 S_{BN} 等于 I_N。因此对于本身已经是不稳定体系，此类静态法是不能判定的。

（2）动态法

ASTM D7061-17 是使含有沥青质的重质燃料油相分离的标准测试方法。该标准的具体做法是将检验油用甲苯品溶解，不同油样油品和甲苯的配比不同，将配成的溶液 2mL 与 23mL 正庚烷混合，然后将上述混合液 7mL 加入试管中，利用 850nm 红外光源多次重复扫描，从底部 10~55mm 重复扫描试管 16 次，每次在 1min 之内完成，最后得到透光率均值的标准方差即表示油品的分离特性。

首先需要计算每次扫描的透光度的均值，总共 1125 个数据，为液面以上 10mm 每隔 40μm 采集到的透光度数值，其原理是在以 40μm 以上颗粒在混合后 10min 内有较大的变化率，会迅速沉淀。

$$X_i=\frac{\sum_{j=1}^{1125}x_j}{1125} \tag{2-1-29}$$

$$X_t=\frac{\sum_{i=1}^{16}X_i}{16} \tag{2-1-30}$$

$$S_n = \sqrt{\frac{\sum_{i=1}^{16}(X_i - X_t)^2}{15}} \tag{2-1-31}$$

油样稳定性参考标准见表 2-1-18。

表 2-1-18　油样稳定性参考标准

分离值/%	油样稳定性	分离值/%	油样稳定性
0~5	油样比较稳定，沥青质不易凝絮	>10	油样稳定性差，沥青质易凝絮
5~10	油样稳定性较低，沥青质不凝絮		

分离值测定方法透光率曲线如图 2-1-21 所示。

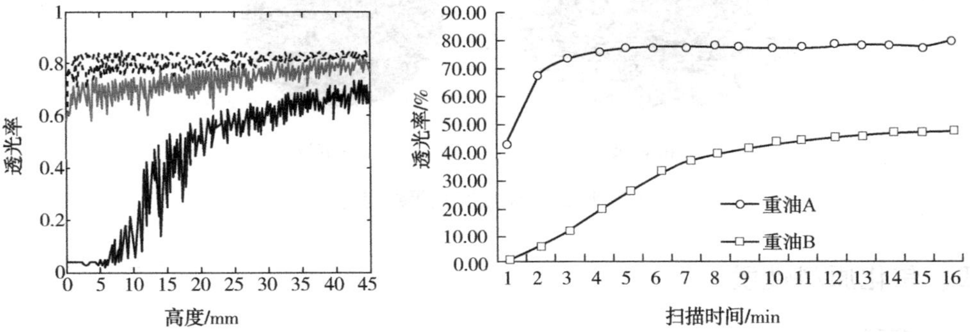

(a)沿扫描高度透光率曲线　　(b)平均透光率随时间变化曲线

图 2-1-21　分离值测定方法透光率曲线

但是该方法并不适用于预测不同油品的混合配伍特性，却可以用来评价油品混合后它们的分离特性或者配伍效果。

（3）斑点试验

ASTM D4740—04(2014)标准是采用斑点试验(Spot test)来描述残渣燃料油的清洁度和相容性的标准，适用于100℃运动黏度低于 50mm^2/s 的油品，其主要试验是观察油品在滤纸上放置到 100℃烘箱 1h 后的斑点展开特征。将锥形瓶置于 90~95℃水浴中加热 15~20min，期间搅拌使油品均匀。斑点等级越低，油品相容性越好，一般认为达到一、二级的油品相容性较好(见表 2-1-19 和图 2-1-22)。

表 2-1-19　斑点试验等级描述

斑点等级	斑点特征
一级	斑点均匀，内部无环状物
二级	斑点内部有细微而模糊的环状物
三级	斑点内部有明显的薄的环状物，比本色稍微黑一点
四级	有比三级等级更浓的环状物，亦比本色稍黑
五级	斑点内部环状物几乎为固体或近于固体，环心比本底色黑得多

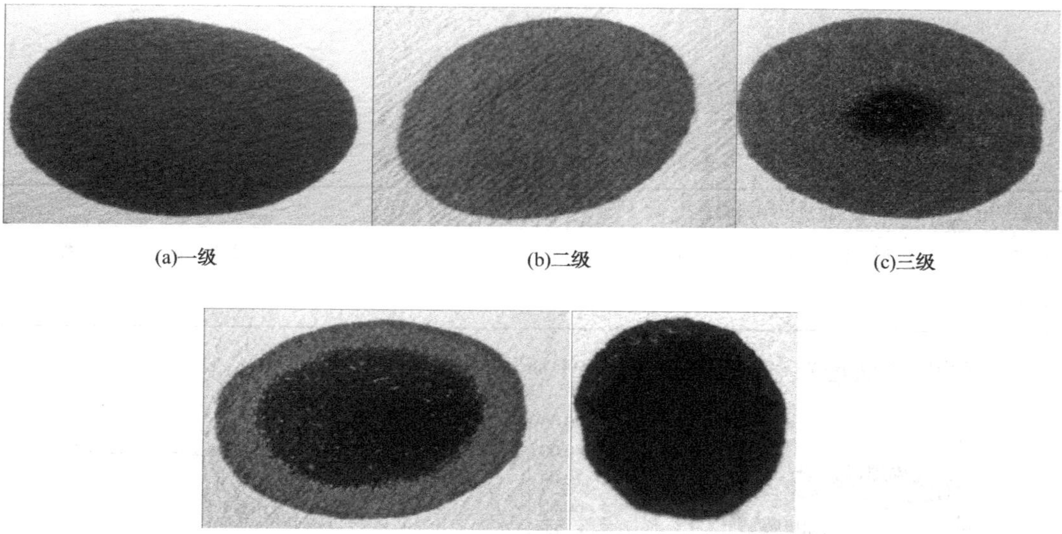

图 2-1-22 斑点实验等级参考图

四、焦化原料性质

(一) 馏程

延迟焦化由于来源不同，馏程范围差别较大，按照馏程的区别，可以分为在<500℃有较大汽化率的原料，如催化裂化油浆，往往初馏点低于350℃，甚至10%馏出温度也低于350℃，在加热炉出口有较高的汽化率；有些原料，如常压渣油，馏程>350℃，但其高于500℃馏分的量对于不同原油差别可能较大，在焦炭塔的反应条件下液相反应的比例差别大；对于减压渣油重质原油，>500℃馏分为主，因此在焦炭塔中的反应以液相热反应为主。渣油的馏程取决于蒸馏系统的操作条件，也依赖原油的性质；催化裂化油浆的馏程还和催化裂化的反应条件密切相关。一般对重质原料油确定馏程的方法可以采用实沸点蒸馏方法（GB/T 17280—2017）和气相色谱模拟蒸馏方法（ASTM D7179），一般实沸点蒸馏可以获得<560℃馏分，对表征常压渣油和油浆可以获得范围的馏出曲线并获得样品，但对减压渣油的表征很有限，而高温气相色谱模拟蒸馏可以获得<750℃的馏程分布，适用范围宽。图 2-1-23 是几种原料的模拟蒸馏沸点曲线，能清楚反映不同原料的区别，可见焦炭塔中原料的气液相比例取决于蒸馏曲线，也和焦炭塔的压力密切相关，特别是低沸点馏分较多的催化油浆和常压渣油，焦炭塔操作压力高将显著提高液相的比例。采用分子蒸馏对石油体系的平衡汽化数据测量可达630℃左右，采用气相色谱模拟蒸馏技术虽然能够达到750℃，但

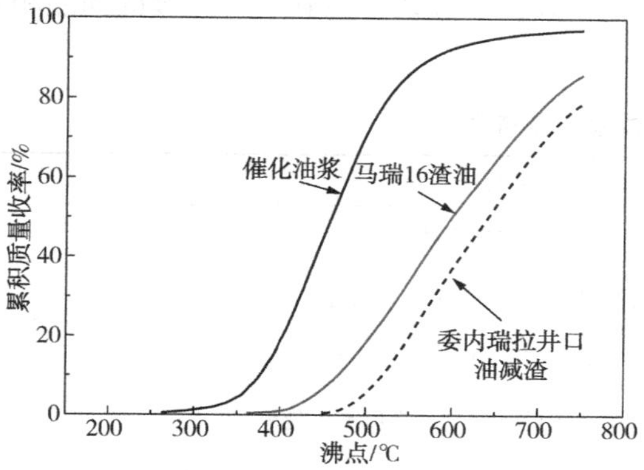

图 2-1-23 不同原料的蒸馏曲线

这些技术都不能够进行馏分物性的进一步测试。

中国石油大学重质油国家重点实验室开发了超临界流体萃取分馏(SFEF)石油评价技术，其平均沸点的预测值最高约可达 950℃，并可以对各窄馏分的物性进行深入的测试。若将 SFEF 得到的数据与常规 TBP 蒸馏数据结合起来，可以得到完整的 TBP 蒸馏数据与物性分布数据。

通过对原油 TBP 蒸馏数据与 SFEF 数据的重叠部分进行考察，发现偏差很小，因此 SFEF 数据可以作为全馏程的 TBP 蒸馏数据的重质馏分的补充。对于大庆原油，其全馏程 TBP 蒸馏数据的数学模型为:

$$t_b = 49.380 + 13.984V - 0.053423V^{2.5} + 0.0050735V^3,\quad t_b \leq 840℃ \tag{2-1-32}$$

式中 V——馏出质量分数,%；

t_b——常压实沸点,℃。

与式(2-1-32)相配套的大庆原油分子量 M_h 和相对密度 d_4^{20} 的方程分别参见以下两式:

$$M_n = 55.72555 + 0.704063\,t_b - 0.06243t_b^{1.5} + 0.003264t_b^2 \tag{2-1-33}$$

$$d_4^{20} = 0.647809 + 1.0864\times10^{-3}t_b - 2.8168\times10^{-5}t_b^{1.5} + 1.25295\times10^{-10}t_b^3 \tag{2-1-34}$$

不同原料的蒸馏曲线见图 2-1-23。

(二) 分子量

焦化原料来源于重质油，是复杂的多分散体系，关于重质油的分子量大小，特别是其中的沥青质组分的分子量，一直以来都是有争议的，在重油分子量中最为重要的两个概念是平均分子量和分子量分布。

常用的平均分子量有数均的和重均的两种。在石油加工中最常用的平均分子量是数均分子量，对重质油，常用的测定方法有蒸气压渗透法又称气相渗透压法(Vapor Pressure Osmometry 或 Vapor Phase Osmometry，简称 VPO 法)和凝胶渗透色谱法(Gel Permeation Chromatography，简称 GPC 法)。平均分子量的定义是:体系中具有各种分子量的分子的摩尔分数与其相应的分子量的乘积的总和，也就是体系的质量除以其中所含各类分子的摩尔数总和的商，具体可由下式表达:

$$M_n = \sum x_i M_i \tag{2-1-35}$$

式中 x_i——i 组分的摩尔分数;

M_i——i 组分的分子量;

应当注意的是 VPO 法和 GPC 法测定的分子量都是重质油在稀溶液中的表观分子量，受测量条件的影响而变化，而在石油加工的真实工况条件下，由于重油分子特别是沥青质缔和作用的存在，实际表现出来的行为等价的分子量一般会比在无限稀溶液中的分子量要大，如在扩散和分相生焦中经常表现的是缔和体的性质。由图 2-1-24 委内瑞拉超重油不同馏分数据分子量与其甲苯溶液中浓度关系可见，柴油和 VGO 馏分没有什么缔和效应，但减压渣油和 C_7 沥青质随浓度增高分子量显著增高。

在重质油油样中如含有低分子量的杂质，即使其含量很少，也会使其数均分子量显著偏低。例如，在数均分子量为 3000 的油样中，若含有 1%(质量分数)的数均分子量为 100 的杂质，这样用 VPO 法测得的数据便成为 2325，降低了 22.5%。由此可见，在测定重质油的数均分子量时，应注意除去其中的低分子杂质。

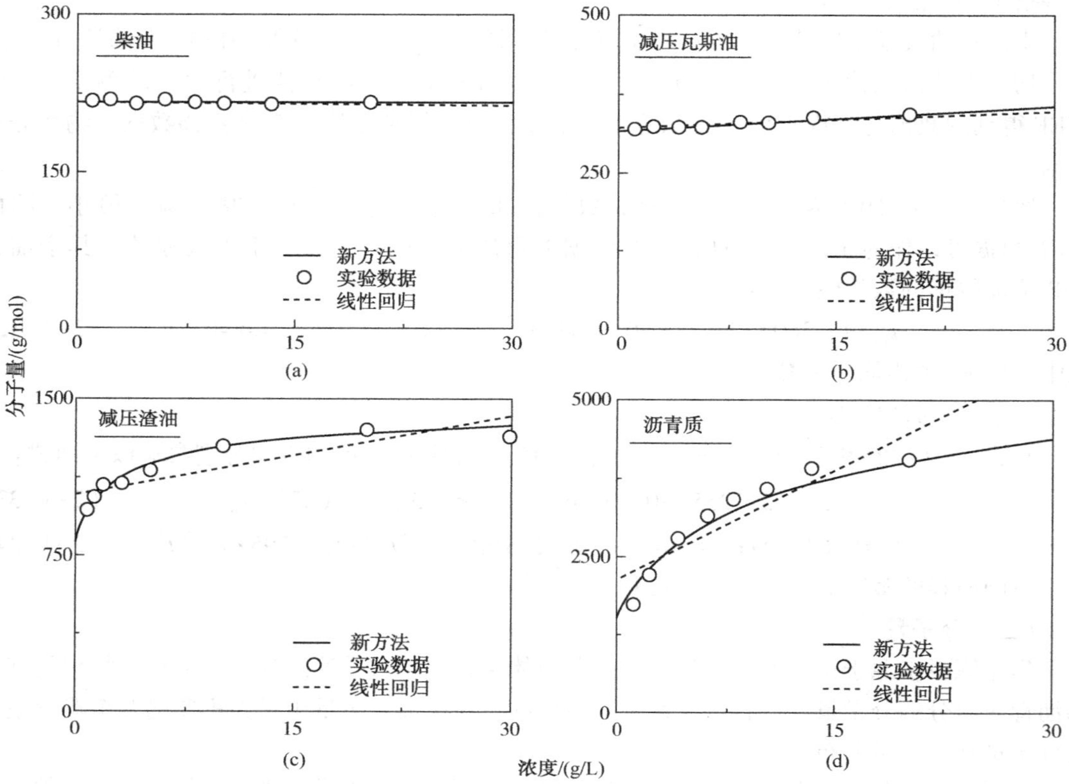

图 2-1-24 不同石油馏分的分子量与浓度关系

前已述及，重质油中含有相当量的非烃类，它们会由于氢键等作用而导致缔合。对于硫、氮、氧等杂原子含量较高的胶质尤其是沥青质，其缔合程度则更大。因此，用 VPO 法测得的实际上并不是真正的数均分子量，而是其缔合体的相对质量，它是受测定条件(溶剂性质及温度等)影响的，但习惯上仍称其为数均分子量，因此，在列举此类数均分子量数据时必须说明测定的方法及条件，否则无法比较。减压渣油四组分数均分子量见表 2-1-20。

表 2-1-20 减压渣油四组分数均分子量

油样名称	数均分子量					
	减压渣油	饱和分	芳香分	胶质	戊烷沥青质	庚烷沥青质
大庆	1120	880	1080	1780		
胜利	1080	650	850	1730	3720	5010
孤岛	1030	710	760	1380	3960	5620
单家寺					4000	9730
临盘	1000			1760	2950	
欢客岭	1030	580	640	1070		6660
任丘	1140		830	2260	3610	
大港			670	1470		
中原	1100			2780	4770	
新疆九区	1340			1810	2620	

重质油是一个分子量范围很宽的多分散体系，其中各组分的分子量一般在 500~10000 之间，但各种油样的分子量分布不尽相同。GPC 是测定它们的分子量分布的有效手段。如表 2-1-21 所示，以 VPO 法测定的结果来衡量，减压渣油可溶质的分子量分布范围为 400~13000，其中饱和分的分子量分布最窄，为 400~1700，芳香分的分布居中，为 420~6000，胶质的分布最宽，为 420~13000，但各原油之间有一定差异。

表 2-1-21 减压渣油各组分的分子量及分子量分布

减压渣油	减压渣油分子量（VPO 法）	饱和分		芳香分		胶质	
		分子量（VPO 法）	分子量分布范围	分子量（VPO 法）	分子量分布范围	分子量（VPO 法）	分子量分布范围
大庆	1050	810	440~1700	1130	560~6000	1950	700~8000
胜利	1020	680	440~1000	1140	550~3000	1910	420~13000
孤岛	1100	710	440~900	890	420~3000	1890	440~13000
任丘	1120	710	540~1700	910	700~3400	2000	560~9600
羊三木	1120	720	420~1300	890	420~4000	1590	500~8000

（三）密度及 API°

密度是重质油的重要物理性质，它表示油品单位体积的质量，其单位为 g/cm^3 或 kg/m^3。油品的相对密度是其在 t℃下的密度与规定温度下水的密度之比，我国通常以 4℃水为基准，相对密度采用 d_4^{20}，而欧美各国普遍采用 $d_{15.6}^{15.6}$。

对油品尤其是原油的相对密度还常用相对密度指数 $API°$ 来表示，它与相对密度之间的关系如式(2-1-36)所示：

$$API° = \frac{141.5}{d_{15.6}^{15.6}} - 131.5 \tag{2-1-36}$$

由式(2-1-36)可见，油品的 $API°$ 数值越大则表示其相对密度的数值越小。

当温度与 20℃差别较大，则不同温度与油品相对密度换算按 GB 1885—1983 石油密度计算换算表。

也可以采用如下关联式式(2-1-37)或式(2-1-38)近似估算：

$$d_{15.6}^{15.6} = 0.009445 + 0.993865 \times d_4^{20} \tag{2-1-37}$$

$$d_{15.6}^{15.6} = \frac{d_4^{20} + 4.4 \times \gamma}{0.999004} \tag{2-1-38}$$

其中，γ 是油品热膨胀系数：

$$\gamma = 1.5657 \times 10^{-4} + 3.7156 \times 10^{-3} \times e^{\left(-\frac{d_4^{20}}{0.42985}\right)} \tag{2-1-39}$$

表 2-1-22 所示为我国主要原油常压渣油及减压渣油的相对密度及 $API°$。如表所示，渣油的相对密度一般在 0.9~1.0 之间，其相应 $API°$ 的值的范围一般为 25~10。少数减压渣油的相对密度大于 1.0，其 $API°$ 值小于 10；个别如新疆轮南原油减压渣油的相对密度很大，其 $API°$ 甚至是负值。由此可见，同为重质油其相对密度的差别可能很大，石蜡基原油渣油的相

对密度相对较小，一般均小于 1.0，而环烷基原油渣油的相对密度则会大得多，一般均大于 1.0。因此，相对密度是一个可用来大体判断重质油基属及化学组成的物性指标。

表 2-1-22　我国主要原油渣油的相对密度及 *API*°

原油名称	沸点范围/℃	d_4^{20}	*API*°
大庆	>350	0. 8959	25. 8
	>500	0. 9221	21. 3
胜利	>350	0. 9448	16. 8
	>500	0. 9732	13. 0
孤岛	>350	0. 9786	12. 1
	>500	1. 0020	8. 7
大港	>350	0. 9314	19. 7
	>500	0. 9536	16. 0
任丘	>350	0. 9012	24. 7
	>500	0. 9986	9》5
欢喜岭	>350	0. 9829	11. 5
	>500	1. 0029	8. 6
	>565	1. 0167	6. 7
中原	>350	0. 9120	23. 0
	>500	0. 9504	16. 7
新疆九区	>350	0. 9412	18. 2
	>500	0. 9836	11. 4
新疆轮南	>350	0. 9721	13. 1
	>500	1. 0902	-1. 7

（四）黏度

1. 黏度

黏度是评定重质油流动性的指标，它表征其分子之间做相对运动时因分子之间的摩擦而产生内部阻力的大小。

重质油黏度是加工利用过程中最重要的指标，但黏度和组成结构之间的关系极为复杂，一般认为重质油中的烃类结构中稠环芳烃和稠环环烷烃对黏度的贡献很大，特别是稠环环烷烃的黏度高于对应的稠环芳烃，非烃对黏度的贡献也很大，分子量越大黏度越高，但由于重质油组成的清晰表征本身就是还没有很好解决的问题，组成结构和重质油对黏度的贡献并没有很好解决，黏度经常反过来作为预测其他性质的变量。

表 2-1-23 中列出了国内几种原油常压渣油及减压渣油的 80℃及 100℃运动黏度。由表可见，不同原油渣油的黏度差别相当大，石蜡基原油渣油的黏度显然较小，环烷基原油渣油的黏度则要大得多，中间基原油渣油的居中。例如，大庆减压渣油的 100℃黏度仅为 $106mm^2/s$，而辽河减压渣油的 100℃黏度则高达 $1351mm^2/s$，相差达十余倍之多。

表 2-1-23　国内外几种原油渣油的运动黏度

名称	常压渣油运动黏度/(mm²/s)		减压渣油运动黏度/(mm²/s)	
	80℃	100℃	80℃	100℃
大庆	48.8	28.9	256	106
胜利	200.4	85.7	4104	1036
孤岛		171.9	5165	1403
大港	74.6	38.3	992.8	354.5
任丘	105.9	49.8	2009	603.5
中原		51.7		541.5
辽河		86.3		1351
新疆九区	308.2	121.3	3039	844.9
阿拉伯(中)				2650
伊朗(轻)				1678
伊朗(重)				1700

在延迟焦化及其他石油加工过程中，混合原料黏度的确定非常重要，在已知各种混合原料黏度的情况下，准确计算就非常重要。尽管油品混合黏度的计算公式有很多种，但对重质油，由于沥青质胶体结构的复杂影响，虽然有些公式可能有较高的准确度，但由于含有特定体系的经验参数，难以推广到其他体系。经验证适合重质油体系且有预测性能的有双对数模型：

$$\mathrm{loglog}(v + C) = \sum_{i=1}^{n} x_i\% \times \mathrm{loglog}(v_i + C) \tag{2-1-40}$$

式中　v——运动黏度，mm²/s；

C——常数，一般取 0.8；

x——质量分数或体积分数，一般以 x 为质量分数准确度更高一些。

对于重质油掺稀，可以使用 Shu-Lederer 模型[35]：

$$\ln\mu = x'_{\mathrm{A}}\ln\mu_{\mathrm{A}} + x'_{\mathrm{B}}\ln\mu_{\mathrm{B}} \tag{2-1-41}$$

$$x'_{\mathrm{A}} = \frac{\alpha x_{\mathrm{A}}}{\alpha x_{\mathrm{A}} + x_{\mathrm{B}}} \tag{2-1-42}$$

$$x'_{\mathrm{B}} = 1 - x'_{\mathrm{A}} \tag{2-1-43}$$

$$\alpha = \frac{17.04\Delta\rho^{0.5237}\rho_{\mathrm{A}}^{3.2745}\rho_{\mathrm{B}}^{1.6316}}{\ln\dfrac{\mu_{\mathrm{A}}}{\mu_{\mathrm{B}}}} \tag{2-1-44}$$

式中　A——重质油；

B——溶剂或轻质油；

μ——动力黏度，mPa·s；

ρ——相对密度，原文中虽然没有指出温度，实际指 15.6℃下的相对密度；

x——体积分数或质量分数，一般以体积分数结果更为准确。

如采用 Lederer 原模型，从混合黏度数据中直接拟合 α，则黏度计算准确度会得到显著提高。

如果有数据可以拟合附加参数，则幂指数混合规律是一个较好的选择，准确度较高：

$$\mu=(x_A\mu_A^n+x_B\mu_B^n)1/n \tag{2-1-45}$$

式中　μ——动力黏度，mPa·s；

x——体积分数、质量分数或摩尔分数。对不同体系拟合误差不同，有些体系采用摩尔分数准确度更高，有些体系采用体积分数或质量分数更准确，但值得注意的问题是采用的单位不同，n 值不同。

加拿大油砂沥青掺稀石脑油黏度与实验黏度比较见图 2-1-25。

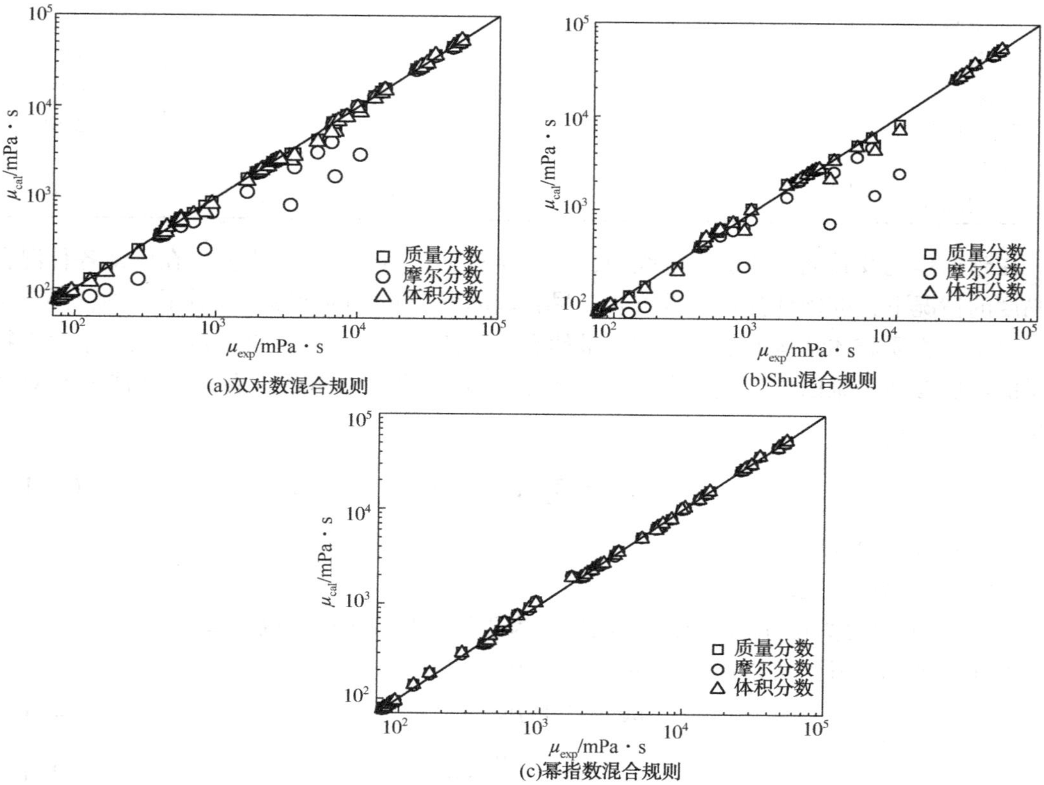

图 2-1-25　加拿大油砂沥青掺稀石脑油黏度与实验黏度比较

2. 黏度温度关系

对于油品黏度与温度的关系，目前最新的标准方法是 ASTM D341—2017，实际上是基于 Wright 等提出的关系式：

$$\log\log Z=A-B\log T \tag{2-1-46}$$

$$v=Z-0.7-e^{-0.7487-3.295(Z-0.7)+0.6119(Z-0.7)^2-0.3139(Z-0.7)^3} \tag{2-1-47}$$

式中　v——运动黏度，mm^2/s；

T——绝对温度，K。

在黏度比较高的情况下，此式还原为：

$$\log(v+0.7)=A-B\log T \tag{2-1-48}$$

实际上，此式也可以用于绝对黏度-温度的关联，图 2-1-26 所示是奥里超重油绝对黏度-温度关系，关联式 $A=9.891265$，$B=-3.687053$，可见比较准确。

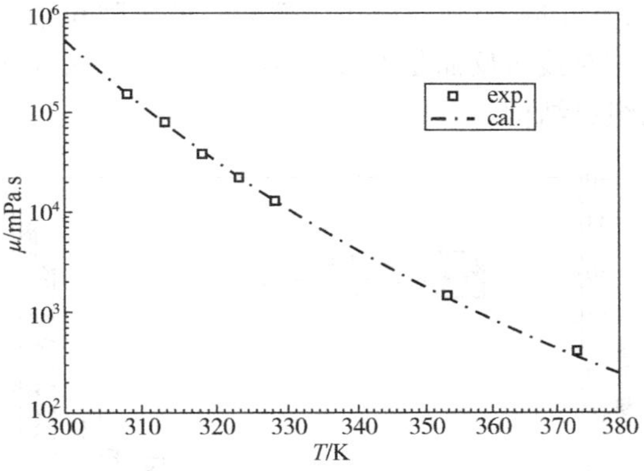

图 2-1-26　奥里超重油黏温曲线

（五）残炭

重质油在加工过程生焦的倾向一般可用其残炭值来表征。残炭值的测定方法有三种：康氏残炭值（*CCR*）、兰氏残炭值及微量残炭值（*MCR*），目前一般测定法测定的是 *MCR*，可等价 *CCR*。重质油的炭值与其化学结构密切相关，主要取决于其中生成焦炭的前身物稠合芳香环系结构所占的份额，也和其馏程有密切关系。

1. 渣油及其组分的残炭值

从表 2-1-24 可以看出 350℃$^+$常压渣油的残炭值一般在 3%～21%（质量分数）之间，减压渣油的残炭值一般在 7%～33%之间。其中，环烷基原油减压渣油的残炭值较大，石蜡基原油减压渣油的残炭值则低得多，这表明残炭值的大小与油样的化学组成和结构有着密切的内在联系。

表 2-1-24　渣油残炭值

油样名称	350℃$^+$渣油残炭/%	500℃$^+$渣油残炭/%	520℃$^+$渣油残炭/%	540℃$^+$渣油残炭/%	原油基属
大庆	4.6	8.1			石蜡基
沈阳	3.2	7.2			石蜡基
中原	4.6	10.3			石蜡基
胜利	6.5	10.6			中间基
大港	7.6	13.7			中间基
孤岛	10	16.2			环烷-中间基
新疆九区	6.5	10			中间-环烷基
新疆风城	9.1		13		
辽河稠油	16.7	23.6			环烷基
塔河重油	20.7			33	环烷基
阿曼		13.8			
科威特	10.2	18.8			
阿拉伯轻质	8.2	19.9			
阿拉伯中质		21.4			
伊朗轻质	8.9	20			
伊朗重质		21.8			
委内瑞拉超重油	17.3		24.6		环烷基（沥青基）
加拿大油砂沥青	15.5		21.8		环烷基（沥青基）

图 2-1-27 给出两种渣油残炭随馏程变化的情况，其中残炭绝对值由图 2-1-27（a）可以看出，在 435℃以前渣油馏分的残炭很低，在 510℃以后的馏分中增加较快，在沸点高于 700℃的蒸馏残渣中残炭高达 30%以上。尽管基本规律是相近的，但具体分布值有一定差

别，Forties 渣油对应馏分残炭值低于阿拉伯轻质渣油，由图 2-1-27(b)可以看出，各馏分的相对残炭反而是 Forties 渣油高于阿拉伯轻质渣油。相同馏分残炭的差别取决于渣油组分的组成结构。

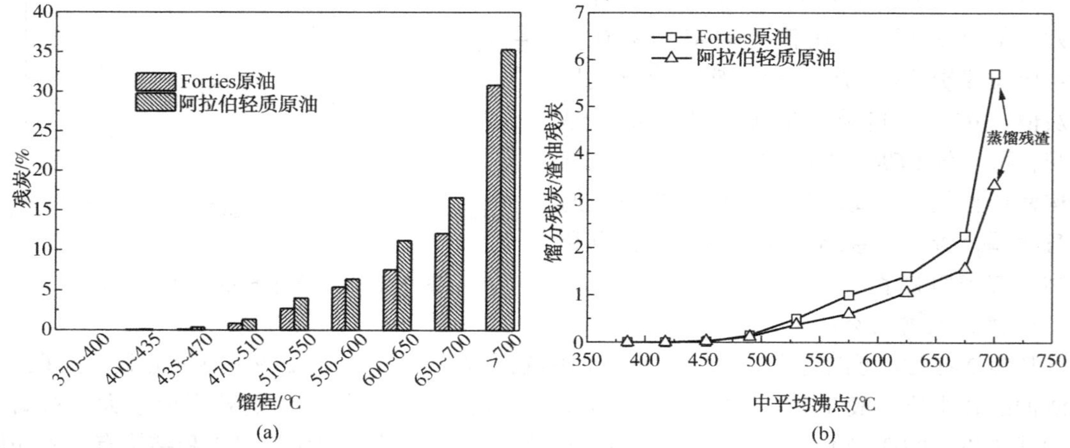

图 2-1-27　365℃⁺渣油馏分残炭与馏程关系

图 2-1-28 所示为任丘、中原、胜利及孤岛 4 种减压渣油六组分的残炭值。如图所示，减压渣油六组分中，从组分 1 至戊烷沥青质，其残炭值逐渐增大。以饱和分和少环芳烃为主要成分的组分 1 的残炭值很低，只有 1%～2%；以多环芳烃为主的组分 2 的残炭值增加约 1 个数量级，达 12%～16%；胶质(组分 3、4、5)的残炭值又高出一倍，在 20%～40%之间；而戊烷沥青质的残炭值则一般都大于 40%。残炭在六组分的分布见表 2-1-25，减压渣油的残炭中约有 90%是由其中的胶质-沥青质贡献的。

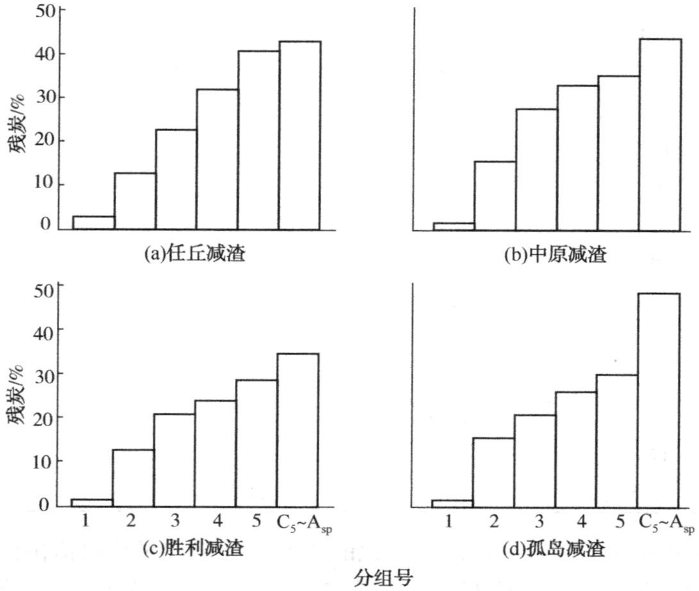

图 2-1-28　减压渣油六组分残炭值

表 2-1-25 减压渣油六组分残炭分布

减压渣油	组分 1	组分 2	组分 3	组分 4	组分 5	组分 6
任丘	3.2	7.6	15.1	14	35.9	21.1
中原	2.2	8	16.9	12.5	26.5	34.7
胜利	2.6	10.3	20.6	13.2	25.7	30.6
孤岛	4.7	11	18.3	11.5	21.1	28.7

2. 重质油残炭值与氢碳比的关系

如前所述，残炭值主要与油样的芳香性有关，而氢碳比能很好地反映油样分子中芳香结构的多少以及芳香环系稠合程度的高低，氢碳比较小对应较高的芳碳率和较高芳香环系的稠合程度较高，残炭值较高。

梁文杰获得我国 4 种减压渣油(任丘、中原、胜利和孤岛渣油)及其六组分的残炭值与其氢碳比关系，见式(2-1-49)，对这些样品的误差一般在 10%以内。

$$CCR\% = 172.3 - 98.9 \times \frac{N_H}{N_C} \qquad (2-1-49)$$

但这种关联毕竟涉及的渣油种类比较少，主要是 4 种渣油的亚组分，其通用性需要考察，以国内外各种减压渣油及我国催化裂化油浆残炭对氢碳原子比作图，见图 2-1-29，可以发现渣油的残炭与氢碳原子比有较好的线性关系，可用式(2-1-50)表达：

$$CCR\% = 84.70 - 44.547 \times \frac{N_H}{N_C} \qquad (2-1-50)$$

催化裂化油浆残炭与氢碳原子比的线性关系见式(2-1-51)，但其散差比较大。

$$CCR\% = 34.52 - 17.827 \times \frac{N_H}{N_C} \qquad (2-1-51)$$

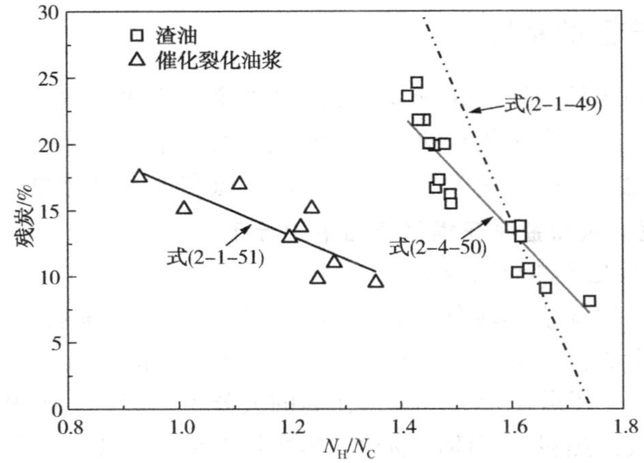

图 2-1-29 渣油及催化裂化油浆残炭与氢碳原子比关系

但从催化裂化油浆和渣油残炭和氢碳比关系分析，残炭不仅仅与氢碳比相关(氢碳比主要反应结构的影响)，还与沸点和分子量等性质有关，因为残炭的测定温度为 520℃，如果油品中含有大量的低于 520℃组分，这些组分可能并不会发生反应，而是直接蒸发出去。

3. 渣油残炭与加工性能关系

国内外普遍按照渣油的残炭和金属 Ni+V 将其加工性能分为三类，见图 2-1-30。

Ⅰ类：残炭<7%，Ni+V<20μg/g，适合催化裂化；

Ⅱ类：残炭<15%，Ni+V<150μg/g，适合固定床加氢处理-催化裂化组合工艺；

Ⅲ类：残炭>15%或 Ni+V>150μg/g，适合焦化工艺。

但这种分类目前看来有些过时，沸腾床和浆态床加氢裂化技术的发展，使原来仅能采用焦化技术加工的重油可以获得高的转化率和液体收率。

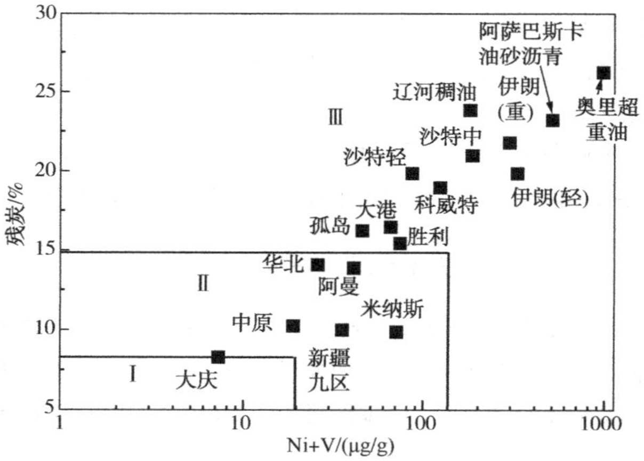

图 2-1-30　渣油按残炭和 Ni+V 含量的加工方案选择分区图

第二节　产品性质与用途

一、延迟焦化产品的特性

延迟焦化生产五种产品，即焦化气体、焦化石脑油(焦化汽油)、焦化柴油、焦化蜡油和焦炭。焦化气体包括干气和液化石油气。因液化石油气量少，常和其他炼油工艺的液化石油气混合利用。在焦化产物中最受关注的杂质是硫、氮和金属化合物。

(一) 碳、氢、硫、氮和金属在焦化产品中的分布[36-40]

1. 碳和氢在延迟焦化产品中的分布

延迟焦化是一种渣油深度热转化过程。当温度升到一定程度后，原料中的分子开始断裂，导致了自由基的生成，发生了复杂的连锁反应，大分子断裂成分子量较小的分子，同时由于缩合反应也相应产生了分子量大、碳氢比高的大分子，甚至生成固体焦炭。碳和氢是焦化产品的主要元素组成，焦炭、液体产物和气体产物中碳和氢典型分布见表 2-2-1。从焦化产品的碳、氢分布可以看出焦化原料在延迟焦化过程中裂化和脱碳的程度。由表中数据可以看出，原料中有 34%的碳进入了焦炭中，而焦炭中保留的氢较小，大量的氢被转化到液体和气体产物中，从而实现了延迟焦化工艺的脱碳过程，降低了延迟焦化液体和气体的碳氢质量比。延迟焦化过程的裂化和脱碳程度与原料的化学组成和所采用的操作条件有关，一般来说，原料的残炭值及胶质、沥青质含量越高，在相同操作条件下脱碳程度越高。

表 2-2-1　延迟焦化产品中碳、氢含量典型分布

项目	减压渣油原料	延迟焦化产品		
		焦炭	液体	气体
碳(占原料中碳)/%	100	34	56	10
氢(占原料中氢)/%	100	14	64	22

以辽河减压渣油为例，各个焦化产品中碳氢含量见表 2-2-2。从表 2-2-1 数据可以看出：

① 焦炭、焦化液体和焦化气体(除 H_2S 和 NH_3外)的碳和氢含量之和都在 99%以上。

② 随着焦化产品由重到轻，其碳含量逐渐减少而氢含量逐渐增大，碳氢质量比逐渐降低，氢碳原子比逐渐增大，焦炭的碳氢质量比大大高于最重的液体产品焦化蜡油。

③ 由于在延迟焦化过程中，裂化与脱碳、缩合与脱氢同时发生，焦化液体和气体产品中的氢含量都高于减压渣油原料，而焦炭中氢含量又大大低于减压渣油原料，焦炭的氢碳原子比 0. 35，比焦化原料氢碳原子比 1. 55 大为降低。

延迟焦化产品的烃类组成中含有链烷烃、环烷烃和芳烃，同时，由于焦化过程中烃类产生碳-碳键的断裂而又没有氢的加入，所以还形成一些烯烃、双烯烃等。烯烃类产品溴值高，颜色安定性和储存安全性差，易生成胶质和沉渣，需要在后继加工时进行加氢饱和或精制，这也是延迟焦化产品的一个特点。

表 2-2-2　辽河减压渣油和焦化产品的碳、氢含量

项目	减压渣油原料	焦炭	焦化蜡油	焦化柴油	焦化石脑油	焦化气体 $C_2 \sim C_4$	H_2S	NH_3
收率(占原料)/%	100	21. 4	28. 8	28. 6	12. 4	8. 2	0. 1	0. 5
碳/%	87. 56	96. 34	87	86. 97	85. 13	78. 79	0	0
氢/%	11. 37	2. 82	12. 15	12. 64	14. 71	21. 21	5. 92	17. 75
碳+氢/%	98. 93	99. 16	99. 15	99. 61	99. 84	100	5. 92	17. 75
碳/氢(质量比)	7. 7	34. 16	7. 16	6. 88	5. 79	3. 71	0	0
氢/碳(原子比)	1. 55	0. 35	1. 66	1. 73	2. 06	3. 21	0	0

2. 硫和氮在延迟焦化产品中的分布

原料油中所含硫、氮等杂质在延迟焦化过程中进行分解或浓缩，在产品中重新分配，硫向气体和焦炭两个方向转化，氮在蜡油、焦炭中富集。延迟焦化产品中典型硫、氮分布见表 2-2-3。从表中数据可以看出，约各有 30%的硫分布到焦化气体和焦炭中，其余 40%硫分布到焦化液体产品中，其中焦化石脑油中硫分布较少。而 75%的氮富集到焦炭中，22%的氮分布到焦化蜡油中，焦化石脑油和柴油中的氮分布不多。

表 2-2-3　延迟焦化产品中硫、氮含量典型分布(对原料)

产品	硫含量/%	氮含量/%	产品	硫含量/%	氮含量/%
焦化气体	30		焦化蜡油	20	22
焦化石脑油	5	1	焦炭	30	75
焦化柴油	15	2	合计	100	100

含硫、含氮化合物是延迟焦化液体产品的主要杂质。这些杂质在延迟焦化产品的后加工时会引起催化剂的中毒和设备的腐蚀。在产品中含有这些杂质影响产品的氧化安定性和颜色安定性，使用过程中造成环境污染，所以需要在后加工过程中加以脱除。

焦炭中富集了较多的硫和氮，焦化气体中以 H_2S 的形式富集了硫。所以焦化蜡油、焦化柴油和焦化石脑油中的硫和氮含量都低于焦化原料。由于延迟焦化原料大多是原油的减压渣油，富集了原油中的硫、氮化合物，因此一般焦化各产品中的硫、氮含量也高于相应直馏产品的硫、氮含量。

3. 金属在延迟焦化产品中的分布

目前原油中已经发现的微量金属元素有40余种，主要是钠、钙、镍、钒、铁等金属，钠基本上可以在电脱盐过程中被脱除。而电脱盐过程不能脱去镍和钒，它们大部分又浓缩在减压渣油中，通过延迟焦化过程镍和钒进入焦化产品。

镍和钒杂质对焦化产品的下游加工和使用造成不利影响。如焦化蜡油进行催化裂化时，镍有较强的催化脱氢作用，沉积在催化剂上会使催化剂选择性变差；钒则会破坏催化剂的结构，使其失活。含钒的焦化产品作燃料时，钒沉积在设备上，对锅炉管壁造成腐蚀，对燃气轮机叶片产生熔蚀，对耐火材料(包括POX气化炉用的高温耐火砖材料)可产生烧蚀现象。

中国原油多属于陆相沉积，多数渣油中的镍钒质量比大于10，而国外多数原油为海相沉积的原油，钒金属含量远高于镍含量。

焦化原料中的金属在延迟焦化后大部分集中于焦炭中，只有少部分进入焦化蜡油，而焦化柴油、焦化汽油和焦化气体中不含金属化合物。几种中国减压渣油的焦化蜡油镍、钒金属含量见表2-2-4。表2-2-5列出了委内瑞拉两种原料的重焦化蜡油高沸点馏分钒分布数据[11]。镍和其他金属分布的规律类似于钒。

表2-2-4　几种中国减压渣油原料及其焦化蜡油的金属含量　　μg/g

项目	大庆原油	胜利原油	辽河原油
减压渣油原料			
镍	6.67	50.31	111
钒	0.09	3.2	2.56
焦化蜡油			
镍	0.3	0.5	0.3
钒	0.17	0.01	0.01

表2-2-5　重焦化蜡油(HCGO)高沸点馏分钒分布　　μg/g

沸点范围/℃	委内瑞拉混合油	重质混合油
510~523	2.0	0.5
523~538	3.3	0.6
538~552	5.9	0.8
552~566	15.0	1.2
566~579	17.3	1.8
579~593	22.0	5.0
>593	45.0	41.0

从表 2-2-5 可以看出，焦化蜡油中的金属来自其重馏分，沸程越高的部分，钒含量也越高。焦炭塔中高的气相速度往往会将这些不能蒸发的物质携带出焦炭塔，进入分馏塔，进而产生焦化蜡油重馏分。因此有必要在分馏塔的进料部位设立一个高效的洗涤段来捕集这些重金属，特别是焦化装置采用低循环比和超低循环比操作时，尤为必要，其可以大大改善焦化蜡油的质量。

（二）延迟焦化原料和操作条件对焦化产品质量的影响[41]

1. 焦化原料对焦化产品质量的影响

延迟焦化是单纯的热转化过程，不存在催化剂污染、中毒等问题，炼油厂中其他装置不能处理的一些重质副产物，均可送到延迟焦化装置处理，以提高全厂的轻油收率，所以有人戏称焦化装置为“现代化炼油厂的垃圾处理站”。

延迟焦化原料一般是用原油的减压渣油，也可以加工特重原油或油砂沥青，甚至直接在减压渣油中掺入更重质的脱油沥青以及其他二次加工后得到的重质残渣。为了降低重质原料的黏度使之易于加工，有时加工其常压渣油，或先经过减黏，再作焦化原料。有的高含硫渣油在焦化前经过加氢脱硫。为了生产高功率石墨电极和一些特殊的炭素产品，采用催化澄清油等高芳烃含量的焦化原料。这些不同的原料对焦化产品的性质会产生影响。

（1）采用减压渣油为焦化原料的焦化产品性质

一般延迟焦化装置都采用减压渣油为原料，以国内几种典型减压渣油为原料的延迟焦化产品收率和性质见表 2-2-6。

表 2-2-6 国内几种典型减压渣油原料和焦化产品性质

项　　目	大庆减压渣油	胜利减压渣油	鲁宁管输减压渣油	辽河减压渣油
原料性质				
20℃相对密度/(g/cm^3)	0.9158	0.974	0.9695	0.995
康氏残炭/%	7.27	15.14	14.9	20.32
硫/%		1.48	0.98	0.14
氮/%	0.19	0.64	0.61	0.7
镍/(μg/g)	6.67	50.3	38.1	111
钒/(μg/g)	0.09	3.2	5	2.56
焦化汽油				
收率/%	15.7	14.7	15.9	15
溴值/(gBr/100g)	41.7	57	53	58
辛烷值(马达法)	58.5	61.8	62.4	60.8
焦化柴油				
收率/%	36.3	35.6	32.3	25.3
凝点/℃	-12	-11	-9	-15
十六烷值	56	48	50	49

续表

项　目	大庆减压渣油	胜利减压渣油	鲁宁管输减压渣油	辽河减压渣油
焦化蜡油				
收率/%	25.7	19	20.7	25.2
镍含量/(μg/g)	0.3	0.5		0.3
钒含量/(μg/g)	0.17	0.01		0.01
焦炭				
收率/%	14	23.9	22.8	24.6
硫含量/%	0.38	1.66		0.38
灰分/%	0.35	0.1		0.52

国内几种典型减压渣油含硫、金属低，残炭也较低，因此焦化柴油和焦化蜡油收率较高，焦炭收率较低，焦化产品质量都比较好，焦炭硫含量和灰分都较低。

在催化裂化-延迟焦化流程的炼油厂中，焦化大多采用减压渣油为原料，个别炼油厂加工重质原油，有时采用常压渣油作焦化进料。以阿拉伯轻质原油减压渣油和常压渣油为例，比较减压渣油和常压渣油焦化的结果，除产率上有差别外，常压渣油原料的焦化液体产物密度、硫含量、氮含量均比减压渣油相应馏分低，其柴油馏分的十六烷值指数为43.0，高于以减压渣油为原料的焦化柴油馏分的十六烷值指数(37.0)6个单位。焦炭的硫、金属、灰分也是以减压渣油为原料的高。两种原料的焦化产物性质见表2-2-7。

表2-2-7　阿拉伯轻质原油减压渣油、常压渣油焦化产物性质

性质	$API°$	$d_{15.6}^{15.6}$	硫含量/%	氮含量/(μg/g)	溴价/(gBr/100g)	50℃黏度/(mm^2/s)	十六烷指数
以阿拉伯轻质原油减压渣油为原料							
进料	6.9	1.0224	4.0	3100		222000	
C_7～185℃	52.0	0.7711	0.9	50	60		
185～343℃	29.4	0.8794	2.4	1050	30	2.6	37.0
>343℃蜡油	21.0	0.9279	3.8	2100	15	7.5	
焦炭	硫5.6%，镍/钒229/70μg/g，灰分1.06%，挥发分12%						
以阿拉伯轻质原油常压渣油为原料							
进料	16.9	0.9535	3.0	1600		480	
C_7～185℃	82	0.6626	0.8	30	60		
185～343℃	33.4	0.8581	2.1	550	30	2.6	43.0
>343℃蜡油	22.4	0.9194	2.9	1050	16	16.0	
焦炭	硫4.8%，镍/钒167/52μg/g，灰分0.8%，挥发分12%						

为了提高减压蜡油的拔出率，提供更多的蜡油给下游催化加工，最近国外焦化进料减压渣油有变重的趋势，如采用>565℃的减压渣油。表2-2-8列举了>565℃中东减压渣油C_5以上焦化产物的性质。产物分类别列出其分析结果。

大于565℃中东减压渣油原料，其$d_{15.6}^{15.6}$为1.0324($API°$=5.64)，UOP K值为11.54，残炭为22.96%。当循环比为0.2时，焦化总液体收率59.5%，焦炭收率30.8%。当循环比减少到0.05时，焦化总液体收率60.6%，增加了1.1%，焦炭收率28.3%，减少了2.5%。

除了产品的典型性质(如相对密度、K值及硫和氮的含量)外，表2-2-8中还提供了其他关键性质，如焦化石脑油的烃类组成、辛烷值数据和其他液体产物的十六烷指数、烟点、溴价、苯胺点、折射率和残炭等。评价焦化蜡油作为下游装置原料的重要指标之一是折射率。折光指数高的蜡油，说明其芳烃含量高。高芳烃含量的FCC原料会使催化裂化装置的总转化率下降。

采用>565℃减压渣油的好处是增产减压蜡油，为下游加工过程提供更多原料，而焦炭产率对原油加工量来说反而减少。

表2-2-8 >565℃中东减压渣油液体焦化产品和焦炭性质

项目	数值	项目	数值
石脑油(C_5~168℃)		K值	11.38
API°	63.46	总硫/%	1.47
$d_{15.6}^{15.6}$	0.7221	总氮/(μg/g)	718
K值	12.05	溴价/(gBr/100g)	22.4
总硫/%	0.42	折光指数	1.5041
总氮/(μg/g)	61	黏度(37.8℃)/(mm^2/s)	5.13
RON	71.3	十六烷指数	41.9
MON	64.8	倾点/℃	-5.1
黏度(37.8℃)/(mm^2/s)	0.54	烟点/mm	10.5
溴价/(gBr/100g)	66.8	苯胺点/℃	58.1
烃类组成/%		重焦化蜡油(>343℃)	
烷烃/%(体)	37.4	API°	18.29
烯烃/%(体)	41.6	$d_{15.6}^{15.6}$	0.9447
环烷烃/%(体)	10.7	K值	11.28
芳烃/%(体)	10.3	溴价/(gBr/100g)	12
轻馏分油(168~266℃)		折光指数	1.5366
API°	39.15	总氮/(μg/g)	2230
$d_{15.6}^{15.6}$	0.8292	黏度(100℃)/(mm^2/s)	4.7
K值	11.57	总硫/%	2.2
总硫/%	0.81	苯胺点/℃	70.3
总氮/(μg/g)	251	残炭/%	0.7
溴价/(gBr/100g)	36.8	总硫/%	2.2
折射率	1.4713	苯胺点/℃	70.3
黏度(37.8℃)/(mm^2/s)	1.64	残炭/%	0.7
十六烷指数	39.9	生焦	
倾点/℃	-53.8	挥发分/%	9.44
烟点/mm	18.3	硫/%	5.5
苯胺点/℃	51.2	钒/(μg/g)	308
重馏分油(266~343℃)		总氮/%	0.65
API°	27.46	灰分/%	<0.2
$d_{15.6}^{15.6}$	0.8902	镍/(μg/g)	85

（2）以掺入脱油沥青的减压渣油为焦化原料的焦化产品性质

溶剂脱沥青是渣油深度加工的另一种主要工艺。利用脱沥青油作为催化裂化或加氢裂化原料的同时，产生了脱油沥青，这种深度脱油沥青已不符合石油沥青产品的规格，但可适量掺入减压渣油中，作为延迟焦化原料。

以某炼油厂减压渣油原料为基础，加入不同比例的软化点为113℃的脱油沥青，进行延迟焦化试验。以减压渣油以及加入10%、25%脱油沥青的减压渣油为原料，采用相同工艺条件，所得延迟焦化结果见表2-2-9。

表2-2-9　减压渣油掺入脱油沥青的延迟焦化结果

项　目	100%减压渣油	90%减压渣油+10%脱油沥青	75%减压渣油+25%脱油沥青	脱油沥青
延迟焦化原料性质				
运动黏度(100℃)/(mm^2/s)	272.6	497.6	1669	
胶质/%	29.7	33.6	40.3	
沥青质/%	0.4	1.5	3.4	
硫/%	1.8	2	2.1	3.4
氮/%	0.5	0.53	0.59	0.91
镍/(μg/g)	20.8	28.2	36	77
钒/(μg/g)	20.3	26.8	35	73.9
焦化气体				
产率(包括C_5~C_6)/%	8.94	9.74	10.57	
焦化汽油				
产率/%	12.23	11.71	11.06	
实际胶质/(mg/100mL)	5	7	12	
诱导期/min	647	607	550	
焦化柴油				
产率/%	36.36	35.73	35.09	
凝点/℃	-16	-16	-16	
十六烷指数	48.9	48.7	48.3	
焦化蜡油				
产率/%	22.33	21.12	19.45	
硫/%	1.1	1.2	1.3	
氢/%	0.2	0.25	0.33	
焦炭				
产率/%	20.14	21.7	23.72	
灰分/%	0.05	0.07	0.1	
硫/%	2.4	2.63	2.77	

由表2-2-9中结果可以看出，随着脱油沥青掺入量的增加，混合原料的黏度、胶质、沥青质及金属含量逐渐增加，延迟焦化所得的气体和焦炭收率上升，液体产品收率减少，焦化液体产品和焦炭质量略为变差。随着脱油沥青掺入量的增加，延迟焦化加工难度也增加，需要注意原料混合均匀，以免渣油和沥青分层造成加热炉管结焦，缩短装置操作周期。

(3) 沥青质含量高的焦化原料对焦炭质量的影响

焦炭是延迟焦化中主要产品之一。针状焦、海绵焦是焦化需要得到的产品，但不希望产生弹丸焦。原料的质量往往对焦炭的结构有影响。弹丸焦的生成主要取决于原料的沥青质含量和康氏残炭。有研究人员认为，当原料中沥青质含量和残炭的比值大于0.5，弹丸焦的生成倾向增加。

表2-2-10列出在工业装置上收集到的同一原料所产的海绵焦、弹丸焦的性质，其物理性质的差异主要是在焦炭的孔容分布、孔隙度和硬度上。焦炭的硬度指数*HGI*(Hardgrove Grindability Index)是区分海绵焦和弹丸焦的主要指标，*HGI*值越低，焦炭越硬，海绵焦生焦*HGI*值在70左右，弹丸焦*HGI*值低于27。

表2-2-10 同一原料得到的海绵焦、弹丸焦的性质

项目	弹丸焦	海绵焦
挥发分/%	9.6	10.2
真密度/(g/cm^3)	1.83	1.79
孔容分布/(mm^3/g)		
100~15mm	7	19
15~0.1mm	26	48
0.1~0.014mm	10	16
100~0.014mm	43	83
硫/%	1.9	2
铁/硅/(mg/g)	470/60	410/60
钒/镍/(mg/g)	540/200	530/190
钙/钠/(mg/g)	130/120	100/100
硬度	27	70

(4) 以减黏渣油为焦化原料的焦化产品性质

减黏渣油的黏度明显比减压渣油低，采用减黏渣油为原料使焦化装置运行状况得到改善，可以降低加热炉辐射段炉管的压力，减轻炉管结焦等。减黏-焦化联合工艺与减压渣油焦化相比，焦化汽油、柴油、蜡油性质变化较小。减黏-焦化联合工艺和减压渣油焦化的焦化产品性质比较见表2-1-11。

从产品的硫分布看，由于减黏-焦化联合工艺气体中H_2S含量比减压渣油焦化降低2%左右，使液体产品和焦炭的硫含量有所增加，说明经减黏裂化后，硫分布趋向于焦化液体和焦炭产品。

表2-2-11 减黏-焦化联合工艺和减压渣油焦化产物硫含量比较

项目	减压渣油焦化				减黏-焦化联合工艺			
	汽油	柴油	蜡油	焦炭	汽油	柴油	蜡油	焦炭
密度/(g/cm^3)	0.7242	0.8544	0.9188		0.7262	0.8477	0.9212	
硫/%	0.39	1.1	1.36	2.31	0.45	1.28	1.38	2.67

(5) 以加氢减压渣油为焦化原料的焦化产品性质

减压渣油硫含量高时会影响焦化产品的质量，可以在延迟焦化之前，先进行加氢处理，加氢中东减压渣油及其焦化产品性质数据见表 2-2-12。中东加氢减压渣油比加氢前渣油硫含量有显著降低，稠环芳烃仍较多，因此芳烃和胶质含量较高。焦化时其生焦量较高，但焦炭质量比较好，硫和金属含量低。液体产品的杂质、烯烃和芳烃含量都较高，需要加氢精制。

表 2-2-12　加氢中东减压渣油原料及焦化产品性质

项目	加氢中东减压渣油	焦化石脑油	焦化柴油	焦化蜡油	焦炭
密度/(g/cm^3)	0.9614	0.7346	0.8373	0.916	
元素分析/%					
硫	0.57	0.031	0.13	0.57	1
氮	0.32	0.003	0.057	0.28	
镍/钒/(μg/g)	5.1/0.3			0.06/<0.01	17.1/1.1
组成分析/%					
饱和烃	34.7	56.4	68.1	51.8	
烯烃/芳烃	-/48.8	35.7/7.9	-/31.3	-/45.2	
胶质/沥青质	16.4/0.1		0.6/0	3.0/0	

（6）以高芳烃催化澄清油为焦化原料的焦化产品性质

为了生产高功率石墨电极和一些特殊炭素产品，常用二次加工后的高芳烃含量重质油作为原料，如催化澄清油、润滑油溶剂抽出油等。如辽河原油催化澄清油，采用焦化蜡油全循环工艺操作，优质焦炭产率可达 51%左右，焦炭热膨胀系数达到国内针状焦协议指标，应用于冶金工业制作超高功率电极焦。辽河催化澄清油焦化焦炭性质见表 2-2-13，焦化汽、柴油质量见表 2-2-14。

表 2-2-13　辽河针状焦焙烧焦性质

项　目	辽河针状焦	针状焦协议指标
真密度/(g/cm^3)	2.132	>2.10
硫/%	0.40	<0.7
灰分/%	0.04	<0.15
热膨胀系数①/(10^{-6}/℃)	1.97	<2.6

①RIPP 方法，即用 1000℃焙烧成的碳棒，测定室温约 600℃熟焦的热膨胀系数。

表 2-2-14　辽河催化澄清油焦化汽、柴油质量

项目	焦化原料	焦化产品	
	辽河催化澄清油	焦化汽油	焦化柴油
密度(20℃)/(g/cm^3)	1.0437	0.7357	0.8366
残炭/%	7.34		
元素分析/%			
碳	89.75	85.48	86.65
氢	8.87	14.19	12.82
硫	0.42	0.0118	0.0796
氮	0.49	0.0079	0.0549

续表

项目	焦化原料	焦化产品	
	辽河催化澄清油	焦化汽油	焦化柴油
族组成/%			
饱和烃	29.1	55.64	
烯烃		31.28	
芳烃	54.0	13.08	
胶质	14.2		
沥青质	2.2		
十六烷指数			39

采用催化澄清油作焦化原料，除焦炭质量达到针状焦的要求外，因原料中芳烃高，液体产品质量比常规焦化要差，但针状焦收率高，焦化汽、柴油收率只占原料的30%左右，因此作掺合料在下游加工没有太大困难。从表2-2-14看出，以催化澄清油为原料的焦化液体产品有以下特点：

① 与普焦的焦化汽油相比，针焦汽油芳烃含量高，烯烃含量较低。

② 针焦柴油中芳烃含量相对较高，十六烷指数不到40，因而要加氢或加氢改质，才能作为柴油的调和组分。

2. 焦化主要操作条件对焦化产品质量的影响

(1)渣油的延迟焦化过程对焦化产品质量的影响

在延迟焦化工业装置中渣油要经受热转化。原料在转化过程中随转化率的增加，液体、焦炭产物质量也在发生改变。以渣油转化率为变量，研究了>524℃渣油随焦化转化率增加而引起的产物性质变化，为改进延迟焦化操作和产物的下游加工提供参考。

为了模拟实际生产状况，便于分析研究，设计的试验分三个阶段，即渣油进第一个反应器后，渣油转化率达到80%，分出馏分油，未转化渣油再进入下一个反应器，分出第二次转化的馏分油，未转化渣油再进入第三个反应器，分出第三次转化的馏分油，最后渣油总转化率达到97%。用渣油延迟焦化的过程试验，研究了阿萨巴斯卡减压渣油在焦化过程的不同阶段中液体、焦炭的质量变化。元素分析结果、灰分含量、分子量、平均分子式见表2-2-15。从表中可以看出：

① 馏分油和未转化渣油的氢含量随一次次的转化而下降，但焦炭中的氢含量变化不大。

② 液体馏分的碳含量变化很小，但氢碳原子比的变化趋势与其氢含量变化趋势相同。

③ 从第1次到第3次转化，液体馏分的氮含量成倍增长。硫含量则没有明显的变化。

④ 高压液相色谱(HPLC)数据表明，第1次转化后馏分油中含有单、双环芳烃，到第3次转化生成三环、多环芳烃，形成多环芳烃累积。

⑤ 从第1次到第3次转化，焦炭的氢含量改变不大，但焦炭的质量在第2、3次转化有明显改善，硫、灰分含量下降显著。第1次转化渣油转化率为80%，达到第3次的97%，焦炭加气体的产率仅增加5%。

⑥ 第1次转化后渣油的分子量下降近50%，以后的转化中渣油分子量逐步下降。

表 2-2-15　元素分析和灰分含量

项目	碳/%	氢/%	氮/%	硫/%	H/C（原子比）	灰分/%	分子量（dalton 法）	平均分子式
原料	81.4	9.6	0.7	5.8	1.42		1013	$C_{68.6}H_{96.9}N_{0.3}S_{1.8}$
第 1 次转化渣油	83.7	9.5	0.7	5	1.36		543	$C_{37.8}H_{50.9}N_{0.3}S_{1.8}$
第 2 次转化渣油	84.2	8.2	0.9	5.8	1.17		457	$C_{32.0}H_{37.2}N_{0.1}S_{0.8}$
第 3 次转化渣油	84.5	6.6	1.3	6.6	0.94		428	$C_{30.1}H_{27.9}N_{0.2}S_{0.9}$
第 1 次转化馏分油	83.7	10.6	0.3	4.9	1.52		350	$C_{24.4}H_{36.7}N_{0.0}S_{0.5}$
第 2 次转化馏分油	83.3	9.9	0.5	5.6	1.42		393	$C_{27.3}H_{38.4}N_{0.1}S_{0.7}$
第 3 次转化馏分油	83.9	9	0.8	5.3	1.29		306	$C_{21.3}H_{27.4}N_{0.1}S_{0.5}$
第 1 次转化的焦炭	79.4	3.1	1.8	6.6	0.47	5.5		
第 2 次转化的焦炭	86.9	3.5	1.4	2.6	0.48	1.6		
第 3 次转化的焦炭	86.4	3.4	1.4	2.7	0.47	0.5		

（2）延迟焦化循环比对焦化产品质量的影响

延迟焦化的操作方式对产品性质产生影响，其中主要是延迟焦化循环比变化对焦化产品质量的影响。

国外炼厂氢气比较富余，加氢精制装置较多，在加工含硫渣油时多推荐延迟焦化单程操作方式，最大量生产液体产品，以减少含硫焦的产量。单程操作的主要问题是焦化蜡油馏分变重，金属、残炭和沥青质含量都较高，使下游催化加工过程处理难度增加。国内原油含硫低，沥青质含量少，但因焦化蜡油氮含量高，下游催化加工中焦化蜡油掺入量受到限制，且因炼油厂氢气来源不足，我国焦化蜡油加氢精制装置较少，因此延迟焦化装置常采用高循环比操作以转化焦化蜡油。表 2-2-16 列出了循环比变化对产品收率和产品性质的影响。

表 2-2-16　循环比对产品收率和产品性质的影响

循环比	单程	0.44	0.60	1.0
主要产品分布/%				
气体	9.9	11.2	11.8	13.1
汽油/柴油	11.8/23.6	13.1/28.6	14.5/37.5	17.9/41.7
蜡油/焦炭	34.8/19.9	23.4/23.7	11.7/24.5	2.0/25.3
焦化汽油性质				
溴价/(gBr/100g)	74.5	60.0	63.7	56.8
硫/(μg/g)	7833	7500	7317	7227
氮/(μg/g)	128	200	198	295
焦化柴油性质				
溴价/(gBr/100g)	42.7	35.0	30.8	26.2
硫/(μg/g)	9479		9859	9002
氮/(μg/g)	1630	2114	2115	2193
苯胺点/℃	58.1	58.2	57.3	64.3
生焦性质				
硫/%	1.8		1.8	1.6

从表 2-2-16 中数据可以看出，延迟焦化操作随循环比增大时：

① 焦化气体、汽油、柴油、焦炭都增加，特别是柴油收率增加显著。

② 焦化汽油、柴油氮含量有所升高，硫含量有波动，但不是很大。

③ 焦化汽油、柴油含较高烯烃，溴价有波动，不稳定，易氧化生成胶质。

④ 焦化蜡油在反应过程中生成的生焦质量好于减压渣油，因此循环比增大，焦炭产率增加，焦炭的硫含量下降。

减少焦化循环比以多产焦化蜡油的操作，使蜡油中金属含量、C_7不溶物、残炭增加。焦化蜡油含有少量金属镍和钒，焦化石脑油、柴油中则没有镍和钒，但焦化石脑油中有微量的砷、铜、铅。有时因向焦炭塔内注入消泡剂的原因，焦化石脑油中还含有硅。

减压渣油超低循环比和零循环比焦化对>343℃焦化蜡油质量的影响见表 2-2-17。可以看出超低循环比和零循环比时，焦化蜡油的 C_7不溶物和金属含量增加显著，对下游加工将产生影响。

表 2-2-17 减压渣油的延迟焦化(对原料)

项 目	常规焦化	超低循环比焦化	零循环比焦化
气体(≤C_2，包括 H_2S)/%	4.9	4.6	4.6
LPG(C_3/C_4)/%	3.7	3.3	3.0
焦化石脑油(C_5~166℃)/%(体)	14.1	12.3	10.0
焦化柴油(166~343℃)/%(体)	32.5	28.3	23.0
焦化蜡油(>343℃)/%(体)	27.9	36.7	47.1
焦炭/%	28.0	24.8	23.8
>343℃焦化蜡油质量			
C_7不溶物/(μg/g)	<300	<500	<3000
金属(镍+钒)/(μg/g)	<0.3	<0.5	<1.5
康氏残炭/%	<0.2	<0.5	<1.0

二、延迟焦化气体

(一) 延迟焦化气体的组成和特点[36,37,46]

延迟焦化气体产率约占延迟焦化原料的 7%~9%，其组成随着所处理原料及所用工艺条件的不同而变化。表 2-2-18 中列出了大庆减压渣油、胜利减压渣油及阿拉伯轻质原油减压渣油延迟焦化气体的组成。

表 2-2-18 延迟焦化的富气典型组成 %(质)

原料油	大庆减渣	胜利减渣	阿轻减渣[34]
气体组成			
H_2	0.66	0.74	0.51
CH_4	26.61	30.39	20.08
C_2H_6	21.23	19.00	19.12
C_2H_4	3.97	3.31	2.79
C_3H_8	18.09	15.12	16.37

续表

原料油	大庆减渣	胜利减渣	阿轻减渣[34]
C_3H_6	10.55	8.21	6.74
C_4H_{10}	10.78	8.85	10.79
i-C_4	—	1.60	2.41
n-C_4	—	7.25	8.38
C_4H_8	7.53	7.72	7.36
H_2S	0.58	6.66	16.24
共计	100.00	100.00	100.00
富气产率(对焦化进料)	8.3	6.8	7.9
$\leqslant C_2$(包括 H_2S)	—	—	4.6
$C_3 \sim C_4$	—	—	3.3

以上数据表明，延迟焦化的富气有以下几个特点：

① 焦化富气中甲烷含量比较高。

② 富气的 C_2、C_3、C_4 烷烃含量比相同碳数的烯烃含量高。

③ 在焦化气体 C_4 烷烃中，正构 C_4 烷烃含量比异构 C_4 烷烃含量高。

④ 焦化富气含 H_2S、CO 和 CO_2 等。从含硫减压渣油得到的焦化富气，H_2S 含量很高。

辽河原油和鲁宁管输原油减压渣油延迟焦化气体的组成(以体积分数为单位)见表 2-2-19。从表中数据可以看出，延迟焦化气体氢含量为 6.0%～9.2%(体)，烷烃含量为 74.1%～78.5%(体)，烷烃中甲烷最多，为 41%(体)左右，烯烃为 11.3%～11.4%(体)，此外还含有 H_2S、N_2、CO、CO_2等杂质。

表 2-2-19　延迟焦化气体的组成　　%(体)

焦化气体来源	辽河原油焦化富气	鲁宁管输原油焦化富气
气体的组成		
H_2	9.2	6.0
CH_4	41.6	41.2
C_2H_6	20.7	17.2
C_2H_4	3.0	3.4
C_3H_8	10.6	9.9
C_3H_6	4.6	4.6
C_4H_{10}	4.2	3.8
C_4H_8	3.8	3.3
C_5H_{12}	1.4	2.0
H_2S	8400①	5.9
N_2	—	2.2
CO_2	0.9	0.5
计算燃烧热值/(MJ/Nm^3)	60.9	57.3

①单位为 mg/m^3。

（二）延迟焦化气体的加工和应用[42-45]

1. 延迟焦化干气的加工和应用

（1）用作燃料气

目前在一些炼油厂中，焦化气体的主要用途仍是作为炼油厂自用燃料气。一般经过湿法脱硫后，进入瓦斯管网供全厂加热炉使用。前面的表 2-2-19 中列出了焦化气体的计算燃烧热值。由于近年来新建延迟焦化装置采用多火嘴的双面辐射加热炉，焦化干气大部分供应本装置加热炉需要，外排燃料气很少。

（2）制氢

目前炼油厂工业氢气生产多采用以石脑油为原料的水蒸气转化工艺。加氢石脑油现主要用于蒸汽裂解制乙烯，它作为石油化工的重要基础原料供应紧缺、价格昂贵，而焦化气体的价格不足石脑油的一半。焦化气体与炼油厂其他烃类气体相比，由于甲烷含量高，氢/碳原子比高，所制得的氢气产率高，用它制氢的氢气产率比石脑油制氢高 6~7 个百分点，是较好的制氢原料。以焦化气体为原料制氢为炼油厂开辟了新的氢气来源，但由于焦化气体含有较多硫化物等杂质，致使其预处理工序相对复杂。

目前中国炼油工业及石油化工工业装置中已有一些装置采用焦化气体水蒸气转化法制氢。这种制氢方法按氢气净化方法的不同，又分为化学吸收净化法和变压吸附净化法两种。

① 化学吸收净化法。其工艺流程包括预处理、水蒸气转化和后处理三部分。预处理部分又包括脱重组分、湿法脱硫、加氢精制和干法精脱硫等四个工序。在水蒸气转化后的后处理部分又包括一氧化碳变换、脱二氧化碳和甲烷转化等三个工序，工艺流程如图 2-2-1 所示。

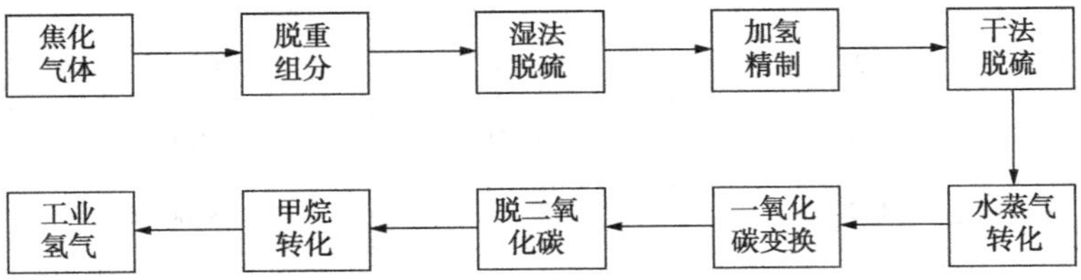

图 2-2-1　焦化气体水蒸气转化制氢化学吸收净化法工艺流程

延迟焦化气体由于含有较多的硫和烯烃等杂质，在水蒸气转化前，需要有四个工序的预处理，达到气体中有机硫含量 $<0.3mg/m^3$，总烯烃含量 $<1\%$（体），才能满足制氢转化催化剂的需要。

首先是脱重组分工序。焦化气体经过压缩，进入吸收塔，用汽油或柴油作为吸收剂，对其中烃的重组分进行吸收，并降低焦化气体中烯烃含量，气体经吸收前后组成的变化见表 2-2-20。此法还可解决湿法脱硫装置操作过程中常遇到的醇胺溶液因干气所含重组分而引起的“发泡”问题。汽油+柴油吸收可以有效降低气体中的 $\geq C_3$ 组分和烯烃含量，但焦化干气收率只有 55.0%；而柴油吸收过程，干气收率可达 69.8%，但还残留 13.62%（体）的 $\geq C_3$ 组分，烯烃的脱除率也较低，只有 13.8%。对焦化气体的油吸收流程选择，应根据对氢气需求量来确定。

表 2-2-20　焦化富气汽、柴油吸收前后组成比较　　　　%(体)

组成	鲁宁管输油焦化富气组成	汽油吸收后组成	汽油+柴油吸收后组成	柴油吸收后组成
H_2	7. 39	9. 06	10. 07	8. 77
CH_4	36. 04	42. 83	46. 83	41. 96
C_2H_4	4. 52	4. 99	5. 22	5. 03
C_2H_6	21. 56	22. 68	23. 06	23. 33
C_3H_6	4. 02	3. 15	2. 72	3. 70
C_3H_8	7. 96	5. 77	4. 76	7. 03
n-C_4H_{10}	1. 80	0. 04	0. 01	0. 61
i-C_4H_{10}	1. 79	0. 40	0. 19	0. 97
n-C_4H_8	0. 80	0. 09	0. 03	0. 36
i-C_4H_8	1. 77	0. 22	0. 09	0. 83
t-C_4H_8-2	0. 20	0	0	0. 07
c-C_4H_8-2	0. 20	0	0	0. 05
$\geqslant C_5$	4. 94	3. 60	0	0
$CO+CO_2$	0. 80	0. 93	1. 01	0. 92
O_2+N_2		0	0	0
H_2S	6. 21	6. 24	6. 01	6. 37
总计	100. 00	100. 00	100. 00	100. 00
$\leqslant C_4^=$	11. 31	8. 45	8. 06	9. 97
焦化干气产率			55. 0	69. 8
脱烯率		26. 6	30. 0	13. 8
$\geqslant C_3$	23. 48	13. 27	7. 80	13. 62
$\geqslant C_4$	11. 50	4. 35	0. 32	2. 89
有机硫/(mg/m^3)	390			

其次是湿法脱硫工序。该工序是用液体吸收剂除去焦化气体中的酸性气，如 H_2S 和 CO_2 等。在炼油厂中常用的吸收剂是醇胺类溶液，如一乙醇胺、二乙醇胺和二异丙醇胺等，所以湿法脱硫又称为胺处理。处理后总硫含量可下降到<200mg/Nm^3。再次是加氢精制工序。加氢精制所用催化剂是以 Al_2O_3 为载体的钴、钼或镍、钼催化剂，加氢可以将焦化气体中烯烃完全饱和，把有机硫含量降至 0. 3mg/Nm^3 以下，并转化为 H_2S。随后是干法固定床精脱硫工序。采用 ZnO 等氧化物为吸附剂，可将 H_2S 吸收完全。

加氢精制和脱 H_2S 后焦化干气的组成变化和脱硫效果见表 2-2-21。

表 2-2-21　加氢精制和脱 H_2S 后焦化干气的组成变化

项　目	焦化干气	加氢精制和脱硫后的焦化干气
焦化干气组成/%(体)		
C_1	54.27	35.15
$C_2^=$	2.36	<0.01
C_2	13.92	12.61
$C_3^=$	3.73	<0.01
C_3	8.58	7.11
$C_4^=$	0.87	<0.01
C_4	1.56	0.67
$CO+CO_2$	0.80	0.81
加氢精制原料气/(mg/m^3)		
总硫	45	
有机硫	40	
加氢精制后气体/(mg/m^3)		
总硫		14.0
有机硫		<0.3
ZnO 反应器出口总硫/(mg/m^3)		<0.3

预处理后的焦化干气进行水蒸气转化，制备氢气。制得的氢气中还含有 CO，CO_2 和甲烷。进入后处理部分后，先在 CO 变换工序中把 CO 变换为 CO_2，再经脱 CO_2 工序使气体残余 CO_2 含量达到<0.3%(体)，氢气纯度达 95%~97%(体)，再经甲烷转化工序使得气体中 $CO+CO_2$ 含量降到约为 20μg/g，达到工业氢气要求。焦化干气水蒸气转化后各工序的气体组成变化见表 2-2-22。从焦化干气制得的氢气质量完全可以满足炼油厂各种油品加氢精制的需要。

表 2-2-22　焦化干气水蒸气转化后各工序的气体组成变化　　%(体)

项目	H_2	CO	CO_2	CH_4
水蒸气转化气	76.20	10.73	12.19	0.88
一氧化碳中温变换后气体	78.66	1.79	18.52	1.03
一氧化碳低温变换后气体	78.73	0.15	20.01	1.11
甲烷转换后粗氢气	98.55	0.22	0.12	1.11
工业氢	98.65	3 μL/L	5 μL/L	1.35

② 变压吸附净化法(PSA 法)。此法与上述化学吸收净化法不同之处是用变压吸附工序代替上述的一氧化碳低温变换、脱二氧化碳和甲烷化三个工序。变压吸附工序常用吸附剂为 4A、5A 和 13X 分子筛及活性炭等多孔物质。在较高压力(1.0~4.2MPa)下，选择性吸附氢气中杂质，获得高纯度氢气[氢纯度可达 99.9%(体)]，然后降低压力(最低保持 0.13MPa)

使杂质解吸，进行吸附剂再生。

变压吸附法与化学吸收法相比，所产氢气纯度高，能耗低，成本低，自动化程度高，操作方便，运转周期长；缺点是耗用原料多。因此，变压吸附法对有充足制氢原料的工厂是合适的，而对制氢原料不足的工厂则应结合具体情况做出权衡，目前大部分新建装置都采用变压吸附法。以焦化气体为原料的化学吸收法和变压吸附法制氢的技术经济指标对比见表2-2-23。

表2-2-23　化学吸收法和变压吸附法化学吸收法制氢的技术经济比较

氢气净化方法	化学吸收法	变压吸附法
氢气产量/(Nm^3/h)	40000	40000
氢气纯度/%(体)	95	99.9
原料气用量/(t/h)	8.93	12.44
燃料气用量/(t/h)	6.38	2.95
输出蒸汽量/(t/h)	12	36
能耗/(kJ/Nm^3H_2)	1.88×10^7	1.65×10^7
相对成本/%	118	100
主要设备/(t/台)	2098/188	1970/134
基建钢材/t	2782	2650
投资/%	100	102

2. 延迟焦化液化气的加工和应用

液化气一般指液化石油气，随着石油化学工业的发展，液化气作为一种化工基本原料和新型燃料，已越来越受到人们的重视。液化气是炼油厂在催化裂化与延迟焦化加工时所得到的副产品。液化气主要成分是C_3和C_4组分，包括丁烯、丙烯、丁烷和丙烷，主要用来作燃料，以及生产合成塑料、合成橡胶、合成纤维及生产医药、炸药、染料等产品。用液化气作燃料，由于其热值高、无烟尘、无炭渣，操作使用方便，已广泛地进入人们的生活领域。此外，液化气还用于切割金属，用于农产品的烘烤和工业窑炉的焙烧等。丙烷常作炼油厂燃料，也作为液化石油气(LPG)出售。丙烯被分离出来用作聚丙烯、丙烯腈、异丙醇和丙酮等的原料，中国石化开发了丙烯水合制异丙醇技术及异丙醇脱氢制丙酮技术，以利用炼厂气中丰富的丙烯。异丁烯是丁基橡胶、聚异丁烯等的主要原料，正丁烯直接水合可以制仲丁醇，仲丁醇脱氢可以制甲乙酮。中国石化开发馏分仲丁醇脱氢制备甲乙酮技术，采用固定床催化气相脱氢工艺，其流程简单，转化率高，选择性好。

三、延迟焦化液体产品

延迟焦化液体产品一般切割为焦化石脑油(或称焦化汽油)、焦化柴油和焦化蜡油，以备进一步加工和利用。

(一)延迟焦化石脑油的加工和应用[46-54]

1. 焦化石脑油、加氢焦化石脑油、催化裂化汽油、加氢裂化石脑油性质比较

延迟焦化中很少有异构化、芳构化等反应，焦化石脑油中正构烃含量比催化裂化汽油、加氢裂化石脑油都高，异构烷烃及芳烃含量相应稍低，因此焦化汽油抗爆性能较差，辛烷值

较低。国外轻焦化石脑油一般用作 C_5、C_6异构化原料，重焦化石脑油加氢后大多掺入重整料，有时直接作汽油调和组分，但在汽油产品中掺入量很少。

从过去美国无铅汽油平均构成可以看出，由于焦化加氢石脑油的辛烷值指数(R+M)/2偏低，仅为60~70，汽油中的直接掺入量在2%左右。大部分低辛烷值焦化汽油送到催化重整装置去加工，其 C_5、C_6轻馏分有时送到异构化装置。ExxonMobil 公司[43]将焦化石脑油用作催化裂化原料，或加氢后用作汽油调和组分以及重整原料。

焦化石脑油与催化裂化汽油、加氢裂化石脑油的性质比较见表 2-2-24。从表中石脑油族组成可以看出，焦化加氢石脑油含正构烷烃高，为 32.88%，MGD(最大量生产液化气和柴油)催化裂化工艺所得的催化汽油，正构烷烃含量仅为 4.91%，加氢裂化石脑油正构烷烃含量为 10%。焦化加氢石脑油链烷烃含量为 65.54%，MGD 催化汽油为 27.12%，加氢裂化石脑油为 48%。MGD 催化汽油的芳烃含量高，加氢裂化石脑油环烷烃含量高。

表 2-2-24 焦化石脑油与催化裂化汽油、加氢裂化石脑油的性质比较

项目	焦化石脑油		催化裂化汽油		加氢裂化石脑油
	焦化石脑油	加氢焦化石脑油	常规 FCC	MGD	石脑油方案
密度(20℃)/(g/cm³)	0.7316	0.7100	0.7178		0.7467
碳/%	85.10		86.29		
氢/%	14.10		13.5		
硫/(μg/g)	7654	34	6		<1
氮/(μg/g)	224	119	1489		<0.5
族组成/%					
链烷烃	44.96	65.54	22.27	27.12	48
正构烷烃		32.88		4.91	10
异构烷烃		32.66		22.21	38
环烷烃	7.24	18.69	7.03	9.52	44
烯烃	37.49	3.39	54.50	29.81	0
芳烃	10.31	12.38	16.20	33.55	8

2. 焦化石脑油用作裂解制乙烯原料

乙烯是石化工业重要基础原料之一。据预测，由于下游产品，主要是聚烯烃生产的快速增长，世界乙烯需求量每年都有所增长，2018 年全球乙烯产能达到 180Mt 左右。中国已成为世界上仅次于美国的第三大乙烯生产国，2015 年乙烯产能 21.2Mt/a，2016 年为 24.0Mt/a，2018 年增长到 26.0Mt/a(产量 24.0Mt/a)，增长的多为以非石脑油为原料的乙烯产能。预计“十三五”末乙烯产能将达到 30.0Mt/a，年增长率在 6.8%左右，低于“十二五”的 7.7%，但仍处于较高的发展水平。

蒸汽裂解制乙烯所用原料的选择是一个重大的技术经济问题，要考虑资源条件、原料对装置投资的影响，副产品的综合利用，原料与乙烯的成本价格等许多因素。通常乙烯原料为轻烃和石脑油，少数乙烯厂采用柴油馏分。美国盛产天然气和页岩气(一种非常规天然气)，有大量廉价乙烷，所以美国 40%~45%的乙烯用乙烷作为原料，其余是液化石油气或石脑油。西欧和日本乙烯原料一直以石脑油为主。我国乙烯原料在构成上以石脑油和加氢裂化尾油为主，轻烃和凝析油作为补充。近年来非石脑油原料的乙烯产能有所发展，如MTO/MTP工艺。

我国过去提供给裂解制乙烯的原料大部分是石脑油和轻柴油，但我国的原油一般偏重，其中直馏轻馏分所占比例较小。近年来加工大量中东原油，石脑油产量显著增加，由于技术经济原因和市场对柴油需求的增长，大多数乙烯装置现已改用石脑油和加氢尾油，其中也应用了加氢后的延迟焦化石脑油。

焦化石脑油是热裂化自由基反应的产物，富含烷烃，绝大部分是裂解制乙烯的好原料，但它烯烃和胶质含量比相应直馏馏分高，安定性差，直接进裂解炉中容易引起对流段炉管的结焦堵塞。经过加氢精制，其目的是使所含烯烃饱和，并相应脱除一些有害杂质。加氢精制后的焦化石脑油与相应直馏油性质相近，含氢量比直馏油高，PONA值显示链烷烃含量高，因此这种石脑油是很好的裂解原料。

焦化石脑油的加氢精制深度，应保证使石脑油中烯烃和二烯烃达到饱和，溴价大约控制在3gBr/100g以下。加氢精制后焦化石脑油典型的族组成见表2-2-25。从表中数据可以看出，其链烷烃含量66.08%，其中正构烷烃含量44.97%，是优质的乙烯装置原料。这种油在SPYRO乙烯裂解软件中的模拟计算结果见表2-2-26。模拟计算采用裂解条件为：LummusⅢ型炉，炉出口温度835℃，停留时间0.6s。

由表2-2-26中可以看出，加氢精制后焦化石脑油的乙烯单程收率可达28.83%，乙烯收率并不亚于石蜡基直馏石脑油。

表2-2-25　加氢精制后焦化石脑油典型组成　%

项目	正构烷烃	异构烷烃	环烷烃	烯烃	芳烃
C_4	1.07				
C_5	4.23	1.88	0.53		
C_6	6.05	3.52	2.80		
C_7	8.41	3.83	5.82	0.70	1.07
C_8	8.67	4.59	7.92		4.28
C_9	8.48	2.86	3.00		2.91
C_{10}	6.55	3.12	4.40		0.49
C_{11}	1.51	1.31			
共计	44.97	21.11	24.47	0.70	8.75

表2-2-26　焦化石脑油裂解模拟计算产品组成　%

焦化石脑油裂解产物	组成	焦化石脑油裂解产物	组成
H_2	0.91	$C_4^=$	2.9
C_1	14.85	C_{40}	0.05
$C_2^=$	28.83	C_{5+}	11.44
C_2^0	4.04	苯	8.65
$C_3^=$	13.09	甲苯	4.47
C_3^0	0.44	二甲苯	1.95
$C_4^=$	4.35	C_9芳烃以上	1.59

以胜利原油为例，表2-2-27列出其加氢焦化石脑油、柴油与相应直馏馏分的性质对比。加氢焦化石脑油的*BMCI*(芳烃关联指数，数值越小，乙烯裂解收率越高)值小于相应的直馏馏分，其*BMCI*值小于12，是好的乙烯原料。加氢焦化柴油性质与直馏柴油相当。

表2-2-27 胜利加氢焦化石脑油、柴油与相应直馏馏分性质对比

原料油名称	直馏石脑油	加氢焦化石脑油	直馏柴油	加氢焦化柴油
密度(20℃)/(g/cm^3)	0.7329	0.7355	0.8084	0.8038
平均分子量	118	122	198	200
氢含量/%	15.0	15.2	14.0	14.4
*BMCI*值	14.8	11.4	19.2	19.0
氮含量/(μg/g)	17.7	5.5	51.5	18.2
馏程/℃				
初馏点	60	57	154	120
50%	123	142	267	252
终馏点	198	205	352	333
族组成/%				
链烷烃	67.0	66.9	62.3	60.8
环烷烃	26.6	26.4	24.8	22.9
总芳烃	6.4	6.7	12.9	16.3

以上四种原料的裂解条件和产品收率比较见表2-2-28。为了对比，表中还列出大庆加氢焦化石脑油、柴油的结果。从表中可以看出，胜利加氢焦化石脑油、焦化柴油的乙烯收率明显高于相应直馏馏分，而大庆加氢焦化石脑油、焦化柴油的乙烯收率与胜利加氢焦化相应馏分相当，但略低于大庆直馏馏分相应乙烯收率(分别为31.30%和26.60%)。从表中数据说明，胜利直馏石脑油、直馏柴油和加氢焦化柴油以及大庆加氢焦化柴油的乙烯收率均偏低，不是优良的乙烯原料。

表2-2-28 加氢焦化石脑油、柴油与相应直馏油裂解结果的比较

原油来源	胜利原油				大庆原油	
原料油名称	直馏石脑油	加氢焦化石脑油	直馏柴油	加氢焦化柴油	加氢焦化石脑油	加氢焦化柴油
裂解条件						
炉出口温度/℃	840	840	800	800	840	840
停留时间/s	0.396	0.396	0.397	0.39	0.42	0.36
蒸汽/油(质量比)	0.65	0.65	0.75	0.75	0.65	0.75
产品收率/%						
氢气	0.86	0.95	0.58	0.66	0.82	0.53
甲烷	14.25	14.85	9.47	10.50	12.6	8.64
乙烯	24.84	29.24	22.78	25.40	29.49	24.24
丙烯	14.14	13.15	15.28	14.78	14.86	15.09
丁烯	4.21	2.61	5.51	4.27	3.23	5.04

续表

原油来源	胜利原油			大庆原油		
原料油名称	直馏石脑油	加氢焦化石脑油	直馏柴油	加氢焦化柴油	加氢焦化石脑油	加氢焦化柴油
丁二烯	4.59	4.24	5.11	4.72	4.57	4.43
裂解汽油	26.95	23.4	27.15	20.74	24.60	23.90
苯	7.00	6.59	3.95	4.85	5.82	4.09
甲苯	4.43	3.50	2.60	2.91	3.00	2.50
裂解柴油	2.27	3.80	4.48	7.39	1.65	4.35
燃料油	3.02	2.69	4.95	6.84	1.78	8.49

焦化石脑油辛烷值较低，在炼油厂中应用的难度较大，作为蒸汽裂解制乙烯的原料是炼油和化工双赢的方案。为了扩大乙烯原料来源，中国石化上海石化公司将焦化石脑油终馏点从160℃提高到205℃，焦化石脑油收率从16%提高到25%，发现对乙烯收率的影响不大。2002年中国石化齐鲁石化公司将焦化石脑油终馏点由200℃提高到230℃，扩大了乙烯原料。

为了解决焦炭塔内泡沫层问题，往往要向焦炭塔内注入含硅消泡剂来提高装置的处理能力。中国石化石油化工科学研究院在多年研究的基础上，开发了低硅、用量少、效果显著的消泡剂CDF-10，并配以专有注入技术，在工业上得到成功应用，并分析了硅元素在焦化汽油、柴油和蜡油中的分布状况，见表2-2-29。从表中数据可见，无论是国外参比剂，还是国产CDF-10消泡剂，液体产品含硅约有2/3在焦化汽油中，85%以上的硅在焦化汽油和焦化柴油中。

硅可使加氢催化剂中毒，因此要采取措施控制消泡剂的用量，达到既能提高焦化装置处理能力，又不影响加氢装置运转周期的目的。

表2-2-29　焦化液体产品中硅的分布　%

硅分布	国外参比剂	国产CDF-10消泡剂
汽油	62.9	62.5
柴油	23.0	24.4
蜡油	14.1	13.1

3. 焦化石脑油用作催化重整原料

高辛烷值汽油和石油芳烃的需求量不断增长，需扩大催化重整原料来源。除一般使用的直馏石脑油以外，还可在重整原料中掺入焦化石脑油。

为了预防重整催化剂中毒失活，重整原料进入重整反应器之前必须经过预加氢。20世纪70年代以来，Pt-Re、Pt-Sn/Al_2O_3等系列双(多)金属重整催化剂开发成功，重整反应压力有所下降，随之对重整原料杂质含量提出了更为严格的要求，其原料杂质限值如表2-2-30所示。

表2-2-30　重整原料油中杂质含量限值

项目	硫/(μg/g)	氮/(μg/g)	氯/(μg/g)	水/(μg/g)	砷/(ng/g)	铜、铅等/(ng/g)
铂催化剂	5~10	1	1	5~10	1	20
双(多)金属催化剂	0.5	0.5	1	1	1	20

焦化石脑油与相应直馏石脑油相比，硫、氮等杂质含量要高得多，为达到重整原料杂质限量的严格要求，需采用如下措施：①在掺入直馏石脑油之前，焦化石脑油先经过加氢精制；②因芳烃潜含量低，加氢后焦化石脑油掺入到直馏石脑油的比例要受到限制，一般为<30%；③直馏石脑油与加氢焦化石脑油的混合油有时硫、氮含量仍然超标，还需按原来加工直馏石脑油的方法再次进行重整预加氢。

目前国内焦化石脑油加氢精制和催化重整原料预加氢常用的催化剂有 W-Ni-Co 和 Mo-Co 两大类。影响加氢油质量的主要操作参数为：反应压力、温度、空速和氢油比，其选用范围要根据原料性质、催化剂性能和产品质量要求而定。一般直馏石脑油反应压力在 2MPa 左右，如原料油中氮含量高，反应压力要升高，有时可达 2.5~3.7MPa。直馏石脑油预加氢温度一般为 280~340℃，焦化石脑油预加氢时由于床层有较高温升，一般要控制好床层的最高温度。直馏石脑油液时空速一般为 6~8h^{-1}，氢/油体积比为 80~100，对含有焦化石脑油的原料空速和氢/油体积比分别相应为 2~4h^{-1}和 500 左右。

（二）延迟焦化柴油的加工和应用[55]

1. 延迟焦化柴油的性质及焦化循环操作的影响

国内几种原油减压渣油的焦化柴油典型性质见表 2-2-31，同时表中还列出了延迟焦化循环操作和单程操作所得焦化柴油质量的对比。

表 2-2-31 国内几种原油减压渣油焦化柴油馏分典型性质

原料	大庆减压渣油		胜利减压渣油		鲁宁管输减压渣油		辽河减压渣油	
	循环	单程	循环	单程	循环	单程	循环	单程
密度(20℃)/(g/cm³)	0.8222	0.8223	0.8449	0.8286	0.8372	0.8424	0.8355	0.8598
溴价/(gBr/100g)	37.8	35.0	39.0	37.8	35.0	28.7	35.0	37.0
苯胺点/℃			57.8			62	58.3	59.8
10%残炭/%	0.03	0.04	0.24	0.11	0.25	0.23	0.31	0.11
硫/(μg/g)	1500	1100		10000	7400	8900	1900	2100
氮/(μg/g)	1100	1000		2000	1600	2000	1900	1800
凝点/℃	-12	-11	-11	-6	-9		-15	-12
十六烷指数	56	56	48	57	50	51	49	
馏程/℃								
初馏点	199	193	183	201	202	196	193	201
10%	219	215	215	221	227	224	216	212
50%	259	261	258	264	254	275	254	251
90%	311	319	324	318	316	334	295	293
终馏点	329	347	341	344	334	354	320	320

由表 2-2-31 中数据可以看出，国内这几种原油所得焦化柴油的十六烷指数较高，可达 50 左右，但溴价在 28.7~39.0gBr/100g 之间，且硫、氮含量高，分别达到 1100~10000μg/g 和 1000~2000μg/g，需经加氢精制后才能成为合格的车用柴油燃料或二次加工原料。从循环操作和单程操作相比，可以看出，单程操作所得焦化柴油苯胺点和十六烷指数略高，但其 10%蒸余物残炭和溴价则略低。

2. 焦化原料对延迟焦化柴油质量的影响

焦化柴油的性质一般取决于焦化原料的性质和加工方法。如焦化原料分别是同一种原油的常压渣油和减压渣油，则所得的焦化柴油馏分质量就有差异。以一种阿拉伯轻质原油和最低焦炭产率为基础，对常压渣油和减压渣油为原料所得的延迟焦化收率和产品性质作了估算，其中列出的 185 ~343℃焦化柴油馏分性质见表 2-2-32。从中可以看出，减压渣油为焦化原料要比常压渣油所得的焦化柴油馏分产率低，质量也有差异，如密度和硫、氮含量高，而十六烷指数低。

表 2-2-32　阿拉伯轻质原油常压和减压渣油焦化 185 ~343℃馏分性质

焦化原料	阿拉伯轻质原油	
	常压渣油	减压渣油
馏分范围/℃	185 ~343℃	185 ~343℃
产率/%	32.4	26.0
密度(20℃)/(g/cm^3)	0.8542	0.8756
硫/%	2.1	2.4
氮/(μg/g)	550	1050
溴价/(gBr/100g)	30	30
倾点/℃	-29	-29
闪点/℃	71	71
50℃运动黏度/(mm^2/s)	2.6	2.6
十六烷指数	43.0	37.0

3. 延迟焦化柴油加氢精制生产柴油

焦化柴油溴价和实际胶质均比较高，安定性差，必须加氢精制。经过加氢精制后，焦化柴油馏分性质有大幅度改善。中压加氢精制比低压加氢精制效果好，说明加氢精制压力高对柴油性能改善的程度有影响。鲁宁管输减压渣油不同循环比焦化柴油及加氢焦化柴油的性质见表 2-2-33。可以看出，加氢精制后焦化柴油的十六烷指数、*BMCI* 值、硫、氮含量、溴价均有显著改善。

表 2-2-33　不同循环比的焦化柴油和不同氢分压的加氢焦化柴油的性质

项　　目	焦化柴油	焦化柴油	加氢焦化柴油	加氢焦化柴油
循环比	单程	1.29	1.29	1.29
焦化蜡油产率/%	37.8	4.4		
气体产率/%	6.9	11.8		
汽油产率/%	11.8	20.6		
柴油产率/%	23.6	37.8		
焦炭产率/%	19.9	25.4		
氢分压/MPa			3.2	6.0
密度(20℃)/(g/cm^3)	0.8324	0.8385	0.8224	0.8196
折射率(n_D^{20})		1.4681	1.4600	1.4569

续表

项　目	焦化柴油	焦化柴油	加氢焦化柴油	加氢焦化柴油
硫/(μg/g)	9476	7721	323	199
氮/(μg/g)	1630	2284	1324	605
实际胶质/(mg/100mL)	182	472	86	58
溴价/(gBr/100mL)	42.7	35.1	7.0	1.9
氢/%		12.60	13.43	13.49
BMCI	32.0	31.7	24.9	23.8
十六烷指数	48.2	49.6	53.2	56.1

从化学组成和使用性能看，焦化柴油与直馏柴油相比，不饱和烃含量高，溴价高达35gBr/100g以上；硫、氮含量高，特别是含有不易脱除的氮化物。含氮化合物组成中喹啉、咔唑、吲哚类环状氮化物占总氮的65%以上，是造成油品储存不安定与变色的主要原因。同时实际胶质和消光值高。这些都说明，焦化柴油储存安定性差，颜色易变深，产生胶质沉渣。

改善焦化柴油安定性最有效的办法是加氢精制。焦化柴油加氢精制催化剂主要有Ni-W/Al_2O_3、Ni-Mo/Al_2O_3和Ni-W-Mo/Al_2O_3等几种。中东高硫原油焦化柴油馏分同国内二次加工柴油馏分相比，在具有高的氮含量的同时，还有很高的硫和胶质含量，是属于难以加氢精制的原料。要求催化剂既要有高的脱硫活性，也要有高的脱氮活性。

近年来，我国不断加快车用汽柴油质量升级进程，2017年1月1日起，全面执行国Ⅴ高标号清洁柴油标准，京Ⅵ高标号清洁柴油标准在北京开始执行。目前，我国柴油已经从硫含量小于50μg/g的低硫柴油提升为硫含量小于10μg/g的超低硫柴油，硫含量达到了国际先进水平。2016年12月，我国发布了更加严格的国Ⅵ车用柴油标准，实施时间为2019年1月1日。相对于Ⅴ车用柴油标准，多环芳烃含量要求更加严格，要求不大于7%。

为了满足生产低硫柴油的需要，中国石化抚顺石油化工研究院开发了FHUDS系列加氢催化剂(Wo-Co-Ni-Co)。天津石化用FHUDS-6催化剂，加工焦化汽柴油混合料成功生产国Ⅴ标准车用柴油。截至2016年5月，国内已有45套柴油加氢装置使用FHUDS系列加氢催化剂，国外还有2套，分别为印度IOCL公司Panipat炼油厂和捷克Paromo炼油厂。中国石化石油化工科学研究院开发了RS系列催化剂(Ni-Mo-W)，包括RS-1000、RS-1100、RS-2000、RS-2100和RS-2200等柴油超深度脱硫催化剂，可满足焦化柴油深度脱硫需要。目前，RS系列催化剂在国内已有46套工业装置应用。中国石油和中国石油大学(北京)联合开发了PHF超低硫柴油加氢催化剂，可满足生产国Ⅴ标准柴油需要，已在10套工业装置上应用。

(三) 延迟焦化蜡油的加工和应用[56-61]

1. 延迟焦化蜡油性质及焦化循环操作的影响

国内外几种焦化蜡油和直馏蜡油性质比较见表2-2-34，几种焦化蜡油和直馏蜡油族组成比较见表2-2-35。从两表数据可以看出，焦化蜡油与相应直馏蜡油相比，由于含有较多杂质，其密度、残炭值、硫、氮、金属含量都高，从族组成看，其芳烃和胶质含量也都高。

表 2-2-34　国内外几种焦化蜡油和直馏蜡油性质比较

项目	胜利原油		鲁宁管输原油		轻阿拉伯原油	
	焦化蜡油	直馏蜡油	焦化蜡油	直馏蜡油	焦化蜡油	直馏蜡油
密度(20℃)/(g/cm^3)	0.9178	0.8997	0.9114	0.8780	0.9239	0.8992
馏程/℃						
5%	323	326		238	303	380
95%	494	527		527	465	550
残炭/%	0.74	0.13	0.94	0.16		0.95
硫/%	1.20	0.40	0.80	0.53	3.8	2.5
氮/%	0.69	0.15	0.51	0.09	0.21	0.12
镍+钒/(μg/g)	0.51	<0.18			5.65	<2.0
氢/%	11.46		11.80	13.18		
碳/%	85.48		86.75	86.09		

表 2-2-35　几种国内焦化蜡油和直馏蜡油的组成比较

原油	大庆		辽河		管输
	焦化蜡油①	直馏蜡油	焦化蜡油①	直馏蜡油	焦化蜡油①
族组成分析/%					
饱和烃	68.3	83.7	60.9	76.1	65.3
轻芳烃	7.9	7.5	5.4	7.2	8.5
中芳烃	4.2	3.2	6.5	3.3	7.6
重芳烃	12.7	4.5	21.5	10.3	11.9
胶质	6.9	1.1	5.7	3.1	6.7

①焦化蜡油所含烯烃极性与重芳烃相近，故将烯烃计算在重芳烃馏分中。

国外延迟焦化装置生产时，往往利用超低循环比，甚至零循环比，以增产焦化蜡油，降低石油焦收率。超低循环比和零循环比焦化蜡油的性质比较见表 2-2-36，从表中看出，零循环比的焦化蜡油密度、残炭，C_7不溶物和金属含量都高于超低循环比的焦化蜡油。增加的重焦化蜡油性质很差，对后续催化或加氢加工都会产生较大影响。

表 2-2-36　超低循环比、零循环比焦化蜡油的性质比较

焦化蜡油性质	超低循环比	零循环比	增加的重焦化蜡油
密度/(g/cm^3)	0.9775	0.9859	1.0386
硫/%	2.58	2.55	2.37
氮/(μg/g)	5303	5087	3806
残炭/%	0.53	2.43	13.70
C_7不溶物/(μg/g)	432	2000	11300
Ni+V/(μg/g)	1.0	3.8	20.4
K 值	11.13	11.12	11.07

2. 延迟焦化蜡油加氢精制生产催化裂化原料

焦化蜡油加氢精制主要是脱除催化裂化原料中的硫和氮等杂质。蜡油所含的氮化物比硫化物对催化转化影响要大，并且脱氮要比脱硫困难得多。氮化合物可降低裂化催化剂的活性，降低 FCC 液态产品的收率和质量。氮化物又分为碱性氮化物和非碱性氮化物，碱性氮化物主要是吡啶、喹啉、吖啶类化合物等；非碱性氮化物主要是吡咯、吲哚、咔唑类等。裂化催化剂的活性中心容易和碱性氮化物作用，使产品分布变差。研究表明，当碱性氮化物含量大于 0.09%时，会造成催化剂活性显著下降。在反应温度为 500℃时，不同碱性氮化物含量的原料催化裂化实验结果见表 2-2-37。

表中数据表明，随碱性氮化物含量提高，催化剂的活性和选择性下降，致使裂化转化率和汽油收率下降，干气、液态烃、重油和焦炭收率上升。随着柴油转化为汽油的量减少，柴油收率先是增加，随后随着重油转化率下降，柴油收率反而下降。

表 2-2-37 原料碱性氮化物含量对催化裂化产物分布的影响

原料碱性氮化物含量/%	0.09	0.12	0.21	0.30	0.40
催化裂化产物分布/%					
干气	1.8	1.8	1.9	1.9	2.1
液态烃	7.6	7.7	8.7	9.4	9.4
汽油	25.0	23.2	17.8	11.7	8.1
柴油	21.8	22.6	25.1	28.1	27.8
重油	32.1	32.5	34.6	35.2	37.2
焦炭	10.5	10.7	11.1	12.6	14.8
转化率/%	44.9	43.4	39.5	35.6	34.4
损失/%	1.2	1.5	0.8	1.1	0.6

一些国外公司总结了原料中氮含量对催化裂化产品收率和质量的影响。丹麦哈杜尔-托普索(Topsoe)公司认为，一般进料中氮含量每增加 100μg/g，转化率降低 0.3%~0.5%，汽油体积收率损失和转化率损失比例接近 1∶1，汽油溴价约增加 2~3 个单位。Engelhard 公司认为，总氮含量小于 2000μg/g 时，每增加 100μg/g 氮含量会使转化率损失 0.7%~0.9%左右。美国油 TOSCO 公司指出，蜡油的碱性氮含量每增加 100μg/g，转化率下降 1%，汽油溴价增加 2~3 个单位。碱性氮含量大于 500μg/g 时，对操作就有明显影响。

催化裂化原料中芳烃含量对催化裂化产品分布也有较大影响，情况见表 2-2-38。芳烃与烷烃相比，难于裂化，特别是二环以上芳烃和胶质容易在裂化催化剂上生成积炭，影响催化裂化转化率和汽油产率。焦化蜡油的多环芳烃比同馏程的直馏蜡油一般要高出很多。表中数据表明，富含多环芳烃原料，虽然芳烃总量较少，但二环以上芳烃多，所以在催化裂化转化率相近时汽油产率低，焦炭产率高。

表 2-2-38 原料中芳烃含量对催化裂化产品分布的影响

项　目	富含多环芳烃原料	富含单环芳烃原料
原料的烃族组成/%		
烷烃	11.5	3.0
环烷烃	15.1	14.0

续表

项　目	富含多环芳烃原料	富含单环芳烃原料
单环芳烃	0.4	42.4
二环以上芳烃	73.0	40.6
芳烃总量	73.4	83.0
转化率相近时产品分布/%		
$<C_3$	5.9	5.6
C_4	6.7	8.0
C_5~221℃	21.2	34.3
焦炭	28.2	13.6

此外，原料中的含硫化合物分解后可引起设备腐蚀，金属化合物也可引起催化剂中毒。因此焦化蜡油在进入催化裂化之前最好进行加氢精制，脱除硫、氮，使芳烃得到一定程度的饱和，提高氢含量，增加可裂化组分，达到提高轻质油收率的目的。如果焦化蜡油不加氢精制，则在催化裂化原料中掺入量一般不超过25%。

催化裂化进料对焦化蜡油的要求是：碱性氮含量不大于0.15%，硫含量不大于0.5%，重金属含量不大于20μg/g，二环以上芳烃、胶质及焦粉等杂质尽量减少。

管输原油焦化蜡油加氢精制前后性质变化及其催化裂化产品分布见表2-2-39。几种典型焦化蜡油用RN-2催化剂加氢精制前后催化裂化产率的比较见表2-2-40。焦化蜡油加氢精制后，硫、氮和碱氮含量大幅度降低，芳烃得到一定程度饱和。加氢焦化蜡油催化裂化转化率和汽油收率显著增加。

表2-2-39　管输原油焦化蜡油加氢精制及催化裂化结果

项　目	未加氢	加氢后
焦化蜡油产品性质		
烃类族组成/%		
链烷烃	31.4	36.5
环烷烃	31.1	35.1
总芳烃	33.6	27.6
其中：单环芳烃	11.8	16.8
双环芳烃	11.0	7.0
多环芳烃①	10.8	3.8
胶质	3.9	0.8
碳/%		86.5
氢/%	12.6	13.3
硫/(μg/g)	8900	95
氮/(μg/g)	3800	892
碱氮/(μg/g)	1367	250
馏程/℃		
初馏点	247	251
50%	374	375
95%	435	437

续表

项　　目	未加氢	加氢后
催化裂化产率分布/%		
液化气	7.06	14.12
汽油	26.24	50.37
柴油	19.70	18.37
重油	42.80	13.44
干气+焦炭+损失	4.20	3.70
转化率/%	37.50	68.19

①多环芳烃含量值中包括烯烃含量值。

表 2-2-40　几种典型焦化蜡油加氢精制前后催化裂化产率比较

项　　目	大庆焦化蜡油	辽河焦化蜡油	管输焦化蜡油
碱性氮含量/(μg/g)			
未加氢油	903	2362	1376
加氢油	18.2	587	251
加氢后催化裂化产率增加值/%			
液化气	+5.74	+6.85	+10.41
汽油	+17.72	+18.29	+22.40
重油	-22.96	-27.15	-30.19

3. 延迟焦化蜡油加氢精制生产加氢裂化原料

加氢裂化是现代炼油工业中重要的二次加工过程之一，可以使用焦化蜡油作为加氢裂化原料的补充。焦化蜡油含有较多杂质，特别是氮含量高，所以焦化蜡油直接掺入加氢裂化原料时，加入量一般限制在10%以内。经过加氢精制的焦化蜡油在加氢裂化原料中的比例可以提高。

加氢裂化工艺流程中包括加氢精制段和加氢裂化段两部分，在进入加氢裂化段之前，先将原料在加氢精制段进行加氢精制，以脱除有机硫、氮化合物及其他杂质，并使部分芳烃加氢饱和。一般加氢裂化段进料要求氮含量小于10μg/g，若加氢精制段油的氮含量高时，不得不提高精制段操作温度来保持加氢裂化催化剂活性，这样会使催化剂的寿命缩短，产品选择性变差。原料氮含量与加氢裂化起始温度的关系如表2-2-41所示。加氢精制段流出油的氮含量变化对加氢裂化段平均温度的影响见图2-2-2。

表 2-2-41　精制油氮含量与加氢裂化起始温度的关系

精制油氮含量/(μg/g)	加氢裂化起始温度/℃	精制油氮含量/(μg/g)	加氢裂化起始温度/℃
1~10	288~304	50~2000	360~382
10~50	304~360		

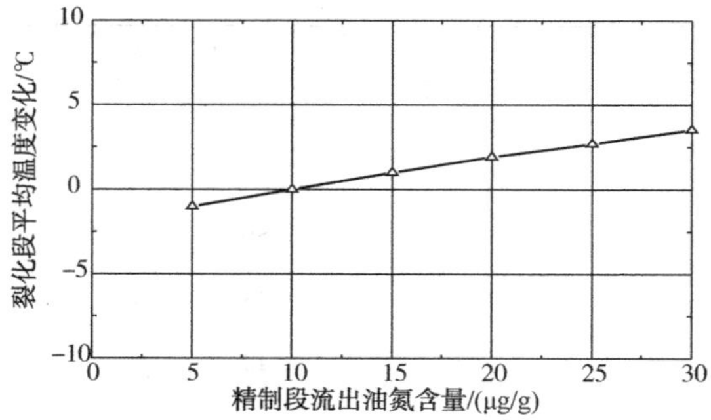

图 2-2-2　精制段流出油氮含量的变化对裂化段平均温度的影响

注：假定所有液体流量保持不变。

焦化蜡油中常会携带微小的焦粉颗粒，含量通常在 200～300μg/g。据估算，如果 800kt/a 加氢裂化装置直接掺炼 10%焦化蜡油，则每年累计带入焦粉达 16～24t，它们被截留在精制催化剂床层顶部。此外，焦化蜡油中含有烯烃等杂质，在储罐中与空气接触后，也容易缩合为胶质。这些都会造成加氢反应器压降上升，影响装置正常运转。解决这一问题的技术措施是：①在焦化分馏塔进料段加洗涤措施；②在加氢反应器上部装填活性支撑物，使烯烃在缩合前先被加氢饱和；③设置有反冲洗机构的过滤设备；④对贮罐进行惰性气体保护。

Unocal 公司曾有 25 套以上加氢裂化装置掺炼加氢焦化蜡油，最高掺炼比例达进料量的 30%～35%。在这些装置中，焦化蜡油掺炼比受加氢精制段流出油的氮含量限制，氮含量要求小于 10μg/g，最大不超过 15μg/g。

表 2-2-42 给出了管输焦化蜡油加氢精制前后组成的变化，并与胜利直馏蜡油作了比较。由表中数据可知，管输焦化蜡油加氢精制后总饱和烃增加 14.0%，总芳烃减少 13.2%，其中难裂化的三环以上芳烃减少 66.7%。管输加氢焦化蜡油与胜利直馏蜡油相比，总饱和烃含量基本相当，其中链烷烃含量高；总芳烃相近，三环以上芳烃要少得多。总之，管输焦化蜡油加氢精制后，裂化性能大大改善，性质接近胜利直馏蜡油。

表 2-2-42　加氢精制前后焦化蜡油族组成变化

项　　目	管输焦化蜡油加氢前	管输焦化蜡油加氢后	胜利直馏蜡油
族组成/%			
链烷烃	31.4	36.5	28.9
环烷烃	31.4	35.1	42.8
单环芳烃	11.8	16.8	10.7
双环芳烃	11.0	7.0	6.6
三环芳烃	5.0	1.9	3.3
四环芳烃	2.2	0.3	1.1
五环芳烃	0.0	0.0	0.1
未鉴定芳烃	0.3	0.3	1.0
噻吩	3.3	1.2	0.5
胶质	3.6	0.9	5.0
总计	100.0	100.0	100.0
总饱和烃/%	62.8	71.6	71.7
饱和烃增加率/%		+14.0	
总芳烃/%	30.3	26.3	22.8
总芳烃增加率/%		−13.2	
三环以上芳烃/%	7.5	2.5	5.5
三环以上芳烃增加率/%		−66.7	

表 2-2-43 列出一组掺炼加氢精制轻、重焦化蜡油的加氢裂化工业装置的原料和产品分布生产数据。该装置总处理能力达 2.0Mt/a，为一段串联一次通过加氢裂化流程。原料为 80.5%的管输直馏减压蜡油，掺炼 16.8%重加氢焦化蜡油和 2.7%轻加氢焦化蜡油。操作条件为反应压力 14.0MPa，裂化段温度 377℃，精制段流出油的氮含量 19.5μg/g。

表 2-2-43 加氢裂化工业装置原料和产品分布

项目	性质	项目	性质
直馏蜡油	80.5	产品分布/%	
加氢焦化重蜡油	16.8	干气	3.33
加氢焦化轻蜡油	2.7	液化气	10.74
原料主要性质		轻石脑油	7.73
密度(20℃)/(g/cm^3)	0.8808	重石脑油	47.59
馏程/℃		喷气燃料	6.96
30%/50%	325/389	尾油	29.02
90%/终馏点	472/495	C_{5+}液体收率	92.58
硫/(μg/g)	3582	氢耗/%	3.08
氮/(μg/g)	995		
BMCI 值	36		

四、延迟焦化石油焦

延迟焦化生产的石油焦性质和原油的特点有很大关系。我国大部分原油胶质含量很高、不含或含很少沥青质(正庚烷不溶物)，硫、钒含量低，而氮、镍含量高；其减压渣油 H/C 原子比比加氢后的中东减压渣油还高，尤其是硫含量很低，得到的焦炭硫含量一般小于 2%，属低硫优质石油焦。而进口原油，特别是中东原油硫含量高，用其减压渣油生产的石油焦属高硫焦。

根据石油焦的物理结构和化学性质可确定其最终用途，低硫焦煅烧后可用于制铝、化学及钢铁工业，高硫焦主要用作燃料，或气化用于产生蒸汽、发电或用作石油化学工业原料。

(一) 石油焦的特征及分类[100-103]

延迟焦化的固态产品是石油焦，外观为形状不规则、具有金属光泽、黑色或暗灰色固体，有发达的孔隙结构。石油焦的主要成分是炭青质，并含有一定量的挥发分、灰分和水分。石油焦的元素组成为碳 90%~97%，氢 1.5%~8.0%，还含有硫、氮、氧和金属等。

石油焦具有独特的理化性能和机械性能，包括氧化燃烧及发热性能，在腐蚀性介质中的化学安定性和热安定性，较低的热膨胀系数，足够高的机械强度，较高的电导率和热导率，良好的弹塑特性，较强的核辐射安定性等。

石油焦有不同类型，随原料、生产工艺和加工深度等的不同，石油焦的性质有较大差异。延迟焦化生产的石油焦按物理结构大体可分为海绵焦、针状焦和弹丸焦三类。大部分延迟焦化装置原料含低到中等浓度的沥青质，所以生产出的是海绵焦。用高芳烃原料生产的针状焦有由中间相小球体形成的纤维状或针状纹理走向的晶态结构，针状焦也由此而得名。高沥青质和金属含量的原料以及焦炭塔中高的油气线速容易产生弹丸焦。

延迟焦化装置生产的石油焦一般为生焦，若要生产冶炼用电极等产品时，需经过煅烧，成为熟焦，又称煅烧焦。熟焦含挥发分和水分少，而焦炭中金属和硫含量则取决于焦化原料的高低。

（二）石油焦的主要性质及质量标准[104-116]

影响石油焦质量的主要性质为纯度、结晶度和抗热震性。

1. 石油焦的主要性质

石油焦生焦基本由固定炭、挥发分、灰分和水分四种成分构成。除了水分外，石油焦含有碳、氢、硫、氮和金属等，石油焦(生焦)性质见表2-2-44。从表中数据可见，石油焦中主要元素为碳，含量在87.90%~91.40%之间，其次含有3.49%~3.94%的氢、0.73%~5.96%的硫和1.21%~2.90%的氮，金属铁+镍+钒含量在284.1~1298.7μg/g之间，钠+钙含量在29.1~452.4μg/g之间。石油焦硫、氮、金属含量主要取决于焦化原料中这些元素的含量，含酸原油减压渣油由于钙含量高，导致石油焦中有较高的钙含量。由于焦化原料中掺兑含有催化剂粉末的催化裂化油浆或焦炭塔中注入含硅消泡剂，石油焦中可能含有微量的硅。作为燃料，石油焦有效组分是固定炭和挥发分，表中所列五种石油焦净热值在8276~8485cal/g之间。

表2-2-44　石油焦(生焦)性质

石油焦	A	B	C	D	E
挥发分/%	7.2	6.8	8.2	13.2	8.2
灰分/%	0.06	0.08	0.27	0.23	0.06
水分/%	8.1	3.5	15.3	10.4	9.3
碳/%	91.4	88.12	89.06	87.9	90.76
氢/%	3.76	3.49	3.69	3.94	3.79
硫/%	0.73	5.96	2.37	1.2	0.88
氮/%	1.87	1.21	1.99	2.9	2.17
铁+镍+钒/(μg/g)	403.9	409.4	1298.7	320.4	284.1
钠+钙/(μg/g)	55.9	29.1	79.5	452.4	67.8
硅/(μg/g)	0.19	0.04	0.11	0.13	0.16
净热值/(cal/g)	8460	8276	8448	8294	8485

（1）纯度

在制作石墨电极时，石油焦生焦需在1200~1400℃左右的高温下进行煅烧，成为熟焦，尽量除掉其中的挥发分(从<14%降到<0.4%)，提高石墨化程度，改善电极的电导率和机械强度。在石油焦煅烧过程中，挥发分在500℃左右开始脱除，在900~1000℃完成[105]。生焦中的氢含量也是其煅烧性能的一个指标。石油焦在氧气中的燃烧状况和氢含量有关。大多数产品焦炭中的氢含量在1000℃前已下降到<0.1%。

灰分和水分都是石油焦的杂质。典型的灰分范围应为0.1%~0.3%。灰分的组成比较复杂，包括硅、钠、钙等元素以及铁、镍、钒等重金属及其化合物。石油焦中这些物质的含量由灰分指标来加以表示。

石油焦电极中高灰分会阻碍晶体结构的形成，使电极机械强度降低，电阻率增加。在用电极冶金时，灰分还会进入被冶炼的金属中，影响金属质量。燃料焦灰分中的一些组分也会影响石油焦的使用性能。在锅炉运行中，重金属，特别是钒的积累会引起炉灰熔点降低，引起成团结渣现象，影响正常运转。

大湖碳公司 P. J. Ellis 和 C. A. Paul 认为，熟焦的镍、钒含量一般应小于 500μg/g。在铝的冶炼中，因碳阳极在电解过程中是消耗的，焦含过多的金属会转移到铝产品中，而有些牌号的铝品种对某些金属有较严格的限制。钠、钙是使电极在空气中燃烧的强催化剂，而镍、钒、铁等金属会增加在电极底部的羧基化反应。同时阳极电极用的石油焦含硫必须低于 3.5%，以防止阳极电极和功率电极间的电阻增加。

高硫石油焦还会造成环保及治理问题。其中硫和氮等在石油焦燃烧时会产生 SO_2 和 NO_x 等有害物质，排入大气，污染环境。石油焦在 1500℃以上高温使用时，硫分解出来，使电极晶体膨胀(简称晶胀)，再冷却时引起收缩，以致产生破裂，严重时会使电极报废。由于硫含量对石油焦的质量影响比较大，国际上普遍采用以硫含量为基础对石油焦进行分类，见表 2-2-45。

表 2-2-45 国际普遍采用的石油焦分类方法

种类	硫含量/%	用途
高硫焦	> 4	燃料用
中硫焦	2~4	制铝电极用
低硫焦	< 2	高级焦

氮在阳极煅烧焦中是不测定的，但在某些钢种生产需用的针状焦熟焦中，氮是重要指标，因为氮在石墨化时也会引起针状焦膨胀。

(2) 结晶度

结晶度是指石油焦的晶态结构及致密性的程度。产品石油焦一般大体上可分为普通焦和针状焦两大类晶态结构。此外，在延迟焦化操作中，偶尔也会出现弹丸焦的特殊晶态现象，但它不是中、低硫焦生产中所希望得到的产物。

普通焦是石油减压渣油中的重质油分、胶质和沥青质等在焦化过程中不断裂化和脱氢缩合而产生的高含碳固体物质。由于含有较多的各种杂质，同时减压渣油各组分的分子大小和分子立体结构差异较大，生成的石油焦具有无序的无定形结构。在石油焦形成过程中，内部所含挥发分和杂质不断裂解气化，不断释放出来，所以生成的焦炭中生成发达的孔隙，孔小而多，呈圆形，形成类似于海绵状或蜂窝状的疏松结构。这种石油焦的密度小，致密性差，杂质含量较高，机械强度较低，导电率较低，只适合作燃料、化学工业原料或制成炼铝用阳极电极。

针状焦是结晶度较高的石油焦。其原料选用富含芳烃的催化裂化澄清油，润滑油溶剂精制抽出油及热裂化所得的焦油等。这些原料沥青质和杂质含量少，灰分低，生成的石油焦较易形成结晶度高的产品。由于这些原料芳香环上的碳含量高，单环及稠环芳烃都具有片状的分子结构，缩聚成焦时，易定向排列成有层次的中间相小球体，再经长大、融并、定向，最后固化成具有纤维状或针状纹理走向的石油焦。由于它的结构具有方向性，杂质含量少，所以它的孔隙少，截面略呈椭圆形。因此针状焦的特性是结晶度高，杂质含量少；真密度大，结构致密，机械强度较高；导电率高，适合制造电炉炼钢用超高功率电极。

结晶度高是优质石油焦的主要特征之一，真密度粗略地代表这种性能，真密度高表示结晶度高。普通石油焦和针状焦的晶态结构特征比较见表 2-2-46。

表 2-2-46　普通焦和针状焦的晶态结构特征比较

项目	普通焦	针状焦
颜色	灰褐色，无光泽	银灰色，有金属光泽
外观	海绵状或蜂窝状结构	纤维状结构，有针状纹理
孔形状	孔小而多，截面呈圆形	孔大而少，截面略呈椭圆形
晶态结构	无序交错结构，松散无定形	含有中间相小球体的针状结构
异向性	无异向性	各向异性
纯度	含较多硫、氮、重金属等灰分杂质	纯度高，杂质含量少
致密性	真密度低，机械强度差	真密度高，机械强度较好
抗热震性	热膨胀系数高，遇热震易裂缝，断裂	热膨胀系数低，抗热震性好
电性能	电导率低，电阻率高	导电性能好，可作电极原料

除上述普通焦和针状焦两大类不同晶态结构的产品外，在延迟焦化操作中偶尔还会出现一种称为弹丸焦(Shot coke)的晶态结构[99]。弹丸焦的生成往往会引起安全操作问题，它是在一定条件下，在焦炭塔中或其局部区域形成的特殊产物。弹丸焦为圆球状，粒度可由弹丸大小到足球大小，也可呈砂粒状与脆弱的粉焦生成易破碎的焦球。弹丸焦的形成是由于焦化原料中含有很高的沥青质，或焦炭塔内出现湍流或温度偏高所致。当焦化原料的沥青质对残炭比高时(如减压蜡油拔出百分率很高时)，这种原料极有可能会生成弹丸焦。原料中含氧量高也是形成弹丸焦的原因之一。焦化过程中，从液相析出的沥青质形成具有高黏度、高塑性的焦炭前身物，在表面张力的作用下，焦炭前身物在流动中滚动形成各种颗粒度的球状焦，并松散地互相黏在一起。在焦炭塔除焦时，弹丸焦易引发焦炭塔床层的塌陷，引起连接管堵塞，甚至在除焦时从塔底倾泻而出，造成安全问题。改变操作条件或在原料中加入催化裂化油浆等富含芳烃的原料有助于抑制弹丸焦的生成。

(3) 抗热震性

抗热震性指焦炭制品在承受突然升至一千多度的高温，或从高温急剧冷却时强烈的热胀冷缩的冲击下，是否会破裂的性能。超高功率石墨电极在电炉炼钢升温或降温过程中就会遭受到这种热震，抗热震性是作为超高功率石墨电极原料的石油焦必需具备的重要性能之一。优良的超高功率石墨电极抗热震性取决于石油焦的优良质量，而抗热震性的衡量指标是热膨胀系数(Coeficient of Thermal Expansion，缩写为 CTE)。CTE 表示温度每增高 1℃时，试样长度的相对增长值，其公式为：

$$CTE=\frac{\Delta l}{l_0(T-T_R)}$$

式中　l_0——试样的原始长度，cm；

Δl——试样伸长量，cm；

T——测试温度,℃；

T_R——室温,℃。

中国石化石油化工科学研究院(RIPP)的热膨胀系数试验方法[100]概括为，将一定粒度的煅烧焦粉，加入一定量黏结沥青，模压成焦饼，升温至 1000℃煅烧。然后切成一定尺寸的条状试样，在石英示差膨胀仪上逐步升温到 600℃以上，测量室温至 600℃的热膨胀系数。

CTE 数值低表示抗热震性好。按照 RIPP 24—90 试验方法，合格针状焦的 *CTE* 值要求在 2.6×10^{-6}/℃以下。

目前测试 *CTE* 没有统一的方法。还有其他试验方法，如制备焦样方法不同(有的在2000℃以上高温下石墨化焦样)，测试的温度范围也不同(如测试温度为30~100℃)，采用CTE单位不同(有的用"10^{-7}/℃"表示)，造成各公司 *CTE* 的测试结果不同。大陆油公司和鲁姆斯-丸善公司按热膨胀系数分类的石油焦等级及其用途见表2-2-47。

各公司 *CTE* 分析测试方法不同，没有统一标准，因此所列数据只有相对参考性。如大湖碳公司是在2900℃下石墨化，然后测0~50℃的热膨胀系数。他们认为针状焦 *CTE* 最低，为$(0\sim4)\times10^{-7}$/℃，大多数海绵焦为$(8\sim18)\times10^{-7}$/℃，弹丸焦为$>20\times10^{-7}$/℃。

表 2-2-47 按热膨胀系数分类的石油焦等级及其用途

公司名称	大陆油公司	鲁姆斯-丸善公司	用途
CTE 测定条件	石墨化	石墨化	
	0~50℃	100~400℃	
CTE 单位	10^{-7}/℃	10^{-6}/℃	
优质焦			
超高级针状焦	<2.0		电极接头等
高级针状焦	2.0~3.0	<1.0	大直径超高功率电极
针状焦	3.0~4.0	1.0~1.2	超高功率电极
半针焦	4.0~6.0	1.2~1.8	高功率电极
普通焦			
优质普通焦	6.0~8.0	1.8~3.0	普通功率电极
制铝及化工用焦	>8.0	>3.0	阳级弧及其他

大湖碳公司的 P. J. Ellis 和 C. A. Paul 认为，针状焦要求热膨胀系数必须小于2×10^{-7}/℃或更低(需要低的 *CTE* 是因为当电极达到2000℃时，防止电极顶端因热应力而剥落)，针状焦的硫要求小于0.6%，氮含量也要求低，以免在2900℃石墨化时电极发生膨胀。要求针状焦>6mm的粒度多，而<0.1mm的粒度少。针状焦还要求灰分含量低(<0.3%)，因为灰分会在石墨化时给焦炭造成空洞，另外要求真密度高(>2.12g/cm³)。普通石油焦和针状焦一般理化性质比较见表2-2-48。

表 2-2-48 普通焦和针状焦典型性质比较

类 型	普通焦		针状焦	
用途	炼铝用电极		炼钢用电极	
品种	生焦	熟焦	生焦	熟焦
真密度(20℃)/(g/cm³)		2.06		2.12
堆积密度/(g/cm³)		0.80		0.88
挥发分/%	10~12		8~10	
灰分/%	0.25	0.50	0.10	0.15
硫/%	2.5	2.5	1.0	1.0
钒/(μg/g)	150	200	10	10
镍/(μg/g)	150	200	20	40
硅/(μg/g)	200	200	400	400

一般硫含量大于3.5%的石油焦用作燃料焦。国外几种原油减压渣油生产的典型石油焦(生焦)性质见表2-2-49，我国几种原油减压渣油生产的典型石油焦(生焦)性质见表2-2-50，我国几种典型二次加工原料生产的针状焦(生焦)性质见表2-2-51。

表2-2-49　国外几种原油减压渣油生产的典型石油焦(生焦)性质　%

原油名称	沙特轻质原油	沙特中质原油	伊朗轻质原油	伊朗重质原油	阿曼原油
挥发分	8.8	9.1	8.8	9.6	9
硫含量	5.9	5.9	3.3	3.8	2
灰分	0.11	0.18	0.22	0.26	0.08

表2-2-50　我国几种原油减压渣油生产的典型石油焦(生焦)性质

原油名称	大庆原油	胜利原油	辽河原油	管输原油	新疆原油
挥发分/%	8.9	8.8	9	8.8	7.2
硫含量/%	0.38	1.66	0.38	0.98	0.9
灰分/%	0.35	0.1	0.52	0.01	0.21
真密度/(g/cm^3)	2.105		2.112		
CTE/(10^{-6}/℃)①	2.98		5.62	2.9	3.01

①测试方法为RIPP 24—90。

表2-2-51　我国几种典型二次加工原料生产的针状焦(生焦)性质

焦化原料	催化裂化澄清油	热裂化焦油	润滑油溶剂精制抽出油	乙烯焦油
挥发分/%	8.35	9.87	7.34	10.1
硫含量/%	0.4	0.25	0.26	0.1
灰分/%	0.08	0.07	0.02	0.01
真密度/(g/cm^3)	2.132	2.122	2.134	2.121
CTE/(10^{-6}/℃)①	1.97	2.27	2.53	2.05

①测试方法为RIPP 24—90。

2. 石油焦的质量标准[62,63]

石油焦没有国际统一的质量标准及测试方法。我国现行石油焦石油化工行业标准为NB/SH/T 0527—2015石油焦(生焦)，其中包括普通石油焦(生焦)和石油针状焦(生焦)的技术要求，具体规定分别见表2-2-52和表2-2-53。该标准中普通石油焦(生焦)1号主要适用于炼钢工业中制作普通功率石墨电极，也适用于炼铝工业中制作铝用炭素；2A和2B主要适用于炼铝工业中制作铝用炭素，3A和3B主要适用于制作碳化物、炭素行业用原料。石油针状焦(生焦)按照热膨胀系数和真密度分为1号、2号和3号。1号石油针状焦(生焦)主要用于生产超高、高功率石墨电极的原料，2号、3号石油针状焦(生焦)主要用于生产高功率石墨电极的原料。

表 2-2-52 石油化工行业标准普通石油焦(生焦)的技术要求

项目		质量指标				
		1号	2A	2B	3A	3B
硫含量/%	≤	0.5	1.0	1.5	2.0	3.0
挥发分/%	≤	12.0	12.0	12.0	14.0	14.0
灰分/%	≤	0.3	0.4	0.5	0.6	0.6
水分/%	≤	报告				
真密度(煅烧1300℃, 5h)/(g/cm^3)	≥	2.04				
<8mm 粉焦量/%不大于		35	报告	报告		
微量元素/(μg/g)						
硅		300	报告			
钒		150	报告			
铁		250	报告			
钙		200	报告			
镍		150	报告			
钠		100	报告			
氮含量/%		报告				

表 2-2-53 石油化工行业标准普通石油针状焦(生焦)的技术要求

项目		质量指标		
		1号	2号	3号
硫含量/%	≤	0.5	0.5	0.5
挥发分/%	≤	6.0	8.0	10.0
灰分/%	≤	0.3	0.3	0.3
水分/%	≤	8	8	8
真密度(煅烧1300℃, 5h)/(g/cm^3)	≥	2.12	2.11	2.10
<mm 粉焦量/%	≤	35	报告	
热膨胀系数(*CTE*)①/(10^{-6}/℃)		1.5	2.0	2.5
微量元素/(μg/g)				
硅		300	报告	
钒		80	报告	
铁		250	报告	
钙		100	报告	
镍		150	报告	
钠		100	报告	
氮含量/%		0.5	报告	

①生焦1300℃煅烧5h，在球磨机中破碎后，取<0.15mm不同粒度的细粉，与电极沥青混捏，将混捏糊料挤压成直径30mm、长度80mm的小圆棒型生制品试样。在焙烧炉中以一定加热速率升温到1100℃，保温4h，得到焙烧试样。焙烧试验在高温炉中以一定加热速率升温到2700℃，保温4h，得到石墨化试样，测定石墨化试样室温约600℃的*CTE*。

由于我国过去行业分工的原因，石油焦的焙烧装置大都设在炭素厂，但因运输安全问题，国外市场只接受熟焦，不接受生焦，因此炼油厂只产生焦，对扩大我国焦炭出口市场不利。

针状焦也没有国际统一的质量标准及测试方法。为比较起见，表2-2-54列出美国大陆油(Conoco)、联碳(U. C. C.)、碳-石墨集团(C. G. G.)针状焦质量要求，表2-2-55列出日本水岛(Sudou)、新日化(Nippon steel Chemical)、兴亚(KOA)等公司针状焦质量要求，其中日本新日化针状焦指标为煤系针状焦指标，其他为石油系针状焦指标。由于各公司采用各自的 *CTE* 测定方法和测定仪器，因此规格中所列的控制值只能相对比较。

表2-2-54　美国几个公司针状焦主要质量指标

公司名称	大陆石油	联碳			碳-石墨集团	
针焦级别		UHP 超高功率电极焦	HP 高功率电极焦	P 一般功率电极焦	电极焦	接头焦
$CTE/(10^{-6}/℃)$	<0.25①	<0.25①	<0.4①	<0.6①	<0.18④	<0.14④
硫含量/%	<0.7	<0.7	<0.7	<0.7	≤0.5	≤0.5
真密度/(g/cm³)	>2.12	>2.12	>2.11	>2.10	≥2.13	≥2.13
灰分/%	<0.15	<0.15	<0.2	<0.4	≤0.3	≤0.3
水分/%	<0.15	<0.15	<0.15	<0.15	≤0.3	≤0.3
挥发分/%	<0.3	<0.3	<0.3	<0.3	≤0.5	≤0.5
粒度分布(>6目)/%	>45②	>45②	>40②	>40②	⑤	⑤
振实密度/(g/cm³)	0.79~0.83③	0.79~0.83③	0.78~0.82③	0.76~0.80③		
钒含量/(μg/g)	2~6	2~6	<15	<50		
电阻率/(μΩ·m)	<1100	<1100	<1100	<1050		

①测试温度30~100℃；②>3.327mm；③粒度3.327~7.86mm；④测试温度25~100℃；⑤>8mm焦粒≥30%，<1mm焦粒≤30%。

表2-2-55　日本几个公司针状焦主要质量指标

公司名称	水岛		新日化			兴亚	
针焦级别	M级	X级	LPC-UL	LPC-U	LPC-UH	S-JA	EX
$CTE/(10^{-6}/℃)$	≤2.5①	≤1.5①	0.93~1.02②	1.05~1.15②	1.15~1.20②	1.3~1.5	1.5~1.8
硫含量/%	≤0.4	≤0.4	0.20~0.27	0.20~0.27	0.20~0.27	0.2~0.4	0.3~0.5
真密度/(g/cm³)	≥2.13	≥2.13	2.14~2.15	2.13~2.15	2.13~2.14	2.13~2.15	2.12-2.14
灰分/%	≤0.3	≤0.3	≤0.15	≤0.10	≤0.10		
水分/%	≤0.5	≤0.5	≤0.3	≤0.3	≤0.3		
挥发分/%	≤0.3	≤0.3	≤0.3	≤0.3	≤0.3		
氮含量/%			0.40~0.50	0.48~0.50	0.30~0.40	0.2~0.3	0.3~0.5
粒度分布(>6目)/%	43~53	43~53	≥25③	≥25③	≥25③	45~55	45~55
振实密度/(g/cm³)	≥0.88	≥0.91				0.80~0.84	0.77~0.81

①膨胀系数CTE单位为$\times10^{-7}/℃$；②测试温度20~600℃；③>10mm。

2019年我国发布了国家标准GB/T 37308油系针状焦，该标准分为锂离子电池油系针状焦和石墨电极油系针状焦(煅后)，分别见表2-2-56和表2-2-57，符合该标准要求的针状焦可作为石墨电极、锂离子电池负极材料和特种炭素制品等的原料。作为对比，表2-2-58列出了国家标准GB/T 32158煤系针状焦指标。

表2-2-56　锂离子电池油系针状焦技术指标

项　目		煅前		煅后	
		YFDQ-Ⅰ	YFDQ-Ⅱ	YFDH-Ⅰ	YFDH-Ⅱ
真密度/(g/cm^3)	≥	1.35	1.35	2.12	2.10
硫含量/%	≤	0.40	0.50	0.40	0.50
氮含量/%	≤	0.50	0.60	0.40	0.50
挥发分/%	≤	5~12	5~12	0.30	0.30
灰分/%	≤	0.10	0.40	0.20	0.50
干燥基水分/%	≤	5.0	5.0	0.15	0.15
振实密度(1~2mm)/(g/cm^3)	≥			0.88	0.85

表2-2-57　石墨电极油系针状焦技术指标

项　目		煅后油系针状焦	
		YDDH-Ⅰ	YDDH-Ⅱ
真密度/(g/cm^3)	≥	2.13	2.12
硫含量/%	≤	0.40	0.50
氮含量/%	≤	0.40	0.50
挥发分/%	≤	0.30	0.40
灰分/%	≤	0.15	0.30
干燥基水分/%	≤	0.15	0.15
热膨胀系数(室温~600℃)①(*CTE*)/(10^{-6}/℃)	≤	1.0	1.3
振实密度(1~2mm)/(g/cm^3)	≥	0.88	0.85

①2800℃石墨化后测定。

表2-2-58　石墨电极煤系针状焦技术指标

项　目		煅后煤系针状焦		
		优级	一级	二级
真密度/(g/cm^3)	≥	2.13	2.13	2.12
硫含量/%	≤	0.40	0.40	0.50
氮含量/%	≤	0.50	0.60	0.70
挥发分/%	≤	0.30	0.40	0.40
灰分/%	≤	0.20	0.30	0.30
干燥基水分/%	≤	0.15	0.15	0.15
热膨胀系数(室温~600℃)①(*CTE*)/(10^{-6}/℃)	≤	1.0	1.3	1.5
振实密度(1~2mm)/(g/cm^3)	≥	0.90	0.88	0.85
电阻率(ρ)/$\mu\Omega\cdot m$	≤	600	600	600

①2800℃石墨化后测定。

（三）石油焦的煅烧及煅烧焦的质量[63-67]

石油焦的煅烧是延迟焦化石油焦许多用途中必不可少的加工过程。石油焦通常在燃气的旋转窑内，在1200~1350℃煅烧除去水分、挥发分，增加焦炭结构的密度、物理强度，并增加材料的导电率。煅烧后的熟焦硬度高、密度大、氢含量低、导电率良好。具有上述性质，同时金属、灰分含量低的煅烧焦是炼铝用阳极或炼钢电极的最佳材料。

石油焦煅烧后用作制铝或炼钢的电极，除了煅烧焦的化学性质外，还需对煅烧焦的物理性质在制作电极前作详细的测试。

表2-2-59列出了ConocoPhillips公司对石油焦的要求。ConocoPhillips公司对阳极焦的性质分为二种，表中列出阳极焦的典型性质是指可以直接制取合格煅烧焦所需的生焦性质，另一种最大限度允许性质是指对生焦杂质含量的限值，按用户实际可以承受的杂质含量，把杂质含量高的焦和另一种较高纯度的焦调和成的产品，使不同油源的石油焦达到符合制铝公司要求的规格。这样做既适应了焦化装置原料的变化，又能满足用户的使用要求。

表2-2-59 ConocoPhillips公司对阳极焦的性质要求

项　　目	典型性质	最大限度允许性质
硫/%	<3.0	<5.0
挥发分/%	<11.5	<12.5
钒/(μg/g)	<250	<400
镍/(μg/g)	<150	<250
铁/(μg/g)	<200	<350
钙/(μg/g)	<100	<200
钠/(μg/g)	<100	<200
硅/(μg/g)	<150	<200
弹丸焦含量/%	0	0

表2-2-60中列出大湖碳公司通用阳极焦规格中对生焦和煅烧焦的性质要求[106]。除了水分、灰分、挥发分、氢、硫、氮、金属等含量的化学性质外，还需检测煅烧焦的真密度、表观密度、振实密度、电阻率、空气和CO_2反应性、颗粒稳定性、哈德格罗夫硬度指数、粉碎因子、筛分组成和弹丸焦含量等。

表2-2-60 大湖碳素公司通用阳极焦的一般规格要求

项　　目	生焦	煅烧焦
水分/%	8~10	<0.30
氢/%		<0.10
灰分/%	<0.40	<0.40
挥发分/%	<11.5	<0.40
硫/%	<3.5	<3.0
钒/(μg/g)	<300	<250
镍/(μg/g)	<200	<200
硅/(μg/g)	<250	<200
铁/(μg/g)	<300	<300
钙/(μg/g)	<200	<150

续表

项　　目	生焦	煅烧焦
钠/(μg/g)	<100	<100
弹丸焦含量/%	0	0
振实密度/(g/cm³)		>0.84
表观密度/(g/cm³)		>1.70
真密度/(g/cm³)		2.050~2.080
电阻率/Ω·m		<0.00107
600℃空气反应性(快法)/(%/min)		<0.25
525℃空气反应性(慢法)/(%/min)		<0.30
CO_2反应性/%		<12.0
颗粒稳定性/%		>75
粉碎因子(*PF*)		0.9~1.1
哈德格罗夫硬度指数(*HGI*)	75~85	32~40
尺寸累计量(筛子试验)/%		
>30mm		0.0
>8mm		>8.0
>4mm		30~40
>2mm		>45
<1mm		<30
<0.25mm		<15

表中所列质量指标定义及说明如下：

① 真密度。真密度(Real Density，RD)为单位体积无孔隙的焦质量。生焦一般真密度为1.3~1.4g/cm³，阳极焦煅烧后为2.05~2.08g/cm³，石墨电极用针状焦煅烧后真密度可达到2.12g/cm³以上。对于高硫焦，煅烧温度达到1200~1300℃以上时，由于脱硫，焦内小孔增多，真密度下降。

② 表观密度。表观密度(Apparent Density，AD)为单位体积内堆积物的质量，主要用来测量焦的孔隙率和密度。煅烧后的针状焦比煅烧后的海绵焦或弹丸焦具有较高的表观密度，表明针状焦空隙少。高硫煅烧焦脱硫后，表观密度迅速下降。

③ 振实密度。大陆碳公司用100g筛分20~48目(有的公司用不同筛分来测定)煅烧焦粒，在规格化的量筒内震动测定振实密度(Vibrated Bulk Density，VBD)。大多数预焙的阳极煅烧焦用此法测得的振实密度必须在0.84~0.86g/cm³或更高。预焙的阳极焦密度和煅烧焦的振实密度有关联。监控生焦的质量对控制煅烧焦的振实密度起到重要作用。煅烧时，慢的升温速度能改善振实密度；煅烧升温速率到达℃50/min以上时，空隙率增加。增加煅烧焦的孔隙率会使振实密度下降。

④ 电阻率。随煅烧温度的升高，煅烧焦的电阻率下降，实际上从绝缘材料变成导电体。

⑤ 空气和CO_2反应性。测定两种不同升温速度下煅烧焦在空气中和CO_2中的反应性，为在冶炼炉中阳极焦的行为提供信息。煅烧温度、熟焦的密度(RD，AD，VBD)和电阻率影响煅烧焦对空气和CO_2的反应性。金属Na、Ca和V等对空气和CO_2反应性有催化作用，硫能抑制CO_2反应。

⑥ 颗粒稳定性。测定 4~8mm 煅烧焦颗粒在压力下的保持能力。硬颗粒可维持在阳极焦生产装置中焦不发生破碎。

⑦ 哈德格罗夫硬度指数(HGI)。HGI 是对生焦炭和煅烧焦硬度的测定。在比较相同结构的焦炭样中，HGI 值可以粗略验证挥发分(VM)。高的 HGI 值(通常 VM 也高)表明焦是软的，是可磨的。HGI 值低，焦硬。HGI 值对燃料焦有评价作用，因发电厂需要知道焦炭是否可粉碎。弹丸焦生焦一般具有低的 *HGI* 值(28~50)；针状焦生焦 *HGI* 值为 70~100；生焦 *HGI* 值在 75~85 或更低些是可以生产出好的 VBD 煅烧焦的原料。

⑧ 粉碎因子。粉碎因子(Pulverization Factor，PF)是测定煅烧焦硬度的另一种方法，使用测定 HGI 相似的设备，且计算数值的方法不同。破碎因子数值越低，焦炭越硬。

⑨ 筛分组成。铝的冶炼对煅烧焦的颗粒大小分布有严格的指标要求，以便与黏结沥青混捏，使生产的阳极具有优化的阳极密度。

⑩ 弹丸焦含量。不能用弹丸焦来做制铝的电极。弹丸焦球通常是由两层不同 CTE 值的焦组成。因沥青黏合剂只能黏合外层，层次多的焦在阳极中易引起粉碎。

(四) 石油焦的应用[68-94]

根据石油焦的理化性能差异，其各种主要用途参见图 2-2-3。

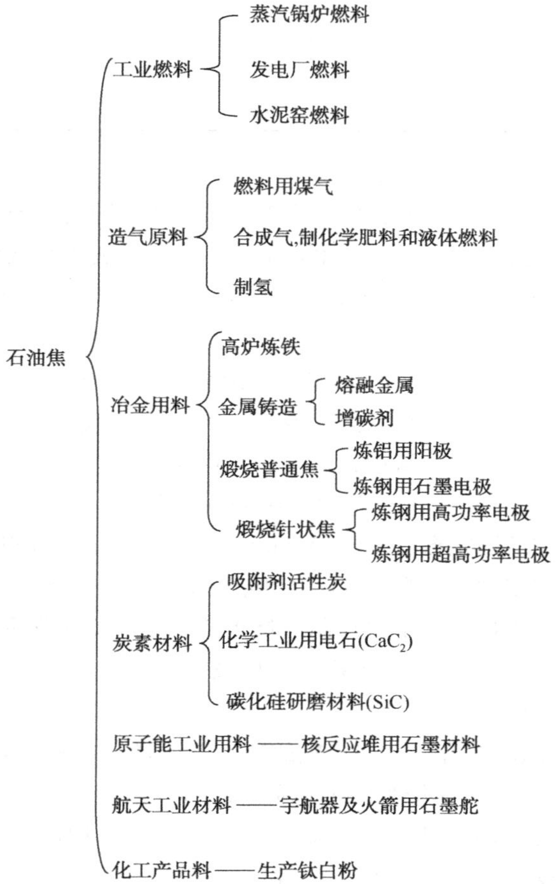

图 2-2-3　石油焦的主要用途

世界各国石油焦主要用途分配比例，由于其生产结构和能源结构的不同而有较大差别。美国是世界石油焦的生产大国，产量约为世界石油焦总产量的69%，但大部分出口，日本、西班牙、意大利、比利时、荷兰等国是美国石油焦的主要进口国。

1999年世界石油焦主要使用情况见表2-2-61，美国、西欧和日本石油焦用途分布情况见表22-2-62。数据表明，美国用于公用事业和水泥业的燃料石油焦占主要份额，其公用事业用途中约有60%用于发电。西欧石油焦主要用于水泥业和炼钢业，日本石油焦主要用于炼钢。2005年世界石油焦消费结构为：炼钢和电解铝46%，燃料31%，电石14%，其他原料9%。

表2-2-61 世界石油焦主要使用情况①

用 途	用量/(10^4t/a)	市场份额/%
水泥工业	1920	40
煅烧焦(生产阳极弧或电极)	1056	22
发电	672	14
炼钢(炼钢用增碳剂)	336	7
燃料供热	48	1
其他	768	16
合计	4800	100

①中国和俄罗斯未统计在内。

表2-2-62 美国、西欧和日本的石油焦主要用途分布

项目	美国	西欧	日本
炼钢业/%	9	40	73
水泥业/%	24	47	3
公用事业/%	52	7	7
其他/%	15	6	17
共计/%	100	100	100

据2003年《美国石油炼制过程手册》第3版公布的资料，美国1980年石油焦产量中延迟焦化生产的普通焦炭占90%，针状焦占2%，其余8%是流化焦化石油焦。当时美国近45%的石油焦出口，具体分布情况见图2-2-4。

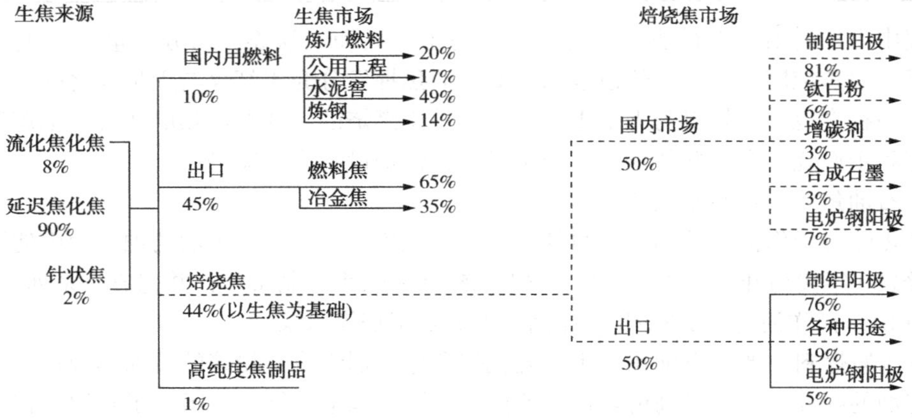

图2-2-4 1980年美国石油焦市场分布

我国石油焦主要用途分布见表 2-2-63。由表中看出，我国石油焦目前主要用于制冶金用电极及其他冶炼制造。2016 年我国石油焦产量达 26.84Mt。

表 2-2-63　我国石油焦用途分布

用　途	占总量/%	用　途	占总量/%
炼钢电极	10.3	电石料	12.4
炼铝电极	27.1	投放国际市场	15
煅烧燃料	8.8	其他	7.6
冶炼制造	18.8	总计	100

1. *石油焦用作燃料*

(1) 石油焦用作工业锅炉燃料

目前我国工业锅炉燃料仍以烟煤和无烟煤为主。石油焦可以取代部分煤作为工业锅炉燃料。我国几个延迟焦化装置生产的石油焦工业分析和元素分析结果与烟煤和无烟煤的对比列于表 2-2-64。

表 2-2-64　石油焦和煤的工业分析和元素分析对比

项　目	石油焦					烟煤	无烟煤
	武汉石化	广州石化	荆门石化	镇海炼化	齐鲁石化	大同煤矿	阳泉煤矿
工业分析/%							
水分	1.03	0.78	0.97	0.71	1.4	10	8.56
挥发分	11.85	11.96	13.82	11.01	12.4	29.24	8.22
灰分	0.12	0.07	0.09	0.16	0.31	7.88	15.46
固定炭	88	87.19	85.13	88.12	85.89	52.88	67.76
燃烧热/(kJ/kg)	35105	35595.5	34914.9	38941.9	35600	26400	26900
元素分析/%							
碳	93.39	94.11	93.08	93.72	90.11		90.11
氢	3.84	3.48	3.53	3.53	4.02		3.89
氮	2.35	2.35	1.09	1.09	2.82		1.07

由表中可以看出：①石油焦固定炭含量高于烟煤和无烟煤，水分含量低于烟煤和无烟煤，由于石油焦纯度高，燃烧热值也高；②石油焦挥发分介于烟煤与无烟煤之间，燃着温度与燃烧难易程度也介于烟煤与无烟煤之间，是易于燃烧的；③石油焦的灰分比烟煤和无烟煤都低，有利于燃烧完全，并使烟气排灰尘量少，锅炉设备磨损减轻。

(2) 石油焦制作焦炭水浆燃料

石油焦除可用作锅炉的固体燃料外，还可制成焦炭水浆，在燃油的加热炉中使用。我国从 20 世纪 80 年代初开始，先后建成了 3 座 250kt/a 煤水浆制备厂，并完成一系列示范项目。1995 年在山东白洋河电厂 230t/h 燃煤锅炉上成功试烧煤水浆。

焦炭水浆燃料主要由石油焦、水、乳化剂和稳定剂组成。粉碎的石油焦颗粒表面在乳化剂和稳定剂的存在下，经过高剪切速率的搅动，形成双电层结构，阻碍了石油焦粒子间的相互碰撞和凝聚，使它们比较稳定地分散在水中，成为能液态流动的锅炉燃料。

焦炭水浆的制备方法是将固体石油焦进行干法粉碎，过筛后，得到粒度小于250μm的基本原料，随后按比例将其分成两部分，将其中一部分加入由水、乳化剂和稳定剂配成的溶液中，利用胶体磨进行二次湿式粉碎，最后把粗细两部分石油焦颗粒放入混合器中进行强力充分搅拌，制成具有双峰值粒度分布的高浓度、高稳定性的焦炭水浆。

用辽河减压渣油延迟焦化石油焦生产焦炭水浆，其条件考察试验结果见表2-2-65。从表中数据可以看出，用该焦炭水浆制备技术可以制成黏度较小的产品。实验证明，焦炭在焦炭水浆中浓度可以达到68%，乳化剂也只需加入0.5%，当加入1.0%稳定剂后，14天内无硬沉淀出现。

表2-2-65 焦炭水浆制备试验结果

编号	焦炭在焦炭水浆中浓度/%	乳化剂/%	稳定剂/%	焦炭水浆黏度(100℃)/Pa·s
6-A	62	1	0.5	0.435
6-B	65	1	0.5	0.665
6-C	68	1	0.5	0.821
10-B-1	62	0.5	0.5	0.328
10-B-2	62	0.5	0.7	0.845
10-B-3	62	0.5	1	1.14

(3) 循环流化床(CFB)锅炉处理高硫石油焦

由于高硫石油焦中含有较多的硫、氮等杂质，燃烧时可转化成SO_2和NO_x等污染物，使高硫石油焦的应用受到很大限制。循环流化床(Cycle Fluid Bed，CFB)锅炉自20世纪70年代中期开发成功后，起初大多用于烧煤和废木料等，由于其燃烧效率较一般工业锅炉高，并可以在燃烧过程中脱除大部分硫、氮化合物，大大减少SO_2和NO_x排放量，因而在烧石油焦上也得到应用。

循环流化床锅炉主要由炉膛、分离器(绝大多数为高温旋风分离器)、返料装置、布风装置、尾部受热面、除尘装置等部分组成。循环流化床锅炉炉膛是发生燃烧反应、脱硫反应的燃烧室，分为密相区和稀相区，一次风机提供的一次风通过布风装置均匀从炉膛底部布风板上进入密相区，使炉膛内的床料流化并提供一次燃烧的空气，二次风依次从炉膛下中部进入，提供分段燃烧空气，燃料、脱硫剂石灰石在炉膛密相区供入，在830~950℃的床温下完成燃烧、脱硫过程。炉膛内的物料以喷泉的方式形成了循环流化床的内循环。高温烟气携带固体颗粒从炉膛出口烟道进入高温旋风分离器，利用离心力进行气固分离，固体以螺旋形下降的方式从分离器下落至返料装置，返料装置利用沙封的形式将床料从负压区的旋风分离器返送至正压的炉膛后墙下部，实现了循环流化床锅炉的外循环。循环流化床锅炉通过此两种循环保证了燃烧效率、脱硫效率。

经过气固分离的烟气携带细颗粒(一般在100μm以下)进入尾部受热面进行换热，换热后的烟气进除尘装置脱除细颗料(飞灰)后被引风机送入烟囱。燃烧高硫石油焦的循环流化床锅炉为保证脱硫效率，还需要增上尾部脱硫系统进行二次脱硫，保证烟气合格排放。图2-2-5为循环流化床锅炉工艺示意图。

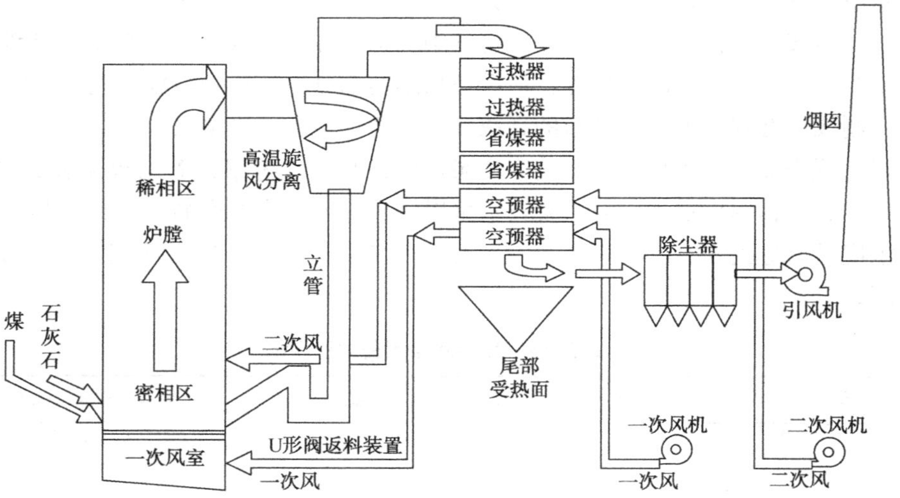

图 2-2-5　循环流化床锅炉工艺示意图

通过几十年的发展循环流化床锅炉形成了循环流化技术、低温无焰燃烧技术、分段燃烧技术等核心技术。循环流化技术使炉膛内的颗粒形成床层流态化及物料循环，气固混合强烈，传热传质较好，床层分布和床温分布非常均匀是循环流化床锅炉的特点。循环流化床采用低温无焰燃烧技术后颗粒停留时间延长，底部床层热容量增大，使燃烧所需要的温度大幅降低，一般仅为 830~950℃，实现了低温无焰燃烧，为低 NO_x 污染创造了技术前提。分段燃烧技术并不是循环流化床锅炉所独有，但循环流化床锅炉分段燃烧技术不但可抑制 NO_x 生成，也可达到保持床温、节能降耗的需要。这三大技术特点决定了循环流化床锅炉与煤粉锅炉、层燃锅炉相比，具有燃料适应性广、低污染、高效等优点。

中国石化广州石化公司燃烧高硫石油焦循环流化床锅炉达到超净排放的 35mg/Nm^3 水平。相比循环流化床锅炉+尾部石灰石-石膏湿法二级脱硫技术具有投资省、无废水排放等的优点。这也是美国环境保护署为硫含量小于 1.5%的锅炉所推荐的典型工艺(循环流化床经炉内脱硫后 SO_2浓度低于 1.5%硫含量燃烧所产生的 SO_2浓度)，相比于煤粉炉脱硫从技术上有优势，更易于达到高排放标准的要求。中国石化镇海炼化公司的 220t/h 纯烧石油焦循环流化床锅炉实践表明，控制石灰石加入量对控制 NO_x至关重要，过量石灰石对挥发分氮转化为 NO/NO_x起催化作用，从而导致 NO_x排放浓度的大量增加，应引起重视。在火电厂大气污染物排放标准 GB 13223—2011 实施后，循环流化床锅炉也需要增加脱硝技术来达到 NO_x 的合格排放。脱硝技术主要有以下几种技术：①选择性非催化还原脱硝(SNCR)；②选择性催化还原脱硝(SCR)；③氧化脱硝；④电子束脱硝；⑤氯酸氧化工艺，⑥活性炭吸收脱硫脱硝工艺；⑦湿式络合吸收法。

(4) 以高硫石油焦为原料的造气和热电联合循环一体化(IGCC)工艺

用炼油厂的高硫石油焦，重质残渣、沥青等气化制成合成气，进而联产电力、高压蒸汽、氢气或化工产品等的一体化工艺，总称为造气和热电联合循环一体化工艺，国外称之为 Integrated Gasification/Combined -cycle，简称为 IGCC 工艺。它是由气化过程和供热发电的联合循环过程组合而成，IGCC 工艺可能的原料和产品如图 2-2-6 所示。

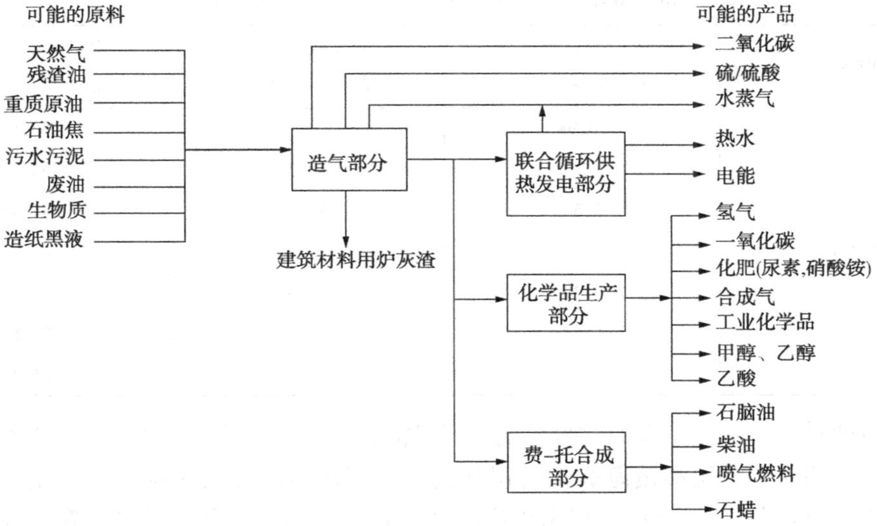

图 2-2-6　IGCC 工艺可能的原料及产品

IGCC 工艺可用的原料具有多样性，IGCC 工艺对环境友好，IGCC 装置的产品方案具有多样性，可以供热发电或制备高压水蒸气；可以生产氢气，又可通过费-托合成生产各种合成燃料，醇类、化肥等一系列化学品。

延迟焦化的石油焦可以用作气化的原料。用部分氧化法(POX)可以气化为低热值的气体燃料，或合成气。低热值气体燃料在炼油厂用作燃料，或用来发电；合成气还可用来生产甲醇，甲醇是其他化学过程的原料。部分氧化法也可以从石油焦来制氢，氢气为炼油厂加氢装置提供氢源。

(5) 高硫石油焦用于水泥生产

水泥是建筑业的主要原材料，使用范围广、用量大。在水泥生产中，高硫石油焦可以代替部分煤作为燃料，焦中的硫可转化成石膏($CaSO_4$)，利用它作水泥调凝剂，从而使高硫石油焦中的可燃组分和硫都能得到合理利用，为高硫石油焦的应用找到一个很好的利用途径。

高硫石油焦在世界各国水泥生产中都得到广泛应用。据 1997 年统计，全世界高硫石油焦的总消费量为 28.12Mt/a，其中用于水泥工业生产中的消费量为 18.33Mt/a，占总消费量的 65.18%，主要集中于欧洲的荷兰、意大利和土耳其等国，当年共消费 10.98Mt/a。其他各国也都占有较大比例。这表明，高硫石油焦使用于水泥工业，在技术上是成熟的。

根据国外使用经验，在水泥回转窑内高硫石油焦必须和煤、天然气、炼厂气或油共用，因石油焦没有足够挥发物质在水泥窑内单独产生火焰。典型水泥窑的燃料组合是 25%油或气+75%焦，或 70%烟煤+30%焦。石油焦在国际上大量推广使用主要取决于当时、当地煤的价格，即取决于在技术经济上是否有利可图，在煤价较高的国家容易推广。世界上高硫石油焦在水泥工业中应用数量及比例见表 2-2-66。

表 2-2-66　高硫石油焦在世界各地水泥工业中的消费量及比例

地区	水泥工业高硫石油焦消费量/(Mt/a)	总高硫石油焦消费量/(Mt/a)	水泥工业消费量占总消费量比例/%
欧洲	10. 98	12. 79	85. 85
北美洲	2	5. 63	35. 52
日本	2. 54	5. 35	47. 48
亚洲(除日本外)	0. 91	1. 45	62. 76
拉丁美洲	0. 27	0. 36	75
其他地区	1. 63	2. 27	71. 81
总计	18. 33	28. 12	65. 18

高硫石油焦用于水泥工业的前景广阔，但目前我国高硫石油焦用于水泥生产尚处于工业试验阶段。广州石化公司和镇海炼化公司都进行了高硫石油焦用于水泥工业生产的试验研究，其中广州石化公司从1997年以来生产的高硫石油焦先后在几个地区立窑水泥生产中进行过工业应用，石油焦用量共约35kt，相当于烧制了700kt水泥，用户反应良好，积累了较多的实践经验。目前我国工业试验还只限于在间歇操作的立窑水泥生产中进行。我国立窑水泥的产量占全国水泥总产量的80%左右。至于在连续操作的回转窑水泥生产中如何使用高硫石油焦，尚需积累自己的实践经验和借鉴国外成熟技术。

2. 石油焦用于冶金和有色金属工业

(1) 石油焦用于高炉炼铁

主要用在高炉中冶炼铁矿石，使之加热熔融，并还原为原铁，或称为生铁。可用含挥发分16%~20%的延迟焦化生产的低硫石油原焦，配入20%的高挥发分烟煤，炼成适于鼓风炉中使用的焦炭。高灰分(达2. 0%)及高挥发分(达20%)的低质石油焦粉，与20%~30%的沥青混捏，压制成块，煅烧成适合高炉使用的炭砖衬块，也可供由铁矿石冶炼生产原铁使用。如石油原焦的粒度大且强度高时，可直接作为高炉焦使用。高炉的墙衬，采用炭砖以及厚度达1m的炉底用机制炭块等，都使用煅烧石油焦。

(2) 石油焦用于金属锻造

1) 熔融金属

石油焦用作熔融金属进行浇铸机械部件等所需的加热材料，可用于铸铁、铸钢、铸铅、铸铜等金属铸造。

使用石油焦配制并煅烧成致密焦，可大大降低生产费用并提高铸造产品的质量。致密焦的特点是表观密度大、灰分含量低、孔隙度低及具有均匀的微细炭体结构等。在美国和德国均使用石油焦50%、低挥发分煤25%、精选无烟煤12. 5%及煤焦油沥青12. 5%，经过混捏、压制、烧结、焦化制成致密焦。此种致密焦所用石油焦组成分析结果见表2-2-67。

2) 增碳剂

在感应炉熔炼金属时，由于过热保温时间长，熔炼温度较高，使金属中碳元素烧损较大。此外，为降低成本和提高铸件性能，大量使用废钢增碳生产合成铸件，因此增碳剂是感应炉熔炼和合成铸钢生产必备的原辅材料。一般用量为单耗不超过2kg/t钢。石油焦作为增碳剂的化学成分和粒度要求见表2-2-68。

表 2-2-67 致密焦生产用石油焦的组成

组成成分(干基)	致密焦生产用的石油焦	
	美国	德国
灰分/%	0.73	0.26
挥发分/%	11.4	11.8
固定炭/%	88.6	88.2
元素分析/%		
C	92.27	92.29
H	4.18	4.01
N	1.53	0.95
S	1.02	1.64
O	1	1.11
碳氢质量比	22.1	23

表 2-2-68 石油焦作为增碳剂的化学成分和粒度要求

项 目	指标要求	项 目	指标要求
碳/%	>98	灰分/%	<0.8
硫/%	<0.9	挥发分/%	<1.0
水分/%	<2.0	粒度/mm	5~20

(3) 石油焦用于电炉冶金

电炉冶金是在电炉中通过石墨电极输入电能，以电极端部与炉料之间发生电弧放电为热源，进行冶金的方法。要制成电炉用石墨电极，石油焦要经过1300℃以上温度的煅烧，成为煅烧焦，以便将石油焦中挥发分尽量除掉，这样可使石油焦氢含量减少，石墨化程度提高。煅烧石油焦经混捏、成型、焙烧(1050~1100℃)制成炼铝阳极，其具有比电阻小和导电性能良好等特点。煅烧石油焦经混捏、成型、焙烧和高温2800℃石墨化后制成石墨电极，其具有高温下强度高、耐热性能好、比电阻小和导电性能优异等特点，是电炉炼钢绝好的电极材料。

1) 石油焦用于制造电炉炼钢用石墨电极及用作炼钢增碳剂

我国石油化工行业标准《石油焦(生焦)(NB/SH/T 0527—2015)》质量标准中1号普通石油焦(生焦)适用于生产钢铁工业中普通功率石墨电极的原料，1号石油针状焦(生焦)主要用于生产超高、高功率石墨电极的原料，2号、3号石油针状焦(生焦)主要用于生产高功率石墨电极的原料。标准对硫含量的限制是由于电极在高温下操作时，硫会分解出来使电极晶体膨胀。此外，石墨电极中硫含量越高，电炉耗电量就越大。对灰分的指标限制是由于它会使电极机械强度降低，电阻系数提高，影响石墨化时孔隙度，灰分中的杂质会使钢铁质量变差。在炼钢铁时，石墨电极是消耗品，每炼制1t钢锭需消耗石墨电极2~4kg，最多达6kg。

石油焦除用作电极的主要原材料外，还用作增碳剂，增加钢铁的碳含量。在电炉中投入钢铁原料时，投入一定数量的各种类型炭体，如煅烧焦、石墨或破碎的电极等，用于钢铁的碳化或渗碳，根据其价格、硫分、灰分含量以及熔渣形成泡沫倾向等因素进行选用，其中以使用煅烧焦较为有利。

高功率电炉炼钢和超高功率电炉炼钢是电炉炼钢技术的新发展[233,237-244]，它对其电炉使用的电极质量和使用性能提出了更加严格的要求。自 1964 年 W. E. Schwabe 等提出超高功率概念后，美国将一座 140t 电炉改造成超高功率电炉，钢产量增加了一倍。从此开发了超高功率电极炼钢技术，使炼钢电炉输入功率提高两倍多，提高了炼制效率，缩短了冶炼时间，降低了电力及电极的消耗，使相同吨位的电炉增产约 150%。

针状焦需求主要用在炼钢用的超高功率和高功率石墨电极上。在全球主要针状焦消费国中，中国针状焦市场供应紧张情况最为显著。

国内超高功率和高功率石墨电极的生产主要集中在几家特大型石墨企业和个别技术较强的大型石墨企业。通常生产 1t 超高功率石墨电极消耗针状焦 1.05t，生产 1t 高功率石墨电极消耗针状焦 0.2t。历年国内 HP、UHP 石墨电极产量与针状焦消费情况见表 2-2-69。

表 2-2-69　历年国内 HP、UHP 石墨电极产量与针状焦消费量　　10kt/a

品种	2006 年	2007 年	2008 年	2009 年	2010 年	2011 年	2012 年	2017 年
石墨电极产量	40.58	49.56	54.15	43.35	60.77	67.5	64.86	59.09
UHP 产量	8.92	12.23	14.29	11.98	19.26	22.3	21.43	19.31
HP 产量	16.17	19.77	22.8	17.53	25.13	25.1	23.96	25.21
普通电极产量	15.49	17.56	17.06	13.84	16.38	20.1	19.44	14.57
针状焦产量	16.6	16.8	19.56	16.08	24.3	28.44	27.29	55.00

由于国内针状焦质量与国际水平比较有差距，且产量不足，我国基本没有针状焦出口，只有针状焦进口和石墨电极出口。目前，国内外钢产能已经饱和，产量不会再有大的提高，但炼钢技术进步、产品结构调整仍有大的发展空间，尤其是电炉炼钢，今后在我国将会有大的发展。

高功率电炉和超高功率电炉中使用的石墨电极是工业消耗材料，一般炼每吨钢需石墨电极 5~6kg，最先进的 2~4kg。用碱性弧光炉冶炼高合金钢，每吨钢需消耗电极 14kg。随着钢铁技术的快速发展及超高功率电炉日益广泛应用，对超高功率电极的需求也将会越来越大。

由于超高功率电炉与常规电炉相比，运转时电流强度大，功率高，温度高，起动和停车时温度骤变大，所以对超高功率电极的质量要求要比常规功率电极高得多。制备超功率电极需用针状焦为原料。

针状焦与普通焦相比除有较高的结晶度外，还要有较高的纯度。首先要有更低的硫含量，避免在更高的操作温度下硫分解出来，使电极石墨晶体产生严重的膨胀(简称晶胀)，引起电极的破裂。其次要求低的灰分含量，除保证更高的机械强度外，更重要的是降低电极的电阻率，以降低超高功率电极操作时的能耗。对针状焦的真密度也要予以控制，确保气孔率小，电极机械强度高。为了脱除针状焦的挥发分，针状焦需要高温煅烧石墨化。

若针状焦热膨胀系数小，则超高功率电极在瞬时接通或切断强大电流时，电极遭受骤热骤冷，不致产生很大局部应力，使电极破裂，甚至报废。一般国内要求用于生产超高功率石墨电极原料针状焦的热膨胀系数 $\leq 1.5\times10^{-6}/℃$ (GB/T 3074.4 方法)，用于生产高功率石墨电极原料针状焦的热膨胀系数 $\leq 2.5\times10^{-6}/℃$ (GB/T 3074.4 方法)，石墨化后的针状焦热膨胀系数分别要求 $\leq 1.0\times10^{-6}/℃$ 和 $\leq 1.3\times10^{-6}/℃$。

针状焦有较高的导电性能，比电阻可低于 $9\Omega/(m\cdot mm^2)$，有高的化学稳定性和热稳定性，能保证在强电流和高温下有稳定的操作性能。

2）石油焦用于制造电解铝用炭阳极

我国从2005年起已淘汰落后的自焙烧炼铝技术，全部采用预焙炭阳极炼铝技术。随着炼铝产业的发展，铝用炭阳极生产得到快速发展。电解铝工业中铝阳极生产已成为石油焦的最大用户之一。

电解铝由 Al_2O_3 经过电解还原生产。石油焦制备的预焙阳极作为电解铝的还原剂，化学反应式如下：

$$2Al_2O_3+3C \xrightarrow{950\sim970℃电解} 4Al+3CO_2$$

电解铝阳极净消耗包括电化学消耗和过量消耗（阳极净消耗和阳极理论消耗之差），其中过量消耗与阳极质量关系密切。电解铝电化学反应消耗为334kgC/tAl。由于阳极质量的不同，过量消耗从20kgC/tAl到150kgC/tAl不等。过量消耗主要是由于空气反应（$C+O_2 \rightarrow CO_2$ 和 $C+\frac{1}{2}O_2 \rightarrow CO$）和 CO_2 反应（$CO_2+C \rightarrow 2CO$）产生，其次还有未反应的炭粉及热分解和挥发物等。我国电解铝阳极净耗为450～480kgC/tAl，而国外先进的电解铝阳极净耗为390～420kgC/tAl。阳极总消耗除以上阳极净消耗外，还包括了机械消耗，我国生产1t铝，要消耗预焙阳极近600kg。

炭阳极中的杂质含量对炭阳极的反应消耗有较大影响，有些杂质在电解过程中充当催化剂，加速炭阳极的反应速率，从而加大了炭阳极的消耗。铝用炭阳极杂质对化学反应的影响列于表2-2-70，金属Pb、Fe、V和Na对炭阳极有较强的催化作用，Ni、Ca和Si对炭阳极有中等的催化作用。因此要制备高质量的炭阳极，必须降低原料焦炭中的金属含量。硫对炭阳极空气反应性具有催化作用，对炭阳极 CO_2 反应性阻化作用也较弱。硫在一定程度上能抑制 CO_2 反应性，但只是对低硫焦而言。对于高硫焦，在热处理过程中，随着温度的升高，硫的溢出加快，增加炭阳极的比表面积，因脱硫造成的炭阳极反应性残留率降低。炭阳极中硫含量每增加1%，炭阳极的净消耗要增加2%～3%。

表2-2-70 炭阳极中杂质对化学反应的影响

名　称	对炭阳极空气反应性的影响	对炭阳极 CO_2 反应性的影响
Si	催化（中等）	无作用—抑制—弱
Pb	催化（强）	催化（弱）
Fe	催化（中等—弱）	催化（强）
V	催化（强）	催化（中等—弱）
Ni	催化（中等—弱）	催化（中等）
Na	催化（强）	催化（强）
S	催化（无作用—弱）	抑制—无作用—弱
Ca	催化（弱）	催化（中等—强）
Ti	催化（弱）	无作用
B	抑制	抑制
P	抑制	抑制
AlF_3	抑制	抑制

国际电解铝用炭阳极质量要求见表 2-2-71，表中列出了质量指标的分析项目，标准指标范围及相应的实验方法。国际炭阳极质量要求比我国黑色冶金行业标准指标还多了热膨胀系数、空气渗透率、CO_2反应性、空气反应性、硫和金属含量等指标要求。

表 2-2-71　国际电解铝用炭阳极质量要求

分析项目	标准指标范围	试验方法
体积密度/(g/cm^3)	1.530~1.580	ISO12985-1
比电阻/μΩ · m	52~60	ISO11713
抗弯强度/MPa	8.0~12.0	ISO12986-1
抗压强度/MPa	32.0~48.0	ISO18515
静态弹性模量/GPa	4.0~5.5	
动态弹性模量/GPa	7.0~10.0	
热膨胀系数/(10^{-6}/K)	3.57~4.50	ISO14420
折断能量/(J/m^2)	250~300	
导热率/[W/(m · K)]	3.00~4.50	ISO12987
二甲苯中密度/(g/cm^3)	2.050~2.080	ISO9088
空气渗透率/npm	0.50~1.50	ISO15906
CO_2 反应性		ISO12988-1
残留物/%	84.0~92	
灰分/%	2.0~6.0	
损失/%	6.0~10.0	
空气反应性		ISO12989-1
残留物/%	70.0~85.0	
灰分/%	4.0~8.0	
损失/%	10.0~24.0	
微量元素含量/(μg/g)		ISO12980
硫	1.20%~2.40%	
钒	80~260	
镍	80~160	
硅	100~300	
铁	100~500	
铝	100~600	
钠	200~600	
钙	50~200	
钾	5~30	
镁	10~50	
氟	100~400	
氯	10~50	
锌	10~50	
铅	10~50	
灰分/%	0.2~0.5	DIN5130

由于石油生焦含有较多的水分和挥发分，孔隙度大，体积密度小，不能直接用于生产预焙阳极，因此石油生焦一般需要经1250~1350℃高温煅烧。石油生焦煅烧的目的就是排除原料中的挥发分、水分，加速硫的转化，使石油焦体积得到充分收缩与稳定，从而提高石油焦的真密度、强度、导电性能和抗氧化性能，使得煅烧后的石油焦物理化学性能显著提高。

在我国石油化工行业标准石油焦(生焦)(SH/T 0527—2015)中普通石油焦1号、2A和2B焦可用于炼铝工业中制作炭阳极。近年来，由于电解铝工业的迅速发展，用来制备炭阳极的优质石油焦供不应求，因此一些铝业公司和炭素厂也采用3A和3B石油焦生产铝用炭阳极。生产铝用炭阳的石油焦硫含量可适当放宽，杂质含量要少，灰分要低(<0.5%)。

铝锭所含杂质主要来自氧化铝和阳极，所以石油焦的灰分必需控制在0.5%以下，否则铝锭纯度达不到优级品质量要求(纯度99.8%以上)，也就不能用作制造飞机的材料。高的硫含量对炭阳极也是不利的。

炼铝工业炭阳极最忌所用煅烧焦含有铁、硅、钠、钒等金属杂质，因为这些元素会显著增加炭阳极消耗。炼铝电解槽的阴极也是用无定型炭制成，但其纯度要求不高，因此一些质量较低的石油焦可作为炼铝工业电解槽阴极底块配料使用。

3. 石油焦的其他应用

(1) 石油焦用于生产活性炭

活性炭具有优异的综合吸附性能，广泛应用在环保、医药、食品、化工等领域，用于物质的吸附分离和净化，尤其是在环保领域，已将活性炭净化作为解决大气、水源污染等的重要手段之一。活性炭按外观形状可分为粉状炭和颗粒炭两大类，按原料不同主要可分为煤质炭和木质炭。活性炭品种不同，用途也不一样，见表2-2-72。

表2-2-72　活性炭品种与用途

活性炭品种	用途举例
木质粉状炭	制糖、乳制品、造酒、食用油、味精、饮料等行业的脱色、脱臭和提纯，贵金属回收，制药，香烟过滤嘴，色谱分析等
木质颗粒炭	食品、制药行业中净化提纯，化学工业中作催化剂及载体，各种防毒面具，提炼稀有金属，饮用水净化，汽车尾气净化等
煤质粉状炭	污水净化处理等
煤质颗粒炭	废气、废水净化，溶剂回收，烃类分离，排烟脱硫等

我国活性炭市场潜力巨大。一是我国环保需求与发达国家相比有很大差距，发达国家用于环保领域活性炭占活性炭消费总量的60%以上，而我国目前还不到10%。水源、大气污染较严重，预计今后食糖脱色和饮用水处理两个领域每年所需活性炭就将近200kt。二是国际市场对我国活性炭产品需求也有很大潜力。我国是世界最大的活性炭出口国，许多发达国家大量从我国进口环保用颗粒炭及脱色粉状炭。美国、西欧和日本都以我国作为主要活性炭进口国。

目前我国制造活性炭的原料主要有木材、果壳及优质无烟煤，这些原料来源都受到很大限制。木材是造纸的主要原料，资源有限，而且大规模砍伐木材会破坏生态环境，因此今后木质活性炭的生产难以发展；果壳虽被认为是制造活性炭的最好原料，但价格昂贵，资源稀少，决定了它不可能大规模发展。煤质活性炭所需原料是特定的优质无烟煤，受到所处地域和运输条件的很大限制。目前我国木质活性炭生产主要集中于华东地区，果壳质活性炭集中于河北等省，煤质活性炭产于优质煤产地山西、宁夏等省。

以石油焦为原料制取活性炭，目前在我国尚处于研究阶段。但从国外生产实践和国内外研究结果表明，石油焦是生产活性炭的好原料，有巨大的发展潜力。这是由于与其他生产活性炭原料相比，石油焦除价格低廉，来源易得外，在性能上也具有许多特殊优点。石油焦与其他生产活性炭原料的性质对比见表 2-2-73。

表 2-2-73　石油焦与其他生产活性炭原料性质对比　　%

项目	石油焦	木炭	果壳炭	优质无烟煤	烟煤
水分	≤3	~10	~8	1.5~5	4.7
挥发分	~10	16.7	13	10~40	25.7
灰分	0.1~0.3	1.09	2	8~20	1.8
固定碳	≥85	82.5	85	70~80	72.5
硫含量	2.5			0.7~4.0	

从表中看出，以石油焦为原料生产活性炭有如下特点：

① 石油焦的固定碳含量相对较高。生产实践表明，通常生产 1t 活性炭需用 2t 石油焦，而用优质煤作原料则需 4t，用木材则需 15~20m^3。因此用石油焦为原料，活性炭收率高，可大大降低生产成本，更重要的是可以保护绿色植被。

② 石油焦的灰分和挥发分含量相对较低，因此制得的活性炭杂质含量低，这两个指标是直接影响活性炭产品档次和价位的主要因素。

③ 石油焦与优质无烟煤一样，可能含有一定量的硫，它们在制活性炭过程中高温活化处理时可被脱除，不影响活性炭产品质量。

实践证明，用石油焦生产的活性炭孔结构发达，孔径分布较集中，吸附性能强，可用于生产比表面在 800~1000m^2/g 的中档活性炭及 ≥1000m^2/g 的高档活性炭，产品质量可与木质炭相媲美。用石油焦生产的活性炭与普通活性炭主要性能对比见表 2-2-74。

表 2-2-74　用石油焦生产的活性炭与普通活性炭性能比较

项　目	石油焦质活性炭	普通活性炭
表面积/(m^2/g)	>2500	800~900
孔容/(m^3/g)	>1.5	0.5
颗粒大小/目	>180	
碘值/(gI/100g)	>2000	900~1000
填充密度/(g/cm^3)	0.3	
亚甲蓝吸附量/(mg/g)	>600	100~150
苯吸附量/%	>150	20~40

(2) 石油焦用于生产电石

电石的生产是将生石灰与石油焦混合后，在电炉内加热 2000℃ 高温，熔融反应而得到。石油焦的灰分少，导电率较高，是良好的电石生产原料，生产 1kg 电石需用 0.6~0.7kg 石油焦。每公斤电石至少可产生乙炔 0.255Nm^3。

电石又称碳化钙(CaC_2)，是化学工业重要原料之一。电石加水分解生成乙炔和氢氧化钙，其反应式如下：

$$CaC_2+2H_2O \longrightarrow C_2H_2+Ca(OH)_2$$

乙炔用作有机合成原料，可以制造氯乙烯、醋酸乙烯、氯丁橡胶和醋酸等。乙炔燃烧可发生3500℃高温和强光，用于金属焊接和切割。

电石与氮气作用生成氰氨化钙，又称碳氮化钙或石灰氮，反应式如下：

$$2CaC_2+N_2 \longrightarrow 2CaCN_2$$

氰氨化钙是一种重要的氮肥，因其所含氮不能直接被植物利用，必须经过水与二氧化碳的转化作用，才能被植物吸收，故一般用作基肥。氮肥能促进作物茎叶繁茂、分蘖增多、籽实饱满，提高农作物产量及其蛋白质含量。

生产电石时，石油焦所含硫约90%残留在电石内，而用此电石生产乙炔时，电石中所含硫约85%成为硫化氢混在乙炔内，同时所含磷也混入乙炔中。这些都会严重影响乙炔的质量。因而要求生产电石使用的石油焦硫含量不得超过2.0%~3.0%，磷含量需控制在0.04%以下。

按照我国石油化工行业标准，普通石油焦(生焦)(SH/T 0527—2015)中2A、2B、3A和3B焦可用于化学工业中制作电石。

(3) 石油焦用于生产研磨材料金刚砂

以前用作研磨材料的金刚砂(Emery)为自然界中刚玉(Al_2O_3)和氧化铁的混合物。这种天然矿物的研磨材料有被碳化硅取代的趋势。

碳化硅主要成分为SiC。纯碳化硅为无色晶体，密度为3.06~3.20g/cm^3，硬度很高，约为莫氏9度。由石油焦和石英砂等熔炼而成的碳化硅有黑、绿色两种，黑碳化硅适用于非金属材料和有色金属材料的研磨，绿碳化硅用于材料的精磨。碳化硅可作研磨粉，擦光纸，又可制磨轮和砥石的摩擦表面。

碳化硅的生产是将石英砂(又称硅石)和石油焦粉混合后，在电炉中加热至2000℃以上，进行碳化反应而得。石油焦的电导率高，是生产碳化硅的良好原料。一般生产1kg碳化硅需用1.4kg石油焦。

石油焦中所含硫在电炉中会生成大量二氧化硫，腐蚀设备，污染大气，不利操作，故所用石油焦硫含量应控制在2.0%~3.0%以下。一般石油焦原料中可含较多的灰分，但灰分中铁及铝含量多时，其氧化物可起催化作用，促使碳化硅分解为硅及石墨，因而要求石油焦铁含量不超过0.06%，铝含量不超过0.02%。

按照我国石油化工行业标准，普通石油焦(生焦)(SH/T 0527—2015)中2A、2B、3A和3B焦可用于化学工业中制作碳化硅。

(4) 石油焦用于制造核工业及国防工业用特种炭素材料

由特种石油焦制成的炭素材料是核反应堆装置不可缺少的重要原料。由煅烧焦生产的石墨对核反应堆中铀235分裂产生的中子速度具有控制作用，可用作减速剂，构成反应堆内层中子反射层。核石墨套管也起着保护砌体，增加砌体结构的稳定性和抗变形能力的作用。这种石油焦是用富含芳烃的二次加工渣油为原料，经过延迟焦化和煅烧制成，不仅需对所用焦化原料进行严格选择，而且对工艺过程也需严格控制，不得有任何杂质混入或有污染等情况发生，以确保最终石墨产品的质量符合要求。这种特种石油焦类似针状焦，呈银灰色，结构微细，条理状明显。它具有高纯度，灰分在0.15%以下，硫含量和挥发分要严格控制，对其致密度和表观密度均有严格要求。

在国防工业中，由优质石油焦制成的特种炭素材料用于制造火箭、导弹及宇宙航行器的石墨舵，它需具有更高的抗热震强度，耐烧蚀稳定性和机械强度。这种石油焦也是由延迟焦化生产，并经过高温煅烧。它的质量有很严格的要求，灰分含量小于0.15%。

（5）石油焦用于生产化工原料钛白粉

钛白粉(化学名为 TiO_2)是一种重要的化工原料，其物理、化学、光学和颜料性能极佳，广泛应用于涂料、造纸、塑料、化纤、橡胶、电器等工业领域，近年来又扩展应用于催化剂、化妆品、食品包装材料和汽车工业等方面。

钛白粉的生产方法是，将天然金红石或高钛渣粉料与焦炭或石油焦混合后，进行高温氯化，生成四氯化钛，再经高温氧化生成二氧化钛，再经过滤、水洗、干燥和粉碎而得到钛白粉产品。国内生产钛白粉的耗焦炭规定指标为0.9t焦炭/t钛白粉，要求石油焦为低硫、低挥发分和低灰分的锻烧焦。2013年我国钛白粉实际产量达到2.155Mt，约占全球总量的三分之一，已连续数年超过美国，是世界第一大钛白粉生产国和消费国。据统计，2016年全国钛白粉总产能3591kt/a，2016年全国39家企业的钛白粉总产量2597kt，再创历史新高，比2015年的2323kt增长了11.8%。2016年我国钛白粉产品构成见表2-2-75。

表2-2-75 我国钛白粉的消费构成

消费领域	产量/(kt/a)	构成/%	消费领域	产量/(kt/a)	构成/%
金红石型产品	1969	75.8	非颜料类产品	153	5.7
锐钛型产品	475	18.3	总计	2597	100

（6）石油针状焦用于制备锂离子电池负极材料

在太阳能、风能、核能等新能源体系中，锂离子电池因其能量密度高、环境友好、结构多样化及价格低廉等优异特性使其成为未来电动汽车、混合动力汽车和空间技术等高端储能系统的理想电源。锂离子电池由正极、负极、隔膜和电解液组成，而负极材料的研究始终是新能源材料领域的研究热点。2014年针状焦在锂离子电池负极材料领域的应用取得新的突破，得益于下游锂电市场需求的快速增长。2014年负极材料增长率达到35%，对针状焦的需求量达到8kt。2016年负极材料领域对针状焦的年度需求量已经达到70kt。

国内曾尝试使用煤系针状焦制作锂电池负极，但煤系针状焦的缺陷是石墨化过程中因气胀引起的残留膨胀太大，这种致命缺陷是天然的，且无法克服。与煤系针状焦相比，油系针状焦因其易石墨化和高石墨化度的优点，在2014年被国内主要厂家视为生产锂电负极的极好材料，而且此种看法也被实验数据所证实。毫无疑问，油系针状焦将会迅速成为锂电池负极材料的主要原料。进一步提升油系针状焦的性能，以增强其在锂电池负极方面的应用。

不同应用领域对针状焦的要求各异。针状焦用于石墨电极领域时要求热膨胀系数低、强度高、电阻率低。针状焦用于锂电池时则是为了提升电池的单位容量，延长电池循环使用寿命，以及提升电池的安全性，而对针状焦的这些要求恰恰是油系针状焦的优点。

日本是油系针状焦负极材料领域应用的首推者。因为油系针状焦在锂电池负极材料制备过程中的“石墨化”工序需要耗费大量的电力，目前国内部分地区的电力供应充沛，价格较低，是生产负极材料的优势。利用好自身的优势和国内外两种针状焦资源(我国目前进口大量美国菲利普 66 油系针状焦)，有理由相信中国的锂电池负极材料产业可在不远的将来确立世界领先的地位。

国家标准油系针状焦 GB/T 37308—2019 专门列出了锂离子电池负极材料用煅前和煅后针状焦技术指标要求，详细技术指标要求见石油焦的质量标准章节。2019 年 3 月我国发布了国家标准锂离子电池石墨类负极材料(GB/T 24533—2019)，该标准对针状焦人造石墨和石油普焦人造石墨等级进行了划分，见表 2-2-76，典型人造石墨类锂离子电池负极材料(针状焦和石油普焦人造石墨)技术指标要求见表 2-2-77。从表中数据可以看出，锂离子电池石墨类负极材料国家标准除了对针状焦人造石墨和石油普焦人造石墨的粒度分布、固定碳、水分、pH 值、振实密度、比表面积、层间距和电化学性能提出要求外，还对负极材料的微量金属和磁性物质提出了严格限制的要求。另外，硫含量要求不大于 20μg/g。因此要求延迟焦化生产石油焦(生焦)以锂离子电极负极材料为目标产品时，要严格限制原料中的金属含量和硫含量。

表 2-2-76 锂离子电池石墨类(针状焦和石油普焦人造石墨)负极材料等级

项目	级别	首次发电比容量/[(mA·h)/g]	首次库伦效率/%	粉末压实密度/(g/cm³)	石墨化度/%	固定碳含量/%	磁性物质含量/(μg/g)	铁含量/(μg/g)	RoHS
针状焦	Ⅰ	≥355.0	≥94.0	≥1.25	≥94	≥99.97	≤0.1	≤20	通过
人造石墨	Ⅱ	≥340.0	≥93.0	≥1.20	≥90	≥99.95	≤0.1	≤50	通过
(NAG)	Ⅲ	≥320.0	≥90.0	≥1.10	≥85	≥99.70	≤1.5	≤100	通过
石油普焦	Ⅰ	≥350.0	≥95.0	≥1.40	≥94	≥99.97	≤0.1	≤20	通过
人造石墨	Ⅱ	≥330.0	≥93.0	≥1.20	≥90	≥99.95	≤0.1	≤50	通过
(PAG)	Ⅲ	≥300.0	≥90.0	≥1.00	≥85	≥99.70	≤1.5	≤100	通过

表 2-2-77 典型人造石墨类锂离子电池负极材料技术指标

技术指标		产品代号	
		AG-NAG-Ⅱ-20-340 (针状焦人造石墨)	AG-PAG-Ⅲ-18-300 (石油普焦人造石墨)
理化性能	粒度分布/μm		
	D_{10}	9.0±2.0	7.0±2.0
	D_{50}	20.0±2.0	18.0±2.0
	D_{90}	40.0±3.0	35.0±3.0
	D_{max}	≤70	≤75
	固定碳/%	≥99.95	≥99.70
	水分/%	≤0.2	≤0.2
	pH 值	5.5±1	5.5±1
	振实密度/(g/cm³)	≥1.00	≥1.00
	粉末压实密度/(g/cm³)	≥1.20	1.30~1.45
	真密度/(g/cm³)	2.23±0.03	2.23±0.03
	比表面积/(m²/g)	4.0±0.5	4.0±0.5
	层间距 d_{002}/nm	0.3358±0.5 0.0003	0.3360±0.5 0.0003

续表

技术指标		产品代号	
		AG-NAG-Ⅱ-20-340 （针状焦人造石墨）	AG-PAC-Ⅲ-18-300 （石油普焦人造石墨）
化学性能	首次库伦效率/%	≥93.0	≥90.0
	首次放电比容量/[（mA·h）/g]	≥340.0	≥320.0
微量金属元素	铁/（μg/g）	≤50	≤100
	钠/（μg/g）	≤5	≤5
	铬/（μg/g）	≤5	≤5
	铜/（μg/g）	≤5	≤5
	镍/（μg/g）	≤5	≤5
	铝/（μg/g）	≤5	≤5
	钼/（μg/g）	≤5	≤5
磁性物质	铁+铬+镍+锌+钴/（μg/g）	<0.1	0.5~1.5
硫含量	硫/（μg/g）	≤20	≤20
限用物质	铬及其化合物/（μg/g）	≤5	≤5
	铅及其化合物/（μg/g）	≤5	≤5
	汞及其化合物/（μg/g）	≤5	≤5
	六价铬及其化合物/（μg/g）	≤5	≤5
	多溴联苯/（μg/g）	≤5	≤5
	多溴联苯醚/（μg/g）	≤5	≤5
阴离子	F^-/（μg/g）	≤10	≤10
	Cl^-/（μg/g）	≤30	≤30
	Br^-/（μg/g）	≤10	≤10
	NO_3^-/（μg/g）	≤10	≤10
	SO_4^{2-}/（μg/g）	≤50	≤50
有机物	丙酮/（μg/g）	≤1	≤1
	异丙醇/（μg/g）	≤1	≤1
	甲苯/（μg/g）	≤1	≤1
	乙苯/（μg/g）	≤1	≤1
	二甲苯/（μg/g）	≤1	≤1
	苯/（μg/g）	≤1	≤1
	乙醇/（μg/g）	≤1	≤1

参 考 文 献

[1] 梁文杰．重质油化学[M]．东营：石油大学出版社，2000.
[2] 陈俊武．石油炼制过程碳氢组成的变化及其合理利用[J]．石油学报，1982，2：90-102.
[3] 侯典国，汪燮卿．我国一些原油中钙化合物分布及形态的研究[J]．石油学报（石油加工），2000，1：

54-59.

[4] 朱玉霞，汪燮卿．我国原油中的钙含量及其分布的初步研究[J]．石油学报(石油加工)，1998，3：60-64.

[5] 姜文，赵玉军，程刚，等．苏丹稠油作延迟焦化原料的脱钙问题探讨[J]．石油炼制与化工，2007，1：7-11.

[6] ZHAO S，GAO J，CHUNG K H，KOTLYAR L S，WOODS J R，SPARKS B D. The chemical composition of solubility classes from athabasca bitumen pitch fractions[J]. Pet Sci Technol，2003，21：183-199.

[7] 梁文杰，阙国和，林世雄．我国减压渣油的组成和特性[J]．抚顺石油学院学报，1992，2：1-21.

[8] 梁文杰，阙国和，陈月珠．我国原油减压渣油的化学组成与结构——Ⅰ．减压渣油的化学组成[J]．石油学报(石油加工)，1991，3：1-7.

[9] BROWN J K，LADNER W R. A study of hydrogen distribution in coal-like materials by high-resolution nuclear magnetic resonance spectroscopy II. A comparison with infra-red measurementand the conversion to carbon structure[J]. Fuel，1960，39(1)：87-96.

[10] MOJELSKY T W，IGNASIAK T M，FRAKMAN Z，MCINTYRE D D，LOWN E M，MONTGOMERY D S，STRAUSZ O P. Structural features of Alberta oil sand bitumen and heavy oil asphaltenes[J]. Energy & Fuels，1992，6(1)：83-96.

[11] 梁文杰，阙国和，陈月珠．用1H—核磁共振波谱法对几种国产减压渣油化学结构的初步研究[J]．石油炼制与化工，1982，4：40-48.

[12] 王子军，梁文杰，阙国和，等．钌离子催化氧化法研究胜利减压渣油组分的化学结构[J]．石油学报(石油加工)，1997，4：4-12.

[13] 王子军，梁文杰，阙国和，等．钌离子催化氧化法研究大庆减压渣油组分的化学结构[J]．燃料化学学报，1999，02：7-14.

[14] 张占纲，郭绍辉，闫光绪，等．钌离子催化氧化法研究大港减压渣油组分化学结构[J]．燃料化学学报，2007，5：553-557.

[15] 王子军，阙国和，梁文杰，等．减压渣油中胶状沥青状物质的化学结构研究[J]．石油学报(石油加工)，1999，6：39-46.

[16] 张占纲，郭绍辉，闫光绪，等．大港减渣及其超临界萃取残渣沥青质中的桥接链和烷基侧链分布[J]．化工学报，2007，10：2601-2607.

[17] ZHAO S，SPARKS B D，KOTLYAR L S，CHUNG K H. Reactivity of sulphur species in bitumen pitch and residua during fluid coking and hydrocracking[J]. Pet Sci Technol，2002，20(9/10)：1071-1085.

[18] ZHAO S，KOTLYAR L S，WOODS J R，SPARKS B D，CHUNG K H. Effect of thermal and hydro-catalytic treatment on the molecular chemistry of narrow fractions of Athabasca bitumen pitch[J]. Energy Fuels，2001，15：113-119.

[19] YEN T F，ERDMAN J G，POLLACK S S. Investigation of the Structure of Petroleum Asphaltenes by X-Ray Diffraction[J]. Anal Chem，1961，33(11)：1587-1594.

[20] TANAKA R，SATO E，HUNT J E，WINANS R E，SATO S，TAKANOHASHI T. Characterization of asphaltene aggregates using X-ray diffraction and small-angle X-ray scattering[J]. Energy & Fuels，2004，18(4)：1118-1125.

[21] MICHAEL G，AL-SIRI M，KHAN Z H，ALI F A. Differences in Average Chemical Structures of Asphaltene Fractions Separated from Feed and Product Oils of a Mild Thermal Processing Reaction[J]. Energy & Fuels，2005，19(4)：1598-1605.

[22] EBERT L B. COMMENT ON THE STUDY OF ASPHALTENES BY X-RAY DIFFRACTION[J]. Fuel Sci Technol Int，1990，8(5)：563-569.

[23] FAN M, SUN X W, XU Z M, ZHAO S Q, XU C M, CHUNG K H. Softening Point: An Indicator of Asphalt Granulation Behavior in the Selective Asphaltene Extraction (SELEX-Asp) Process[J]. Energy & Fuels, 2011, 25: 3060-3067.

[24] SHEU E Y. 14. Petroleomics and Characterization of Asphaltene Aggregates Using Small Angle Scattering [M]//MULLINS O C, SHEU E Y, HAMMAMI A, et al. Asphaltenes, Heavy Oils, and Petroleomics. New York; Springer. 2007: 353-374.

[25] RUSSELL R C, MOHAMMED S, APURVA M, JOHN P, LANTE C O, LONG Y C. 15. Self-Assembly of Asphaltene Aggregates: Synchrotron, Simulation and Chemical Modeling Techniques Applied to Problems in the Structure and Reactivity of Asphaltenes [M]//MULLINS O C, SHEU E Y, HAMMAMI A, et al. Asphaltenes, Heavy Oils, and Petroleomics. New York; Springer. 2007: 375-400.

[26] WIEHE I A. Asphaltene Solubility and Fluid Compatibility[J]. Energy & Fuels, 2012, 26(7): 4004-4016.

[27] ZHAO Y, WEI F. Simultaneous removal of asphaltenes and water from water-in-bitumen emulsion: I. Fundamental development[J]. Fuel Process Technol, 2008, 89(10): 933-940.

[28] XU Z, VAN DEN BERG F G A, SUN X, XU C, ZHAO S. Detailed Characterization of Virgin Heavy Oil Resid and Its Thermally Cracked Resid[J]. Energy & Fuels, 2014, 28: 1664-1673.

[29] S. ASOMANING A P W. Petroleum Stability and Heteroatom Species Effects in Fouling of Heat Exchangers by Asphaltenes[J]. Heat Transfer Engineering, 2000, 21(3): 10-16.

[30] HAMMAMI, AHMED, RATULOWSKI, JOHN. Precipitation and Deposition of Asphaltenes in Production Systems: A Flow Assurance Overview[M]//MULLINS O C, SHEU E Y, HAMMAMI A, et al. Asphaltenes, Heavy Oils, and Petroleomics. New York; Springer. 2007: 624-667.

[31] RIAZI M R, AL-SAHHAF T A. Physical properties of heavy petroleum fractions and crude oils[J]. Fluid Phase Equilib, 1996, 117(1): 217-224.

[32] VAN KREVELEN D W. Chemical structure and properties of coal. XXVIII. Coal constitution and solvent extraction, 1965.

[33] XINGYI W, ZHIMING X, SUOQI Z, CHUNMING X, KENG C. Solubility parameters of bitumen-derived narrow vacuum resid fractions[J]. Energy Fuels, 2009, 23(386-391.

[34] WIEHE I A. Polygon Mapping with Two-Dimensional Solubility Parameters[J]. Industrial & Engineering Chemistry Research, 1995, 34(2): 661-673.

[35] SHU W R. A Viscosity Correlation for Mixtures of Heavy Oil, Bitumen, and Petroleum Fractions[J]. Society of Petroleum Engineers Journal, 1984, 24(3): 277-282.

[36] 侯芙生．中国炼油技术[M]. 3 版．北京：中国石化出版社，2011.

[37] 程之光．重油加工技术[M]. 北京：中国石化出版社，1994.

[38] 瞿国华，黄大智，梁文杰．延迟焦化在我国石油加工中的地位和前景[J]. 石油学报(石油加工)：2005，21(3)：47-53.

[39] 李春年．渣油加工工艺[M]. 北京：中国石化出版社，2002.

[40] James H. Gary. Petroleum Refining, Technology and Economics. Fourth Edition[M]. New York: Marcel Dekker, Inc. 2001: 61-68.

[41] R. A. Meyers. Handbook of Petroleum Refining Processes[M]. 哈尔滨：哈尔滨工业大学出版社，2017.

[42] 刘伯龙，孙樵，毕文波，等．焦化气制氢工艺的开发及工业应用[J]. 石油炼制与化工，1996，27(1)：1-5.

[43] 方怡中．焦化气作为制氢原料的研究及工业应用[J]. 石油炼制与化工，1996，27(2)：1-5.

[44] 王文英．国内外炼厂干气综合利用技术进展[J]. 化工科技动态，1998，(12)：8-12.

[45] 黄阜生，金东生．JT-1G 型加氢催化剂在焦化干气制氢中的应用[J]. 工业催化，1999，(3)：50-55.

[46] 张国才．焦化汽油的催化裂化改质[J]．石油炼制与化工，2001，32(4)：5-9.

[47] 钟孝湘，张执刚，黎仕克等．催化裂化多产液化气和柴油工艺技术的开发与应用[J]．石油炼制与化工，2001，32(11)：1-5.

[48] 王松汉，何细藕．乙烯工艺与技术[M]．北京：中国石化出版社，2000.

[49] 詹高龙．焦化汽油的工业利用途径研究[J]．广石化科技，1999，(2)：56-60.

[50] 瞿国华．乙烯蒸汽裂解原料优化[J]．乙烯工业，2002，14(4)：61-65.

[51] 李锐，石玉林，崔德春．应用延迟焦化工艺从重质渣油中制取乙烯原料[C]．第一届延迟焦化生产技术交流会，南京，2001：199-204.

[52] 瞿国华．新世纪中国乙烯工业原料优化发展趋势[J]．化工进展，2004，23(3)：238-243.

[53] 王晓璐．加氢焦化汽油作重整原料的工业试验[J]．石油炼制与化工，2000，31(2)：13-16.

[54] 胡志海，蒋东红，石玉林，等．RICH工艺研究与开发[C]//中国石油学会第四届石油炼制学术年会，北京，2001：185-190.

[55] 王玉章，陈清怡，李锐．提高液收的延迟焦化工艺[C]//第一届延迟焦化生产技术交流会报告论文集，南京，2001：129-134.

[56] John D. Elliot. Delayed Coking：Recycle & Zero Recycle Concepts and Considerations[C]. NPRA，AM-03-30.

[57] 陈文艺．几种焦化蜡油化学组成与结构的研究[J]．石油炼制与化工．1997，28(2)：52-57.

[58] J. D. ELLiott. Optimize coker operation[J]. Hydrocarbon Processing，2003，81(9)：35-39.

[59] 张继光，石亚华．CH-16(RN-2)焦化蜡油加氢处理催化剂的性能及工业应用[J]．长炼科技，1997，(2)：32-36.

[60] 石亚华，高晓东，张瑞驰，等．焦化蜡油加氢处理-催化裂化联合技术的开发[J]．石油炼制与化工，1998，29(2)：1-6.

[61] 甘俊．催化剂组成及性能对焦化蜡油催化裂化影响的研究[J]．石油炼制与化工，1996，27(1)：56-59.

[62] 高凤平，齐仲辉，谭炜洲．国外针状焦的质量现状分析[J]．炭素技术，2003，(1)：27-31.

[63] 续正国．初探针状焦的选择与应用[J]．炭素技术，1996，(1)：33-38.

[64] Rhedey P. Structual Changes of Petroleum Coke During Calcination[J]. Light Metals，1967，21(3)：15-20.

[65] P. J. Ellis，C. A. Paul. Great Lakes Carbon Corporation. Tutorial：Petroleum Coke Calcining and Uses of Calcined Petroleum Coke[C]//The AIChE 2000 Spring National Meeting，Atlanta，GA，March 2000.

[66] P. J. Ellis，C. A. Paul. Great Lakes Carbon Corporation. Tutorial：Delayed Coking Fundamental[C]. the AIChE 2000 Spring Nationnal Meeting. Atlanta，GA. March 2000.

[67] Jerry A. Acciarri，Gordon H. Stockman. Demand for superpremium needle cokes on upswing[J]. Oil & gas Journal，1989，87(3)：23-26.

[68] Mochida I，Fujimoto K，Oyama T. Chemistry in the Production and Utilization of Needle Coke[J]. The Chemistry and Physics of Carbon，1994，24(3)：111-211.

[69] 钱树安．针状焦形态结构形成过程基本原理[J]．石油炼制，1980，(1)：14-25，41.

[70] Marsh H. Carbonization and Liquid - Crystal (Mesophase) Development：Part 1. The Significance of the Mesophase During Carbonization of Coking Coals[J]. Fuel，1973，52：205-512.

[71] White J L，Price R J. The Formation of Mesophase Microstructures During the Pyrolysis of Selected Coker Feedstocks[J]. Carbon，1974，12(3)：321-333.

[72] Hardin，E. E.，Gelbach，R. E. Calcined Petroleum Coke for the Aluminum Industry[G]. Great Lakes Carbon Corp. Information Booklet，Mar，1992.

[73] 徐明荣．美国石油焦的生产和用途[J]．高桥石化，1998，13(3)：53-57.

[74] 刘耕戊．高硫石油焦的利用[J]．石油炼制与化工，1998，29(4)：36-41.
[75] 申海平，王新军，王玉章，等．国产石油焦产量、质量及市场．化工技术经济[J].2004，22(1)：11-20.
[76] 任炽刚，黄太山．延迟焦化与循环流化床锅炉一体化技术的应用[J]．石油炼制与化工，2001，32(9)：10-13.
[77] 镇海炼油化工股份有限公司．延迟焦化与CFB锅炉一体化技术在镇海炼化公司的应用[C]．重油深度加工技术研讨会，茂名，2000，103-108.
[78] 沈伯雄，刘德昌，陆继东．石油焦燃料及其在循环流化床燃烧的技术[J]．石油炼制与化工，1999，30(3)：25-29.
[79] 陈海运．热电站循环流化床灰渣在水泥生产中的应用[J]．茂名石油化工，2001，(2-3)：23-26.
[80] Gary DelGrego. Experience with Low Value feed Gasification at the El Dorado，Kansas Refinery[C].1999 Gasification Technologies Conference，San Francisco，California. October 17-20，1999.
[81] Walt Stupin，Ravi Ravikumar，Brian Hook. Liquid products from petroleum coke via gasification and Fisher [C]. Tropsch Synthesis. National Petrochemical & Refiners Association，AM-00-10.
[82] 黄婉利，檀革江，马竞涛，等．高硫石油焦作水泥燃料工业应用试验研究[J]．镇海石化，1998，9(4)：55-60.
[83] 陈海运．热电站循环流化床灰渣在水泥生产中的应用[J]．茂名石油化工，2001，(2-3)：23-28.
[84] 何素珍，孙永胜．高油价下资源优化配置的有效途径——"高硫渣油焦化-高硫焦赵气-汽电联产"组合工艺在齐鲁石化的应用[J]．当代石油石化，2006，14(6)：39-44.
[85] S. Kapur，S. Vaidyanathan，A. Rajguru and D. Menegas：Why integrate refoneries and petrochemical plants? [J]. Hydrocarbon Processing，2009，87(2)：29-33.
[86] 解志友．用锦州石油焦化代替沥青焦生产石墨电极的研究[J]．炭素技术，1998，(5)：20-25.
[87] 刘莹．油系针状焦的研究与生产现状[J]．中外能源，2019，24(11)：65-69.
[88] Shen Haiping，Li Rui，Ding Zongyu. Manufacture of Premium Needle Coke from Petroleum Residua [G]. RIPP Newsletter，1997，5(1)：5-9.
[89] 李庆义，于易如．炭阳极电解消耗与炭阳极性能的研究[C]//第一届国际铝用炭素技术会议论文集．大连，2004：131-136.
[90] 李涛，牛宏旭，韩颜卿．出口炭阳极空气渗透率[J]．炭素技术，2004，23(5)：48-50.
[91] 袁文辉，陈秋燕，关建郁，等．用炼油厂石油焦制备活性炭的研究[J]．天然气工业，2001，20(1)：83-86.
[92] 钟国利，廖晓东．世界钛白粉生产技术及市场发展状况[J]．安徽化工，2001，(4)：32-35.
[93] 王邓军，王艳莉，詹亮，等．锂离子电池负极材料用针状焦的石墨化机理及其储锂行为[C]//中国金属学会炭素材料分会第三十届学术交流会论文集，北京，2016：203-208.
[94] 焦妙伦，陈明鸣，王成扬，等．针状焦改性作为锂离子电池负极材料的研究[J]．电源技术，2018，42(1)：3-7.

第三章　产品分布与操作参数

延迟焦化是在较高反应温度和较长反应时间的条件下，使渣油发生深度热转化反应，生成焦化气体、焦化石脑油(或焦化汽油)、焦化柴油、焦化蜡油和石油焦，焦化气体包括干气和液化石油气(LPG)。影响延迟焦化产品分布的因素主要有延迟焦化原料性质、延迟焦化工艺过程及操作参数。其中延迟焦化原料是影响延迟焦化产品分布的主要因素，但通过调整工艺过程或操作参数可以在一定范围内改变延迟焦化产品分布。

第一节　延迟焦化反应机理及动力学

工业过程模型的准确性和可靠性的提高取决于基本化学反应动力学原理可靠性和热力学、动力学和传递过程的有机结合，但对于石油炼制过程，特别是渣油加工过程，分子数量巨大、反应常数多不是一级反应，进行完整的石油组成分子测量、获得所有分子的物理化学性质以及研究所有反应过程都不太现实[1]。现代石油炼制过程需要过程模型能根据原料性质准确预测产品的收率、组成和性质，由于炼油厂加工的原油种类性质每周、甚至每天都在变，需要根据市场变化情况进行不断优化。为了更好地设计、控制与优化延迟焦化工艺，人们对延迟焦化热反应机理的过程模型进行了深入的研究。早在20世纪60、70年代，人们就开发了适于特定渣油的经验公式，能够通过反应温度、压力和时间来预测反应产物分布。此后在有关重油化学、热力学等学科发展的基础上，逐渐提出了目前广泛使用的集总模型。集总模型将重油与产品分成若干个集总，原料集总与产品集总之间的反应网络反映了人们对延迟焦化反应过程的宏观理解。近年来，人们对石油产品分子信息的关注，以及新的分析技术不断出现和计算机科学的高速发展，逐渐推动了从分子水平研究延迟焦化的过程。

一、重油组成表征

世界上来源不同的原油及加工后的渣油组成差别较大，其组分为极为复杂的混合物，由各种烃类和含有不同杂原子硫、氮、氧以及金属镍、钒非烃类化合物组成。通常重油中碳含量一般84%～87%、氢含量占10%～12.5%、氮含量占0.2%～1.0%、硫含量占0.2%～5.5%、各种金属元素(铁、镍、钒等)含量在几μg/g到几百μg/g之间；残渣油分子量范围从200到1000，一般平均分子量在800以上。石油渣油馏分主要由烃类物质组成，也包括一些含S、N、O等杂原子的非烃类化合物，随着石油馏分变重，馏分中芳香度、杂原子含量也快速增加[2]。

随着沸程升高，石油馏分中的硫醇及二硫化物含量逐渐减少，硫醚的含量呈下降趋势，而噻吩的含量呈上升趋势。因此，重质油中含硫结构主要是硫醚和噻吩两种类型，硫醚多以烷基环状硫醚形式存在，而噻吩多数是与芳香环或环烷环并合的，如烷基苯并噻吩或烷基萘苯并噻吩。近年来出现一些直接测定重质油中硫醚硫和噻吩硫含量的方法，其中如 X 射线吸收近边结构(XANES 法)光谱和 X 射线能谱，结果表明总硫中约有 2/3 的硫存在于噻吩硫结构，约有 1/3 的硫存在硫醚结构中，此外还有少量的硫存在亚砜结构中。有些低硫油样中亚砜硫比率较高，占到总硫的 20%~30%[3]。

石油中氮主要存在于石油重质馏分中，随馏分油沸点升高，氮含量急剧增加，约有 80%的氮集中在 400℃以上的馏分中。据统计，原油中约 90%的氮富集在残渣油中，轻馏分中氮含量很少，而且主要是碱性氮化物，原油中的碱性氮含量占总氮约 30%左右。胶质和沥青质中氮主要以咔唑类型的亚氨基形式存在，也有吲哚类的氮。这些中性含氮化合物结构稳定，即使深度加氢也无法脱除。胺类和吡啶类含氮化合物的 pK_a 值较大，其碱性较强；而吡咯类和酰胺类的 pK_a 值一般较小，碱性较弱。在 pK_a 的划分上，一般以 2 为界，凡 $pK_a>2$ 的为碱性含氮化合物，$pK_a<2$ 的为非碱性的。当氮杂环化合物带有烷基侧链时，对其 pK_a 的影响较大。一般情况下，烷基侧链存在会增强其碱性，但当取代基的位置能产生空间位阻效应时，则会消弱该含氮化合物的碱性。

氧原子主要集中在高沸点馏分中，减压渣油中的氧约有 65%~85%(质)集中在胶质、沥青质中。胶质中氧存在形式有羟基、羧基、醚类以及酰胺类。Moschopedis 和 Speight[4] 认为胶质中的氧大多以酯基官能团形式存在，而沥青质中以酚羟基为主，这些含氧结构对于胶质沥青质的缔合程度及表面活性有很大影响。通过研究表明氢键确实存在于胶质和沥青质连接作用中，氧含量增加，使得沥青质更好地溶解在胶质中。

原油中所含金属主要是镍、钒、铁、钙等，其中镍、钒对催化加工过程影响较大。研究表明 95%的重金属镍、钒集中在减压渣油中，而 90%以上的金属集中在胶质和沥青质中。镍钒在渣油中的存在形态，一般以 VO^{2+}、Ni^{2+}状态与卟啉类化合物形成金属螯合物。除金属卟啉化合物以外的金属化合物称为非卟啉化合物，Yen[5] 研究认为非卟啉金属主要有两类结构，一类具有非典型的卟吩结构，另一类则是与含杂原子化合物的硫、氮及氧原子形成的混合四配位基配合物。

Williams[6] 等提出了基于^{1}H-NMR 分析重油的方法，使用^{1}H-NMR 能够获得重油氢原子的归属，结合 C、H 元素分析结果确定渣油的结构族参数，如芳香度指数，取代度、支化系数等。近年来许多研究者使用^{1}H-NMR、^{13}C-NMR 方法研究了重油的结构参数，获得了重油中碳原子、氢原子、芳香环分布等结构族参数。重油中的甲基、亚甲基与次甲基的浓度能够通过 DEPT ^{13}C-NMR 方法确定[7,8]，此外 N-d-M 与 E-d-M 方法也能够测定重油的结构族参数[9,10]。

构成残渣油的烃类化合物有饱和烃、环烷烃和带侧链的单环及多环芳烃，而非烃类化合物主要是硫、氮、氧和金属的多环化合物。由于渣油分子组成复杂，通常的方法是采用分离技术将重油分离成化学特性相近的大组分。这种方式一般是基于液相色谱分离技术，这种方法意味着通过分离得到的大组分将依赖于它们对溶剂的溶解性能。一个典型的实例是传统的重油 SARA 分析，SARA 分析是一种柱色谱分离方法，在这种方法中通过使用正庚烷、石油醚、苯与甲醇等溶剂将重油分为饱和分(saturate)、芳香分(aromatics)、胶质(resins)与沥青质(asphaltenes)四种组分，每一组分代表化学性质相近的化合物组成的混合物。随着分离技术的发展，人们对 SARA 组分中较重的芳香烃和胶质进一步进行了分离研究，分离成轻芳烃、重芳烃、轻胶质、中胶质和重胶质。

蔡新恒[11] 等根据减压渣油的馏程、分子量分布、元素含量等性质，确定并优化了傅立叶变换离子回旋共振质谱(FT-ICRMS)的测试参数设置，对 Low Mass、TOF、Q1 mass、RF、Excitation Amp.、Sidekick、Collision Gas Flow 等参数进行了优化，在 m/z=350~1200 的范围内，平均质量分辨率达到 600000，可以满足减压渣油中各种化合物有效分离的要求；开发了数据处理软件，实现了对不同类型化合物的质谱峰的准确识别。可提供减压渣油中芳烃、硫化物、氮化物的类型分布(z 值)和碳数分布信息(C_{10}~C_{120})，可以给出各类化合物的平均分子结构；利用建立的减压渣油分析方法，分析塔河减压渣油绝大部分组分的分子量分布在 400~1300 之间，并且主要集中在 500~1000。

Irwin Wiehe[12] 提出了石油大分子(macromolecules)模型，根据渣油分子的缩合裂化反应，将构成石油分子的基团分为两类，一类是石油分子中不易挥发的稠环多核芳烃称为核(Core)，在热反应过程中会发生缩合反应形成焦炭；另一类是可以形成挥发性的小分子基团或链烷烃，称为链(Pendant)。石油巨分子就是由这两类基团相互结合组成的(见表 3-1-1)，这种简化模型称为链-核模块模型(Pendant-Core Building Block Model)。

表 3-1-1　渣油组成链-核结构模型

饱和烃	芳　烃	胶　质	沥青质
P-P	P-C-P	P-C-P-C	P-C-C-P-C-P
P-P-P	P-C-P-P	P-P-C-P-C	P-C-P-C-P-C
P-P-P-P		P-C-C-P-P-P	P-C-C-P-C-C

注：模型构建基团：P=链、C=核。

链-核模型用于解释渣油残炭(CCR)与元素组成特别是氢含量，得到很好的关联模型。渣油 CCR 与氢含量或 H/C 原子比有很好的线性关系。Wiehe 基于链核模型解释 CCR 形成的化学反应机理，图 3-1-1 表明结构单元的核形成残炭，而链形成挥发性组分。

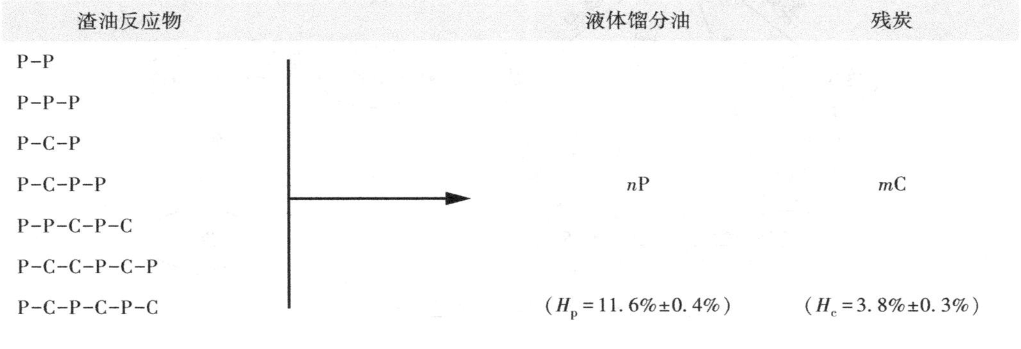

图 3-1-1　链-核结构反应过程模型

通过对 240 多种渣油氢含量与 CCR 关系统计分析，发现渣油氢含量与 CCR 的定量关系如下[13]：

$$CCR=100\times\frac{H_p-H}{H_p-H_c} \tag{3-1-1}$$

式中　CCR——残炭,%；

H_p——链的氢含量常数(11.6%±0.4%)；

H_c——核的氢含量常数(3.8%±0.3%)；

H——渣油的氢含量。

二、渣油热反应机理

在炼油工业中，热加工是指单纯靠热的作用将重质原料油转化成气体、轻质油、燃料油或焦炭的一类工艺过程。我国炼油厂的热加工过程主要有延迟焦化和减黏裂化。延迟焦化中加工的重油主要有常减压渣油、二次加工渣油与天然重质原油或沥青。减压渣油是原油拔顶除去轻质馏分的常压渣油（一般>350℃）及进一步减压蒸馏后的减压渣油；二次加工重油是指某些石油馏分经过加工副产的高沸点组分，如热裂解焦油、催化裂化油浆等。

渣油是由饱和烃、芳烃、胶质和沥青质四个组分以及硫、氮、氧和金属等非烃化合物组成的，是一种胶体分散体系，其分散相是以沥青质为核心并吸附以胶质形成的胶束。由于胶质的胶溶作用，在受热之前渣油胶体体系是比较稳定的。在热转化过程中，裂化和缩合两种反应是同时发生的，但是由于裂化反应的活化能较缩合反应的活化能低，在温度较低时，裂化反应的速度大于缩合反应的速度，渣油热转化过程主要生成裂化产物。当温度升高裂化深度增加，缩合反应的速度增大，芳烃、胶质裂化和缩合生成的沥青质增加，渣油的胶体性质就会受到破坏。由于缩合反应速度的逐步加快，渣油中作为分散相的沥青质的含量逐渐增多，而裂解反应不仅使分散介质的黏度变小，还使其芳香性减弱，同时作为胶溶组分的胶质含量则逐渐减少。这些变化都会导致分散相和分散介质之间的相容性变差。这种变化趋势发展到一定程度后，就会导致沥青质不能全部在体系中稳定地胶溶，致使部分沥青质聚集并发生缩合生焦反应而生成焦炭。渣油热转化过程中的生焦现象是一个复杂的相变过程，沥青质是渣油热转化体系中生焦的根源。渣油热转化生焦过程如图 3-1-2 所示。

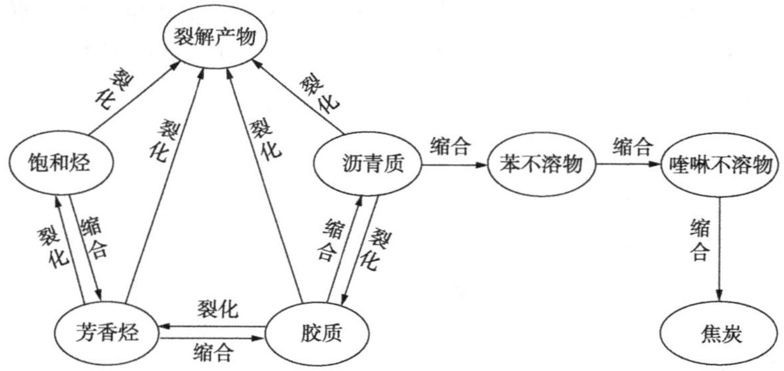

图 3-1-2　渣油热转化过程示意图

渣油热转化反应是一种非常复杂的裂化和缩合的顺序反应，很难用精确的化学反应方程式来表达。为能够更好地研究渣油热转化反应，通常把渣油按照分子结构及其性质的不同分为：饱和烃、芳烃、胶质和沥青质四个组分。通过实验方法可以测定渣油中四个组分的含量，为研究渣油热转化反应提供基础数据。

烷烃的热反应主要有两类：C—C 键断裂生成较小分子的烷烃和烯烃，其通式为：

$$C_nH_{2n+2} \longrightarrow C_mH_{2m+2} + C_{n-m}H_{2(n-m)} \qquad (3-1-2)$$

C—H 键断裂生成碳原子数保持不变的烯烃及氢气，其通式为：

$$C_nH_{2n+2} \longrightarrow C_nH_{2n} + H_2 \qquad (3-1-3)$$

上述两类反应都是强吸热反应。烷烃的热反应行为与其分子中的各键能大小有密切的关系。

从表 3-1-2 烷烃的键能数据可以总结出一些规律：C—H 键的键能大于 C—C 键的键能，因此 C—C 键更易于断裂；长链烷烃中，越靠近中间处，其 C—C 键能越小，也就越容易断裂；随着分子量的增大，烷烃中的 C—C 键及 C—H 键的键能都呈减小的趋势，也就是说它们的热稳定性逐渐下降；异构烷烃中的 C—C 键及 C—H 键的键能都小于正构烷烃，异构烷烃更易于断链和脱氢；烷烃分子中叔碳上的氢最容易脱除，其次是仲碳上的，而伯碳上的氢最难脱除。

表 3-1-2 烃类分子中几种不同形式化学键的键能

化学键	键能/(kJ/mol)	化学键	键能/(kJ/mol)
$CH_3—CH_3$	377	$CH_3—H$	439
$C_2H_5—C_2H_5$	363	$C_2H_5—H$	420
$nC_3H_7—nC_3H_7$	366	$nC_4H_9—H$	421
$nC_4H_9—nC_4H_9$	364	$iC_4H_9—H$	419
$tC_4H_9—tC_4H_9$	322	$tC_4H_9—H$	400
C═C	612	C≡C	835

从热力学判断，在 500℃左右，烷烃脱氢反应进行的可能性不大。当温度高达 700℃左右时，脱氢反应的可能性明显增大。从动力学考虑，烃类的热解反应性是以其反应速度来判断的，通常：随着温度的升高，烃类的反应速度迅速增大；随着烷烃分子量的增大，其反应速度明显加快；在分子中碳数相同的情况下，异构烷烃的热解反应速度比正构烷烃稍快。

环烷烃的热反应主要发生下列三类反应：

侧链断裂反应：在高温下，环烷烃侧链上的 C—C 键和烷烃一样也能发生断链反应，使侧链变短或脱除，同时生成较小分子的烷烃或烯烃。

环烷环的断裂反应：环烷环的环上的 C—C 键的热稳定性较侧链高，但在温度较高时环烷环也会断裂生成小分子烯烃。

脱氢反应：环烷环在加热条件下，还会发生脱氢反应生成环烯烃直至芳香烃。单环环烷烃的脱氢反应须在 600℃以上才能进行，但双环环烷烃在 500℃左右就能进行脱氢反应，生成环烯烃。

芳香烃的热转化反应：芳香环对热非常稳定，一般条件下芳环不会断裂，但在较高温度下会进行脱氢缩合反应，生成环数较多的芳烃，直至生成焦炭。它主要发生下列反应：烷基芳香烃的断侧链及脱烷基反应，侧链的脱氢反应，以及芳香烃在高温下能脱氢缩合成环数更多的芳烃。

胶质和沥青质的热反应：胶质、沥青质主要是多环、稠环化合物，分子中也多含有杂原子。它们是分子量分布范围很宽、环数及其稠合程度差别很大的复杂混合物。缩合程度不同的分子中也含有不同长度的侧链及环间的链桥。胶质在受热过程中，一方面发生断侧链、断链桥等裂解反应生成气体、馏分油、饱和分和芳香分，另一方面缩合为沥青质。沥青质是焦炭的前身物，芳烃及胶质通过转化为沥青质后才生成焦炭的，沥青质开始分解的温度较低，沥青质在热反应中，除了发生断侧链、断链桥等反应生成少量的较小分子的烃，大部分聚合生成更大分子的苯不溶物直至焦炭。轻、重胶质及沥青质的热反应行为有明显的差别，随着缩合程度的增大，馏分油的相对产率下降而焦炭的相对产率增大。沥青质分子的稠合程度很高，带有的烷基链很少，而且是很短的侧链，因此，反应生成的气体也很少。

重油中的非烃分子包含硫醇、噻吩与吡咯系的杂环等，其中噻吩中的硫含量约占总含硫量的三分之二。噻吩衍生物会发生烷基或环烷取代基的断裂反应，而芳香环和噻吩环并合的稠环系则基本保留；重油中的氮化物主要存在于五元的吡咯系的杂环中，具有一定的热稳定性不易断裂，在热转化条件下，它们往往会缩合为更大的芳香环系，富集于热反应后的残渣油或焦炭中。

石油巨分子热转化动力学不仅与热加工工艺如焦化、减黏裂化有关，也是催化裂化过程的一个重要副反应。此外，石油分馏加热炉设计也要充分考虑石油热转化动力学，确保炉管内不发生结焦反应、同时控制裂化率。Wiehe 提出焦炭不是热转化反应的直接产物，而是结焦前驱体发生液液相分离后形成的，这也为在不发生结焦反应的前提下提高热转化深度提供了依据。利用现有实验数据开发动力学模型，有时会发现与新的试验数据不相符的情况，需要重新研究原来的机理并进行修订，这些会有助于在渣油转化技术方面有所创新。

理想的热转化动力学模型应具备以下特征：

① 定量描述温度、时间、压力对反应物浓度(质量)关系；

② 使用方便，需求数据方便获得；

③ 原料适应性强；

④ 可根据原料分析结果调整模型参数；

⑤ 可预测反应器类型对反应过程的影响；

⑥ 预测产品性质；

⑦ 有助于过程创新的思考。

Wiehe 根据热转化反应过程中的结焦诱导期现象，提出了结焦相分离机理。如图 3-1-3 所示，基于 PC 模型，沥青质是由多核芳烃的核以及饱和烃及芳烃构成的链组成，链发生热裂化形成自由基，渣油中的天然供氢剂(连接芳环的环烷环)，可以供氢中止自由基。沥青质在热转化过程中支链发生裂化反应，失去支链的多环芳烃溶解度降低，逐渐发生液液相分离，形成贫氢的第二液相。这是沥青质自由基相互缩合，最终形成焦炭。

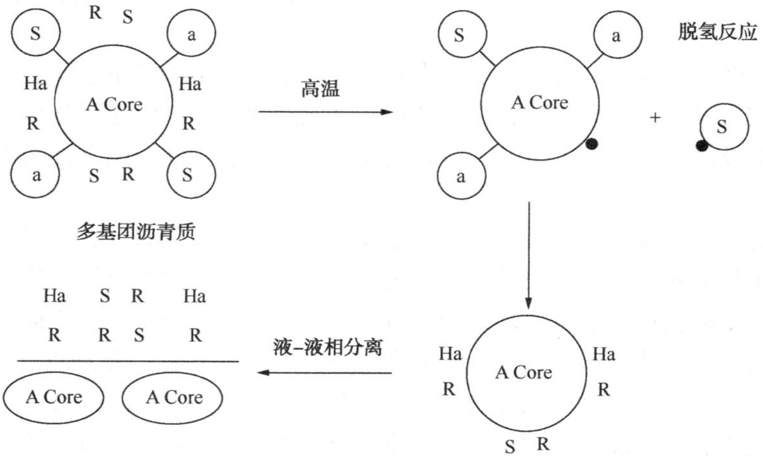

图 3-1-3　渣油热转化相分离结焦模型

相分离动力学模型如下：

$$M^{+}\xrightarrow{k_{M}}mA^{*}+(1-m)V$$

$$A^{+}\xrightarrow{k_{A}}aA^{*}+bM^{*}+(1-a-b)V$$

溶解度限制：

$$A^{*}m_{max}=S_{L}(M^{+}+M^{*})$$

$$A_{Ex}^{*}=A^{*}-A_{max}^{*}$$

$$A_{Ex}^{*}\xrightarrow{\infty}yH^{*}+(1-y)TI$$

式中 M^{+}——未反应的正庚烷可溶物质量分数，%；

M^{*}——正庚烷可溶物质量分数，%；

A^{+}——未反应的沥青质质量分数，%；

A^{*}——沥青质核质量分数，%；

V——挥发分，%

TI——甲苯不溶物（焦）的质量分数，%；

S_{L}——溶解度极限值，%；

A_{max}^{*}——溶液中可溶解沥青质核的最大质量分数，%；

A_{Ex}^{*}——超过溶解度极限的沥青质核的质量分数，%；

k_{M}——可溶质热解一级速率常数，min^{-1}；

k_{A}——沥青质热解一级速率常数，min^{-1}；

m，a，b——化学当量系数。

三、渣油热转化经验模型

经验模型也叫关联模型，常以某种动力学方程式为基础，依据各种试验数据和生产装置的实测数据，采用数学回归等工具，计算各产品质量分数和有关性质的关联式。对于延迟焦化这种难以理论解析描述的复杂反应体系来说是有效的，一些研究者根据渣油在一定条件下的热裂解反应试验结果，得到了通过反应温度、压力和时间来预测反应产物分布的经验公式。经验模型数学形式比较简单有效，有一定的应用价值。

重质油（w_0）的延迟焦化反应一般分为缩合和裂化两个方向，一方面是裂解生成气体产物及馏分油，（统称为可挥发物（w_1），另一方面则缩合生成固体焦炭，文献中大多把甲苯不溶物定义为焦炭（w_2）。假定这两个反应均属表观一级，其动力学方程式为：

$$\frac{dw_1}{dt}=k_1w_0;\quad \frac{dw_2}{dt}=k_2w_0 \tag{3-1-4}$$

利用渣油在 400~500℃ 范围内进行热转化实验，求得常渣裂解与缩合反应的表观活化能分别为 276kJ/mol 和 207kJ/mol，伊朗减渣则分别为 203kJ/mol 和 150kJ/mol。许玉明等[14]在胜利减渣低温热转化的研究中对缩合产物界定为次生沥青质，求得胜利减渣在 340~400℃ 之间的热反应动力学参数：热裂化反应服从二级反应，相应的表观活化能为 176kJ/mol；缩合反应服从一级反应，表观活化能为 214kJ/mol。陈绍洲等[15]在间歇反应器中研究了大庆减渣在400~440℃下的热转化行为，并求得其裂化和缩合反应表观活化能分别为167kJ/mol和240kJ/mol。丁宗禹等[16]通过对胜利减渣的热转化研究，求得其裂化反应的表观活化能为76lkJ/mol，缩合反应的表观活化能为214kJ/mol。韩树铠、宋丰嵋等人[17,18]采用静态间歇反应器、气相色谱及气相色谱模拟蒸馏分析方法对南京炼油厂焦化循环渣油进行急剧升温和降温，在低温(400~440℃)恒温和高温(460~500℃)非恒温的7个不同温度下，进行了不同反应时间的热裂解反应动力学规律的研究，得到孤岛减渣、南京热裂化渣油的表观活化能分别是170.7kJ/mol和261.3kJ/mol。

实际上，渣油热转化不仅包括了一系列平行的反应，而且在反应的进程中还发生着许多相继的连串反应，因此也可用平行-连串反应动力学模型来加以描述。例如，有些研究工作者考虑到重质油中各组分反应性的差异，按其溶解度划分为可溶质和沥青质两个组分来建模，这样就得到平行-连串反应动力学模型。

杨嘉谟等[19]对欢喜岭减渣的研究表明，在385~430℃范围内，其裂解反应大致为一级，表观活化能为250~260kJ/mol；其缩合反应大致为二级，表观活化能为210~240kJ/mol。Biano等在对别莱姆减渣的热转化的研究中采用类似模型，在假定所有的反应均服从一级反应规律的前提下，求得裂化反应表观活化能为207kJ/mol，其从中间产物缩合生成焦炭反应的表观活化能为268kJ/mol。

近年来C. McGreavy等[20]提出了采用神经网络来描述复杂反应系统的反应行为并预测产物分布，可以看作是计算机科学在石油炼制过程上的新应用。马法书等[21]利用人工神经网络中的BP网，采用Levenberg-Marquardt优化算法，对工业装置实测数据进行上千次的计算，建立了基于神经网络的催化裂解产品质量分数模型，并用20组实测数据对所建立的模型进行检验，结果表明该模型能较好地满足工业应用的要求，该方法也可应用到延迟焦化动力学领域。

Castinglion[22]提出了根据原料的密度和残炭值推算延迟焦化产物分布的方法和图表。Gary[23]等研究了延迟焦化产品产率与原料油残炭值之间的关系，并提出了预测延迟焦化产品产率的估算公式：

$$
\begin{aligned}
w_{coke} &= 1.6\times x_0 \\
w_{gas} &= 7.8+0.144\times x_0 \\
w_{gasoline} &= 11.29+0.343\times x_0 \\
w_{gasoil} &= 100-w_{coke}-w_{gas}-w_{gasoline}
\end{aligned}
\tag{3-1-5}
$$

式中　w_{coke}，w_{gas}，$w_{gasoline}$，w_{gasoil}——焦炭、气体、汽油、瓦斯油的质量收率；

x_0——原料的残炭值。

史由[24]根据大量的现场数据提出了用于直馏渣油延迟焦化产物产率与原料性质的关联式，关联参数为含硫量(S_f)、含氮量(N_f)、康式残炭(CCR_f)和密度(SG_f)四项，根据关联式焦化产品硫化氢、干气、C_3/C_4液化气、瓦斯油、石脑油及焦炭等的产率能被预测。陆廷荣[25]对大庆、大港等六种减压渣油的宽、窄馏分实验数据进行了回归分析，得到减压渣油物性关联式，在此基础上借助BP神经网络模型对延迟焦化产品的产率进行了预测。刘晨光[26]等对8种减压渣油及其脱沥青油进行了热转化实验研究，通过对实验数据的多元非线性回归分析，得到了产品产率关联公式。

经验模型的建立需要依据大量的中型试验和工业生产数据来广泛关联各种有影响的因素，其差别只是在选用的关联因素和影响程度上有所不同，而且这种模型不能较完整地描述过程的内在规律，往往只能在实测范围内有效，外推性较差，回归出的参数并没有实际的物理意义，是完全的“黑箱”模型。

四、延迟焦化集总反应模型

集总(Lumping)方法是按各类分子的动力学特征，将复杂的反应体系划分为若干集总组分，在动力学研究中把每个集总作为虚拟的单一组分考虑来建立集总动力学模型。自20世纪60年代Wei等提出集总理论以来，复杂反应体系的动力学研究才有了突破，它是美籍学者韦潜光教授对复杂的单分子反应体系进行了广泛研究基础上创立的[27]。所有划分出的独立单一组分再建成一个复杂网络，从而能近似地描述原始体系的反应性能。

集总理论是复杂反应体系动力学分析的有效方法，Blanding[28]首先提出了集总的思想，Weekman[29]利用集总的概念对催化裂化反应进行了动力学分析，获得了较好的结果。Wei[30]以矩阵为工具，较为详细地研究了单分子反应体系精确集总的充要条件。集总主要分为：适当集总(Proper Lumping)、精确集总(Exact Lumping)、近似集总(Approximate Lumping)。适当集总是指每个真实物种只能出现在一个拟物种(集总)中；精确集总是指对于单分子反应体系，拟物种的动力学行为也符合一级反应速率方程，各拟物种的动力学行为与其组成无关；近似集总是指与精确集总相比存在一定的误差，可近似描述原反应体系的行为，一般情况都采用近似集总。集总动力学模型研究的普遍方法与原则如下：

① 集总反应网络必须建立在对反应机理深刻理解的基础上，进行合理简化。

② 集总数目以满足实际要求为准则。集总组分的增加会给实验、分析及计算带来极大的工作量，是目前还尚未能妥善解决的难题。因此，集总的数目还是以满足实际要求为原则，不一定追求越多越好。

③ 集总模型的建立必须考虑到实验手段与参数估计的可行性。从实验手段与参数估计的角度来看，集总模型总是越简单越好。但是，随着实际要求的不断提高，集总的数目总是在变多，反应网络也逐渐复杂，太复杂的集总模型不但增加许多工作量，而且实现起来可能有困难。反应子网络的划分还必须考虑到实验的可行性。

④ 分析方法的简便与否对模型的推广应用有很大的影响。

周晓龙等[31,32]在早期Dave等提出的重质油热转化四集总动力学模型[33]基础上，用恒温盐浴法测试了大庆、辽河和管输减渣热裂解反应的转化性能，提出了有五个集总的残渣油热裂解反应动力学模型，见图3-1-4。假设残渣油在反应过程中具有基本相近的热裂解性能，所有反应符合自由基反应机理，均为一级，不可逆。此模型计算结果与实验结果能很好吻合，各种产物的模型计算值与试验值的平均绝对误差都在2%以下，可以预测辽河减渣和管输减渣在不同反应条件下的热裂解反应产物分布情况。

范启明等[34]基于类似假设，同时结合减压渣油焦化反应机理和反应过程的分析，提出了包含减压渣油气体、汽油、柴油+蜡油、中间产物及焦炭的六集总反应动力学模型，见图3-1-5，并给出了减压渣油焦化反应的动力学方程式，提供了动力学方程参数估值的解析解和数值解算法。

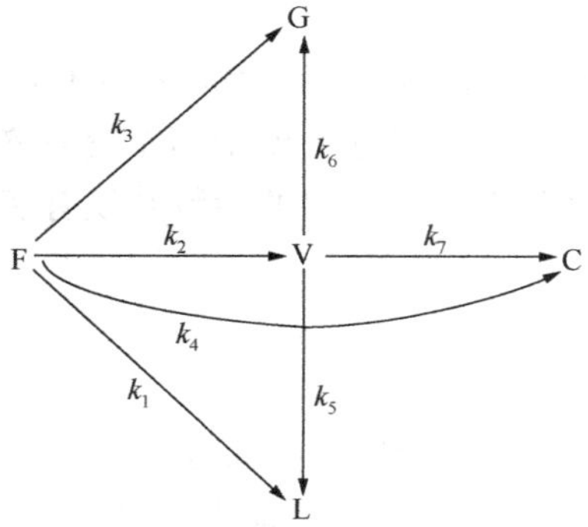

图 3-1-4　残渣油热裂解五集总模型图

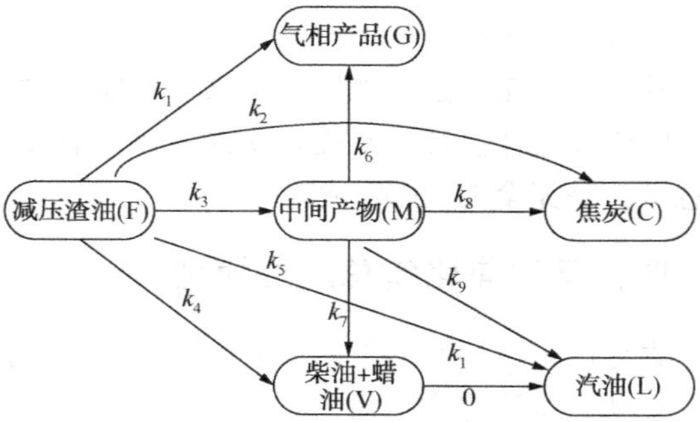

图 3-1-5　渣油六集总反应动力学模型

Toru Takatsuka 等[35]为了放大和优化新型尤利卡过程 ET-Ⅱ开发了两种模型。假定反应均为一级，将正庚烷可溶物和正庚烷不溶-甲苯可溶物裂化均处理为平行反应，分别生成四个集总，见图 3-1-6；而认为缩合反应是一个连串反应，从正庚烷可溶物转化为正庚烷不溶-甲苯可溶物，进而缩合为甲苯不溶-喹啉可溶物，最终产物为喹啉不溶物。反应模型可根据实验室数据预测工业装置的生产性能。

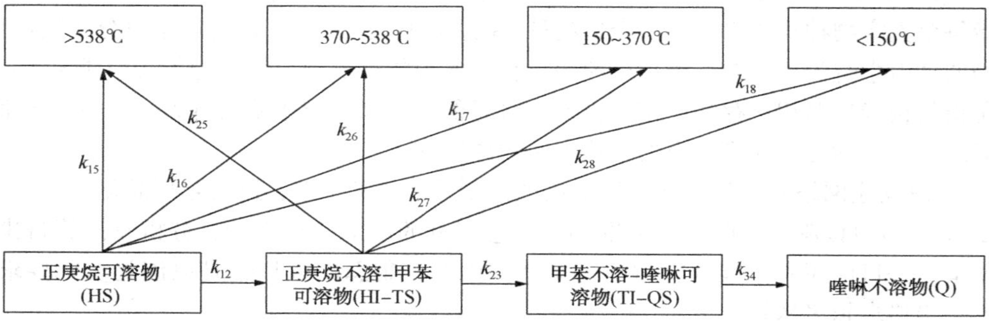

图 3-1-6　重质油热转化八集总动力学模型

管式裂化模型和结焦模型与上述反应模型极其相似，但较简单，假定全部裂化产物只来自原料中的正庚烷可溶物。这一假定在管式裂化的转化范围内是适用的，这是因为在容器式反应器实验中，在这个转化范围内观测到的来自正庚烷不溶物的裂化产物很少。两种模型是针对新型尤利卡过程 ET-Ⅱ的，把原料渣油当成一个集总，反应产物按芳构化程度分成四个集总，对预测尤利卡过程工业加热炉结焦情况比较准确。

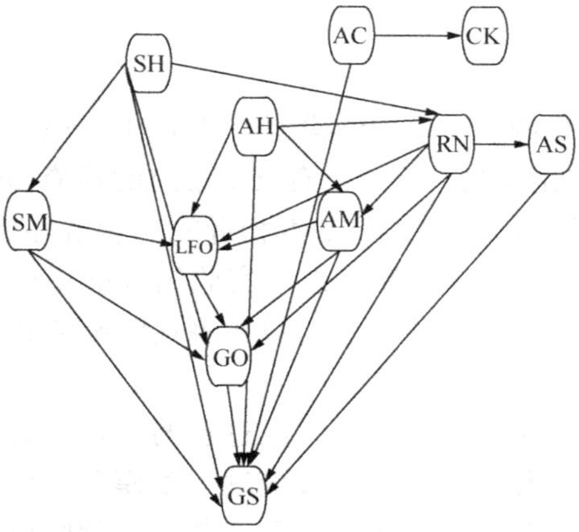

图 3-1-7　重质油十一集总反应动力学模型

刘现峰等[36]开发了延迟焦化动态机理模型，见图 3-1-7，根据残渣油热裂化过程的特点，结合工业延迟焦化过程，将焦化原料油和产物划分为十一个集总：即①渣油饱和烃(SH)；②渣油芳烃(AH)；③渣油胶质(RN)；④渣油沥青质(AS)；⑤蜡油饱和烃(SM)；⑥蜡油芳烃(AM)；

⑦柴油(LFO)；⑧汽油(GO)；⑨气体(GS)；⑩中间相焦炭(AC)；⑪焦炭(CK)。假定所有反应均为一级反应，不可逆。假定裂化反应遵循以下原则：渣油中的饱和烃和芳烃的裂化遵循互不作用原理，各自生成蜡油中的饱和烃和芳烃，以及柴油、汽油和气体；胶质的裂化生成蜡油芳烃和柴油、汽油、气体；沥青质的裂化仅生成气体。聚合反应主要遵循：渣油重芳烃→胶质→沥青质→中间相焦炭→焦炭的逐步缩合过程。

该模型认为加热炉内发生反应强度很小，反应主要发生在焦炭塔内，反应停留时间比较长，涉及气、液、固三相之间复杂的反应，作者通过相平衡和物料平衡关系开发了模拟软件DCLK，该模型的模拟结果能够与工业延迟焦化装置的物料平衡数据基本吻合，说明对延迟焦化过程规律的模拟是正确的。

周晓龙等通过对大庆、管输减压渣油族组分热转化性能研究，不同渣油族组分的热转化反应动力学特性近于恒定，基于假设：①减压渣油中的6个组分(S—饱和烃；Al—轻芳烃；Ah—重芳烃；Rl—软胶质；Rh—硬胶质；B—沥青质)之间不发生相互反应；②所有反应均符合一级反应动力学方程；③饱和烃与其他五个集总组分裂解生成的中间馏分油在进一步裂解时的反应性能不一样，建立了如图3-1-8所示的渣油热转化十一集总反应动力学模型。可将反应网络分解为从减压渣油的6个组分出发的6个子反应网络。以减压渣油的6个组分各自的热转化反应试验结果为依据，通过对各个子反应网络的运算和进一步数学处理，求取28个反应的动力学参数。

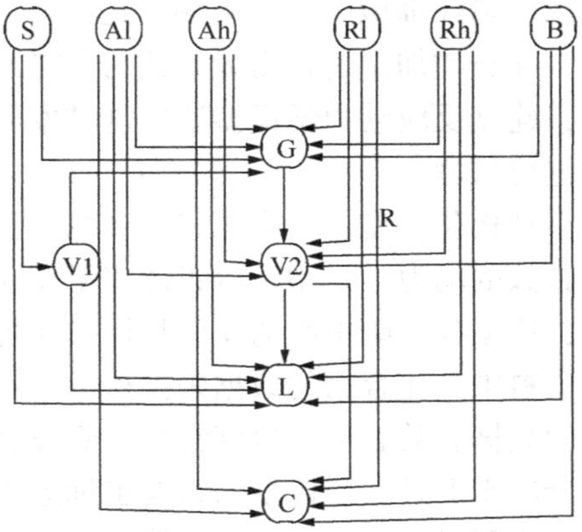

图3-1-8　十一集总反应动力学模型

李新学等[37]在430~470℃范围内进行了胜利焦化渣油的热反应实验，在Toru Takatsuka的八集总模型的基础上，建立了减压渣油十四集总模型，见图3-1-9。它把原料中的正庚烷可溶物(C_{ps})作为反应物，裂化气体(C_1)作为1个集总，把沸点低于510℃的馏分以30℃的馏程范围划分成11个窄馏分(C_2~C_{12})，正庚烷不溶物(C_{pl})成为1个集总，此外还引入一个假想馏分C_m，其目的在于简化处理高沸点馏分发生的二次反应，C_m的生成速率与消失速率相等。该反应模型中所有的反应均假定为一级反应，计算结果与实验结果吻合较好，能够用于表征热反应的产物分布规律。

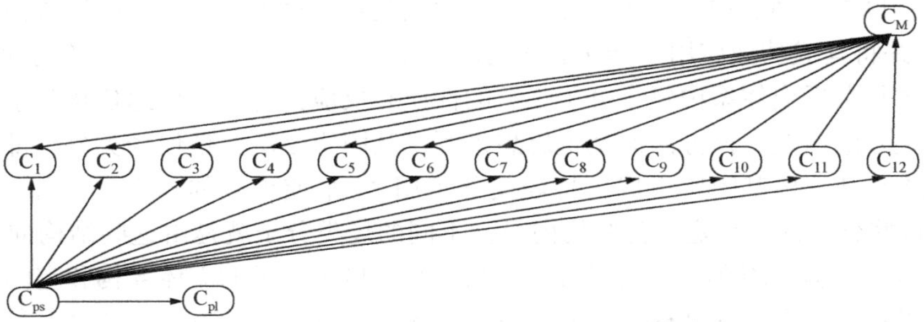

图3-1-9　减压渣油热转化十四集总反应动力学模型

集总动力学模型能够将高度偶联的化学反应转化成一个非偶联体系，解决了复杂反应体系动力学研究中所遇到的强偶联难题，也提供一个如何应付大量组分的方法，并且实用性强，在动力学模型研究领域得到了广泛应用。但其计算得出的质量分数和产品分布是以混合物及其总体性质出现的，在石油加工过程中表现为汽油、柴油、干气等，若需改动需要重新划分和计算。另外也无法对单一集总中的单体芳烃、烯烃及氧含量、硫含量等作更为详细的预测，这就要求合理划分集总，并且尽可能地借助于简便有效的分析手段[38]。

五、分子水平反应动力学延迟焦化过程模型

随着环保要求的日益严格，不但对石油产品中的杂原子(如S)严格控制，而且对产品中芳烃、烯烃都做了严格限制。这些新的产品标准表明对车用燃料的质量要求已达到分子水平。在石油加工过程由大量组分构成的复杂反应体系中，必须深入了解不同分子的反应规律，建立反应动力学模型适应这种发展的需要，并且要求对复杂反应体系中产品的分布及性质进行预测。

结构化模型首先尝试将模型的预测能力提高到分子尺度，结构化模型[39]是基于碳中心和碳数的动力学模型，以正碳离子反应机理把石油中的每一种烃类均看作是各类碳中心的组合，依据各类碳中心的反应特性描述各类化合物的反应特性，而碳中心的反应特性又可用文献资料中纯化合物的数据来推得。它对反应机理有较好的描述，也提供了一种采用模型化合物的数据去关联反应速度常数的研究思路，但对于石油加工过程的原料油来说，其中所含的组分成千上万，所包括的结构也远远不是三类碳中心就能代替的，还需要进一步明晰。

比利时的G. F. Froment等开发了一种单事件动力学模型，首先应用于加氢异构、加氢裂化，以后又推广到热裂化和催化裂化过程[40]。该模型的中心思想是既要保留每个进料组分和中间产物反应历程的全部细节，又要尽量减少所求的参数。其入手点是不管反应网络如何复杂，终究是由正碳离子的几类基本步骤所构成的，利用过渡状态理论又可将每一个基本步骤分解为若干个单事件。这样，通过模型化合物的裂化数据去求取单事件速率常数，进一步求取基本步骤速率常数，最后计算整个反应网络。单事件模型可以反映出每一原料组分及反应中间产物的反应历程，所要求的速率常数的数量也不会太多，实验工作量可大大减少，而且基本步骤速率常数的值是不随进料组成的变化而变化的。

1992年，Mobil公司的R. J. Quann和S. B. Jaffe[41]开发了一种描述复杂反应体系分子反应行为的结构导向集总法(SOL法)，并应用于石油炼制过程中的建模，在成功应用于重整工艺过程后，也扩展到了加氢裂化过程，之后他们又将这种方法扩展到减压渣油体系的分子模拟中[42]，并将其成功地应用于催化裂化的动力学模拟中。该方法是一种分子水平的集总，能有效地描述复杂反应体系中每个分子集总的性质和反应，为建立延迟焦化分子尺度动力学模型提供了很好的借鉴。该方法的基本思想来源于基团贡献法，任何烃类分子都可以表达成有一系列结构特征或由基团所组成，将烃类分子用22个或更多的基本分子片段来表示(图3-1-10)，这些分子片段被定义为结构向量。不同的烃类分子就是由这些结构向量按一定规则的组合，由于结构基团在空间位置可能不同，其忽略了分子的立体异构和空间异构，即同一个分子可以代表具有相同结构向量的立体异构体，所以说这种方法依然是一种分子水平上的集总。这样原料油就表示为一系列的同系物分子，而且每个分子中的C、H、O、S、N含量都可以通过结构向量的化学计量矩阵(图3-1-11)计算得到。用反应规则来表述反应过

程，包括反应物选择规则和产物生成规则，反应规则包括 A_6 饱和、A_4 饱和、芳烃上 N_4 开环、烷烃 R 异构化、芳烃侧链脱烷基、烷烃加氢裂化等，可根据不同的工艺和不同的原料制定。这样将每个分子遍历相应的反应规则，即可构建起分子反应网络，

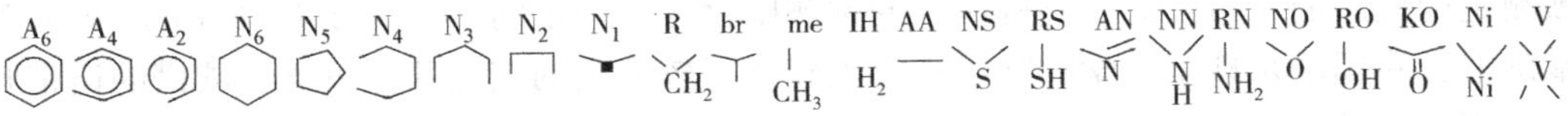

图 3-1-10　结构向量

	A_6	A_4	A_2	N_6	N_5	N_4	N_3	N_2	N_1	R	br	me	IH	AA	NS	RS	AN	NN	RN	NO	RO	KO	Ni	V
C	6	4	2	6	5	4	3	2	1	1	0	0	0	0	−1	0	−1	−1	0	−1	0	0	0	0
H	6	2	0	12	10	6	4	2	0	2	0	0	2	−2	−2	0	−1	−1	1	−2	0	−2	−2	0
S	0	0	0	0	0	0	0	0	0	0	0	0	0	0	1	1	0	0	0	0	0	0	0	0
H	0	0	0	0	0	0	0	0	0	0	0	0	0	0	0	0	1	1	1	0	0	0	0	0
O	0	0	0	0	0	0	0	0	0	0	0	0	0	0	0	0	0	0	0	1	1	1	0	0
Ni	0	0	0	0	0	0	0	0	0	0	0	0	0	0	0	0	0	0	0	0	0	0	1	0
V	0	0	0	0	0	0	0	0	0	0	0	0	0	0	0	0	0	0	0	0	0	0	0	1

图 3-1-11　结构向量的化学计量矩阵

田立达[43]结合 SOL 法建立了延迟焦化结构导向集总模型，他首先采用 22 个改进的结构向量来描述原料的渣油分子，包括 3 种芳环（A_6、A_4、A_2），6 种环烷环（N_1 ~ N_6），总烷基数（R），环上的取代甲基个数（me），烷基侧链的分支度（br），饱和度（1H），环间桥键（A—A），杂原子 S（NS），N（AN、NN），O（RO、KO）和 Ni、V 以及核之间的碳数（cc）。在此基础上，他结合一定的构建规则以及重质油可能存在的分子结构建立了代表渣油组成的 92 种单核分子和 46 种多核分子，再根据渣油的常见分子量分布，在种子分子上添加 0 ~ 50 个—CH_2—，由此形成可以代表渣油组成的 7004 种分子集总。将原料油经过 SARA 四组分分离和质谱分析等被切割为数十个组分，每个组分中有若干分子集总，结合模拟退火算法计算每个分子集总的相对含量，完成渣油的分子模拟。其假设所有的延迟焦化原料都可以由这 7004 种分子集总组成，不同原料则表现为各分子集总的含量不同。

他制定了 92 条反应规则构建起延迟焦化的分子反应网络，用过渡态理论以及线性自由能的关联关系来计算反应速率常数 k。对于反应体系的模拟，他假设延迟焦化工艺过程是由很多个短时间的间歇过程组成，进而建立了用以预测延迟焦化产物分布的动力学模型。由该方法模拟的渣油经计算得到的各种元素含量、氢碳比、分子摩尔质量等平均物理性质与实测值基本吻合；对比小试试验结果发现，该模型在不同的延迟焦化工艺条件下对不同原料得到的产物分布具有较好的预测性。该方法构思巧妙，基本实现对延迟焦化反应分子水平的认识，是一种较好的动力学模型。但这需要大量的分析数据为前提，而且其建模过程中对分子物性以及热力学性质的计算提及较少；反应规则过于繁琐，对之后的动力学方程求解造成了一定困难；对于焦炭塔内的真实反应体系描述过于简略，没有考虑相平衡等因素，一定程度上影响了模型的准确性。

Monte Carlo 模拟方法是基于问题的某些特征，利用“随机数”对“模型系统”进行模拟以产生数值而形成的概率分布得名，作为一种独立的计算机模拟方法，在 20 世纪 40 年代中期

被提出来，并且很快在许多学科领域中都得到了广泛的应用和发展[44]。美国 Delaware 大学的 M. T. Klein 等人用蒙特卡罗方法将分析技术得到的原料油的性质转化为一套能反映其结构特性的虚拟分子，Klein 等人又用蒙特卡罗方法对催化裂化过程进行了模拟[45]，能够比较准确预测正构烷烃的分布，对于异构烷烃的预测则存在着一定的误差。在 M. T. Klein 等人工作的基础上，我国华东理工大学的陆善祥等人建立了较完整的核磁共振氢谱和碳谱的谱带归属指定，用以估计重油分子的结构基元和结构参数，并且对催化裂化过程进行了 Monte Carlo 模拟[46]。

延迟焦化分子尺度动力学模型的研究包括原料油模拟及其反应过程模拟，是几种分子模型的综合应用。马法书等[47,48]以 DCC-Ⅰ工艺的工业常规分析数据为基础，采用蒙特卡罗模拟和结构导向集总相结合的方法建立了包括 75 条反应规则的 DCC-I 的反应网络。在此基础上，针对延迟焦化原料油的特点，沈荣民等[49]对延迟焦化的原料油即减压渣油进行了表征和模拟，结果表明：模拟生成的 1000 个分子，每个分子又以 19 个特征表示，同时采用单事件法并借助于布尔邻接矩阵实现对延迟焦化热裂解反应的模拟，快速有效地在计算机上对生成的每个分子建立反应网络，并求得相应的动力学参数[50,51]，构建延迟焦化分子尺度动力学模型。将其应用于中国石化高桥石化公司的延迟焦化装置中，以工业标定数据为依据，对焦化原料油及焦化产物的质量分数分布进行了模拟。结果表明：当原料油模拟生成的分子数为 4000 时，产物质量分数的稳定性较好，相对误差较小，模拟过程能较好地反映实际工业情况，说明该模型具有较好的实用性及可靠性。

分子尺度动力学模型能在分子尺度上对原料和反应历程进行模拟，并对产物的分布及性质做出较好的预测，但虚拟分子划分复杂，计算量过大，同时还受限于昂贵的分析成本。

第二节　加热炉管内反应过程模型

延迟焦化工艺中焦化炉的作用主要是加热重油(焦化原料)，提供重油在焦炭塔内生焦反应所需的热量。通常重油在焦化炉内从 300~330℃升温至 500℃左右，然后进入焦炭塔进行生焦反应。因重油在 350℃即开始有热反应发生，而焦化炉的出口温度高达 500℃，所以重油在焦化炉管内被加热升温的同时还伴随显著的热反应过程。此外，焦化炉管内还需注入一定量的水蒸气，以减缓重油在炉管内的结焦速率。蒸汽的注入提高了炉管内的表观流速，改变了油品在管内的汽化分率和停留时间，从而对管内的反应过程也产生了一定影响。因此，重油在焦化炉管内的反应过程受焦化炉结构、重油组成和操作条件等多种复杂因素影响，本节将以焦化炉管内反应过程为重点，简要介绍影响管内反应过程的关键参数及其变化规律，介绍描述焦化炉管内反应过程的常用模型，并讨论装置参数对管内反应过程的影响，以期能为焦化炉的生产操作提供一定的理论指导和借鉴。

一、焦化炉管内过程

如上所述，焦化炉管内同时存在介质升温、汽化和热反应过程，且三个过程相互影响。因此，要认识焦化管内反应过程及其影响规律，必须理清上述三个过程的主要影响因素及相互关系。图 3-2-1 为典型焦化炉管内关键参数(介质温度、介质压力、表观流速)沿炉管的变化规律，同时也能够间接地反映焦化炉管内的升温、汽化和反应过程规律。

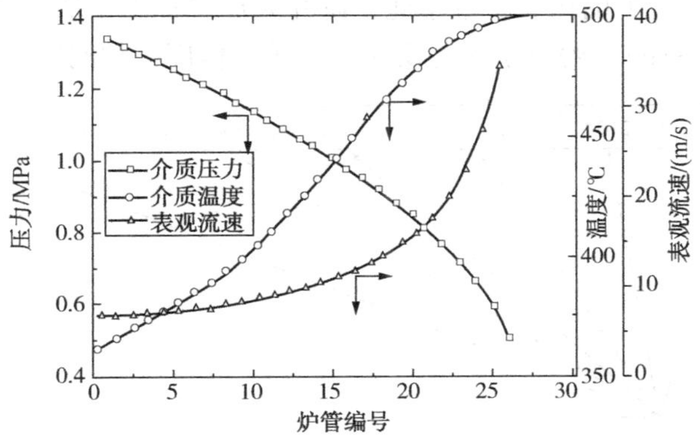

图 3-2-1 典型焦化炉管内关键参数变化规律(炉管按介质流向编号)

如图 3-2-1 所示，管内介质温度沿炉管逐渐升高，且在接近炉出口处温升速率减缓，主要因为在高温段管内油品的汽化和热反应吸热量增加。此外，管内介质温升受炉管热强度分布的影响亦非常显著。因此，焦化炉炉型和炉管排布方式对管内温升和反应过程也具有重要的影响。

如图 3-2-1 所示，管内介质压力沿炉管逐渐降低，且在接近炉出口处急速下降，而此时介质温度却逐渐升高，二者的叠加效应使得管内介质汽化率迅速增大，气相密度降低，表现为管内的表观流速急剧升高。从而使得管内介质在高温段的停留时间降低，有利于控制管内反应过程，减缓高温段炉管的结焦速率。

二、焦化炉管内反应模型

重油在焦化炉管内的热反应可分为裂化反应和缩合反应两大类。重油热反应初期裂化深度较低时，反应体系中的自由基被重油胶质所“笼蔽”，阻碍了自由基之间的叠合及结焦母体的生成，该现象即为“笼蔽”效应。如图 3-2-2 所示，随着裂化深度增加，胶质“笼蔽”作用被破坏，结焦母体产率随裂化深度增加而急增。延迟焦化工艺既是利用了重油热反应的这一特点，使重油在“笼蔽”效应被破坏之前通过焦化炉快速加热而不至于出现严重结焦。因此，焦化炉管内主要进行的是热裂化反应。

重油在焦化炉管内的热裂化产物分布是影响管内汽化率和停留时间的重要因素，为了准确计算管内停留时间，通常将产物划分为许多窄馏分集总。描述管内热反应过程的集总模型可分为平行反应模型和平行-顺序反应模型两大类。早期的平行反应模型[52](图 3-2-3a)形式较为简单，假设重油热裂化初期为一级平行反应，忽略了裂化产物二次反应的影响。但实际应用中发现，随着热反应深度的增加，平行反应模型的预测精度越来越差，裂化产物二次反应的影响不能忽略。已有研究表明[53]，即便是在热反应初期，裂化

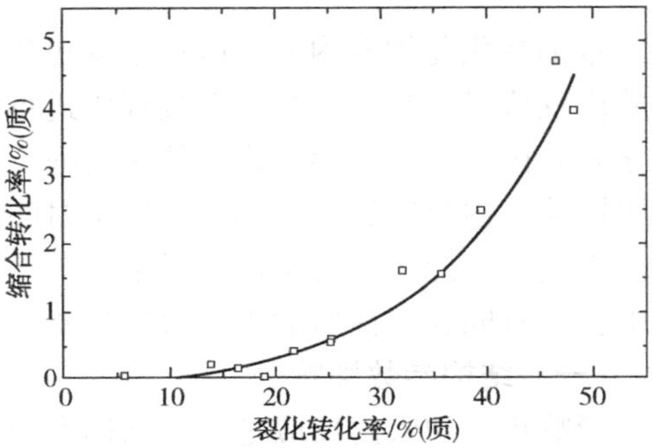

图 3-2-2 热反应初期裂化转化率与缩合转化率关系

产物的二次反应亦占有较大的比重。鉴于此，研究人员又提出了适用于焦化炉管内的平行-顺序反应模型(图 3-2-3b)，解决了平行反应模型预测精度差的问题。

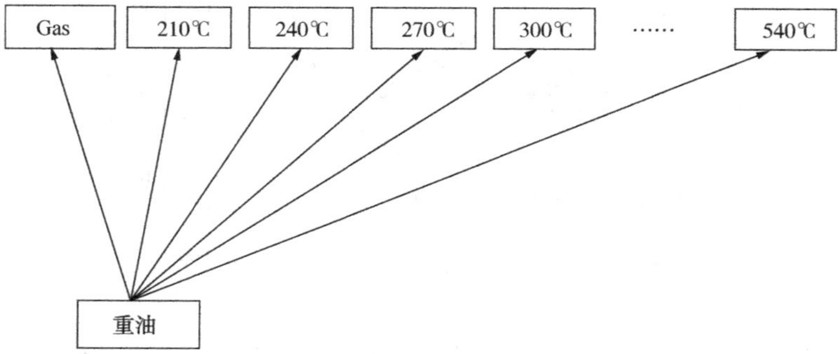

图 3-2-3a　平行反应模型网络

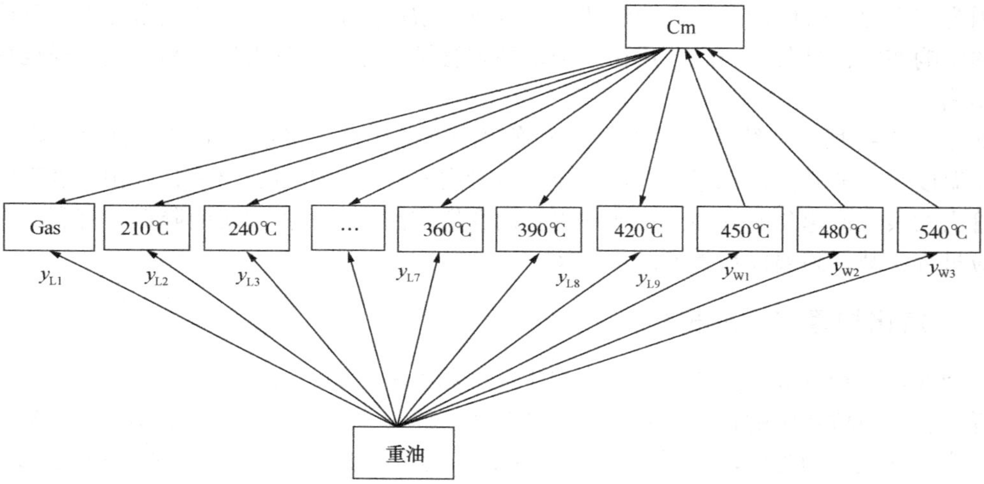

图 3-2-3b　平行-顺序反应模型网络

三、装置参数对管内反应影响

重油在焦化炉管内的反应过程受焦化炉结构、重油组成和操作条件等多因素影响。焦化炉管内反应过程是在不断升温过程中进行的，影响炉管内最终反应深度和反应吸热量的主要因素是管内介质的升温历程和停留时间。因此，理论上能够改变升温历程和停留时间的参数均可影响管内反应过程。然而，停留时间和反应深度等参数的具体数值需要采用逐段计算积分法得到，在此只进行定性的讨论。关于焦化炉管内停留时间和反应深度对装置焦炭产率的影响，已有同原料性质的工业对比试验数据报道[54]。

(一) 结构参数影响

影响焦化炉管内反应过程的结构参数主要有焦化炉炉型、燃烧方式、炉管排布、炉管长度及管径等。以上结构参数主要是通过改变炉管热强度分布和炉管内停留时间来影响管内反应过程。其中，焦化炉炉型、燃烧方式、炉管排布主要影响炉管热强度分布，从而影响管内介质的升温历程。例如，采用附墙燃烧方式的阶梯型焦化炉就比传统炉型具有更加均匀的热强度分布和更加合理的升温历程。而炉管长度和管径主要影响炉管内的停留时间。相同处理量和炉出口温度下，增加炉管长度和扩大炉管直径，均会使得管内停留时间延长，炉出口反应深度增大，管内反应吸热量增加，但同时也要考虑到过长的炉管和较低的管内流速会导致炉管内结焦速率加快。

此外，值得注意的是炉管结焦对管内停留时间的影响也不容忽视。通常当焦化炉管壁温度达到630~650℃时，需要进行炉管清焦，此时炉管内平均结焦厚度约为5mm，最大结焦厚度高达10~15mm，相当于将ϕ127mm的炉管缩小至ϕ114mm炉管。因此，炉管结焦会降低炉管内的停留时间，特别是高温段的停留时间降低更为明显，原因是高温段炉管的结焦最厚。

（二）操作参数影响

影响焦化炉管内反应过程的操作参数主要有炉出口温度、注汽量和循环比。其中，炉出口温度对反应过程的影响最为显著。因为炉出口温度升高即增加了油品在高温段的停留时间，又增大了油品的炉出口汽化率，两方面作用均增加了油品在管内的吸热量。

炉管注汽量主要影响管内停留时间，但蒸汽的注入也使得炉管内压降增大。注汽量越大，管内压降和介质压力越高，气相密度增大，注汽对炉管内停留时间的调控作用越不明显。因此，过大的注汽量对减缓炉管结焦并无显著效果，反而会导致装置能耗和含硫污水量增加。

装置循环比对焦化炉管内反应过程的影响相当于改变了管内介质的组成。循环比越大，炉管内介质越轻，则相同炉出口温度下，介质的汽化率越大。但因气相油品的分子量远大于水蒸气的分子量，因此，油品汽化分率变化对管内介质流速和停留时间的影响并不显著。

第三节 延迟焦化原料对产品分布的影响

延迟焦化原料主要是减压渣油或炼油厂二次加工渣油（如催化油浆、脱油沥青等），该组分是由分子量较大、分子结构各异的烃类和非烃类化合物所组成的复杂混合物。这些大分子在高温热作用下，分子内较弱化学键断裂发生裂化反应，生成较小的馏分油或气体分子；而一些键能较强的分子结构单元，通常是稠环芳烃，在热反应过程中会相互缩合，形成石油焦。焦化过程的产品收率关联式均是根据实际操作数据和中型试验数据得出的，有一定的适用范围。用于进行工艺方案估算和技术经济评价，有足够的精确度。用于工程设计则必须以拟加工原料油的中型试验所取得的数据或工业生产数据为依据或进行修正。焦化过程的产品收率一般均与进料的康氏残炭值相关联。

一、康氏残炭对焦化产品收率和性质的影响

残炭（CarbonResidue）是指石油产品在规定条件下受热经蒸发和热解后所形成的碳质残余物。它不全部是碳，而是一种会进一步热解变化的焦炭。残炭的测定结果以试样的质量分数表示，石油产品的残炭值是用来估计该产品在相似条件下，形成碳质型沉积物的大致趋势，以提供石油产品相对生焦倾向的指标。石油产品残炭根据测定试验方法不同可以分为康氏法（GB/T 268—1987，ASTM D189-97，IP13/94）和兰氏法（SH/T 0160，ASTM D524-97，IP14/97）。康氏法是将称重后试样置入坩埚内进行分解蒸馏，残余物经强烈加热一定时间即

进行裂化和焦化反应。在规定的加热时间结束后，将盛有碳质残余物的坩埚置于干燥器内冷却并称重，计算残炭值。兰氏法是将适量试样装入特制的带有毛细管的玻璃焦化瓶中，并置于温度维持在550±5℃的金属炉内，将试样迅速加热升温使分解产生的和未经分解的所有挥发性物质都从瓶口逸出，而较重的残留物则留在瓶内进行裂化、焦化反应。在规定的加热周期之后，将焦化瓶从炉内取出，置于干燥器内冷却后称重，计算残炭值。这两种方法测得的结果都是以试样的质量分数表示，但在数值上不同，而且它们之间也不存在精确的相互关系。对于通用型石油产品有一定的近似线性关系。由于焦化原料一般是高黏度的重油，不容易装入兰氏焦化球，宜用康氏法测定，所以通常焦化原料的残炭值是指康氏残炭[55]。

过去的残炭测定法正逐步被微量法所代替(GB/T 17144—1997，ASTM D 4530—93)。微量法测定残炭是将已称重的试样放入一个样品管中，在惰性气体(氮气)气氛中，按规定的温度程序升温至500℃，在反应过程中生成的易挥发性物质由氮气带走，留下的碳质型残渣以占原样品的百分数报告微量残炭值。当残炭值在0.10%~30.0%范围内，微量法测定结果与康氏残炭法测定结果等效。

重油残炭主要来源是其组成中含有稠环芳烃的胶质与沥青质或高分子化合物，然而多环芳烃和烯烃在热作用下相互缩合脱氢也会产生残炭。石油混合组分的残炭值可以通过按比例把各个组分的残炭值相加获得；也就是说石油馏分的残炭值具有简单加和性，各组分之间不存在协同或对抗作用[56]。

根据15种不同原油的114对试验数据得到了下列康氏残炭值(CCR)与氢碳原子比(N_H/N_C)的关联式(3-3-1)，线性相关系数为0.988，而且发现加工过程如减黏裂化、加氢处理或焦化产品均适应本关系式。

$$\frac{N_H}{N_C}=1.71-0.0115\times CCR \tag{3-3-1}$$

根据一系列阿拉伯重油数据提出的氢含量和康氏残炭(CCR)的关系式见式(3-3-2)，线性相关系数为0.993：

$$w_H(\%)=12.19-0.084\times CCR \tag{3-3-2}$$

石油残炭浓缩了石油馏分中的大部分氮，I. Roberts 根据28个阿拉伯重油的氮含量和残炭数据，提出石油馏分的氮含量与残炭有一定的线性相关性，残炭值和氮含量的关系见式(3-3-3)，线性相关系数为0.975。加氢处理后样品和直馏样品均有相同的线性关系，说明加工过程不会影响它们的线性相关性；但对于不同来源的原油，有不同的关系。

$$w_H(\%)=0.05+0.016\times CCR \tag{3-3-3}$$

残炭值主要与油样的芳香性有关，而氢碳原子比能很好地反映油样分子中芳香结构的多少以及芳香环系稠合程度的高低，所以两者之间存在一定的对应关系是完全可以理解的。也就是说，氢碳原子比越小表明其中所含芳香结构的份额越多，以及芳香环系的稠合程度越高，这样其生焦的倾向自然也就越大。式(3-3-1)和式(3-3-2)说明可以通过加氢或脱碳两种途径来降低残炭。深度加氢可以提高氢含量到12.3%，残炭降为0。同样通过焦化，也可以将氢碳原子比提高到1.71。

杨光华等在“渣油评价新方法及我国渣油评价”中[57]，使用一个新特性因子K_H作为渣油的物性关联和分类的判据。K_H定义为：

$$K_H = 10\times\frac{N_H/N_C}{M^{0.1236}d} \tag{3-3-4}$$

式中　N_H/N_C——氢碳原子比；

M——分子量；

d——20℃时的密度。

将大庆、大港、孤岛、胜利、辽河、华北、阿曼和沙特减压渣油超临界流体萃取分离所得窄馏分的残炭值和这些窄馏分的 K_H进行关联，据此回归出式(3-3-5)：

$$CCR = 2.451K_H^2 - 44.10K_H + 200 \tag{3-3-5}$$

康氏残炭与渣油特性化参数 K_H之间也存在着良好的对应关系。而氢碳原子比与残炭的线性相关性相对较差。

Wiehe 提出一种所谓“核-悬挂分子模块”(Pendant-Core)模型[58]。就是设想重质油分子都是由芳香核模块与一些非芳香性的悬挂物模块相互聚合所构成，而其残炭值是这两部分残炭值之和。核分子模块与其他模块连接的键因受热断裂，不会挥发仍然留在液相或固相中相互缩合形成焦炭。而悬挂模块与其他模块连接的键受热断裂后，会成为挥发性组分，逃离渣油体系。由于渣油受热会产生不同分子量的挥发性组分，悬挂模块不是只有一种，而是具有一定的分子量分布和含有不同大小的烷烃和芳烃模块。

由于渣油分子是由这两种模块按不同比例相互结合构成，所有渣油脱除挥发性组分后所剩下的残炭具有相对恒定的性质。在所有热转化产品中，不同产品中的氢含量差别较大。根据渣油热转化前后的氢平衡，得出以下关系式：

$$100H = (100-CCR)H_p + CCR\times H_c \tag{3-3-6}$$

式中　H、H_p 和 H_c——渣油、悬挂模块和核模块的氢含量。对残炭求解可得关系式(3-3-7)。

$$CCR = 100\times\frac{H_p - H}{H_p - H_c} \tag{3-3-7}$$

根据阿拉伯等五种重油及焦化原料共 240 个残炭及氢含量的试验结果，归纳出重质油芳香核的氢含量为(3.8±0.3)%(质量分数)，其悬挂物的氢含量为(11.6±0.4)%(质量分数)，而残炭值是与油样的氢含量呈线性关系。也就是说，重质油的康氏残炭值(CCR)与重质油中的氢的质量分数基本符合式(3-3-8)：

$$CCR = 148.7 - 12.8\times w_H(\%) \tag{3-3-8}$$

一般来讲，核的氢含量基本恒定，而悬挂模块的氢含量要取决于渣油的分子量分布和芳香度。常压渣油悬挂模块的氢含量应该高于减压渣油，而两者的核模块的氢含量应基本相同。式(3-3-8)对于平均分子量大于 700 的减压渣油是适用的，对于平均分子量小于 700 的常压渣油，误差较大。原因在于部分小分子未经反应直接挥发，“核-悬挂模块”假定挥发分和残炭均由反应产生。

在焦化过程中，可用康氏残炭值来估计重油加工中的生焦量和生焦倾向，当对某新鲜进料的生焦率进行粗略估算时，生焦率可以按新鲜进料的康氏残炭的 1.6 倍估算。以下公式所得数据并不代表最新的燃料焦(高硫高金属含量)生产装置数据，因为最新设计追求焦炭收率最小化，而使馏分油收率最大化，所以焦化工艺技术的供应商拥有基于更多因子、更精确的专有公式，以估算焦化装置的产品分布。

1. R. Maples 关系式

R. Maples 根据 60 多组传统焦化产品分布数据[59]，对焦化产品收率和原料残炭关联，得到焦炭与残炭关系式(3-3-9)，其相关性较好。气体收率与残炭值的关联式(3-3-10)，有一定的相关性。而汽油及其他馏分油线性相关性很差，只能用减差法得到。

$$焦炭收率[\%(质)]=1.64\times CCR \tag{3-3-9}$$

$$气体收率[\%(质)]=4.07+0.28\times CCR \tag{3-3-10}$$

$$馏分油收率[\%(质)]=100-焦炭收率-气体收率 \tag{3-3-11}$$

2. James H Gary 关系式

James H Gary 认为传统的延迟焦化产品分布可以根据焦化原料的康氏残炭值按式(3-3-12)估计[60]：

焦炭收率[%(质)]：　$Coke=1.6\times(CCR_f)$　　(3-3-12)

气体($<C_4$)收率[%(质)]：　$Gas=7.8+0.144\times(CCR_f)$

焦化石脑油收率[%(质)]：　$Nao=11.29+0.343\times(CCR_f)$

焦化瓦斯油收率[%(质)]：　$TGO=100-(Coke+Gas+Nao)=LCGO+HCGO$

焦化柴油收率[%(质)]：　$LCGO=0.648(TGO)$

焦化蜡油收率[%(质)]：　$HCGO=0.352(TGO)$

焦化柴油相对密度为 0.8762，焦化蜡油相对密度按 0.9762 计，两者的体积收率分别为 67.3%和 32.7%。

注：以上产品分布关联基于以下条件：

① 相对密度不超过 0.9465($API°=18$)的直馏减压渣油，汽油干点为 200℃，蜡油干点为 475～495℃。

② 在有的资料中，CGO 代表焦化蜡油，注意不要混淆。

③ 焦炭塔表压为 0.15～0.2MPa。

由式(3-3-12)计算的数值可以用来作为项目的经济可行性初步评估，其中气体和焦炭产率相对准确。对于实际延迟焦化装置的设计，产品分布应通过中试来确定。如果焦化原料是二次加工渣油，由上述公式估计的物料平衡会和实际有很大差别。

3. Baid 关系式

Baid 推荐适用于直馏减压渣油焦化过程的产率关联式(3-3-13)[61]如下：

(1) 产品收率计算公式

硫化氢收率[%(质)]：　$H_2S=0.25(S_f)$　　(3-3-13)

干气收率[%(质)]：　$RG=3.5+0.1(CCR_f)$

LPG 收率[%(质)]：　$LPG=4.3+0.044(CCR_f)$

焦化石脑油收率[%(质)]：　$Nao=11.38+0.335(CCR_f)$

焦炭收率[%(质)]：　$Coke=1.60(CCR_f)$

总瓦斯油收率[%(质)]：　$TGO=100-(H_2S)-(RG)-(LPG)-(Nao)-(COK)$

焦化柴油对总瓦斯油的收率比：　$R=(CGO)/(TGO)=0.38+0.011(CCR_f)-3.1(10^{-4})(CCR_f)$

焦化柴油收率[%(质)]：　$CGO=(R)\times(TGO)$

焦化蜡油收率[%(质)]：　$CVGO=(TGO)-(CGO)$

(2) 固定数据

产品的切割：石脑油 C_5~204℃馏分，焦化柴油 204~343℃馏分，焦化蜡油 343~510℃馏分；焦化干气组成(质)：氢气 1.6%，$CH_4$54.2%，C_2H_4 6.1%，C_2H_6 38.1%；LPG 组成(质)：C_3H_6 16.8%，$C_3H_8$36.1%，C_4H_8 20.3%，i-C_4H_{10} 7.7%；n-C_4H_{10}19.1%。

(3) 需要采用的焦化原料油数据

硫含量 S_f,%(质)；氮含量 N_f,%(质)；康氏残炭值 CCR_f,%(质)；相对密度 SG_f。

(4) 产品性质估算

焦化石脑油：硫含量[%(质)]：　$S_n=0.14(S_f)$　(3-3-14)

　氮含量[%(质)]：　$N_n=0.01(N_f)$

焦化柴油：　硫含量[%(质)]：　$S_c=0.45(S_f)$，氮含量[%(质)]：$N_c=0.24(N_f)$

焦化蜡油：　相对密度：　$SG_{cvgo}=0.528(SG_f)+0.4053$

　硫含量%(质)：$S_{cvgo}=0.82(S_f)$

　氮含量[%(质)]：　$N_{cvgo}=0.63(N_f)$

　溴价：　$BN_{cvgo}=283.0-270(SG_{cvgo})$

　苯胺点(℃)：　$AP_{cvgo}=1/1.8\times[(637.6/SG_{cvgo})-562]$

焦炭：　硫含量[%(质)]：　$S_{coke}=(100.0\times S_f-0.2353\times S_f-S_n\times Nao-S_c\times CGO-S_{cvgo}\times CVGO)/Coke$

　氮含量[%(质)]：　$N_{coke}=(100.0\times N_f-S_n\times Nao-N_c\times CGO-N_{cvgo}\times CVGO)/Coke$

(5) 上述公式适用延迟焦化的操作条件范围

焦炭塔操作压力：0.24~0.31MPa；

焦化温度：430~440℃；

循环比：0.1。

对五种估算焦化产品分布的方法进行评估和比较，人们发现利用数据回归分析方法将分析数据和装置操作条件结合起来，可根据原料质量和操作条件较为准确地预测焦化产品收率(焦的收率偏差在±0.5%以内)。

4. 直馏渣油和二次加工渣油生焦率预测

用原料残炭值预测生焦率的公式，对于直馏渣油，其关联式如下：

$$Coke=a\times CCR+b \tag{3-3-15}$$

式中　CCR——进料的康氏残炭值,%；

　a，b——经验常数，可从表 3-3-1 中选取。

表 3-3-1　估算焦炭收率经验常数

工艺过程	a	b	工艺过程	a	b
延迟焦化	1.66	2	流化焦化	0.9	11.6
延迟焦化	0.85	10	流化焦化	1.1	0.6

对于二次加工渣油，例如催化裂化澄清油、脱沥青油等残炭值较低、芳烃含量高的原料，可用式(3-3-16)估算其焦炭收率，此式也可适用于直馏渣油。

$$Coke=100\times f_A \tag{3-3-16}$$

式中　f_A——原料的芳炭率。

5. 循环比对焦炭收率的校正

推荐按以下关系式对不同循环比延迟焦化操作进行收率估算：

基准：循环比为 0.2 时，校正系数 λ 为 1.0。

$$\text{校正公式：}\lambda = 1.36 + 0.21\ln R \tag{3-3-17}$$

例如，在循环比为 0.2 时，焦炭收率为 19.0%；当循环比提高到 0.4 时，相应的焦炭收率为：

$$\text{焦炭收率} = (1.36 + 0.21\ln 0.4) \times 19.0\% = 22.2\%$$

6. 图表估算法

(1) 焦化产品收率数据和原料残炭关联

图 3-3-1 是各种焦化产品收率数据和原料残炭关联结果。

(2) 焦炭产率数据和直馏碱渣残炭关联

图 3-3-2 是焦炭产率数据和直馏碱渣残炭关联结果。

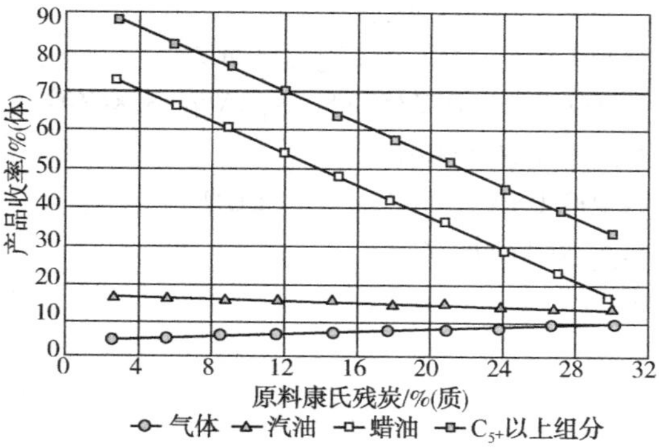

图 3-3-1 延迟焦化产品收率和原料残炭关联图

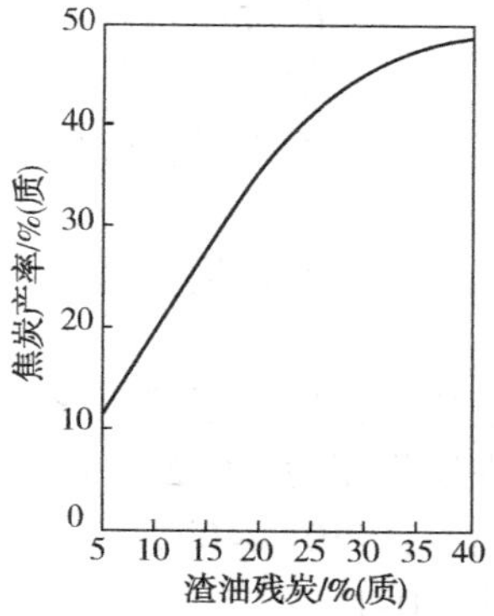

图 3-3-2 焦炭产率和直馏减渣残炭关联图

(3) 焦化蜡油残炭和原料残炭的关联

图 3-3-3 是焦化蜡油残炭和原料残炭的关联结果。

(4) 焦化产品 *API* 度和原料 *API* 度的关联

图 3-3-4 是焦化产品 *API* 度和原料 *API* 度的关联结果[62]。

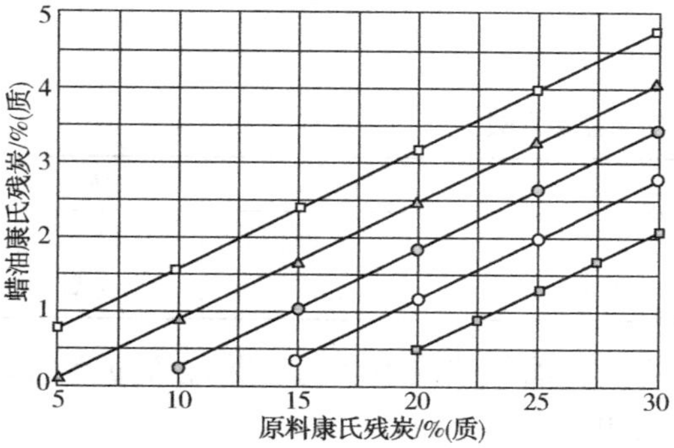

图 3-3-3 蜡油残炭和原料残炭的关联图

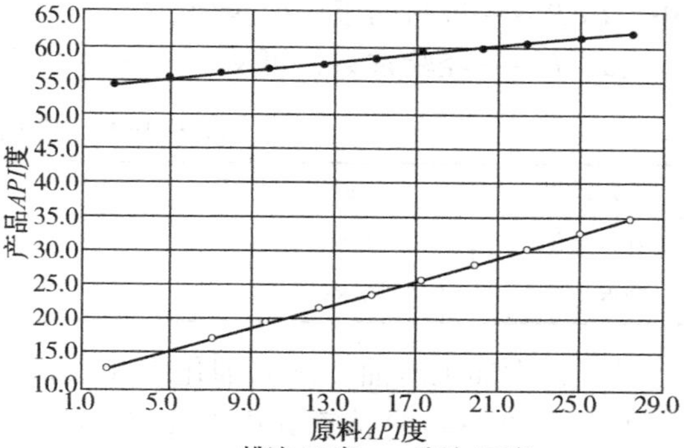

图 3-3-4 焦化产品 *API* 度和原料 *API* 度关联图

(5) 焦炭收率与原油和渣油 *API* 度关联

原油相对密度和减渣收率，可见图 3-3-5。

$$减渣收率[\%(体)]=55.2-1.203\times 原油\ API\ 度$$

(6) 减渣 *API* 度和残炭关系

减渣 *API* 度和残炭关系可按式(3-3-18)计算，也可见图 3-3-6。

$$减渣残炭(CCR)=27.9-1.057\times 减渣\ API\ 度 \qquad (3-3-18)$$

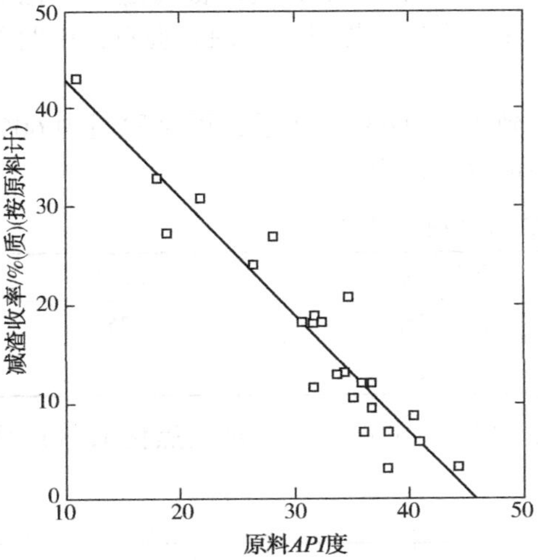

图 3-3-5　原油 *API* 度和减渣收率关系

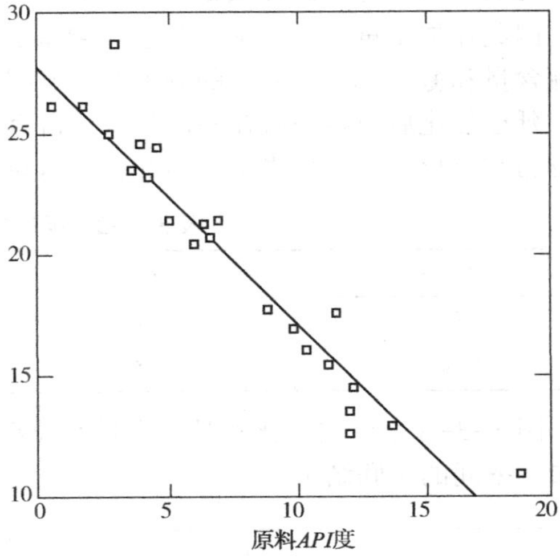

图 3-3-6　减渣 *API* 度和减渣残炭关系

(7) 焦炭收率和残炭的关系

焦炭收率和残炭关系可按式(3-3-19a)或式(3-3-19b)计算，也可见图 3-3-7。

$$焦炭收率[\%(质)]=6+1.26\times CCR(\%) \qquad (3-3-19a)$$

或

$$焦炭收率[\%(质)]=41.2-1.332\times 原料\ API\ 度 \qquad (3-3-19b)$$

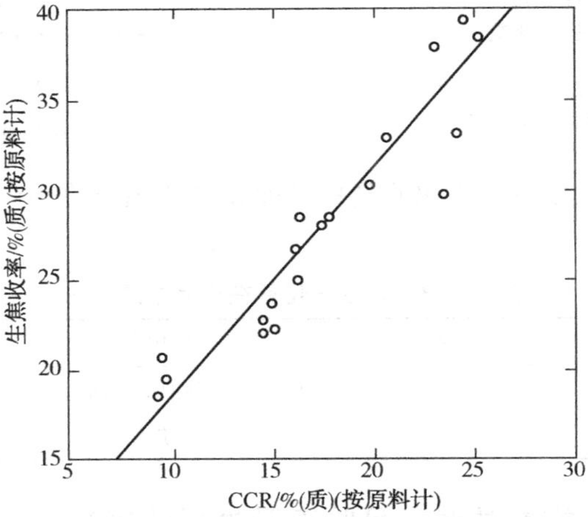

图 3-3-7　减渣残炭和生焦收率关系

二、原料中硫、氮在焦化产品中的分配及影响

对石油分子组成研究结果表明，石油中除绝大多数是碳氢类化合物外，还含有少量的含硫、氮、氧等有机化合物及其他金属化合物。尽管石油中碳氢含量占 97%以上，然而少量的杂原子对石油性质和加工工艺选择上却起着决定性的作用。石油中含硫、氮、氧化合物使石油分子更加复杂，而且绝大部分浓缩在重油馏分中。这类杂原子化合物可以直接影响石油商品的质量如颜色、储存安定性等。这些化合物在炼制过程中可造成设备腐蚀和催化剂中毒，因此在加工重油过程中应对这些杂原子格外关注。本节仅提供一些图表资料，说明重油中硫含量和氮含量在产品中的分配及影响问题[63-68]。

延迟焦化后原料中硫在各产品中所占百分数大致如表 3-3-2 所示，可见原料中 60%的硫分布在焦化干气和焦炭中，因此，延迟焦化有一定脱硫作用。

表 3-3-2　延迟焦化硫在产品中的分布

焦化产品	硫/%	焦化产品	硫/%
气体	30	其他馏分油	35
石脑油	5	焦炭	30

图 3-3-8 是延迟焦化产品硫含量和原料硫含量关联，图 3-3-9 是延迟焦化 H_2S 产率和焦炭产率间的关联结果。

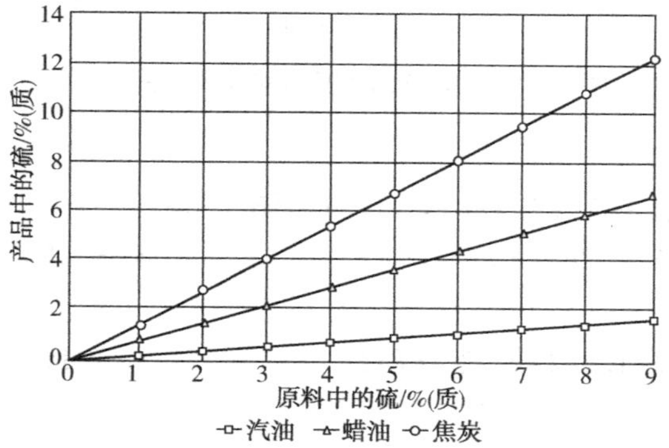

图 3-3-8　延迟焦化产品硫含量和原料硫含量关联

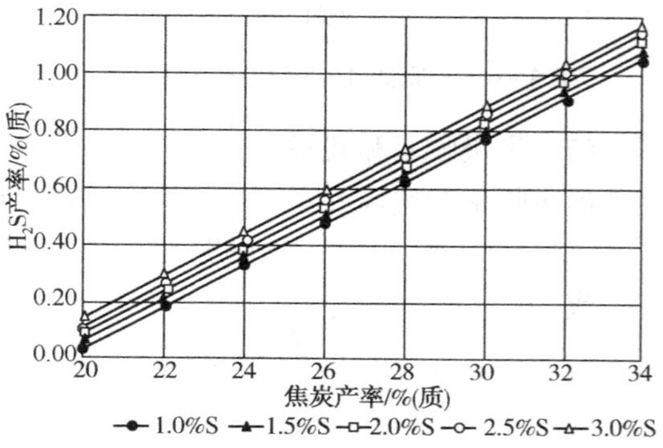

图 3-3-9　延迟焦化 H_2S 产率和焦炭产率间关联

如表 3-3-3 所示，焦化后，焦化原料中 75%的氮存在于焦炭中，可见焦化也具有一定的脱氮作用。

表 3-3-3　延迟焦化氮在产品中的分布

焦化产品	氮/%	焦化产品	氮/%
气体		其他馏分油	24
石脑油	1	焦炭	75

三、原料组成及结构参数对产品收率及性质的影响

重质油的组成和结构十分复杂，迄今人们对于重质油的认识还不够深入。对于重质油这

样分子量较大的物质，不仅不可能从单体化合物的层次来加以分离和研究，即使按化合物类型来研究也相当困难。在重质油中的环烷烃和芳香烃的分子中均含有相当量的烷基链，芳香烃中的芳香环一般还并合有环烷环，因此它们之间的性质就趋近了。就重质油中的非烃化合物而言，往往一个分子中会含有几个杂原子，这样也就难以按含硫化合物、含氮化合物和含氧化合物来分离了。甚至烃类和非烃类有时也不易分开，因为当分子量较大时，非烃化合物中烷基、环烷基及芳香基占有的份额相当大，它们和烃类物性的差别也就缩小。这样便导致出现诸如芳香性含氮或含硫化合物与多环芳香烃不易分离等现象。

陈俊武提出，可从原料油的芳碳率f_A用式(3-3-20)估算大循环比下延迟焦化产率。芳碳率是指芳香环上碳原子占总碳原子的百分数，又称为芳香碳百分率。

$$焦炭产率 = 100 \times f_A \quad (3-3-20)$$

从f_A关联求取的焦炭产率较为准确，其误差一般小于10%，表明焦炭的前身主要是原料油中的芳香结构。由于芳香结构的氢碳比显著小于饱和结构的，可以判定当油样的氢碳比较小时，其芳香度必然较大。鉴于芳香度与氢碳比之间的这种内在联系，刘晨光[17]等将用核磁共振氢谱数据求得的重质油芳香度与氢碳原子比(N_H/N_C)的一百多对数据进行回归，得到下列经验公式，见式(3-3-21)[69,70]：

$$f_A = 1.132 - 0.560\left(\frac{N_H}{N_C}\right) \quad (3-3-21)$$

用此式从氢碳原子比求得的芳香度与用核磁共振氢谱法求得结果的偏差大多在5%以内，这为由氢碳原子比(N_H/N_C)估算重质油的芳香度提供了一个简便的方法。

根据芳碳率和结焦产率的公式和芳碳率和氢碳原子比的公式，可以推出结焦产率与氢碳原子比的关系见式(3-3-22)：

$$焦炭产率\ wt\% = 113.2 - 56.0\left(\frac{N_H}{N_C}\right) \quad (3-3-22)$$

Corbett使用密度法研究重质油的平均结构。烃类的密度是与其结构有密切联系的，当分子量相近时，芳香烃的密度最大，烷烃的最小，环烷烃的居中。这就提供了用密度关联油品组成结构的可能性[71]。

Williams利用烃类的单位碳原子的摩尔体积和氢碳原子比(N_H/N_C)求芳碳率，经实验数据关联，得到了下列用密度、分子量及碳氢元素组成计算重质油芳碳率f_A的经验公式，见式(3-3-23)。

$$f_A = 0.09\left(\frac{M_C}{\rho}\right)_C - 1.15\left(\frac{N_H}{N_C}\right) + 0.77 \quad (3-3-23)$$

式中　M_C——以每个碳原子计的平均摩尔质量，即平均摩尔质量M除以每个平均分子中的碳原子数N_C。

由于实际油样中都含有杂原子，所以需要把M_c/ρ按式(3-3-21)校正为$(M_c/\rho)_c$。

$$\left(\frac{M_C}{\rho}\right)_C = \frac{M_C}{\rho} - 6.0\left(\frac{1-\omega_C-\omega_H}{\omega_C}\right) \quad (3-3-24)$$

式中　ω_C、ω_H——碳氢的质量分数。

当直接取得试样的密度值有困难时，可用式(3-3-25)进行估算。

$$d_4^{20} = 1.4673 - 0.0431(\omega_H \times 10^2) \quad (3-3-25)$$

以上基于渣油密度求渣油平均分子的结构参数称为密度法。对于减压渣油馏分，还可以利用油品的折射率、密度和平均分子量计算出油品不同结构碳原子的分布和平均分子的不同环数。

随着核磁共振波谱的应用，石油重组分化学结构的研究有了新的进展。借助于H-NMR及C-NMR，人们可以直接得到关于氢原子和碳原子结合情况的信息。Brown和Lander首先发表了用^{1}H-NMR研究重质油的方法，其中B-L法求得的芳碳率和芳香环系周边碳取代率，至今仍被广泛应用。近年来，使用^{13}C-NMR方法，可以直接得到碳结构分布，能由它们直接算出芳碳率，并通过各种C、H间的关系式得到结构参数[72]。

使用不同的数据，通过不同关系式得到的同一参数之间常会产生误差。主要原因是采用的关系式比较简单，不能完全反映实际。所以应尽可能使用来自H-NMR及C-NMR的数据。

第四节　延迟焦化操作参数对产品分布的影响

延迟焦化三个主要工艺参数为操作温度、操作压力和循环比，它们对产品分布、产率和产品性质有重要影响。本节主要讨论这三种工艺参数及其优化以及焦化产品收率和质量预测等问题。

一、操作温度

操作温度一般是指焦化加热炉出口温度，有的也用焦炭塔入口温度或焦化塔内温度表示。当操作压力和循环比固定后，提高焦炭塔温度将使气体和石脑油收率增加，瓦斯油收率增加，焦炭产率将下降，并将使焦炭中挥发分下降。在压力和循环比一定时，焦化温度每增加5.5℃，瓦斯油收率增加1.1%，适当增加反应温度对提高焦化收益是有利的。合理选择焦化温度的原则是要综合考虑原料特性、产品性质要求和焦炭性质等多方面因素。焦炭塔温度过高，反应可能出现二次裂化，使柴油、蜡油继续裂化，降低柴油蜡油收率，增加气体收率，促进弹丸焦的生成。

焦炭塔温度会影响焦炭的挥发分含量(VCM)，焦炭塔温度高，VCM降低，焦炭硬度增大，造成除焦困难。温度过高还会使加热炉炉管和转油线的结焦倾向增大，影响焦化装置的操作周期。如果焦炭塔温度过低，则焦化反应深度不足，焦炭挥发分太高，还有可能生成软沥青焦。

挥发分含量是焦炭的重要质量指标。生产中，一般控制焦炭的挥发分为6.0%~12.0%。在操作中用焦炭塔温度来控制焦炭的挥发分含量。

焦化装置操作温度的可调节范围很窄。我国延迟焦化装置加热炉出口温度一般均控制在493~502℃范围之内。也有在一个生焦周期内调节炉出口温度的，一般在生焦周期的后期，提高加热炉出口温度。该操作法虽然增加了操作难度，但有利于提高焦化液收降低石油焦挥发分。

二、操作压力

操作压力一般是指焦炭塔顶压力。焦炭塔顶压力下限值是为克服焦化主分馏塔及后继系统压降所需的压力。装置的操作压力对产品的分布有一定的影响。操作温度和循环比固定之后，提高操作压力将使塔内焦炭中滞留的重质烃类增多，气体产物在塔内停留时间延长，增加了二次裂化反应的机会、从而使焦炭的产率增加，气体产率也略有增加，C_5以上的液体产品产率下降。焦炭的挥发分含量也会略有增加。

延迟焦化工艺的发展趋势是降低操作压力，以提高液体产品的收率。我国焦炭塔的操作压力在0.15~0.20MPa(表)之间。典型焦炭塔的设计压力为0.35MPa左右，最新设计的焦化装置操作压力为0.1MPa(表)，低压操作设计应注意焦化部分的系统压力平衡，在老装置改造时会受一定限制[73]。表3-4-1是一个延迟焦化装置操作压力对产品收率影响的实例[74]。图3-4-1说明焦炭塔压力对焦化馏出油产率的影响。

表3-4-1　延迟焦化装置操作压力对产品收率的影响

焦化原料			焦化产品		
原油	威尔明顿原油		焦化汽油/%(质)	12.0	12.4
实沸点(TBP)切割温度/℃	552		相对密度($d_{15.6}$)	0.7936	0.7923
相对密度($d_{15.6}$)	1.0536		硫含量/%(质)	1.4	1.3
康氏残炭值/%(质)	20.6		焦化瓦斯油/%(质)	37.3	33.3
硫/%(质)	2.4		相对密度($d_{15.6}$)	0.9402	0.9352
焦炭塔操作压力/MPa	0.1055	0.24	硫含量/%(质)	1.8	1.8
产品收率			焦炭/%	34.6	37.8
干气和LPG/%(质)	16.1	16.5	焦炭硫含量/%(质)	2.4	2.4

三、循环比

常规的焦化装置循环油是指由焦炭塔出来的馏分油中的高沸点成分，相对于低沸点馏分它富含金属、硫、氮、残炭和C_7不溶物。循环油经过回炼后，可以得到更多的轻质馏分油产品和少量的焦炭，有利于改善焦化蜡油质量、提高柴汽比。

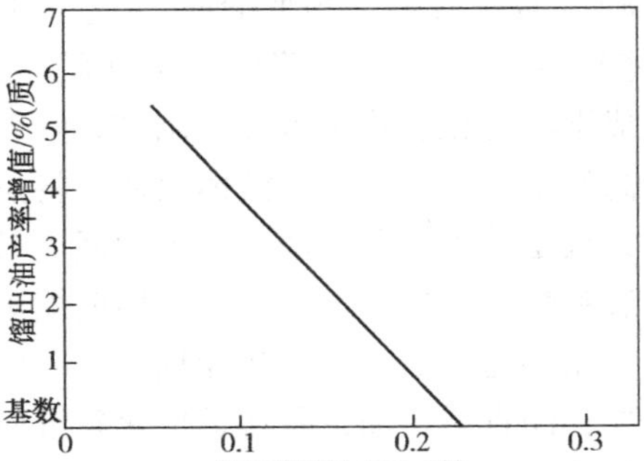

图3-4-1　焦炭塔压力对焦化馏出油产率的影响

延迟焦化循环比的定义有三种：

① 循环比=循环油量/新鲜原料油量。　　(3-4-1)

② 联合循环比(CFR)=(新鲜原料油量+循环油量)/新鲜原料油量=(1+循环比)。　　(3-4-2)

③ 通量循环比(TPR)，和联合循环比(CFR)相同，即TPR=CFR。　　(3-4-3)

国内一般使用循环比。

循环比对装置处理能力、产品性质及分布都有重要影响。为了提高液体收率、降低单位投资和操作费用等原因，延迟焦化工艺总的趋向是降低循环比，尤其是新建装置循环比由过去常规0.4降到0.05[75]。目前在中国的某些炼油厂，由于总加工流程限制和柴汽比的要求，需要增大循环比。这可使焦化汽、柴油收率增加，焦化蜡油收率减少，焦炭和焦化气体的收率略增加。除此之外，下述场合也需要增加循环比：

① 减少焦化蜡油(HCGO)产量。当炼油厂下游焦化蜡油加工装置的能力较小，无法加工全部焦化蜡油或者其售价较低时，可提高焦化循环比，将 HCGO 多转化一些，这样，焦炭收率虽然略增加，但裂解石脑油和中间馏分收率增加较大，尤其是柴油馏分收率。

② 改善焦炭质量。如生产针焦和较高质量的电极焦时需要采用高循环比。

③ 保护下游较老或超负荷的加氢精制(或加氢裂化)装置。由于一些较老的或超负荷的加氢精制(或加氢裂化)装置不能加工高残炭的进料，为了满足下游加氢装置操作要求，采用较大循环比，就能进一步降低焦化蜡油(HCGO)中的残炭、C_5不溶物和金属含量，常规焦化蜡油康氏残炭为 0.3%，而超低循环比方案，焦化蜡油康氏残炭高达 0.65%~0.8%。

④ 避免弹丸焦(Shot-coke)生成。对于加工高沥青质含量渣油的焦化装置，常采用中等~偏高的循环比来避免生成弹丸焦。同时，可在进料中调入一部分催化裂化澄清油，有助于减少弹丸焦的生成[76]。

⑤ 减缓加热炉结焦。对一些燃烧工况不好的加热炉，可用循环比来调整炉管的结焦速度，延长开工周期，能有效减缓加热炉结焦的炉型是采用锥体形火墙结构(Slope-wall)和双面辐射新型加热炉，采用在线清焦技术可极大地延长装置开工周期。

⑥ 增产乙烯裂解原料。通常在乙烯裂解装置效益较好时，需要扩大乙烯裂解原料来源，可以采用增加焦化循环比的方式来多产焦化石脑油。

循环比大小直接影响焦化蜡油的干点。循环比越低，焦化蜡油(HCGO)的收率越大、干点越高。焦化蜡油的收率提高后，进入焦炭塔二次裂化的循环油量就会减少，因而降低了低分子烃的产量。过去受焦化蜡油质量的限制，焦化装置的联合循环比一般控制在 1.10~1.15 范围之内。降低循环比，可以提高 C_{5+}液体收率并降低焦炭产率；对于康氏残炭值为 23%(质)的减压渣油，当联合循环比由 1.15 降至 1.05 后，C_{5+}液体产品收率约可提高 2.5%(体)，焦炭收率约可降低 2.5%(质)。但同时也将使焦化蜡油的硫、金属及残炭含量增大，造成下游催化裂化装置加工困难。随着焦化蜡油加氢处理工艺的发展，允许焦化蜡油中含有较高的杂质。为了提高液体收率，将焦化装置联合循环比设计为 1.05 或更低。降低循环比的办法是减少主分馏塔下部蜡油回流量，提高焦化主分馏塔蒸发段和塔底温度。这将能引起塔底和炉管结焦的加剧，开工周期缩短，因此塔底温度一般不宜超过 400℃。

循环比降低后，焦化加热炉辐射段进料性质随之发生变化，表现为密度增加，康氏残炭增加，沥青质增加，更接近焦化新鲜原料的性质。表 3-4-2 是沙轻碱渣(535℃$^+$)在循环比降低后加热炉辐射段进料性质的变化情况。这样，在同样的炉管平均热强度和管壁温度条件下，炉管内结焦的可能性增加，结焦速率也将迅速上升，应引起注意。

表 3-4-2 循环比降低后对蜡油和加热炉辐射段进料性质影响

项目名称	循环比			
	0.0	0.1	0.2	0.4
产品收率/%(质)				
富气	7.93	8.22	8.53	9.01
汽油	12.60	13.86	14.31	15.70
柴油	24.08	24.31	25.67	27.51
蜡油	28.34	26.55	22.53	17.68
焦炭	26.50	27.06	28.96	30.10

续表

项目名称	循环比			
	0.0	0.1	0.2	0.4
蜡油性质				
密度 d_{20}/(g/cm^3)	0.9612	0.9595	0.9593	0.9571
黏度 V_{100}/(mm^2/s)	5.97	4.907	4.903	3.358
康氏残炭/%(质)	1.90	1.28	0.86	0.78
干点/℃	510	484	479	465
炉进料性质				
密度 d_{20}/(g/cm^3)		1.0000	0.9994	0.9963
黏度 V_{100}/(mm^2/s)		273.6	191.5	82.39
康氏残炭/%(质)		17.1	15.6	13.4
沥青质/%(质)		5.70	5.30	4.10

从表 3-4-2 可看出：

① 单程和低循环比焦化液收高，焦炭收率低，反之蜡油收率高，但柴油收率低、汽油和富气收率略低。目前对国内现有焦化装置应“因地制宜”选择循环比。经过少量技术改造，通过降低循环比提高装置加工量和液收是主要增效措施。

② 单程和低循环比下蜡油变重、变稠、康氏残炭高达 1.90%(质)，这会影响到下游催化裂化装置或加氢裂化装置的加工能力。

③ 低循环比操作焦化炉进料油性质变差，特别是残炭和沥青质含量提高，必然会影响到焦化炉运行周期，因此最好选用可以进行在线清焦的双面辐射炉炉型，并配以当炉管内介质温升速率达到某一 $\Delta T/\Delta\tau$ 值时，分别在前后管段适当部位注入少量不同馏分油的技术。其原理是改变该高 $\Delta T/\Delta\tau$ 管段介质的族组成结构，提高炉管内介质热稳定性。

近年来延迟焦化工艺的发展趋向是尽可能降低循环比。在炼油厂总流程中如配置有焦化蜡油加氢精制装置，则下游加工焦化蜡油的装置能够忍受较高的干点、金属含量和残炭的原料，这样新设计的焦化装置就可以采用“超低循环比”。假如考虑降压操作，焦化蜡油 CGO 收率可有很大提高，但应注意蜡油性质变差，相应焦化主分馏塔设计应作一定改进。

增产焦化蜡油可扩大催化裂化、加氢裂化的原料油量。裂化装置处理量的提高，全厂成品汽、柴油的产量有所增加，轻油收率得到提高。

在焦化加热炉能力范围内，增大循环比后将使装置的处理能力减小；反之降低循环比就可适当加大新鲜原料的处理量。

当循环比<0.15 时，主分馏塔下部换热段温度可能升至 390℃以上。此时将有裂化、缩合反应发生，严重时会造成塔下部结焦，进而可能影响装置的操作周期。除非在工艺过程和设备结构上进行改进，否则降低焦化循环比是有限度的，对老装置这个问题更严重。所以要在全面地综合性地分析的基础上合理选择焦化循环比。目前，常规延迟焦化装置的最低循环比为 0.10。

循环比降低后，对降低焦炭产率有利。表 3-4-3 为在低压、超低循环比的条件下，焦化蜡油产率和质量的对比[77]。

从表 3-4-3 中看出：循环比降低后，蜡油干点升高，残炭和重金属含量都增加，显然会影响下游蜡油加工过程的能力。

表 3-4-3 不同操作条件下的焦化蜡油产率和质量

操作条件	1	2	操作条件	1	2
焦化蜡油产率/%(质)	25.7	35.2	相对密度	0.9365	0.9574
焦化蜡油性质			残炭值/%(质)	0.35	0.8~1.0
干点/℃	493	571	(镍+钒)含量/(μg/g)	0.5	1.0

注：操作条件 1：压力 0.172MPa，循环比 0.15；操作条件 2：压力 0.104MPa，循环比 0.05。

参 考 文 献

[1] R. J. Quann, S. B. Jaffe. Building Useful Models of Complex Reaction Systems in Petroleum Refining[J]. Chemical Engineering Science, 1996, 51(10): 1615-1635.

[2] 程之光. 重油加工技术[M]. 北京：中国石化出版社，1994.

[3] 梁文杰. 重质油化学[M]. 东营：石油大学出版社，2003.

[4] Moschopedis S E. Speight J G. Inverstigation of hydrogen bonding by oxygen functions in Athabasca bitumen [J]. Fuel, 1976, 55(3): 184-192.

[5] Yen T F. The colloidal aspects of a macrostructure of petroleum asphalt[J]. Fuel Sci. Tech. Intl, 1992, 10(4): 723-733.

[6] Williams R S. Symposium on Composition of Petroleum Oils. ASTM STP, 1958, 224.

[7] 梁文杰，李新安，向廷生. 用 ^{13}C-NMR 的 DFPT 技术研究减压渣油的平均结构[J]. 燃料化学学报，1991，19(3)：245-252.

[8] 李新安，梁文杰. 用 ^{13}C-NMR 自旋回波技术研究减压渣油的平均结构[J]. 石油大学学报，1993，17(1)：99-103.

[9] 陈绍洲，徐佩若. 石油化学[M]. 上海：华东理工大学出版社，1989.

[10] 任杰，翁惠新，刘馥英. 重质油组成与结构的研究[J]. 石油炼制，1993，24(9)：56-60.

[11] 蔡新恒. 烃指纹化合物质谱分析及其在重油热加工过程中的初步应用[D]. 北京：石油化工科学研究院，2012.

[12] Irwin Wiehe. The pedant-core building block model pf petroleum residua[J]. Energy and Fuels 1994.

[13] I A. Wiehe. Process Chemistry of Petroleum Macromolecules[M]. CRC Press 2008: 75-95.

[14] 许玉明，程之光. 胜利减压渣油的低温热转化[J]. 石油学报(石油加工)，1985，1(3)：13-22.

[15] 陈绍洲，李小龙，常可怡，等. 大庆减压渣油减黏裂化中结焦规律的研究(上)[J]. 石油炼制，1992，(4)：59-65.

[16] 丁宗禹，李朝恩. 渣油减黏裂化反应规律及其操作条件的选择[J]. 炼油设计，1992，(3)：18-23.

[17] 韩树铠，宋丰嵋. 孤岛减压渣油及南京焦化渣油热转化反应动力学模型[J]. 石油大学学报，1993，17(6).

[18] 韩树凯，宋丰嵋，钱家麟. 渣油高温热裂解反应动力学研究[J]. 石油学报(石油加工)，1995，11(3)：1-12.

[19] 杨嘉谟，陈月珠，梁文杰. 辽河欢喜岭稠油减压渣油的热转化[J]. 石油大学学报，1989，13(6)：56-64.

[20] McGreavy C, LuM L, Wang XZ, et a. l Characterization of the behavior and product distribution in fluid catalytic cracking using neural networks[J]. Chem Eng Sci, 1994, 49(24A): 4717-4724.

[21] 马法书，李真超，翁惠新. 基于神经网络的催化裂解产品产率模型[J]. 炼油设计，2001，2(31)：35-38.

[22] Castinglion B P. How to Predict Coker Yield[J]. Hydrocarbon Processing, 1983, 62: 77-79.
[23] Gary J H, Handwerk G E. Petroleum Refining Technology and Economics[M]. Marcel Dekker, New York, 1975.
[24] 史由编译. 炼油工艺过程估量关联(六)-延迟焦化[J]. 炼油设计, 1987, 17(2): 45-49.
[25] 陆廷荣. 减压渣油物性数学模型的建立与仿真[J]. 炼油设计, 1997, 27(4): 34-36.
[26] 刘晨光, 朱春媚, 勒力文, 等. 减压渣油热反应特性与原料组成的关联[J]. 石油学报(石油加工), 1999, 15(1): 1-7.
[27] James Wei, Prater C D. Advances in Catalysis[C]. V13. NewYork: Academic Press, 1962: 203-392.
[28] Blanding FH. Ind. Eng. Chem. 1953, 45: 1186-1197.
[29] Weekman VM. AIChEMonSerNo11, 1979, 75: 3.
[30] Wei J, Kuo JC W. Ind. Eng. Chem Proc. Des. Dem., Fund, 1969, 8(1): 114-123.
[31] 周晓龙, 张一, 陈绍洲, 等. 残渣油热转化反应动力学研究[J]. 华东理工大学学报, 1998, 24(2): 163-167.
[32] 周晓龙, 陈绍洲, 马伯文, 等. 减压渣油复杂反应动力学模型研究[J]. 石油学报(石油加工), 1999, 15(2): 73-79.
[33] Dave N C, et, al. A four-lump kinetic model for the cracking/coking of recycled heavy oil[J]. Fuel, 1993, 72(9): 1331-1334.
[34] 范启明. 减压渣油物性与焦化反应产品分布的关联[J]. 石油大学学报(自然科学版), 2001, 25(4): 79-87.
[35] Toru Takatsuka. 实用渣油热裂化模型[J]. 石油炼制译丛, 1988, (5): 1-8.
[36] 刘现峰. 延迟焦化动态机理模型的开发[J]. 炼油设计, 2002, 32(2): 30-33.
[37] 李新学, 林瑞森, 倪化境, 等. 焦化渣油热反应的窄馏分动力学模型[J]. 石油学报(石油加工). 1999, 15(4): 23-26.
[38] 江洪波, 翁惠新. 集总动力学模型研究的普遍方法与原则探讨[J]. 华东理工大学学报, 2000, 26(2): 139-143.
[39] LigurasD K, AllenD T. Structural models for catalytic cracking. 1. Mode compound reactions[J]. Ind Eng Chem Res, 1989, 28(6): 665-673.
[40] Hillewaert L P, Dierickx J L, Froment G F. Computer generation of ractio shcmes and rate equatoions for thermal cracking[J]. AICHE J, 1988, 34(1): 17-24.
[41] Jaffe, S. B., Extension of structure oriented lumping to vacuum residua[J]. Ind Eng Chem Res, 2005, 44: 9840.
[42] S. B. Jaffe, H. Freund, W. N. Olmstead. Extension of Structure-Oriented Lumping to Vacuum Residua[J]. Ind. Eng. Chem. Res. 2005, 44(26)9840-9852.
[43] 田立达. 结构导向集总新方法构建延迟焦化动力学模型及其应用研究[D]. 上海: 华东理工大学, 2012.
[44] 徐钟济. 蒙特卡罗方法[M]. 上海: 上海科学技术出版社, 1985.
[45] Klein M T, Neurock M, Nigam A, et al. Monte Carlo modeling of complex reaction systems: an asphaltene example[A]. Sapre A V, Krambeck F J. Chemical reation in complex systems[C]. New York: Van Nostrand Reinhold, 1991, 126-142.
[46] 龚剑洪, 陆善祥, 崔建. 重油催化裂化反应动力学分子模型的研究[J]. 石油炼制与化工, 2000, 31(8): 53-57.
[47] 马法书, 袁志涛, 翁惠新. 分子尺度的复杂反应体系动力学模拟(Ⅰ)原料分子的 Monte Carlo 模拟[J]. 化工学报, 2003, (11).
[48] 马法书, 袁志涛, 翁惠新. 分子尺度的复杂反应体系动力学模拟(Ⅱ)DCC-Ⅰ反应动力学模型的建立

[J]. 化工学报，2003，(11).
[49] 沈荣民，蔡军杰，江洪波，等. 延迟焦化原料油分子的蒙特卡罗模拟[J]. 华东理工大学学报，2005，(1).
[50] 沈荣民，蔡军杰，江洪波，等. 单事件法建立渣油热裂解的反应动力学模型：Ⅰ. 主反应网络的计算机生成[J]. 华东理工大学学报(自然科学版)，2004，30(6)：627-631.
[51] 沈荣民，蔡军杰，江洪波，等. 单事件法建立渣油热裂解的反应动力学模型：Ⅱ. 动力学参数的求取[J]. 华东理工大学学报（自然科学版)，2004，30(6)：22-25.
[52] 肖家治，王兰娟，陈清林. 12集总重油热解反应产物分布模型的开发[J]. 石油大学学报(自然科学版)，2001，25(05)：83-90.
[53] Yang, J. W., Chen, D. X., Shen, G. P., et al. Narrow Fraction Model with Secondary Cracking for Low-Severity Thermal Cracking of Heavy Oil[J]. Energy & Fuels. 2012, 26(6): 3628-3633.
[54] 赵日峰. 延迟焦化深度裂解技术研究与工业应用[J]. 石油炼制与化工. 2012，43(05)：24-28.
[55] GB/T 268-87 石油产品残炭测定法(康氏法)[S].
[56] Roberts I. The Chemical Significance of Carbon Residue Data. Preprints, Div Petrol. Chem., ACS, 1989; 34(2): 251-255.
[57] 杨光华，林世雄主编. 重质油化学与加工研究进展[M]. 青岛：石油大学出版社，1998.
[58] Wiehe I A. The pendant-core building block model of petroleum residua[J], Energy Fuels, 1994; 8(3): 536-544.
[59] Robert E. Maples. Petroleum Refinery Process Economics[M]. 2nd Edition, 2000.
[60] Gary J H, Handwerk G E. Petroleum Refining: Technology and Economics3rd Edition. Marcel Dekker Inc, 56.
[61] 史由编译. 炼油工艺过程关联(六)：延迟焦化[J]. 炼油设计，1987，17(5)：50-52.
[62] 吴辉译. 石油炼制工艺与经济[M]. 2版. 北京：中国石化出版社，2002，10：118-129.
[63] James G Speight. The Desulfurization of heavy Oils and residua, 1981.
[64] Moschopedis S E, Parkash S etal. Thermal decomposition of asphaltenes[J]. Fuel, 1978; 57(7): 431-434.
[65] 梁文杰等. 我国原油减压渣油的化学组成与结构Ⅱ减压渣油及其各组分的平均结构，石油学报(石油加工)，1991；7(4)：1.
[66] 程之光. 重油加工技术[M]. 北京：中国石化出版社，1994.
[67] 张寿增，岳淑范，等. 大庆、胜利及任丘渣油的组成研究[J]. 石油炼制，1982 (1)：24-33.
[68] Ball J S, Whisman M L, Wenger W J. Nitrogen content of crude petroleums[J]. Ind Eng Chem, 1951, 43(11): 2577-2581.
[69] 刘晨光，阙国和等. 减压渣油芳碳率 f_A 的两个经验计算方法[J]. 石油炼制，1987(12)：55-61.
[70] 王子军. 进口含硫原油中含硫化合物和减压渣油的表征[D]. 北京：石油化工科学研究院，1999.
[71] Corbett LW. Densimetric method for characterizing asphalt. Anal. Chem, 1964, 36: 1967-1971.
[72] Brown, J. K, Lander W P. A Study of the Hydrogen Distribution in Coal-like Materials by High resolution Nuclear Magnetic Resonance Spectroscopy II. A Comparsion with Infra-Red Measurement and the conversion to Carbon Structure[J]. Fuel, 1960, 39(2): 87-96.
[73] BansalB. B, Jon C Moretta. Design and Economics for Low-Pressure Delayed Coking. NPRA Annual Meeting, 1993 AM-93-20.
[74] DeBiase R, Elliott J D. Hydrocarbon Processing, 1982, 61(5): 99-104.
[75] Latest Coker Designs Increase Liquid Yields, Reduce Emissions[J]. Oil &Gas J, 1993, 91(45): 82-87.
[76] StefaniA, Debottleneck Delayed Cokers for Greater Profitability[J]. Hydrocarbon Processing, 1996: 99-103.
[77] Jahnke F C, Falsetti J S. Coke Gasification Costs, Economics &Commercial Applications[C]. NPRA Annual Meeting, 1996, AM-96-54.

第四章　工艺流程与操作参数

第一节　工艺流程与操作参数概论

典型的延迟焦化装置通常由焦化加热炉部分、生焦焦炭塔部分、产品分馏部分、气体回收部分、吹汽放空部分、水力除焦部分、冷焦水切焦水处理部分、焦炭储运部分(或密闭除焦系统)等组成，部分装置还包括气体及液化气脱硫部分、液化气脱硫醇部分和液化气分馏部分等。典型延迟焦化装置物流流程划分框图见图 4-1-1[1]。

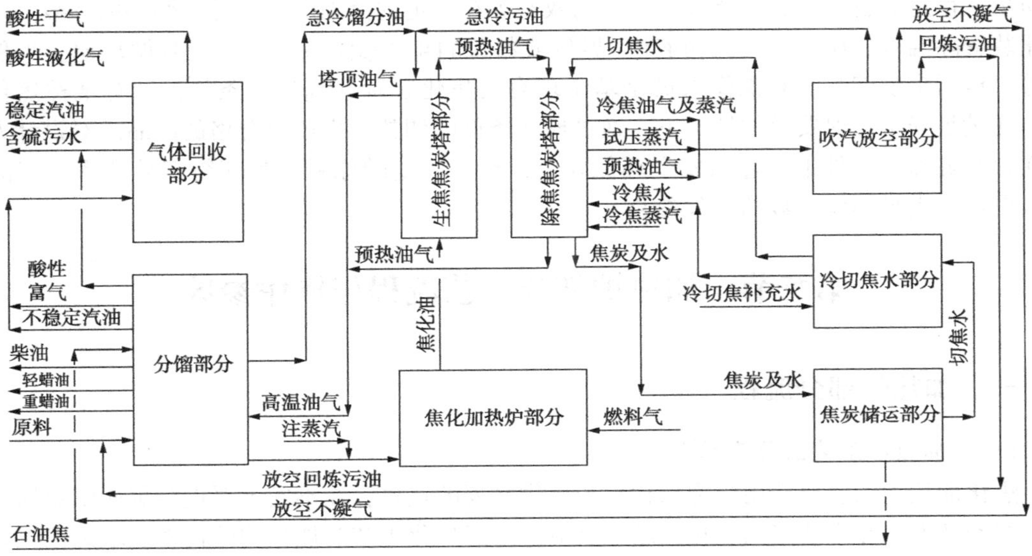

图 4-1-1　典型延迟焦化装置物流流程划分框图

焦化原料在焦化加热炉部分被加热获得能量后至生焦焦炭塔部分，在焦炭塔部分反应产生的气相反应产物至产品分馏部分，在产品分馏部分分馏出富气、石脑油、柴油、蜡油和循环油，富气和石脑油至气体回收部分经吸收、脱吸和稳定过程获得干气、液化气和稳定的石脑油。干气、液化气的脱硫及液化气脱硫醇可在焦化装置完成，也可以送其他装置集中处理。在焦炭塔部分反应产生的固体反应产物焦炭留在焦炭塔内，焦炭塔冷焦过程产生的蒸汽和油气去吹汽放空部分处理，焦炭塔冷焦过程产生的污油和水去冷切焦水处理部分处理，焦炭由焦炭塔内除到塔外由延迟焦化装置独有的水力除焦系统完成，切焦过程的切焦水由冷切焦水处理部分处理后循环使用。自焦炭塔内除出的焦炭至焦炭储运部分。

装置参数是对装置特性的定量描述，不同的装置具有不同的参数。一套延迟焦化装置主

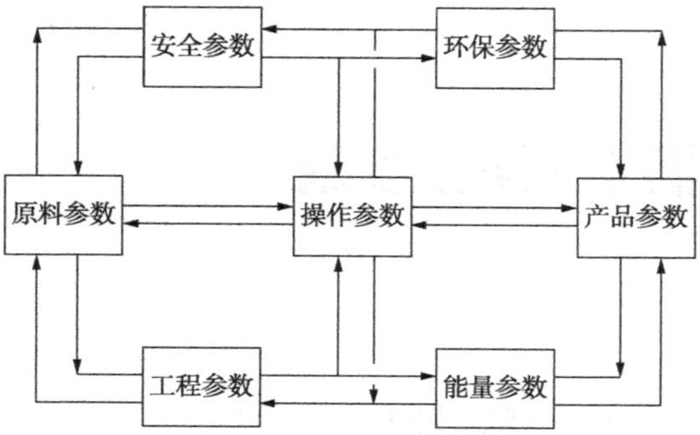

图 4-1-2　装置参数之间的关系

要的参数有安全参数、环保参数、工程参数、能量参数、原料参数、产品参数和操作参数等，各参数之间相互影响，装置参数之间的关系见图 4-1-2。

安全及环保参数是法律法规对装置建设的基本要求，有时效性，工程建设及生产操作必须满足。工程参数是装置设计及建设阶段根据安全环保要求、原料性质、操作参数、产品指标、公用工程条件等确定的，具有固定性，一旦装置建成投产，工程参数基本固定，操作过程调整的余地很小。能量参数是装置外部为装置提供的条件，操作过程也难以改变。产品参数是产品质量或下游加工装置要求的指标，是装置建设和操作的目标。原料参数是由上游装置确定的，下游装置只能对上游装置提出原料性质要求，不能改变。操作参数是操作人员为满足安全环保要求、适应原料性质变化、增加产品种类、保证产品质量、稳定设备运行、节能降耗、提高效益等在一定的范围内唯一可以调整的参数。延迟焦化装置除温度、压力、流量和液位(界位或料位)四大操作参数外，还有循环比、生焦时间等。概括来说就是，对操作人员是基于现有的焦化装置和炼油厂条件，针对某种焦化原料，在满足安全环保要求的情况下，通过操作条件的调整，生产出合格的产品。对设计人员是在现有炼油厂条件下，遵照安全环保要求，针对一定的原料，为获得产品产率和产品质量，设计出满足操作参数的工程参数。

第二节　加热炉部分工艺流程与操作参数

一、加热炉部分流程

(一) 加热炉工艺部分流程[1]

焦化加热炉的主要作用是为焦化反应提供必要的热量，在不发生严重结焦而影响加热炉运行的条件下，允许适当的裂化和结焦反应。延迟焦化工艺对加热炉的技术要求是把工艺介质加热到所需温度而不发生严重结焦，一旦发生结焦能及时判断并能快速有效地清除结焦。典型的工艺部分流程图见图 4-2-1。

来自蒸汽发生器的饱和蒸汽进对流室的上段，利用烟气热量加热，使蒸汽的过热度达到 50~100℃。来自加热炉进料泵的焦化原料在流量控制下，分一路或多路进加热炉对流室，利用烟气热量预热焦化原料到 350~400℃，再由对流段直接转辐射室继续利用燃料气燃烧的辐射热加热到 500℃左右，通过加热炉出口转油线送至焦炭塔。为检测加热炉炉管的结焦程度，在不同加热炉炉管的不同位置设置表面温度计，加热炉入口及对流转辐射入口设置压力表。

通常每管程加热炉炉管设一点或多点注汽或注水，注汽来自 3.5MPa 蒸汽管网的中压蒸汽，分别注到加热炉对流入口、辐射入口和辐射出口倒数第 5~10 根炉管。燃料气来自燃料气管网，通过燃料气的量控制加热炉出口温度或炉膛温度。

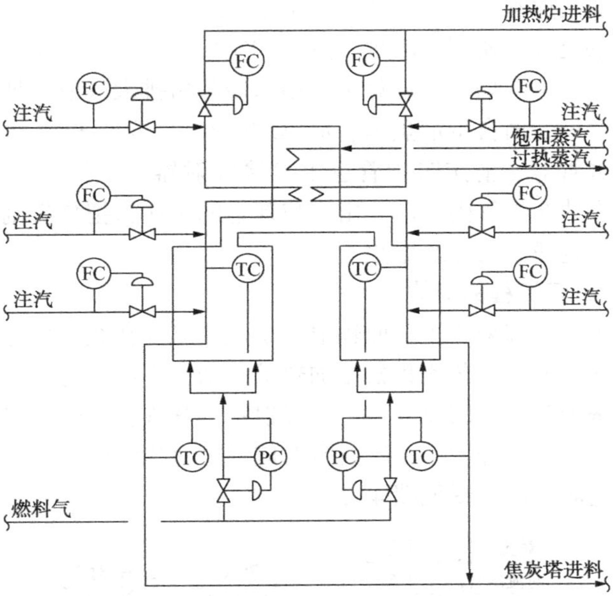

图 4-2-1　典型的加热炉部分工艺流程图

（二）余热回收部分流程

加热炉余热回收部分的作用是利用加热炉对流段排出的高温烟气加热加热炉燃料燃烧需要的空气，降低排烟温度，以提高加热炉的热效率。加热炉余热回收部分的流程见图 4-2-2。

高温烟气由引风机自加热炉对流出口的烟囱引出，在空气预热器和空气换热降温后，经引风机送至烟囱排放大气。空气由鼓风机自大气抽出送至空气预热器，在此和高温烟气换热到一定的温度后送至加热炉风道。通常由变频调速的引风机控制加热炉的炉膛压力，由变频调速的鼓风机控制加热炉出口烟气中的氧含量，以控制过剩空气系数，实现加热炉高效操作。为保证空气的清洁，部分加热炉在鼓风机入口设置了空气过滤器，为减少空气预热器的露点酸腐蚀，部分加热炉在鼓风机入口设置了加热器或热风循环。

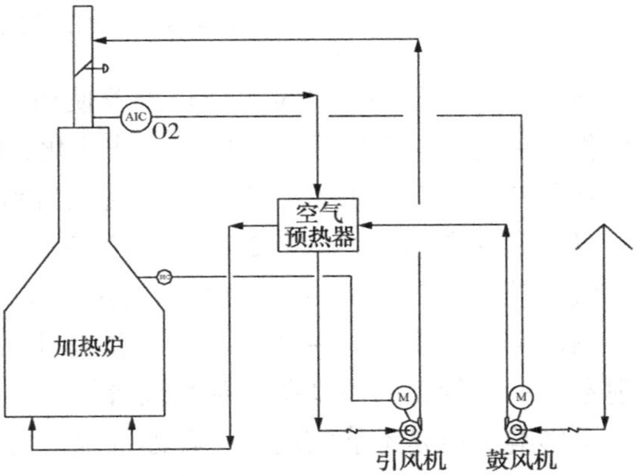

图 4-2-2　加热炉余热回收部分的流程

（三）辅助系统流程

加热炉的辅助系统主要有燃料气系统、注水系统、在线清焦系统、烧焦系统和机械清焦系统等。燃料气系统流程为来自管网的燃料气经分液罐分液后，经燃料气联锁切断阀、温度或压力控制阀、阻火器至燃烧器，燃料气分液罐前应设置压控阀，控制分液罐燃料气压力，长明灯燃料气一般自压控阀前引出。注水系统流程为除盐水或除氧水自管网进注水罐，由注水泵抽出，部分在压力控制下返回注水罐，部分在流量控制下至加热炉炉管或经对流室加热后至炉管。在线清焦蒸汽通常采用中压蒸汽，由于在线清焦蒸汽量较大且需要调节，需要设置流量控制阀。烧焦系统现在使用的较少，蒸汽和空气按照一定的比例至烧焦炉管，在炉管内的焦炭被加热自燃，产生的烟气至烧焦罐，用水冷却后排大气或至烟囱。机械清焦一般由专业清焦公司完成，清焦公司自带清焦车、清焦球(PIG)、柴油机驱动的水泵、水箱及滤焦器、清焦球发射器和水管等，清焦时炉管进出口接发射器及水管，清焦球由发射器送至炉管，通过水力推动清焦球在炉管内移动，由清焦球上的金属钉把焦炭刮下，焦炭随水至水箱及滤焦器，通过滤焦器过滤和清除水中焦炭。

(四) 加热炉部分工艺流程的对比

目前延迟焦化加热炉大都采用了双面辐射、多点注汽、在线清焦等技术，部分加热炉还采用了附墙燃烧、阶梯炉型。工艺流程根据加热炉的结构不同分为：一个辐射室两管程，一个或多个辐射室共用一个对流室的流程；一个辐射室一管程，一个或多个辐射室共用一个对流室的流程；一个辐射室一管程，一个辐射室对应一个对流室的流程；辐射室采用下进上出流程。加热炉系统工艺流程示意图见图 4-2-3[1]。

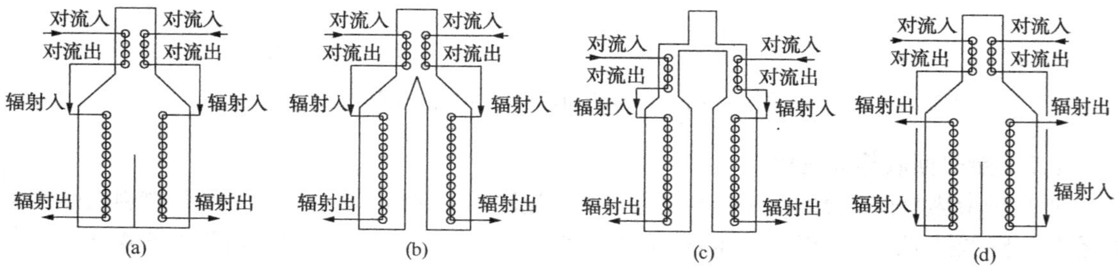

图 4-2-3　加热炉系统工艺流程示意图

图(a)为美国 Petro-Chem 公司推荐使用的流程，2000 年后国内大部分焦化加热炉采用该流程。其特点是对流辐射串联，操作简化，配合多点注汽，炉管压降增加不大。其缺点是两个管程共用一个辐射室，当一管程进行在线清焦时，温度的升降会受到另一个管程的影响。当一台联合加热炉设有 2~4 个辐射室时，在线清焦时采取一个辐射室的两个管程同时清焦效果较好。Conoco/Bechtel 公司的焦化技术也经常推荐该加热炉流程。

图(b)为美国 Foster-wheeler 公司推荐使用的流程，其最大的流程特点是一个管程一个辐射室，一个管程的温度调节及在线清焦操作不会影响其他管程的操作，也不会受其他管程的严重影响，但是不能实现单管程停工水力机械清焦。

图(c)是 Foster-wheeler 公司为加工劣质渣油推荐使用的流程，其特点是一个管程对应一个独立的对流室和辐射室，配合加热炉进出口切断阀可实现任意一管程的在线清焦、在线机械清焦和在线烧焦。

图(d)为中国石油大学(华东)推荐的加热炉流程，其主要特点是让炉膛的高温区加热低温渣油，让炉膛的低温区加热高温渣油，减少炉管结焦。另外如果视炉管为热裂化反应器，则由下流式反应变上流式反应，配合其延长加热炉管内停留时间技术，可降低焦炭收率。

关于加热炉炉管的注汽或注水流程也有所区别，Conoco/Bechtel 公司及 Foster-wheeler 公司提供的技术多为单点注汽或水，Foster-wheeler 公司认为采用炉管注水时装置内可以控制其压力稳定，可避免由于蒸汽压力波动或中断导致炉管结焦。国内的焦化加热炉多采用多点注汽流程，部分装置同时配备了注水作为备用，总体而言，注水注汽流程比较复杂。

二、加热炉部分工艺参数

（一）典型操作参数

焦化加热炉典型操作控制参数见表4-2-1，加热炉典型设计及控制参数见表4-2-2。

表4-2-1　加热炉典型操作控制参数

序号	项目	温度/℃	压力/MPa(表)	主要影响因素
1	焦化油对流入口	280~350	1.5~2.0	焦炭塔预热，分馏塔操作
2	焦化油对流出口(辐射入口)	350~400	1.2~1.5	过剩空气系数，注汽量
3	焦化油辐射出口	490~505	0.3~0.5	燃料气压力或流量，焦炭塔压力
4	蒸汽对流入口	150~200	0.4~1.5	蒸汽发生器产汽压力
5	蒸汽对流出口	200~300	0.3~1.4	蒸汽管网要求
6	炉膛辐射室上部	750~800	-0.5×10^{-4}	引风机或烟囱
7	辐射管管外壁	550~650	炉膛压力	热强度，结焦程度
8	炉管注汽	350~450	0.8~2.8	管网蒸汽
9	排烟温度	90~120	负压	空气预热器
10	燃料气压力	40~100	0.3~0.5	燃料气管网

典型操作参数当中辐射出口温度是最重要最直接的操作参数，针对一台固定的加热炉，处理量一定时，炉出口温度直接影响到炉膛温度、管壁温度、加热炉进出口压力等。加热炉辐射入口压力、管壁温度和炉膛温度的变化是判断辐射炉管结焦程度的重要依据。降低排烟温度可以提高加热炉的热效率。

表4-2-2　加热炉典型设计及控制参数

序号	项目	数值	主要影响因素
1	炉管注汽量(对比原料量)/%(质)	1.5~2.0	渣油性质，管内流速
2	辐射管表面热强度/(kW/m^2)	32~40	渣油性质，结焦程度
3	炉管冷油流速/[kg/(m^2·s)]	1200~1800	渣油性质，表面热强度
4	烟气中氧含量/%(体)	2~3	燃料气量与空气量
5	过剩空气系数	1.15	燃料气量与空气量
6	大于427℃停留时间/s	30	实际管内流速
7	炉管结焦速率/(mm/a)	2~5	操作稳定性，热强度

表4-2-2的参数在加热炉设计时必须确定，因上述参数对加热炉炉管规格、根数、炉膛规格、空气预热器等的设计产生影响。加热炉确定后，上述参数又随操作条件的变化而变化，但不能偏离太大，否则会影响加热炉的连续运行周期及热效率。炉管注汽量对炉管内流速影响较大，原料处理量大，采用的管程多，注汽量大，但针对确定的单管程炉管，当处理量降低时应适当增加注汽以保证炉管流速，减缓炉管结焦。

（二）加热炉典型联锁参数

为保证加热炉的安全运行，加热炉均应设置安全联锁，安全联锁分为开工状态联锁和正常操作状态联锁，开工状态联锁又称为安全顺序点火系统。典型加热炉联锁参数见表4-2-3。

表 4-2-3　加热炉典型联锁参数

序号	项目	数值	说明
1	对流出口烟气温度高高/℃	520~550	紧急停加热炉
2	主火嘴燃料气压力低低/MPa(表)	0.0054	切断主燃料气
3	长明灯燃料气压力低低/MPa(表)	0.05	切断燃料气
4	燃料气分液罐液位高高/%	80	切断燃料气
5	预热器烟气出口温度大于/℃	250	停引风机，开挡板
6	预热器烟气入口温度高高/℃	420	停引风机，开挡板
7	进料流量低低/(t/h)	15~20	切断进料，停燃料气
8	鼓风机空气出口压力低低/kPa	1	切换到自然通风

对流出口烟气温度高于设定值，一般认为炉管被烧穿，需要紧急停炉，联锁步骤为切断主火嘴燃料、切断长明灯燃料、切断加热炉进料、停引风机、停鼓风机、打开烟道挡板、打开快开风门、关闭各风道调节挡板、停加热炉进料泵、打开炉膛吹扫蒸汽、打开紧急吹扫蒸汽，对流出口烟气温度设定值根据实际经验确定。主火嘴燃料气压力低低参数和长明灯燃料气压力低低参数一般由燃烧器供货方给定，实际操作压力低于设定值时，认为不满足燃烧器燃烧要求，为保证安全需要切断燃料气。燃料气分液罐液位高高会导致燃料气带液，燃烧器不能完全燃烧及燃烧器结焦堵塞，影响加热炉安全操作，需要停燃料气。预热器烟气出口温度太高影响引风机操作。预热器烟气入口温度太高影响预热器操作。鼓风机空气出口压力低低可能是鼓风机出故障，空气量不能满足燃烧，需要由强制通风改自然通风。进料流量低低时炉管内流速低，会导致炉管结焦，需切断进料，向炉管内注汽。

（三）加热炉其他参数

1. 在线蒸汽剥焦操作参数

在线蒸汽剥焦操作参数见表 4-2-4。

表 4-2-4　在线蒸汽剥焦操作参数

序号	项目	数值	说明
1	清焦开始及结束时间/h	4~6	焦炭塔切换前或后
2	炉出口最低温度/℃	426	
3	炉出口最高温度/℃	676	
4	管壁最高温度/℃	704	炉管材料适应温度
5	炉管注水量/(t/h)	3~8	
6	清焦前后管壁温差/℃	40~80	

2. 蒸汽-空气操作参数

蒸汽-空气操作参数见表 4-2-5。

表 4-2-5　蒸汽-空气操作参数

序号	项目	数值	序号	项目	数值
1	炉膛最高温度/℃	700	3	炉膛降温速度/(℃/h)	~100
2	炉膛升温速度/(℃/h)	60~80	4	管壁控制温度/℃	≤650

三、加热炉部分关键操作参数

(一) 加热炉出口温度的影响

焦化加热炉出口温度是加热炉部分的关键参数，通常称为延迟焦化的操作温度，焦炭塔内反应温度的变化基本和加热炉出口温度的变化一致。加热炉出口温度的变化直接影响着焦炭塔内的反应温度和反应深度，从而影响到产品分布和产品质量。当操作压力和循环比固定后，提高温度将使气体和石脑油收率增加，瓦斯油收率降低，焦炭产率下降，并使焦炭中挥发分下降。在压力和循环比一定时，温度每增加 5.5℃，瓦斯油收率增加约 1.1%(体)[1]，适当增加反应温度对提高焦化装置效益是有利的。

焦化装置操作温度的可调节范围很窄。我国延迟焦化装置加热炉出口温度一般控制在 490~505℃范围之内，也可在一个生焦时间内调节操作温度实施变温操作，该操作法虽然增加了操作难度，但是有利于提高焦化液收和降低焦炭中可挥发物含量。最佳反应温度是原料开始结焦的温度，是该原料达到最大可裂化度的温度，它取决于原料性质，受制于焦炭硬度、炉管结焦、焦炭质量和开工周期等，通常由试验确定比较理想。

(二) 加热炉出口温度的选择

合理选择焦化加热炉出口温度的原则是必须要充分考虑原料特性、产品性质要求和焦炭性质等多方面因素。温度太高反应过深，使柴油、蜡油继续裂化，降低柴油和蜡油的收率，增加气体收率，促进弹丸焦的生成。操作温度同时可以影响焦炭的挥发分含量(VCM)，温度升高，焦炭 VCM 降低，硬度增大，造成除焦困难。温度过高还会使加热炉炉管和转油线的结焦倾向增大，影响焦化装置的操作周期。对于沥青质含量较高，容易结焦的原料，操作温度不能过高。如果操作温度过低，焦化反应深度不足，液体产品收率低，焦炭挥发分高，并可能生成软焦或沥青。挥发分含量是焦炭的重要质量指标。生产中，一般控制焦炭的挥发分为 6%~12%。在操作中通常用加热炉出口温度来调节焦炭的挥发分含量。

(三) 加热炉出口温度的优化考虑

1. 弹丸焦的产生

较高的加热炉出口温度是产生弹丸焦的因素之一。产生弹丸焦可能代表裂化度的提高和液体收率的最大化，但是弹丸焦的销路必须考虑，国内部分炼油厂就因为弹丸焦的销路不畅而降低了出口温度。如果允许产生弹丸焦，装置的设计是否适应也需要检查及完善，如设备及管道的振动问题、冷焦水系统的堵塞问题、切焦时的塌方问题等。

2. 加热炉的优化设计及操作

加热炉的优化设计及操作是提高加热炉出口温度而不会大大减小清焦周期的保证。加热炉技术的改进，如双面辐射、高流速设计、附墙燃烧、多点注汽等，可减缓炉管结焦。在线蒸汽剥焦、分炉膛机械清焦或烧焦等技术实现了装置不停工的炉管清焦。为充分发挥上述技术的作用应尽量提高加热炉的出口温度，国内追求 1~2 年清焦一次，而国外基本是 3 个月蒸汽在线剥焦一次，待蒸汽剥焦效果降低时约 2~3 年机械清焦一次。高的炉出口温度和清焦频次可换取高的液体收率，在高油品价格和低焦炭价格的时代是经济的，国外焦化一般选择较高的加热炉出口温度。

3. 完善水力除焦设施

焦炭硬、除焦困难是相对水力除焦的能力和水平而言的。完善水力除焦设施和在不影响生焦周期的前提下适当延长除焦时间，适应偏硬焦炭的切除，可以为进一步提高炉出口温度提供保障。提高切焦水的压力、更换高效切焦器、安装防卡钻设施、聘用高技能切焦操作工等是目前可供选择的主要措施。

4. 完善能耗考核体系

提高原料裂化苛刻度和液体收率的考核权重，在保证加热炉效率的前提下降低燃料消耗的考核权重，使操作人员不因节能而通过降低炉出口温度节省燃料消耗。

5. 原料性质的定期分析或在线分析

配套原料性质的在线分析设施，根据原料性质的变化，综合各项影响因素，及时优化和调整加热炉出口温度。根据焦炭塔进料阶段调整加热炉出口温度。

第三节　焦炭塔部分工艺流程与操作参数

一、焦炭塔部分流程

焦炭塔的主要作用是为焦化反应提供必要的停留时间、为反应生成的焦炭提供一定的储存空间和为反应油气中的泡沫焦提供一定的沉降空间。

（一）焦炭塔部分工艺流程图

焦炭塔部分工艺介质流程图见图 4-3-1。

焦化油或混合原料油来自焦化加热炉，在焦炭塔内足够的停留时间和适当的温度及压力条件下，完成热裂化及缩合反应。最终转化生成富气、石脑油、柴油、蜡油、重蜡油等，高温混合油气在焦炭塔顶出口线经急冷油冷却到合适的温度，以终止焦化反应防止管道结焦，再由焦炭塔顶的大油气管道自压进入焦化分馏塔进行分离。焦炭自下往上由塔壁向进料通道结聚，随着生焦时间的不断增加，焦炭塔内的生焦高度和泡沫层也不断升高，当达到一定的高度后开始注入消泡剂，注入消泡剂后泡沫层高度下降，待泡沫层高度再次达到设定的高度后，说明焦炭塔已充满，这时需要通过四通阀将进料切换至另一台焦炭塔，同时该焦炭塔进行除焦操作。焦炭塔按预定的焦化周期切换操作，所以对延迟焦化工艺而言，焦炭塔的操作是间歇的，但焦化全过程是连续的。通常在焦炭塔外壁的不同高度安装 2~4 个点的中子料位计或上部安装一套 γ 射线料位计以检测焦炭塔内焦炭和泡沫层的高度，指导焦炭塔的切换、消泡剂的注入和冷焦水的控制等操作。另外在焦炭塔外壁的不同高度安装温度指示，不仅检测了焦炭塔的壁温，而且通过外壁温度的变化

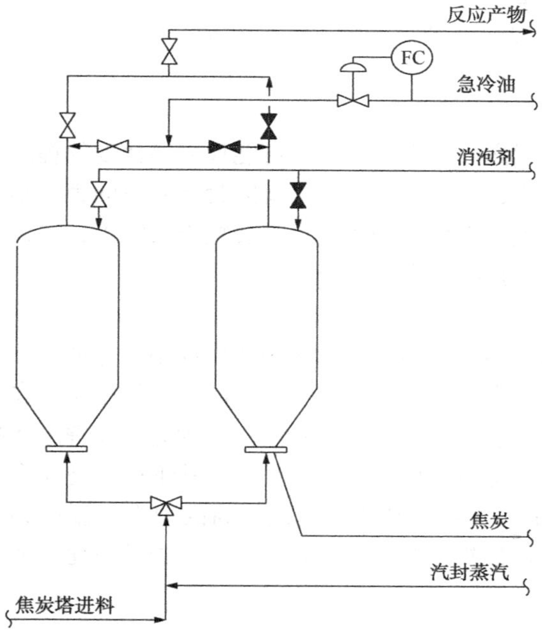

图 4-3-1　焦炭塔部分工艺流程图

还可以大概判断焦炭和泡沫层的高度。

（二）焦炭塔辅助部分工艺流程图

1. 急冷油系统流程

焦炭塔顶油气出口注急冷油的目的是降低油气温度，减少油气管道的结焦程度。急冷油系统的设置涉及急冷油的选择、急冷油温度、冷却后油气温度、急冷油的注入位置和方式、注入的时间和控制方案等。急冷油可选择焦化柴油、蜡油、中段回流油、甩油或污油。从冷却效果和减缓结焦程度看柴油较好，从高温位热利用看蜡油较好，从污油回炼看甩油或污油较好，综合各种因素，如有中段回流油，应采用中段回流油同时考虑污油的补充回炼，如无中段回流，最好采用蜡油和污油作为急冷油。急冷油温度应考虑其来源、腐蚀、凝固、压力等，最好由中段回流泵或蜡油泵出口引来。冷却后油气温度除和油气的临界结焦温度有关外也和循环比有关。急冷油注入的时间通常从焦炭塔切入进料开始到小吹汽结束，控制方案通常采用油气出口管道温度和急冷油流量串级控制，部分装置仅采用流量控制，部分装置仅采用温度控制。急冷油的注入位置和方式国内外差别较大，国内通常在油气出口垂直管或水平管设 2~4 个注入点，使油气一离开焦炭塔就被冷却，焦炭塔油气出口立管结焦较少，但是由于液体急冷油和油气换热效果差，为控制油气出口温度，急冷油过量，部分急冷油可能喷到泡沫层，降低反应温度导致液收减少，泡沫层厚度增加导致焦炭塔利用率降低。国外通常在油气出口水平管采用急冷油雾化的方式注入，由于急冷油被雾化，换热效果较好，急冷油需要量小，但由于立管未冷却易导致结焦，通常设置四通结构的急冷油注入构件，根据焦炭塔和油气管道的压降判断油气管道结焦程度，利用水力除焦时间，拆卸四通结构垂直方向和水平方向的法兰定期对油气管道进行清焦，国内外急冷油的注入流程见图 4-3-2。

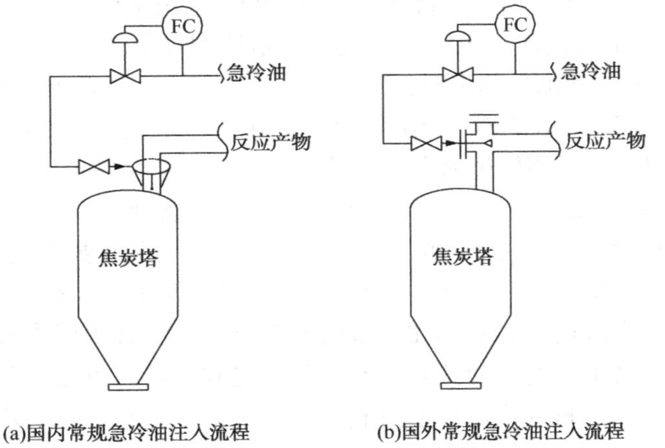

图 4-3-2　国内外急冷油的注入流程

2. 消泡剂系统流程

焦炭塔注入消泡剂的目的是降低焦炭塔内泡沫层高度，防止泡沫冒顶，提高焦炭塔的利用率。其工艺流程为消泡剂桶装运进装置，采用气动隔膜泵送至消泡剂罐，根据消泡剂的浓度采用柴油调配，然后用计量泵注入到焦炭塔顶。消泡剂的注入量、注入位置及方式、注入时间是工艺设计必须考虑的因素。消泡剂的注入量通常占原料的 $(10\sim50)\times10^{-6}$（质），具体根据消泡效果确定，注入时间根据料位计检测的泡沫层位置确定，通常在焦炭塔切换进料前

5h 和切换后 1h，注入位置可在焦炭塔顶单独开口注入，也可以利用安全阀出口注入，总之要远离油气出口，注入方式有直接注入，也有利用蜡油或中段回流油携带注入。

3. 焦炭塔进料流程

国内外几种焦炭塔进料流程示意图见图 4-3-3[1]。

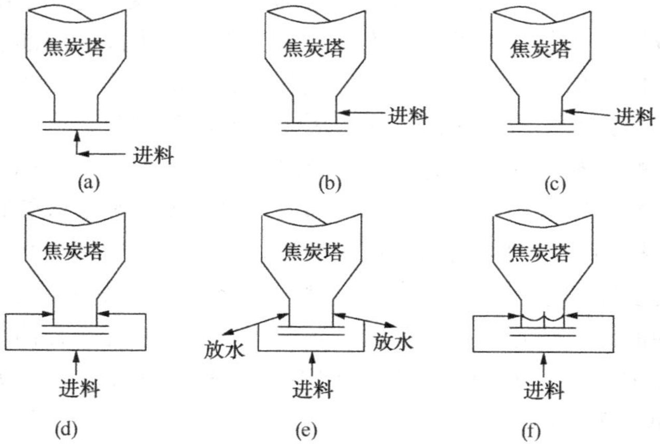

图 4-3-3　几种国内外焦炭塔进料流程示意图

图(a)为焦炭塔底中心进料方式，是焦炭塔最开始应用和到目前为止被认为最好的进料方式，焦化原料在焦炭塔进料段的流量分布和温度分布最均匀，高温高流速的原料对焦炭塔的冲刷最小，这些都对延长焦炭塔的使用寿命有利。原料由塔轴心进料，焦化反应由轴心向周边扩散，生焦时形成中心通道，对冷焦和除焦有利。应用闸板阀式底盖机后，塔底中心进料改为侧线进料。图(b)为水平单侧进料，进料对塔体的冲刷较大，进料段空间的温度分配不均匀。图(c)为向上倾斜的单侧进料，其进料对塔体的冲刷稍好于水平单侧进料，但除焦时进料管线易堵，应考虑冲洗措施。图(d)为水平两侧进料，由于双向进料的对冲相对减少了对焦炭塔体的冲刷，但是两侧进料会出现结焦和偏流现象。图(e)为 Conoco/Bechtel 公司改进的两侧进料，每侧进料向上倾斜，两股物料在塔内顺流回合，不完全对冲，对焦炭塔的冲刷大大降低；冷焦放水时斜向下至焦池，不易堵塞管道；切焦操作时在入口通入冲洗水；入口两侧管道设置表面温度检测，及时判断管道是否结焦和偏流。有的公司也采用了两侧斜向上进料方式，但放水流程和 Conoco/Bechtel 公司不同。图(f)为国内开发的一种特殊的进料方式，主要用于国内生产的旋起式自动卸盖机的进料，其特点是在焦炭塔内部设置导流管，把水平单侧或双侧进料变为底中心进料，避免了侧向进料对焦炭塔的冲刷。另外 SEG 洛阳研发中心开发了焦炭塔的上下组合进料，即把焦炭塔底部进料自加热炉出口引一部分到焦炭塔顶部进料，并选择合适的底部和顶部进料的比例，试验结果表明，该进料方式可提高焦化装置的液体收率。

4. 焦炭塔的开工预热流程

焦化装置开工循环时，国内外的焦炭塔预热流程不同，国内大部分采用液相预热，而国外基本采用气相预热。国内开工循环的焦炭塔预热流程为：开工循环油自原料缓冲罐→原料油泵→换热器→分馏塔底→加热炉进料泵→加热炉加热→四通阀→四通阀副线→焦炭塔顶(开工循环油在塔内部分气化，液相自上而下至焦炭塔底，气相自塔顶油气管道流出，温度低时去放空塔，温度高时去分馏塔）→焦炭塔底→甩油罐（气相自罐顶流出，温度低时去放空塔，温度高时去分馏塔）-甩油泵-甩油水箱冷却器-原料缓冲罐。

国外开工循环的焦炭塔预热流程为：开工循环油自原料罐→原料油泵→换热器→分馏塔底→加热炉进料泵→加热炉加热→四通阀→四通阀副线→焦炭塔顶出口大油气管道（开工循环油在管道内部分气化，液相自流循环至分馏塔底，气相在焦炭塔顶油气管道自上而下进入焦炭塔）→冷凝冷却的汽液混相至焦炭塔底→甩油罐（气相自罐顶流出，温度低时去放空塔，温度高时适当关闭背压阀引油气去分馏塔）-至甩油泵-放空塔（在放空系统加热脱水或冷却）-原料进装置管线。针对没有甩油系统的装置，焦炭塔底冷凝冷却的汽液混相至放空塔或分馏塔（当温度低时去放空塔，当温度高时去分馏塔）-放空塔（在放空系统加热脱水或冷却）-原料进装置管线。

国内开工循环流程需要一条自四通阀到焦炭塔顶的开工线；大量高温焦炭塔预热油需要水箱冷却器冷却，造成蒸汽污染和能量浪费；液相预热焦炭塔时预热不均匀且速度慢；切换四通阀改焦炭塔底进料时，塔内存油较多。另外国内流程和国外流程相比：焦炭塔预热温度高、预热速度慢、甩油温度高、甩油量大和分馏塔底升温速度慢，开工时经常由于甩油泵超负荷和温度高而导致泵的损坏，甩油管线的振动也经常发生。国外的开工循环流程需要放空系统一起参入循环，为脱除循环油中的水，通常在放空系统设置蒸汽加热器；开工循环油中需要含有一定的轻组分，保证炉出口的气化量为焦炭塔预热；大量的开工循环油无需冷却，耗能较少；开工循环油液相的流程短，只是由分馏塔至加热炉加热后再回到分馏塔，当分馏塔底温度偏高时，部分循环油由加热炉进料送至蜡油产品系统，经蜡油产品空冷器冷却后沿原料管线返回分馏塔。

二、焦炭塔部分工艺操作参数

（一）典型操作参数

焦炭塔部分典型的工艺参数见表4-3-1。

表4-3-1　焦炭塔部分典型的工艺参数

序号	项目	数值	影响因素
1	焦炭塔入口温度/℃	480~495	加热炉出口温度、转油线保温
2	焦炭塔入口压力/MPa（表）	0.2~0.35	焦炭塔焦炭高度
3	泡沫层温度（反应温度）/℃	450~460	加热炉出口温度，生焦率
4	油气出口急冷前温度/℃	440~450	加热炉出口温度
5	油气出口急冷后温度/℃	420~430	急冷油温度及流量
6	泡沫层高度/m	3~8	原料性质，塔内气速
7	泡沫层密度/（kg/m^3）	30~300	
8	焦炭塔顶压力/MPa（表）	0.1~0.2	焦炭塔后部系统压力
9	生焦焦炭塔外壁温度/℃	430~470	泡沫层区温度较高
10	急冷油温度/℃	200~350	
11	消泡剂注入量/（μg/g）	10~50	消泡剂性质，原料性质
12	塔内焦炭密度/（kg/m^3）	800~900	
13	焦炭内油气线速/（m/s）	0.15~0.21	
14	焦炭塔空高/m	3~5	
15	生焦时间/h	18~24	

（二）关键操作参数

1. 操作压力

操作压力是指焦炭塔顶压力。焦炭塔顶压力下限值是为克服焦化主分馏塔及后部系统压降所需的压力。装置的操作压力对产品的分布有一定的影响。操作温度和循环比固定之后，提高操作压力将使塔内焦炭中滞留的重质烃类增多，气体产物在塔内停留时间延长，增加了二次裂化反应的机会，从而使焦炭产率增加，气体产率也略有增加，C_5以上的液体产品产率下降，焦炭的挥发分含量也会略有增加。这些是在装置设计或改造时选择操作压力的基本原则。对于已有的装置而言，操作压力一般是不变化的。延迟焦化工艺的设计趋势是降低操作压力，以提高液体产品的收率，焦炭塔压力每降低 0.05MPa，液体产品体积收率增加 1.3%，焦炭产率下降 1%(质)。特别是产燃料焦的装置，为了取得最大的馏分油收率，应采取低压操作方案。低压焦化可提高液收，但操作压力高的焦化装置，在避免焦炭塔起泡，焦粉携带和弹丸焦生成方面优于压力低的焦化装置。我国焦炭塔的操作压力在 0.12～0.20MPa 之间。国内典型焦炭塔的设计压力为 0.35MPa，操作压力为 0.15MPa 左右，低压操作应注意焦化部分的系统压力平衡，在老装置改造时低压操作会受一定限制。表 4-3-2 是一个延迟焦化装置操作压力对产品收率影响的实例。表 4-3-3 是焦化操作压力对焦化蜡油(HCGO)的影响。图 4-3-4 说明焦炭塔压力对焦炭收率增加的影响。

表 4-3-2　延迟焦化装置操作压力对产品收率的影响[1]

原油品种及渣油性质		操作压力对产品收率及其性质的影响		
原油	威尔明顿原油	焦炭塔操作压力/MPa(表)	0.1055	0.24
焦化原料		干气和 LPG 收率/%(质)	16.1	16.5
实沸点(*TBP*)切割温度/℃	552	汽油收率/%(质)	12.0	12.4
相对密度($d_{15.6}$)	1.0536	汽油相对密度($d_{15.6}$)	0.7936	0.7923
康氏残炭值/%(质)	20.6	汽油硫含量/%(质)	1.4	1.3
硫/%(质)	2.4	瓦斯油收率/%(质)	37.3	33.3
		瓦斯油相对密度($d_{15.6}$)	0.9402	0.9352
		瓦斯油硫含量/%(质)	1.8	1.8
		焦炭收率/%(质)	34.6	37.8
		焦炭硫含量/%(质)	2.4	2.4

表 4-3-3　焦化操作压力对焦化蜡油(HCGO)的影响[1]

项　　目	老装置(0.172MPa/1.15TPR)	新装置(0.103MPa/1.05TPR)
收率/%(质)	25.7	35.2
终馏点/℃	493	871
API	19.6	16.3
Ni+V/(μg/g)	0.5	1.0

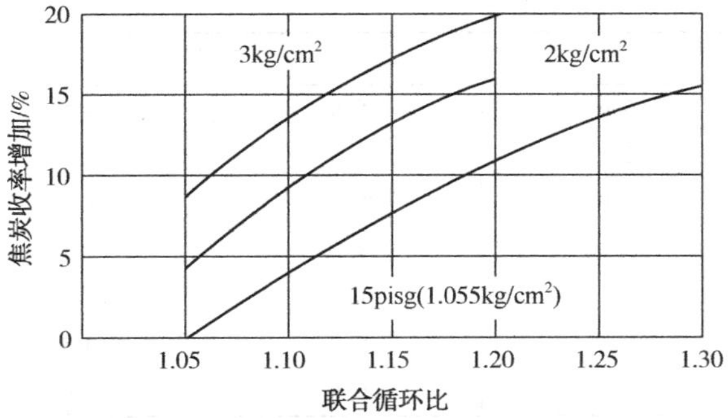

图 4-3-4　焦炭塔压力对焦炭收率增加的影响[1]

2. 油气出口急冷后温度

焦炭塔顶油气出口急冷后温度也是焦炭塔部分工艺操作的关键参数。温度过低需要的急冷油量大，油气管道出现大量凝缩油，油气管道底部液体流速低，易导致管道结焦，凝缩油对分馏塔的循环比控制也会产生影响。温度过高会超过油气的结焦临界温度，导致油气管道结焦严重，压力降增加，最终导致焦炭塔顶操作压力升高。急冷后油气温度应根据分馏塔下部流程设置、油气的结焦温度确定，如果分馏塔未设置循环油抽出集油箱，低循环比操作时应考虑采用较高的油气急冷油后温度，如果分馏塔设置了循环油抽出集油箱，可考虑采用较低的油气急冷油后温度。

3. 生焦时间

生焦时间是指同一个焦炭塔从开始进料到停止进料的时间间隔，和焦炭塔的操作周期不同，焦炭塔的操作周期是同一个焦炭塔从开始进料到下一次再进料的时间间隔，一般焦炭塔的操作周期是 2 倍的生焦时间。生焦时间决定焦炭塔的处理能力，针对现有焦炭塔，生焦时间缩短可以提高焦炭塔的加工能力；针对新设计装置，采用缩短生焦时间可以减小焦炭塔容积规格，节省投资。适当缩短生焦时间对产品收率影响不大，但生焦时间太短，会影响液体收率。生焦时间的确定不完全受焦炭塔进料时间影响，而是主要受已完成生焦塔处理时间的限制，生焦时间过短，需要焦炭塔冷却和预热速度加快，一是会缩短焦炭塔的使用寿命，二是会加大放空气体处理系统和冷却水处理系统的负荷，三是操作不当会引起焦炭塔的振动。另外缩短水力除焦时间，需要提高除焦水压力和加快下钻速度，这样会导致产生粉焦，影响焦炭质量，操作不当会发生塌方卡钻事故。因此应综合考虑各方面因素来确定合理的生焦时间。生焦时间通常为 18~24h，最长的约 36h，最短的达到 12h。不同操作周期及生焦时间具体安排可参考表 4-3-4。

表 4-3-4　不同操作周期及生焦时间具体安排

项　目	时长/h			
生焦时间	24	22	20	18
操作周期	48	44	40	36
小吹汽	1.5	1.5	1.5	1.0
大吹汽	2.0	1.5	1.5	1.5
小给水	1.0	1.0	1.0	1.0

续表

项　　目	时长/h			
大给水	6.0	5.0	4.5	4.0
开阀放水	2.5	2.5	2.0	2.0
拆卸顶底法兰盖	1.0	0.75	0.75	0.75
水力除焦	3.0	3.0	2.5	2.5
安装顶底法兰盖	1	0.75	0.75	0.75
蒸汽试压	0.5	0.5	0.5	0.5
油气预热	5.5	5.5	5.0	4.0

4. 焦炭塔空塔气速

随着原料不断进入焦炭塔，产生的焦炭量不断增加，焦炭层高度增加，泡沫层也随之连续升高。由于泡沫层为反应区，一般不希望正在反应的泡沫被油气夹带到焦炭塔顶口的大油气管线和分馏塔，导致该管线结焦和分馏塔内结焦，影响装置安全生产和产品质量。为防止泡沫焦被油气大量携带，焦炭塔内油气应不大于油气允许气速，油气允许气速可按如下公式计算[1]：

$$u_c = 0.048\sqrt{\frac{\rho_L - \rho_V}{\rho_V}}$$

式中　u_c——塔内允许气相线速，m/s；

ρ_L——泡沫相密度，kg/m^3；

ρ_V——气相密度，kg/m^3。

焦炭塔塔内的允许气速和泡沫层的密度及油气的密度有关，泡沫层的密度又和原料性质、反应温度、操作压力及是否注入消泡剂等有关，油气的密度和产品分布、产品性质、操作温度及操作压力等有关。焦炭塔内自上而下分别为气相区、泡沫区、油相区和焦炭区，根据中子料位计的测定及资料介绍，密度分别约为3~10kg/m^3、30~300kg/m^3、500~800kg/m^{3}和800~950kg/m^3。气相密度根据物料平衡、循环比、操作条件确定。泡沫密度取值根据允许泡沫夹带程度确定。按照油气的密度(3kg/m^3)、泡沫密度(30kg/m^3)，计算焦炭塔塔内的允许气速为0.144m/s；按照油气的密度(10kg/m^3)、泡沫密度(300kg/m^3)，计算焦炭塔塔内的允许气速为0.26m/s。如果油气气速大于0.21m/s时，较高密度的泡沫油就会被油气携带。国外焦炭塔的设计气速通常采用0.21m/s，由于携带焦粉，考虑油气管道的清焦，分馏塔特殊结构设计。国内焦炭塔内的设计气速通常考虑0.7~0.8的安全系数，空塔气速控制在0.15m/s以内，尽量避免油气管道和分馏塔底结焦保证装置长周期生产。国外另外一种看法是，当装置允许产弹丸焦时，焦炭塔气速可达到0.21m/s，当装置不允许产弹丸焦时，焦炭塔气速应控制小于0.15m/s，当装置需要产针状焦时，焦炭塔气速应控制小于0.05m/s。焦炭塔空塔气速的选取应充分考虑装置的安全平稳操作、投资和焦炭塔的制造及运输。

第四节　焦炭塔冷焦及油气预热部分流程与操作参数

一、焦炭塔冷焦部分流程

焦炭塔冷焦是除焦操作的第一步，其主要目的是把焦炭及焦炭塔冷却到一定的温度，降低焦炭塔开盖时的压力、防止除焦过程中焦炭的自燃、减少切焦时大量蒸汽的挥发、使焦炭形成有利于切焦的固化通道和汽提回收焦炭中的油气。冷焦的步骤主要有少量吹蒸汽、大量吹蒸汽、少量进水、大量进水、塔顶水溢流或塔顶放空泡焦、放水等。其中少量吹蒸汽是把焦炭塔内的油气和轻油汽提吹扫到分馏塔；大量吹蒸汽、少量进水产生的油气和蒸汽到专门设计的吹汽放空系统处理，大量进水时塔顶水溢流水和放水到专门设计的冷焦水处理系统处理后循环利用。

（一）焦炭塔放空部分流程

焦化装置吹汽放空部分的主要作用一是处理焦炭塔大吹汽和给水冷焦操作过程中排出的油气和蒸汽，二是处理焦炭塔油气预热前期操作过程中排出的蒸汽和油气，三是处理焦炭塔安全阀起跳时排放的高温油气，其目的主要是减少装置对空气和水的污染以及回收废气、污水和污油，保证装置的安全运行。吹汽放空部分主要由放空塔、分液罐、冷却器和机泵等组成。蒸汽或冷焦水自焦炭塔底进料线引入，汽提焦炭中的油气和冷却焦炭，产生的油气和蒸汽进入放空塔，在放空塔内用冷却后的塔底油进行冷却和吸收，重油被冷凝和吸收并流到塔底，然后由泵抽出去放空塔底水箱冷却器冷却，冷却后的重油部分到塔顶作为冷却吸收油，部分在放空塔底液位控制下送出装置或作为急冷油去焦炭塔回炼，塔顶油气经空冷器和水冷器冷凝冷却后进入塔顶分液罐，在此进行轻油、水和气体的分离，轻油由泵送出装置，污水送至污水汽提，气体去火炬管网。图 4-4-1 是典型的油气预热及冷焦系统流程。

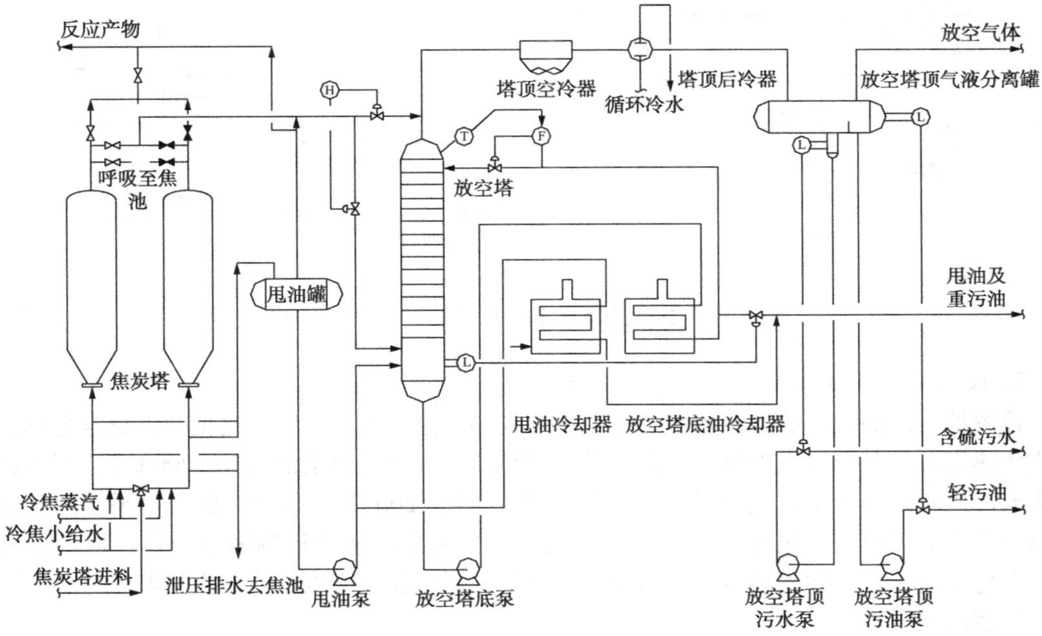

图 4-4-1　典型的油气预热及冷焦系统流程

国外焦化装置的吹汽放空系统的功能比国内多，除处理吹汽给水冷焦产生的气体、油气预热排放的气体和安全阀泄放气体外，还处理设备及管道冲洗和吹扫产生的污油及废气、过滤器反冲洗排放的污油和装置外来污油等。和国内流程相比，国外的吹汽放空流程相对复杂，设备设计压力较高，设备尺寸较大，如放空塔的直径通常大于 5m。其主要工艺特点是流程中基本都设置了蒸汽加热器，以维持放空塔底温度，减少重污油含水量；吹汽放空产生的重污油都作为急冷油补充油；放空塔顶尾气都进行回收利用；放空塔顶只设空冷器，没有后水冷器；重污油采用空冷器冷却，没有水箱冷却器等。

1. 设置水封罐的吹汽放空流程[1]

设置水封罐的吹汽放空流程示意图见图 4-4-2。除具有上述特点外其独特之处是放空塔顶罐气体出口设置了水封罐代替安全阀，当压力超高时气体冲破水封排放至火炬系统；注入破乳剂，提高塔顶分离罐的分离效率；来自焦炭塔的油气进放空塔前设置压力控制，控制冷焦压力，降低焦炭塔内空塔气速和提高冷却效果；甩油罐的甩油送放空塔，未设单独的冷却器；放空污水前期去污水汽提，后期去冷焦水处理系统；污油加热器采用低压蒸汽加热等。

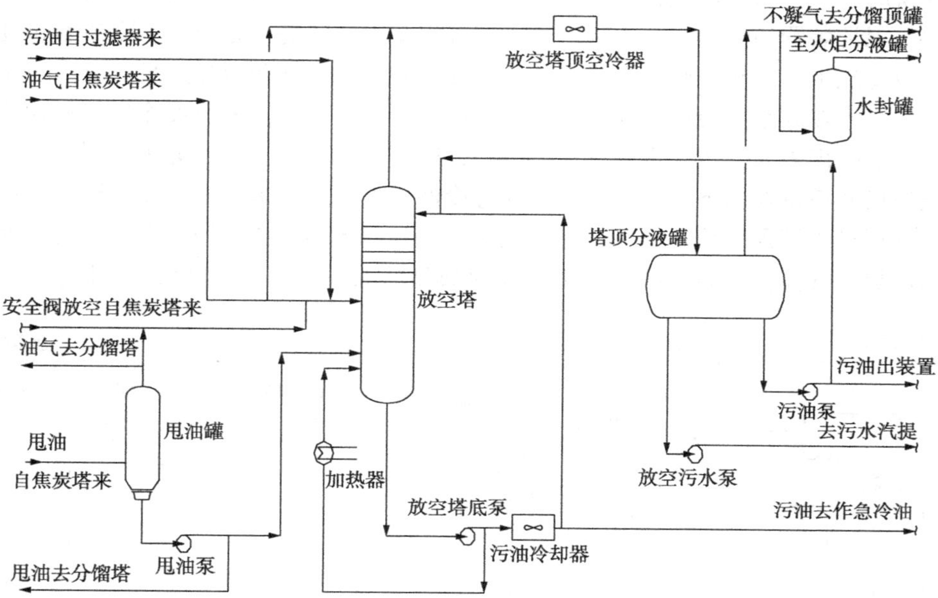

图 4-4-2 设置水封罐的吹汽放空流程示意图

2. 设置抽空器的吹汽放空流程[1]

设置抽空器的吹汽放空流程示意图见图 4-4-3。流程的主要特点是把吹汽放空总管作为传质传热设备，利用蒸汽加热器控制管道内液相温度不低于设定值(170~200℃)，利用放空污水或冷焦水控制管道内气相温度不大于设定值(170~200℃)；放空塔除作为平衡闪蒸塔外还用塔底油对闪蒸气体进行吸收；利用补充到放空系统的蜡油控制塔底液位；取消了甩油罐，简化了流程；污油加热器采用中压蒸汽加热；利用抽空增压机或蒸汽喷射器将放空尾气送至分馏塔顶空冷器等。

(二) 冷焦水处理部分

冷焦水处理部分的主要作用是为焦炭塔冷焦供水和处理焦炭塔冷焦的排放水，实现冷焦水的循环利用，减少新鲜水消耗及污水排放，减少环境污染。国内早期的冷焦水处理为地面储水隔油池加凉水塔的工艺流程，由于水池和凉水塔的污染严重，后来发展为罐式储水、离心旋流除油除焦及空冷器冷却的工艺流程，目前国内大部分焦化装置采用该流程。即冷焦溢流水自焦炭塔至溢流水罐，冷焦放水至放水罐，然后由泵抽出经离心分离器、旋流分离器和

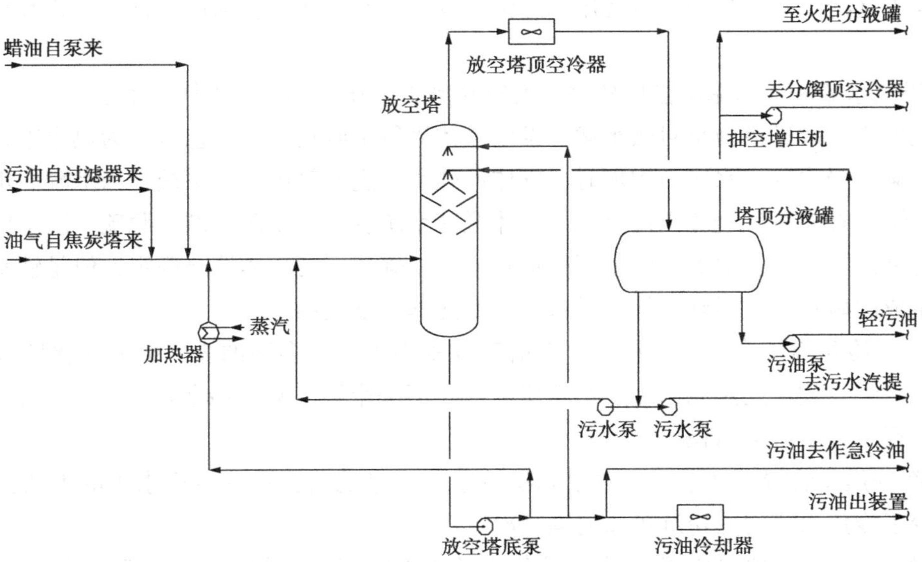

图 4-4-3　设置抽空器的吹汽放空流程示意图

空冷器脱除焦粉、脱出污油和冷却后进入储水罐，在焦炭塔冷焦时由泵抽出送至焦炭塔，如此循环利用。水罐和旋流器分出的污油进入污油罐，定期由泵送出装置或装置内回炼。罐底沉积的焦粉和离心分离器及旋流分离器分出的焦粉排至粉焦池，然后由泵送至焦池。国内典型的冷焦水处理流程见图 4-4-4。

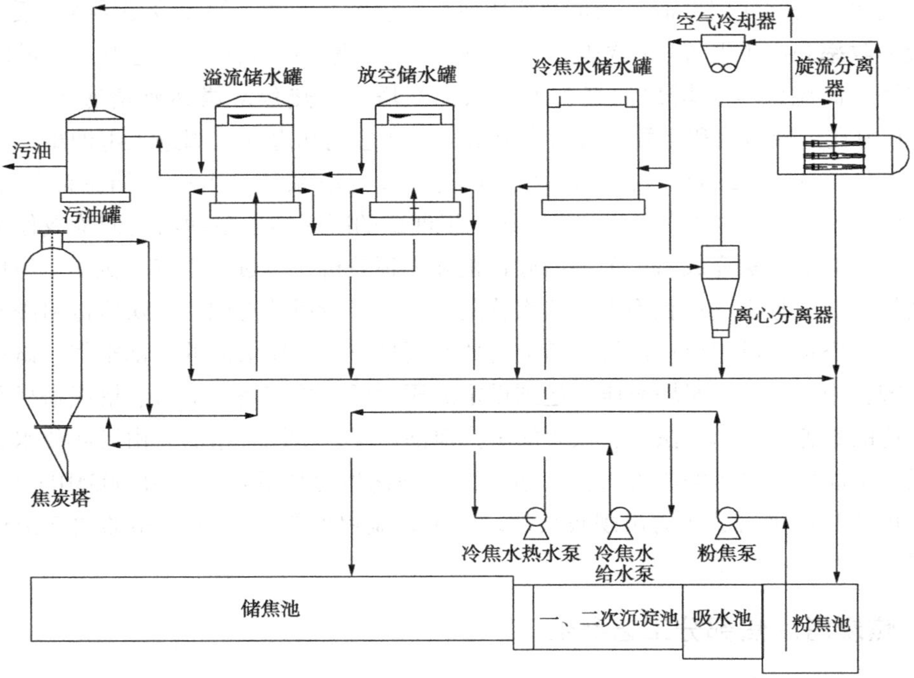

图 4-4-4　国内典型的冷焦水处理流程[1]

随着上述冷焦水流程的大量使用，逐渐发现了一些问题，在随后设计的焦化装置得到逐步改进。

① 溢流水罐和放水罐的温度较高，有时达到近100℃，冷焦水中溶解的硫化物挥发导致装置恶臭发生。改进措施是对热水罐挥发的气体进行了脱臭，其工艺流程为热水罐顶的气体先进水封罐，当水罐进水压力增加时，气体冲破水封进入气体脱硫系统，当水罐出水压力降低时，向罐内补充氮气避免出现负压。气体脱硫系统有胺液脱硫、碱液脱硫和固定床脱硫等形式，每种形式都有优缺点，使用哪种形式应根据炼油厂的具体情况确定，但是铁基脱硫剂脱硫后生成的硫化亚铁遇到空气容易自燃，目前基本不使用。

② 基于冷焦溢流水中含油较多，而塔底放水中含焦粉多而油少，部分焦化装置的设计取消了放水罐，放水到焦池，冷焦水和切焦水共用一个罐，只对冷焦溢流水进行脱油处理，简化了流程节省了占地面积。

③ 部分焦化装置增加了冷焦放水和溢流水旋流过滤器，过滤冷焦水中的大块焦粉去焦池，减少了冷焦水罐的焦粉沉积和清罐频次。

④ 由于冷焦水中油的比重较大，冷焦水的温度和流量变化也较大，部分装置发现旋流分离器分离污油和分离焦粉的效果较差，基本不能投用，因此开发了“罐中罐”和罐中添加絮凝剂的冷焦水脱油工艺流程，收到较好的脱油效果。

二、焦炭塔预热部分工艺流程

焦炭塔预热的主要目的一是避免切换高温进料后焦炭塔塔体升温速度过快导致塔体热应力太大影响焦炭塔的使用寿命，二是避免切换高温进料后渣油被快速冷却导致使反应温度太低影响液体收率和产生沥青焦(软焦)。正常操作时，焦炭塔预热流程是引生焦塔的高温油气到除焦塔，高温油气自塔顶油气管道进入焦炭塔，预热焦炭塔达到塔底入口管线温度320~380℃为宜，凝缩油和不凝气自塔底流出沿甩油总阀和甩油支阀进入甩油罐。当进甩油罐油气温度低于150~230℃时，甩油罐顶油气去放空塔系统，当进甩油罐油气温度高于150~230℃时，甩油罐顶油气去分馏塔系统，甩油罐的凝缩油由泵抽出去回炼或作为焦炭塔的急冷油。焦炭塔切焦完成后，关闭塔底盖机和塔顶盖机，经过赶空气、试压、泄压排凝后才进行油气预热。赶空气流程为来自蒸汽管网的蒸汽，沿甩油总阀自焦炭塔进料隔断阀后引入焦炭塔，在塔顶或塔顶出口油气管道上的放空阀排空，置换塔内的全部空气。试压流程为关闭放空阀，用蒸汽给焦炭塔充压，达到设定的压力后，检查塔顶盖机、塔底盖机和所有与焦炭塔相连的管道、阀门、法兰、仪表的蒸汽泄漏情况。试压合格后，由塔底放水管道泄压脱水，泄压不能使焦炭塔的压力太低，通常泄压到比生焦塔的压力低0.005MPa左右为宜，避免油气预热时生焦塔的压力出现较大波动。工艺流程见图4-4-1典型的油气预热及冷焦系统流程。

三、焦炭塔冷焦部分工艺参数

焦炭塔冷焦部分典型的工艺参数见表4-4-1。

表 4-4-1 焦炭塔冷焦部分典型的工艺参数

序号	项目	数值	影响因素
1	小吹汽后焦炭塔顶出口温度/℃	400~420	吹汽量和时间
2	小吹汽时间/h	0.5~2	
3	大吹汽后焦炭塔顶出口温度/℃	350~380	吹汽量和时间
4	大吹汽时间/h	1~3	
5	小给水后焦炭塔顶出口温度/℃	250~300	给水量和时间
6	小给水时间/h	1~2	
7	大给水后焦炭塔顶出口温度/℃	80~120	给水量和时间
8	大给水时间/h	3~5	
9	排水时间/h	1~3	
10	排水流量/(m^3/h)	100~500	随焦炭塔内水位变化
11	冷焦水温度/℃	40~60	
12	冷焦水压力/MPa(表)	0.6~1.0	和焦炭的高度有关

焦炭塔冷焦过程的注意事项：小吹汽时分馏塔气相负荷加大，吹汽量应尽可能地减少，小吹汽时消泡剂继续注入，减少焦粉携带；大吹汽和小吹汽不能间断，防止油焦倒流；吹汽量尽可能地减少，适当增加时间，避免放空系统超负荷出现放空塔晃动或放火炬气体温度超高；冷焦水给水要逐渐增加，防止焦炭塔超压和避免放空系统超负荷出现放空塔晃动或放火炬气体温度超高；焦炭塔、放空塔晃动可以适当提高放空塔的压力。放水开始可能夹带焦块，开始应放慢点，或者开始放到焦池；建议增加冷焦放水特殊过滤器，过滤大块焦炭。

四、焦炭塔预热部分工艺参数

焦炭塔预热部分典型的工艺参数见表 4-4-2。

表 4-4-2 焦炭塔预热部分典型的工艺参数

序号	项目	数值	影响因素
1	蒸汽预热温度/℃	100~130	蒸汽量和预热时间
2	泄压后和生焦塔压力差/MPa(表)	0.005	减少生焦塔压力波动
3	预热油气进塔温度/℃	420~430	生焦塔油气急冷后温度
4	预热结束时油气出塔温度/℃	320~380	切换后反应温度、焦炭塔寿命
5	油气预热时间/h	4~6	

第五节 焦炭塔切焦及焦炭储运部分流程与操作参数

一、切焦水部分流程[1]

国内的切焦水系统相对独立，切焦水和冷焦水一般不混合使用，切焦水的处理主要是通过自然冷却、沉降和过滤来降低切焦水的温度和焦粉含量，减少切焦水对设备和管道的磨蚀。由于焦池水的蒸发和焦炭带走约 10%的水分，该系统需要定期补充新鲜水、净化水或工业水。切焦水工艺流程涉及的主要设备包括切焦水储罐、高压水泵、除焦控制阀、高压胶管、钻杆、切焦器、焦炭塔、焦池、沉淀池、切焦水提升泵、切焦水过滤器等，典型的切焦水部分工艺流程见图 4-5-1。

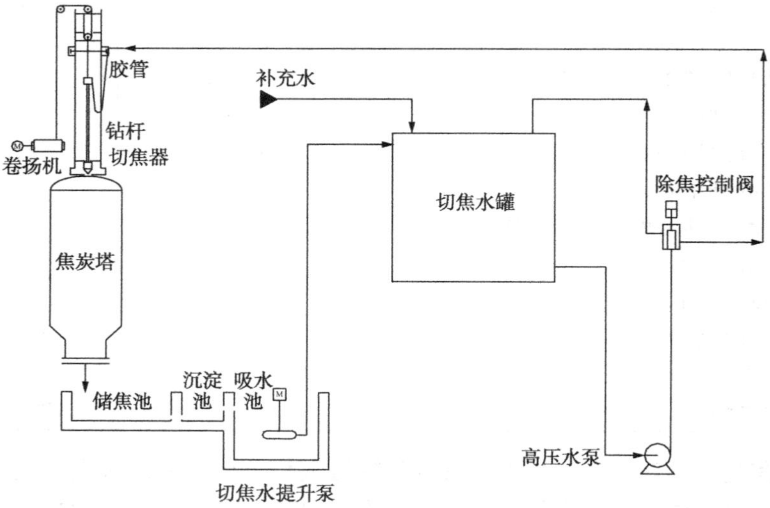

图 4-5-1 典型的切焦水部分工艺流程

焦炭塔水力除焦时，切焦水由高压水泵自切焦水罐抽出，经除焦控制阀至焦炭塔顶，然后经高压胶管和钻杆至切焦器，利用切焦器喷射的高压水流的能量打击焦炭使焦炭破碎，焦炭塔内切下来的焦炭和切焦水一起自流至焦池，切焦水经沉淀池沉淀脱除焦粉后流入吸水池，再由切焦水提升泵升压经过滤器过滤除去焦粉后送至冷焦水罐，以实现切焦水的循环利用。通常切焦水处理后要求焦粉含量不大于 300~1000μg/g，焦粉粒径不大于 3mm。切焦水的处理采用敞开式，切焦水中含有的硫化物会对环境产生恶臭影响。由于焦池露天布置，多雨地区的切焦水过剩，外排时增加了污水量；干旱地区的切焦水不足，补充时增加了水耗量。

二、冷、切焦水共用一个系统的流程

国外通常把冷焦水和切焦水作为一个系统，冷切焦水共用一个系统的流程见图 4-5-2。

流程的主要特点是：

① 冷焦水和切焦水共用一个水罐，水罐容积较大，水罐罐底为锥形，罐内沉积的焦粉由冷焦水泵来的水搅拌后排放至焦炭池。

② 冷焦水泵通常设置 3 台，冷焦水的流量由 2 个调节阀控制，采用阶梯式自动给水模式，在装置控制室内 DCS 上操作。

③ 采用泡焦冷焦模式，没有溢流水，冷焦放水直接排到焦池，和切焦水一起经沉淀焦粉后由提升泵送至冷切焦水罐。该流程和国内流程相比设备台数少、占地少、操作简单、投资低。但是塔顶排空和塔底放水时含油的蒸汽对环境产生污染。

④ 为减少焦炭塔顶排空和除焦过程的污染，设置蒸汽抽空器，对抽出的气体进行冷凝冷却，不凝气经消音器排空。

⑤ 当焦炭塔台数较多时，在焦池的两侧分别设置沉淀池和吸水池，焦池内的水自中心向两边流动。

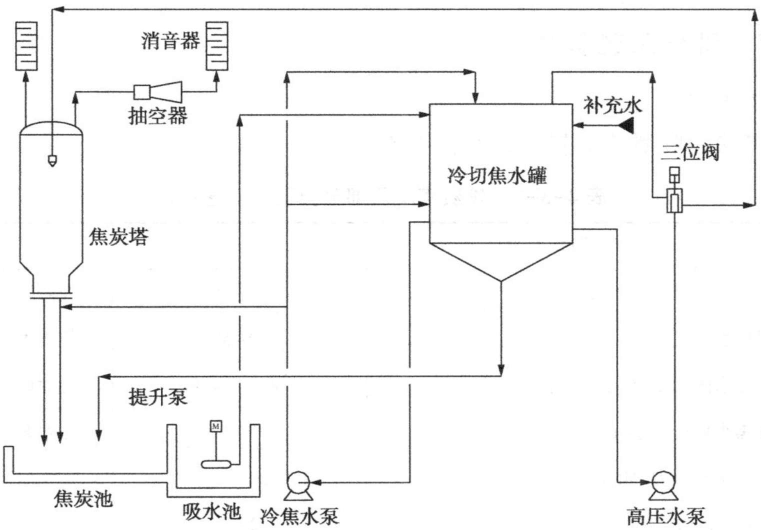

图 4-5-2 冷切焦水共用一个系统的流程图[1]

⑥ 把焦池分成焦坑和焦台两部分，靠近焦炭塔侧为焦坑，另一侧为焦台，除焦时焦炭堆在较深的焦坑，然后由吊车运到焦台脱水。

三、焦炭装运部分流程

目前国内外焦化装置的储焦基本都是采用焦炭池形式储焦，只有德国的一家公司采用了密闭除焦，但由于存在技术和投资问题没有得到推广。焦炭塔内切下来的焦炭和切焦水一起自流至焦池，在焦池内焦炭和水分离，焦炭由抓斗吊车装汽车、火车或皮带运输机运出装置。焦炭池的大小根据焦炭产量和运输销售能力确定，国内通常按照 3~10d 考虑，如果装置外设有堆焦场可适当缩短焦池的储存时间，如果皮带运输系统可靠并且焦炭的销售或利用不受限制，也可以适当缩短焦池的储存时间；缩短焦池的储存时间可以减少装置占地节省投资。抓斗吊车的能力及可靠性对焦炭外输产生一定的影响，国内焦化使用的吊车一般为 10~20t，国外通常采用 30~50t 吊车。典型的焦炭装运部分工艺流程见图 4-5-3。

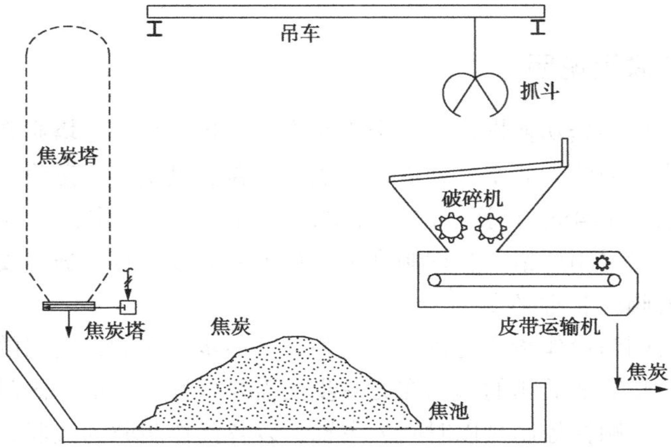

图 4-5-3 典型的焦炭装运部分工艺流程[1]

四、切焦水部分工艺参数

1. 典型工艺参数

焦炭塔切焦部分典型的工艺参数见表4-5-1。

表4-5-1　焦炭塔冷焦部分典型的工艺参数

序号	项目	数值	影响因素
1	切焦水压力/MPa(表)	15~35	焦炭硬度、焦炭塔直径
2	切焦水温度/℃	40~50	环境温度
3	切焦水固含量/(μg/g)	300~1000	沉淀时间、过滤效果
4	切焦水焦粉大小/mm	1~3	高压水泵、过滤精度
5	切焦预充压力/MPa(表)	1.0~3.0	
6	切焦时间/h	2~5	
7	切焦水流量/(m^3/h)	100~300	焦炭硬度、焦炭塔直径

2. 工艺联锁参数

焦炭塔切焦部分工艺联锁参数见表4-5-2。

表4-5-2　焦炭塔切焦部分工艺联锁参数

序号	项目	数值	联锁动作
1	高压水泵入口压力/MPa(表)	≤0.1	停高压水泵
2	高压水泵润滑油供油压力/MPa(表)	≤0.3	停高压水泵
3	切焦器距塔顶口法兰的距离/m	≤3~8	切断切焦水，三位阀改旁路
4	切焦器距塔底口法兰的距离/m	≤0.5~1	切断切焦水，三位阀改旁路

第六节　焦炭塔部分的顺控流程和安全联锁

一、顺序控制联锁说明

通常焦炭塔是两塔频繁切换操作，一个塔在进料生焦，另一个塔则在进行小吹汽、大吹汽、小给水、大给水、溢流、放水、卸盖、除焦、上盖、赶空气、蒸汽试压、脱水、油气预热等操作，每个周期(36~48h)切换一次，每次许多阀门需要操作，一旦阀门开关错误会导致火灾等安全事故。除采用严格的管理制度来避免事故的发生外，通过安全顺序控制来防止操作人员错误的开关阀门非常必要。

因为焦炭塔相关阀门操作步骤是按照时间和顺序逐步完成的，阀门的开关状态在每个步骤是不同的，在某一步需要关闭的阀门在另一步又需要打开，一部分阀门的开关状态是另一部分阀门的开关条件，顺控控制是以时间为主轴，以各操作步骤为关联，以温度、压力、料位、阀门开关状态和人工确认为条件，实现每一步骤每个需操作阀门的开关联锁。在每一步都有需要开关的阀门，开关阀门通常由外操执行，顺控联锁的目的就是通过程序判断来限制不允许开或关阀门的开或关，同时限制某一步操作没有完成，下一步操作不能进行，除非摘除联锁强制执行，确保装置的安全操作。焦炭塔自动操作包含了顺控联锁，同时可实现人机界面监控和部分阀门的自动操作，该系统不但避免因为人工操作失误而引发安全事故，也为缩短焦化装置生焦周期提供重要支持，且职责分担明确，可储存真实的操作历史记录，有助于生产管理。

二、顺序控制联锁流程

1. 顺序控制联锁流程图

典型的焦炭塔顺序控制联锁流程图见图 4-6-1。

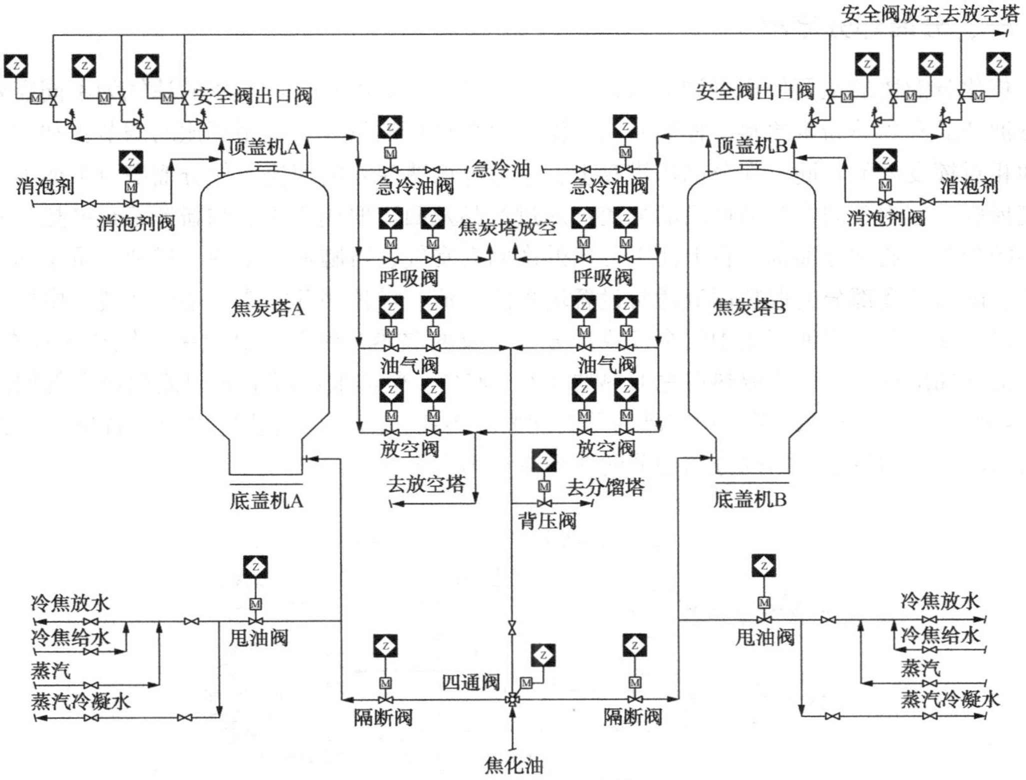

图 4-6-1　典型的焦炭塔顺序控制联锁流程图

2. 顺序控制联锁逻辑说明

① 切换四通阀步骤，判断条件有：对应焦炭塔的进料隔断阀开、甩油阀关、呼吸阀关、吹汽放空阀关、溢流水阀关、油气阀开、顶底盖机全关闭、内操允许开确认和所有条件满足，允许可执行的动作为：四通阀切换。

② 四通阀两侧隔断阀关闭条件：四通阀通向另一侧焦炭塔、对应焦炭塔顶底盖机关闭。

③ 甩油阀打开条件：四通阀通向另一侧焦炭塔。

④ 呼吸阀打开条件：四通阀通向另一个焦炭塔，本焦炭塔的油气阀、吹汽放空阀、急

冷油阀和消泡剂阀关闭，安全阀出口切断阀关闭。

⑤ 急冷油阀打开条件：焦炭塔的油气阀开、对应焦炭塔顶底盖机关闭。

⑥ 油气阀打开条件：对应焦炭塔顶底盖机关闭，安全阀出口切断阀关闭。

⑦ 吹汽放空阀打开条件：对应焦炭塔顶底盖机关闭，安全阀出口切断阀关闭。

⑧ 安全阀出口切断阀关闭条件：呼气阀开或对应焦炭塔顶底盖机开。

⑨ 焦炭塔顶底盖机开条件：焦炭塔顶压力、进口温度满足一定条件，四通阀通向另一个塔、油气阀关、放空阀关、急冷油阀关、消泡剂阀关。

第七节　分馏部分流程与操作参数

一、分馏部分流程

焦化分馏塔的主要作用是调节操作装置的循环比、分离来自焦炭塔的油气为不同需要的馏分油产品和预热新鲜原料。控制蒸发段温度改变循环油量，实现循环比的调节；利用各馏分油相对挥发度的不同，在分馏塔塔盘上，通过外取热建立内回流，使分馏塔自下而上建立温度梯度，实现不同馏分油产品的分离；通过产品及回流取热换热器和新鲜原料换热，实现原料的预热。通常分馏部分自上而下分出的产品有富气、石脑油、柴油、蜡油、重蜡油、循环油。国内分馏部分的取热回流通常设置塔顶冷回流、塔顶循环回流、柴油回流、中段油回流、蜡油回流和重蜡油回流中的全部或部分，回流的取热比例和产品收率及换热流程有关，通常柴油抽出以上的回流取热占总取热的35%~45%，柴油抽出以下的回流取热占总取热的55%~65%[1]。由于国内对焦化产品的分离度要求不高，国内焦化装置早期设置柴油汽提塔和蜡油汽提塔的较少。国内分馏部分的典型流程图见图4-7-1。

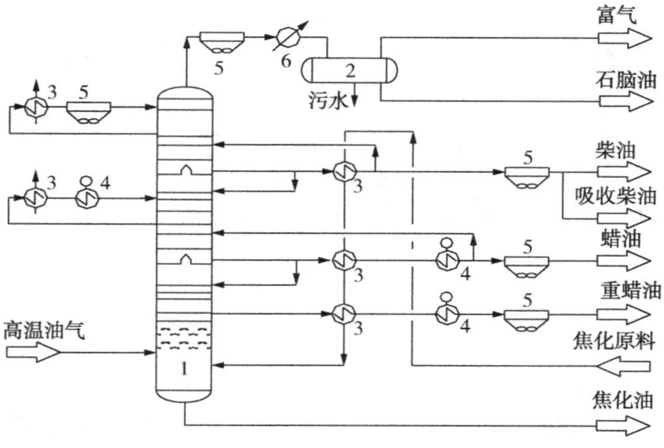

图4-7-1　国内分馏部分的典型流程图

1—分馏塔；2—分液罐；3—换热器；4—蒸汽发生器；5—空冷器；6—水冷器

为降低汽油和柴油的重叠度、柴油和蜡油的重叠度、提高柴油的闪点、减少塔板数降低分馏塔压降，国外焦化分馏塔通常设置柴油汽提塔和蜡油汽提塔。国外分馏塔流程中很少设置塔顶循环回流和中段回流。利用塔顶冷回流代替塔顶循环回流，可提高塔顶温度，减少塔顶部塔板结盐，提高汽油和柴油的分离度。利用柴油下回流代替中段循环回流，提高柴油和蜡油的分离度。国外分馏部分的典型流程图见图 4-7-2。

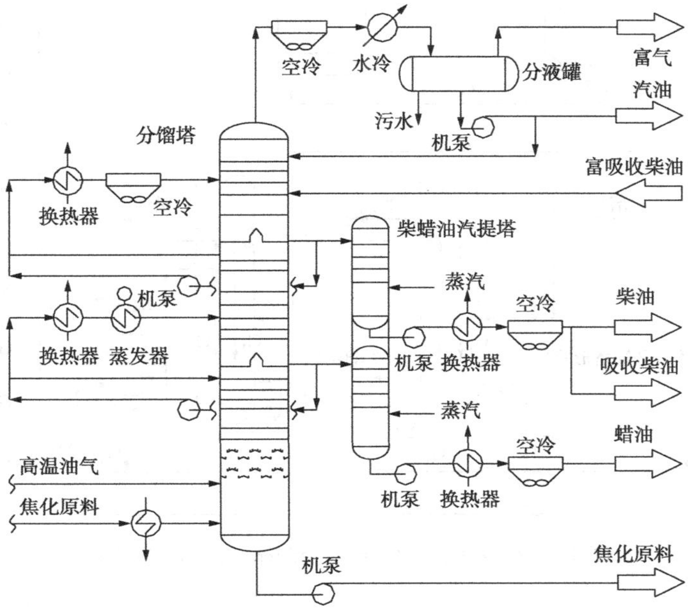

图 4-7-2　国外分馏部分的典型流程图

（一）原料油部分工艺流程说明

典型焦化装置的原料一般是先进装置内的原料缓冲罐，缓冲时间根据上下游装置的物料平衡和控制方案确定，通常为 0.5～1.0h。部分装置是原料和馏分油换热后再进原料缓冲罐，一是温度升高减小渣油进原料泵的黏度以降低原料泵的功率；二是高温渣油在原料缓冲罐内闪蒸，部分轻组分可直接进入分馏塔；但是该流程对原料进装置的压力要求稍高。国外焦化装置一般不设原料缓冲罐，而是直接由罐区或上游装置送至焦化换热系统。焦化原料由原料泵自缓冲罐抽出分别与分馏塔侧线柴油、中段回流油、蜡油、重蜡油或循环油换热，换热后温度为 280～330℃，然后进入焦化主分馏塔底部的缓冲段，缓冲时间通常为 10～15min 左右，在塔底和上部脱过热段被冷凝的循环油混合，混合后温度为 290～350℃，再用加热炉进料泵送至焦化加热炉部分。

（二）分馏塔蒸发段工艺流程说明

从焦炭塔顶部出来的油气经急冷油冷却到 410～430℃后进入焦化主分馏塔底部的位于换热洗涤板下的换热段，用上部洗涤段来的高温蜡油进行洗涤和冷凝冷却，使循环油冷凝下来流入塔底，在塔底循环油和新鲜进料充分混合，然后由加热炉进料泵抽送焦化加热炉。循环油和新鲜进料的比被称为循环比。分馏塔下部蒸发段工艺流程的设计是焦化分馏塔设计的关键，因为它不但关系到循环比的灵活控制，对分馏塔的结焦程度、产品焦粉携带都会产生影响。国内外不同分馏塔形式控制循环比的原则流程见图 4-7-3。

国内外几种分馏塔下部蒸发段流程见图 4-7-4。

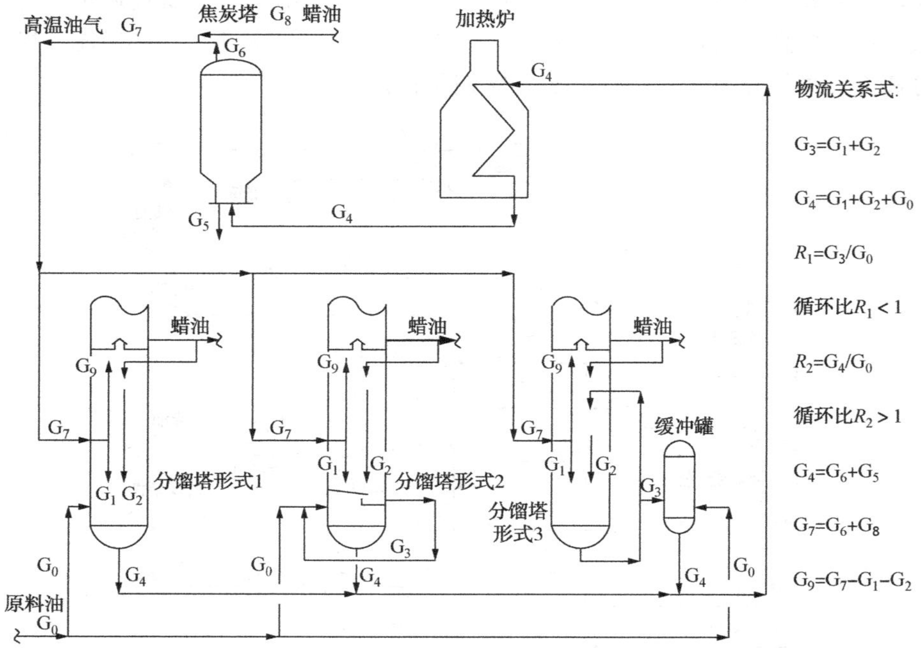

图 4-7-3　不同分馏塔形式控制循环比的原则流程

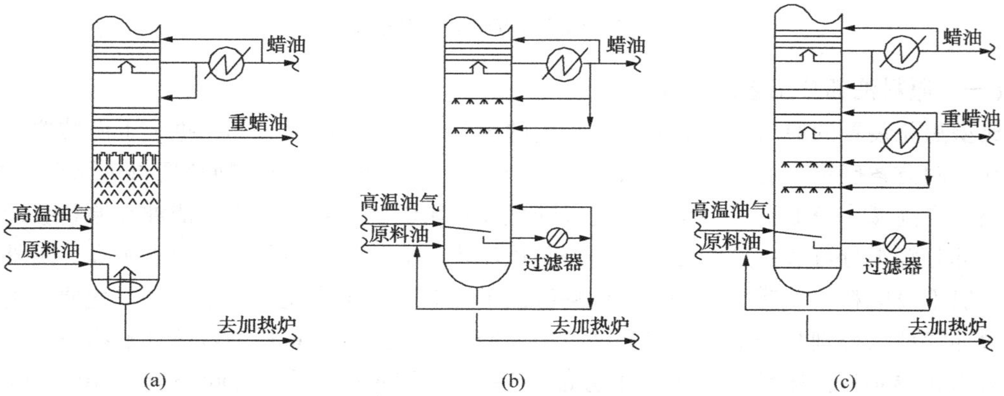

图 4-7-4　国内外几种分馏塔下部蒸发段流程

图 4-7-4 中(a)流程为利用蜡油下回流量控制循环比，蜡油集油箱下塔板数量较多，实现蜡油和循环油的充分分离，蜡油质量较好，比较适合中等循环比操作和蜡油去作加氢裂化原料的焦化装置，设重蜡油抽出，根据重蜡油抽出量可调节蜡油的残炭、金属含量和氮含量。分馏塔底设置环管搅拌器，减少分馏塔底结焦程度。

图 4-7-4 中(b)流程也是利用蜡油下回流量控制循环比，蜡油集油箱下不用塔板，而是采用两层喷头喷淋洗涤和换热，蜡油和循环油的分离效果差，蜡油的残炭、金属含量和氮含量较高，比较适合超低循环比操作和蜡油去做加氢处理原料的焦化装置。喷淋对油气中焦粉的洗涤效果较好，蜡油中焦粉含量少，减少了塔板数量，分馏塔压降减少，有利于焦炭塔低压操作。

图 4-7-4 中(c)流程和图 4-7-4 中(b)流程基本一致，也是采用两层喷头喷淋洗涤和换热，只是为了提高蜡油质量，抽出了重蜡油，并用重蜡油下回流量控制循环比，通过重蜡油的抽出量调节蜡油质量。该流程比较适合低循环比操作和蜡油去作加氢裂化原料的焦化装置。喷淋对油气中焦粉的洗涤效果较好，蜡油中焦粉含量少，减少了塔板数量，分馏塔压降减少，有利于焦炭塔低压操作。

(三) 换热流程

焦化分馏部分的换热流程与原料油的性质(如黏度)、操作条件(如循环比、进料温度)和分馏塔的回流取热方案(如是否设中段循环取热)及装置的组成结构和蒸汽平衡等因素有关。国内焦化装置通常重蜡油由泵抽出先和原料换热，再去发生蒸汽及和热水换热，最后经空冷器冷却送出装置；也有部分装置设置重蜡油回流，用重蜡油回流调节循环比。蜡油由泵抽出也是先和原料换热，再去发生蒸汽及和除氧水换热，最后经空冷器冷却送出装置，蜡油热下回流自泵出口引出，蜡油冷上回流自蒸汽发生器引出，不设置重蜡油回流时，用蜡油下回流来调节循环比，通常设置一台蜡油蒸汽发生器是必要的，可以通过调节发生蒸汽量来平衡由于焦炭塔切换引起的分馏塔热量的波动，稳定换热终温。柴油由泵抽出，如果温位允许也可以先和原料换热，必要时产生 0.4MPa 低压蒸汽，最后经空冷器冷却送出装置，柴油热下回流由泵出口引出，柴油冷上回流自 0.4MPa 低压蒸汽发生器引出。分馏塔顶油气经空冷器和水冷器冷凝冷却后进入分离罐，分出的富气和汽油分别送至气体回收部分，含硫污水送酸性水汽提系统进行处理。为了进一步平衡分馏塔内的汽液负荷和按照温度梯度逐级利用分馏塔的热量，焦化分馏塔设了多个取热回流，除了侧线产品取热回流外还有塔顶循环回流及中段回流。塔顶循环回流油通常是和燃料气换热及加热采暖水，中段回流油通常是和原料换热及发生蒸汽。当焦化部分和气体处理部分热联合时，柴油或中段油通常作脱吸塔重沸器热源，蜡油或中段油通常作稳定塔重沸器热源，此时，必然会降低原料的换热终温。焦炭塔切换四通阀、油气预热和少量吹蒸汽时以及加热炉执行在线清焦和(或)烧焦时，分馏系统的物料平衡、热量平衡及物料性质都会发生变化，直接影响到换热流程的换热效果，换热流程设计时必须给予充分的考虑。

二、分馏部分操作参数

(一) 典型操作参数

分馏塔部分典型的工艺参数见表 4-7-1。

表 4-7-1 分馏塔部分典型的工艺参数

序号	项目	数值	影响因素
1	分馏塔顶压力/MPa(表)	0.05~0.15	压缩机入口压力和冷凝系统压降
2	分馏塔顶温度/℃	100~150	塔顶压力和油气组成
3	塔顶循环回流抽出温度/℃	120~170	压力和抽出位置
4	塔顶循环回流返回温度/℃	60~100	塔顶结盐程度
5	柴油抽出温度/℃	190~240	压力和柴油性质
6	柴油回流温度/℃	130~170	换热流程
7	中段抽出温度/℃	270~310	抽出位置

续表

序号	项目	数值	影响因素
8	中段回流温度/℃	200~240	换热流程
9	蜡油抽出温度/℃	320~370	压力和蜡油性质
10	蜡油回流温度/℃	200~240	换热流程
11	重蜡油抽出温度/℃	360~395	压力和重蜡油性质
12	重蜡油回流温度/℃	200~240	换热流程
13	循环油抽出/℃	380~410	循环比
14	分馏塔底温度/℃	280~350	换热流程、循环比、焦炭塔操作
15	循环比/%(质)	5~80	蒸发段温度
16	石脑油出装置温度/℃	≤40	
17	柴油出装置温度/℃	≤55	
18	蜡油出装置温度/℃	≤90	

(二) 关键操作参数

1. 循环比

延迟焦化循环比通常采用循环油量/新鲜原料油量或(新鲜原料油量+循环油量)/新鲜原料油量的比值来表示，国内常采用质量比，国外一般采用体积比，前者数值小于1.0，后者数值大于1.0，后者被称为联合循环比。新鲜原料油为进到加热炉内的原料，可能包括渣油、油浆、污油等。循环油是指由焦炭塔出来的瓦斯油中的高沸点成分，相对于低沸点馏分，它富含硫、氮、残炭、C_7不溶物和金属。在新鲜原料中掺入焦化装置反应自产的反复循环的循环油，改变了原料的性质，加热炉进料的四组分比例结构发生变化，使热转化反应发生变化。循环油相当于重蜡油或蜡油，在加热炉和焦炭塔也产生部分热裂化反应。循环油经过回炼后，可以得到更多的轻质馏分油产品和少量的焦炭。循环比增加焦炭、气体、汽油和柴油收率提高，但蜡油收率降低。反之，循环比减少焦炭、气体、汽油和柴油收率降低，但蜡油收率提高。循环比对装置处理能力、产品性质及其分布、能耗、投资和操作费用都有重要影响，是延迟焦化装置非常重要的操作参数之一。

同一种焦化原料，循环比对产品分布、蜡油性质和加热炉进料性质的影响见表4-7-2。

表4-7-2　循环比对产品分布和蜡油性质及炉进料性质的影响[1]

项目名称	循环比			
	0.0	0.1	0.2	0.4
产品收率/%(质)				
富气	7.93	8.22	8.53	9.01
汽油	12.60	13.86	14.31	15.70
柴油	24.08	24.31	25.67	27.51
蜡油	28.34	26.55	22.53	17.68
焦炭	26.50	27.06	28.96	30.10
蜡油性质				
密度d_{20}^4/(g/cm³)	0.9612	0.9595	0.9593	0.9571

续表

项目名称	循环比			
	0.0	0.1	0.2	0.4
黏度 V_{100}/(mm^2/s)	5.97	4.907	4.903	3.358
康氏残炭/%(质)	1.90	1.28	0.86	0.78
干点/℃	510	484	479	465
炉进料性质				
密度 d_{20}^4/(g/cm^3)		1.0000	0.9994	0.9963
黏度 V_{100}/(mm^2/s)		273.6	191.5	82.39
康氏残炭/%(质)		17.1	15.6	13.4
沥青质/%(质)		5.70	5.30	4.10

从表4-7-2可看出：

① 单程和低循环比操作焦化液收高，焦炭收率低，反之蜡油收率高，但柴油收率低、汽油和富气收率略低。现有装置经过少量技术改造降低循环比，是提高装置加工能力和液收的主要措施。

② 单程和低循环比操作，焦化蜡油变重、变稠、康氏残炭高达1.90%，会影响到下游催化裂化装置或加氢裂化装置。

③ 低循环比操作焦化炉进料油性质变差，特别是残炭和沥青质含量提高，必然会影响到焦化炉运行周期，这种情况下宜选用可以进行在线清焦的双面辐射炉炉型，当炉管内介质温升速率达到某-$\Delta T/\Delta\tau$值时，可采用分别在前后管段适当部位注入少量不同馏分油的技术。其原理是改变该高$\Delta T/\Delta\tau$管段介质的族组成结构，提高炉管内介质热稳定性。

不同焦化原料，循环比对产品分布和总液体收率的影响见表4-7-3。

表4-7-3　循环比对产品分布和总液体收率的影响[1]

原料名称	沙特混合减渣			沙重减渣	
试验条件					
炉出口温度/℃	495	495	495	495	495
焦炭塔顶压力(表)/MPa	0.17	0.17	0.17	0.17	0.17
循环比	0.20	0.35	0.50	0.4	0.6
注汽量/%	1.5	1.5	1.5	1.5	1.2
产品分布/%					
焦化气体	9.22	9.76	10.06	9.27	9.95
C_5+C_6	3.11	3.29	3.41	3.57	3.61
焦化石脑油	10.37	11.32	12.09	10.15	11.38
焦化柴油(175~350℃)	28.19	30.07	31.74	29.24	31.26
焦化蜡油(>350℃)	15.94	11.65	8.31	9.70	5.01
焦炭	33.17	33.91	34.39	38.07	38.79
合计	100.00	100.00	100.00	100.00	100.00
总液收	57.61	56.33	55.55	52.66	51.26
焦炭收率/原料残炭	1.37	1.40	1.42	1.36	1.39

从表 4-7-3 可看出：

同种原料，在加热炉出口温度、焦炭塔顶压力、加热炉注水量等相同的条件下，总液体收率随循环比的提高而降低，主要是蜡油收率受循环比的影响较大。沙特混合减渣和沙重减渣由于原料性质不同，循环比对产品分布及总液体收率的影响也不同。

图 4-7-5～图 4-7-8 分别是联合循环比对焦化液体收率、蜡油干点、蜡油中沸点、产品收率的影响。

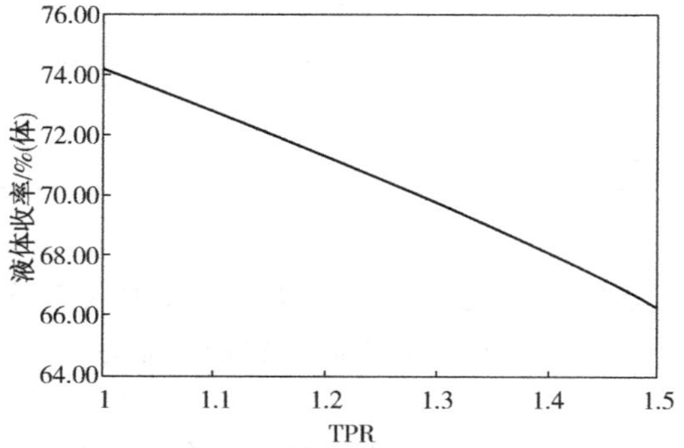

图 4-7-5　联合循环比(TPR)对焦化液体收率的影响[1]

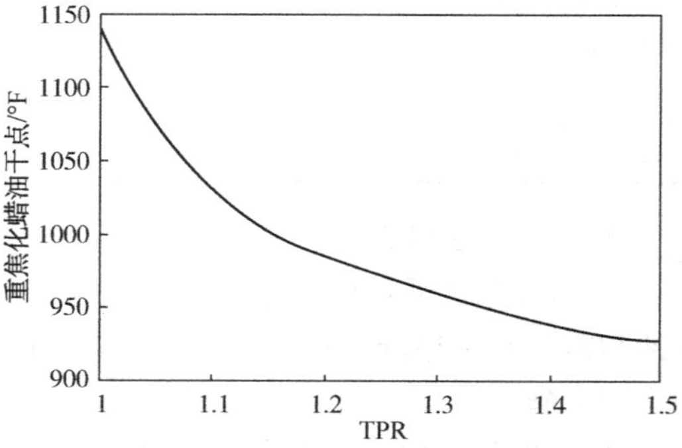

图 4-7-6　联合循环比对焦化蜡油干点的影响[1]

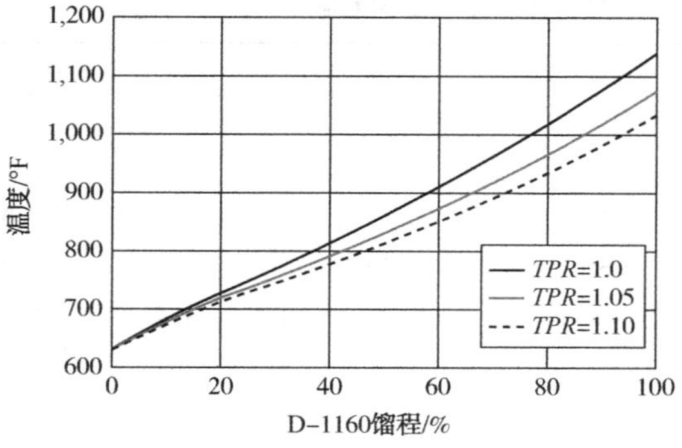

图 4-7-7　联合循环比对蜡油中沸点的影响[1]

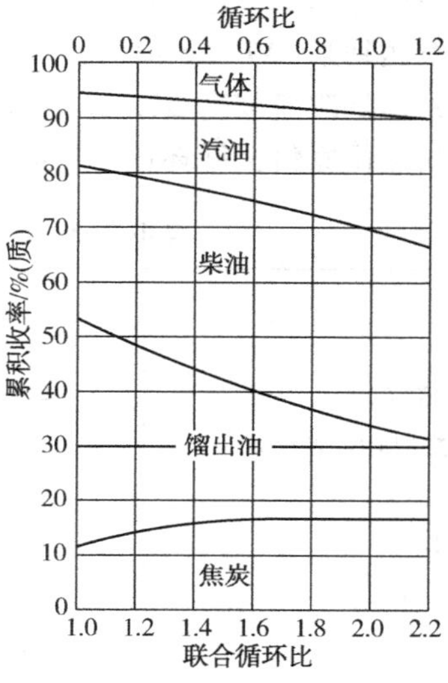

图 4-7-8　联合循环比对焦化产品收率的影响[1]

为了提高液体收率，增加装置效益，延迟焦化工艺总的趋向是降低循环比，尤其是新建焦化装置，联合循环比最低降到 1.05。但是循环比的降低受到一定的限制，低循环比下蜡油变重、变稠，蜡油干点升高，残炭和重金属含量都增加，显然会影响下游蜡油加工过程的能力。低循环比下焦化炉进料油性质变差，特别是康氏残炭和沥青质含量提高，必然会影响到焦化炉运行周期和分馏塔下部操作。循环比降低后焦化加热炉辐射段进料性质将发生变化，表现为密度增加，康氏残炭增加，沥青质增加，更接近焦化新鲜原料的性质，在同样的炉管平均热强度和管壁温度条件下，炉管内结焦的可能性增加，结焦速率也将迅速上升。一些加工高沥青质渣油原料的焦化装置，循环比太低会产生弹丸焦。

2. 分馏塔顶温度

分馏塔顶温度是分馏塔顶流出物中最重馏分的露点温度，在操作中是根据汽油的干点调节控制。汽油干点高，分馏塔顶温度高，反过来温度高了，干点必然会高。塔顶温度用塔顶汽油冷回流量或塔顶循环回流量来控制，保证汽油干点合格。影响分馏塔顶温度的因素有：油气组成的变化，原料性质的变化，分馏塔顶压力的变化，塔顶回流量的变化，加热炉注汽及阀门汽封的变化等。有时为了减少分馏塔顶塔板的结盐提高塔顶温度，同时也提高了汽油的干点，由于焦化汽油和柴油去混合加氢处理，提高汽油干点除对吸收稳定系统有一定的影响外，对产品质量影响不大。

第八节　气体回收部分流程和操作参数

气体回收部分通常包括气体压缩、气体吸收、汽油脱吸（脱 C_2）和汽油稳定（脱 C_4）等，其主要目的是从焦化富气中回收液化气，产生的干气经脱硫后作为燃料气，同时降低焦化汽油的蒸汽压。气体压缩是通过压缩机对气体压缩增压，气体吸收是利用气体混合物各组分在液相中具有不同的溶解度来分离气体混合物。汽油稳定是一个脱碳四的精馏过程，进料段以上为精馏段，进料段以下为提馏段，不平衡的气液两相在塔盘上逆向接触进行传质传热，气相中重组分（高沸点物）优先冷凝，液相中轻组分（低沸点物）优先汽化，最后塔顶部得到较纯的轻组分，底部得到较纯的重组分，从而达到对产品精馏的目的。

一、压缩机部分工艺流程和操作参数

（一）压缩机部分工艺流程

国内典型的压缩机工艺流程见图 4-8-1。

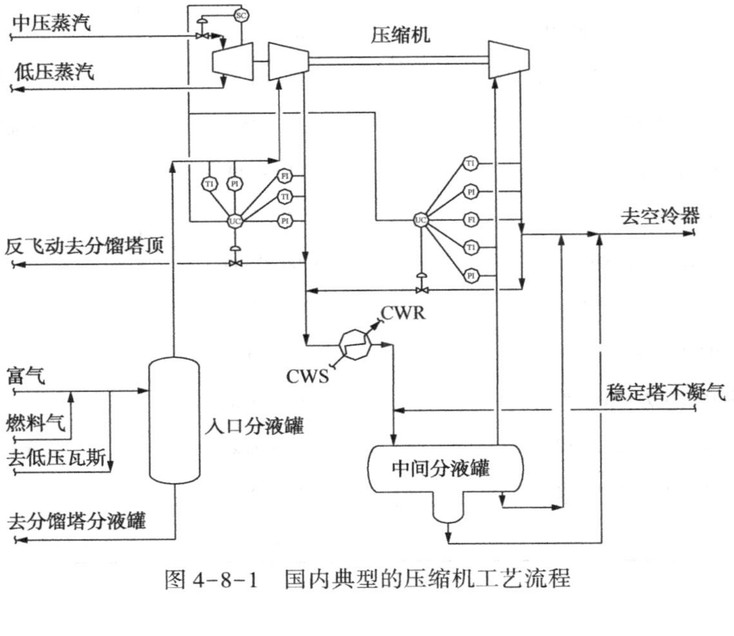

图 4-8-1　国内典型的压缩机工艺流程

焦化富气自分馏塔顶气液分离罐进压缩机入口分液罐分液后进入压缩机一级入口，经一级压缩升压到0.3~0.5MPa后分两路，一路作为一级反飞动气体去分馏塔顶空冷器，根据压缩机一级入口的压力或流量及一级出口的压力或流量调节反飞动气体流量，另一路和二级反飞动气体一起去压缩机中间冷却器，经冷凝冷却后到压缩机中间分液罐分液，气体进入压缩机二级入口经二级压缩到1.1~1.5MPa后分两路，一路作为二级反飞动气体去压缩机中间冷却器，根据压缩机二级入口的压力或流量及二级出口的压力或流量调节反飞动气体流量，另一路和分液罐来的液态烃和水一起至压缩机出口冷却器。为压缩机的开工循环和稳定压缩机入口压力，通常在压缩机入口分液罐前设置补充燃料气和泄压到低压瓦斯管网的管线。压缩机系统的工艺流程不完全一致，主要区别有：

① 反飞动方式的不同，主要有：压缩机二级出口经冷却返回到压缩机一级入口的一次反飞动；一级出口返一级入口及二级出口返二级入口的逐级反飞动；压缩机设一次反飞动或逐级反飞动的同时，增加压缩机出口到分馏塔顶空冷器的大反飞动。

② 压缩机入口凝液外送方式的不同，主要有：设置凝缩液压送罐，间断压送压缩机入口分液罐的凝液；设置液体喷射器，由汽油间断抽送压缩机入口分液罐的凝液。

③ 未稳定石脑油流程的不同，主要有：未稳定汽油由分馏塔顶分液罐直接送吸收塔；未稳定汽油由分馏塔顶分液罐先送压缩机一级出口对富气进行吸收，在压缩机中间分液罐分液后再由泵送至吸收塔。

④ 压缩机驱动方式的不同，主要有：蒸汽背压透平驱动、蒸汽凝液透平驱动和电机驱动。

（二）压缩机部分工艺参数

压缩机部分典型的工艺参数见表4-8-1。

表4-8-1　压缩机部分典型的工艺参数

序号	项目	数值	影响因素
1	压缩机入口压力/MPa(表)	0.01~0.06	压缩机的型式及能耗
2	压缩机一级出口压力/MPa(表)	0.3~0.5	一级压缩比
3	压缩机二级出口压力/MPa(表)	1.1~1.5	压缩机的型式、吸收压力和能耗
4	压缩机入口温度/℃	40~60	分馏塔顶冷却器
5	压缩机出口温度/℃	110~140	压缩机压缩比
6	富气分子量	27~33	
7	压缩机转速/(r/min)	8000~13000	
8	润滑油压力/MPa(表)	1.2~1.5	
9	润滑油过滤精度/μm	≤10	
10	透平蒸汽压力/MPa(表)	1.0~3.5	全厂蒸汽平衡
11	透平背压蒸汽压力/MPa(表)	0.4~1.2	全厂蒸汽平衡
12	干气密封压力/MPa(表)	0.5~0.8	干气密封型式
13	密封干气过滤精度/μm	≤10	

二、吸收稳定部分工艺流程和操作参数

（一）吸收稳定部分工艺流程

国内典型的吸收稳定部分工艺流程见图 4-8-2。

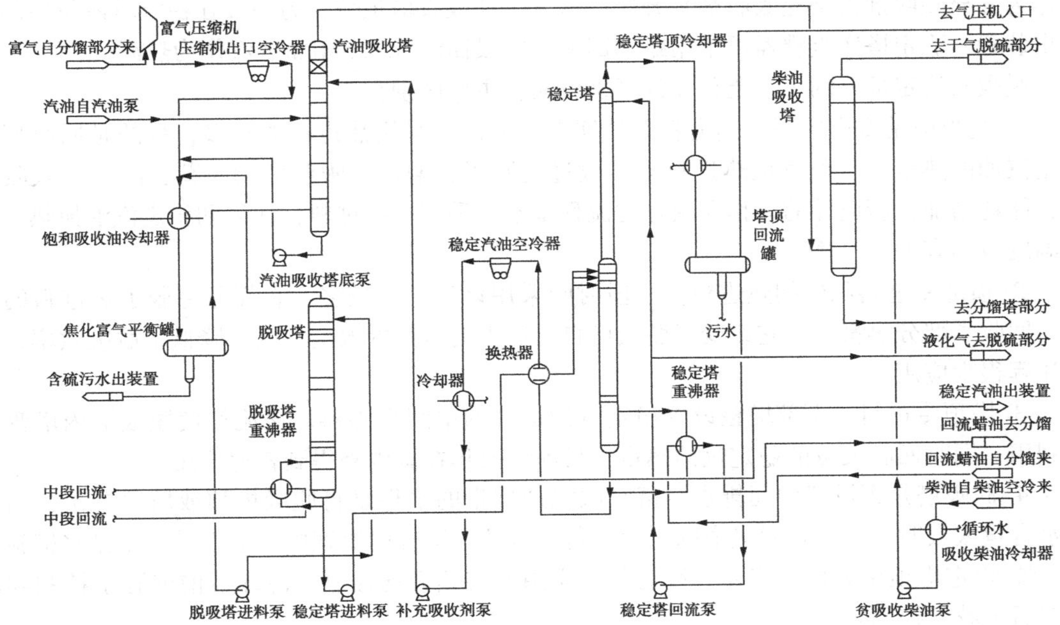

图 4-8-2　国内典型的吸收稳定部分工艺流程

吸收稳定部分包括气体吸收、饱和吸收油脱吸和汽油稳定。气体吸收包括汽油吸收和柴油吸收，根据相似相溶吸收原理，汽油吸收塔主要是吸收富气中的 C_3、C_4 和 C_5 组分，柴油吸收塔主要是吸收由汽油吸收塔携带过来的汽油组分。来自压缩机出口空冷器的压缩富气首先和来自吸收塔底的饱和吸收油及来自脱吸塔顶的脱吸气混合，然后经冷却器冷却后进入三相平衡罐，气体进入吸收塔，由来自分馏部分的粗汽油和来自稳定塔底的稳定汽油吸收，富吸收油自塔底由泵抽送至空冷器出口，气体自塔顶流出进入柴油吸收塔，在柴油吸收塔由来自分馏部分的经冷却增压的柴油吸收，富吸收柴油自塔底在液位控制下经换热后进分馏塔，酸性干气在压力控制下由塔顶送至下游脱硫装置。国内外的富气吸收流程区别不大，国内的吸收塔通常设有 2~3 个中段取热回流，通过降低吸收温度来提高吸收率，需要的稳定汽油补充吸收剂相对较少，而国外的吸收塔通常不设中段回流或设 1 个中段回流，为达到相同的吸收率，需要的补充吸收剂较多。哪个更为合理应通过能耗及投资的对比确定。

脱吸塔的主要作用是脱除饱和吸收油中携带的 C_2 及更轻的组分，降低稳定塔顶回流罐的压力和控制液化气中的 C_2 含量，脱吸塔是气体回收部分的核心，它的运行直接关系到稳定和吸收的平稳；稳定塔的作用是脱出饱和汽油中的液化气，控制液化气中的 C_5 含量和汽油的蒸汽压。富吸收汽油自焦化富气平衡罐由脱吸塔进料泵抽出后送至脱吸塔顶部，以脱除富吸收汽油中的 C_2 及以下组分。脱吸塔设有塔底重沸器，可用柴油或中段油作为热源，部分装置设置中间重沸器，利用稳定汽油作热源。脱乙烷汽油自脱吸塔底由稳定塔进料泵抽出

经换热后进入稳定塔或不换热直接进入稳定塔。液化气从稳定塔顶出来，经稳定塔顶冷凝冷却器冷却至40℃后进入稳定塔顶回流罐，液化气自罐底由稳定塔顶回流泵抽出后分为两股，一股作为冷回流返回稳定塔顶，另一股在液控下作为液化气产品送出装置。稳定塔底的稳定汽油经作脱吸塔热源、和稳定塔进料换热、由空冷器和水冷器冷却至40℃后分为两股，一股作为补充吸收剂由补充吸收剂泵升压后送入汽油吸收塔顶部，另一股在稳定塔液位控制下送出装置。稳定塔底重沸器可采用蜡油回流、中段回流或3.5MPa蒸汽作为热源。

脱吸及稳定部分的工艺流程设计区别较大，主要区别在于：

① 脱吸塔是冷进料还是热进料，早期设计的流程采用热进料的较多，目的是回收部分稳定汽油的热量，后来发现热进料易导致过度脱吸，增加了吸收塔的负荷，降低了吸收效果，能耗增加，新设计的流程和国外的流程基本都采用了冷进料，如果和稳定汽油换热，换后温度也不宜太高。

② 顶部冷进料和中间热进料。一段时间采用该流程的较多，它部分克服了热进料的缺点，回收了部分热量，但它改变了脱吸塔自上而下的自然的温度梯度，降低了脱吸效率，国外流程很少应用。

③ 塔顶冷进料，下部塔板设置稳定汽油加热的中间重沸器。该流程使脱吸塔内塔盘充分利用，同时回收大量的稳定汽油热量，目前该流程在国内外得到普遍应用。

④ 脱吸塔是否设置中间排水。富吸收汽油携带的水很难自脱吸塔顶或塔底排出，当塔内水含量太大时，会影响脱吸塔的平稳运行，因此，国外的流程中一般都设置了排水措施。

⑤ 稳定塔顶压力控制流程。目前普遍应用的有热旁通控制、冷却器前卡脖子控制和冷却器后卡脖子控制等。

⑥ 用塔灵敏板的温度控制重沸器的旁路阀、分程控制重沸器的旁路阀和主路阀、控制重沸器的给热量等控制流程均有采用。

(二) 吸收稳定部分工艺参数

吸收稳定部分典型的工艺参数见表4-8-2。

表4-8-2　吸收稳定部分典型的工艺参数

序号	项目	数值	影响因素
1	吸收塔顶压力/MPa(表)	0.8~1.35	压缩机出口压力、吸收率
2	吸收塔顶温度/℃	40~50	吸收剂温度、吸收率
3	吸收塔底温度/℃	45~55	吸收剂温度、吸收率
4	大于等于 C_3 吸收率/%(体)	80~90	吸收温度、压力、吸收剂量
5	脱收塔顶压力/MPa(表)	0.9~1.45	压缩机出口压力
6	脱收塔顶温度/℃	60~80	脱吸率
7	脱吸塔底温度/℃	120~180	操作压力、脱吸率
8	柴油吸收塔顶温度/℃	40~50	
9	汽油及柴油吸收剂温度/℃	40	
10	稳定塔顶温度/℃	50~70	塔顶压力，塔顶物料组成
11	稳定塔顶回流罐温度/℃	40~50	塔顶冷却器、液化气组成
12	稳定塔顶压力/MPa(表)	0.8~1.2	回流罐温度、液化气组成
13	稳定塔底温度/℃	170~240	汽油的蒸气压、塔顶压力
14	液化气中 C_2 含量/%(体)	1~3	企业标准
15	液化气中 C_5 含量/%(体)	1~5	企业标准
16	干气中大于 C_3 含量/%(体)	3~5	企业标准

第九节　典型延迟焦化技术分析

一、国内延迟焦化成套技术、专有技术和专利技术的分析

随着重质原油特别是劣质原油加工量的增加，渣油加工路线的选择成为重要课题，延迟焦化由于其对原料的适应性强、投资少和操作费用低等特点得到许多炼化公司的关注。近年来随着延迟焦化装置加工能力的不断提高，在装置规模大型化、原料适应性、工艺技术、设备技术、节能减排技术、安全环保技术和生产操作技术等方面都有许多发展和创新，通过各种有效的技术进步，使延迟焦化技术能够适应炼厂不断变化的需要，加工各种渣油(包括各种污油和污泥)，把低价值的重油和污油等传化成高价值的产品，成为炼厂重油加工的一种主要加工工艺。近年来，国内延迟焦化装置规模发展迅速，其加工能力的总和仅次于美国，居世界第二位。随着延迟焦化装置的大量新建和改造，通过自主创新和总结提高，各大石油公司、研究单位及设计单位都不同程度上开发和应用了许多延迟焦化新技术、新工艺和新设备，形成了具有自主知识产权的延迟焦化成套技术、专有技术和专利技术。

(一)焦化炉管外定向反射与管内深度裂解技术[1]

“焦化炉管外定向反射与管内深度裂解”技术由中国石油大学(华东)开发。该技术是以控制焦化炉炉管结焦为核心，通过特制燃烧器、炉管排布与炉膛结构合理分配炉管表面热强度，尽量降低最高油膜温度，尽量在较低的出口温度下提高焦化炉出口转化深度并提供尽可能多的生焦反应给热量，是在中国延迟焦化工业快速发展过程中形成的延迟焦化高效转化技术，具有以下特点：

① 以追求最大单程加工能力为目标，将焦化炉单程处理能力从250kt/a提高到500～600kt/a，尽量降低管程数；

② 提高加热炉热效率，降低燃料消耗，多方面措施降低装置的能耗；

③ 合理分配炉管表面热强度，尽量降低最高油膜温度，减少炉管结焦速率，延长装置周期；

④ 基于现场炉管结焦现状诊断及趋势预测系统和原料结焦倾向定量评价，延长介质在管内的反应停留时间，提高焦化炉生焦反应给热量及生焦反应给热品质，在较低的出口温度下，提高焦化炉出口转化深度，装置干气产率低，轻油收率高；

⑤ 该技术主要是通过增加炉管数延长炉管内的停留时间；增加加热炉的给热量；改变介质流向，辐射室由过去的上进下出改为下进上出；加热炉墙由平面墙改为异型墙，改变辐射传热方向(见图4-9-1)；火嘴由垂直燃烧改为贴墙燃烧，以减少炉管结焦和降低焦炭产率。炉管排布结构详见图4-9-1。该技术在国内多套焦化装置得到应用，其效果为降低焦炭收率1%～2%，增加能耗约0.5kgEO/t原料，未大量出现炉出口严重结焦和弹丸焦生成等现象。

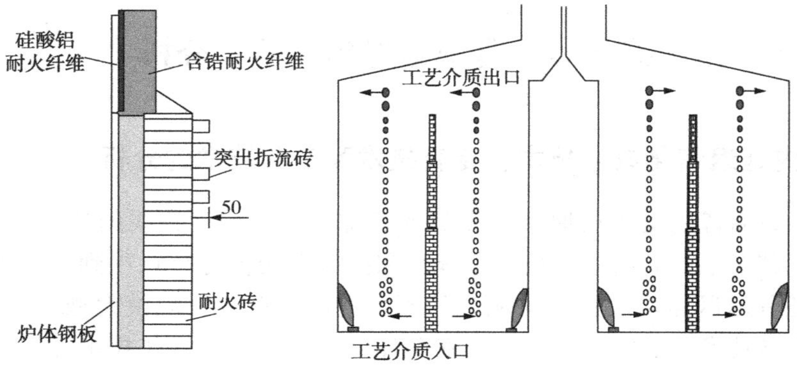

图 4-9-1　异型结构炉墙示图及下进上出流程示图

国内某大型石油化工公司 2010 年 11 月装置大修期间，进行了 18h 生焦改造和加热炉改造，采用“焦化炉管外定向反射与管内深度裂解”技术。主要改造内容包括：加热炉辐射室炉管改造，加热炉辐射管由原来的上进下出流程改造为下进上出流程，并增加 32 根辐射炉管及炉出口管扩径；加热炉对流段增加 2 排共 16 根管(管内介质为渣油)；炉内全部衬里更换；加热炉炉墙、衬里、火嘴、火盘全部更换，火嘴改为对炉墙侧烧，避免火焰直扑炉管；在原有热管式空气预热器的基础上，在高温烟气段串联一组扰流子空气预热器；调整加热炉注汽流程和烧焦流程等。改造前后物料平衡见表 4-9-1。

表 4-9-1　焦化加热炉改造前后物料平衡表

项　目		改造前收率	改造后收率
进料	渣油量/%(质)	100	100
出料	汽油/%(质)	18.03	17.64
	柴油/%(质)	28.6	34.17
	蜡油/%(质)	16.53	13.48
	液态烃+干气/%(质)	9.01	8.57
	甩油/%(质)	0.41	0.08
	焦炭/%(质)	27.22	25.94
	损失/%(质)	0.2	0.12
轻收(汽+柴)/%(质)		46.63	51.81
液收(汽+柴+蜡)/%(质)		63.16	65.29
渣油残炭值/%(质)		18.42	20.69
焦炭收率/残炭值		1.478	1.156

加热炉节能改造后，排烟温度由改造前的 220℃ 左右下降到 130℃ 以下，进炉热风温度由改造前的 170℃ 左右提高到 280℃ 左右，炉效率提高了 1.7%～2.5%；炉燃料气单耗由 17.98kgEO/t 原料下降到 16.20kgEO/t 原料。炉管改造后，焦炭收率减少约 1.28%，液体产品收率增加了 2.13%。

(二) 高效强适应性延迟焦化加热炉技术

高效强适应性延迟焦化加热炉技术是由中国石化工程建设工公司(SEI)主导开发的技

术，高效强适应性阶梯焦化炉炉型见图4-9-2，该炉具有兼顾多吸热与低结焦速率的特性，经过工业化应用证明该加热炉可以适应装置原料的劣质化、提高单吨焦化原料经济效益采取的提高炉出口温度、降低循环比的措施而引起的焦化炉操作条件苛刻度提高的工况，同时，该炉型可以提高单管程加工能力、增加焦化炉在线率、有助于改善产品分布和提升装置经济效益。高效强适应性延迟焦化加热炉技术具有以下特点。

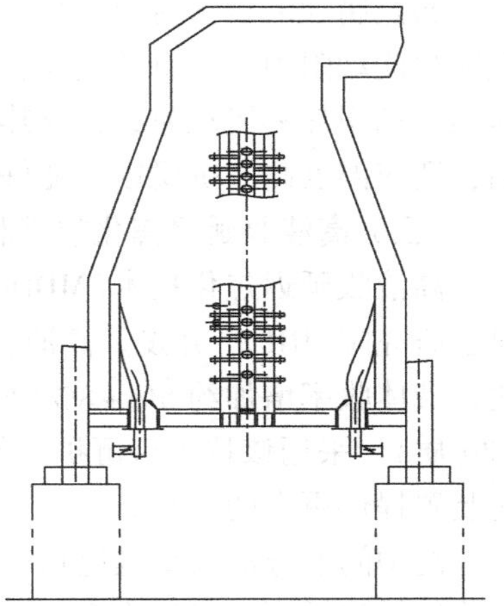

图4-9-2　高效强适应性阶梯焦化炉炉型

① 高效强适应性阶梯焦化炉为单燃烧室单管程的双室或多室双面辐射卧管立式炉，其燃烧室采用组合阶梯截面。根据工艺流程的要求，两种不同的介质——焦化原料和过热蒸汽通过加热炉盘管加热。其中过热蒸汽盘管布置在对流的最上部，焦化原料盘管布置在对流到辐射室。

② 焦化原料盘管采用ASTM A335 P9，辐射盘管为单室单排双面辐射布置，工艺介质自上而下通过辐射盘管。辐射盘管通过辐射管架布置在炉膛中央。辐射管架采用下支撑结构，材质为ZG40Cr25Ni20的铸造件。辐射盘管两侧设置两排小发热量的扁平焰附墙气体燃烧器。

③ 单燃烧室单管程的构造避免不同管程间传热的干扰，有利于调整操作。该构造配以优化的衬里结构设计，能够最大限度地满足在线清焦操作时炉膛快速升、降温的要求，是适合焦化装置操作特性的焦化炉构造。

④ 采用附墙燃烧，火焰紧贴壁面，燃烧稳定，高温烟气附墙流动，在燃烧器与炉管之间形成了烟气回流区域，回流区一方面使得火焰稳定附墙燃烧，另一方面高温烟气在炉膛内回流有利于炉管吸热。附墙燃烧方式和辐射室截面结构两大特征降低了炉膛内上下部温度分布梯度，更有利于炉管表面热强度分布的均匀性。炉管表面热强度沿高度方向和长度方向分布均匀，无明显局部炉管过热。

中国石化某公司焦化装置在扩能改造中新建的焦化炉采用了高效强适应性焦化炉(以下称F102)。该装置原配套焦化炉为常规焦化炉型(以下称F101)。通过分析比较，在相同原料、流量、原料进口温度以及相近循环比条件下的操作数据，结合现场操作的其他参数以及产品收率分析，可得如下结论：

① F102较F101的辐射传热效果好，在热负荷增加、操作条件变苛刻的过程中，F102挡墙温度较F101增量小；操作平稳性好、弹性大。

② 采用F102较F101装置焦炭挥发分下降，液收增加约1.9%，焦炭收率下降约1.14%。

③ 现场F102炉外壁温度低，整体散热损失大幅降低；F102火嘴燃烧状况明显好于F101，燃烧较稳定、均匀，不存在火焰偏舔炉管现象。F102热效率较国内焦化炉平均值高约2%。

④ F-102吨新鲜原料油消耗燃料较F-101低0.48kg/t。

另外，铸铁双向翅片空气预热器技术，通常配合高效强适应性延迟焦化加热炉技术使用。空气预热器空气侧、烟气侧均有与气体流动方向一致的不连续翅片，采用添加微量元素的抗露点腐蚀的铸铁材质。技术特点是：间壁式换热，比表面积大；既强化换热效果，又有效减少流动阻力；可有效避免积灰和便于水清洗；换热元件间的密封结构的设置，有效减少泄漏，利用热膨胀现象，强化热态下的密封性；由于流动空间较大对燃料的灰分含量要求不高；适应温度高；抗腐蚀性能好等。

（三）高液收延迟焦化技术和高中间馏分油收率延迟焦化技术

高液收延迟焦化技术（MDDC）和高中间馏分油收率延迟焦化技术（HMDDC）由石油化工科学研究院（RIPP）开发。高液收延迟焦化工艺和常规焦化工艺比较，由于采用了超低循环比，液体收率增加约5%～8%（质），焦炭收率下降约2%～3%（质），气体收率下降约3%～4%（质）。采用该技术后可扩大装置处理能力。蜡油收率增加，可为加氢裂化装置或催化裂化装置提供更多的原料。

高中间馏分油收率延迟焦化工艺和常规焦化比较，焦化分馏塔的循环方法不同，它采用焦化轻蜡油循环，柴油收率可提高7%（质）以上，是一个多产柴油的焦化技术，在保持高液收延迟焦化技术（MDDC）工艺特点的基础上，气体收率和焦炭收率的比值较低。表4-9-2是高中间馏分油收率工艺和常规焦化产品分布比较。表4-9-3是所得焦炭性质比较，二者基本相近。

表4-9-2　HMDDC焦化工艺和常规焦化产品分布比较　　%（质）

原　料	国内减渣		国外减渣	
项目	常规焦化	HMDDC	常规焦化	HMDDC
瓦斯	9.27	8.94	9.01	8.50
汽油	13.75	12.00	15.70	14.03
柴油	32.18	41.26	27.51	32.85
蜡油	18.10	15.07	17.68	16.28
焦炭	26.70	22.73	30.10	28.34
液收率	66.03	68.33	60.89	63.16

表4-9-3　HMDDC焦化工艺和常规焦化产品性质比较

原　料	国内减渣		国外减渣	
项目	常规焦化	HMDDC	常规焦化	HMDDC
挥发分/%（质）	8.43	8.10	8.8	8.9
灰分/%（质）	0.18	0.34	0.11	0.14
硫/%（质）	0.49	0.38	5.9	5.5
CTE（热膨胀系数）/（10^{-6}/℃）（RIPP方法）	4.39	5.48		

（四）多生产乙烯原料延迟焦化技术和多产轻质油品延迟焦化技术

多生产乙烯原料延迟焦化技术（PEFDC）由石油化工科学研究院（RIPP）开发，其工艺特点是增加循环比，增加轻馏分油产量，在汽油增产的同时，柴油收率也有提高，详见表4-9-4。焦化汽油和柴油的质量基本不变，柴油十六烷值在50左右，加氢精制后，可能稍有上升，详见表4-9-5和表4-9-6。表4-9-7是焦化汽油、柴油加氢精制后的性质，加氢条件为：

氢分压　3. 2MPa

反应温度　320℃

体积空速　1. 5~3. 0/h

体积氢油比　350

如表4-9-7所示，加氢后焦化汽油的*BMCI*值为11. 82，说明是一种很好的乙烯裂解原料。表4-9-8是裂解试验结果，不仅焦化汽油有较好的烯烃收率，焦化柴油的乙烯单程收率和三烯单程收率也分别达到25. 68%和43. 31%，说明如果切出焦化柴油中的轻组分也可能是一种乙烯裂解好原料。注意，采用该工艺负面影响是将导致装置加工新鲜原料产能下降，同时能耗上升约5%。

表4-9-4　采用PEFDC焦化工艺和常规焦化工艺汽油、柴油收率比较　%(质)

项　　目	常规工艺	PEFDC工艺
气体	8. 2	11. 8
汽油	13. 1	20. 6
柴油	28. 6	37. 8
蜡油	26. 4	4. 4
焦炭	23. 7	25. 4
液收率	68. 1	62. 8
汽油+柴油	41. 7	58. 4

表4-9-5　采用PEFDC焦化工艺和常规焦化工艺汽油质量比较

项　　目	常规工艺	PEFDC工艺
馏程/℃	67~185	65~182
密度/(g/cm^3)	0. 7484	0. 7514
溴价/(gBr/100g)	43. 6	38. 6
硫含量/%(质)	0. 81	0. 61

表4-9-6　采用PEFDC焦化工艺和常规焦化工艺柴油质量比较

项　　目	常规工艺	PEFDC工艺
馏程/℃	191~343	195~345
凝点/℃	-9	-8
溴价/(gBr/100g)	16. 6	16. 4
十六烷值	51. 0	49. 0
硫含量/%(质)	0. 84	0. 78

表4-9-7　加氢精制后焦化汽油、柴油的性质

项　　目	焦化汽油	焦化柴油
馏程/℃	75~201	178~356
密度/(g/cm^3)	0. 7344	0. 8196
折射率(20℃)	1. 4119	1. 4569
硫含量/(μg/g)	9. 7	199
溴价/(gBr/100g)	10. 1	1. 9
氢含量/%(质)	14. 64	13. 49
BMCI	11. 82	23. 53

表 4-9-8 焦化汽油、焦化柴油蒸汽裂解试验结果 %(质)

单程收率	焦化汽油	焦化柴油
裂解气	68.03	63.10
氢气	0.80	0.64
甲烷	12.25	11.14
乙烯	27.83	25.68
丙烯	15.08	13.62
丁二烯	46.34	43.31
裂解油	31.97	36.90

多产轻质油品延迟焦化技术(HLCGO)[2]和多生产乙烯原料延迟焦化技术相近，也是由石油化工科学研究院(RIPP)开发，其不同点是该技术主要针对延迟焦化工艺处理高沥青质含量、高硫含量和高金属含量的劣质渣油原料，这类原料在焦化过程中容易产生加热炉结焦和生成弹丸焦等影响焦化装置正常开工的严重问题。该技术通过高循环比，增加焦化实际进料中芳烃含量，可以抑制弹丸焦的生成和减轻焦化加热炉炉管结焦问题，同时，可将焦化蜡油大部分转化成为轻质油品。如采用以新疆某重质原油的常压渣油[沥青质含量 10.9%(质)]为原料的 HLCGO 工业试验表明，该工艺适合于处理这类劣质渣油。表 4-9-9 是新疆重质渣油的性质。

表 4-9-9 新疆重质原油渣油的性质

项 目	新疆重质常渣(中试)	新疆重质减渣(中试)	新疆重质常渣(工业试验
密度(20℃)/(g/cm^3)	0.9914	1.0389	0.9942
运动黏度(100℃)/(mm^2/s)	304.5	>10000	351.4
残炭/%(质)	16.6	28.7	16.2
凝点/℃	25		24
C/%(质)	85.38		85.67
H/%(质)	10.77		10.68
S/%(质)	2.51	2.55	2.1
N/%(质)	0.50		0.54
族组成/%(质)			
饱和分	30.8	12.29	31.4
芳烃	36.2	38.41	35.7
胶质	22.1	26.74	21.5
沥青质	10.9	22.56	11.4
芳烃/沥青质	3.32	1.70	4.74
金属/(μg/g)			
Ni	35.9	74.9	41.2
V	201	433	132
馏程/℃			
初馏点	317		312
5%	392		386
10%	419		427
30%	484		

加工新疆重质常渣工业试验时，焦化循环比提高到0.6~0.8，为防止对流段结焦，加热炉对流段出口温度控制不超过330℃，分馏塔底温度控制在375℃以下，以防止分馏塔底结焦。由于大循环比给焦炭塔供给的热量增加，可适当降低加热炉辐射段出口温度(493℃±1℃)。中试焦化结果见表4-9-10。

某厂工业试验时，焦化气体、汽油、柴油、蜡油和焦炭收率(质量分数)分别为9.81%、16.82%、35.91%、9.51%和27.95%，由于工业试验循环比保持在0.7，循环比较中试低，因此工业试验的蜡油收率偏高。工业试验所产的焦化汽油、柴油质量和普通焦化工艺所得产品相似，S和N含量相差变化不大，柴油十六烷指数大于44，加氢后可作为优质柴油。

表4-9-10 HLCGO焦化中试物料平衡和蜡油转化率

项 目	普通焦化	HLCGO焦化
循环比	0.40	1.00
物料平衡/%(质)		
气体	8.83	10.56
汽油	14.25	18.35
柴油	29.19	39.51
蜡油	29.94	3.05
焦炭	26.79	28.53
合计	100.00	100.00
汽油+柴油	43.44	57.86
收率增加值(HLCGO-普通)/%(质)		
气体		1.73
汽油		4.1
柴油		10.32
蜡油		-17.89
焦炭		1.74
蜡油转化率		85.43
蜡油转化成各种产品的比例/%(质)		
气体		9.67
汽油		22.92
柴油		57.69
焦炭		9.73
汽油+柴油		80.60

由上可见，HLCGO工艺不仅可以增产轻质油品，更主要是可以加工新疆等沥青质含量高的重质渣油，避免加工过程中生成弹丸焦和减轻炉管结焦延长开工周期。

(五)一种改进的延迟焦化工艺-ADCP[1]

一种改进的延迟焦化工艺-ADCP由中石化洛阳工程有限公司(简称LPEC)开发。该工艺把焦化反应过程分为两个阶段，第一阶段把重油加热到370~430℃，先行发生浅度的热裂化反应，使键能较弱的大分子从链的中间断裂，以增加中间馏分油的产率，同时降低重油的黏度；第二阶段再把减黏重油加热到480～510℃进行深度热裂化反应，因给重油的热反应多提供了约7%的热量，故提高了重油的反应深度，从而降低了干气和焦炭产率，提高了液体产品尤其是柴油馏分的产率。中试结果表明，在焦炭塔非绝热的条件下，降低了气体和焦炭产率，液体产品产率提高 1.5～2.0 个百分点，尤其是柴油馏分产率提高了 1.0～2.5 个百分点。

图 4-9-3 是 ADCP 工艺的原则流程图，图 4-9-4 是不同减黏率下气体、减黏汽油和减黏重油的产率分布。

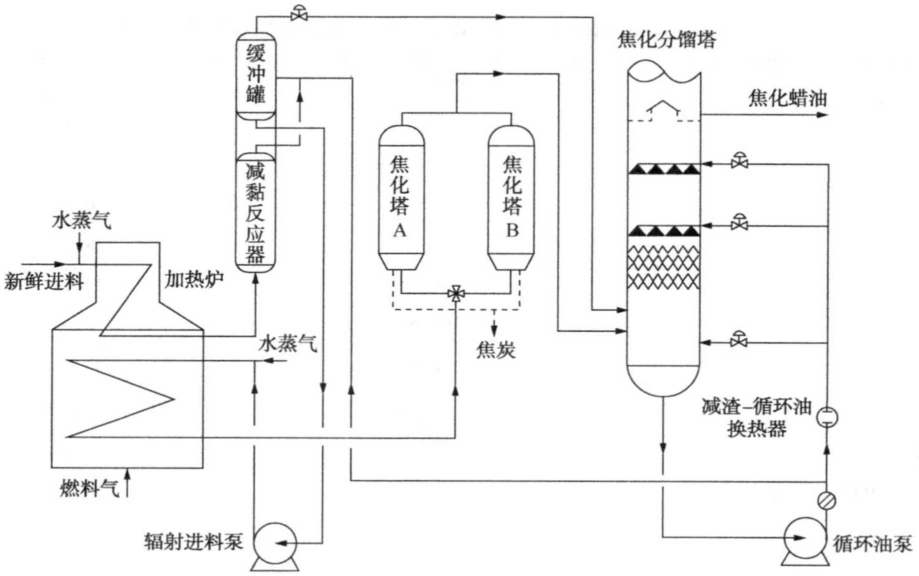

图 4-9-3　ADCP 工艺原则流程图

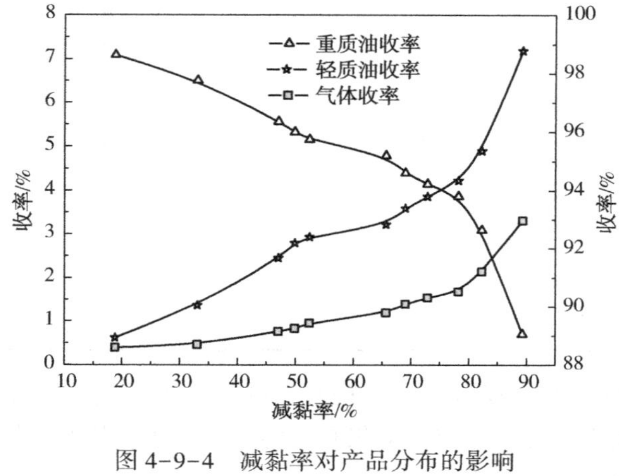

图 4-9-4　减黏率对产品分布的影响

表 4-9-11 是不同减黏率下浅度热裂化重油与减压渣油的性质对比，表 4-9-12 是在焦化工艺条件相同情况下减压渣油先进行浅度热裂化后作为焦化进料的产品分布对比。

表 4-9-11　减压渣油浅度热裂化前后的性质对比

项　目	减压渣油	重油Ⅰ	重油Ⅱ	重油Ⅲ
重油减黏率/%	0	33.03	52.43	78.21
重油的主要性质				
密度(20℃)/(kg/m^3)	1019.5	1024	1023	1025
黏度(100℃)/(mm^2/s)	1644	1101	782	358.2
倾点/℃	48	42	36	33
残炭/%(质)	22.35	22.98	23.18	23.96
ω(S)/%(质)	4.28	4.24	4.23	4.14
ω(C_7不溶物)/%(质)	10.16	10.38	10.41	11.64
ω(Ni+V)/(μg/g)	200.8	204.6	210.3	212.1
馏程(ASTMD7169)/℃				
初馏点	378.9	289.6	262.3	244.5
5%	449.2	411.7	394.7	335.4
10%	481.8	477.5	454.8	393.9
20%	541.9	532.1	517.9	468.3
30%	578.4	569.8	559.1	522.6
40%	614.3	603.5	593.1	567

表 4-9-12　ADCP 工艺和常规焦化工艺的操作条件和产品分布对比

项　目	常规焦化工艺	ADCP 工艺		
重油减黏率/%	0	33.03	52.43	78.21
浅度热裂化反应条件				
进油量/(kg/h)		4.739	4.815	4.719
注汽量(占进料)/%(质)		0.77	0.71	0.76
反应温度/℃		T	T+10	T+30
反应器顶表压/MPa		0.185	0.185	0.185
深度热烈化(焦化)反应条件				
进油量/(kg/h)	4.549	4.739	4.815	4.719
注汽量(占进料)/%(质)	3.62	3.75	3.51	3.56
加热炉出口温度/℃	498	498	498	498
焦化塔底温度/℃	490	490	490	490
油气出口温度/℃	439.6	439.8	443.3	440.4
焦化塔顶表压/MPa	0.17	0.17	0.17	0.17
循环比	0.275	0.272	0.275	0.279
充焦时间/h	13	13	13	13
产品分布/%(质)				
气体	基准	-0.2	-0.36	-0.57
汽油馏分(IBP~180℃)	基准	-0.14	-0.12	-0.25
柴油馏分(180~350℃)	基准	1.18	1.23	2.44
焦化蜡油(>350℃)	基准	-0.56	-0.14	-0.48
焦炭	基准	-0.41	-0.7	-1.09
轻油收率/%(质)	基准	1.04	1.11	2.19
液体收率/%(质)	基准	0.48	0.97	1.71

（六）灵活可调循环比技术

灵活可调循环比技术[5,6]由中石化洛阳工程有限公司(简称 LPEC)开发。图 4-9-5 为灵活可调循环比流程图，与传统流程相比，原料油不进分馏塔，重蜡油集油箱下方设置分离塔板和洗涤换热挡板，高温油气进入洗涤换热挡板下方，塔底循环油抽出后分为两股，一股与经过换热升温新鲜原料混合进入加热炉缓冲罐，然后送至加热炉。另一股循环油经过换热降温，分为上、下两股进料，分别进入洗涤换热挡板上方和分馏塔底部。上进料与高温油气逆向接触换热，油气被部分冷凝形成循环油流入塔底。轻蜡油、重蜡油之间设置分离塔板，降低轻蜡油干点、提升轻蜡油质量。重蜡油和循环油之间也设置分离塔板，提高二者分离度，有利于控制重蜡油干点、残炭等技术指标。塔底设置搅拌环，防止焦粉堆积。塔底抽出线设置过滤器，及时清除焦粉。

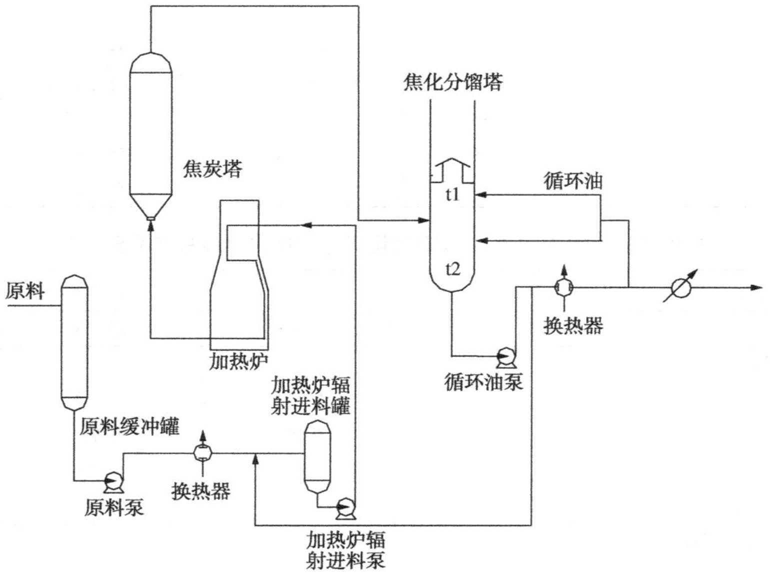

图 4-9-5　灵活可调循环比流程图

可灵活调节循环比流程具有以下特点：

① 鲜原料不进入分馏塔，而采用循环油与高温油气接触换热，循环油抽出至塔外间接取热，但循环油-渣油换热器易结焦。

② 油的重组分、胶质、沥青质及杂质含量均低于新鲜原料，因此可以减少上升油气夹带的重组分、胶质和沥青质，降低蜡油产品干点和残炭值，改善残炭等技术指标，提高蜡油产品质量。

③ 循环油的胶质及沥青质含量低，一方面，结焦倾向比新鲜进料低，有利于洗涤换热段的长周期操作；另一方面，可以提高换热段温度，实现超低循环比操作，增加液体收率。当循环油作为燃料油或下游装置(例如渣油加氢)可以接受循环油作为原料，可以实现零循环比操作。

④ 塔底部为循环油，结焦倾向低，而且下进料可以有效控制塔底温度(≤360℃)，防止塔底结焦。

⑤ 循环油单独计量，可准确计算循环比，有利于生产操作优化。

⑥ 轻、重蜡油分别抽出作为产品，可以增加产品方案的灵活性，为下游装置提供适宜原料，优化全厂总流程，提高炼油厂整体效益。

⑦ 设置专门的加热炉缓冲罐，新鲜原料不进入分馏塔而进入缓冲罐，可减少新鲜进料对分馏塔的影响；循环油与新鲜原料在缓冲罐内混合，可提高循环比控制的稳定性，但增加了设备投资。

⑧ 如将循环油不进入缓冲罐，而降焦化柴油或焦化石脑油循环，可以实现馏分有循环，改变产品收率。如果重蜡油有合适的去处，可以实现超低循环比 0.05 操作。

（七）全蜡油下回流脱过热及循环比定量控制技术

全蜡油下回流脱过热及循环比定量控制技术由中国石化工程建设公司(SEI)开发，该流程的主要特点在于对焦化分馏塔洗涤和控制的改进。如图 4-9-6 所示，高温油气进入换热段下方，循环油集油箱设置在油气入口下方。油气与蜡油下回流液逆向接触洗涤换热，部分油气冷凝后进入循环油集油箱。循环油抽出后，一股作为循环油进入塔底，与塔底的新鲜原料混合，送至加热炉。另一股经换热冷却后再分为两股，一股返回循环油集油箱控制集油箱温度、搅拌冲刷，防止焦粉聚集，如果必要可外甩部分循环油产品。塔底设置搅拌环防止焦粉堆积，设置循环系统和过滤设施清除焦粉。

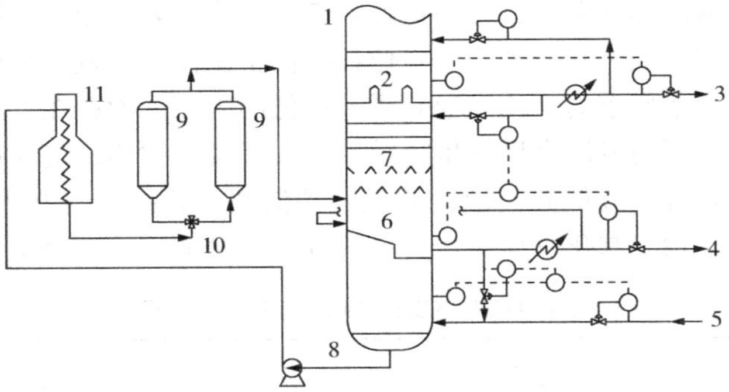

图 4-9-6　全蜡油下回流脱过热及循环比定量控制流程

1—分馏塔；2—蜡油集油箱；3—蜡油；4—重蜡油；5—新鲜原料；6—重蜡油集油箱；7—换热挡板

循环油集油箱液位由蜡油下回流控制，循环油量与新鲜原料量之间采用比例控制，分馏塔液位变化时，进入分馏塔的流量需要调整，循环油量与新鲜原料量同时按比例调节，保证了加热炉进料的循环比稳定，从而保证了反应系统和产品分布的稳定。与传统工艺相同，油气脱过热采用了较为干净的蜡油，降低了原料和蜡油换热器结焦的风险。蜡油下回流换热和渣油直接换热及循环油上回流换热相比，循环油和蜡油分馏效果好，循环油中柴油组分更少，蜡油残炭更低。

全蜡油下回流脱过热工艺具有以下特点：

① 循环比全部由蜡油下回流量来控制，蜡油下回流量大，且蜡油和循环油之间的分馏板数较多(没有取热回流板)，提高了蜡油和循环油的分离精度，降低了蜡油的残炭及干点，提高了蜡油产品的质量，减少了循环油中轻组分含量。

② 循环比维持恒定不变，不受分馏塔底液位波动的影响，有利于加热炉、焦炭塔及分馏塔的平稳操作和维持产品性质的稳定。操作上循环比可以根据原料变化及产品质量要求及

时调整，操作简单灵活，且循环油的量可以单独计量。此外，维持循环比的恒定既有利于加热炉的长周期稳定操作，又可以保证延迟焦化装置的处理能力。

③ 焦化原料油不直接与油气换热，减缓了换热挡板上的结焦倾向，降低了分馏塔底温度（约 310~330℃），使分馏塔底的结焦倾向大大降低，同时减少了分馏塔底焦粉沉积的可能性。

④ 采用原料油和温度较低、焦粉较少的蜡油换热流程，降低了原料换热器的结焦风险。

（八）焦化消泡剂技术[3,4]

焦炭塔在成焦过程中，大部分稠环芳烃（主要是 BI-QS）聚集在焦炭层顶部，经气

体鼓动形成“泡沫”，加工中东原油时，焦炭塔中的泡沫层高度可达到 7~10m，焦化原料越重，泡沫层越高，从而成为焦化装置加工此类原油的一个瓶颈。影响泡沫产生的因素有：①原料性质，主要是沥青质含量高低；②焦炭塔内气流线速度；③焦炭塔反应温度。

焦炭塔内泡沫层高度过高产生的问题有：①装置某些部位严重结焦，主要部位有大瓦斯管线、分馏塔底部和加热炉管内；②堵塞焦化加热炉辐射进料泵；③焦化分馏塔流出物中携带焦粉，如焦化蜡油、焦化柴油都有可能，严重时会影响到下一道加工工序。

为了适应加工劣质焦化原料和大处理量要求，有效抑制和降低焦炭塔内泡沫层高度，加入焦化消泡剂可有效抑制焦炭塔内焦层上部泡沫层高度，降低焦粉的携带量。主要消泡过程是当消泡剂微粒和气泡表面接触时，会降低接触点上液膜的表面张力，使液膜变薄，气泡合并，导致气泡破碎。使用消泡剂应和中子料位计一同正确使用，效果更好。

对消泡剂性质的基本要求为：比发泡介质有更低的表面张力；在发泡介质中有好的分散性；不溶于发泡介质，不与发泡介质发生化学反应；有较高的热稳定性；较好的经济性。

焦化消泡剂可以是含硅或低硅消泡剂或无硅消泡剂。石科院（RIPP）研制的 CDF-19 焦化消泡剂是一类含硅化物，其化学性质稳定、低毒、无腐蚀性，见表 4-9-13。

表 4-9-13　CDF-19 消泡剂规格指标

项　目	指　标	项　目	指　标
运动凝点（40℃）/（mm^2/s）	3800~4200	储存温度/℃	-20~50
开口闪点/℃	>60	溶解性能	可溶于脂肪烃、芳烃、卤代烃等溶剂
密度/（kg/m^3）	930~970	储存期/a	1
凝点/℃	<-40		

工业试验结果表明，在消泡剂加入量为 15×10^{-6} 以下，可使焦炭塔利用率提高 15%以上，操作成本增加不到 1 元/t。某工业装置试验，消泡剂和柴油混合后按 1∶9 配制成 10%（质）消泡剂溶液，按对比进料量中 15×10^{-6} 注入。注入消泡剂后，焦炭塔内焦层上的反应泡沫高度下降 2~3m，焦化主分馏塔底循环系统保持正常，再未发生过辐射过滤器和塔底过滤器堵塞现象。长时间运转后，未发现对下游加氢精制和加氢炼化装置催化剂活性产生影响。

加入含硅消泡剂后，一般在焦化馏分油中硅含量不到 1×10^{-6}，硅分布主要集中在焦化汽油中，如某案例中有 85.5%（质）的硅进入焦化汽油，8.7%（质）的硅进入到焦化柴油，5.8%%（质）硅进入焦化蜡油。

（九）冷焦放水闪蒸脱气技术

冷焦放水闪蒸脱气技术由中国石化工程建设公司（SEI）开发，该技术的主要特点在于对

现有冷焦水直接排放焦池流程的改进。如图 4-9-7 所示，当焦炭在焦炭塔内被冷却至所需温度后，进行放水操作。冷焦热水先自流至冷焦放水脱气罐，罐内设有 3~10 层挡板，冷焦热水进入最顶层挡板，从上至下流动过程中进行充分闪蒸脱气。经脱气后的冷焦热水从冷焦放水脱气罐底自流至冷焦放水罐进行自然冷却及焦粉沉降，焦粉通过罐底排至焦池，冷却后的冷焦热水经冷焦放水罐底平衡线及冷焦水输送泵送至冷焦水罐。当冷焦放水罐内热水经自然冷却不能满足要求时，冷焦热水可以经尾气空冷器进一步冷却。冷焦放水脱气罐顶闪蒸出来的含少量不凝气及硫化物的蒸汽由罐顶部流出至尾气冷却器经冷却至约 50℃，再自流至尾气分水罐分液，尾气分水罐顶气体至尾气脱硫设施经吸附脱除硫化物后排大气，尾气分水罐底蒸汽冷凝水自流至冷焦水罐。

本技术具有以下特点：

① 冷焦放水脱气罐的设置解决了放水时蒸汽在焦池上空弥漫的问题，含少量不凝气及硫化物的蒸汽经冷却回收，还可以降低水的消耗。

② 冷焦放水过程中的不凝气经过脱硫等净化处理，降低了含硫等有害物质的排放。

③ 冷焦放水罐和冷切焦水罐两台储罐均为敞顶罐，操作安全简单。

④ 设置冷焦放水过滤器，可显著降低冷焦放水罐的清罐频次。

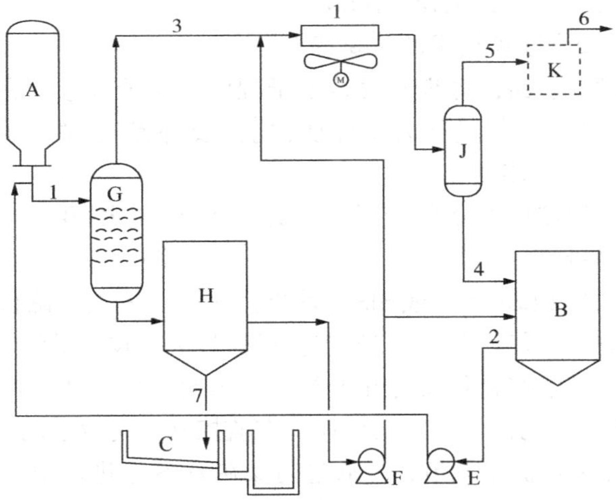

图 4-9-7　冷焦放水闪蒸脱气流程图

图中设备：A—焦炭塔；B—冷焦水罐；C—焦池；E—冷焦给水泵；F—冷焦水输送泵；G—冷焦放水脱气罐；H—冷焦放水罐；I—尾气冷却器；J—尾气分水罐；K—尾气脱硫设施

图中物流：1—冷焦热水；2—冷焦冷水；3—含硫化物蒸汽；4—蒸汽冷凝水；5—含硫尾气；6—放空尾气；7—焦粉

（十）焦炭塔顺序控制及安全联锁技术[7]

中国石化工程建设公司（SEI）和中石化洛阳工程有限公司（LPEC）均开发了焦炭塔顺序控制及安全联锁技术，该技术在国内的焦化装置上已经大量推广，对减少焦炭塔频繁切换操作的事故发生起到了重要作用。延迟焦化装置焦炭塔顺序控制和安全联锁系统（简称顺控）是根据焦化装置焦炭塔切换操作中，按操作习惯和顺序，对需操作阀门的开关顺序进行编程，实现程序控制，内操在 DCS（或 SIS、PLC）上根据操作步骤程序对操作阀门进行许可后，外操才能对该阀门进行操作，上一步骤未经许可，条件未满足，无法对下一个或其他阀门进行操作，实现了焦炭塔操作的标准化，确保了焦炭塔操作的安全可靠性，通过程序和内外操的共同确认，实现对现场阀门开关状况的控制。其主要目的是防止焦炭塔区域的高温阀门和顶底盖机等误开或误关导致高温油气泄漏发生烫伤、中毒、着火及爆炸等事故。

顺控主要涉及焦炭塔小吹汽、大吹汽、小给水、大给水、溢流、放水、开顶底盖、除焦、关顶底盖、赶空气、试压、脱水、油气预热等工艺操作过程。需设立联锁的阀门主要有四通阀、进料隔断阀、甩油隔断阀、油气隔断阀、放空阀、急冷油阀、溢流阀、呼吸阀、放水阀等。焦炭塔操作联锁的相关阀门宜采用楔形闸阀、球阀。阀门选型应充分考虑以下因素：

① 高温、高硫(含硫、高硫油加工装置)、焦粉含量高等介质带来的腐蚀和堵塞问题。

② 生焦周期内温度变化频繁。一般情况下，塔顶温度变化范围为常温至460℃；塔底温度变化范围为常温至510℃。

③ 高温油气管线的磨损腐蚀问题。

④ 联锁阀门的执行机构应采用电动马达或气动马达执行机构，且配置现场手动操作系统。无动力时阀门位置维持原状态。

⑤ 阀门执行机构应具有阀位输出、输入和控制功能。

⑥ 防爆和防护等级：EEx dII CT4、IP66。

焦炭塔顺序控制及安全联锁技术的主要特点是：

① 采用分步控制设计思路，每步骤设若干子程序，每子程序的完成是下一子程序开始条件，每个步骤满足条件前必须进行人工确认(内操及外操)；在条件不满足时，采取“询问”的方式选择是否进行下一步动作。

② 以时间为主轴，顺控程序分为“赶空气-试压-泄压脱水-引油气-换塔-小吹汽-大吹汽-给水-放水-除焦”等步骤。

③ 采用独立设置冗余PLC(DCS或SISI)系统，现场设置人工确认盘，内操设置操作站和工程师站，在监控软件中设置三级用户授权：操作员级、技术员级、管理员级。

④ 顺控系统对参与顺序控制联锁的开关阀门发出允许信号作为阀门的动作条件，阀门动作的执行可实现操作工现场操作及自动操作，在监控软件均设手动、自动切换开关。

⑤ 给水、给汽操作采用流量调节，并通过内操在DCS上进行调节.

⑥ 设置每一步骤的温度、压力、料位、阀位等判断条件，并通过控制系统联锁阀门动作条件；

⑦ 每步骤均设置内操确认的提示报警，其中冷焦水溢流步骤为蜂鸣报警。

⑧ 频繁操作的阀门设置联锁，在条件不允许时保持原位不动，状态需改变时须管理员级别发出特定指令。

⑨ 在内操设置直观的画面显示，指示每步骤中所需条件，指导操作。

⑩ 非正常状态下，管理员权限可修改程序指定的时间、压力等条件。

⑪ 阀门未按程序规定完成动作时(事故状态)，自动显示错误提示，外操控制盘提示需要执行的工作内容。

⑫ 设置暂停、复位、初始化等功能以适应非正常工况。

⑬ 具有时间计时功能，规定每一步操作时间，以换塔为基点，提前两小时每半小时倒计时报警提示。

⑭ 甩油罐顶气相阀之间具备温度联锁和联动功能，甩油罐液位参与联锁。

⑮ 参与控制及联锁的阀门采用电动球阀或采用技术成熟并广泛应用的气动马达，阀门的回讯通过接近传感器、信号转换模块输出。信号转换模块集中设置在联锁系统控制柜中，阀门的改造过程可在线完成实施。

二、国外延迟焦化成套技术、专有技术和专利技术分析

国外拥有比较成熟延迟焦化技术的公司有鲁姆斯公司(ABB Lumms Globallnc)、凯洛格公司(Kellogg Brown&Root)、福斯特-惠勒公司(Foster Wheeler)和Bechtel-Conoco/Phillips公司等。表面上看这些公司的专有技术在焦化部分和分馏部分的工艺流程和设备方面相差不大，但是其设计理念和细节上均有其不同的技术特点。

(一) 鲁姆斯公司[8]

鲁姆斯公司最新延迟焦化技术是一个低投资成本的技术路线，在满足炼油厂对新的、更严格的环境和安全要求同时，这项技术非常重视装置的可靠性和灵活性。鲁姆斯延迟焦化技术的主要特点为：

① 最大灵活性的设计；

② 适应进料的变化；

③ 适应加工能力的变化；

④ 设备设计的灵活性。

鲁姆斯延迟焦化重点考虑如下具体措施：

① 在满足加工目前渣油的同时，能够满足以后加工更多量的渣油，并能处理由于渣油残炭升高时产生更多的焦炭情况。

② 加工低硫轻质原料时，焦化可以生产电极焦，对操作条件(温度、压力、循环比)能够进行优化，设计采用的工艺条件范围必须满足馏分油和焦炭间的适当平衡，从而达到最佳的经济操作点。

③ 加工含硫重质原料时，能够优化工艺操作条件，达到最大馏分油收率和最小焦炭收率。这种操作需要有低压、高温和低循环比的设计。

④ 对于重质原料，能够调整焦化的成焦周期等操作条件来抑制弹丸焦的生成。

⑤ 能够改变(或增加)反应压力，降低焦炭塔内气相表观流速，使装置能按需要提高处理量。

⑥ 调整反应压力达到整体最佳经济性。选择反应压力必须考虑用最低压力生成最多馏分油和降低焦炭数量。低压操作应该仔细考虑以下问题：焦炭塔将产生更高的表观流速、需要更大的设备和管线以及系统压降和压力分布。

⑦ 能够调整回流比以达到最大的馏分油收率，同时满足焦化蜡油质量方面的要求(如残炭、金属含量和干点等)，低循环比操作的设计，必须考虑包括独特的分馏塔和塔内构件设计。

⑧ 焦炭塔灵活性设计目的是：通过采用较短的焦炭塔操作周期来提高处理量；充分考虑到焦炭塔加热和冷却频率，保证适当的焦炭塔寿命；优化焦炭塔设计以获得焦炭塔最佳使用效果，包括充分考虑到换塔周期、操作条件、原料处理量、焦炭产率和焦炭塔数量及大小等。

⑨ 合理选择加热炉炉型和数量，达到加热炉设计的灵活性，允许将来可增加炉管及炉管在线清焦或其他清理手段的实施。实现长周期连续运行。

鲁姆斯延迟焦化技术的焦化加热炉采用标准型室式加热炉，根据加热炉功率大小来选用单面辐射室或双面辐射室加热炉。

鲁姆斯延迟焦化操作条件如下：

加热炉出口温度：　482~510℃

焦炭塔压力：　0.103~0.61MPa(表)

循环比/进料(体积比)：　0~100%

不同原料采用鲁姆斯延迟焦化技术的产品收率见表 4-9-14。

表 4-9-14　不同原料采用鲁姆斯延迟焦化技术的产品收率

原　　料	中东减压渣油	加氢处理后减压渣油	煤焦油沥青
API 度	7.4	1.3	-11.0
硫/%(质)	4.2	2.3	0.5
康氏残炭/%(质)	20.0	27.6	—
产品/%(质)			
气体+LPG	7.9	9.0	3.9
石脑油	12.6	11.1	—
瓦斯油	50.8	44.0	31.0
焦炭	28.7	35.9	65.1

（二）凯洛格公司

凯洛格公司开展焦化工程设计已多年，设计建设了多套延迟焦化装置。主要技术特点是采用低循环比和低压操作。20 世纪 80 年代之前，焦炭塔的设计压力一般为 0.17~0.21MPa，目前典型的焦炭塔的操作压力为 0.10~0.14MPa。焦化压力降低后，可降低焦炭产率，提高液体收率。以前为了保证重焦化瓦斯油的质量，采用的典型循环比为 0.10~0.15。由于焦化重瓦斯油加氢处理能力的发展才使得实现超低循环比成为可行，现在装置的循环比可按 0.05 设计，降低循环比就意味着提高重瓦斯油收率，但其质量要降低。重焦化瓦斯油经过加氢脱硫改质之后，再作为催化裂化或加氢裂化的原料油，对改进裂化工艺、提高液收有很大作用，总的经济效益是合算的。

(1) 一般特点

凯洛格(Kellogg Brown&Root)延迟焦化流程除焦化部分外，该装置需要几个支持设施，如封闭式放空设施，切焦和清焦设施及水回收系统。

Kellogg Brown&Root 延迟焦化操作条件如下：

加热炉出口温度：　482~510℃

焦炭塔压力：　0.103~0.61MPa(表)

循环水，新鲜进料：　0~100%(体)

(2) 低压设计特征

为了比较常规延迟焦化(焦炭塔设计压力为 0.17MPa)和低压延迟焦化(压力为 0.10MPa)的主要区别。现场两种设计基准均为 26000bbl/工作日的新建装置，采用 1.05 循环比，选用原料为CCR为23%(质)典型的减压渣油，由50/50阿拉伯轻/重原油混合原油生产。表4-9-15是Kellogg Brown&Root延迟焦化低压设计焦炭塔的尺寸数据。

表4-9-15　Kellogg Brown&Root延迟焦化低压设计焦炭塔尺寸数据

项　目	减压渣油，CCR 23%(质)		减压渣油，CCR 15%(质)	
焦炭塔压力/psi	25	15	25	15
新鲜原料/[bbl/d(操作日)]	26000	26000	28000	24000
焦炭塔直径/ft	27.5	27.5	27.5	27.5
实际气速/允许气速/(m/s)	0.87	1.0	1.0	1.0
循环周期/h	18.0	18.0	18.0	18.0
焦炭塔高/ft	110	109	93.5	85
限制内容	循环周期	气速	气速	气速

注：1psi=6.895kPa；1ft=30.48cm。

(三) 福斯特-惠勒公司

福斯特-惠勒公司是世界上设计延迟焦化装置最多的公司，据统计1990~1995年期间新建的54套延迟焦化装置中，就有20套采用了福斯特-惠勒的技术，占37%。印度Reliance石油公司的延迟焦化装置，加工能力为6.7Mt/a，采用了福斯特-惠勒公司的技术。世界上近一半的针焦装置都是由它设计的。福斯特-惠勒公司在焦化技术的领先地位主要表现在收率估算、工艺设计、加热炉设计、机械技术要求和详细工程设计等方面。

福斯特-惠勒焦化技术的特点是：

① 采用低压和超低循环比设计以保证液体产品的高收率。

② 在设备设计和操作分析中广泛采用计算机仿真技术，可实现更经济设计要求。

③ 可按顾客定制焦化加热炉，有先进的双面辐射加热炉和加热炉在线清焦技术，福斯特-惠勒公司的斜顶双面辐射加热炉在当代是属于比较先进的一种炉型。

④ 焦炭塔配置专门的管线系统和塔顶蒸汽管线的急冷系统。

⑤ 焦炭塔支撑结构和焦池/焦垫设计的最优化。

⑥ 世界上第一次采用直径为7.9~8.5m大型焦碳塔，焦炭塔自动卸盖和固体装卸设备，较短的焦炭塔操作周期，一般为18h(更低的达16h)，因而可以减小焦炭塔的尺寸或提高已有装置的产能。

⑦ 改进的焦化主分馏塔喷淋段及内件的设计。

⑧ APC先进控制系统。

福斯特-惠勒焦化操作条件如下：

加热炉出口温度：　482~510℃

焦炭塔压力：　0.103~0.611MPa(表)

循环比，相当的新鲜进料：　0.05~1.0

典型焦化收率见表4-9-16。

表 4-9-16　福斯特-惠勒公司延迟焦化工艺典型收率

进　料	委内瑞拉减压渣油	非洲北部减压渣油	澄清油
API 度	2.6	15.2	-0.7
硫/%(质)	4.4	0.7	0.5
康氏残炭/%(质)	23.3	16.1	
生产要求	最大蒸馏	阳极焦	针状焦
产品/%(质)			
气体	8.7	7.7	9.8
石脑油	10.0	19.9	8.4
瓦斯油	50.3	46.0	41.6
焦炭	31.0	26.4	40.2

福斯特-惠勒公司新开发的选择性产率延迟焦化技术又称为“SYDEC”工艺(Selective Yield Delayed Coking)。

(1) SYDEC^{SM}延迟焦化工艺特点

选择性产率延迟焦化(SYDEC)工艺可将渣油改质成为较轻的烃馏分。主要产品为焦炭、气体、LPG、石脑油和瓦斯油。用于生产燃料级、阳极焦和针状焦的焦化装置，总处理量在19.1Mt/a 以上。表 4-9-17 列出了 SYDEC^{SM}焦化工艺的优点。

表 4-9-17　SYDEC^{SM}延迟焦化的优点

项　目	优　点	效　果
SYDEC 低循环比设计	1. 操作费用低； 2. 收率灵活性大； 3. 加热炉和分馏部分投资费用低； 4. 技术成熟	1. 经济效益好，并且操作； 2. 维修费用低
在线清焦	长周期运转	提高装置效益和安全性
自动打开封头	1. 安全； 2. 改进操作	1. 操作更简单； 2. 除焦更快
特别的焦炭塔设计和塔与裙座的连接	1. 延长焦炭塔的寿命； 2. 更好地处理周期性的加热/冷却应力变化	1. 维护费用低； 2. 装置操作时间长
专有的加热炉设计	1. 精确控制输给工艺介质的热源； 2. 操作灵活性大	1. 操作费用低； 2. 运行周期长； 3. 除焦容易
丰富的延迟焦化经验	1. 人工费用低； 2. 进度快； 3. 项目组有丰富的经验； 4. 丰富的采购经验	1. 施工图设计费用低； 2. 节省的设备和材料采购

(2) SYDEC^{SM}焦化工艺产率

过去大多数的新建和改造的延迟焦化装置均涉及加工高硫、高金属渣油以最大量的生产液体产品和燃料级焦炭为目的。因此在考虑延迟焦化装置设计基础方案时，必须确定最佳的操作条件，以得到最大的液体产率并能得到适合下游加工的重质焦化瓦斯油。SYDEC^{TM}技术以最大液体收率为操作方案时，装置在低压 0.103MPa 和超低循环比 1.05 条件下进行操作，以达到最大的液体产品目的。表 4-9-18 表示几种减压渣油的典型收率。

表 4-9-18　典型的 SYDEC™过程加工几种减压渣油的比较

项　目	Orinoco 重质油	Mrey 混合油	Maya 油	阿拉伯混合油
气体/%(体)(FOE)	5.36	5.52	5.58	5.2
(C_3/C_4)/%(体)	7.04	7.66	7.08	6.64
石脑油/%(体)	14.07	16.71	13.5	12.64
LCGO/%(体)	28.38	31.69	28.77	27.09
HCGO/%(体)	28.48	20.79	20.81	31.24
焦炭/%(体)	32.44	35.77	39.8	30.91
HCGO				
API 度	16.56	16.55	14.27	13.86
Ni+V/(μg/g)	0.5	0.7	0.6	0.4
CCR/%(质)	0.31	0.53	0.55	0.41
焦炭		3.96		
硫/%(质)	4.65		6.02	6.39

(3) 馏分油循环

在低压力、超低循环比工艺条件下，采用馏分油循环，不但可以延长加热炉运行周期，而且可以降低焦炭收率，增加液体收率，具体是：

① 液体收率可增加 2.0%(质)~2.5%(质)；

② 富气产率上升；

③ 焦炭产率下降 2.5%(质)~3.5%(质)；

④ 按焦化装置能力 2.0Mt/a 为基础，炼油厂可增加效益 800 余万美元/年。

(4) 超低循环比和真实零循环操作

调节焦化循环比主要被用于控制重质焦化瓦斯油(HCGO)的干点。20 世纪 80 年代设计的焦化装置循环比一般为 10%，以后低于 5%的循环比操作是普遍的。如果下游转化装置允许 HCGO 产品有较高的干点、金属含量和康氏残炭的话。新设计中就可采用"超低循环比"技术。近期福斯特-惠勒公司已设计了几个采用真实零循环操作的延迟焦化装置。即由焦炭塔顶急冷管线所产生的液体用重瓦斯油来收集分出。许多工厂也已成功地进行了改进型零循环操作，即按超低循环比操作，但不用泵返回冲洗油，并只在最小量的焦炭塔塔顶急冷工况下进行操作，这种操作形式相当于循环比为 1.01~1.02 工况下操作。

降低焦化循环比所增加的 HCGO 的体积产率已部分地被其他液体产品的减少所抵消，真实零循环操作只增加总液体产率的 0.64%(体)左右。另一方面，它所多产的 1.32%(质)液体产物均为重质焦化瓦斯油(HCGO)。HCGO 的相对密度、残炭、沥青质、金属和干点方面质量较差，HCGO 的硫和氮含量则由于降低了转化深度是比较低的。

最近福斯特-惠勒公司的超低循环比技术能在循环比低于 1.05 条件下操作。有关咨询公司认为，改进延迟焦化工艺的核心是将循环比降到零，即单程操作。

美国福斯特-惠勒公司和凯洛格公司对延迟焦化装置的加热炉均有着良好设计业绩，尤其是福斯特-惠勒公司的延迟焦化加热炉在燃烧负荷超过原设计的工况下，更显示出福斯特-惠勒公司焦化加热炉的特点。该公司可提供两种加热炉炉型，即单面辐射型和双面辐射型。单面辐射型设计，加热炉炉管一侧提供大部分辐射热量的设计。按这种布置，典型设计的平均峰值辐射强度为 102.10MJ/(m^2 · h)，对应的最大辐射强度为 183.96MJ/(m^2 · h)。双面辐射型设计，加热炉管两侧提供相等辐射热量的设计。双面辐射型加热炉因其油膜和管壁温度较低、停留时间短、压降低和流速高的特点而适宜加工不稳定和高结垢(焦)原料。福斯特-惠勒公司设计的双面辐射型加热炉采用斜坡炉墙，以便沿炉管的辐射热均衡。关于炉型的选择，福斯特-惠勒公司可以通过特定的试验装置，测定原料的结垢指数，并将试验结果计算出相对结垢指数，然后对照福斯特-惠勒公司标准，判定结垢指数等级，最后确定采用哪种炉型。如果采用 T-91(一种含钒的 Cr9Mo 钢，美国钢号：ASTM A335 P91，比常用的 Cr9Mo 钢的使用温度可高 38℃)管材，注意要降低原料中的 Na^+ 含量以及使用福斯特-惠勒公司在线清焦技术，无论哪种炉型均可以达到超过一年的运行周期。

运行周期长短是焦化装置一个非常重要的因素，尤其是当焦化装置加工重质、高沥青质的进料时，这个问题显得更为重要。使用在线清焦的焦化装置，典型的在线清焦周期为 3~5 个月，总的装置运行周期可以延长。有些炼油厂报道说他们的加热炉可操作 24 个月。有些使用这一技术的加热炉不用注汽清焦，其操作时间可长达 5 年。同时其处理量大大超过设计量。

如果要使用在线清焦，辐射炉管、弯头及配件金属材质至少为 Cr9Mo 合金钢，但对流段的炉管可为 5Cr 合金钢。炉管内径最好 82.5mm 或以上。加热炉最好设计为四管程，以便在一个管程清焦时，加热炉的能力只降低 20%。

一般来说，在线清焦可有如下效果：

① 清焦完成后，炉管表面温度一般平均降低 69.5℃。

② 清焦后的炉管入口压力应恢复到正常操作压力。

③ 由于加热炉效率提高，炉管清焦后炉膛所需燃料量降低 10%~15%。

这样，加热炉的操作周期就会延长，同时处理量不会大幅度下降。

(四) 大陆石油公司

大陆石油公司从 1981 年开始发放延迟焦化技术许可证以来，至 1994 年共有 15 套装置取得了大陆石油公司的许可证，装置总能力约为 15Mt/a。2002 年大陆石油公司和菲利普石油公司合并成立 Conoco-Phillips 公司，该公司拥有(包括合资)16 套延迟焦化装置，总能力 31.09Mt/a。其中单套能力超过 3Mt/a 的有三套，即委内瑞拉 Hamaca 炼厂(产能 3.5Mt/a)，委内瑞拉 Petrozuata 炼厂(产能 3.4Mt/a)和美国 Sweeny 炼厂(产能 3.6Mt/a)。早期大陆石油(Bechtel-Conoco)公司的专利焦化工艺技术已有 40 年多的操作经验，该技术通过 Conoco 和 Bechtel 联营公司实施技术转让，适于将石油油渣(减压渣油、沥青、溶剂脱沥青和燃料油)改质成更有价值的液体产品(LPG、石脑油、瓦斯油)，同时还生产燃料气和石油焦。

大陆石油(Bechtel-Conoco)公司延迟焦化流程和一般延迟焦化流程相似。它的技术特点是：

① 通过低压操作、馏分油循环技术(CPP 技术)和零或极低的自然操作循环比，达到最大液体产品收率和最小的焦炭收率。大陆石油公司是最早开发馏分油循环技术的公司。

② 最大的灵活性：可以根据液体-产品方案来调整循环操作馏分油的品种或排出馏分油

从而达到装置最大加工能力。

③ 更长加热炉的除焦周期。

④ 超低循环比操作使处理能力最大，并达到最有价值地利用装置能力。

⑤ 良好的装置可靠性和可维修性，确保高的开工时间和较低的维修费用。

⑥ 较低的投资费用。

Conoco 延迟焦化技术中重要的一点是使用馏分油循环的低压焦化操作，即用馏分油循环代替常规的自然循环。可用作循环的馏分油包括：石脑油、轻焦化蜡油和重焦化蜡油。选用哪种不同沸程的馏分油作为循环，要根据保证炼油厂操作取得最大的经济效益和下游装置的能力而定。当循环一种馏分油时，比这种馏分油轻或重的物料的收率就会提高，因此，使用 343~427℃馏分循环时，比使用 168~343℃馏分循环所生产的蜡油少，柴油多。也就是说，循环 168~343℃馏分时，炼厂的蜡油加工能力增加；而循环 343~427℃馏分时，则可提高炼油厂柴油加工能力。

馏分油循环技术的优点是：①焦炭收率降低，一般降低 2%(质)；②液体收率增加；③产品方案灵活，可选择生产产值最高的液体产品；④可提高焦炭塔的操作温度。

馏分油循环技术既可用于新建装置，又可用于老装置改造。新建装置采用 20%馏分油循环与 10%自然循环相比较，不但可以延长焦化加热炉的运行周期而且装置对原料变化和季节性操作灵活性大。用于老厂改造设计，不仅改善焦化产品产率，而且提供了装置加工能力提高的可能性。图 4-9-8 是典型的 Conoco-Phillips 延迟焦化工艺流程图。

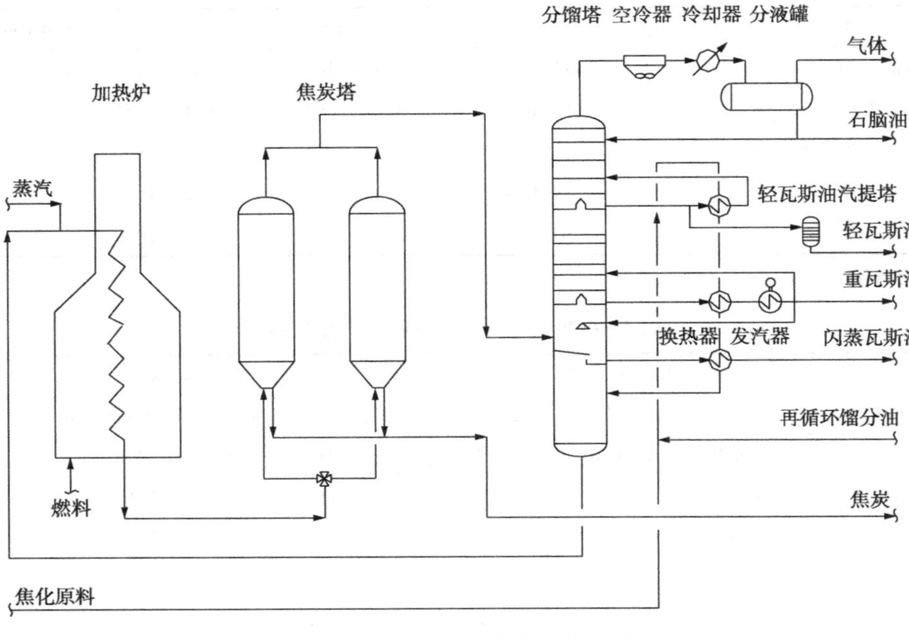

图 4-9-8　Conoco-Phillips 延迟焦化工艺流程图

Conoco 延迟焦化技术的另外一点是最小循环比、零循环比或单程焦化。实际上此时因焦炭塔顶有急冷油和回流，所以单程焦化还是有极少回流的(实际循环比为 0.02~0.04)。此时，分馏塔的闪蒸段将安装一个抽出塔盘，收集闪蒸段的冷凝油，经过滤之后作为一部分重蜡油产品送出装置。这样不仅可以降低焦炭收率，还可减少塔底焦粉，并可使分馏塔闪蒸段有足够的洗涤油以免污染塔内产物。

零循环比的优点是：

① 焦炭收率降低，一般降低1%。

② 增加了液体收率。

同样，采用零循环比操作所生产的焦化蜡油中含有较高的残炭和金属(Ni+V)，对下游加工装置有一定影响。加热炉可以在线清焦；这样可使装置生产能力超过设计能力，降低燃料用量，并使大修周期延长到24个月。

Bechtel-Conoco公司对水力除焦有丰富的设计和操作经验，有一套可靠的计算机控制的切焦系统。一般的延迟焦化焦炭塔操作是基于20~24h的操作周期，而该公司设计值为14~24h周期，通过使用该公司的操作经验和切焦技术，周期可缩短至11h。焦炭从焦炭塔切割下来之后，要有一套可靠的运输系统将生焦运走。Bechtel-Conoco公司对焦炭运输系统有丰富经验，并可提供相应运输系统。该公司的焦池装车系统或储焦坑装车系统(Pit/PaI运焦系统)有以下优点：①提高焦炭塔在线投用系数；②系统维修量少；③投资低；④减少运输费用；⑤占地少以及有利于环保。

上述四大石油公司焦化技术的主要操作条件和原料、产品收率数据分别汇总于表4-9-19和表4-9-20。

表4-9-19　四大石油公司延迟焦化专有技术的操作条件

操作条件	福斯特-惠勒	鲁姆斯	凯洛格	Bechtel-Conoco
加热炉出口温度/℃	482~510	482~510	482~510	
焦炭塔压力/MPa	0.10~0.69	1.04~0.62	0.10~0.62	
高液收操作时焦炭塔压力/MPa	0.103	0.103	0.103	0.130
循环比	0.05~0.00	0.00~1.00	0.00~1.00	0.10~0.20①
焦化周期/h	16~18		16~20	最低为11

①为采用馏分油循环技术。

表4-9-20　延迟焦化原料和产品产率

专有技术	福斯特-惠勒			鲁姆斯		
焦化原料油	减压渣油	减压渣油	澄清油	中东原油减压渣油	加氢处理减压渣油	煤焦油沥青
相对密度	1.0552	0.9646	1.0818	1.0187	1.0655	1.1743
硫含量/%(质)	4.4	0.7	0.5	4.2	2.3	0.5
康氏残炭/%(质)	23.3	16.7		20.0	27.6	
产品收率/%(质)						
气体	8.7	7.7	9.8	7.9	9.0	3.9
石脑油	10.0	19.9	8.4	12.6	11.1	
瓦斯油	50.3	46.0	41.6	50.8	44.0	31.0
焦炭	31.0	26.4	40.2	28.7	35.9	65.1
操作方式	最大液收	电极焦	针状焦			

(五) 国外其他焦化专利或专有技术分析

1. 美国 URS Corporation 的"优化焦化 Opticoking"技术

该技术的核心是在焦炭塔切换和换塔期间向生焦塔内注入石脑油或瓦斯油。其主要技术特点是：在加热炉进料系统，燃料系统和余热回收系统实现 RMS 和 ESD 报警，自动联锁；在焦炭塔顶压力控制下注入瓦斯油或石脑油；切换四通阀和暖塔期间减缓压力波动，避免发泡和冲塔现象；焦化分馏塔塔顶压力不受焦炭塔波动的影响；可增加焦化装置加工能力，提高液收，降低消泡剂用量；稳定装置操作；降低焦炭收率、提高液体收率。但是该技术未见工业应用的报道。

2. 美国 US Coker Tech，LLC 的"最大焦化 Maxicoking"技术

该技术集成了所有用于改进延迟焦化装置操作的稳定性、可靠性和效益性的专有控制方法的专利技术，在焦炭塔顶预热和切换期间，控制地注入轻、重瓦斯油/石脑油来减少压力波动，增加的油气允许操作员稳定焦炭塔压力，并保持上升的压力分布。在压力控制所需的流量下，不会有 LGO 或石脑油冷凝，因此不会降低焦炭质量，提高装置加工能力，液体产品产率，减少焦炭产率，抗泡剂用量，更重要的是提高装置的可靠性、操作性和安全性。该技术也未见工业应用的报道。

3. 美国 Cokertech 公司的 IDCU 技术

IDCU 技术的核心在于废除了传统焦化的大吹汽、冷切焦过程，采用蒸汽在热态下将焦炭挤出焦炭塔。该技术是建立在 Cokertech 公司认为在温度高于 482℃时焦炭呈粉末状、容易除去的机理上。采用零循环比操作，焦化原料经加热炉加热后进入焦炭塔，生焦完成后，采用蒸汽充压至 0.34MPa(表)，将焦炭挤出至破碎机中粉碎为小于 25mm 的焦块，然后经换热器产汽，回收热量，冷却后的焦炭排到焦池。分馏等其余部分与常规延迟焦化工艺相同。

Cokertech 公司列出了 IDCU 工艺技术的优点，主要有：增加焦炭塔处理量超过 200%；生焦周期由 18h 缩短到 6h；消除了热胀冷缩对焦炭塔的潜在损害，延长了焦炭塔的使用寿命；回收焦炭热量用于产汽；取消水力除焦系统、冷切焦水系统、顶底盖机和吹汽放空系统；减少公用工程消耗，降低装置操作和维修成本。该技术在试验阶段，未见工业应用的报道。

参 考 文 献

[1] 瞿国华．延迟焦化装置工艺与工程[M]．北京：中国石化出版社，2017.

[2] 王玉章，申海平，李锐．多产轻质油品的延迟焦化工艺及工业应用[M]//2002 重质油加工利用学术研讨会论文集，中国石化出版社，2002：175-180.

[3] 王玉章，李云龙，李锐，等．CDF-10 延迟焦化消泡剂的应用[J]．石油炼制和化工，2001，32，4：17-19.

[4] 汪海栋，余水龙．焦化 CDF-10 消泡剂的工业应用[J]．镇海炼化，2000，11.

[5] 胡尧良．延迟焦化装置技术手册[M]．北京：中国石化出版社，2013.

[6] 李和杰，徐江华，甘丽琳，等．延迟焦化装置的大型化扩能改造设计[J]．炼油技术和工程，2003，8：5-9.

[7] 李出和，李卓．延迟焦化装置安全联锁的探讨[J]．石油化工设计，2010，27(3)：1-4.

[8] Gary L Hamilton，Ram Mallik. Delayed Coker Design Considerations and Project Execution[C]．NAPA Annual Meeting，2002，AM-02-06.

第五章　焦化加热炉

第一节　概　　述

在延迟焦化装置中，焦化炉是为热裂化反应提供热量的工艺设备，是延迟焦化工艺路线上的关键设备之一，也是该装置的耗能大户。焦化炉在整个工艺流程中的作用是：将工艺介质加热到特定的温度、供给介质升温、部分汽化和反应所需要的热量，增加馏分油产率，减少装置的焦炭产率，从而使该工艺过程获得较好的经济效益。由此可见，良好的加热炉设计和操作是延迟焦化装置实现“安、稳、长、满、优”生产的技术关键之一[1]。

良好的焦化炉设计应该具有如下特点：

① 针对一定组分范围的原料和工艺介质性质以及相应的工艺参数，具有较强的适应性和可靠性。

② 辐射段炉管的表面辐射热强度不均匀系数小。

③ 有适宜、均匀且较高的表面辐射热强度，使炉管内工艺介质有较适合的停留时间。

④ 有尽可能均匀的炉膛内温度场、热强度场和烟气流动场，使工艺介质有稳定的温升梯度。

⑤ 较高的管内油品冷油流速(大于 2.1m/s)或质量流速。

⑥ 具备满足注汽(或注水)、在线蒸汽剥焦(on-line spalling)和必要时的分炉膛清焦等功能的炉体构造。

⑦ 热效率一般大于 92%。

本章将针对焦化炉的相关技术依次进行叙述。有关管式加热炉更详细的知识，读者可参考相关文献[2]。

第二节　焦化炉热负荷

一、焦化加热炉在工艺流程中的位置

在延迟焦化的工艺流程中，装置新鲜进料与分馏塔侧线焦化柴油、焦化蜡油和焦化重蜡油逐级换热后，在分馏塔底液位控制下进入分馏塔，与循环油一起进入塔底。循环油通常是分馏塔闪蒸段换热冷凝下来的闪蒸段重瓦斯油。焦化原料和循环油通过加热炉进料泵提供动力进入焦化炉盘管加热。加热后的工艺介质通过工艺管线输送到焦炭塔进行热裂化反应。图 5-2-1 是延迟焦化装置的典型流程示意图。在操作过程中，分馏塔的操作波动会引起焦化炉入炉工艺条件的变化，从而会引起炉本体的操作波动；维持焦炭塔中的热裂化反应按设计

条件有序进行，需时刻关注工艺介质离开焦化炉的操作参数。

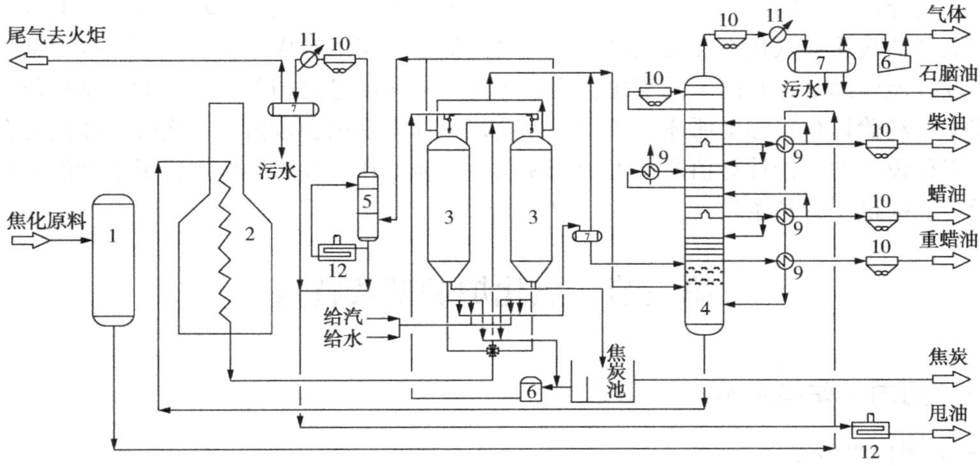

图 5-2-1 延迟焦化装置的典型流程示意图

1—原料缓冲罐；2—焦化加热炉；3—焦炭塔；4—分馏塔；5—放空塔；6—富气压缩机；7—气液分离罐；8—冷却焦水储罐；9—换热器；10—空冷器；11—水冷器；12—水箱冷却器

二、焦化炉热负荷的组成

焦化炉是为重油轻质化提供反应所需能量。包括管内工艺介质温升、管内工艺介质汽化、管内介质反应等所需热量。可以用下式表示：

$$Q=Q_1+Q_2+Q_3 \tag{5-2-1}$$

式中 Q——全炉热负荷，MW；

Q_1——管内工艺介质温升所需热量，包括汽、液两项的温升所需热量，MW；

Q_2——管内工艺介质汽化所需热量，MW；

Q_3——管内介质裂解、缩合所需热量(通常称作反应热)，MW。

$$Q_1+Q_2=W[eI_v+(1-e)I_2+I_1] \tag{5-2-2}$$ [3]

式中 W——管内工艺介质质量流量，kg/s；

e——管内工艺介质在炉出口的汽化率，%；

I_v——炉出口温度下气相热焓，kJ/kg；

I_1——炉入口温度下液相热焓，kJ/kg；

I_2——炉出口温度下液相热焓，kJ/kg。

Q_3受基础研究的限制，各工程设计公司按工程经验取值。

三、实际操作热负荷与设计热负荷

在实际操作中，焦化炉的实际热负荷(工艺介质吸热量)与设计热负荷之间是存在差异的。具体表现为炉膛烟气温度低于设计值，空气预热器换热能力过剩，鼓、引风机流量偏大等现象。出现这种现象的原因除设计余量外，与下列因素有关：①工艺介质物性(组分差异引起的焓值差异)；②流量差异；③出、入炉温度差异；④汽化率差异；⑤反应深度的差异。

目前工程设计中，工艺介质吸热量可通过现行工艺计算软件模拟的蒸馏曲线得到理论计算值；工艺介质入炉的流量取决于装置设计处理量和循环比，同时循环比也会影响入炉的工艺介质蒸馏曲线质；汽化率在典型设计中的设计值会比实际操作值偏大一些，以保证加热炉的整体设计能够满足正常的工况变化；反应热与反应深度息息相关，受限制于基础研究，反应热按工程经验计算。综上所述，典型工程设计的计算依据和取值，与实际操作间是存在差异的，工程设计的理论计算值通常大于实际操作所需。在为装置操作提供灵活性的同时，也为装置扩能提供了有利条件。

第三节　焦化炉炉型及特点

一、国内外炉型简介

（一）国内炉型简介

2000 年以前设计的焦化炉多为单面辐射卧管立式炉，如图 5-3-1 所示。根据工艺流程的要求，通常加热三种不同的工艺介质——焦化油(新鲜原料+循环油)、新鲜原料、蒸汽或软化水。其中焦化油加热盘管布置在遮蔽段、斜肩和辐射室，新鲜原料盘管布置在对流段，蒸汽或软化水盘管布置在对流室尾部。通常为单辐射单对流结构，每个辐射室内设置两管程，也有多辐射共用一个对流室的结构。

2000~2008 年之间设计的焦化炉多为双面辐射卧管立式炉，如图 5-3-2 所示。同时工艺流程也较以往有所优化，加热的工艺介质为焦化油和过热蒸汽。典型设计的结构形式为单辐射单对流，每个辐射段内设置两管程。辐射炉膛中间用火墙分隔成两个相互影响较小的燃烧传热区域。

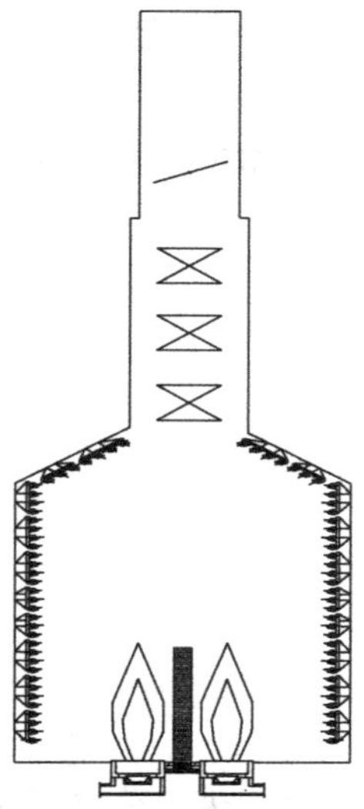

图 5-3-1　单面辐射焦化炉简图

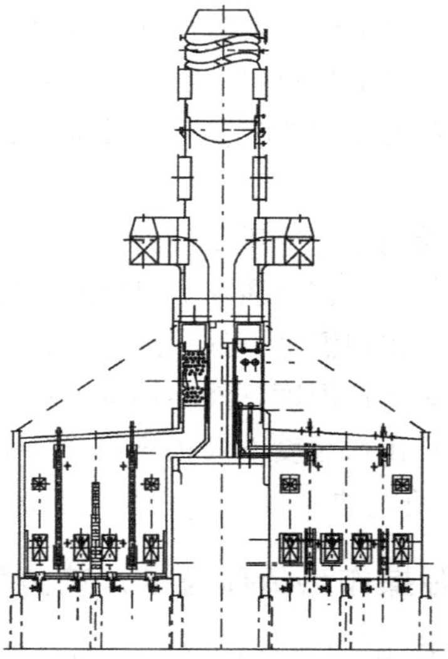

图 5-3-2　双面辐射焦化炉简图(1)

2009 年以后国内设计的焦化炉，大多数也是单炉膛单管程的双面辐射卧管立式炉，如图 5-3-3 和图 5-3-4 所示。

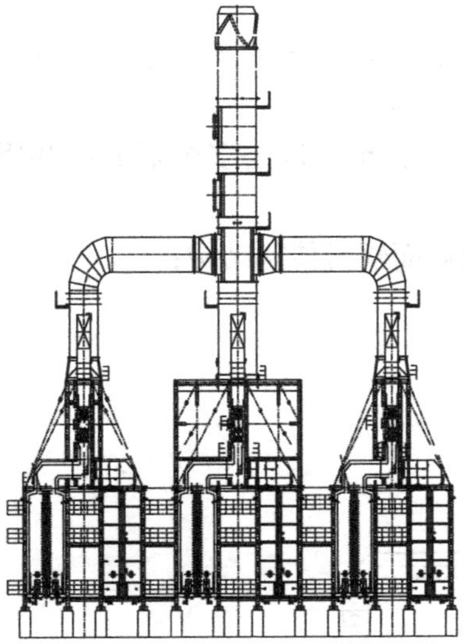

图 5-3-3　双面辐射焦化炉简图(2)

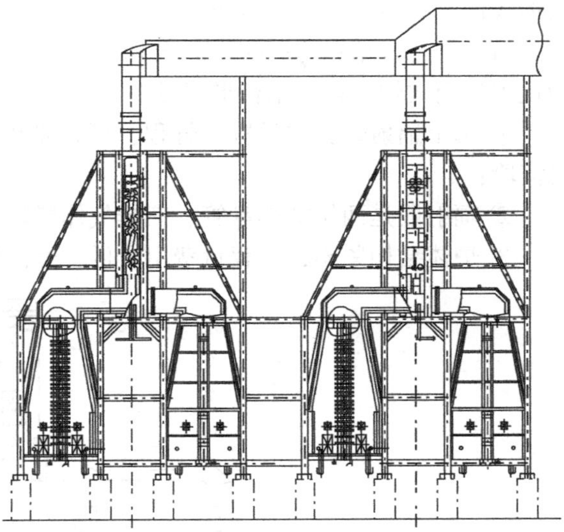

图 5-3-4　双面辐射焦化炉简图(3)

双面辐射的焦化炉的特点是每个辐射炉膛内设置一管程，可以是单辐射单对流，也可以是多个辐射段共用一个对流段。

（二）国外炉型简介

国际上焦化炉的炉型主要分两大类型：一个是以福斯特惠勒公司为代表的阶梯炉，典型结构形式见图 5-3-5，该炉的特点是：

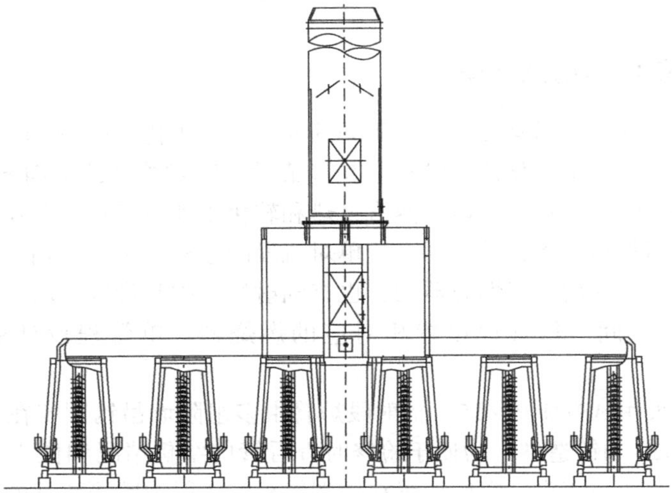

图 5-3-5　双面辐射焦化炉简图(4)

① 每个辐射炉膛内设置一管程，可以是单辐射单对流，也可以是多个辐射段共用一个对流段；

② 辐射段截面为梯形，辐射段温度场、烟气流动速度场更加均匀；

③ 燃烧器安装在辐射段下部的侧面。其特点除了火焰附墙燃烧外，炉体高度较其他结

构形式低，钢结构用量相对较少。

另一个是以柏克德(Bechtel)公司[康菲公司(ConocoPhillips)转让其焦化技术给 Bechtel]为代表的箱式炉，典型结构形式见图 5-3-6。该炉的特点是：

① 每个辐射炉膛内设置两管程，可以是单辐射单对流，也可以是多个辐射段共用一个对流段；

② 辐射段是两排加热盘管、三排气体燃烧器组成的双面辐射传热结构；

③ 炉体结构紧凑，工程量费用较低，经济性较好。

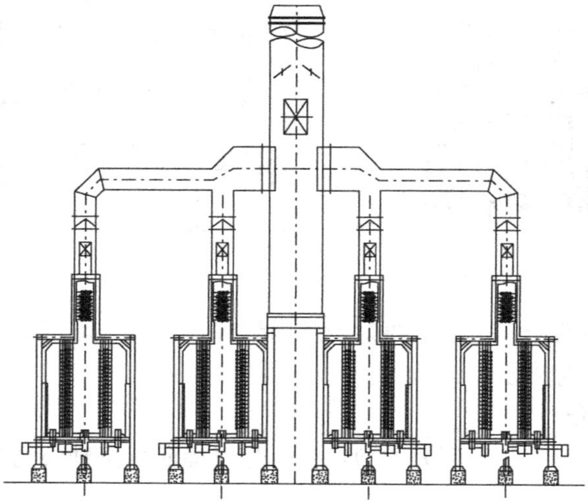

图 5-3-6　双面辐射焦化炉简图(5)

二、水平管单面辐射立式炉

水平管单面辐射立式炉通常加热三种不同的介质——焦化油(新鲜原料+循环油)、新鲜原料、蒸汽和软化水。其中焦化油盘管布置在遮蔽段、辐射炉膛顶部斜肩和辐射炉膛侧墙，装置新鲜进料预热盘管布置在对流段，蒸汽过热和软化水加热盘管布置在对流室尾部。通常每个辐射段内设置两管程，多为单辐射对应单对流段的结构，也有多辐射共用一个对流室的结构。辐射段有两管程共用一组燃烧器的，也有辐射炉膛中间设置火墙，将辐射炉膛分成两个相对独立的传热空间，每管程设置相对应的燃烧器。单管程设计处理能力为 0.1～0.25Mt/a。

焦化油盘管多采用 ASTM P5/T5，辐射段炉管由多组附墙吊钩固定在辐射段侧墙处，其材质为 ZG40Cr25Ni20 的铸造件。为便于检修时查看管内结焦情况和便于机械清焦，焦化油盘管多采用带堵头铸造回弯头，它们设置在用端管板与辐射炉膛隔离开的辐射弯头箱内。铸造回弯头大多与炉管间采用胀接的连接形式。

这类炉型采用的燃烧器发热量为 1MW 左右。燃料依据各炼油厂公用工程条件可以是燃料油也可是燃料气，燃烧器的选型多数是油气联合燃烧器。

三、水平管双面辐射立式炉

水平管双面辐射立式炉分单辐射炉膛双管程和单辐射炉膛单管程立式炉。燃烧形式分为垂直燃烧和附墙燃烧。

(一) 单辐射炉膛双管程的水平管双面辐射多室箱式炉

这种类型的焦化炉通常加热的工艺介质是焦化油和过热蒸汽。焦化油可能是常减压装置来的常渣和减渣+循环油，也会是原油(稠油)+循环油。焦化油从对流段进入焦化炉加热。在焦化油对流盘管的上部布置过热蒸汽盘管。该结构的焦化炉管程多数是偶数，每个辐射炉膛设置两管程，一个辐射炉膛对应一个对流段。两、三个并联的辐射-对流烟气进入同一根烟囱，并共用一套烟气回收系统。

辐射、对流盘管均通过推制急弯弯管连接炉管，辐射段急弯弯管设置在炉膛内。辐射盘管用铸造管架支撑在辐射段钢结构底部或顶部。辐射管架早期设计多为静态铸造的板状管架，分为三部分，用销钉连接，如图 5-3-7 所示。该结构的管架将辐射盘管的重量支撑在辐射炉顶。优化的管架多为离心铸造管柱与穿过管柱的支撑件组成的结构形式。可支撑在辐射段顶部，也可支撑在辐射段底部，如图 5-3-8、图 5-3-9 所示。辐射盘管两侧设置小发热量的气体燃烧器。

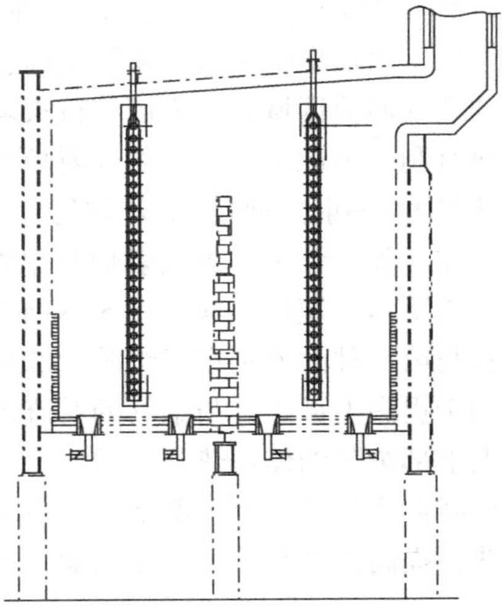

图 5-3-7 板状管架简图

燃烧器发热量大致在 0.4MW 左右。燃烧器为垂直向上燃烧的结构形式。为减少相互干扰，设置了位于炉膛中央的火墙将辐射段分为两个相对独立的燃烧区域。这一设计初衷是每管程可以单独切出正常操作工况，进行在线蒸汽剥焦操作。以延长焦化炉的在线率。

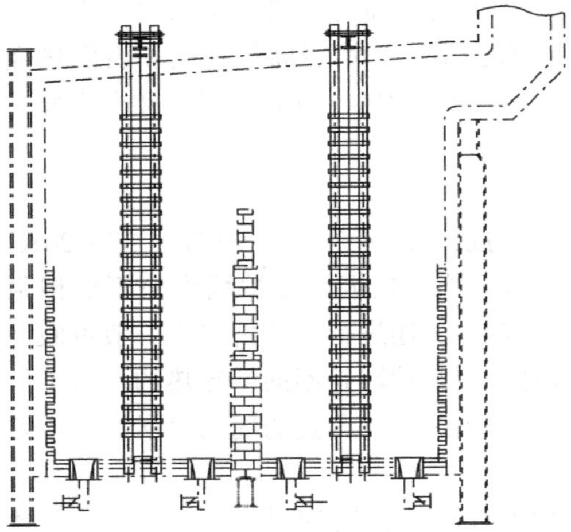

图 5-3-8 管柱结构管架(上支撑)简图

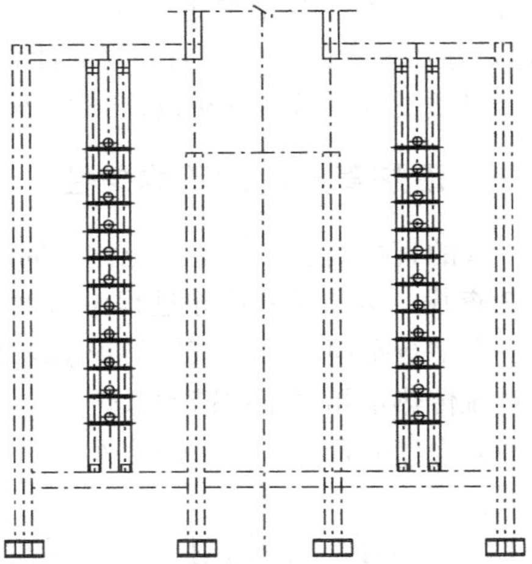

图 5-3-9 管柱结构管架(下支撑)简图

(二) 单辐射炉膛单管程的水平管双面辐射多室箱式炉

此类焦化炉从传热的角度与两管程共用一个辐射炉膛的焦化炉相似，其加热的工艺介质特性、盘管布置、燃烧器布置等也与其相同。常见结构见图 5-3-3~图 5-3-5。

一个炉膛布置一管程辐射盘管的优势在于：

① 各管程间的加热过程更加独立，便于独立控制。单炉辐射膛双管程在进行在线蒸汽剥焦操作时，同一辐射炉膛的两管程所需的操作条件存在差异，不可避免造成一定程度的相互影响，致使剥焦操作需要的快速冷却过程不能达到理想的速度，影响剥焦效果，甚至看不到明显的效果。此外，这一结构可以实现单一管程辐射段的水力清焦。

② 燃烧器的燃烧形式可以是垂直向上燃烧，也可以是附墙燃烧。CFD 数值模拟计算的结果显示附墙燃烧的火焰紧贴壁面，火焰稳定，高温烟气附墙流动，在燃烧器与炉管之间形成的烟气回流区域，一方面使得火焰稳定附墙燃烧，另一方面高温烟气在炉膛内回流对炉管吸热有利。因此附墙燃烧的辐射炉膛的烟气流动场、温度场更加均匀化。使辐射炉管表面平均热强度(辐射热通量)更加均匀，进一步减少过热点和减缓结焦倾向。

在工程设计中，单辐射炉膛单管程的焦化炉的辐射段截面形式会存在差异。主要是图 5-3-3 所示的矩形截面、图 5-3-4 所示的组合型截面和图 5-3-5 所示的梯形截面。后两种形式与第一种的差别在于炉膛上部采用了斜墙结构。斜墙结构使得炉膛上部烟气流速增大，有利于提高上部炉管与烟气的对流传热，炉膛上部区域较炉膛下部区域体积逐渐减小，有利于上下部炉膛的体积热强度的均匀性，综合附墙燃烧器附墙燃烧方式和辐射室斜墙结构两大特征降低了炉膛内上下部烟气分布梯度，更有利于炉管表面热强度分布的均匀性，防止局部过热，提高炉管表面平均热强度，提高传热效率。

第四节　辐射传热的均匀性与热强度

焦化加热炉和其他管式加热炉一样，是通过火焰、热烟气的辐射和炉墙的辐射或反射将热量传递给炉管。因为火焰、热烟气、炉墙和炉管的相对位置不同，所以传给炉管的热量不同。另外，由于管内介质的温度不同，即使管外条件相同，辐射炉管的表面热强度(热通量)也是存在差异的。在目前使用的计算软件中，通常会给出平均表面热强度和表面热强度峰值，以便设计人员在优化设计时有据可依。炉管受热的不均匀性可分为以下几个方面。

一、沿炉管周向的不均匀性

炉管的直接辐射传热率，也称作周向热强度不均匀系数，可以通过 SH/T 3037—2016 中图 B.3 查找。该曲线的推导过程中有两个假设：一是火焰、热烟气或炉墙为与管子相距很近的一个平行平面；二是烟气与炉墙除了进行辐射传热外，还进行对流传热。一般可假设这部分对流传热量相当于炉壁的散热量，在求反射量时，假定炉墙是不向外导热的。对于焦化炉大多数设计的管心距为 2 倍管外径。这一条件下不同辐射炉管布置的周向热强度不均匀系数如下：

① 对于单排一面辐射、一面反射(单面辐射)的炉管，周向热强度不均匀系数 α 为 0.883；

② 对于单排双面辐射的炉管，周向热强度不均匀系数 α 为 1.316；

③ 对于双排一面辐射、一面反射的炉管，两管排周向热强度不均匀系数 α 总和为 0.977；

④ 对于双排双面辐射的炉管，两管排周向热强度不均匀系数 α 总和为 1.708。

二、沿炉管长度方向的不均匀性

沿单根炉管长度方向的不均匀性(或者称为炉管长度方向不均匀系数)与炉管和火焰的相对位置有关。火焰与炉管平行——底烧立管布置，如圆筒形加热炉、立管立式炉，沿单根炉管长度方向的不均匀性较大；火焰与炉管垂直——底烧水平管布置，如水平管立式炉，焦化炉属于这类加热炉，沿单根炉管长度方向的不均匀性小。除此之外，沿单根炉管长度方向的不均匀性还与燃料品种、燃烧器发热量、火焰长度燃烧器布置等因素相关联。对于不同的加热炉，该系数是不同的。对于火焰与炉管垂直布置的炉型，该系数数值基本为1。对于火焰与炉管平行的炉型，在工程设计中，大部分工程公司采用的是国际上广泛使用的通用计算程序，该系数在1.2~1.6左右(最大/平均)。

三、局部死角及过热

炉管与火焰的相对位置与炉管的受热有很大关系，从图5-4-1和图5-4-2可以观察到。

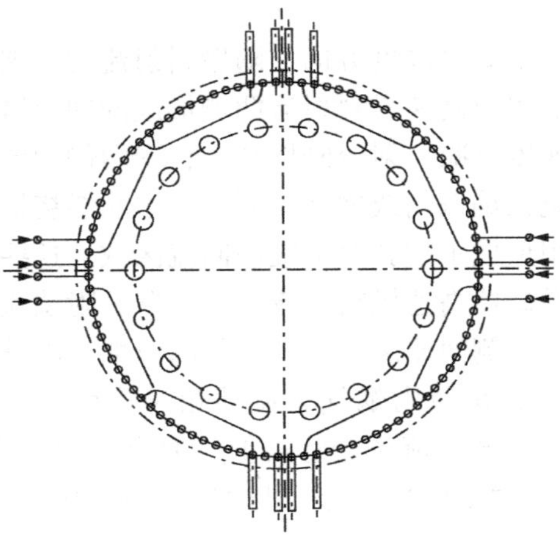
图5-4-1　圆筒炉辐射段横截面视图

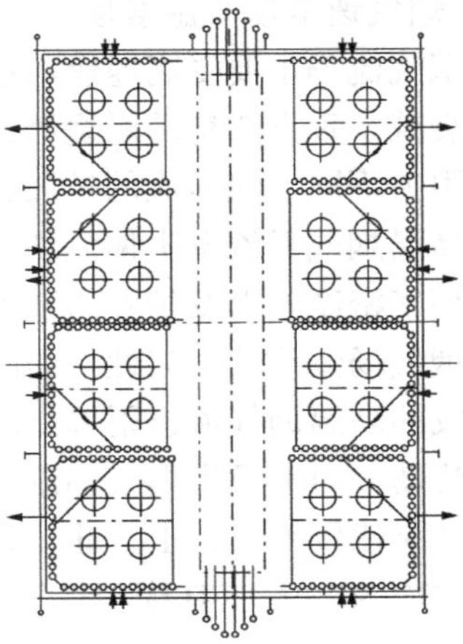
图5-4-2　方箱炉辐射段横截面视图

圆筒炉炉管与燃烧器布置是两个直径不同的同心圆，炉管受热几乎不存在死角；而方炉的燃烧器与炉管之间的布置就不如圆炉均匀，存在差异和烟气流动的死角。

四、加热介质温度的影响

加热炉的整体设计是围绕工艺介质盘管开展的。辐射段是加热炉传热的主要区域，辐射炉管表面热强度的选取直接影响到加热炉整体工程投资。表面热强度又受到炉管金属材料耐温、工艺介质结焦条件的限制，同时还受到传热不均匀性的影响，该影响除了前面提及的几点还包括工艺介质在辐射段的温度影响。在其他条件相同的情况下，辐射段工艺介质温度较低的管段的表面热强度的取值会高于辐射段工艺介质温度较高的管段。理论上可以根据管内介质温度的不同，采用分区计算的方法，选取不同管段相匹配的平均表面热强度来做设计，操作中通过调整燃烧器的布置及发热量来实现优化设计。随着计算软件功能的不断提升，分区计算目前是可以实现的，在一些工程设计中已经达到应用，但是操作中受到检测设备的限制，这一优化设计的效果难以得到直观的确认。

五、常见焦化炉炉型烟气场流动、温度场分布与热强度均匀性分析

国内常见的双面辐射焦化炉的炉型结构见表 5-4-1。

表 5-4-1　常见焦化炉结构

炉型编号	燃烧器	炉墙	备注
Ⅰ	扁平焰燃烧器	垂直炉墙	引进专利炉型
Ⅱ	扁平焰燃烧器	垂直与倾斜结合炉	
Ⅲ	附墙火焰燃烧器	倾斜炉墙	
Ⅳ	附墙火焰燃烧器	垂直与倾斜结合炉墙	
Ⅴ	附墙火焰燃烧器	垂直炉墙	

中国石化工程建设公司博士后工作站利用 CFD 对上述五种炉型进行了模拟计算及分析研究。

（一）烟气速度场与温度场

炉内烟气流场主要受高速燃料射流所主导，沿炉膛高度方向，随燃料射流的扩展，烟气速度逐渐衰减。垂直燃烧的燃烧器，由于燃烧器出口高速燃料射流两侧形成的回流区对烟气射流的作用力不同，随射流的扩展，烟气流动速度衰减，射流刚性减弱，受两侧回流区的扰动作用，高温烟气射流发生偏流现象，导致燃烧火焰偏斜或摆动。同时，中间燃烧器射流抽吸、冷热烟气密度差以及炉膛边壁效应共同作用形成了炉膛两侧缓慢回流区域。这些因素影响炉膛内烟气场流动的均匀性。而附墙燃烧的燃烧器高速燃料射流出燃烧器后附墙流动，燃烧反应形成的高温烟气流也附墙流动，由于只受一侧回流区作用，使得高温烟气能够稳定的附墙向上流动，而不发生烟气偏流和火焰的摆动，炉膛内烟气场流动相对较均匀。从 CFD 模拟计算结果比较来看，Ⅰ、Ⅱ、Ⅲ炉型长度方向截面流场趋势类似，而沿炉膛高度方向，Ⅲ炉型更加均匀。从 CFD 模拟计算结果来看，炉膛温度场的分布与烟气场流动的均匀性相吻合。

Ⅲ、Ⅳ、Ⅴ炉型均为附墙燃烧的燃烧器，只是辐射炉膛截面形状有差异。CFD 模拟计算结果表明，三种炉型宽度方向烟气速度分布趋势类似。相比较而言，辐射室斜墙结构和辐射室斜墙直墙相结合的结构使得上部炉膛烟气流速增大，有利于提高上部炉管与烟气的对流传热，炉膛上部区域较炉膛下部区域体积逐渐减小，有利于上下部炉膛的体积热强度的均匀性，将会对炉管吸热产生一定的影响。它们的温度分布与烟气场流动分布吻合。同时，燃烧器燃料在喷枪出口的射流在炉墙上较为充分地扩展开，高温烟气沿炉膛高度方形成较为均匀的平推流，使得炉膛上下部烟气温度分布梯度较小，有利于炉管均匀吸热。

（二）炉管表面温度

炉管表面温度分布受管内工质流动、辐射表面热强度以及炉膛内火焰辐射传热、烟气对流传热的影响。对于自上而下水平的辐射炉管，CFD 研究结果表明，沿工质流动方向炉管表面温度从上至下逐渐升高，炉管管壁高温区域与炉膛内火焰区域相对应。不同高度位置炉管表面平均温度变化较大，上下炉管表面温差最大约为 200K。在同一高度位置炉管，特别是底部炉管，炉管中部温度高，两侧低，分布特性与烟气温度分布相对应。布置在炉膛上 2/3 的炉管温度分布趋于均匀。

（三）辐射表面热强度（辐射热通量）

焦化炉辐射段经CFD建模计算，结果表明沿炉膛高度方向，自下向上炉管表面热强度先略有增大而后减小，并且随炉膛高度增大，炉管表面热强度迅速降低，分布趋于均匀。从单根炉管来看，特别是炉膛中下部区域的炉管，炉管中部表面热强度大，两侧小。表面热强度的这种分布主要是由火焰和温度场的分布引起的，离火焰距离越近，热辐射强度越大，炉管吸收的热量越多。由于炉膛两侧低温回流区的存在和燃烧火焰向炉膛中间的偏斜，使得单根炉管中间部分吸热量要大于两端。对于炉型Ⅰ、Ⅱ，垂直燃烧的辐射段、炉膛上部的炉管、单根炉管两端位置处热强度较大，主要是由于此位置高温烟气偏流，导致炉管表面热强度局部升高，与炉膛上部的温度分布状况相对应。而附墙燃烧的Ⅲ、Ⅳ、Ⅴ炉型炉管表面热强度相对炉型Ⅰ、Ⅱ，沿高度方向和长度方向的分布更加均匀，无明显局部炉管过热。

第五节　工艺参数及确定

一、热负荷及分配

焦化炉的热负荷通常是经过全流程模拟后得到的。全炉热负荷包括焦化油温升、汽化、热裂解反应所需热量和过热蒸汽（注水）所需热量。和其他炼油装置加热炉一样，辐射段热负荷占全炉热负荷的65%左右。

二、辐射传热的计算方法[5]

焦化炉的辐射段内除少量（传热量的10%～20%）的对流传热外，主要是辐射传热。辐射传热的计算方法很多，常见的有经验法、罗波-伊万斯（Lobo-Evans）法、别罗康（Белоконъ）法、区域法和蒙特卡罗法等。

现在国内各大工程公司对加热炉进行传热计算所采用的方法基本都是罗波-伊万斯法，所以下面仅简单介绍罗波-伊万斯法的计算公式。

罗波和伊万斯认为，辐射室内高温的火焰和烟气在单位时间内传给辐射管的热量 Q_R（W）是由两部分组成的：一部分是火焰及烟气以辐射方式传给炉管的 Q_{Rr}（W），它包括直接辐射和炉墙的反射；另一部分是烟气以对流方式传给炉管的 Q_{Rc}（W），即

$$Q_R = Q_{Rr} + Q_{Rc} \tag{5-5-1}$$

罗波和伊万斯将管式炉辐射室内复杂的传热简化为一个气体，一个受热面和一个反射面的传热模型，简称为一个气体区的模型。其基本假设有四条：

① 整个辐射室中，气体只有一个温度，它是辐射传热的热源；

② 吸热面只有一个温度，反射面也只有一个温度；

③ 反射面是一个绝对的反射面，即投至其上的辐射能被全部反射出来；

④ 烟气为灰体，吸热面为灰表面。

于是，辐射室的烟气（包括火焰）以辐射（包括反射）方式对炉管的传热速率可以写成下式：

$$Q_{Rr} = \sigma\alpha A_{cp} F (T_g^4 - T_w^4) \tag{5-5-2}$$

式中　σ——斯蒂芬-波尔兹曼常数，$\sigma = 5.67\times10^{-8}$，W/（$m^2\cdot K^4$）；

α——有效吸收因素(形状因素或角系数)，无因次；

A_{cp}——冷平面面积，m^2；

F——总交换因素，考虑火焰黑度、反射墙布置、辐射室体积等的校正因素；

T_g——辐射室烟气平均温度，K；

T_w——辐射管外壁平均温度，K。

烟气以对流方式对炉管的传热速率可按下式计算：

$$Q_{Rc}=h_{Rc}A_R(T_g-T_w) \tag{5-5-3}$$

式中　h_{Rc}——辐射室内烟气对炉管表面的对流传热系数，W/m^2；

A_R——辐射管外表面积，m^2。

于是可写出辐射传热方程：

$$Q_R=\sigma\alpha A_{cp}F(T_g^4-T_w^4)+h_{RC}A_R(T_g-T_w) \tag{5-5-4}$$

分析式(5-5-4)的传热方程可以发现，对于一个已知的辐射室，除 Q_R 和 T_g 外均为已知数，但一个方程有两个未知数是没有固定解的。因此，还应引入辐射室的热平衡方程(5-5-5)才能求解：

$$Q_R=Q_n+Q_1-q_L-q_2 \tag{5-5-5}$$

式中　Q_n——燃料总发热量，W；

Q_1——燃料、空气和雾化蒸汽带入的显热，W；

q_L——辐射室散热损失，W；

q_2——烟气离开辐射室带走的热量，W。

联解(当用手算时一般用图解法)式(5-5-4)和式(5-5-5)，即可求出辐射室的吸热量 Q_R 和烟气平均温度 T_g，在罗波-伊万斯法中辐射室烟气平均温度即是烟气出辐射室温度，习惯上也称"火墙温度"。

三、对流段传热的计算方法

焦化炉对流室内以对流传热为主，烟气和炉墙的辐射传热仅占很小的份额。计算时一般将辐射传热折算到外膜传热系数中。对流传热计算公式比较成熟，多年来没有什么变化。

对流传热通用的计算公式是：

$$Q_C=K_C\Delta tA_C \tag{5-5-6}$$

式中　Q_C——对流传热量，W；

K_C——总传热系数，$W/(m^2\cdot℃)$；

Δt——对数平均温差，℃；

A_C——对流传热面积，m^2。

对流室炉管的内膜传热系数 h_i 和外膜传热系数 h_o 都是根据试验数据，运用相似论整理出的准数方程，并考虑各种热阻而求得的。正如前面所述，烟气和炉墙的辐射传热折算在外膜传热系数中。总传热系数按下式计算：

$$K_C=\frac{h_ih_o}{h_i+h_o} \tag{5-5-7}$$

式中　K_C——总传热系数，$W/(m^2\cdot℃)$；

h_i——管内膜传热系数，W/(m^2·℃)；

h_o——管外膜传热系数，W/(m^2·℃)。

对流室炉管内的介质一般都是液相或气液混相，传热系数很大，而管外是烟气，传热系数很小。分析上式可知，只有强化外膜传热，才能提高总传热系数。这就是对流室要采用钉头管或翅片管的原因。

四、炉型简介

炼油装置加热炉种类很多，但是都有共性。从传热种类上可分为纯辐射和辐射对流型；从传热形式上可分为单面辐射和双面辐射；按辐射段几何形状可分为圆筒炉和方箱炉；圆筒炉辐射段盘管结构形式有两种垂直排布的立管以及螺旋管；方箱炉辐射盘管形式较多主要有垂直排布的立管、水平排布的卧管、垂直排布的U形管和门形管等。从辐射段个数可分为单辐射炉膛和多辐射炉膛。

五、管内流型及其对炉型选择的影响

（一）管内流型的判别

大部分炼油装置加热炉，包括焦化炉，在炉内加热过程中，由液相逐步变为气液混相，汽化率大多在20%~40%。气液两相在管内空间的分布、流动情况以及相互的作用不同，形成了两相流的不同流型。两相流的流型主要取决于气、液两相的流速，气、液两相的物理性质如密度、黏度、界面张力等。各种文献对同一种流行的命名、定义、分界点的定义不尽相同。本章节采用文献[3]建议的命名和定义。水平管内的流型分为中、低液速条件下的六种流型(图5-5-1)。

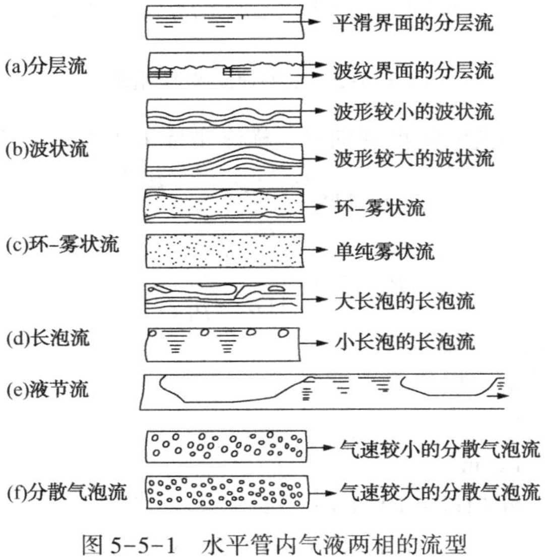

图5-5-1　水平管内气液两相的流型

随着气化率的上升，气速不断加大，流型就逐渐发展到环-雾状流。

在垂直管内，气液两相的流型分为中、低液速条件下的四种流型(图5-5-2)。

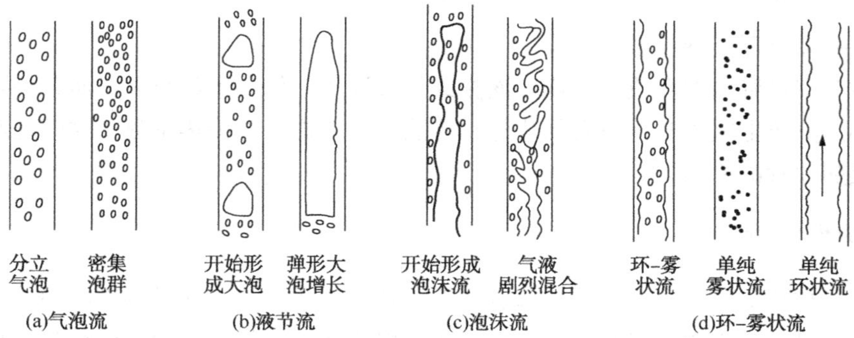

图 5-5-2 垂直管内气液两相的流型

水平管和垂直管内流型的判别图是不同的。水平管在石化行业应用的比较广泛的是1954 年 Baker 流型图(图 5-5-3)。

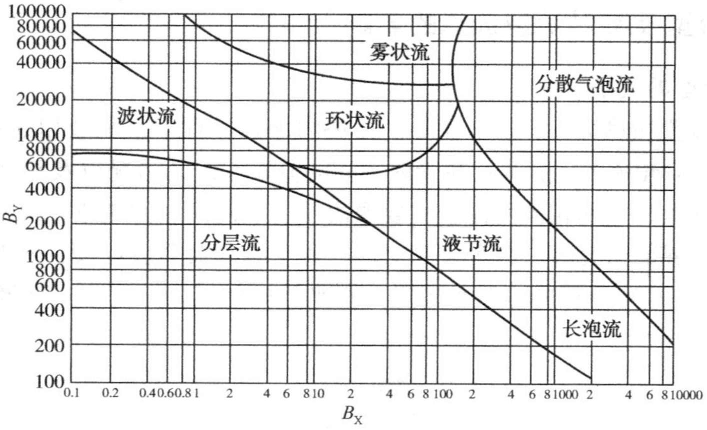

图 5-5-3 水平管流型判别图

使用该图进行气液两相流的流型判别时，横纵坐标采用下列两式计算：

$$B_X = 211 \times \frac{(\rho_L \cdot \rho_g)^{1/2}}{\rho_L^{2/8}} \times \frac{\mu_L^{1/2}}{\sigma_L} \tag{5-5-8}$$

$$B_Y = 7.1 \times \frac{W_g}{A(\rho_L \cdot \rho_g)^{1/2}} \tag{5-5-9}$$

式中 W_L——流相质量流量，kg/s；

W_g——气相质量流量，kg/s；

ρ_L——液相密度，kg/m^3；

ρ_g——气相密度，kg/m^3；

μ_L——液相黏度，cP($1cP = 10^{-3}Pa \cdot s$)；

σ_L——液相表面张力，dyn/cm($1dyn/cm = 10^{-5}N/cm$)。

$$\sigma_L = \left[\left(\frac{2.3M_L + 57}{M_L}\right) \times \left(\frac{\rho_L - \rho_g}{1000}\right)\right]^4 \tag{5-5-10}$$

式中 M_L——液相分子量。

预测垂直管内两相流流型的几种判别图中，在石化行业应用的比较广泛的是 1961 年 Griffith 和 Wallis 研究时提出的一张流型图(图 5-5-4)。

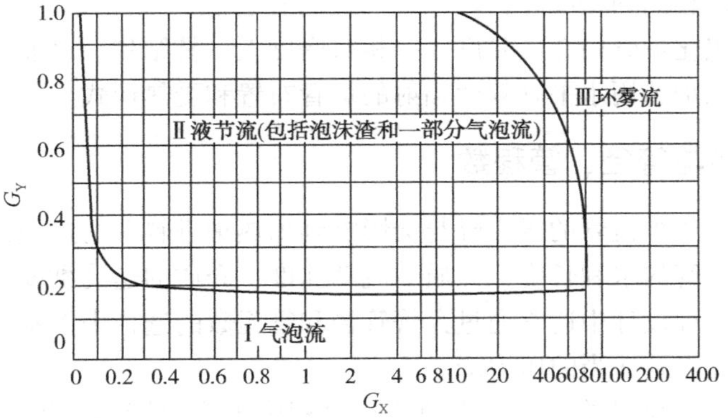

图 5-5-4　垂直管流型判别图

使用该图进行气液两相流的流型判别时，横纵坐标采用下列两式计算：

$$G_X = \frac{u_m^2}{g d_i} \tag{5-5-11}$$

$$G_Y = \frac{Q_g}{Q_L + Q_g} \tag{5-5-12}$$

式中　u_m——气液混合物的线速度，m/s；

Q_g——气相体积流量，m^3/s；

Q_L——液相体积流量，m^3/s。

(二) 管内流型对炉型选择的影响

在加热炉盘管内工艺介质从纯液相逐步达到气液混相。管内不同位置将出现不同流型，在辐射段盘管内希望大部分是利于传热的环雾状或雾状流。采用上述的两种方法预判管内流型分布，通过调整炉管规格、管程数和炉管布置形式等调整管内流型，以此来选择适当的炉型。水平管比垂直管更容易获得较好的流型，但是垂直炉管占地小，一次性投资较小，通常操作条件较缓和的加热炉选用垂直管。对于管内介质黏度大、相对密度大、易结焦、油膜温度要求高的加热炉，通常选用水平管，例如焦化加热炉、润滑油型炼油厂的常减压炉等。

六、辐射平均表面热强度与加热面积

辐射表面热强度是体现辐射传热强度的参数，在其他条件相同的情况下，辐射表面热强度越大，加热所需面积越少，但是油膜温度会上升。选取适当的辐射表面热强度对工程设计和生产操作都具有重要意义。通常工程公司设计文件中的辐射表面热强度是平均值。可用下式表示：

$$q_R = Q_R / A_R \tag{5-5-13}$$

式中　q_R——辐射平均热强度，W/m^2；

Q_R——辐射段热负荷，W；

A_R——辐射段加热面积，m^2。

受传热不均匀性的影响，管内的油膜温度也是不均匀的。为了避免局部过热，辐射表面热强度的取值不宜过高。双面辐射的受热形式具有轴向传热均匀性较好的特点。这一特点的优势在于当其他条件相同的情况时，可以适当提高辐射表面热强度的取值，减少换热面积，节省一次性投资。焦化炉管内介质黏度大、相对密度大、易结焦、对油膜温度值的偏差要求高，结合这些特点该炉选用水平管双面辐射的炉管布置和受热形式。

七、管内压降与管径、管程数

工艺介质流经焦化炉盘管的压力降与会影响到加热炉进料泵的选型，工艺介质通过焦化炉盘管的压力降与盘管的水利长度、介质的流动速度、介质的运动黏度等因素相关。水利长度与加热面有关，工程设计中通常通过盘管管径和管程数的选择来控制介质的流动速度，以期与水利长度相匹配得到适当的压力降。

为了避免过高的油膜温差，同时避免清焦过程中被焦块堵塞，焦化炉的管径通常选择 ϕ102～127。在这个管径范围内，通过管程数的调整，得到适当的压力降。管程数通常是 2 的倍数，它和管径息息相关。根据焦化装置的特点，依据管内冷油质量流速 1500～2200kg/m^2的基本工艺参数[5]选择匹配的管径与管程数。

八、对流盘管的形式与传热

在各炼油装置的加热炉对流段，炉管外传热系数比管内介质的传热系数小得多，管外侧传热系数是决定对流段传热的主要因素。为了提高对流室传热速率，除三排遮蔽管外，其他盘管采用扩大表面管。当加热炉燃料为燃料气时，采用翅片管作为扩大表面管；燃料为燃料油时，采用钉头管作为扩大表面管。扩大表面管可提高烟气侧传热系数 2～3 倍。

九、焦化炉典型工艺参数

（一）单面辐射焦化炉

单面辐射的焦化炉设计时，焦化油盘管多布置在对流的遮蔽段和辐射段，对流段用于加热装置新鲜进料。焦化油盘管采用 12Cr5MoI(Cr5Mo)，通过铸造回弯头连接。铸造回弯头设置在炉膛外侧的弯头箱内，由于铸造回弯头可拆卸部分易发生泄漏，大部分已被更换成为与炉管材质相同的推制急弯弯管。这类焦化炉的辐射平均表面热强度在 27000～32000W/M^2。所使用的燃烧器大多是油气联合燃烧器，单个燃烧器的发热量在 1MW 左右。

（二）双面辐射焦化炉

双面辐射的焦化炉基本都是 2000 年以后建设的。焦化油盘管布置在对流和辐射段，对流上部设置蒸汽过热盘管。焦化油盘管多采用 ASTM A335 P9，采用推制急弯弯管连接盘管。这类焦化炉的辐射平均表面热强度在控制在 48600W/M^2以下。所使用的燃烧器大多是扁平焰气体燃烧器，单个燃烧器的发热量在 0.4MW 左右。2000～2009 年之间建设的焦化炉燃烧器为垂直燃烧的扁平焰气体燃烧器。2009 年以后大部分燃烧器采用了附墙燃烧的气体燃烧器。

（三）焦化炉工艺介质盘管管材

焦化装置的进料通常是常压或减压渣油，个别焦化装置的原料是原油(稠油)。生产操作期间，焦化炉工艺介质盘管的管壁温度在 530～650℃，当实施蒸气在线清焦工艺操作时，工艺介质盘管的管壁温度会高达677~705℃。通常工艺介质盘管采用ASEM A335 P9或ASTM A312 P9/T9的炉管。对于含酸量高于0.5mgKOH/g的工艺介质，对流段盘管一般选用ASTM A312 TP316或TP316L，由于工艺介质在对流段的温度在270~400℃，根据选材规范而选择上述材质。

第六节 燃烧器发热量的确定及相关因素

随着炼油技术的不断提高发展，焦化炉在炉型、辐射传热方式、燃烧器燃烧型式等方面不断优化。对应炉型的改进，近10多年焦化炉燃烧器形式也不断变化。燃烧器的选型、设计、制造质量都会对操作有或多或少的影响。选择燃烧性能适当的燃烧器对焦化炉长稳优操作具有重要意义。

一、燃烧器发热量的确定

确定燃烧器放热量的基本原则是：应能满足各操作工况的吸热量。考虑到加热炉热效率以及燃烧器在线检维修的因素，燃烧器的发热量应涵盖一定的非正常工况。在工程设计中，燃烧器的总发热量是大于吸热量的，在设计提交的燃烧器数据表或燃烧器请购文件中会有三个燃烧器发热量——最大、设计、最小。其中，最小是以最大发热量除以调节比而来的；最大发热量是考虑加热炉热效率和加热炉操作上线等因素而确定的。确定设计发热量是至关重要的技术节点。由于，气体燃烧器的发热量与燃料气入喷枪的压力成正比。同时火焰的燃烧状况，如刚直性、燃尽性能等，与燃料气压力也息息相关。设计点选择在预计的长期操作工况是比较适当的。设计发热量如果选择的比长期操作发热量大，则燃烧器在较低的燃料压力下操作，这时，燃料气出喷枪喷孔速度低火焰的刚性下降，易发生火焰飘动的状况；低速的燃料气与空气的混合均匀性下降，燃尽率下降，或火焰几何尺寸加大，局部过热趋势加大。

二、燃烧器典型结构

1. 垂直燃烧的燃烧器

典型的底部安装、火焰垂直向上燃烧的燃烧器，通常称为垂直燃烧器。它是扁平火焰的气体燃烧器。典型结构见图5-6-1。这种类型的燃烧器的技术性能是比较先进的，它具有燃料分级和烟气回流助燃功能的超低NO_x燃烧器。需要根据不同燃料组分进行详细构造设计，以达到NO_x超低排放的效果。它还有如下特点：根据燃料条件，该燃烧器的主喷枪的喷头开口个数尺寸和开口中心线与燃烧器砖斜坡的夹角控制烟气回流量；喷头喷出的燃料流动速度快，燃烧反应是在离喷头的火焰区进行的，避免了喷头表面的高温区减少喷头表面结焦的可能性。

2. 附墙燃烧的燃烧器

顾名思义，附墙燃烧的燃烧器(见图5-6-2)其火焰是与辐射段侧墙之间有一个夹角，火焰沿着辐射侧墙向上延展燃烧。在燃烧方面的性能和特点与前与一类燃烧器基本相同。其优势在于，燃料烧器喷枪的喷孔、燃烧器火盆砖的空气流道均与辐射侧墙有夹角，燃烧反应形成火焰以及高温烟气附墙流动，由于只受火焰一侧回流区作用，使得高温烟气能够稳定地附墙向上流动，而不发生烟气偏流。炉膛内烟气场流动相对均匀。

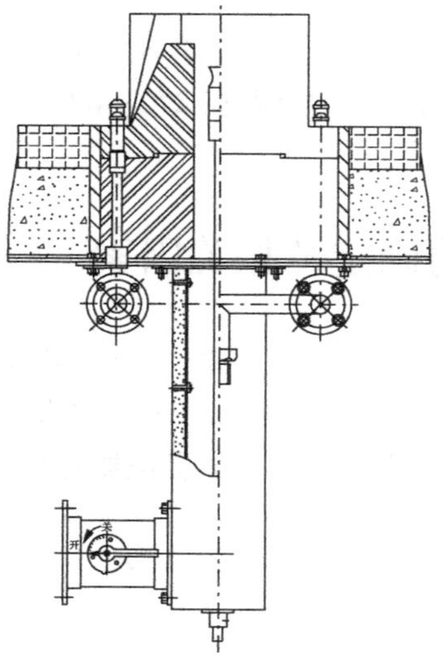

图 5-6-1　垂直燃烧的燃烧器示意图

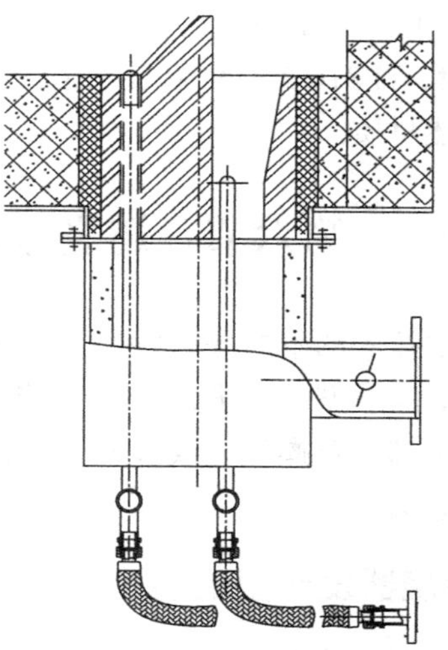

图 5-6-2　附墙燃烧的燃烧器示意图

（一）低氧化氮燃烧技术

氧化物在燃烧过程中以三种形式生成，分别称之为燃料型 NO_x、热力型 NO_x、快速型 NO_x。在加热炉燃烧过程中，以热力型 NO_x 的生成为主。加热炉燃烧器的低氧化氮燃烧技术主要围绕如何降低热力型 NO_x 开展的，有研究表明，当燃烧温度高于 1500℃ 时，热力型 NO_x 生成量明显增大，温度每增加 100K，NO_x 生成速度约增大 5 倍。同时，影响氮氧化物生成的主要因素还有助燃空气温度、燃料浓度、氧浓度以及烟气在高温区的停留时间。这方面的技术也是围绕这些影响因素开展研究和不断升级的。根据 NO_x 排放浓度的要求，大致分为三种技术。

1. 空气分级燃烧

通过合理分配调整空气与燃料混合状态，将一次风的风量减少至总供风量的 70%～75%，燃料在贫氧状态下燃烧，将其余的风量通过喷嘴砖预先设置的风道送至燃烧区，与第一级燃烧区贫氧燃烧条件下产生的烟气混合完成全部的燃烧过程。即将燃烧的过程分为两个燃烧阶段。目的是降低火焰温度，减少热力型 NO_x 的形成，但作用有限，不能满足国家现行的环保排放要求。

2. 燃料分级燃烧

通过合理分配燃料与空气混合状态。在此项技术中，空气是不分级的。一部分燃料在富氧区燃烧，一部分燃料在贫氧区燃烧。富氧燃烧时，燃料过浓部分因氧气不足，燃烧温度不高，热力型 NO_x 生成量降低，贫氧区中燃料燃烧速度受到影响，燃烧温度低，热力型 NO_x 生成量也减少。总的结果是 NO_x 生成量低于常规燃烧。烟气中 NO_x 可降至 120mg/Nm^{3}左右。

3. 燃料分级+烟气再循环燃烧

在前一项技术的基础上，通过二次燃料喷射时产生的低压区吸卷烟气进入燃烧区域，以降低燃烧反应的强度，达到降低火焰温度的作用。有燃烧器制造商将这个技术称之为可燃气体惰性化。这种技术，一次燃料的比例越小，效果越明显。优秀的设计，烟气中 NO_x 可降至 50mg/Nm^{3}以下，一般可实现烟气中 NO_x 可降至 80mg/Nm^{3}以下。

(二)燃烧器测试简介

燃烧器的试烧应遵循中国石化《石油化工管式炉用燃烧器试验测试规程》(SH/T 3602),测试的目的除了验证其在各设计条件下燃烧的稳定性以外,还测试其以下的功能:①长明灯的稳定性;②完全燃烧性能;③配风器调节挡板的密封性和调节灵活性;④放热量范围;⑤燃料气与燃烧空气配比混合性能。

1. 测试用试烧炉

用于测试的试烧炉应该尽可能与实际操作的加热炉相似。其辐射炉膛温度、炉底烟气压力应与实际工况相似(参见燃烧器请购数据表)。

2. 测试用试烧燃料、空气

燃料气的体积发热值、助燃空气温度要尽可能接近实际工况。对于氧化氮排放要求高的燃烧器,测试用的燃料气 N_2 体积分数、空气温度要与实际操作值相同。

3. 测试点

当炉膛烟气温度和炉底烟气压力达到设计值时,开始顺序进行以下几点的测试:

① 在设计过剩空气量下,正常放热量;

② 配风器挡板开度与①相同,调节燃料气量至最小放热量;

③ 配风器挡板开度与①相同,在火焰稳定的状况调节燃料气量至 CO 浓度(标准状态)达 $313mg/m^3$ 时,测出其放热量;

④ 燃料流量在最小设计放热量时,调节配风器挡板开度达设计过剩空气系数;

⑤ 燃料流量在正常设计放热量时,调节配风器挡板开度达设计过剩空气系数;

⑥ 在火焰稳定的状况调节燃料气量至 CO 浓度(标准状态)达 $313mg/m^3$ 时的最大放热量。次测试点的挡板开度通常与⑤相同,也可是①、⑦的挡板开度;

⑦ 配风器挡板开度最大时的最大放热量。

4. 测试报告

在 SH/T 3602 中给出了测试报告的数据表模板,测试报告中主要包括以下信息:

① 燃烧器——主火嘴、长明灯的型号规格开孔个数及孔径;

② 燃料气——燃料气各组分的体积分数、压力、温度、流量、相对密度、体积低热值;

③ 助燃空气——温度、压力、O_2 体积分数;

④ 长明灯——放热量、燃料类型、燃料压力;

⑤ 配风器挡板——开度;

⑥ 实验炉——辐射段烟气出口温度、辐射段底部烟气温度、燃烧器安装处烟气压力;

⑦ 烟气——各组分体积分数。

第七节 燃烧计算与热效率计算

一、燃料气性质、组成和发热量

燃料气的性质及发热量计算:

燃料气除含有 H_2、CO 和 $C_1 \sim C_5$ 可燃性的烃类气体等,还可能含有或多或少的 H_2S、N_2、O_2、CO_2、SO_2 等,其组成一般用体积分数表示。燃料气理化性质和热工性质,可按各单一气体的性质及其体积分数按表 5-7-1 所列公式计算得到。表 5-5-2 列出了各单一气体的性质。

表 5-7-1　燃料气性质计算[2]

名　称	符　　号	计算公式	单　　位
密度	ρ	$\rho = \sum X_i \rho_i$	kg/Nm^3
相对密度(对空气)	S	$S=\frac{\rho}{1.293}$	
平均分子量	M	$M = \sum X_i M_i \approx 22.4 \times \rho$	
平均体积比热容	C_f	$C_f = \sum X_i C_i$	$kJ/(Nm^3 \cdot ℃)$
高热值	h_H	$h_H = \sum X_i h_{Hi}$	kJ/Nm^3
低热值	h_L	$h_L = \sum X_i h_{Li}$	kJ/Nm^3

注：表中符号说明如下：

X_i——单一气体在燃料气中所占的体积分数，例如 H_2 占 30%，则 $X_{H_2}=0.3$；

ρ_i、M_i、C_{vi}、h_{Hi}、h_{Li}——单一气体的密度、分子量、平均体积比热容、高热值、低热值。

表 5-7-2　单一气体的性质[2]

序号	名称	分子式	分子量	密度 $\rho/(kg/Nm^3)$	比热容/[kJ/(kg·K)]		高热值/(kJ/Nm^3)	低热值/(kJ/Nm^3)
					恒压 C_p	恒容 C_v		
1	氧	O_2	32	1.4289	0.913	0.653		
2	氮	N_2	28.02	1.2507	1.047	0.745		
3	空气		28.85	1.293	1.009	0.72		
4	二氧化碳	CO_2	44	1.9768	0.837	0.653		
5	一氧化碳	CO	28	1.2501	1.047	0.754	12636	12630
6	硫化氢	H_2S	34.09	1.5392	1.059	0.553	25406	23400
7	二氧化硫	SO_2	64.06	2.9268	0.632	0.502		
8	氢	H_2	2.016	0.0898	14.269	10.132	12761	10780
9	甲烷	CH_4	16.042	0.7162	2.207	1.683	39749	35800
10	乙烷	C_2H_6	30.068	1.3423	1.715	1.436	69639	63700
11	乙烯	C_2H_4	28.052	1.2523	1.516	1.22	63510	59100
12	乙炔	C_2H_2	26.036	1.1623	1.66	1.341	58464	56500
13	丙烷	C_3H_8	44.094	1.9685	1.626	1.432	99106	91260
14	丙烯	C_3H_6	42.078	1.8785	1.483	1.285	92461	86500
15	丁烷	C_4H_{10}	58.12	2.5946	1.662	1.52	128501	117700
16	丁烯	C_4H_8	56.104	2.5046	1.55	1.402	121790	113710
17	戊烷	C_5H_{12}	72.146	3.2208	1.663	1.549	157893	145800
18	戊烯	C_5H_{10}	70.13	3.1308	1.598	1.48	148485	138400

注：C_p，C_v 序号 1~8 为标准状态下之值，序号 9~18 为 15.6℃常压下之值。

二、燃烧计算

(一) 理论空气量的计算

按化学燃烧反应的需氧量而供给的空气量，亦即燃料中各组分完全燃烧所需的空气量，叫作理论空气量。

1. 液体燃料所需理论空气量按下式计算

$$L_0=\frac{2.67w_{(C)}+8w_{(H)}+w_{(S)}-w_{(O)}}{23.2} \tag{5-7-1}$$

$$V_0=\frac{L_0}{1.293}=0.089w_{(C)}+0.267w_{(H)}+0.033(w_{(S)}-w_{(O)}) \tag{5-7-2}$$

式中 $L_0(V_0)$——燃料的理论空气量，kg/kg 燃料(Nm^3/kg 燃料)；

$w_{(C)}$、$w_{(H)}$、$w_{(S)}$、$w_{(O)}$——燃料中碳、氢、硫、氧的质量分数。

2. 气体燃料所需理论空气量按下式计算

$$L_0=\left[0.5CO+\sum\left(m+\frac{n}{4}\right)C_mH_n+1.5H_2S-O_2\right]=\sum(L_{0i}\cdot X_i)-4.31X_{O_2} \tag{5-7-3}$$

$$V_0=\frac{L_0}{1.293}$$

$$L'_0=0.0619\left[0.5V_{(H_2)}+0.5V_{(CO)}+\sum\left(m+\frac{n}{4}\right)V_{(C_mH_n)}+1.5V_{(H_2S)}-O_2\right] \tag{5-7-4}$$

$$V'_o=\sum(V'_{0i}-Y_i)-4.76Y_{O_2} \tag{5-7-5}$$

式中 $L_0(L'_0)$——理论空气量，kg/kg 燃料(kg/Nm^3 燃料)；

$V_0(V'_0)$——理论空气量，Nm^3/kg 燃料(Nm^3/Nm^3 燃料)；

$L_{0i}(V'_{0i})$——气体燃料中各组分的理论空气量，kg/kg(Nm^3/Nm^3)；

ρ——气体燃料密度(kg/Nm^3)；

$X_i(Y_i)X_{O_2}(Y_{O_2})$——气体燃料中各组分及氧气的质量(体积)分数；

$V_{(H_2)}$、$V_{(CO)}$、$V_{(H_2S)}$、$V_{C_mH_n}$——各组分的体积分数；

m——碳氢化合物中碳原子数；

n——碳氢化合物中氢原子数。

(二) 过剩空气系数

燃烧所用实际空气量与理论空气量之比叫作过剩空气系数 α。

$$\alpha=\frac{V}{V_0} \tag{5-7-6}$$

式中 α——过剩空气系数；

V——实际空气量，Nm^3/kg 燃料；

V_0——理论空气量，Nm^3/kg 燃料。

应根据所用燃料、燃烧方式、燃烧器性能以及工艺上对炉子的特殊要求来选定 α 值。

一般炼油管式加热炉的过剩空气系数：在烧燃料气时，$\alpha=1.05\sim1.15$，烧燃料油时，$\alpha=1.15\sim1.3$。

α 值过小，会造成燃料燃烧不完全而降低热效率；α 值过大，会降低火焰最高温度，减少三原子气体浓度，减低辐射传热能力，增大排烟的热损失，降低炉子热效率，并加剧炉管金属表面氧化腐蚀。

在进行加热炉标定、核算或控制加热炉燃烧过程中，可由烟气组成分析按下式求出过剩空气系数：

燃料完全燃烧时：

$$\alpha=\frac{21}{21-79\dfrac{V_{(O_2)}}{V_{(N_2)}}}=\frac{21}{21-79X\dfrac{V_{(O_2)}}{100-(V_{(RO_2)}+V_{(O_2)})}} \tag{5-7-7}$$

式中　$V_{(O_2)}$，$V_{(N_2)}$——干烟气中各组分的体积分数；

$V_{(RO_2)}$——干烟气中 CO_2、SO_2的体积分数之和。

（三）燃料量的计算

加热炉燃烧所需的燃料用量与加热炉热负荷和热效率有关。

热负荷——由盘管吸收的总热量，不包括燃烧空气的预热；

热效率——总吸热量除以总供热量，或总供热量减去总热损失之差除以总供热量。

$$B=\frac{3.6\times10^3Q_d}{e(h_L+\Delta h_a+\Delta h_f+\Delta h_m)}\times100 \tag{5-7-8}$$

式中　B——燃料量，kg/h；

Q_d——设计热负荷，kW；

e——热效率，%；

h_L——燃料低发热量，kJ/kg 燃料；

Δh_a——由单位燃料量所需的燃烧用空气带入体系的热量，kJ/kg 燃料；

Δh_f——由单位燃料量带入体系的显热；

Δh_m——由雾化单位燃料油所需雾化剂带入体系的显热。

对于燃料气，Δh_m为 0。h_L、Δh_a、Δh_f的计算方法详见 SH/T 3045—2003。

（四）烟气量及烟气组成

燃料完全燃烧生成的烟气中含有 CO_2、SO_2、水蒸气、氮气及过剩氧气。燃料不完全燃烧生成的烟气中还有 CO、CH_4 及游离碳等。

根据燃料组成、过剩空气系数可以计算燃料气完全燃烧后的烟气量及其组成，计算公式如下：

$$V'_{CO_2}=0.01[CO_2+CO+\sum m(C_mH_n)]\quad=\sum V'_{CO_{2i}}\cdot Y_i \tag{5-7-9}$$

$$V'_{SO_2}=0.01H_2S \tag{5-7-10}$$

$$V'_{H_2O}=0.01[H_2+H_2S+H_2O+\sum\frac{n}{2}(C_mH_n)]=\sum V'_{H_2Oi}\cdot Y_i \tag{7-7-11}$$

$$V'_{O_2}=0.21(\alpha-1)V_0 \tag{5-7-12}$$

$$V'_{N_2}=0.79\alpha V_0 \tag{5-7-13}$$

烟气总体积：$V'_g=V'_{CO_2}+V'_{SO_2}+V'_{H_2O}+V'_{O_2}+V'_{N_2}$　(5-7-14)

上述各式中　V'_{CO_2}、V'_{SO_2}、V'_{H_2O}、V'_{O_2}、V'_{N_2}及V'_g——单位体积燃料燃烧生成的烟气中各组分的体积及烟气总体积，Nm^3/Nm^3燃料；

$V'_{CO_{2i}}$、V'_{H_2O}——燃烧单位体积燃料气中的各组分生成的 CO_2、H_2O 的体积，Nm^3/Nm^3燃料；

Y_i——燃料气中各组分的体积分数；

H_2、H_2S、H_2O、C_mH_n——燃料气中各组分的体积分数。

根据以上烟气中各组分的量可分别计算烟气的质量及体积组成。

利用表 5-7-1 可进行燃料气的燃烧计算，分别计算出燃料的低发热量、理论空气量、烟气量及烟气组成[3]。

三、热效率计算

（一）热平衡

热平衡是计算加热炉热效率的基础。通过热平衡可以了解加热炉体系(炉本体及余热回收系统)热能分布、流向和利用水平。根据能量守恒定律和加热炉操作状态有下列关系式：

单位时间的输入能量=单位时间的输出能量

为进行热平衡计算而划分的范围称之为热平衡体系。对焦化炉的热平衡体系划分如图 5-7-1 所示[6]。

在进行热平衡计算时，各项热焓的计算都与计算起始温度有关。这个起始温度在相关规范标准中被称为基准温度。国家标准《用能设备能量平衡通则》(GB 2587—2009)5.1 条规定："基准温度的选取有以下两种：以环境温度为基准温度；采用其他基准温度应另行说明"[6]。

环境温度为基准温度比较符合实际情况，但对于运行中的加热炉进行考核时，基准温度是个变量，用于全国各地的焦化炉进行比较又会产生困难。在 SH/T 3045 中规定，基准温度为 15.6℃，大多数工程设计也是采用这一温度作为热效率计算的基准温度。

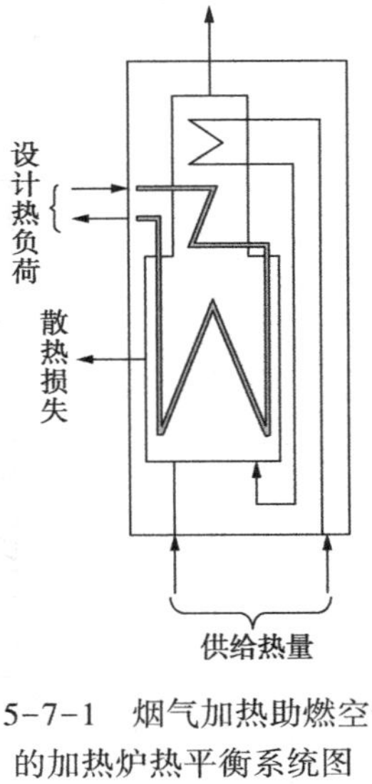

图 5-7-1　烟气加热助燃空气的加热炉热平衡系统图

（二）热效率

在工程设计中提及的热效率是指为达到规定的加热目的时，供给能量利用的有效程度在数量上的表示。其计算通式[3]：

$$e=\frac{Q_{YX}}{Q_{GG}}\times100(\text{正平衡})\tag{5-7-15}$$

$$e=1-\frac{Q_{SS}}{Q_{GG}}\times100(\text{反平衡})\tag{5-7-16}$$

式中　Q_{GG}——单位时间的供给能量，MW；

Q_{YX}——单位时间的有效能量，MW；

Q_{SS}——单位时间的损失能量，MW。

根据供给能量和损失能量所包含的内容不同，各标准规范中的热效率的名称也不同。通常热效率表示加热炉体系中热能的利用程度。它的供给能量中包括燃料的低热值和燃料、空气及雾化蒸汽带入的显热。损失能量包括燃料不完全损失、燃烧烟带走的热量损失和散失的热量损失。

在工程设计文件中会出现“燃料热效率”。燃料热效率是指有效吸热量占燃料衡量燃料发热量的比例，以百分数表示。它是燃料利用程度的一项重要指标。

（三）热效率计算方法

SH/T 3045《石油化工管式炉热效率设计计算》对热效率的计算做了详细的规定。

当采用反平衡法时，可通过下式和图 5-7-17 快速估算：

$$e=(100-q_1-q_2)\% \quad (5-7-17)$$

式中 e——加热炉热效率，%；

q_1——排烟带走的热损失，根据排烟温度在图 5-7-2 中查取；

q_2——散热损失，根据 SH/T3045 的规定 $q_2=2.5$。

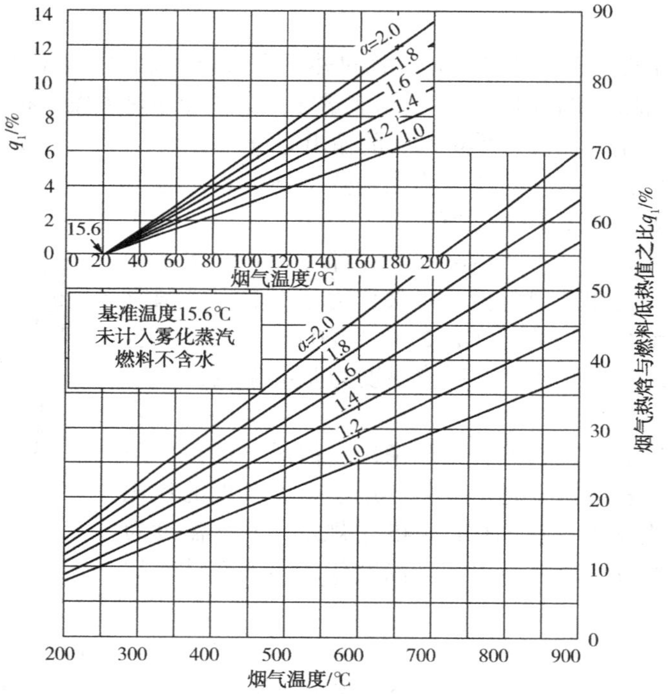

图 5-7-2 烟气热焓与燃料低热值之比 q_1 与烟气温度的关系图（基准温度 15.6℃）

四、提高热效率的措施

（一）提高燃料入炉温度

大部分焦化炉的燃料是来自管网的气体燃料，其温度大多在 40℃左右。可以利用装置的低温热将燃料加热至 80℃左右或更高。这一措施可减少燃料消耗量，同时预热过的燃料呈纯气相，有利于完全燃烧。

（二）提高助燃空气的入炉温度

利用烟气余热加热助燃空气，既可以减少排烟热损失，又可以节约燃料。但助燃空气过高时，应相应考虑燃烧器的设计及选材，热风道的保温也应加厚。一般助燃空气预热至300℃以下。尤其是当环保要求 NO_x 排放有较高要求时，助燃空气预热温度不宜超过300℃。

（三）选择合理的过剩空气系数

过剩空气系数是平衡设计和操作的主要参数之一。过剩空气系数的大小不仅影响到加热炉的热效率，还影响着其他许多方面，选择合理的过剩空气系数是操作的重要控制点。

过剩空气系数过大对加热炉的不利影响是：

① 增加排烟带走的热量，加大热损失；

② 降低燃烧温度，改变炉膛温度场分布，降低辐射室传热效率，燃料量增加；

③ 加剧炉管氧化。

（四）燃烧器的改进

辐射盘管在辐射段内完成火焰与高温烟气之间的换热。燃烧器的性能是决定火焰形状、燃烧状况和高温烟气流动的关键因素。性能良好的燃烧器应具有燃烧完全、过剩空气系数适当、燃烧稳定、火焰在各工况下刚直有力等特点。

强制通风的燃烧器的性能优于自然通风。因为强制通风系统可以提高助燃空气的压力，空气有足够的功，能强化扩散和混合过程，与燃料的混合更加充分，实现在尽可能低的过剩空气量条件下完成化学完全燃烧，并使得燃料与空气的混合比、火焰形状易于控制。

（五）减少散热损失

炉体的炉壁向大气的散热损失包括辐射散热和对流散热两部分。通过降低炉外壁温度能够减少散热损失。降低炉外壁温度最直接的方法是增加耐火隔热层厚度。但使炉体加大，工程量增加，投资增长。通常在工程设计中通过选择导热系数低的材料，来解决降低外壁温度和控制工程量之间的矛盾。

根据炉内各段烟气温度、环境温度、炉体结构、耐火材料的导热系数等参数，通过下列计算得到成本适当、散热损失较小的衬里结构。

通过炉墙的散热损失按式(5-7-18)计算：

$$Q=qF=k(t_1-t_a)F \tag{5-7-18}$$

式中　Q——炉墙散热量，W；

q——炉墙散热强度，W/m^2；

F——炉墙面积(取炉墙外表面积)，m^2；

k——总传热系数，W/(m^2·K)；

t_1——炉墙内壁温度，℃；

t_a——大气温度，℃。

对于炉墙是平壁的焦化炉辐射段炉墙：

$$k=\frac{1}{\dfrac{\delta_1}{\lambda_1}+\dfrac{\delta_2}{\lambda_2}+\dfrac{\delta_3}{\lambda_3}+\cdots+\dfrac{1}{\alpha_n}} \tag{5-7-19}$$

式中　k——总传热系数，W/(m^2·K)；

δ_1，δ_2，…，δ_n——多层平壁由内向外各层的厚度，m；

λ_1，λ_2，…，λ_n——相应各层材料的导热系数，W/(m·K)；

α_n——炉墙外壁对空气的放热系数，W/(m^2·K)。

通过平壁炉墙的散热强度按式(5-7-20)计算：

$$q=\frac{t_1-t_a}{\sum\frac{\delta_i}{\lambda_i}+\frac{1}{\alpha_n}}=\frac{t_1-t_w}{\sum\frac{\delta_1}{\lambda_i}}=\frac{t_1-t_2}{\sum\frac{\delta_1}{\lambda_1}}=\frac{t_w-t_a}{\frac{1}{\alpha_n}} \tag{5-7-20}$$

炉墙外壁对空气的放热系数按式(5-7-21)计算：

$$\alpha_n=\alpha_{nc}+\alpha_{nr} \tag{5-7-21}$$

式中　α_n——炉墙外壁对空气的放热系数，W/(m^2·K)；

σ_{nc}——炉墙外壁对空气的对流放热系数，W/(m^2·K)；

α_{nr}——炉墙外壁对空气的辐射放热系数，W/(m^2·K)。

$$\alpha_{nc}=c\xi\sqrt[4]{t_w-t_a} \tag{7-7-22}$$

式中　c——与炉墙表面散热形式有关的系数，竖直散热表面 $c=2.56$，散热表面向上(如炉顶)$c=3.26$，散热表面向下(如炉底)$c=1.63$；

ξ——风速系数；

t_w——炉墙外壁温度，℃；

t_a——大气温度，℃。

$$\xi=\sqrt{\frac{u+0.348}{0.348}} \tag{5-7-23}$$

式中　u——风速，m/s。

$$\alpha_{nr}=\frac{m\left[\left(\frac{t_w+273}{100}\right)^4-\left(\frac{t_a+273}{100}\right)^4\right]}{t_w-t_a} \tag{5-7-24}$$

式中　m——与黑度有关的系数，当炉墙外壁黑度为0.8，外界空间黑度为1.0，绝热黑体表面辐射系数为5.67时，则 $m=5.67\times0.8\times1.0=4.536$，取4.54；

t_w——炉墙外壁温度，℃；

t_a——大气温度，℃。

式(5-7-18)中无管排遮蔽的炉墙内壁温度的选取可按以下原则：

① 辐射段：可取 t_1=辐射段烟气平均温度。

② 对流段：根据烟气向墙面同时进行对流和辐射传热进行计算，但考虑到墙面温度与烟气温度之差小于50℃，因此可以认为炉墙内壁温度与烟气温度相等。

式(5-7-18)中有管排遮蔽的辐射段炉墙内壁温度推荐按式(5-7-25)计算：

$$T_1=\sqrt[4]{2(1-\theta)T_g^4+(2\theta-1)T_w^4} \tag{5-7-25}$$

当管心距等于两倍管径时，$\theta=0.658\approx2/3$，于是式(5-7-25)可改写为：

$$T_1=\sqrt[4]{\frac{2}{3}T_g^4+\frac{1}{3}T_w^4} \tag{5-7-26}$$

由于 $\sum\frac{\delta_i}{\lambda_i}$ 与 t_1(或 t_w)及各层间温度有关，因此各层间温度需进行猜算。

第八节　露点温度计算

随着节能减排的不断深化，同其他装置加热炉一样，焦化炉的排烟温度越来越低，在空气预热器烟气侧的换热表面出现较严重的酸露点腐蚀现象，该现象导致空气预热器在短期内腐蚀穿孔，进而影响加热炉正常运行和热效率。

一、露点腐蚀

燃料中的硫或硫化氢在燃烧过程中与O_2生成SO_2，烟气中存在过量O_2，会有少量的SO_2进一步与O_2生成SO_3。在正常的过剩空气系数条件下，大约有1%～3% SO_2转化成为SO_3[2]。高温烟气中的SO_3是不会对金属产生腐蚀的，但当烟气降至400℃以下，SO_3将与水蒸气化合生成硫酸蒸气。在低温时，硫酸蒸气凝结在金属表面就会发生酸露点腐蚀。开始形成酸露的温度被称作露点温度。与此同时，凝结在低温受热面上的硫酸液体，还会与烟气中的灰尘形成不易清除的黏性污垢，使烟气通道面积减少甚至是堵塞。

在酸露点腐蚀过程中，SO_2转化生成SO_3是非常复杂的过程。离子氧氧化理论认为，在炉膛高温火焰中有离子氧产生，这些离子氧氧化SO_2生成SO_3。分子氧氧化理论认为SO_3是被氧分子氧化的，并且这个反应是个可逆性的放热反应。一般认为在高于1127℃的区域不会生成SO_3，燃烧区温度越低烟气中氧含量越高，SO_2向SO_3转化率越高。此外，热金属表面铁、钒化合物对SO_2与氧分子生成SO_3有催化作用。在开工初期，在燃烧高氧区形成的SO_3与触媒催化生成的SO_3大致各半。随着加热炉的运转，受热金属表面的触媒Fe_2O_3、$Fe_2(SO_4)_3$、V_2O_5会不断生成，SO_2向SO_3转化率也增高。但是，也有低温段金属壁温低于理论计算的露点温度，却没有发生或未发现严重的酸露点腐蚀现象。分子氧氧化理论可以比较好的解释这一现象：烟气含有$CaCO_3$、$MgCO_3$的灰分，它们对SO_2向SO_3转化有抑制作用，而且还会与凝结在它们表面的硫酸发生反应，减缓或阻隔酸露点的腐蚀。

综上所述，烟气中SO_3的含量受过剩空气系数，燃料中硫含量影响较大。除此之外，当烟气中SO_3的含量一定时，露点温度随烟气中水蒸气含量的增加而升高。另外，由于烟气中水蒸气和SO_3体积含量有变化，在低温段金属壁冷凝的硫酸浓度也不同。其关系见图5-8-1。

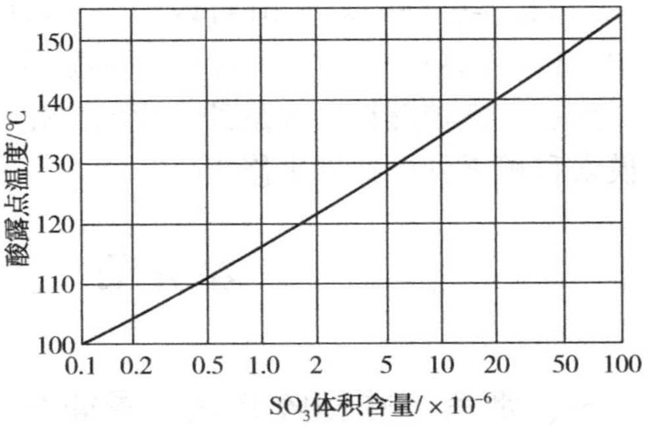

图5-8-1　Müller曲线

二、露点腐蚀温度的理论计算

由于影响烟气酸露点温度的因素较多，单纯理论计算较难精确地推导出烟气酸露点温度。目前，在工程设计中采用的计算公式由试验或试验室实验加理论推导得来的。有些工程公司根据跟踪标定定期检测使用状况，不断对已有公式修订而形成自己的经验公式。

在《延迟焦化装置技术手册》第三章介绍了湛江海洋大学工程院贾明生等著的文章[6]中

阐述的 6 个公式。根据现场操作技术人员反馈的经验，这 6 个公式中根据 Müller 曲线回归的公式(见式 5-8-1)比较简单且贴近实际情况。本节主要阐述这个公式。

图 5-8-1 是在 1959 年 Müller 使用热力学关系式计算得到的曲线图。此后，经许多研究者的实验所证实。Müller 曲线是目前评价各种酸露点测量方法的基础。

研究人员将 Müller 曲线扫描入计算机，采用 Adobe Photoshop 5.0CS 软件读取曲线上的数据，列表如表 5-8-1 所示。

表 5-8-1　烟气中 SO_3 难浓度与酸露点温度的关系

烟气中的 SO_3 体积分数/10^{-6}	烟气露点温度/℃	烟气中的 SO_3 体积分数/10^{-6}	烟气露点温度/℃
0.1	101.4	5	128.4
0.2	105.9	10	133.5
0.5	111.7	20	138.7
1	116.6	50	146.7
2	122.0	100	153.3

采用 Original6.0 软件拟合表 5-8-1 数据，回归成式(5-8-1)，公式计算数值与表中数据的相对平均误差为 0.17%，最大误差为 0.42%。

$$t_{sld}=116.5515+16.06329\lg V_{SO_3}+1.05377(\lg V_{SO_3})^2 \quad (5-8-1)$$

式中　V_{SO_3}——烟气中 SO_3 体积分数，10^{-6}；

t_{sld}——烟气的酸露点温度,℃。

在实际操作中，燃料气中 H_2S 的体积分数(%)是比较容易得到的参数。下式是根据上式推导出的以燃料气中 H_2S 的体积分数为变量的计算公式：

$$T_d=116.55+16.063\times\lg[-0.0692\times(1.01344\times V)^2+3.8493\times(1.01344\times V)]+1.05377\times\{\lg[-0.0692\times(1.01344\times V)^2+3.8493\times(1.01344\times V)]\}^2 \quad (5-8-2)$$

式中　V——燃料气中 H_2S 的体积分数,%。

露点温度随燃料含 S 量的变化而变化。理论计算值和实际操作所见的偏差需要一点时间的摸索和积累分析数据来修正。

第九节　预热器热平衡计算

一、烟气余热回收系统设置简介

设置烟气余热回收系统的目的是利用烟气余热加热助燃空气，减少燃料消耗和环保排放。

空气预热器是烟气余热回收系统的主要设备，该系统是围绕预热器设置的，它只要包括空气预热器、通、引风机、烟道、风道及必要的挡板和仪表接管等。根据空气预热器设置的位置分为上置式和下置式。上置式的空气预热器设置在对流段顶部，2000 年以后的设计很少使用。虽然，这种方式的占地小，但是存在预热器不能离线检维修和更换，对焦化炉操作周期有影响的不足。下置式是应用比较广泛的形式，虽然存在占地较大的缺点，但是，预热器可离线维修和更换，不会影响焦化炉的操作周期。设置烟气余热回收的焦化炉，其计算热效率可达到92%以上。从换热形式上看，空气预热器分以下几种形式：

① 蓄热式，如回转式空气预热器；

② 间接换热，如热管式空气预热器和水热媒空气预热系统；

③ 间壁式换热，如管束式、板式、双向翅片铸铁式、玻璃板式、石墨、塑料管式等空气预热器。

随着能量利用要求的提高，离开空气预热器的烟气温度(也称排烟温度)不断降低。带来的问题是，新建或改造项目的排烟温度设计值多在100~120℃左右，有的更低。即使对燃料进行脱硫处理后，这么低的排烟温度，在烟气侧低温段换热表面的一些区域换热壁温度也会低于硫露点，对于换热元件是金属材质的空气预热器会出现酸露点腐蚀的现象。一些地区夏季和冬季的环境温差高达60℃以上，预热器操作条件变化大，很难设计出同时适应夏冬季大温差条件下的空气预热器。

烟气侧低温段的换热元件壁温度一般在烟气出口温度与空气入口温度的平均值附近。对于换热元件是金属材质的空气预热器，通过调整烟气出口温度和空气入口温度，以期烟气侧低温段的金属壁温度高于烟气露点温度，实现该类空气预热器能够长周期运行。具体措施如下：

(一) 增加前置空气预热器

利用装置中的低温热源将环境温度的空气加热后进入烟气-空气预热器进行换热。此时排烟温度上升，热效率有所下降。故空气入烟气-空气预热器的温度以烟气侧金属壁温高于烟气露点温度5~10℃为宜。在空气流道上，设一个冷空气旁通风道。当前置预热器有故障或前置预热器热源有问题时，可以切除前置预热器继续进行生产，具体见图5-9-1[5]。

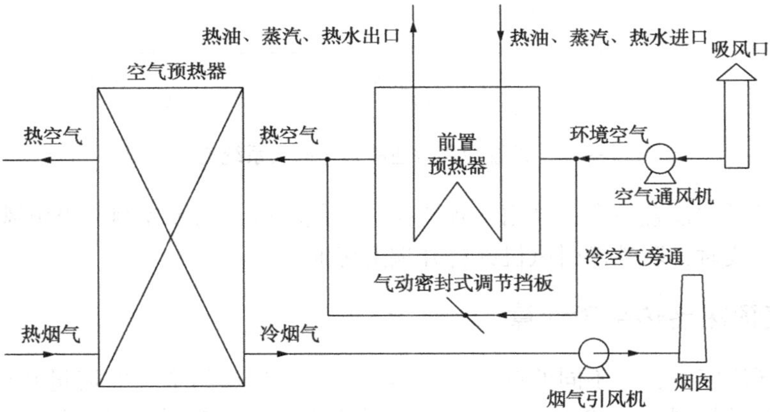

图5-9-1　设置前置式空气预热器的回收系统流程简图

(二) 热风循环

热风循环是将经预热器加热的部分热空气送至空气通风机前以提高进口空气温度，从而提高预热器冷端金属温度至露点温度以上，避免设备发生腐蚀损坏，此时排烟温度上升，热效率有所下降，空气通风机负荷和电消耗增加，具体见图5-9-2[5]。

(三) 冷风旁通

冷风旁通措施是将空气通风机出口部分冷空气不经预热器换热直接引至空气预热器后与热空气混合，减少空气换热量，提高预热器烟气侧冷端金属壁温度至露点温度以上，从而避免设备发生腐蚀损坏。此时排烟温度上升，热效率有所下降，具体见图 5-9-3[5]。

冷风旁通的另一特点是在空预器故障时，焦化炉仍可在强制供风状态下操作。

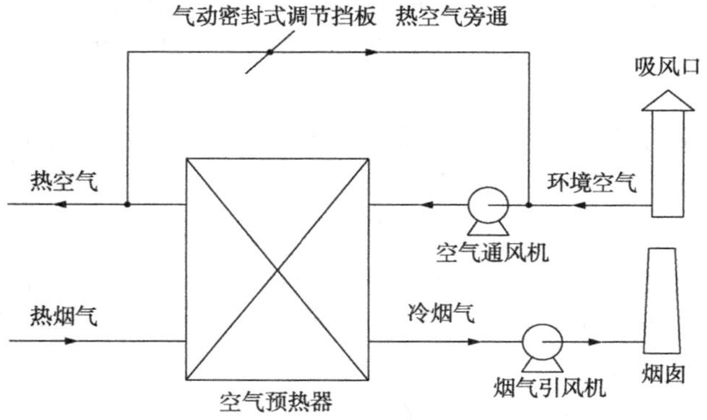

图 5-9-2　设置热风循环的余热回收系统流程简图

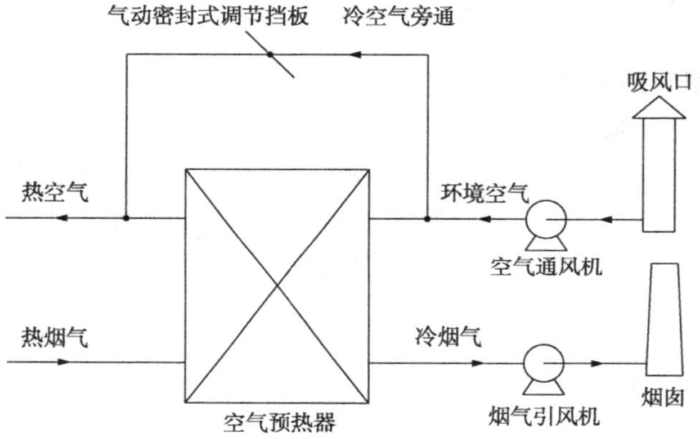

图 5-9-3　设置冷风旁通的余热回收系统流程简图

烟气引风机通常设置一台，采用变频器控制或气动调节挡板控制。当引风机故障或烟气超温及预热器离线时，联锁停引风机并打开烟道旁通。

二、空气预热器热平衡计算

气体在不同温度下，有不同的焓值。放热的烟气和吸热的空气的流量和焓值各不相同，但是交换的热量是相同的。基于这一点，考虑到预热器本体 3%的散热损失，烟气空气间温度变化有下列的平衡关系：

$$(T_{sh}-T_{sl})\times 1.17+T_a=(T_{ah}) \tag{5-9-1}$$

式中　T_{sh}——烟气入预热器温度，℃；

T_{sl}——烟气出预热器温度，℃；

T_a——环境空气温度，℃；

T_{ah}——空气出预热器温度，℃。

当主挡板泄漏，换热后的冷烟气回流到出对流段出口的热烟气中，进入预热器的烟气量变大、烟气温度降低。从操作数据看到的结果是，入预热器的烟气温度低而离开预热器的烟气温度高，表面上看是热量没有被换走。其实是烟气量增加了，烟气侧的总焓值大于空气侧，烟气的温度不能降到设计值。烟气经过预热器的温降与空气温升间平衡被打破。

第十节 延迟焦化炉控制联锁

加热炉运行过程中，运行技术人员和操作人员通过仪表测量值监测加热炉的运行状态。在焦化炉的工程设计中设置了诸多的流量、温度、压力测量点，并将测量数据传输到控制和联锁系统中，显示在控制室的监控终端。仪表检测到的数据是现场操作技术人员调整优化操作的依据。

一、仪表设置

焦化炉本体烟气侧仪表点的设置是依据中国石化行业标准 SH/T 3036 的相关要求设置的。在炉本体的辐射段、对流段和烟囱的相应位置设置温度、压力监测点和烟气采样分析点等，根据被加热介质的特性设置工艺介质测温测压点等。有别于其他炼油装置加热炉，焦化炉在辐射盘管上设置了关闭热电偶，以日常检测管壁温度的变化，选择合适的清焦方法和周期。烟气余热回收系统的测量点的设置主要用于保护辅助设备监测其运行状况的。以下章节的描述以 2000 年以后设计的大型焦化炉为主。

二、温度设置及其目的

(一) 炉本体温度测量的设置部位

① 烟气离开辐射段；

② 当多个辐射段的烟气汇至同一个对流段时，对流盘管的下侧；

③ 对流段中每种加热介质盘管的烟气出口；

④ 对于多个对流公用一个烟囱的结构，每个烟道进入同一个烟囱入口处。

上述温度测量点沿炉管长度方向每间隔 9m 设置一个，对流最后一组排管后应至少设置两个。

(二) 烟气余热回收系统

① 烟气出入空气预热器；

② 空气出入空气预热器；

③ 空气旁通汇入热空气风道后；

④ 设有独立烟囱的回收系统，旁通烟道入烟囱前。

(三) 工艺介质

① 对流转辐射转油线；

② 辐射盘管出口前(如有要求)；

③ 工艺介质离开焦化炉温度；

④ 辐射段炉管表面温度。

(四) 温度检测设置的目的

温度检测与控制的目的是保证焦化原料在炉内均匀加热至工艺操作所需的出口温度以及加热炉的长周期安全操作。根据测温点对操作的影响，分为温度控制点和温度监测与调控点。在工程设计文件中会以说明书的形式详细描述。

1. 烟气离开辐射段温度

在辐射段炉膛内，燃料燃烧产生的热量通过辐射和对流两种传热方式传递给炉管，传热量的大小与炉膛烟气温度和管壁温度有关。操作过程中，炉膛烟气温度升高，传热量增大。当这一点的温度急剧升高，需及时排查原因，避免辐射盘管过热或及时发现事故隐患。

2. 当多个辐射段的烟气汇至同一个对流段时，对流盘管的下侧烟气温度

多个辐射段在操作时，各自的炉膛烟气量和烟气温度存在差异，混合后的烟气温度可作为对流传热的基准点。该点的温度是各炉膛烟气量和烟气温度加权平均值。

3. 对流段中每种加热介质盘管的烟气出口

该温度与每种加热介质盘管的入口烟气温度差体现该工艺介质的吸热量，是标定过程不可缺少的温度测量点。

4. 对于多个对流段共用一个烟囱的结构，每个烟道进入同一个烟囱入口处的烟气温度

这一点的温度是烟气离开各对流段的烟气温度和烟气量的加权平均温度，反映各对流段传热状况。当对流炉管管内结焦状况、管外积灰时，这一点的温度都会逐步升高。在对流段烟气离开工艺介质盘管处的烟气测温点，通常高于工艺介质入炉温度 30~60℃左右。当这个测温点的温度急剧上升，就应观测炉膛燃烧情况和炉管是否有泄漏，以判断问题的原因及时调整操作。上述的工艺介质盘管对焦化炉来讲是焦化油对流加热盘管，通常在焦化油加热盘管后还有一组蒸汽过热盘管。

5. 烟气、空气进出空气预热器温度

这四个点的温度反应预热器的工作状态，烟气的温降与空气的温升应是匹配的。同时，烟气进预热器温度会设有高报警点，该报警温度与预热器形式和预热器换热元件材质有关，特别是热管式空气预热器。

6. 空气旁通汇入热空气风道后温度

有时为避免酸露点腐蚀而提高烟气出预热器的温度，需要旁通一部分空气减少预热器的换热量。这部分旁通冷空气与热空气混合后的温度测点。

7. 空气预热器低温段烟气侧换热元件表面金属温度

用于监测低温段烟气侧换热元件金属壁温。当该温度低于当下烟气计算露点温度时，应调整操作，提高此温度至计算露点温度以上 5℃为宜。

8. 设有独立烟囱的回收系统，旁通烟道入烟囱前的烟气温度

在引风机、预热器故障时，通常对流段出口烟气直接排放烟囱，这一点的温度可以反映这个工况下的焦化炉热效率。

9. 对流转辐射转油线工艺介质温度

这一点温度用于监测对流段的传热状况。温度过低，需检查对流段炉管表面是否有积灰；温度过高在遮蔽管段易出现局部过热，需检查并调整焦化油入口温度。

10. 辐射盘管出口前工艺介质及离开焦化炉盘管工艺介质温度

这两个点都是用来测量焦化油加热状况的温度测量点，是重要的温度控制点。这个温度对整个装置的产品分布、焦炭的生成等均有影响。通常与燃料的流量和压力串级控制。同时，它反映出各管程受热状况。一般而言，当各管程流量出现偏差时，流量少的管程出口温度应比流量多的管程高，随着偏流的严重程度增加，两者的温差应更加明显。需关注各管程

入口流量、炉膛烟气温度、各管程压力降等参数，及时调整各管程入口流量，减小各个管程的偏流现象，减少管内因偏流形成的局部过热而形成的快速结焦。

11. 辐射段炉管表面温度

炉管表面温度用以监测炉管表面热强度和管内结焦情况。当管内介质流量和温度一定时，且管内壁处于清洁状态时，炉管表面温度高则炉管表面热强度高。局部管壁温度短时间内急剧升高可能与燃烧不稳定有关，局部管壁温度持续不断升高与管内结焦有关。对焦化炉来讲，炉管表面温度是必不可少的温度变化监测点。为能真实反映管壁温度，炉管表面热电偶设置在炉管的向火面，且采用刀口式铠装热电偶。为减少火焰和烟气辐射对测量数值的影响，在测量头焊接处设置遮蔽罩，遮蔽罩内填塞耐火纤维棉。导线沿管壁引到炉壁处，并固定在炉管上，在出口处导线设有吸收膨胀的螺旋状线圈。导线铺设时需避免穿越火焰。

三、压力控制

与加热炉操作状态主要的压力监测控制点有：炉膛烟气压力、长明灯燃料压力、主火嘴燃料压力。辅助的压力监测控制点有热空气出预热器压力、烟气入预热器压力、密封挡板前后压力等。

1. 炉膛烟气压力监测控制

炉膛烟气压力又称炉膛抽力，是小于零的负数值。负数绝对值越大，炉膛抽力越大，进入炉膛的空气量会增加，加热炉热效率下降，并易造成脱火现象。负数绝对值越小、炉膛抽力越小，进入炉膛的空气量会减少，燃料在燃烧区域不能完全燃烧，在对流段出现尾燃，严重时导致对流管壁温度超温引起爆管；或未燃尽的可燃气体随烟气排放至大气，导致烟气排放达不到环保要求。因此，炉膛烟气压力应控制在-20Pa 左右。

2. 燃料压力监测控制

燃料压力监测控制包括长明灯燃料和主火嘴燃料压力监控，通常采用自力式压力调节阀维持燃料进入燃烧器的压力。该压力值是依据燃烧器制造商提供燃烧器性能曲线确定的。操作时，当燃料压力过低，将出现回火现象，燃料压力过高，会出现脱火现象。应根据燃烧器制造商提供的燃烧器性能曲线严格控制燃料压力。

3. 烟风道中压力的监测控制

烟风道中压力的监测控制包括热空气出预热器压力、烟气入预热器压力。空气出预热器压力是保障预热空气进入炉膛燃烧的参数，同时体现鼓风机的工作状态。结合空气入预热器压力可以了解预热器运行状况。烟气入预热器压力与炉膛烟气压力相关，同时体现引风机的工作状态，结合烟气出预热器压力可以了解预热器运行状况。

四、在线分析

焦化炉的在线分析主要是烟气 O_2 含量和 CO 含量。燃料燃烧产生烟气中 O_2 的体积或质量分数，表征燃料/助燃空气的比例关系，通常称作过剩空气系数。在实际操作中，烟气中 O_2 含量大，表明过剩空气系数过大，带来的问题是烟气量加大，烟气带走的热量增加，加热炉热效率降低。该比值过小，影响燃烧器燃烧性能，造成燃料燃烧不完全，这时，烟气中 CO 含量会加大。燃烧不完全除了影响加热炉热效率还不利于加热炉安全操作。

五、联锁控制原则

焦化炉处在工艺流程的关键路径上，是个多燃烧器的加热炉。其运行、点火和熄火需要设置报警、联锁等保护仪表。焦化炉仪表控制设计中，将大部分重要位置点设置了高报、高高报或低报低、低报，以便操作人员纠正接近极限的工况。遇危险操作点时，设有联锁顺序控制，在仪表操作台上设置停炉手动按钮、联锁停炉。停炉联锁分紧急停工和局部停炉。

1. 涉及加热炉本体操作安全的联锁顺序控制点

① 长明灯燃料气压力低低联锁；

② 主火嘴燃料气低低联锁；

③ 辐射段顶部烟气温度高高联锁；

④ 辐射段顶部或对流段底部烟气压力高高联锁。

2. 涉及烟气余热回收系统操作安全的联锁顺序控制点

① 烟气入空气预热器温度高高联锁；

② 烟气入引风机温度高高联锁；

③ 主风道空气压力低低联锁。

第十一节　管内清焦技术

焦化炉管内结焦是操作过程中难以避免的现象。管内结焦除影响传热效果，还会造成装置处理量降低，甚至管内流通截面被堵死，影响装置操作周期和效益。及时快速清除管内结焦，特别是在不停炉的条件下实施操作，是提高焦化炉及装置在线率的有效措施。国内外普遍应用的清焦技术有三种主要形式。本章节逐一介绍各自清焦原理、优缺点、操作要领、经济性等。

一、空气-蒸汽烧焦

国内应用较成熟的清焦技术是加热炉停车空气-蒸汽烧焦和在线空气-蒸汽烧焦两种。它们的原理是相同的，将空气和蒸汽通入需清焦的管程并升温，管内焦层在高温下与空气接触后燃烧。在此过程中，用蒸汽量控制烧焦速度并带走燃烧产生的热量，降低管壁温度，起到保护炉管的作用。

在线烧焦时，将需烧焦的管程切换通入空气和蒸汽，而其他管程维持正常操作。在线烧焦适用于多管程的焦化炉，不受焦化炉构造的影响。空气-蒸汽烧焦技术根据流程设计可实现双向烧焦，有利于较彻底清除辐射管内结焦。在线操作有较高的灵活性，烧焦操作可根据实际工况随时实施。

二、在线蒸汽剥焦

在线蒸汽剥焦也有文章称之为在线清焦，英文名称为 on-line-spalling，利用炉管金属材质和内壁焦层的膨胀系数不同，金属炉管收缩程度比焦层大，在快速降温时挤压焦层产生裂纹，在炉管再次快速升温时，炉管和焦层产生间隙，在长时间高温蒸汽快速冲击作用下，焦层逐步从炉管剥离脱落，剥落的焦粒对管内焦层有冲击作用，促使焦层更快剥离。实施操作时，将大量蒸汽通入需清焦的管程，提高蒸汽出口温度，并严格监控在整个操作过程中管壁温度不得超过 705℃。在高温段恒温后，水蒸气还会与焦炭反应生成 H_2+CO，生成的水煤气排入焦炭塔，加速清焦过程。当炉管内结焦比较严重时，可以增加变温操作。熄灭主火嘴并加大蒸汽量，快速降低蒸汽出口温度。炉管壁温温度的急剧下降使焦层破裂剥离。蒸汽将剥离下来的焦块携带至焦炭塔。重复 3~4 次升降温过程，完成在线蒸汽剥焦操作。在线蒸汽剥焦操作一般在焦炭塔切换 3~5h 后进行，根据焦炭塔液位确定切换焦化原料的时机。

（一）在线蒸汽剥焦方法的选择

管内焦层的软硬是相对的，选用适合管内结焦状况的在线清焦方式是保障清焦效果的重要步骤之一。可根据管壁温度记录数据判断，管壁温度达到 630℃的时间少于 3 个月，且管壁温度未超过 650℃，建议采用恒温法清焦；管壁温度达到 630℃的时间超过于 3 个月，且/或管壁温度超过 650℃，建议增加变温操作，提高清焦效果。

（二）蒸汽剥焦的特点

实施在线蒸汽剥焦操作时，特别是变温阶段，需要在短时间内不断改变操作参数，改变加热炉操作状态，其技术难度大，对操作人员的素质要求较高。

在线蒸汽剥焦操作中，管内焦层剥落后随蒸汽进入焦炭塔，操作对环境没有附加影响。被剥离焦块的尺寸不易过大，否则会引起堵塞，造成停炉。由于管内焦层实际状况难于确定，因此，处于生产阶段的管壁温度不宜控制过高。焦层挥发分越少、越干燥，越容易剥落，为此高温段的恒温时间应足够长。在整个过程中，炉管管壁温度均在受控状态，可以有效避免管壁温度超过管材的氧化极限，有效保护炉管。

（三）适应在线蒸汽剥焦操作的焦化炉

在线蒸汽剥焦操作过程中，焦化炉的操作状态较正常操作恶劣。为保证该操作能顺利实施，在焦化炉机械设计方面做了改进。从焦化炉构造上分析，单炉膛单管程的结构比较适合采用变温法清焦。这种结构可以最大限度减少各管程间升降温的干扰。在线蒸汽剥焦操作中由于炉膛、管壁等温度骤变，会出现短时炉管振动现象。振动幅度的大小与管架构造设计有关，待恢复正常操作后，振动现象消失。下支撑的管架能够有效支撑辐射管系，有助于缓解振动。为配合迅速升降温的特点，辐射室炉衬一般选择蓄热量小的材料，如陶瓷纤维制品。配合迅速升降温，燃烧器的操作弹性要大，能在不同炉膛温度下燃烧稳定，调节便利。在工艺管路上应设有安全可靠的切断阀或阀组，以防止高温焦化原料窜入清焦管程。

三、机械清焦（水力清焦）

机械清焦方法是国际广泛应用多年的清焦技术，英文名称为 pigging 或 pigging-clean，有些文章将其翻译成清焦猪或管道清洁猪。国内近十年开始推广使用。有些工程公司称之为水力机械清焦。机械清焦时，将清焦管程的出入口与清焦工程车的水系统连接，用安装在工程车上的泵组打出 2~3MPa 压力的水流，推动用特殊材料及工艺制造的清焦球在管道内运动，清理管内焦层。清焦可单管程也可多管程同时进行，图 5-11-1 为两台清焦工程车同时清洗四排炉管示意图，图 5-11-2 是清焦球通过炉管各部位的示意图。清焦球（图 5-11-3）能够通过急弯弯管和带内弧度的可拆式铸造回弯头。水力机械清焦效果得到国内外同行认可。

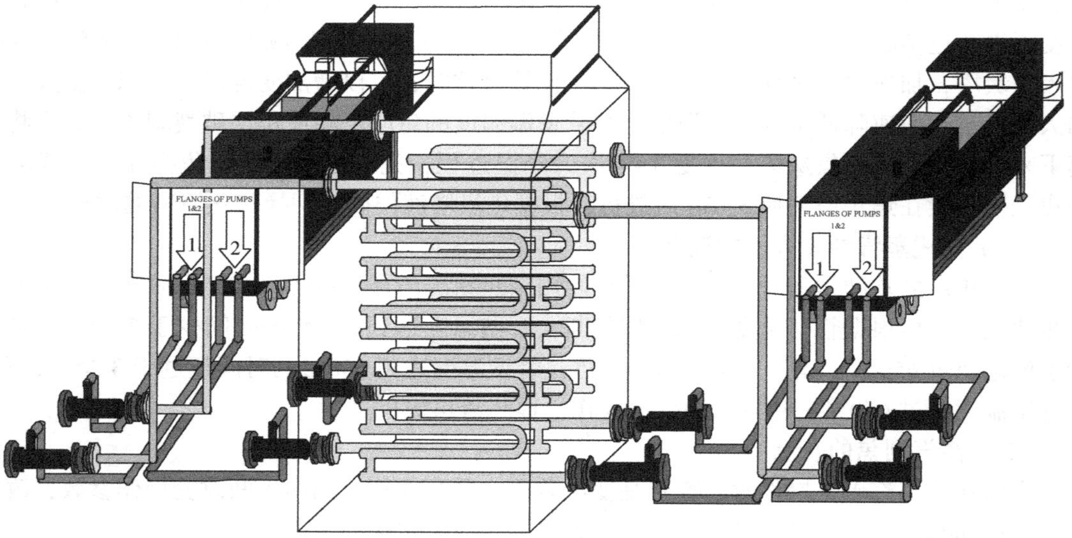

图 5-11-1　两台清焦工程车同时清洗四排炉管示意图

图 5-11-2　清焦球管内运行示意图

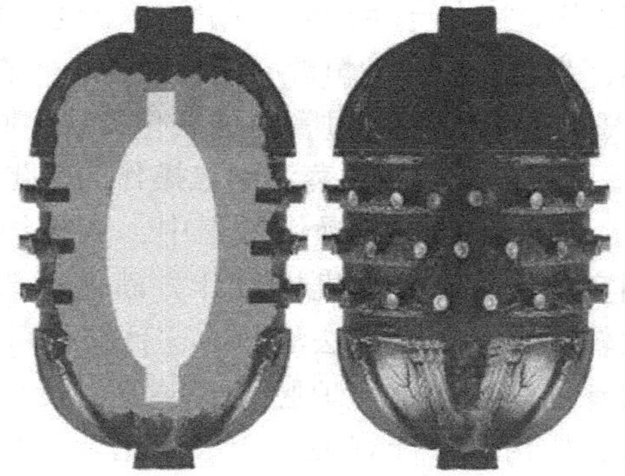

图 5-11-3　清焦球示意图

在通入清焦球之前，先将测量球送入盘管，通过测量球上的划痕测定管内结焦后可流通的最小内径，再将与之匹配的清焦球送入管内清焦。清焦技师通过车载仪表的显示数据，判断何时更换较大管径的清焦球，直至完成清焦操作。国外专业公司研究并投入使用的检测球(也称作聪明球)可检验清焦效果并检测出炉管减薄、腐蚀、是否有损伤等情况。完成清焦所用的时间与管内焦层的厚度、焦层的硬度有关。

目前，生产单位对在线机械清焦的需求日益增加。如焦化炉构造上能够彻底将清焦管程隔离，确保机械清焦操作过程中管壁温度低于 60℃，可实现在线机械清焦。

四、清焦条件的确认

加热炉炉管结焦会导致焦化装置操炉膛及管壁温度上升，如果不及时清焦，可能会导致炉管局部超温损坏。

炉管内结焦物的导热系数很小，经实验测得仅为炉管的十分之一左右。炉管结焦越厚，炉管外壁温度越高。正常情况下，最大炉管结焦厚度大约在7~8mm。通常，最大结焦厚度不在出口炉管，而在出口炉管之前倒数4~7根之间。

理论上来说，炉管结焦物的周向分布应该是均匀的，但如果存在局部过热等不正常燃烧状态，会导致炉管内壁沉积的管焦厚度明显不一致。

正常操作状态下，炉管内的结焦厚度可以通过炉膛温度、炉管外壁温度以及管内压降的变化来判断。非正常操作状态下，还要结合炉管表面颜色的变化来观察。一般控制炉膛温度不超800℃，炉管压降不超2MPa，P9炉管材质炉管表面温度不超650℃。而对于采取使用在线清焦技术的炉管，当炉管表面温度达到630℃时，就要开始通过控制加工量来炉管表面温度温升，择机进行在线清焦处理。

五、不同清焦方式的优缺点

（一）蒸汽-空气烧焦

空气-蒸汽烧焦法是目前国内应用最早、最广泛的清焦技术。该方法的优点是炉管结焦清除得较为彻底。缺点如下：

① 烧焦尾气经烧焦罐水洗后直接排放，污染环境，新鲜水耗量大。

② 炉管受损严重。烧焦部位管壁温度超温，容易超出700℃，超过炉管材质高温极限，并且急冷急热易引起炉管变形弯曲，大大降低炉管使用寿命。

③ 操作员工作量大。需频繁开关给汽、给风阀门，专人用红外温度计监测烧焦炉管表面温度，同时还需停、开炉操作和烧焦弯头切换的配合工作等。

④ 安全风险高，对加工量影响大。

（二）在线蒸汽剥焦

该方法最初是1998年随上海石化1#延迟焦化装置焦化炉一起引进到国内的。在2010年以前应用效果不理想，在2010年以后该工艺操作开始逐步成熟。这种方法的优点：

① 对一炉二塔的装置，装置无需停工进行烧焦，其中二路进行在线清焦，其余几路继续保持平稳生产。

② 进入在线清焦后，可以保持在一定温度和蒸汽流量下稳定除焦。清焦效果基本与机械清焦效果相当。

③ 剥离的焦粒随清焦蒸汽进入生焦塔内，实现焦粒和热量的密闭回收。

缺点：

① 需要配套的设计，能使炉膛安全快速地降温、升温。

② 需要控制好炉膛温度、清焦蒸汽流速和四通切换周期的配合等，既保证清焦效果，又不损伤炉管，不影响装置其他部位的生产。

（三）机械清焦

机械清焦方法是在国际广泛应用多年的清焦技术。机械清焦时，将清焦管程的出入口与清焦工程车的水系统连接，用安装在工程车上的水泵打出2~3MPa压力的水流，推动用特殊材料及工艺制造的清焦球在管道内逐渐刮除焦层。

该方法的优点：

① 在常温下操作，安全性较高。清焦效果易把握，清焦彻底。

② 对环境影响小。由专业公司完成，减轻操作人员的劳动强度。

缺点：

① 炉膛降温时间长，整个清焦作业的工期较长。

② 检修的费用高。

③ 清焦球可能划伤炉管内壁。

六、不同清焦方式对工艺流程的影响和要求

（一）蒸汽-空气烧焦

该方法烧焦过程中对炉管的损伤较大，容易出现烧焦部位管壁温度超温，造成过烧，严重时会出现炉管变形弯曲的现象。因此，该方法会降低炉管使用寿命。

（二）机械清焦

机械清焦技术对焦化炉机械设计没有特殊的要求，即使对流、辐射盘管直径不同也可实施机械清焦操作。

七、不同清焦方式的主要程序、时间、关键点比较

（一）蒸汽-空气烧焦法

主要的操作程序见图 5-11-4。

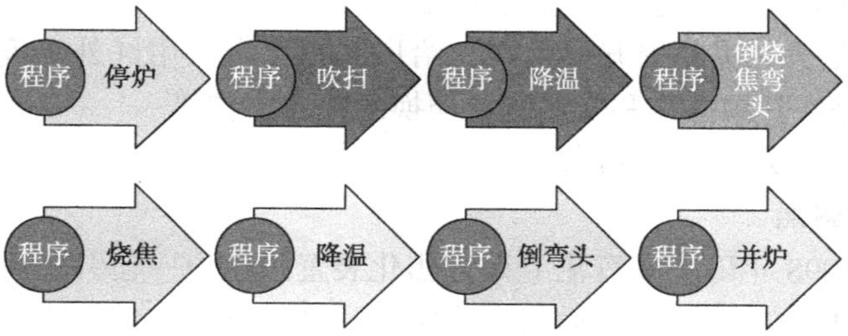

图 5-11-4　蒸汽-空气烧焦法操作程序示意图

蒸汽-空气烧焦包括停炉、并炉在内大概需要 72h 左右，纯烧焦时间约为 12h，具体视炉管内壁结焦情况而定。

操作关键点在于：

① 停炉时吹扫不要太干净，利用炉管内油点燃焦炭

② 配汽、配风量使得炉管内壁处于烧焦状态的炉管数量控制在 1~2 根；

③ 炉管表面最高温度的控制，燃烧处温度≯690℃，燃烧时间≯1min，防止长时间高温，炉管球墨化；

④ 烧焦时会产生大量的灰分，烧焦罐需充满水以提高水洗效果，新鲜水可采用下进上出的流程。

（二）在线蒸气剥焦

主要的操作程序见图 5-11-5。

图 5-11-5　在线蒸汽剥焦法操作程序示意图

需要36h左右。随着结焦程度的增加，清焦难度增加，清焦时间相应延长。

操作关键点在于：

① 清焦网络的控制。清焦停炉降温及并炉时，均会有冷油进入焦炭塔中，为确保冷油在焦炭塔中充分反应及有足够的反应时间，避免在切换四通前后进行停炉、并炉操作。

② 降温、速率控制。铬钼钢热膨胀系数：$13.6\times10^{-6}/℃$，焦炭热膨胀系数：$(2.5\sim5.5)\times10^{-6}/℃$，操作上降温速率越快越好，降温幅度越大越好，做好上述两点，对焦炭的挤压、焦炭剥离炉管效果越好。

③ 清焦蒸汽量控制。单从清焦效果上分析，清焦蒸汽量越多越好，但是清焦蒸汽量过大，易引起以下几点异常：

a. 清焦蒸汽量大，刮蚀作用于炉管表面，对炉管造成损伤；

b. 清焦蒸汽量大，对于急弯弯头的冲击作用大；

c. 清焦蒸汽量大，对转油线冲击大，支撑要求高；

d. 清焦蒸汽量大，焦炭塔及分馏塔气速过高，焦炭塔振动、油气焦粉携带、分馏各侧线抽出终馏点高等。所以应控制一个合适的流速。

④ 清焦温度控制。清焦温度原则上也是越高越好，温度高，间隙越大，且蒸汽的刮蚀作用明显。但是清焦温度受到炉管材质的限制，需根据炉管材质确定合适的清焦温度。

⑤ 炉膛热强度。要求炉膛热强度均匀，任何的"冷点"，均可能会导致炉管与焦炭剥落效果差，从而局部焦炭未剥离，影响清焦效果。

（三）机械清焦

主要的操作程序见图5-11-6。

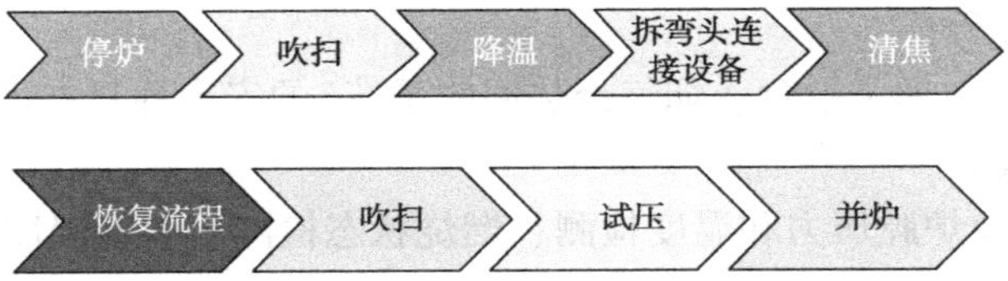

图5-11-6　机械清焦法操作程序示意图

机械清焦包含停炉、并炉大概需要96h。

操作关键点在于：

① 炉管、炉膛降温要彻底。要求清焦前炉膛温度降低至90℃以下。若温度过高，清焦水进入炉管后，遇高温瞬间膨胀汽化，导致清焦设备接头弹开。

② 清焦时先用通球测量炉管内结焦厚度，清焦小球的外径逐渐扩大。既要保证清焦过程不损伤炉管，不在炉管表面留下刮痕，又要保证焦炭清除彻底。

八、不同清焦方式的效果和费用经济比较分析

空气-蒸汽烧焦、机械清焦、在线蒸汽清焦均在某延迟焦化装置加热炉中成功实施，经过各加热炉数据对比，均能达到预期的清焦。清焦效果通过炉管表面温度在清焦前后的变化对比见表5-11-1。

表 5-11-1　清焦前后管壁温度对比表

清焦方式	空气-蒸汽烧焦		机械清焦		在线清焦	
炉管	5#	6#	3#	4#	3#	4#
清焦前温度/℃	600	629	622	603	594	633
清焦后温度/℃	521	528	523	530	523	513
前后温差/℃	79	101	99	73	71	120

表中数据表明，上述三种清焦方式，清焦后炉管表面温度均能达到530℃以下，清焦效果较好，均能满足生产需要。

上述三种清焦方式的估算费用比较见表 5-11-2。

表 5-11-2　各种清焦方式费用预算对比表

清焦方式	空气-蒸汽烧焦	机械清焦	在线清焦
费用产生内容	净化风、蒸汽、新鲜水、燃料气	业务服务费、新鲜水	蒸汽、燃料气
估算费用/万元	2~3	20~30	5~10

从表中可以看出，机械清焦所产生的费用最为昂贵，空气-蒸汽烧焦成本最低，但其对炉管损伤较大，不利于安全平稳生产。而在线清焦方法成本适中，对装置正常生产影响相对较小，是一种较为理想的炉管清焦方法。

第十二节　安全环保

一、安全

焦化炉及辅助设备（梯子平台、烟气余热回收系统）的安全性日益得到重视。

（一）炉本体的安全

炉本体的安全涉及炉膛压力和温度检测、燃烧状态检测、管壁温度检测。

1. 炉膛压力

炉膛压力通常是指辐射炉膛顶部的烟气压力，正常操作时，该压力值在-20Pa左右。当炉膛压力偏高，特别是高于0Pa后，烟气将从人孔门、看火门、炉管安装门等开孔位置喷向炉外，有伤及操作人员的隐患。在焦化炉仪表控制系统中，一般会设置该压力的高报警和高高报警。引起炉膛压力偏高的因素主要是引风机故障、烟道挡板开度不够或没有按控制信号完成开启动作。当该压力的高报警时，应及时检查烟气侧各单板以及引风机的状态，解除隐患回复炉膛正常的压力。

2. 炉膛温度

炉膛温度通常是指辐射炉膛顶部的烟气温度，该温度升高超过理论计算值150℃，有可能是炉管发生泄漏或是液体烃类沿燃料气管线进入炉膛燃烧引起的。某炼油厂燃料气分液罐液位报警故障后，液相烃类沿燃料气管线进入炉膛燃烧致使全装置停车。在焦化炉仪表控制系统中，一般会设置该温度的高报警和高高报警以及相关联锁，以保证焦化炉操作安全。

3. 燃烧状况

燃烧器的燃烧状况除了与传热有关还与操作安全相关。如正常操作时，长明灯或主火嘴大面积熄灭，而不被察觉，闪爆、可燃气体泄漏到炉体外等现象是有严重后果的安全隐患。为此通过设置火焰监测以消除隐患。目前常用的措施有长明灯、主火焰离子或光学检测器和工业电视。

4. 管壁温度

焦化炉的管壁温度与管内结焦程度、炉膛温度场不均匀度、炉管局部过热相关。管壁温度过高，炉管材料的许用应力降低，存在爆管的隐患。工程设计中焦化炉辐射盘管设置多个管壁热电偶用以检测管壁温度，并设置高报警和高高报警。遇高爆报时，应及时分析原因调整操作，排查安全隐患。

（二）梯子平台

梯子平台也称作安全保护，其对安全的重要性是不言而喻的。工程设计中梯子平台的强度设计是严格遵循相关国家标准的要求进行的。在构造设计中亦充分考虑安全性，如设置踢脚板，高于20m的平台栏杆高度不低于1.2m，平台间距大于2m，直梯高于平台上表面或地面1.8m设置护栏，直梯设置入口防护栏等。在操作过程中，梯子平台的直梯入口防护栏应处于关闭状态，以防跌落。

（三）烟气余热回收系统

烟气余热回收系统由空气预热器、通引风机、烟风道及其附属部件组成。

通常在炉低风道上设置快开风门，这是烟气余热回收系统的一个安全隐患点。正常操作工况下，快开风门是关闭的，但存在漏风现象。此处的风道标高较低加之热风的温度高（100℃以上），泄漏的热空气会伤到操作人员。此外，快开风门故障时会自行打开，如没有防护栏亦会碰伤操作人员。在快开风门附近应设置防护设施，如防护网、警戒标识等。

二、环保

环保日益得到社会的广泛重视，要求也在不断提高。对于炉区风机、燃烧器噪音和烟气排放涉及环保要求。以目前的技术水平，风机燃烧器的噪音可以控制在85dBA以下(距离燃烧器或风机1m处)。

近年，对于烟气排放的要求越来越严格。烟气排放是一个系统问题，首先要净化燃料，包括有害组分、颗粒物等，其次，燃烧器应是低氮化物排放的设计，烟气排放高度应满足环评报告。

烟气排放在线检测日益规范，对应的采样点的设置及达到采样点的辅助设备国家标准均有明确的规定。

参　考　文　献

[1] 瞿国华等．延迟焦化工艺与工程[M]．北京：中国石化出版社，2017.

[2] 钱家麟等．管式加热炉[M]．北京：中国石化出版社，2003.

[3] 邵祖光等．炼油厂设备加热炉设计手册．第三分篇，上册[M]．北京：中国石油化工总公司石油化工规划院，1986.

[4] 胡尧良等．延迟焦化装置技术手册[M]．北京：中国石化出版社，2013.

[5] 中华人民共和国发展和改革委员会．SH/T 3045—2003 石油化工管式炉热效率设计计算[S]．北京：中国石化出版社，2004.

[6] 贾明生，凌长明．烟气酸露点温度的影响因素及其计算方法[J]．工业锅炉，2003(6)：31-35.

第六章　焦　炭　塔

第一节　焦炭塔工艺特点及工艺计算

一、焦炭塔的工艺特点

延迟焦化是以渣油或类似渣油的各种重质油、污油及原油为原料，通过加热炉快速加热到一定的温度后进入焦炭塔，在塔内适宜的温度、压力条件下发生裂解、缩合反应，生成气体、汽油、柴油、蜡油、循环油组分和焦炭的工艺过程，工艺流程简图见图6-1-1。延迟焦化装置的主要设备有焦化加热炉、焦炭塔、焦化分馏塔、吹汽放空塔、加热炉进料泵、水力除焦机械等，其中焦化加热炉被认为是焦化装置的关键设备，而焦炭塔则是焦化装置的核心设备。因为焦炭塔是焦化装置的反应器，加热炉、分馏塔、放空系统、冷切焦水处理系统、水力除焦系统等均与之有关。虽然焦炭塔是一个空筒设备，但它的设计涉及几乎全装置的工艺过程。

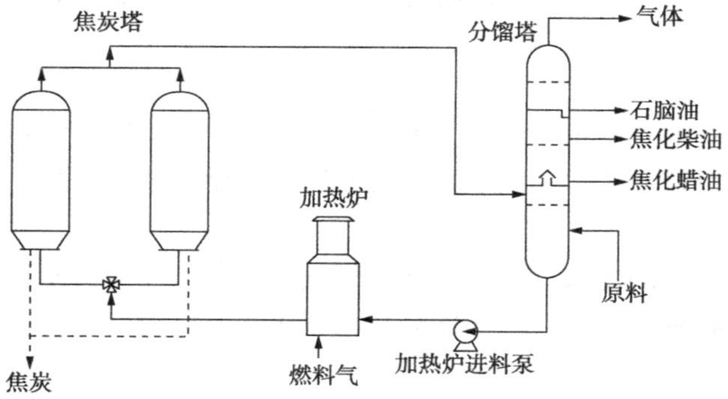

图6-1-1　常规延迟焦化流程图

焦炭塔的工艺特点是操作温度高，最高可达到495℃，操作温度变化频繁，每一个操作周期都要由常温变化到最高操作温度，再由最高温度冷却到常温，生焦周期越短，温度变化速度越快；焦炭塔不但是一个反应器而且还是一个装焦炭的容器，操作不当会使生焦过程泡沫溢出，造成后部系统结焦。在生焦过程中焦炭塔基本处于恒温操作。在除焦过程中要经过先降温再升温的变化过程，往往由于这一个变温操作过程使焦炭塔及其相关系统发生变化。

焦炭塔一般是两台一组，每套延迟焦化装置中有的是一组(两台)，有的是两组(四台)，还有三组(六台)，四组(八台)的焦化装置比较少。在每组塔中，一台焦炭塔在反应生焦时，另一台塔则处于除焦阶段。即当一台塔内焦炭积聚到一定高度时把进料切换到另一台塔内，该焦炭塔先通入少量蒸汽把轻质烃类汽提去分馏塔，再大量通入蒸汽，汽提重质烃类去放空冷却塔，回收重油和水，然后先注入水(先少量后大量)将焦炭塔及焦炭冷却到80~130℃，待确认焦炭被冷却后开始把焦炭塔内的水排放至焦池或冷焦水放水罐，焦炭塔内的水排放完毕后进入除焦阶段。除焦是先打开焦炭塔顶盖，后打开焦炭塔底盖，启动高压水泵，采用除焦机械设备对焦炭塔内的焦炭进行清除。除焦完成后利用蒸汽对该塔进行吹扫和试压，然后引另一个塔的油气把该塔预热到300~380℃，切换进料开始生焦，另一个塔按照上述同样步骤进行冷焦、切焦、预热和预热过程，两个塔交替进行生焦和除焦操作。每台塔的切换使用周期一般为36~48h，其中生焦18~24h，除焦及其他辅助操作18~24h(见表6-1-1)。除焦采用高压水，高压水压力一般为14.8~35MPa。高压水压力值取决于焦炭塔塔径的大小和焦炭的硬度。随着技术的进步，焦炭塔的切换周期已缩短，一般为30~36h，除下的焦炭落入焦池，同时用桥式起重抓斗经皮带输送到别处存放或装车外运。焦炭塔内产生的高温油气经过急冷油冷却后进入分馏塔系统，在分馏塔系统分离出气体、汽油、柴油、蜡油、重蜡油和循环油等。

表6-1-1 除焦及其他辅助操作

序号	操作项目	生焦时间/h		操作条件	介质来源及去向	操作主要目的
		24	18			
1	切换四通阀	0.5	1.5	现场切换，电动或气动操作		渣油由A塔改去B塔
2	少量吹蒸汽	1.0		蒸汽：2~5t/h	蒸汽来自管网 油气去分馏塔	汽提焦炭塔内轻质油，油气及泡沫层
3	大量吹蒸汽	2.5		蒸汽：10~18t/h	蒸汽来自管网 油汽去放空塔	汽提焦炭内的大量重油，冷却焦炭，形成冷焦通道
4	少量给水	1.5	4.5	冷焦水：10~50t/h	水来自冷焦水处理系统，蒸汽去放空塔	快速冷却焦炭，进一步汽提焦炭内重油
5	大量给水	3.5		冷焦水：约350t/h	水来自冷焦水处理系统，前期蒸汽去放空塔，溢流水去冷焦水处理系统，或不溢流，用水侵泡塔内焦炭，汽体塔顶放空	冷却焦炭及焦炭塔，达到80~130℃
6	排放冷焦水	3.0	2.0	排水：约600t/h	排水至冷焦水处理系统或焦池	放净塔内水，便于卸顶底盖
7	卸塔盖	0.5		液压或电动自动卸盖机(手动)	先卸顶盖后卸底盖	为除焦作准备
8	水力除焦	4.5	3.0	水压力：15~35MPa 水流量：150~300m^3/h	水来自高压水泵，焦炭去焦池	清除塔内的焦炭为换塔作准备
9	装塔盖	0.5	0.5	液压或电动自动卸盖机(手动)	先装底盖后装顶盖	
10	试压	1.0	1.0	蒸汽试压到0.3MPa左右	蒸汽来自管网	密封试验，赶空气
11	油气预热	5.5	5.5	油气：约420℃、约0.2MPa	油气来自B塔，不凝气去分馏塔	使焦炭塔塔体升温到300~380℃左右，防止换塔时温度变化太快

二、焦炭塔直径和高度计算

焦炭塔的直径和高度主要取决于装置的处理量、原料性质、操作温度、操作压力、循环比和加热炉注汽及阀门汽封量等，装置的处理量是决定焦炭塔大小的主要参数。

1. 焦炭塔允许空塔速度 u_c

延迟焦化单系列处理量越大，要求焦炭塔直径也越大，这主要是由焦炭塔塔内的允许气速决定的。

焦化原料在加热炉中被快速加热到500℃左右进入焦炭塔，为防止加热炉炉管结焦，原料在加热炉内反应苛刻度不会太高，通常加热炉出口的反应转化率在10%左右(气体和汽油的转化率之和)，而大部分的裂化反应被延迟到焦炭塔内进行。原料进入焦炭塔，在塔内适宜的压力、温度和停留时间的条件下发生裂化和缩合反应，裂化为吸热反应，缩合为放热反应，裂化的热量除了来自加热炉加热的热渣油原料外还有一部分由缩合反应提供，缩合反应生成的焦炭停留在塔内，并不断由下向上堆积，由于进料渣油、反应油气和蒸汽的向上流动，在堆积的焦炭层中会形成中心通道或树枝形通道，为以后的冷焦和切焦提供方便。在焦炭层以上为主要反应区，包括油相区、泡沫区和气相区，焦炭塔内自上而下分别为气相区、泡沫区、油相区和焦炭区，密度分别约为4~10kg/m³、100~300kg/m³、500~800kg/m³和800~950kg/m³。通常油相和泡沫区的温度体现焦化反应温度，一般为440~470℃，在焦炭塔外表面显示为最高的温度区域，并且该高温区域随着生焦高度的增加逐渐向上移动，在过去没有安装中子料位计时，通常利用此温度间接判断焦炭高度。

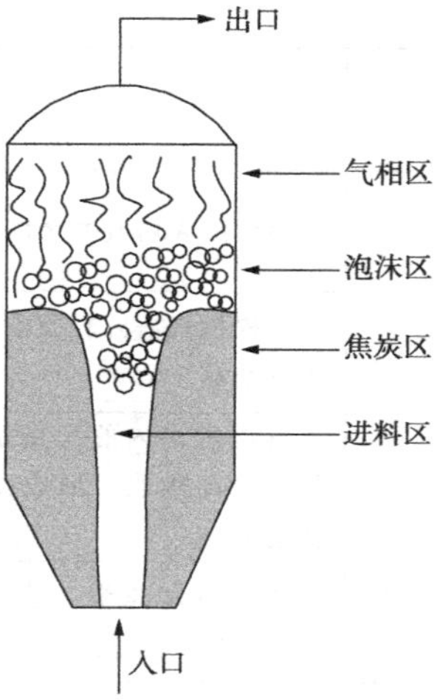

图 6-1-2　焦炭塔内生焦末期示意图

随着原料不断进入焦炭塔，产生的焦炭量不断增加，焦炭层高度增加，泡沫层也随之连续升高。塔内反应末期状态示意简图见图 6-1-2。

由于泡沫层为反应区，一般不希望正在反应的泡沫被油气夹带到焦炭塔顶口的大油气管线和分馏塔，导致该管线结焦和分馏塔内结焦，影响装置安全生产和产品质量，因此焦炭塔空塔线速需控制在允许的临界速度以下。

焦炭塔内油气允许气速可按式(6-1-1)计算：

$$u_c = 0.048\sqrt{\frac{\rho_L - \rho_V}{\rho_V}} \tag{6-1-1}$$

式中　u_c——塔内允许气相线速，m/s；

ρ_L——泡沫相密度，kg/m³；

ρ_V——气相密度，kg/m³。

2. 焦炭塔实际空塔速度 u

焦炭塔允许气速与原料性质、操作温度、操作压力及使用的消泡剂等都有一定的关系。由于气相密度和泡沫密度的不确定性，焦炭塔的实际气速按照塔内允许气相线速 u_c 乘一安全系数来确定，安全系数主要决定于对焦粉携带的容忍程度和焦炭塔后部系统防结焦和处理结焦的能力，一般地安全系数可取0.7~1.0。

焦炭塔内的实际气速 u，也可以采用经验数据确定。国外一种看法是，当装置允许产弹丸焦时，焦炭塔气速可达到0.21m/s，当装置不允许产弹丸焦时，焦炭塔气速应控制小于0.15m/s，当装置需要产针状焦时，焦炭塔气速应控制小于0.05m/s。目前国内设计焦炭塔时通常采用的气速为小于0.15m/s，国外设计焦炭塔时通常采用的气速为0.21m/s。

3. 焦炭塔直径 D

（1）计算焦炭塔产物的总摩尔数

焦炭塔内气体产物摩尔数可按照式(6-1-2)计算。

$$N=\sum\left(\frac{G_1}{M_1}+\frac{G_2}{M_2}+\frac{G_3}{M_3}+\frac{G_4}{M_4}+\frac{G_5}{M_5}+\frac{G_6}{18}\right) \tag{6-1-2}$$

式中　N、G、M 的意义见表6-1-2。

表6-1-2　计算焦炭塔气体摩尔数

项目	富气	汽油	柴油	蜡油	循环油	注汽(水)	合计
流量/(kg/h)	G_1	G_2	G_3	G_5	G_6		
平均分子量	M_1	M_2	M_3	M_4	M_5	18	
摩尔数/(kmol/h)	N_1	N_2	N_3	N_4	N_5	N_6	$N=\sum N_1-N_6$

（2）计算焦炭塔内气体体积流量

焦炭塔气体的体积流量可按式(6-1-3)计算；

$$V=22.4\times N\times(273+T)/(273\times P\times 3600) \tag{6-1-3}$$

式中　V——焦炭塔内气体的体积流量，m^3/s；

N——焦炭塔气体摩尔数，kmol/h；

P——焦炭塔顶压力(塔顶实测压力 P_1+0.1)，kg/cm^2(绝)；

T——焦炭塔气相温度，℃。

（3）计算焦炭塔直径

焦炭塔截面积S可按式(6-1-4)计算，焦炭塔直径 D 按式(6-1-5)计算。

$$S=\frac{V}{n\cdot u} \tag{6-1-4}$$

$$D=\sqrt{\frac{4}{\pi}\cdot S}=\sqrt{\frac{4}{\pi}\cdot\frac{V}{n\cdot u}} \tag{6-1-5}$$

式中　S——焦炭塔的截面积，m^2；

D——焦炭塔直径，m；

V——焦炭塔内气体的体积流量，m^3/s；

n——生焦焦炭塔台数(一炉二塔 $n=1$，二炉四塔 $n=2$，三炉六塔 $n=3$)；

u——焦炭塔实际空塔气速，m/s。

根据焦炭塔内油气流量和油气速度计算的焦炭塔直径，需圆整为工程上常用的直径，确定最终焦炭塔直径还应考虑焦炭塔的制造、运输和施工、水力除焦能力、焦炭塔高度、焦炭塔台数、今后扩能的可能性以及焦炭塔标准化设计等因素综合确定。

4. 焦炭塔高度(直筒段高度)$H_{切线}$

在确定焦炭塔的直径后，根据生焦量、生焦时间、泡沫层高度来确定焦炭塔的高度。泡沫层高度和原料性质、反应温度及压力有关，一般情况下渣油的沥青质含量高、含硫量高、反应温度低、操作压力低，其泡沫层较高。当在焦炭塔内注入消泡剂后，泡沫层的高度一般可减少40%~65%。当单系列处理能力、原料性质和操作条件确定后，塔内的焦层高度主要决定于生焦时间。目前国内焦化装置设计的生焦时间为18~24h，国外焦化生焦时间为12~18h，采用16~18h的占大多数。采用短的生焦时间，可以提高焦炭塔的利用率，或者同等规模的装置可以降低焦炭塔的高度。在确定焦炭塔高度时应留有一定的安全空高，安全空高一般为塔顶切线离泡沫层顶部的距离。国内设计的焦炭塔一般安全空高为3~5m，国外焦炭塔的安全空高一般为1~3m。空高越大，焦炭塔的利用率越低，但油气在塔内的停留时间延长，对减少油气线和分馏塔内结焦有利。

焦炭塔切线高度可按式(6-1-6)计算：

$$H_{切线}=\left(\frac{G_{焦}\cdot\tau_{焦}}{\rho_{焦}}-V_{锥}\right)\Big/\left(\frac{\pi}{4}\times D^2\right)+H_{泡沫}+H_{空高} \tag{6-1-6}$$

式中　$H_{切线}$——焦炭塔切线高度(也称焦炭塔直筒段高度)，m；

$G_{焦}$——每个焦炭塔生焦量，kg/h；

$\tau_{焦}$——生焦时间，h；

$\rho_{焦}$——塔内焦炭堆密度，kg/m^3(可取800~900kg/m^3)；

$V_{锥}$——焦炭塔锥体体积：m^3；

D——焦炭塔直径，m；

$H_{泡沫}$——泡沫层高度，m(可取4~6m)；

$H_{空高}$——安全空高，m(可取3~5m)。

焦炭塔直径和高度可相互补充，当装置处理量、操作条件确定后，直径增大可以降低高度，高度增加也可以适当减少塔径。国内过去建设的焦炭塔直径较小，一般为5.4~6.4m，其高径比一般为3~4，最近建设的大直径焦炭塔的由于塔直径增加，高径比一般为2~3。美国焦炭塔的高径比一般为2~3。

焦炭塔的直径和高度受到水力除焦机械，制造、运输、吊装等的限制，不宜太大和太高，美国运行的焦炭塔的直径大部分在7.4~9.4m之间。对于装置处理能力较大，采用一炉二塔使焦炭塔的直径和高度特别巨大时，建议采用二炉四塔或三炉六塔更为适宜。

目前国内单系列(一炉两塔)处理量和焦炭塔规格的对应关系见表6-1-3。

表6-1-3　延迟焦化单系列处理量和焦炭塔规格对应关系

序号	单系列处理量/(Mt/a)	焦炭塔规格/mm	建设时间	操作循环比	生焦时间/h
1	0.20~0.30	ϕ5400×18000(切)	20世纪50~70年代	0.3~0.4	24
2	0.40~0.50	ϕ6100×21000(切)	20世纪90年代~2000年	0.3~0.4	24
3	1.00~1.20	ϕ(8400~8600)×24000(切)	20世纪80~90年代	0.15~0.35	18~24
4	1.30~1.60	ϕ(8800~9400)×27000(切)	2000年以来	0.15~0.25	18~24
5	1.60~2.10	ϕ(9600~9800)×(2400~29000)	2000年以来	0.1~0.2	18~24

第二节　焦炭塔结构设计

一、焦炭塔的结构特点

焦炭塔是一个直立圆柱壳压力容器，顶部是球形或椭圆形封头，下部是锥体，见图6-2-1。直径范围通常为4.6~9.8m，高约15~35m。在顶部有直径为ϕ600~900mm的盲板法兰(即钻焦口)，底部有ϕ1500~1800mm的盲板法兰(即卸焦口)或底盖机，该盲板法兰或卸焦口筒节上有ϕ150~450mm的渣油入口接管。裙座位于连接壳体与锥体的焊缝区域，用来支撑塔体。

焦炭塔本体材料可用碳钢、C-1/2Mo、1Cr-1/2Mo、1¼Cr-1/2Mo和2¼Cr-1.0Mo钢制造，其壁厚通常在14~56mm之间。加工高硫原油焦化装置，焦炭塔壳体采用不锈钢复合板制造，复层为厚2.0~3.2mm的405或410S型不锈钢，以抵抗塔内介质腐蚀。

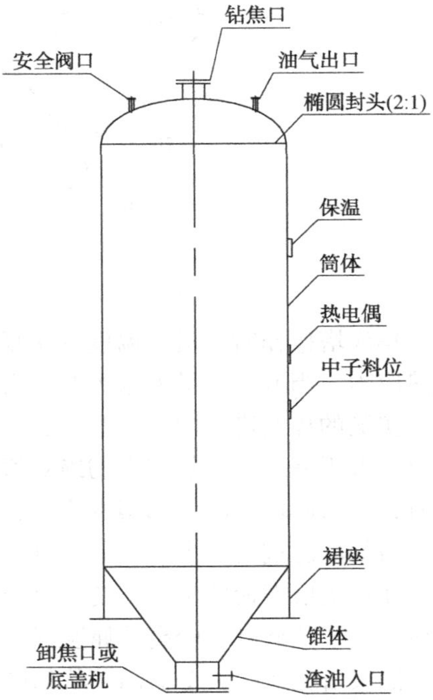

图6-2-1　焦炭塔简图

焦炭塔设计压力范围为0.35~0.8MPa，国内一般为0.35MPa。操作温度为440~495℃。

焦炭塔外保温通常采用厚度为120~200mm的玻璃纤维或复合硅酸盐等保温材料，并用铝合金薄板或不锈钢薄板作为保护层。安全阀位于焦炭塔顶部，料位测量通常采用三个或四个中子料位计，或者安装一套伽马射线料位计，位于塔体外表面。

焦炭塔上封头过去大多采用球形封头，其优点是受力条件好，耗材少；但近来也有采用椭圆封头(2:1)，其优点在于在保证塔顶标高不变的情况下(即钻杆长度不变)，可能增加焦炭塔直筒段高度，从而增加筒体段的有效体积。以ϕ8800mm焦炭塔为例，将球形封头改为椭圆封头，能增加体积44.6m^3。

焦炭塔下部进料口的接管的结构型式大致有三种，即从侧面进入、水平并呈向上倾斜方向进入和轴向进入。操作经验表明，500℃左右的原料油从侧面进入焦炭塔会造成塔底加热不均匀，所引起的变形会促使塔体倾斜并产生裂纹、鼓胀和其他缺陷，将使塔的可靠性下降。当原料油入口接管呈水平方向和呈向上倾斜方向配置时，对面的器壁受较强烈加热而产生附加的应力；若原料油在中心轴向进入，则可以保证设备均匀加热，焦炭塔操作的可靠性增大，这种结构设计使变形减少。目前未安装自动底盖机的焦炭塔大都采用这种轴向进料方式，安装自动底盖机后，焦炭塔大都采用了单侧或双侧进料方式，既有水平方向进料的也有向上倾斜方向进料的。

二、焦炭塔操作特点及对塔寿命的影响

焦炭塔的作用是将重油(渣油)轻质化变成瓦斯、液体产品和焦炭。渣油在加热炉内被加热到500℃左右进入塔内，单系列的延迟焦化装置使用二台并联的焦炭塔，进行连续操作，该操作过程是周期性的，当焦炭在一台塔内积聚，而另一台塔进行清焦。焦炭在塔壁上积聚并在塔内累积增长，最后用高压水喷头切除。通常每隔48h或36h为一周期。焦炭塔冷却到环境温度又重新被加热到454~495℃，见图6-2-2。伴随着焦炭塔长期反复冷却和反复加热可导致塔体变形、鼓胀和开裂。

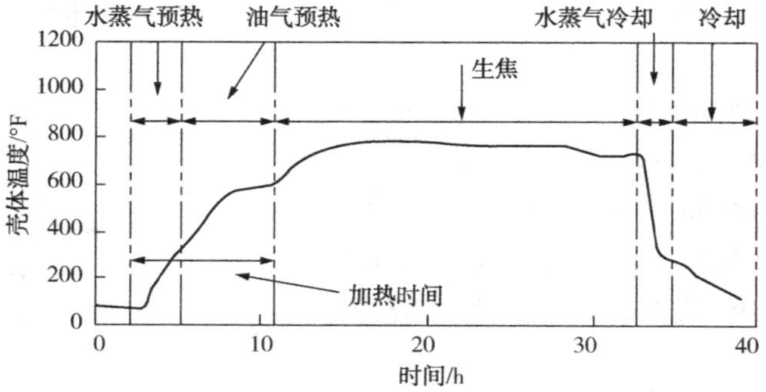

图6-2-2　焦炭塔温度曲线

焦炭塔操作时，塔壁温度变化复杂，引起的应力也非常复杂。如果单向为壁厚方向引起的热应力，当升温时塔外壁为拉应力，而当单向由纵向温差引起的热应力，则塔外壁为压应力。实测的焦炭塔纵向温差为175℃(间距2m)而壁厚温差为85℃，显然纵向引起的热应力绝对值大于壁厚引起热应力的绝对值。如果这时的综合应力超过了材料在该温度下的屈服强度时，会引起塔壁的局部塑性变形，反复循环，将出现“热应力棘轮现象”，它比相同的定常应力的静态蠕变要大得多，这就是产生焦炭塔鼓胀变形的主要原因。

在焦炭塔寿命的早期，变形仅局限于底部发生，随着时间的推移，上部产生的鼓胀更加明显。由于环缝具有较高的屈服强度，该焊缝厚度又比母材稍厚一些，因而显示出较少的鼓胀，焦炭塔就产生一个糖葫芦状的鼓凸，见图6-2-3。

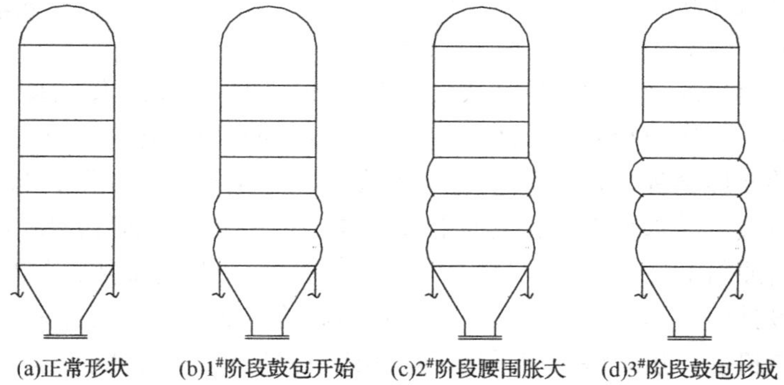

(a)正常形状　(b)1#阶段鼓包开始　(c)2#阶段腰围胀大　(d)3#阶段鼓包形成

图6-2-3　鼓包形成的阶段

材质都是碳钢的焦炭塔产生裂纹的案例很多。焦炭塔发生裂纹最多的位置是裙座焊缝，造成许多重大设备事故。最严重的是胜利炼油厂3#焦炭塔焊缝整圈开裂，造成塔体下沉807mm，塔体倾斜395mm；石油一厂焦炭塔焊缝开裂长度3.77m，塔体倾斜74mm；大庆炼油厂1#焦炭塔和南京炼油厂2#焦炭塔裂纹分别为9.4m和4.06m。由于热机械疲劳的影响，南京炼油厂在焦炭塔外壁焊缝熔合线发现裂纹最长2m、深3mm；广州石化厂的焦炭塔运行5年后发现一个塔裙座与塔体连接焊缝存在断续长度10m，最深达5mm的环向裂纹。

三、焦炭塔材质的选择

（一）塔体材质的选择

由于焦炭塔的操作条件和操作特性，极易导致出现塔体腐蚀、变形和鼓包，甚至焊缝开裂、塔体倾斜等情况。塔体变形情况与焦炭塔的材质有关，碳钢制造的焦炭塔，发生鼓包处塔径可增大200~250mm。使用碳-钼或铬-钼钢制造的焦炭塔，产生鼓包、径向增大量就比较小。通常铬钼钢焦炭塔最早产生穿透裂纹的时间为12年；碳钼钢焦炭塔为8年；碳钢焦炭塔只有7年。国外从20世纪70年代起就已使用铬钼钢(1Cr-1/2Mo或1¼Cr-1/2Mo)制造塔体，内衬410S型不锈钢。过去国内焦炭塔材质多采用20号钢，壁厚24~32mm，使用一定时期后均出现上述塔体鼓包、变形情况。

焦炭塔选用碳钢的优点是钢板货源充足，价格低，焊接方便且不需热处理，修补方便。但随着焦炭塔大型化，碳钢材料已明显不能适应其要求。因为碳钢钢板厚度已超出允许不热处理的范围，与其使用碳钢进行热处理，还不如用Cr-Mo钢更为经济、更为合理。

对钢材性能分析表明：20g的最高使用温度为450℃，在焦炭塔的操作工况条件下，长期使用还是有可能产生石墨化现象的。而15CrMoR是耐热钢，其机械性能大大优于20g和20R，例如：475℃许用应力：15CrMoR(正火+回火)为110MPa，而20R仅是41MPa；475℃10万小时持久强度：15CrMoR达180MPa，而20R仅为59MPa。

就蠕变强度而言，20g在400℃以上即可生产蠕变，450℃的蠕变极限为44MPa(此时相应的蠕变速率为1×10^{-5})。根据南京炼油厂对焦炭塔塔体的受力分析[1]，膜应力较小，轴向应力为10.9MPa，环向应力为21.8MPa；而热应力较大，进油阶段由外壁厚度方向引起的环向和轴向热应力为44.8MPa。冷却期间，轴向温差所产生的环向和轴向热应力分别为80.5MPa和24.15MPa(平均值)。由此可见，热应力和内压产生的应力叠加已超过56MPa，且在420℃以上持续20多小时，足以使材料发生蠕变。所以使用20g钢板易产生“糖葫芦”现象。而15CrMo钢的475℃蠕变极限为100MPa(相应的蠕变率也为1×10^{-5})，几乎是20g的2倍。如按上述南京炼油厂焦炭塔的应力分析，其热应力和内压产生的应力叠加亦小于15CrMo钢的蠕变极限110MPa。由此可见，如选用15CrMo钢，焦炭塔发生蠕变的可能性小得多。

随着技术进步及延迟焦化装置大型化的需要，焦炭塔大型化是必然趋势。从2000年我国第一个Cr-Mo钢塔即上海石化公司2台ϕ8400mm焦炭塔问世以来，Cr-Mo钢塔不断出现，到目前为止已有100多台Cr-Mo钢焦炭塔投入使用。

（二）复层材料的选择

据资料调查，国外的焦炭塔几乎全部采用不锈钢复合板制造。根据我国的经验，因为焦炭塔泡沫层以下部分有一层焦炭保护，腐蚀很轻，可以不用复合板。根据SH/T 3096—2012“加工高硫原油重点装置主要设备设计选材导则”规定，从顶部至泡沫层底面以下1500~

2000mm 处应采用不锈钢复合板，复层为 0Cr13A1 或 0Cr13。

目前我国使用 405 型(即 0Cr13A1)作复层的不锈钢复合板很多，还未见有 0Cr13A1 脆化的报道，但由于焦炭塔壳体复层长期处于 427~495℃之间，为了稳妥可靠起见，选用 0Cr13(即 410S)为好，两者价格亦相差不多。

实践表明，焦炭塔复层的焊缝也会发生裂纹，为了减少裂纹产生，有的专家建议，采用 INCONEL625 代替常用的 405 或 410S 作为复层。其优点不但抗腐蚀性能更好，更为重要的是复层与基层之间因热膨胀差异产生的热应力少，不易产生裂纹。根据对内径为 φ6840mm、C-1/2Mo 钢制造的焦炭塔进行有限元分析，基层厚 20mm，复层为 405 或 410S，厚度为 1.6mm 或 3.2mm。分析是在复合板处于 482℃的工况下进行的。分析的结果是 405 或 410S 的应力强度是 INCONEL625 的 13 倍，见表 6-2-1。

表 6-2-1 焦炭塔复层应力强度分析

复层和厚度	应力强度/psi	复层和厚度	应力强度/psi
405 或 410S，1.6mm	31784	INCONEL625，1.6mm	2460
405 或 410S，3.2mn	30564	INONEL625，3.2mm	2380

注：1psi≈6.89kPa。

据统计，复层采用 1.6mm 厚的 INCONEL625 后，焦炭塔成本将增加 30%；当采用厚 3.2mm INCONEL625 时，成本增加 40%~50%。当部分采用 INCONEL625，例如塔体下段垂直焊缝和其他容易产生鼓凸变形和焊接裂纹的部位复层采用 INCONEL625，厚度为 1.6mm 时，成本增加不会超过 15%~20%。

随着技术发展和使用经验的积累，目前新建焦炭塔塔体全塔采用铬钼钢+不锈钢复合板。

四、裙座结构型式

焦炭塔是一个承受热和机械循环的压力容器，这类循环操作将在塔裙中产生比较高的应力。焦炭塔疲劳开裂的激发和扩散是由焦化过程热循环操作特性导致的。尽管比较好的设计能使这些开裂降到最小，但是不管在什么地方，这些塔使用 1~10 年都可能发生开裂。在 API 调查的焦炭塔中，有约 50%的塔在靠近塔裙-壳体连接处的塔裙发生开裂，开裂常常发生在塔裙-壳体连接结构附近，由于该处对流和辐射传热面积较大，通常要经受比较大的温度梯度。

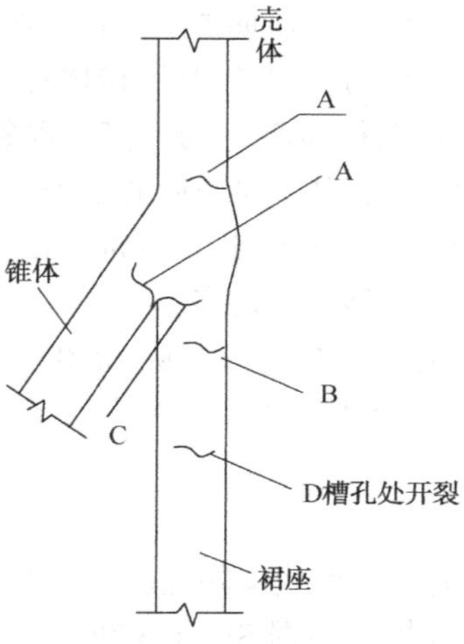

图 6-2-4 焦炭塔裙座裂纹位置

设计焦炭塔的难点之一是塔裙的设计。例如，它需要足够的强度才能支撑设计负荷条件下的壳体，同时还要求其径向有较好的柔韧性，以便避免热应力的影响。经研究表明，壳体和裙座之间的连接细节是非常重要的，好的塔裙设计能够大大延长使用寿命。

焦炭塔裙座受力最复杂，是最容易出现裂纹的部位。API 调查给出了裂纹的位置，见图 6-2-4。A、B、C 都有裂纹的占报告的 56%，最严重的裂纹即延伸到筒体的裂纹(A)

占报告的 43%，从外表面开裂的裂纹(B)占 63%，从内表面开裂的裂纹(C)占 26%，从膨胀缝槽孔处开裂(D)占 76%，有 A、B、C、D 四种裂纹的塔占 78%。

筒体与裙座的连接方式有如下四种：

第一种：一般对接型式，见图 6-2-5。其结构简单，但易产生应力集中和裂纹。

第二种：搭接型式，见图 6-2-6。其结构简单，但易产生应力集中和裂纹，裂纹扩展后将会造成塔体下沉的严重后果。

第三种：堆焊型，见图 6-2-7，应力集中系数较小，产生裂纹的可能性小，但制造较复杂，焊接工作量较大。裙座开槽孔(即膨胀缝)，有利于应力释放，防止焊缝开裂。但槽孔处易开裂。

第四种：整体型，见图 6-2-8，即采用整体锻件，应力集中系数最小，但制造难度大，成本高。

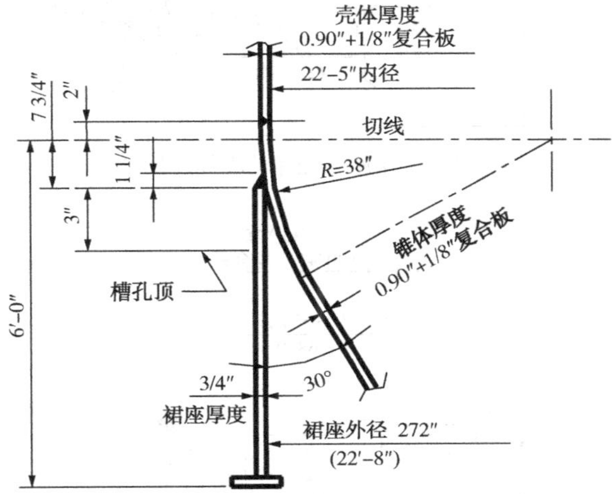

图 6-2-5 焦炭塔裙座连接——一般的对接型式

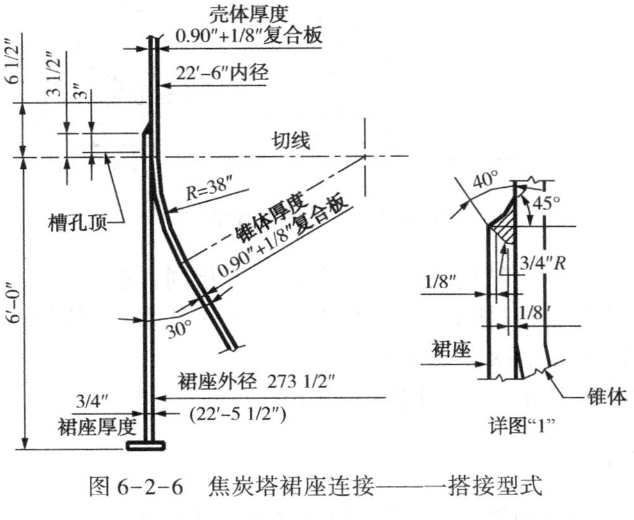

图 6-2-6 焦炭塔裙座连接——搭接型式

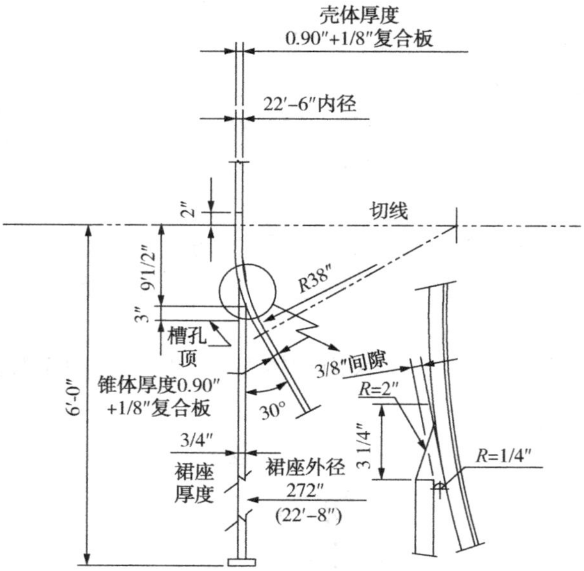

图 6-2-7　裙座与壳体的堆焊连接结构

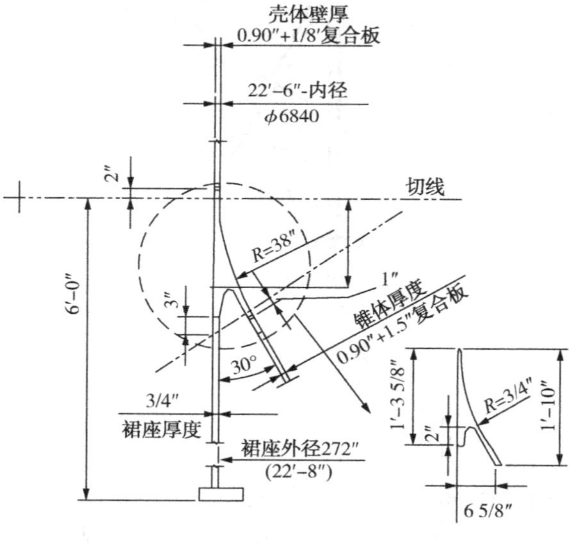

图 6-2-8　整体锻焊结构

同样是锻焊结构，不同的结构尺寸其寿命也大不相同，例如图 6-2-9H 的疲劳寿命最高，达 17123 次，是堆焊结构(图 6-2-8)疲劳寿命的 3 倍多，而图 6-2-9G 的疲劳寿命才 5449 次，比堆焊结构(图 6-2-8)的 5503 次还低。

采用整体锻焊结构，塔的成本将增加大约 10%。

五、焦炭塔保温

焦炭塔保温对完善渣油的裂化反应是至关重要的。如果保温不好，热量大量损失，将使反应温度降低，裂化反应不能充分完成，甚至局部部位无法结焦。

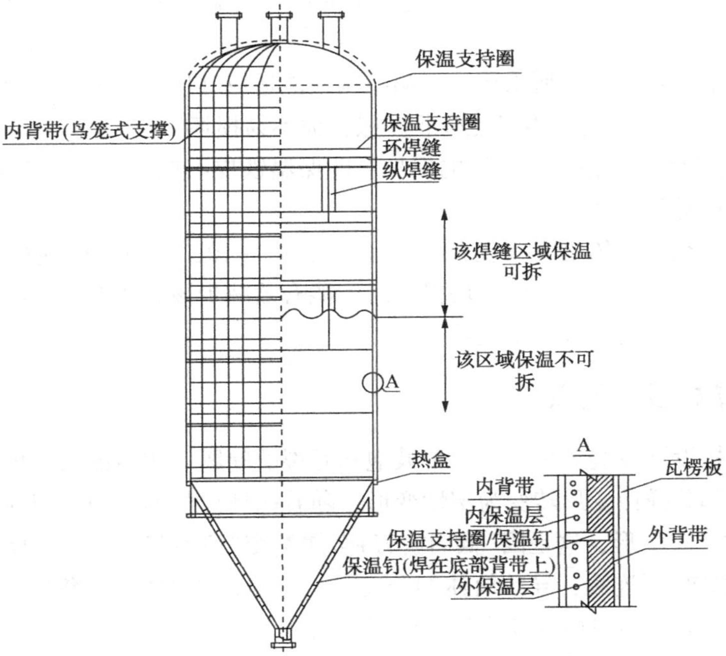

图 6-2-9　焦炭塔"背带"式保温结构简图

焦炭塔塔体表面保温的好坏，也对减少局部应力及塔壁腐蚀有着极其重要的作用。当塔体表面某些部位缺少保温或保温破损，长期裸露在外，特别在下雨、下雪天气时，会造成塔内外温差陡增，热应力增大，造成塔体变形，焊缝开裂的潜在隐患。一些炼油厂焦炭塔接管，支腿加强焊缝开裂就是与保温不善、内应力过大有着很大关系。在塔顶部位，因保温不善而引起塔内壁接管的加速腐蚀，直至产生局部渗透、泄漏。

从防腐蚀的观点出发，焦炭塔塔体上不宜焊接支吊架、加强板、支腿等焊接件。

1996 年 API 调查询问了保温支持圈的焊缝问题，29%的用户反映，焊缝处有贯穿塔壁的裂纹，52%的用户反映有裂纹但还没有延伸成贯穿裂纹。API 调查报告也指出，早期的设计将井架和除焦平台的附件都焊在塔顶，在连接板和塔体上都发现有裂纹，焊到塔体上的管线支吊架也有相似的情况。

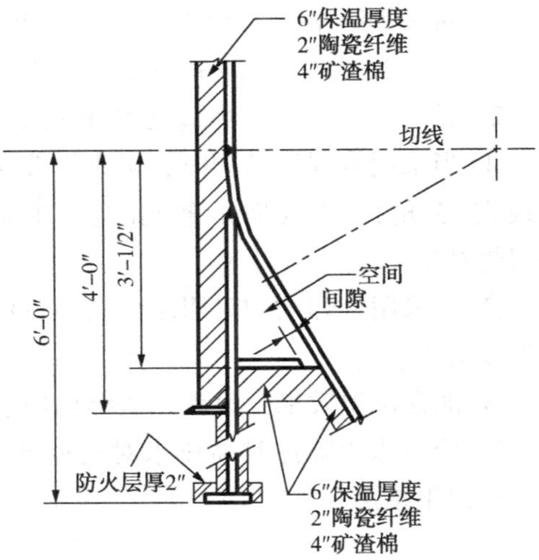

图 6-2-10　焦炭塔裙座热盒和保温简图

焦炭塔承受热疲劳载荷，要求表面形状圆滑过渡，故不宜在其表面焊接保温钉或保温支持圈。对必要的焊接件也应使其焊缝圆滑过渡。若塔体采用 Cr-Mo 钢，因 Cr-Mo 钢对裂纹的敏感性更强，故更不能在塔体上焊保温钉和保温支持圈，所以焦炭塔应参考加氢反应器的保温结构，采用"背带"式保温结构(见图 6-2-10)，在"背带”上焊保温钉并固定保温支持圈，内部的保温材料应能耐 500℃高温，外表面应有保护层，例如铝合金瓦楞板等。

鉴于焦炭塔的操作特点，所采用的保温结构应能适应其周期性的膨胀收缩。为此要求：

① 保温材料应是软质的，本身能吸收膨胀，而不易损坏。

② 保温层内外侧温差很大，外侧的保护层即保温铁皮(或瓦楞板)不应与内部的保温钉连接，否则保护层易被损坏。

裙座上部和焦炭塔锥体之间应设有热盒，见图 6-2-10，此热盒能使裙座与锥体连接部位的焊缝处的热量损失减少，当焦炭塔操作时，能有效减少该处的温度梯度，也就是能减少该处的热应力，防止该处焊缝产生裂纹。

六、焦炭结构设计要点

焦炭塔的结构设计应避免焦炭塔出现鼓泡和开裂的问题。实践证明，焦炭塔操作时低循环疲劳引起筒体部分弹性变形转变为塑性变形。随着循环次数的增加，塑性变形的积累会形成筒体的“糖葫芦状”变形，这是因“低周疲劳+金属蠕变”所引起的。由于反复循环受力，环焊缝几何形状(轴向)不连续，导致筒体凹凸变形，产生严重的“应力集中”，在环焊缝熔合线处易产生裂纹。为此焦炭塔设计应注意以下几点：

1）按疲劳容器的要求进行设计：[1]

① 采用无堵焦阀设计，在筒体上不开孔。尽量减少与筒体相焊的连接件。所有与壳体相焊的连接焊缝处打磨圆滑。

② 因为塔体焊缝加强高度在焦炭塔操作条件下是引起应力集中产生疲劳裂纹的根源，同时也是筒体段鼓凸变形的一个因素，为此焊缝内外侧应全部磨平，其加强高度应为 0。不等厚壁板相焊时，应打磨成 1：10 斜坡。这样能减少由热循环引起的峰值应力。近年来国外新设计的焦炭塔筒体上下采用等壁厚，其优点是不但减少了钢板对接触的峰值应力，增加了疲劳寿命，而且增加了筒体刚度，减少了外压失稳的危险性。

③ 对接焊缝采用 X 形坡口以减小变形和应力。

④ 上封头上的开孔连接处取消补强圈，采取整体补强设计。

2）针对裙座与筒体焊缝处出现裂纹的状况，采取以下措施：

① 当采用堆焊型结构时，裙座焊缝应圆滑过渡，并增加焊缝高度，(控制焊缝外表面与垂线成 15°角)。尤其是焊缝下部应打磨成圆弧状，焊缝应保证全焊透。有条件时应采用整体锻焊结构。

② 当采用堆焊结构时裙座与筒体焊缝处加设加热盘管，以减少操作时的温差，即可减少温差应力。

③ 加强保温效果，设计热盒结构(见图 6-2-9)。

3）应对水力除焦时高压水对筒壁冲击造成塔体振动，引起底座垫铁外逸，螺栓松动，应采取以下措施：

① 斜铁(二斜一正)找正后，斜铁之间及斜铁与底座环之间都焊死焊牢。

② 地脚螺栓上螺母下加弹簧垫圈或碟簧。

4）制造时尽量减少环焊缝：

由于焦炭塔的鼓凸变形和焊缝开裂经常发生在环焊缝及其周围，所以制造时尽量减少环焊缝。为此芝加哥钢桥公司（CB&I）采用新的方法制造焦炭塔，即采用大型板材纵向排板，以减少环焊缝，增加纵焊缝。例如对于直径 ϕ8208mm（27ft）的焦炭塔，筒体切线长为 24m（80ft），采用 3m、宽 12m 长的钢板，纵向排列，这样一周有 8 条纵焊缝，壳体直段部分只有 2 条环焊缝，如图 6-2-11 所示。

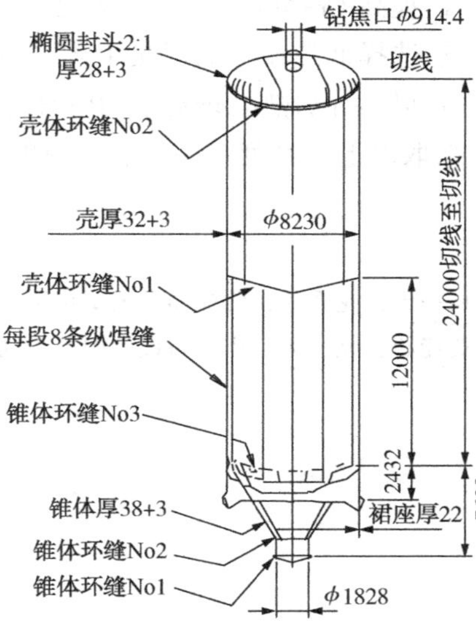

图 6-2-11 焦炭塔纵缝和环缝的布置图

5）提高材料的冲击韧性：

不论是碳钢还是 C-1/2Mo 钢塔，随着使用时间的日益增长材料会变脆，C-1/2Mo 钢制造的塔对于脆化和破裂更为敏感。当壳体发生穿透破裂时，碳钢塔显示比 C-1/2Mo 钢塔有更严重的鼓凸。穿透壳体的裂缝是环向的。穿透性裂纹往往发生在急速冷却时、吹蒸汽冷却时或刚开始升温时。伴随着塔的恶劣工作条件，壳体裂纹主要发生在环焊缝的热影响区，或发生在鼓凸的波峰或波谷。穿透性裂纹的长度从几 ft 到 30ft 不等，它们几乎都是与钢材脆化有关。

焊后热处理温度对冲击值的影响是很显致的。例如对从厚 160mm 的 15CrMo 锻件焊接件上锯下的试片分别进行了 675℃、690℃和 705℃的焊后热处理，得到如下不同的冲击值，见表 6-2-2。

表 6-2-2 不同焊后热处理温度下冲击值比较

现场焊后回火 675℃×5h，试片又经 PWHT（如下）×2h	接头 σ_b（10℃）	A_{kV}（0℃）			A_{kV}（0℃）		
		母材	焊缝	HAZ	母材	焊缝	HAZ
675℃	534～606	91～265	20～48	38～102	105～242	80～198	98～210
690℃	509～608	110～280	52～102	80～112	105～281	160～203	113～200
705℃	503～588	140～289	62～113	76～225	152～268	115～211	117～190

由此可见，选择合理的热处理温度，控制热处理温度偏差，对提高冲击韧性来说是至关重要的。

提高材料冲击韧性的措施一般为：

① 采用细晶粒钢加正火处理，其冲击韧性将大大提高。目前焦炭塔一般都采用 Cr-Mo 钢，尤其是采用 1¼Cr-1/2Mo-Si 钢。因为它是贝氏体组织，而 1Cr-1/2Mo 钢是珠光体组织，贝氏体钢比珠立体钢冲击韧性更好。

② Cr-Mo 钢应经精炼，严格控制硫、磷含量。有资料介绍，国外某公司控制 P 含量≤0.008%、S 含量≤0.005%。目前国内一般能控制 P 含量≤0.012%、S 含量≤0.010%。

③ 适当降低焊接材料的屈服强度，规定一个母材与焊接材料之间的最大屈服强度差。焊接材料的屈服强度一般不应超过母材的 10%。

④ 提高 Cr-Mo 焊接的预热温度，一般应为 160~250℃。

⑤ 选择低热输入的焊接工艺，(例如小电流手工焊)以抑制热影响区晶粒的长大。

⑥ 提高焊后热处理温度(PWHT)，一般为 690℃±14℃[2]。

采取以上一系列措施后，钢材的冲击值将大大提高。

参考文献

[1] 顾一天，龙秀兰，贾桂茹．大型焦炭塔的设计[J]．石油化工设备技术，2003，1.

[2] 贾桂茹，顾一天．焦炭塔设计中几个问题的探讨[J]．石油化工设备技术，2003，6.

第七章　焦化分馏塔

第一节　概　　述

延迟焦化产品分离系统主要包括分馏和吸收稳定两大部分。分馏部分的核心是焦化主分馏塔，吸收稳定部分主要设备有吸收塔、解吸塔、再吸收塔和稳定塔。

一、分馏系统的流程

延迟焦化分馏系统的作用是将从焦炭塔来的反应油气经脱过热和分馏后分成焦化富气、焦化石脑油、焦化柴油、焦化蜡油等馏分，作为下游加工装置的原料进一步加工。分馏系统的核心是焦化分馏塔，工程上通常将焦化分馏塔分为上下两个部分，上部(蜡油集油箱以上)称为分馏段，下部(蜡油集油箱以下)称为洗涤换热段。分馏段的原理与催化分馏塔、加氢分馏塔等相同，起着分馏产品的作用。洗涤换热段则具有自身特点，是焦化分馏塔设计的关键。延迟焦化分馏系统典型流程见图7-1-1。

(一) 分馏段工艺流程

自焦炭塔来的反应油气首先进入分馏塔的进料段，然后上升进入洗涤换热段下部，在洗涤换热段与装置的冷源接触换热，经洗涤段洗涤后的反应油气进入焦化分馏塔的分馏段进一步分馏。

分馏塔顶油气经冷凝冷却后进入分馏塔顶气液分离器进行三相分离，气液分离器分出的焦化富气经压缩机压缩后进入吸收稳定系统回收液态烃和石脑油，分出的焦化石脑油用泵送入吸收稳定系统进一步分离，分出的污水用泵送入工厂污水汽提装置处理。

根据焦化产品加工的需求和回收能量的需要，分馏段一般设置2个(焦化柴油抽出侧线、焦化蜡油抽出侧线)或3个侧线(焦化柴油抽出侧线、焦化轻蜡油抽出侧线和焦化重蜡油抽出侧线)。焦化柴油抽出后进入焦化柴油汽提塔汽提出轻馏分，然后再经泵抽出，换热后出装置进入下游加工装置。为了回收焦化蜡油中的柴油组分，焦化轻蜡油一般设置汽提塔，经汽提后的焦化蜡油经泵抽出、换热后进入下游加工装置。

(二) 洗涤换热段工艺流程

自焦炭塔来的反应油气首先从分馏塔洗涤换热段下部进入分馏塔，在洗涤段换热段与装置的冷源接触换热，反应油气在与冷源接触换热过程中，反应油气夹带的焦粉得到洗涤，反应油气中的重组分得到冷凝。在洗涤换热段冷凝下来油气的重组分作为循环油，与原料混合后一起进入塔底，经塔底泵抽出送到焦化加热炉。

分馏塔洗涤换热段的工艺作用是：①与焦炭塔油气换热，脱除过热。自焦炭塔来油气温度在420℃左右，处于过热状态，携带大量热量，为回收热量，采用油气加热冷源介质，在

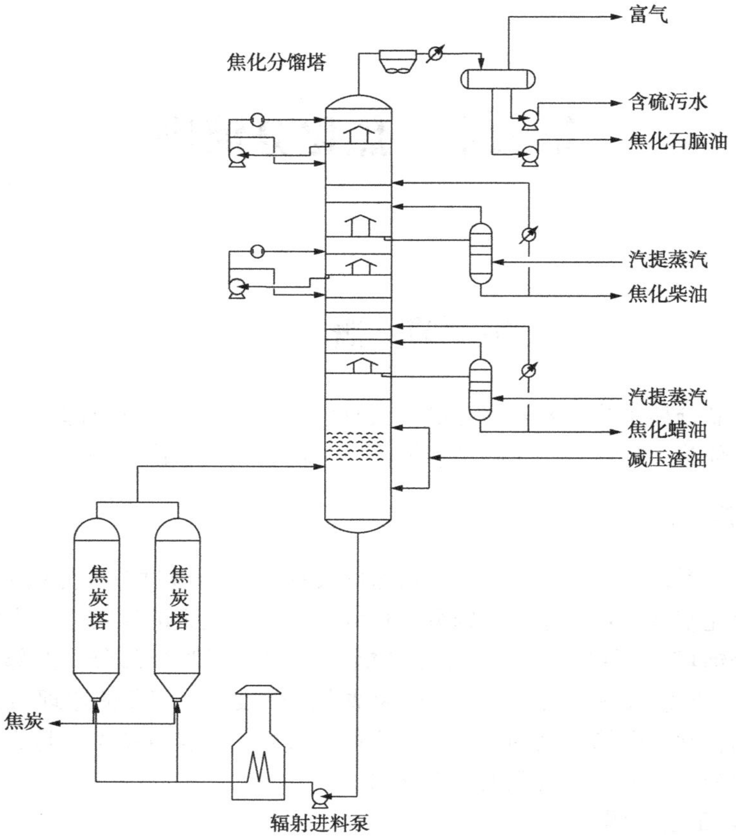

图 7-1-1　延迟焦化分馏系统典型流程

反应油气温度降低的同时，与之接触换热的原料油或循环油温度得到提高，反应油气的热量得到了利用；②根据下游加工装置对原料的要求，控制蜡油干点及其他技术指标(残炭、重金属及碱氮含量等)。在重蜡油集油箱以下通常设置塔盘或填料等传质内件，通过加大进入洗涤换热段的液相流量，提高蜡油和循环油的分离度，降低蜡油干点。③调整焦化循环油组成和流量(循环比)，优化焦化产品分布；④洗涤焦炭塔油气，脱除从焦炭塔携带的焦粉。

与洗涤换热段相关的操作控制参数是循环比(或循环油量)。进入分馏塔的高温油气与塔内液相换热，部分油气被冷凝为液相，与原料混合的部分即为循环油，因此通过控制换热量，可调整循环比。另外，换热段温度较高易结焦，应保证洗涤油(或脱过热油)具有一定流量，同时应注意塔底液相和循环油的停留时间和结焦问题。

由于焦化分馏塔洗涤换热段的特殊作用，不同的技术采用了不同的工艺流程。常规的延迟焦化流程与原料换热，可灵活调节循环比流程与循环油换热，部分装置直接采用蜡油下回流换热。

1. 洗涤换热段传统工艺流程

洗涤换热段传统如图 7-1-2 所示。焦化新鲜原料经换热升温后分为上、下两股进料，分别进入分馏塔换热段上方和塔底部，来自焦炭塔高温油气进入换热段下方。油气与上进料在换热段逆向接触换热，部分油气冷凝为液相流入塔底，作为循环油与焦化原料混合，泵送至加热炉。上进料与油气换热量是影响循环比的主要变量，生产操作中通过调节新鲜原料的上、下进料量，实现所需循环油量(循环比)。

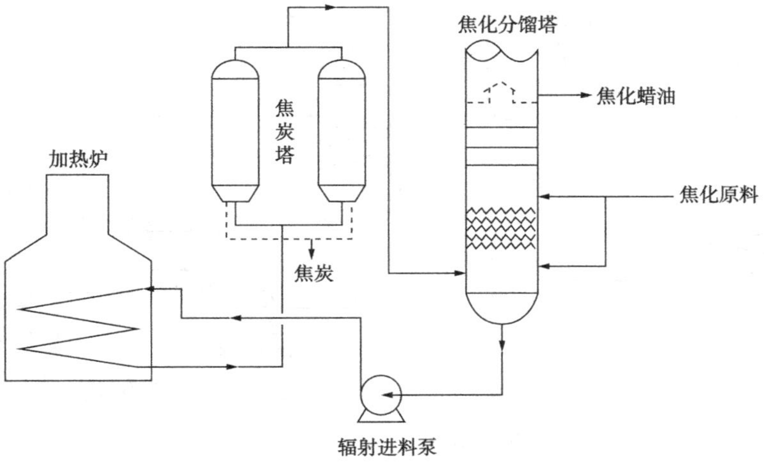

图 7-1-2　延迟焦化传统工艺流程简图

从洗涤换热段工艺作用分析，传统流程具有以下特点。①循环油带有较多蜡油组分。油气与新鲜进料逆向接触换热，循环油中带有较多蜡油组分，造成蜡油轻组分返回加热炉及焦炭塔，增加能耗。②蜡油干点高、质量差。上进料中部分重组分被油气夹带至蜡油产品中，导致蜡油干点升高、残炭及其他技术指标变差。③换热段结焦倾向严重。由于新鲜进料换热终温较高(通常>300℃)且无法调节，当循环比较小时，换热板温度较高(可高达 410℃)，加之焦化新鲜原料残炭高，容易发生结焦，不利于装置长周期运行。④小循环比时结焦倾向严重，因此传统流程无法实现低循环比操作，实践证明传统流程循环比调节范围在 0.15~0.75 之间[1]。⑤传统流程无法实现馏分油循环。

2. *可灵活调节循环比工艺流程*

针对传统流程的缺点，中石化洛阳工程有限公司(LPEC)开发了“可灵活调节循环比”工艺流程[1,2]。如图 7-1-3 所示，高温油气进入洗涤换热挡板下方，塔底设置循环油抽出设施，抽出的循环油分为两路，一路采用流量控制或流量与渣油进料的比值控制，作为循环油与经过换热升温新鲜原料混合进入加热炉缓冲罐，然后送至加热炉。一路循环油经过换热降温，分为上、下两股分别进入洗涤换热挡板上方和分馏塔底部。上进料与高温油气逆向接触换热，油气被部分冷凝形成循环油流入塔底，下进料用于控制塔底温度。当装置需要进一步降低循环比且工厂由加工循环油的手段时，部分循环油也可以作为产品送出装置。轻蜡油、重蜡油之间设置分离塔板，降低轻蜡油干点、提升轻蜡油质量。重蜡油和循环油之间也设置分离塔板，提高二者分离度，有利于控制重蜡油干点、残炭等技术指标。塔底设置搅拌环，防止焦粉堆积。塔底抽出线设置过滤器，及时清除焦粉。

循环比由换热量调节，可通过调节循环油的上、下进料量和改变循环油返回温度，达到所需的循环比。循环油换热后温度通常在 290~310℃，上进料流量控制换热段上方的温度(换热量)，下进料流量控制塔底温度(≤360℃)。

循环油至加热炉缓冲罐的流量串级控制塔底液位。循环油流量可准确测量，进而可以准确控制循环比数值，优化操作参数。当塔底液位发生波动，循环油量也随之变化，偏离理想

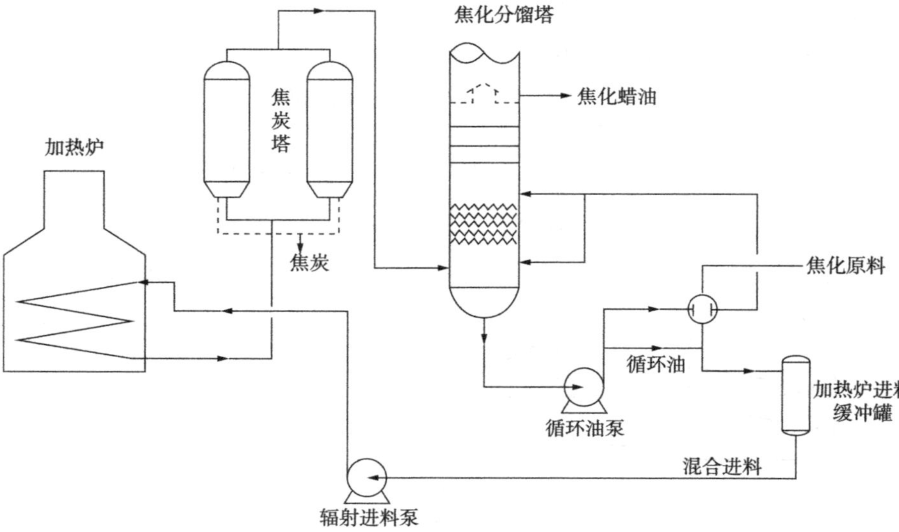

图 7-1-3　可灵活调节循环比工艺流程

值，通过选择适宜的 PID 参数，实现均匀控制，而且加热炉进料缓冲罐可以有效平抑循环油量的波动，因此对于确定的焦化原料和理想循环比，上述控制方案可在较长周期内维持稳定的循环比，实现平稳操作。

可灵活调节循环比流程具有以下特点：①新鲜原料不进入分馏塔，而采用循环油与高温油气接触换热，循环油抽出至塔外间接取热。②循环油的重组分、胶质、沥青质及杂质含量均低于新鲜原料，因此可以减少上升油气夹带的重组分、胶质和沥青质，降低蜡油产品干点和残炭值，改善残炭等技术指标，提高蜡油产品质量。③循环油的胶质及沥青质含量低，结焦倾向比新鲜进料低，有利于洗涤换热段的长周期操作。另一方面，可以提高换热段温度，实现超低循环比操作，增加液体收率。当循环油作为燃料油或下游装置(例如渣油加氢)可以接受循环油作为原料，可以实现零循环比操作。④塔底部为循环油，结焦倾向低，而且下进料可以有效控制塔底温度(≤360℃)，防止塔底结焦。⑤循环油单独计量，可准确计算循环比，有利于生产操作优化。⑥轻、重蜡油分别抽出作为产品，可以增加产品方案的灵活性，为下游装置提供适宜原料，优化全厂总流程，提高炼油厂整体效益。⑦设置专门的加热炉缓冲罐，新鲜原料不进入分馏塔而进入缓冲罐，可减少新鲜进料对分馏塔的影响；循环油与新鲜原料在缓冲罐内混合，可提高循环比控制的稳定性，但增加了设备投资。⑧如将循环油不进入缓冲罐，而将焦化柴油或焦化石脑油循环，可以实现馏分有循环，改变产品收率。

“可灵活调节循环比”工艺流程于 2002 年首次在中国石化长岭炼化公司延迟焦化装置实施，目前已成功应用于国内 30 余套装置，并作为成套工艺包技术出口到国外。

3. 全蜡油下回流脱过热及循环比定量控制流程

中国石化工程建设公司(SEI)在 2011 年开发了一种全蜡油下回流脱过热及循环比定量控制的延迟焦化流程[3,4]，该流程的主要特点在于对焦化分馏塔洗涤换热段的改进。如图 7-1-4 所示，高温油气进入换热段下方，重蜡油(循环油)集油箱设置在油气入口下方。油气与蜡油回流液逆向接触、洗涤换热，部分油气冷凝后进入重蜡油集油箱。重蜡油抽出后，一股作为循环油进入塔底，与塔底的新鲜原料混合，送至加热炉。另一股经换热冷却后再分为两股，一股返回重蜡油集油箱，控制集油箱温度、搅拌冲刷，防止焦粉聚集，其余部分作为重蜡油产品。塔底设置搅拌环防止焦粉堆积，设置循环系统和过滤设施清除焦粉。

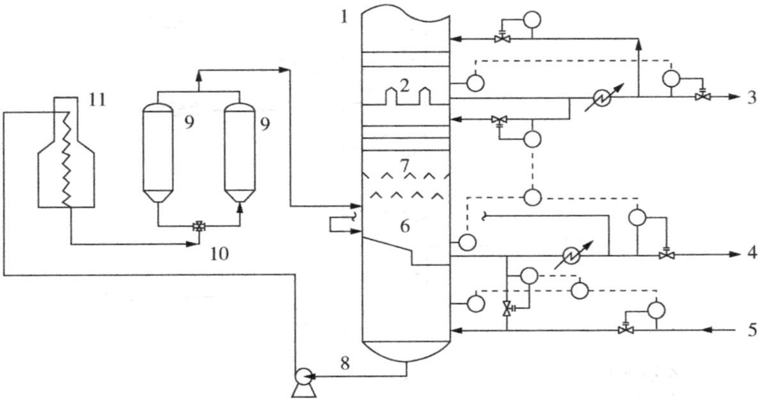

图 7-1-4　全蜡油下回流脱过热及循环比定量控制流程

1—分馏塔；2—蜡油集油箱；3—蜡油；4—重蜡油；
5—新鲜原料；6—重蜡油集油箱；7—换热挡板

重蜡油集油箱液位由重蜡油抽出量控制或由蜡油回流量控制，循环油量与新鲜原料量之间采用比例控制。与其他工艺相同，油气换热量依然是循环比的主要影响因素。高温油气与蜡油下回流逆向接触换热，循环比由蜡油下回流量决定，而回流量由蜡油上返塔泵循环取热控制，因此本质上循环比由蜡油循环取热控制。与传统流程比较，调整循环比的控制通道更长。通常情况下，只有原料变化时，才需要调整循环比。

全蜡油下回流脱过热工艺的特点包括：①新鲜原料直接进入塔底，不与油气接触。②高温油气与蜡油回流液逆向接触，完成油气洗涤和脱过热过程，不设置重蜡油泵循环取热。蜡油回流未经冷却，有利于塔板上气-液平衡，因回流量大，蜡油与重蜡油(循环油)分离效果好。③循环油单独计量，按照预设循环比与新鲜原料混合(比例控制)，因此对于原料量波动造成的干扰，循环比的调节更及时、更灵活，保证加热炉混合进料的循环比恒定。

该工艺的蜡油(或称为轻蜡油)质量较好，但其重蜡油即为循环油，没有任何分离措施，若直接抽出作为重蜡油产品，质量较差。

4. 福斯特-惠勒公司(Foster Wheeler)超低循环比工艺流程

福斯特-惠勒公司工艺流程为“选择性产率延迟焦化技术(SYDECSM)”。全世界已有 50 余套应用 SYDECSM 技术，国内中海油惠州炼油厂引进了该技术。

SYDECSM 技术可实现超低循环比和零循环比操作，按照超低循环比设计的分馏塔下段结构见图 7-1-5。换热升温后新鲜原料进入分馏塔底部，底部设置隔热挡板，焦炭塔油气入口在隔热挡板和洗涤段之间，新鲜原料不与油气换热。油气入口以上设置洗涤换热段，洗涤油为蜡油。洗涤油与油气逆向接触，冷凝下来的循环油流入塔底，塔底设搅拌环和清除焦粉设施。当洗涤段液体流量低时，塔板或填料可能结焦，洗涤段采用喷淋式空塔。

5. 大陆-菲利普斯公司(Conoco-Philips)低循环比馏分油循环工艺

美国 Conoco-Philips 公司焦化工艺的主要特点是低循环比和馏分油循环。该技术已应用于 20 余套装置，国内镇海炼化采用了 Conoco-Philips 技术。

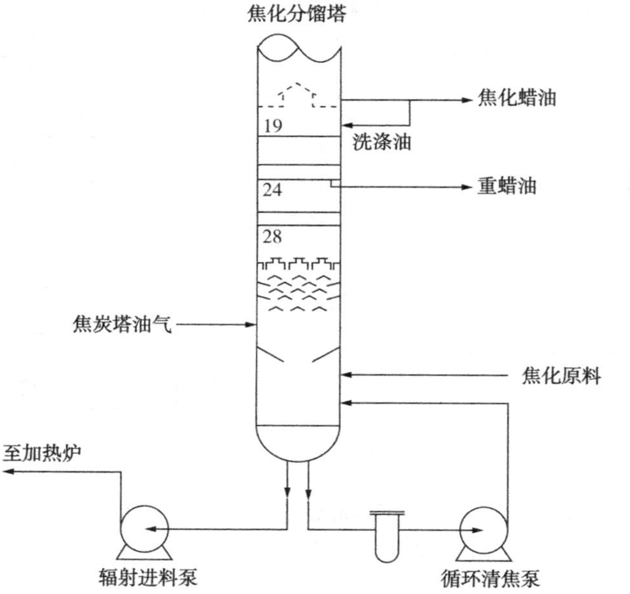

图 7-1-5　福斯特-惠勒公司(Foster Wheeler)工艺流程

图 7-1-6 是 Conoco-Philips 公司焦化零自然循环原则流程图。蜡油集油箱下方设置喷淋洗涤段，重蜡油(循环油)集油箱位于洗涤换热段下方，高温油气入口位于二者之间，新鲜原料直接进入分馏塔底部，不与油气换热。油气与洗涤油换热冷凝下来的重组分流入循环油集油箱，抽出后进入分馏塔底与新鲜原料混合送至加热炉。Conoco-Philips 焦化分馏塔下部特殊的内构件设计可实现零自然循环比操作，同时可根据原料特性、产品方案和加热炉结焦情况，采用馏分油(包括汽油、柴油、轻蜡油和重蜡油)选择性循环。由于蜡油和重蜡油之间没有分离段，重蜡油质量较差。

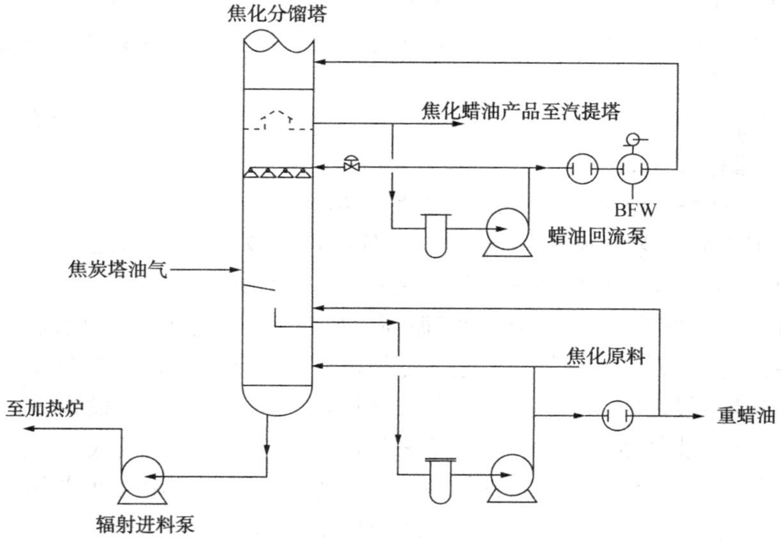

图 7-1-6　大陆-菲利普斯公司(Conoco-Philips)工艺流程

二、分馏系统工艺设计考虑特点

延迟焦化分馏系统与其他装置分馏系统一样，都起到分离产品的作用。但是，由于延迟焦化工艺具有独特的特点，延迟焦化分馏系统设计除考虑遵循常规分馏系统设计准则外，还需重点考虑以下方面因素：

（1）充分回收热量

延迟焦化分馏塔的进料为高温气相进料，携带大量热量，加上延迟焦化产品均需继续加工，对产品的分离精度要求不高。因此，分馏系统的设计应充分回收热量。为了最大限度地回收热量，焦化分馏塔一般设置顶循环回流、柴油回流、中段回流和蜡油回流，对于可灵活调节循环比流程，还设有循环油回流。

（2）尽量降低全塔压降

降低生焦系统的压力是减少焦炭产率的重要手段，为此，延迟焦化分馏系统应具有较低的压降。为了降低压降，延迟焦化分馏系统塔盘数较少，满足馏分分割即可；采用顶循环回流代替冷回流，降低塔顶系统的压降。

（3）降低进入分馏段焦粉夹带量

从焦炭塔来的反应油气夹带有焦粉，进入分馏系统会沉积在集油箱、塔盘抽出盘等底部，造成堵塞。除焦炭塔系统采取措施降低反应油气的焦粉携带外，分馏系统的设计应考虑最大限度地将反应油气携带的焦粉在进入分馏段之前去除，降低进入分馏段焦粉夹带量。为了降低焦粉进入分馏段的携带量，通常采用换热洗涤，喷淋洗涤、回流洗涤等措施；合理选择分馏塔空塔线速，设置进料分配器也可取到良好作用。

（4）具有良好弹性

延迟焦化实行两个焦炭塔切换操作，在切换过程中，已完成生焦的焦炭塔要经历大吹汽、小吹汽、油气预热等过程，这些过程都引起分馏塔负荷的波动。

（5）具有良好的防铵盐结晶抗堵塞性能

延迟焦化加工的减压渣油中含有一定量的氯离子，在加工过程中与塔顶的注胺药剂在低温部位形成铵盐，腐蚀设备，堵塞塔盘。分馏塔的设计应具有良好的抗堵塞性能。提高塔顶温度，用顶循环回流代替冷回流，设置水洗设施，设置在线除盐设施等均可降低铵盐的形成。

第二节 焦化分馏塔热平衡和气液相负荷

分馏塔气液相负荷是分馏塔确定塔径和内件规格的基础，分馏塔气液相负荷通过分馏塔热平衡计算确定。

一、焦化分馏塔全塔热平衡

焦化分馏塔热平衡计算与其他分馏塔类似，首先需要确定物料平衡，再根据能量守恒的原理计算热平衡。由于自焦炭塔来的油气先经急冷油急冷冷却，急冷后的油气温度降低，有部分油气冷凝，为了计算方便，消除急冷油冷后冷凝分率对计算的影响，在进行焦化分馏塔系统的物料平衡和热平衡计算时，反应油气以出焦炭塔(急冷前)状态为基准。

（一）分馏塔物料平衡

焦化分馏塔的物料平衡，可分为全塔和局部物料平衡。全塔的物料和热平衡如图 7-2-1 所示。

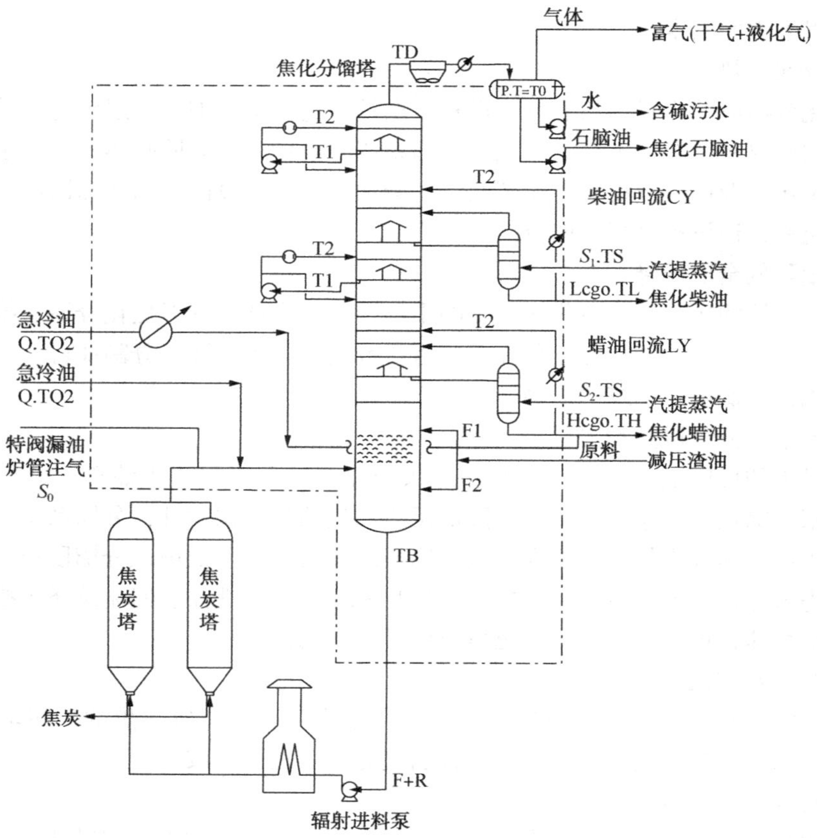

图 7-2-1　分馏塔物料和热平衡计算框图

进入分馏系统的物料有：

① 减压渣油原料 F；

② 来自焦炭塔的油气（不包括水蒸气）V；

③ 加热炉注汽、四通阀、进料切断阀等特殊阀门泄漏的密封水蒸气 S_0；

④ 侧线汽提水蒸气 S_1+S_2；

⑤ 急冷油 Q。

焦化分馏塔一般还有富吸收油进料。柴油吸收剂通常为焦化柴油，柴油吸收剂吸收部分轻组分后即为富吸收油。富吸收油流量较之柴油吸收剂稍微增加，为便于计算，忽略吸收的轻组分，故全塔物料平衡可不计入富吸收油。

离开分馏塔的物料包括以下物料：

① 焦化富气（焦化干气+焦化液化气）G；

② 焦化石脑油 N；

③ 焦化柴油（不包括柴油吸收剂）L；

④ 焦化蜡油 H；

⑤ 焦化塔底油 $F+R$；

⑥ 急冷油 Q；

⑦ 分馏塔顶水蒸气 W。

根据物料平衡，总进料量等于总出料，即：入方=出方，故：

$$F+V+S_0+S_1+S_2+Q=G+N+L+H+F+R+Q+W \tag{7-2-1}$$

从式(7-2-1)可知，自焦炭塔来的反应油气量为：

$$V=G+N+L+H+R \tag{7-2-2}$$

分馏塔顶水蒸气 $W=S_0+S_1+S_2$。分馏塔的局部物料平衡可按以上同样方法求定。

（二）分馏塔全塔热平衡

热平衡计算步骤与物料平衡计算步骤基本相同。首先画出草图，其次取好隔离体系，在草图上标出进、出口物料流量、温度、压力等已知或未知条件，最后建立热平衡方程式(或列表)。

分馏塔全塔热平衡计算可按式(7-2-3)计算：

$$\sum Q_{入}-\sum Q_{出}=\sum Q_{取}+\sum Q_{损} \tag{7-2-3}$$

入塔热量应为自焦炭塔油气(包括特阀注汽、炉管注汽)带入的热量、急冷油带入的热量、减压渣油带入的热量、汽提蒸汽带入的热量，见式(7-2-4)。

$$\sum Q_{入}=F\cdot H^{\mathrm{L}}_{\mathrm{F,T_F}}+V\cdot H^{\mathrm{V}}_{\mathrm{V,T_V}}+S_0\cdot H^{\mathrm{V}}_{S_0,\mathrm{T_V}}+S_1\cdot H^{\mathrm{V}}_{S_1,\mathrm{T_S}}+S_{S_2}\cdot H^{\mathrm{V}}_{S_2,\mathrm{T_S}}+Q\cdot H^{\mathrm{L}}_{Q,\mathrm{T_{Q_2}}} \tag{7-2-4}$$

当采用手工计算时，来自焦炭塔的油气 V 不易准确计算出其性质，导致计算油气带入热量困难，可以按式(7-2-2)采用各产品的性质计算在进料温度下带入热量之和的方法代替，见式(7-2-5)。

$$\begin{aligned}\sum Q_{入}=&F\cdot H^{\mathrm{L}}_{\mathrm{F,T_F}}+G\cdot H^{\mathrm{V}}_{\mathrm{G,T_V}}+N\cdot H^{\mathrm{V}}_{\mathrm{N,T_V}}+L\cdot H^{\mathrm{V}}_{\mathrm{L,T_V}}+H\cdot H^{\mathrm{V}}_{\mathrm{H,T_V}}+R\cdot\\&H^{\mathrm{v}}_{\mathrm{R,T_V}}+S_0\cdot H^{\mathrm{V}}_{\mathrm{S_0,T_V}}+S_1\cdot H^{\mathrm{V}}_{\mathrm{S_1,T_S}}+S_2\cdot H^{\mathrm{V}}_{\mathrm{S_2,T_S}}+Q\cdot H^{\mathrm{L}}_{\mathrm{Q,T_{Q_2}}}\end{aligned} \tag{7-2-5}$$

出塔热量为塔顶油气(干气、液化气、石脑油)带走的热量、塔顶水蒸气带走的热量、柴油抽出带走的热量、蜡油抽出带走的热量、急冷油抽出带走的热量、塔底加热炉进料(循环油和减压渣油)带走的热量之和，见式(7-2-6)。

$$\begin{aligned}\sum Q_{出}=&G\cdot H^{\mathrm{V}}_{\mathrm{G,T_D}}+N\cdot H^{\mathrm{V}}_{\mathrm{N,T_D}}+(S_0+S_1+S_2)\cdot H^{\mathrm{V}}_{\mathrm{S,T_D}}+L\cdot H^{\mathrm{L}}_{\mathrm{L,T_L}}+H\cdot H^{\mathrm{L}}_{\mathrm{H,T_H}}+\\&Q\cdot H^{\mathrm{L}}_{\mathrm{H,T_{Q_1}}}+F\cdot H^{\mathrm{L}}_{\mathrm{F,T_B}}+R\cdot H^{\mathrm{L}}_{\mathrm{R,T_B}}\end{aligned} \tag{7-2-6}$$

若不考虑塔的散热损失，将 $Q_{入}-Q_{出}$，整理后得：

$$\begin{aligned}\sum Q_{入}-\sum Q_{出}=&G\cdot(H^{\mathrm{V}}_{\mathrm{G,T_V}}-H^{\mathrm{V}}_{\mathrm{G,T_D}})+N\cdot(H^{\mathrm{V}}_{\mathrm{N,T_V}}-H^{\mathrm{V}}_{\mathrm{N,T_D}})+L\cdot(H^{\mathrm{V}}_{\mathrm{L,T_V}}-H^{\mathrm{L}}_{\mathrm{L,T_L}})+\\&H\cdot(H^{\mathrm{V}}_{\mathrm{H,T_V}}-H^{\mathrm{L}}_{\mathrm{H,T_H}})+R\cdot(H^{\mathrm{v}}_{\mathrm{R,T_V}}-H^{\mathrm{L}}_{\mathrm{R,T_B}})+F\cdot(H^{\mathrm{L}}_{\mathrm{F,T_F}}-H^{\mathrm{L}}_{\mathrm{F,T_B}})+\\&Q\cdot(H^{\mathrm{L}}_{\mathrm{Q,T_{Q_1}}}-H^{\mathrm{L}}_{\mathrm{Q,T_{Q_2}}})+S_0(H^{\mathrm{V}}_{\mathrm{S,T_V}}-H^{\mathrm{V}}_{\mathrm{S,T_D}})+(S_1+S_2)(H^{\mathrm{V}}_{\mathrm{S,T_S}}-H^{\mathrm{V}}_{\mathrm{S,T_D}})\end{aligned} \tag{7-2-7}$$

很显然，$Q_{入}-Q_{出}$即为全塔剩余热量，也就是回流应取走的总热量，即全塔回流热。延迟焦化装置为了降低压降，塔顶一般不采用塔顶冷回流取热，而采用顶循环回流取热，同时为回收高温位热量，还设置柴油循环回流、中段循环回流、蜡油回流等中段回流。根据式(7-2-3)，整理得到：

$$\begin{aligned}\sum Q_{入}-\sum Q_{出}=&G\cdot(H^{V}_{G,T_V}-H^{V}_{G,T_D})+N\cdot(H^{V}_{N,T_V}-H^{V}_{N,T_D})+L\cdot(H^{V}_{L,T_V}-H^{L}_{L,T_L})+H\cdot(H^{V}_{H,T_V}-H^{L}_{H,T_H})+\\&R\cdot(H^{V}_{R,T_V}-H^{L}_{R,T_B})+F\cdot(H^{L}_{F,T_F}-H^{L}_{F,T_B})+Q\cdot(H^{L}_{Q,T_{Q_1}}-H^{L}_{Q,T_{Q_2}})+S_0(H^{V}_{S,T_V}-H^{V}_{S,T_D})+\\&(S_1+S_2)(H^{V}_{S,T_S}-H^{V}_{S,T_D})\\=&DX\cdot(H^{L}_{DX,T_{DX_1}}-H^{L}_{DX,T_{DX_2}})+ZD\cdot(H^{L}_{ZD,T_{ZD_1}}-H^{L}_{ZD,T_{ZD_2}})+CY\cdot(H^{L}_{CY,T_{CY_1}}-H^{L}_{CY,T_{CY_2}})+\\&LY\cdot(H^{L}_{LY,T_{LY_1}}-H^{L}_{LY,T_{LY_2}})\end{aligned}\tag{7-2-8}$$

式(7-2-1)~式(7-2-8)中符号意义如下：

F——减压渣油进分馏塔流量，kg/h；
V——自焦炭塔来的反应油气流量(不包括水蒸气)，kg/h；
Q——急冷油流量，kg/h；
S_0——焦炭塔顶水蒸气流量(来源于加热炉管注汽、特阀漏气)，kg/h；
S_1——焦化柴油汽提蒸汽，kg/h；
S_2——焦化蜡油汽提蒸汽，kg/h；
W——分馏塔顶水蒸气流量 kg/h；
G——焦化富气流量；kg/h；
N——焦化石脑油流量 kg/h；
L——焦化柴油流量 kg/h；
H——焦化蜡油流量 kg/h；
R——焦化循环油流量 kg/h；
T_V——自焦炭塔来的气相进料温度,℃；
T_{Q_1}——急冷油抽出温度,℃；
T_{Q_2}——急冷油注入温度,℃；
T_F——减压渣油进分馏塔温度,℃；
T_D——焦化分馏塔顶温度,℃；
T_L——焦化柴油抽出温度,℃；
T_H——焦化蜡油抽出温度,℃；
T_B——焦化分馏塔底温度,℃；
DX——顶循环回流流量，kg/h；
ZD——中段循环回流流量，kg/h；
CY——柴油循环回流流量，kg/h；
LY——蜡油循环回流流量，kg/h；
T_{DX_1}——顶循环回流抽出温度,℃；
T_{DX_2}——顶循环回流返塔温度,℃；
T_{ZD_1}——中段循环回流抽出温度,℃；
T_{ZD_2}——中段循环回流返塔温度,℃；
T_{CY_1}——柴油循环回流抽出温度,℃；
T_{CY_2}——柴油循环回流返塔温度,℃；

T_{LY_1}——蜡油循环回流抽出温度,℃;

T_{CY_2}——柴油循环回流返塔温度,℃;

H——物料的焓值，kJ/kg(右上角V代表气相焓，L代表液相焓，右下角代表温度)。

为计算方便，分馏塔热平衡常可采用表7-2-1的形式进行计算。

表7-2-1　焦化主分馏塔热平衡计算表

序号	项目	物流名称	流量 G/(kg/h)	温度 T/℃	压力 P/MPa(表)	焓值 气相焓 H_T^V/(kJ/kg)	焓值 液相焓 H_T^L/(kJ/kg)	热量 $Q=G\times H_T$/(kJ/h)
1	入方	混合油气	V	T_V				
1.1		其中：富气	G	T_V		H^V_{G,T_V}		$G\cdot H^V_{G,T_V}$
1.2		石脑油	N	T_V		H^V_{N,T_V}		$N\cdot H^V_{N,T_V}$
1.3		焦化柴油	L	T_V		H^V_{L,T_V}		$L\cdot H^V_{L,T_V}$
1.4		焦化蜡油	H	T_V		H^V_{H,T_V}		$H\cdot H^V_{H,T_V}$
1.5		焦化循环油	R	T_V		H^V_{R,T_V}		$H\cdot H^V_{H,T_V}$
1.6		水蒸气	S_0	T_V		$H^V_{S_0,T_V}$		$H\cdot H^V_{H,T_V}$
2		急冷油	Q	T_{Q_2}			$H^L_{Q,T_{Q_2}}$/	$Q\cdot H^L_{Q,T_{Q_2}}$
3		减压渣油	F	T_F			H^L_{F,T_F}	$F\cdot H^L_{F,T_F}$
4		汽提蒸汽1	S_1	T_S		$H^V_{S_1,T_S}$		$S_1\cdot H^V_{S_1,T_S}$
5		汽提蒸汽2	S_2	T_S		$H^V_{S_1,T_S}$		$S_2\cdot H^V_{S2,T_S}$
4		合计						$\Sigma Q_{入}$
1	出方	富气	G	T_D		H^V_{G,T_D}		$G\cdot H^V_{G,T_D}$
2		石脑油	N	T_D		H^V_{N,T_D}		$N\cdot H^V_{N,T_D}$
3		焦化柴油	L	T_L			H^L_{L,T_L}	$L\cdot H^L_{L,T_L}$
4		焦化蜡油	H	T_H			H^L_{H,T_H}	$H\cdot H^L_{H,T_H}$
5		焦化循环油	R	T_B			$H^L_{H,T_{Q_1}}$	$R\cdot H^L_{R,T_B}$
6		急冷油	Q	T_{Q_1}			$H^L_{H,T_{Q_1}}$	$Q\cdot H^L_{H,T_{Q_1}}$
7		减压渣油	F	T_B			H^L_{F,T_B}	$F\cdot H^L_{F,T_B}$
8		塔顶水蒸汽	$S_0+S_1+S_2$	T_D		H^V_{S,T_D}		$(S_0+S_1+S_2)\cdot H^V_{S,T_D}$
9		合计						$\Sigma Q_{出}$
1	全塔余热	顶循回流	DX	T_{DX_1} T_{DX_2}			$H^L_{DX,T_{DX_1}}$ $H^L_{DX,T_{DX_2}}$	$DX\cdot(H^L_{DX,T_{DX_1}}-H^L_{DX,T_{DX_2}})$
2		柴油回流	CY	T_{CY_1} T_{CY_2}			$H^L_{ZD,T_{ZD_1}}$ $H^L_{ZD,T_{ZD_2}}$	$ZD\cdot(H^L_{ZD,T_{ZD_1}}-H^L_{ZD,T_{ZD_2}})$
3		中段回流	ZD	T_{ZD_1} T_{ZD_2}			$H^L_{CY,T_{CY_1}}$ $H^L_{CY,T_{CY_2}}$	$CY\cdot(H^L_{CY,T_{CY_1}}-H^L_{CY,T_{CY_2}})$
4		蜡油回流	LY	T_{LY_1} T_{LY_2}			$H^L_{LY,T_{LY_1}}$ $H^L_{LY,T_{LY_2}}$	$LY\cdot(H^L_{,LY,T_{LY_1}}-H^L_{LY,T_{LY_2}})$
5		合计						$\Sigma Q_{取}$

（三）分馏塔蜡油抽出板以下热平衡

焦化分馏塔蜡油抽出以下塔段热平衡对分馏塔操作有着重大的影响，不但直接影响装置的循环比大小，也影响下部塔盘的结焦趋势。

做分馏塔蜡油抽出层以下热平衡隔离体系，见图 7-2-2。为方便计算设分馏塔蜡油抽出层塔盘编号为 $n+1$，蜡油抽出层下一层塔板编号为 n，则离开 n 层塔盘的气相温度为 T_n。进入隔离体系的物料有：

① 减压渣油原料 F；

② 来自焦炭塔的油气［包括加热炉注汽（注水），四通阀、进料切断阀、环阀等特殊阀门泄漏的密封蒸汽］$V+S_0$；

③ 急冷油 Q；

④ 蜡油内回流 LL_{n+1}。

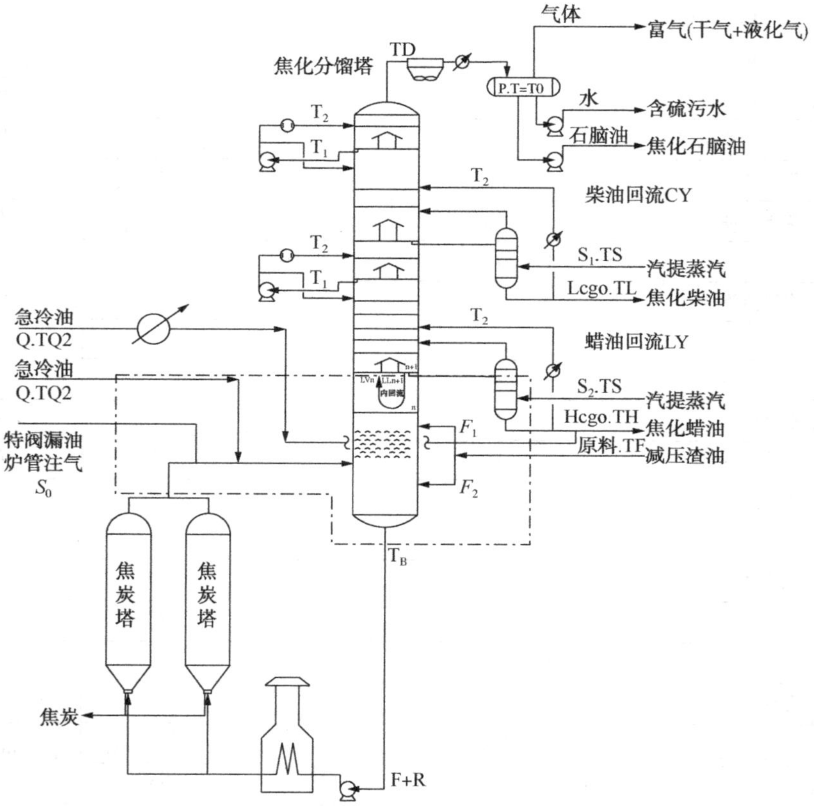

图 7-2-2　蜡油抽出层以下热平衡计算框图

离开隔离体系的物料有：

① 焦化富气（焦化干气+焦化液化气）G；

② 焦化石脑油 N；

③ 焦化柴油 L；

④ 焦化蜡油 H；

⑤ 焦化塔底油 $F+R$；

⑥ 急冷油 Q；

⑦ 自焦炭塔来的水蒸气；

⑧ 蜡油内回流汽化形成的蒸汽 LV_n。

对于隔离体系，有物料平衡公式：

$$F+V+S_0+Q+LL_{n+1}=F+G+N+L+H+R+Q+S_0+LV_n \tag{7-2-9}$$

因自焦炭塔来的油气 $V=G+N+L+H+R$，做隔离体系热量平衡：

$$\sum Q_{入}=F\cdot H^{L}_{F,T_F}+G\cdot H^{V}_{G,T_V}+N\cdot H^{V}_{N,T_V}+L\cdot H^{V}_{L,T_V}+H\cdot H^{V}_{H,T_V}+R\cdot H^{V}_{R,T_V}+S_0\cdot H^{V}_{S_0,T_V}+Q\cdot H^{L}_{Q,T_{Q_2}}+LL_{n+1}\cdot H^{L}_{LLn+1,T_{n+1}}$$

$$\sum Q_{出}=G\cdot H^{V}_{G,Tn}+N\cdot H^{V}_{N,T_n}+S_0\cdot H^{V}_{S,T_n}+L\cdot H^{V}_{L,T_n}+H\cdot H^{V}_{H,T_n}+Q\cdot H^{V}_{H,T_n}+F\cdot H^{L}_{F,T_B}+R\cdot H^{L}_{R,T_B}+LV_n\cdot H^{V}_{LV_n,T_n}$$

因蜡油内回流 LL_{n+1} 其性质与蜡油 H 一致，温度即为蜡油抽出温度 T_H，又根据内回流的定义，则 $LL_{n+1}=LV_n$，

令：$Q_{入}=Q_{出}$，整理得到：

$$内回流LL_{n+1}=\frac{F\cdot(H^{L}_{F,T_F}-H^{L}_{F,T_B})+G\cdot(H^{V}_{G,T_V}-H^{V}_{G,T_n})+N\cdot(H^{V}_{N,T_V}-H^{V}_{N,T_n})+L\cdot(H^{V}_{L,T_V}-H^{V}_{L,T_n})+H\cdot(H^{V}_{H,T_V}-H^{V}_{H,T_n})+R\cdot(H^{V}_{R,T_V}-H^{L}_{R,T_B})+Q\cdot(H^{L}_{Q,T_{Q_1}}-H^{V}_{Q,T_n})+S_0(H^{V}_{S,T_V}-H^{V}_{S,T_n})}{H^{V}_{LV_n,T_n}-H^{L}_{H,T_H}} \tag{7-2-10}$$

（四）通过分馏塔热平衡计算循环比

延迟焦化循环比的定义为循环油量与减压渣油量之比，即循环比 $RR=R/F$。由于循环比的大小由减压渣油上进料和焦化蜡油内回流进行控制，因此，实际生产过程中延迟焦化循环比也可以通过分馏塔下部的热平衡计算得到。根据式(7-2-10)，可得到：

$$R=\frac{F\cdot(H^{L}_{F,T_F}-H^{L}_{F,T_B})+G\cdot(H^{V}_{G,T_V}-H^{V}_{G,T_n})+N\cdot(H^{V}_{N,T_V}-H^{V}_{N,T_n})+L\cdot(H^{V}_{L,T_V}-H^{V}_{L,T_n})+H\cdot(H^{V}_{H,T_V}-H^{V}_{H,T_n})+Q\cdot(H^{L}_{Q,T_{Q_1}}-H^{V}_{Q,T_n})+S_0(H^{V}_{S,T_V}-H^{V}_{S,T_n})+LL_{n+1}\cdot(H^{L}_{H,T_H}-H^{V}_{LV_n,T_n})}{H^{L}_{R,T_B}-H^{V}_{R,T_V}} \tag{7-2-11}$$

以上计算中，必须确定 LV_n 的性质，由于 n 层塔盘与蜡油抽出层仅相差一层塔盘，可以近似认为其性质与蜡油性质差别不大，故可使用蜡油性质代替计算焓值。

从式(7-2-11)可以看出：循环比的大小主要取决于 n 层塔盘的气相温度 T_n 的高低，T_n 温度高则循环油量 R 小，循环比 RR 小；T_n 温度低则循环油量 R 大，循环比 RR 大。

焦化分馏塔其他塔段的热平衡均采用以上类似的方法计算。

（五）分馏塔热平衡计算实例

例题：某延迟焦化装置，处理量为 2.3Mt/a，年操作时数为 8400h。进出分馏系统的主要物流操作条件和产品性质见表 7-2-2，请根据以下数据计算分馏塔热平衡。

表 7-2-2　某焦化装置主要物流性质表

序号	物流名称	流量 G/(kg/h)		温度 T/℃	压力 P/MPa(表)	相对密度或分子量	备注
1	炉管注汽	S_0	3200	415	3.5	18(分子量)	含特阀漏气
2	急冷油	Q	30000	290	1.0	0.942	

续表

序号	物流名称	流量 G/(kg/h)		温度 T/℃	压力 P/MPa(表)	相对密度或分子量	备注
3	减压渣油	F	273810	295	0.15	1.0329	
4	柴油汽提蒸汽	S_1	400	400	0.4	18(分子量)	
5	蜡油汽提蒸汽	S_2	450	400	0.4	18(分子量)	
6	富气	G	39177	40	0.04	30.9(分子量)	
7	石脑油	N	33174	40	1.0	0.752	
8	焦化柴油	L	55231	217	1.2	0.864	
9	焦化蜡油	H	77506	347	1.5	0.942	
10	顶循回流	DX	246262	抽出 130	1.0	0.7872	
				返塔 85			
11	柴油回流	CY	216195	抽出 217	1.1	0.864	
				返塔 180			
12	中段回流	ZD	152867	抽出 297	1.1	0.9032	
				返塔 227			
13	蜡油内回流	LL_{n+1}	60000	352	1.0	0.942	
14	蜡油回流	LY	107622	抽出 352	1.1	0.942	
				返塔 230			
15	焦炭塔顶			415	0.15		
16	分馏塔顶			111	0.1		
17	蜡油集油箱下			375	0.12		
18	分馏塔底			360	0.12		

解：根据已知条件和计算热平衡需要的参数，首先需要计算出分馏塔底循环油的流量，然后计算分馏塔的热平衡。

(1) 计算循环油量

做分馏塔蜡油抽出集油箱到分馏塔底隔离体的热平衡，根据表 7-2-2 物流参数计算各物流对应状态下的焓值，循环油的焓值暂按蜡油性质计算。列入表 7-2-3。

表 7-2-3　分馏塔下部各热平衡表

序号	项目	物流名称	流量 G/(kg/h)		温度 T/℃	压力 P/MPa(表)	焓值	
							气相焓 H_T^V/(kJ/kg)	液相焓 H_T^L/(kJ/kg)
1	入方	富气	G	39177	415	0.15	1440.6	
2		石脑油	N	33174	415	0.15	1335.6	
3		焦化柴油	L	55231	415	0.15	1242.6	

续表

序号	项 目	物流名称	流量 G/(kg/h)		温度 T/℃	压力 P/MPa(表)	焓 值	
							气相焓 H_T^V/(kJ/kg)	液相焓 H_T^L/(kJ/kg)
4	入方	焦化蜡油	H	77506	415	0.15	1187.8	
5		焦化循环油	R	R	415	0.15	1119.9	
6		水蒸汽	S_0	3200	415	0.15	3269.9	
7		急冷油	Q	30000	290	0.15		686.9
8		减压渣油	F	273810	295	0.15		662.3
9		内回流	LL_n	60000	375	0.12		908.5
10		合计		681622				
11	出方	富气	G	39177	375		1264.2	
12		石脑油	N	33174	375		1168.1	
13		焦化柴油	L	55231	375		1098.2	
14		焦化蜡油	H	77506	375		1050.9	
15		焦化循环油	R	R	360			821.3
16		水蒸气	S_0	3200	375		3223.8	
17		急冷油	Q	30000	375		1076.0	
18		减压渣油	F	273810	360			815.4
19		内回流	LL_n	60000	375		1080.2	
20		合计		681622				

按照入塔热量于出塔热量的原则，或按照式(7-2-11)，循环油流量为：

$$R=\frac{F\cdot(H_{F,T_F}^L-H_{F,T_B}^L)+G\cdot(H_{G,T_V}^V-H_{G,T_n}^V)+N\cdot(H_{N,T_V}^V-H_{N,T_n}^V)+L\cdot(H_{L,T_V}^V-H_{L,T_n}^V)+H\cdot(H_{H,T_V}^V-H_{H,T_n}^V)+Q\cdot(H_{Q,T_{Q_1}}^L-H_{Q,T_n}^V)+S_0(H_{S,T_V}^V-H_{S,T_n}^V)+LL_{n+1}\cdot(H_{H,T_H}^L-H_{LV_n,T_n}^V)}{H_{R,T_B}^L-H_{R,T_V}^V}$$

$=[273810\times(662.3-815.4)+39177\times(1440.6-1264.4)+33174\times(1335.6-1168.1)+55231\times(1242.6-1098.2)+77506\times(1187.8-1050.9)+30000\times(786.9-1076.0)+3200\times(3269.9-3223.8)+60000\times(908.5-1080.2)]/(1119.9-821.3)$

$=(-1167.4+690.9+555.6+797.3+1060.8+14.7-4192.3-1030.0)\times10^4/298.6$

$=3270.1\times10^4/298.6$

$=109507\ \text{kg/h}$

按照循环比的定义，则装置的循环比为 RR(循环比)$=R/F=109507/273810=0.4$。

(2) 计算分馏塔热平衡

分馏塔热平衡按照表 7-2-1 格式，计算结果列于表 7-2-4。

表 7-2-4 焦化主分馏塔热平衡计算表

序号	项目	物流名称	流量 G/(kg/h)		温度 T/℃	压力 P/MPa(表)	焓值		热量 $Q=G_i\times H_T$/(10^4kJ/h)
							气相焓 H_T^V/(kJ/kg)	液相焓 H_T^L/(kJ/kg)	
1	入方	混合油气	V						
1.1		富气	G	39177	415	0.15	1440.6		5643.7
1.2		石脑油	N	33174	415	0.15	1335.6		4430.8
1.3		焦化柴油	L	55231	415	0.15	1242.6		6862.8
1.4		焦化蜡油	H	77506	415	0.15	1187.8		9205.8
1.5		焦化循环油	R	109507	415	0.15	1120.1		12265.6
1.6		水蒸气	S_0	3200	415	0.15	3269.9		1046.4
2		急冷油	Q	30000	290	0.15		686.9	2060.7
3		减压渣油	F	273810	295	0.15		662.3	18134.7
4		柴油汽提	S_1	400	400		3269.9		130.8
5		蜡油汽提	S_2	450	400		3269.9		147.1
		合计		622455					59928
1	出方	富气	G	39177	111		645.2		2527.8
2		石脑油	N	33174	111		590.9		1960.2
3		焦化柴油	L	55231	217			483.4	2670.1
4		焦化蜡油	H	77506	347			801.8	6214.2
5		焦化循环油	R	109507	360			821.3	8994.1
6		急冷油	Q	30000	302			930.9	2792.8
7		减压渣油	F	273810	360			815.4	22327.0
8		塔顶水蒸气	$S_0+S_1+S_2$	4050	111		2704.7		1095.4
		合计		622455					48581.7
1	全塔余热	顶循回流	DX	246262	130			322.4	2690.4
					85			213.1	
2		柴油回流	CY	216195	217			515.0	2093.4
					180			418.1	
3		中段回流	ZD	152867	297			728.5	2919.0
					227			537.6	
4		蜡油回流	LY	107622	352			837.4	3642.5
					230			498.9	
		合计							11345.4

二、焦化分馏塔的汽液相负荷

与原油蒸馏塔相似，焦化分馏塔分馏段的内回流气液相负荷随着塔高的增加均呈增加的趋势。内回流液体负荷沿塔高逐渐增加，当有侧线抽出时，内回流液体负荷有一个突增的量，突增量近似等于该侧线抽出量；当有中段回流时，内回流液体负荷突然变小，变小的量近似等于中段回流取热量与中段回流返塔层液相回流的汽化热的比值。由于延迟焦化焦炭塔为周期性切换操作，已生焦的焦炭塔在进行小吹汽时，吹出的油气和蒸汽进入焦化分馏塔，造成焦化分馏塔的气相负荷突然增加，见图7-2-3。需特别注意的是，延迟焦化分馏塔塔径计算采用的实际气液相负荷应是焦炭塔小吹汽时的气液相负荷。

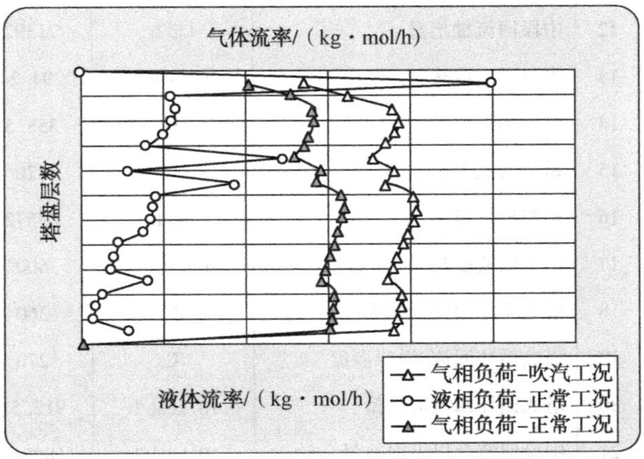

图7-2-3　焦化分馏塔实际气液相负荷分布图

如本章第一节所述，焦化分馏塔蜡油抽出层以下存在不同的工艺流程，用于调节循环比。对于不同的工艺流程，因取热方式不同导致蜡油抽出层以下的汽液相负荷存在较大的差异。在原料性质、产品抽出和循环比不变的条件下，采用PROⅡ流程模拟软件(版本为Ver8.3)分别对可灵活调节循环比流程(流程一)、蜡油下回流流程(流程二)、SYDECSM流程(流程三)和传统上下进料流程(流程四)等四种流程进行模拟计算。结果见表7-2-5和图7-2-4~图7-2-6。

表7-2-5　不同流程分馏塔汽液相负荷模拟计算结果

序号	项目	单位	数值				备注
			可调循环比流程	蜡油下回流流程	SYDECSM流程	传统上下进料流程	
1	塔顶温度	℃	141.5	141.5	141.4	141.8	
2	顶循回流抽出温度	℃	161.1	161	160.9	161.2	
3	顶循回流返回温度	℃	121.1	121	120.9	121.2	
4	顶循回流抽出量	kg/h	211872	209850	209783	205912	
5	顶循回流取热量	10^4kcal/h	497.97	493.13	492.93	483.93	
6	柴油抽出温度	℃	250.5	250.1	250	250	
7	柴油回流返回温度	℃	175	175	175	175	
8	柴油抽出量	kg/h	113110	113110	113110	113110	不包含回流量
9	柴油回流取热量	10^4kcal/h	600	600	600	600	
10	中段回流抽出温度	℃	320.5	319.8	319.4	318.8	
11	中段回流返回温度	℃	260.5	259.8	259.4	258.8	

续表

序号	项目	单位	数值				备注
			可调循环比流程	蜡油下回流流程	SYDECSM流程	传统上下进料流程	
12	中段回流抽出量	kg/h	71392	73748	70149	76827	
13	中段回流取热量	10^4kcal/h	294.24	303.86	288.9	316.51	
14	蜡油抽出温度	℃	358.5	367	366.2	364.2	
15	蜡油回流返回温度	℃	270	270	270	270	
16	蜡油抽出量	kg/h	83572	83572	83572	83572	不包含回流量
17	蜡油回流取热量	10^4kcal/h	600	1300	1320	1100	
18	塔底循环回流抽出温度	℃	360	360			
19	塔底循环回流/返回温度	℃	270	270			
20	塔底循环回流取热量	10^4kcal/h	912.51	157.58			
21	中段回流及以下取热量合计	10^4kcal/h	1806.7	1761.4	1608.9	1416.5	
22	蜡油下回流流量	kg/h	24681	110528	113562	83811	
23	塔底循环回流流量	kg/h	88658				
24	重蜡油抽出板下的液相量(洗涤油量)	kg/h	171231	102436	103483	126720	35层塔板液相
25	喷淋强度	$m^3/(m^2 \cdot h)$	7.61	4.55	4.60	5.63	设分馏塔6.4m

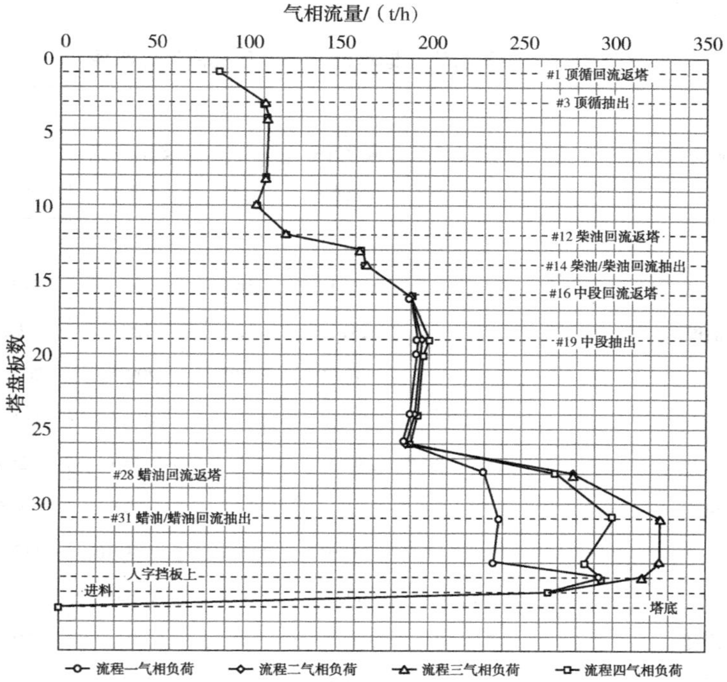

图 7-2-4　不同焦化流程焦化分馏塔气相负荷分布图

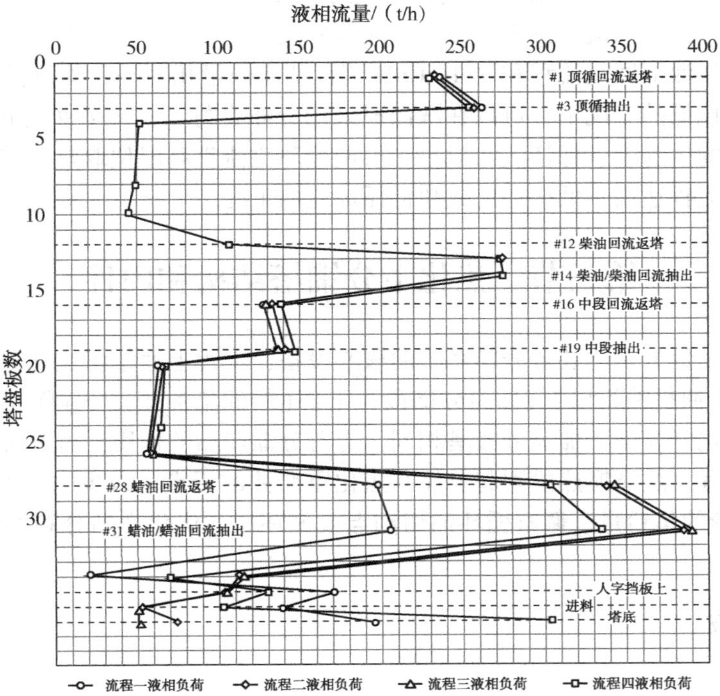

图 7-2-5 不同焦化流程焦化分馏塔液相负荷分布图

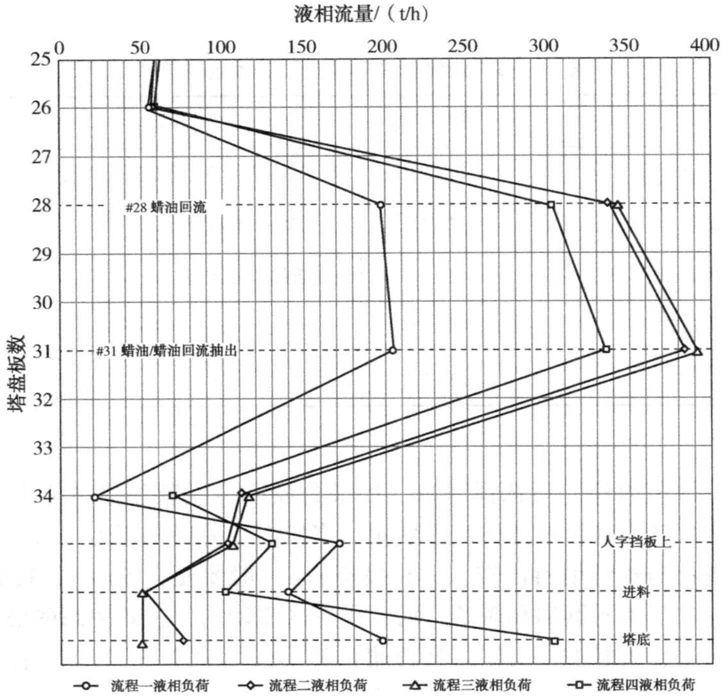

图 7-2-6 不同焦化流程焦化分馏塔下部液相负荷分布图(局部放大)

由表 7-2-5 可以看出，在循环比等于或低于 0.2 等低循环比操作的情况下，可调循环比流程由于有循环油上回流，洗涤油量大，在蒸发段保证了一个较高的喷淋强度，具有较好的抗结焦效果。蜡油下回流流程和 SYDECSM 流程洗涤油量相对小，喷淋强度低于可调循环比流程。在循环比低的工况下，可以在洗涤段采用分布良好、洗涤效果好的抗结焦喷头等，在喷淋强度较小的情况下，保证洗涤效果。可调循环比流程高温位取热量较大，取热品位较高。可调循环比流程适用于低循环比或超低循环比的工况。

第三节　焦化主分馏塔结构和内件

焦化分馏塔是延迟焦化装置分馏系统的核心设备，工程上通常将焦化分馏塔分为上下两个部分，上部(蜡油集油箱以上)称为分馏段，下部(蜡油集油箱以下)称为洗涤换热段。分馏段的原理与催化分馏塔、加氢分馏塔相同，起着分馏产品的作用，可按常规分馏塔考虑塔径、塔盘数及布置。洗涤换热段则起着控制焦化重蜡油的干点、减少主分馏塔产品(主要是焦化蜡油)中携带的焦粉量、调整循环油切割点或循环比、优化产品分布的作用，是焦化分馏塔设计的关键。

一、分馏段

1. 塔盘数量

焦化主分馏塔分馏段一般设置焦化柴油、轻焦化蜡油和焦化重蜡油三条侧线以及顶循环回流、柴油循环回流、中段回流和蜡油循环回流。根据产品分馏精度和压降考虑，焦化分馏塔一般设置 36~41 层塔盘。

表 7-3-1　焦化分馏塔精馏段塔板数的选择

分离段	塔盘层数	分离段	塔盘层数
焦化石脑油~焦化柴油分离段	11~13	焦化轻蜡油~焦化重蜡油分离段	7
其中：顶循环回流	(2~3)	其中：蜡油回流	(2~3)
柴油循环回流	(2~3)	焦化重蜡油分离段	3~4
焦化柴油~焦化轻蜡油分离段	15~17	合计	36~41
其中：中段回流	(2~3)		

2. 塔内件形式

焦化分馏塔分馏段内件一般选择塔盘，如果分馏段需脱瓶颈提高能力，可采用规整填料，格栅填料也可以考虑在重蜡油回流段使用。当塔内负荷以气相为主时，采用规整填料比塔盘的优势大。塔盘与规整填料比较，具有投资省(一般要便宜 50%)、抗腐蚀性能好和检修方便等特点。应选择不易磨损和脱落、塔盘弓形区流动均匀、效率高的塔盘。顶循环回流抽出层、柴油抽出层、重蜡油抽出层可选择集油箱形式。表 7-3-2 是分馏段内部构件的选择标准。

表 7-3-2 焦化主分馏塔分馏段内部构件的选择标准(注)

项目	高效塔盘	规整填料	格栅填料
效率	3	3~4	1
容易检查程度	4	1	1
成本	4	2	1
气相负荷为主时处理能力	2	3	4
液相负荷为主时处理能力	3	2	4
抗腐蚀性	4	1	3

注：1-最差；4-最好。

为了稳定焦化分馏塔操作，大部分焦化分馏塔抽出层采用集油箱，少部分分馏塔采用降液管受液盘抽出。焦化分馏塔精馏段内件的计算与其他分馏塔相同，没有特别之处。

二、洗涤换热段

焦化主分馏塔洗涤换热段起到以下四种作用：

① 控制焦化重蜡油馏分的重质“尾馏分”；

② 尽可能减轻主分馏塔产品(主要是 CGO)中焦粉的携带；

③ 通过循环油切割点的调整，优化焦化产品分布；

④ 除进料油气的过热。

1. 换热洗涤段设置

为了保证洗涤换热段满足上述工艺要求，通常在蜡油集油箱以下设置一个蜡油分离段(3~4 层塔盘)，该分离段主要起分离作用也带有一定洗涤作用，目的是保证蜡油质量，同时也作为换热洗涤段的一部分。蜡油分离段液相为塔内回流，通常采用塔盘或填料，设计方法与常规塔盘填料完全相同。

蜡油分离段以下是真正的起到换热洗涤作用的部分，洗涤油种类包括焦化原料、循环油和蜡油。传统流程采用焦化原料作为洗涤油，焦化原料与高温油气直接接触换热，换热效果较好，但焦化原料(通常为减压渣油)残炭及金属含量高，影响蜡油质量，而且容易结焦。目前各种新流程都不采用焦化原料作为洗涤油，而采用循环油或蜡油作为洗涤油。

2. 换热洗涤段内件形式

洗涤段内件的形式取决于洗涤油循环量和对焦化重瓦斯油质量的要求。选择洗涤段内件在考虑效率的同时，必须考虑其结焦趋向。一般而言，效率越高的内件，所得的蜡油 CGO 质量越好，但其结焦趋向越严重，也就要求更多的洗涤油量来进行冲洗以防止结焦。为了降低塔压降，可根据需要在洗涤段内使用挡板、格栅填料、塔盘、空塔喷淋或这些内件的组合。各种内件形式的性能对比[5]见表 7-3-3。从工程技术角度，应主要考虑洗涤换热效果和防结焦性能。

表 7-3-3　焦化主分馏塔换热洗涤段内件性能比较

项目	浮阀或筛板	栅格填料	栅格塔盘	挡板塔盘	喷嘴
抗垢性能	1	2	3	4	4
润湿速率要求	1	2	2	4	4
效率	4	3	2	2	1
检查的方便性	4	1	4	4	3
成本	3	1	3	3	4
能力	1	4	2	3	3

注：1-最差；4-最好。

当装置采用超低循环比的操作时，可采用空塔喷淋式洗涤段，但所产焦化重蜡油质量稍差。要求产低沥青质含量的焦化重蜡油时，宜采用洗涤段效率高的内件。

我国2000年以后新设计的延迟焦化分馏塔洗涤换热段内件的型式绝大部分采用挡板型式。上海石化公司1.0Mt/a延迟焦化装置分馏塔采用4层“鸭舌”形挡板结构(图7-3-1)，其他装置采用“人字”挡板结构(图7-3-2)。早期的“鸭舌”形挡板的开孔率较低，洗涤段油气线速较高，油气通过“鸭舌”形成的液体幕帘得到洗涤，因气速高，接触面积小，易形成焦粉夹带和焦粉沉积。“人字”挡板开孔率高，液体幕帘个数多，气速小，洗涤效果较好。但“人字”挡板的液体需良好的初次分配，否则极易形成“干板”。

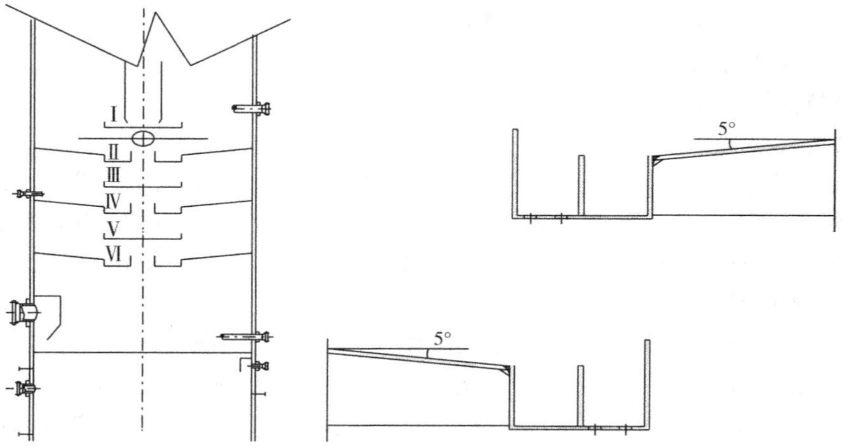

图 7-3-1　“鸭舌”形挡板

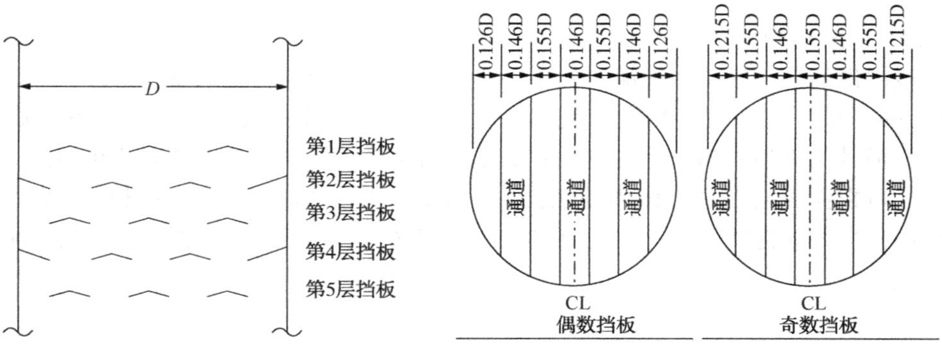

图 7-3-2　入字形挡板

填料作为洗涤换热段内件应特别考虑填料易结焦的特性，所用填料应通量高、比表面积较小，通常为 $90m^2/m^3$，而且表面应光滑，没有为提高持液量和液膜均匀度的凸起和提高气相分布均匀性的小孔。生产实践表明，因喷淋洗涤段下方油气温度高、焦粉量大、容易发生结焦，而且填料底部易形成较大焦块，某厂曾发生过焦块脱落堵塞底部出口的现象。不同填料效率见表 7-3-4。

表 7-3-4　不同填料效率

填料种类	等板高度/mm	填料种类	等板高度/mm
格栅填料	2130 以上	规整填料	1220 以上
乱堆填料	1520 以上		

随着装置循环比的降低和焦化压力的降低，喷淋洗涤越来越受到重视。表 7-3-3 中列出抗垢性能和润湿速率要求(实际上二者密切相关)，挡板和喷嘴具有较好的防结焦性能。需要说明，喷嘴有液相通过时具有较好的防结焦性能，一旦洗涤油断流，高温油气会导致喷嘴口很快结焦堵塞。因此设计时应考虑设置备用洗涤油和蒸汽等防结焦措施。

表 7-3-3 中喷嘴效率低，应是指喷嘴的分离性能较差，但喷嘴具有较好换热洗涤效果，喷淋换热在减压塔中已获得广泛认可。根据分馏塔脱过热所需换热量，液滴换热蒸发时间≤1s，相应降落距离≤1m。只要空间设计上满足这些条件，喷嘴可实现较好的脱过热作用。

根据某厂焦化油气数据，<50μm 颗粒计数浓度约为 30%，质量浓度为 3%。烟气脱硫采用喷淋除尘方法，>50μm 颗粒可全部脱除，20μm 颗粒的脱除率达到 85%[6,7]。烟气喷淋塔设计气速上限为 4~4.5m/s，焦化分馏塔内空塔气速较低，通常≤0.6m/s。较低气速允许采用较小喷淋液滴直径，可获得更好除尘效果。实验研究表明[8]，气速为 2m/s，液气比为 $0.5L/m^3$，48.8μm 颗粒分级除尘效率达到 99.1%，14.5μm 颗粒分级除尘效率为 79.3%。

通常挡板和塔板可有效脱除大于 15μm 焦粉颗粒，对于 15μm 以下焦粉颗粒洗涤效果较差。国内某炼油厂焦炭塔油气的焦粉颗粒分布见表 7-3-5，该焦化装置的洗涤段设置了挡板和分离塔板，经检测馏分油中 5~15μm 颗粒占 84.6%(表 7-3-6)。挡板和塔板可有效脱除大于 15μm 焦粉颗粒，对于 15μm 以下洗涤效果较差。

表 7-3-5　焦炭塔油气焦粉颗粒分布

颗粒尺寸/μm	总颗粒数	计数百分比/%	质量分数/%	备注
≥8000	100	2.13	18	
5000~8000	200	4.26	23	
1000~5000	400	8.52	30	
500~1000	500	10.65	13	
100~500	1000	21.3	13	
50~100	1000	21.3	2	
≤50	1500	31.95	3	

表 7-3-6 焦化分馏塔馏分油焦粉颗粒分布

颗粒范围/μm	5~15	15~25	25~50	50~100	>100	总计
计数值	301	33	15	5	2	356
颗粒分布/%	84.6	9.2	4.2	1.4	0.6	100

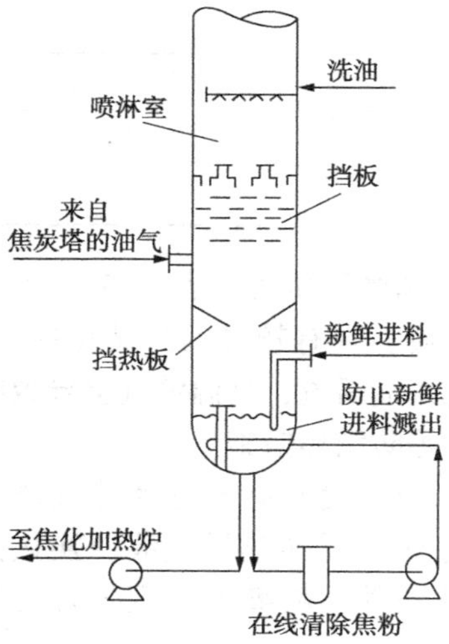

图 7-3-3 福斯特-惠勒公司分馏塔换热洗涤段结构图

喷淋洗涤形成的液滴直径更均匀，如果设置双层喷淋，可以实现塔界面 200%~300%覆盖，另外，油气冷凝产生 Stefen 流动(被冷凝气体向液滴的净流动)，增加液体直径，有利于惯性沉降，因此喷淋洗涤效果更佳。即使在正常循环比情况下，也应考虑设置喷淋洗涤。

福斯特-惠勒公司按超低循环比操作设计的主分馏塔下段结构如图 7-3-3 所示。由于洗涤段的液体流率太低无法防止塔盘或填料结焦，所以洗涤段采用喷淋式空塔。在喷淋室下面安装了几层挡板。从焦炭塔来的油气进入塔内。靠挡板分出油气中的重质焦油和焦粉。由于时常发生挡板上结焦，所以有的炼油厂拆除了塔内的挡板、宁愿重焦化瓦斯油含有较多的杂质，也想免除停工时清扫塔内挡板的麻烦。福斯特-惠勒公司曾将一台旧的焦化主分馏塔按照超低循环比模式进行了改造。改造前后的数据比较见表 7-3-7。

表 7-3-7 超低循环比操作的焦化重瓦斯油质量

项目	改造前	改造设计	实际操作
循环比	0.1	0.05	0.036~0.054
洗油+急冷油/(桶/开工日)	—	10800	10600~12600
焦化重瓦斯油性质			
干点(ASTM D1160)/℃	524	547	平均 533
相对密度	0.9529	0.9574	平均 0.9321
硫含量/%	2.55	2.93	平均 1.93
氮含量/(μg/g)	2200	2400	平均 2240
微残炭值(MCR)/%	0.38	0.9	平均 0.69 最高 0.94
固体物/(μg/g)	9	15	平均 15

镇海炼化Ⅱ焦化循环比为 0.1，检修改造时拆除原格栅填料，采用了空塔喷淋洗涤，喷嘴与蜡油抽出线之间设置分离段(塔板)，取得了良好效果。维持原换热段温度时蜡油质量显著提高，若提高换热段温度，维持原蜡油质量，则液收增加 2%。镇海炼化Ⅲ焦化引进的 Conoco-Philips 的工艺包，也采用了喷淋技术。

对洗涤段而言，高洗涤油流率可以除去更多的焦化蜡油中所含的重质尾部携带物和焦粉，改善了焦化蜡油的质量，也降低了洗涤段内部构件结焦的可能性，从而提高了装置运行的可靠性。但是，这将导致焦化加热炉进料和热负荷的增加，就是循环比增加。随着循环比增加，装置加工能力下降，焦炭收率增加，能耗增加。因此，要综合各种因素后，确定一个合理的洗涤段洗涤油流率。

3. 洗涤油分布器

喷淋式内件的核心是洗涤油分布器。分布器分为压力型分布器和重力型分布器。重力型分布器需要较高的安装精度，同时由于洗涤油流量小、停留时间长、分布点少、分布孔易堵塞等原因，延迟焦化分馏塔洗涤换热段不适宜采用。压力型分布器不同于常规的重力型槽盘式等，不需要很高的安装水平度。洗涤油在一定压力下进入分布管内，通过喷嘴形成旋流喷射的实心雾状圆锥流，覆盖整个塔界面，保证油气与洗涤油充分接触洗涤降温后才继续上行到挡板，见图 7-3-4、图 7-3-5，喷嘴喷射示意图见图 7-3-6，分布器组合见图 7-3-7。

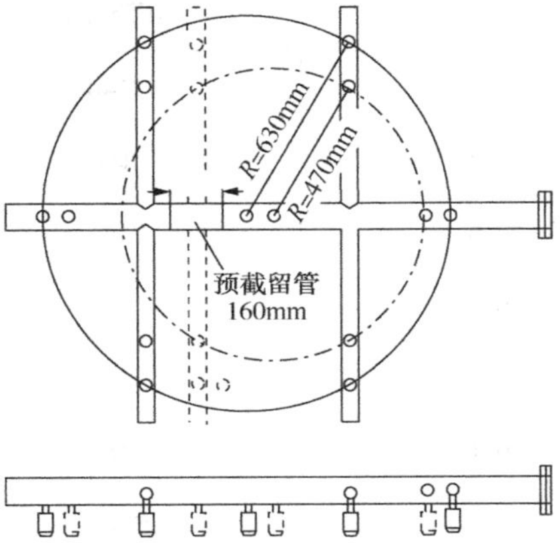

图 7-3-4　压力型分布器示意图

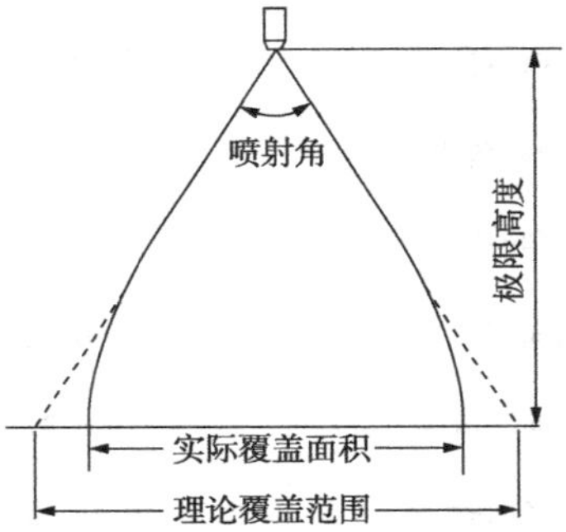

图 7-3-5　喷射角与覆盖范围示意图

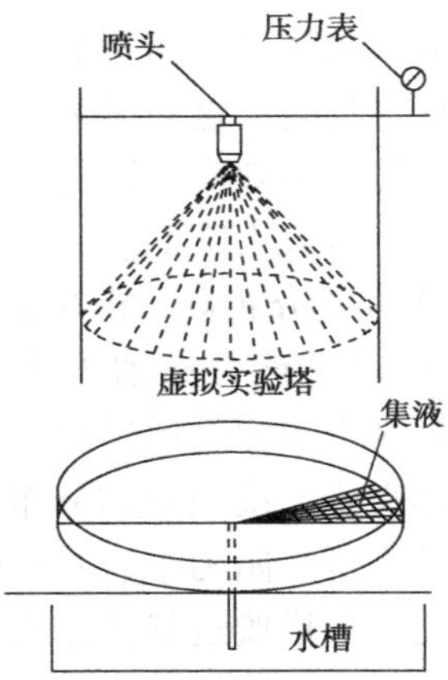

图 7-3-6　喷嘴喷射图

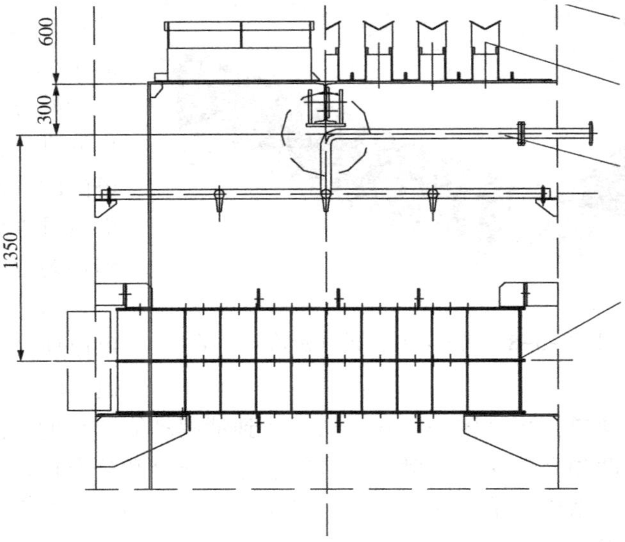

图 7-3-7　分布器组合示意图

三、反应油气进料分布器

焦化分馏塔通常直径较大，反应油气从焦炭塔进入分馏塔内实现组分分离，如果初始分布不好容易造成气体偏流，直接影响到塔内的气液传质效率，并因局部超温引起换热挡板结焦。

LPEC 在 2002 年设计长岭炼化 1.2Mt/a 延迟焦化装置时首先采用了反应油气进料分布器来提高洗涤换热段的效率和除去进料中携带的焦粉，运行十多年效果良好。评价进料分布器性能的指标有气体分布不均匀度、雾沫夹带率和压降。不同进料分布器的性能见表 7-3-8。

表 7-3-8　不同进料分布器性能比较

进料分布器型式	气体分布不均匀度	雾沫夹带率/%	压降/Pa
多孔直管式	2.0	5.3	2740
直管挡板式	2.0	1.3	843
切向号角式	1.97	0.0	10
双列叶片式	1.8	0.6	30
单切向环流式	0.52	0.0	49
双切向环流式	0.37	0.1	15
轴径向式	0.18~0.31	0.1	23~31

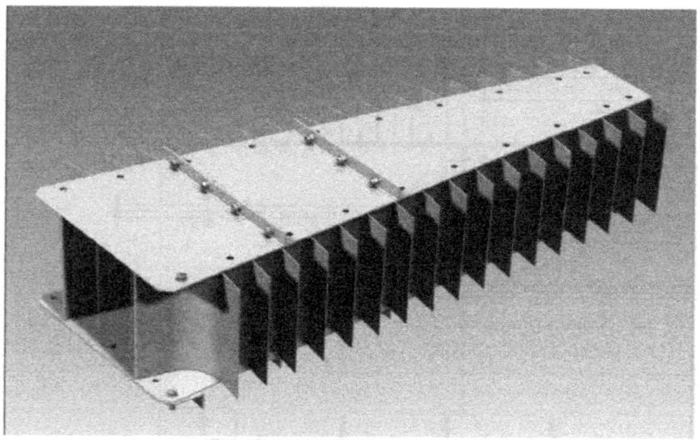

图 7-3-8　双列叶片式进气初始分布器

Shell 公司的 Schoepentoeter(国内称为双列叶片式)进气分布器(图 7-3-8)和 Glitsch 公司的 Vapor horn(国内称为新型双切向环流式)进气初始分布器(图 7-3-9)是两种性能比较优良的进气初始分布器，采用此分布器后，进入塔内的气体上返后更加均匀，这对于大直径的塔器可以更好地发挥塔板的效率，同时气体达到均匀分布的空间高度也大大降低。

新型 V 形叶片式进料分布器(图 7-3-10)可以使高速气体快速通过该分布器的中间通道，转而通过合理有序排布的弧形翅片形成的多重通道，将气体分散开，从而达到消解动能的目的，同时使气体得到了高质量的分布，使汽液两相介质充分接触，具有气液分离充分和分布均匀、雾沫夹带率低、阻力小、对塔壁冲刷小、结构简单，便于安装、更换，所占空间小的特点，符合焦化分馏塔脱过热洗涤段的使用要求。

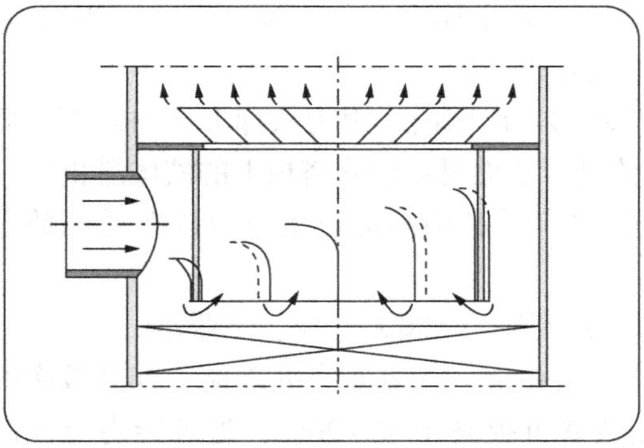

图 7-3-9 新型双切向环流式进气初始分布器

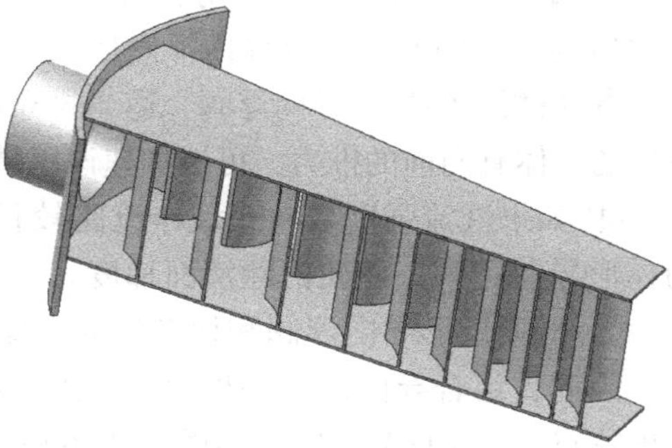

图 7-3-10 V 形叶片式进气分布器

四、滤焦器

目前国内新设计的延迟焦化装置分馏塔底滤焦技术通常采用福斯特-惠勒公司的理念，利用原料进塔釜线，在塔底安装两组环管，管上接多组短管，原料自短管冲入塔釜，将焦粉搅起，通过循环油系统将焦粉滤除，加热炉进料泵采用的是有切割功能的叶轮，循环油引出线和加热炉进料引出线上安装的滤焦器过滤规格不同。

五、焦化分馏塔的塔板

焦化分馏塔的塔板目前普遍采用条形浮阀(简称条阀)。国内经常采用的条阀主要有：BJ 条形浮阀、导向浮阀、ADV 条形浮阀、梯形浮阀、T 排条形浮阀等。

1. 组合导向浮阀塔板

组合导向浮阀塔板是一般用于汽液传质过程，具有良好的操作性能，其主要特征为：

① 塔板上配有矩形导向浮阀(图 7-3-11)和梯形导向浮阀(图 7-3-12)，按一定的比例组合而成。浮阀上设有导向孔，导向孔的开口方向与塔板上的液流方向一致。在操作中，从导向孔喷出的少量气体推动塔板上的液体流动，从而可消除塔板上的液面梯度。

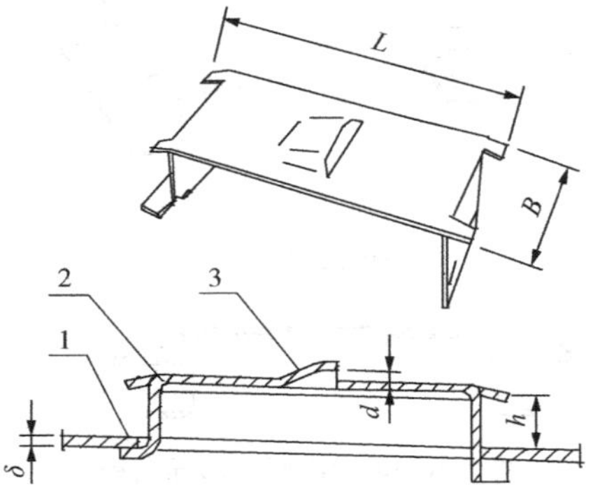

图 7-3-11 矩形导向浮阀

1—阀孔板；2—导向浮阀；3—导向孔

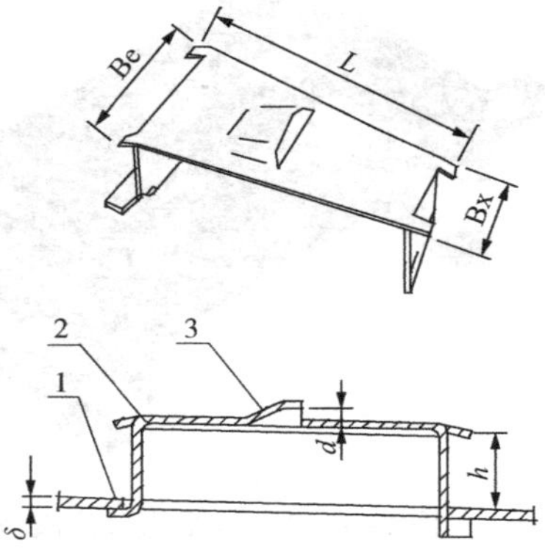

图 7-3-12 梯形导向浮阀

1—阀孔板；2—导向浮阀；3—导向孔

② 矩形导向浮阀和梯形导向浮阀，两端设有阀腿。在操作中，汽体从浮阀的两侧流出，无向后的力，因此，组合导向浮阀塔板上的液体返混是很小的。

③ 塔板上的梯形导向浮阀，适当排布在塔板两侧的弓形区内。因为从梯形导向浮阀两侧流出的汽体有向前的推力，可以加速该区域的液体流动，从而可以消除塔板上的液体滞止区。

④ 如果液流强度较大或液体流路较长，在液体进口端和中间部位也可以排布适当数量的梯形导向浮阀，以便消除液面梯度。

⑤ 由于矩形导向浮阀和梯形导向在操作中不转动，因而浮阀无磨损、不脱落。

因此，组合导向浮阀塔板为目前国内最佳浮阀型塔板之一，具有大处理能力和高效率的突出特点，与 F1(V1)形浮阀塔板效率相比，塔板效率可提高 15%~20%；处理能力可提高 30%，塔板压降减小 20%~30%，工业上应用可取得良好效果。

2. ADV 微分浮阀塔盘

ADV 微分浮阀塔盘是在 F1 型浮阀塔盘的基础上，继承其优点，并克服其缺点而开发的，在浮阀结构和塔板结构上进行了优化。其结构见图 7-3-13。

浮阀结构的优化主要是两个方面，其一是在阀面上增加三个切口，其作用是：①使气流分散得更细，消除传统 F1 浮阀顶部传质死区，提高效率；②有利于降低雾沫夹带，增加生产能力；③有利于减少漏液，增加操作弹性。

二是特殊的阀腿设计使浮阀具有导向性，其作用在于：①降低塔盘上的液面梯度，减少夹带，使生产能力提高；②消除塔盘上液体停滞区，使液流均匀分布，从而使效率提高；③减少返混，提高效率。

ADV 微分浮阀塔盘与 F1 型浮阀塔盘相比：生产能力提高 40%以上，分离效率高 10%以上，操作弹性大 40%以上，压降约低 10%。

3. BJ 型条形导向浮阀塔板

BJ 型条形导向板见图 7-3-14。

图 7-3-13　ADV 微分浮阀塔盘

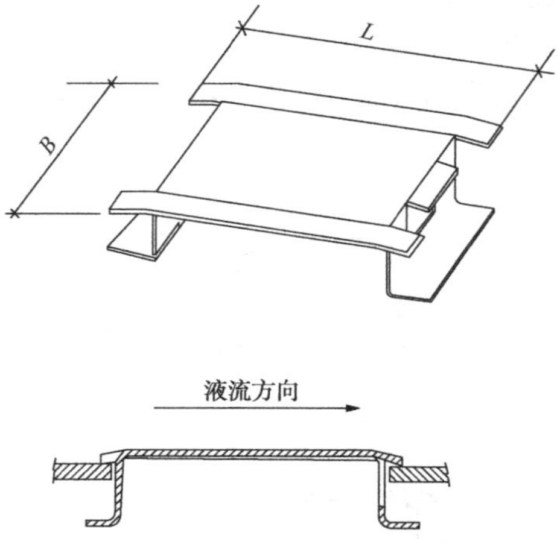

图 7-3-14　BJ 型条形导向板

BJ 型导向浮阀呈条形，操作时不会像圆形浮阀那样发生转动而造成磨损，条阀有导向孔，对液体流动有导向作用。条阀与 F1 浮阀相比，具有结构可靠、不易磨损，不会脱落、操作安全可靠，液相返混小等优点。例如 BJ 型条阀塔板较 F1 型浮阀塔板在开孔率相同条件下，实验表明有几下优点：

① 压力降低 15%~35%。

② 若以雾沫夹带 10%为气速上限，BJII型条阀的上限空塔动能因子高出 F1 浮阀 10%以上。

③ BJ 塔板允许空速下限较 F1 型浮阀塔板低 30%~60%。

④ BJ 塔板传质效率高于 F1 型浮阀塔板。

由此看来，采用条阀代替 F1 型浮阀不但提高了处理能力还改善了塔的分离效率。而且压力降小，操作弹性大，因而操作费用低，操作灵活性大。据资料介绍，采用条阀与 F1 型浮阀相比，处理能力可提高 20%~30%，塔板效率提高 10%~20%，塔板原料压降减少 20%左右，因而可以获得显著的经济效益。

第四节　焦化分馏塔计算

延迟焦化装置塔器除焦化主分馏塔外，还有分馏部分的汽提塔，吸收稳定部分的吸收塔、解吸塔、再吸收塔、稳定塔以及吹汽放空部分的放空塔。分馏部分的汽提塔与其他装置汽提塔作用相同，设计上没有特别之处；吸收稳定部分的吸收塔、解吸塔、再吸收塔、稳定塔与催化裂化装置吸收稳定部分塔器作用和设计相同；放空塔主要起着将焦炭塔大吹汽的气体进行冷却的作用，实质是一个接触冷却塔。

延迟焦化分离及吸收、稳定系统的核心设备是塔器，作为气液传质的主体设备，根据塔内件的结构特点，塔器可分为两大类：板式塔和填料塔。塔器型式选择应综合考虑物料性质、操作条件、塔设备的性能等多种因素。

1. 与物性有关的因素

① 易起泡的物系，在处理量不大时，宜选填料塔，因为在板式塔中易引起液泛，而填料塔能使泡沫破碎，在填料塔内，气相主要不以气泡形式通过液相，可减少发泡的危险。

② 具有腐蚀性的介质，多采用填料塔，因填料可用非金属材料制作，如陶瓷、塑料等，如必须用板式塔，宜选结构简单、造价低的筛板塔、穿流式塔板或舌形塔板，以便更换。

③ 具有热敏性的物料，对于高温下易发生聚合或分解的物系，为了降低沸点，必须减压操作，宜选用压降小的填料塔、湿壁塔等。当要求真空度较低时，可用筛板塔或浮阀塔。

④ 黏性较大的物系，因板式塔传质效率太差，可选用大尺寸的填料。

⑤ 含悬浮物或易结垢、有结晶的物料，一般不选用填料塔，以液流通道较大的板式塔为宜，如泡罩塔、浮阀塔、栅板塔、斜孔塔及孔径较大的筛孔塔等。

⑥ 操作过程中有热效应的系统，用板式塔为宜，因塔盘上积有液层，可安放传热管，进行有效的加热或冷却。

2. 与操作条件有关的因素

① 若塔内气相传质阻力大(即气相控制系统，如低黏度液体的蒸馏、空气增湿等)，宜采用填料塔，因为填料层中气相呈湍流，液相为膜状流。反之，受液相阻力控制的系统，宜采用板式塔。

② 低的液相负荷，一般不宜采用填料塔。因为这种情况下，填料的表面润湿不充分，难以保证分离效率。

③ 大的液相负荷，可选用填料塔。若用板式塔，宜采用气液并流的塔型，如喷射型塔

板，S形塔板，或选用液体流动阻力较小的塔型，如筛板或浮阀塔板。此外，导向筛板和多降液管筛板都能承受较大的液相负荷。

④ 液气比波动较大时，宜用板式塔。

⑤ 操作弹性，一般板式塔优于填料塔。浮阀等浮动型塔板弹性最大，填料塔和穿流式塔板弹性较小。

特别要指出，对某些特殊要求的场合，塔型选择时应具体分析。如对于分离高沸点或热敏性物质的真空蒸馏及需要理论板数很多的精密蒸馏，由于新型填料压降小、通量大、传质效率高，工业应用中多采用填料塔。而加压蒸馏多采用板式塔，是由于加压操作的情况下，塔内气液比过小，容易产生液体的不均匀流动以及气相严重返混，若采用填料塔会导致分离能力明显下降。另外，对于以增加产量或提高产品质量为宗旨的旧塔改造，由于塔高、塔径已经确定，将原有塔板部分或全部更换成新型高效填料是切实可行的办法之一。

一、塔径

1. 初选塔径

焦化装置通常采用板式塔，不同塔径时常用塔板间距见表7-4-1。其中，由于腐蚀及积垢等原因需要频繁维修内件的塔器，推荐采用较大的板间距；支撑梁较厚重，影响气相分布及人员维修内件的塔器，推荐采用较大的板间距；易起泡物系，推荐较大的板间距；高液体负荷的大塔采用多液流塔板设计时，可适当减小塔板间距。

表7-4-1　常用塔板间距与塔径的关系

塔径 D/mm	塔板间距 H_t/mm							
0.6~0.7	300	350	400	450				
0.8~1		350	400	450	500	600		
1.2~1.4		350	400	450	500	600	750	
1.6~3.0				450	500	600	750	
3.2~4.2					500	600	750	900

塔径初算步骤如下：

$$\text{最大允许气速 } W_{max}=\frac{0.055\sqrt{gH_t}}{1+2\dfrac{V_1}{V_c}\sqrt{\dfrac{\gamma_1}{\gamma_c}}}\sqrt{\frac{\gamma_1-\gamma_c}{\gamma_c}} \tag{7-4-1}$$

对于各种起泡体系，采用体系因子对气速进行校正。焦化装置各塔体系因子推荐值见表7-4-2。

表7-4-2　焦化装置各塔体系因子

序号	名称	体系因子 K_s	序号	名称	体系因子 K_s
1	焦化分馏塔	1.0	5	解吸塔	0.8
2	柴油汽提塔	1.0	6	柴油吸收塔	0.8
3	蜡油汽提塔	1.0	7	稳定塔	0.9
4	汽油吸收塔	0.8			

焦化主分馏塔空塔线速也可按传统公式计算：

$$V_s = C\times[\rho_v/(\rho_l-\rho_v)]^{0.5}$$

式中　V_s——空塔表面速度，m/s；

ρ_l——液体的密度，kg/m^3；

ρ_v——油气的密度，kg/m^3；

C——系数。

新设计的主分馏塔，计算允许空塔线速时，可采用系数 $C=0.1\sim0.2$。喷淋式洗涤段可以减少来自焦炭塔的非馏出油进入重焦化瓦斯油抽出塔盘，但分馏效果差。系数 C 应采用较低值，才能降低空塔线速，消除夹带现象。

（1）适宜的气体操作速度 W_a 及气相空间截面积 F_a

$$W_a = K\cdot K_a\cdot W_{max} \tag{7-4-2}$$

式中　K——安全系数，对于直径大于 0.9m、$H_t>0.5$m 的塔器，$K=0.82$；对直径小于 0.9m，或者塔板间距 $H_t\leqslant0.5$m 的塔器，$K=0.55\sim0.65$。

$$F_a = \frac{V_v}{W_a} \tag{7-4-3}$$

（2）降液管内液体流速 V_d

液体在降液管内的流速按照式(7-4-4)和式(7-4-5A)或式(7-4-5B)计算，选取计算结果中较小值。

$$V_d = 0.17K\cdot K_s \tag{7-4-4}$$

当 $H_t\leqslant0.75$m，

$$V_d = 7.98\times10^{-3}\cdot K\cdot K_s\sqrt{H_t(\gamma_l-\gamma_o)} \tag{7-4-5A}$$

当 $H_t>0.75$m，

$$V_d = 6.97\times10^{-3}\cdot K\cdot K_s\sqrt{\gamma_l-\gamma_o} \tag{7-4-5B}$$

（3）降液管面积 F'_d

降液管面积取式(7-4-6)和式(7-4-7)计算结果较大值。

$$F'_d = \frac{V_l}{V_d} \tag{7-4-6}$$

$$F'_d = 0.11\cdot F_a \tag{7-4-7}$$

（4）计算塔径 D_c

塔横截面积 F_t 按式(7-4-8)计算，塔径 D_c 按式(7-4-9)计算：

$$F_t = F_a + F'_d \tag{7-4-8}$$

$$D_c = \sqrt{\frac{F_t}{0.785}} \tag{7-4-9}$$

根据计算的塔径按照国内标准浮阀塔板系列进行圆整，得到采用的塔径 D，计算出采用的塔横截面积、空塔气速及降液管面积。

上述公式中符号名称见表 7-4-3。

表 7-4-3　塔径计算中各符号名称

符号	名称	单位
g	重力加速度	m/s^2
W_{max}	塔板气相空间截面积上最大的允许气速	m/s
γ_v	气相重度	kg/m^3
γ_l	液相重度	kg/m^3
H_t	塔板间距	m
V_v	气体体积流率	m^3/s
V_l	液体体积流率	m^3/s
W_a	塔板气相空间截面积上适宜的允许气速	m/s
F_a	计算的气相空间截面积	m^2
V_d	降液管内液体流速	m/s
F'_d	计算的降液管面积	m^2
F_t	计算的塔横截面积	m^2
D_c	计算塔径	m
D	采用的塔径	m

2. 塔盘水力学计算

塔径初步确定后，需进行塔板水力学计算，并根据水力学计算结果对塔径进行调整，使得装置设计点及上下限均处于适宜操作区。

塔板水力学计算与浮阀参数密切相关，而浮阀通常是专利产品，设计人员可获得信息量较少，仅能进行初步水力学计算，最终以中标厂家核算结果为准。

塔板水力学简要计算步骤如下：

(1) 浮阀塔板的压力降

浮阀塔板的压力降 Δp 可认为是由三部分组成：干板压力降 $\Delta p_{干}$，克服液层静压的压力降 $\Delta p_{液}$ 以及克服液体表面张力的压力降 $\Delta p_{表}$。$\Delta p_{表}$ 一般很小，可忽略不计，于是

$$\Delta p = \Delta p_{干} + \Delta p_{液} \tag{7-4-10}$$

干板压力降 $\Delta p_{干}$是指塔板上没有液体存在时，气体通过塔板的压力降。

浮阀全开前的干板压降计算：

$$\Delta p_{干} = \xi \cdot g w_0^{0.175} \tag{7-4-11}$$

全开后计算：

$$\Delta p_{干} = \xi \cdot \frac{\rho_G w_0^2}{2} \tag{7-4-12}$$

式中　w_0——阀孔气速，m/s；

ρ_G——气相密度，kg/m^3；

ρ_L——液相密度，kg/m^3；

ξ——阻力系数。

对 34g 重的 F1 型浮阀，全开前 $\xi = 19.9$，全开后 $\xi = 5.37$。

计算液层静压时，忽略板上的液面落差，塔板上的液层厚度等于堰高 h_w 和堰上液面高 h_{ow} 之和。塔板上的液层处于气液两相接触的鼓泡或泡沫状态，密度应取为气液混合相的密度，但该密度不易测定，设计时一般近似的取为 $0.5\rho_L$。

$$\Delta p_{液}=(h_w+h_{ow})\rho_{气-液}g=0.5(h_w+h_{ow})\rho_L gh \tag{7-4-13}$$

其中堰上液面高 h_{ow} 和液体的体积流率 L 以及堰的几何形状与尺寸有关。对弓形降液管应用最多的是平口堰，平口堰上的液层高度 h_{ow} 按式(7-4-14)计算：

$$h_{ow}=2.84\times10^{-3}k\left(\frac{L}{l_w}\right)^{2/3} \tag{7-4-14}$$

式中 L——液体在塔板操作条件下的体积流率，m^3/h；

l_w——堰长，m；

k——液流收缩系数。

液流收缩系数 k 是考虑到塔壁对堰附近的液流所起的收缩作用，近似地可取 $k=1.0$。

(2) 雾沫夹带

在相同的分离物系中，雾沫夹带量是随塔板间距的增大、空塔速度的降低而减少；塔板上清液层高度的降低使雾沫量增大，但由于液层下降又增加了塔板净空，所以雾沫量有所减少。在相同的塔板结构和操作条件下，雾沫量是随物系的表面张力增加而减少；气相重度增加，液滴不易沉降，而当气相质量流率一定时，气相重度增加，则空塔速度下降，又有利于液滴的沉降，所以气相重度的影响是两方面的。液体黏度对雾沫夹带影响不大。过量的雾沫夹带会使塔板效率降低很多，所以应限制塔板的雾沫夹带。一般情况下，延迟焦化分馏塔雾沫夹带可限制在每千克上升气体所夹带的液体小于或等于 0.1kg。

$$e=\frac{A(0.052h_1-1.72)}{H_t^n\cdot\phi_1^2}\left(\frac{W}{\in\cdot m}\right)^{3.7} \tag{7-4-15}$$

式中 e——雾沫夹带量，kg(液体)/kg(气体)；

$\in$——除去降液管面积后的塔板面积与塔横截面积之比；

W——采用的空塔气速，m/s；

M——参数，按下式计算：

$m=5.63\times10^{-5}(\sigma_1/y_0)^{0.295}[(y_1-y_0)/\mu_c]^{0.425}$

μ_c——气体黏度，$(kg\cdot s)/m^2$；

A、n——系数；当 $H_t<350$mm 时，$A=9.48\times10^7$，$n=4.36$；$H_t\geqslant350$mm 时，$A=0.159$，$n=0.95$；

ϕ_1——液体表面张力，dyn/cm；

H_t——塔板间距，mm；

h_1——塔扳上液层高度，mm。

(3) 阀孔动能因子

浮阀塔板上的泄漏量一般是随阀重和阀孔速度的增加而减少，随塔板上液层高度的增加而增加。其中以阀重和阀孔速度影响较大。在气速达到阀孔临界速度以前，塔板上的泄漏量是较大的。在一定的空塔速度下，阀孔速度可用塔板开孔率来调节，使塔板上全部浮阀在刚全开时操作，于是阀重就成为形响塔板泄漏的主要因素。

过多的泄漏将使塔饭效率下降，特别在靠近进口堰的地方泄漏将使板效率下降更多，所以浮阀塔板安装时应不允许它向进口堰方向倾斜。塔板的泄漏量可控制在该塔板液相负荷的10%以下。

一般用阀孔动能因数来评价塔的漏液性能，对延迟焦化分馏塔，一般可取阀孔动能因数 $F_0=5\sim6$ 作为操作负荷的下限值。

$$F_0=W_h\sqrt{\gamma_v} \tag{7-4-16}$$

式中 F_0——阀孔动能因数，m/s·(kg/m³)$^{1/2}$；

W_h——阀孔气速，m/s；

γ_v——气相负荷密度，kg/m³。

(4) 淹塔

当降液管中清液高度超过一定位后，就可能因液体所携带的泡沫充满整个降液管而产生淹塔现象，使操作破坏。所以应使降液管内的清液维持在一定的高度以下。降液管内清液层高度取决于液相流过塔板的压力降。这个压力降为气相通过该板的压力降、塔板上液层高度产生的压力降以及液体流经降液管所产生的压力降之和，可按式(7-4-17)计算：

$$\Delta p_1=\Delta p_t+h_1+\Delta p_{dk} \tag{7-4-17}$$

式中 Δp_1——液相流过一层塔板所需克服的压力降，m 液柱；

h_1——不设进口堰时液相通过降液管的压力降，m 液往；

Δp_{dk}——设进口版时液相通过降液管的压力降，m 液柱；

为防止发生淹塔，必须满足下式要求。

$$\Delta p_1\leqslant(0.4\sim0.6)(H_t+h_w) \tag{7-4-18}$$

(5) 降液管超负荷

当液体在降液管内流速太快，则从上层塔板携带到降液管内的气体将来不及在降液管中与液体分离而随液体进入下层塔板，降低了分离效率。液体在降液管内的流速选式(7-4-4)、式(7-4-5)中的较小值。

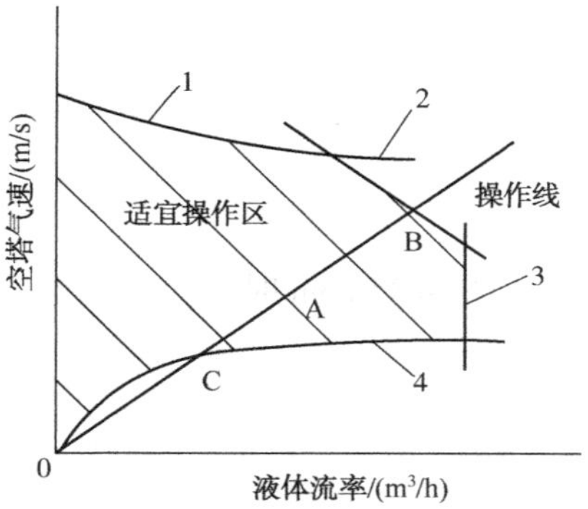

图 7-4-1 适宜操作区示意图

1—雾沫夹带界限；2—淹塔界限；3—降液管超负荷界限；4—泄漏界限

(6) 适宜操作区和操作线

浮阀塔板水力学计算表明，塔板上的许多因素是互相关联又相互制约的。对一个结构尺寸已定的塔板将有一个适宜的操作区，它综合地反映了塔板的操作性能，把不同气液负荷下塔板上出现的各种流体力学的界限综合地表达出来。通过适宜操作区和该塔板上的操作线，可以形象地反映出塔板的操作弹性大小，检验该塔板设计是否合理。

塔板适宜操作范围可用空塔气速为纵坐标，液体流率为横坐标作图。当塔的气液负荷(操作点)位于该适宜操作区内适中位置，则塔板的流体力学操作状态是正常和稳定的，见图 7-4-1。

对于焦化装置吸收稳定系统，通常阀孔动能因子较低，严格控制雾沫夹带量即可，可适当放开对漏液量的要求。

二、塔高

板式塔的高度由主体高度 H_s(含加料版空间高度)、顶部空间高度 H_a、底部空间高度 H_b等部分组成，见图 7-4-2。

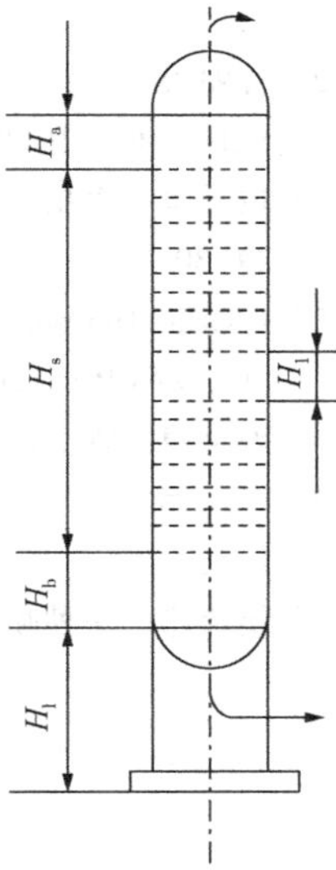

图 7-4-2 板式塔的高度组成

1. 主体高度 H_s

板式塔的主体高度为从塔顶第一层塔板到最后一层塔板之间的垂直距离。一般为实际板数与板间距的乘积加上进料板额外高度及集油箱空间。

(1) 加料板的空间高度

取决于进料状态及加料板的结构形式。如果是液相进料，其高度可与板间距相同或稍大；如果是气相进料，则取决于进口形式。当投资限制比较严格时，对于不变径塔的水力学负荷小的塔段可适当缩小板间距。

(2) 焦化分馏塔集油箱停留时间

焦化分馏塔通常设置顶循集油箱、蜡油集油箱，其停留时间取如下几种工况的最大值，用于考虑集油箱空间高度，见表 7-4-4。

表 7-4-4 分馏塔集油箱停留时间

描述	停留时间(LLL~HLL)/min	描述	停留时间(LLL~HLL)/min
循环回流量	1	冷回流油量	2~5
至储罐产品量	2		

2. 塔的顶部空间高度 H_a

塔的顶部空间高度是指从第一层塔板到塔顶封头切线的距离。为了减少塔顶出口气相中夹带的液相的量，顶部空间一般取 1.2~1.5m。为了提高产品质量，通常在柴油吸收塔顶设置除沫装置。如采用金属除沫网，注意除沫网底到塔盘的距离一般不小于板间距。

3. 塔底空间距离 H_b

塔底空间高度是指从塔底最末一层塔板到塔底封头的切线处的距离，该距离由釜液的停留时间(LLL~HLL)而定。

通常，焦化装置塔器塔釜停留时间见表 7-4-5。

表 7-4-5 焦化塔器塔釜停留时间

描述	停留时间(LLL~HLL)/min
采用流量、液位联合控制	5
仅流量控制	15
塔底料至换热器或者储罐	2
焦化分馏塔底	10

参 考 文 献

[1] 徐江华，甘丽琳，李和杰，等. 一种可灵活调节循环比操作的延迟焦化工艺[P]. 2010，37(4)：108-

111.
[2] 甘丽琳，徐江华，李和杰．可调循环比的延迟焦化工艺[J]．炼油技术与工程，2003，33(10)：8-11.
[3] SEI. 一种全蜡油下回流脱过热及循环比定量控制的延迟焦化装置及方法[P].
[4] 黄孟旗，李出和．延迟焦化全蜡油下回流脱过热及循环比定量控制[J]．石油化工设计，2012，29(3)：29-30.
[5] Charlie Herron. Debottlenecking coker fractionation sections with high capacity trays and structured packing [C]//NPRA Annual Meeting AM-03-51，San Antonio，TX，USA，2003.
[6] 冯金煌，陈活虎．脱硫喷淋塔除尘的影响因素及效果[J]．环境工程，2010，89(3)：70-72.
[7] 李秋萍，程建伟，邵国兴．喷淋洗涤塔、液柱塔及动力波洗涤器[J]．化工装备技术，2008，29(3)：1-5.
[8] 侯峰伟．一种喷淋除尘器结构改进的性能研究[D]．兰州：兰州理工大学，2006.

第八章　石油焦除焦、存储及输送系统

第一节　水力除焦技术

一、水力除焦技术发展概况

水力除焦系统是延迟焦化装置的重要组成部分，对装置的安、稳、长、满、优生产具有重要作用。

美国 Shell 公司于 1938 年借鉴了水力采煤的方法，将射流切割、破碎原理用于延迟焦化装置进行水力除焦取得成功。1939 年水力除焦技术是正式投入工业使用，推动了延迟焦化工艺技术的快速发展。

水力除焦就是把高压水的压力通过喷嘴转化为高速射流，压力能转变为动能，当具有动能的水射流碰到焦炭时发生动量转换，因水射流单位面积上的动压力大于焦炭的破碎强度，所以焦炭被切割、破碎。

随着延迟焦化装置规模的不断增加，单系列焦化装置的处理量也不断扩大，实现设备大型化是提高单系列装置处理量的主要手段之一，如：增加焦炭塔直径。1964 年国内建成的第一套延迟焦化装置的焦炭塔直径为 5.4m，2009 年国内建成并投产的处理量为 4.2Mt/a 延迟焦化装置的焦炭塔直径达到了 9.8m，目前仍是国内直径最大的焦炭塔。

随着焦炭塔直径的不断扩大，水力除焦系统对高压水的参数和除焦设备的压力等级要求也不断提高。直径 5.4m 的焦炭塔进行水力除焦时要求高压水的流量为 140~180m^3/h、压力为 12~14MPa，除焦设备的压力等级为 16MPa。直径 9.8m 的焦炭塔进行水力除焦时高压水的流量为 330m^3/h、压力为 34MPa，除焦设备的压力等级为 42MPa。

为了适应延迟焦化装置的不断发展对水力除焦技术的要求，1976 年美国 PACIFIC 公司研制成功了除焦控制阀。1979 年美国 CONOCO 公司研制成功了水力除焦程序控制系统。在消化引进技术的基础上，1996 年我国也先后开发了除焦控制阀、水力除焦程序控制系统、自动切换除焦器。2002 年后我国将水蜗轮减速器及水力马达用于有井架水力除焦，2003 年直径 8.4m 的焦炭塔采用了自动顶盖机，2006 年焦炭塔开始采用自动底盖机。2009 年开始，密闭式自动底盖机及自动顶盖机得到不断推广应用，2017 年为了适应密闭除焦技术的发展，又开发了超薄型密闭式自动底盖机。

国内典型的水力除焦系统主要包括：高压水泵、高压水管道、高压切断阀、除焦控制阀、高压胶管、钻杆、风动水龙头、水力马达及水蜗轮减速器、自动或半自动切换除焦器、钻机绞车、滑轮组、自动焦炭塔顶盖机、自动焦炭塔底盖机和除焦控制系统等。

2018 年中国石化“安全环保型密闭除焦、存储及输送成套技术(S-CCHS)”开发成功，提供了延迟焦化装置石油焦生产过程的安全、环保一揽子解决方案，改变了延迟焦化装置重污染单位的形象。

二、高压水射流理论基础

(一) 喷嘴与射流基本理论

1. 薄壁孔口流出

(1) 薄壁孔口流出

图 8-1-1 所示为水箱，在其侧面开有一个直径为 d 的圆孔，由水力学知识可知：若孔壁厚度不大，且孔口做成尖锐的边缘时，出流与孔壁仅接触于一条线上，此时出流仅受到局部阻力，没有沿程能量损失，这种孔口称为薄壁孔口。若 $d<1/10H$ 时，称为小孔口。作用在小孔口上各点的水头可以近似地认为是与形心点的水头 H 相等。

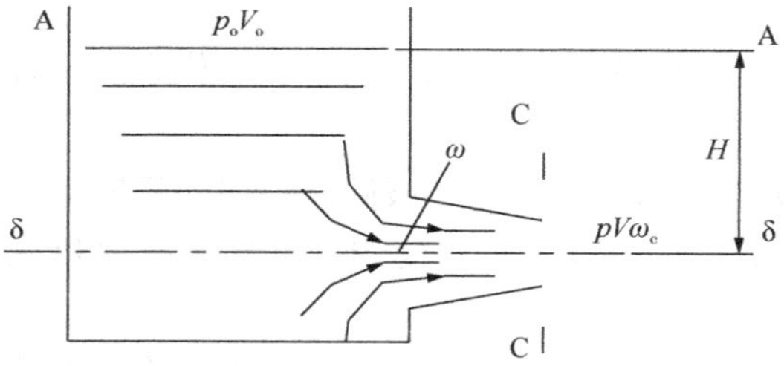

图 8-1-1　薄壁孔出流示意图

从图 8-1-1 可以清楚地看到，在水头 H 较高的情况下，当水流向孔口流动时，由于惯性的作用，水的流线不能急剧地折角改变方向，而是以不同的角度集中流向孔口中心，流线的不平行性不仅可以在孔口观察到，也可以在最初流出的一段水柱内观察到。由于流线的不平行性，使水柱在离孔口某一距离后，流线才基本达到平行状态。

这时水柱断面收缩完毕。这里的过水断面叫作收缩断面(图 8-1-1 的 C-C 断面)，其面积以 ω_c 表示。

应用伯努力方程式，可以推导出孔口出流的速度和压头的关系式。现对断面 A-A 和 C-C 列出伯努力方程式，其中 A-A 为容器内液体的自由表面，C-C 为水流的收缩断面，假定孔口出流完全符合薄壁小圆孔完全收缩的条件，则可得：

$$H+\frac{p_0}{r}+\alpha_0\frac{V_0^2}{2g}=0+\frac{p_1}{r}+\alpha\frac{V^2}{2g}+h_j \tag{8-1-1}$$

式中　H——断面 A-A 和 C-C 间的几何高度，m；

p_0——断面 A-A 上的压力，MPa；

p_1——断面 C-C 上的压力，MPa；

V_0——断面 A-A 处的水流速度，m/s；

V——断面 C-C 处的水流速度，m/s；

h_j——流经薄壁孔时的压头损失，m；

α_0——断面 A-A 处的速度不均匀系数；

α——断面 C-C 处的速度不均匀系数。

如果把 $H+\frac{p_0-p}{r}+\frac{\alpha_0}{2g}\cdot V_0$ 以 H_0 表示，H_0 即压头；

把压头损失写成 $h_j=\xi\frac{V^2}{2g}$

式中　ξ——孔口的局部阻力系数；

则：
$$H_0=\frac{(\alpha V^2)}{2g}+\xi\frac{V^2}{2g} \tag{8-1-2}$$
$$H_0=(\alpha+\xi)\frac{V^2}{2g} \tag{8-1-3}$$
$$V=\frac{\sqrt{2gH_0}}{\sqrt{\alpha+\xi}} \tag{8-1-4}$$

孔口出流的流量为：
$$Q=\frac{1}{\sqrt{\alpha+\xi}}\omega_c\sqrt{2gH_0} \tag{8-1-5}$$

为了工程应用和计算方便，下面引入μ、ϕ、ε几个重要系数。

(2) 关于系数μ、ϕ、ε的概念

① 流量系数μ，它表征水流通过孔口的能力；
$$\mu=\varepsilon\phi$$

② 流速系数ϕ，它表征孔口局部阻力和速度分布的情况；
$$\phi=\sqrt{\alpha+\xi}$$

③ 收缩系数ε，它表征水流经孔口的收缩程度，即ω与ω_c的比值：
$$\varepsilon=\frac{\omega_c}{\omega}$$

式中　ω——过流孔的理论面积；

ω_c——过流收缩后的实际面积。

将上述三个系数代入式(8-1-1)和式(8-1-2)中、可得薄壁孔出流的速度计算公式：
$$V=\phi\sqrt{2gH_0} \tag{8-1-6}$$

流量计算公式：
$$Q=\omega_c\phi\sqrt{2gH_0} \tag{8-1-7}$$

对完全收缩的圆形孔口的各系数，有如下的数值：

$\varepsilon=0.63\sim0.64$；$\xi=0.05\sim0.06$；$\phi=0.97\sim0.98$；$\mu=0.60\sim0.62$。

2. 短管和管嘴出流

(1) 短管出流、关于管嘴的概念

图8-1-2所示为一水箱，侧面接有一个尖锐边缘的短管。这种短管的水流现象，叫作短管出流。当水流经过短管出流时，一般首先发生水流的收缩，然后扩大充满全管。

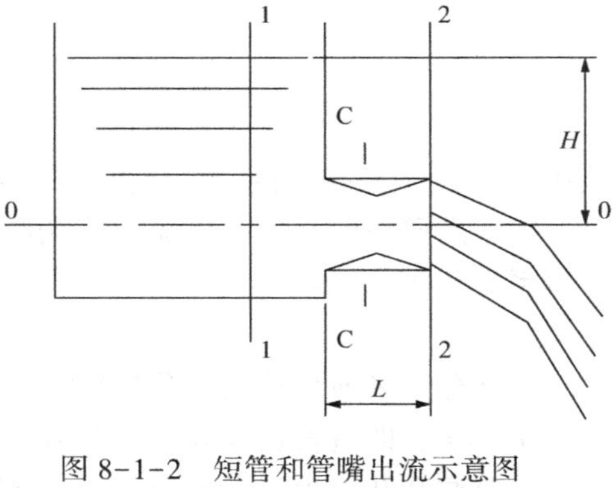

图8-1-2　短管和管嘴出流示意图

当水经薄壁孔口出流到大气中时，水流收缩处与大气接触，收缩断面上的压强等于大气压。加接短管后，情况就不同了，其差别主要有以下两点：①如对一般圆柱形短管而言，管内水流的收缩断面处就将发生真空。这时真空的抽吸作用，将使水流的流动速度比薄壁孔出流时有一定的提高。这是短管的根本特性。②由于短管的存在，引起了一些能量损失，主要有管内的摩擦损

失和流速扩大引起的损失两部分。这两部分的能量损失则会使水流的流动速度滞缓。

下面讨论出流流量最大时的短管长度。现以通过图 8-1-2 所示的断面 2-2 形成的水平面作为基准面，列出过水断面 1-1 和 2-2 的能量方程可得：

$$H_0=\alpha\frac{V^2}{2g}+\sum\xi\frac{V^2}{2g}\alpha=(1+\sum\xi)\frac{V^2}{2g}\alpha \tag{8-1-8}$$

式中　V——断面 2-2 处的平均流速，m/s。

在图示的情况下，水流流动阻力共有三部分：水箱壁上的孔口阻力；管内流速突然扩大的阻力；沿短管长度上的摩擦阻力。所有系数都应以出口断面的流速为准。

$$\sum\xi=\xi_1+\xi_2+\xi_3 \tag{8-1-9}$$

薄壁孔口阻力系数一般都是以收缩断面的速度来表示，其数值为 0. 05~0. 06。如考虑速度比：

$$\frac{V}{V_c}=\frac{\omega_c}{\omega}=\varepsilon=0.64$$

将系数 ξ_1 以短管出口流速来表示，应采用

$$\xi_1=0.06\times0.64^{-2}\approx0.15$$

速度突然扩大的阻力系数 ξ_2 可按水力学有关公式计算：

$$\xi_2=\left[\frac{\Omega}{\omega}-1\right]^2=\left[\frac{1}{0.64}-1\right]^2=0.32 \tag{8-1-10}$$

式中　Ω——扩大后断面面积，m^2。

系数 ξ_1 和 ξ_2 代入式(8-1-9)，可得：

$$\sum\xi=0.15+0.32+\lambda\frac{1}{d}=0.5+\lambda\frac{1}{d}$$

系数 ξ_1 和 ξ_2 之和(0. 15+0. 32) ≈0. 5，这里考虑了箱壁孔口出流及管内流速突然扩大而引起的能量损失，也可称管子进口阻力系数 ξ_n，它和管道直角进口的局部阻力系数的数值是一致的，代入方程式(8-1-8)后可得：

$$V=\phi_n\sqrt{2gH_0}$$

式中　ϕ_n——流速系数。

$$\phi_n=\sqrt{\frac{1}{1.5+\lambda\frac{l}{d}}} \tag{8-1-11}$$

式中　λ——沿程阻力系数，它是雷诺数 Re 和相对粗糙度 ε/d 的函数。

由于所研究的是短管出流，管端应是满流的，它的收缩系数 $\varepsilon=1$，因此流速系数将和流量系数相等，即：

$$\mu=\varepsilon\phi_n=\phi_n \tag{8-1-12}$$

现在分三种典型情况来分析短管出流的流量系数：

① $l=0$，即短管长度等于零的情况。

这时候和孔口出流的情况完全一样，流出的水柱断面出现收缩，其流量系数为 0. 61。当 l 由零逐渐加大时，即在最初短管长度很小时，流出的水柱不能扩大充满全管，这时流动仍为孔口出流。

② 短管的长度适合，流量系数最大。

从式(8-1-11)可以看到，如果短管的沿程损失可以忽略不计时，它的流量系数将为最大，这时：

$$\mu_n=\phi_n=\frac{1}{\sqrt{1+0.5}}\approx 0.82$$

实验研究结果知道，最大的流量系数 μ_n 值将发生在下列短管长度时：

$$l=(3\sim 4)d$$

这种短管称为管嘴。

当知道短管长度超过上述范围时，从式(8-1-11)可以看到，由于 l 增大，流量系数将减小。我们可以通过下列方法求得流量系数将和孔口出流(即短管长度 $l=0$ 时)的 μ 值相等时的管长。

③ μ 值又减到 0.61 时的管长。

使式(8-1-11)刚等于 0.61 并近似地假定 $\lambda=0.02$，于是可求得：

$$\frac{l}{d}\approx 55$$

由此可见，虽然短管长度增加时有附加能量的出现，但需短管长度接近其直径 55 倍时，其出流才和薄壁孔口出流相等。当然如果管长继续增加，μ 值也将继续减小。

(2) 圆柱形外管嘴

它是一段长$(3\sim 4)d$ 的圆柱形短管，联接在孔口的外面，直径和孔口的 d 值一致。

试验求得的尖锐进口边缘的圆柱形外管嘴的流量系数 $\mu=0.82$，和前面计算求得的数值相符。

下面我们来讨论保证圆柱形外管嘴正常工作的条件。这里指的正常工作，系指它能产生的真空度，使管嘴具有较大的流量。

圆柱形外管嘴正常工作时，流出的水柱应经过收缩和扩大两个过程，从而保证管嘴具有较大的流量。

(3) 圆锥形和流线形管嘴

① 圆锥形管嘴：根据圆锥形沿水平方向是收敛或扩张，可分为圆锥扩张型管嘴(图 8-1-3)和圆锥收敛型喷嘴(图 8-1-4)。

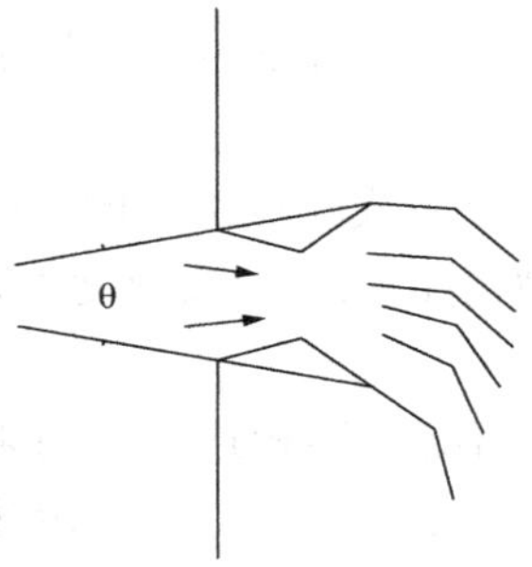

图 8-1-3　圆锥扩张型管嘴水流示意图

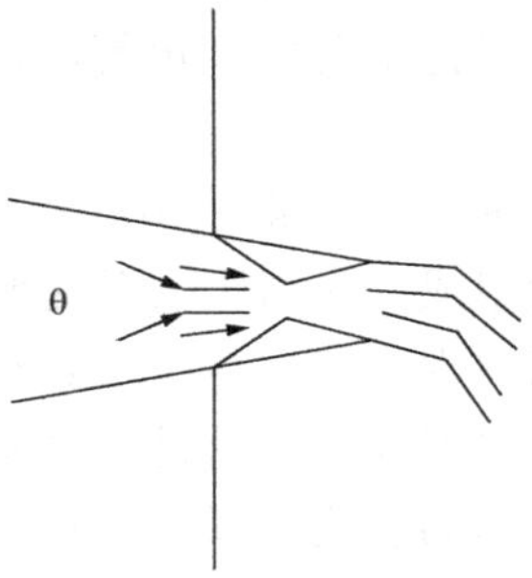

图 8-1-4　圆锥收敛型管嘴水流示意图

因水射流技术中圆锥收敛型管嘴应用较多，下面将以它作为重点进行分析和研究。

② 流线形管嘴：是在管嘴进口处作为符合水流流线形的曲线形管嘴，如图(8-1-5)所示。

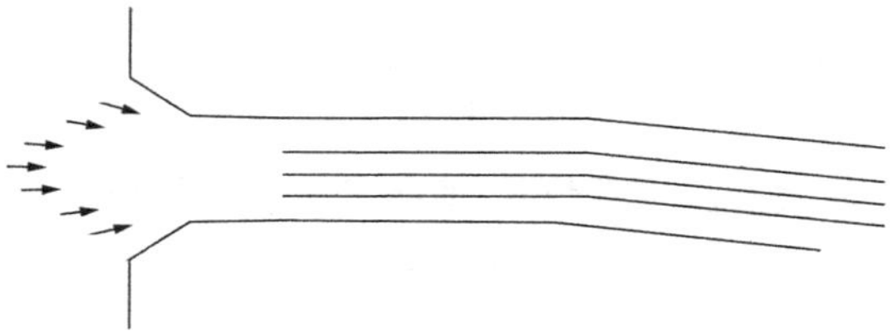

图 8-1-5　流线形管嘴水流示意图

各种管嘴的出流情况都具有自己的特性，它们的主要特性列于表 8-1-1 中。从表 8-1-1 可以看到它们各有不同的系数，对于各种不同用途的管嘴要求不同数值的系数，为此选择合适的管嘴形式是很有研究的，虽然流线形管嘴是具有很大动能的射流，但是这种管嘴加工十分困难，因此圆锥形管嘴应用受限。

表 8-1-1　不同类型管嘴的出流系数

管嘴类型	水头损失系数 ξ	收缩系数 ε	流速系数 ϕ	流量系数 μ	出口单位动能 $V^2/2g=\phi^2H$
圆柱形外管嘴	0.5	1.0	0.82	0.82	0.67H
圆柱形内管(满流)	1.0	1.0	0.707	0.707	0.50H
圆锥形收敛管嘴 ($\theta=13°\sim24''$)	0.09	0.98	0.96	0.95	0.90H
圆锥形扩散管嘴 ($\theta=5°\sim7°$)	3~4	1.0	0.45~0.50	0.45~0.50	(0.2~0.3)H
流线形管嘴	0.04	1.0	0.98	0.98	0.96H
薄壁小孔口	0.06	0.64	0.97~0.98	0.6~0.62	

3. 喷嘴的基本概念和类型

(1) 喷嘴和水射流的基本概念

前面主要讨论了孔口和短管出流中有关的水流流动现象，着重讨论了增加流速和流量问题。

图 8-1-6 所示为一般水力除焦常用来产生高速水射流完成除焦工艺的喷嘴组件。它由稳流器和喷嘴组成。从高压泵系统来的高压水，经喷嘴喷射出去，形成速度很高的水流，即通常所说的高速水射流或高压水射流。

从图中可以看到，喷嘴是一种具有一定长度，一般与稳流器相连接，用来发生比较密集、有一定用途的射流的成型管段。喷出的射流是具有一定的形状、以一定速度的向前运动、并有一定距离的水柱或水团。

(2) 水力除焦常用的喷嘴类型

用于切割和破碎焦炭的高压水射流有下列两项主要要求：

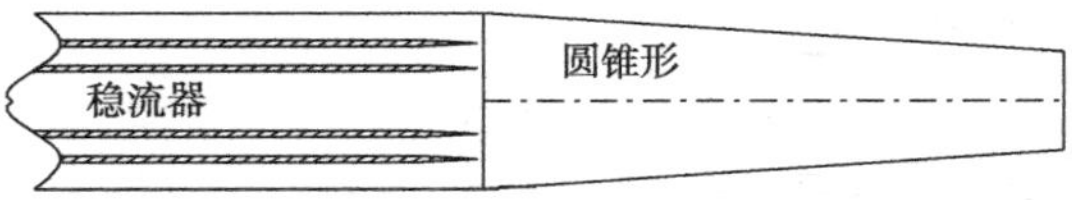

(a)圆锥收敛型喷嘴

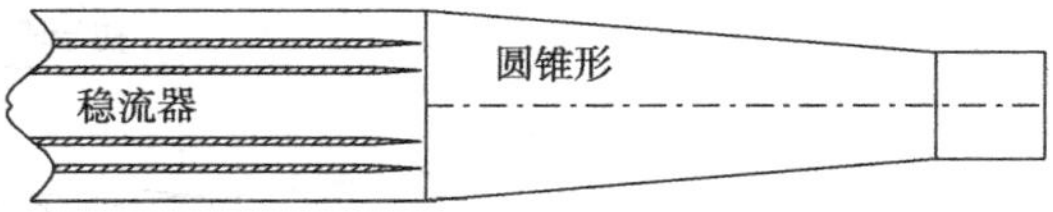

(b)圆锥收敛带圆柱出口型喷嘴

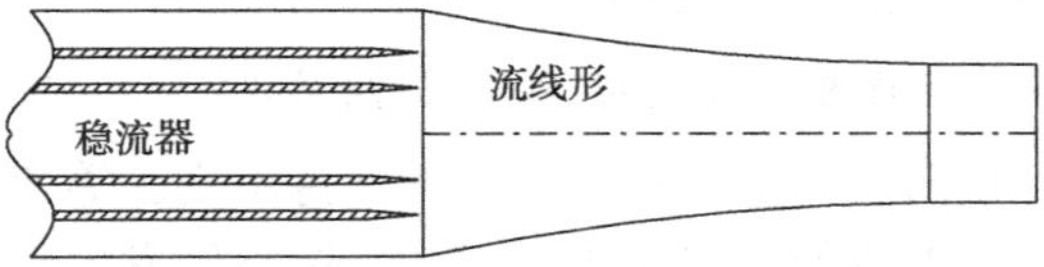

(c)流线形带圆柱出口型喷嘴

图 8-1-6　不同类型喷嘴结构示意图

一有高的速度，保证射流具有较高的动能；二有较好的密集性，以保证射流有较远的射程能在较大的范围内完成切割或破碎焦炭的作业。

为了满足水力除焦技术对高压水射流的这些要求，各国陆续研究开发了多种不同截面形状的喷嘴。对于一般连续水射流系统来说，较普遍采用的有：圆锥收敛型、圆锥带圆柱出口型、流线形等几种。其中比较典型的截面如图 8-1-6 所示。本节主要介绍上述三种喷嘴的基本形状。

① 圆锥收敛型

见图 8-1-6(a)，这种喷嘴比较容易加工，但是射流的密集性不理想。常常用于对射流射程要求不高的场合，如用于水力透平、水力扬水器等设备上。

② 圆锥带圆柱出口型

见图 8-1-6(b)，这是目前较为常见一种喷嘴。

③ 流线形

见图 8-1-6(c)，这是目前最为理想一种喷嘴。

目前各国正从不同角度研究流线型喷嘴的内截面形状，以期获得较理想的效果。圆锥形喷嘴的流量系数与圆锥角 2α 密切相关。如图 8-1-7所示为它们的关系曲线。有的研究人员认为：最大流量系数相应于圆锥角在 $2\alpha=13°24'$时。很多高压水射流系统上应用的喷嘴，最大流量系数的圆锥角大约变动在 $2\alpha=12°\sim14°$的范围内。

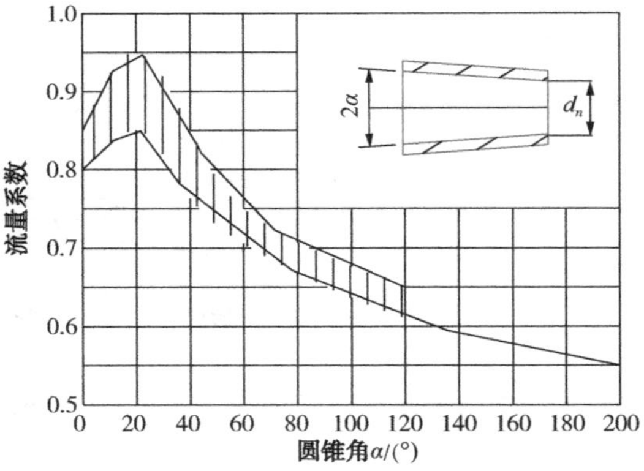

图 8-1-7　流量系数与圆锥角的关系曲线

（二）连续水射流的结构和特性

1. 普通连续水射流的结构

（1）连续水射流结构的基本概念

工程上常用的分析连续水射流结构如图 8-1-8 所示。

液流以压力 p_0 进入喷嘴以速度 V_0 喷出时，即形成射流。当压力 p_0 和速度 V_0 不随时间改变时，射流是连续均匀的，称为连续射流。连续射流的结构分为初始段、基本段和消散

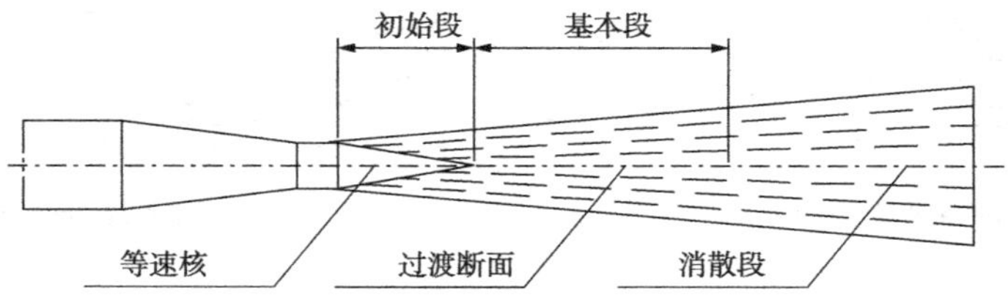

图 8-1-8　射流基本结构示意图

段。初始段内有一等速核，核内为均质液体并且速度保持不变，等速核逐渐缩小到过渡断面完全消失。在基本段内，由于射流的紊流作用不断和周围空气发生动量交换，周围空气进入射流中，使接近边界部分的射流速度逐渐降低。消散段气液继续混合，射流速度进一步降低。消散段之后，射流即消散到大气中。

（2）连续射流结构的变化规律

射流的结构和它的喷射压力及形成条件有密切联系。图 8-1-9 所示为喷射压力变化时，连续射流结构变化的示意图。

图中 8-1-9(c)所示为高压时射流结构的特点，这时射流在喷嘴出口处边缘内壁的附面层，由层流变为紊流。紊流附面层出现的条件(起始形成的喷射速度)和它的厚度都直接决定于喷嘴内表面的加工质量。

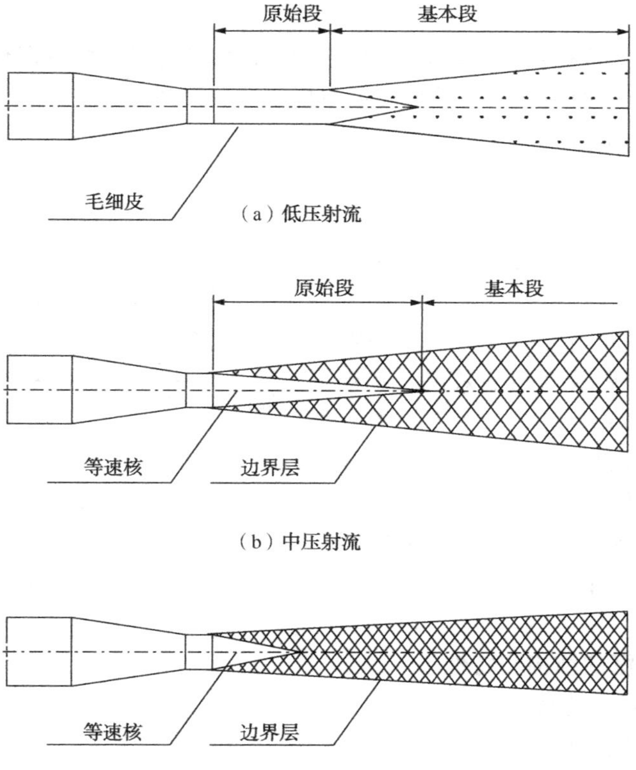

（a）低压射流

（b）中压射流

（c）高压射流

图 8-1-9　射流结构示意图

2. 连续水射流的几何特性

连续水射流的几何特性，主要包括射流的长度和直径等参数及其变化规律。在工程上，射流的长度以初始段长度或落地射程为标准。射流的直径则应能计算出离喷嘴不同距离处(简称靶距)的数值，以掌握射流扩散的规律。

(1) 射流初始段

定义：核心部分以不变的速度(等于喷嘴出口流速)运动密集的射流段，称为射流初始段。

射流初始段的特征是非常密集：这段射流越长，它就越密集，通常都可以用密集段的长度来判断射流的质量。

射流初始段的长度取决于很多因素，其中最主要的是射流的基本参数及其形成条件。射流基本参数对初始段无量纲长度的影响可以用下列关系式表示：

$$\frac{L_0}{d}=f(Re) \tag{8-1-13}$$

通过对大量射流几何特性数据的图解分析整理，获得了采用不同质量喷嘴时，高压水射流初始段长度 L_0 与喷射压力 p 的关系曲线(见图 8-1-10)和高压水射流初始段长度 L_0 与雷诺数 Re 的关系曲线(见图 8-1-11)。对喷射压力较低的射流来说，可以用下列方程来表示：

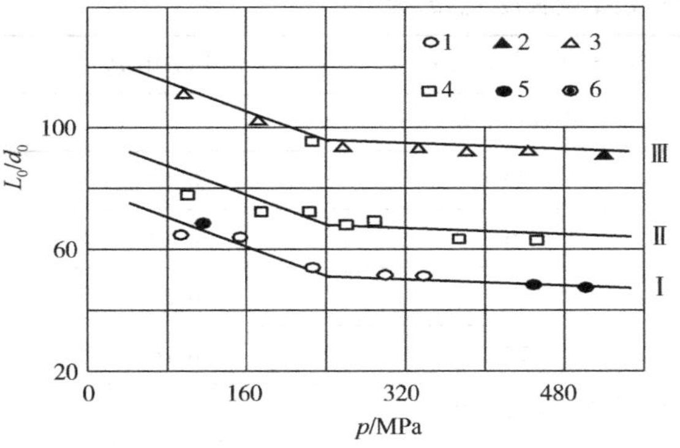

图 8-1-10　采用不同质量喷嘴时高压水射流初始段长度 L_0 与喷射压力 p 的关系曲线

喷嘴质量：Ⅰ—低等；Ⅱ—中等；Ⅲ—高等

喷嘴直径：1—$d_0=0.97$mm；2—$d_0=1.27$mm；3—$d_0=1.50$mm；4—$d_0=2.17$mm；5—$d_0=2.87$mm；6—$d_0=3.57$mm

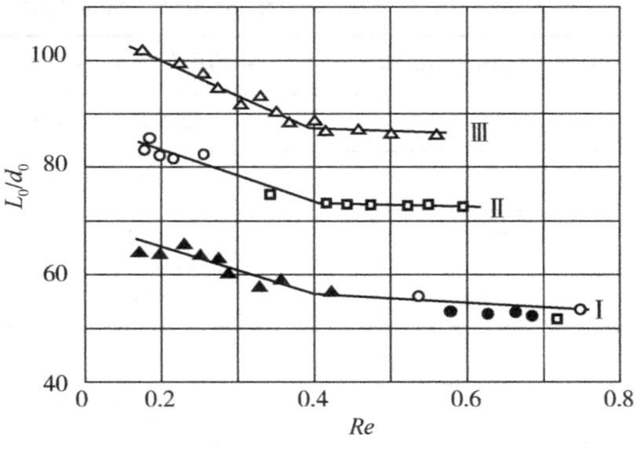

图 8-1-11　采用不同质量喷嘴时高压水射流初始段长度 L_0 与雷诺数 Re 的关系曲线

$$\frac{L_0}{d_0}=A-B\,Re \tag{8-1-14}$$

式中　Re——射流初始段的雷诺数，$Re=V_0\cdot\frac{d_0}{r}$；

V_0——射流流速，m/s；

d_0——喷嘴出口直径，m；

γ——运动黏度系数，m^2/s，对于水 $\gamma=(1\sim1.3)\times10^{-4}$；

A——取决于射流形成条件的经验系数；其中主要的因素是喷嘴的加工精度和内表面的加 工粗糙度；

B——取决与射流基本参数的经验系数，其中最主要的因素是雷诺数。

对于喷射压力较高、雷诺数 $Re>0.4\times10^6$ 时，射流初始段长度直接决定于形成条件，而不再和雷诺数有关，可按下列公式来选择：

$$L_0=(53\sim106)d_0 \tag{8-1-15}$$

A、B 两经验系数和式(8-1-15)中常数的选取可参考表 8-1-2 和表 8-1-3 进行。

表 8-1-2　计算射流初始段长度用表

$Re<0.4\times10^6$			$Re>0.4\times10^6$
喷嘴质量	A	B	L_0/d_0
差	84	68×10^{-6}	53~60
中等	96	68×10^{-6}	70
优	112	68×10^{-6}	85~106

注：本表适用于喷射压力为 10~60MPa，喷嘴出口直径 $d_0=0.005\sim0.03$m。

表 8-1-3　连续射流的相对初始段长度 L_0/d_0 表

射流喷射压力 p_0/MPa	初始段长度 $L_0/10^{-3}$m	初始段无量纲长度 L_0/d_0	雷诺数 10^6Re
喷嘴直径 $d_0=0.00097$m；加工质量：中等			
10	77.5	80	0.13
20.3	74	76	0.19
29.9	74	76	0.23
38.7	75	77	0.26
喷嘴出口直径 $d_0=0.0015$m；加工质量：优			
10	158	106	0.2
21.3	144	96	0.3
33.2	135	90	0.3
39.4	131	87	0.4
喷嘴出口直径 $d_0=0.00287$m；加工质量：很差			
10	200	70	0.99
16.4	172	60	0.50
33	155	54	0.71
39.2	155	54	0.77

注：本表系试验所得数据。

（2）射流直径

水射流自喷嘴喷出后，即逐渐扩散。这是由于在射流中形成横向速度。横向速度使射流从喷嘴中喷出时发生紊流扰动，并使射流与外部介质(空气)相互作用。在水流中开始出现液体的断裂，而后射流分裂成水滴。

图 8-1-12 为某靶距离 L 时渗入空气后，射流直径 D 的变化情况。射流的全部断面 F_τ 可以作为液体断面(假定的) F_y 和与一部分空气占领的射流断面 $F_{1\sim4}$ 之和。靶距越大，渗入空气后的射流断面也越大。

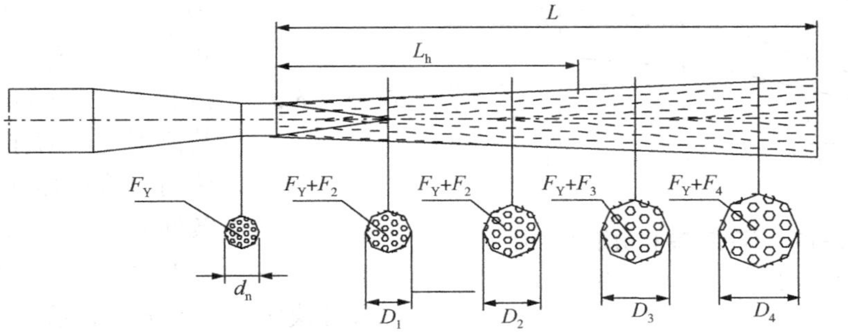

图 8-1-12　射流结构示意图(分析射流直径用)

射流每一断面上的水流量(在工作范围内)可由下式来表示：

$$Q=V_{cp}\cdot F_\tau \tag{8-1-16}$$

式中　V_{cp}——某一靶距上射流的平均速度，m/s。

射流的液体断面(假定的)由以下关系式表示：

$$\begin{aligned}F_y&=F_\tau-F_{1\sim4}\\&=F_\tau\left(1-\frac{F_{1\sim4}}{F_c}\right)\\&=F_\tau K_0\end{aligned} \tag{8-1-17}$$

从上式得：

$$K_0=\frac{F_y}{F_\tau} \tag{8-1-18}$$

于是：

$$K_0=V_{cp}\cdot F_\tau\cdot K_0 \tag{8-1-19}$$

将式(8-1-19)变换后，获得无因次形式的渗气后的射流直径变化方程式为：

$$\frac{D}{d_0}=\sqrt{\frac{\mu}{K_0}}\cdot\left(\frac{p_0}{p_{cp}}\right)^{0.25} \tag{8-1-20}$$

式中　D——在靶距为 L 时的射流直径，m；

μ——喷嘴流量系数，取 0.93~0.98；

p_{cp}——在靶距为 L 时的射流动压力，MPa。

系数 K_0 表示相对密度等于 1 的射流的实际流量与相对密度小于 1 的掺气后射流的水气混合物流量的比率。系数 K_0 不可能大于 1，因为实际流量小于水气混合物流量。随着靶距的增大，而系数 K_0 却减小。

水压力变化为 33 ~ 50MPa 时，高压水射流直径与喷嘴直径为 $a=0.00097$m、$b=0.0015$m、$c=0.00217$m、$d=0.00287$m 的距离的关系如图 8-1-13 所示。由此曲线图看出，

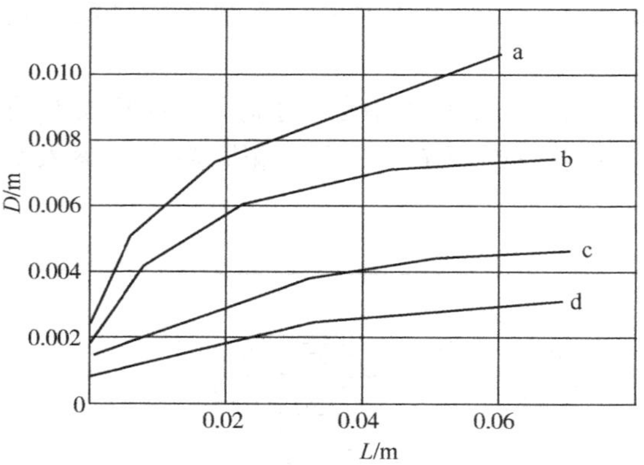

图 8-1-13　不同喷嘴和初始压力时高压水射流与距离的关系曲线

曲线呈抛物线形状，而水压力值在试验时的变化范围为 26～50MPa 时，实际上对射流直径没有显著的影响。

高压水射流无因次直径的关系由下式表示：

$$\frac{D}{d_0}-1=A_1\left(\frac{L}{d_0}\right)^{K_0} \qquad (8-1-21)$$

式中　K_0——指数，与喷嘴出口直径无关，其值不变；对于在水力除焦中使用的除焦器喷嘴射流的形成条件来说，$K_0=0.65$；

A_1——无因次参数，其值由喷嘴直径的尺寸决定，并由下式表示：

$A_1=0.03\,d_0(\text{mm})$

$\frac{D}{d_0}-1=f\left[A\cdot\left(\frac{L}{d_0}\right)^{k_0}\right]$ 综合曲线如图 8-1-14 所示。

$$\frac{D}{d_0}-1=f\left[A\cdot\left(\frac{L}{d_0}\right)^{k_0}\right]\text{关系曲线}$$

从图 8-1-14 中可以看到试验数据的分散性的偏差系数在 5%～10%范围内变化。这样推出的关系式(8-1-21)以足够的精确度反映了高压水射流直径实际变化的规律性。高压水射流直径也可按式(8-1-20)求得：

$$K_0=1.8\left(\frac{d_0}{L}\right)^{0.424} \qquad (8-1-22)$$

以上方程式是在图 8-1-15 的综合曲线图的基础上获得。

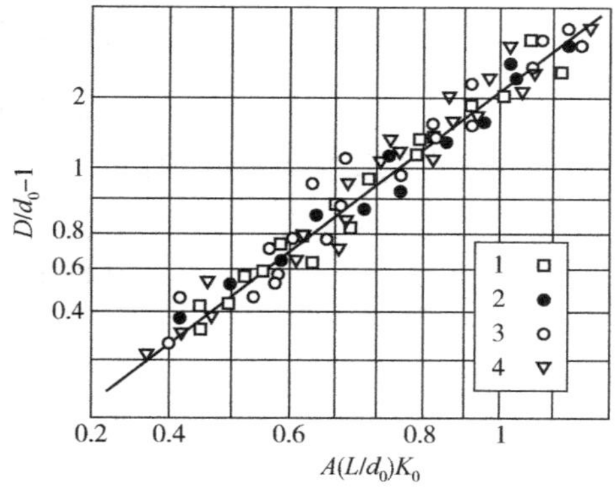

图 8-1-14　在不同喷嘴直径和初始压力时

喷嘴直径：0.00097m；0.0015m；0.00217m；0.00287m

初始压力：1—33MPa；2—39MPa；3—44MPa；4—50MPa

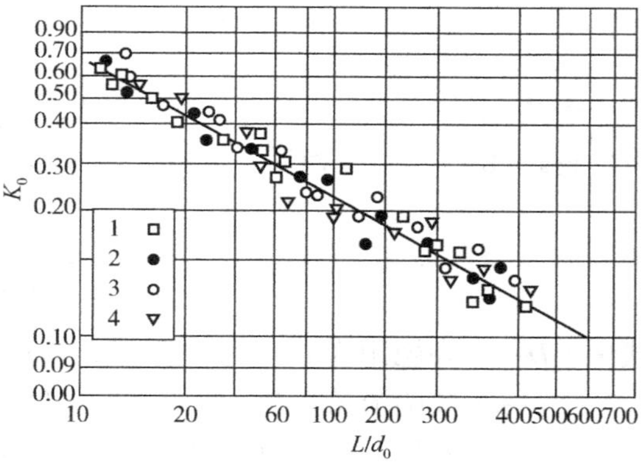

图 8-1-15　在不同的喷嘴直径和初始压力时高压水射流的 $K_0=f(L/d_0)$ 关系曲线

喷嘴直径：0.0015m；0.002m；0.00217m；0.00287m

初始压力：1-33MPa；2-40MPa；3-45MPa；4-50MPa

(三) 连续水射流的动力特性

1. 射流动压力

高压水经过喷嘴形成高速水流，其能量的形式由压能转变为动能。由水力学可知：

$$V_0=\phi\sqrt{\frac{2g\,p_0}{r}} \tag{8-1-23}$$

或

$$\phi^2 p_0=r\frac{V_0^2}{2g}=\rho\frac{V_0^2}{2}=p$$

式中　V_0——喷嘴出口速度，m/s；

p_0——喷嘴入口压力，MPa；

p——喷嘴出口动压，MPa；

γ——水的重度，kg /m^3；

ρ——水的密度，kg · s^2/m^4；

g——重力加速度，m/s^2；

ϕ——喷嘴流速系数；良好的流线形喷嘴，$\phi\approx0.98$。

$p=\rho V_0{}^2/2$ 即为水射流在喷嘴出口处的动压，其意义为单位体积的水在喷嘴出口处所具有的动能。射流因为在运动过程中克服空气阻力逐渐扩散，其动能逐渐减小。图 8-1-16 为射流轴心动压力的一般变化规律。

(1) 轴心动压力：p_m

射流轴心动压力 p_m的变化规律如图 8-1-16(b)所示，对应于射流结构的图可以看到：在初始段内，它是不变的，在初始段外，随着距离的增加，轴心动压力逐渐减小。对于一般 $p_0=30\sim60$MPa 的水射流来说，轴心动压力 p_m的数值可按下式计算：

$$p_m=p_0\left(\frac{L_0}{L}\right)^{0.27+0.0075\left(\frac{L}{L_0}\right)^2} \tag{8-1-24}$$

(2) 射流平均动压 p_{cp}

射流各断面上的相对平均动压 p_{cp}/p_0 随 L/d_0 的变化规律如图 8-1-16(c)所示。

射流沿截面的平均压力 p_{cp}反映射流横断面上的动压力变化。在喷嘴距离不同的情况下，射流的结构特征和动力特征变化之间的关系可借助 p_{cp}来确定，并计算出离喷嘴距离 L 处的作用力。

高压水射流的平均动压力由下式确定：

$$\frac{p_{cp}}{p_0}=A\left(\frac{d_0}{L}\right)^K \tag{8-1-25}$$

式中，A、K 为固定系数，其数值由试验确定。由于高压水射流沿长度范围在周围空气介质中扩散过程的强度不是固定的，A、K 也是变化的。在初始段内 $K=0.105$、$A=1.14$。

即在初始段内高压水射流的平均动压力计算公式为：

$$\frac{p_{cp}}{p_0}=1.14\left(\frac{d_0}{L}\right)^{0.105} \tag{8-1-26}$$

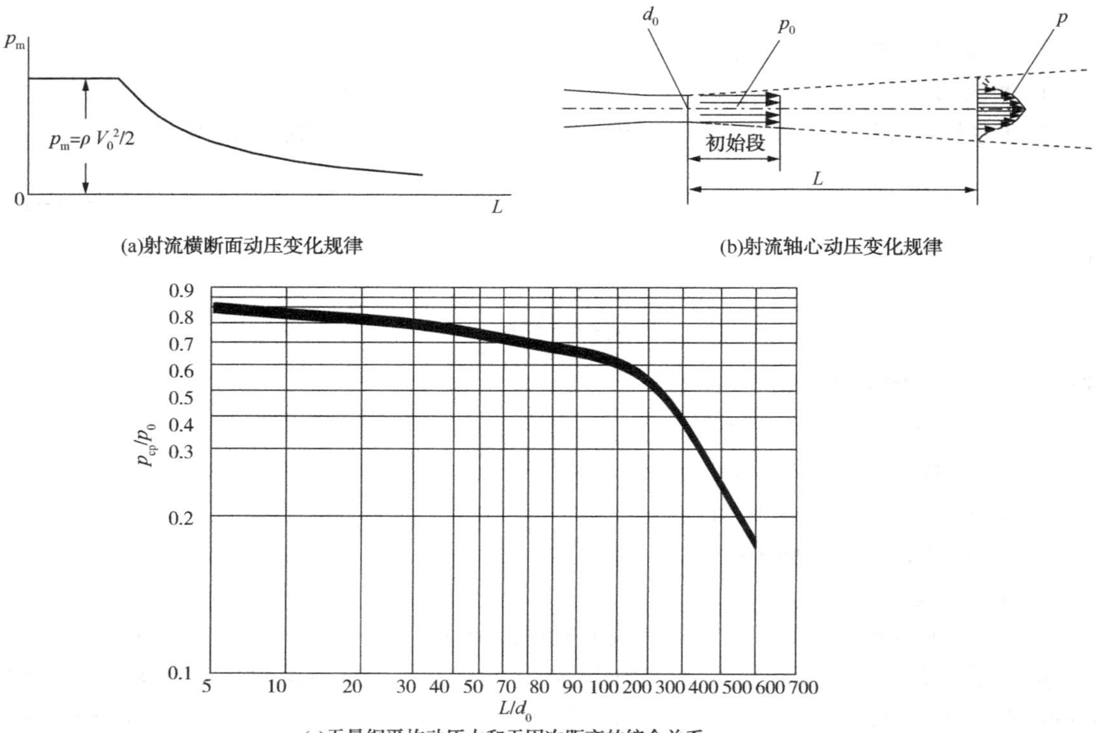

(a)射流横断面动压变化规律　　(b)射流轴心动压变化规律

(c)无量纲平均动压力和无因次距离的综合关系

图 8-1-16　射流动压沿射流长度上的变化规律

在射流初始段范围外($L/d_0=90\sim600$)，系数 $A=1$、系数 K 以下式表示：

$$K=0.105+7.4\left(\frac{L}{d_0}\right)^2\cdot10^{-7} \tag{8-1-27}$$

2. 射流打击力

射流以一定的速度向物体喷射时，物体受到的力量就是射流打击力。由于几何和动力特性变化的综合影响，射流打击力有自身独特的规律。

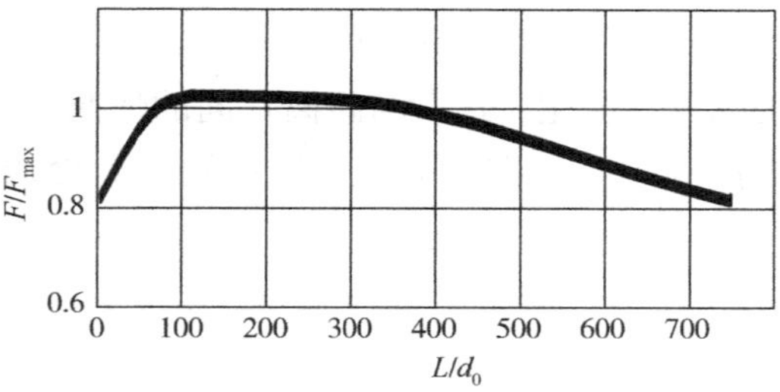

图 8-1-17　对于不同喷嘴和不同初始压力射流的 $F/F_{max}=f(L/d_0)$ 的综合曲线

(1) 最大打击力

随着喷嘴与物体之间的距离逐渐增大，开始时打击力逐步增大，在某一距离时打击力达到最大 F_{max}，然后开始下降。根据研究结果表明，射流打击力达到最大值的距离 L 波动范围很大，处在 $L/d_0=60\sim200$ 的范围内(见图 8-1-17)。

虽然随着距离的增大，射流的平均速度和密度将减小，但在某一距离上射流总打击力却增大。出现这种现象的原因，可以通过对射流参数的函数关系式 $F=f(\omega、p、v)$ 的分析来说明。因为由喷嘴喷出的射流立即扩散，射流的横断面面积随扩散角的增加而增加。试验表明，射流直径的增加在其长度上是不一致的。在 $L/d_0=0\sim100$ 的射流段上，直径增长较强烈，在这段范围之外，即 $L/d=100\sim720$ 处，直径增长较缓慢，因此在射流各种扩散角的结合处出现弯曲，而在这弯曲处获得最大的射流打击力 F_{max}。

因为在 $L/d_0=0\sim100$ 段上射流扩散最强烈，所以在某一角度下有相当一部分运动流体碰到平面物体，这就引起反射回流，从而产生附加反力。这些发生在射流对物体的打击力增长的地方，即 $L/d_0=0\sim100$ 的射流段上。在射流两种不同扩散角弯曲的断面上获得射流对平面物体的最大打击力。

射流的最大打击力可按下式计算：

$$F_{max}=p_{zj}=p_0\cdot(0.785\,d_0^2) \tag{8-1-28}$$

式中　p_{zj}——作用于喷嘴出口端面上的射流总静压力，N；

p_0——喷嘴内单位静压力，MPa；

F_{max}——射流最大打击力，N。

(2) 射流基本段内的打击力

对于高压水射流来说，射流对平面物体的最大打击力 F_{max} 与无量纲距离 $L/d_0=80\sim150$ 相吻合，即 $F/F_{max}=1$。射流在这个区域范围以外，无量纲距离在 $L/d_0=150\sim740$ 之间，射流的打击力可按下式计算：

$$\frac{F}{F_{max}}=1.046-3\cdot\left(\frac{L}{d_0}\right)\cdot10^{-4} \tag{8-1-29}$$

(四) 普通连续射流的计算

1. 给出条件

在计算连续射流的各项数值时，应给出下列主要条件，以便于计算：①射流喷射压力，MPa；②喷嘴出口直径 d_0，mm；③喷嘴内表面加工质量：差、中等或优。

2. 计算程序

(1) 射流喷射速度

这里指的是喷嘴出口处的喷射速度 V_0，单位为 m/s，可按下式计算：

$$V_0=\phi\sqrt{2gH_0}=43.96\sqrt{p_0} \tag{8-1-30}$$

(2) 射流流量

可按下列公式进行估算，单位为 m^3/s。

$$Q=\phi\,\omega_0\sqrt{2gH_0}=V_0\,\omega_0=0.785\cdot d^2V_0 \tag{8-1-31}$$

式中　ω_0——喷嘴出口截面积，m^2。

(3) 雷诺数

可按下列公式计算：

$$Re=V_0\frac{d_0}{\gamma} \tag{8-1-32}$$

式中　γ——水的运动黏性系数，cm^2/s（当室温为 13℃时，γ 可取为 0.012）。

(4) 射流初始段长度 L_0(m)

正如前面所指出的那样，射流初始段长度和射流喷射速度、喷嘴内表面加工质量密切相关。因此，应根据雷诺数的不同分两种情况来进行初始段长度的计算。

① 当 $Re<0.4\times10^6$ 时，可按下列公式计算：

$$L_0=(A-BRe)\,d_0 \tag{8-1-33}$$

式中，系数 A 主要决定于喷嘴质量，A 与 B 数值均可由表 8-1-2 查得。

② 当 $Re>0.4\times10^6$ 时，可按下列公式计算：

$$L_0=(70\sim160)d_0 \tag{8-1-34}$$

其长度值主要决定于喷嘴内表面加工质量。

(5) 射流轴心动压力 p_m(MPa)

值得注意的是，随着离喷嘴出口距离的变化，轴心动压力的变化可分为两个阶段。在第一阶段，即初始段范围内，它的数值是不变的，一直接近于射流在喷嘴出口处的数值。

在第二阶段，即超出射流初始段范围后，轴心动压力的数值随着离喷嘴出口距离增大而减小，其数值可按下式进行计算：

$$p_m=p_0\left(\frac{L_0}{L}\right)^n \tag{8-1-35}$$

$$n=0.27+0.0075\left(\frac{L}{L_0}\right)^2$$

式中　L——要求的计算截面离喷嘴出口的距离，m。

(6) 射流平均动压力 p_{cp}(MPa)

指离喷嘴距离 L 处的截面内的平均动压。随着射流轴心动压变化分成两个阶段，射流平均动压也应根据计算截面所处的位置不同，分别按下列公式计算：

初始段内：

$$p_{cp}=p_0\cdot1.14\,d\left(\frac{d_0}{L}\right)^{0.105} \tag{8-1-36}$$

初始段外：

$$p_{cp}=p_0\left(\frac{d_0}{L}\right)^k \tag{8-1-37}$$

式中：

$$k=0.105+7.4\times10^{-7}\left(\frac{L}{d_0}\right)^2$$

(7) 射流直径 D(m)

可按下列公式计算：

$$D=d_0\left[A_1\left(\frac{L}{d_0}\right)^{0.65}+1\right] \tag{8-1-38}$$

式中　A_1——经验系数，可取 $0.03d_0$。

(8) 射流平均速度 V_{cp}(m/s)

可通过射流平均动压计算：

$$V_{cp}=43.96\sqrt{p_{cp}} \tag{8-1-39}$$

(9) 射流最大打击力 F_{max}(N)

$$F_{max}=2\,\omega_0\,p_0 \tag{8-1-40}$$

(10) 射流总打击力 F(N)

下面列出了 $L=d_0(150\sim740)$ 区段内截面上总打击力的计算公式：

$$F=F_{max}\cdot\left(1.04-3\times10^{-4}\cdot\frac{L}{d_0}\right)\tag{8-1-41}$$

(11) 射流平均打击压强 f'(MPa)

这里指的是射流单位面积内的平均打击力，可按下式计算

$$f'=\frac{F}{\omega}\tag{8-1-42}$$

式中　ω——射流截面积，m^2。

(12) 射流功率 N(kW)

可按下式计算：

$$N=\frac{P\cdot Q}{102}\times10^5\tag{8-1-43}$$

(13) 比能消耗 E(kW/m^3)

比能消耗就是用高压水除焦时，每立方米焦炭所消耗的能量，它是衡量水力除焦效率的一项指标，按下式计算：

$$E=\frac{N}{A}\tag{8-1-44}$$

式中　A——单位时间内切割掉的焦炭体积，m^3。

(14) 射流的后座力 R(N)

$$R=2\,\omega_0\cdot p_0\tag{8-1-45}$$

三、水力除焦方法与操作

(一) 无井架水力除焦

无井架水力除焦技术是我国自行开发的具有独立知识产权的技术，它具有建设周期短、节省钢材、建设投资教少等特点。在20世纪60~70年代先后有胜利、茂名、荆门、金陵、长岭等延迟焦化装置采用了无井架水力除焦。

无井架水力除焦设备(图8-1-18)主要由高压胶管、水龙带绞车、对位小车、传动机构、水蜗轮减速机、除焦器、高压回转接头、联接法兰、塔底盖装卸机及程序控制系统等组成。

由于无井架水力除焦是用高压胶管代替钻杆，使得高压胶管在受压、拉、扭及冲击等交变载荷下工作，导致使用寿命短，水涡轮维修率高，因此限制了该技术的推广。近年来新建的焦化装置均采用有井架水力除焦，所以对无井架水力除焦本书不再作详细介绍。

(二) 有井架水力除焦

1. 有井架除焦机械设备

国外延迟焦化水力除焦系统都是采用有井架水力除焦。而国内水力除焦系统分为有井架水力除焦系统和无井架水力除焦系统。有井架水力除焦的机械设备布置见图8-1-19所示，这些机械设备属于除焦专用。

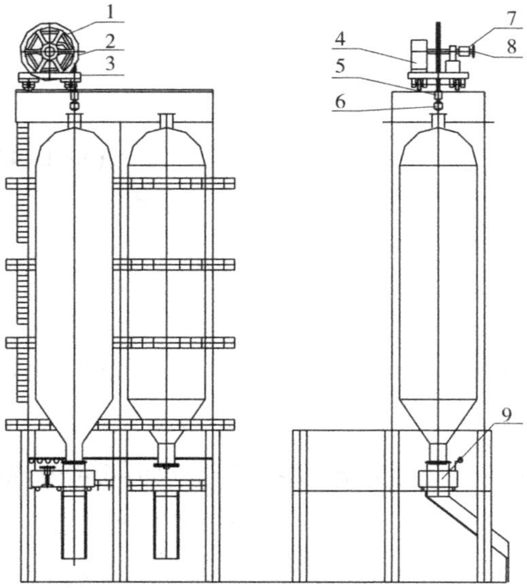

图 8-1-18　无井架除焦机械设备布置示意图

1—高压胶管；2—水龙带绞车；3—对位小车；4—传动机构；5—水蜗轮减速机；6—除焦器；7—高压回转接头；8—联接法兰；9—塔底盖装卸机

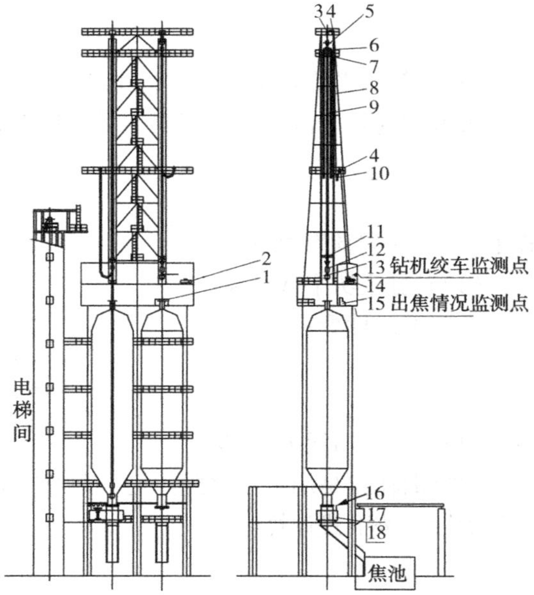

图 8-1-19　有井架除焦机械设备布置示意图

1—顶盖机；2—检修小车；3—固定式滑轮组；4—导向滑轮组；5—游动式滑轮组；6—风动水龙头；7—支点轴承；8—高压胶管；9—钻杆组件；10—张紧器；11—塔口扶正器；12—水力马达减速器；13—自动除焦器；14—钻机绞车；15—塔顶除焦操作台；16—电缆滑车；17—塔底盖装卸机；18—风动搬手

2. 高压水流程

图 8-1-20 为有井架高压水流程示意图。该流程主要包括：高位水罐、高压水泵、除焦控制阀、高压球阀及高压管道等。

除焦水从高位水罐 6 流出，经过滤器、低压管道 7 进高压水泵吸入口，经过高压水泵增压后通过高压管道 1 进入除焦控制阀 8。除焦控制阀有三种状态(见图 8-1-20)：当阀在状态 a 时，高压水经除焦控制阀内的回流多级降压后，通过管道 3 流回高位水罐 6；当阀在状态 b 时，高压水分两路第一路经除焦控制阀内的回流多级降压后，通过管道 3 流回高位水罐 6，第二路经除焦控制阀内的预充多级降压后，通过管道 2、高压球阀、高压胶管、钻杆等进入自动除焦器；当阀在状态 c 时，第一路通道关闭，全部除焦水经第二路进入除焦器。

3. 高压水泵组

高压水泵组是水力除焦系统中提供动力的机械设备，它与一般的离心泵相比具有扬程高、流量大、启动频繁、抗焦炭颗粒磨损及耐硫腐蚀等特点。

4. 控制设备

程序控制设备主要包括：塔顶防爆操作台、塔底联络柜、泵房主控柜或 DCS 及变频柜、摄像头及无触点开关等。

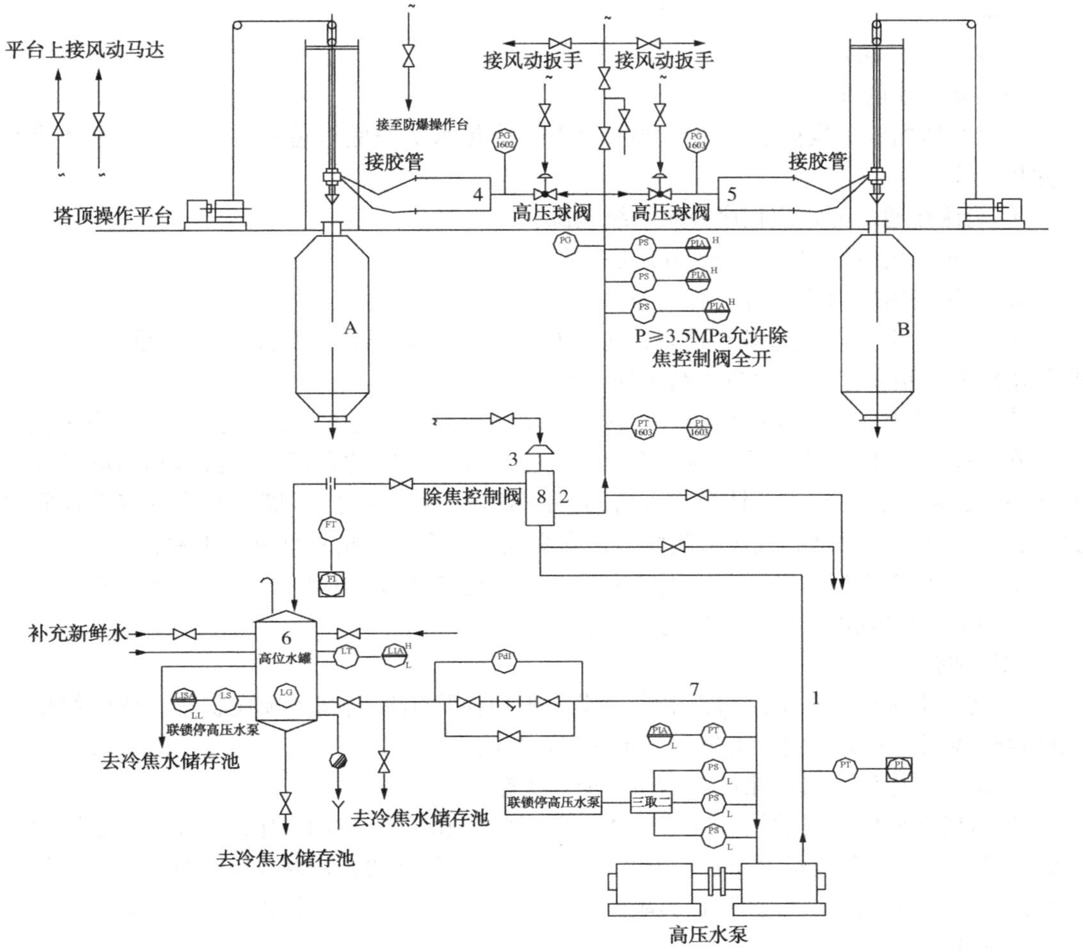

图 8-1-20 水力除焦系统流程示意图

（三）水力除焦系统的操作

1. 水力除焦流程

水力除焦是延迟焦化装置生产中的一道工序，水力除焦的原理是利用高压水射流的动能对焦炭塔内的焦炭进行破碎，使其与塔壁脱离，靠自重下落并排出焦炭塔。

高压水由高位水罐经过过滤器进入高压水泵，然后进入除焦控制阀，除焦控制阀出口分为两路：一路打循环流回高位水罐，另一路经高压水管道引至塔顶操作平台，分两支管道上到井架 73m 平台高度，再通过高压胶管沿焦炭塔架分别延伸到井架顶部操作平台，接风动水龙头、在每个焦炭塔顶部高压水管线上各安装一个气动球阀，用来接通或切断供给该焦炭塔的高压水。切换切焦器喷嘴时，高压水经除焦控制阀流回高位水罐，切焦器达到自动切换目的。经钻杆组件、水涡轮减速器，最后通过自动切换联合钻孔切焦器形成高压水射流进行钻孔和切焦。

钻具的旋转由水涡轮或风动马达带动，钻具的升降通过钻机绞车卷放钢丝绳来实现。

在除焦过程中，焦炭和水同时落下，经过塔底盖装卸机的保护筒至塔底斜溜槽流进储焦池。经过过滤，水进入沉淀池内经沉淀冷却等处理后作为除焦水循环使用；焦炭经抓斗起重机进行抓运，经火车/汽车将焦炭外运走。

2. 水力除焦操作过程

(1) 除焦前的准备

当焦炭塔内的焦炭被水冷却至80℃以下，冷焦水从塔底管道放完以后，可准备进行水力除焦操作：

① 确认接通水力除焦程序控制系统电源；

② 焦炭塔内冷焦水放干净后开启底盖机；

③ 焦炭塔内压力为零时开启顶盖机；

④ 在主控柜上完成选塔、选泵，主控柜上的指示灯显示高压水泵检测系统指示正常，高位水罐液位指示正常，除焦控制阀处于回流位置；

⑤ 由主控柜向塔顶操作台、塔底联络柜发出准备启动高压水泵信号(灯光、声响)；

⑥ 塔顶接到启泵信号后，确认除焦器喷嘴直径与对应的高压水泵流量相匹配及处于钻孔状态后，启动钻机绞车，钻具进入塔内(距离塔口6~8m时)，塔顶对应的气动球阀自动打开，另一塔的气动球阀处于关闭状态，在塔顶操作台上的指示灯显示正常；

⑦ 由塔顶操作柜和塔底联络柜向主控柜发送允许启动高压水泵信号(灯光、声响)；

⑧ 主控柜接到以上信号后启动高压水泵。

(2) 钻孔

① 高压水泵运行正常以后，由塔顶操作柜切换除焦控制阀到预充状态，待管线压力升到塔顶管线压力开关整定压力值时，预充指示灯亮。

② 由塔顶操作柜切换除焦控制阀到全开状态。

③ 由塔顶操作柜启动钻机绞车，选择适当的钻孔速度，操作柜上应显示除焦器的位移及除焦状态，显示斜溜槽的出焦情况。下钻时要尽可能地快，以减少塔内的存水，下钻速度可根据焦炭硬度具体情况随时进行调整，以钻具不直接接触焦层(即不顶钻)为宜，自上而下一直钻通为止。

④ 除焦器接近焦炭塔下极限位置时，观察塔顶操作柜(FBK)上电视屏显示斜溜槽的出焦情况，斜溜槽中出现大量焦炭时，应使钻机绞车停止下降。

(3) 扩孔

① 观察斜溜槽基本没有焦炭流出时，启动钻机绞车使除焦器适当地将钻通的孔径扩至约1500mm。

② 除焦器提升到焦层高度以上，斜溜槽中出来的焦炭明显减少时，停止钻机铰车，切换除焦控制阀使其处于回流状态。

(4) 切焦

① 在上述情况下，塔顶高压水管线内水压降至0.5MPa以下时，由塔顶操作台(FBK)切换除焦控制阀到预充状态。

② 当高压水管线内压力升至压力开关整定压力值时，塔顶操作台上预充完成，指示灯亮。

③ 由塔顶操作台切换除焦控制阀到全开状态，这时除焦器自动切换成切焦状态。

④ 由塔顶操作台启动钻机绞车，使除焦器在塔内作上、下往复运动。不断观察斜溜槽的出焦情况，直到把塔内焦炭除净为止。

⑤ 由塔顶操作台(FBK)切换除焦控制阀到回流位置。

⑥ 将钻杆及胶管内的水排净后把除焦器提出塔口1500mm以上停止钻机绞车，由塔顶操作柜通知主控柜停止高压水泵。

⑦ 安装焦炭塔顶盖和底盖，准备进料生焦。

在除焦过程中，抓斗桥式起重机配合，将经过斜溜槽落入焦池的焦炭及时抓走并均匀分布在储焦池内。

3. 程序控制系统

(1) 程序控制系统组成

① 主控柜。主控柜安装在高压水泵房内，是程序控制系统的核心设备，柜内安装有PLC(可编程逻辑控制器)及其他控制电器，它接收系统一次仪表和二次仪表信号，对除焦控制阀、高压水泵、塔顶高压球阀、钻机绞车进行控制，实现联锁。控制面板设有报警、跳闸指示、电源开关、与塔顶联络按钮及指示灯、电源接通指示、高压水泵运行指示、选泵、选塔开关、除焦塔号指示、泵阀、塔阀、除焦控制阀阀位指示等。故障顺序记录仪能及时显示系统故障跳闸的时间和顺序。

② 塔顶防爆操作台。塔顶防爆操作台为正压通风型防爆结构(防爆等级dⅡBT4)，为操作人员提供除焦控制阀三种工作状态的手动选择和钻机绞车的控制。设有高压水泵紧急停车按钮，联锁状态开关、与泵房联络按钮等。在玻璃视窗内设有切焦器位移的模拟显示和数模显示，设有联锁解除指示、除焦控制阀、塔阀状态指示、切焦器上下极限及进塔指示、与泵房联络指示、柜内正压高低报警指示等。电视监视系统使操作人员的操作更直观、方便。

③ 变频柜。变频柜安装在低压配电室，盘面上设有工频/变频转换开关、电源指示。

④ 上位机。上位机安装在高压水泵房内，上位机系统通过组态软件与PLC通讯对系统各测点状态进行检控，并可以通过上位机对系统各项联锁进行旁路、投用、设置操作(设置相应操作权限)。

(2) 程序控制系统操作顺序

① 根据正压防爆柜使用说明书给防爆操作台FBK正常送电。

② 当主控柜允许主控柜送电指示灯亮后，接通电源开关，电源接通指示灯亮起，打开变频柜空气开关。

③ 将选泵(选阀)开关指向准备启动的高压水泵，确定后按下选泵选定按钮，对应选泵指示灯亮。

④ 将选塔开关指向准备除焦的塔(塔A或塔B)，确认无故后，对应塔号指示灯亮起，若发现选塔、选泵有误且已选定(塔号灯亮)，则必须在高压泵启动前关闭PCK电源开关一次，重新进行选塔。

高压水泵系统监测系统正常，高位水罐液位正常，除焦控制阀处于回流位时，操作人员按下允许高压水启起动确认按钮，高压水泵允许启动灯亮，高压水泵的启动处于待命状态。

以上操作完成且条件具备后，系统将给所选塔对应绞车操作台允许上升、允许下降信号。操作人员可以根据操作台操作步骤进行控制(以起动1#绞车为例：按下绞车控制电源开按钮，绞车控制电源指示灯亮，搬动选择上升或下降控制，平稳、缓慢地旋转调速旋钮，调整至希望的运行速度)。这里需要说明一点，除焦控制阀的控制必须要待高压水泵启动正常(高压水泵工作正常确认)，钻具进入塔内，塔阀自动打开后，或者联锁解除开关打开后，方可真正起作用。

当切焦器下降至塔内(距塔口 8m)时，除焦器进塔指示灯(塔内指示灯)亮，所选塔对应塔阀自动打开；其他未选塔对应塔阀关闭，且打不开。塔顶操作人员通知泵房操作人员可以启动高压水泵。

高压水泵运行正常后，塔顶操作人员将所选塔对应操作台盘面上除焦控制阀控制开关拨至“预充”位，高压水以小压力、小流量将上水管线充满。当管线压力到达塔顶管线上压力开关整定压力值时，预充完成信号灯亮，此时将除焦控制阀控制开关拨至“全开”位，当除焦控制阀到达全开位置时，“全开”信号灯亮，即可进行除焦作业(注意，当上水管线未注满水，即预充未完成时，除焦控制阀对全开信号不响应)。

井架上设有上、下极限位保护和进塔位(塔内距离塔口 8m)保护开关。绞车在上、下极限位时自动停止升、降，极限位指示灯闪烁，提示操作者应将绞车升/降控制开关拨到“停止”位，并将钻具放在合适的位置(反方向操作)，待闪烁消失后，再恢复正常操作。当除焦控制阀在非回流状态，绞车上升至进塔位时，绞车会自动停止上升，塔内指示灯闪烁，提示操作者应先将绞车升/降控制开关拨到“停止”位，然后将除焦控制阀控制开关拨至“回流”位，将钻具放在合适的位置，待闪烁消除后，并确认除焦控制阀已处在“回流”位，才能允许钻具继续提升，提出塔口，出塔口时塔阀自动关闭。

当对一个塔的除焦作业完成，塔顶操作人员通知泵房操作人员可以停泵。关闭控制柜电源后，做下一塔除焦作业的准备工作。

监视器画面的控制与切换：打开防爆操作台操作面板上的监视器电源开关，监视器屏幕上即出现被监视点(钻机绞车和漏焦槽)画面，按 AUTO/MANUAL 键和画面 1~4 键。可随时切换被监视点画面。

(3) 水力除焦程序控制系统操作注意事项

主控柜 PCK 属于非防爆低压电器控制柜，在送电之前一定要确认其周围无可燃性物质，且塔顶防爆操作台送电正常，方可送电。

在塔顶防爆操作台断电开门检修时，由于部分电路由泵房主控柜和变频柜供电，因此在主控柜和变频柜未断电时塔顶操作台仍有带电部分，应注意安全，确认开盘时周围有无可燃性气体。

当接近开关故障失灵或由于其他原因无法取到信号时，造成过程控制中下一步控制无法实现(比如：进塔信号取不到时，塔阀就无法打开，除焦控制阀也打不开，影响正常除焦)。为不影响生产，可将操作台盘面上联锁解除开关拨到“开”位置，此时联锁解除指示灯和所选塔塔内指示灯同时亮，所选塔对应塔阀自动打开；这时钻具已没有上下极限位联锁保护和钻具出塔口联锁保护，完全靠操作人员人工观察进行操作，应高度注意安全。故障排除后，必须及时置联锁解除开关于“关“的位置。尤其要注意：不必要时，不要随意打开联锁解除开关！

严禁使用控制电源按钮直接起动绞车或顶驱。

变频/工频控制方式的切换，必须在关闭绞车或顶驱电源以后，由电气维修人员进行切换。

在调速时，务必平稳、缓慢地操作。

当出现由于除焦控制阀不在回流位钻具出塔口绞车保护停车时，或者其他原因造成的停车时，一定要先将绞车升降控制开关拨到“停止”位置，再做下一步处理工作。

在除焦作业过程中，操作人员要注意仪表盘(主控柜和防爆操作台)上受控对象所处状态显示，出现异常情况时，立即按下高压水泵紧急停泵按钮。

(4) 水力除焦程序控制系统联锁条件及报警讯号

表 8-1-4 为除焦控制系统联锁和报警讯号，表 8-1-5 为高压水泵联锁条件，表 8-1-6 为塔顶底盖机联锁条件。

表 8-1-4　除焦控制系统联锁和报警讯号

序号	项　目	内容	报警	停车	连锁	仪表名称	安装位置	备注
除焦控制阀在下列情况通旁路								
1	阀位选择开关在旁通位置							
2	钻具未进入塔内				√			
除焦控制阀具备下列条件才能进入预充状态								
1	钻具进入塔口 8m 以下				√	灯	就地盘	
2	阀位选择开关在预充满位	指示			√		主、就地盘	
除焦控制阀具备下列条件才能进入全开状态								
1	预充满完成	指示				压力	主、就地盘	
2	阀位选择开关在全开位置					灯	主、就地盘	
塔阀具备下列条件才能开阀								
1	选塔完成	指示			√	灯	主盘	
2	塔顶盖打开	指示			√	灯	就地	
3	钻具在塔口 8m 处	指示			√	灯		塔入口阀自动打开
塔阀具备下列条件才能关阀								
1	钻具在上限位开关接通时	指示			√			塔入口阀自动关闭
2	除焦控制阀旁路通							
钻具在出现下列情况之一时不允许上升								
1	未完成选塔			√	√			
2	钻具已处在塔顶极限位置			√	√			
3	钻具在塔口 8m 处且除焦控制阀在非回流位			√	√			
钻具在出现下列情况之一时不允许下降								
1	未完成选塔			√	√			
2	钻具已处在塔底极限位置			√	√			
3	塔顶盖未打开			√	√			

表 8-1-5　高压水泵联锁条件

序号	项　　目	内容	报警	停车	连锁	仪表名称	安装位置	备注
高压水泵具备下列条件时方能启动								
1	润滑油压力正常	指示				压力开关		
2	润滑油温度正常	指示				温度计		
3	高位水罐水位正常	指示				液位控制		
4	选泵正确，相应泵阀打开	指示				阀位检测	主、就地盘	
5	除焦控制阀通旁路	指示				灯	主、就地盘	
6	选塔正确	指示				灯	就地盘	
高压水泵具备下列条件时报警								
1	润滑油压力	低	√			压力开关		
2	润滑油温度	高	√					
3	高位水罐液位	低	√			液位		
4	泵轴承温度	高	√					
5	齿轮箱轴承温度	高	√					
6	电机定子温度	高	√					
7	电机轴承温度	高	√					
8	泵轴振动	高	√					
9	齿轮箱高速轴振动	高	√					
高压水泵具备下列条件之一时停机								
1	润滑油压力	低低		√		压力开关		
2	高位水罐液位	低低		√		液位控制		
3	泵吸入压力	低低		√				
4	电机定子温度	高高		√				
5	PLC 低电压电源消失			√				
6	人工停机信号			√				

表 8-1-6　塔顶底盖机联锁条件

序号	项　　目	内容	报警	停车	联锁	仪表名称	安装位置	备注
塔顶盖机具备下列条件时允许开盖								
1	塔被选				√	选塔开关		
2	被选塔内温度低于设定允许开盖温度				√	温度变送器		
3	被选塔内压力小于设定允许开盖压力				√	压力变送器		

续表

序号	项　　目	内容	报警	停车	联锁	仪表名称	安装位置	备注
塔顶盖机具备下列条件时允许关盖								
1	塔被选				√	选塔开关		
2	钻具已提出塔外				√	接近开关		
塔底盖机具备下列条件时允许开盖								
1	塔被选				√	选塔开关		
2	被选塔塔顶盖机已打开				√	回讯开关		
塔顶盖机具备下列条件时允许关盖								
1	塔被选				√	选塔开关		
2	被选塔塔顶盖机已关闭				√	回讯开关		

（四）远程智能除焦系统

近年来，国外新上的焦化装置大多采用自动化除焦，将除焦操作间移至地面，整个除焦操作过程采用程序化顺序动作来完成。高压水泵、三位阀、自动顶盖机、自动底盖机、水龙头、钻机绞车、钻具、控制检测等各设备的控制系统均进入除焦程序控制系统参与智能顺序控制，完成焦化装置全自动化除焦。

目前，国内自主研发的智能除焦系统逐步完成了工业应用，实现了远程和自动除焦。智能除焦系统是用在以前系统上进行技术升级的自动控制技术，将操作环境恶劣和工况复杂的除焦过程实现智能化，最终达到远程、自动化操作。

智能除焦系统主要由远程除焦控制系统（钻杆运动专家系统、防坠落安全保护装置系统、钢丝绳精密检测系统、事故应急处理系统）、电视监视系统、除焦动态监测系统及其相关的机械设备等组成。

1. 远程除焦控制系统

远程除焦控制系统主要由主控柜、远程操作柜、变频柜组成。其对高压水泵、泵出口高压球阀、除焦控制阀、塔顶高压球阀、泄压阀、钻机绞车、自动顶盖机、自动底盖机、电动水龙头、电动盘车等进行控制和联锁。远程操作柜安装在水泵房或中控室内，整个除焦过程可以通过操控远程操作柜来实现。

2. 电视监视系统

电视监控系统主要是通过高清摄像头远程监视主要设备的运转情况和重要场合的活动。可以对溜焦槽的出焦情况、钻杆的升降和旋转情况、钻机绞车的运转情况、顶底盖机的运行情况等进行监视。可以多画面同时监视，也可以对监视画面进行存储回放等。

3. 除焦动态监测系统

除焦动态监测系统就是通过动态除焦监测器对整个除焦过程进行监测，并将监测的结果实时地显示在组态画面中，从而指导除焦人员的操作，达到减轻劳动强度、改善工作环境、提高工作效率的目的。

通过安装在焦炭塔塔壁外侧的动态除焦监测器，采集高压水打击塔壁所产生的噪声，在实时处理的基础上，获得焦炭的清除状态。然后通过 RS485 总线将获取的信号传送到信号集中器，再由信号集中器转换成对应的 5 路 4~20mA 电流信号送入 PLC。在 PLC 中将送入的焦炭清除信号与切焦器位移信号进行综合处理，在触摸显示屏上显示出除焦过程的组态画面。

4. 除焦动态监测音频采集系统

在焦炭塔口分别安装一个音频采集探头，通过光纤/工业以太网远传至远程除焦操作台回放，使得操作人员在远程操作时还能够听到塔上的声音，保持原有的操作模式。

(五) 焦炭塔顺序控制系统

延迟焦化装置焦炭塔的操作非常复杂和频繁，为焦化装置生产带来许多安全隐患，鉴于安全生产要求，国内的焦化装置已逐步推广焦炭塔部分阀门操作的顺序控制和安全联锁系统，这对避免事故发生与规范操作是十分必要的。

焦炭塔装置顺序控制及安全联锁系统采用一套完整的 PLC 系统，按照焦炭塔生产的工艺流程，将焦炭塔的生产分为赶空气、试压、泄压脱水、引油气预热、换塔、小吹汽、大吹汽、给水、放水、除焦十个步骤，以时间、温度、压力、液位、流量以及阀门开度为条件，实现焦炭塔现场阀门的联锁控制，从而避免操作工误开阀门，以保障焦炭塔的安全生产。目前该系统在国内多家炼油厂投入使用，运行稳定可靠。

焦炭塔的顺控及安全联锁系统由主控制柜 1 台(控制系统核心)、辅助控制柜 1 台(信号隔离和信号分配)、操作员站 1 套(对焦炭塔流程进行监控和操作)、工程师站 1 套(仪表维护人员对系统进行维护和检查)、现场防爆操作柜 1 台(顺控分阶段外操人为确认操作)等组成。

第二节　水力除焦系统的机械设备

一、高压水泵

(一) 高压水泵组的构成

高压水泵组主要包括：高压水泵、齿轮增速箱、电动机、联合底座等，与之配套的还有润滑油系统、冷却水系统、泵的仪表监控及操作系统等。图 8-2-1 为高压水泵组外形图。

(二) 高压水泵的主要结构

按 API610 泵的制造标准，在这种参数和工况下，该泵为双壳体卧式多级离心泵。外壳体为筒形、内壳体为集装式的泵芯，它为径向剖分式的多级分段组合部件。泵芯可在不拆卸泵进出口管道情况下作为一个整体从泵体中抽拆出来。

① 轴封采用集装式单端面平衡型机械密封。

② 径向轴承采用四油楔动力滑动轴承，止推轴采用双向承受同等轴向力的可倾瓦结构，轴承采用强制润滑。

③ 平衡机构采用双平衡鼓与止推轴承的组合结构形式。

(三) 扬程和流量的确定

(1) 额定扬程 H(m)

如何确定高压水泵的流量和扬程，原美国太平洋泵厂是根据焦炭塔直径大小、石油焦的破碎强度、单塔内焦炭储量及给合切焦器喷嘴特性，并保证在 4h 内完成全塔切焦操作的前

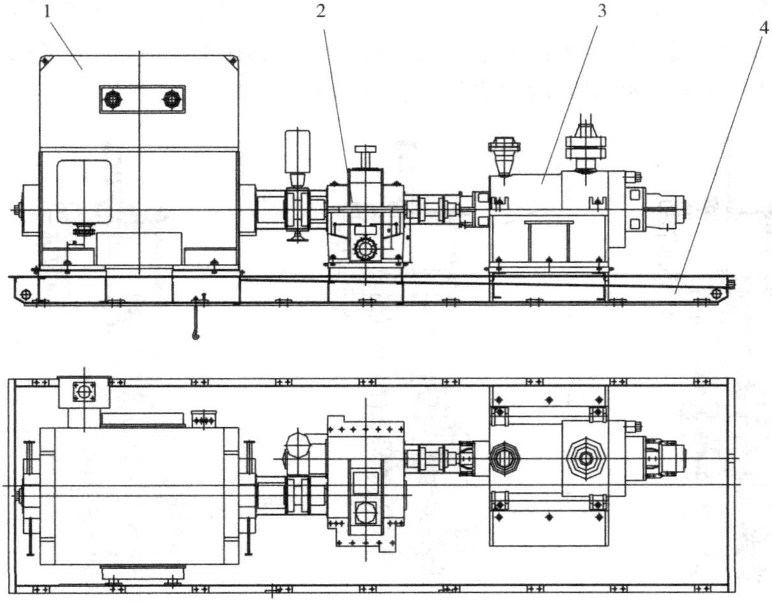

图 8-2-1　高压水泵组外形图

1—电动机；2—齿轮增速箱；3—高压水泵；4—联合底座

提下，来确定高压水泵流量和扬程。

已知焦炭塔直径 D 和焦炭的破碎强度 σ_p，为保证焦炭塔壁处的焦炭被破碎，高压水射流在焦炭塔壁处的轴心动压力为：

$$p \geqslant 3 \cdot \sigma_p \tag{8-2-1}$$

$$H = 100 \cdot (p_0 + p_y) + H_0 \tag{8-2-2}$$

式中　p_0——喷嘴出口处动压力，MPa。

$$p_0 = \frac{p_m}{\left(\frac{L_0}{L}\right)^n} \tag{8-2-3}$$

式中　p_y——沿程阻力和局部阻力，MPa；

H_0——射流出口处到高压水泵中心的高度，m。

（2）额定流量 Q（m^3/h）

$$Q = 3600 \cdot \phi \cdot n \cdot \omega_0 \sqrt{2gH} \tag{8-2-4}$$

式中　ϕ——喷嘴的流量系数；

ω_0——喷嘴的流通面积，m^2；

n——喷嘴数量。

二、除焦控制阀

除焦控制阀（三位阀）垂直安装在高压水泵出口管道上，阀门关闭时阀芯在下端时［图 8-2-2（a）］高压水经多级节流降压后排出，这时允许高压水泵在最小流量下起动或停泵。阀芯在中间位置时［图 8-2-2（b）］，一部分高压水经多级节流降压后排出，另一部分高压水经另一组多级节流降压后通过高压管道进入焦炭塔内的除焦器，其作用是用小流量的水对高压管道进行预充满，防止水锤现象。阀门打开时阀芯在上端时[图 8-2-2(c)]，高压水经阀体通过高压管道进入焦炭塔内的除焦器，进行水力除焦。

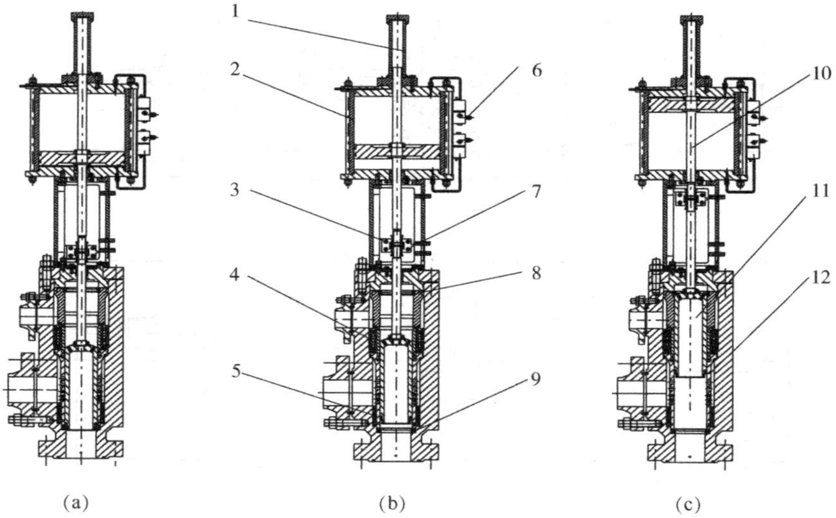

图 8-2-2　除焦控制阀工作状态示意图

1—压力平衡缸；2—气缸；3—联轴器；4—回流多级降压孔板；5—预冲多级降压孔板；6—气动换向阀；7—接近开关；8—上密封座；9—下密封座；10—阀芯；11—阀套；12—阀体

(一) 结构

除焦控制阀主要由执行机构、阀体和行程控制等组成，执行机构可以是电动执行机构或气动执行机构，气动执行机构又分为气缸直接驱动和风动马达经过减速器驱动，图 8-2-2 是气缸直接驱动的除焦控制阀结构示意图。目前国内延迟焦化装置绝大部分都是采用这种结构形式的除焦控制阀，某些新建炼油厂延迟焦化采用了进口的电动除焦控制阀。

(二) 工作原理

图 8-2-2(a)是除焦控制阀的关闭状态(也称回流状态)，这时阀芯(10)处于阀体的下端，高压水从下部进入阀体内经过多级回流降压(4)后流回高位储水罐。

图 8-2-2(b)是除焦控制阀的预冲状态，这时阀芯(10)处于阀体的中间位置。高压水分两路：一路经多级回流降压(4)后流回高位水罐；另一路经预冲多级降压后通过高压水管道进入自动除焦器。预充的主要目的是以较小的水流对高压水管道进行预冲，防止水击现象。

图 8-2-2(c)是除焦控制阀的全开状态，这时阀芯(10)处于阀体的上端，高压水经过除焦控制阀进入高压水管道。

(三) 除焦控制阀的选用

① 公称压力按高压水泵的最大扬程确定；

② 公称直径与高压水管道相匹配；

③ 回流流量与高压水泵允许的最小流量相匹配；

④ 预冲压力的确定与除焦器的喷嘴直径和数量有关，一般控制在 2~5MPa 之间；

⑤ 高压水中焦粉颗粒的最大直径应小于除焦控制阀内降压孔板中截流孔的直径。

（四）孔板外置式除焦控制阀

相对于上述除焦控制阀，为了方便其孔板的拆卸及维修，国内某工程公司新开发了一种孔板外置式的除焦控制阀(图 8-2-3)。当除焦控制阀出现故障时，可以在线进行维修。

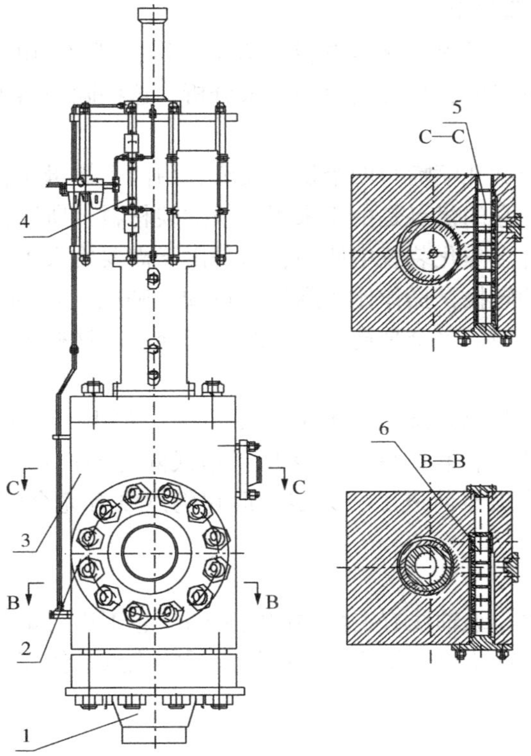

图 8-2-3　孔板外置式的除焦控制阀阀体部分结构图

1—支座；2—进出口法兰；3—阀体；4—执行机构；5—回流孔板；6—预充孔板

B—B：预冲孔板截面图；C—C：回流孔板截面图

该除焦控制阀主要由阀体部分、执行机构、支座等部分组成。执行机构安装在阀体上，执行机构气缸的活塞杆与阀体部分的阀杆通过一个联接块相联接。阀体安装在支座上。阀体为三位三通换向阀，执行机构的气缸采用双作用气缸，通过控制回路控制活塞上下移动，从而使阀芯处于不同位置，实现控制阀的工作位置的调节。

（五）电动除焦控制阀

国内某企业开发的电动除焦控制阀由阀体主体、电动执行机构、外置回流管组件、阀位传感器等部分组成(图 8-2-4)。该型除焦控制阀与气动执行机构的除焦控制阀相比，阀体进水方式由之前的下端进水改为侧面进水，使阀芯下端增加了径向支撑，减少了阀芯在上下运动过程中与套筒的摩擦，可延长设备使用寿命；阀体通径可达到 *DN*200，较气动执行机构的 *DN*150 有所增加，能满足大流量的工况要求；采用电动执行机构具有阀位定位准确、可靠性高的

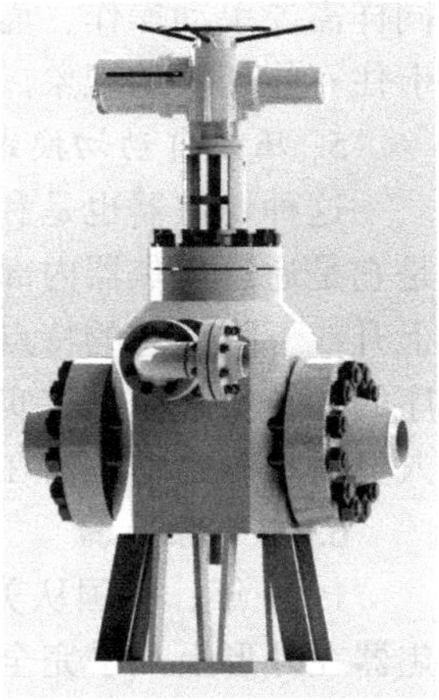

图 8-2-4　电动除焦控制阀

特点，便于实现远程智能操作。

三、除焦器

（一）国内现用除焦器状况

在上海石化 1.0Mt/a 的延迟焦化装置投产以前，国内所使用的都是 6m 塔用的除焦器，有国产的，也有从国外进口的，从结构原理上来分析，这些除焦器大概有以下几种类型：

1. 螺母封堵式

这种除焦器具有四个钻孔喷嘴与四个切焦喷嘴，用四个螺母交替封住四个切焦喷嘴或四个钻孔喷嘴来进行除焦，它的优点是由于采用一般的碳材料，所以价格比较低廉，除焦效果也不错，因此目前仍在许多焦化装置中使用，但是由于需要用人工拧下与安上四个喷嘴螺帽来实现钻孔和切焦工序的转换，操作比较麻烦，再加上喷嘴后面的导流弯管不易准确定位，很难做到射流产生的反力矩的完全平衡，切焦时可能会引起钻杆晃动。

2. 转阀切换式

这种切焦器是在螺母封堵式除焦器上主安装了一个转阀，只要用手柄把阀芯转动 90°可实现钻孔和切焦工序的转换，它既保持了螺母封堵式除焦器的优点，又具有操作方便的特点，应该说它比第一种除焦器前进了一大步，但它仍然没有完全解决前一种除焦器的某些缺点。

3. 微型除焦器

这种切焦器只有一组与纵轴线有夹角的固定喷嘴，它不进行钻孔和切焦工序的转换，而是依靠切焦器多次上下来逐步进行切焦，这种切焦器的优点是体积小，重量轻，但由于切焦时间比较长，因此目前很少应用。

4. 活塞切换式

这种切焦器主要是某些焦化装置前期从美国引进的除焦器，与国内四喷嘴除焦器不同的是它只有两个方向相反的切焦喷嘴，且基本上处于一条直线上，这样就消除了力矩不平衡的问题。但是它必须通过输入压缩空气推动内部活塞上下来实现钻孔和切焦工序的转换，不但同样需要手动操作，而且还需要提供气源，切焦器内部结构也非常复杂，有时还会出现活塞卡住不能切换的现象。

5. 压差自动切换式

这种切焦器也是利用切焦器内部活塞上下来实现钻孔与切焦工序的转换，与前者不同的是它是通过切焦器内部一个换向阀在切焦水压力变化时使活塞上下腔产生的压力差来使活塞上升或下降，它的特点是只要使切焦水的压力发生改变不需将切焦器提升到塔外就可实现工序的的转换。但是在实际使用时，它也会出现因某种原因而造成切焦器没有称向，这时操作人员很难确定切焦器在塔内的工作状态，以及无法知道切焦器在各种工况下的旋转速度。

6. 联合除焦器

1999 年，我国从美国 IDP 公司引进两台联合除焦器，这种除焦器与前期引进的美国除焦器在外形上几乎完全相同，但是在内部结构上却有了很大的变化，在钻孔和切焦工序的转换原理上它与国内转阀切换式除焦器是相同的：只需在外部将操纵杆转动 90°就可使内部转向阀板实现钻孔和切焦的转换，既方便又可行，不但切换时间缩短而且还不需要气源。

国内有关单位成功研制开发了 YL 型除焦器，见图 8-2-5。

图 8-2-6 是该技术采用的蜂窝状稳流器，国外普遍采用这种形式的稳流器。

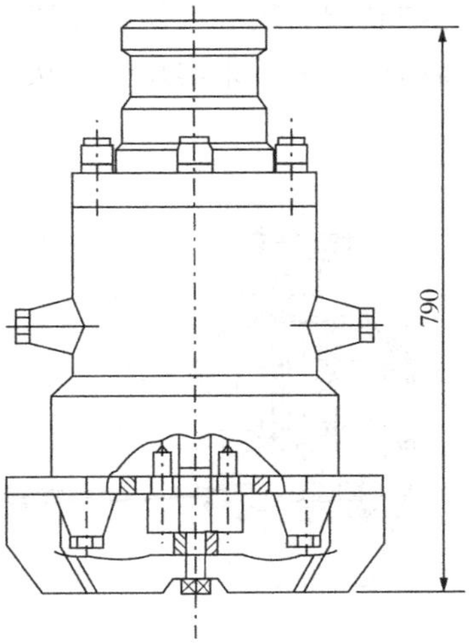

图 8-2-5 YL 型除焦器示意图

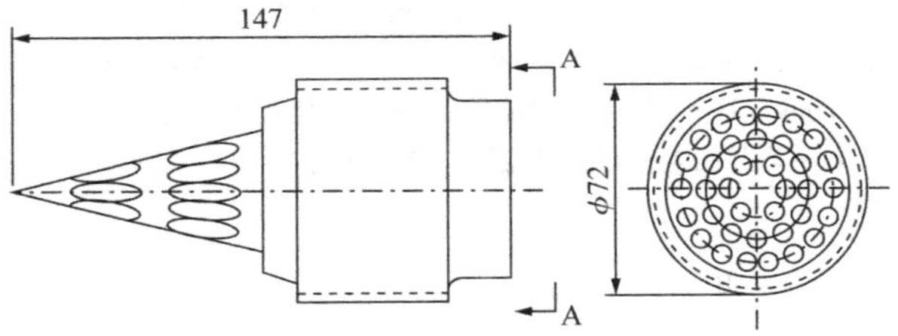

图 8-2-6 稳流器结构示意图

（二）自动切换除焦器

自动切换除焦器是国内于 1996 年开发成功的，结构为 4 个切焦喷嘴对布置，压力等级为 16MPa。目前在直径 6m 以下的焦炭塔上广泛应用。在 1.2Mt/a 延迟焦化上将公称压力等级提高 42MPa，首次应用获得成功。实践证明这种结构的自动切换除焦器用于直径为 8.4m 的焦炭塔除焦效果良好。

在某公司 1.0Mt/a 延迟焦化装置上，为了多生产块状焦，减少粉焦生产量，首次采用了两个切焦喷嘴的自动切换除焦器除焦效果良好。

自动切换除焦器根据除焦工艺要求有两个工作状态（如图 8-2-7 所示）：钻孔状态与切焦状态，其相互切换是依靠高压水的压力变化实现的。自动切换除焦器工作原理见图 8-2-8，高压水 p_o 推圆形齿条（1）向左移动弹簧被压缩，齿条带动扇形齿轮顺时针旋转 90°，扇形齿轮轴上的月牙槽与棘轮一起转，月牙槽的上下左右各对应 P、A、B、O 四个固定的进出水口，其中：P 是高压水入口，A 口与自动除焦器阀芯（7）的下腔相通，B 口与自动除焦器阀芯（7）的上腔相通，O 口是排水口。假定没有通入高压水时如图 8-2-8 中（a）、（c）状态，这时阀芯处在最下端并与下阀座接触堵住钻空喷嘴，与此同时阀芯上端与上阀座脱离，高压水与切焦喷嘴相通，自动除焦器在切焦状态。当通入高压水，月牙槽顺时针转动 90°后如图 8-2-8中（b）、（d）所示，这时阀芯处在最上端并与上阀座接触堵住切焦喷嘴，与此同时阀芯下端与下阀座脱离，高压水与钻孔喷嘴相通，自动除焦器在钻孔状态。当高压水压力下降后，在弹簧(2)的作用下圆形齿条(1)又回到图中(a)状态，在水力除焦的实际操作中，自动切换除焦器钻孔与切焦之间的状态变化是靠除焦控制阀关闭一次使自动切换除焦器内的压力下降，然后再打开除焦控制阀使自动切换除焦器内压力上升来实现钻孔状态与切焦状态相互切换。

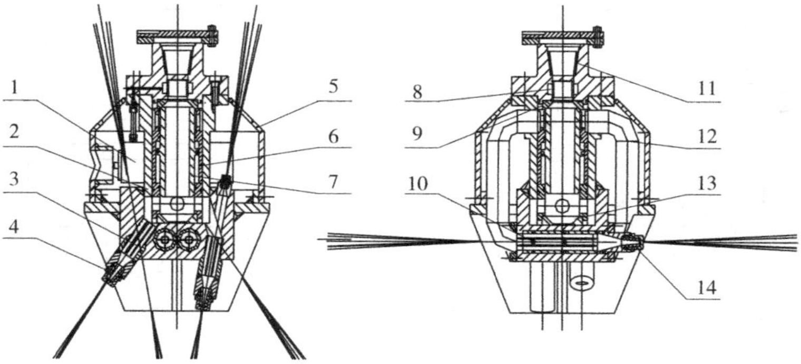

钻孔状态　　切焦状态

图 8-2-7　自动切换除焦器结构示图

1—两位四通阀；2—壳体；3—钻孔稳流器；4—钻孔喷嘴；5—保护罩；6—阀套；7—阀芯；8—过滤器；9—上阀座；10—切焦稳流器；11—联接法兰；12—导流管；13—下阀座；14—切焦喷嘴

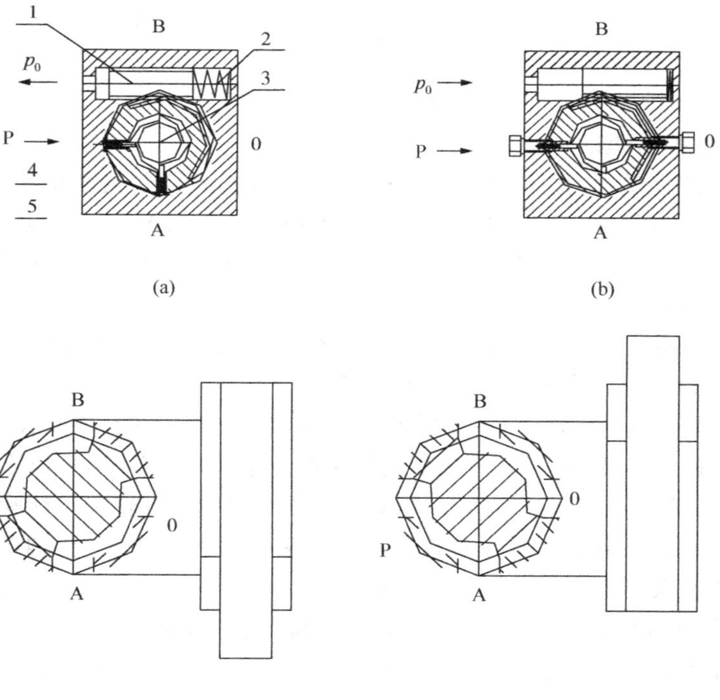

(a)　(b)　(c)　(d)

图 8-2-8　自动切换除焦器工作原理示意图

喷嘴直径的确定：

$$d=\sqrt{\frac{Q}{0.785\cdot n\cdot V}}=\sqrt{\frac{Q}{0.785\cdot n\cdot \phi\sqrt{2gH_0}}} \tag{8-2-5}$$

式中　Q——高压水泵额定流量，m^3/s；

n——钻孔(或切焦)喷嘴数量；

ϕ——喷嘴流量系数；

H_0——喷嘴入口高压水扬程，m；

g——重力加速度，m/s^2。

(三) 内切换式除焦器

内切换式切焦器主要改进的是切换机构，机构主要由配液盖、中心轴、凸轮、上下棘轮和弹簧组成，该机构设置在壳体内部的中心轴向，配液盖上设有与流道口 配合的配液块(图 8-2-9)。

未工作时，无高压水，凸轮受弹簧的作用力处于上极限位置，当开始工作时，高压水将凸轮向下压至极限位置，由于上下棘轮的作用，凸轮边下降边旋转，中心轴不转，此时配液盖将高压水分配至钻孔喷嘴进行工作；钻孔完毕，高压水压力回零，凸轮受弹簧作用力向上弹起，因上棘轮的作用，不作旋转运动，同时，中心轴受凸轮形成的螺旋槽导向作用旋转，中心轴将配液盖带动旋转，使配液盖的配水状态产生变化，高压水再次给压时，凸轮旋转下降，中心轴不转，配液盖将高压水分配至切焦喷嘴进行工作，直至完成除焦，除焦工作完成后，高压水泵停机，压力水回零，中心轴受弹簧作用旋转，凸轮上升回到钻孔状态，为下次除焦作好准备。

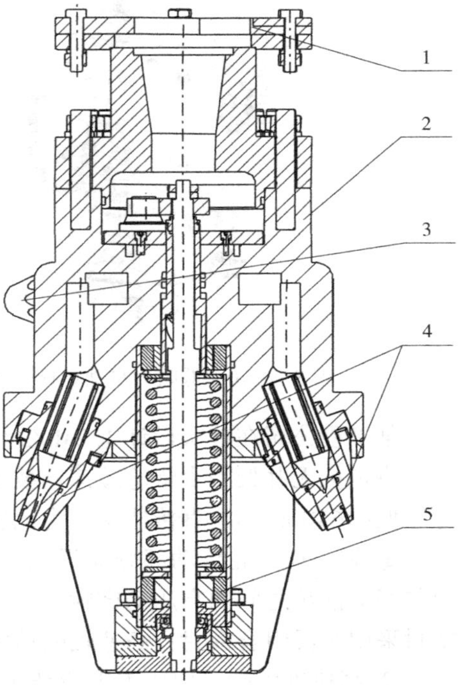

图 8-2-9　内切换式除焦器结构示意图

1—防松法兰；2—壳体；3—切焦喷嘴；4—钻孔喷嘴；5—切换机构

(四) 低阻力自动切换除焦器

目前，国内某企业新研制开发的低阻力自动切换除焦器，如图 8-3-10 所示。该除焦器主要由除焦器本体及自动换向装置组成，本体部分具有体积小，突出部分少，降低埋钻、卡钻后拔出除焦器的难度；整流器在本体内安装，可方便拆卸及更换；自动换向装置改进了内部进水结构，允许切换的工作压力提高，减少了零部件与除焦水的接触，可有效提高零部件的使用寿命及切换可靠性，低阻力自动切换除焦器已在中国石化、中国石油以及地方炼油厂投入 200 余台，普遍使用寿命在 600 天以上。根据用户反馈，此种除焦器大大缩短了塌方埋钻的处理时间，提高了工作效率，使用情况良好。

四、水蜗轮减速器

水蜗轮减速器(图 8-2-11)原是用于无井架水力除焦的专用设备，它的优点是除焦时钻杆不旋转，噪音小、高压水不外漏，缺点是使用寿命较短。

图 8-2-10　低阻力自动切换除焦器

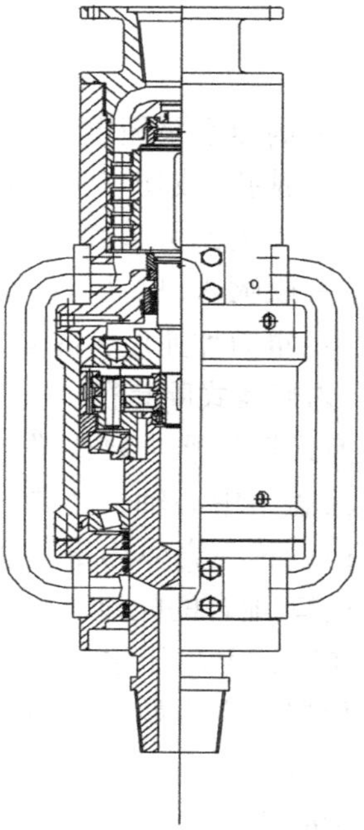

图 8-2-11　外流道水蜗轮减速器

某工程公司在首次设计 1.2Mt/a 延迟焦化装置时，考虑到焦炭塔高、钻杆长，为稳妥起见，决定把无井架的水蜗轮减速器技术移植到有井架水力除焦。由于原来的蜗轮减速器压力等级低(16MPa)不能直接选用，为此进行了以下改进：

① 解决摆线轮传动部分润滑油密封问题；把原来内部的高压水流道改为外置式流道，使与润滑油箱之间的高压动密封工况改为普通低压密封工况；高压水与输出轴之间的低速动密封采用车氏组合密封；高速轴的填料密封改为非接触式机械密。

② 高速轴两端采用压力平衡结构，减轻轴承负荷；结构设计上保证高速轴与低速轴有良好的同轴度。

③ 增加一组蜗轮，提高输出扭矩。

④ 动力部分和传动部分采用分体式；增设润滑油的加油和排油口。

该技术于 2002 年在 1.2Mt/a 延迟焦化装置投用已来，经过不断改进完善已经满足了大型焦化装置水力除焦的需要。改进后的水蜗轮减速器投用以来一直运行良好。

在有井架上采用水涡轮减速器，噪音小、钻杆摆动小、高压水不会漏到塔外、安装检修方便等优点，可以替代水龙头作为切焦器的旋转动力源。已经在多套大型焦化装置上应用。该项技术具有我国自主知识产权。

经过近几年的不断应用和改进，水涡轮减速机不论在设计上还是在加工工艺上都有了长足的进步，改进后仍有一定市场占有率。主要有以下几点(图 8-2-12)：

① 主要采用涡轮动力部分、减速机、输出轴部分、硬密封部分的模块化设计，便于设备安装及后续维护，提高设备使用寿命。

② 加大涡轮转子的受力面积，提高水能转换率 16.9%。

五、水力马达

水力马达(图8-2-13)是在外置式流道水蜗轮减速器之后由国内开发研制的，它的用途与水蜗轮减速器、风动水龙头一样，是用于驱动除焦器旋转的。目前已在几十套延迟焦化装置上应用。

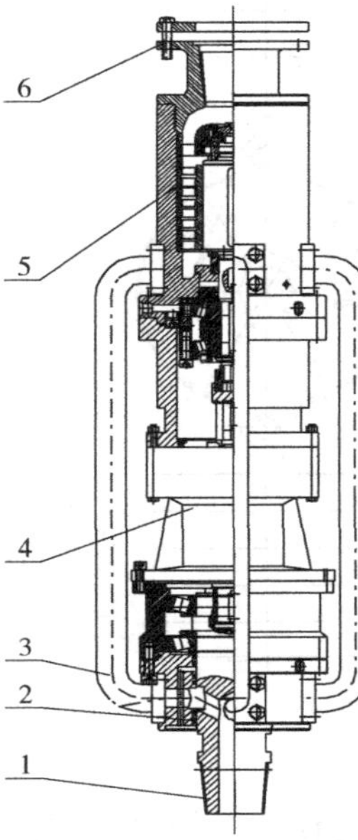

图8-2-12　水涡轮减速机结构示意图

1—输出轴；2—输出密封部分；3—导流管；4—减速机部分；5—涡轮动力输出部分；6—输入接头

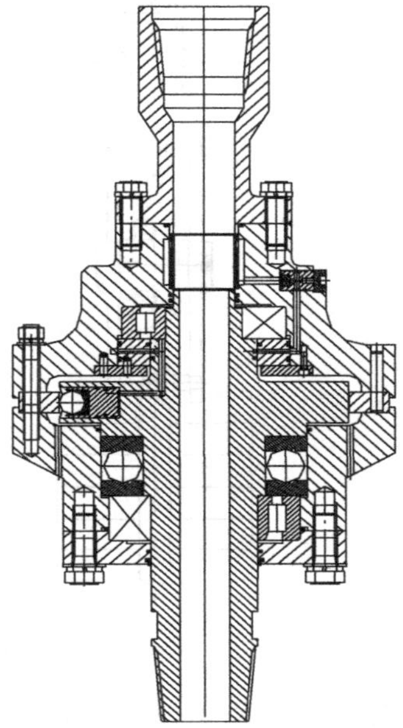

图8-2-13　水力马达结构示意图

该产品结构是参照液压元件中的径向液压马达设计的(内曲线多作用径向柱塞式低速大扭矩液压马达)。不同之处是，采用除焦水作动力时，由于水的润滑性差、具有腐蚀性，在设计中选材是极其重要的。水力马达的输出扭矩与输出转速成反比，当除焦器处于钻孔状态时，输出转速会有所降低。

六、高压胶管

国内上海石化第一套1.0Mt/a延迟焦化装置中，水力除焦系统用的高压除焦胶管是进口国外产品，在1.2Mt/a延迟焦化装置扩能技术改造中，采用了国内研制成功的*PN*42MPa、*DN*80高压除焦胶管。在使用初期，出现过由于法兰与接头的焊接工艺问题发生漏水的现象。经过改进焊接工艺，满足了生产需要。目前的实际使用寿命已超过3年。

七、钢丝绳张紧机构

在1.2Mt/a延迟焦化设计中，由于焦炭塔井架较高(设计最大高度102m)，为了保证钻机绞车与滑轮组之间的钢丝绳运行平稳及防止过载而发生事故，为此设计了钢丝绳张紧机构(图8-2-14)。该机构垂直安装在钻机绞车与固定滑轮组之间，钢丝绳从张紧机构的滑轮中通过，张紧机构下部设有配重块，在重力的作用下，使钢丝绳始终处于拉紧状态。张紧机构的滑轮可以上下移动，移动的上下极限设有接近开关，当滑轮处在上下极限时，接近开关发出电信号，经程序控制系统发出停止钻机绞车运行的指令。

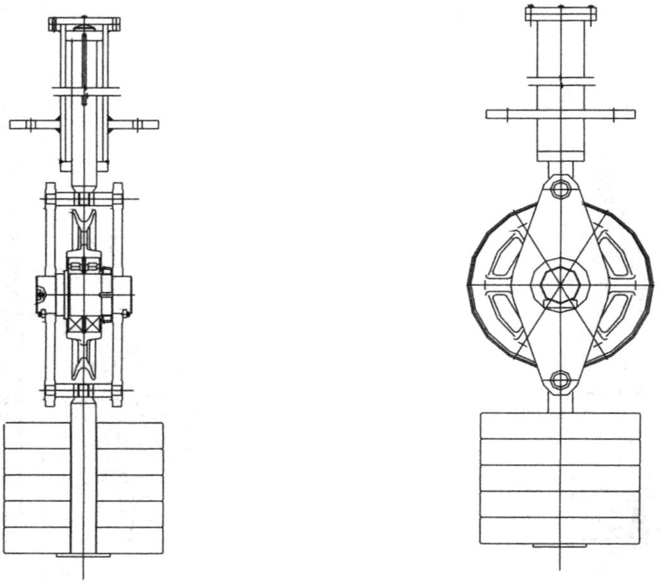

图 8-2-14　钢丝绳张紧机构示意图

近年来，新型钢丝绳张紧器(图 8-2-15)在国内已经普遍使用，较以往的张紧器进行了以下优化：①采用蝶簧代替配重块，优化结构，减轻重量。②钢丝绳过松或过紧均可报警。③占位小，安装方便。④集成位移模拟计数功能。

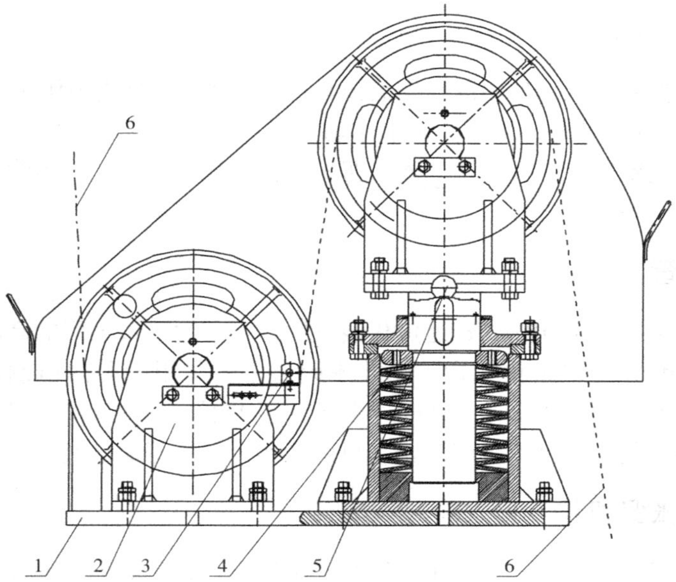

图 8-2-15　新型钢丝绳张紧器结构示意图

1—底板；2—滑轮部分；3—计数开关信号板；4—蝶簧张紧部分；5—张紧开关信号板；6—钢丝绳

该钢丝绳张紧器主要包括滑轮、底板和碟簧张紧部分。其工作原理是通过张紧器内部的碟簧的张力，给正常条件下水力除焦设备的起重钢丝绳一个适当的张紧力，保证钢丝绳处于一个张紧状态。当钢丝绳松弛(如顶钻时)且超过张紧器对钢丝绳的张紧范围时，通过接近开关感应，与水力除焦程序控制系统连锁，采取报警或停车的安全措施。同样当钢丝绳过紧时(如卡钻时)，也可以通过接近开关感应达到报警或停车的安全措施。

随着延迟焦化装置除焦操作的自动化水平不断提高，国内研制开发了钢丝绳精密检测系统，通过检测钢丝绳的张力来判断除焦工作情况，取代原张紧器的作用，灵敏度大幅提高，与除焦动态监测系统结合应用(图 8-2-16 和图 8-2-17)。

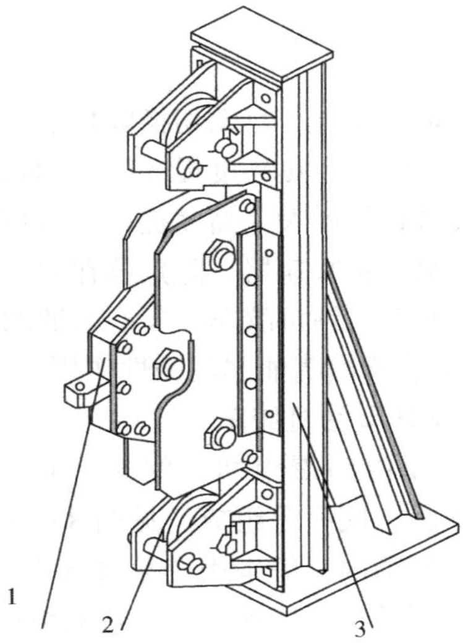

图 8-2-16　钢丝绳张力检测机构

1—检测机构；2—导向轮；3—支座

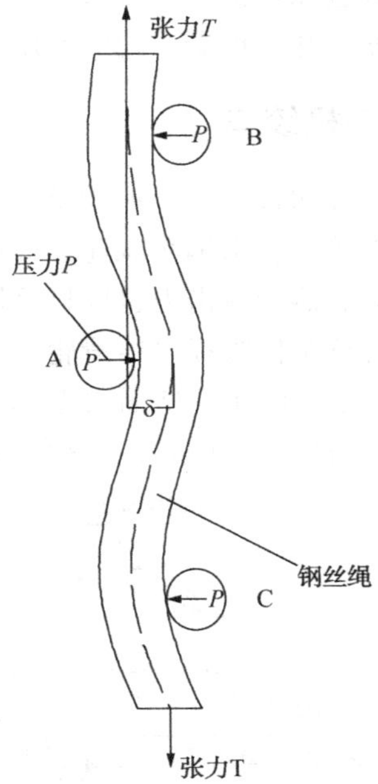

图 8-2-17　钢丝绳张力检测机构原理示意图

钢丝绳精密检测系统有以下特点：

① 满足自动控制的需要：接入智能除焦系统，记录钢丝绳张力，满足顶钻、塌方和钢丝绳断裂三种状态的判断。

② 活动式安装，可对被测钢丝绳直接夹持，无需穿缆，可在不释放钢丝绳张力的情况下，夹持于承载钢丝绳的任何位置，测出钢丝绳的静、动张力；便于安装维护，可靠性高。

③ 环境适应力强，在线应用，钢丝绳精密检测系统用于解决在不改变钢丝绳的受力结构的情况下，在线自动检测钢丝绳在动、静态过程中的张力问题。

八、钻杆

在设计 1.6Mt/a 延迟焦化装置时，水力除焦系统中的除焦水压力提到了 33MPa、流量提到了 300m^3/h。在此之前，国内延迟焦化装置水力除焦系统所用的除焦钻杆为 5½in(139.7mm)钻探用套管，壁厚只有 9.7mm，不能满足设计需要。如果进口国外产品每根(约

40m)需要 10 多万美元。在这种情况下，有关技术人员对国内钻杆行业进行了大量调查，掌握了加工 7in(178mm)钻杆的制造能力和加工工艺，并按有关标准设计了整体锻造除焦钻杆(图 8-2-18)。

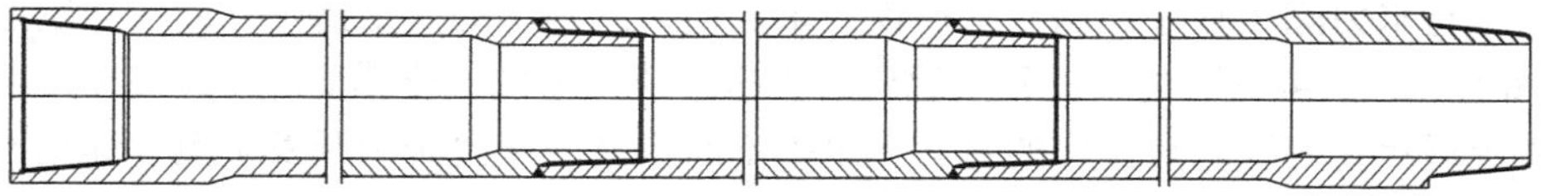

图 8-2-18　7in 锻制钻杆结构示意图

整体锻造除焦钻杆具有机械性能好，外径、内孔及两端接头均可通过机械加工来保证所要求的精度，并可根据不同的使用压力任意选择壁厚。

九、钻机绞车

由于钻杆加长、直径加大及增大壁厚后，增加了重量，此外，自动切换除焦器、除焦胶管、风动水龙头、水蜗轮减速器等重量都明显增加。焦炭塔内生焦高度提高后，如果出现塌方现象对除焦器的冲击力也要显著增大，这些都是焦炭塔直径增大，高度提高以后带来的新问题。钻机绞车作为提供给滑轮组、高压胶管、钻杆、水蜗轮减速器、除焦器在井架上下移动的动力设备。除了这些需要考虑以外，在出现塌方情况下，钻机绞车还要有足够的能力将它们从焦炭塔中提出塔外(在这种情况下，自动除焦器的反吹喷嘴能起辅助性作用)。

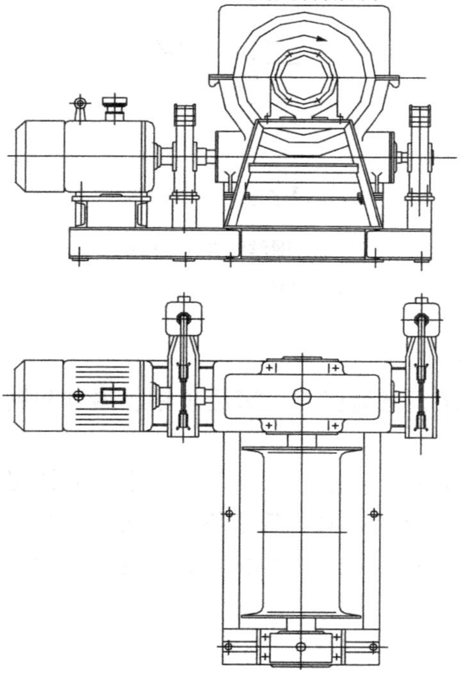

图 8-2-19　蜗轮蜗杆型钻机绞车示意图

(一) 蜗轮蜗杆型钻机绞车

钻机绞车主要由防爆电机、蜗轮蜗杆减速器、钢丝绳卷筒、抱闸、底座等组成，见图 8-2-19。钻机绞车的速度控制国内一般采用变频进行无级调速，国外也有采用液压马达或风动马达进行无级调速的。

为了安全可靠，钻机绞车一般采用电动双抱闸、钢丝绳张紧机构，并进行程序控制实行联锁。

(二) 行星换挡型钻机绞车

蜗轮蜗杆减速机因其机械效率低，单绳额定提升力小、高倍率滑轮组等因素会导致电能损耗大，延长除焦时间。若出现焦炭塌方埋钻，蜗轮蜗杆钻机绞车无法直接从塌方的焦炭中提出除焦器，需借助人力及辅助工具，操作时间长、劳动强度大。

行星换挡型钻机绞车匹配低倍率滑轮组可解决以上问题。行星减速机高速挡，机械传动效率高，额定单绳提升力大，钻具的提升速度快，缩短除焦周期；行星减速机低速挡，单绳额定提升力提高至原有的 1.6 倍，即可快速将钻具从塌方的焦炭中提出。

行星换挡钻机绞车主要由防爆变频电机、换挡行星减速机、定速比行星卷扬减速机、滚筒、钢丝绳、制动器及支撑架等组成(图 8-2-20)。

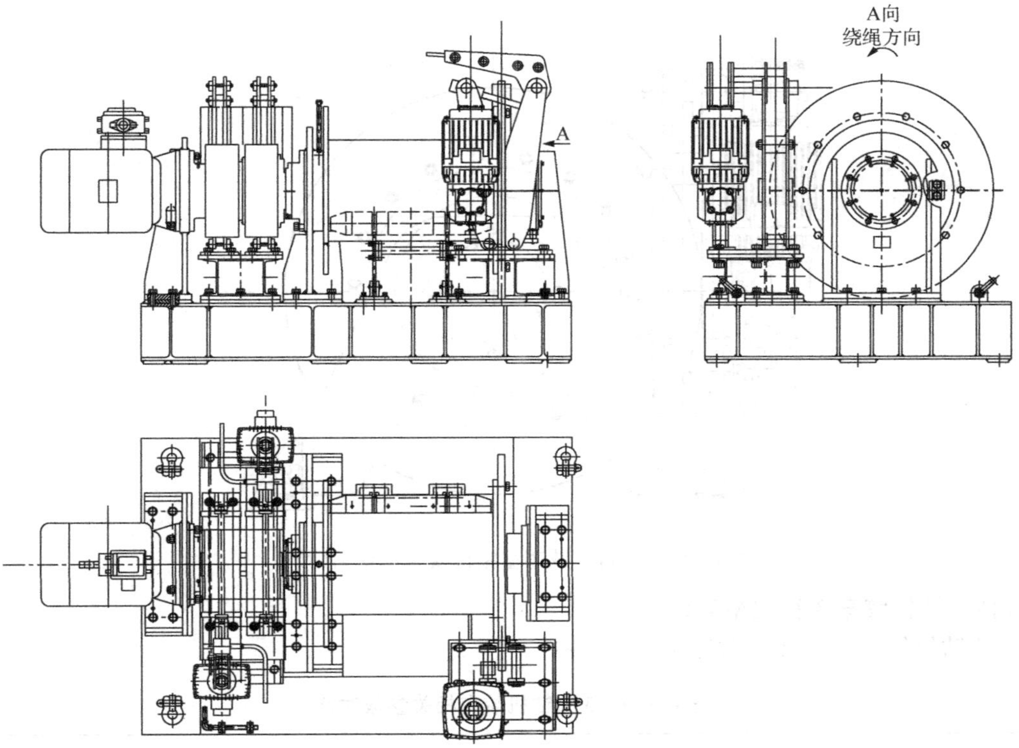

图 8-2-20　行星换挡型钻机绞车示意图

(三) 行星减速型钻机绞车

行星减速型与行星换挡型钻机绞车相比较，区别在于前者无需换挡，额定单绳提升力可满足正常除焦、埋钻、卡钻等各种工况的需求，缩短除焦周期。

行星减速型钻机绞车主要由防爆变频制动电机、行星减速机、滚筒、钢丝绳、电力液压臂盘式制动器及机架等组成(图 8-2-21)。

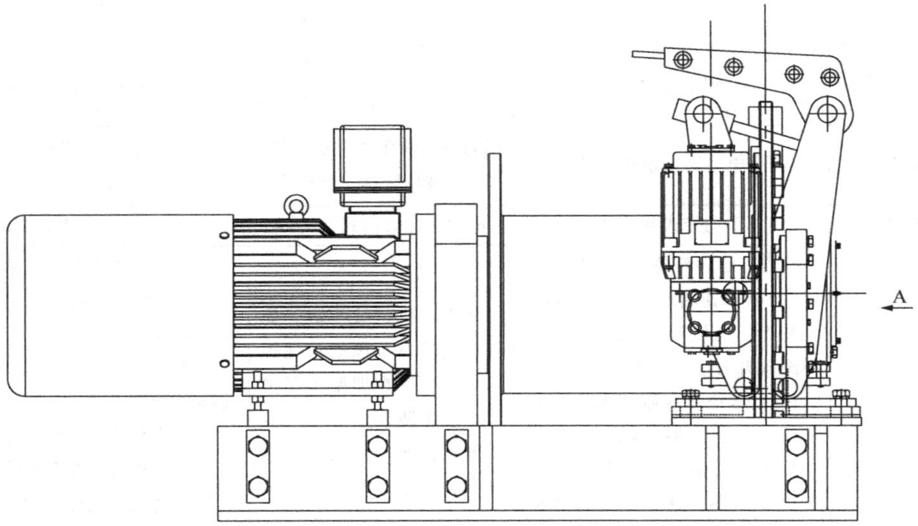

图 8-2-21　行星减速型钻机绞车示意图

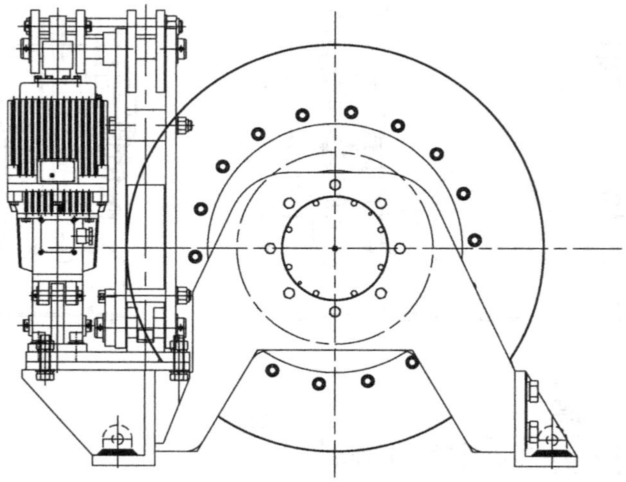

图 8-2-21　行星减速型钻机绞车示意图(续)

(四) 钻机绞车 3 种类型对比

3 款钻机绞车相关参数对比见表 8-2-1。

表 8-2-1　3 款钻机绞车相关参数对比

型号	ZJJC	PTW/EJ	PGW/E
减速形式	蜗轮蜗杆减速	行星齿轮换挡减速	行星齿轮减速
电机额定功率/kW	22	22	37
减速机速比	62	70/117	51
机械效率/%	50	90	95
容绳量/m	500	300	500
单绳提升力/kN	1st/5th：29/23	(高速挡位)1st/5th：32/25 (低速挡位)1st/5th：53/41	1st/5th：47/35
钢丝绳线速度/(m/min)	1st/5th：25.6/39.1	(高速挡位)1st/5th：30/38 (低速挡位)1st/5th：17/23	1st/5th：40.1/56.5
工作制动	两套电力液压块式制动器	两套电力液压块式制动器+电力液压臂盘式制动器	电机电磁制动器+电力液压臂盘式制动器
停车制动	手动带式制动器	电力液压臂盘式制动器	电力液压臂盘式制动器
优缺点	优点：传动简单，蜗轮蜗杆自锁，不需高速端提供额外制动器。 缺点：机械效率低，能耗大，单绳提升力小，速度较慢。 由于提升力有限，无法直接用绞车将除焦器从塌方的焦炭中提出，需借助人力和辅助工具提除焦器，这个操作过程时间较长、劳动强度大	优点：机械效率高，能够得到较宽范围的单绳提升力。可以在埋钻工况过程中提出钻具。 缺点：速度较慢，结构复杂，尺寸较大	优点：机械效率高，单绳提升力大，减少埋钻后钻具拔出时间，大大降低劳动强度。 速度快，在变频器变频控制下，能够得到宽范围的钢丝绳移动速度，满足不同工况的使用。 传动系全部内置于滚筒内部，绞车的空间尺寸小，绞车结构简单紧凑

十、水龙头

在设计1.0Mt以上延迟焦化装置中，为了稳妥可靠，仍保留风动马达作为水蜗轮减速器或水力马达的备用设备，并把输出扭矩提到了5000N·m。

风动水龙头主要由风动马达、行星齿轮减速器、伞形齿轮箱和填料密封等组成。输出转数一般在5~6r/min，输出扭距在3000~5000N·m，输出轴与钻杆一般采用内平扣锥管螺纹，螺纹旋向必需与水蜗轮减速器或水力马达自动除焦器保持一致(图8-2-22)。

近几年，国内开发应用了以电机作为动力源的水龙头，通过减速机减速，采用变频器变频调速，可以随时精确调整电动水龙头的输出转速(2~12.2r/min)，满足不同条件下除焦需要，同时改进旋转密封的结构，采用蝶簧压缩预紧旋转密封环，蝶簧与除焦水隔离，提高使用寿命，旋转密封环可以完整取出更换，便于设备在线维护(图8-2-23)。

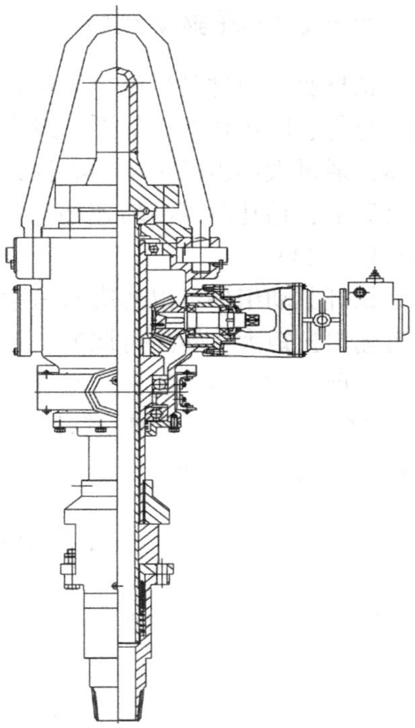

图8-2-22　风动水龙头示意图

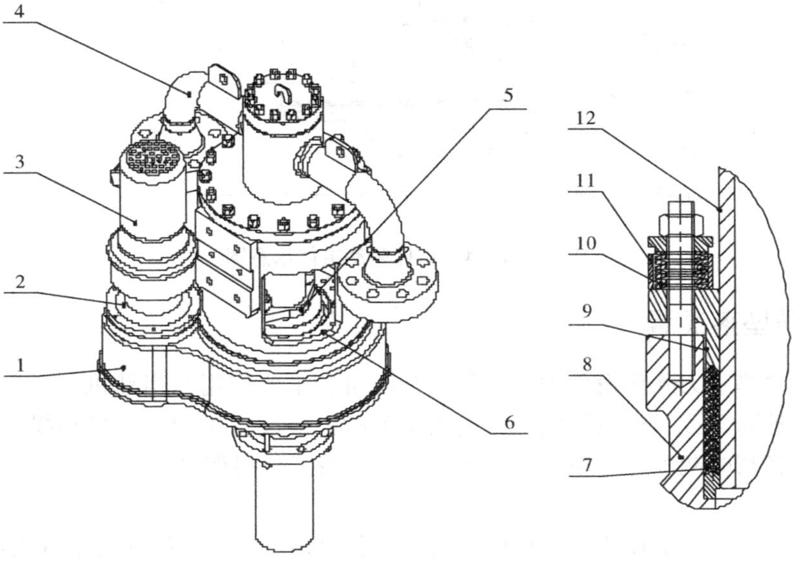

图8-2-23　电动水龙头结构示意图

1—壳体；2—减速机；3—电机；4—T形管；5—旋转密封；6—自动润滑装置；7—旋转密封环；8—输出轴；9—压环；10—蝶簧；11—蝶簧套；12—冲管

十一、钻杆驱动组件

钻杆驱动组件是机电一体化设备，由机械本体及防爆变频柜、移动软电缆、电缆护套及固定组件、防爆接线盒等部分组成的电控系统两大部分组成。整套系统由变频器驱动电机减速器，通过大小齿轮带动中心管旋转输出动力，带动钻杆、切焦器旋转；输出转速可通过变频器调节，钻孔时以高转速输出；切焦时随着切焦孔直径的逐渐增大，逐渐选择较低转速(图 8-8-24)。

钻杆驱动组件可以解决水马达、风动水龙头等其他驱动设备噪音大、故障率高等问题，具有输出扭矩大、转速可调节、无故障连续运行时间长、维护简单等特点。

目前，钻杆驱动组件已经在中国石油、中国石化、中海石油及地方炼油厂投入使用了100 多台套。据用户反馈，钻杆驱动组件投入使用后提高了除焦效率，大大减少设备维护的费用，使用效果良好。

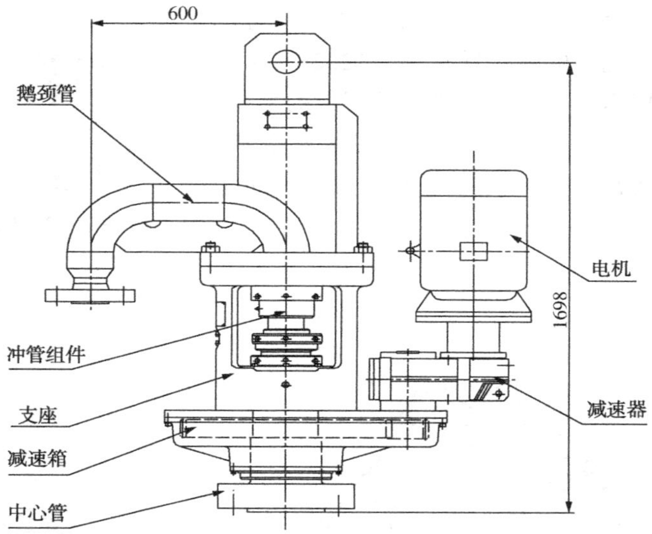

图 8-8-24　钻杆驱动组件示意图

十二、防坠落装置

防坠落装置是水力除焦设备中的一种安全设备，主要作用是当钻机绞车出现刹车失灵、提拉钢丝绳意外断裂或其他故障使设备突然坠落时，由设备中的提拉机构操纵安全钳动作，把整套除焦设备瞬时制停在导轨上，防止设备和人身意外损伤事故的发生，从而满足企业安全生产的需要。

防坠落装置主要由提拉机构、杠杆机构、锁紧机构、导向机构和支架五大部分组成。防坠落装置采用瞬时式安全钳制动，安全钳为多滚柱双楔块 结构，纯机械控制，具有结构简单、制停效果好、制停距离短、制动能力大的优点(图 8-2-25)。

目前国内防坠落装置还处于推广阶段，已在在镇海炼化等企业应用，取得了良好的使用效果，显著提高了装置运行的安全水平、降低了安全隐患。

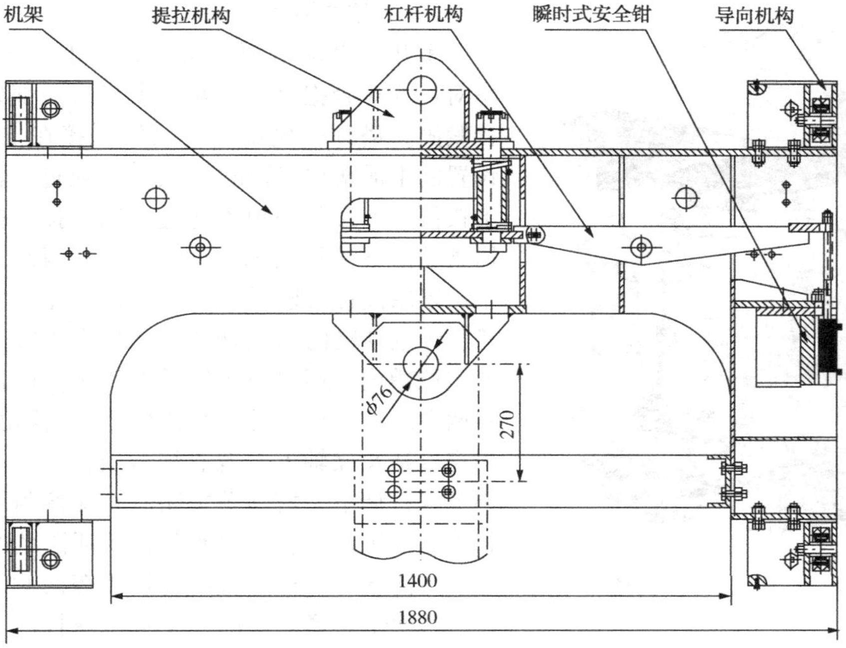

图 8-2-25　防坠落装置示意图

第三节　自动顶/底盖机

一、敞开式塔顶盖机

在某石化厂 1.0Mt/a 延迟焦化装置的设计中，国内有关工程公司和制造厂合作开发了 *DN*900 塔顶盖机(图 8-3-1、图 8-3-2)。该机主要由两个液压油缸(带机械自锁)、一台液压油站、碟簧补偿机构及上下支撑体等组成。它同时采用八角形金属环强制密封和蒸汽辅助密封两种形式，确保密封可靠。

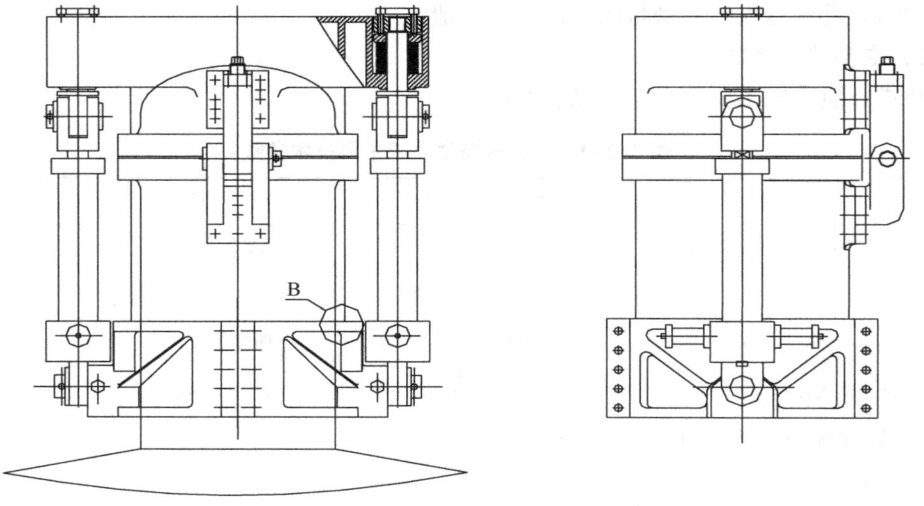

图 8-3-1　*DN*900 自动顶盖机结构示意图

图 8-3-2 双缸顶盖机图

（一）结构原理

敞开式自动塔顶盖机中设置上、下两对抱卡，每对抱卡对合抱箍在焦炭塔上塔口颈部处，并用螺栓紧固。塔顶盖侧部通过铰轴铰接在上部抱卡上。设置的主活塞缸（液压缸）其下端通过铰轴与下部抱卡铰接，上端与塔顶盖通过铰轴铰接，在向上顶起塔顶盖沿下端铰接轴转动，在主缸两侧对称设置两个锁紧用油缸（液压缸）并在主缸活塞杆上设置定位槽，锁紧油缸的活塞杆从两端顶入主缸活塞杆设置的定位槽内，用以将主缸活塞锁定。塔顶盖体上设置两个圆柱形孔，其内固定轴下端与主缸铰轴铰接，固定压站及操轴上套置有蝶簧组，其预紧力可通过调节螺钉调节，塔顶盖关闭时，蝶簧利用其预紧力将顶盖向下压、合、置有紧，保证法兰所需的密封力。主活塞缸对称设置的在塔顶盖两侧，每个主缸设置有两个锁紧缸。两个主缸活塞杆同步向上使顶盖沿铰轴翻转 90°开启，主缸下端同时沿铰轴转动一定角度。顶盖机设置有液压系统，可远距离控制顶盖机的开、合、压紧及锁定解锁等动作。液压系统设置有液压站及操作台，液压站采用防爆电机及防爆控制开关，操作台设置两个操作手柄，其一手柄控制两个主油缸开盖、关盖及停止，其二手柄控制四个侧油缸锁定及解锁，操作比较简单、灵活、安全、可靠。液压系统特设置液压锁，在运行期间误操作能可靠保护设备。在除焦过程及生焦过程，液压系统属卸压关闭状态，整个液压管线没有压力，操作手柄不起作用，因此，油泵停止后，随意扳动操作台手柄，不会对顶盖机起任何作用。

由以上结构介绍可知，顶盖机靠液压系统实现动作，当液压缸压紧锁定后，液压系统卸压，蝶簧实现压紧密封。塔口上下法兰及中间金属密封圈之间密封力可通过蝶簧机构与液压系统调整。焦炭塔内温度变化产生的变形可由蝶簧机构有效吸收，保证上下法兰可靠密封。金属密封圈处设置蒸汽辅助密封确保油气无处泄漏。

（二）主要技术参数

敞开式塔顶盖机主要技术参数见表 8-3-1。

表 8-3-1 敞开式塔顶盖机主要技术参数

序号	项　目	参数	序号	项　目	参数
1	顶盖机操作压力/MPa	0.3	7	系统最大密封力/kN	1000
2	介质	瓦斯气	8	对顶盖提供的密封力/kN	808
3	工作温度/℃	420～460	9	防爆等级	dⅡBT4
4	液压系统流量/(L/min)	10	10	开盖压力/MPa	2.5
5	液压系统设计压力/MPa	31.5	11	开盖时间/min	2.5
6	液压系统工作压力/MPa	25			

图 8-3-3 是某厂最近研制出的多缸型自动顶盖机，它有升降、摆动，锁位和撑紧四个动作，采用八角形金属环密封及蒸器辅助密封。主要特点是安装方便。

图 8-3-3　多缸型自动顶盖机

二、密闭顶盖机

（一）平板式顶盖机

平板式顶盖机是一种密闭式、平板结构的专用设备。采用电动驱动阀板水平移动开盖，结构简单、易于远程自动控制等优点。主要由设备机械本体和电动驱动机构组成，设备主体包括阀体、固定阀座、阀板、浮动阀座、阀杆等；电动驱动机构由执行器、阀门齿轮箱、丝杠副组成。所有密封面进行表面硬化工艺处理，提高密封性能和使用寿命(图 8-3-4)。

平板式顶盖机采用阀门金属硬密封技术。密封面是浮动阀座与阀板的接触面，密封力由内置高温弹簧通过浮动阀座施加给阀板，在阀腔内通入蒸汽进行辅助密封，确保无泄漏。顶盖机的开、关过程通过电动驱动执行驱动阀板完成。

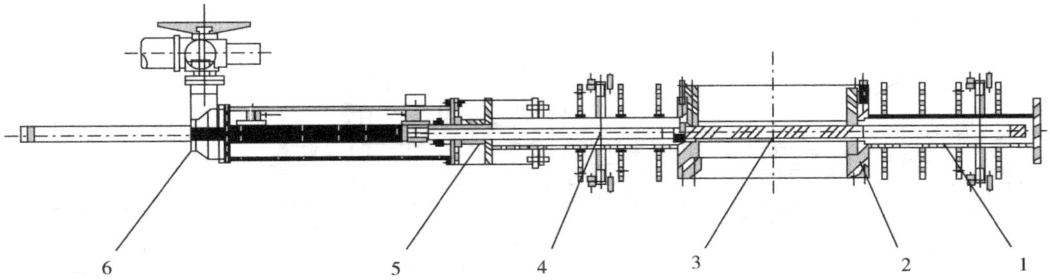

图 8-3-4　平板式顶盖机示意图

1—阀体；2—阀座；3—阀板；4—阀杆；5—填料函；6—电动执行机构

平板式顶盖机性能特点：

① 弹性加载金属阀座设计，结构简单、重量轻。

② 密封比压高，泄漏低。

③ 密封面进行表面硬化处理，使用寿命长。

④ 电动执行器具备手动、就地、远程操作。

⑤ 全密闭操作、减轻操作工劳动强度、改善工作环境。

⑥ 具备与 DCS 安全联锁功能，防止误操作。

（二）电动双暗杆闸板阀

电动双暗杆闸板阀通过电动头(或电机+减速机)驱动两根丝杠实现闸板的开合运动。电动双暗杆闸板阀采用金属硬密封，在开关阀过程中密封力不卸载，确保了关阀以后的安全密封。闸板上部设置多组碟簧提供密封力，且能够补偿因温度与密封应力所产生的变形，最大程度地保证密封面的严密贴合，从而实现阀的高密封性能(图 8-3-5)。

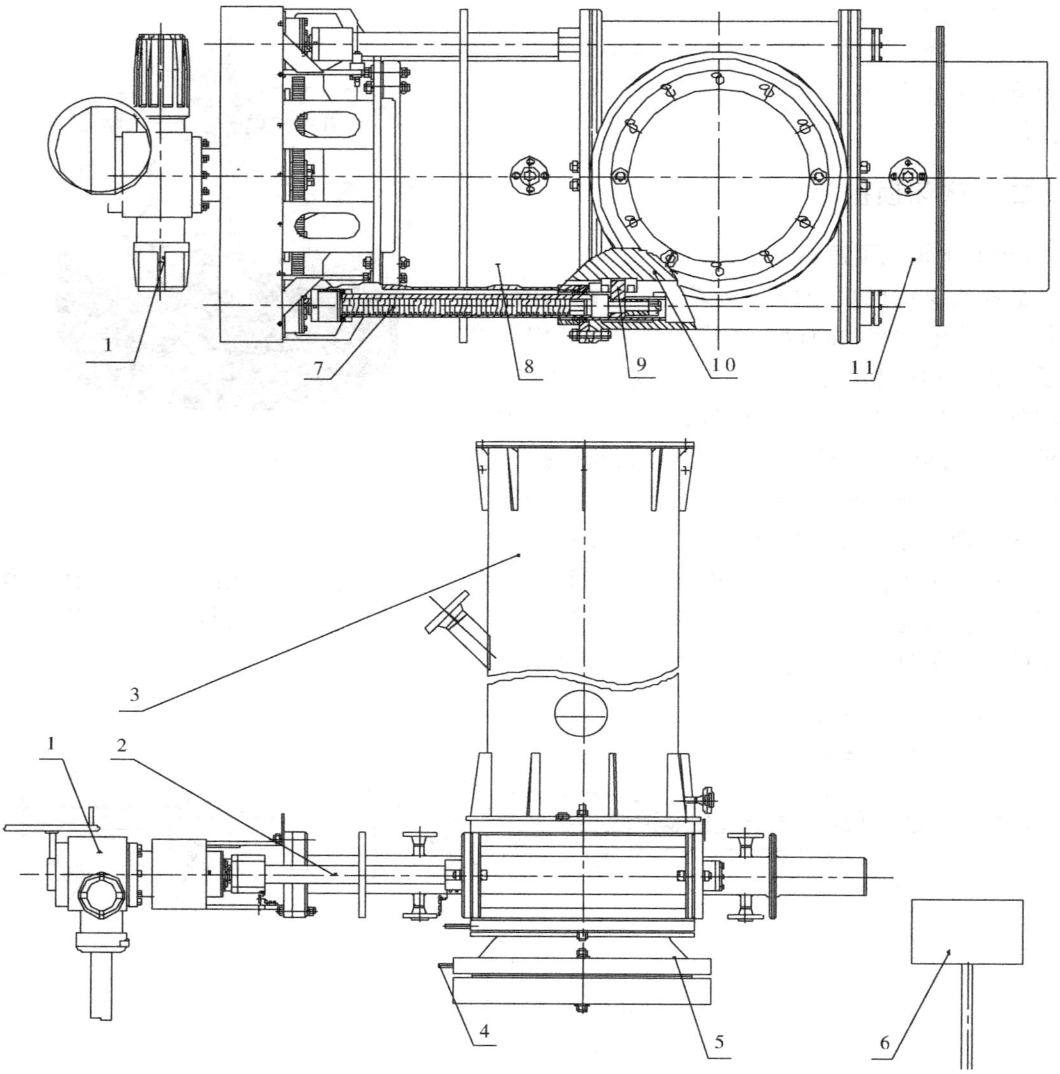

图 8-3-5　电动双暗杆闸板阀结构示意图

1—驱动机构；2—阀体；3—(蒸气)导流筒；4—保护蒸气法兰；5—连接短接；
6—操作柱；7—丝杠；8—左封头；9—连接块；10—闸板；11—右封头

工作时阀内高温密封环内及阀体两端封头内均通蒸汽，蒸汽压力采用定压控制，压力高于介质压力 0.1MPa 以上，起辅助密封作用，确保密封介质不外漏。两端封头与阀体采用法兰连接，密封垫选用可耐 500℃高温的双金属自密封波齿垫。

三、敞开式自动塔底盖机

由于焦炭塔底盖的装卸工作是延迟焦化装置中工作环境最艰苦、劳动强度最大的岗位。研发自动塔底盖机是焦化设备技术进步一项重要内容。国内从 2002 年起有关工程公司与制造厂开始合作研发塔底盖自动装卸技术(塔底盖装卸机结构见图 8-3-6)。

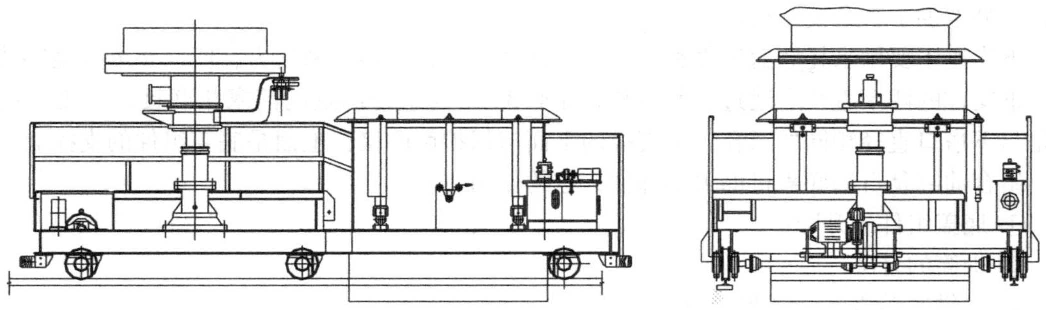

图 8-3-6 塔底盖装卸机结构示意图

1. 结构原理

自动塔底盖机(图 8-3-7)主要由机架(1)、伸缩油缸(2)、底盖组件(3)、下支撑(4)、组合油缸(5)、上支撑(6)、保护筒(7)、液压油站(8)等组成(图 8-3-6)。

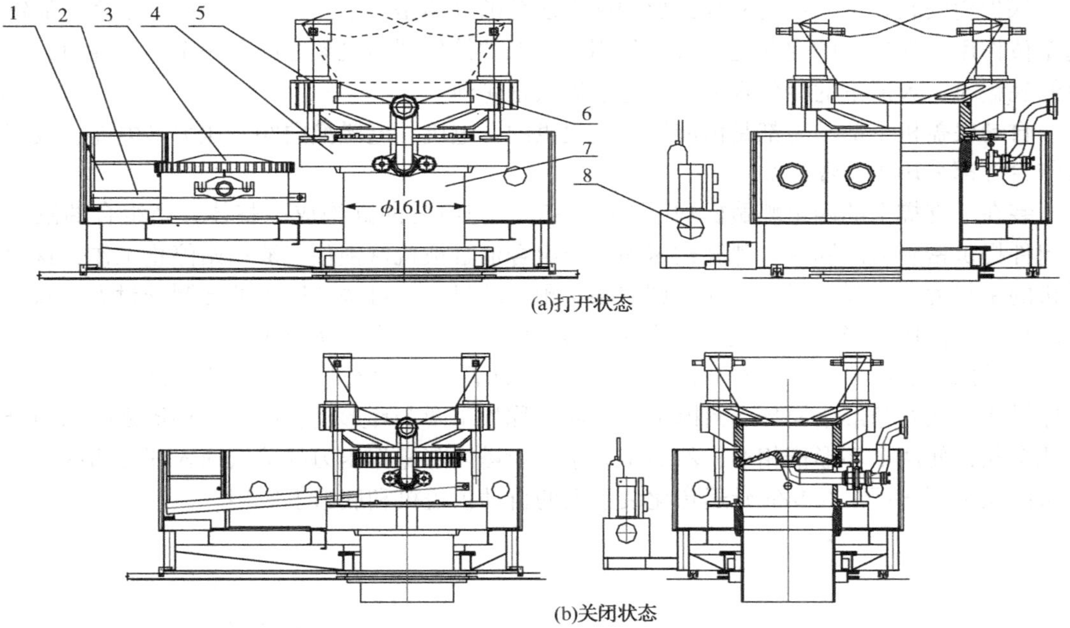

图 8-3-7 自动底盖机打开状态示意图

1—机架；2—伸缩油缸；3—底盖组件；4—下支撑；5—组合油缸；6—上支撑；7—保护筒；8—液压油站

机架主要包括底盖机底座、侧板，底座上设有底盖水平移动的导轨、保护筒支撑圈、操作平台、大量放水时的导流管等。侧板上设有观察窗、门等，它的作用是防止焦炭和除焦水外溅而污染环境。

伸缩油缸是用来推动底盖组件作水平移动的执行机构，由于行程较大，所以要从底盖下部通过，因此采用了夹套式结构。伸缩油缸一端与机架铰接，另一端与底盖组件铰接，伸缩油缸不但自己作往复直线运动，还要绕两端支点摆动。

底盖组件的本体与目前焦炭塔使用底盖大致相同，此外在底盖下端增加了一个支撑体，目的之一用来托动底盖。目的之二用来提高底盖组件的刚度，以便受压后减小变形。另外在进料口处增加了自动夹紧机构。

下支撑主要用来托底盖组件和保护筒作升降运动，并传递密封力，所以要求有足够的刚度。下支撑的四个直角点通过碟簧机构(图 8-3-8)与组合油缸的活塞相联接，下支撑的中心是与下塔口直径相同的通孔，下支撑的下面与保护筒联接，上面是底盖组件的支撑面。

组合油缸是自动底盖机的关键部件，它的作用有：

① 底盖组件的升降；

② 护筒的升降；

③ 提供底盖机的强制密封力；

④ 底盖机密封后的机械锁紧；

⑤ 保护筒提升后机械锁紧。

上支撑是自动底盖机的主体，它的上面与下塔口法兰联接，四个组合油缸安装在它的四个直角悬臂梁端点上部，上支撑的下面是与底盖组件相互配合的密封面。

保护筒安装在下支撑的底部，保护筒上法兰的外圆是一个圆锥面，保护筒下降后靠锥面起定位作用。保护筒的内孔是正常除焦用的，保护筒外圆与机架之间是一个环形通道，当带水卸底盖时，大流量的冷焦水从这里通过进入畜焦池。

自动底盖机全部动力都是由液压油站提供的，电机、电磁换向阀、压力继电器、及程控操作台等都采用了防爆产品。

装在下支撑上的四组蝶簧机构(图 8-3-8)，与组合油缸构成一整体，当组合油缸对底盖组件提供密封力的同时，碟簧被压缩。当组合油缸被机械锁住，液压站停止工作，这时底盖机的密封力是靠碟簧提供。通过调整碟簧预压缩量，就可调解底盖的强制密封力。碟簧组件的另一个作用是当温度变化时吸收热变形，而且温度越高对密封越有利。

为了保正密封可靠性，在八角形金属环密封的基础上又设置了蒸汽辅助密封(图 8-3-9)，具体做法是在八角形金属环密封圈上下端面对称加工两个环形槽，在两个环形之间均匀分布钻几个孔，使两个环形槽相通，然后用大于焦炭塔内部操作压力的蒸汽通入环形槽内，这种方法已在某石化厂 1.0Mt/a 延迟焦化装置上的自动顶盖机和底盖上应用。

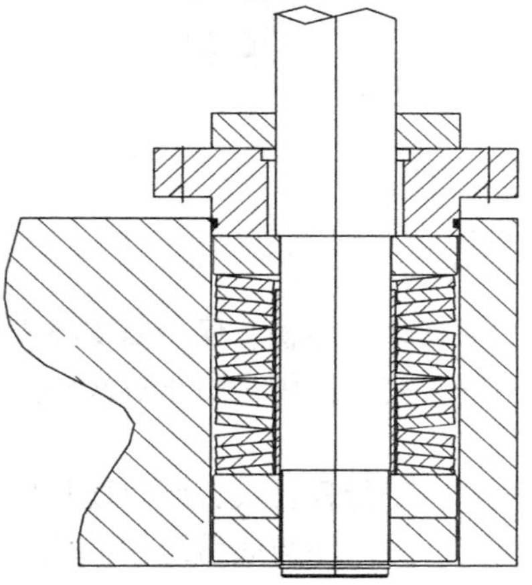

图 8-3-8　碟簧机构示意图

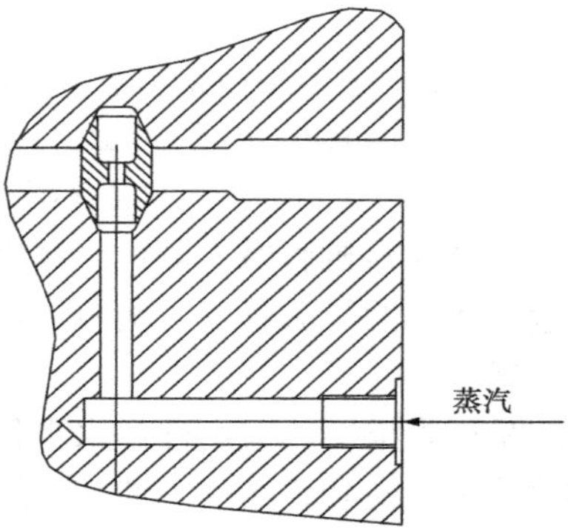

图 8-3-9　强制密封与蒸汽辅助密封示意图

图 8-3-10 为国内外开发的几种自动底盖机效果图。国内开发的自动底盖机已在多套焦化装置上工业应用。

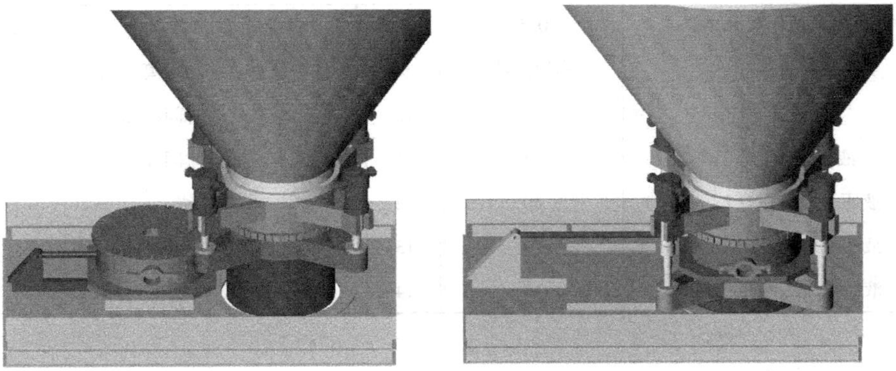

(a)国内开发的下部进油自动底盖机效果图

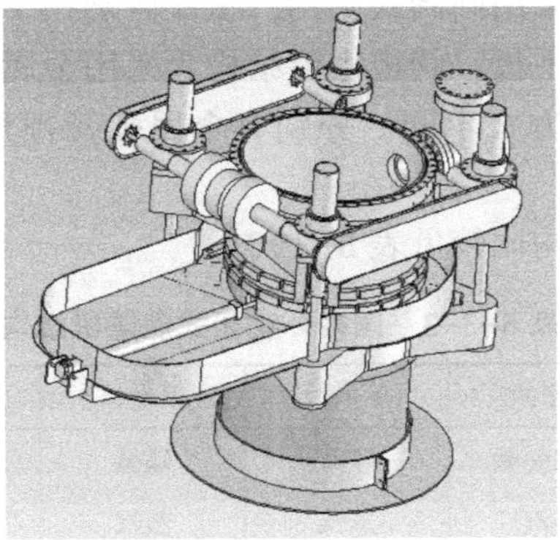

(b)国内开发的侧进油自动底盖机

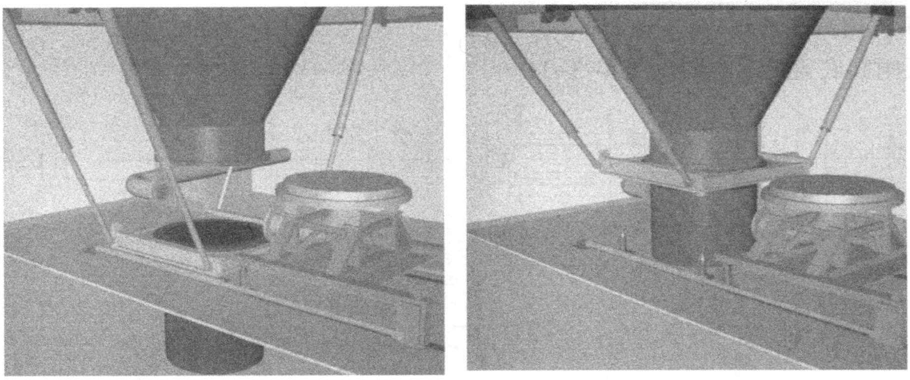

(c)国外开发的下部进油自动底盖机

图 8-3-10　国内外开发的几种自动底盖机效果图

2. 主要技术参数

自动底盖机主要技术参数见表 8-3-2。

表 8-3-2　自动底盖机主要技术参数

序号	项　　目	参数	序号	项　　目	参数
1	底盖机操作压力/MPa	0.5	8	底盖最大密封力/kN	2.07×10^3
2	介质	高温渣油	9	保护筒垂直移动距离/mm	850
3	介质温度/℃	≤505	10	上一次底盖时间/min	4
4	液压系统功率/kW	15	11	卸一次底盖时间/min	5
5	液压系统流量/(L/min)	40	12	防爆等级	dⅡBT4
6	液压系统设计压力/MPa	20	13	底盖垂直移动距离/mm	370
7	液压系统工作压力/MPa	16	14	底盖水平移动距离/mm	2600

四、密闭式底盖机

密闭式底盖机国内外均采用闸阀式结构，主要区别在于阀板结构和密封结构，阀板结构分为：单平板、双板及扇形平板；阀板密封结构：采用金属硬密封，密封面为上阀座与阀板的接触面，密封预紧力提供方式不同，分别有金属碟簧预压紧、液压螺栓和碟簧联合预压紧、楔形双板预压紧。

国内外密闭式底盖机结构比较见表 8-3-3。

表 8-3-3　国内外密闭式底盖机结构比较

阀板结构	单平板	单平板	单平板	单平板	单扇形板	单平板	双楔平板
密封结构	液压碟簧	圆柱弹簧	碟簧	碟簧	碟簧	碟簧	双楔压紧
辅助密封	蒸汽	蒸汽	蒸汽	蒸汽	蒸汽	蒸汽	蒸汽
制造厂	涧光	涧光	荆门	兰州	航生	Detal	Z&J

1. 平板闸阀底盖机

平板闸阀底盖机示意图见图 8-3-11。

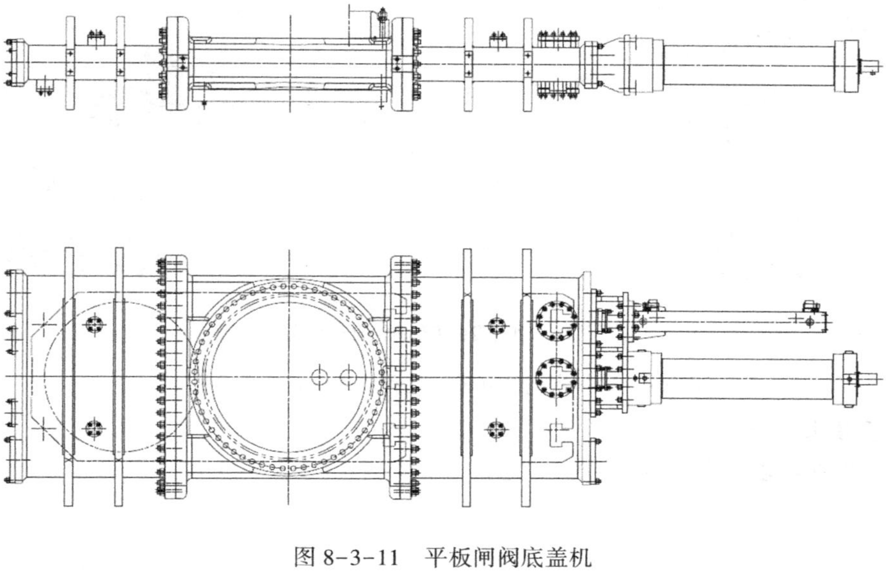

图 8-3-11　平板闸阀底盖机

阀体部分为扁平结构，由中间阀体、前、后阀盖等组成，均采用铸造结构，前、后阀盖与中间阀体的联接采用唇形密封结构，确保密封可靠不泄漏。阀体上端通过锥形进料段与焦炭塔下端法兰连接。

阀板与座圈采用浮动阀座双重金属硬密封形式，确保介质不会外泄。主要由上座圈、下座圈和阀板组成。下座圈采用固定结构，上座圈采用浮动座圈，由耐高温弹性元件(碟簧或圆柱弹簧)和密封元件组合而成，以适应阀板与座圈的热胀冷缩和微量变形，保证密封可靠。阀板为带导流孔的单闸板结构，在全开全关位置阀座密封面均不外露，可有效地保护座圈，并在开关过程中对阀板有自洁作用。

底盖机的驱动机构采用大功率电液执行机构，采用一对一的配置方案，驱动力冗余按3倍设计，以满足各种工况的驱动要求。电气控制箱为dⅡBT4防爆型结构，可实现电液联控，并带有允许开关联锁保护可防止误动作，确保操作安全可靠。底盖机的控制系统与焦炭塔的温度或压力联锁，确保安全程序操作。

主要制造厂商有：洛阳涧光、荆门炼化机械厂、兰州机械厂、美国Detal等。

2. 液压预紧平板式底盖机

平板式底盖机(图8-3-12)是一种密闭式、平板结构的专用设备。平板式底盖机采用金属硬密封，密封面为上阀座与阀板的接触面，密封力由液压螺栓组件提供，由支承座施加于密封副。多组液压螺栓组件提供310t密封力，预压紧碟簧组提供50t密封力，密封力360t。开、关阀位动作切换时，注入液压油使液压螺栓组件卸荷，把总密封力降到50t(预压碟簧组提供)，通过执行油缸驱动阀板完成阀位状态转换，停止向液压螺栓组件供油。液压螺栓组件自动加载至360t，实现阀体的有效密封。该设备采用比国外设备密封比压高的技术特点，具有可靠密封性能，减轻劳动强度、改善工作环境、保证生产安全，近几年已经在国内广泛工业应用。

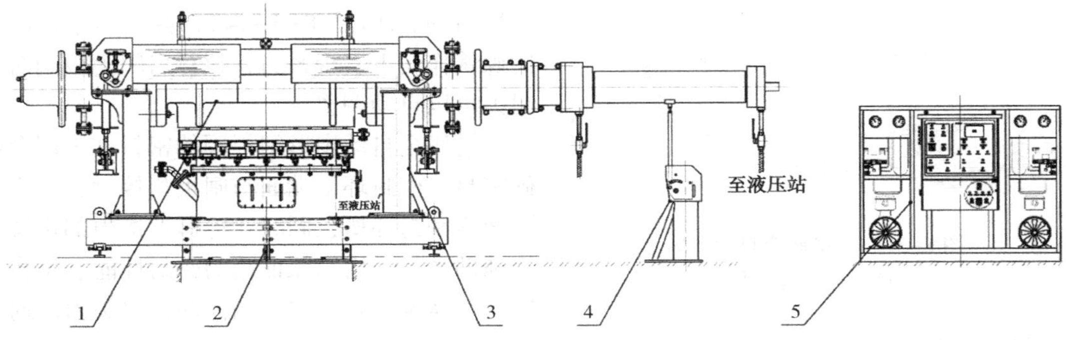

图8-3-12　平板式底盖机示意图

1—平板底盖机；2—出焦护筒；3—弹性托架小车；4—恒力弹簧支吊架；
5—液压站和防爆电控柜(一体式撬装)

平板式底盖机大、小壳体和阀体一起构成一个承压阀腔，阀腔通入蒸汽进行辅助密封，确保密封无泄漏；密封面进行表面硬化工艺处理，提高阀体的密封性能和寿命。该设备主要由平板式底盖机本体、托架小车、出焦护筒、液压站(含防爆电控柜)组成。

3. 扇形闸板阀

塔底全自动扇形闸板阀用于自动开启与关闭焦炭塔底的下塔口，起着塔底盖以及作为焦炭通道的作用。其具有全密闭、易操作、易控制，具有现场环境清洁、自动开/关阀、自动密封、开/关阀温度高、开/关阀时间短等特点，提高了现场操作的可靠性、安全性及经济性。

塔底全自动扇形闸板阀结构(图 8-3-13)由阀体部分、小车、液压站等组成。其采用吊装安装方式，设有恒力顶架以吸收焦炭塔操作时的热膨胀位移。恒力顶架一端固定在小车支架上，另一端通过阀体联接板与阀体固定。

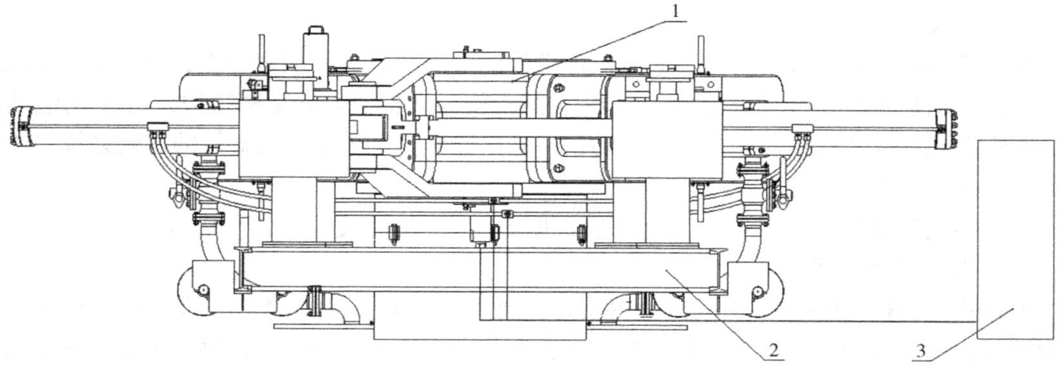

图 8-3-13　塔底全自动扇形闸板阀示意图

1—阀体部分；2—小车；3—液压站

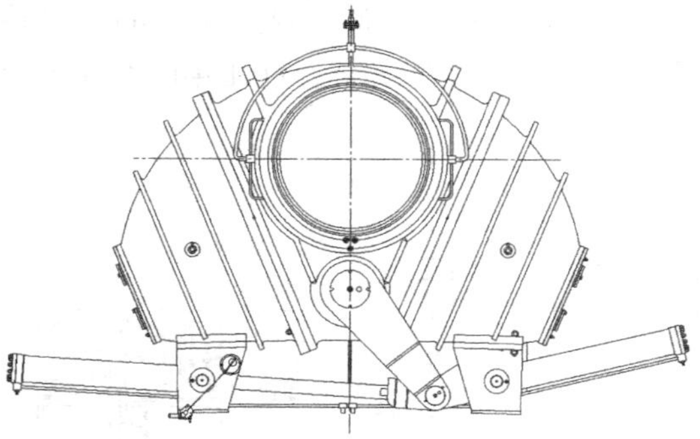

图 8-3-14　塔底全自动扇形闸板阀启闭状态

阀体部分主要包括壳体、封头、闸板、花键轴、启闭油缸、压紧油缸、旋转臂。扇形闸板受启闭油缸作用，绕转轴在扇形密封腔内作旋转运动，通过闸板上的通孔位置的切换来实现塔口的启闭(图 8-3-14)，并在压紧油缸内的碟簧作用下实现密封，执行启闭闸板阀时密封力可以自动调整。

塔底全自动扇形闸板阀的密封副采用金属硬密封，密封环下端面与闸板相接触，表面设有迷宫密封环槽，同时在迷宫环槽内部设置蒸汽辅助密封，用以保证阀的密封性能。工作时阀内、高温密封环内及阀体两端封头内均通蒸汽，起辅助密封作用。

闸板阀外置液压油缸内设有碟簧，碟簧提供足够且可调节大小的密封力，当需要执行开关阀动作时，压紧油缸油压升高，油缸内部的碟簧将密封力转化为势能，释放密封面的预紧力，减小了开关阀时闸板与密封环的摩擦力，使得密封面的磨损减小。阀门开关过程完成后，压紧油缸油压回零，密封力达到最大值，保证生产过程密封性能。

封头引入的吹扫蒸汽可对闸板进行吹扫，保证密封面的清洁，以保证密封性能。两端设计可拆卸封板，便于检查和在线维护。国内开发的塔底全自动扇形闸板阀已在某些石化厂进行工业应用。

第四节　密闭除焦及输送

一、密闭式焦炭处理系统

焦炭处理系统的功能是收集除焦过程排放的焦炭和水，并将之分离。分离出的含焦粉污水经过处理后循环使用，分离出的焦炭作为产品运出焦化装置。焦炭处理系统有以下几种方式。

1. 传统储焦池

现有焦化装置大多是采用传统储焦池方式进行焦炭处理，其流程如图 8-4-1 所示。水力除焦过程中的焦炭和切焦水从焦炭塔一起排入露天的储焦池，在储焦池内固体焦炭和切焦水进行分离。焦炭停留在焦池，然后利用高架式抓斗起重机装车运出装置。切焦水在焦池内初步沉降分离出大颗粒焦粉后进入沉淀池进一步沉降焦粉，经沉淀池沉淀后的切焦水流入蓄水池，蓄水池的切焦水经切焦水提升泵加压送至切焦水储罐，供下一次高压水泵切焦使用。储焦池的容量根据焦炭塔的生焦能力和需要的储焦天数设计。

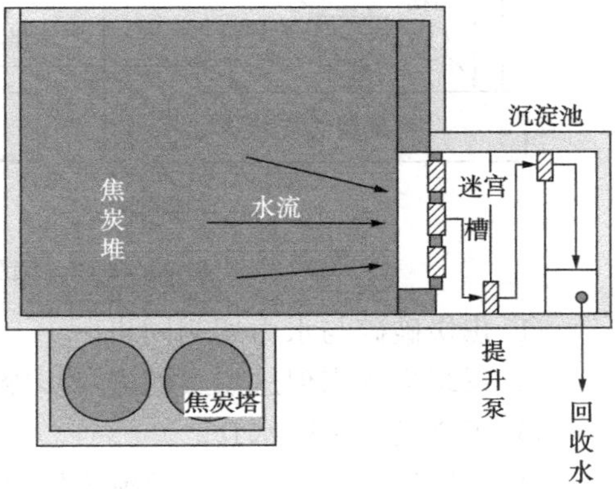

图 8-4-1　传统储焦池焦炭处理流程图

但传统的焦化装置石油焦生产工艺，存在以下三个问题：

① 石油焦除焦、脱水、取焦、输送、存储及装车过程，均为开放式作业，过程中 VOC、恶臭气体及石油焦粉尘对环境造成污染。

② 传统水力除焦过程完全依靠操作人员的经验，判断焦炭塔内水力除焦的完成情况，操作人员在焦炭塔顶平台等区域作业，存在不安全因素。

③ 焦炭塔部分为间歇操作，而且具有步骤多、阀门和设备数量大、操作动作频繁、复杂以及操作要求特殊等特点，容易发生误操作。

以上三点，是目前制约延迟焦化技术发展应用的主要原因，且欧美发达国家与国内的情况基本一致，为解决传统焦化装置所遇到的安全、环保问题，国内外多家公司均在开发相关技术，其中以德国 TRIPLAN 公司 CCS 系统和中国石化"安全环保型延迟焦化石油焦密闭除焦、输送及存储成套技术(S-CCHS)"最具有代表性，并有成功应用案例。

2. 国外封闭式焦炭处理系统

国外封闭式焦炭处理系统(图 8-4-2)在实际工程上已有应用。其流程为：在每台焦炭塔底部设置一个大型双辊式破碎机对焦炭进行破碎，焦炭颗粒控制在 100mm 以下，并在焦炭塔的顶部及底部打入大量冲洗水，将破碎后的焦炭冲入密闭的地下焦池，再将焦粉和水的混合物通过泵输送至大型脱水料仓进行分水和储存。脱水后的焦炭通过密闭管带机外送，切焦水过滤后密闭储存并循环使用，整个系统全部密闭，挥发性气体通过烟囱直接高点放空。

国外密闭式焦炭处理系统处理步骤如下：

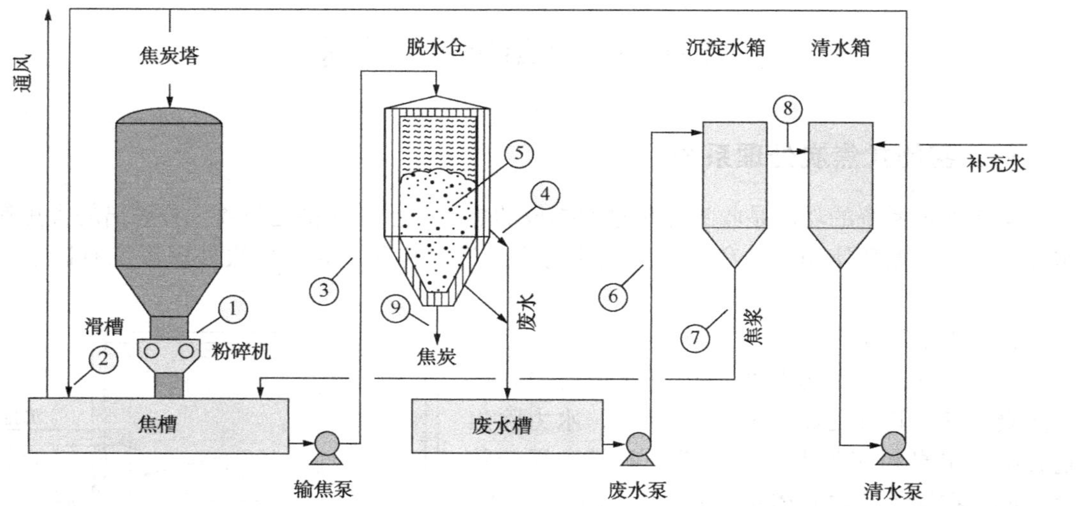

图 8-4-2　国外密闭式焦炭处理系统流程图

① 焦炭破碎与水力切割同步。

② 系统进水来促进焦炭的进一步冷却和运输。

③ 焦浆输入到脱水仓。

④ 水通过焦炭之间的空隙流入废水槽。

⑤ 焦粉在焦床中的滞留率大于 99.5%。

⑥ 废水输入沉淀水箱去分离剩下的小于 0.5%的焦浆。

⑦ 收集的焦浆排到焦槽。

⑧ 清水输入清水箱备用。

⑨ 装卸脱水仓中的焦炭产品。

该技术的主要特点是：将石油焦破碎成较细小颗粒(50mm 以下)，用大量的水混合(焦水比不低于 1∶7)，采用专用的焦浆泵和管道输送至高位脱水仓脱水，将固体石油焦制备成焦浆，用处理流体的方法处理固体石油焦，与石化厂的大部分流程工艺类似，用户在理念上容易接受。其不足在于：

① 除焦设备、破碎机、输焦泵、脱水仓等设备串联操作，中间没有缓冲，任何一台设备故障将导致焦化装置生产受影响。

② 焦浆中配入大量水，增加了输送能耗。

③ 对于老装置改造，需增加高位脱水仓、焦浆泵等设备，改造难度大，投资高、工期长。

④ 没有综合考虑除焦尾气治理及石油焦的储存、运输及装车等环节，环保效果不明显。

3. 中国石化“安全环保型延迟焦化石油焦密闭除焦、输送及存储成套技术(S-CCHS)”

中国石化为解决延迟焦化装置除焦、输送及存储过程的安全环保问题，组织中石化洛阳工程有限公司、镇海炼化、塔河石化、安工院共同攻关，形成从除焦安全智能操作、石油焦脱水、除焦水处理、除焦过程中的尾气收集处理；石油焦封闭输送、存储；石油焦封闭定量装车等成套技术(图 8-4-3)，提供了延迟焦化装置石油焦生产过程的安全、环保一揽子解决方案。

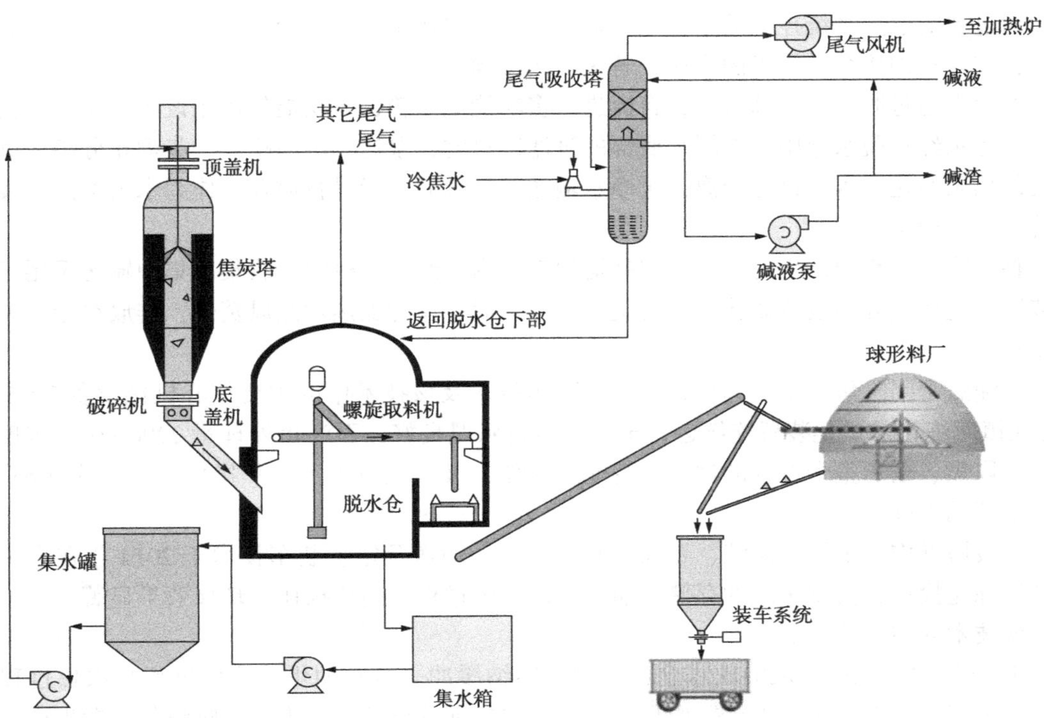

图 8-4-3 中国石化安全环保型延迟焦化石油焦密闭除焦、输送及存储成套技术(S-CCHS)流程

“安全环保型延迟焦化石油焦密闭除焦、输送及存储成套技术(S-CCHS)”包含四个部分：石油焦密闭除焦技术、远程智能水力除焦技术、焦炭塔操作安全控制系统、石油焦密闭存储、输送及定量装车技术。

石油焦密闭除焦技术，系统流程如图 8-4-4 所示：

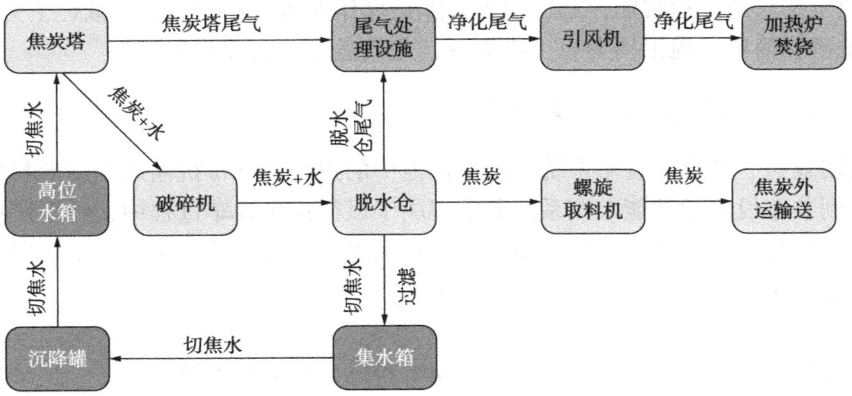

图 8-4-4 石油焦密闭除焦技术框图

系统包括：闸板阀式顶/底盖机、筛分破碎机、密闭石油焦脱水仓、垂直螺旋提升机、切焦水处理单元、尾气回收及处理单元。

焦炭塔中的石油焦经水力除焦系统切割后，通过底盖机进入筛分破碎机，破碎后的石油焦颗径小于 150mm，与切焦水一起进入密闭式脱水仓中；石油焦在脱水仓中经摊平、脱水后，通过智能取焦系统控制的垂直螺旋提升机自动输送至石油焦密闭存储、输送及定量装车系统，实现石油焦全流程密闭作业，解决了污染问题。

切焦水通过脱水仓底部排出，自流进入多功能集水箱，多功能集水箱设置有切焦水输送泵；切焦水经过脱水仓中焦炭层和底部的过滤网过滤，泵送至沉降罐进一步静止分离，沉降罐底部焦浆回送脱水仓过滤分离，干净水输送至后续储水罐进行储存，作为水力除焦及装置冲洗水循环使用。

整个除焦过程中产生的废气，包括塔顶气在内，经引风机统一收集，集中输送至尾气处理装置，经尾气处理装置做除尘、脱硫除臭处理后，作为加热炉配风焚烧，排放符合有关环保要求。

石油焦密闭除焦技术、远程智能水力除焦技术及该技术中的主要核心机械设备 2015 年 9 月在镇海炼化二焦化装置连续运行至今，运行状况良好，石油焦处理量 2200 t/d，实现了除焦、取焦、输送整个过程的远程、智能化操作，极大地改善了除焦操作人员的作业环境、减轻了劳动强度。

焦炭塔操作安全控制系统、石油焦密闭存储、输送及定量装车技术于 2014 年在中国石化塔河炼化投用，实现焦炭的存储、输送、装车全过程封闭化操作，环保效果显著。

该技术的主要特点是：

① 利用原焦池改造成的脱水仓，容积可容纳缓冲一塔石油焦，除焦过程与取焦过程分开，和现有的延迟焦化的生产操作程序一致，取焦部分设备故障不会影响焦化装置生产。

② 来自焦炭塔的石油焦自流进入脱水仓，静止脱水后，采用螺旋提升机将干石油焦取出，系统能耗低。

③ 综合考虑了除焦过程中各种尾气收集并进行无害化处理，环保水平高。

④ 螺旋提升机、破碎机等设备采用专门设计，结构简单，易损件维护更换容易，可靠性高。

⑤ 系统全部采用远程智能控制，改善了除焦操作人员的作业环境、减轻了劳动强度。

⑥ 系统流程简单、施工周期短、投资少，尤其适合老装置改造。

二、焦炭密闭输送、存储及装车

焦炭密闭输送、存储及装车系统实现将焦池中的焦炭经管带机输送到圆形料场，再经圆形料场输送到装车设施的功能。该系统着重解决了以往焦炭装车过程中，污染严重、装车效率低、自动化程度低等问题。目前，该系统已在国内某石化厂的焦化装置中应用，明显改善了焦炭储运系统污染严重、运行效率低等状况。

1. 焦炭的密闭输送

焦炭输送系统主要包括清箅破碎机、振动给料机、管带机等设备。

密闭输送系统从延迟焦化装置储焦池开始，经管状带式输送机输送、转接至圆形料场、经悬臂堆料机堆存在圆形料场，经刮板取料机及皮带机输送至汽车装车楼和火车装车楼。焦化装置经抓斗起重机，分别向上料设备供料。抓斗起重机将焦炭抓到清箅破碎机的箅条上，小块（≤150mm）直接落入料斗，大块用破碎机破碎后落入料斗，再由振动给料机向输送机均匀给料。（注：清箅破碎机是一种特殊的破碎机，它不像固定式破碎机那样固定不动，且物料在封闭的破碎腔中完成破碎；而是敞开式的，机器是在行进中完成破碎，适合大量、大块物料的破碎需求，它能破碎煤块(含冻煤)、石油焦、煤矸石等硬碎物料。此外，它还具有破拱、助过筛，提高过筛效率的功能。)

管状带式输送机的基本结构与普通带式输送机基本相同，主要由头部滚筒、尾部滚筒、改向滚筒、驱动和拉紧装置、托辊组、机架、桁架、走道和胶带等部分组成。管状带式输送机的主要特点是胶带在六边形 PSK(Pipe-Shape-Keeping)托辊组内形成管状，其头、尾及拉紧等处与普通带式输送机结构形式完全相同。管带机由普通槽形到形成圆管状(反之亦然)需要考虑一定长度的过渡段区域。物料被包裹在封闭的圆管形胶带内输送，在输送过程中由于上下胶带形成管状，输送机可实现多向转弯，尼龙胶带(或聚酯胶带)管带机水平转弯角度最大可达 90°，钢绳芯胶带管带机水平转弯角度最大可达 45°。

管状带式输送机输送技术经过国内外 40 多年的应用和发展，已经成为一种非常成熟可靠的物料搬运设备。在一定的条件下具有其他输送设备所无法比拟的优势。由于物料在形成管状的胶带内被运送，这样彻底解决了沿途运输过程中的粉尘污染问题；其平稳的运行，也极大地降低了噪音污染。同时由于胶带在回程侧也以管状形式运行，这样克服了黏附在胶带上的物料的撒落造成对环境的污染。对于长距离输送系统，采用管带机输送具有较好的经济性。

由于管带机可较方便地实现多向转弯，在工艺布置上可沿地形灵活布置。与普通皮带机系统相比较，可大量减少转运环节，减少运行和维护检修费用，同时减少了土建工程量和占地。

2. *焦炭的存储*

近年来，随着石化行业的发展，为确保项目运行安全，要求对焦炭的储存量和运输量越来越大，如何提高项目的场地利用率，缩小占地面积，降低土石方量，并提高储料场作业自动化水平，是我国现代化发展急需解决的焦点问题。同时，国家环保总局对于环境保护的要求日益提高，一些原有或新建的大型现代化储料场必需解决好对周围环境的污染问题。因此，建设大型封闭式储料设施势在必行。

封闭式圆形料场以其环保性能好、自动化程控水平高、提高运行安全性、避免物料流失、场地利用率高、工程投资适中、景观好、施工安装简便等特点，被广泛应用于电力、建材、化工、矿山、码头、煤炭、粮食等行业物料存储、输送系统中，它的安全性和可靠性已被众多的使用行业所证明。

(1) 圆形料场主要构成

圆形料场由圆形料场堆取料机、圆形料场土建结构及其他相关辅助设施构成。

堆料机悬臂可分固定式(图 8-4-5)和俯仰式(图 8-4-6)两种。

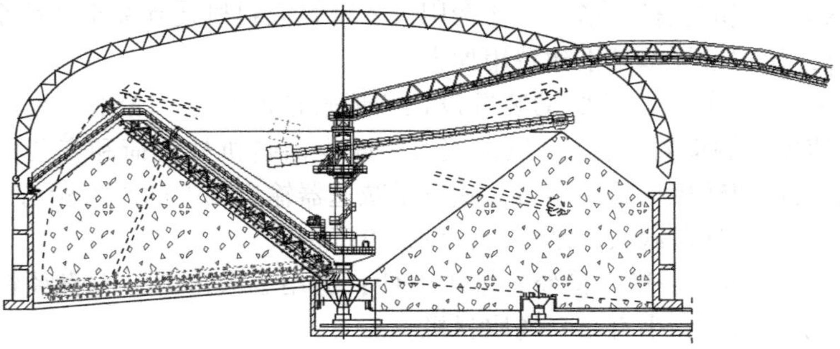

图 8-4-5　俯仰式堆料机和门架式刮板式取料机

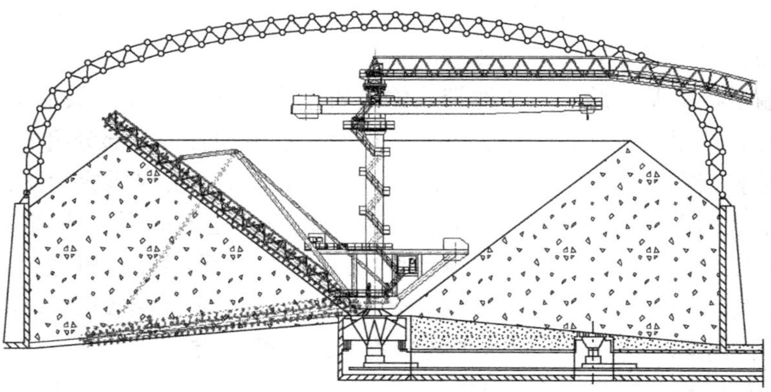

图 8-4-6　固定式堆料机和悬臂式刮板式取料机

固定式堆料机特点是悬臂只回转不俯仰。俯仰式堆料机特点是悬臂既回转又俯仰。固定式堆料机优点是结构简单、成本低，缺点是堆料机下部无料堆或料堆较低时，落差较大，料场内物料粉尘飞扬较严重。俯仰式堆料机优点是悬臂可根据堆料高度上下俯仰，减少物料落差，避免粉尘飞扬，同时可适当降低中心柱高度。缺点是结构相对复杂。

取料机：取料机可分门架式取料机和悬臂式取料机二种。

门架式刮板取料机：刮板式取料机臂架设在一门形构架下，取料机的俯仰采用钢丝绳卷扬方式实现。门架一端与中心立柱亦采用滚子轴承连接，另一端支撑在料场挡料墙上部的圆形轨道上，取料机的回转通过圆形轨道上的台车驱动来完成。

悬臂式刮板取料机：一端为钢结构链条刮板式取料机，另一端为配重箱。取料机的俯仰直接采用设在中心立柱附近卷扬机方式实现。取料机与中心立柱亦采用带外齿圈的滚子轴承连接，通过回转驱动装置上的小齿轮与中心立柱上滚子轴承的齿圈啮合使堆料机实现 360°回转，几台回转驱动围绕中心立柱均匀布置。

两种型式特点比较：

① 门架式取料机受力合理，大部分重量由挡料墙承受，使得中心柱受力状态明显改善，中心柱稳定性好，设备运行更平稳；悬臂式取料机的负荷全部传递给中心柱，对中心柱的要求高，中心柱设计制造难度大，稳定性较差。

② 门架式取料机结构紧凑，不需要设计平衡配重。而悬臂式取料机的配重尺寸较大，还需避免配重机构与料堆及堆料机间的相互干扰。

③ 门架式取料机需在挡料墙上增设圆形轨道，并需设人员检修通道，加宽挡料墙上部宽度和钢结构网架屋盖的直径，增加土建费用。悬臂式取料机及其配重载荷全部集中作用于中心柱下部基础，使中心柱基础土建费用加大。

④ 门架式取料机回转机构的驱动装置设在圆形轨道的行走车轮上，采用两台普通三合一(电动机、减速器、制动器三合一)驱动装置，减少回转机构载荷和安装空间，节省设备投资。悬臂式取料机回转机构采用多台立式行星减速器输出轴上的小齿轮与回转轴承的外齿圈啮合来实现，中心立柱荷载大，结构大，设备投资也大。

⑤ 门架式取料机运行平稳，检修、维护方便；适用于大出力、大直径料场取料机；悬臂式取料机适用于小出力、小直径料场取料机。

(2) 圆形料场进料方式：高位进料(图 8-4-7)和低位进料(图 8-4-8)

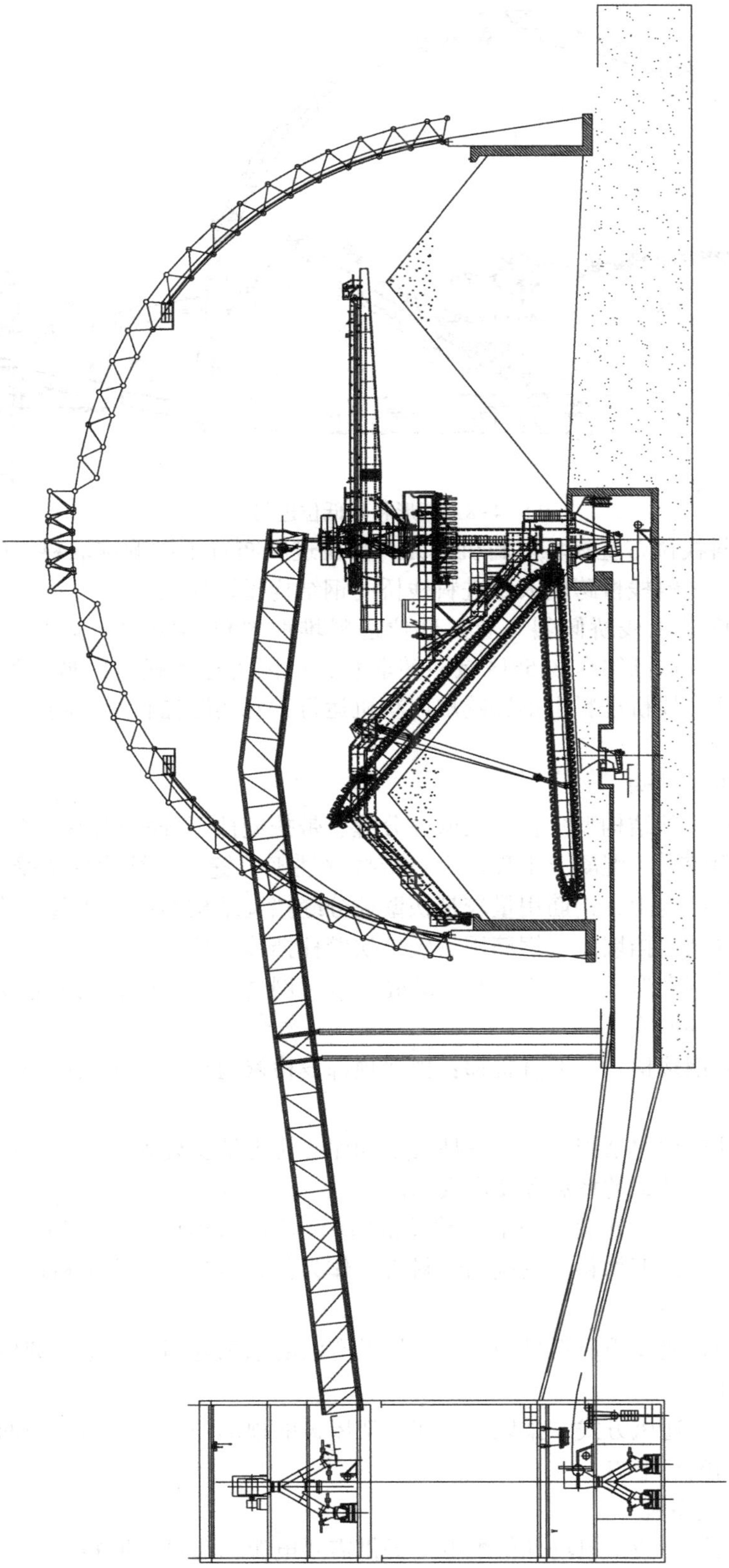

图8-4-7 圆形料场高位进料

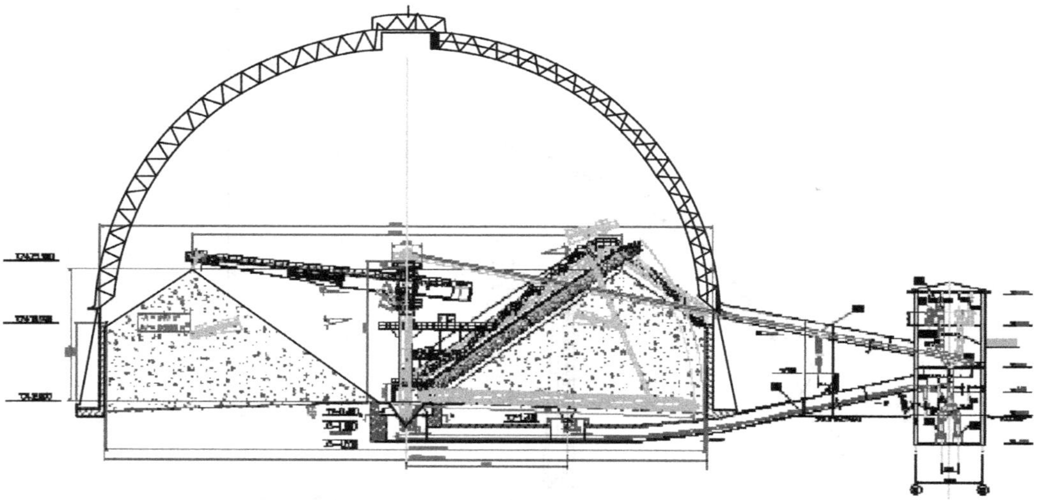

图 8-4-8　圆形料场低位进料

高位进料的进料栈桥布置在堆取料机上方；高位进料布置不影响堆取料机的360°作业；料场理论储料量大；进料栈桥跨度大，进料栈桥的钢结构投资较大。

低位进料带式输送机栈桥倾斜布置；低位进料堆取料机不能360°运行；堆料机约在220°区域回转堆料，取料机约在345°区域回转取料，但因为进料栈桥区域为堆取料机的非作业区，所以采用低位栈桥进料也不影响堆取料机运行；对实际储料量影响不大，还避免出现大跨度栈桥布置。

（3）圆形料场土建结构

圆形料场挡墙有三种结构型式：带扶壁柱分缝、带扶壁柱不分缝和无扶壁柱挡墙。带扶壁柱分缝：占地面积较大，混凝土工程量大；带扶壁柱不分缝：该结构形式受力比较合理，混凝土用量较带分缝结构少，钢筋用量较带扶壁柱分缝挡墙结构多；无扶壁柱挡墙：该结构混凝土用量较带分缝结构挡墙少，钢筋用量较带扶壁柱挡墙结构多。

圆形料场有二种网壳形式：三心圆和半球壳。两种网壳形式均可满足工艺要求。依据气象条件确定其中的一种形式。

料场外墙设一部钢楼梯、一部直爬梯；挡墙顶部设检修通道；料场入口处设置一个电动彩钢卷帘大门。

地基处理：地基处理包括挡墙、扶壁柱桩基和库心场地地基处理。桩基处理后的地基承载力和变形应满足地面堆载的特点和使用要求。

圆形料场挡料墙靠地面处设有一个电动卷帘门(设备检修和推料机通道)。在地下带式输送机隧道的中部设有地下物料斗及振动给料机，作为紧急情况时的排物料口，料场配备推料机作为紧急排物料设备。

在料场的圆形挡料墙及堆取料机中心柱上均设有消防水枪等消防设施。圆形挡料墙上部设有人行通道和栏杆。

圆形料场采用自然通风方式，排风口设在网架屋盖的顶部中央，进风口为网架屋盖跟部与环形挡物料墙之间的环形口。

(4)圆形料场供电系统

圆形料场供电系统一般由料场外供配电室提供需要电源，通过堆取料机上设置的电气操作室实现料场设备动作和照明。供电和控制电缆通过地下隧道，经取料机中心立柱底部进入中心立柱内到各用电设备。电气操作室设在取料机门架刮板的平台上安装。电气操作室为防尘结构，采用特殊镀锌型钢结构，地板铺设防滑板，室内配堆/取料机的控制设备、电器开关柜、空调系统和消防器械。

（5）圆形料场控制系统

堆取料机采用PLC控制系统，可以满足堆取料作业的工艺要求。PLC对各种信号的处理准确可靠，各种逻辑关系明确。对需要控制运行速度和启动加速度机构将采用变频控制。操作室内工作台上可以采用触摸屏操作，也可以同时设有手柄和按钮操作。既可满足机上就近操作，也可满足远程无人值守运行。操作运行模式以全自动、半自动为主，人工操作为辅和就地检修操作等多种模式。

（6）洒水抑尘系统

系统由水箱（容积不小于30min洒水用水量）、加压泵、管道、过滤器、手动阀、电动阀、止回阀、自动泄水阀、压力表、流量计、水位表和4组洒水喷嘴组构成。喷嘴组的位置和作用如下：

① 悬臂堆料带式输送机头部料斗下口外侧周围，喷嘴组喷水形成伞状水幕，将堆料产生的粉尘控制在水幕内。

② 悬臂堆料带式输送机受料密闭导料槽内。喷嘴组洒水将粉尘控制在密闭导料槽内。

③ 中心立柱下部的圆锥形料斗内。喷嘴组洒水将粉尘控制在密闭料斗内。

④ 圆锥形料斗下振动給料机出口处导料槽内。喷嘴组洒水将粉尘控制在密闭导料槽内。

3. 焦炭的装车

以国内某石化厂在运行的装车系统为例，具体装车方案如下：火车装车设置5套储量400t的装车楼，满足每天一列车（3000t）的装车要求。牵引方式采用调车绞车（铁牛70t），满足2h内完成装车，图8-4-9为调车绞车布置图。同时为满足电气化铁路要求，装车楼下方采用平板闸门和移动伸缩溜槽，装车时溜槽移至铁路上上方，不装车时溜槽移至铁路一侧，满足电气化机车通过。

装车闸门安装在料仓底部。在装车过程中，要求闸门开度可以任意控制，开度应能够在上位机上显示，提供给操作人员提示，以适应车辆走行速度，使物料完全装入车厢，无撒料现象。

闸门结构和材料应能承受焦炭从一定高度落下的冲击和通过物料的磨损，闸门内侧接触物料的地方设置高硬度的耐磨钢衬板，以延长使用寿命。闸门结构应合理，开关灵活，不歪斜扭转。

为满足装车车型和装车效率的物料通过要求，保证装到火车上的物料平整。采用液压定位垂直升降（伸缩）或摆动、可水平移动装车溜槽，由低碳钢制作，内附耐磨衬板。溜槽装有2个升降液压缸，1个水平移动液压缸；当装车任务完成后，溜槽可以水平移动到停放/检修位置。溜槽安装有粉尘抑制系统，有效抑制装料初期在溜槽中产生的压缩空气和粉尘。

溜槽防撞保护：溜槽装车前方装有防撞开关，当防撞杆动作时，防撞接近开关将信号传送至PLC，在保护程序的作用下，溜槽被迅速升起，防止溜槽与车皮相撞；同时在溜槽的下部设计溜槽防撞剪切段，起到被动的保护功能，它可以有效地避免溜槽与车皮一旦相撞产生的整体损坏的严重后果。

通过溜槽的伸缩使其适合不同的车型，满足各种机车从装车站下通过的要求，留有电气化铁路机车的装车条件，并可实现自动平料功能。图8-4-10为装车楼布置图。

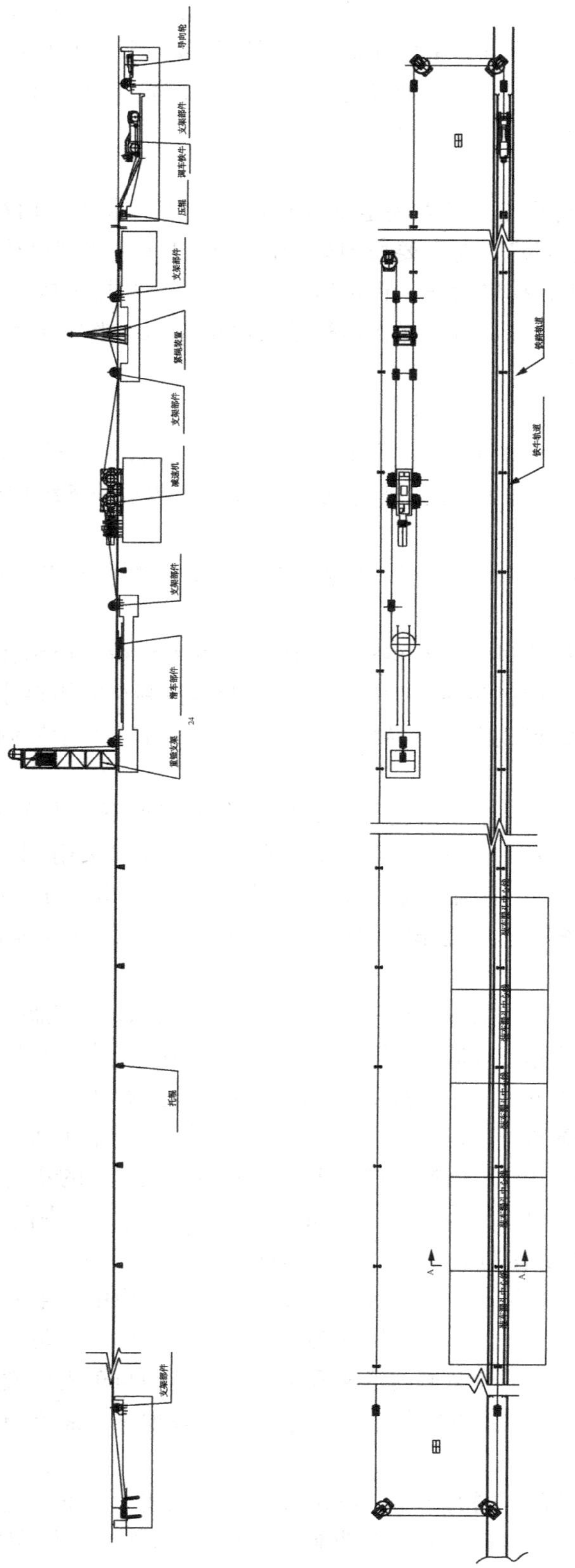

图8-4-9　调车绞车布置图

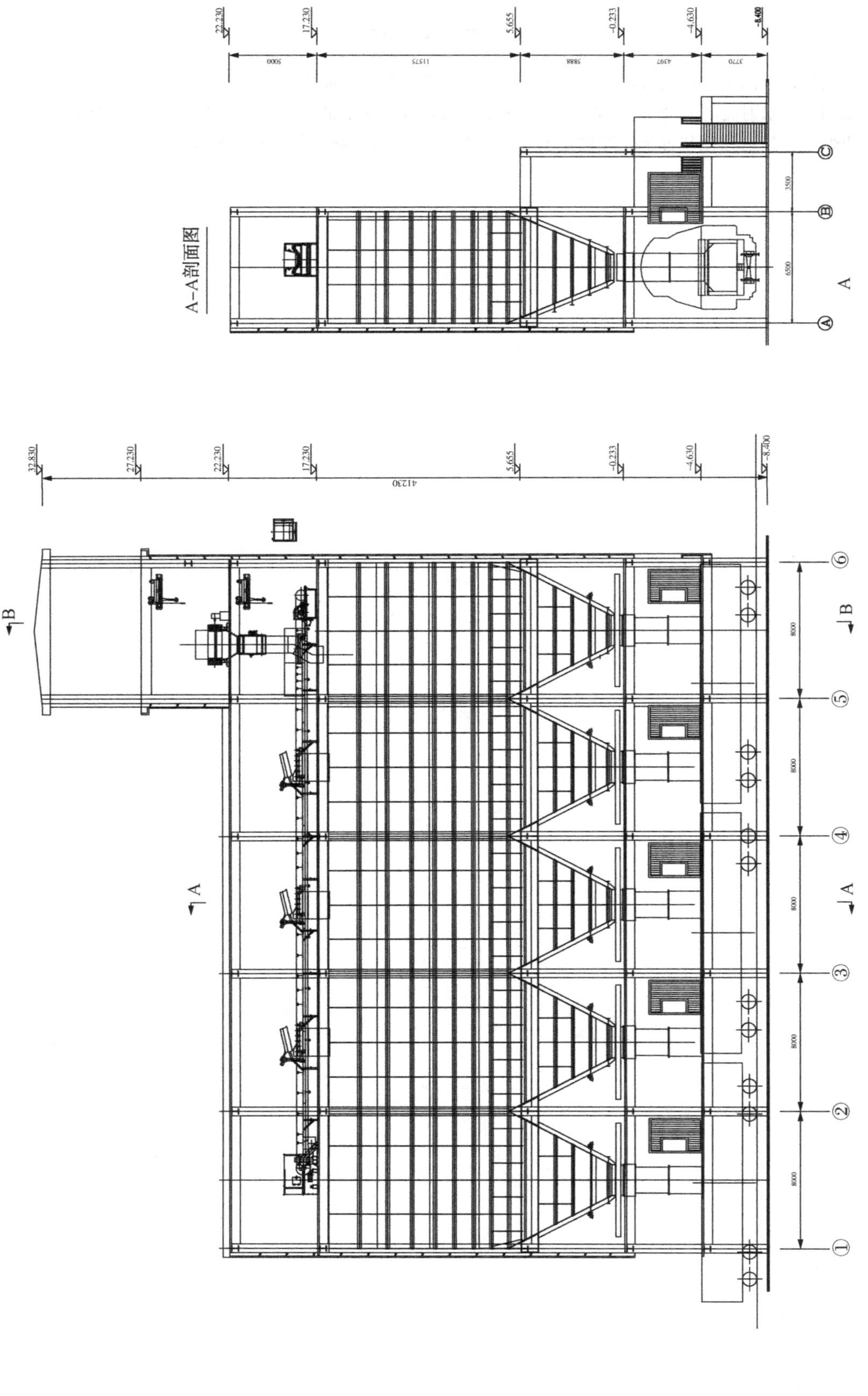

图8-4-10 装车楼布置图

参　考　文　献

[1] 王晓敏等译. 高压水射流技术译文集[M]. 北京：煤炭工业出版社，1982.
[2] 梁田〔日〕. 水射流的流动特性[M]//高压水射流技术译文集. 北京：煤炭工业出版社，1982.
[3] 杨成炯等. 延迟焦化装置密闭除焦技术现状及发展[J]. 炼油技术与工程，2018，1.

第九章 换热设备

自20世纪50年代起，热交换器历经三个阶段的发展历程。第一阶段是20世纪50~80年代前期，得到了完整的管壳式热交换器的理论设计计算方法；第二阶段是20世纪80年代中期~90年代，主要是验证前一时期热交换器理论研究成果，建立实用的工程设计计算方法；第三个阶段是从90年代至今，强化传热技术的迅猛发展与应用。

焦化装置中换热设备应用较多，涉及的型式也比较多。

第一节 换热设备的结构特点和选用原则

热交换器分类方法有很多，石油化工装置中应用的热交换器多是间壁式，即：冷流体与热流体间通过金属壁面进行热量传递。常用的冷换设备类型为管壳式、紧凑式和空冷式热交换器。

工程设计中应根据工艺介质特点、操作温度和操作压力要求确定选用管壳式热交换器还是紧凑式热交换器，根据工艺介质操作温度、当地气候条件、循环水应用情况确定采用空冷器还是水冷器。

在研究合理应用换热设备之前，应先明确换热设备的基本结构特点。

一、基本结构及选用

由于对温度、压力的适应性良好，管壳式热交换器是应用最为普遍的型式，缠绕管式换热器虽然具有紧凑式换热器的特点，按照其结构特点，仍归类于管壳式换热器。

(一) 管壳式热交换器

作为石油化工装置中应用最为广泛的热交换器，管壳式有多种不同的结构型式。管壳式热交换器都由前管箱、壳体和后管箱组成，图9-1-1为延迟焦化装置常采用的BES型浮头式换热器结构型式。

图9-1-1 BES型管壳式换热器外形示意图

1. 管壳式热交换器基本结构型式

换热管管束和圆筒形壳体外，依据介质在壳程流动方向，壳体型式分为 7 种，前、后管箱也有不同的结构。根据标准 GB/T 151 热交换器和 TEMA(Standards of the tubular exchanger manufacturers association)，按照设备结构进行分类，管壳式换热器的型式如表 9-1-1 所示。

表 9-1-1　管壳式热交换器的型式

前管箱型式	壳体型式	后管箱型式
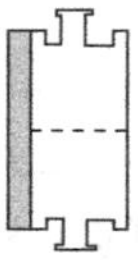 A	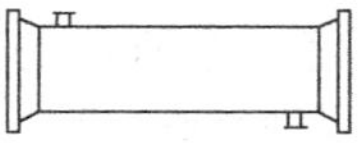 E	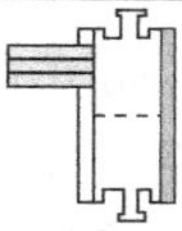 L
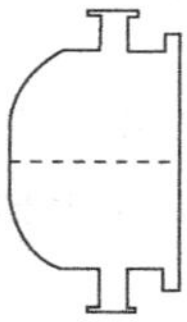 B	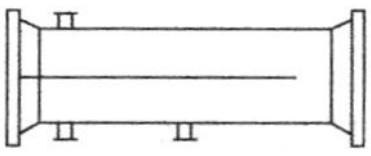 F	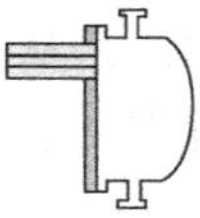 M
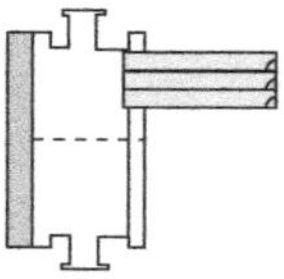 C	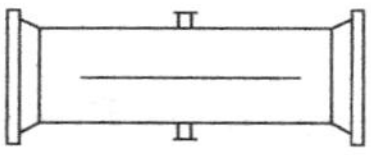 G	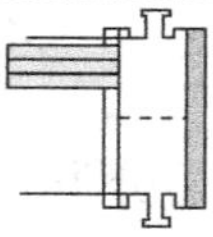 N
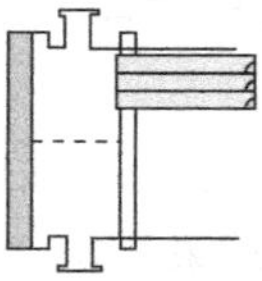 N	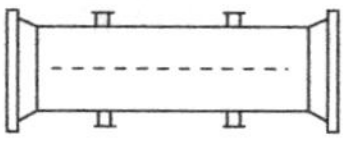 H	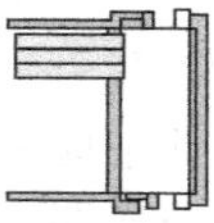 P
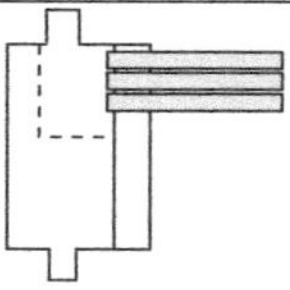 D	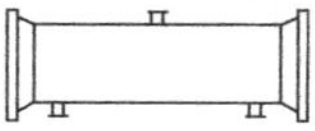 J	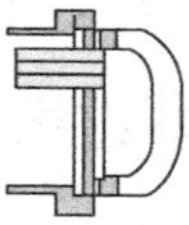 S
	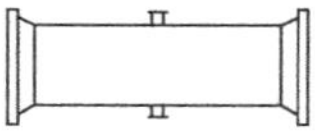 X	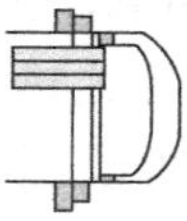 T
	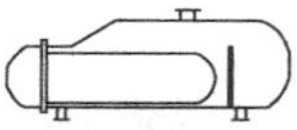 K	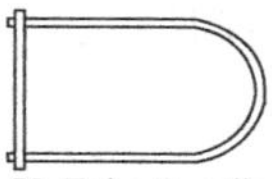 U U-Tube Bundle
		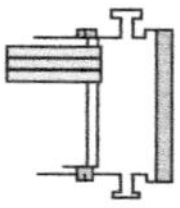 W

其中 D 型前管箱是用于高压换热器的特殊结构，其余前管箱型式选择与设备所承受的压力、管束是否需要经常抽出进行机械清洗有关，并需综合考虑设备制造费用进行选择。

壳体型式与换热器的热力学性能和流体力学性能息息相关，E 型壳体传热性能较好，为最常用的壳体型式；J 型壳体中壳程介质压降较低，多用于壳程介质冷凝或沸腾的工况也是一种常用的结构型式；G、H 型也是分流壳体，壳程压降较低、膜传热系数相对较低；X 型壳体的压降最低，但传热效果与分配器密切相关，多用于真空或允许压降很小的工况；K 型用于蒸汽发生器或者气化率较高的重沸器；F 型为双壳程结构，不考虑透过纵向隔板的热量交换，基本可以实现冷、热流体纯逆流换热，传热系数较高。

后管箱虽然细分为 8 种结构，其实是 3 类：浮头式、U 形管式和固定管板式。其中浮头式、U 形管式的管束可以在壳体内自由膨胀，热应力影响较小，可以拆开设备结构，进行管束的机械清洗或者更换管束；固定管板式则由于换热管固定在前、后管板上，温差较大时，需要设置膨胀节来吸收热应力，管束不能拆出，多用于壳程介质清洁，不需要机械清洗的工况。

2. 管壳式换热器强化传热技术

除了改变工艺条件来提高对数平均温差实现强化传热外，改变换热元件的结构可以有效地强化换热器传热性能。管壳式换热器的强化技术有有源强化和无源强化两种方式，常减压装置中多用无源强化传热技术为主。

管壳式换热器可从壳程和管程两方面强化传热。可通过改变折流板、改进换热管表面技术强化壳程传热，可通过改进换热管管内表面及内插件技术强化管程传热。

适用于壳程介质层流流动的强化传热技术有螺纹管和螺旋槽管，强化壳程介质湍流传热的有螺旋槽管、横纹管等，强化壳程介质沸腾的有螺纹管、T 形翅片管和表面多孔管等，用于强化壳程介质冷凝的有螺纹管、纵槽管和锯齿形翅片管等。

针对管内的强化传热技术有内插件和传热管两方面。适用于管内介质层流流动的强化传热技术有螺旋槽、缩放管和内插件，强化管内介质湍流流动的有螺旋槽管、横纹管、低肋管和内插件等，用于强化壳程介质沸腾的有螺旋槽管和表面多孔管等。

双面强化换热管是指具有同时强化管程、壳程传热能力的单一传热元件。螺旋槽管、横纹管、缩放管以及近年应用广泛的扭曲管，均具有双面强化传热的特点。管内为烧结型多孔表面、管外为纵槽管的表面多孔管是同时强化沸腾和冷凝的高效换热管。

缠绕管式换热器是一种可实现多股物流换热的管壳式换热器，由缠绕在换热器中心筒上的换热管束与外壳构成。换热管紧密地绕在中心筒上，每层换热管之间有定距元件，保证管子之间的横向和纵向间距，见图 9-1-2。

图 9-1-2　缠绕管式换热器芯体结构

壳程流体横向交叉通过装满缠绕管管束的壳体空间，在相邻管之间、层与层之间不断地分离和汇合，加强了湍流程度，提高了壳程膜传热系数。换热器结构紧凑，单位容积的传热面积可达普通列管式换热器的 2 倍以上，适用于大型化装置。耐压性能好，比板式换热器操作更加可靠，免检修、易维护。

强化传热结构可以提高传热性能、降低成本、节约空间，应该大力推广使用，在实际应用时，还要考虑设备的运输、安装和长周期运行安全性问题，此外还要综合考虑过程工艺要求、制造工艺要求，并进行经济性比较。

(二) 紧凑式热交换器

紧凑式热交换器的主要换热元件为板片，可分为以下几种类型：螺旋板热交换器、板框式热交换器(PHE)、板翅式热交换器、板壳式热交换器等，见图 9-1-3。

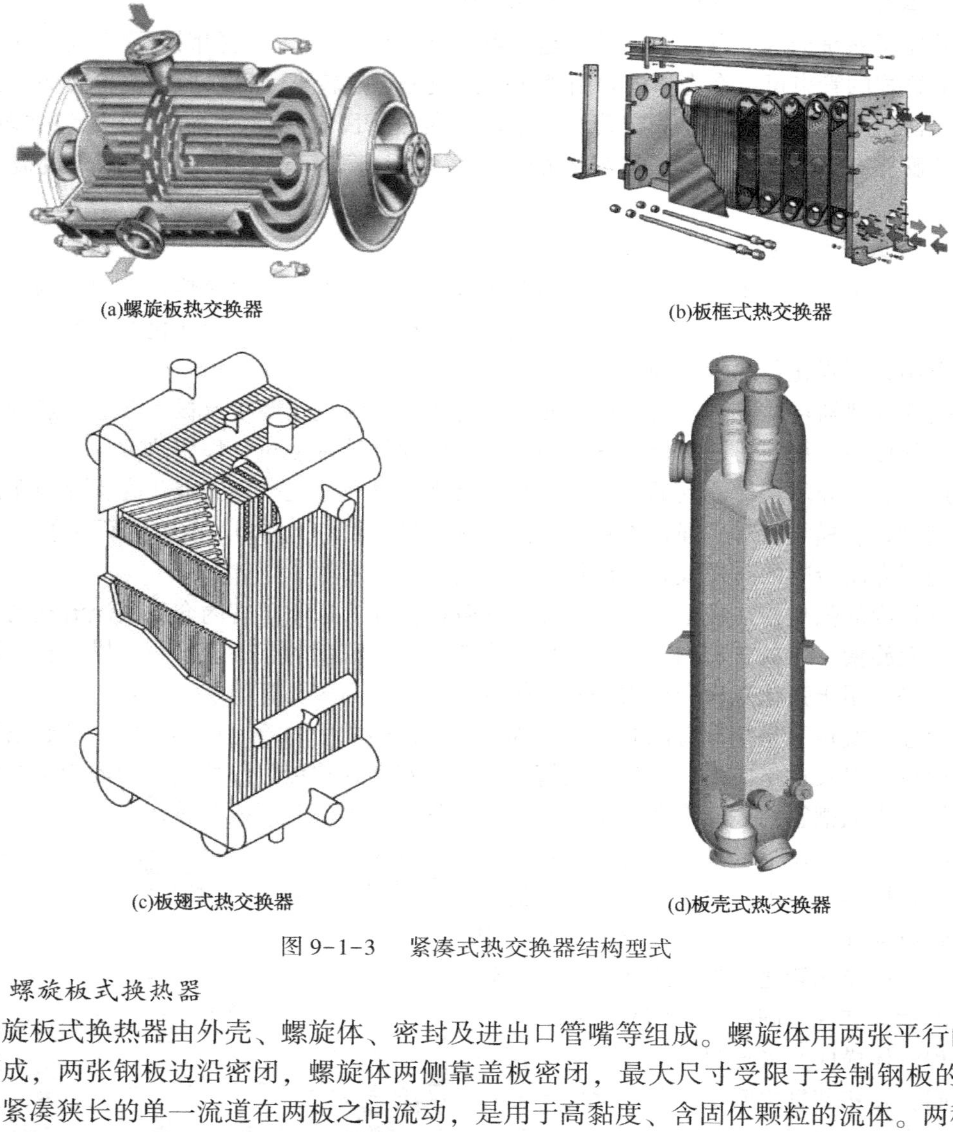

(a)螺旋板热交换器　(b)板框式热交换器　(c)板翅式热交换器　(d)板壳式热交换器

图 9-1-3　紧凑式热交换器结构型式

1. 螺旋板式换热器

螺旋板式换热器由外壳、螺旋体、密封及进出口管嘴等组成。螺旋体用两张平行的钢板卷制而成，两张钢板边沿密闭，螺旋体两侧靠盖板密闭，最大尺寸受限于卷制钢板的能力。流体沿紧凑狭长的单一流道在两板之间流动，是用于高黏度、含固体颗粒的流体。两种传热介质可以实现逆流流动，大大增强了换热效果。

2. 板式换热器

按板片之间的密封方式，板式换热器可分为可拆垫片式(板框式)、全焊式和半焊式(垫片+焊接式)三种。可拆垫片板式换热器工作压力一般小于 2.5 MPa，温度低于 250℃，其最大的优点是可拆、可扩容、可机械清洗，但垫片的耐压性较差、可选择材质种类少、可能被介质溶解以及易老化损耗等缺点，限制了可拆垫片式换热器的应用范围。半焊式板式热交换器的两片板片焊接在一起，构成板片对，板片对之间以垫片密封。使用温度由垫片决定，适用压力为 0~1.6MPa。全焊板式换热器板片间采用焊接方式密封，耐高温高压性能好，工作温度范围为-30~300℃，压力范围为真空至3.0MPa。板片选择耐腐蚀金属材质时，能用在腐蚀性介质场合。全焊板式换热器板片型式种类多，有的也可拆、可机械清洗，因而应用范围越来越广。全焊接板式换热器的出现，大大拓宽了板式换热器的应用领域。半焊式换热器由于受到垫片特性的限制，多用在一些特定场合。

3. 板翅式换热器

板翅式换热器结构紧凑、质量轻、可以实现多股流同时换热、传热效率高、强化传热效果好，传热速率是普通管壳式换热器的10~30倍，适用于低温、小传热温差、较小允许压降或冷热流体传热都需要强化的场合，能够实现0.5~1K传热温差下的传热，因而更加节能。但由于结构限制，易堵塞、强度差，要求介质比较干净、不易腐蚀。不适用高温高压场合，适用温度范围为-160~220℃、压力为0~4.5MPa。

4. 板壳式换热器

板壳式换热器采用波纹板片作为传热元件，板片间采用氩弧焊、电阻焊等焊接方式，焊接成的板束装在压力壳体内。波纹板片具有“静搅拌”作用，能在很低的雷诺数下形成湍流，传热系数是管壳式换热器的2~3倍，同时还大大降低了结垢，从而减少了设备的维护和清扫工作，但完全不能机械清洗。方形板壳式换热器真正实现了大型化，单台换热面积可以做到15000m^2。其设计压力：F.V~4.5MPa；设计温度：-100~600℃。

（三）空冷式热交换器

空冷式热交换器的特点是冷却介质为空气，适用于干旱、缺水的地区，符合节水、节能的要求。

1. 空冷式热交换器的类型

根据冷却方式，焦化装置常用空冷式热交换器可分为：干式空冷器、湿式空冷器、干湿联合空冷器、表面蒸发式空冷器等。根据电机位置，干式空冷器又分为鼓风型和引风型两种型式。空冷式热交换器外形示意图见图9-1-4。

应用最为广泛的干式空冷器可以将热流体冷却到比当地干球温度高10~15℃左右；湿式空冷器和干湿联合空冷器可以将热流体冷却到更低的温度，但需要注意喷淋水的收集，以免引起环境问题。

表面蒸发式空冷器以及复合型高效空冷器属于强化传热型空冷器，其将水冷与空冷、传热与传质过程融为一体，兼有两者之长。强化传热原理是通过蒸发管外水膜来强化传热，可使介质冷却至环境湿球温度+5℃。工业应用结果显示可以节省占地40%以上，综合初始投资可节省20%左右，节能30%~60%，节水40%~70%。

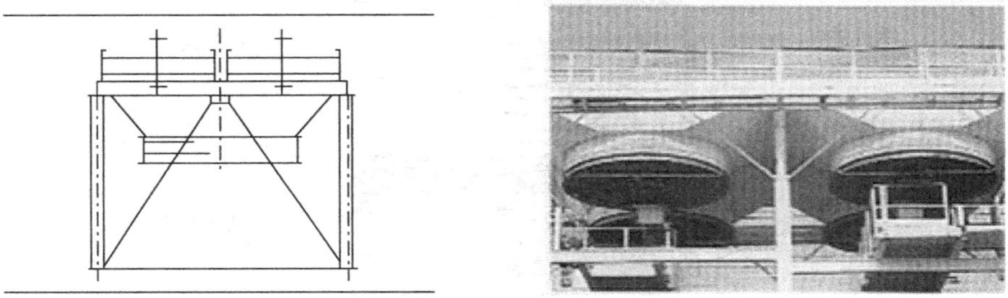

(a)鼓风型干式空冷器

图9-1-4　空冷式热交换器外形示意图

(b)引风型干式空冷器

(c)喷淋型湿式空冷器

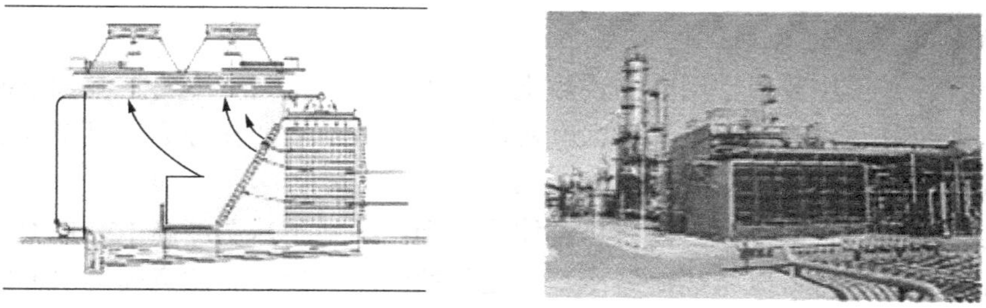

(d)干湿联合式空冷器

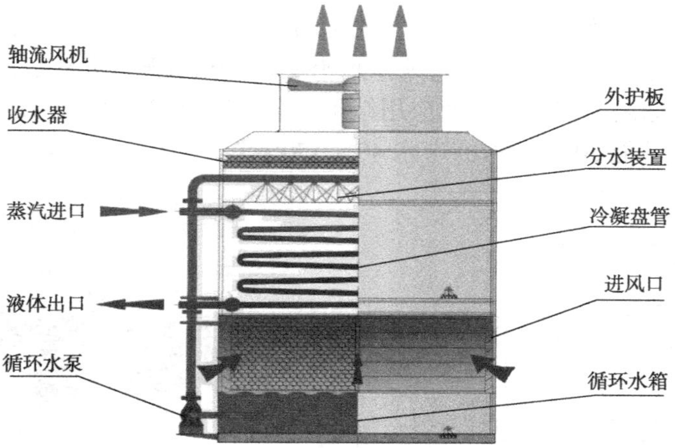

(e)表面蒸发式空冷器

图 9-1-4　空冷式热交换器外形示意图(续)

2. 翅片结构

GB/T 28712.6 中列出了常用的高翅片换热管的翅片型式与代号，见图 9-1-5。不同翅片管的使用温度限制见表 9-1-2。

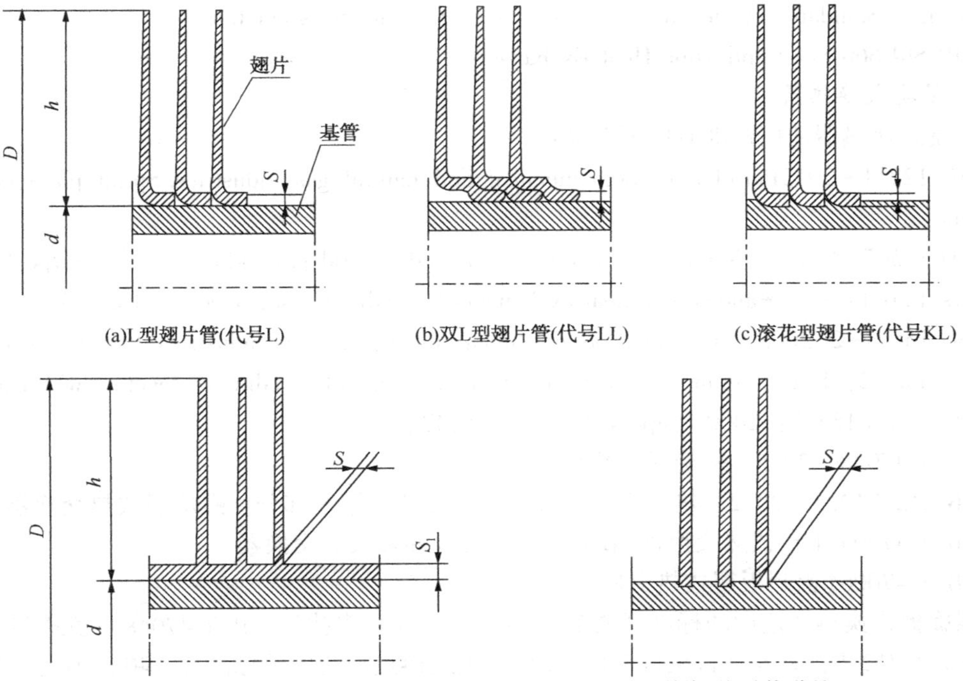

(a)L型翅片管(代号L)　(b)双L型翅片管(代号LL)　(c)滚花型翅片管(代号KL)

(d)双金属轧制翅片管(代号DR)　(e)镶嵌型翅片管(代号G)

图 9-1-5　翅片型式

表 9-1-2　翅片管型式及使用范围

翅片管类型	基管		翅片材料	使用温度极限/℃
	材料	直径/mm		
L 型翅片管	钢、铝	25、32、38	铝	130
双 L 型翅片管	钢			130
滚花型翅片管				200
双金属轧片管				300
镶嵌型翅片管				400
椭圆管绕片管		14×36	钢	350
椭圆管套矩形片管		14×36		
		20×100		

二、执行标准

不同类型热交换器执行的设计、制造标准也不同。

1. 管壳式热交换器

管壳式热交换器的设计和制造需要遵循以下标准：

GB 151/T 热交换器

TEMA Standards of the tubular exchanger manufacturers association

API Std 660 Shell and Tube Heat Exchangers

2. 紧凑式换热器

紧凑式换热器适用标准有以下 7 项：

ISO 12211 - 2012Petroleum, petrochemical and natural gas industries. Spiral plate heat exchangers

ISO 15547-1-2005Petroleum, petrochemical and natural gas industries plate-type heat exchangers. Part 1: Plate-and-frame heat exchangers first edition [superseded: Iso 15547]

ISO 15547-2-2005 Petroleum, petrochemical and natural gas industries. Plate-type heat exchangers. Part 2: Brazed aluminium plate-fin heat exchangers first edition; together with iso 15547-1 replaces iso 15547: 2000 [superseded: Iso 15547]

NB/T 47048—2015 螺旋板式热交换器

GB/T 28712. 5—2012 热交换器型式与基本参数 第 5 部分：螺旋板式热交换器

NB/T 47004. 1 板式热交换器 第 1 部分：可拆卸板式热交换器

NB/T 47006《铝制板翅式热交换器》

螺旋板式换热器适用的标准通常有 3 项，国内项目多执行 NB/T 47048，型式与参数参照 GB/T 28712. 5；海外项目执行 ISO 12211；板式换热器适用的标准有 3 项，国内项目多执行 NB/T47004，型式与参数参照 GB/T 28712. 5；海外项目执行 ISO 15547-1；板翅式换热器国内项目多执行 NB/T47006；海外项目执行 ISO 15547-2。

3. 空冷式热交换器

空冷式热交换器执行的标准通常有以下 4 项，国内项目多执行 NB/T47007，型式与参数参照 GB/T 28712. 6；海外项目执行 API Std 661 和 ISO 13706，没有固定的规格。

GB/T 28712. 6 热交换器型式与基本参数 第 6 部分：空冷式热交换器

NB/T 47007 空冷式换热器

API Std 661 Air-cooled heat exchangers for general refinery services

ISO 13706 Petroleum, petrochemical and natural gas industries. Air-cooled heat exchangers

第二节 换热设备工艺计算

紧凑式换热器的热力学性能和流体力学性能与其结构密切相关，结构的细微变化会引起性能的巨大变化，设计方法掌握在专利商手中。由于应用广泛及研究应用历史较长，管壳式换热器、空冷器有通用模型可以指导工程设计。

一、基本概念

（一）术语

① 流体定性温度：粗算热交换器时，用于确定物性数据的温度点。

② 当量直径 d_e：定义为 4 倍管际空间的面积除以管子的润湿周边。

③ 努塞尔特准数 Nu：表示对流传热系数的准数。

$$Nu = h \cdot l/\lambda \tag{9-2-1}$$

④ 雷诺准数 Re：确定流动状态的准数。

$$Re = l \cdot G/\mu \tag{9-2-2}$$

⑤ 普兰特准数 Pr：表示物性影响的准数。

$$Pr = C_p \cdot \mu/\lambda \tag{9-2-3}$$

⑥ 格拉斯霍夫准数 Gr：表示自然对流影响的准数。

$$Gr = (d_i^3 \cdot \rho^2 \cdot g \cdot \beta \cdot \Delta t)/(3.6\mu)^2 \tag{9-2-4}$$

⑦ 对数平均温差 Δt_m：用于表达总传热速率方程的平均温度差，其值等于热交换器两端处温度差的对数平均值。

⑧ 总传热系数：表示一台热交换器的传热能力，等于各项热阻之和的倒数。

⑨ 污垢热阻：污垢热阻是考虑沉淀和传热材料表面腐蚀引起的附加热阻。热阻大小取决于介质类型、温度条件、流动速度、壁面材料和清洗周期。

（二）流体的流动状态与流速

1. 流体的流动状态

流体的流动状态与流体间的传热过程和流体在流经设备时的阻力降有密切的关系，因此，有必要首先了解流体所具有的一些流动状态。

流体在管道中流动状态可分为三种。一种是流体以管道轴线为中心呈现层流形态：如在用一细管将有色水引入透明管子中心，使之与其他流体一起沿着管道流动，可以观测到，有色水形成一直线状的细流，而不会与其他流体混合，这种状态称为滞流或层流；当有色水引入管道中心以后，很快与其他流体混合，并且整个管道的流体呈同一颜色，这种流动状态称为湍流；介于第一种和第二种之间的流动状态，称为过渡流。

一般认为，在换热管内，$Re \leqslant 2300$ 时，属于滞流流动；当 $Re \geqslant 4000$ 时，属于湍流流动；而当 $2300<Re<4000$ 时，属于过渡流。但在实际设备中，有许多因素会有利于湍流的形成，如管道的弯曲、流道截面尺寸的改变、轻微的振动等。在管壳式换热器的壳程，由于存在折流板及其他改变流体速度及流动方向等结构，很容易达到湍流流动区域。

由于流动状态实际上反映了流体在流动时，流体内部质点的碰撞和混合程度。湍动程度越厉害，质点之间的碰撞也越厉害，使得质点间的能量传递越充分。同时，湍动时存在的质点间的内摩擦使得流动阻力增大。流体的流动状态将对流体的传热和流动阻力性能等过程操作产生很大的影响。

即使管内流体的流动处在湍流状态，在靠近管壁附近的流体薄层仍处于滞流状态，该滞流层的厚度与雷诺数 Re 有关。Re 值越大，滞流层的厚度越薄。该滞流层的存在对流体流动时的传质和传热过程都具有重大影响。

2. 流速的选择

流体流速的选择，对热交换器的设计和运转效果都具有重要意义的。高流速可减轻结垢程度、降低热阻，提高膜传热系数。当热负荷一定时，采用高流速，可减少所需的传热面积，节约材料和制造费用；但流速过高，压力降增大，使输送流体的动力消耗增加，从而提高了操作费用。可见，要选取比较适宜的流速，必须进行全面的经济分析比较。选择时，通常可从下列几方面考虑：

所选择的流速要尽量使流体呈稳定的湍流状态，至少使流体呈不稳定的过渡流状态(即 $Re>2300$)，以得到较大的传热系数。高密度流体适当提高流速是有利的，低密度流体(如气体)的传热系数低，克服流体阻力所需的动力消耗较大，在考虑提高流速时，就应注意其合理性。

在选择流速时，还必须考虑结构上的要求。避免产生流体动力冲击，使换热管子振动和冲蚀，以保障热交换器的使用寿命。

由上述可知，要选取最适宜的流速，需进行全面技术经济比较。在实际工作中，通常是参照工业生产中所积累的经验数据，选取较为适宜的流速。为了避免设备的严重磨损，所算出的流速不应超过最大允许的经验流速。一般液体在换热管内的流速范围为0.5~3.0，气体在换热管内的流速范围为5~30。表9-2-1给出了不同黏度液体在换热管内的流速数据，可供设计时选用参考。

表9-2-1　不同黏度的液体在换热管内的最大流速[1]

液体黏度/mPa·s	>1500	1500~500	500~100	100~35	35~1	<1	烃类
最大流速/(m/s)	0.6	0.75	1.1	1.5	1.8	2.4	3

当管内允许的总压降(包括换热管内、扩大、收缩和转向等) ΔP_i 能够确定时，湍流范围内，管内流速 u(m/s)也可依下式计算：

$$u=\sqrt{\frac{\Delta P_i}{\gamma\,(Pr)^n(t_0-t_i)/(t_w-t_m)}} \tag{9-2-5}$$

式中　t_m——管内流体的平均温度,℃；

n——系数，流体被加热时为0.63，被冷却时为0.70。

(三) 热交换器工艺设计基本概念

1. 能量平衡方程

热交换器中发生的热量传递和变化，符合热力学第一定律。其能量平衡方程为：

$$Q=W_h(H_{h1}-H_{h2})=W_c(H_{c2}-H_{c1})=KS\Delta t_m F \tag{9-2-6}$$

2. 总传热速率方程

以换热管外表面积为基准的总传热系数 K 按式(9-2-7)计算。

$$\frac{1}{K}=\left(\frac{1}{h_0}+r_o\right)\frac{1}{\eta}+r_w+r_i\cdot\frac{A_o}{A_i}+\frac{1}{h_i}\cdot\frac{A_o}{A_i} \tag{9-2-7}$$

式中　A_i，A_o——单位管长内管的内、外表面积，m^2/m；

h_i——管内流体膜传热系数，W/(m^2·K)；

h_o——管外流体膜传热系数，W/(m^2·K)；

K——总传热系数，W/(m^2·K)；

r_o——管外流体的污垢热阻，(m^2·K)/W；

r_i——管内流体的污垢热阻，(m^2·K)/W；

r_w——换热管管壁热阻，(m^2·K)/W；

光管热阻：

$$r_w=\frac{d}{2\lambda_w}\ln\left(\frac{d}{d-2\delta_w}\right) \tag{9-2-8}$$

螺纹管热阻：

$$r_w=\frac{\delta_w}{\lambda_w}\left[\frac{d+2N_fH_f(d+H_f)}{d-\delta_w}\right] \tag{9-2-9}$$

d——光管外径或螺纹管根部直径，m；

H_f——螺纹管螺纹齿高，m；

N_f——螺纹管每米齿数，m^{-1}；

δ_w——光管壁厚或螺纹管根部壁厚，m；

λ_w——换热管材料导热系数，W/(m·K)；

η——翅化比，无因次。

3. 定性温度

确定介质物性时，必须先确定定性温度。

当流体处于过渡及湍流区（$Re>2100$ 时）：

$$t_D=0.4t_h+0.6t_c \tag{9-2-10}$$

当流体处于层流区（$Re\leqslant 2100$ 时）：

$$t_D=0.5(t_h+t_c) \tag{9-2-11}$$

式中　t_D——流体定性温度，℃；

t_h——热端流体温度，℃；

t_c——冷端流体温度，℃。

4. 有效平均温差

在纯逆流或并流热交换器中，或者一侧为等温时，有效平均温差等于对数平均温差，按照式(9-2-12)计算。

$$\Delta t_m=\frac{(T_1-t_2)-(T_2-t_1)}{\ln\dfrac{T_1-t_2}{T_2-t_1}} \tag{9-2-12}$$

热交换器中存在错流和折流时，需要考虑温差校正，按照式(9-2-13)计算有效平均温差：

$$\Delta t_m=\frac{(T_1-t_2)-(T_2-t_1)}{\ln\dfrac{T_1-t_2}{T_2-t_1}}\cdot F \tag{9-2-13}$$

式中　F——温差校正系数，无因次。

5. 温差校正系数

温差校正系数可根据参数 P 和 R，从温差校正系数图（图 9-2-1）中查出。

$$P=\frac{\text{冷流体的温升}}{\text{两流体的最初温度差}}=\frac{t_2-t_1}{T_1-t_1} \tag{9-2-14}$$

$$R=\frac{\text{热流体的温降}}{\text{冷流体的温升}}=\frac{T_1-T_2}{t_2-t_1} \tag{9-2-15}$$

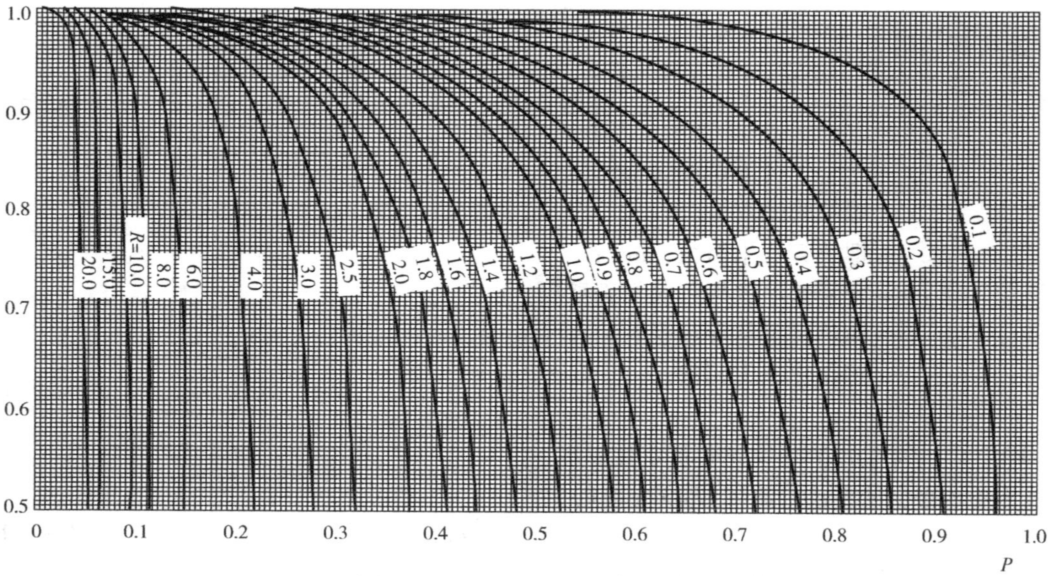

(a)偶数管程单壳体管壳式换热器的温差校正系数

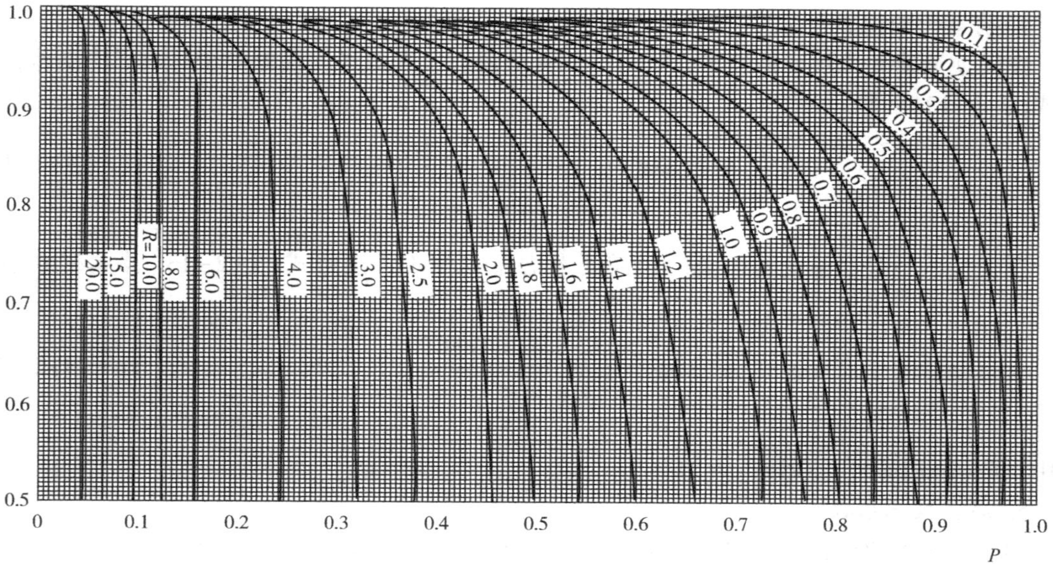

(b)4(或4倍)管程2壳程管壳式换热器的温差校正系数

图 9-2-1　平均温差校正系数图[2]

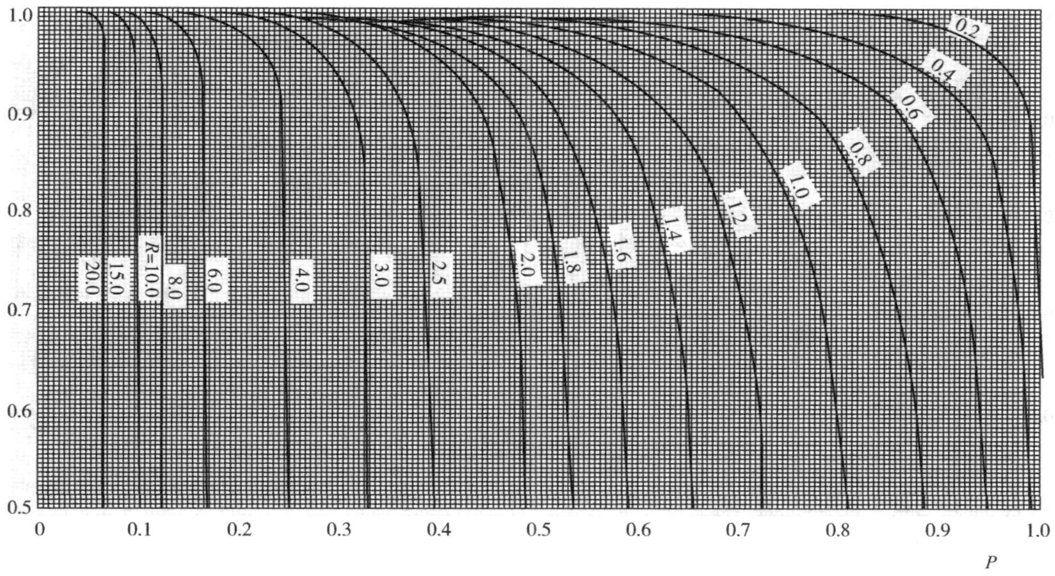

(c)6(及6以上偶数)管程3壳程管壳式换热器的温差校正系数

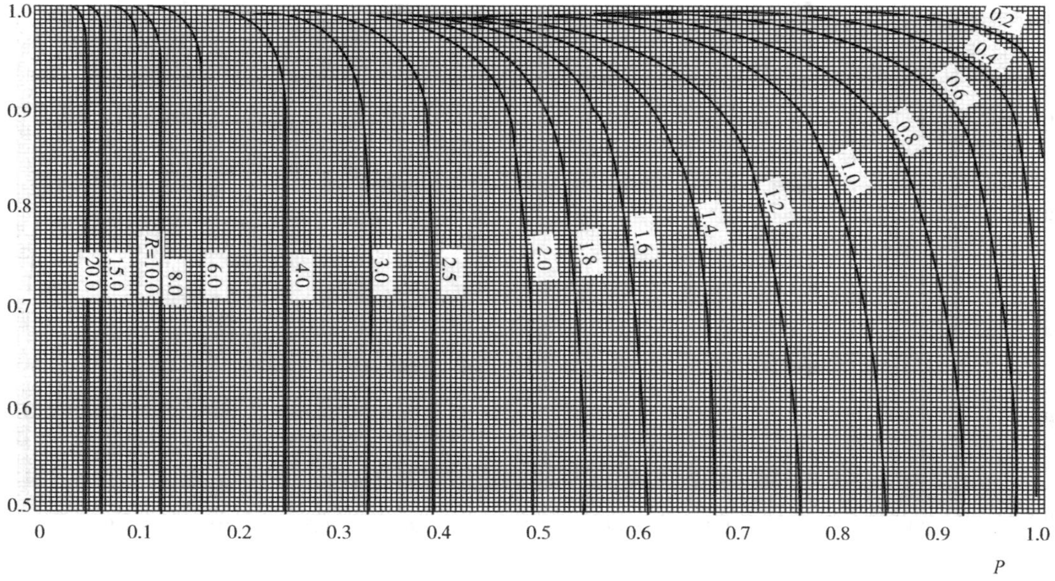

(d)8(或8倍)管程4壳程管壳式换热器的温差校正系数

图 9-2-1 平均温差校正系数图[2](续)

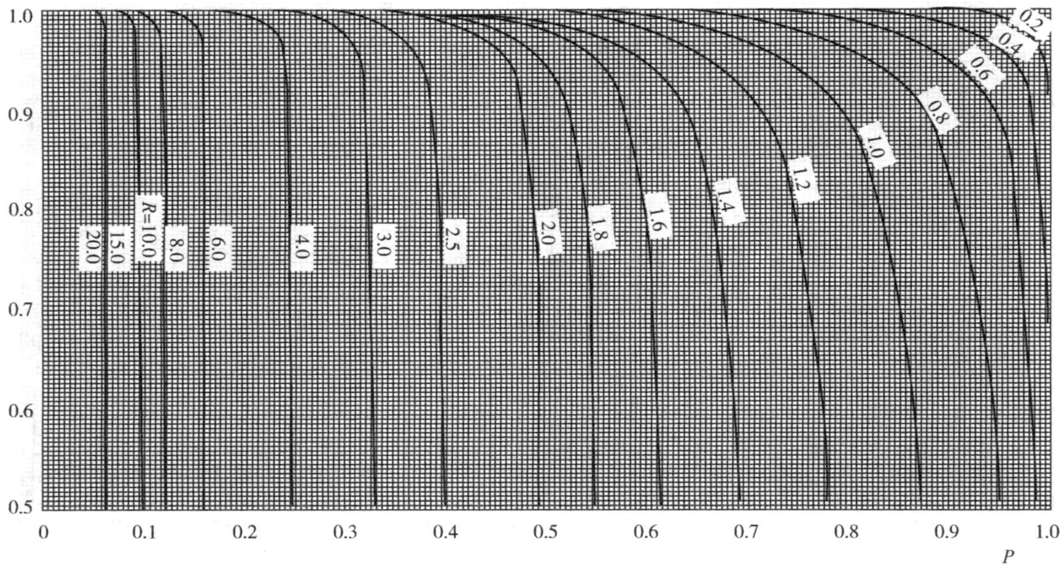

(e)10(及10以上偶数)管程5壳程管壳式换热器的温差校正系数

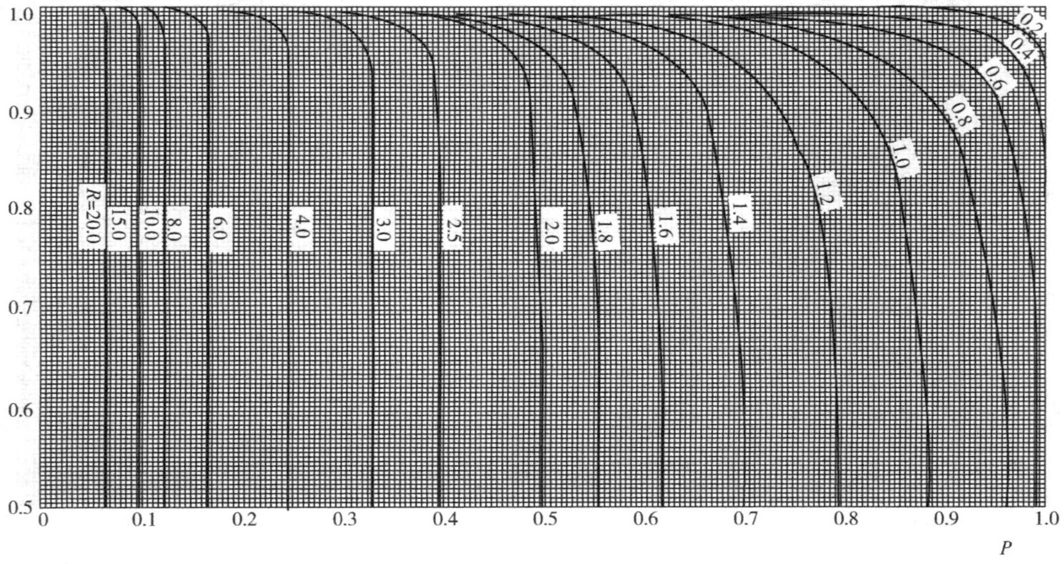

(f)12(及12以上偶数)管程6壳程管壳式换热器的温差校正系数

图 9-2-1　平均温差校正系数图[2]（续）

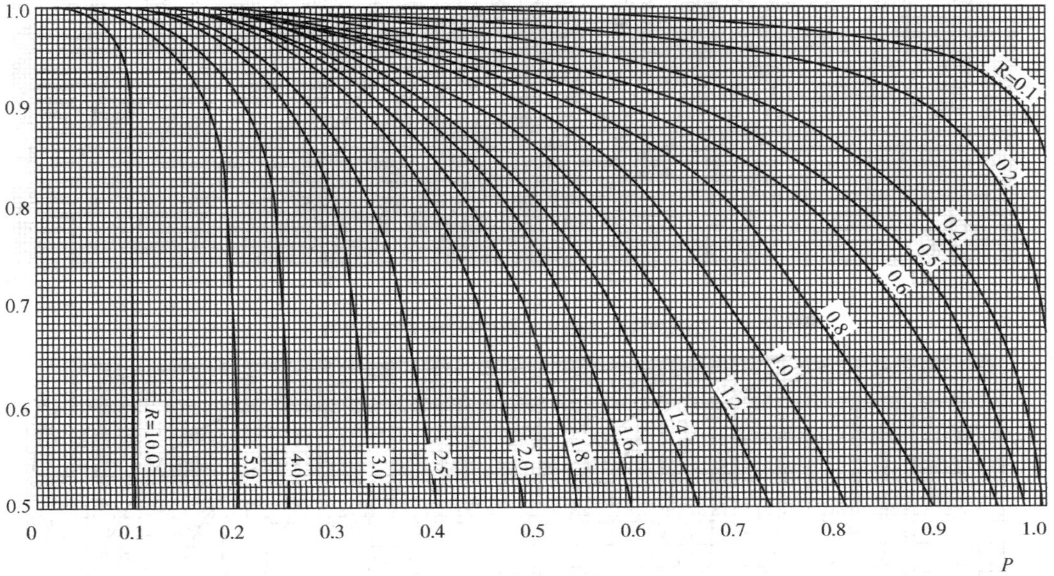

(g)1管程X型管壳式换热器的温差校正系数

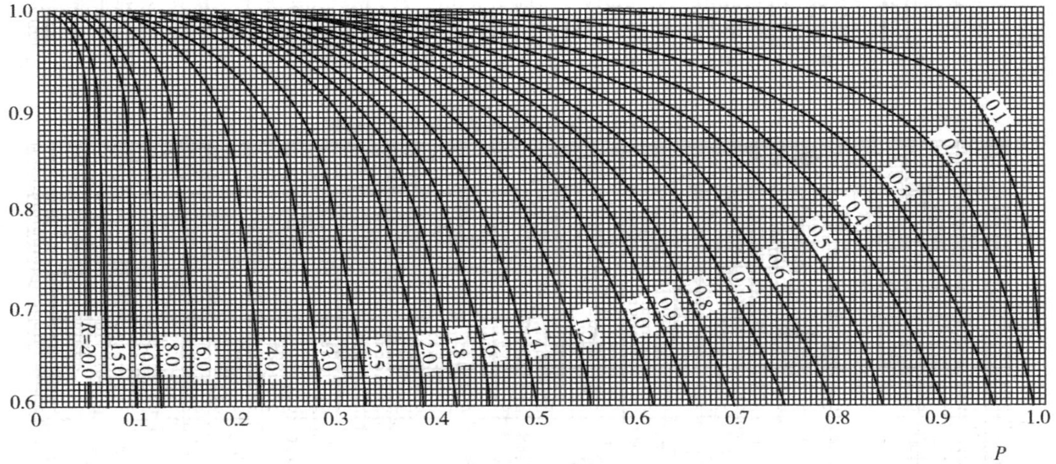

(h)1管程J型管壳式换热器的温差校正系数

图 9-2-1　平均温差校正系数图[2]（续）

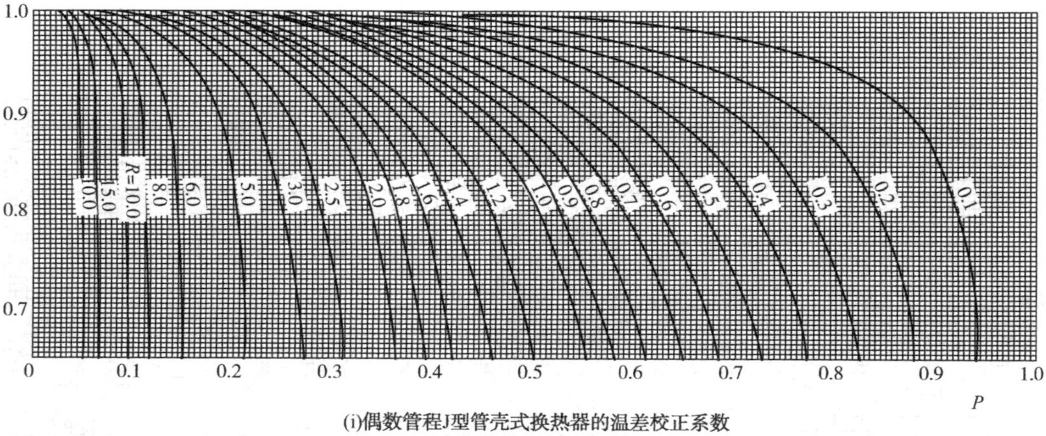

(i)偶数管程J型管壳式换热器的温差校正系数

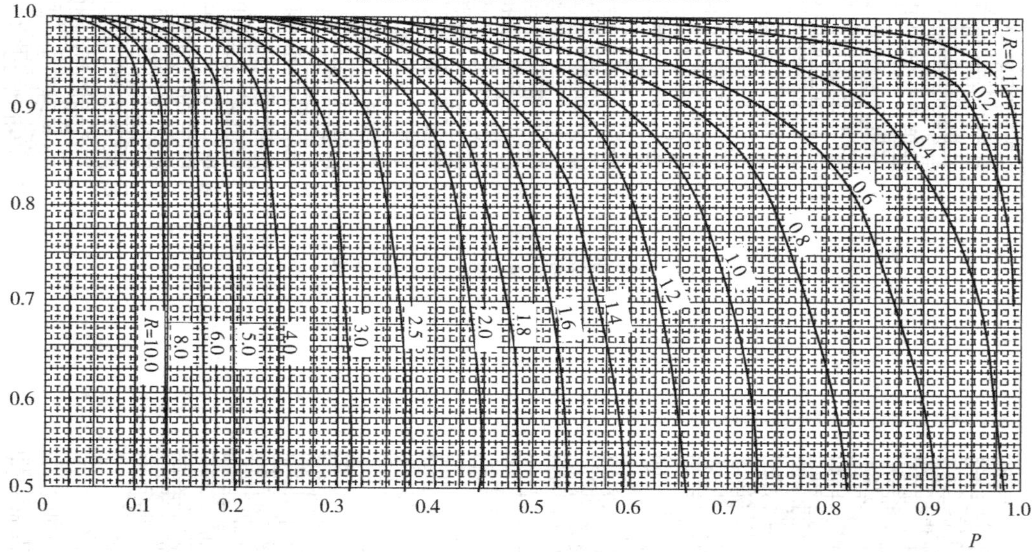

(j)2管程H型管壳式换热器的温差校正系数

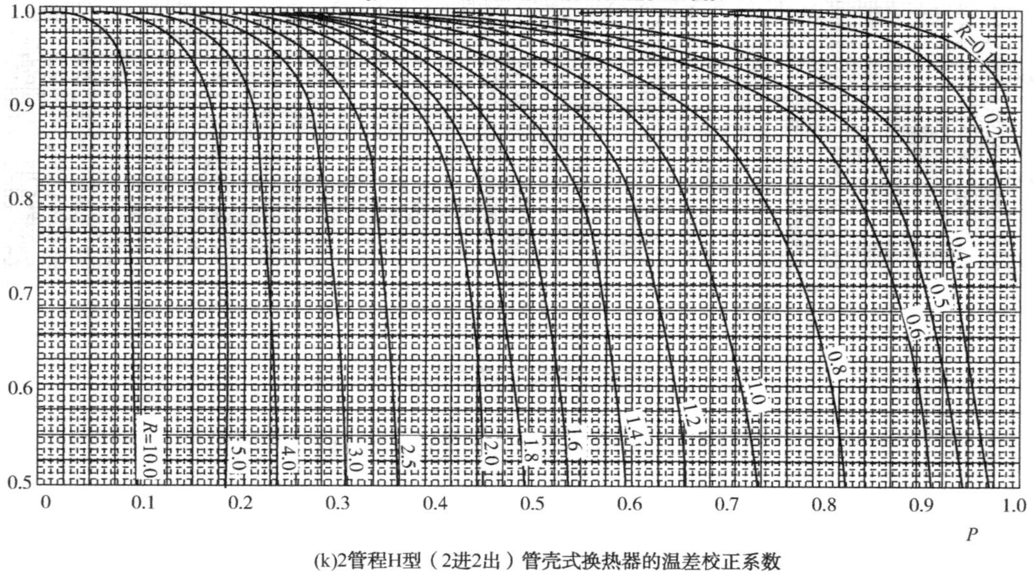

(k)2管程H型（2进2出）管壳式换热器的温差校正系数

图 9-2-1　平均温差校正系数图[2]（续）

6. 壁温计算[3]

在热交换器设计过程中，换热管壁温的计算很重要。在自然对流、沸腾和冷凝等给热系数计算中，均需先假定壁温，试算后再作校核。根据换热管壁温计算热应力，以确定是否装设热补偿装置；设计过程中要避免壁温过高，造成介质变质或烧焦，同时要避免壁温过低，导致介质凝固。高温高压操作条件下，准确确定壁温，有助于选择合适的设备材质，以保证设备性能和安全。

热流体侧的壁温：

$$t_{w,h}=T_m-K\left(\frac{1}{h_h}+r_h\right)\Delta t_m=T_m-q\left(\frac{1}{h_h}+r_h\right) \tag{9-2-16}$$

冷流体侧的壁温：

$$t_{w,c}=t_m+K\left(\frac{1}{h_c}+r_c\right)\Delta t_m=t_m+q\left(\frac{1}{h_c}+r_c\right) \tag{9-2-17}$$

一般情况下取：

$$t_w=\frac{1}{2}(t_{w,h}+t_{w,c}) \tag{9-2-18}$$

作为估算，可用下式算出壁温：

$$t_w=\frac{h_hT_m+h_ct_m}{h_h+h_c} \tag{9-2-19}$$

更为粗略地估算，可取壁温近似等于膜传热系数较大侧的流体平均温度。

式中　r——污垢热阻，$m^2 \cdot K/W$；

T_m、t_m——分别为热流体和冷流体的平均温度(多数情况下，取流体进出口温度的算术平均值；但当进出口温度变化较大时，取定性温度)，℃；

h——介质的膜传热系数，$W/(m^2 \cdot K)$；

λ——介质的导热系数，$W/(m \cdot K)$；

下标 h——表示热流体侧；

c——表示冷流体侧；

w——表示金属壁。

7. 压降

压降是指循环过程中不可回收的压力损失，Kays 曾描述了热交换器中压降的分析原理并将其推广到各类热交换器。压降基本分为三类：①进口和出口接管内的压降；②进口和出口等处流通面积突然变化引发的压降；③换热元件(如管壳式热交换器内的管束)内的压降。

(四) 污垢热阻

在热交换器运转中，由于温度变化，原来溶解在流体里的一些成分，会析出来沉积在传热表面上；流体中的悬浮物质和过程腐蚀产物，也会沉积在传热表面上。这些沉积物(即污垢)，对传热和流动阻力都有很大的影响。确定适当的污垢热阻，是热交换器传热设计中非常重要的一项内容。

使换热表面结垢热阻增大的原因一般有：物流流速较低；物流温度升高或管壁温度高于主物流温度；管壁粗糙或结构上有死角等。

换热表面上沉积物的形成，取决于管壁表面的液膜温度和介质的速度。当介质速度超过3m/s时，结垢热阻趋于零。

适当的污垢热阻值的确定，牵涉到物理和经济两大因素。影响热交换器结垢程度的物理因素有：流体和沉积物的性质、流体和传热表面的温度、流体的流速、清洗方法和周期、管子材料及光洁度。经济因素与确定容许结垢程度有关，如：热交换器的生产成本、清洗费用等。由此可见，要正确地选定最佳污垢热阻值，涉及热交换器的生产成本、清洗费用等因素，很少能做到面面俱到。设计时，大多数根据经验数据结合特定情况选取设计的污垢热阻。

美国管式热交换器制造者协会(TEMA)标准所提出的典型污垢热阻，已经多年工程应用。在没有试验得到的污垢热阻数的情况下，可以参考TEMA标准所提供的污垢热阻数据。

Kern从理论上推得管内污垢热阻与流速和运转时间等因素的关系如下：

$$r_\theta=\frac{\delta_\theta}{\lambda_d}=r_\theta^*\left[1-\exp(-B\theta)\right] \tag{9-2-20}$$

$$r_\theta^*=A_1\frac{d_i^4}{w_i} \tag{9-2-21}$$

$$B=A_2\frac{w_i^2}{d_i^4} \tag{9-2-22}$$

式中　r_θ——运转时间为θ时的污垢热阻，$m^2\cdot K/W$；

δ_θ——运转时间为θ时的污垢厚度，m；

λ_d——污垢的导热系数，$W/(m^2\cdot K)$；

r_θ^*——运转时间为无限长的污垢热阻，$m^2\cdot K/W$；

θ——运转时间，h；

w_i——质量流量，kg/h；

A_1、A_2——由流体种类、温度等因素所决定的常数。

在设计换热器时，应注意选择合适的热交换器类型和大小，在允许的流动压降下，设计合适的流速，避免死区、旁路流动，尽量避免造成结垢的运行条件。此外，还应选择合适的换热器材料，轻微的管道腐蚀可能大大增加污垢形成的可能。例如：黄铜管可减少生物污垢的形成，

换热器运行过程中由于污垢的沉积使得换热面的传热系数降低、压力降增加。因此，当换热面污垢积聚到一定程度时，需要进行清洗。清洗技术主要分为在线清洗和离线清洗。通过清洗，改善换热器的传热性能，减小阻力特性。

采用离线清洗技术，需对热交换器进行停工拆装清洗，劳动强度大、清洗周期长。采用在线清洗技术，热交换器无需停工、拆装，操作方便、清洗方便、清洗时间短。在线清洗运

行可靠，故障率低，且不会对换热设备产生腐蚀等不良效果。在提高热交换器换热效率的同时，延长热交换器的使用寿命和检修周期，减小因检修停产导致的损失，降低检修成本。

① 在线机械清洗、离线机械清洗技术：依靠流体的流动或机械等作用克服污垢的黏附力使污垢脱落。机械清洗主要针对硬质污垢、碳化污垢等强硬度污垢。

② 在线物理技术：通过声波、热力和光照等作用去除沉积物。常见的物理清洗方法有：超声波清洗技术、磁场除垢技术、电场除垢技术、PIG 清管技术。

③ 在线化学清洗、离线化学清洗技术：在线化学清洗方法利用在流体中添加除垢剂、酸或碱减缓污垢是非常有效的。但是某些化学剂可能污染环境，如氯、次氯酸盐、混凝剂等，需谨慎使用。

二、管壳式热交换器

管壳式热交换器在炼油、石油化工、医药、化工以及其他工业中使用广泛，适用于冷却、冷凝、加热、蒸发和余热回收等，是一种普遍化的产品。具有结构简单、操作弹性大、可靠度高、技术成熟等优点，但其传热效率不如紧凑式热交换器高。

管壳式热交换器的设计，要考虑的因素很多，如：介质性质、操作压力、操作温度、选用设备材料的性质等。

由于套管热交换器适用于低负荷工况，常减压装置鲜见应用，这里不作论述。本小节将管壳式热交换器分为无相变管壳式热交换器、冷凝器、重沸器进行比较详细的介绍，提供已在设计中应用成熟的算法，供读者参考。

（一）设计基础

要使热交换器正常而有效地操作，就必须慎重地选择流动空间。选择依据主要是两流体的操作压力和温度、允许的压力降、结构和腐蚀特性等方面。应着重于提高传热系数和最充分的利用压力降。

1. 流动空间的选择

（1）选择原则

① 尽量提高膜传热系数小的一侧的数值。

② 尽可能使两流动空间的传热条件接近或相等。

③ 尽量减少昂贵的耐腐蚀材料的消耗，要减轻结构材料的受力情况和简化密封要求。

④ 确保不易沉淀、便于清洗。

⑤ 减少热损失。

（2）适合管程的流体

① 不清洁的流体：悬浮物不易沉积；管内空间便于清洗。

② 高温或高压操作的介质宜走管程。当介质的温度或压力很高，以至于必须增加金属壁厚或提高设备材质时，宜走管程，可降低对壳体材质和密封的要求。

③ 腐蚀性强、有毒介质宜走管内，只有管子及管箱需用耐腐蚀材料，其他部件可用普通材料制造，可以降低造价；有毒介质在管内可以减少泄漏机会。

（3）适合壳程的流体

① 当两流体温度相差较大时，膜传热系数大的流体走壳程，可以减少管壁与壳壁间的温度差，并降低温差应力。

② 饱和蒸汽宜走壳程，易于排除冷凝液。冷凝传热系数受流速影响很小，而且介质清洁，无需机械清洗。

③ 黏度大或流量小的介质在壳程容易达到湍流状态，传热效果较好。

④ 易析出结晶、沉渣、淤泥，以及其他沉淀物的流体，最好进入容易机械清洗的空间。在管壳式热交换器中，一般管内容易清洗；但在 U 形管、沉浸式和喷淋式热交换器中，管外空间更容易清洗。

2. 换热管的排列方式

传热管是构成管式热交换器传热面的元件。它的基本类型有两种：光滑管和强传热化管。目前普遍使用的多是光滑管，传热管的费用占了整台设备材料费的一半以上。因此，近年来国内外学者致力于异形管或强化管的研究，其传热效能往往比光滑管高几倍以至数十倍，可用于改造老热交换器，而且有利于低温位热能的利用。目前国内热交换器传热管径常用的有 ϕ19mm、ϕ25mm 和 ϕ38mm。

传热管在管板上的排列方式主要有：三角形、转置三角形、正方形和转置正方形四种，如图 9-2-2 所示。

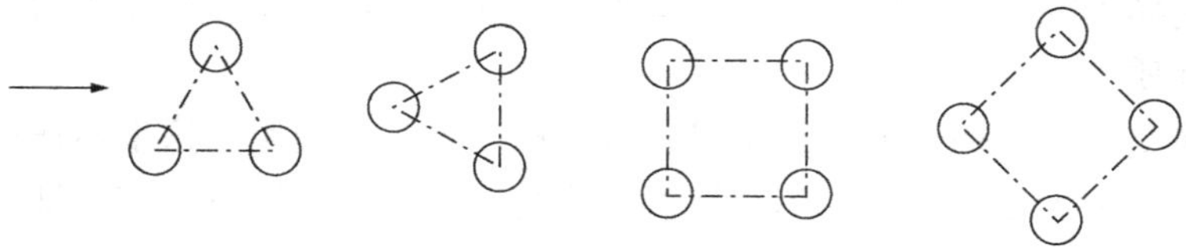

图 9-2-2　换热管布管方式

三角形的排列使用最普遍。在同一管板面积上，三角形布管比正方形布管数多，管外传热系数较高，流阻相对也较大。正方形布管所排列的传热管数比三角形布管少，但便于管外表面进行机械清洗。

3. 当量直径

管壳式热交换器中的壳程当量直径，随着布管方式不同而不同。对于常用的单弓形折流板，有：

当管子呈正方形排列时：

$$d_e=\frac{4\left(p_t^2-\dfrac{\pi}{4}d_o^2\right)}{\pi d_o} \tag{9-2-23}$$

当管子呈正三角形排列时：

$$d_e=\frac{4\left(\dfrac{\sqrt{3}}{4}p_t^2-\dfrac{\pi}{8}d_o^2\right)}{\dfrac{1}{2}\pi d_o} \tag{9-2-24}$$

对于能够有效消除振动的折流杆热交换器，其壳程流体为纵向流，不同于普通弓形折流板热交换器的计算方法。《冷换设备工艺计算手册》[4] 中详细描述了计算方法：

壳程流通面积 S_0：

$$S_o=\frac{\pi}{4}(D_s^2-n_t\cdot d_o^2) \tag{9-2-25}$$

折流圈的流通面积 S_b：

$$S_b=S_o-\frac{\pi}{4}(D_{bo}^2-D_{bi}^2)-\Sigma(l_b\cdot d_r') \tag{9-2-26}$$

计算压降的当量直径 d_p：

$$d_p=\frac{D_s^2-n_t\cdot d_o^2}{D_s+n_t\cdot d_o} \tag{9-2-27}$$

计算传热的当量管径，采用单弓形折流板当量直径的计算方法。

4. 流体诱导振动及声振

流体诱导振动的主要原因是卡门漩涡激振、湍流抖振和流体弹性失稳，GB/T151 中描述了判断振动产生的原因及简捷的计算方法[5]。

(1) 频率计算方法

卡门漩涡频率：

$$f_v=S_t\cdot\frac{V}{d_o} \tag{9-2-28}$$

湍流抖振频率：

$$f_t=\frac{V\cdot d_o}{lT}\cdot\left[3.05\left(1-\frac{d_o}{T}\right)^2+0.28\right] \tag{9-2-29}$$

声频f_a：

$$f_a=\frac{nc}{2D} \tag{9-2-30}$$

其中，声速：

$$c=1000\sqrt{\frac{p_s\cdot Z\cdot\gamma}{\rho_o\cdot\left(1+k\cdot\frac{d_o^2}{S^2}\right)}} \tag{9-2-31}$$

式中　f_v——卡门漩涡频率，无因次；

f_t——湍流抖振频率，无因次；

f_a——声频，无因次；

d_o——换热管外径，m；

S——换热管中心距，m；

S_t——斯特罗哈数，无因次；

V——横流速度，m/s；

L——换热管沿流体流动方向的中心距，m；

T——换热管与流体流动方向垂直方向的中心距，m；

n——振型数，指半波的整数倍，无因次；

D——特性长度，m；

k——系数，无因次，正方形布管，$k=0.785$，三角形布管，$k=0.907$；

p_s——壳程设计压力(绝对压力)，MPa；

ρ_o——壳程流体密度，kg/m^3；

Z——压缩系数，无因次，理想气体取 $Z=1$；

γ——定压比热容与定容比热容的比值，无因次。

(2) 振动判据

1)壳程流体为气体或液体时，符合下列条件中的任何一条，管束都有可能发生流体诱导振动：

卡门漩涡频率：

$$\frac{f_v}{f_1}>0.5 \tag{9-2-32}$$

湍流抖振频率：

$$\frac{f_t}{f_1}>0.5 \tag{9-2-33}$$

横流速度：

$$\frac{V}{V_c}>1 \tag{9-2-34}$$

当振动发生，且换热管最大振幅大于换热管外径的2%时，就会出现振动破坏。

2)壳程流体为气体或蒸汽时，低阶振型，尤其是一阶、二阶振型，声频符合下列条件中的任何一条，管束都有可能发生声振：

$$0.8f_v<f_a<1.2f_v \quad 或 \quad 0.8f_t<f_a<1.2f_t \tag{9-2-35}$$

(3) 防振措施

1) 改变壳程流体流速：

① 用双弓形折流板、螺旋折流板代替单弓形折流板；

② 采用分流型壳体代替 E 型壳体，减小壳程流体流速；

③ 扩大换热管中心距。

2) 改变换热管的固有频率：

① 改变折流板的形式；

② 改变折流板间距；

③ 减小换热管的无支撑跨距，如缩小折流板间距、在 U 形管弯管段设置支撑板或支撑条、在壳程进出口处设置支撑板等。

3) 改变流体流动方向，采用纵向流代替横向流。如用折流杆代替折流板。

（二）无相变热交换器

Kern 将管内外膜传热系数的通用表达式描述为：

$$\frac{h \cdot d}{\lambda}=C \cdot (Re)^{n} \cdot (Pr)^{\frac{1}{3}} . \phi \quad = J_{H} \cdot (Pr)^{\frac{1}{3}} \cdot \phi \tag{9-2-36}$$

对于以光管外表面积为基准的管内膜传热系数，可用下式计算

$$h_{io}=\frac{\lambda_{i}}{d_{o}} \cdot J_{Hi} . \ Pr^{\frac{1}{3}} \cdot \varphi_{i} \tag{9-2-37}$$

式中　h_{io}——以管外表面积为基准的管内膜传热系数，W/(m^2·K)；

J_{Hi}——管内传热因子，无因次，可以由管程传热因数图(图9-2-3)查出；

d_0——管外径，m；

λ_i——管内介质导热系数，W/(m·K)；

φ_i——黏度校正系数，$\varphi_i=(\mu_i/\mu_w)^{0.14}$，无因次；

μ_w——壁温下的流体黏度，Pa·s。

1. 管内膜传热系数及压降

(1) 管程膜传热系数

在热交换器设计中应用较为广泛的计算方法如下：

流体在管内作滞流流动($Re<2300$)时，常用 Sieder and Tate 关系式：

$$h_{io}=1.86\frac{\lambda_{i}}{d_{o}} \cdot (Re)^{1/3} Pr^{1/3}\left(\frac{d_{i}}{L}\right)^{1/3} \cdot \varphi_{i} \tag{9-2-38}$$

其适用范围为：$Re<2300$，$0.7<Pr<6700$，$(Re \cdot Pr \cdot \frac{d_i}{L})>100$

当流体在换热管内呈过渡流($2300<Re<10^4$)时，可以采用湍流流动的关系式计算，再进行校正。

$$h_{io}=0.023\frac{\lambda_{i}}{d_{o}} \cdot (Re)^{0.8} Pr^{n} \cdot \varphi_{i}\left(1-\frac{6\times10^{5}}{Re^{1.8}}\right) \tag{9-2-39}$$

流体在管内做湍流流动($Re\geqslant10^4$)时，可以采用 Dittus and Boelter 关联式。

$$h_{io}=0.023\frac{\lambda_{i}}{d_{o}} \cdot (Re)^{0.8} Pr^{n} \cdot \varphi_{i} \tag{9-2-40}$$

其适用范围为：$Re\geqslant10^4$，$0.7<Pr<120$，$\frac{L}{d_i}>60$，$\frac{L}{d_i}$表示换热管长度与内径之比。

$$h_{io}=0.023\frac{\lambda_{i}}{d_{o}} \cdot (Re)^{0.8} Pr^{n} \cdot \varphi_{i}\left[1+\left(\frac{L}{d_{i}}\right)^{0.7}\right] \tag{9-2-41}$$

其适用范围为：$Re\geqslant10^4$，$0.7<Pr<120$，$\frac{L}{d_i}<60$。

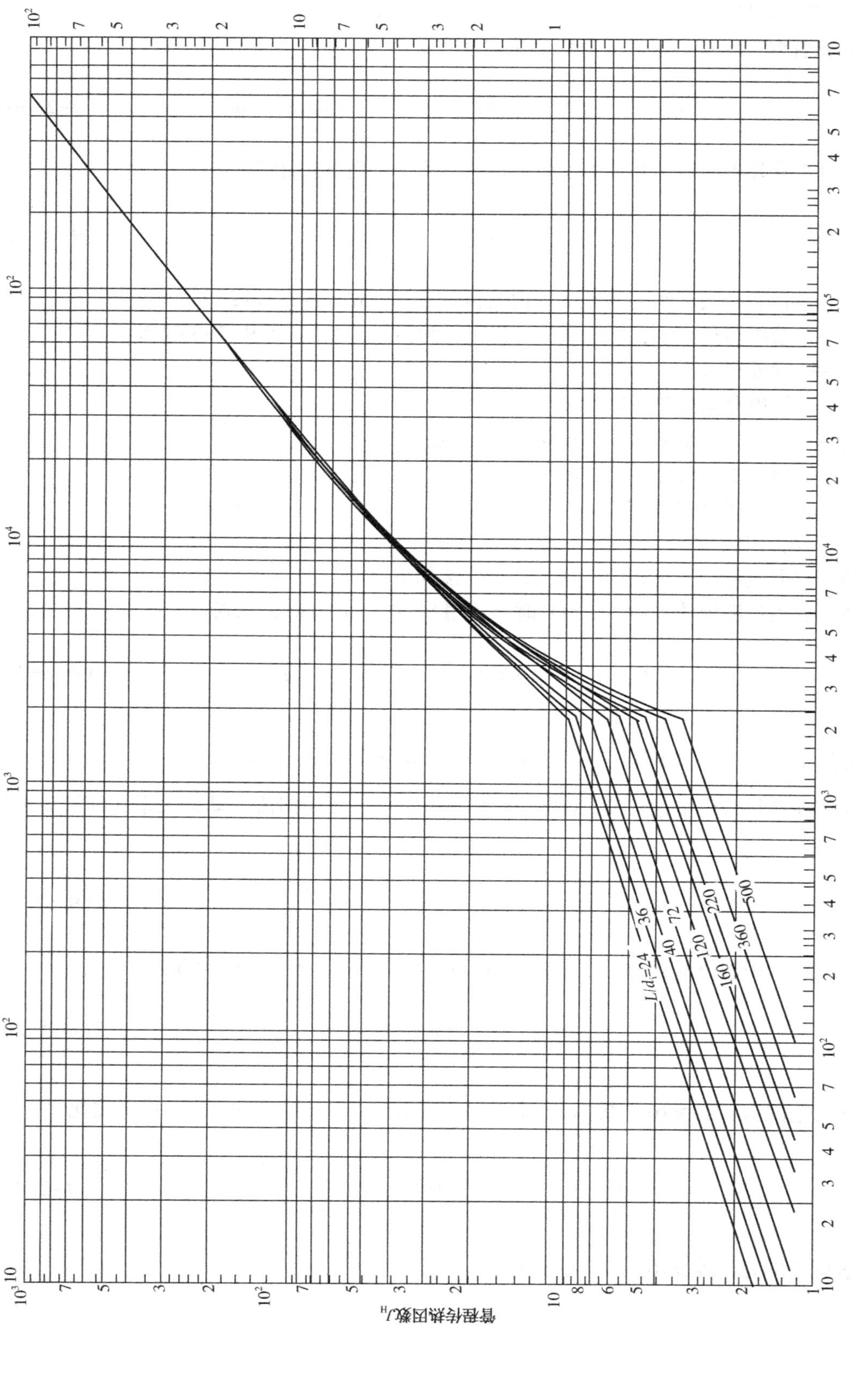

图9-2-3　管程传热因数图[6]

(2) 管程压降[6]

管程压降包括管内流体压降、回弯压降和进出口嘴子压降三部分。

$$\Delta p_t = (\Delta p_i + \Delta p_r) \cdot F_i + \Delta p_n \qquad (9-2-42)$$

式中 Δp_t——管程压降，Pa；

Δp_i——管内流体压降，Pa；

Δp_r——管程回弯压降，Pa；

Δp_n——管程进、出口嘴子压降，Pa；

F_i——管程压降污垢校正系数，与污垢热阻有关，可参考表 9-2-2 选取。

表 9-2-2 管程压降污垢校正系数

污垢热阻/(m²·K)/W	0	0.00017	0.00034	0.00043	0.00052	0.00069	0.00086	0.00129	0.00172
F_i	1.00	1.20	1.35	1.40	1.45	1.50	1.60	1.70	1.80

管内流动压降：

$$\Delta p_i = \frac{G_i^2}{2\rho_i} \cdot \frac{L \cdot N_t}{d_i} \cdot \frac{f_i}{\varphi_i} \qquad (9-2-43)$$

回弯压降：

$$\Delta p_r = \frac{G_i^2}{2\rho_i} \cdot (4N_t) \qquad (9-2-44)$$

进出口嘴子压降：

$$\Delta p_N = \frac{(G_{Ni}^2 + 0.5 \cdot G_{No}^2)}{2\rho_i} \qquad (9-2-45)$$

式中 G_{Ni}、G_{No}——流体流经进、出口嘴子的质量流速，kg/(m²·s)；

L——管长，m；

N_t——管程数；

ρ_i——定性温度下的密度，kg/m³；

f_i——管内摩擦系数，可根据 Re 数查管程摩擦因数图(图 9-2-4)，无因次。

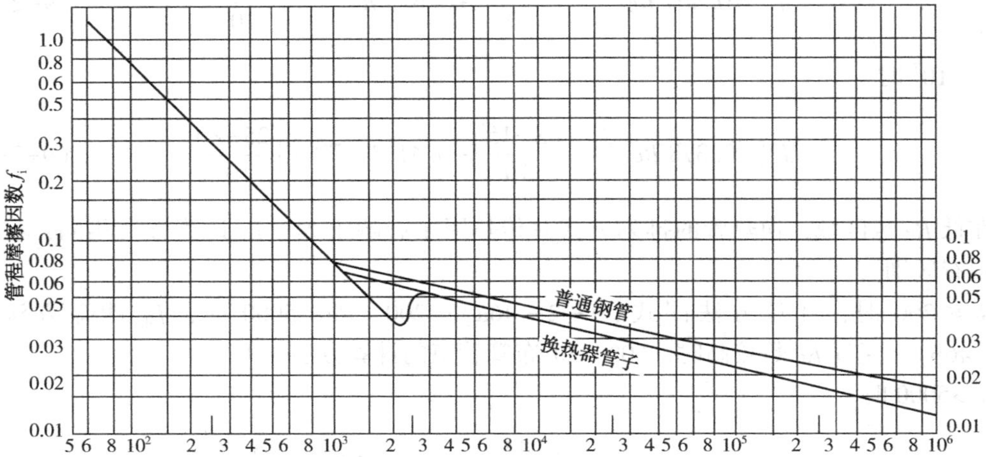

图 9-2-4 管程摩擦因数图[6]

2. 管外膜传热系数及压降

(1) 管外膜传热系数

在管壳式热交换器中，壳程折流板的型式有很多种，尤其近年来，为满足设备大型化的要求，随着传热研究的深入，壳程结构变化日趋复杂。但是，在工业上应用最为广泛、市场上最易获得的依然是弓形折流板。而且一些新的技术中还含有专利或专有技术，本节仅阐述单弓形折流板热交换器的设计方法。

考虑旁路挡板阻断漏流的作用，在 Kern 公式中增加旁路挡板传热校正系数污垢影响因子，则光管管外膜传热系数关联式变为：

$$h_o = \frac{\lambda_o}{d_e} \cdot J_{Ho} \cdot Pr^{\frac{1}{3}} \cdot \varphi_o \cdot \varepsilon_h \tag{9-2-46}$$

式中　ε_h——旁路挡板传热校正系数，建议按表 9-2-3 的推荐值选取。

J_{Ho}——壳程传热因子，无因次，可以根据公式计算，也可以由壳程传热因数图（图 9-2-5）查出，若采用螺纹管作为传热管，应根据螺纹管的当量直径计算雷诺数，再查表。

表 9-2-3　旁路挡板传热与压降校正系数[4]

壳径	325	400	500	600	700	800	900	1000	1100	1200	1300	1400	1500	1600	1700	1800
ε_h	1.30	1.26	1.23	1.20	1.18	1.17	1.15	1.14	1.13	1.12	1.11	1.10	1.09	1.08	1.07	1.06
$\varepsilon_{\Delta p}$	1.90	1.87	1.85	1.73	1.64	1.58	1.52	1.51	1.50	1.45	1.40	1.35	1.30	1.25	1.20	1.15

以 Z 表示折流板弓缺高度百分数，对于 45°或 90°布管的管束：

$Re \leqslant 200$ 时，

$$J_{Ho} = 0.641\,Re^{0.46} \cdot \left(\frac{Z-15}{10}\right) + 0.731\,Re^{0.46} \cdot \left(\frac{25-Z}{10}\right) \tag{9-2-46a}$$

$200 < Re < 10^3$ 时，

$$J_{Ho} = 0.491\,Re^{0.51} \cdot \left(\frac{Z-15}{10}\right) + 0.673\,Re^{0.49} \cdot \left(\frac{25-Z}{10}\right) \tag{9-2-46b}$$

$Re > 10^3$ 时，

$$J_{Ho} = 0.378\,Re^{0.554} \cdot \left(\frac{Z-15}{10}\right) + 0.41\,Re^{0.5634} \cdot \left(\frac{25-Z}{10}\right) \tag{9-2-46c}$$

在低 Re 数区域，换热管的排列方式对传热因子影响不大，J_{Ho} 计算方法相同；在高 Re 区域则有区别。

$Re \leqslant 200$ 时，计算方法同式（9-2-46a）；$200 < Re < 5000$ 时，J_{Ho} 计算方法同式（9-2-46b）；壳程 Re 数较高时，60°、30°布管管束的计算方法如下：

$Re > 5000$ 时，

$$J_{Ho} = 0.35\,Re^{0.55} \cdot \left(\frac{Z-15}{10}\right) + 0.473\,Re^{0.539} \cdot \left(\frac{25-Z}{10}\right) \tag{9-2-46d}$$

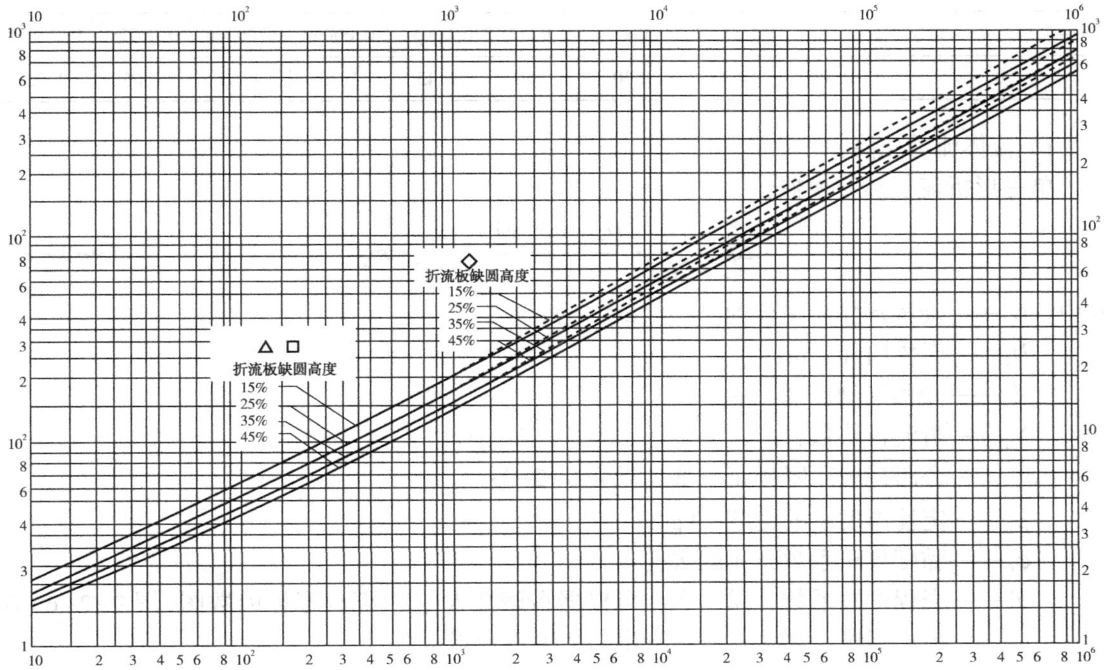

图 9-2-5　壳程传热因数图[6]

图 9-2-5 中，△、□和◇表示换热管布管方式。

折流杆热交换器首先由菲利浦石油公司提出并推广应用，能够有效地消除流体诱导振动，同时显著降低壳程压降。折流杆热交换器管外膜传热系数计算方法如下式：

当 Re_o<2100 时，　$$h_o=\frac{\lambda_0}{d_o}\cdot\varepsilon_1\cdot\varepsilon_r\cdot Re_h^{0.6}\cdot Pr^{0.4}\cdot\left(\frac{\mu_o}{\mu_w}\right)^{0.14} \tag{9-2-47}$$

当 Re_o≥2100 时，　$$h_o=\frac{\lambda_o}{d_o}\cdot\varepsilon_1\cdot\varepsilon_r\cdot Re_h^{0.8}\cdot Pr^{0.4}\cdot\left(\frac{\mu_o}{\mu_w}\right)^{0.14} \tag{9-2-48}$$

式中　Re_o——采用特征直径计算的雷诺数；

ε_1——壳程漏流校正系数；

ε_r——长径比校正系数。

（2）壳程压降[6]

管壳式热交换器壳程压降包括壳程管束压降、导流筒压降、进出口嘴子压降。

$$\Delta p_s=\Delta p_o\cdot F_o+\Delta p_{ro}+\Delta p_{No} \tag{9-2-49}$$

式中　Δp_s——壳程压降，Pa；

Δp_o——管束流体流动压降，Pa；

Δp_{ro}——壳程导流筒压降，Pa；

Δp_{No}——壳程进出口嘴子压降，Pa；

F_o——壳程压降污垢校正系数，随结垢厚度层的不同而不同，可参考表 9-2-4 选取。

表 9-2-4　壳程压降污垢校正系数[4]

污垢热阻/($m^2 \cdot K/W$)	0	0.00017	0.00034	0.00043	0.00052	0.00069	0.00086	0.00129	0.00172
F_o	1.00	1.20	1.30	1.40	1.45	1.45	1.50	1.65	1.75

1）流体流动压降：

单弓形折流板热交换器：

$$\Delta p_o = \frac{G_0^2}{2\rho_0} \cdot \frac{D_s \cdot (N_b + 1)}{d_e} \cdot \frac{f_0}{\varphi_0} \cdot \varepsilon_{\Delta p} \tag{9-2-50}$$

式中　G_0——壳程流体质量流速，$kg/(m^2 \cdot s)$；

D_s——壳体内径，m；

d_e——壳程当量直径，m；

N_b——折流板块数；

$\varepsilon_{\Delta p}$——旁路挡板压降校正系数，见表 9-2-3；

ρ_0——定性温度下的密度，kg/m^3；

φ_0——黏度校正系数，无因次；

f_0——壳程摩擦系数，无因次；可根据雷诺数 Re，由壳程摩擦因数图(图 9-2-6)查出；当用于螺纹管时，查出的数值再乘以 1.2。

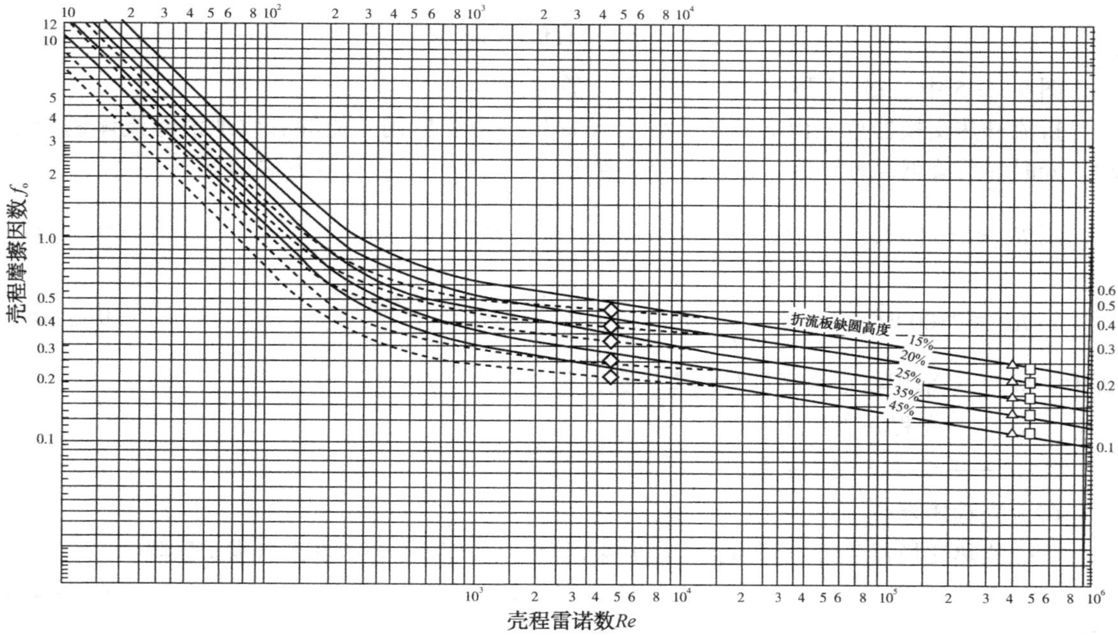

图 9-2-6　壳程摩擦因数图[6]

折流杆热交换器管束压降计算方法[4]见(式 9-2-51)，将流体流过折流杆管束的压降分为管束摩擦压降 Δp_f 和过折流圈压降 Δp_b 两部分，即：

$$\Delta p_o = \Delta p_f + \Delta p_b \tag{9-2-51}$$

$$\Delta p_f = \frac{2\rho_o \cdot u_s^2 \cdot L}{d_p} \cdot f_f \tag{9-2-52}$$

采用光管管束时：

当 $Re_p \leqslant 2000$ 时，　$f_f = 10.046\, Re_p^{-0.92}$　(9-2-53)

当 $2000 < Re_p \leqslant 3000$ 时，　$f_f = 1.2088\times10^{-5} Re_p^{0.87}$　(9-2-54)

当 $Re_p > 3000$ 时，　$f_f = 0.0749\, Re_p^{-0.22}$　(9-2-55)

采用螺纹管管束时：

当 $Re_p < 4000$ 时，　$f_f = 3.28\, Re_p^{-0.696}$　(9-2-56)

当 $4000 \leqslant Re_p < 8000$ 时，　$f_f = 3.39\times10^{-4} Re_p^{0.42}$　(9-2-57)

当 $Re_p \geqslant 8000$ 时，　$f_f = 0.1086\, Re_p^{-0.22}$　(9-2-58)

流体通过折流圈的压降：

$$\Delta p_b = 0.5\rho_o \cdot f_b \cdot n_b \cdot u_b^2 \tag{9-2-59}$$

$$f_b = f_3 \cdot (f_1 + f_2 \cdot Re_b^{-1}) \tag{9-2-60}$$

$$f_1 = 0.9381 - 0.9114. \frac{S_b}{S_o} + 0.175 \cdot \left(\frac{S_b}{S_o}\right)^2 \tag{9-2-61}$$

$$f_2 = 9.41 - 23.35 \cdot \frac{S_b}{S_o} + 14.96 \cdot \left(\frac{S_b}{S_o}\right)^2 \tag{9-2-62}$$

$$f_3 = 0.1306 + 0.0345 \cdot \frac{L}{D_{bo}} + 0.0089 \cdot \left(\frac{L}{D_{bo}}\right)^2 \tag{9-2-63}$$

式中　Δp_f——管束顺流摩擦压降，Pa；

Δp_b——流体通过折流圈的压降，Pa；

Re_p——采用特征直径计算的雷诺数；

u_s——壳程介质流速，m/s；

f_f——顺流摩擦系数；

f_b——流体通过折流圈的摩擦系数；

n_b——折流圈数；

u_b——流体过折流圈的速度，m/s；

Re_b——流体过折流圈的雷诺数。

2）导流板或导流筒压降：

$$\Delta p_{ro} = \frac{G_N^2}{2\rho_o} \cdot \varepsilon_{IP} \tag{9-2-64}$$

3）进出口嘴子压降：

$$\Delta p_{No} = 1.5\,\frac{G_N^2}{2\rho_o} \tag{9-2-65}$$

进出管嘴直径不同时

$$\Delta p_{No} = \frac{G_{Ni}^2 + 0.5 G_{No}^2}{2\rho_o} \tag{9-2-66}$$

式中　G_{Ni}、G_{No}——流体流经壳程进、出口嘴子的质量流速，kg/(m^2·s)；

ε_{IP}——导流板或导流筒的压降系数，一般取 5~7。

（三）冷凝器

当蒸汽与低于其饱和温度的壁面相接触时，蒸汽放出潜热，并在壁面上冷凝成液体，这种热交换过程称为冷凝传热，分为膜状冷凝和滴状冷凝两种。滴状冷凝的膜传热系数远远高于膜状冷凝，而且工业上常遇见的是膜状冷凝，本节仅讨论膜状冷凝传热。

冷凝器是具有特殊结构的管壳式热交换器，一般采用的有立式和卧式两种结构。选择冷凝设备时应针对冷凝的特点，选择冷凝器的形式。

纯组分冷凝相对简单，但常减压装置多为多组分介质冷凝时，同时存在传热与传质过程，冷凝汽液界面的温度不断变化，气相分率、焓值随温度的变化很少为线性。为计算准确，一般采用分段(若存在冷却段，应单独分出一段)计算，再加和总面积、反算总传热速率。为了研究冷凝传热，首先需要了解用于判断冷凝流动控制区的流型参数(J)、Martinelli 参数(X_{tt})的计算方法。

Martinelli 参数 X_{tt}和流型参数 J 分别定义如式(9-2-67)和式(9-2-68)：

$$X_{tt}=\left(\frac{1-y}{y}\right)^{0.9}\cdot\left(\frac{\rho_v}{\rho_1}\right)^{0.5}\cdot\left(\frac{\mu_1}{\mu_v}\right)^{0.1} \tag{9-2-67}$$

$$J=\frac{y\cdot G}{[d_e\cdot g\cdot\rho_v(\rho_1-\rho_v)]^{0.5}} \tag{9-2-68}$$

式中　X_{tt}——Martinelli 参数，无因次；

d_e——特征参数，用于判断管内流型，为换热管内径；用于判断管外流型时，为管心距与换热管外径之差，m；

y——气相分率(质量)，无因次；

G——质量流速，kg/(m^2·s)；

ρ_v，ρ_l——气、液相密度，kg/m^3；

μ_v，μ_l——气、液相黏度，Pa·s；

J——流型参数，判断准则见表 9-2-5，无因次。

表 9-2-5　流型判断准则

项目	重力控制区	过渡区	剪力控制区
管内冷凝	$J\leqslant0.5$	$0.5<J<1.5$	$J\geqslant1.5$
管外冷凝	$J\leqslant0.7$	$0.7<J<1.2$	$J\geqslant1.2$

用于计算冷凝膜传热系数(h_c)的热阻分配法以膜理论为基础，将冷凝传热分为冷凝液膜传热和气相传热两部分分别计算，再组合而成冷凝侧的综合传热系数。热阻分配法是相对简单又实用的计算冷凝膜传热系数的方法，得到了广泛的应用。

在冷凝过程中，通过液膜和气相的传热通量计算分别见式(9-2-69)和式(9-2-70)，总传热通量按式(9-2-71)计算。

$$q_1=h_1(T_i-T_w) \tag{9-2-69}$$

$$q_{sv}=h_{sv}(T_s-T_i) \tag{9-2-70}$$

$$q=h_c(T_s-T_w) \tag{9-2-71}$$

联立以上三式，得到热阻分配法的基本关系式：

$$\frac{1}{h_c}=\frac{1}{h_1}+\frac{1}{h_{sv}}\cdot\frac{q_{sv}}{q}=\frac{1}{h_1}+\frac{1}{h_v} \tag{9-2-72}$$

其中气相传热系数 h_v 可以采用冷凝曲线$\left(\dfrac{q_{sv}}{q}\right)$法求取，也可以采用扩散函数($\phi_d$)计算。扩散函数 ϕ_d 是潜热通量与显热通量的函数，是采用热平衡和气、液平衡计算近似得到的。

$$\phi_d=\frac{\Delta H_v}{y\cdot C_{pv}}\cdot\left(\frac{\Delta y}{\Delta T}\right)+\frac{C_{pl}}{C_{pv}}\cdot\left(\frac{1-y}{y}\right)\tag{9-2-73}$$

$$h_v=h_{sv}\cdot\frac{q_{sv}}{q}=h_{sv}\cdot(1+\varphi_d)\tag{9-2-74}$$

为简便起见，管程冷凝时，气相显热传热系数一般按通用公式计算：

$$h_{sv}=0.023\cdot\frac{\lambda_v}{d_i}\cdot(Re_v)^{0.8}\cdot(Pr_v)^{1/3}\left(\frac{\mu_v}{\mu_w}\right)^{0.14}\tag{9-2-75}$$

壳程冷凝时，若采用弓形折流板，气相显热传热系数也可以按照式(9-2-75)计算；若采用折流杆结构，则气相显热传热系数采用无相变时，壳程传热系数计算方法[见式(9-2-47)和式(9-2-48)]。

式中　h_c——综合冷凝膜传热系数，W/(m^2·K)；

h_l——冷凝液膜传热系数，W/(m^2·K)；

h_{sv}——气相显热传热系数，W/(m^2·K)；

h_v——气相传热系数，W/(m^2·K)；

q_{sv}——气相显热通量，W/m^2；

q——总热通量，W/m^2；

Re_v——气相雷诺数，$Re_v=d_i\cdot G\cdot y/\mu_v$，无因次；

Pr_v——气相普兰特数，$Pr_v=C_{pv}\cdot\mu_v/\lambda_v$，无因次；

λ_v——气相导热系数，W/(m·K)；

ϕ_d——扩散函数，无因次。

根据热阻分配法，无论何种冷凝器，首先需要计算流型参数，采用相应的关联式计算出冷凝液膜传热系数和气相传热系数，就可根据热阻分配法得到综合冷凝膜传热系数。

冷凝液膜传热系数 h_l 的计算随其所在位置不同而不同，分别叙述如下。

1. 水平管内冷凝传热与压降

(1) 水平管内冷凝液膜传热系数

按照式(9-2-72)计算水平管内冷凝膜传热系数，冷凝液膜传热系数分区计算如下[4]。

1) 剪力控制流动：

剪力控制时采用对流模型计算冷凝液膜传热系数。

$$h_{li}=0.023\frac{\lambda_1}{d_i}(Re_1)^{0.8}\cdot(Pr_1)^{0.4}\cdot\phi_i\tag{9-2-76}$$

$$h_{sl}=h_{li}\cdot F_t=0.023\frac{\lambda_1}{d_i}(Re_1)^{0.8}\cdot(Pr_1)^{0.4}\cdot\phi_i\cdot F_t\tag{9-2-77}$$

两相流对流因子：

$$F_t=\left[1+\frac{20}{X_{tt}}+\frac{1}{X_{tt}^2}\right]^m\tag{9-2-78}$$

液相雷诺数：

$$Re_l=\frac{G\cdot(1-y)\cdot d_i}{\mu_1} \tag{9-2-79}$$

式中　h_{si}——水平管内剪力控制下的冷凝液膜传热系数，W/(m^2·K)；

h_{li}——水平管内液体膜传热系数，W/(m^2·K)；

F_t——水平管内两相对流因子，无因次；

m——系数，$0.4\leqslant m\leqslant 0.5$，一般取 $m=0.45$，如果$Re_{li}<10^4$，则取 $m=0.5$；

Re_l——水平管内液相雷诺数，无因次；

P_{rl}——液相普兰特数，$P_{rl}=C_{pl}\cdot\mu_l/\lambda_1$，无因次；

ϕ_i——水平管内壁温修正系数，$\phi_i=(\mu_l/\mu_w)^{0.14}$，无因次；

μ_w——壁温下的液相黏度，Pa·s；

μ_l——定性温度下的液相黏度，Pa·s；

μ_v——定性温度下的气相黏度，Pa·s。

2）重力控制流动：

水平管内重力控制下的冷凝液膜传热系数关联式，以修正努塞尔特冷凝模型即可得到，见式(9-2-81)。

$$h_{gi}=1.47C_{lr}\cdot\lambda_1\cdot\left[\frac{\rho_1(\rho_1-\rho_v)g}{\mu_1^2}\right]^{1/3}(Re_{gi})^{-1/3} \tag{9-2-80}$$

$$Re_{gi}=\frac{G\cdot(1-y)\cdot d_i}{\mu_1}\frac{\pi\cdot d_i}{L} \tag{9-2-81}$$

式中　h_{gi}——水平管内重力控制下的冷凝液膜传热系数，W/(m^2·K)；

Re_{gi}——水平管内重力控制下的液膜雷诺数，无因次；

C_{lr}——水平管内重力控制区波动流修正因子，$C_{lr}=0.00313Re_{gi}+0.875$，无因次；当 $Re_{gi}\leqslant 40$ 时 C_{lr}取 1.0；当 $Re_{gi}\geqslant 200$ 时 C_{lr}取 1.5；

L——管长，m。

通常，重力控制冷凝液膜传热系数应该大于管内充满液体时的膜传热系数 h_{li}，当 $h_{gi}<h_{li}$ 时，令 $h_{gi}=h_{li}$。

3）过渡区：

如果冷凝处在过渡区，先分别按剪力控制流动和重力控制流动计算出 h_{si}和 h_{gi}，然后按下面的公式进行经验插值。

$$h_{ti}=h_{si}-(1.5-J_f)\cdot(h_{si}-h_{gi}) \tag{9-2-82}$$

式中　h_{ti}——水平管内过渡区的冷凝液膜传热系数，W/(m^2·K)。

（2）水平管内冷凝压降

由于两相流动系统具有界面的不均匀性，致使两相流体的运动形式变得很复杂，至今对其流动机理的研究远不如单相流充分，有关两相流压降的计算方法也不如单相流完善和准确。

忽略由于流体流速的变化而产生动能损失，类似于无相变热交换器，管程冷凝压降分三部分：摩擦损失压降 Δp_f、管程回弯压降 Δp_r 和进、出口管嘴压降 Δp_N。

$$\Delta p_t = \Delta p_f + \Delta p_r + \Delta p_N \tag{9-2-83}$$

式中　Δp_t——管程总压降，Pa；

Δp_f——直管段两相流摩擦损失压降，Pa；

Δp_r——管程回弯压降，Pa；

Δp_N——进、出口管嘴压降，Pa。

1）摩擦损失压降：

直管段摩擦损失压降的计算主要有两种模型——均匀流动模型和分离流动模型。均匀流动模型就是把两相流体视为一种虚拟的流体，将两相流动当作具有两相流体平均性质的单相流动。分离流动模型是人为地将两相流动系统分为气、液两股流体，假设气液速度为常数但不一定相等，应用经验公式表示两相摩擦因子与流动独立变量之间的关系。

当 $y_{av} \geqslant 0.7$ 时，气液两相处于雾状流或环状流，气液两相混合比较均匀，采用均匀流动模型计算[9]。

$$\Delta p_i = 2f_{tp} \cdot \frac{G^2}{\rho_{tp}} \cdot \frac{N_T \cdot L}{d_i} \tag{9-2-84}$$

$$Re_{tp} = \frac{d_i \cdot G}{\mu_{tp}} \tag{9-2-85}$$

$$\rho_{tp} = \frac{1}{\dfrac{1-y_{av}}{\rho_l} + \dfrac{y_{av}}{\rho_v}} \tag{9-2-86}$$

$$\mu_{tp} = \rho_{tp} \cdot \left[\frac{\mu_v \cdot y_{av}}{\rho_v} + \frac{\mu_l \cdot (1-y_{av})}{\rho_l}\right] \tag{9-2-87}$$

当 $y_{av}<0.7$ 时，气液两相混合程度较差，采用分离流动模型。依据液相雷诺数的不同，分离流动模型又分为以液相为基准的两相分离流动模型和以气相为基准的两相分离流动模型。

当$Re_i \geqslant 2000$ 时，按以液相为基准的两相分离流动模型计算[4]：

$$\Delta P_i = 2f_i \cdot \frac{[G \cdot (1-y_{av})]^2}{\rho_l} \cdot \frac{N_T \cdot L}{d_i} \cdot \varphi_{ll}^2 \tag{9-2-88}$$

$$\varphi_{ll}^2 = 1 + \frac{C_b}{X_{tt}} + \frac{1}{X_{tt}^2} \tag{9-2-89}$$

常数 C_b 的取值与两相的流动状态有关，见表 9-2-6。

表 9-2-6　各种流型下的 C_b 值

两相流流型	C_b	两相流流型	C_b
液相湍流—气相湍流	20	液相湍流—气相层流	10
液相层流—气相湍流	12	液相层流—气相层流	5

当$Re_i<2000$ 时，按以气相为基准的两相分离流动模型计算：

$$\Delta p_i = 2f_i \cdot \frac{(G \cdot y_{av})^2}{\rho_v} \cdot \frac{N_T \cdot L}{d_i} \cdot \varphi_{vv}^2 \tag{9-2-90}$$

$$\varphi_{vv}^2 = 1 + C_b \cdot X_{tt} + X_{tt}^2 \tag{9-2-91}$$

当$Re_i \leqslant 2100$时，

$$f_i = \frac{16}{Re_i} \tag{9-2-92}$$

当$Re_i > 2100$时，

$$f_i = 0.078/Re_i^{0.25} \tag{9-2-93}$$

式中　Δp_i——水平管内直管段压降，Pa；

ρ_{tp}——均相密度，kg/m^3；

f_i——水平管内摩擦系数，无因次；

f_{tp}——水平管内均相流摩擦系数，无因次；

Re_{tp}——水平管内均相流雷诺数，无因次；

Re_i——计算水平管内摩擦系数的雷诺数，无因次；

以液相为基准的两相分离流动模型：$Re_i = Re_{li}$；

以气相为基准的两相分离流动模型：$Re_i = Re_{vi}$；

μ_{tp}——均相黏度，Pa·s；

φ_{ll}^2——水平管内以液相为基准的两相摩擦因子，无因次；

φ_{vv}^2——水平管内以气相为基准的两相摩擦因子，无因次。

2）回弯压降：

在计算回弯压降时认为气液两相在管箱中充分混合，采用类似于无相变计算公式：

$$\Delta p_r = \frac{G_t^2}{2\rho_{tp}} \cdot (1.6 \cdot N_t) \tag{9-2-94}$$

式中　Δp_N——回弯压降，Pa。

3）进、出口管嘴压降：

当进、出口处于两相流动状态时，按均匀流动模型处理，首先计算进、出口管嘴处的流体气、液平均密度及流速，按照无相变相同的方法计算。

$$\rho_{mi} = \frac{1}{(1-y_i)/\rho_{li} + y_i/\rho_{vi}} \tag{9-2-95}$$

$$\rho_{mo} = \frac{1}{(1-y_o)/\rho_{lo} + y_o/\rho_{vo}} \tag{9-2-96}$$

进、出口管嘴压降 Δp_N 为：

$$\Delta p_N = \frac{G_{Ni}^2}{2\rho_{mi}} + \frac{0.5G_{No}^2}{2\rho_{mo}} \tag{9-2-97}$$

式中　ρ_{mi}——进口处的气液混相密度，kg/m^3；

ρ_{mo}——出口处的气液混相密度，kg/m^3；

ρ_{li}、ρ_{lo}——进口、出口处的液相密度，kg/m^3；

ρ_{vi}、ρ_{vo}——进口、出口处的气相密度，kg/m^3；

Δp_N——进口、出口管嘴压降，Pa。

当冷凝过程含有过冷段时，如果过冷度较小，过冷部分的压降可忽略不计；如果过冷度较大，则需计算冷却段压降，然后按这两部分所占传热面积的大小进行加权平均，得到整个冷凝过程的压降。

2. 水平管束外的冷凝传热与压降

冷凝器的传热管一般采用光管，由于折流板结构的不同，冷凝传热模型也不相同，目前常用的结构有弓形折流板和折流杆，浮头式折流杆冷凝器壳程传热与压降计算方法由洛阳石油化工工程公司(LPEC)与天津大学共同完成。

按照式(9-2-75)计算光管管束外冷凝膜传热系数，冷凝液膜传热系数分区计算如下。

(1) 光管管束外冷凝液膜传热系数

1) 重力控制区的冷凝液膜传热系数：

在重力控制区冷凝，采用努塞尔特模型计算传热系数。

① 当$Re_{go}<Re_{cr}$时：

$$h_{go}=1.51C_R\cdot\lambda_l\cdot\left[\frac{\rho_l(\rho_l-\rho_v)g}{\mu_l^2}\right]^{1/3}(Re_{go})^{-1/3} \tag{9-2-98}$$

$$Re_{go}=\frac{4W_h(1-y)\cdot(N_{RV})_e}{L\cdot\mu_l\cdot n_t} \tag{9-2-99}$$

$$(N_{RV})_e=p\cdot(n_t)^r\cdot\left(1+\frac{O_P}{0.5d_o}\right) \tag{9-2-100}$$

式中　Re_{go}——水平管束外冷凝重力控制下的液膜雷诺数，无因次；

Re_{cr}——临界雷诺数，见表9-2-7，无因次；

h_{go}——水平管束外冷凝重力控制下的冷凝液膜传热系数，W/(m^2·K)；

N_{RV}——垂直管排的管子数，无因次；

$(N_{RV})_e$——垂直管排的有效管子数，无因次；

O_P——覆盖因子，其值见表9-2-8，无因次；

C_R——水平管束外冷凝重力控制区修正因子，无因次；

当$Re_{go}\leqslant40$时，$C_R=1.0$；当$40<Re_{go}<200$时，$C_R=0.00313Re+0.875$；

当$Re_{go}\geqslant200$时，$C_R=1.5$。

表9-2-7　水平管外冷凝的临界雷诺数

管子排列角度	最小努塞尔特数 Nu_{gm}	推荐的临界雷诺数 Re_{cr}	管子排列角度	最小努塞尔特数 Nu_{gm}	推荐的临界雷诺数 Re_{cr}
60°	0.26	650	45°	0.25	750
30°	0.25	750	90°	0.22	1100

表9-2-8　覆盖因子以及p和r的值

管子排列角度	覆盖因子，O_p		p	r
30	$p_t/d_o<1.155$　$O_p=d_o-0.866P_t$	$p_t/d_o\geqslant1.155$　$O_p=0$	0.97	0.481
60	$p_t/d_o<2.0$　$O_p=d_o-P_t/2$	$p_t/d_o\geqslant2.0$　$O_p=0$	0.481	0.505
45	$p_t/d_o<1.414$　$O_p=d_o-0.707P_t$	$p_t/d_o\geqslant1.414$　$O_p=0$	0.73	0.48
90	$O_p=0$		0.815	0.52

② 当$Re_{go} \geqslant Re_{cr}$，液膜处于湍流流动时：

$$h_{go}=0.012(Re_{go})^{1/3}(Pr_1)^{1/3}\cdot\lambda_1\cdot\left[\frac{\rho_1(\rho_1-\rho_v)g}{\mu_1^2}\right]^{1/3} \tag{9-2-101}$$

2）剪力控制区的冷凝液膜传热系数：

剪力控制区采用对流传热模型计算冷凝液膜传热系数：

$$h_{so}=h_{lo}\cdot F_{tp} \tag{9-2-102}$$

普通弓形折流板冷凝器：

$$h_{lo}=0.35(Re_o)^{0.6}\cdot(Pr_1)^{0.4}\cdot\left(\frac{\lambda_1}{d_o}\right) \tag{9-2-103}$$

$$F_{tp}=\left(1+\frac{8}{X_{tt}}+\frac{1}{X_{tt}^2}\right)^{0.47} \tag{9-2-104}$$

浮头式折流杆冷凝器折流杆热交换器壳程单相液体膜传热系数h_o，再乘以两相对流因子。两相对流因子用下式计算：

$$F_{tp}=\left(1+\frac{1.5}{X_{tt}^{0.5}}+\frac{4.5}{X_{tt}}+\frac{1}{X_{tt}^2}\right)^{0.47} \tag{9-2-105}$$

式中　h_{so}——水平管束外冷凝剪力控制下的冷凝液膜传热系数，W/(m^2·K)；

h_{lo}——水平管束外冷凝剪力控制时液体单独流动的对流传热系数，W/(m^2·K)；

Re_o——普通浮头式冷凝器水平管束外冷凝的壳程雷诺数。

$$Re_o=\frac{d_e\cdot G\cdot(1-y)}{\mu_1} \tag{9-2-106}$$

3）过渡区的冷凝液膜传热系数：

在过渡区，分别计算重力控制下的冷凝液膜传热系数和剪力控制下的冷凝液膜传热系数，然后获得过渡区冷凝液膜传热系数。

$$h_{ts}=\eta_d\cdot h_{so}+(1-\eta_d)\cdot h_{go} \tag{9-2-107}$$

式中　h_{ts}——水平管束外冷凝过渡区的冷凝液膜传热系数，W/(m^2·K)；

η_d——加权系数，$\eta_d=2J-1.4$，无因次。

如果不采用分段计算，得到的是整个冷凝过程的综合冷凝膜传热系数；当采用分段方法时，得到的是每一段的综合冷凝膜传热系数。冷凝过程一般采用分段计算。

（2）水平管束外冷凝压降

水平管束外冷凝时压降不采用分段方法计算，总压降中占主导地位的是两相流摩擦损失压降。计算摩擦损失压降时根据进、出口平均气相分率y_{av}和冷凝液膜雷诺数的不同，采用不同的模型计算。

冷凝器壳程总压降包括管束摩擦损失压降、导流筒压降Δp_{ro}和进出口接管压降Δp_{No}：

$$\Delta p_s=\Delta p_f+\Delta p_{No}+\Delta p_{ro} \tag{9-2-108}$$

式中　Δp_s——冷凝器壳程总压降，Pa；

Δp_f——冷凝器水平管束外两相流摩擦损失压降，Pa。

其中导流筒压降和进出口接管压降与无相变计算方法一样，分别见式(9-2-64)~式(9-2-66)。

1）普通弓形折流板水平管束外两相流摩擦损失压降：

水平管束外两相流摩擦损失压降计算，则随气相分率的不同而采用不同的模型。当 $y \geq 0.7$ 时，采用均相模型计算。当 $y<0.7$，$Re_o \geq 2000$ 时，按以液相为基准的两相分离流动模型计算；当 $y<0.7$，$Re_o<2000$ 时，按以气相为基准的两相分离流动模型计算[4]。

首先按照式(9-2-50)无相变热交换器壳程压降计算方法，计算摩擦损失压降 Δp_m，再进行修正：

均相模型：

$$\Delta p_f = \Delta p_m \cdot \phi_{tp}^2 \tag{9-2-109}$$

$$\phi_{tp}^2 = \left(\frac{\mu_{tp}}{\mu_v}\right)^{0.2} \cdot (y_{av})^{-1.8} \tag{9-2-110}$$

以液相为基准的分相流动模型：

$$\Delta p_f = \Delta p_o \cdot \phi_l^2 \tag{9-2-111}$$

$$\phi_l^2 = 1 + \frac{9}{X_{tt}} + \frac{1}{X_{tt}^2} \tag{9-2-112}$$

以气相为基准的分相流动模型：

$$\Delta p_f = \Delta p_o \cdot \phi_v^2 \tag{9-2-113}$$

$$\phi_v^2 = 1 + 9X_{tt} + X_{tt}^2 \tag{9-2-114}$$

式中　Δp_o——壳程单相流体压降，Pa，在均相模型中，用气液平均物性代替公式中的单相性质；在以液相为基准的分相流动模型中，用液相性质代替公式中的单项性质；在以气相为基准的分相流动模型中，用气相性质代替公式中的单项性质；

ϕ_{tp}^2——均相流动模型中的壳程两相摩擦因子，无因次；

ϕ_l^2——以液相为基准的壳程两相摩擦因子，无因次；

ϕ_v^2——以气相为基准的壳程两相摩擦因子，无因次。

2）浮头式折流杆水平管束外两相流摩擦损失压降[1]：

在浮头式折流杆冷凝器中，壳程介质以沿管束的轴向流动为主，管束摩擦压降分为轴向摩擦压降 Δp_f 和过折流圈的压降 Δp_{bt}。

壳程轴向流摩擦压降类似于折流板管束的计算方法。对于 $y \geq 0.7$ 的高气相分率场合，采用均相流动模型；当 $y<0.7$ 时，采用以液相为基准的两相分离流动模型计算。

$$\Delta p_f = \phi_r^2 \cdot \Delta p_l \tag{9-2-115}$$

均相流动模型：

$$\Delta p_l = 2f_s \cdot \frac{L}{d_p} \cdot \frac{G_o^2}{\rho_v} \tag{9-2-116}$$

$$f_s = 0.079\, Re_p^{-0.25} \tag{9-2-117}$$

$$\varphi_r^2 = \left(\frac{\mu_{tp}}{\mu_v}\right)^{0.2} \cdot (y_{av})^{-1.8} \tag{9-2-118}$$

以液相为基准的两相分离流动模型：

$$\Delta p_l = 2f_s \cdot \frac{L}{d_P} \cdot \frac{G_s^2}{\rho_l} \tag{9-2-119}$$

$$\phi_r^2=1+\frac{20}{X_{tt}}+\frac{1}{X_{tt}^2} \tag{9-2-120}$$

当$Re_p>2000$时

$$f_s=0.078\cdot Re_p^{-0.25} \tag{9-2-121}$$

当$Re_p\leqslant2000$时

$$f_s=16/Re_p \tag{9-2-122}$$

式中　d_p——浮头式折流杆冷凝器壳程压降计算的当量直径，m；

$$d_p=(D_s^2-n_t\cdot d_o^2)/(D_s+n_t\cdot d_o)$$

Re_p——浮头式折流杆冷凝器计算壳程压降的雷诺数，无因次；

用于均匀流动模型：$Re_p=G_o\cdot d_p/\mu_{tp}$；

用于以液相为基准的两相分离流动模型：$Re_p=G_o\cdot d_p/\mu_l$；

f_s——浮头式折流杆冷凝器单相流体在壳程的摩擦系数，无因次；

Δp_l——浮头式折流杆冷凝器壳程单相流体的压降，Pa；

ϕ_l^2——浮头式折流杆冷凝器的两相摩擦因子，无因次。

3）过折流圈的压降[6]：

对于$y\geqslant0.7$的高气相分率场合，雾沫夹带非常大，采用均匀流动模型；当$y<0.7$时，采用以液相为基准的两相分离流动模型。

$$\Delta p_{bt}=\Delta p_b\cdot\phi_r^2 \tag{9-2-123}$$

均匀流动模型：

$$\Delta p_b=\frac{f_b\cdot n_b\cdot G_b^2}{2\rho_v} \tag{9-2-124}$$

以液相为基准的两相分离流动模型：

$$\Delta p_b=\frac{f_b\cdot n_b\cdot G_b^2}{2\rho_l} \tag{9-2-125}$$

$$f_b=C_3\cdot\left(C_1+\frac{C_2}{Re_b}\right) \tag{9-2-126}$$

$$C_1=0.9381-0.9114\frac{S_b}{S_s}+0.175\left(\frac{S_b}{S_s}\right)^2 \tag{9-2-127}$$

$$C_2=9.41-23.35\frac{S_b}{S_s}+14.96\left(\frac{S_b}{S_s}\right)^2 \tag{9-2-128}$$

$$C_3=0.1306+0.0345\frac{L}{D_{bo}}+0.0089\left(\frac{L}{D_{bo}}\right)^2 \tag{9-2-129}$$

式中　Δp_b——浮头式折流杆冷凝器壳程单相流体过折流圈的压降，Pa；

f_b——单相流体通过折流圈的摩擦系数，无因次；

n_b——折流圈数量，无因次；

D_{bo}——折流圈外径，m。

两相摩擦因子的计算与轴向流摩擦压降相同。

3. 总传热速率及传热面积

冷凝器一般要分段计算冷凝传热，冷凝器的传热面积由每一小段面积加和而得，总传热速率由式(9-2-131)计算，最后核算传热温差。

冷凝器总传热面积

$$S = S_h + S_c + \sum_{i=1}^{N}(S_i) \tag{9-2-130}$$

总传热速率

$$K = \frac{Q}{\frac{Q_h}{K_h} + \frac{Q_c}{K_c} + \sum_{i=1}^{N}\left(\frac{Q_i}{K_i}\right)} \tag{9-2-131}$$

传热温差

$$\Delta T_m = \frac{Q}{S \cdot K} \tag{9-2-132}$$

式中　S——冷凝器总传热面积，m^2；

S_h——冷凝器过热段传热面积，m^2；

S_c——冷凝器过冷段传热面积，m^2；

S_i——冷凝器分段传热面积，m^2；

Q——冷凝器总热负荷，W；

Q_h——过热段热负荷，W；

Q_c——过冷段热负荷，W；

Q_i——冷凝段分段热负荷，W。

（四）重沸器

重沸器常用于分馏塔底，提供塔器所需要的热源，重沸器的设计比较复杂。按照沸腾传热形式主要有：釜式重沸器(Kettel 式)、卧式热虹吸重沸器和立式热虹吸重沸器。釜式重沸器带有扩大的壳体和较大的汽液分离空间，利于稳定操作。釜式重沸器的汽化率可高达80%以上，操作弹性较大。但是不适用于易结垢或含有固体颗粒的介质的沸腾。

采用釜式重沸器可以缩小塔底空间，并且使得塔和重沸器间的标高差较小。塔在压力下操作，塔底产品可以不用泵而靠压力自己排出。当塔底产品用泵抽出时，适宜采用热虹吸式重沸器。

热虹吸式重沸器是指在重沸器中由于介质加热汽化，使得上升管内汽液混合物的相对密度明显低于入口管处液体的相对密度，产生静压差。塔底的液体不断被虹吸进入重沸器，加热汽化后的汽液混合物自动返回塔内，不用泵即可不断循环，循环速率取决于静压差的大小，热虹吸重沸器分为两大类：卧式热虹吸重沸器和立式热虹吸重沸器。

卧式热虹吸重沸器出口管线较长、压降较大，不适用于低压和真空操作工况以及结垢较严重的场合。为避免发生“干壁”现象，卧式热虹吸重沸器的汽化率不应过大。立式热虹吸重沸器一般采用固定管板、单管程，在管内汽化、壳侧为加热介质。出口管一般与塔体相接。适用于低压和真空操作、换热面积较小或中等的工况，单位换热面积的费用较低，并且占地少。

按照工艺过程，重沸器又可分为一次通过式和循环式。一次通过式是指塔底出产品，进重沸器的物料由最下一层塔板抽出，与塔底产品组成不同。循环式是指塔底产品和重沸器进料同时抽出，其组成相同。一次通过式和循环式，若用于输送高黏液体或为减轻结垢而提高流速的操作，也可由泵强制输送，见图 9-2-7。

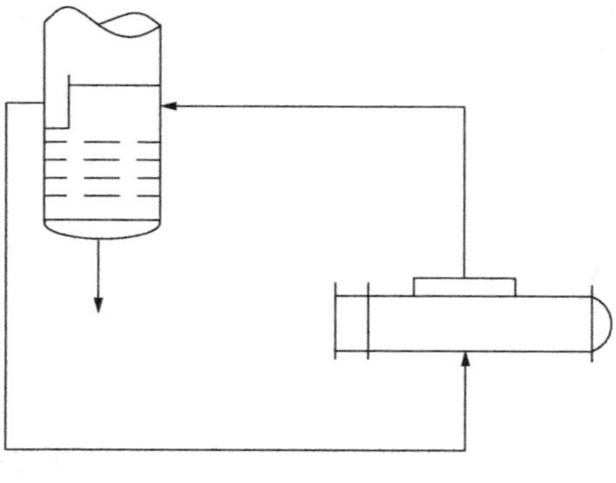

(a)一次通过式卧式热虹吸重沸器

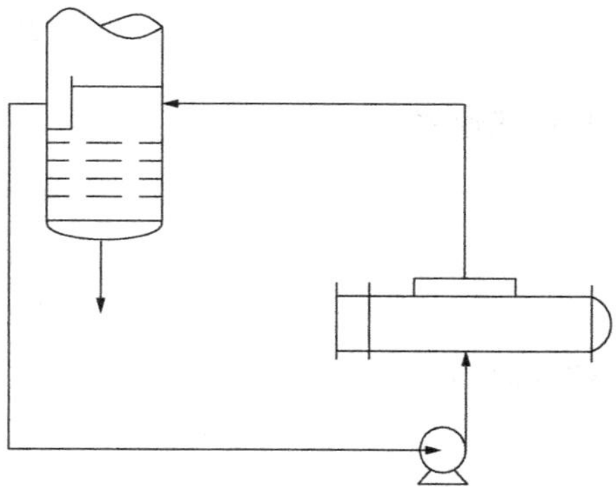

(b)强制输送一次通过式卧式重沸器

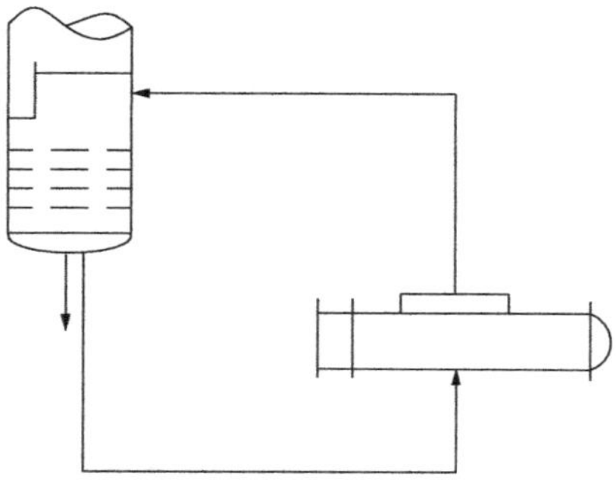

(c)循环式卧式热虹吸重沸器

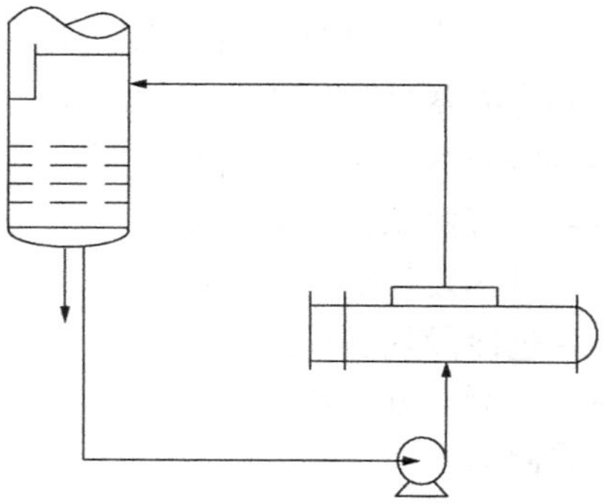

(d)强制输送循环式卧式重沸器

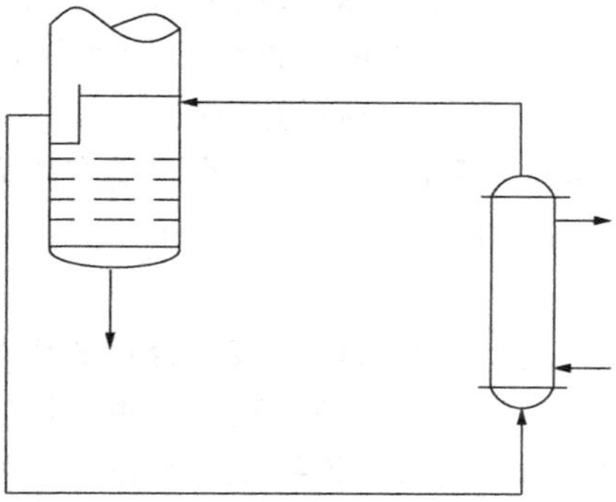

(e)一次通过式立式热虹吸重沸器

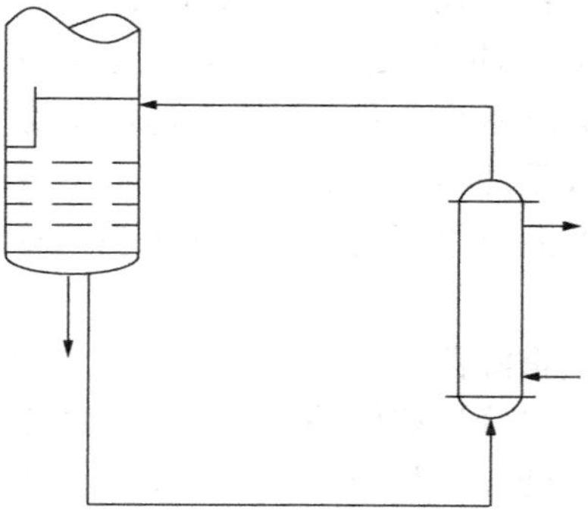

(f)循环式立式热虹吸重沸器

图 9-2-7　重沸器示意图

设计重沸器时，其热通量不应超过临界最大热通量，一旦超过该临界值，传热系数急剧下降。由于影响临界最大热通量的因素很多，采用本文推荐的算法时，计算结果取 0.7 的安全系数。

釜式重沸器和卧式热虹吸重沸器的最大临界热通量：

$$q_{max}=372.16\cdot\phi\cdot\frac{P_t}{d\cdot(n_t)^{0.5}}\cdot P_c\cdot P_r^{0.35}\cdot(1-P_r)^{0.9} \tag{9-2-133}$$

式中　ϕ——系数，当管子为三角形排列时，$\varphi=1.1$；当管子为正方形排列时，$\varphi_b=1.19$ 。

立式热虹吸重沸器的最大临界热通量：

$$q_{max}=12722\cdot\frac{Z\cdot Pr_l^{0.5}\cdot\sigma\cdot(1.8T_b+492)^2}{\Delta H_{lv}\cdot M\cdot L^{0.5}} \tag{9-2-134}$$

$$Z=10^{[0.9398+2.205Y-2.0Y^2+0.4725\cdot Y^3]} \tag{9-2-135}$$

$$Y=\lg\left[2413\cdot\frac{(\rho_l-\rho_v)\cdot L^{0.5}}{\rho_v\cdot\sigma\cdot C_{pl}}\right] \tag{9-2-136}$$

式中　q_{max}——临界最大热通量，W/m^2；

P_c——临界压力，kPa；

P_o——操作压力，kPa；

P_r——对比压力，$P_r=P_o/P_c$；

L——管长，m；

d_0——管外径，m；

P_t——管心距，m；

n_t——管子总数；

M——分子量；

σ——液体表面张力，mN/m。

加热侧为无相变传热过程，按相应无相变膜传热系数和压降计算方法；如果加热侧为冷凝传热，按相应冷凝膜传热系数的计算方法。

1. 卧式重沸器的沸腾传热系数与压降

(1) 沸腾传热系数

釜式重沸器和卧式热虹吸重沸器的传热原理都是池式沸腾和对流换热的综合作用。由于沸腾过程的显热传热量所占比例很小，一般可略去对流传热系数，只计算沸腾传热系数。

《冷换设备工艺计算手册》推荐将式(9-2-137)乘以校正系数0.75，就可以用来计算釜式重沸器的沸腾传热系数。

对于光管卧式热虹吸重沸器[4]：

$$h_0=1.163\cdot\phi\cdot\psi\cdot Z\cdot(\Delta t)^{2.33} \tag{9-2-137}$$

$$Z=0.75\ [0.10\cdot P_c^{0.69}\cdot(1.8\,P_r^{0.17}+4\,P_r^{1.2}+P_r^{10})]^{3.33} \tag{9-2-138}$$

$$\psi=0.714[3.28\,(D_t-d_o)]^m\cdot\left(\frac{1}{N_r}\right)^n \tag{9-2-139}$$

$$m=0.86\times10^{-5}\frac{A_o\cdot W_o\cdot y}{A(p_t-d_o)} \tag{9-2-140}$$

$$n=-0.24\left[1.75+\ln\left(\frac{1}{N}\right)\right] \tag{9-2-141}$$

式中　h_0——壳程沸腾传热系数，$W/(m^2\cdot K)$；

ϕ——泡核沸腾传热系数校正系数；纯组分或窄馏分 $\phi=1.0$；宽馏分 $\phi=e^{-0.027(t_2-t_1)}$；

t_1——壳侧冷流入口温度,℃;

t_2——壳侧冷流出口温度,℃;

Z——临界压力和对比压力的函数;

ψ——蒸汽覆盖校正系数,用于修正下部加热管产生的蒸汽对沸腾传热的影响。

A_0——单位管长的外表面积,m^2/m;

A——重沸器加热管外表积,m^2;

W_0——沸腾流体质量流量,kg/h;

y——汽化率,无因次;

Δt——管壁与沸腾液之间的传热温差,℃。

(2)壳程压力平衡及安装高度

在设计重沸器时,应进行壳侧压力平衡计算,以确定塔和重沸器之间的标高差和各项安装尺寸,保证重沸器操作时的正常循环。用以下方法计算压降时,压降的单位采用塔底介质的液柱高度表示。

1)重沸器管线的摩擦损失:

重沸器入口管线和出口管线的摩擦损失需要分别计算,计算方法如下[10]。

入口管线的摩擦损失:

$$\Delta p_1 = f_1 \cdot \frac{L_1}{d_1} \cdot \frac{u_1^2}{2g} \tag{9-2-142}$$

出口管线的摩擦损失:

釜式重沸器:

$$\Delta p_2 = f_2 \cdot \frac{L_2}{d_2} \cdot \frac{u_2^2}{2g} \cdot \left(\frac{\rho_v}{\rho_l}\right) \tag{9-2-143}$$

卧式热虹吸重沸器:

$$\Delta p_2 = f_2 \cdot \frac{L_2}{d_2} \cdot \frac{u_2^2}{2g} \cdot \left(\frac{\rho_{lv}}{\rho_l}\right) \tag{9-2-144}$$

$$Re_2 = \frac{d_2 \cdot u_2 \cdot \rho_{lv}}{\mu_{lv}} \tag{9-2-145}$$

$$\frac{1}{\rho_{lv}} = \frac{y}{\rho_v} + \frac{1-y}{\rho_l} \tag{9-2-146}$$

$$\frac{1}{\mu_{lv}} = \left(\frac{y}{\mu_v} + \frac{1-y}{\mu_l}\right) \cdot \frac{\rho_{lv}}{1000} \tag{9-2-147}$$

式中 Δp_1——重沸器入口管线压降,m 液柱;

Δp_2——重沸器出口管线压降,m 液柱;

f_1,f_2——管线摩擦系数;

当 $Re \leqslant 1000$ 时

$$f = 67.63\ Re^{-0.9873} \tag{9-2-148}$$

当 $1000 < Re < 4000$ 时

$$f = 0.496\ Re^{-0.2653} \tag{9-2-149}$$

当 $Re \geqslant 4000$ 时

$$f=0.344\,Re^{-0.2258} \tag{9-2-150}$$

d——管线直径，m；

L_1——从塔底到重沸器入口处的管线当量长度，包括入口管线直径部分长度、液体出塔收缩、入重沸器膨胀以及阀门、弯头和管嘴等管件的当量长度，m；

L_2——从重沸器出口到入塔处的管线当量长度，包括出口管线直管长度及管件的当量长度，m；

u——流速，m/s；

ρ_{lv}——管内汽液混合物平均密度，kg/m^3；

μ_{lv}——管内汽液混合物平均黏度，Pa·s。

2）重沸器壳程摩擦压降：

$$\Delta p_s=\frac{D_s\cdot(N_B+1)\cdot f\cdot G_o^2}{4gd_e\cdot\rho_l\cdot\bar{\rho}_l} \tag{9-2-151}$$

$$Re_o=\frac{d_e\cdot W_s}{S_o\cdot\mu_l} \tag{9-2-152}$$

式中 Δp_s——壳程压降，m液柱(对于釜式重沸器，不计算此项压降)；

N_B——壳程折流板块数；

d_e——管子当量直径，m；

S_0——壳程流通面积，m^2；

$$S_0=(D_s-N_t\cdot d_0)\times B$$

B——壳程弓形折流板间距，m；

W_s——壳程质量流量，卧式热虹吸重沸器取总流量的一半，$kg/(m^2\cdot s)$；

f_s——壳程摩擦系数，可由壳程摩擦因数图(图9-2-6)查出。

3）静压头：

重沸器内流体静压头，釜式重沸器与卧式热虹吸式重沸器计算方法不同：

釜式重沸器：

$$\Delta p_3=0.75\cdot D_s \tag{9-2-153}$$

$$\Delta p_3=D_s\cdot\frac{\bar{\rho}}{\rho_l}=D_s\cdot\frac{\rho_l+\rho_{lv}}{2\rho_l} \tag{9-2-154}$$

出口管线内流体的静压头：

$$\Delta p_4=(H_1+H_2+H_x)\cdot\left(\frac{\rho_{lv}}{\rho_l}\right) \tag{9-2-155}$$

式中 Δp_3——重沸器内流体静压头，m液柱；

Δp_4——出口管线流体静压头，m液柱；

$\bar{\rho}$——平均密度，$\bar{\rho}=\frac{(\rho_l+\rho_{lv})}{2}$，$kg/m^3$；

D_s——重沸器壳径，m；

H_1——塔内最低液位与塔切线间的标高差，m；

H_2——重沸器入塔口和塔内最低液位之间的标高差，m；

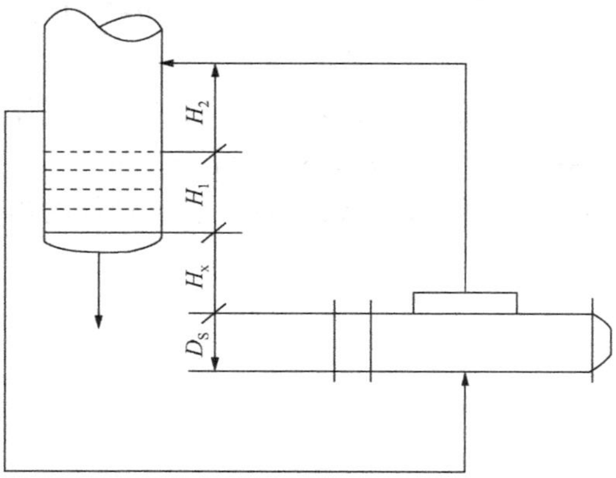

图 9-2-8　卧式重沸器压力平衡示意图

H_x——塔切线和重沸器最底排管之间的标高差，见图 9-2-8 所示，m。

4）重沸器安装高度：

安装高度系指塔底和重沸器顶部之间的标高差 H_X，按压力平衡原理，按照图 9-2-8 可得：

$$H_X=\Delta P_{\Sigma}-D_S-H_1 \qquad (9-2-156)$$

2. 立式重沸器的沸腾传热系数与压降

（1）沸腾传热系数

立式热虹吸重沸器的沸腾介质在管内，传热机理有两种，其一是泡核沸腾，其二是两相对流传热。由于受到液柱的静压力，管子的下段为显热段，是对流传热；在蒸发段，由于循环速率大，对流传热的影响也不能忽略。J. C. Chen 提出采用两种机理叠加方法，所建立的关联式是目前计算两相流动沸腾比较理想和实用的公式。

1）蒸发段流动沸腾传热系数：

$$h_{bt}=h_b+h_{tp} \qquad (9-2-157)$$

式中　h_{bt}——管内流动沸腾综合膜传热系数，W/(m^2·K)；

h_b——泡核沸腾的传热系数，W/(m^2·K)；

h_{tp}——通过液膜的对流传热系数，W/(m^2·K)。

通过液膜的对流传热系数(按出口汽化率的 40%计算)；泡核沸腾传热系数采用莫斯廷斯基关联式，泡核沸腾抑制因子采用 Zuber 公式：

$$h_{tp}=0.023\cdot\frac{\lambda}{d_i}\cdot Re_l^{0.8}\cdot Pr_l^{0.4}\cdot F_{tp} \qquad (9-2-158)$$

$$h_b=Z_b\cdot\Delta t^{2.33}\cdot S \qquad (9-2-159)$$

$$S=\frac{1}{1+2.53\cdot10^{-6}\cdot Re_l^{1.17}\cdot F_{tp}^{1.4625}} \qquad (9-2-160)$$

液相雷诺数：

$$Re_l=\frac{G\cdot(1-y)\cdot d_i}{\mu_l} \qquad (9-2-161)$$

当 Martinelli 参数 $\frac{1}{X_{tt}}>0.1$ 时，

$$F_{tp}=2.35\times(0.213+X_{tt}^{-1})^{0.736} \qquad (9-2-162)$$

当 $\frac{1}{X_{tt}}\leqslant0.1$ 时，

$$F_{tp}=1.0 \qquad (9-2-163)$$

式中　d_i——管内径，m；

G——总质量流率，kg/(m^2·s)；

F_{tp}——两相对流沸腾因子；

Z_b——压力校正因子，无因次；

S——沸腾抑制因子，无因次。以出口汽化率和出口汽化率的 40% 分别计算 S，当 $X_{tt}^{-1}<0.5$ 时，令 $S=1$；S 取这两个值的算术平均值。

由于沸腾传热系数是管壁和介质之间的温差的函数，同时蒸发段的传热系数又是沸腾传热系数和对流传热系数的和，所以需要猜算。首先引入变量 H_0 来求解管壁与沸腾液之间的传热温差，$\frac{1}{H_0}$的物理意义是除了管内膜传热系数以外的所有热阻之和。

$$\frac{1}{H_0}=\frac{1}{h_0}+r_i\left(\frac{d_0}{d_i}\right)+r_p\left(\frac{d_0}{d_m}\right)+r_0 \tag{9-2-164}$$

$$\Delta T_m=\frac{d_i}{d_0}\cdot\left(\frac{Z_b\cdot S}{H_0}\cdot\Delta t^{3.33}+\frac{h_{tp}}{H_0}\cdot\Delta t\right)+\Delta t \tag{9-2-165}$$

$|\Delta T'_m-\Delta T_m|\leqslant 0.1$℃时，迭代完成。否则令：$\Delta t=\Delta t+(\Delta T_m-\Delta T'_m)\times 0.1$，重新代入计算，直到满足要求为止。求得的 Δt 即为管壁与沸腾液之间的传热温差。

蒸发段的平均热强度为：

$$q_b=[Z_b\cdot(\Delta t)^{2.33}\cdot S+h_{tp}]\cdot\left(\frac{d_i}{d_o}\right)\cdot\Delta t \tag{9-2-166}$$

$$\frac{1}{K_b}=\frac{1}{h_{bt}}\cdot\frac{d_o}{d_i}+\frac{1}{H_o} \tag{9-2-167}$$

式中 q_b——蒸发段平均热强度，W/m^2。

K_b——蒸发段总传热系数，W/(m^2·K)。

2）显热段的传热系数及长度：

显热段的膜传热系数，可按管程液体的通用公式计算：

$$h_l=0.023\frac{\lambda_l}{d_o}\cdot Re^{0.8}\cdot Pr_l^{0.4}\phi^{0.14} \tag{9-2-168}$$

显热段的长度：

如果塔内液面和重沸器上管板不等高，则：

$$\frac{H_{BC}}{H_{A'B}}=\frac{\left(\frac{\Delta t}{\Delta p}\right)_s}{\frac{\pi\cdot d_i\cdot n_t\cdot K_l\cdot\Delta T_m}{C_{pl}\cdot\rho_l\cdot W_i}+\left(\frac{\Delta t}{\Delta p}\right)_s} \tag{9-2-169}$$

设计常取 H_{AB} 为换热管长度 L，求出 H_{BC}；

蒸发段的长度：

$$H_{CD}=L-H_{BC} \tag{9-2-170}$$

式中 H_{AB}——塔内液面和重沸器上管板等高的蒸发段长度，m；

H_{BC}——显热段长度，m；

K_l——显热段总传热系数，W/(m^2·K)；

W_i——管程流体总循环质量流率，kg/s；

q_l——显热段平均热强度，W/m^2；

$\left(\dfrac{\Delta t}{\Delta P}\right)_s$——沸腾介质蒸汽压斜率曲线。

根据蒸发段和显热段的平均热强度和长度，可以求出重沸器的平均热强度。

$$\bar{q}=\frac{q_1\cdot H_{BC}+q_b\cdot H_{CD}}{L} \tag{9-2-171}$$

式中　$\bar{q}$——重沸器平均热强度，W/m^2。

3）总传热系数：

立式热虹吸重沸器平均总传热系数按对流段和蒸发段的长度加和得到：

$$\bar{K}=\frac{K_1\cdot H_{BC}+K_b\cdot H_{CD}}{L} \tag{9-2-172}$$

（2）立式热虹吸重沸器的压降和循环推动力

立式热虹吸重沸器安装高度，应满足循环流量的要求。重沸器和上管板与塔底的液面一般保持同一高度，以减小塔的标高，一般不推荐塔底液面与上管板的标高差超过 0. 6m。求解立式热虹吸重沸器总压降 Δp_Z，设计时，应使重沸器的循环推动力 Δp_t 等于或大于 Δp_Z。

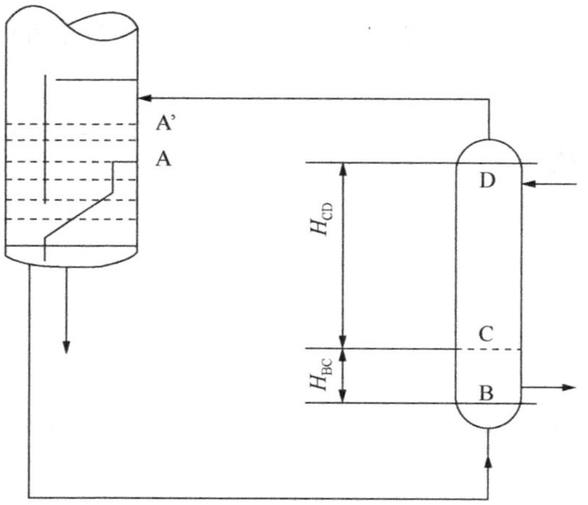

图 9-2-9　立式重沸器示意图

1）循环推动力：

按照图 9-2-9，立式热虹吸热重沸器循环推动力为：

$$\Delta p_t=\frac{H_{CD}\cdot(\rho_1-\bar{\rho}_{lv})+H_{A'D}\cdot(\rho_1-\rho_{lv})-H_{DE}\cdot\rho_{lv}}{\rho_1} \tag{9-2-173}$$

$$\bar{\rho}_{lv}=\rho_v(1-\bar{R}_L)+\rho_1\cdot\bar{R}_L \tag{9-2-174}$$

$$\rho_{lv}=\rho_v(1-R_L)+\rho_1\cdot R_L \tag{9-2-175}$$

文献《冷换设备计算手册》将 R_L 的计算归纳为简便易用的公式：

$$R_L=\frac{1}{\varphi^{0.5}} \tag{9-2-176}$$

$$\varphi=1+\frac{21}{X_{tt}}+\left(\frac{1}{X_{tt}}\right)^2 \tag{9-2-177}$$

$$R_v=1-R_L \tag{9-2-178}$$

式中　Δp_t——循环推动力，m 液柱；

H_{DE}——入塔口与上管板的高度差，m；

$\bar{\rho}_{lv}$——蒸发段汽液混合物的平均密度，kg/m^3；

$\bar{R}_L$——蒸发段平均液相体积分率，采用$\dfrac{1}{3}y$ 计算；

R_L——出口处液相体积分率，采用出口汽化率 y 计算；

φ——两相流动压降因子。

2）重沸器总压降 Δp_Z：

同卧式热虹吸重沸器一样，立式热虹吸重沸器的压降包括入口管线和出口管线摩擦损失、传热管束的压降。但立式热虹吸重沸器的传热管束压降分为蒸发段和显热段计算，即：

总压降：

$$\Delta p_t = \Delta p_1 + \Delta p_2 + \Delta p_3 + \Delta p_4 \tag{9-2-179}$$

入口管线压降(同式 9-2-144)：

$$\Delta p_1 = f_1 \cdot \frac{L_1}{d_1} \cdot \frac{u_1^2}{2g} \tag{9-2-180}$$

出口管线压降：

$$\Delta p_2 = f_2 \cdot \frac{L_2}{d_2} \cdot \frac{\varphi \cdot u_2^2 \cdot (1-y)^2}{2g} \tag{9-2-181}$$

换热管压降：

$$\Delta p_3 = f_3 \cdot \frac{[H_{BC} + \bar{\varphi} \cdot (1-\bar{y})^2 \cdot H_{CD}]}{d_i} \cdot \frac{G_t^2}{2g \cdot \rho_l^2} \tag{9-2-182}$$

动能损失：

$$\Delta p_4 = \frac{G_t^2 \cdot \psi}{g \cdot \rho_l^2} \tag{9-2-183}$$

$$\psi = \frac{(1-y)^2}{R_L} + \frac{\rho_l \cdot y^2}{\rho_v \cdot (1-R_L)} - 1 \tag{9-2-184}$$

式中　Δp_t——重沸器总压降，m 液柱；

Δp_1——塔出口到重沸器入口的管线摩擦压降，m 液柱；

Δp_2——重沸器出口到塔入口的管线摩擦压降，m 液柱；

Δp_3——蒸发段压降，m 液柱；

Δp_4——显热段压降，m 液柱；

H_{CD}——蒸发段管长，m；

H_{BC}——显热段管长，m；

φ——两相流压降因子，按式(9-2-177)计算，X_{tt}取出口处汽化率 y；

$\bar{\varphi}$——两相流压降因子，按式(9-2-177)计算，X_{tt}计算取 $\bar{y}$；

f——摩擦系数，无因次；f_1、f_2 按式(9-2-148)～式(9-2-150)计算，f_i 按下面公式计算：

当 $Re<10^3$：

$$f_3 = 67.63\ Re^{-0.9873} \tag{9-2-185}$$

当 $10^3<Re<10^5$ 时

$$f_3 = 0.4513\ Re^{-0.2653} \tag{9-2-186}$$

当 $10^5<Re<10^6$ 时

$$f_3 = 0.2864\ Re^{-0.2258} \tag{9-2-187}$$

其中雷诺数计算方法为：

$$Re = \frac{d_i \cdot G_t \cdot \left(1 - \frac{2}{3} y\right)}{\mu_{lv}} \tag{9-2-188}$$

（五）设计示例

以一台光管浮头式换热器为例，其他无相变换热器的设计过程与此类似。

以某装置塔顶水冷器为例，塔顶流体流量为7115kg/h，入口温度63℃、出口温度40℃；冷却水入口温度为33℃、出口温度为40℃。介质物性见表9-2-9。传热管用 ϕ25mm×2.5mm、三角形布管、管间距为32mm。

表9-2-9　介质物性表

项目		温度/℃	导热系数/[W/(m·K)]	比热容/[J/(kg·K)]	黏度/Pa·s	密度/(kg/m³)	垢阻/(m²·K/W)
热流	入口	63	0.2738	2946	4.019×10^{-4}	765	0.000172
	出口	40	0.2688	2858	5.631×10^{-4}	785	
冷流	入口	33	0.6306	4181	7.593×10^{-4}	993	0.000344
	出口	40	0.6344	4177	6.632×10^{-4}	990	

（1）计算定性温度

按式(9-2-10)计算定性温度：

$$t_D=0.4t_h+0.6t_c=0.4\times40+0.6\times33=35.8℃$$

$$T_D=0.4T_h+0.6T_c=0.4\times63+0.6\times40=49.2℃$$

查得定性温度下的介质物性见表9-2-10。

表9-2-10　定性温度下介质物性表

项目	定性温度/℃	导热系数/[W/(m·K)]	比热容/[J/(kg·K)]	黏度/Pa·s	密度/(kg/m³)	垢阻/(m²·K/W)
热流	49.2	0.2708	2902	4.986×10^{-4}	777	0.000172
冷流	35.3	0.6311	4179	7.277×10^{-4}	992	0.000344

（2）计算热负荷和冷却水用量

$$Q=W_h\cdot C_{ph}\cdot(T_1-T_2)=7115\times2902\times(63-40)=4.75\times10^8\text{J/h}=131.9\text{kW}$$

$$W_c=\frac{Q}{C_{pc}\cdot(t_2-t_1)}=\frac{4.75\times10^8}{4179\times(40-33)}=16238\text{kg/h}$$

（3）计算对数平均温差

$$P=\frac{冷流体的温升}{两流体的最初温度差}=\frac{t_2-t_1}{T_1-t_1}=\frac{40-33}{63-33}=0.2333$$

$$R=\frac{热流体的温降}{冷流体的温升}=\frac{T_1-T_2}{t_2-t_1}=\frac{63-40}{40-33}=3.2857$$

根据介质特点，初步采用2管程换热器进行计算。查图9-2-1(a)，得到温度矫正系数为0.81。$F>0.8$，可以用一个壳程。则：

$$\Delta t_m=\frac{(T_1-t_2)-(T_2-t_1)}{\ln\dfrac{T_1-t_2}{T_2-t_1}}\cdot F=\frac{(63-40)-(40-33)}{\ln\dfrac{63-40}{40-33}}\times0.81=10.9℃$$

$$\Delta t_m=\frac{(T_1-t_2)-(T_2-t_1)}{\ln\frac{T_1-t_2}{T_2-t_1}}\cdot F=\frac{(63-40)-(40-33)}{\ln\frac{63-40}{40-33}}\times 0.81=10.9℃$$

$$\Delta t_m=\frac{(T_1-t_2)-(T_2-t_1)}{\ln\frac{T_1-t_2}{T_2-t_1}}\cdot F=\frac{(63-40)-(40-33)}{\ln\frac{63-40}{40-33}}\times 0.81=10.9℃$$

$$\Delta t_m=\frac{(T_1-t_2)-(T_2-t_1)}{\ln\frac{T_1-t_2}{T_2-t_1}}\cdot F=\frac{(63-40)-(40-33)}{\ln\frac{63-40}{40-33}}\times 0.81=10.9℃$$

$$\Delta t_m=\frac{(T_1-t_2)-(T_2-t_1)}{\ln\frac{T_1-t_2}{T_2-t_1}}\cdot F=\frac{(63-40)-(40-33)}{\ln\frac{63-40}{40-33}}\times 0.81=10.9℃$$

（4）初选换热器结构

根据经验选择换热器总传热系数为 300W/(m^2·K)，则：

$$S=\frac{Q}{K\cdot\Delta t_m}=\frac{131.9\times 10^3}{400\times 10.9}=30.3\text{m}^2$$

根据传热面积及要求的传热管规格，初步选定 AEM 结构，换热器内径为 ϕ400mm，2 管程，管子根数 n_t 为 74，中心管排数 n_x 为 7，换热管长度为 6000mm，传热面积为 23.5m^2，折流板间距 B 为 150，弓缺 Z 为 25%；管、壳程进、出口接管内径为 ϕ100。

（5）计算雷诺数 Re

$$G_i=\frac{W_c}{S_i}=\frac{W_c}{\frac{\pi}{4}d_i^2\cdot\frac{n_t}{2}}=\frac{16238}{\frac{\pi}{4}(0.025-2\times 0.0025)^2\times\frac{74}{2}\times 3600}=388.24\text{kg/(m}^2\cdot\text{s)}$$

$$Re_c=\frac{d_iG}{\mu}=\frac{(0.025-2\times 0.0025)\times 388.24}{7.277\times 10^{-4}}=10670$$

壳程当量直径为：

$$d_e=\frac{4\left(\frac{\sqrt{3}}{4}p_t^2-\frac{\pi}{8}d_o^2\right)}{\frac{1}{2}\pi d_o}=\frac{\sqrt{3}\times 0.032^2-\pi\times 0.025^2/2}{0.025\times\pi/2}=0.02\text{m}$$

$$G_o=\frac{W_o}{S_o}=\frac{W_h}{(D_i-n_x\cdot d_0)\cdot B}=\frac{7115}{(0.4-7\times 0.025)\times 0.15\times 3600}=58.56\text{kg/(m}^2\cdot\text{s)}$$

$$Re_h=\frac{d_eG}{\mu}=\frac{0.02\times 58.56}{4.986\times 10^{-4}}=2349$$

（6）计算膜传热系数

由于温度变化不大，所以黏度壁温校正项可以忽略不计，即 $\phi=\frac{\mu_w}{\mu}\approx 1$。

1）管程传热系数计算：

因为 $Re_i \geqslant 10^4$，根据式(9-2-37)通过查询传热因子来计算管内膜传热系数，也可以根据式(9-2-40)直接计算管程膜传热系数。

$$J_{Hi}=0.023\cdot Re_i^{0.8}=0.023\times 10670^{0.8}=38.4$$

$$h_{io}=\frac{\lambda_i}{d_o}\cdot J_{Hi}\cdot Pr^{\frac{1}{3}}\cdot\phi_i=\frac{\lambda_i}{d_i}\cdot J_{Hi}\cdot\left(\frac{c_p\cdot\mu}{\lambda}\right)^{\frac{1}{3}}\cdot\phi_i$$

$$=\frac{0.6311}{0.02}\times 38.4\times\left(\frac{4179\times 7.456\times 10^{-4}}{0.6311}\right)^{1/3}\times 1$$

$$=2063\mathrm{W/(m^2\cdot K)}$$

2）壳程传热系数计算：

计算壳程雷诺数后，可以查图 9-2-5 直接得到壳程传热因子，也可以根据式(9-2-46)计算壳程传热因子，再计算壳程膜传热系数系数。

$$J_{Ho}=0.491Re_o^{0.51}\cdot\left(\frac{Z-15}{10}\right)+0.673Re_o^{0.49}\cdot\left(\frac{25-Z}{10}\right)$$

$$=0.491\times 2349^{0.51}\times\left(\frac{25-15}{10}\right)+0.673\times 2349^{0.49}\times\frac{15-15}{10}$$

$$=25.72$$

按表 9-2-3 查得旁路挡板传热校正系数 $\varepsilon_h=1.26$，则：

$$h_o=\frac{\lambda_o}{d_e}\cdot J_{Ho}\cdot Pr^{\frac{1}{3}}\cdot\phi_o\cdot\varepsilon_h$$

$$=\frac{0.2708}{0.02}\times 25.72\times\left(\frac{2993\times 4.986\times 10^{-4}}{0.2708}\right)^{1/3}\times 1\times 1.26$$

$$=775\mathrm{W/(m^2\cdot K)}$$

（7）计算总传热系数

根据式(9-2-7)计算光管换热器的总传热系数：

$$\frac{1}{K}=\frac{1}{h_0}+r_o+\frac{d_o}{d_m}\cdot\frac{t_s}{\lambda_w}+r_i\cdot\frac{d_o}{d_i}+\frac{1}{h_i}\cdot\frac{d_o}{d_i}$$

$$=\frac{1}{775}+0.000172+\frac{0.025}{0.0225}\frac{0.0025}{50}+0.000344\times\frac{0.025}{0.02}+\frac{1}{2063}\cdot\frac{0.025}{0.02}$$

$$=2.554\times 10^{-3}$$

$$K=392\mathrm{W/(m^2\cdot K)}$$

（8）计算需要的传热面积和面积富裕度

$$S=\frac{Q}{K\cdot\Delta t_m}=\frac{131.9\times 10^3}{392\times 10.9}=31\mathrm{m^2}$$

$$S_{实际}=\pi d_0\cdot l\cdot n_t=\pi\times 0.025\times 6\times 74=34.9\mathrm{m^2}$$

忽略折流板和管板所占据的传热面积，实际传热面积为：

$$\frac{S_{实际}-S_{计}}{S_{计}}\times 100\%=\frac{34.9-31}{31}\times 100\%=12.6\%$$

可见，所选择的换热器完全可以满足工况的要求。

（9）压降计算

1）管程压力降：

根据式(9-2-43)计算管内流动压力降，管程雷诺数 $Re=10670$，从图 9-2-4 中查取或根据以下公式计算流体流动摩擦系数：

$$f_i=0.4513\cdot Re_i^{-0.2653}=0.4513\times10670^{-0.2653}=0.0385$$

由于温度变化不大，忽略不计黏度壁温校正，取 $\phi_i\approx1$。

$$\Delta p_i=\frac{G_i^2}{2\rho_i}\cdot\frac{L\cdot N_{tp}}{d_i}\cdot\frac{f_i}{\phi_i}=\frac{388.24^2}{2\times992}\cdot\frac{6\times2}{0.02}\cdot\frac{0.0385}{1}=1755\text{Pa}$$

根据式(9-2-44)计算回弯压力降：

$$\Delta p_r=\frac{G_i^2}{2\rho_i}\cdot(4N_{tp})=\frac{388.24^2}{2\times992}\times4\times2=608\text{Pa}$$

根据式(9-2-45)计算进出口嘴子压力降：

$$\Delta p_{Ni}=\frac{(G_{Ni1}^2+0.5.G_{Ni2}^2)}{2\rho_i}=\frac{1.5\times\left(\dfrac{16238}{\dfrac{\pi}{4}0.1^2\times3600}\right)^2}{2\times992}=250\text{Pa}$$

根据式(9-2-42)计算管程总压降，由表 9-4 查得管程压力降污垢校正系数 $F_i=1.2$。

$$\Delta p_t=(\Delta P_i+\Delta P_r)\cdot F_i+\Delta p_{Ni}=(1755+608)\times1.2+250=3086\text{Pa}$$

2）壳程压力降计算：

根据式(9-2-50)计算壳程流体流动压降，$Re=2349$，由图 9-2-6 查得流体流动摩擦系数 $f'_o=0.3654$。查表 9-2-3 得到旁路挡板压力校正系数 $\varepsilon_{\Delta p}=1.87$，共安装 38 块折流板，则壳程流体流动压降为：

$$\Delta p_o=\frac{G_0^2}{2\rho_{0D}}\cdot\frac{D_s\cdot(N_b+1)}{d_e}\cdot\frac{f_0}{\phi_0}\cdot\varepsilon_{\Delta p}=\frac{58.56^2}{2\times777}\cdot\frac{0.400\times(38+1)}{0.02}\cdot\frac{0.3654}{1}\times1.87=1176\text{Pa}$$

根据式(9-2-64)计算导流筒压力降，取 $\varepsilon_{Ip}=6$；根据式(9-2-65)计算进出口嘴子压力降，则有：

$$\Delta p_{ro}+\Delta p_{N_o}=\frac{G_{No}^2}{2\rho_o}\cdot\varepsilon_{IP}+1.5\frac{G_{No}^2}{2\rho_o}=(6+1.5)\times\frac{\left(\dfrac{7115}{\dfrac{\pi}{4}\times0.1^2\times3600}\right)^2}{2\times770}=309\text{Pa}$$

根据式(9-2-49)计算壳程总压力降 Δp_s，查表 9-2-4 得到壳程压力降污垢校正系数 $F_o=1.2$。

$$\Delta p_s=\Delta p_o\cdot F_o+\Delta p_{ro}+\Delta p_{No}=1176\times1.2+309=1720\text{Pa}$$

至此，完成该换热器的传热和压降计算。

三、空冷式热交换器

空冷式热交换器的传热原理和流体动力学与管壳式热交换器是一样的，只是由于没有壳体，管束外的流体流动不同于管壳式热交换器。所以其总传热速率方程、热量平衡守则、传热面积计算方法与管壳式热交换器一样，管内传热与压降计算方法与管壳式热交换器管内的计算方法一致，可以根据管内介质是无相变冷却还是冷凝工况，分别按照本节选择合适的公式计算，这里不再重复。

这里只讨论空冷式热交换器管外空气的特点及计算方法。

空冷式热交换器的传热管可以选择光管、低翅片管或者高翅片管。翅片高，则二次传热面积大，折合到光管的空气膜传热系数就大。当管内介质的膜传热系数较高时，应采用高翅片管作为传热管；管内介质的膜传热系数低于 120W/(m^2 · K)时，可以采用低翅片管。当管内介质黏度大于 10MPa · s 时，建议采用光管。

翅片的型式有多种，已见应用的除了圆形翅片外，还有矩形翅片、椭圆翅片，还有在翅片上开槽的等。除传统圆形基管外，出现了椭圆基管、扁平管等。但目前国内外应用最广泛的还是圆形翅片管，在这方面的研究资料最多，也比较可靠。本节仅描述圆形翅片管和圆形光管的计算方法。

(一) 圆形光管管外膜传热系数

图形翅片管参数图见图 9-2-10。

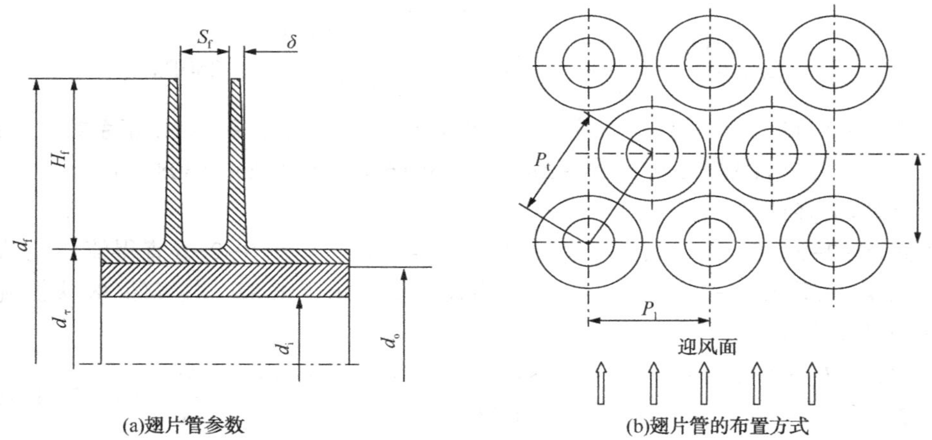

图 9-2-10　圆形翅片管参数图

圆形光管管外膜传热系数采用 T. Kuppan 提出的 Giedt 关联式[7]，该关联式适用于直径为 25.4~50mm 的传热管。

错排管束：

$$h_o = 0.376 \frac{\lambda}{d_o} Re^{0.60} Pr^{1/3} \tag{9-2-189}$$

顺排管束：

$$h_o = 0.33 \frac{\lambda}{d_o} Re^{0.60} Pr^{1/3} \tag{9-2-190}$$

式中　h_o——圆形光管管外膜传热系数，W/(m^2 · K)；

Re——雷诺数；

$$Re = \frac{d_o G_{max}}{\mu} \tag{9-2-191}$$

G_{max}——空气质量流速，根据管束最窄流通截面计算，kg/(m^2 · s)；

d_o——圆形光管外径，m；

μ——空气在定性温度下的黏度，Pa·s；

λ——空气在定性温度下导热系数，W/(m·K)；

Pr——勃兰特准数，$Pr=C_p\cdot\mu/\lambda$；

C_p——定性温度下空气的比热容，J/(kg·K)。

鼓风式空冷器不考虑管排数的影响，但引风式空冷器需要考虑，空气流过的管排数增加时，空气流方向改变的次数相应增加，传热能力增强，管排修正系数随着管排数的增加而增加。表9-2-11为不同管排数对引风式空冷器空气侧传热系数的修正系数，来自Giedt和ESDU。

表9-2-11　管排数对引风式空冷器空气侧传热系数的修正值

管排数	1	2	3	4	5	6	7	8
Giedt	0.65	0.71	0.80	0.85	0.90	0.94	0.96	0.98
ESDU	0.65	0.71	0.84	0.90	0.94	0.97	0.99	1.00

（二）圆形翅片管强制通风管束外膜传热系数与压降

圆形翅片管指在圆形基管上采用缠绕、镶嵌、轧制等方式加工装上圆形翅片所得到的翅片管。

对于管外膜传热系数，Briggs和Young拟合了实验数据，分别得到适用于高翅片管和低翅片管的关联式为[7]：

高翅片管：

$$h=0.1378\frac{\lambda}{d_r}Re^{0.718}Pr^{\frac{1}{3}}\left(\frac{s_f}{H_f}\right)^{0.296} \tag{9-2-192}$$

低翅片管：

$$h=0.1507\frac{\lambda}{d_r}Re^{0.667}Pr^{\frac{1}{3}}\left(\frac{s_f}{H_f}\right)^{0.164}\left(\frac{s_f}{\delta_f}\right)^{0.075} \tag{9-2-193}$$

该关联式的标准误差为±5.1%。

不同于管壳式热交换器，空冷式热交换器管外没有进出口接管，只有传热管束的压降。圆形翅片管管外压降同样可以采用范宁系数来表达，则有：

$$\Delta p=4f\frac{L}{D_h}\cdot\frac{G_{max}^2}{2g\rho} \tag{9-2-194}$$

$$G_{max}=\frac{标准状态下空气流量}{管束长\times宽-传热管及其翅片所占的面积} \tag{9-2-195}$$

当$2000<Re<50000$，管心距为1.678~4.5mm的正三角形排列的圆形翅片管束[6]，

$$\Delta p=37.86\left(\frac{d_r G_{max}}{\mu}\right)^{-0.316}\left(\frac{P_t}{d_r}\right)^{-0.927} \tag{9-2-196}$$

若传热管按照等腰三角形排列，且任何方向的管心距与传热管翅根直径之比在1.8~4.6范围内，可在正三角形排列的基础上修正得到[6]：

$$\Delta p=37.86\left(\frac{d_r G_{max}}{\mu}\right)^{-0.316}\left(\frac{P_t}{d_r}\right)^{-0.927}\left(\frac{P_t}{P_1}\right)^{0.515} \tag{9-2-197}$$

式中　h——以翅片总外表面积为基准的管外膜传热系数，W/(m^2·K)；

λ——空气定性温度下的导热系数，W/(m·K)；

G_{max}——流通截面内空气质量流速，kg/(m^2·s)；

H_f——翅片高度，m；

S_f——翅片净间距，m；

P_1——迎风面方向传热管管心距，

P_t——管排方向斜向管心距，m；

d_r——翅片根径，m；

Δp——空气穿过翅片管束的压降，Pa；

δ_f——翅片平均厚度，m。

若用于引风时空冷式热交换器的设计，考虑表 9-2-12 中管排数对空气侧传热系数的修正。

表 9-2-12　管排数对引风式空冷器空气侧传热系数的修正值

管排数	2	3	4	5	6	7	8
管排校正系数 ϕ_f	0.81	0.871	0.908	0.93	0.945	0.953	0.961

第三节　延迟焦化装置冷换设备的分析与强化传热技术应用

延迟焦化装置的热量主要来自加热炉，被加热的物料在焦炭塔吸热裂化生成的高温油气进入分馏塔，分馏塔的热量相对过剩，为保证分馏塔的分馏效率，过剩的热量必须通过回流取出。回流热量可用于加热原料，也可以用于发生蒸汽。由于焦炭塔切换时，需要另一个塔的高温油气预热，会导致分馏塔物流及热量的波动，对分馏塔系统的冷换设备提出了较高的要求。另外延迟焦化装置内的物料含有焦粉，污垢热阻相对较大。

工艺介质特点及装置大型化均推动高效冷换设备强化传热的研制与应用。近年来，螺纹管、螺旋折流板等强化传热元件已应用于延迟焦化装置，表面蒸发式湿空冷器和复合型蒸发式空冷器也得到成功应用。以一套典型延迟焦化装置为例，根据延迟焦化装置中参与换热的工艺物流特点，按照流程分析其适宜的强化传热技术更加具有实用性。

一、原料进装置至分馏塔的原料换热系统

原料油进焦化装置有热进料和冷进料两种方式，热进料一般是 160℃左右，冷进料一般不高于 100℃，黏度较高。

原料油 160℃时的黏度约为 77mN·s/m^2，通常与柴油换热后，进入缓冲罐以降低原料油的黏度，原料油换热达到 190℃时，其黏度降低到 44mN·s/m^2。与原料油换热的柴油黏度仅为 0.4 mN·s/m^2。

原料油由泵从缓冲罐抽出后，再经过与中段油、蜡油、循环油换热后进入分馏塔，进分馏塔前，原料油一般被加热至 300℃左右，此时原料油的黏度约为 9mN·s/m^2。与其换热的中段油黏度约为 0.3 mN·s/m^2，蜡油黏度约为 0.5 mN·s/m^2，循环油黏度约为 0.25 mN·s/m^2。以某炼油厂的焦化装置为例，其原料油换热流程见图 9-3-1。

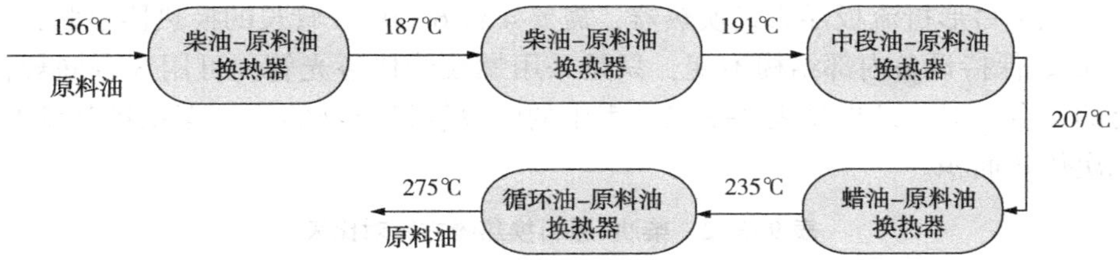

图 9-3-1 某延迟焦化装置原料油换热流程

为使黏度较大的原料油能够在低雷诺数下获得较高的膜传热系数，一般将原料油布置在换热器的壳程。在常规单弓形折流板管壳式换热器中，流体需要横向掠过管束，在窗口区纵向流动进入折流板后的下一个错流区域。在这个过程中，不可避免地存在流动死区。而高黏度流体更容易产生流动死区。

以该装置为例，采用常规单弓形折流板管壳式换热器，经过结构优化设计，原料油-柴油换热器中管程柴油膜传热系数可达 1800W/(m^2·K)，而壳程原油膜传热系数仅为 400W/(m^2·K)。显而易见，需要在换热器壳程采取强化传热措施，以提高整台换热器的换热性能。

在原料油-中段油换热器、原料油-蜡油换热器及原料油-循环油换热器中，管程热流体的膜传热系数达到 1500W/(m^2·K)时，壳程原料油膜传热系数仅约为 500W/(m^2·K)。可见，壳程原料油的膜传热系数远低于管程馏分油的膜传热系数，为提高整个换热单元的传热系数，所有的原料油换热器都需要在壳程采取强化传热措施。

由于原料油黏度较大，沿程流动压力损失较大。如果采用降低流速的方式来降低压降，膜传热系数必然会随流速的降低而下降；同时会导致流动死区加大，换热器的有效换热面积随之降低。这样从两个方面降低换热器的热力学性能。采用螺旋折流板代替弓形折流板，可通过改变流体流动方向来降低压降，同时螺旋运动减少了流动死区。两种强化传热共同作用，在降低壳程压降的同时提高了换热器的总传热系数，减少需要的换热面积，降低设备质量及设备投资。

以其柴油-原料油换热器为例，其工艺条件见表 9-3-1。

表 9-3-1 柴油-原料油换热器工艺条件表

项 目	热流体	冷流体
介质	原料油	柴油
流量/(kg/h)	297620	465640
允许压降/kPa	50	50
温度/℃	187→203	213→204
液相密度/(kg/m^3)	942-→933	708→716
液相黏度/(mN·s/m^2)	44.48→33.51	0.346→0.371
液相导热系数/[W/(m·K)]	0.088→0.086	0.086→0.088
液相比热容/[kJ/(kg·K)]	2.304→2.364	2.554→2.535

注：热负荷 3.1MW。

采用常规单弓形折流板浮头式换热器，需要4台6000mm管长的换热器串联，有效传热面积1338m^2。保持设备内部结构不变，只是采用螺纹管代替光管，可用3台同规格换热器替代原有的4台。对比结果见表9-3-2，表中的螺纹管换热器的换热面积指基管换热面积，未考虑二次传热面积。

表9-3-2　柴油-原料换热器方案对比表

项　　目	原传热方案	强化传热方案
设备规格(直径×长度)/mm	1100×6000	1100×6000
台数/台	4	3
管程压降/kPa	82	92
壳程压降/kPa	134	100
总传热系数/[W/(m^2·K)]	216	375
单台设备换热面积/m^2	334.5	251
设备总质量/t	51	41

从表9-3-2可见，采用螺纹管代替光管后，金属耗量降低20%，可降低设备一次性投资；减少了换热器台数，降低了基建投资和操作费用；降低保温材料的使用，符合节能环保要求。

在压降允许的情况下，利用外波纹管减薄边界层的作用，也可以有效地提高这个台位换热器壳程的膜传热系数。工业上成功应用的强化传热案例有：外波纹管、螺旋折流板及其组合的强化技术。

二、分馏塔回流油及馏分油换热系统

（一）分馏塔顶油气

分馏塔塔顶流出的含H_2S、NH_3、Cl^-的汽油和富气约110℃，易发生铵盐结晶，需要注水和注缓蚀剂。注水和缓蚀剂后的介质温度约75℃，为利用低温热，通常进分馏塔顶-软化水换热器换热。在换热器内，利用40℃软化水将塔顶介质冷却至55℃左右。塔顶介质离开分馏塔顶-软化水换热器后，需经分馏塔顶空冷器、分馏塔顶后冷器冷却至40℃，然后进入分馏塔顶汽液分离罐分离出富气、汽油和含硫污水，换热流程见图9-3-2。

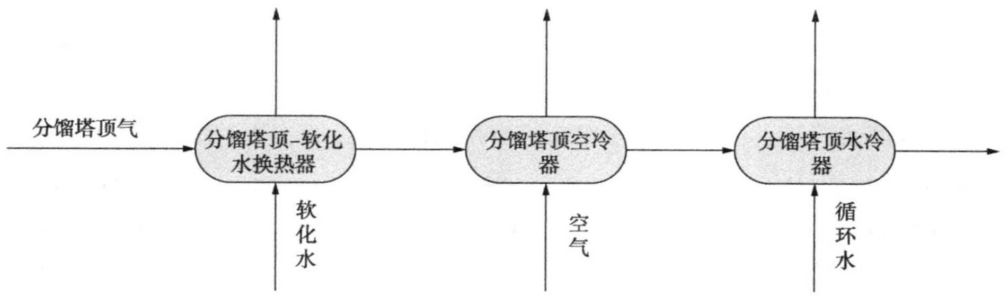

图9-3-2　分馏塔顶油气换热流程

虽然分馏塔顶-软化水换热器和分馏塔顶后冷器的壳程为气体冷凝，不过这两个换热器内的壳程膜传热系数较低，管程软化水、循环水的膜传热系数较高。在高温段，当换热管内软化水流速达到0.7m/s时，其膜传热系数可达到4000W/(m^2·K)，而对应的塔顶气体的膜传热系数仅为550W/(m^2·K)；在后冷器中，当循环水流速为0.8m/s时，其膜传热系数可达到4100W/(m^2·K)，对应的塔顶气体的膜传热系数仅为500W/(m^2·K)。由此看出，这两台换热器的控制热阻均在壳程。导致壳程膜传热系数低的根本原因是由于塔顶气体中含有不凝气，不凝气在换热管外壁面形成阻碍冷凝进程的气膜。根据分析可知，分馏塔顶-软化水换热器和分馏塔顶后冷器的首选强化传热措施是破碎贴近换热管外表面的不凝气体膜层，将可凝气体引入到冷却壁面。采用扭曲管束代替折流板光管管束，通过介质在换热管外的螺旋运动，将轻质的不凝气归集到流道中央，而相对重质的可凝介质甩到换热管壁面，从而收到强化传热的效果。螺旋折流板也有螺旋流动的作用，由于分馏塔顶物流的不凝气含量较高，与扭曲管换热器比较，螺旋折流板换热器的强化传热效果略差。

分馏塔顶空冷器需要考虑分馏塔顶-软化水换热器的软化水断流工况，若正常运行时，传热面积富裕度较大。即使热力学设计时考虑了100%的面积富裕度，局限于设备自身特点，普通干式空冷器也不可能将工艺介质直接冷却到分馏塔顶汽液分离罐要求的40℃，必须设置分馏塔顶后冷器。

分馏塔顶后冷器的热负荷相对较小，以一套处理量为2.9Mt/a的延迟焦化装置为例，将分馏塔顶气体由55℃冷却到40℃，热负荷不大。但是由于分馏塔顶气体中约有70%(摩尔分率)的不凝气，后冷器壳程膜传热系数较低，而且有效传热温差只有10℃左右。导致总传热系数仅为200~250W/(m^2·K)，需要的换热面积较大。

综合考虑空冷器和后冷器的工艺条件，采用表面蒸发空冷器是较好的选择，可以取消后冷器，直接将工艺介质冷却到40℃。既可以减少设备投资，又可以节约占地面积。

以某炼油厂的焦化装置分馏塔顶油气为例，需要将分馏塔顶101℃的纯气相冷凝至40℃。由于工艺介质入口温度较高，不适合采用循环水直接冷却。常规设计中采用普通干式空冷器加后冷器的方案。为了经济性考虑，以55℃为空冷器和后冷器的分界点。分馏塔顶油气的工艺参数见表9-3-3。

表9-3-3　分馏塔顶油气的工艺参数

项　目	热流体	冷流体	
		空冷器	水冷器
介质	分馏塔顶油气	空气	循环水
流量/(kg/h)	84460		
允许压降/kPa	20		<100
温度/℃	101→40	36(进口)	32→42
气相密度/(kg/m^3)	2.354→1.942		
液相密度/(kg/m^3)	—→754		
气相黏度/(mN·s/m^2)	0.0112→0.0101		
液相黏度/(mN·s/m^2)	—→0.573		

续表

项　目	热流体	冷流体	
		空冷器	水冷器
气相导热系数/[W/(m·K)]	0.0279→0.025		
液相导热系数/[W/(m·K)]	—→0.356		
气相比热容/[kJ/(kg·K)]	1.97→1.786		
液相比热容/[kJ/(kg·K)]	—→2.37		

注：热负荷 9.0MW。

如果采用复合型蒸发式空冷器代替分馏塔顶空冷器和后冷器，以 80℃ 作为热介质进入蒸发段的分界点，可以实现在一台设备中完成冷凝、冷却任务。

将分馏塔顶气体由 55℃ 冷却到 40℃，热负荷为 2.55MW，循环水温升按 10℃ 计算，需要 32℃ 的循环水量约为 220 t/h。从表 9-3-4 可以看出，如果采用复合型蒸发式空冷器直接将工艺介质冷却到 40℃，取消后冷器，以年操作时间 8000h 计算，虽然增加软化水消耗 32kt/a，但可节约循环水耗量 1.76Mt/a。在缺水地区，可达到节水的目的。可降低设备质量 55t，节约金属消耗 30%，同时节约基础建设费用和后期操作费用，并可节约循环水运行的凉水塔、循环水泵、循环水管网及空冷器钢构架平台等相应投资。

表 9-3-4　分馏塔顶空冷器、水冷器方案对比表

项　目	原传热方案		强化传热技术方案
	普通干空冷	水冷器	
设备规格/mm	9000×3000①	1100×6000②	9000×3000
台数/台	10	2	3
消耗量	电：300kW	循环水：220t/h	电：177kW 软化水：4t/h
换热面积/m²	1915	599	1900
设备总质量/t	143	22	110

注：①空冷器尺寸：管束长度×宽度。
　　②水冷器尺寸：壳径×直管长。

（二）分馏塔顶循环油系统

分馏塔上部抽出的循环油经顶循油-瓦斯气换热器、顶循油-软化水换热器和空冷器冷却后返回分馏塔。

顶循油-瓦斯气换热器中的控制热阻是壳侧的瓦斯气。虽然壳侧膜传热系数较低，由于存在声振的可能性，却不能通过提高流速来提高壳侧膜传热系数。适宜的强化传热措施是增加二次传热面，比较有效的强化传热技术是采用螺纹管代替光管作为传热管。以某 2.9Mt/a 延迟焦化装置为例，在换热器直径不变的情况下，可将换热管缩短 40%，节约钢材 30%，降低设备初始投资费用。

在焦化装置中，顶循油-软化水换热器的传热性能相对较好，控制热阻是壳侧的顶循环油。可以采用螺旋折流板减少流动死区、采用螺纹管扩大二次传热面积来强化传热，或者采用扭曲管双面强化技术同时强化换热器的管程和壳程传热。

分馏塔顶循油空冷器将循环油冷却至 80℃ 后进塔，普通干式空冷器可以很好地完成换热。如果采用板式空冷器，可以大大减少占地空间。

（三）柴油换热

从分馏塔上部抽出的柴油与原料油换热后，进入柴油-富吸收柴油换热器、柴油-软化水换热器，然后通过空冷器冷却后分两路：柴油产品出装置，吸收柴油再通过贫吸收柴油冷却器冷却后去柴油吸收塔。换热流程见图 9-3-3。

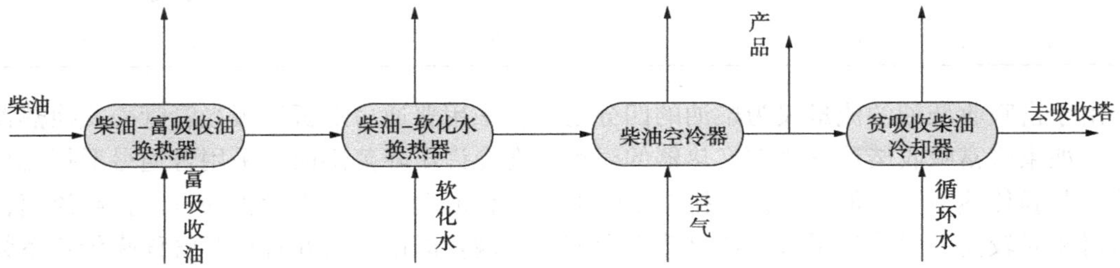

图 9-3-3　柴油换热流程

由于水的导热系数是柴油导热系数的 6 倍，柴油-软化水换热器、贫吸收柴油冷却器中的控制热阻是壳程的柴油。提高壳程膜传热数的有效方法是提高壳程介质的流动速度。以某延迟焦化装置的柴油-软化水换热器为例，在满足允许压降要求、保持同样的面积富裕度的基础上，可以简单地缩小壳径来增加壳程介质流速，可用 3 台直径 900mm、管长为 6000mm 的单弓形折流板浮头式换热器代替原设计的 2 台直径 1200mm、管长为 6000mm 的换热器，可节约钢材 25%。不过换热器数量的增加会增加基建费用和操作费用。比较适合的强化传热技术是采用螺纹管或横纹管替代光管管束。

若柴油热出料，柴油空冷器出口温度约 100℃，普通干式空冷器可以很好地完成换热；若柴油冷出料，柴油空冷器出口温度约 55℃，采用普通干式空冷器需要的传热面积较大，可以采用如板式空冷等合适的强化传热技术。

与原料油换热的换热器中控制热阻在原油侧，具体分析见原料油换热部分。柴油-富吸收柴油换热器的管、壳程介质的物性接近，膜传热系数接近。适合采用扭曲管换热器、波纹管换热器等同时强化管、壳程液体换热的双面强化传热技术。以某炼油厂的焦化装置的柴油-富吸收柴油换热器为例，其工艺条件见表 9-3-5。

表 9-3-5　柴油-富吸收柴油换热器工艺条件表

项　　目	热流体	冷流体
介质	柴油	富吸收柴油
流量/(kg/h)	169931	44025
允许压降/kPa	50	50
温度/℃	188.5→160	58→175
气相密度/(kg/m^3)		10.6→14.2
液相密度/(kg/m^3)	730→753	779→691

续表

项　目	热流体	冷流体
气相黏度/(mN · s/m²)		0. 012→0. 014
液相黏度/(mN · s/m²)	0. 416→0. 526	0. 784→0. 303
气相导热系数/[W/(m · K)]		0. 041→0. 039
液相导热系数/[W/(m · K)]	0. 091→0. 096	0. 111→0. 09
气相比热容/[kJ/(kg · K)]		2. 12→2. 231
液相比热容/[kJ/(kg · K)]	2. 476→2. 381	1. 032→2. 463

由于富吸收柴油的流量仅为柴油的四分之一，采用普通弓形折流板光管管壳式换热器结构时，如果将富吸收柴油安排在换热器的壳程，在允许压降范围内，采用普通弓形折流板换热器，其膜传热系数较低。可以安排在换热器的管程流动，通过多管程的方法提高流速，从而获得相对较高的膜传热系数。通过热力学模拟发现：即使采用6管程时管程膜传热系数仍然低于壳程，占总热阻的40%，污垢热阻约占总热阻的35%。强化该换热器换热性能应从降低结垢热阻和提高管程膜传热系数两方面着手。

采用具有双面强化传热能力的扭曲管代替光管可获得良好的强化传热效果。介质在扭曲管的管程、壳程介质均呈螺旋状流动，既可以减薄边界层、提高膜传热系数，又可有效地降低污垢热阻。对比方案见表9-3-6。

表 9-3-6　柴油—富吸收柴油换热器方案对比

项　目	原传热方案	扭曲管强化传热方案
设备规格(直径×长度)/mm	900×6000	700×6000
台数/台	2	2
管程数	6	4
管程压降/kPa	43	40
壳程压降/kPa	22	9
管程膜传热系数/[W/(m² · K)]	975	1171
壳程膜传热系数/[W/(m² · K)]	1175	1029
总传热系数/[W/(m² · K)]	298	349
换热面积/m²	388	332
设备总质量/t	18	10

从表9-3-6中可以看出，采用普通弓形折流板光管管壳式换热器结构，控制热阻在管程。为了不增加设备台数，虽然采用扭曲管双面强化技术，有效地降低了壳程压降，提高了壳程介质单位压降下的膜传热系数，但是未能提高壳程膜传热系数绝对值；而为了保证管程压降，需要减少管程数，导致管程膜传热系数提高幅度不大。尽管提高幅度不大，但控制热阻侧的传热强化仍显示了其作用，总传热系数提高了17%。而且扭曲管管束中不需要折流板，管束自支撑结构，提高了单位体积内的换热面积。使得设备质量降低了44%，降低了设备投资。

扭曲管中流体流动方向为螺旋状流动，可防止颗粒的沉降，并有效地破坏了流体边界层，消弱结垢的趋势。可延长清洗周期，降低操作费用。

（四）中段油换热

从分馏塔中部抽出的中段油与原料油换热，再去为脱吸塔底重沸器提供热量，然后部分去蒸汽发生器，从蒸汽发生器中出来的中段油与未换热的中段油混合后温度约为225℃，作为回流返回分馏塔。

中段油-原料油换热器中的控制热阻在原料油侧，详见原料油换热系统；脱吸塔底重沸器的传热分析见脱吸塔部分。中段油作为热源的蒸汽发生器中的控制热阻是管程的中段油，由于中段油的导热系数只有0.08W/(m·K)，即使在换热管内流速达到1.5m/s，其膜传热系数也只有1500W/(m^2·K)，而壳侧蒸汽/水侧的膜传热系数不低于5000W/(m^2·K)。针对这种情况，为了提高换热器性能，应在满足允许压降的前提下，尽可能提高管程的流速。适宜的强化手段是采用扭曲管、波节管或内螺旋管等强化传热换热管代替普通光管。

（五）蜡油换热

蜡油先去做稳定塔底重沸器的热源，然后与原料油换热，再去蜡油蒸汽发生器发生蒸汽。自蜡油蒸汽发生器出来的220℃蜡油分为2路，一路回流蜡油返回分馏塔作回流；另一路产品蜡油进入蜡油-除氧水换热器，再进入蜡油-软化水换热器，最后进入空冷器，温度由143℃降到90℃，作为产品蜡油出装置。

稳定塔底重沸器的管程膜传热系数低、壳程膜传热系数较高，具体分析见稳定塔部分；蜡油-原料油换热器中的传热分析见原料油换热部分。由于蜡油与中段油物性接近，蜡油蒸汽发生器与中段油蒸汽发生器的热力学分析近似，所采用的强化传热技术一致。

蜡油-除氧水换热器、蜡油-软化水换热器中的蜡油均在壳程，在管程膜传热系数达到5000W/(m^2·K)的情况下，壳程膜传热系数只有500W/(m^2·K)。合适的强化传热技术是采用扭曲管、波纹管同时强化壳程和管程传热系数，并减少管程数降低管程压降。

蜡油空冷器将200℃蜡油冷却至90℃左右送出装置，有效传热温差可达90℃，需要的换热面积不多，普通干式空冷器可以很好地实现换热。

三、脱吸塔周边换热设备

脱吸塔中段重沸器一般采用卧式放置，塔底液布置在重沸器的壳程。塔底介质的沸程较长，从泡点到汽化8%，需要20℃的温升。沸腾侧的膜传热系数较低，不足1000W/(m^2·K)。重沸器的热源来自稳定塔底的稳定汽油，传热性能较好，在15kPa压降时，就可以获得8000W/(m^2·K)的膜传热系数。脱吸塔中段重沸器的控制热阻在壳侧，工程上采用机械加工表面多孔管来强化沸腾传热获得成功。

与中段重沸器类似，脱吸塔底重沸器多采用卧式放置。沸腾侧的膜传热系数不高，与一般无相变的膜传热系数接近。但是由于热介质温度较高，有效传热温差较大，热通量较高，传热效率在可接受范围内。由于塔底液的污垢热阻比较高，一般为0.0006m^2·K/W，导致污垢热阻成为该重沸器的控制热阻。强化传热措施应从减轻管内介质结垢来考虑。

四、汽油吸收塔回流油换热

汽油吸收塔一中段油和二中段油的主要组分为汽油，均由泵自汽油吸收塔抽出后，经水冷器冷却，直接返回汽油吸收塔。两台冷却器的热负荷、介质流量都不大，只是有效温差比较小，适合采用多台串联设计。汽油的传热性能比较好，而水的传热性能优异，水冷器的控制热阻为污垢热阻和壳程传热。如果要进一步提高水冷器的换热性能，可以采用螺纹管等扩大二次传热面的强化传热技术。

五、稳定塔回流油及馏分油换热系统

（一）稳定塔顶油气换热

塔顶气在稳定塔顶空冷器中完全冷凝，经过稳定塔顶水冷器降温至48℃，自流进入回流罐。

稳定塔顶空冷器的热负荷较大，在空冷器中没有过热和过冷段，完成塔顶气的完全冷凝过程，传热系数较高。不足之处是由于稳定塔顶气的温度仅为68℃，空冷器有效传热温差较小。采用复合型高效换热器可以节省占地40%以上，综合初投资可节省20%左右，节能30%~60%，节水40%~70%[8]。

稳定塔顶水冷器负荷不大，但由于要将塔顶气冷却至48℃，如果采用普通干式空冷器，该水冷器也不可或缺。

综合塔顶气工艺条件及设备结构，可以采用表面蒸发湿空冷代替稳定塔顶干空冷器和水冷器。

（二）稳定塔顶产品换热

由泵自回流罐底抽出50℃左右的液化气后送入液化气冷却器，用循环水冷却至40℃，送去脱硫装置。由于温度低，有效传热温差只有6℃左右。液化气流量较低，为了提高流速以期获得较高的膜传热系数，应该采用细长型设备。综合各种因素，液化气冷却器适合采用2台换热器串联。如果采用一台设备，建议采用螺纹管扩大二次传热面积。

（三）稳定塔底物流

稳定塔底物流换热流程比较长，某延迟焦化装置的塔底物流换热网络见图9-3-4。

自稳定塔塔板上抽出物料的稳定塔中间重沸器一般采用3.5MPa蒸汽作热源，蒸汽冷凝传热系数很高，需要强化传热的是沸腾侧。稳定塔中间重沸器一般采用卧式放置，蒸汽布置在管程。结合沸腾介质物性和重沸器结构特点，可以采用机械加工表面多孔管强化沸腾侧传热。

自稳定塔底出来的汽油分成两路：一路进入稳定塔底重沸器取热后，返回稳定塔；另一路经过多次换热后分两路，一路作为补充吸收剂进入汽油吸收塔、另一路作为产品送出装置。

稳定塔底重沸器一般在壳程沸腾，设计汽化率为20%左右，热源来自分馏塔蜡油的高温段。

与脱吸塔底重沸器的状态一致，沸腾侧的膜传热系数低于管程无相变介质的膜传热系数，重沸器总传热系数不超过400W/($m^2 \cdot K$)。考虑稳定塔底液的物性，可以采用机械加工多孔管来强化壳程沸腾传热系数，从而提高整体传热性能。

作为补充吸收剂的稳定塔底汽油经稳定塔进料-稳定汽油换热器、脱吸塔中间重沸器、脱吸塔进料-稳定汽油换热器、稳定汽油-软化水换热器壳程冷却后，进入稳定汽油空冷器、水冷器冷却，然后由泵送补充吸收剂部分进入汽油吸收塔、送产品部分出装置。

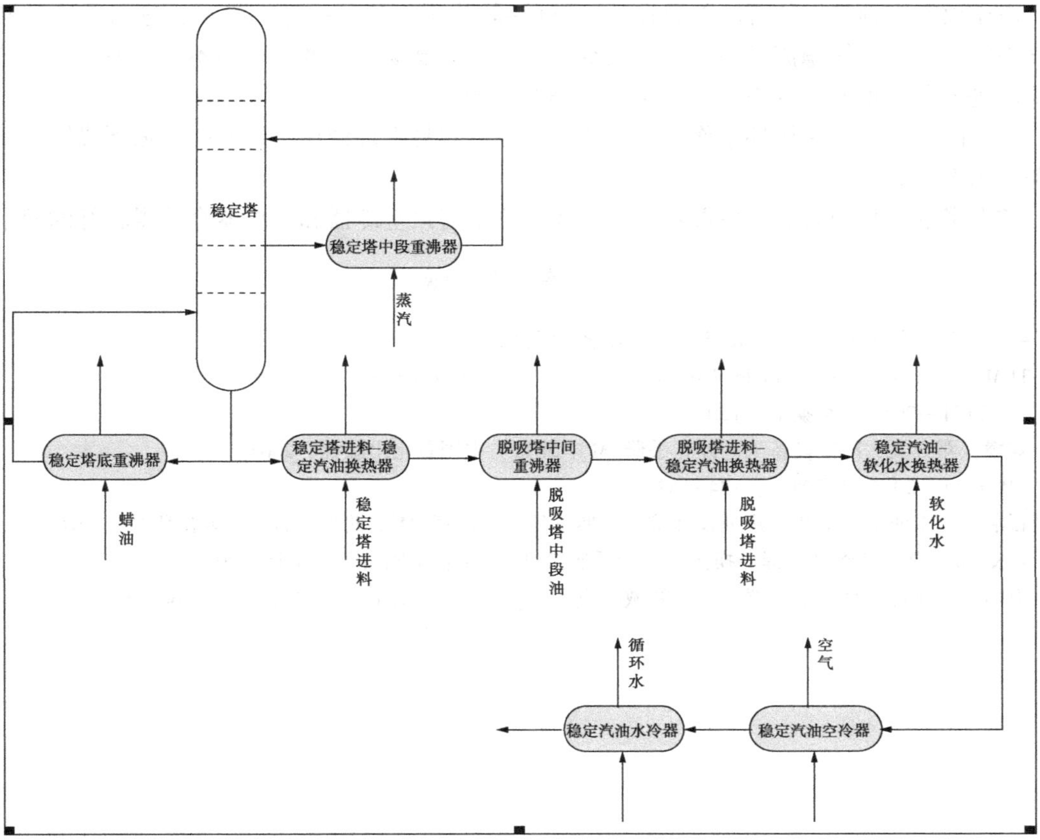

图 9-3-4　稳定塔侧线及塔底物流换热网络

稳定塔进料-稳定汽油换热器的管程、壳程介质主要组分均为汽油，传热性能一致，可以采用扭曲管、波纹管等具有双面强化传热效果的换热管代替光管，也可以采用螺纹管扩展二次传热面积、采用螺旋折流板减少流动死区的措施来强化换热器换热性能。

脱吸塔中间重沸器的具体分析见脱吸塔部分。脱吸塔进料-稳定汽油换热器的管、壳程传热性能接近，为了保证不过度换热，这个台位换热器不适合采用强化传热技术。

类似于汽油吸收塔中段冷却器，稳定汽油-软化水换热器和稳定汽油水冷器的控制热阻为污垢热阻和壳程介质。汽油的传热性能比较好，换热器总体换热性能良好。如果要进一步提高换热器热力学性能，可以采用螺纹管等扩大二次传热面的强化传热技术。

稳定汽油空冷器将汽油冷却至60℃左右送入水冷器，普通干式空冷器可以很好地完成换热任务。

六、放空塔周边换热系统

来自焦炭塔的300~400℃的吹汽放空气进入放空塔吸收，塔顶气经放空塔顶-软化水换热器、放空塔顶空冷器、放空塔顶后冷器冷却至40℃，自流进入放空塔顶气液分离罐。全程允许压降约50kPa。

放空塔顶-软化水换热器中的主要控制热阻是壳程冷凝，提高壳程流速并不能够有效地提高壳程膜传热系数。采用横纹管等能够迅速移除冷凝液膜的技术才能有效强化传热性能。

由于放空塔顶气中的可凝部分在放空塔顶-软化水换热器中基本冷凝，进入空冷器和后冷器中的工艺介质体积流量不大。虽然空冷器和后冷器承担的换热负荷不大，但由于工艺流程要求进入分离罐的温度为40℃，必需设置后冷器。

由于间歇使用，用循环水作为冷介质的后冷器容易出现结垢，进而引发垢下腐蚀，缩短设备使用寿命。

综合考虑，采用表面蒸发湿式空冷器代替放空塔顶空冷器和水冷器会获得较好的效果。

参 考 文 献

[1] 钱玉英等．化工原理[M]．天津：天津大学出版社．1996.
[2] TEMA Standards of the Tubular Exchanger Manufacturers Association.
[3] GB/T151—2014 热交换器：120.
[4] 刘巍，邓方义．冷换设备工艺计算手册[M]．北京：中国石化出版社，2003.
[5] GB/T151—2014 热交换器：134-167.
[6] 石油化学工业部石油化工规划设计院．冷换设备工艺计算[M]．北京：石油工业出版社，1976.
[7] T. Kuppan 著，钱颂文等译．换热器设计手册[M]．北京：中国石化出版社，2003.
[8] 田国华．复合型高效空冷器在石化领域的应用[J]．工业技术创新，2014，1(5)：600-603.

第十章 流体输送机械

第一节 压缩机

随着炼油工业的发展，压缩机得到了广泛的使用，这些压缩机多是工厂的关键设备、装置的核心部位。压缩机的功能是提升气体的压力，根据其热力学过程，可以分为容积式和动力式两大类，如图 10-1-1 所示。炼油工程中常用的有下面三种类型压缩机：

① 往复式，如加氢装置中的新氢压缩机；

② 离心式，如焦化装置中的富气压缩机；

③ 螺杆式，如常减压装置中的塔顶气压缩机。

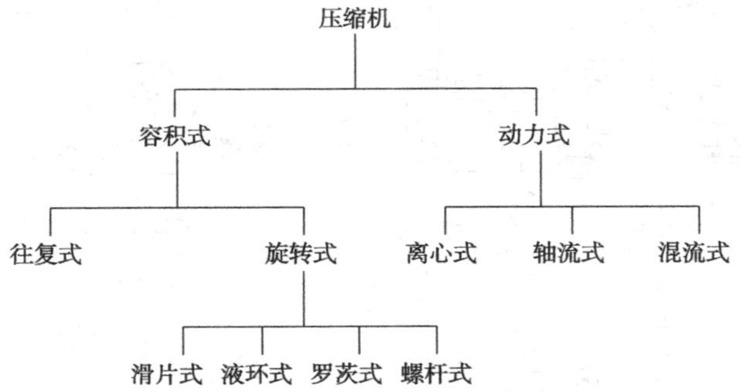

图 10-1-1 压缩机的分类

一、往复压缩机

（一）往复压缩机的基本结构

往复压缩机主要由机身(曲轴箱)、曲轴、连杆、十字头、中间连接体、气缸、活塞、活塞杆、填料、气阀等部件组成，如图 10-1-2 所示。

（二）基本原理

1. 往复压缩机热力过程分析[1]

往复压缩机的基本原理是通过曲柄连杆机构驱动活塞在气缸内做往复运动，造成气体在气缸内的封闭容积变小，从而压力得到提升。如图 10-1-3 所示，当活塞自左向右移动，气体以压力 p_1 进入气缸，4-1 称为进气过程。然后活塞自右向左运动，气缸容积变小，气体被压缩，1-2 称为压缩过程。当气体压力达到排气压力 p_2 后，气体开始被活塞推出气缸，2-3称为排气过程。如此循环，形成周期性的吸气、压缩、排气和膨胀等过程。

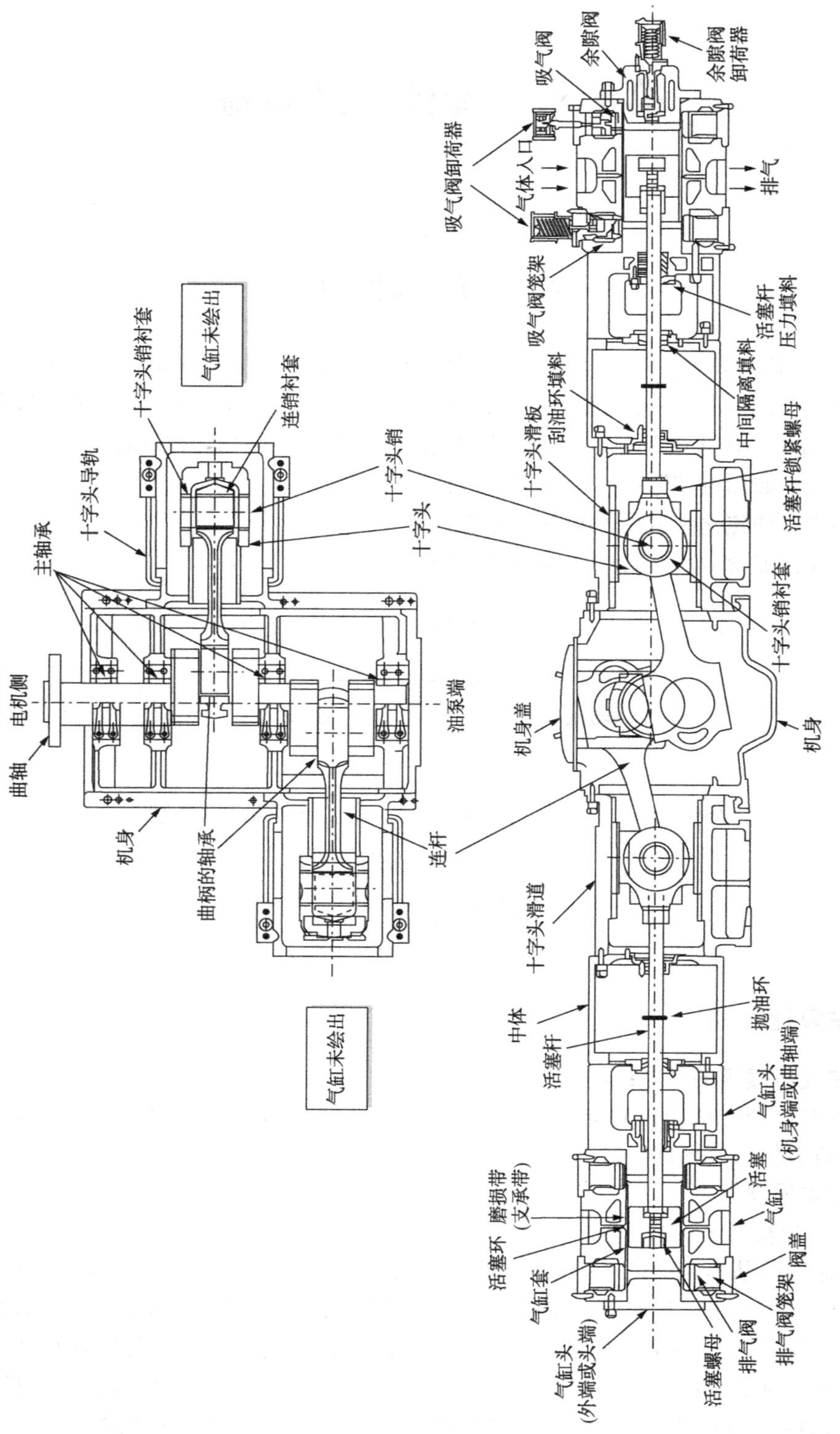

图10-1-2　往复压缩机典型图

然而在实际压缩机中，为避免活塞与缸盖相撞，以及气阀结构和气阀安装的需要，在气缸端部留有一定的空隙，称为余隙容积 V_c，如图 10-1-4 所示。余隙容积内的气体在吸气过程开始时要先行膨胀，占去了活塞运动的一部分行程，造成实际进气量减少了 ΔV_1；气体流经气阀都有压力损失，吸气过程结束时，气缸内的压力低于名义的进气压力，实际的吸气容积减少了 ΔV_2；由于吸气过程中与气缸的热交换，进气温度对容积的影响计为 ΔV_3；由于填料、活塞环以及气阀的泄漏，引起实际气量的减少计为 ΔV_4。因此实际的排气量 V'''_s 用式(10-1-1)表示。

$$V'''_s = V_s - \Delta V_1 - \Delta V_2 - \Delta V_3 - \Delta V_4 \tag{10-1-1}$$

式中　V_s——实际的活塞行程容积。

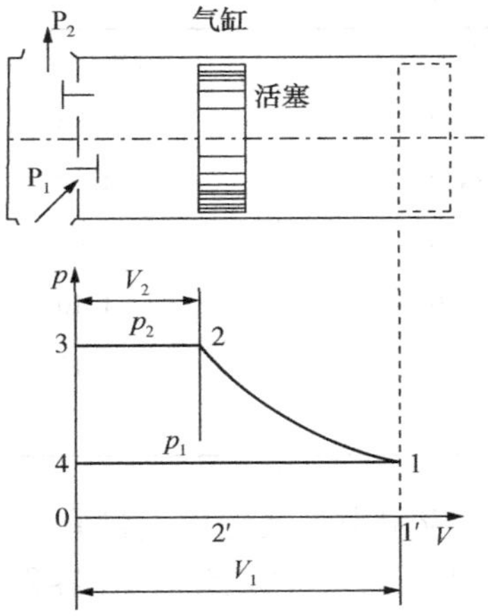

图 10-1-3　气缸的理想循环过程

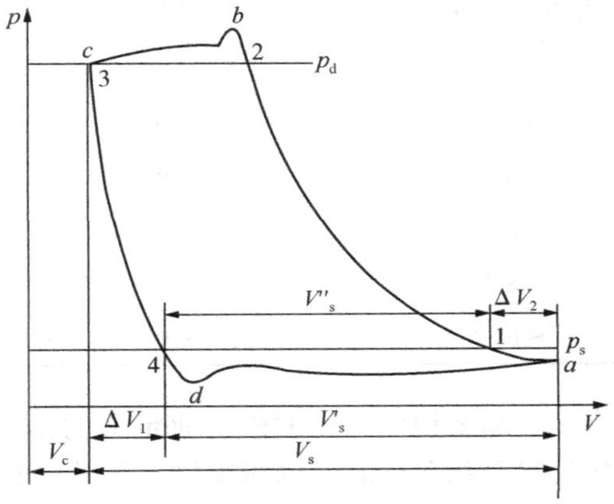

图 10-1-4　气缸的实际循环过程

把上面四个影响因素用四个系数来考虑，吸气系数 η_v 可以用式(10-1-2)表示。

$$\eta_v = \frac{V'''_s}{V_s} = \lambda_v \lambda_p \lambda_T \lambda_1 \tag{10-1-2}$$

式中　λ_v——容积系数；

λ_p——压力系数；

λ_T——温度系数；

λ_1——泄漏系数。

容积系数 λ_v 可以按式(10-1-3)计算：

$$\lambda_v = 1 - \alpha\left(\frac{z_3}{z_1}\varepsilon^{1/m} - 1\right) \tag{10-1-3}$$

式中　α——相对余隙容积，即余隙腔容积与活塞行程容积之比。$\alpha = V_c/V_s$，取值范围为 0.08~0.2。小气缸取大值，大气缸取小值；

ε——压比，$\varepsilon = p_2/p_1$；

z_3、z_1——相应于排气终了与进气开始状态的气体压缩性系数。压缩机初步计算过程中可以按表 10-1-1 近似选取；

m——膨胀过程指数。由于过程中的热量传递与泄漏难以定量考虑，低压压缩机可以按式(10-1-4)计算膨胀过程指数；

$$m=1+0.5(k-1) \tag{10-1-4}$$

k——气体等熵指数。

压力系数 λ_p 与气阀的匹配及进气系统设计有关，一般取值 0.95~0.99。

温度系数 λ_T 受气缸周壁温度的影响，与气缸大小和冷却条件相关，一般取值为 0.9~0.99。

泄漏系数 λ_l 用来表征填料、活塞环、气阀的严密性。压缩机的泄漏分内泄漏和外泄漏两种，内泄漏不影响排气量但影响级间压比的分配，外泄漏则直接影响气量。泄漏系数一般取值 0.9~0.99。

表 10-1-1　进、出口状态下的压缩因子

压力(绝)/MPa	压缩因子 Z	压力(绝)/MPa	压缩因子 Z
≤1.0	1.0	≤12.0	1.06
≤3.0	1.01	≤14.0	1.07
≤4.0	1.02	≤16.0	1.09
≤6.0	1.03	≤18.0	1.10
≤8.0	1.04	≤20.0	1.12
≤10.0	1.05		

有一点需要说明，压缩机行业定义的排气量与炼油厂应用中涉及的供气量有一定的区别。排气量是指单位时间内压缩机末级排出的气体，换算成一级入口状态的气体容积。工艺装置中常说的气量(供气量)是指实际进入压缩机的气体折算到标准状态(760mmHg，0℃)下的气体容积。

2. 往复压缩机的指示功率

如图 10-1-3 所示，循环过程 1-2-3-4 中外界对气体所做的功，相当于点 1-2-3-4 所围成的面积，通过积分求得绝热指示功：

$$W_{ad(i)}=-\int_{p_1}^{p_2}V\mathrm{d}p=p_1V_1\frac{1}{n-1}\left[\left(\frac{p_2}{p_1}\right)^{\frac{n-1}{n}}-1\right] \tag{10-1-5}$$

当 $n=k$ 时，压缩过程中与外界无热交换；

当 $n>k$ 时，压缩过程中外界有热量传给气体；

当 $n<k$ 时，压缩过程中气体有热量传给外界；

当 $n=1$ 时，等温压缩，外界对气体所做的功全部转化为热量传回外界。

如果考虑实际气体的压缩因子，则绝热指示功 W_{ad} 的计算公式为：

$$W_{ad(i)}=p_1V_1\frac{k_T}{k_T-1}\left[\left(\frac{p_2}{p_1}\right)^{\frac{k_T-1}{k_T}}-1\right]\frac{z_1+z_2}{2z_1} \tag{10-1-6}$$

在实际的循环过程中，气体压缩之初，属于吸热压缩，当温度升上来之后，属于放热压缩，排气过程则一直向外界放热，在余隙容积膨胀之初是放热膨胀，膨胀过程末期则是吸热膨胀。炼油厂往复机尺寸都比较大，气缸夹套冷却水所带走的热量十分有限，实际的压缩过程基本大都趋于绝热。

按图 10-1-4，将实际过程进行简化：

① 进、排气过程的压力曲线用平均值代替；

② 压缩、膨胀的过程指数为常数并且相等；

③ 容积系数按简化后的平均压力确定；

④ 进排气过程的压力损失按经验公式确定。

如果考虑实际压缩为多变过程，实际气体实际过程的指示功 W_{ad} 为：

$$W_{ad(i)}=p_1V_1\frac{n}{n-1}\left\{\left[\frac{p_2}{p_1}\cdot(1+\delta_0)\right]^{\frac{n-1}{n}}-1\right\}\frac{z_1+z_2}{2z_1} \quad (10-1-7)$$

式中，$1+\delta_0=\dfrac{1+\delta_d}{1-\delta_s}$，$\delta_s$、$\delta_d$分别是进气和排气的相对损失，按图 10-1-5 选取，虚线反映的是损失较小的压缩机，实线则表示损失相对较大。

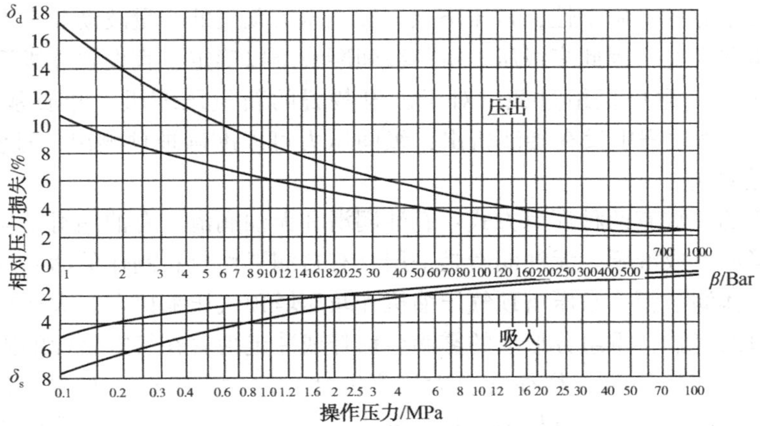

图 10-1-5 压力损失系数

对于多级压缩机，总的指示功率 W_{ad} 由每级求和得出。

$$W_{ad}=\sum W_{ad(i)} \quad (10-1-8)$$

往复压缩机一般由电动机刚性连接直接驱动，不需考虑传动损失。机组所消耗的实际功率由式(10-1-9)计算。

$$N=\frac{W_{ad}}{\eta_m} \quad (10-1-9)$$

式中 η_m——机械效率，对于大、中型压缩机取值范围为 0.9~0.95，小型压缩机取值范围为 0.85~0.9。

(三) 往复压缩机的热力计算和选型

热力计算是根据已知的工艺参数(压力、供气量、温度等)来确定压缩机的级数、工作容积、转速、结构尺寸(如气缸直径、行程等)和功率等。这里以一台常减压装置塔顶气压缩机的参数来进行热力计算示例。某厂常减压装置塔顶气压缩机的气量为 $Q=1200\text{Nm}^3/\text{h}$，进气压力(表)$p_1=0.02$MPa，进气温度 $T_1=40$℃，排气压力(表)$p_2=0.60$ MPa，介质相对分子质量 $M_w=35$，等熵指数 $k=1.19$。气体的摩尔组成如下：

组分	H_2O	H_2S	C_1	C_2	C_3	C_4	C_{5+}
体积分数/%	1.37	9.80	29.00	25.00	19.21	10.08	5.54

1. 结构形式与方案选择

常压塔顶气组分较重，其等熵指数约为1.19，若相对余隙容积$\alpha=0.12$，根据式(10-1-3)和式(10-1-4)，如果$\varepsilon_{max}=10.4$，此时$\lambda_v=0$，将不再有气体输出，也就是说该塔顶气压缩机理论上单级压比最大可以达到10.4。由于过高的压缩比使得气缸的容积系数极低，导致气缸直径增加，从而机组的活塞力增加，压缩机机身尺寸变大。一般来讲，炼油厂往复压缩机最大的单级压比不宜超过4.0。同时压比的确定还需要考虑排气温度的问题，根据国内炼油厂的运行经验，有油润滑的气缸允许的最大排气温度为135℃(小分子量工况，$M_w \leq 12$)，而无油润滑的气缸，其最大排气温度最好不超过130℃，以保证良好的易损件寿命。

常压塔顶气压缩机的总压比为$\varepsilon=p_2/p_1=5.83$，拟定为2级压缩，机身为对称平衡式。此外，由于原油组分的不确定性，常压塔顶气和减压塔顶气的产量波动非常大，而且气体组成的变化范围也非常宽，因此多级压缩机的级间凝液难以确定，宜设置逐级返回线，来稳定每级的进口压力，以避免机组过载。对于加氢装置的新氢压缩机，介质基本都是纯度为99.9%的氢气，压缩过程中没有凝液析出，级间压力可以准确地预测出，且没有大的波动，可以不设逐级返回线。

往复压缩机的气缸有两种润滑方式：有油润滑和无油润滑。有油润滑是向气缸内注入润滑油，在气缸镜面形成液膜。无油润滑是采用具有自润滑性材料制作的活塞环和支撑环，在气缸表面形成固体润滑膜。常压塔顶气压缩机和减压塔顶气压缩机含有大量重组分气体，如果采用无油润滑的气缸，重组分形成的雾滴会稀释或冲走附着在气缸镜面的固体润滑剂。常压塔顶气压缩机和减压塔顶气往往含有大量腐蚀性介质(如H_2S)，如果选用往复压缩机，气缸宜采用有油润滑的形式。重整装置和制氢装置，考虑到润滑油中的重金属对催化剂的影响，优先采取无油润滑的气缸。

2. 转速的确定

提高转速是减轻压缩机重量和缩小空间尺寸的重要途径，确定转速的一个重要参数是活塞平均速度。国内外工程公司对转速和活塞平均速度都有相应的规定，如表10-1-2所示。

表10-1-2　最大活塞平均速度的推荐值

气缸润滑形式	驱动机功率/kW	压缩机最大转速/(r/min)	最大活塞平均速度/(m/s)
有油润滑	<25	500	5
	25~150		4.5
	>150		4
无油润滑		500	3.5

为了节省设备的制造成本，一般应优先选择高转速电机，例如12极电机，异步转速$n=490r/min$。如果活塞平均速度允许，应选择尽可能大的冲程S，以降低机身的尺寸。这里选择行程为0.2m，按式(10-1-10)计算活塞平均速度V为3.27m/s，满足工程规定的一般原则。

$$V=\frac{2\cdot S\cdot n}{60} \tag{10-1-10}$$

式中　V——活塞平均速度，m/s；

S——活塞行程，m；

n——压缩机转速，r/min。

3. 压力比的分配及各级压力的求取

初步计算可以按等压比分配，各级的压力以及排气温度如表 10-1-3 所示。

表 10-1-3　各级压力分配①

压力、温度	级数	
	1 级	2 级
进气压力(绝)p_{si}/MPa	0.12	0.29
排气压力(绝)p_{di}/MPa	0.29	0.7
压比②	2.42	2.41
排气温度③/℃	87.5	87.4

① 初步计算可以不考虑级间的压力损失。

② $\varepsilon_i=p_{di}/p_{si}$。

③ $T_{di}=T_{si}\cdot\varepsilon_i^{\frac{n}{n-1}}$。

4. 进气系数的计算

如表 10-1-4 所示，可以计算出各级进气系数。

表 10-1-4　各级进气系数

各级进气系数	级数	
	1 级	2 级
进气压力(绝)p_{si}/MPa	0.12	0.29
排气压力(绝)p_{di}/MPa	0.29	0.7
压比	2.42	2.41
进气压缩机因子 z_{1i}	1.0	1.0
排气压缩机因子 z_{2i}	1.0	1.0
相对余隙容积 α_i	0.15	0.18
等熵指数 k_i	1.19	1.19
膨胀过程指数 m_i	1.095	1.095
容积系数 λ_{vi}	0.813	0.778
温度系数 λ_{Ti}	0.95	0.95
压力系数 λ_{Pi}	0.98	0.98
泄漏系数 λ_{li}	0.95	0.95
吸气系数 η_{vi}	0.72	0.69

5. 确定气缸直径

初步计算时可以假定压缩过程没有凝液析出，也没有外泄漏，每级气缸入口的气体质量守恒，压缩机的排气量等于装置的供气量。

各级气缸入口的实际气体容积 V_{mi} 为：

$$V_{mi}=\frac{Q}{600}\cdot\frac{1}{p_{si}}\cdot\frac{T_{si}+273.15}{273.15}\cdot\frac{1}{z_i} \tag{10-1-11}$$

式中 V_{mi}——各级入口实际容积，m^3/min；

p_{si}——入口压力(绝)，MPa；

Q——标准状态供气量，m^3(标准状态)/h；

T_{si}——各级进气温度,℃；

z_i——各级入口压缩性系数，这里 $z_i=1$。

计算得 $V_{m1}=19.11\ m^3/min$，$V_{m2}=7.91\ m^3/min$。气缸直径 D_i 按下式计算：

$$D_i=\sqrt{\left(V_{mi}\cdot\frac{4}{\pi\cdot\lambda_v\cdot\lambda_P\cdot\lambda_T\cdot\lambda_l}\cdot\frac{1}{n\cdot s}\cdot\frac{1}{j}+d^2\right)/2} \tag{10-1-12}$$

式中 S——活塞行程，m；

n——压缩机转速，r/min；

i——级数；

j——同级气缸的数量，这里一、二级均为单气缸，$j=1$；

d——活塞杆直径，m，这里选取 0.05m。

可以得出 $D_1=0.417$m，$D_2=0.275$m。

按照 JB2231 中规定的气缸直径系列(表 10-1-5)，将计算结果进行圆整为 $D_1=420$mm，$D_2=280$mm。气缸圆整后，如果不做余隙容积调整，将会引起各级压比的重新分配。这里采取调整余隙容积的方法保持原压比不变，调整后的相对余隙容积见表 10-1-6。

表 10-1-5　往复压缩机气缸直径尺寸①　mm

20	38	67	120	220	420	800
21	40	71	125	240	450	850
22	42	75	130	250	480	900
24	45	80	140	260	500	950
25	48	85	150	280	530	1000
26	50	90	160	300	560	1060
28	53	95	170	320	600	1120
30	56	100	180	340	630	1180
32	60	105	190	360	670	1250
34	63	110	200	380	710	
36	(65)	(115)	210	400	750	

① 上述数据摘自 JB2231，随着工业应用的不断发展，制造商已经在上述直径系列的基础上发展了更多的直径模数，以满足各种不同的工艺需求。

表 10-1-6　气缸圆整后的相对余隙容积

级数	气缸圆整之前			气缸圆整之后			
	容积系数	行程容积/(m^3/min)	相对余隙容积	缸径/mm	容积系数	行程容积/(m^3/min)	相对余隙容积
	λ_{vi}	V_{si} ①	α_i	D_i	λ'_{vi} ②	V'_{si}	α'_i
1	0.813	26.56	0.15	420	0.8	26.95	0.161
2	0.778	21.44	0.18	375	0.722	21.44	0.225

① 气缸圆整之前的行程容积 $V_{si}=\frac{\pi}{4}\cdot(2D_i^2-d^2)\cdot j\cdot S\cdot n$。

② 气缸圆整之后的容积系数 $\lambda'_{vi}=\frac{V_{si}}{V'_{si}}\cdot\lambda_{vi}$。

根据图 10-1-4，可以得到考虑压力损失后的实际压力，如表 10-1-7。

表 10-1-7　考虑损失后的实际压力

级数	相对压力损失		名义压力		实际压力	
	进气 δ_{si}	排气 δ_{di}	进气 p_{si}(绝)/MPa	排气 p_{di}(绝)/MPa	进气 p'_{si}(绝)/MPa	排气 p'_{di}(绝)/MPa
1	0.075	0.115	0.12	0.29	0.111	0.323
2	0.05	0.07	0.29	0.7	0.2755	0.749

6. 气体力的计算

如表 10-1-8 计算出各列气缸的气体力。

表 10-1-8　各列气缸气体力

项目	1 级	2 级
盖侧活塞面积 A_h/ m^2	0.1385	0.0615
轴侧活塞面积 A_c/ m^2	0.1365	0.0596
实际进气压力 p'_s(绝)/ MPa	0.111	0.2755
实际排气压力 p'_d(绝)/ MPa	0.323	0.749
向盖行程活塞力 F_h/ kN	29.6	29.6
向轴行程活塞力 F_c/ kN	-28.7	-27.7

往复压缩机通常以最大允许的综合活塞力来定义机身大小，根据国内制造商的产品系列，压缩机允许的最大综合活塞力系列为：2t、3.5t、5.5t、6.5t、8t、10t、12t、16t、20t、25t、32t、40t、45t、50t、80t、100t、125t、150t。

上述计算没有考虑运动部件的往复惯性力，因此，在机型的活塞力吨位选择上应留有适当的余量。初步选定 5.5t 活塞力的机器。

7. 指示功率的计算

各级气缸的绝热功率可以按式(10-1-13)计算。

$$W_{ad(i)}=p_{1i}V_{1i}\frac{n}{n-1}\left\{\left[\frac{p_{2i}}{p_{1i}}\cdot(1+\delta_0)\right]^{\frac{n-1}{n}}-1\right\}\frac{z_{1i}+z_{2i}}{2z_{1i}} \qquad (10-1-13)$$

压缩机的操作压力较低，假定中间级没有凝液析出，同时用理想气体对式(10-1-13)进行转化，得到式(10-1-14)。

$$W_{ad(i)}=Q\cdot\frac{1}{36}\cdot\frac{273.15+T_{si}}{273.15}\frac{n}{n-1}\left\{\left[\frac{p_{2i}}{p_{1i}}\cdot\left(\frac{1+\delta_{di}}{1-\delta_{si}}\right)\right]^{\frac{n-1}{n}}-1\right\}\qquad(10-1-14)$$

式中　$W_{ad(i)}$——各级绝热功率，kW；

Q——标准状态下气量，Nm^3/h；

T_{si}——各级入口温度，℃；

p_{2i}——各级排气压力(绝)，MPa；

p_{1i}——各级入口压力(绝)，MPa；

n——过程指数，假定与气体等熵指数相同，$n=1.19$。

可以求出 $W_{ad1}=44.51$kW，$W_{ad2}=41.44$kW。

8. 驱动机的选择

压缩机是消耗功的机械，需要用原动机来驱动，目前常用的驱动机有鼠笼异步电动机和无刷励磁同步电动机两种。异步电动机操作简单，坚固可靠，可以用来驱动各种形式的压缩机。连接方式灵活可变，主要有皮带轮、齿式、直联和法兰式几种，但是异步机的缺点主要是较低的功率因数和较高的电流启动冲量。无刷励磁同步电动机的出现弥补了这一缺陷，它的连接方式有法兰式、齿式、刚性直联等，同步机的功率因数较高且启动的电流冲量相对较低。

目前，往复式压缩机一般选择由电动机通过刚性联轴器直接驱动的方式，也可以在压缩机和电动机之间加入一台减速齿轮箱。根据全厂蒸汽平衡的需要，可以使用汽轮机驱动往复式压缩机，若使用汽轮机驱动，需重点考虑转动惯量的问题。由于汽轮机转子的转动惯量非常小，往往需要在曲轴的轴伸端专门设计一台非常大的飞轮。同时汽轮机是高速机械，轴系中必须设置必要的减速机，由于往复压缩机的阻力矩呈周期性波动，在压缩机与齿轮箱之间必须设置高弹联轴器，减缓波动力矩对齿轮的啮合造成冲击。

对于大型往复式压缩机来说，一般是选择同步电动机来驱动，而较少采用异步电动机。这是因为同步电动机的超前功率因数可以对电网的功率因数进行补偿，改善电网的作业。对于一些中小型往复式压缩机，一般都是选择异步电动机来驱动，这是因为异步电动机比同步电动机便宜，结构简单，也容易操作，如果电网已有足够的补偿能力，大型往复式压缩机也可选择用异步电动机来驱动。

电动机的转矩不仅要考虑满载荷下的转矩特性，还要考虑启动情况下的转矩要求。这主要取决于压缩机形式、卸载方式以及惯性矩的大小等，另外还有电动机制造商对启动时间的限制。电动机制造商应提供各类电动机的启动曲线以符合压缩机启动的要求。

氢气压缩机所选择的电动机在防爆等级上比一般烃类加工所用的电动机要高。从价格、操作和维护方面考虑，而且炼油厂的氢气压缩机功率都非常大，宜选择增安型或正压通风型电动机，对于一些小型电动机，优先选择隔爆型电动机。

由于增安型电动机在启动时可能会产生火花，因此要求增安型电动机在启动前都要像正压通风型电动机那样向机壳内充以惰性气体或不含危险气体的空气，充分吹扫之后才能启动电动机。电动机在运行过程中和停机时是不需要充气的。

大型电动机的冷却有二种方式：一种采用风冷；另一种为水冷。在我国一些电动机制造厂生产的大部分为水冷式电动机。水冷式首先要求循环水质高，否则冷却效果就会随运转时间的加长而降低；其次要有漏水保护措施，一旦水箱泄漏，冷却水进入电枢中会造成事故。风冷式就能避免上述问题，但风冷式电动机体积要比水冷式大，结构也稍复杂一些。国产同步电动机的励磁机布置在电动机非驱动端的尾部，不适合在轴端再安装一台冷却风机，因此同步电动机一般采用水冷结构。

对于这台常减压装置的塔顶气压缩机，取机械效率 $\eta=0.9$，计算总轴功率：

$$N=(W_{ad1}+W_{ad2})/\eta=85.95/0.95=95.5\text{kW}$$

其功率很小，选用隔爆型异步电动机，功率为 110kW，转速为 490r/min。功率储备系数＝(110−95.5)/95.5＝15.1%。

9. 材料选择

炼油装置中常用的往复压缩机材料见表 10-1-9。

表 10-1-9　往复压缩机主要部件的材料

部件＼介质	无腐蚀性介质	含腐蚀性介质
曲轴箱	HT250	HT250
曲轴	35CrMo	35CrMo
连杆	35	35
中体	HT250	HT250
气缸	HT250，锻钢	镍基铸铁(Ni-Resist)，锻钢
活塞杆	42CrMoE① (用于有油润滑气缸) 20Cr13① (用于无油润滑气缸)	17-4PH①
缓冲器	Q245R 或 Q345R	Q245R

① 根据 API 618 要求，活塞杆表面与填料接触的部位应采用耐磨材料喷涂，使其硬度达到 HRC50 以上。

如果介质中 H_2S 含量达到一定数值，与介质接触的部件应满足 NACE 0103 的相关要求。与气体接触的碳钢或低合金钢类承压零件，材料的屈服极限不应超过 620MPa，硬度不得大于 HRC22，对于沉淀硬化不锈钢和其他非奥氏体不锈钢来说，屈服极限可适当增加到 827MPa，硬度不大于 HRC34。但活塞杆表面、阀片和弹簧是例外，因为过低的硬度对这些零件是不合适的。酸性气体的定义如图 10-1-6 所示。

(四) 往复压缩机的振动

由于往复压缩机的不均匀运动，间歇性地向管道吸气和排气，激发管道内部气体产生振动，使管道内气体的压力和速度呈现周期性的变化，这种现象就是气流脉动。脉动在传播过程中，遇到管道中的弯头、大小头、阀门、盲管等，就产生交变载荷，导致管道产生机械振动。压缩机管道系统的气流脉动会带来一系列危害，例如压缩机的容积效率下降，气阀工作条件恶化，功率消耗增加，控制仪表失灵等，机械振动会使管道的连接部位发生松动或疲劳破坏，甚至管道破裂导致泄漏。

API 618 标准提出了往复压缩机进行声学模拟和机械分析的三种方法，并给出了表 10-1-10的导则，来规范三种方法的适用工况。

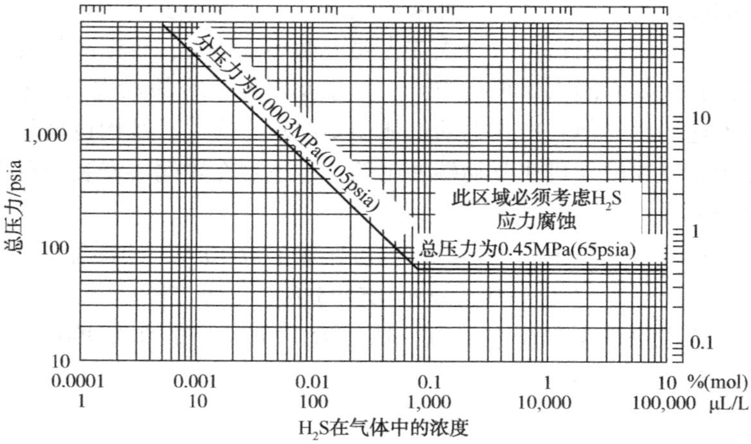

图 10-1-6　酸性气体环境的界定

表 10-1-10　往复压缩机脉动计算方法的选用导则

压缩机出口压力/MPa	压缩机每只气缸额定功率/kW		
	≤55	50~220	>220
>20	方法 3	方法 3	方法 3
7.0~20	方法 2	方法 3	方法 3
3.5~7.0	方法 2	方法 2	方法 3
≤3.5	方法 1	方法 2	方法 2

方法 1 适用于一些小功率、操作压力低的机组，其主要思路是依据制造商的经验来设计进出口缓冲罐以控制压力的脉动。API 618 标准中定义了按方法 1 设计进出口缓冲罐的最小容积。同时，一些工程公司限定了缓冲罐的容积不得小于与之相连的所有气缸行程容积的 12 倍。

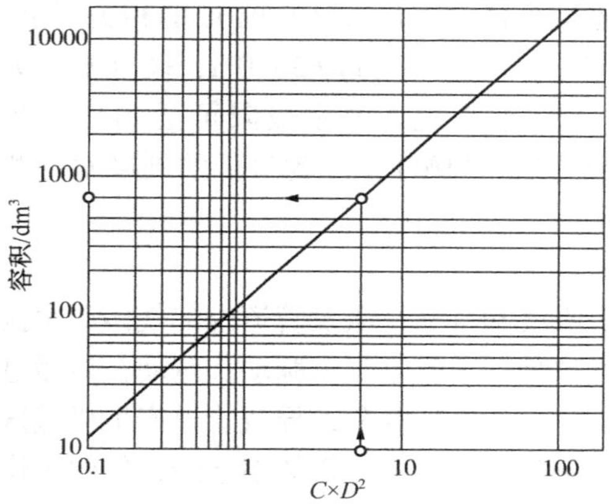

图 10-1-7　大容器的定义原则

C—介质音速，m/s；D—气体管道直径，m

方法 2 和方法 3 都需要压缩机制造商根据专有软件，模拟实际的压缩机及其关联系统，以达到控制设备和管道内部压力脉动和机械设备振动的目的。若采用方法 2 或方法 3 进行计算，则需要将机组上下游所有的相关设备和管道纳入计算范围，直至追溯到下面定义的计算终点为止：

① 完全关闭的阀门；

② 一台足够大的容器，其定义按图 10-1-7；

③ 一台压力控制阀，其前后压比大于 1.6；

④ 作为一个分支并入一条大管道(直径为其 3 倍以上)；

⑤ 一个气液混合点；

⑥ 一条可以认为无穷远的管道。

根据 API 618，压缩机气缸法兰处未过滤的脉动峰-峰值 p_{cf}，以管线的平均绝对压力的百分比来表示，应限制在7%或由式(10-1-15)的计算值，二者取较小值。

$$p_{cf}=3\times R\% \tag{10-1-15}$$

式中　R——当前气缸的压缩比。

按照计算方法1设计的缓冲器，其管线侧法兰处未过滤的脉动峰-峰值 p_1 应限定在式(10-1-16)的计算值之内。

$$p_1=\frac{4.1}{(p_L)^{\frac{1}{3}}}\% \tag{10-1-16}$$

式中　p_L——为管线平均绝对压力，bar。

按照计算方法2或3设计的缓冲器，其管线侧法兰处未过滤的脉动峰-峰值 p_1 应限定在公式(10-1-17)的计算值之内。

$$p_1=\sqrt{a/(350)}\left[\frac{400}{(p_L\times D_I\times f)^{0.5}}\right] \tag{10-1-17}$$

式中　α——为气体的声速，m/s；

p_L——为管线的平均绝对压力，bar；

D_I——为管线的内径，mm；

f——为脉动频率，Hz，由式(10-1-18)计算。

$$f=\frac{N\times z}{60} \tag{10-1-18}$$

式中　N——转速，单位为r/min；

z——为整数1，2，3，……，对应于基频和高阶频率。

如果缓冲器不含分离功能，则通过缓冲器的压力降不应超过管线平均绝对压力的0.25%或者由式(10-1-19)的计算值，二者取大值。

$$\Delta p=1.67\left(\frac{R-1}{R}\right)\% \tag{10-1-19}$$

式中　R——当前气缸的压缩比。

如果缓冲器具有分离功能，则通过缓冲器的压力降不应超过管线平均绝对压力的0.33%或者由式(10-1-20)的计算值，二者取大值。

$$\Delta p=2.17\left(\frac{R-1}{R}\right)\% \tag{10-1-20}$$

压缩机、缓冲器、管线系统的固有频率应有效地避开激振频率，满足以下隔离裕度的要求：

① 任何压缩机或者管路系统元件的最小机械固有频率应大于额定转速的2.4倍。

② 预期的机械固有频率应与重要的激振频率之间相差至少20%。

API 618推荐了现场管道的振幅允许值，如图10-1-8，但该标准又明确提出这个允许值不能作为现场的验收准则。

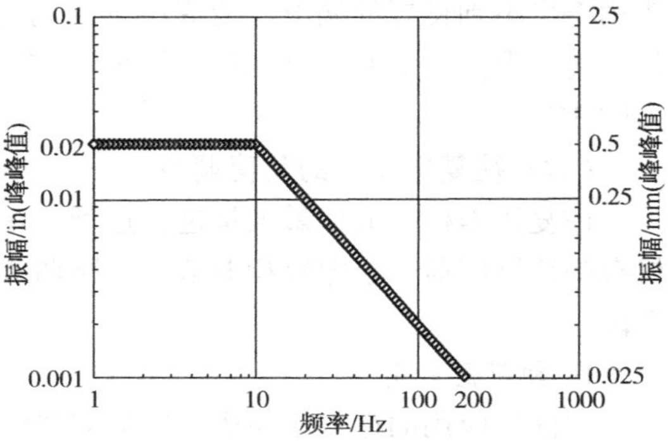

图10-1-8　往复式压缩机管道振幅限值

国内外其他公开的标准对于往复压缩机的振动限制大都集中在机身，对于气缸、缓冲器和管线等均没有规定振动允许值。欧洲压缩机协会基于 ISO 10816 第 6 部分，提出了往复压缩机各部位的振动极限值，如表 10-1-11。

表 10-1-11　往复压缩机振动准则

部位	卧式压缩机			立式压缩机		
	位移/mm	速度/(mm/s)	加速度/(m/s²)	位移/mm	速度/(mm/s)	加速度/(m/s²)
基础	0.048	3.0	3.8	0.048	3.0	3.8
曲轴箱顶部	0.127	8.0	10.1	0.127	8.0	10.1
气缸(横向)	0.255	13.0	16.3	0.207	16.0	20.1
气缸(活塞杆方向)	0.207	16.0	20.1	0.255	13.0	16.3
缓冲罐	0.302	19.0	23.9	0.302	19.0	23.9
管线	0.302	19.0	23.9	0.302	19.0	23.9

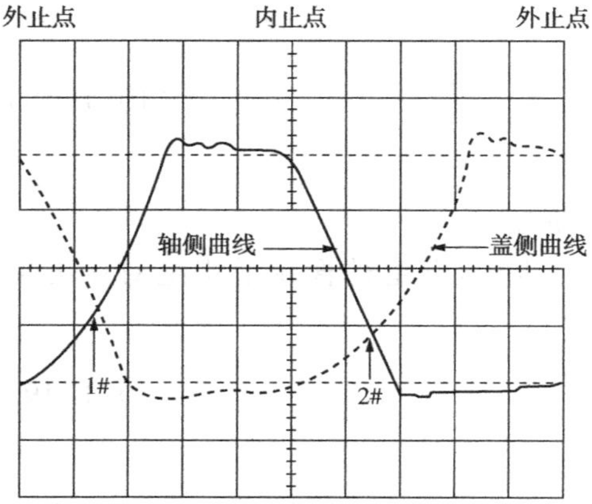

图 10-1-9　盖侧与轴侧压力-时间曲线

(五) 往复压缩机的反向角

如图 10-1-9，活塞从外死点向内死点运动，再回到外死点的过程中，盖侧压力与轴侧压力有两个交点。1#点之前，盖侧压力高于轴侧，活塞杆受压，十字头销被推到小头瓦的后部。1#点与 2#点之间，轴侧压力高于盖侧压力，活塞杆受拉，十字头销被推到小头瓦的前部，这样十字头销与衬套之间的间隙发生改变。2#点之后，活塞杆又回到受压状态。在这一个周期内，十字头销前后移动，十字头前后的间隙时开时闭，十字头销的四周便能接受充分的润滑，并在两侧建立良好的油膜。

以上的分析没有考虑往复质量的惯性力、活塞杆的截面积等。对于一些小直径气缸，若考虑这些因素，可能会出现活塞杆受力一直为单一方向，活塞杆始终承受压力或拉力，十字头销将得不到良好的润滑，造成小头瓦的过早失效。因此，在设计中必须要求在曲轴 360°的旋转范围内，活塞杆反向角不得小于 15°，同时反向负荷的幅值不应小于正常活塞杆综合力的 3%。

(六) 往复压缩机的负荷调节

往复压缩机一般按最大量进行选型，在实际的操作过程中往往需要降量操作。往复压缩机有卸荷器卸荷、余隙容积调节、旁路调节以及控制吸气阀关闭时间的无级调节等负荷调节手段。

1. *卸荷器卸荷*

炼油厂应用的往复压缩机一般为双作用气缸，可以使用卸荷器将其中一侧或两侧的吸气阀强制开启，当气体吸气过程结束后开始压缩时，由于吸气阀的开启，气体从吸气阀漏回吸气腔，使得该侧气缸的排气量为零。对于每级均是单只双作用气缸的压缩机来说，用这种方法可以实现0、50%、100%三级调节。若每级的气缸数量不止一只，还可以实现其他级别的调节。例如每级两只双作用气缸，则可以实现0、25%、50%、75%、100%五级气量调节。对于多级压缩机，第一级通常决定了整台机组的气量，如果仅仅将第一级卸载，可能会引起中间级的压力分配发生极大的变化，并有可能使最末级的气缸载荷超出极限，因此最好将每一级同时进行卸载。常用的卸荷器有下面三种：

① 叉式卸荷器，如图10-1-10(a)。压叉由气动执行器驱动，卸荷时，压叉把阀片从阀座上推开，使吸气阀在整个操作过程中一直保持打开状态。为了获得足够的通流面积，通常每台吸气阀安装一台卸荷器。

② 塞式卸荷器，如图10-1-10(b)。在吸气阀中心开一个特殊的销孔，用于气缸和吸气腔的连通。

③ 孔式柱塞卸荷器，如图10-1-10(c)。用于一侧有多个吸气阀的气缸卸荷，适用于小分子量的气体。气缸每侧的一个进气阀由孔式柱塞卸荷器代替。卸荷器与气阀完全分开，此时气阀与卸荷器的动作互不干扰。

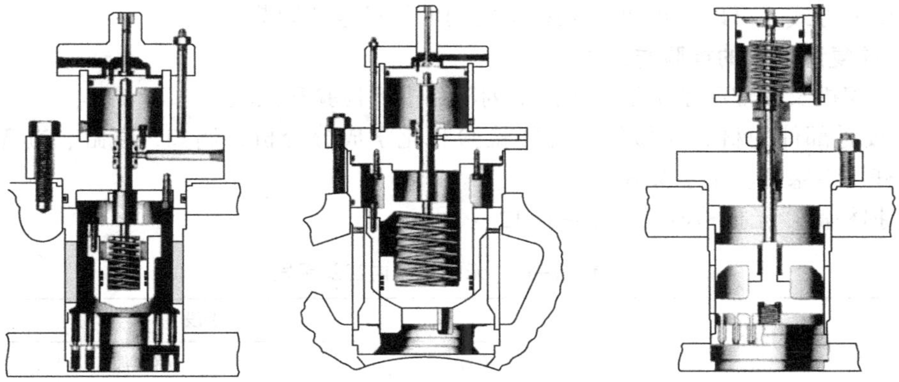

(a)叉式卸荷器　(b)塞式卸荷器　(c)孔式柱塞卸荷器

图10-1-10　卸荷器

2. 余隙容积调节

根据式(10-1-3)通过改变余隙容积，可以得到不同的容积系数λ_v，从而获得不同的排气量。余隙容积可以是固定容积，也可以是可调容积。但由于可调余隙腔的可靠性较差，应用较少。固定余隙容积调节是在缸盖侧增加一个空腔，当余隙容积与气缸连通，则压缩机的输出气量下降，其操作原理与孔式柱塞卸荷器相同，如图10-1-11所示。

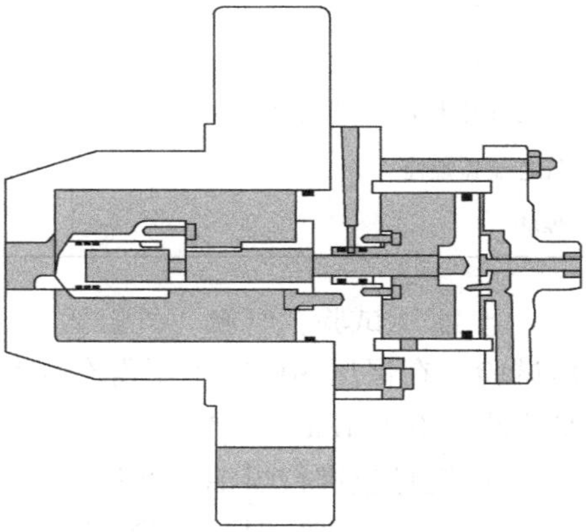

图10-1-11　固定余隙容积卸荷

3. 旁路调节

旁路调节是最简单而又常用的调节方式，几乎炼油装置的每台机组都配置有旁路调节手段。一般将入口压力和出口压力作为控制参数比选后控制返回线调节阀的开度，来调节进入下游装置的气量。

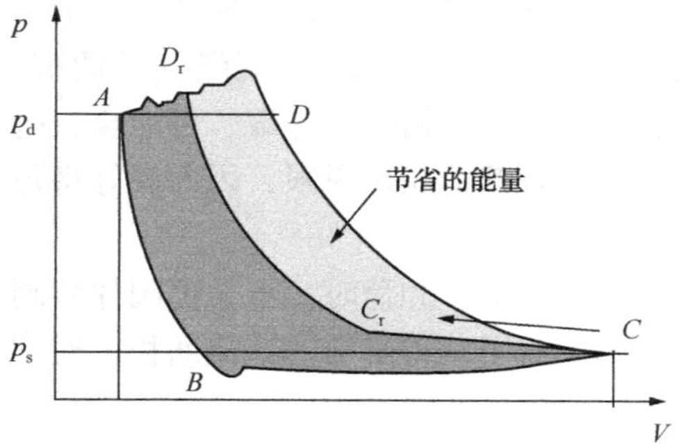

图 10-1-12　无级气量调节系统原理图

4. 气量无级调节

气量无级调节系统是基于压缩机的回流控制原理，吸入气缸的气体有一部分被推回到吸气管网，如图 10-1-12 所示为典型的压缩机 $p-V$ 图。在活塞的往复运动中，当气缸进气终了开始压缩时，C 点作为一个循环的起点。若没有安装气量调节系统，压缩过程将由 C 点沿最外侧曲线达到 D 点，然后开始排气过程。如果安装了气量调节系统，进气阀的阀片在执行机构的强制作用下，由 C 点运行到 C_r点，在此期间由于进气阀保持为开启状态，一部分气体经过开启的进气阀回到压缩机入口，之后执行机构放开进气阀片，进气阀片回到阀座上，形成气缸封闭容积再开始压缩过程。压缩过程沿压缩曲线从 C_r点到达 D_r，气体压力达到额定排气压力后开始排气过程。$p-V$ 图中右边灰色阴影面积就是节省的能量。采用这种调节方式，可以实现 20%～100%之间的气量连续调节。

（七）往复压缩机的检验与试验

往复压缩机及其辅助系统至少应按下列项目进行检验和试验。

① 主要零部件的材料应做机械性能检验和化学成分分析，例如，气缸、缸盖、曲轴、缸套、连杆、活塞杆和十字头等。

② 无损检测：无损检测见表 10-1-12。

表 10-1-12　无损检测内容及手段

零件名称	检查手段			
	磁粉	着色	超声波	射线
曲轴、连杆、活塞杆	√		√	
大头瓦连接螺栓	√			
主轴承盖连接螺栓	√			
十字头销	√		√	
活塞杆与十字头连接紧固螺栓	√			
气缸端盖螺栓		√		
焊缝		√		√

③ 水压试验：气缸、气缸盖、气缸冷却水套和活塞等承压部件应以常温洁净水进行水压试验，在保压 30min 内不得有漏水和冒汗现象。试验压力(表)不小于设计压力的 1.5 倍，且不小于 0.8MPa。

④ 机身应进行煤油渗漏试验。

⑤ 气缸应进行泄漏试验。对于压缩小分子(分子量小于 12)的气缸，应以氦气为介质做泄漏试验；对于大分子，可以使用氮气为试验介质。

⑥ 机械运转试验：往复压缩机在出厂前应做无负荷机械运转试验，试验过程中应监测

转速、机身振动、气缸振动和轴承温度等参数。试验结束后，应立即检测活塞杆摩擦面的温度、曲柄销的金属温度、十字头和十字头滑履的金属温度等。

二、离心压缩机

（一）离心压缩机的基本结构

离心式压缩机主要由壳体、转子和定子等几大部分组成，如图 10-1-13 所示。离心压缩机可以理解为由一系列的基本级构成，级是离心机中最基本的能量转换单元，它由一个旋转的叶轮和几个固定的静止部件组成。叶轮将输入的机械能转化为介质的动能，静止部件将介质的动压能转化为静压能。一般来讲，离心压缩机由首级、中间级和末级组成。

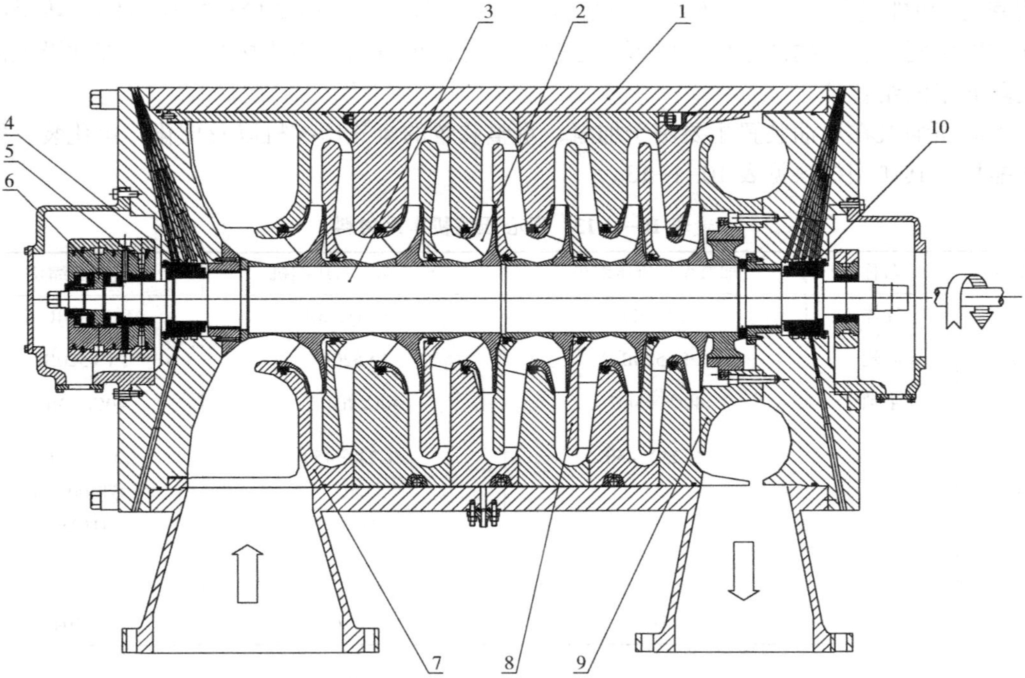

图 10-1-13 离心压缩机剖面图

1—壳体；2—叶轮；3—主轴；4—轴端密封；5，10—径向轴承；6—推力轴承；7—吸入蜗壳；8—隔板；9—排气蜗壳

1. 壳体

压缩易燃或有毒介质，壳体必须采用碳钢或合金钢。壳体可以锻造，也可以采用钢板卷制。空气压缩机可以采用铸铁机壳。若符合下面条件之一，壳体应采用径向剖分结构：

① 介质中氢分压超过 1.38MPa(表)；

② 介质中氢气浓度超过 70%。

2. 转子部分

转子部分包括叶轮、主轴、轴套(级间轴套和轴端轴套)和平衡盘。叶轮是转子的主要部件，气体通过叶轮获得动能；平衡盘主要用于减少由于叶轮两侧压力差所产生的推力。也有采用背靠背的叶轮布置方式来平衡轴向推力，从而取消平衡盘。转子在出厂前都要经过动平衡试验，以确保压缩机在正常运行时转子振动值在允许范围内。

① 叶轮。炼油厂使用的离心压缩机一般用于压缩富气或氢气，叶轮使用沉淀硬化不锈钢17-4PH。叶轮的制造有三种形式，叶片与轮盘、轮盖三件焊；叶轮先经锻制，再铣出叶片，最后与轮盖焊接；叶轮整体铣制。

当压缩介质的氢分压超过0.689MPa或者任何压力下的氢气浓度超过90%，其不允许使用屈服强度超过827MPa或者硬度超过34HRC的材料。

② 主轴。主轴与工艺介质不接触，使用合金钢锻造，并经适当的热处理工艺。材料为40CrNiMo7。

3. 定子部分

定子部分也可分为进气段、隔板(包括扩压段、弯道和导流叶片)、蜗室、级间密封(迷宫式密封)和排气段。定子为轴向剖分结构，上半部与下半部用螺栓连接成筒体，转子则放置在它的中间。上下的两半内壳体可以是整体铸造，也可以是用连接螺栓将各部件沿轴向位置装配起来的组合件。

离心压缩机在炼油装置主要用于加氢、重整装置的氢气压缩机以及催化、焦化装置的富气压缩机，其典型材料见表10-1-13。

表10-1-13　离心压缩机常用材料

序号	名称	加氢循环氢压缩机	重整循环氢压缩机	富气压缩机
1	壳体	20CrMo	20、Q235R	Q345R
2	叶轮	FV520B	FV520B	FV520B
3	主轴	40CrNiMo7	40CrNiMo7	40CrNiMo7
4	隔板	ZG230-450 20 16Mn	ZG230-450 20 Q235	ZG230-450 QT400-18 HT250
5	平衡盘	12Cr13	12Cr13	12Cr13
6	迷宫密封	LD10	LD10	ZL104

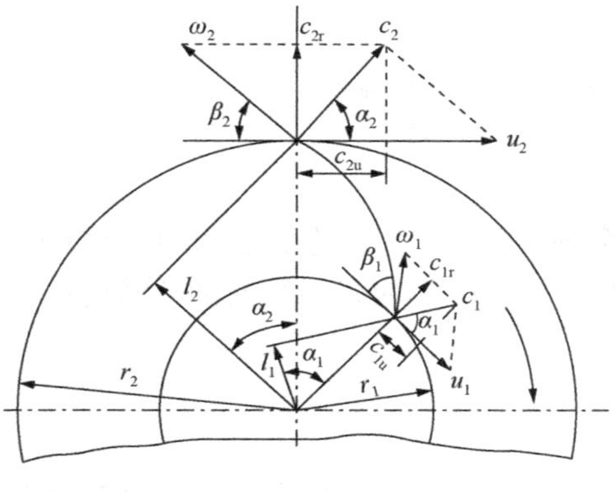

图10-1-14　离心叶轮进出口速度三角形

(二) 离心压缩机的基本原理和热力计算

离心式压缩机和离心泵的工作原理基本相同，区别仅在于两者的工作介质不同。如图10-1-14所示离心叶轮的进出口速度三角形，介质随高速旋转的叶轮加速，然后在静止的扩压器中速度滞止下来，将速度能转变为压力能。介质在叶轮内的速度 c 可以分解为随叶轮旋转进行周向运动(速度 u)和沿叶轮进行离心运动(速度 w)。

为了便于分析液体在叶轮内获得的能量，通常把液体的运动轨迹分解为：

① 介质沿叶轮的旋转进行周向运动，如图10-1-14的速度 u；

② 介质沿叶轮进行离心运动，如图10-1-14的速度 w。

假定单位时间流经叶轮的液体质量为 m，分析叶轮进出口动量矩 M 的增量。

$$\Delta M=M_2-M_1=m\cdot c_2\cdot l_2-m\cdot c_1\cdot l_1 \tag{10-1-21}$$

$$\Delta M=m\cdot(c_2\cdot r_2\cdot\cos\alpha_2-c_1\cdot r_1\cdot\cos\alpha_1) \tag{10-1-22}$$

假定叶轮旋转角速度为 ω，根据动量矩定理，则 $\Delta M\cdot\omega$ 就是液体从叶轮中获得的能量 $m\cdot H_t$，同时 $u_2=r_2\cdot\omega$，$u_1=r_1\cdot\omega$，因此可以得到：

$$H_t=\omega\cdot(c_2\cdot r_2\cdot\cos\alpha_2-c_1\cdot r_1\cdot\cos\alpha_1) \tag{10-1-23}$$

$$H_t=c_2\cdot u_2\cdot\cos\alpha_2-c_1\cdot u_1\cdot\cos\alpha_1 \tag{10-1-24}$$

$$H_t=\frac{c_{2u}\cdot u_2-c_{1u}\cdot u_1}{g} \tag{10-1-25}$$

这就是所有叶轮机械都适用的欧拉(Euler)方程。利用三角形的余弦定理可得到下列关系式：

$$w_1^2=u_1^2+c_1^2-2u_1c_{1u} \tag{10-1-26}$$

$$w_2^2=u_2^2+c_2^2-2u_2c_{2u} \tag{10-1-27}$$

将上面两式代入式(10-1-25)，得出欧拉方程的另一表达式，又称欧拉第二方程。

$$H_t=\frac{u_2^2-u_1^2}{2g}+\frac{c_2^2-c_1^2}{2g}-\frac{w_2^2-w_1^2}{2g} \tag{10-1-28}$$

式中　H_t——理论扬程，m；

u_2——叶轮出口处的圆周速度，m/s；

c_2——液体离开叶轮的绝对速度，m/s；

w_2——液体离开叶轮的相对速度，m/s；

c_{2u}——叶轮出口绝对速度沿圆周方向的分量，m/s；

u_1——叶轮入口处的圆周速度，m/s；

c_1——液体进入叶轮的绝对速度，m/s；

w_1——液体进入叶轮的相对速度，m/s；

c_{1u}——叶轮入口绝对速度沿圆周方向的分量，m/s；

g——重力加速度，m/s^2。

欧拉方程指出了叶轮与流体之间的能量转换关系，它遵循能量转换与守恒定律。该方程不仅适用于气体，也适用于液体。离心泵叶轮也有同样的欧拉方程。假定叶片为无限多，气体为理想气体，单位质量气体通过叶轮获得的能量 H_{th} 可以表示为：

$$H_{th}=u_2c_{2u}-u_1c_{1u} \tag{10-1-29}$$

如果叶片数量为有限多，叶轮的出口速度之间的关系为：

$$c_{2u}=u_2-c_{2r}ctg\beta_2-\frac{\pi u_2}{Z}\sin\beta_2 \tag{10-1-30}$$

式中　Z——叶轮的叶片数量。

如果入口周向分速度为零，则可以得到：

$$H_{th}=u_2c_{2u}=u_2\left(u_2-c_{2r}ctg\beta_2-\frac{\pi u_2}{Z}\sin\beta_2\right) \tag{10-1-31}$$

$$H_{th}=u_2{}^2\left(1-\frac{c_{2r}}{u_2}ctg\beta_2-\frac{\pi}{Z}\sin\beta_2\right) \tag{10-1-32}$$

通常规定：

$\varphi_{2r}=\frac{c_{2r}}{u_2}$，为叶轮出口的径向分速度系数，亦称为流量系数。流量系数对级效率有较大影响。

$\varphi_{2u}=1-\frac{c_{2r}}{u_2}ctg\beta_2-\frac{\pi}{Z}\sin\beta_2$，为叶轮出口的周向分速度系数，亦称为能量头系数，炼油装置中离心机的能量头系数一般为0.4~0.6。

通过能量头系数的定义，式(10-1-32)可以简化为：

$$H_{th}=\varphi_{2u}u_2{}^2 \tag{10-1-33}$$

可见，提高机组运行转速，即提高了圆周速度 u_2，有利于提高叶轮的能量头。圆周速度 u_2 也称作叶轮轮尖速度。圆周速度受叶轮材料和强度的限制，同时也与气体组成相关，叶轮出口的气体流速不宜超过当地音速。炼油装置中的流程压缩机均使用闭式叶轮，其在正常转速下的圆周速度不宜超出280m/s，空气压缩机的圆周速度可以达到320m/s。

离心压缩机的理论功率按式(10-1-34)计算：

$$N=\frac{16.67p_1V_1\ \frac{m}{m-1}\left[\left(\frac{p_2}{p_1}\right)^{\frac{m-1}{m}}-1\right]}{\eta_p} \tag{10-1-34}$$

式中　N——理论功率，kW；

η_p——多变效率；

p_1——入口压力，MPa(绝)；

p_2——出口压力，MPa(绝)；

V_1——入口状态下进气量，m^3/min；

m——多变过程指数，与绝热指数 k 之间有如下的关系：

$$\eta_p=\frac{\frac{m}{m-1}}{\frac{k}{k-1}} \tag{10-1-35}$$

实际功率消耗 N_s 还必须考虑机械效率和传动效率。

$$N_s=\frac{N}{\eta_g\cdot\eta_c} \tag{10-1-36}$$

式中　η_g——机械效率，一般取0.94~0.98；

η_c——传动效率，直接传动时可取为1.0，齿轮箱传动时取0.93~0.98。

离心压缩机的能量头 H_p 相当于离心泵的扬程，由下式计算：

$$H_p=\frac{m}{m-1}zRT_1\left[\left(\frac{p_2}{p_1}\right)^{\frac{m-1}{m}}-1\right] \tag{10-1-37}$$

式中　z——压缩性系数；

R——气体常数。

国内外制造商习惯于用叶轮直径和级数来描述压缩机的大小。不同直径叶轮输送的最大气量可参照表 10-1-14 选取。

表 10-1-14　不同叶轮的最大输气量

叶轮直径/mm	350	400	450	520	600	700	800	900	1000	1100	1200	1300
最大气量/(m^3/s)	3.5	4.7	5.9	7.9	10.5	14.3	18.7	23.7	29.2	35.4	42.1	49.4

注：350mm 叶轮应用较少，常常以 400mm 叶轮代替。

机组在初步选型时可以先根据表 10-1-14 选择合适的叶轮直径，受转子稳定性的限制，实际气量往往小于表中的最大值。然后由式(10-1-37)计算出机组总能量头，按照单级能量头约 25~43kJ/kg 的范围(小分子量或小流量取较小值)，计算出所需要的级数。机组的级数一般不超过 10 级。

(三) 离心压缩机的性能

1. 喘振

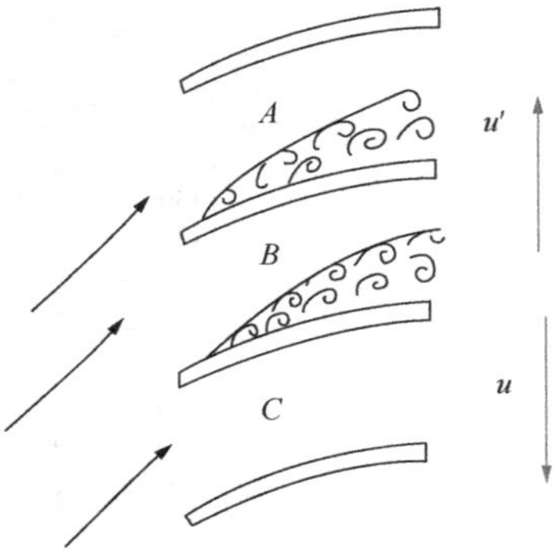

图 10-1-15　旋转脱离示意图

当叶轮的进口流量低到一定数值后(转速不变时通常约为设计流量的 65%)，气体在叶轮入口的流动方向和叶片进口角不一致，此时冲角增加，从而引起边界层严重分离。由于各个叶片的加工和安装不可能完全相同，同时由于来流的不均匀性，所以叶道中气流边界层的分离不会在所有叶片表面同时发生，而总是在某一个或几个叶片上首先发生，如图 10-1-15中的叶道 *B*，这样就减小了叶道 *B* 的有效通流面积，使得原本要通过 *B* 的气体流向 *A* 或 *C*，随即改变了原来流向 *A*、*C* 的气流方向，使得进入 *C* 的气流冲角有所减小，进入 *A* 的气流冲角更加增大，叶道 *A* 内的气流旋转分离更加严重，反过来影响叶道 *B*，这样分离现象由叶道 *B* 扩散至 *A*，沿叶轮旋转方向反向推进，如图中的速度 u'，这种现象称为旋转脱离[2]。

若流量进一步减小，脱离团区域进一步扩大，占据大部分叶道甚至整个环流面积，致使所有叶道都发生严重的分离，这种情况下，出口压力大幅下降，并造成管网气体压力高于叶轮出口压力，气体倒流入压缩机，将气体推回压缩机入口管网。由于气体的回流，造成压缩机出口管网内气体压力下降，气体又从压缩机入口吸入并排向出口管网，这种在压缩机内发生的气体来回流动的现象称为喘振。压缩机发生喘振时，气流来回震荡，导致压缩机叶片产生强烈的振动，并产生周期性的交变应力，使得机组的性能恶化，并有破坏的危险。机组的设计和控制应考虑防止发生喘振的必要措施。

2. 压缩机的堵塞

当流量不断增大时，气流产生较大的负冲角，是叶片工作面上发生分离。当流量达到最大，叶轮做功全部转化为能量损失，压力不再升高，甚至使叶片的流动变为收敛，或者叶轮最小截面处出现音速。这时压缩机达到堵塞工况，压力得不到提升，流量也不再增大，堵塞点就是性能曲线上的右端点。

3. 性能曲线

典型的离心机性能曲线如图 10-1-16 所示，由一族压力和功率随流量变化的曲线组成。每条曲线对应于不同的运行转速。每条曲线的曲线左端点构成了机组的喘振线，左侧就是喘振区域。为确保机组的安全运行，一般要求操作在喘振控制线的右侧，喘振线与喘振控制线需保留 5%～10%的隔离区。额定排气压力下的喘振流量 Q_1 与额定流量的比值以百分数表示，API 617 定义为机组的降量率，也可理解为机组的调节范围。降量率应低于 80%为宜。额定转速下的喘振流量 Q_2 与额定流量的比值以百分数表示，称为操作稳定性。设计中须避免转速的调节范围与第一或第二阶临界转速太近，应保证足够的隔离裕度。高压加氢装置中的氮气工况下转速有可能超出调速器的调节范围，往往只能手动调速。

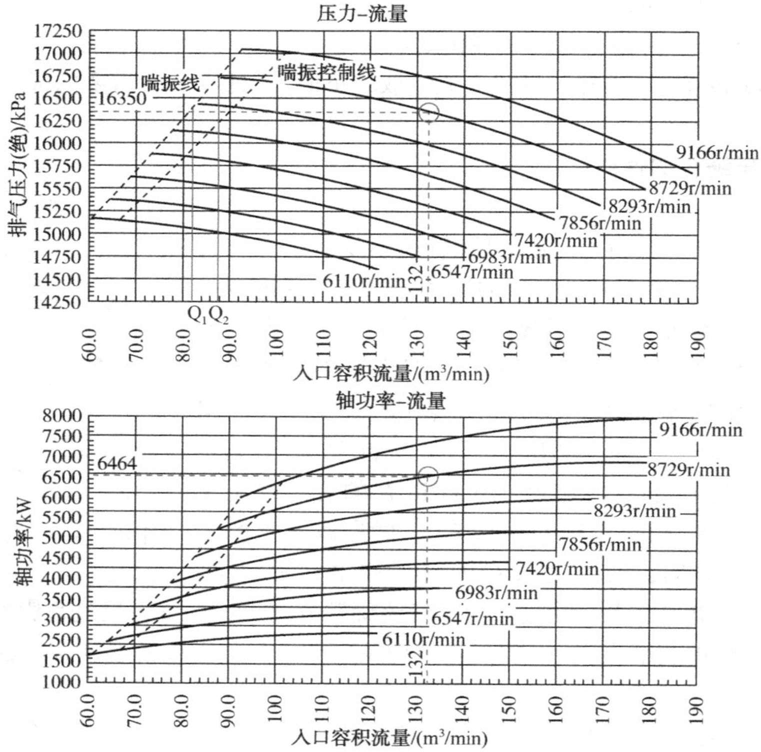

图 10-1-16　离心压缩机的性能曲线

4. 离心压缩机的调节

如果机组的实际运行点与设计点一致，则具有较高的效率。而实际操作过程中，由于装置的操作弹性，使得机组的实际流量有增有减，这就需要调整机组的运行点以适应工艺的需求。常用的离心压缩机调节方法有以下几种：

① 出口节流。压缩机出口阀门节流调节实际上是人为加大管网阻力，改变了机组出口管网的阻力特性，使得机组的运行点相应调整。出口节流是一种非常简单也是常用的调节手段，这种调节方法能耗大，只能作为短时的调节措施。

② 入口节流。入口节流适用于恒速驱动的场合。入口节流降低了入口压力，机组的排气压力也相应降低，机组性能曲线与管网阻力曲线的交点随之变化，得到新的运行点。入口节流时，气体的密度下降，进入机组的质量流量比出口节流时要小，因此入口节流比出口节流调节的稳定工况范围大，也更经济一些。

③ 变转速调节。这是离心机最常用也最经济的调节方式，如果流量发生改变，机组控制系统自动将压缩机操作到合适的转速来适应新工况下的气量。转速调节既可在变压下得到

恒定的流量，也可在恒压下得到可变的流量，或是二者的组合。变转速驱动机可以是汽轮机、变频电动机或恒速电动机加液力耦合器联合驱动的方式。

④ 旁路调节。轻烃回收装置的干气来自多套不同类型的装置，其气量变化非常大而且波动非常频繁，如果采用转速调节，机组运行很不稳定。应用于此类装置的离心压缩机常采用固定转速加旁路调节的方式，多余气体返回入口或放空，但经济性较差。

5. 防喘振控制

常用的防喘振逻辑是动态防喘振模式，由机组控制系统完成。如图 10-1-17 在防喘振画面上有 5 条线，即喘振线、立即快开线、比例快开线、防喘振控制线和徘徊线。

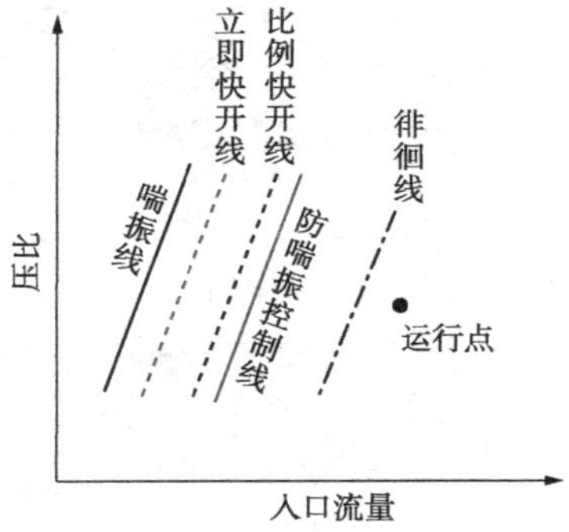

图 10-1-17　防喘振控制示意图

① 徘徊线。徘徊线在正常运行点的左侧 5%处，用以限制运行点的过快移动。当运行点远离防喘振控制线时，防喘振控制器的输入值为徘徊线的横坐标，此时防喘振阀完全关闭。若工况突然发生变化，运行点快速移动到徘徊线的左侧，徘徊线不会立即跳跃到运行点的左侧，而是按着设定好的速率向左移动，这样在一定时间内，运行点始终位于徘徊线的左侧，防喘振阀预先微量开启，将运行点拉回徘徊线右侧，防止运行点过快逼近防喘振控制线。

② 喘振线。喘振线是制造商根据压缩机的设计而绘制的机组发生喘振时的曲线。

③ 防喘振控制线。防喘振线在程序中设定，一般位于喘振线右侧 10%处。但如果控制系统的响应不足以避免喘振的发生，防喘振线将随着喘振发生的次数逐次向右移动。如：发生一次喘振，防喘振控制线右移 2%。

④ 比例快开线。在喘振线与防喘振控制线之间距离喘振线 70%处，设定一条比例快开线，0%～70%的流量区域分别对应于防喘振阀开度的 100%～0%。

⑤ 立即快开线。在喘振线与防喘振控制线之间距离喘振线 2%处，设定一条立即快开线，若运行点移动到立即快开线左侧，防喘振阀立即全开。

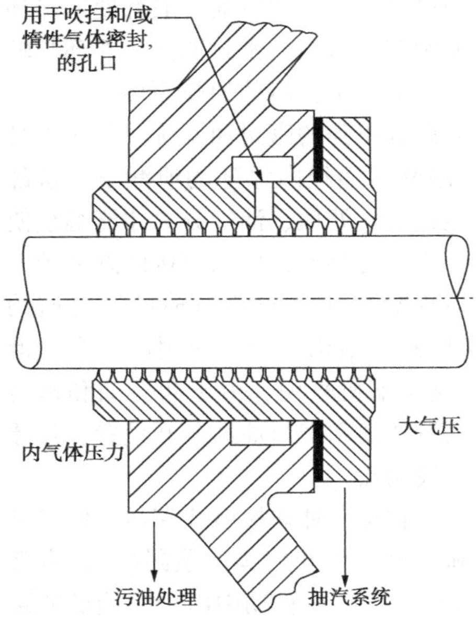

图 10-1-18　迷宫密封

（四）压缩机的轴封

轴端密封是防止气体从压缩机两侧轴伸处泄漏的重要部件，在离心式压缩机中使用的主要有迷宫密封（如图 10-1-18）、机械密封（如图 10-1-19）、浮环密封（如图 10-1-20）和干气密封（如图 10-1-21）。压缩安全介质，如空气、氮气等，可以采用迷宫密封。如果在迷宫中间注入蒸汽、氮气等惰性气体，在气缸侧抽出进行酸油处理，在大气侧设置抽汽系统，这样迷宫密封演变为阻塞密封，国内以前有人将这种蒸汽阻塞密封应用到催化裂化装置的富气压缩机上，但由于其能耗大、故障率高，已很少采用。

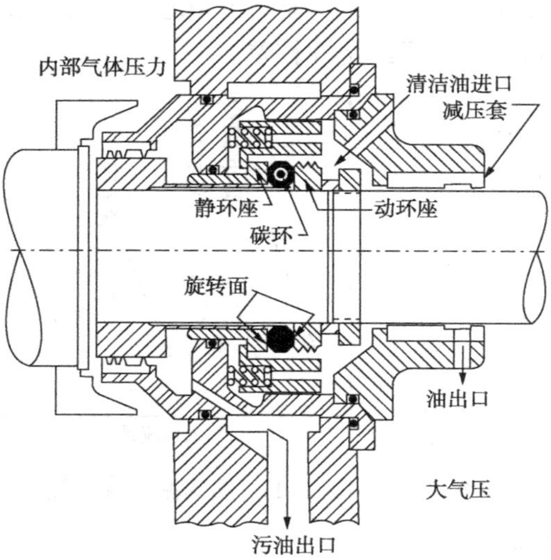

图 10-1-19　机械密封

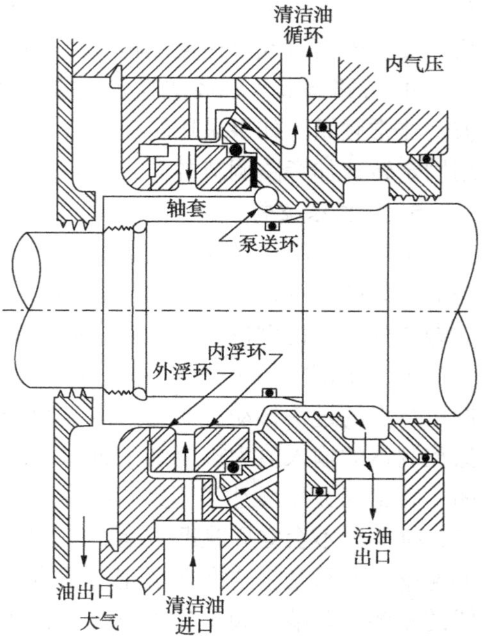

图 10-1-20　浮环密封

压缩机使用机械密封与离心泵所使用的轴封类似，它是依靠动环和静环的端面形成的油膜阻止气体向大气侧泄漏。油站提供密封油，这种密封最高使用压力为 5.0MPa 左右，密封所产生的污油量(与气体接触的油)较少。国内制造商曾开发了一种油膜螺旋槽端面密封，这种密封是机械密封的一种变体，由于在动环的端面上刻有螺旋槽(类似于干气密封)，使密封所产生的污油量几乎为零。

超过 5.0MPa 特别是超过 12.0MPa 的轴端密封，在 20 世纪 90 年代以前一般都使用浮环密封。该密封由几组浮环组成，浮环可径向移动，但不能旋转，清洁的密封油注入浮环与轴套之间的间隙，随着轴的旋转，浮环与轴套之间形成液膜，类似于轴承的油膜原理，油膜起密封的作用。因此浮环密封也称作液膜密封。浮环密封应设置单独的密封油系统，其压力必须精确控制，一般比气缸内压力高 0.05~0.1MPa，来控制密封油经内浮环的泄漏量。这部分泄漏量与工艺介质接触混合后排出，形成酸油，必须经过脱气处理、油气分离才能继续使用。另外一部分密封油经过外浮环流出，这部分封油与介质没有接触，可以直接回到油箱回用。如果密封压力很高，可以设置多组外浮环。浮环与轴套之间的间隙与轴径的比值约 0.0005~0.002，内浮环间隙较小，外浮环间隙较大。浮环密封结构简单，使用压力高，但它的缺点是污油量大、能耗大[3]。对于中、高压的循环氢压缩机来说，由于润滑油和密封油压力相差甚远，又为了防止污油污染润滑油，必须将润滑油站和密封油站分开设置，且浮环密封极易造成工艺介质的污染，目前这种密封基本上已被淘汰。

干气密封是近几十年来发展起来的一种新型密封装置，它是一种非接触式密封，依靠刻在动环端面上的螺旋形槽与静环(石墨环)形成微小的气隙，从而阻止气体的泄漏(允许有微量泄漏存在)，国外已经将干气密封应用到 40.0MPa 的场合。动环在转动中由于螺旋槽的泵送效应，与静环是不接触的，正常运转过程中，动静环之间形成气膜密封，其耗功非常小，发热量也很小，也不需要专用的密封油装置，对润滑油不会造成危害。近年来在炼油装置中的离心式压缩机中得到了大量的应用。目前炼油厂的氢气压缩机一般采用图 10-1-21 所示的带中间迷宫的串联干气密封。富气压缩机和解吸气压缩机由于其分子量较大，容易在密封面结焦，可以采用双端面干气密封，如图 10-1-22 所示，缓冲气和密封气均采用氮气。

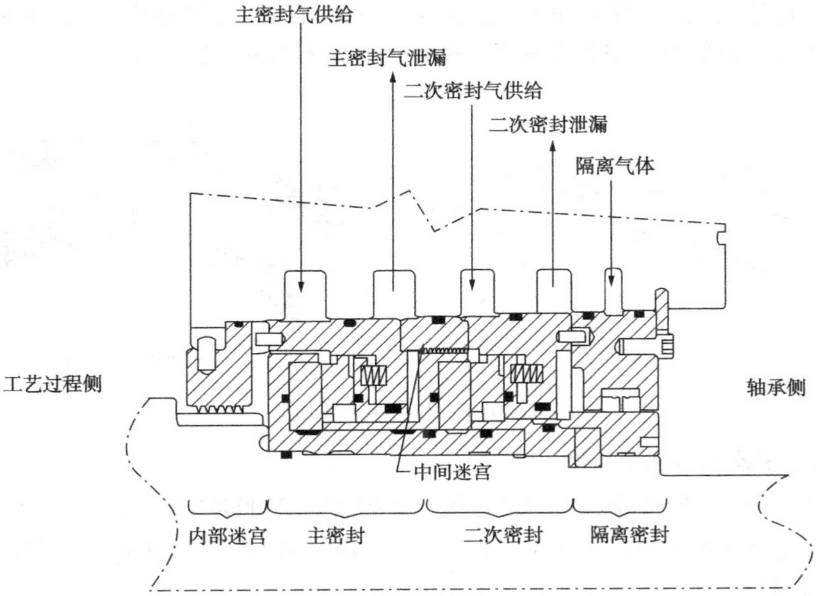

图 10-1-21　干气密封

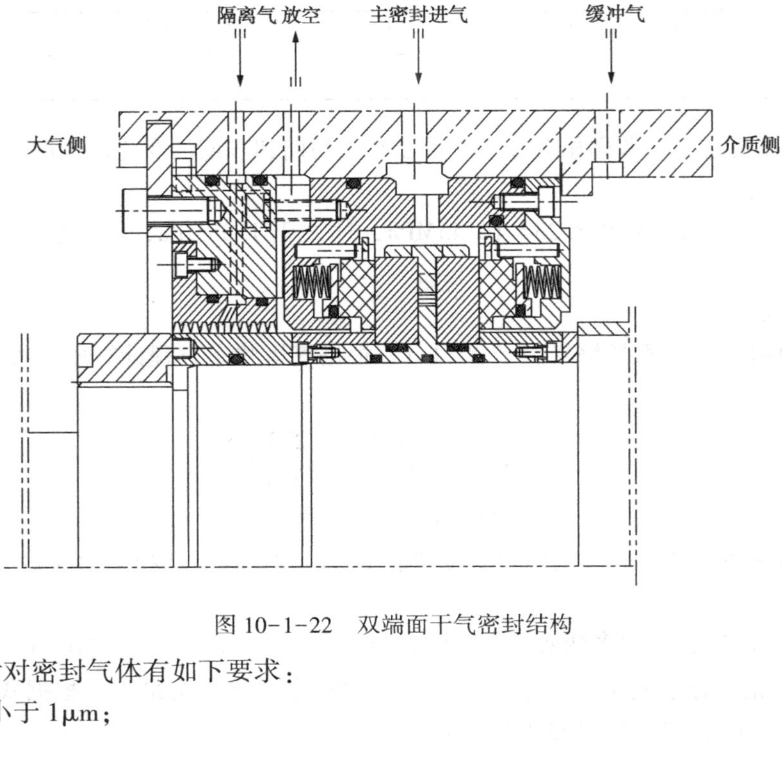

图 10-1-22　双端面干气密封结构

干气密封对密封气体有如下要求：

① 颗粒小于 1μm；

② 足够的干度。密封气温度应高于露点 20℃以上；

③ 足够的流量，使得流经压缩机侧喉部梳齿的流速高于 5m/s，阻止压缩介质向干气密封扩散。

因此，干气密封应配备一套独立的控制盘，进行气体的过滤、干燥和稳压等操作。在压缩机停机后，可能发生由于出口单向阀关闭不严导致机组反转的短时现象，如果需要密封仍然起作用，干气密封的设计需要考虑双向密封性，如图 10-1-23 所示。

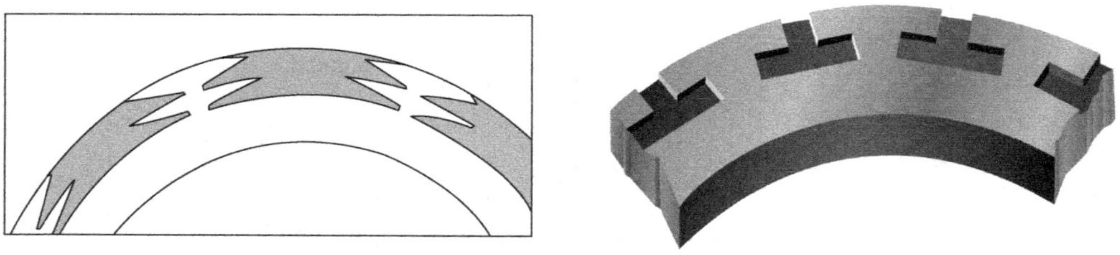

(a)Johncrane型线　(b)Flowserve型线

图 10-1-23　双向密封槽

（五）离心压缩机的选型示例

某厂渣油加氢装置循环氢压缩机的气量为 $Q=250000\text{Nm}^3/\text{h}$，进气压力（表）$p_1=15.8\text{MPa}$，进气温度 $T_1=60℃$，排气压力（表）$p_2=19.3\ \text{MPa}$，介质相对分子质量 $M_w=5.296$，等熵指数 $k=1.372$，气体的摩尔组成见表 10-1-15。

表 10-1-15　气体的摩尔组成

组分	H_2O	H_2S	H_2	C_1	C_2	C_3	C_4	C_5^+
体积分数/%	0.17	0.0045	85.23	9.34	2.97	1.52	0.5	0.27

同时，压缩机选型需考虑相对分子质量在开工初期和末期的变化范围(3.651～6.855)。

1. 结构形式

计算氢气分压为 19.3×0.8523＝16.45MPa，远大于 1.38MPa，因此应选择垂直剖分式壳体。

2. 叶轮直径计算

根据表 10-1-1，选取压缩机因子 $Z=1.1$。根据气体状态方程计算压缩机入口状态的气量 V_1：

$$V_1=1.1\times\frac{250000}{159}\times\frac{60+273.15}{273.15} \tag{10-1-38}$$

$$V_1=2320\text{m}^3/\text{h}=0.645\text{m}^3/\text{h} \tag{10-1-39}$$

由于 350mm 直径的叶轮应用较少，按照表 10-1-14，这里选择了 400mm 直径叶轮。

3. 能量头计算

根据图 10-1-24，选取多变效率 $\eta_p=0.7$，根据式(10-1-35)或图 10-1-25，可以得出 $m=1.63$。最小相对分子质量时为最苛刻工况，此时多变能量头最大。根据式(10-1-37)，得出在分子量为 3.651 时 $H_p=172600\text{Nm/kg}$。

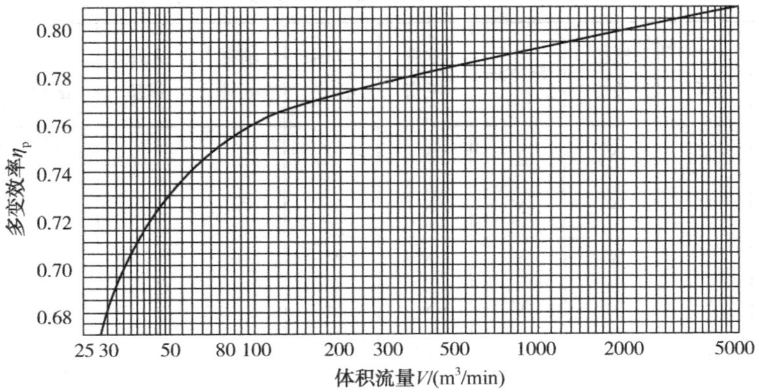

图 10-1-24　多变效率与流量的关系

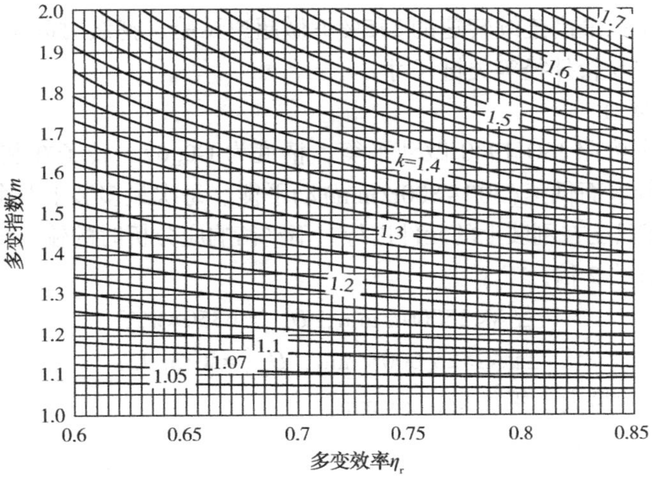

图 10-1-25　多变指数与多变效率的关系

此压缩机为氢气压缩机，单级能量头按 25kJ/kg，压缩机拟选择 6 级压缩。选取多变能量头系数为 0.4，由式(10-1-33)，可以计算出轮尖速度 u_2：

$$u_2=\sqrt{\frac{H_p}{6\cdot\varphi_{2u}}}=268\quad \text{m/s} \tag{10-1-40}$$

得出的轮尖速度小于 280m/s，速度值是合理的。之后便可以通过叶轮直径得出转速：

$$n=\frac{u_2}{\pi D}=\frac{268}{3.14\cdot 0.4}=213.4\quad \text{r/s}=12803\quad \text{r/min} \tag{10-1-41}$$

因此，压缩机的选型大致为 400mm 叶轮，6 级压缩，大约运行在 12803r/min 左右。

(六) 离心压缩机的检验与试验

1. 离心压缩机的主要零部件检测内容

离心压缩机的主要零部件检测内容见表 10-1-16。

表 10-1-16　离心压缩机的主要零部件检测内容

项 目	化学成份	机械性能	超声波	磁粉探伤	渗透探伤	消磁处理	水压试验	气密试验	机械跳动检查	电跳动检查
壳体、端盖	√	√	√	√	√		√	√		
主轴	√	√	√	√		√				
叶轮	√	√	√	√	√					
平衡盘、推力盘	√	√	√	√						
隔板	√	√		√						
转子									√	√

2. 叶轮超速试验

每个叶轮至少应在最高连续转速的 115%下做超速试验，持续时间不小于 1min，需记录轴孔、进口密封圈和叶轮外径等关键尺寸。

3. 转子动平衡试验

每个转动部件应按照 ISO 1940 做动平衡，精度为 G0.67。转子在装配期间，所有转动元件应该有序地进行多面低速(500~800r/min)动平衡。每次最多装上两个主要部件就要做一次动平衡。平衡校正只能在刚装上的元件进行。不平衡响应分析时的输入值按式(10-1-42)或式(10-1-43)计算值的 2 倍。

$$\text{当 } N<25000\text{r/min},\ U_{max}=6350\times W/N \tag{10-1-42}$$

$$\text{当 } N\geq 25\,000\text{r/min},\ U_{max}=W/3.937 \tag{10-1-43}$$

式中　U_{max}——允许的最大不平衡量，g · mm；

W——轴颈处的静态载荷，kg；

N——最高连续转速，r/min。

转子宜在真空状态下进行高速动平衡试验，在最大轴承支架的刚度下，在轴承盖上测量的振动验收准则见表 10-1-17。

表 10-1-17　转子动平衡试验允许振动值

转速 n/(r/min)	允许的振动值/(mm/s)
n>3000	7400/n 或 1，两者取小值
n<3000	2.5

4. 压缩机泄漏试验

压缩小分子(相对分子质量小于 12)气体的气缸，应以氦气为介质做泄漏试验；如果压缩大分子气体，可以使用氮气为试验介质。

5. 机械运转试验

压缩机应在工厂进行机械运转试验，在跳闸转速下运转 15min 后，再在最大连续转速下运转 4h。机械运转试车时机械性能应达到表 10-1-18 的要求，试车后进行解体检查。

表 10-1-18　机械性能要求

项　　目	压缩机	项　　目	压缩机
轴振动/μm	≤25.4	止推轴承温度/℃	≤95
轴位移/mm	≤±0.5	径向轴承润滑油温升/℃	≤30
径向轴承温度/℃	≤95	止推轴承润滑油温升/℃	≤30

机械运转试验应验证横向临界转速。如果实测值与计算值之差超过±5%，需要修正振型。同时进行不平衡响应分析的工厂验证，并符合下列隔离裕度（M_{sr}）的要求。

① 如果在某一临界转速上的放大系数 *AF* 小于2.5，则该响应被看作临界阻尼，隔离裕度没有要求。放大系数按图 10-1-26 计算。

② 如果在某一临界转速上的放大系数 *AF* 等于 2.5 或更大，且临界转速低于最小运行转速，则该隔离裕度以最小运行转速的百分数表示，应不小于式(10-1-44)的计算值。

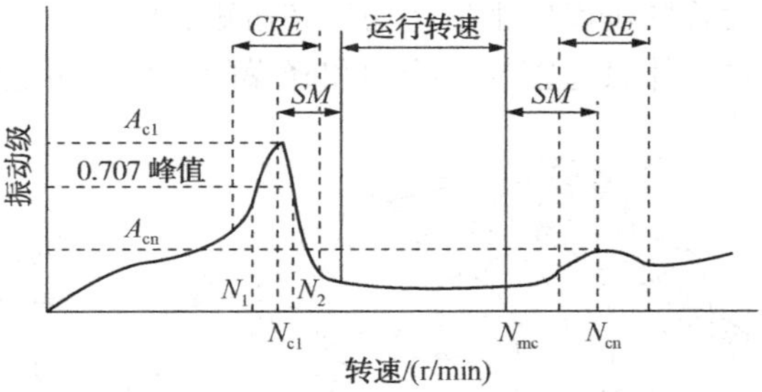

图 10-1-26　转子响应图谱

N_{c1}——转子一阶临界转速，r/min；

N_1——0.707 倍振幅峰值时对应的初始(较低的)转速；

N_2——0.707 倍振幅峰值时对应的最终(较高的)转速；

AF——放大系数，$AF=N_{c1}/(N_2-N_1)$；

M_{sr}——隔离裕度；

A_{c1}———阶临界转速下的振幅

$$M_{sr}=17\times\left(1-\frac{1}{AF-1.5}\right) \tag{10-1-44}$$

③ 如果在一临界转速上的 *AF* 等于 2.5 或更大，且临界转速高于最大连续转速，该隔离裕度以最大连续转速的百分数表示，应大于式(10-1-45)的计算值。

$$M_{sr}=10+17\times\left(1-\frac{1}{AF-1.5}\right) \tag{10-1-45}$$

(七) 性能试验

压缩机应以合同转子按 ASME PTC 10 作性能试验。在正常转速下，应记录至少五个点的试验数据，包括喘振和过载。

对于变速机器，在正常运行点(或按规定的其他点)上的压头和流量应该无负偏差，在该点上的实测功率应不超过预期轴功率的 104%。

对于恒速压缩机，在正常流量点(或按规定的其他点)的实测能量头应在正常能量头的 100%～105%范围内。在正常流量下的实测功率不应超过预期轴功率的 107%。

三、螺杆压缩机

螺杆压缩机也属容积式压缩机，和往复式压缩机相比，其结构简单，维护容易，排气时无气流脉动现象。通常，炼油厂使用螺杆压缩机对燃料气增压、回收尾气、冷冻压缩(丙烷/丁烷)以及用于对腐蚀性和污染性工艺气体的压缩等。

根据 API 619 的定义，工业应用的螺杆压缩机分为干式螺杆压缩机和湿式螺杆压缩机。

两者之间的区别在于：

① 干式螺杆压缩机：阴阳转子之间的动力传递由同步齿轮完成，且阴阳转子的间隙之间没有液体密封，转子齿面没有接触；

② 湿式螺杆压缩机：没有设置同步齿轮，阴阳转子之间的动力传递由齿面啮合完成，因此阴阳转子之间必须喷入具有润滑性的液体，同时起润滑、密封、冷却和降噪的作用。

国内普遍应用的工艺螺杆压缩机是干式和湿式相结合的结构形式，即：采用干式结构，即设置同步齿轮来传递功率和扭矩，阴阳转子之间不接触。同时转子之间喷入少量的液体，不过液体只起密封、冷却和降噪的作用，不起传递动力和润滑作用。

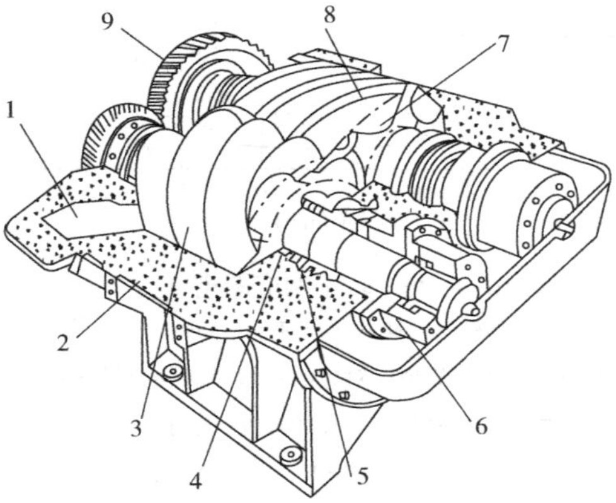

图 10-1-27　螺杆压缩机结构示意图
1—吸气孔口；2—气缸；3—阳转子；4—轴封；5—挡油环；6—轴承；7—排气孔口；8—阴转子；9—同步齿轮

（一）螺杆压缩机的基本原理

我们通常所说的螺杆压缩机是指双螺杆压缩机，如图 10-1-27 所示，在压缩机气缸内平行布置着一对相互啮合的螺旋转子，节圆外具有凸齿的叫阳转子，节圆外具有凹齿的叫阴转子。一般阳转子为主动转子，阴转子为从动转子。

螺杆压缩机的工作循环可以分为吸气、压缩、排气等三个过程。下面以一对啮合齿分析其过程[4]。

1. 吸气过程

图 10-1-28(a)示出了吸气过程即将开始时的转子位置，这一对齿前端(由箭头指向的齿)的型线完全啮合，且即将与吸气孔口相通。如图 10-1-28(b)所示，随着转子的运动，由于齿的一端逐渐脱离啮合而形成齿间容积，这个容积的扩大，在其内部形成一定的低压区，而齿间容积又与吸气孔口连通，因此吸气腔内气体便在入口压力的推动下流入，在随后的转子旋转过程中，阳转子不断从阴转子的齿槽中脱离出来，直至与吸气腔脱离，如图 10-1-28(c)的吸气结束点。理想过程的结束点是齿间容积在与吸气腔断开的同时达到最大。

(a)吸气过程即将开始　　(b)吸气过程中　　(c)吸气过程结束

图 10-1-28　螺杆压缩机的吸气过程

2. 压缩过程

如图 10-1-29 所示，图中的转子端面为排气端面。吸气过程结束后，转子的旋转使得齿间容积不断减小，导致压力不断升高。压缩过程一直持续到与排气孔口连通之前。

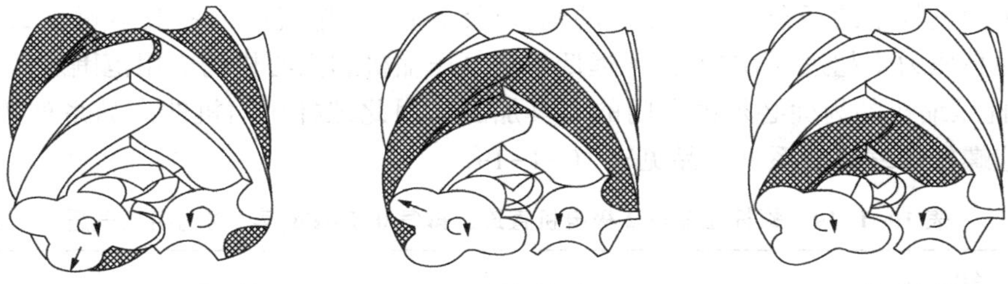

(a)压缩过程即将开始　(b)压缩过程中　(c)压缩过程结束

图 10-1-29　螺杆压缩机的压缩过程

3. 排气过程

齿间容积与排气孔口连通之后，即开始排气，随着齿间容积的不断缩小，具有排气压力的气体通过排气孔口被排出，这个过程一直持续到齿末端的型线完全啮合。理想的排气结束点是与排气孔口脱离的同时封闭容积变为零，如图 10-1-30 所示。

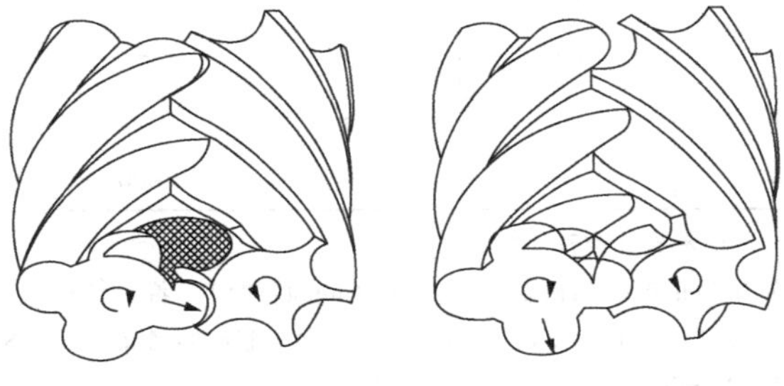

(a)排气过程中　(b)排气过程结束

图 10-1-30　螺杆压缩机的排气过程

从上述原理可以看出，螺杆式压缩机是一种容积式气体压缩机械，气体的压缩是依靠容积的变化来实现的，而容积的变化又是借助压缩机的一对转子在机壳内做回转运动来达到的，因此，螺杆压缩机同时兼有容积式压缩机和离心式压缩机两者的特点。

① 运动部件少，没有往复压缩机的气阀、填料、活塞环和支撑环等易损件。因此，运转可靠，连续运行周期长。螺杆压缩机可以不设备机。

② 不存在往复惯性力，允许压缩机在高速下运转，因此同等输气量下，比往复压缩机结构更加紧凑，机身尺寸相对较小。另外还可以适应于无基础运转，更加适合于移动式压缩机组。

③ 螺杆压缩机中的气流近似于连续流动，气流脉动较弱。

④ 喷油螺杆压缩机允许有更高的单级压缩比，单级压缩比可以达到 10 以上，而且能保持很高的容积系数。

⑤ 可以允许多相混输。因为螺杆转子之间存留有间隙，能耐液体冲击，可输送含液气体、含粉尘气体、易聚合气体。螺杆压缩机广泛应用于火炬气压缩机、尾气回收压缩机等恶劣工况，近年来陆续在原油蒸馏装置中得到应用。

⑥ 螺杆压缩机可以在较宽的工况范围工作，仍能保持较高的效率，没有离心式压缩机在小流量时的喘振现象。

⑦ 螺杆压缩机内部存在很多间隙，还有转子刚度方面的限制，故不能应用于高压场合，

也不能用于微型气量的场合。国内生产的螺杆压缩机，其排气压力一般不超过 2.5MPa，国外产品的最高压力不超过 5.0MPa，远远低于往复压缩机和离心机的应用范围。

⑧ 螺杆压缩机的齿面必须由专门的刀具加工，因此螺杆压缩机的产品系列较少。国内生产的工艺螺杆压缩机的系列产品见表 10-1-19。

表 10-1-19　螺杆压缩机 2 极电机直连、排气 0.7MPa(表)时的名义气量　　m^3/min

长径比 / 转子直径	1.05	1.1	1.32	1.35	1.5	1.65
163 mm	—	5	6	—	—	7.5
204 mm	—	10	12	—	—	15
255 mm	—	20	24	—	—	30
321 mm	—	40	—	—	—	60
408 mm	—	83	—	102	114	125
510 mm	—	170	—	—	231	255
630 mm	300	315	—	—	430	480
810 mm	—	—	—	900	—	1100

注：1. 国内习惯于以阳转子直径来表征螺杆压缩机的大小。
2. 例如：阳转子直径为 408mm 的压缩机运行在 3000r/min 转速时，若长径比为 1.65，则压缩机的名义气量为 $125m^3/min$(指压缩机入口状态下)；若长径比为 1.1，则压缩机的名义气量为 $83m^3/min$。
3. 如果压缩机运行在 1500r/min，名义气量则为表中数值的一半。
4. “—”表示没有这个规格的压缩机。

为了满足不同的工业应用，制造商一般是选择一台气量接近的螺杆转子，然后配置齿轮箱，靠调整转速来适应各种不同的气量需求，气量对转速(50%~100%额定转速之内)按线性关系考虑。通过优化机组内部间隙也可以适当提高气量。机型确定之后需要适当调整排气孔口的位置和大小来调整内压缩比，以达到最佳的效率。

⑨ 由于螺杆压缩机齿间容积周期性地与吸排气腔连通，吸排气封闭容积的存在以及同步齿轮的设置等，导致螺杆压缩机噪声较大。

(二) 热力学分析

1. 理想过程

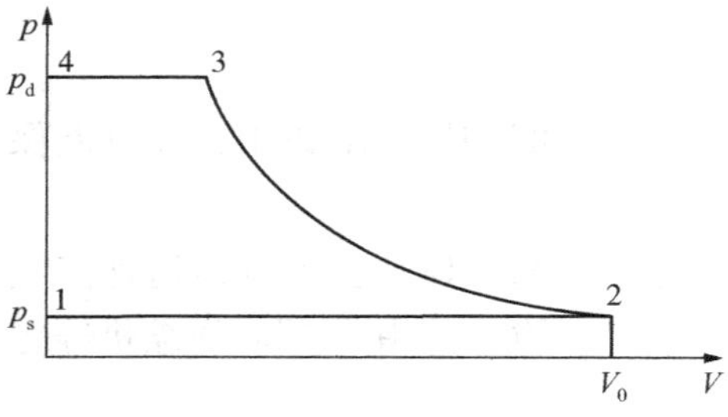

图 10-1-31　理想的压缩过程

理想的热力学过程是在吸气容积与吸气孔口连通开始吸气，达到最大后结束吸气过程，齿间容积封闭后逐步变小，与排气孔口连通时达到排气压力，随着齿间容积的进一步减少，所有气体全部排出，如图 10-1-31 所示。

2. 内外压力比不同的过程

压缩机的齿间容积与排气孔口连通之前，齿间压力称为内压缩终了压力 p_i，它与吸气压力之比为内压比 ε_i。排气腔内气体压力称为背压或外压力，它与吸气压力之比为外压比。由于工艺操作和气体组分的变化，不可避免地存在内外压比不同的情况。螺杆压缩机的吸排气孔口的位置决定了内压比的大小。

如果内压比小于外压比(也叫压缩不足)，则在齿间容积与排气孔口连通的瞬间，排气腔的气体就会倒流入齿间容积，使其压力迅速提升至排气压力 p_d，然后再随着齿间容积的气体排出压缩机，如图 10-1-32(a)。如果内压比大于外压比(也叫过压缩)，则在齿间容积与排气孔口连通的瞬间，被压缩气体就会迅速流入排气腔，齿间容积骤降至排气压力 p_d，然后再随着齿间容积的气体排出压缩机，如图 10-1-32(b)。如果被压缩的气体是理想气体，并且假定压缩过程是绝热过程，压缩终了的内压缩比为：

$$\varepsilon_i = p_i / p_s = (V_s / V_i)^k \tag{10-1-46}$$

式中　V_s——吸气终了的气缸容积，m^3；

V_i——压缩终了的气缸容积，m^3。

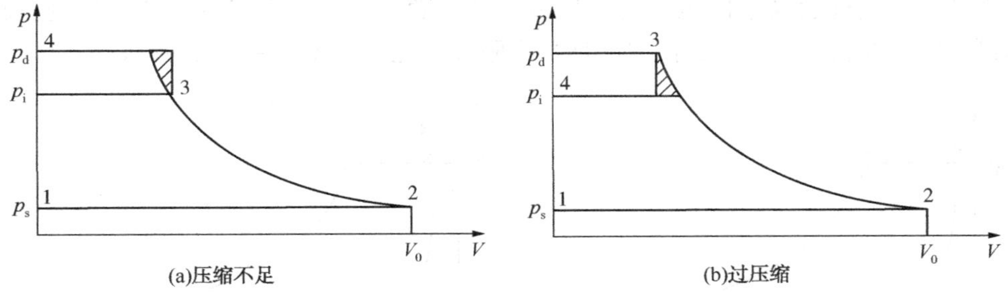

图 10-1-32　内外压比不同时的压缩过程

可见，内压比不仅取决于内容积比，也决定于气体的性质，气体组分变化时，等熵指数 k 随之变化，内压比也会发生相应的变化。每一台压缩机都有一个固定的内容积比，实际操作中不可避免地存在内外压比不同的情况。内外压比不同时总是伴随着附加功耗的产生，如图 10-1-32 中阴影所示。压缩不足的附加功耗低于过压缩产生的附加功耗。

3. 吸气提前或延迟结束

当吸气过程在齿间容积达到最大之前结束时，齿间容积中的气体将会在吸气结束后膨胀，达到最大容积后再从较低的压力开始压缩过程。

当吸气过程在齿间容积达到最大之后结束时，齿间容积中的气体将会在吸气结束后重新回流至吸气腔，然后在与吸气孔口脱离之后开始压缩过程。如图 10-1-33 所示。

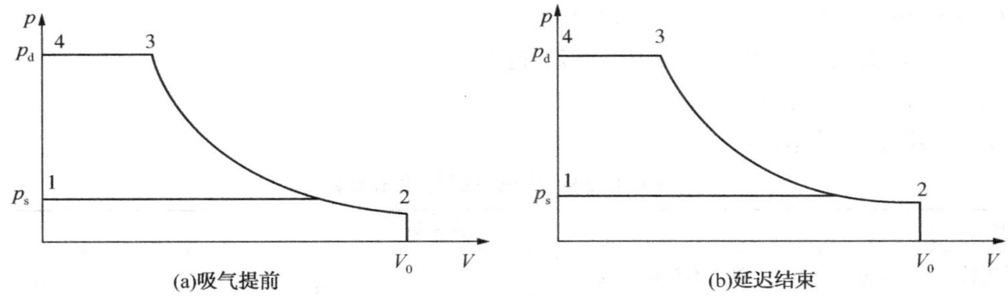

图 10-1-33　吸气提前或延迟的压缩过程

4. 具有贯穿容积的压缩过程

齿间容积所能达到的最小容积为贯穿容积，贯穿容积相当于往复压缩机的余隙容积。如

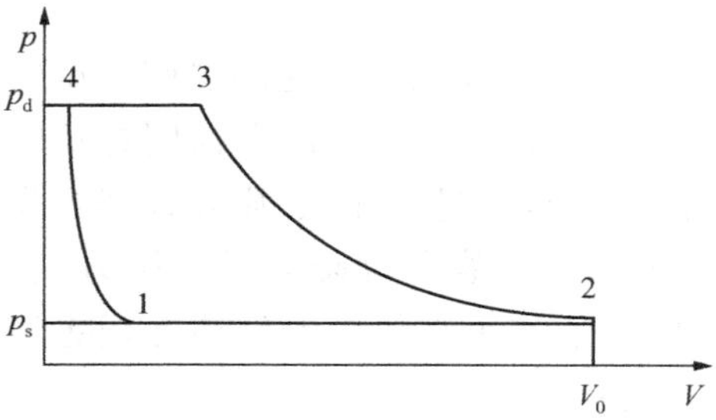

图 10-1-34　具有贯穿容积的压缩过程

果贯穿容积不为零，则在排气过程结束后气体不能全部排出。在与吸气腔连通时，残余的高压气体膨胀后才能吸入新鲜气体，如图 10-1-34 所示。

5. 具有封闭吸气容积和封闭排气容积的过程

当齿间容积达到最小之后，如果不能立即开始吸气过程，就会产生吸气封闭容积。因此有可能在吸气过程的初期，齿间气体压力会低于吸气腔压力，在齿间容积与吸气孔口连通的瞬间，齿间气体突然升高至吸气压力，然后再开始吸气过程。

当齿间容积达到最小值之前，排气过程已经结束，就会产生排气封闭容积，该容积内的气体被继续压缩到远远高于内压缩终了压力，之后随着与吸气孔口的连通，再进行膨胀过程，这既影响压缩机的吸气量，同时又增加了附加功耗，如图 10-1-35 所示。

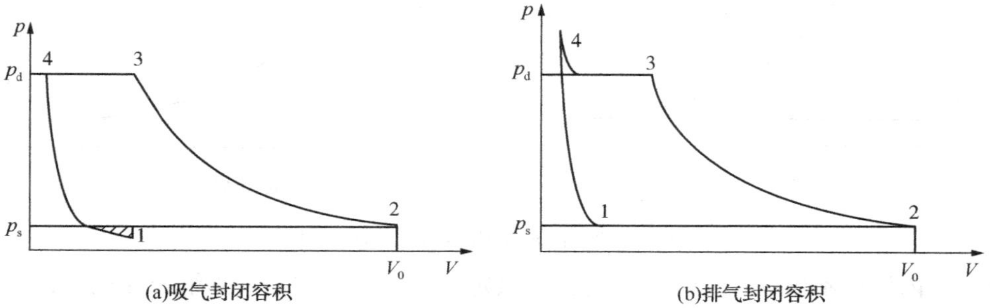

图 10-1-35　具有封闭容积的压缩过程

（三）螺杆压缩机的热力计算

1. 螺杆压缩机的排气量

螺杆压缩机的排气量取决于机器内部结构参数，可以由式(10-1-47)计算。

$$Q_v = \eta_v C_\varphi \cdot C_n \cdot n \cdot \lambda \cdot D_1^3 \qquad (10-1-47)$$

式中　Q_v——压缩机的排气量，m^3/min；

η_v——容积系数，取值范围 0.75~0.95；一般来讲，运行转速低，容积流量小，压力比高，不喷液的螺杆压缩机容积效率较低；

C_φ——扭角系数，由表 10-1-20 选取；

C_n——面积利用系数，由表 10-1-21 选取；

λ——转子长径比；

D_1——阳转子节圆直径，m。

表 10-1-20　常见型线的扭角系数

转子型线	扭角系数 C_φ					
阳转子扭转角/(°)	双边对称圆弧型线	单边不对称摆线-销齿圆弧型线	SRM-A	GHH	SRM-D	日立型线
240	1.0	0.9989	0.9992	1.0	0.995	1.0
270	0.996	0.9905	0.9907	0.9976	0.9916	0.9987
300	0.9769	0.971	0.9711	0.9841	0.9726	0.987

表 10-1-21 常用型线的面积利用系数 C_n

转子型线	双边对称圆弧型线	单边不对称摆线-销齿圆弧型线	Atlas-X	SRM-A	GHH	复盛	SRM-D	日立型线
面积利用系数	0.4889	0.4696	0.4856	0.5009	0.4495	0.4474	0.4979	0.4013

注：国内工艺螺杆压缩机普遍采用的 SRM-A 型单边不对称型线，其阳转子扭转角为 300°。

2. 压缩机的轴功率

螺杆压缩机的绝热功率[$W_{ad(i)}$]计算与往复式压缩机相同，由式(10-1-48)表示，实际轴功率(N)计算见式(10-1-49)。

$$W_{ad(i)}=p_1V_1\frac{k_T}{k_T-1}\left[\left(\frac{p_2}{p_1}\right)^{\frac{k_T-1}{k_T}}-1\right]\frac{z_1+z_2}{2z_1} \tag{10-1-48}$$

实际轴功率

$$N=\frac{\sum W_{ad(i)}}{\eta_{ad}\cdot\eta_g} \tag{10-1-49}$$

绝热效率 η_{ad}反映了压缩机能量利用的完善程度，其具体数值根据机型和工况的不同有明显的差别。低压比、大中容积流量时，$\eta_{ad}=0.75\sim0.85$，高压比、小容积流量时，$\eta_{ad}=0.65\sim0.75$。如果压缩机设有变速箱，还应考虑齿轮箱的传动损失，$\eta_g=0.95\sim0.98$。

3. 螺杆压缩机的排气温度

干式螺杆压缩机的排气温度的计算与往复压缩机类似，主要取决于输送介质的物性和操作压力。干式螺杆压缩机的间隙相对较大，为了追求较高的容积效率，干式螺杆压缩机的旋转速度都非常高，气体流经气缸的时间非常短，因此气体被冷却的时间很短。所以，干式螺杆压缩机冷却的主要目的是为了保持压缩机的几何尺寸和间隙不变，而不是为了冷却气体。当排气温度很高时，不仅需要气缸设夹套冷却，而且要在转子芯部设置冷却方式，一般是采用润滑油从转子中心流过。

湿式螺杆压缩机的排气温度与干式压缩机有着较大的不同，不仅取决于介质物性、运行压比，也取决于所喷入的液体量。由于机组转速较高，在实际的压缩过程中，喷入的液体与介质之间的热交换很不充分，往往在压缩过程结束时，气体温度会大大高于液体的温度，然后在排气过程中以及在排气腔的充分混合，才能最终实现热平衡。对于喷油螺杆压缩机，额定的排气极限温度一般按 100℃设计，正常操作时的排气温度一般低于 85℃。

4. 喷液量的计算

在给定排气温度后，所需的喷油量可以根据热平衡来计算，由能量守恒得出压缩机的热平衡式为：

$$N=M_g\cdot C_{pg}\cdot(T_d-T_{sg})+M_lC_{pl}\cdot(T_d-T_{sl}) \tag{10-1-50}$$

式中 N——压缩机轴功率，kW；

M_g——气体质量流量，kg/s；

M_l——喷液质量流量，kg/s；
C_{pg}——气体等压比热容，kJ/(kg·℃)；
C_{pl}——液体等压比热容，kJ/(kg·℃)；
T_d——排气温度，℃；
T_{sg}——气体的进气温度，℃；
T_{sl}——喷液温度，℃。

根据上式，如果已知喷液量，可以求出排气温度。值得注意的是，上述确定喷液量的方法仅仅考虑了液体对气体的冷却作用，在实际设计中，还需要考虑一些其他因素，如果壳体的散热条件较差，液体喷入量就需要适当提高。容积效率较小的机器，内部损失相对较高，也要适当提高液体喷入量。另外，转速较高时，相对泄漏小，但液体在气缸内的扰动耗功大，需要适当降低液体的喷入量。

(四) 螺杆压缩机的结构

1. 材料选择

国内工艺螺杆压缩机制造商的材料系列较少，见表 10-1-22。

表 10-1-22　螺杆压缩机主要部件的材料

部件	材料	部件	材料
壳体	HT300[①]，12Cr13	同步齿轮	42CrMo
转子	38CrMoAl，20Cr13		

① 壳体内壁可施以镀镍磷来提高抗腐蚀能力。

另外，小直径壳体采用轴向剖分结构，大直径壳体可采用水平剖分形式。

2. 轴承选择

根据 API 619，螺杆压缩机的轴承按表 10-1-23 选取。

表 10-1-23　轴承的选取原则

条　件	轴承形式及组合
径向轴承和推力轴承的转速和寿命在滚动轴承的极限值[①②]之内，同时压缩机的能量强度低于极限值[③]	滚动径向和推力轴承
径向轴承转速和寿命超出滚动轴承的极限值，推力轴承转速和寿命在滚动轴承的极限值之内，同时压缩机的能量强度低于极限值	流体动压径向轴承和滚动推力轴承或流体动压径向轴承和推力轴承
径向轴承和推力轴承的转速和寿命超出滚动轴承的极限值，或压缩机的能量强度高于极限值	流体动压径向轴承和推力轴承

① 轴承速度极限值见表 10-1-24。

② 滚动轴承寿命极限值：根据 ISO281(ANSI/ABMA 标准 9)规定，其基本额定寿命 L_{10} 是指在额定工况下至少连续运行 50000h，在最大径向和轴向负荷下以额定转速至少运行 32000h。

③ 压缩机能量强度：即压缩机功率(kW)与转速(r/min)的乘积，如果该值超过 4000000，则必须使用流体动压径向轴承和推力轴承。

表 10-1-24　轴承速度极限值

轴承形式		$n.D_m$
径向轴承	单列球轴承	500000
	圆柱滚动轴承	
	圆锥滚动轴承	350000
	球面滚柱轴承	
推力轴承	单列球轴承	350000
	双列角接球轴承	300000
	锥形滚柱轴承	250000

注：D_m——平均轴承直径$(d+D)/2$，mm；

n——转速，r/min。

3. 轴封的选择

干式运行的螺杆压缩机可选择碳环密封，碳环设置充抽气口。喷液运行的螺杆压缩机一般选择双端面机械密封与迷宫密封相组合的结构形式，结构如图 10-1-36 所示。密封油的压力高于介质的操作压力，密封油起着润滑密封端面、带走热量的作用，氮气将密封油与工艺介质隔离。如果工艺介质对氮气含量不做特殊要求，可以省略氮气出口，注入的少量氮气将与压缩介质混合后一同排至压缩机下游。

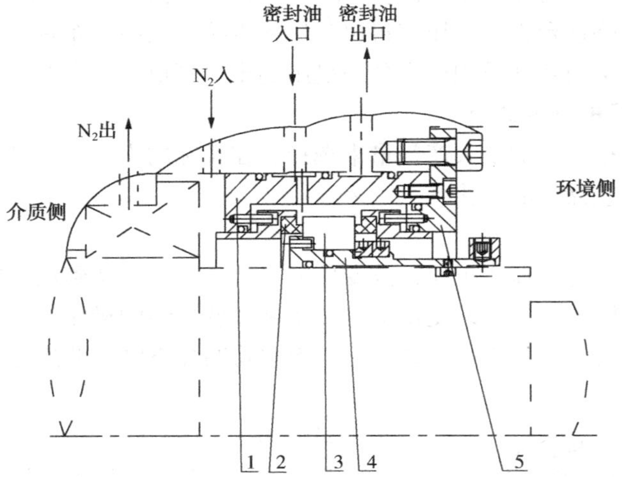

图 10-1-36　双端面机械密封

1—密封腔体；2—静环组件；3—动环；4—轴套；5—密封压盖

螺杆压缩机密封腔的径向空间和轴向空间均比较紧张，可采取与离心压缩机相同的双端面干气密封。

（五）喷液流程

由于水的比热容较大，而且对介质污染小，因此对于没有腐蚀性的介质，最好采用水作为喷入液体。常减压装置的副产常顶气和减顶气往往含有大量 H_2S，因此不宜采用水作为喷入液体，可以采用装置自产的石脑油作为喷淋液体，注入压缩机壳体，如图 10-1-37 流程。

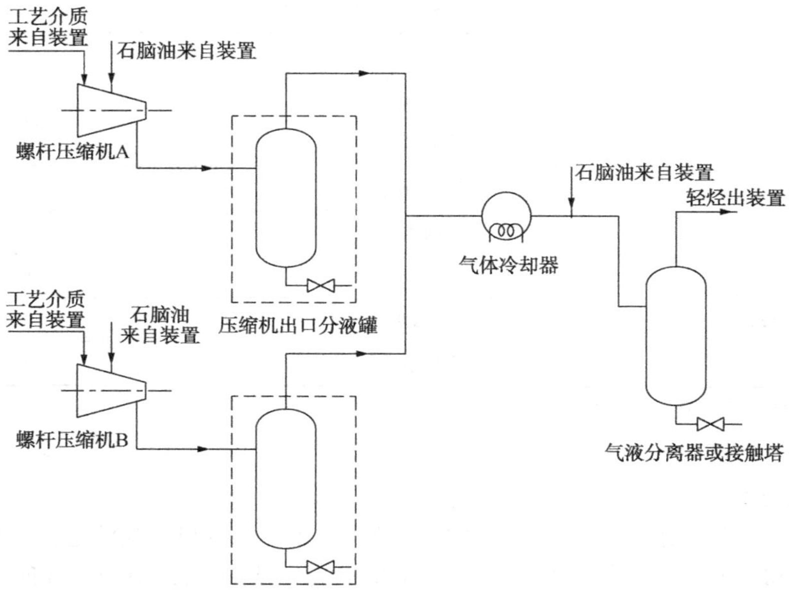

图 10-1-37　喷液流程示意图

为保证冷却后的介质自流，需将气体冷却器布置在气液分离器之上。如果输送介质不能将压缩机排出的气液两相混合物完全带入气体冷却器，可以在压缩机出口设置一台分液罐，如图 10-1-37 中虚线框所示，罐顶的气相介质再进入气体冷却器。如果气体具有足够的带液能力，可以考虑省略这台设备，压缩机出口气体直接进入高位布置的冷却器，这种情况下排气总管的设计应避免液相介质积聚在备用机组的出口管道。

(六) 螺杆压缩机的气量调节

压缩机一般是根据装置的最大产气量来选择，在实际的生产运行过程中需要降低压缩机的排气量，以适应工艺操作的变化。

1. 变转速调节

螺杆压缩机的气量与转速成正比，改变压缩机转速就可以达到调节气量的目的，电动机驱动机组需要配备变频器，通过改变供电的频率来改变机组的操作转速。但由于螺杆压缩机靠间隙来进行密封，若速度低于一定数值后，效率将明显下降，调速范围应位于额定转速的 50%~100%之内。

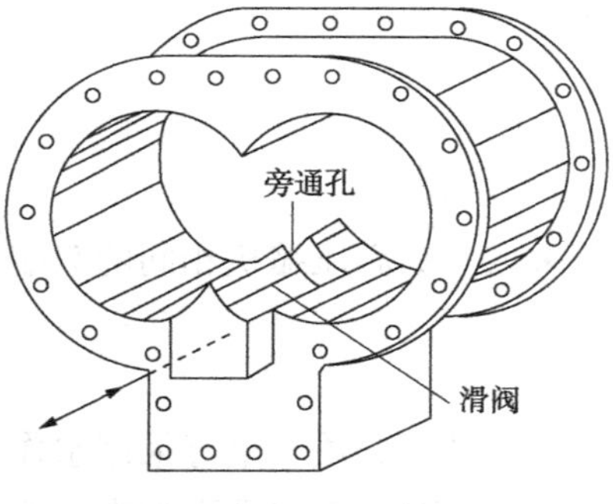

图 10-1-38　滑阀结构示意图

2. 旁路调节

这种调节方法最简单，压缩机运行最稳定。压缩机一直在最大气量下操作，需要调节时，打开旁路返回阀，多余气体经过返回阀流回吸入口。

3. 滑阀调节

滑阀调节是在压缩机壳体的排气侧安装一台滑阀调节装置，沿气缸轴线平行移动，如图 10-1-38 所示。滑阀移出气缸外，形成与吸气腔的旁通孔，齿间气体可以通过这个旁通孔返回到入口，只有在滑阀下游形成的封闭容积中的气体才能被排出压缩机，这样通过控制滑阀在气缸中的位置可以实现气量的连续调节。为避免热量和液体在气缸中的积聚，滑阀调节必须保证有一定的排气容积。在完全空载的情况下，喷入的液体和循环热量将导致机组无法运行。滑阀调节的范围一般为10%～100%。

由于滑阀的移动需要润滑，因此滑阀调节只能用于湿式结构螺杆压缩机，如制冷压缩机。工艺气压缩机则较少采用。

4. 入口节流调节

利用安装在压缩机入口管道上的蝶阀进行调节，通过调整进气压力来达到连续调节气量的目的。由于进气压力的降低会增加转子的受力，并导致排气温度上升，因此入口节流调节只限于在小型压缩机中使用。

5. 停转调节

通过配置多台压缩机，根据实际气量来确定投运的压缩机数量。大功率螺杆压缩机的频繁启停不仅对电网造成剧烈波动，也会增加压缩机的操作风险，炼油装置中可以采取返回线调节和停转调节相结合的方式。

（七）选型示例

这里仍然以第一节中往复压缩机的数据为例。某厂常顶气压缩机的气量为 $Q=1200\text{Nm}^3/\text{h}$，进气压力(表)$p_1=0.02\text{MPa}$，进气温度 $T_1=40℃$，排气压力(表)$p_2=0.6\ \text{MPa}$，介质分子量 $M_w=35$，等熵指数 $k=1.19$。

1. 计算入口气量

假定气体为理想气体，根据状态方程，可以求出入口状态下的流量为：

$$V_1=\frac{Q}{60}\cdot\frac{1}{1.2}\cdot\frac{273.15+40}{273.15}=19.11\quad \text{m}^3/\text{min} \tag{10-1-51}$$

2. 确定压缩机机型

根据表10-1-19，宜选择阳转子直径为255mm的螺杆压缩机，运行转速为1500r/min。其名义排气量 V_1' 为20m³/min，反算到标准状态下的气量为

$$Q'=60\cdot1.2\cdot V_1'\cdot\frac{273.15}{273.15+40}=1256\quad \text{Nm}^3/\text{h} \tag{10-1-52}$$

3. 计算功率消耗

根据式(10-1-48)计算绝热功耗 W_{ad}：

$$W_{ad}=Q'\cdot\frac{1}{36}\cdot\frac{273+T_s}{273}\cdot\frac{n}{n-1}\left\{\left[\frac{p_2}{p_1}\cdot\left(\frac{1+\delta_d}{1-\delta_s}\right)\right]^{\frac{n-1}{n}}-1\right\} \tag{10-1-53}$$

螺杆压缩机不用考虑气阀损失，$\delta_d=\delta_s=0$，取 $n=k=1.19$，得出 $W_{ad}=77\ \text{kW}$。

选择压缩机的绝热效率 η 为75%，由式(10-1-49)，可以得出压缩机的轴功率：

$$N=W_{ad}/0.75=104\text{kW} \tag{10-1-54}$$

考虑到驱动机额定功率的安全系数，电机功率选择为132kW。

4. 喷液量计算 M_l

压缩机的喷液采用装置自产的石脑油。其比热容 $C_{pl}=1.8\text{kJ/(kg}\cdot\text{K)}$，进油温度为40℃，介质的比热容 $C_{pg}=1.68\text{kJ/(kg}\cdot\text{K)}$，介质流量 $M_g=0.521\text{kg/s}$。这里先假定排气温度为85℃，由式(10-1-50)，可以得出：

$$0.521\times1.68\times(85-40)+M_1\times1.8\times(85-40)=104 \quad (10-1-55)$$

$$M_1=0.8\text{kg/s}=2.88\text{t/h} \quad (10-1-56)$$

石脑油的密度约 700kg/m^3，则石脑油的容积流量约 4.11 m^3/h，从而得出石脑油与介质的容积流量之比为 0.36%，可见喷入的液体基本不占输送介质的容积。

需要注意的是，由于螺杆压缩机的阴阳转子互相啮合，间隙很小。因此在装置开工期间必须对关联管道进行彻底的清洗和吹扫，防止固体颗粒等杂物进入气缸引起转子的咬合。

四、工业汽轮机

汽轮机是利用蒸汽的热能来做功的旋转机械。在炼油厂通常用来驱动离心压缩机、泵、风机和自备电站的发电机，这些汽轮机简称工业汽轮机。它有着不同于电机驱动的优点，例如单机功率大、转速可调、结构紧凑、易于防爆等。驱动压缩机等关键设备的汽轮机一般按特殊用途汽轮机的技术要求(API 612)来考核，驱动其他设备可以按一般用途汽轮机(API 611)来要求。

(一) 基本结构

如图 10-1-39 所示凝汽式汽轮机的本体结构，汽轮机机身主要由汽缸、蒸汽室、汽阀、转子、排汽缸、轴承座等组成。转子有套装式和整锻式之分，特殊用途汽轮机应采用整锻转子。

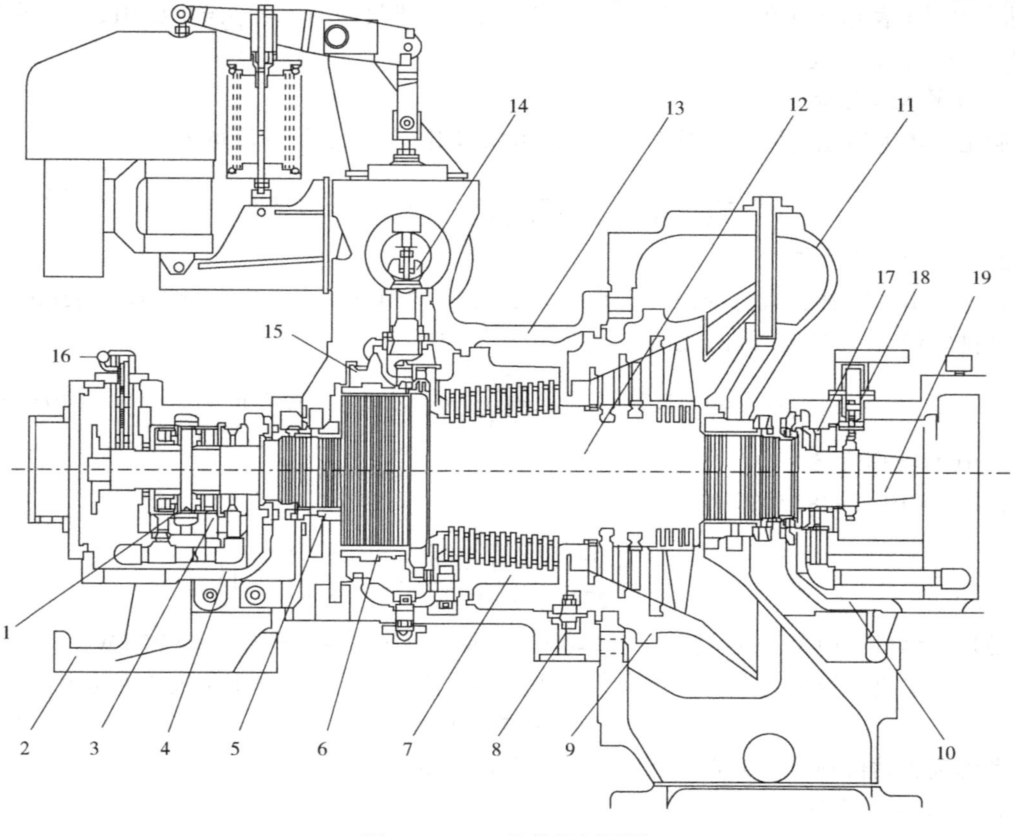

图 10-1-39　汽轮机剖面图

1—推力轴承；2—前轴承架；3，17—径向轴承；4—前轴承箱；5—前汽封；6—平衡汽封；7—高压缸导叶持环；8—偏心销；9—低压缸导叶持环；10—后轴承箱；11—排汽缸；12—转子组件；13—外缸；14—调节汽阀；15—蒸汽室；16—危机保安器；18—盘车器；19—转子

（二）汽轮机的工作原理

小功率汽轮机一般为单级，驱动压缩机或者大功率的汽轮机一般为多级。级是汽轮机的基本工作单元，大多数汽轮机均采用轴流式叶轮。如图 10-1-40 所示，从静叶(0-0 界面)开始，蒸汽产生膨胀、压力降低、流速提高。高速蒸汽达到动叶(1-1 界面)时，蒸汽的压力和流速下降，推动动叶旋转，蒸汽的热能和动能转化为动叶的动能。图中的 c、p 均指示当前蒸汽的流速和压力。u、w 是指当前蒸汽沿周向、切向的速度分量。蒸汽在叶轮中发生了两次能量转换，蒸汽的热能在静叶中转变为速度能，在动叶中将蒸汽的动能转化为输出的机械功[5]。

蒸汽在汽轮机内进行的能量转换是通过冲动原理和反动原理来实现的。在冲动式汽轮机中，蒸汽在静叶中膨胀，压力降低，速度增加，热能转变为动能。蒸汽流经动叶时，压力不变，流速不变，仅流动方向发生转变，如图 10-1-41 所示。静叶出口界面的压力 p_1 与动叶出口界面的压力 p_2 相等。

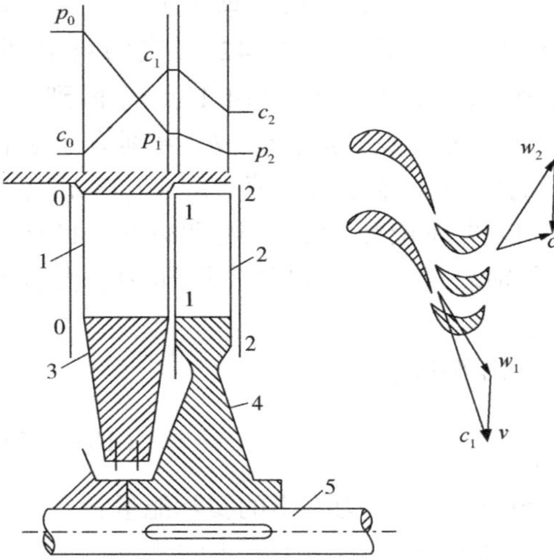

图 10-1-40　汽轮机的轴流级简图

1—静叶；2—动叶；3—隔板；4—轮盘；5—轴

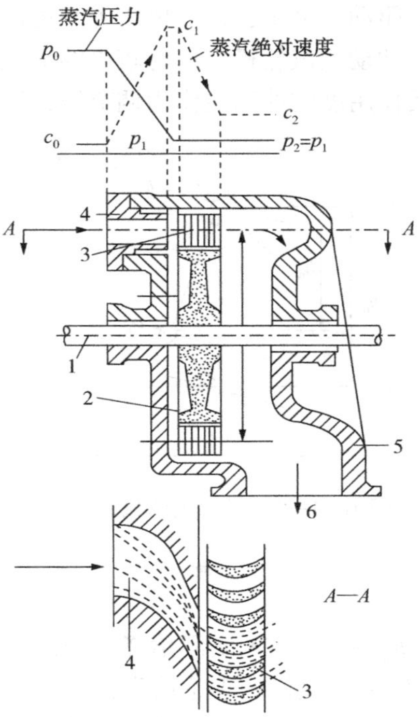

图 10-1-41　单级冲动式汽轮机工作原理

1—转子；2—轮盘；3—动叶；4—静叶(喷嘴)；5—汽缸；6—排汽管

如图 10-1-40，是反动式汽轮机一个级的断面图，蒸汽在静叶中膨胀升速，进入动叶后，速度降低推动叶轮旋转。同时蒸汽的压力在动叶中进一步降低，蒸汽相对于动叶继续膨胀，汽流在离开动叶时，施加给动叶一个与汽流速度相反的作用力。可见，反动式汽轮机相比冲动式汽轮机，多出了蒸汽在动叶中降压膨胀做功的环节，从这一点看，反动式汽轮机有着相对高的效率。由于动叶前后存在压差，因此在转子上会有很大的轴向力。反作用度是用来衡量蒸汽在叶轮中的膨胀程度的指标。

$$\Omega=\frac{h_{2s}}{h_{1s}+h_{2s}} \tag{10-1-57}$$

式中　Ω——反作用度；

h_{1s}——蒸汽在静叶中的等熵焓降，kJ/kg；

h_{2s}——蒸汽在动叶中的等熵焓降，kJ/kg。

根据反作用度的不同，轴流叶轮分为三种：

① 冲动级，蒸汽仅在静叶中膨胀，$\Omega=0$；动叶和静叶的叶型不同，动叶的叶型呈对称状。

② 反动级，蒸汽在静叶和动叶中的焓降大致相等，$\Omega\approx0.5$；动叶和静叶的叶型基本相同，动叶本身不是对称的。

③ 带反作用度的冲动级，由于静叶布置在两组动叶之间，因此实际的冲动级一般不是纯冲动级，而是带有少量反作用度的冲动级，$\Omega=0.02\sim0.15$。

美国、日本等汽轮机制造商一般生产冲动式汽轮机。欧洲和中国制造商大都生产反动式汽轮机驱动压缩机，泵、风机等小型设备的汽轮机仍然采用冲动式汽轮机驱动。同等蒸汽参数下，冲动式汽轮机可以有较少的级数。反动式汽轮机都是制成多级的，其第一级往往是采用带反作用度的冲动级作为调节级，以减少级数。

（三）汽轮机的效率

蒸汽从汽轮机进口到出口，理想上应该是等熵过程0点至1′点，如图10-1-42蒸汽的焓熵图，实际上由于熵增的过程，出口由1′点转移到了1点，汽轮机入口为0点。p_0、t_0、h_0分别表示蒸汽进口(0点)的压力、温度和焓值，$p_{1'}$、$t_{1'}$、$h_{1'}$分别表示蒸汽出口的理论压力、温度和焓值(1′点)，p_1、t_1、h_1分别表示蒸汽出口的实际压力、温度和焓值(1点)。

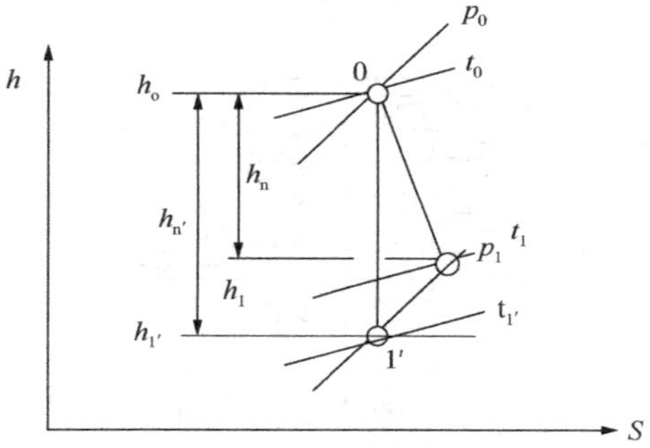

图10-1-42　蒸汽的焓熵图

汽轮机的内效率η_i表示为：

$$\eta_i=\frac{h_n}{h_{n'}}=\frac{h_0-h_1}{h_0-h_{1'}} \tag{10-1-58}$$

式中　h_n——蒸汽的实际焓降，即蒸汽从入口状态降压到排汽压力发出的实际能量；

$h_{n'}$——蒸汽的理论焓降，即蒸汽从入口状态等熵降压到排汽压力发出的能量；

$h_{1'}$——蒸汽从入口状态等熵降压到排汽压力时该点的焓值。

对于大型多级汽轮机，内效率较高，为0.65~0.8。对于单级冲动式汽轮机，内效率较低，为0.25~0.5。大功率高转速取大值，小功率低转速取小值。

对应于炼油厂常用的蒸汽管网，单位功率下的汽耗见表10-1-25。

表10-1-25　汽轮机单位功率下的汽耗

蒸汽管网/MPa(表)	背压管网/MPa(表)	每1000kW的汽耗/(t/h)
6.3	3.5	25~31
6.3	1.0	9.5~11.5
3.5	1.0	15~18

续表

蒸汽管网/MPa(表)	背压管网/MPa(表)	每1000kW的汽耗/(t/h)
3.5	0.45	10.5~13
1.0	0.45	60~90(此类蒸汽参数的汽轮机一般用于驱动润滑油泵)
6.3	0.0	3.8~4.6
3.5	0.0	4.5~5.5
1.0	0.0	6~7.5

(四)汽轮机的调节

驱动压缩机的特殊用途汽轮机常采用电子式调速器 Woodward 505 或者集成在机组控制系统之中，使用 PLC 来实现。驱动泵类设备的一般用途汽轮机则使用机械液压式调速器，在现场手动操作。

图 10-1-43 是杭州汽轮机股份有限公司常用的调节系统图，下面简要介绍它的速关阀组件和开机顺序。

① 控制油进入汽轮机后分两路，一路是通过电磁阀(2222、2223)提供压力油，另一路是通过危急保安器(2210)提供压力油。本图当前状态是危机保安器(2210)处于跳闸位置，速关油与回油导通。

② 速关阀组件上的手动停机阀(2250)通过切断控制油的供给来切断速关油。

③ 如果系统联锁紧急停机，是通过电磁阀(2222、2223)切断高压油，速关油与回油导通，速关阀(2301)关闭。本图中的电磁阀(2222、2223)处于失电状态，汽轮机关闭。

④ 控制系统复位后，电磁阀向下动作，使得速关油的回油通道关闭，控制油进入卸荷阀(2030、2040)，油压力克服弹簧力，使得卸荷阀关闭。

⑤ 旋转启动阀(1843)，建立启动油，使得危机保安器活塞动作，手柄抬起，速关油不能通过危机保安器回油，同时启动油进入速关阀(2301)上腔(左端)，排挤出活塞左端的空气及润滑油，同时活塞与弹簧座靠在一起形成整体。

⑥ 旋转关闭阀(1842)，速关油进入速关阀活塞下腔(右端)，同时将卸荷阀(2060)上腔的速关油泄压。可见，速关油是通过 1842 和 2060 两路同时提供的。

⑦ 关闭启动阀(1843)，启动油与回油导通(如本图的状态)，速关油压克服弹簧力，速关阀开启，汽轮机可以升速运行。

⑧ 汽轮机在运转过程中需要定期检查速关阀的运动是否灵活。开启试验阀(2309)，建立试验油，将速关阀活塞推向关闭状态，此时活塞的移动有限位，因此不会完全关闭速关阀。

综上所述，开机顺序为：电磁阀(2222、2223)复位，关闭手动停机阀(2250)，送入控制油，抬起危机保安器(2210)，打开启动阀(1843)，操作关闭阀(1842)，关闭启动阀(1843)，速关阀开启。

压缩机可以采用恒速手动控制，则汽轮机的调速器是单回路控制。机组控制系统输出 4~20mA 的转速信号至电液转换器(1742)，也可以通过键盘给定转速。转速传感器 SE 感知速度后传入调速器(或机组控制系统)，与给定的信号进行反馈比较。如果实测值与给定值不符，调速器输出的电流信号则发生改变，电流信号经电液转换器转换成二次油压。执行结

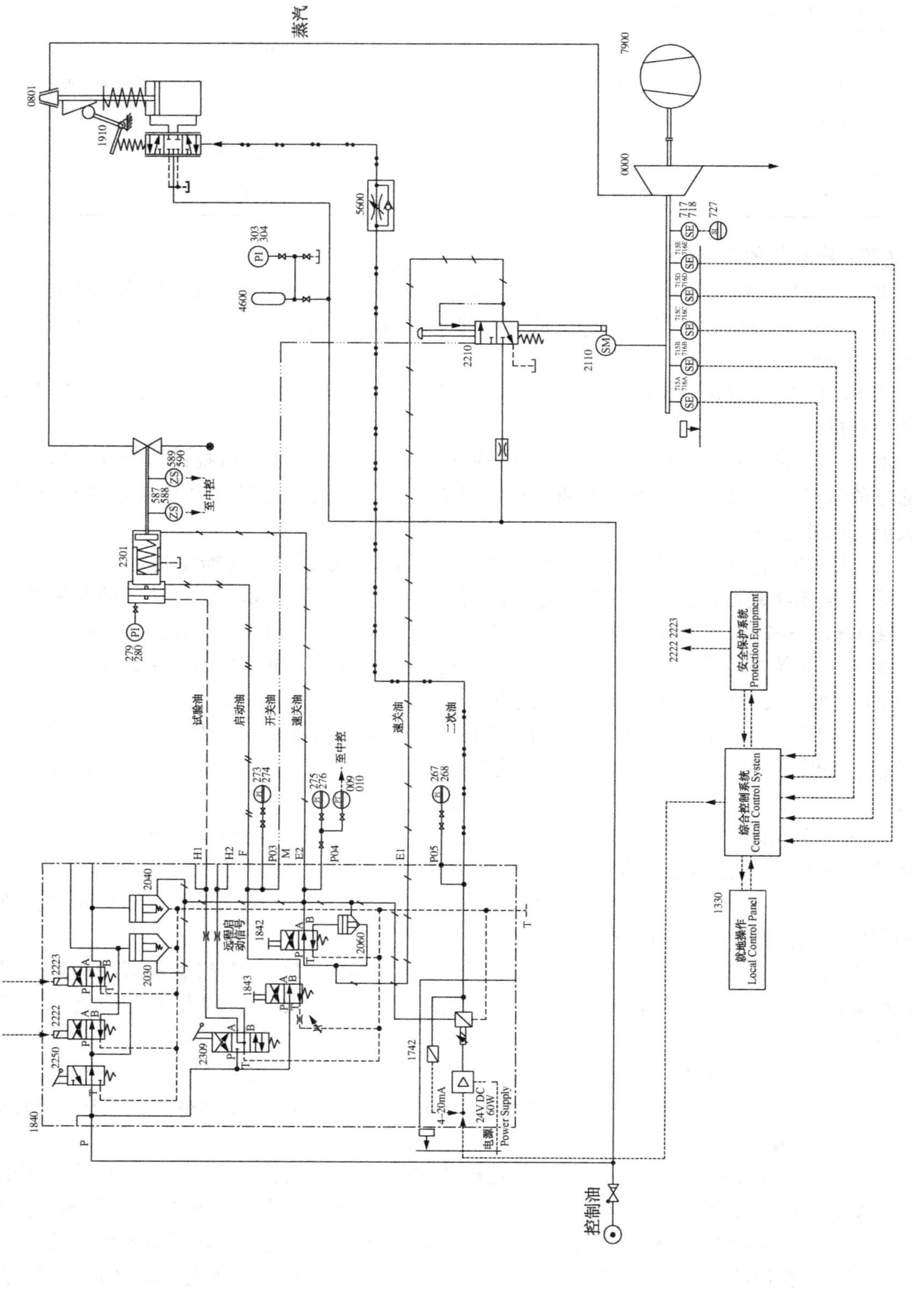

图10-1-43　汽轮机调节系统

构(1910)获得二次油压信号后，通过杠杆机构操纵调节汽阀(0801)，控制蒸汽量，以此达到控制机组转速的目的。

特殊用途汽轮机的调节系统应满足下面要求：

① 在额定的蒸汽参数以及额定转速下，转速不等率不应超过0.5%。转速不等率的定义为：

$$\frac{\text{零功率转速}-\text{额定转速}}{\text{额定转速}}\times 100\% \tag{10-1-59}$$

② 在额定转速、额定功率和额定蒸汽参数下，稳态的转速变动率不得超过0.25%。转速变动率定义为：

$$\frac{\text{最高瞬时转速}-\text{最小瞬时转速}}{2\times\text{额定转速}}\times 100\% \tag{10-1-60}$$

③ 最大升速率不应超过最高连续转速的7%。最大升速率是当汽轮机以最高连续转速、额定蒸汽条件和额定功率运行中突然甩去负荷并完全降到零功率时的转速瞬间升高的最大值。

工艺装置也可以将压缩机的工艺参数，如流量或入口压力等，与转速调节构成串级控制，如图10-1-44。如果机组入口压力高，该信号来自压缩机入口的压力检测元件，压力的控制回路输出作为调速器的输入，调速器发出指令，增加转速，以维持入口压力的稳定。如果压力降低，则反之。如果投入串级控制，控制参数的持续变化体现为机组转速的跟随波动，机组运行不稳定，振动可能会相应增高。

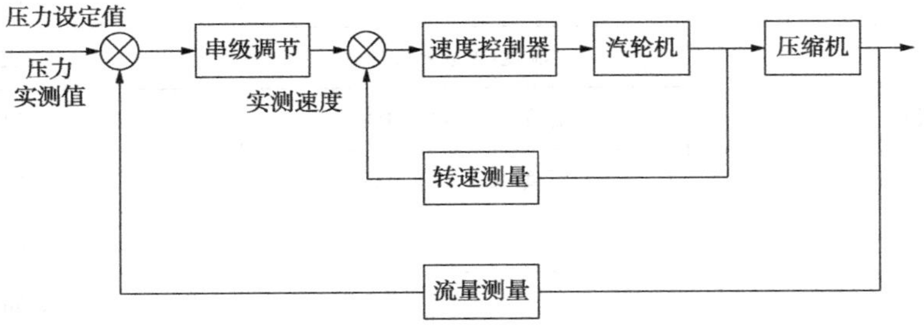

图10-1-44 汽轮机的串级调速控制

(五) 空冷器

常见的凝汽器有水冷式表面冷凝器、间接空冷凝汽器和直接空冷凝汽器。水冷式是采用循环水直接冷却汽轮机的出口乏汽；间接空冷凝汽器是采用中间介质来冷却蒸汽，再使用空冷器来冷却中间介质；直接空冷凝汽器是采用空气直接冷却蒸汽。近年来，炼油厂装置汽轮机大都采用直接空冷式凝汽器，以降低装置的能耗，达到节能的目的。

直接式空冷凝汽器有两种形式，如图10-1-45所示：

① 顺流、逆流分立布置，这种方式设计成熟，制造简单，应用非常广泛，较适宜于大汽量的发电机组。但在寒冷地区逆流管束必须考虑防冻措施。

② 顺流、逆流叠加布置，这种方式设计更为先进，由于其管束的制造瓶颈，只适宜于

较小汽量的汽轮机。顺流管束散发的热量可以避免逆流管束的结冰，在寒冷地区应用更有优势。

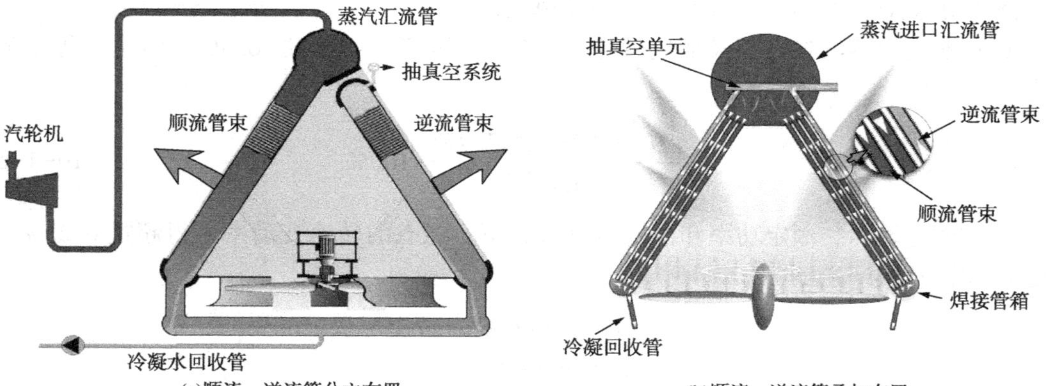

(a)顺流、逆流管分立布置　　(b)顺流、逆流管叠加布置

图 10-1-45　直接式空冷凝汽器

冷凝机组的蒸汽冷凝水应进行回收，其典型流程图如图 10-1-46 所示。

凝结水泵的机械密封宜采用外冲洗，阻止备泵在密封腔产生负压，避免空气从备泵的轴端漏入。如果条件允许，凝结水系统真空处的阀门宜采用水封阀。

（六）汽轮机的常用材料

汽轮机常用的材料见表 10-1-26。

表 10-1-26　汽轮机常用材料

部件		材料
汽缸(高压缸)，蒸汽室	温度/℃：<427	ZG25A
	温度/℃：427~480	ZG22Mo
	温度/℃：480~540	ZG17Cr1Mo1V
汽缸(低压缸)		HT250
转子		28CrMoNiV
喷嘴(静叶)		21Cr12MoV
动叶		20Cr13，12Cr13(扭叶片)

五、压缩机在常减压装置中的应用

常减压装置中的轻烃回收单元需设置塔顶气压缩机，将常减压装置自产的塔顶气以及其他装置来的尾气升压后与吸收剂混合，分离出石脑油组分送至重整装置，经过吸收稳定后的塔顶气再送至脱硫装置。根据轻烃回收单元的进料情况以及脱硫装置的操作压力，塔顶气压缩机的入口压力(表)为 0.02MPa，出口压力(表)一般为 0.95MPa，气量则随装置处理量的不同而异。表 10-1-27 是 2.0Mt/a 轻烃回收装置的塔顶气压缩机数据。

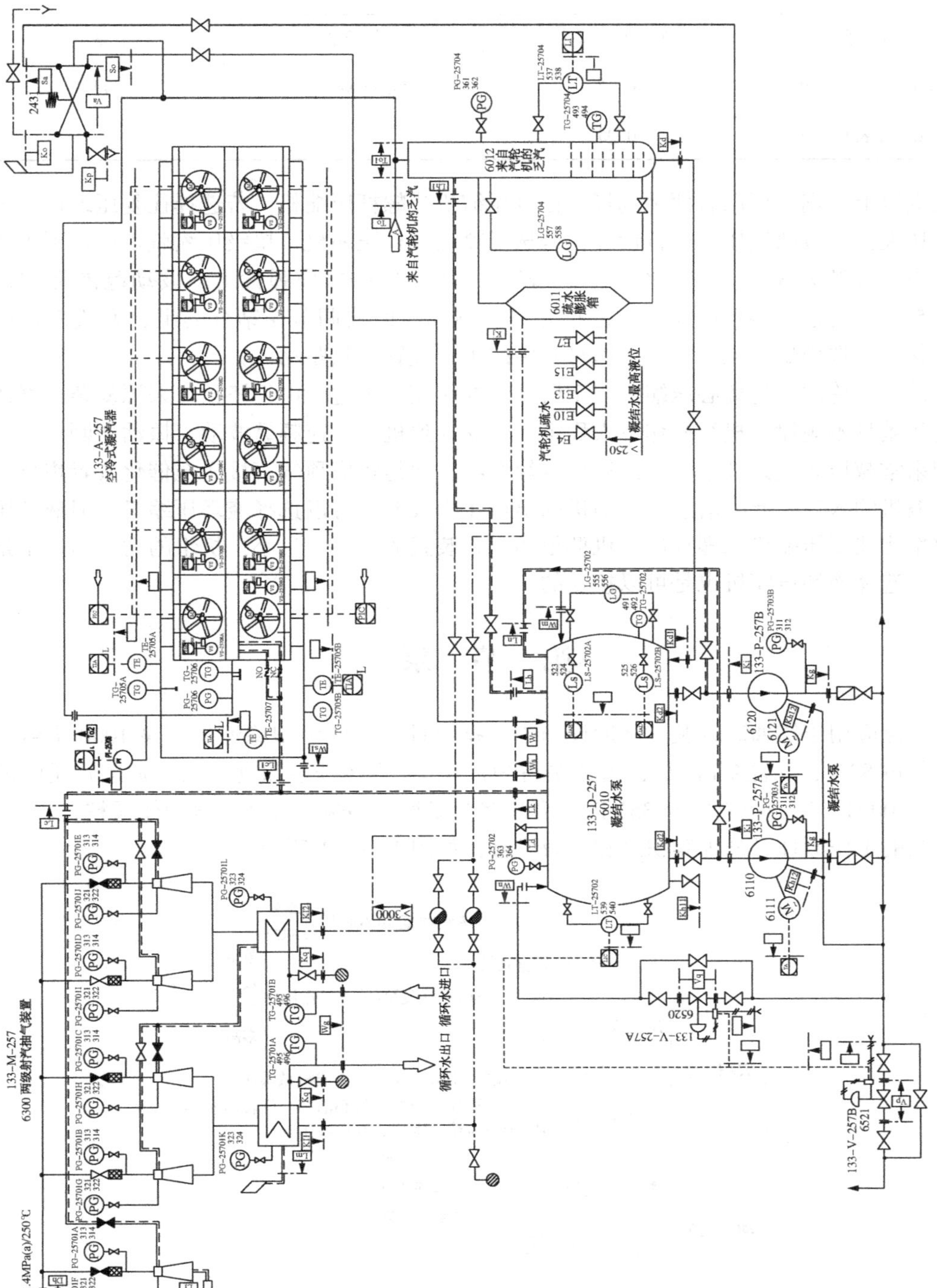

图10-1-46　蒸汽疏水系统图

表 10-1-27　塔顶气压缩机的典型参数

设备名称	塔顶气压缩机	设备名称	塔顶气压缩机
数量／台	3(2 操 1 备)	分子量	32
入口压力(表)／MPa	0.02	气量/(Nm^3/h)	4941
出口压力(表)／MPa	0.95		

根据以上数据，可以有两种选择，往复压缩机或螺杆压缩机。若选择往复压缩机，由于其压缩比大，需按两级压缩进行设计；若选择喷油螺杆压缩机，单级压缩就可以达到需要的出口压力，机型为 321，长径比为 1.1。轻烃回收装置的操作弹性大，波动范围常常达到 60%~150%，宜选择多台压缩机，进行开停控制和返回线调节相结合的组合方式来适应气量的变化。若选用螺杆压缩机，可以将其中的 1 台设置变频驱动。

国外也有炼油厂将离心压缩机用于塔顶气的压缩。不过，由于塔顶气来源复杂，气体组成变化频繁且不规律，机组操作不太稳定，容易导致机组转速频繁波动，振动加剧。

如果常减压装置处理量小，没有设轻烃回收，而是将塔顶气直接送至催化或者焦化装置富气压缩机的入口，此时塔顶气压缩机的出口压力较低，可以选择液环压缩机，但液环压缩机的效率比往复压缩机和螺杆压缩机低很多。若装置的塔顶气量小，机组的功率消耗不是关键因素，选择液环压缩机也是可以接受的。

第二节　泵

泵广泛应用于炼油装置及其辅助设施中。据统计，一座中型炼油厂有泵 1000 多台，其中离心泵占 83%，往复泵占 6%，齿轮泵占 3%，其余为螺杆泵和真空泵。泵送介质的温度为-140~500℃，压力由真空至 35MPa，介质多为易燃、易爆、腐蚀或含固体颗粒。

按泵的工作原理可分为容积泵和动力式泵，如图 10-2-1 所示[6]。

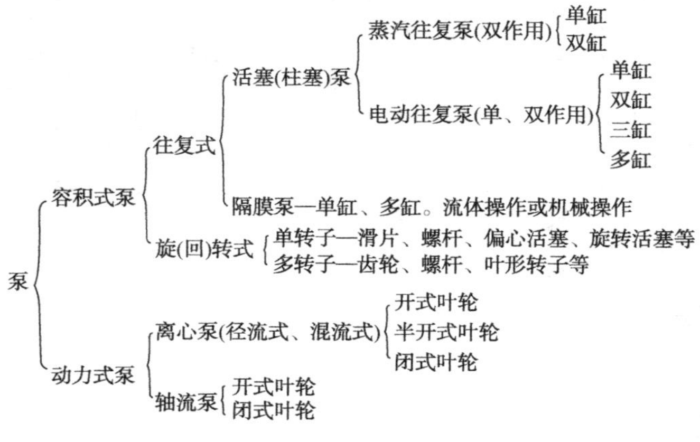

图 10-2-1　泵的分类

一、离心泵

（一）基本类型

离心泵一般包括壳体、叶轮、轴、蜗壳、轴承箱和轴封装置等主要部件，接触介质的过流部件为泵壳、叶轮和隔板等。炼油装置中常用的离心泵有以下几类：

① 单级悬臂泵，见图 10-2-2；

② 两端支撑单级泵，见图 10-2-3；

③ 两端支撑两级泵，见图 10-2-4；

④ 筒形多级泵，见图 10-2-5；

⑤ 立式液下泵，见图 10-2-6。

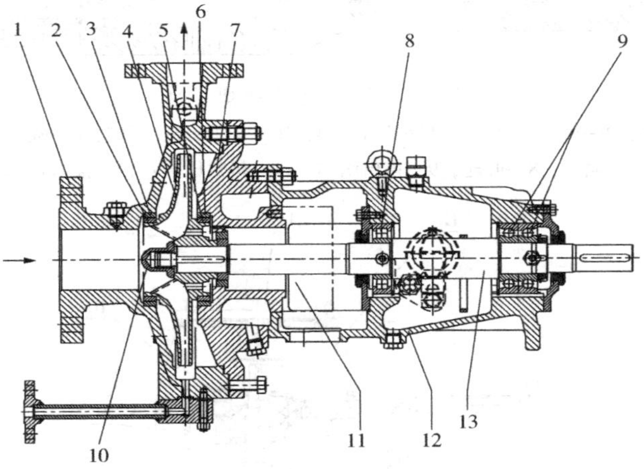

图 10-2-2　单级悬臂泵

1—泵壳；2—前叶轮口环；3—前壳体口环；4—叶轮；5—后叶轮口环；6—后壳体口环；7—泵盖；8—径向轴承；9—推力轴承；10—叶轮锁紧螺母；11—机械密封；12—轴承箱；13—轴

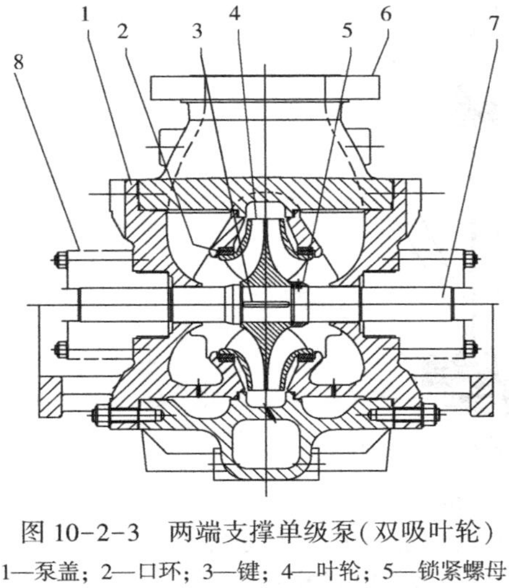

图 10-2-3　两端支撑单级泵（双吸叶轮）

1—泵盖；2—口环；3—键；4—叶轮；5—锁紧螺母；6—泵壳；7—泵轴；8—机械密封

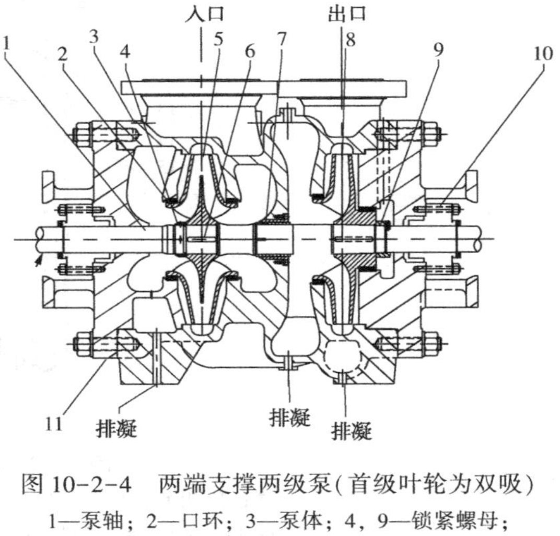

图 10-2-4　两端支撑两级泵（首级叶轮为双吸）

1—泵轴；2—口环；3—泵体；4，9—锁紧螺母；5—首级叶轮（双吸）；6—键；7—级间衬套；8—二级叶轮；10—机械密封；11—泵盖

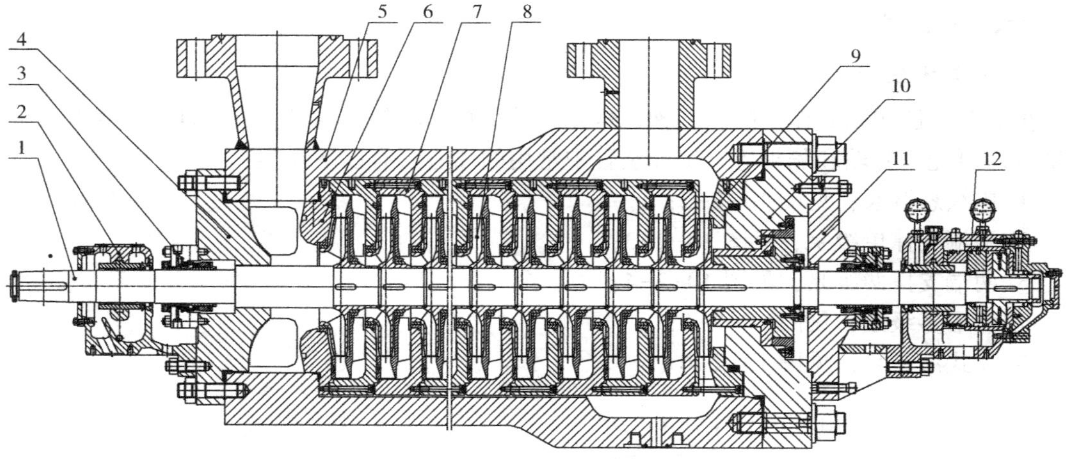

图 10-2-5　筒形多级离心泵

1—轴；2—径向轴承；3—机械密封；4，10—端盖；5—筒体；6—吸入函体；
7—隔板；8—叶轮；9—排出函体；11—机封压盖；12—推力轴承

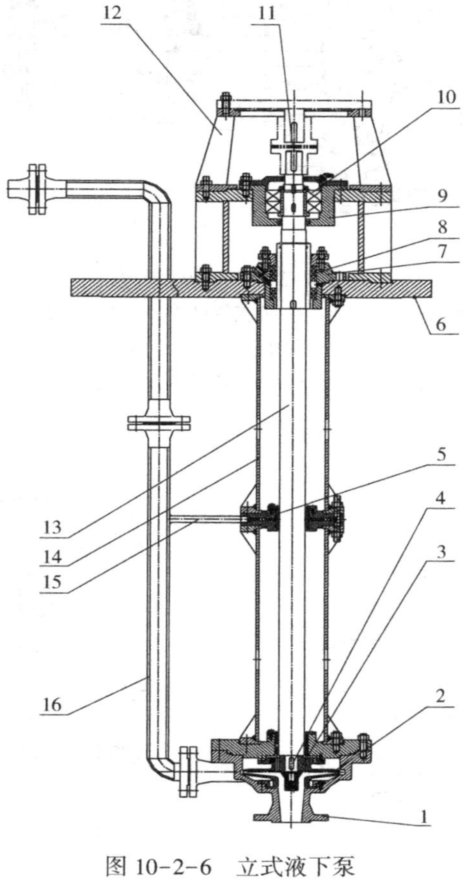

图 10-2-6　立式液下泵

1—泵壳；2—叶轮；3—锁紧螺母；4—键；5—中间轴套；6—安装底板；
7—填料压盖；8—填料；9—轴承座；10—轴承；11—联轴器；
12—电机支架；13—轴；14—支撑管；15—冲洗管；16—排液管

（二）离心泵的性能参数

1. 流量 Q

流量是指泵在单位时间内输送液体的数量，通常以体积流量表示，单位一般采用 m^3/h。

2. 扬程 H

扬程是指单位质量液体通过泵后获得的有效能量，通常以介质的液柱高度表示，根据式(10-2-1)进行计算，单位为 m 液柱。

$$H=\frac{p_2-p_1}{\rho \cdot g} \tag{10-2-1}$$

式中　p_2——泵的出口压力，Pa；

p_1——泵的入口压力，Pa；

ρ——液体密度，kg/m^3；

g——重力加速度，m/s^2。

3. 转速 n

转速是指泵每分钟运行的转数，单位为 r/min。如果离心泵由电动机直接驱动，其转速也就是电机的转速，如 3000r/min、1500r/min 等。当转速 n 变化时，离心泵的流量、扬程和功率都随之发生变化，它们之间的关系是：流量 Q 与转速 n 成正比，扬程 H 与转速 n 的平方成正比，功率 N 与转速 n 的三次方成正比。

4. 汽蚀余量 NPSH

汽蚀余量又叫净正吸入头，指泵吸入口的总压减去泵送液体在操作温度下的饱和蒸气压(以液柱高度计)，是表征离心泵汽蚀性能的特征参数。

有效汽蚀余量 $NPSH_a$($NPSH$ available)，是指由买方根据该泵的现场安装情况，以额定的泵送流量和温度确定的汽蚀余量。对于卧式泵，基准面是泵轴中心线；对于立式泵，基准面是指基础顶面。

必需汽蚀余量 $NPSH_r$($NPSH$ required)，是指在离心泵不发生汽蚀的条件下，泵入口处必须具有的超过介质汽化压力的压头(以液柱高度计)，是泵本身具有的一种特性，由制造厂通过试验获得。离心泵的最小汽蚀余量也可以按式(10-2-2)进行估算。

$$(NPSH_r)_{min}=10 \cdot \left(\frac{n \cdot \sqrt{Q}}{C}\right)^{1.33} \tag{10-2-2}$$

式中　n——运行转速，r/min；

Q——泵送温度下的液体流量，m^3/s，如果为双吸泵，Q 取总流量的一半；

C——汽蚀余量系数，可按表 10-2-1 或表 10-2-2 确定。

表 10-2-1　离心泵的汽蚀余量系数

流量 Q/(m^3/h)	6	20	60	100	150	200	300	>300
C (n=3000r/min)	400~450	550~600	750~800	900~1000	1000~1100	1100~1200	1200~1300	1250~1350
C (n=1500r/min)				550~600	650~700	700~750	750~850	850~1000

表 10-2-2　离心泵的汽蚀余量系数

泵的比转速 N_s	13.7~19.2	19.2~22	22~41	41~55
C	600~750	80	800~1000	1000~1200

为保证泵的平稳运行，必需汽蚀余量 $NPSH_r$ 必须小于有效汽蚀余量 $NPSH_a$，考虑到计算和操作上的一些不确定因素，工程设计中一般要求两者之间的富裕量至少要达到 1.0m 以上，且不小于 $NPSH_r$ 的 10%。

5. 比转速 N_s

比转速是反映泵相似工况的一个特征参数，相似工况下的离心泵的比转速基本相等。是按泵壳所能安装的最大直径叶轮、最佳效率点的流量和扬程进行计算，用式(10-2-3)表示：

$$N_s = n \cdot \frac{Q^{0.5}}{(H/i)^{0.75}} \tag{10-2-3}$$

式中　N_s——比转速；

n——运行转速，r/min；

Q——最大叶轮最佳效率点的流量，m^3/s，如果为双吸泵，Q 取总流量的一半；

H——最大叶轮最佳效率点的扬程，m；

i——级数。

比转速对离心泵性能的影响：

① 低比转速离心泵的性能曲线比较平坦，容易出现驼峰，高比转速的性能曲线较陡；

② 低比转速离心泵的高效区较宽；

③ 低比转速离心泵的 $NPSH_r$ 较小，抗汽蚀性能较好；

④ 低比转速离心泵的叶轮外径较大，轮盘表面摩擦损失较大，而且出口宽度较窄，叶片数多，水力损失较大，通常低比转速离心泵的效率较低。不过对于比转速极高的泵，其漩涡损失非常大，效率同样较低。

可以根据比转速的数值粗略地确定泵的类型，对于普通离心泵，比转速的值一般在 10~80 之间。比转速如果超过 80，则属于混流式叶轮的范畴了。如果比转速小于 10，则宜选择往复泵。

6. 汽蚀比转速 S

汽蚀比转速是衡量离心泵对内部回流的敏感指标。用式(10-2-4)表示：

$$S = n \cdot \frac{Q^{0.5}}{NPSH_r^{\ 0.75}} \tag{10-2-4}$$

式中　S——汽蚀比转速；

n——运行转速，r/min；

Q——最大叶轮最佳效率点的流量，m^3/s，如果为双吸泵，Q 取总流量的一半；

$NPSH_r$——最大叶轮最佳效率点的流量下对应的必需汽蚀余量，m。

根据统计，若汽蚀比转速位于 159~238 之间，该泵的可靠性远远高于运行在其他区域的泵。工程设计中通常要求制造商报价的汽蚀比转速小于 213。

7. 效率 η

效率是指泵的有效功率与输入功率的比值，反映了泵中能量损失的程度。泵的能量损失包括三种：容积损失(主要是由内泄漏造成)、机械损失(轴承、机械密封、摩擦等机械传动损失)和水力损失(液体的流动损失)。

$$\eta=\frac{N_e}{N}=\eta_v\eta_m\eta_h \tag{10-2-5}$$

式中　η——泵效率；

N_e——有效功率，$N_e=Q\cdot\rho\cdot g\cdot H$，kW；

N——泵的输入功率，也称为轴功率，kW；

η_v——容积效率；

η_m——机械效率；

η_h——水力效率。

(三) 离心泵的工作原理和基本理论

离心泵启动前必须在泵腔充满液体，俗称为灌泵，之后驱动机带动叶轮开始旋转，泵腔内的液体随叶轮一起旋转产生离心力，液体沿叶片高速甩向叶轮出口，液体进入蜗壳或扩散器后随着流道的扩大，产生滞止效应，流速降低，压力得到提升。在叶轮内液体甩向叶轮出口的同时，叶轮入口处形成低于上游液体静压的压力区或真空，在该差压的驱动下，液体源源不断地进入叶轮，这样形成液体的连续流动。

离心泵和离心压缩机均属于叶轮机械，同样遵循欧拉方程。叶轮传递给单位质量液体的能量表示为：

$$H_t=\frac{c_{2u}\cdot u_2-c_{1u}\cdot u_1}{g} \tag{10-2-6}$$

或

$$H_t=\frac{u_2^2-u_1^2}{2g}+\frac{c_2^2-c_1^2}{2g}-\frac{w_2^2-w_1^2}{2g} \tag{10-2-7}$$

式中　H_t——理论扬程，m；

u_2——叶轮出口处的圆周速度，m/s；

c_2——液体离开叶轮的绝对速度，m/s；

w_2——液体离开叶轮的相对速度，m/s；

c_{2u}——叶轮出口绝对速度沿圆周方向的分量，m/s；

u_1——叶轮入口处的圆周速度，m/s；

c_1——液体进入叶轮的绝对速度，m/s；

w_1——液体进入叶轮的相对速度，m/s；

c_{1u}——叶轮入口绝对速度沿圆周方向的分量，m/s；

g——重力加速度，m/s^2。

(四) 离心泵的汽蚀

1. 汽蚀现象的产生

离心泵运转时，介质在离心泵内的压力变化如图10-2-7所示。液体压力从泵入口到叶轮入口压力先是逐步降低，到叶轮的某处达到最低值 p_k，之后由于叶轮做功，压力很快开始上升。若最低压力 p_k 低于泵送液体在当前温度下的饱和蒸气压力 p_v 时，液体就发生汽化。此外，液体中溶解的气体也可能因压力的下降而逸出，这样就产生大量的气泡。这些气泡在

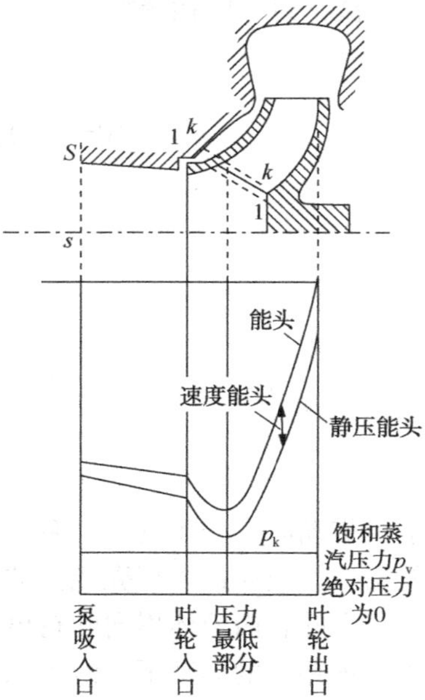

图 10-2-7　离心泵内的压力变化

跟随液体向下游移动的过程中，随着压力的提升，外界压力高于气泡内的压力，气泡就会凝结溃灭，从而形成空穴。瞬间周围的液体以极高的速度冲向空穴，造成液体的互相撞击，在局部区域产生高压，有时甚至达到几十 MPa。这些气穴不仅阻碍液体的正常流动，更为严重的是，如果这些气泡点靠近叶轮的壁面，液体就会像无数的小子弹头打击金属壁面，其撞击频率非常高，有可能达到2000~3000Hz，金属表面会因冲击疲劳而产生大量的点蚀，如若气泡中夹带某种活性气体，如氧气等，它们借助气泡凝结时放出的热量(局部可能达到 300℃)，还会形成热电偶，产生电解，引发金属的电化学腐蚀，进一步加速叶轮的破坏速度。上述这种液体汽化、凝结、撞击，形成高温、高压、高频冲击负荷，造成叶轮材料的机械剥落和电化学腐蚀的综合现象称为汽蚀。

2. 汽蚀对泵性能的影响

① 汽蚀会造成叶轮的金属剥落，严重影响泵的运行寿命。

② 汽蚀初期会影响叶轮与介质之间的能量传递，使泵的效率下降，汽蚀严重时，性能曲线的末端会急速下降，泵将没有流量输出。

③ 汽蚀会造成剧烈的振动和噪声。气泡破裂时，导致液体与液体之间以及液体与金属壁面之间的猛烈撞击，甚至能听到噼啪的爆裂声。

3. 提高离心泵抗汽蚀的措施

① 通过水力学的改善来提高泵本身的抗汽蚀能力。离心泵的必需汽蚀余量可以理解为从泵入口到叶轮内最低压力点之间的压力损失(以液柱高度计算)，因此，适当增加叶轮吸入口的通流面积，增加叶轮盖板的曲率半径可使叶轮的流速变缓，减小叶轮进口边的厚度，修整叶轮进口处的圆弧度使之接近于流线型，提高泵过流部件的表面光洁度，都是改善泵抗汽蚀性能的有效办法。优化泵的内部间隙，减少泵的内泄漏量也有利于提高泵的抗汽蚀能力。

② 采用双吸式叶轮。介质从叶轮两侧同时进入叶轮，叶道中流速几乎减少一半，因此泵的必需汽蚀余量大幅降低。

③ 增加诱导轮。也就是在叶轮入口再设一个轴流叶轮，对流体先进行增压，然后再进入离心叶轮。诱导轮的功能等同于提高了系统的有效汽蚀余量。不过，卧式泵一般不推荐使用诱导轮。

④ 采用抗汽蚀的材料。如果工艺操作条件波动范围较大，可能出现系统的有效汽蚀余量较低的情况，可以适当提高材料等级以避免短时间的汽蚀而造成泵的损坏。

以上是从泵的设计和制造提高抗汽蚀能力的方法。工程上最有效的防止离心泵汽蚀的措施是提高系统的有效汽蚀余量 $NPSH_a$。

(五) 离心泵的性能曲线

离心泵的性能曲线是指泵的扬程 H、效率 η、功率 N 和必需汽蚀余量 $NPSH_r$ 随流量变化的四条曲线，如图 10-2-8。为了方便切割叶轮，扬程曲线应包括额定叶轮、最小叶轮和最大叶轮，共 3 条。扬程曲线一般还应指出最小连续稳定流量 *MCSF*(Minimum Continuous Stable Flow)。

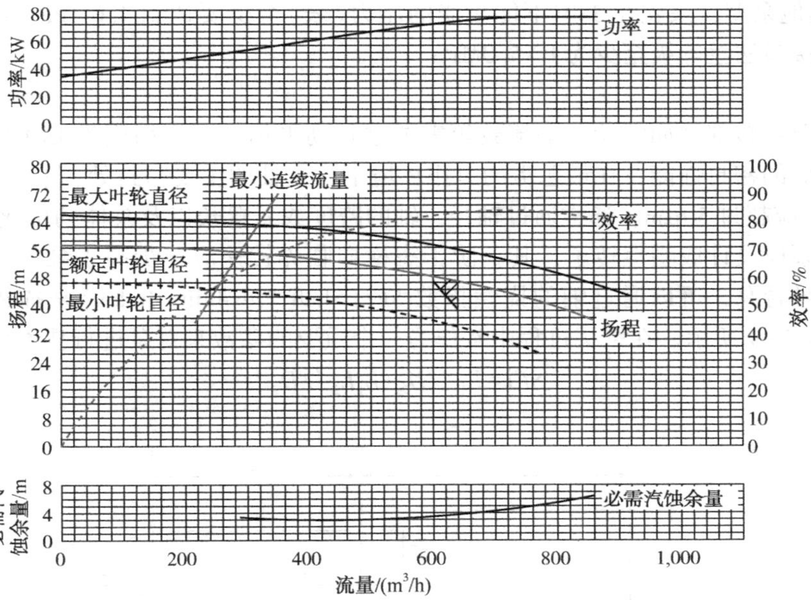

图 10-2-8　离心泵的性能曲线

工程设计时应对性能曲线有如下要求：

① 从额定点到关死点的扬程曲线应是连续上升的，不得出现驼峰曲线。为了方便对流量进行调节，扬程上升幅度最好在 10%~20%之间。

② 额定流量应位于最佳效率点 *BEP*(Best Efficiency Point)流量的 80%~110%之间。

③ 额定叶轮下的扬程至最大叶轮下的扬程至少有 5%的升量。

④ 泵的最小连续稳定流量宜小于工艺的最小操作流量，否则应在工艺流程中设计泵的旁路。

(六) 离心泵的结构

1. 泵壳

泵壳的剖分形式有两种：轴向剖分(水平剖分)和径向剖分(垂直剖分)。工艺流程泵具有下列条件之一者，应选择径向剖分的泵壳：

① 操作温度在 200℃或更高；

② 输送易燃或有毒液体，且在泵送温度下的相对密度小于 0.7；

③ 出口压力(表)高于 10MPa。

泵壳的支撑方式通常为脚支撑(适用于 OH1)、中心线支撑(适用于 OH2、BB1、BB2、BB3、BB4、BB5)、底部支撑(适用于 OH3、OH4、OH5、OH6)和法兰式安装(适用于 VS1~VS7)四种类型。API 610 规定优先采用中心线支撑，同时也指出，若泵送温度低于 150℃，BB1、BB2、BB3 和 BB5 可以采用脚支撑方式。API 610 不推荐使用双吸悬臂泵、两级悬臂泵和节段式多级离心泵。按 API 610 规定，泵壳的设计压力至少是泵的最大出口压力，同时还需要满足：

① 轴向剖分的单级或两级双支撑泵(BB1)和单壳体的立式悬臂泵(VS1～VS5)，泵壳的设计压力(表)至少为2.0MPa；

② 对其他泵型，泵壳在38℃下能承受的压力(表)至少要达到4.0MPa。因此，常规流程泵的泵壳接口法兰等级至少为PN5.0MPa。

2. 转子

泵的主要旋转部件如叶轮、平衡鼓等需要进行动平衡，平衡精度为ISO 1940-1 G2.5。为了获得良好的密封性能，在最恶劣的工作环境下，主轴的主要密封处(包括口环和轴端密封)的挠度不应超过50μm，通常通过轴径、轴的跨度或悬臂长以及泵体的优化设计来达到。单级和两级泵应设计成刚性转子，其一阶干态横向临界转速应至少高于泵的运行转速20%以上。对于悬臂泵，可以通过轴的挠性指数 *SFI*(Shaft Flexibility Index)来描述轴的刚性程度，如图10-2-9所示。在采买过程中常作为一个重要的参数来对泵进行技术评价。

$$SFI=L_1^{\ 3}/D^4+L_1L_2^{\ 2}/D_2^{\ 4} \tag{10-2-8}$$

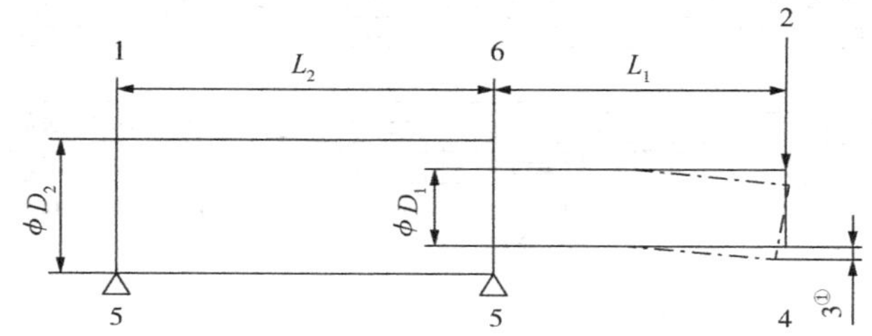

图10-2-9　轴的挠性指数

① 变形与载荷成正比关系。

1—简化轴；2—叶轮的径向载荷；3—变形；4—叶轮端部；5—轴承；6—悬臂泵

对于双支撑泵，用柔性因子 F_f(Flexibility Factor)来表征泵轴的刚性。

$$F_f=L^4/D^2 \tag{10-2-9}$$

式中　L——轴承跨距，mm；

D——叶轮处最大轴径，mm。

满足下列条件之一者，应按表10-2-3对转子做低速动平衡。

① 三级或三级以上的多级泵；

② 单级泵或两级泵，其最大连续转速大于3800r/min。

表10-2-3　转子动平衡要求

配合关系	最大连续转速/(r/min)	柔性因子/mm²	转子动平衡等级
间隙配合	≤3800	没有限制	不可行
过盈配合	≤3800	没有限制	G2.5
过盈配合	>3800	≤1.9×10^9	G1.0

如果轴的柔性因子大于 1.9×10^9，转速最好控制在3800r/min以下。此类柔性转子需要做特殊的设计、制造和维护才能完成动平衡。

3. 轴承

每根轴由两个径向轴承和一个推力轴承支撑，该推力轴承可以是单独的轴承，也可以与其中的一个径向轴承组合使用。轴承一般采取下列组合中的一种：滚动型径向轴承和推力轴承，动压型径向轴承和滚动型推力轴承，动压型径向轴承和推力轴承。轴承的选取原则见表 10-2-4。

表 10-2-4　轴承的选取原则

条　件	轴承形式及组合
径向轴承和推力轴承的转速和寿命在滚动轴承的极限值①②之内，同时泵的能量强度低于极限值③	滚动型径向和推力轴承
径向轴承转速和寿命超出滚动轴承的极限值，推力轴承转速和寿命在滚动轴承的极限值之内，同时泵的能量强度低于极限值	流体动压径向轴承和滚动推力轴承或流体动压径向轴承和推力轴承
径向轴承和推力轴承的转速和寿命超出滚动轴承的极限值，或泵的能量强度高于极限值	流体动压径向轴承和推力轴承

注：极限值的定义如下：

① 滚动轴承转速极限值：系数 $n.d_m$ 不超过 500000。

式中　d_m——平均轴承直径 $(d+D)/2$，mm；

n——转速，r/min。

② 滚动轴承寿命极限值：根据 ISO281（ANSI/ABMA 标准 9）定义，其基本额定寿命 L_{10} 是指在额定工况下至少连续运行 25000h，在最大径向和轴向负荷与额定转速下至少运行 16000h。

③ 压缩机能量强度：即压缩机功率（kW）与转速（r/min）的乘积，如果该值超过 4000000，则必须使用流体动压径向轴承和推力轴承。

根据 API 610，轴承系统的寿命是指多只轴承的组合寿命，不同于单只轴承的寿命，按式（10-2-10）计算。

$$L_{10,\text{轴承系统}}=\left[\left(\frac{1}{L_{10,\text{轴承}1}}\right)^{\left(\frac{3}{2}\right)}+\left(\frac{1}{L_{10,\text{轴承}2}}\right)^{\left(\frac{3}{2}\right)}+\cdots+\left(\frac{1}{L_{10,\text{轴承}n}}\right)^{\left(\frac{3}{2}\right)}\right]^{\frac{2}{3}} \quad (10\text{-}2\text{-}10)$$

油雾润滑作为减少轴承故障的重要手段之一，逐步在炼油厂得到应用。其主要原理是将仪表空气接入油雾润滑主机，通过涡流雾化工艺，产生由 3~5μm 的油雾颗粒组成的含油量仅为 5mg/kg 的油雾流，再通过管道将油雾送到每台机泵需要润滑的部位。油雾可输送到距离主机百米以外的机泵，只要油雾输送管道的水平累计长度不超过 180m 的机泵都可得到同一主机提供的油雾。对于使用滚动轴承的非强制润滑的常规机泵，可采用纯油雾润滑方式；对于使用滑动轴承的非强制润滑的常规设备，可采用吹扫式油雾润滑，即保留原有润滑油液位，通入油雾并吹扫液面的上部空间；对于轻载的机泵，油雾通入轴承箱即可；对于重载轴承，应配以定向油雾节流器，将油雾直接吹到滚动元件上。轴承箱一般维持微正压（25Pa 左右），防止外来水汽和污染物的进入，维持清洁的轴承环境。采用油雾润滑方式，不仅可以大幅提高轴承的寿命，同时可以减少润滑油和循环冷却水的消耗。

（七）离心泵的调节

工艺操作条件的变化，或者管网系统阻力特性的变化，都需要对离心泵进行调节。最终要达到的目标是泵送流量与管道系统内的流量相等，泵的扬程与管网的阻力相当，从而达到能量的平衡，泵和装置才能稳定操作。

1. 改变泵的特性

1）改变转速。通过改变驱动机的运行转速来改变泵的性能，是最经济的调节方式。如果电机是驱动机，可以通过变频来实现。如果驱动机是汽轮机，可以直接通过汽轮机的调速功能来实现。

转速改变后的性能按式(10-2-11)~式(10-2-15)换算。

流量比：

$$\frac{Q_1}{Q_2}=\frac{n_1}{n_2} \tag{10-2-11}$$

扬程比：

$$\frac{H_1}{H_2}=\left(\frac{n_1}{n_2}\right)^2 \tag{10-2-12}$$

汽蚀余量比：

$$\frac{NPSH_{r1}}{NPSH_{r2}}=\left(\frac{n_1}{n_2}\right)^2 \tag{10-2-13}$$

轴功率比：

$$\frac{N_1}{N_2}=\left(\frac{n_1}{n_2}\right)^3 \tag{10-2-14}$$

效率比：

$$\eta_1 \approx \eta_2 \tag{10-2-15}$$

式中脚标 1、2 分别对应两种转速下的性能。

2）切割叶轮直径。当装置的处理量发生变化，或者泵的选型偏大，可以切割泵叶轮外径来降低其流量、扬程和功率。叶轮切割一般只应用于单级泵，而且只切割叶片而保留轮盘和盖板。对于多级离心泵，切割叶轮导致效率和扬程下降太大，更换小叶轮必须同时更换导叶、隔板等内件。

① 对于中高比转速离心泵($N_s=22\sim80$)，叶轮外径被切小时，其出口宽度有变化但出口面积基本不变，叶轮切割后的性能可近似地按式(10-2-16)~式(10-2-18)换算。

流量比：

$$\frac{Q_1}{Q_2}=\frac{D_1}{D_2} \tag{10-2-16}$$

扬程比：

$$\frac{H_1}{H_2}=\left(\frac{D_1}{D_2}\right)^2 \tag{10-2-17}$$

轴功率比：

$$\frac{N_1}{N_2}=\left(\frac{D_1}{D_2}\right)^3 \tag{10-2-18}$$

② 对于低比转速泵($N_s=10\sim22$)，叶轮外径被切小时，其出口宽度变化较小，但出口面积有变化，叶轮切割后的性能可近似地按式(10-2-19)~式(10-2-21)换算。

流量比：

$$\frac{Q_1}{Q_2}=\left(\frac{D_1}{D_2}\right)^2 \tag{10-2-19}$$

扬程比：

$$\frac{H_1}{H_2}=\left(\frac{D_1}{D_2}\right)^3 \tag{10-2-20}$$

轴功率比：

$$\frac{N_1}{N_2}=\left(\frac{D_1}{D_2}\right)^4 \tag{10-2-21}$$

式中脚标1、2分别对应两种叶轮直径下的性能。

3）封闭叶轮的几个工作通道。封闭叶轮通道的方法比节流调节更经济，为了保证叶轮径向力的平衡，因此叶轮的通道数必须是偶数。另外，单叶轮通道封闭后改变了轴和轴承的载荷状态，必须重新做动平衡，因此这种方法较少采用。

2. 改变管网的特性

1）出口节流。出口节流是最常用而又最简单的操作方法，即调节出口阀的开度，增加管道系统的阻力以减少流量。出口节流功率损失大，不经济，一般应用于流量范围变化较小的工况。

2）入口节流。入口节流同时改变了泵和管网的特性，这种方法有可能引起泵的汽蚀。一般应用于入口压力较高且 $NPSH_a$ 较高的工况。

3）旁路调节。当装置降量操作时，装置需要的流量可能低于泵的最小连续稳定流量 *MCSF*，此时应采用旁路调节。旁路调节是使泵的实际运行点向大流量方向移动，通过旁路返回多余的流量以获得工艺系统所需要的小流量。

为了避免液体产生过热，泵的旁路最好返回至入口罐，不宜直接回到入口管道。

（八）离心泵的选型

1. 泵型选择

炼油厂应用的离心泵一般按美国石油学会标准 API 610 进行选型。从经济性的角度考虑，如果单级悬臂泵（OH2）能够满足工艺的操作，应首选 OH2 泵。

2. 材料选择

炼油装置的介质主要分为几类，对应的材料选择见表10-2-5。

表10-2-5 离心泵的材料选择

介 质	操作温度	材料选择
无腐蚀性或含轻微腐蚀性介质的碳氢化合物	<230℃	碳钢材料，对应于 API 610 的材料代码为 S-5
	230~370℃	12% Cr 不锈钢材料，对应于 API 610 的材料代码为 S-6，叶轮材料为 12%Cr，泵壳材料为碳钢
	≥370℃	12% Cr 不锈钢材料，对应于 API 610 的材料代码为 C-6。叶轮、泵壳均为 12%Cr

续表

介　　质	操作温度	材料选择
含强腐蚀性介质的碳氢化合物	所有温度	不锈钢材料，对应于 API 610 的材料代码为 S-8 或 A-8
含盐污水	常温	抗 Cl^- 离子的材料，如双相钢等，对应于 API 610 的材料代码为 D-1 或 D-2

3. 转速的确定

如果驱动机为电机，可以先假定工作转速为 3000r/min，按式(10-2-22)计算其最小汽蚀比转速 S_{min}。

$$S_{min}=n\cdot\frac{\sqrt{Q}}{(NPSH_a-1.0)^{0.75}} \tag{10-2-22}$$

式中　S_{min}——最小汽蚀比转速；

n——运行转速，r/min；

Q——入口流量，m^3/s；

$NPSH_a$——有效汽蚀余量，m。

若计算的 S_{min} 小于推荐值 213，可以认为所选择的电机转速是合适的。否则，应采用适当的方法进行调整，例如：

① 调整为双吸泵；

② 将转速变为 1500r/min 或更低。

4. 级数的确定

按照上面确定的转速，先假定级数，然后根据式(10-2-3)计算比转速 N_s，再确定泵的运行效率。对于大型离心泵，其效率不应太低，否则应考虑增加级数，以提高能量的利用率。对于一些小功率离心泵，尽管其比转速和效率均很低，仍以选择单级泵为主。

5. 效率的确定

泵的效率跟泵送流量和比转速有关，可以通过图 10-2-10 选取。

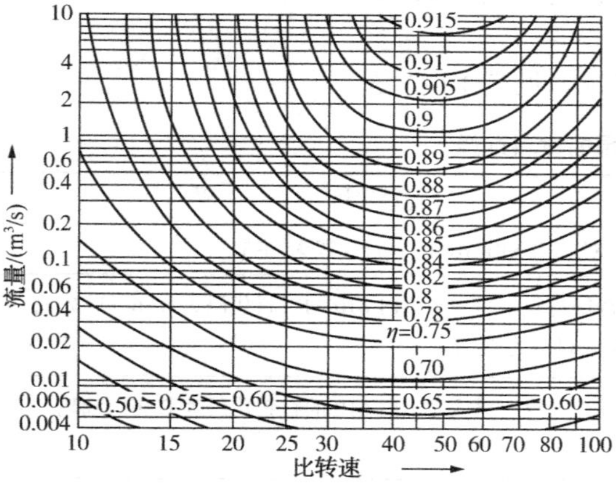

图 10-2-10　离心泵的效率

6. 叶轮直径的计算

叶轮的设计与水力学模型息息相关，作为工程应用，可以用经验公式(10-2-23)进行叶轮直径的估算。

$$D=\frac{0.45\cdot N_s+K}{n}\cdot\sqrt{H} \tag{10-2-23}$$

式中　D——叶轮直径，m；

N_s——比转速；

H——单级扬程，m；

K——系数，值为 71～75；

n——转速，r/min。

从能量转换的角度，叶轮出口介质的动能全部转化为压力能，可以得到另一种估算叶轮直径的办法。

$$D=\frac{60}{n\pi}\cdot\sqrt{2gH} \tag{10-2-24}$$

需要提醒注意的是，以上计算是假定工艺需要的流量和扬程就是泵的最佳效率点的流量和扬程，同时考虑了 $NPSH_a$ 与 $NPSH_r$ 之间至少 1.0 m 的余量。而往往离心泵真正的操作流量并不在最佳效率点，实际叶轮也不是泵所能安装的最大叶轮，因此上述的计算过程中存在一定的误差，如果有条件的话，可以使用制造商的样本对上述结果进行复核。

计算出叶轮直径后，应对叶轮的轮尖线速度进行校核，不应超过表 10-2-6 中规定的极限值。

表 10-2-6　离心泵叶轮轮尖线速度的极限值

材料	线速度 /(m/s)	材料	线速度 /(m/s)
铸铁	35	碳钢	70
铜	45	12% Cr 不锈钢	80
奥氏体不锈钢	65		

7. 驱动机的选择

确定泵效率之后，泵的轴功率 N 通过式(10-2-25)进行计算。

$$N=Q\cdot\rho\cdot g\cdot H/(1000\cdot\eta) \tag{10-2-25}$$

式中　N——轴功率，kW；

Q——流量，m^3/s；

ρ——密度，kg/m^3；

g——重力加速度，$9.8m/s^2$；

H——扬程，m；

η——效率。

若驱动机为电动机，其铭牌功率相对于泵轴功率的比值应不低于表 10-2-7 中定义的安全系数 K：

表 10-2-7　电机功率的安全系数

电机铭牌功率/kW	安全系数 K	电机铭牌功率/kW	安全系数 K
<22	1.25	≥55	1.1
22~55	1.15		

此外，电机的选择应考虑下列特殊要求：

① 有自启动要求的泵，电机功率不应小于额定叶轮下的最大功率，即性能曲线右端点 EOC 点(End of Curve)的轴功率。

② 现场水联运。电机功率不应小于在最小连续流量下以水为介质的轴功率。

③ 当地大气温度和海拔高度对电机输出功率的影响。

④ 对于并联操作的泵，为避免其中一台故障时两台泵之间的抢量，驱动机应能满足在

最大流量下操作。

若选用汽轮机作驱动机，其额定功率应满足泵在额定点的所需功率，并至少留有10%的安全裕量。汽轮机的极端工况应考虑在最小的进汽条件和最大的排汽条件下仍能发出足够的功率。驱动离心泵的汽轮机一般执行 API 611 标准(石油、化学、气体工业用一般用途汽轮机)，通常为背压式、单级冲动型汽轮机，其效率比较低。对于常规的蒸汽条件，进汽/排汽压力(表)为1.2MPa/0.65MPa，可以参考表10-2-8选择汽轮机的效率。

表 10-2-8　小型汽轮机的效率

功率/hp	5	10	10	50	100	200	500
效率	0.16	0.2	0.24	0.3	0.35	0.4	0.5

汽轮机驱动离心泵的一个重要优点是可以采用调速来进行流量调节，API 611 标准规定的调速范围为额定转速的85%～105%。

8. 机械密封和冷却方式的选择

为适应长周期生产的需要，所有连续操作的工艺流程泵都应选择机械密封作为轴端密封。根据 API 682 标准，机械密封的代码由4部分构成。

密封结构				设计选项				尺寸		方案
类别	布置	类型		辅助密封	垫片	密封面		轴径		冲洗方案
1	1	B/A	—	P	F	O	—	050	—	11/52
①	②	③		④	⑤	⑥		⑦		⑧

各部分代码的解释如下：

1）位置1：类别代码(Category)，共有3类：分别为1、2、3。

1：应用于非 API 泵；

2：应用于一般炼油厂的 API 泵；

3：应用于极端恶劣条件下的 API 泵，必须进行最严格的测试并提供试验报告。

2）位置2：布置方式(Arrangement)，共有3类：分别为1、2、3。

1：单端面机械密封；

2：无压双机械密封；

3：有压双机械密封。

3）位置3：密封类型(Type)，共有3类：分别为A、B、C。对于双密封，可分别规定内侧/外侧密封，例如C/A。

A：平衡型，弹簧非推进型，弹簧安装在动环；

B：平衡型，波纹管推进型，波纹管安装在动环；

C：平衡型，波纹管推进型，波纹管安装在静环。

A、B型只能用于176℃以下的工况，其中B型较少应用。

4）位置4：位于大气侧的泄漏抑制装置，共有6类：P、L、F、C、S、X。

P：密封端盖无节流衬套，一般用于布置方式2和布置方式3；

L：浮动节流衬套，一般用于1、2、3类的单密封；

F：固定节流衬套，一般用于1类的单密封；

C：带辅助密封，一般用于布置方式Arrangement 2；

S：带浮动的剖分碳环衬套，用于1、2、3类的单密封；

X：其他，由采购方自行规定。

5）位置5：辅助密封件材料，共有6类：F、G、H、I、R、X。

F：氟橡胶；

G：PTFE弹簧圈；

H：丁腈橡胶；

I：全氟醚橡胶；

R：柔性石墨；

X：其他，由采购方自行规定。

6）位置6：动静环材料，共有9类：M、N、O、P、Q、R、S、T、X。对于双密封，里侧、外侧密封可以选用不同的材料组合。

M：石墨-镍基碳化钨；

N：石墨-反应烧结碳化硅；

O：反应烧结碳化硅-镍基碳化钨；

P：反应烧结碳化硅-反应烧结碳化硅；

Q：无压烧结碳化硅-无压烧结碳化硅；

R：石墨-无压烧结碳化硅；

S：填充石墨的反应烧结碳化硅-反应烧结碳化硅；

T：填充石墨的无压烧结碳化硅-无压烧结碳化硅；

X：其他，由采购方自行规定。

7）位置7：尺寸，是指密封处的轴径，以mm为单位圆整为三位数字，例如轴径为24.9mm，则位置7描述为025。

8）位置8：密封冲洗方案（Flush plan），API 682标准规定的冲洗方案有Plan01，02，03，11，12，13，14，21，22，23，31，32，41，51，52，53A，53B，53C，54，55，61，62，65A，65B，66A，66B，71，72，74，75，76。炼油装置中离心泵单密封常用的冲洗方案有：

① 常温介质（<100℃），Plan 11。

② 中温介质（100~350℃），Plan 21或Plan23。

③ 高温（>350℃）、大黏度介质，如果装置设有封油系统，宜选择Plan32的外冲洗方式。如果没有合适的外供密封油，宜选择Plan 02，同时密封夹套通入冷却介质的方案。

④ 单密封设置的泄漏收集方案Plan 65。一般只用于非常重要的介质或功能非常重要的泵。

⑤ 密封急冷，Plan 62。用于介质黏稠、易结晶或易结冰的场合，采用蒸汽、水或者氮气作为急冷介质。

对于炼油装置中离心泵用双密封的外侧密封，常用的冲洗方案有：

① 无压双密封，Plan 52。

② 有压双密封，Plan 53A、Plan 53B。

举例说明，如 22C/A-PFQ/O-050-11/52 表示机械密封为 C2 类、无压双密封、里侧波纹管+外侧弹簧型组合密封、密封端盖无节流衬套、氟橡胶密封圈、里侧密封为无压烧结碳化硅-无压烧结碳化硅+外侧为反应烧结碳化硅-镍基碳化钨、轴径 50mm、冲洗方案为 Plan 11+Plan 52。

是否采用双端面机械密封或串联式机械密封，可以参照表 10-2-9 的原则进行选取。此外，如果泵送温度超出了介质的自燃点，也应选择双机械密封。

表 10-2-9　双机械密封的选择原则

项　　目	含有剧毒(如苯)和腐蚀性(如 H_2S 等)的介质，且浓度小于 10mg/kg	含有剧毒(如苯)和腐蚀性(如 H_2S 等)的介质，且浓度处于 10 ~ 1000mg/kg 之间	含有剧毒(如苯)和腐蚀性(如 H_2S 等)的介质，且浓度大于 1000mg/kg
泵送介质在常温或泵送温度下的饱和蒸气压小于当地大气压	单机械密封 1CW-FX 1CW-FL	无压双机械密封 2CW-CW 2CW-CS 2NC-CS	有压双机械密封 3CW-FB 3CW-BB 3CW-FF 3NC-BB 3NC-FF 3NC-FB
泵送介质在常温或泵送温度下的饱和蒸气压超过当地大气压	无压双机械密封	无压双机械密封	有压双机械密封

注：对于有压双机械密封，国内用户习惯于选取背靠背的双端面密封 3CW-BB。

密封的结构代码解释见表 10-2-10。

表 10-2-10　各种机械密封的结构代码定义

结构代码	定　　义
1CW-FX	单端面接触式机械密封，带固定节流衬套
1CW-FL	单端面接触式机械密封，带浮动节流衬套
2CW-CW	无压双机械密封，均为接触式密封
2CW-CS	无压双机械密封，接触式内密封+外侧辅助密封
2NC-CS	无压双机械密封，非接触式内密封+外侧辅助密封
3CW-FB	串联结构的接触式有压机械密封
3CW-BB	背靠背结构的接触式有压机械密封
3CW-FF	面对面结构的接触式有压机械密封
3NC-FB	串联结构的非接触式有压机械密封
3NC-BB	背靠背结构的非接触式有压机械密封
3NC-FF	面对面结构的非接触式有压机械密封

炼油装置中离心泵通常配套的机械密封为1CW-FX(单端面机械密封)、2CW-CW(无压串联机械密封)、3CW-FB(有压串联机械密封)、3CW-BB(有压双端面机械密封)。按照API 682标准，机械密封的全部信息应由密封代码和结构代码两部分共同构成，例如22C/A-PFQ/O-050-11/52和2CW-CW。

通常，一些操作温度较高的泵或者配套双机械密封的泵需要通入冷却水，其主要功能有：

① 带走轴承运行产生的热量以及泵送介质沿轴的传导热；

② 降低密封腔的工作温度，改善机械密封的运行环境；

③ 带走密封泄漏出来的少量介质，防止在密封端面产生结晶；

④ 冷却泵支座，防止因热膨胀而引起泵轴和驱动机主轴的不同心；

⑤ 带走双机械密封泵送环内循环产生的热量。

离心泵中常规的冷却部位见表10-2-11。

表10-2-11 离心泵的冷却部位

操作温度	冷却部位
<100℃	无①
100~260℃	轴承②、密封冷却器
>260℃	轴承、泵支座、密封冷却器、密封腔③

① 当泵送介质为水时，由于水在高温下的润滑性非常差，操作温度80℃以上时必须对自冲洗液进行冷却。

② 泵送温度位于100~260℃之间，可以采用轴端风扇冷却代替循环水来冷却轴承箱。

③ 高温泵的密封腔和密封冲洗液冷却器可以采用低压蒸汽冷却。

9. 选型示例

以常减压装置原油泵进行示例，某厂的原油泵参数 $Q=875m^3/h$，$H=310m$，$\rho=910kg/m^3$，$NPSH_a=5.4m$，$T=50℃$，原油黏度100mPa·s。根据前面的介绍，可以按如下步骤进行初步选型。

1）确定转速。先以转速为3000r/min和单吸叶轮进行试算，按照式(10-2-22)计算其最小汽蚀比转速 $S_{min}=456$，远远大于推荐值213，因此拟降低转速至1500r/min，同时选择一级叶轮为双吸叶轮，此时其最小汽蚀比转速 $S_{min}=161$，小于推荐值，可以初步认定1500r/min的转速是合理的。

2）确定级数。一般双支撑泵在1500r/min时所获得的最大单级扬程一般不超过250m，此原油泵按两级考虑。考虑到操作温度和压力都比较低，可以选择API 610泵型BB1，为水平剖分壳体。两级叶轮，其中首级为双吸。

3）材料选择。泵送介质为常温原油，没有强腐蚀性，可以选择碳钢材料，API 610材料等级为S-5。泵壳和叶轮均为碳钢材质。

4）计算轴功率，选择电动机。由图10-2-10查得其效率为 $\eta=0.63$，根据式(10-2-25)计算其轴功率 $N=1066kW$，按表10-2-7定义的电机功率安全系数，应选用额定功率为1200kW的电动机。需要说明一点，这里的初步选型没有考虑黏度对性能的影响。在详细设计时应参考美国水力学会介绍的方法进行黏度修正，这里不作详细介绍。

5）估算叶轮直径。可以假定每级叶轮的扬程相等，均为155m，根据式(10-2-23)计算出一级叶轮直径约 660mm，二级叶轮直径约 680mm。

6）选择机械密封。根据机械密封选型导则，拟选择代码为 C2A1A1165 和 1CW-FX 的机械密封，即：二类、多弹簧型、单端面，自冲洗方案 Plan11，并带泄漏收集系统 Plan 65；结构形式为单端面湿式机械密封带固定式节流衬套。

（九）特殊泵型

1. 高速泵

高速泵也就是 API 610 中规定的 OH6 泵型，如图 10-2-11，主要应用于小流量高扬程场合。有立式和卧式两种布置形式，叶轮为全开式，因此可以有较高的线速度，Sundyne 公司的高速泵产品转速超过 24000r/min。叶轮直接安装在增速齿轮箱的输出轴上，减少了联轴器和安装过程中带来的同心度误差。

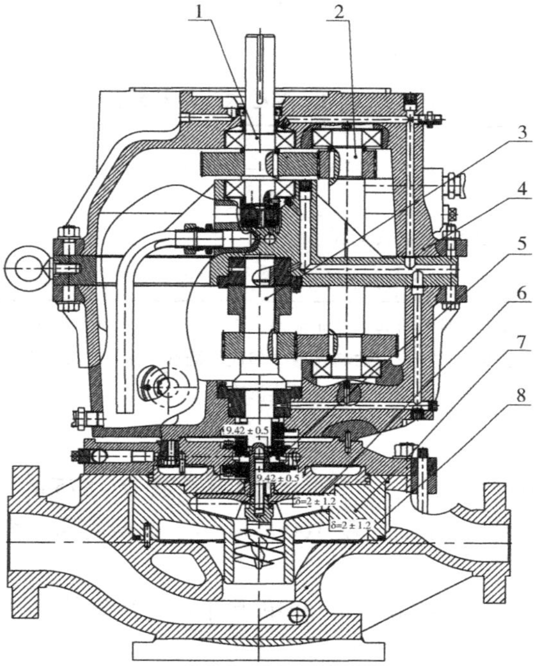

图 10-2-11　高速泵剖面

1—齿轮箱低速轴；2—齿轮箱中间轴；3—齿轮箱输出轴；
4—齿轮箱；5—机械密封；6—叶轮；7—扩散器；8—壳体

高速泵的泵壳为一圆形腔体，叶片呈放射状，在壳体环形空间内高速旋转。叶轮与泵壳之间没有口环。由于叶轮为开式，叶轮的轴向力很小。泵的进出口布置在两侧呈直线，方便管道安装。泵壳上开有 1~2 个直径很小的扩散孔，大量介质在泵体内不断高速旋转，只有一小部分通过扩散孔排出，所以高速泵的效率一般都比较低。高速泵在炼油装置中典型的应用是加氢装置的注水泵。

高速泵的转速很高，一般都设有诱导轮，以降低 $NPSH_r$。

2. 无泄漏离心泵

为了避免普通离心泵的填料或机械密封泄漏而造成物料的损失以及对环境的破坏，无泄漏泵得到大量应用。无泄漏泵的水力学部分与普通离心泵一样，也是通过离心叶轮旋转，介质获得速度能后再转化为静压能。无泄漏泵分为两种：磁力泵和屏蔽泵。

(1) 磁力泵

如图10-2-12，叶轮安装在内磁钢上，外磁钢由电机通过联轴器驱动，并带动内磁钢和叶轮旋转。内外磁钢之间有隔离套，用来隔离介质与大气，消除了转轴与大气之间的动密封面。主轴由两只碳化硅滑动轴承支撑，采用自身的泵送介质润滑冷却。对于一些温度较高的应用，也可以采用离心泵的做法，从泵出口引出一路分支冷却之后再注入内磁钢体，起冷却作用。连接体与泵体之间可以设计隔热垫或隔热屏，减少从泵传导至外轴承的热量。所以磁力泵一般都不需要冷却水。外置轴承采用普通的球轴承，脂润滑或油环润滑。

由于泵的内、外磁钢之间有隔离套，磁力传动的电涡流在隔离套上会产生大量的热，因此传动效率比较低，传递大功率时，磁钢体很大，损失更大。磁力泵一般应用于110kW以下的场合。常见的磁力泵监测措施有：

① 监测隔离套的温度。

② 监测电机电流。流量过低，说明进入泵腔液体减少，对内置滑动轴承不利。流量过大，说明需要传递的功率越大，发热量越大。

③ 泵入口液位监测，防止泵抽空。

所有磁体都有一个最高使用温度，超过这个温度点，磁体将不可逆地失去磁性，即使恢复至冷态也不能重新获得磁性。因此，磁力泵的应用环境受温度的限制，常用的钐钴合金磁性材料，使用范围不应超过350℃。

另外，磁力泵的隔离套起导磁的作用，其壁厚受到结构上的限制，所以其承受介质压力不能太高，所以磁力泵常应用于低压环境。

(2) 屏蔽泵

如图10-2-13所示，屏蔽泵的泵与电机组合为一体，即机电一体化结构，没有轴封和联轴器。泵的叶轮直接安装电机转子上，转子与叶轮封装在屏蔽套内。电机定子位于屏蔽套外，屏蔽套被定子在外部加强，因此屏蔽泵可以应用到很高压力的场合。另外，如果屏蔽套破损后，电机外壳可以作为第二道保护，泵送介质不会泄漏到大气环境。

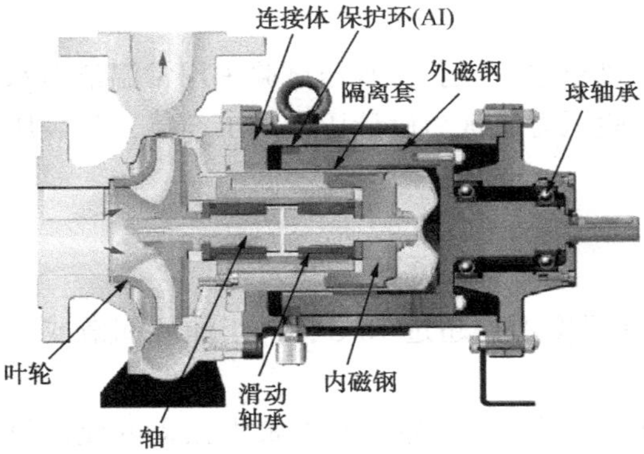

图10-2-12　磁力泵剖面

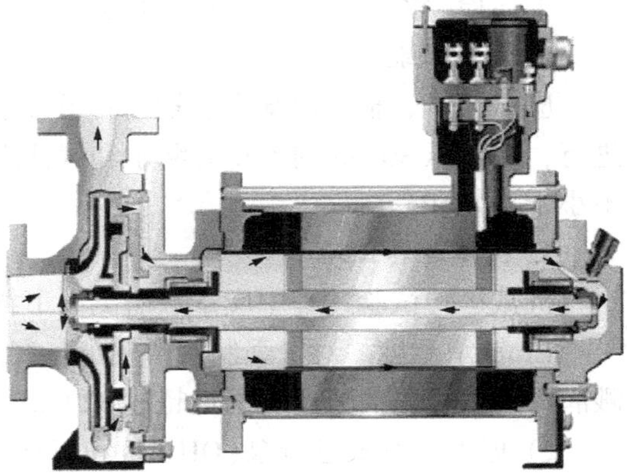

图10-2-13　屏蔽泵剖面图

磁力泵和屏蔽泵均为无泄漏泵，但两者之间仍有显著的区别，如表10-2-12。

表 10-2-12　磁力泵与屏蔽泵的比较

项　目	磁力泵	屏蔽泵
安全性	隔离套破坏后，介质直接漏向大气	屏蔽套破损后，外壳作为第二道屏障，阻止介质外漏
驱动机	普通电动机或汽轮机	专用屏蔽电动机
使用范围功率/压力/温度	185kW/4.0MPa/260℃	450kW/40.0MPa(表)/450℃
是否适合含颗粒介质	否	增加外部冲洗可以应用于含颗粒介质
是否适合于强腐蚀介质	可以	否
制造技术	简易	较高
轴向长度	较长	较短
维护	简单	复杂，需专门的工具和人员
效率	较低	较高
价格	较低	较高

（十）离心泵的检验与试验

相关的国家标准和 API 610 对离心泵的检验与试验做了非常详细的规定，通常包括以下几个方面：

1. 无损检测

至少下列主要部件需要做无损检测：

① 壳体，叶轮和端盖螺栓：磁粉或着色。

② 主轴：超声波。

③ 焊接壳体：着色。对接焊缝必须进行射线探伤。

上述检验方法和验收标准按相关国家标准执行。

2. 水压试验

应对壳体、轴承冷却室、辅助管道等承压部件进行水压试验，水压试验采用常温洁净水进行，在保压 30min 内不得有漏水和冒汗现象。试验压力通常为设计压力的 1.5 倍，且表压不小于 0.8MPa。

3. 机械运转试验

机械运转试验过程中应重点监测以下指标：

1）轴承温度。对于强制润滑轴承，润滑油回油温度不得超过 70℃，对于油环润滑或飞溅润滑的轴承，油池温度不得超过 82℃。

2）振动。卧式悬臂泵(OH 型)和双支撑泵(BB 型)的振动，轴承箱的最大振动的允许值按表 10-2-13，立式泵(VS 型)的振动极限按表 10-2-14 计算。

3）机械密封泄漏。API 682 标准规定了单台机械密封允许的最大平均泄漏量是 5.6g/h(约 2 滴/min)。

表 10-2-13　卧式离心泵的振动极限

项目	振动测量位置	
	轴承箱	泵轴(靠近轴承)
	所有轴承形式	滑动轴承
在优先工作区	转速小于 3600r/min 和单级轴功率小于 300kW，未滤波的振动速度 $V_u<3.0$mm/s。对于大于 3600 r/min 或单级轴功率大于 300kW，振动速度按图 10-2-14 选取	振幅 $A_u<(5.2\times10^6/n)^{0.5}$ μm(峰峰值)且 A_u 不得超过 50μm 式中　n—运行转速 r/min
优先工作区外允许的振动增量	30%	30%

表 10-2-14　立式离心泵的振动极限

项目	振动测量位置	
	轴承箱或电机安装法兰	泵轴(靠近轴承)
	所有轴承形式	滑动轴承
在优先工作区	$V_u<3.0$mm/s	振幅 $A_u<(6.2\times10^6/n)^{0.5}$ μm(峰峰值)且振幅 A_u 不得超过 100μm 式中　n—运行转速，r/min
优先工作区外允许的振动增量	30%	30%

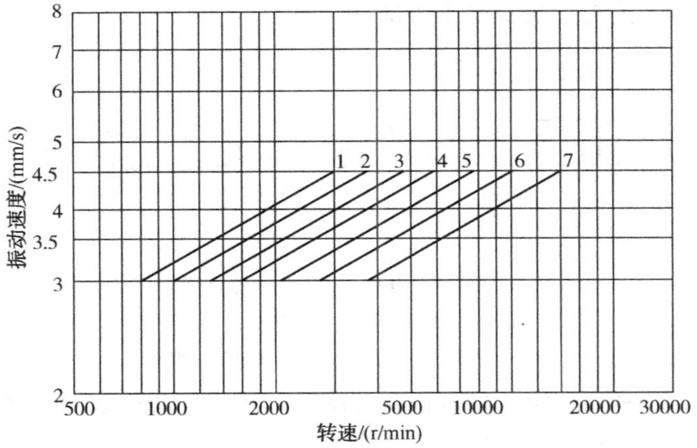

图 10-2-14　转速超过 3600r/min 或单级功率超过 300kW 卧式泵的振动极限

1—$P\geq3000$kW/级；2—$P=2000$kW/级；3—$P=1500$kW/级；4—$P=1000$kW/级；5—$P=700$kW/级；6—$P=500$kW/级；7—$P\leq300$kW/级

4. 性能试验

离心泵性能试验允许偏差按表 10-2-15 计算。

表 10-2-15　性能试验允许偏差

项目		额定点	关死点
额定点扬程	0~75m	−3 +3	+10 −10①
	75~300m	−3 +3	+8 −8①
	>300m	−3 +3	+5 −5①
额定功率		+4②	
额定点 $NPSH_r$		0	

① 如果规定流程扬程曲线是上升型，只有当试验曲线仍然呈上升特性时，才允许使用表中的规定值。
② 在上述任意组合下均为此值。

5. NPSH 试验

一般来讲，把扬程下降 3%作为发生汽蚀的判定条件。对于两级或多级泵，只要有可能，都应当从第一级排出口单独引出一个接口用于压力测量，如果这样做不到，可以考虑 *NPSH* 试验时只测试第一级。额定点的必需汽蚀余量不得超过报价中给出的数值。

二、往复泵

（一）柱塞泵

往复泵(图 10-2-15)由液力端和动力端组成，与往复压缩机的工作原理类似。液力端将能量传递给输送的介质，有柱塞、进排出阀、液缸等主要部件；动力端把驱动机的能量传递给液力端，有曲轴、连杆、机身等主要部件。

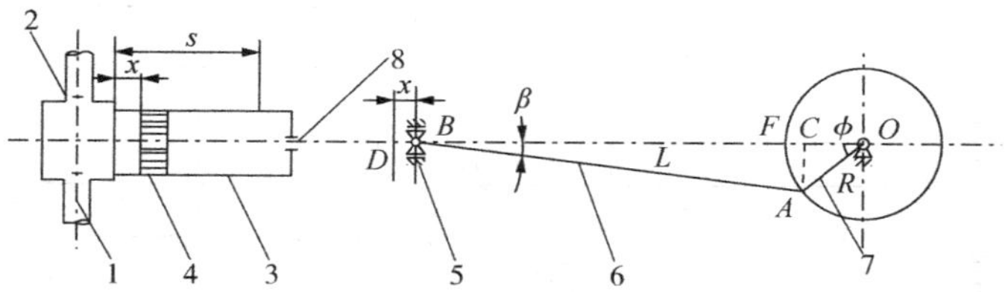

图 10-2-15　往复泵示意图

1—吸入阀；2—排出阀；3—液缸；4—活塞；
5—十字头；6—连杆；7—曲轴；8—填料

如图 10-2-15，曲柄以一定的速度逆时针旋转，活塞向右移动，液缸内的容积增大，压力减低，吸入液体。当曲柄转过 180°，活塞向左移动，将液体推出液缸。如果活塞的两侧都是工作腔，称为双作用往复泵。常用的往复泵是柱塞泵，执行标准按 API 674，活塞杆与液缸等径，如果流量较大，可以选择多头泵。其流量 Q 按式(10-2-26)计算。

$$Q=60\cdot i\cdot F\cdot S\cdot n\cdot \eta_v \tag{10-2-26}$$

式中　Q——流量，m^3/h；

i——柱塞数量；

F——柱塞面积，m^2；

S——行程，m；

n——转速，r/min；

η_v——容积系数。

炼油装置中典型的柱塞泵应用是高压加氢装置的注水泵。煤液化装置的煤浆进料泵的介质中煤粉含量为50%，颗粒度为0.1mm，压力高于20MPa，也选择柱塞泵，其填料部分设置了冲洗油、密封油和润滑油系统，以防止颗粒对填料的磨蚀。API 674对柱塞速度做了明确规定，如表10-2-16。

表10-2-16 连续运行柱塞泵的最大允许速度

冲程/mm	最大的旋转速度/(r/min)	
	柱塞泵	双作用往复泵
50	450	140
75	400	127
100	350	116
125	310	108
150	270	100
175	240	94
200	210	88
250	168	83
300	140	78
350	120	74
400	105	70

柱塞泵和所有的容积泵一样，其流量取决于液缸的几何尺寸和往复次数，与排出压力无关，因此不能靠出口节流的方式来调节流量，可以采取变转速或者旁路回流的方式进行调节。柱塞泵有着往复压缩机类似的问题，介质的不均匀流动容易导致管道振动，应根据API 674的两种设计方法进行脉动计算，进出口管道的允许的脉动峰峰值按式(10-2-27)计算，应校核入口管道的脉动不应导致汽蚀，出口管道的脉动不至于引起安全阀的起跳。

$$p_1=\frac{3500}{(ID\cdot f)^{0.5}} \tag{10-2-27}$$

式中 p_1——管道脉动峰峰值，kPa；

ID——管道内径，mm；

f——脉动频率，Hz。

$$f=i\cdot\frac{n}{60} \tag{10-2-28}$$

式中 n——泵运行转速，r/min；

i——倍频数，=1，2，3，…。

（二）计量泵

在往复泵的基础上增加调节装置以及液力端的隔膜及相关系统，可以得到往复式计量泵，应用标准为 API 675。计量泵有柱塞式和隔膜式两种：柱塞式计量泵可输送不含固体颗粒的各种液体；隔膜式计量泵适宜输送易燃、易爆、剧毒、贵重的液体和含有固体颗粒的液体。计量泵在炼油厂常用的功能是向装置定量输送化学药剂。与普通往复泵相同，计量泵的结构分为液力端(如图 10-2-16)和动力端(如图 10-2-17)两大部分。

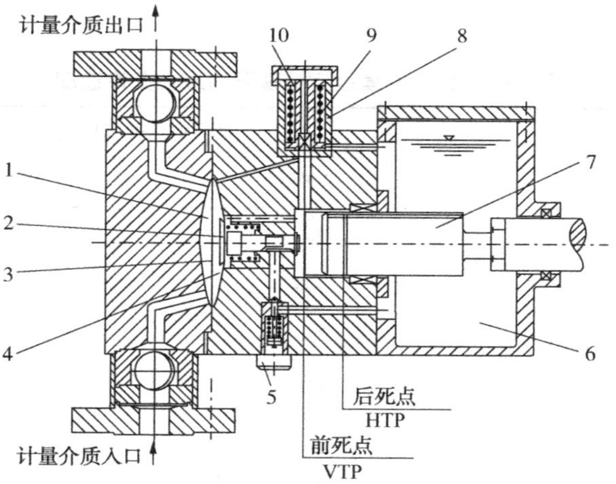

图 10-2-16　计量泵液力端

1—输送腔；2—控制阀；3—膜片；4—储油腔；5—补油阀；6—储油腔；7—柱塞；8—组合阀；9—排气阀；10—压力限制阀

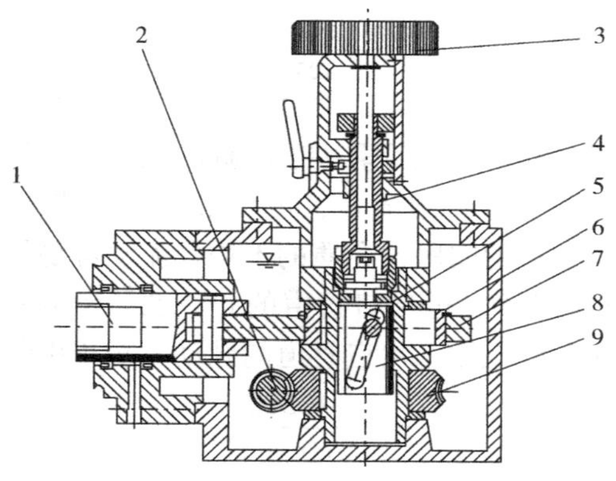

图 10-2-17　计量泵动力端

1—十字头；2—蜗杆；3—调节手轮；4—调节丝杠；5—空心轴；6—偏心块；7—连杆；8—斜槽轴；9—蜗轮

1. 液力端结构和运行原理

如图 10-2-16，隔膜泵头被划分成 3 个工作腔：与输送的介质相接触的输送腔(1)、液压腔(4)及储油腔(6)。输送腔(1)与液压腔(4)被膜片(3)隔开，这意味着输送腔(1)与外界环境是完全隔离的。在液压腔(4)和储油腔(6)之间由柱塞(7)、组合阀(8)(包括压力限制阀和排气阀)、补油阀(5)及控制阀(2)隔开。这些阀门的作用是精确控制膜片(3)的位移及保护计量泵避免过载误操作。柱塞(7)的往复运动经由液压腔(4)内的液压油将容积变化传递到膜片(3)。由这个隔膜直接作用于输送介质，从而形成了输送过程。

2. 动力端结构和运行原理

图 10-2-17 是国内常见的一种动力端结构，主要由蜗杆(2)、蜗轮(9)、空心轴(5)、偏心块(6)、连杆(7)、十字头(1)及手动行程调节机构组成。

动力端是利用曲柄连杆原理，蜗杆(2)与电机轴相连，旋转运动通过蜗轮(9)空心轴(5)传递给偏心块(6)。后者通过连杆(7)作用在十字头(1)上。柱塞行程长度通过旋转手轮(3)进行调节，调节丝杠(4)和斜槽轴(8)沿轴向运动。这个位移再由穿过斜槽轴(8)的斜槽销钉，造成偏心块(6)径向位移，形成偏心。

各家制造厂的液力端结构基本相似，但在传动端的行程调节上略有不同。例如偏心凸轮结构等，这里不再详细描述。

(三) 往复泵的材料选择

往复泵在炼油装置主要应用于注水泵以及化学药剂的注入等，其液力端的材料比较单一，可以按表 10-2-17 选择。动力端与往复压缩机类似，则往往选择铸铁机身、锻钢曲轴和连杆、铸钢的十字头等。

表 10-2-17 往复泵的材料

输送介质	往复泵部件			
	泵头	隔膜①	柱塞	阀
硫化剂、缓蚀剂 全氯乙烯、水等	300SS	PTFE	SS	陶瓷、SS
碱液	碳钢	PTFE	SS	陶瓷、SS

① 对于一些小流量的计量泵或者超高压的应用场合，宜选用 316SS 隔膜。

三、螺杆泵

螺杆泵主要有单螺杆泵、双螺杆泵和三螺杆泵，其结构分别如图 10-2-18、图 10-2-19、图 10-2-20。也有五螺杆泵，但很少应用。

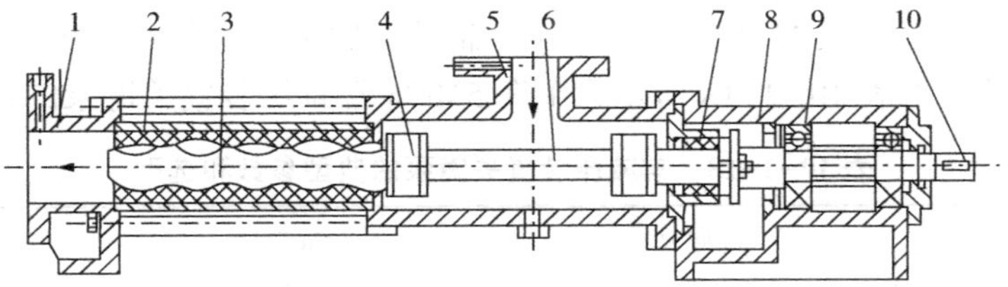

图 10-2-18 单螺杆泵

1—压出管；2—衬套；3—螺杆；4—万向联轴节；5—吸入管；6—传动端；7—轴封；8—托架；9—轴承；10—泵轴

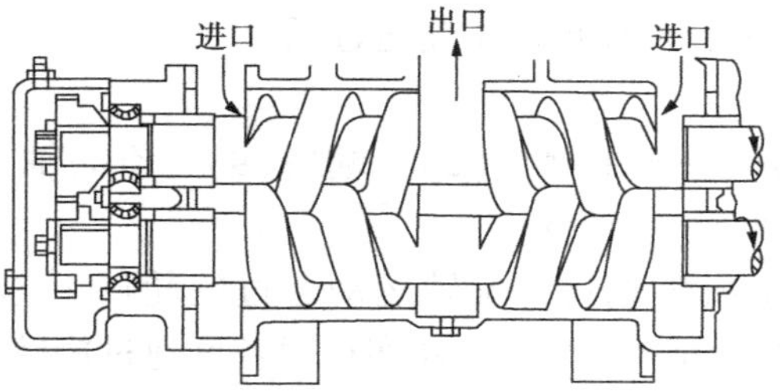

图 10-2-19　双螺杆泵

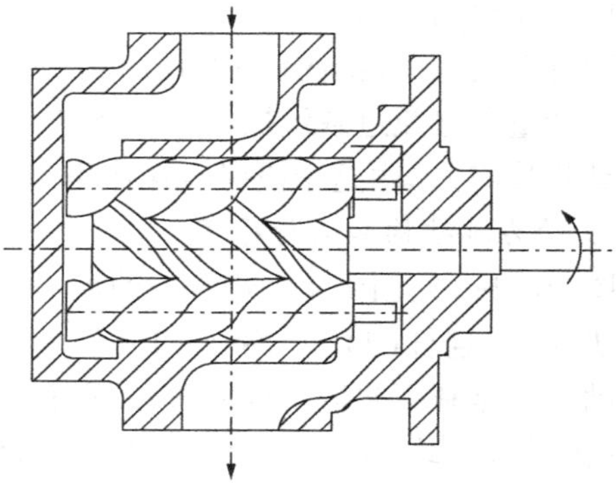

图 10-2-20　三螺杆泵

单螺杆泵工作时，液体吸入螺杆与衬套之间的空腔，随着螺杆的转动，被螺杆挤出。螺杆的轴向力通过万向联轴节由轴承承受，轴封可以采用填料和机械密封。单螺杆常常应用于黏度非常大（高达 $1\times10^7 mm^2/s$）的流体，如污泥输送等。螺杆材料为结构钢或不锈钢（20Cr13、07Cr19Ni11Ti 等）。定子衬套为非金属材料，如丁晴橡胶、氯丁橡胶、乙丙橡胶、氟橡胶等，所以不能运用到低温和高温环境。

双螺杆泵是通过转向相反的两根带有左右螺纹的螺杆转动来输送介质，图 10-2-19 所示，由于采用两端吸入的双吸式结构，螺杆两端处于同一压力下，轴向力可自动平衡。液体由两侧吸入，进到螺杆与壳体之间的空腔，随着螺杆的转动，由中间的排出口排出。螺杆由同步齿轮驱动，螺杆之间没有接触，介质中的杂质不会对螺杆产生磨损，可以应用到高黏度（高达 $1\times10^5 mm^2/s$）和高温（280℃）的场合。炼油厂主要在罐区运用，如沥青输送泵、常减压进料泵、重油加氢进料泵等。双螺杆泵的同步齿轮可以有内装式和外装式两种，内装式常应用到具有润滑性的介质。

三螺杆泵的主螺杆是传动元件，两只从动螺杆起密封作用，螺杆转子之间完全靠输送的液体来传递动力。因此只能应用于具有润滑性的介质，最常见的稀油站的润滑油泵。

螺杆泵属于容积式回转泵，其流量调节只能采用变转速或旁路回流的方式，因而在工艺装置中较少采用。

四、常减压装置中的关键机泵

常减压装置中的关键泵有闪底泵、常底泵和减压渣油泵。这 3 类泵的共同特点是温度高，操作温度均超出了介质的自燃点，一旦泄漏易引发火灾事故；$NPSH_a$ 低，泵在操作过程中极易发生汽蚀。如表 10-2-18 所示为 1 套 5Mt/a 常减压装置关键泵的数据。

表 10-2-18　常减压装置关键泵的典型参数和选型

设备名称	闪底泵 P-230AB	常底泵 P-330AB	减压渣油泵 P-430AB
正常流量/(m^3/h)	680	481	211
额定流量/(m^3/h)	816	578	296
温度/℃	220	360	360

续表

设备名称	闪底泵 P-230AB	常底泵 P-330AB	减压渣油泵 P-430AB
入口压力(表)/ MPa	0.06	0.177	-0.102
密度 /(kg/m^3)	775	751	842
扬程 / m	177	163	208
$NPSH_a$/m	5	5	6
选型	BB2，1 级径向剖分 双支撑，双吸单级叶轮	BB2，2 级径向剖分 双支撑，双吸两级叶轮	BB2，1 级径向剖分 双支撑，双吸单级叶轮
转速 /(r/min)	1500	1500	3000
材质	C-6 叶轮、壳体均为 12% Cr	C-6 叶轮、壳体均为 12% Cr	C-6 叶轮、壳体均为 12% Cr
机械密封	C2A3C3253A 波纹管有压双封 外冲洗	C2A3C3253A 波纹管有压双封外冲洗	C2A3C3253A 波纹管有压双封 外冲洗

参　考　文　献

[1] 郁永章．容积式压缩机手册[M]．北京：机械工业出版社，2000.
[2] 姜培正．过程流体机械[M]．北京：化学工业出版社，2001.
[3] 宋天民．炼油厂动设备[M]．北京：中国石化出版社，2006.
[4] 邢子文．螺杆压缩机 理论、设计及应用[M]．北京：机械工业出版社，2000.
[5] 王学义．工业汽轮机技术[M]．北京：中国石化出版社，2011.
[6] 中国石油和石化工程研究会．炼油设备工程师手册[M]．2 版．北京：中国石化出版社，2009.

第十一章　用能、能耗与节能

延迟焦化(delayed coking unit，DCU)因流程简单、投资较小、原料适应性强，一直以来是加工减压渣油的主要工艺[1]。它通过高温热裂解和热脱氢聚合，将减渣转化成干气、液化气、汽油、柴油、蜡油和焦炭，故加热负荷大、分离任务重，能耗较高。本章的任务就是说明其用能、能耗与节能。

第一节　装置基本情况

为了解延迟焦化装置的用能，先简要介绍基本情况。

一、原则流程及能流特征

图 11-1-1 是延迟焦化装置的原则流程示意。

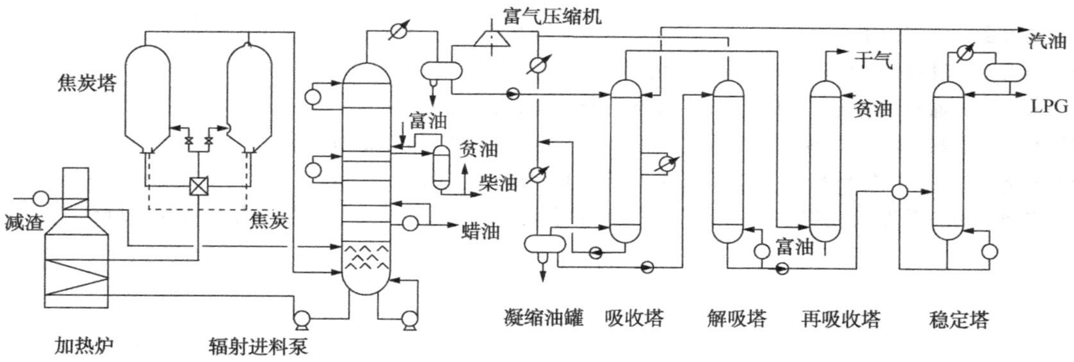

图 11-1-1　延迟焦化装置原则流程示意

从图可以看出，焦化装置主要由三部分组成。

1. 焦化部分

原料减渣经与工艺物流，如蜡油、循环油换热和加热炉对流段加热后，约 340~350℃进分馏塔下部，与来自焦炭塔顶的高温油气(~420℃)逆向接触，在原料被加热、所随带轻组分被蒸发的同时，油气中夹带的焦粉也部分淋洗下来。随后塔底油经辐射进料泵提压，进加热炉辐射管，快速升温至约 500℃送焦炭塔。塔内，裂解气从顶部逸出，焦炭逐渐聚集，当料面达到约 2/3 塔高时，进料经四通阀切换送另一个塔，转入下一个生焦周期。为防止炉管结焦，通常会向炉管注入软化水或蒸汽，以加速流动；同时采用双面加热无焰燃烧炉或双面辐射斜面阶梯炉等炉膛热分布性能良好、炉管表面热强度较为均匀的炉型作为加热设备。

2. 分馏塔部分

焦炭塔油气从顶部溢出，自压进分馏塔，在与原料渣油直接接触脱过热后升入精馏段，契塔板和回流的作用，依次得到蜡油、柴油、粗汽油和富气。全塔剩余热则由塔顶油气冷却系统、顶循环回流、中段回流和蜡油回流取出。

3. 吸收稳定系统

由富气压缩机、凝缩油罐、吸收塔、再吸收塔、解吸塔和稳定塔组成。其功能是分离来自分馏塔的富气和粗汽油，以得到产品干气、液化气和稳定汽油。由于要在常温下液化 C_3、C_4液化气组分，故需给系统加压(丙烯和丙烷在40℃下的饱和蒸汽压力分别为1.651MPa和1.366MPa)，气体静压由压缩机提供，液体压头由粗汽油泵供给，分离能则由稳定塔和解吸塔再沸器提供。

因此，加热、焦化/分馏、换热三个子系统构成了装置能流主体。其中，加热子系统的主要设备是加热炉，功能是将燃料的化学能转化成热能，并契炉管传热的方式将渣油加热到规定温度，以实现热裂解和热缩合(故称能量转换环节)。焦化/分馏子系统的主要设备是焦炭塔、分馏塔和吸收稳定系统，功能是利用从加热炉获取的能量，完成焦化过程和把焦化产物分离成焦炭、蜡油、柴油、汽油、LPG和干气，以实现装置的工艺目标(故称能量利用环节)。换热子系统的主要设备是换热器和冷却器，功能是回收分馏塔的过剩热加热原料，以减少加热炉的燃料消耗，同时将产品冷却至出装置温度(故称能量回收环节)。贯穿始终的两股流是物流和能流。物流经过焦化/分馏子系统即装置的核心环节，从渣油变成产品；能流则以自身降质为代价，帮助核心单元实现工艺目标。这便是三环节理论(Three-link theory)[2]关于延迟焦化装置能流规律的总结。见图11-1-2。

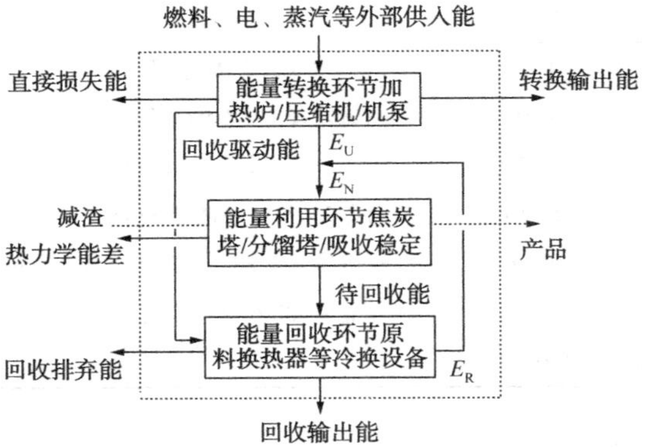

图11-1-2　延迟焦化装置三环节能流示意

图中，E_U是有效供入能，E_R是回收循环能，E_N是工艺总用能。E_N由E_R和E_N构成，作用于焦炭塔、分馏塔、吸收稳定系统，以将减渣变为产品。所以延迟焦化装置节能的实质是减少工艺总用能E_N。

可从三方面入手：①提高能量利用环节的能效。包括采用先进焦化和分离工艺；提高分馏、吸收稳定系统的能效等。②提高能量回收环节的能效。如提高渣油换热终温；提高分馏塔过剩热的使用效率等。③提高能量转换环节的能效。如提高加热炉、压缩机和机泵的效率等(富气压缩机和粗汽油泵因将电能或蒸汽热能/压力能转化成流体静压能，也属能量转换环节)。

近年来，图 11-1-3 流程多有应用，它利用循环油换热负荷调节循环比(循环油量与新料量之比称为循环比)，谓之可调循环比流程[3,4]。

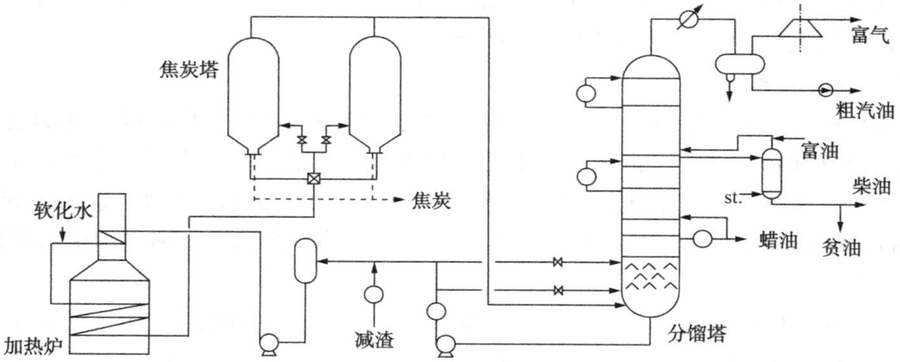

图 11-1-3　可调循环比延迟焦化原则流程示意

二、产品分布

表 11-1-1 是某千万吨级炼油厂延迟焦化装置的产品分布[原料减渣进装置 150℃、残炭值 16.23%(质)、20℃密度为 0.9831kg/cm³，循环比为 0.3]。

表 11-1-1　某延迟焦化装置产品分布

项目	物流	比例/%(质)	备注
入方	原料渣油	100.00	
	合计	100.00	
出方	干气	4.07	≥C_3组分含量 2.08%(体)
	液化气	4.38	≥C_5组分含量 1.63%(体)、≤C_2组分含量 1.28%(体)
	汽油	21.77	初馏点 47℃、终馏点 219℃
	柴油	23.13	初馏点 237℃、终馏点 376℃
	蜡油	20.46	轻蜡初馏点 392℃、占 17.47%，重蜡初馏点 446℃、占 2.99%
	焦炭	26.19	碳含量 93.38%(质)、氢含量 6%(质)
	合计	100.00	

从表 11-1-1 可以看出：

1）装置液收 65.36%。其中汽、柴油因不饱和烃和硫、氮非烃类化合物含量高，需加氢精制。

2）干气富含甲烷，是较好的制氢原料[表中干气甲烷含量 53.7%(体)，未列出]。

3）当减少蜡油中的柴油馏分随带，以防止柴油馏分在后续工艺如催化裂化或加氢裂化中二次加工；并尽量减少回炼油带蜡油；汽、柴油如混合加氢精制，则无需严格分离；若下游流程完善，可考虑单抽重蜡。

4）干气、液化气、汽油总收率 30.22%，其中干气和液化气只占 8.45%，说明相较于同等加工量的催化裂化，延迟焦化吸收稳定系统加工量小，自然解吸塔、稳定塔和压缩机能耗较低。

5）加热炉出口温度和焦炭塔压力是影响产品分布的重要因素。出口温度升高，反应深度和速度提高，气体、汽油、柴油产率增大，蜡油收率减少，焦炭塔泡沫层高度和焦炭挥发分降低，但炉管结焦加剧。因此，较重和残炭值较高的原料，宜选择较低的炉出口温度。焦炭塔压力的影响是，提压利产柴油，降压利产蜡油；而产针状焦，则宜在较高压力下操作（约0.7MPa），以促进富芳烃油深度转化。

6）原料性质是决定产品分布的关键。表现在：原料残炭值越高，焦炭产率越高（焦炭产率通常是残炭值的1.5~2倍）；原料密度越大，蜡油和焦炭产率越大，轻质油产率越小，并受制于单程裂化深度，循环比也将越大；另外，原料特性因素越小，则结焦温度越低，故加工低特性因数减渣原料时，要特别注意炉管温度分布，避免超温结焦。

对大多数炼油厂说，虽然焦化原料基本没有选择（除个别以针状焦为主要产品的装置外），但也不能听之任之。要统筹安排，要在全厂重质馏分油加工能力和工艺特点的基础上，应对原油性质、原油蒸馏减压拔出率的变化，合理调整原料性质，以引导焦化装置提高液体产品收率和降低焦炭产量。有些厂，为应对低加工负荷，简单提高循环比是不科学的。

三、能耗构成

表11-1-2是表11-1-1所示焦化装置的能耗构成。

表11-1-2　某延迟焦化装置能耗构成

项目	数量/（t/t原料）	定额/（kg标油/t原料）[5]	能耗/（kg标油/t原料）
燃料	0.0238	1000	23.8000
电	18.3560	0.22	4.0383
3.5MPa蒸汽	0.1030	88	9.0640
1.0MPa蒸汽	0.0009	76	0.0684
新鲜水	0.0262	0.15	0.0039
除氧水	0.0484	6.5	0.3146
循环水	6.4660	0.06	0.3880
蒸汽凝结水	-0.0542	1.0	-0.0542
净化风	1.2444Nm^3/t	0.038 kg/Nm^3	0.04729
氮气	0.1800 Nm^3/t	0.15kg/Nm^3	0.02700
合计			37.70

从表11-1-2可以看出：

1）装置能耗37.70kg标油/t减渣。按原油蒸馏装置减渣产率35%计，折合为13.20kg标油/t原油，高于常减压能耗。因此加工重质原油、且焦化规模比较大的炼油厂，要高度重视焦化用能。

2）燃料能耗占比总能耗63.13%，说明焦化节能应以热集成（Heat Integration，HI）为主要抓手。

3）过剩热利用不够。炉出口温度高、吸收稳定负荷小，必然导致分馏系统热过剩，要采取一切措施消化。如加热原料，提高原料进对流室的温度（当循环比取0.3时，原料进炉温度每提10℃，装置能耗一般下降约1.0个单位）；如产品蜡油、柴油热出料，将过剩热输送到下游装置；如与相邻、同步、且热量欠缺的装置实施热联合，将过剩热转移出去；如适当产汽和加热热水等。表 11-1-2 中没有热水和热输出等负值项，高能耗就是必然了。

实际生产中，由于多方面原因，能耗通常会偏离设计值。如某 1.4Mt/a 可调循环比焦化装置（设计循环比 0.3），含吸收稳定、干气脱硫，设计能耗 26.71kg 标油/t 原料。但受加工负荷减小，所产 0.4MPa 蒸汽和加热的除盐水无用户等因素的干扰，能耗明显增加。

如图 11-1-4 所示，相应周期内平均能耗 35.45 标油/t 原料（期间循环比约 0.25），比设计值高 32.7%；且负荷率越低，能耗越高。当前，炼油厂加工量普遍低，如再提循环比应对，能耗就更高了。

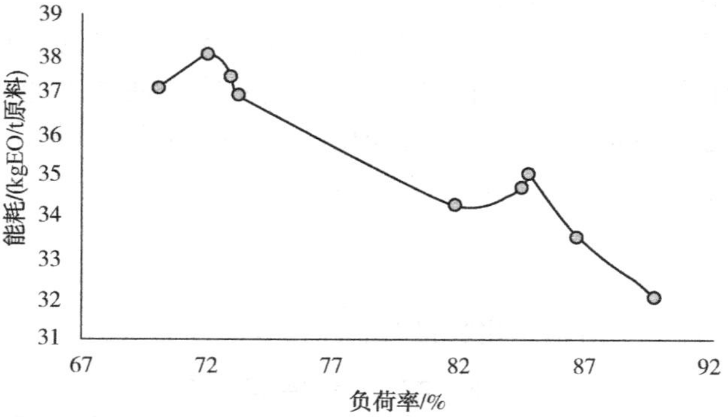

图 11-1-4 某延迟焦化装置能耗与加工负荷的关系

另外，实际耗汽大于设计耗汽也是造成焦化实际能耗高于设计能耗的重要原因。表 11-1-3 是某 1.4Mt/a 焦化实际汽耗及与设计值的对比。

表 11-1-3 某延迟焦化装置实际蒸汽消耗及与设计值的对比

蒸汽消耗项	数值/(t/h)	特点	设计值/(t/h)
特阀汽封*	1.5~2	连续	0.1
顶底盖保护蒸汽	1~1.5	连续	
伴热/加热盘管/防冻凝(夏/冬季)	2.5~3/6~7	连续	1.0
主油泵透平及汽封冷却器用汽	3.5~4.5	连续	未计入能耗
焦炭塔试压及短节吹扫	7~8(t/生焦周期)	间断	
小吹汽~1.5h	3~5	间断	
大吹汽~2h	15~20	间断	
冷焦水罐补压用汽	0.5~1	间断	未计入能耗
高压水泵房和除焦室取暖	0.5~1	冬季连续	
合计(夏季/冬季)	11~12/14~15		

*包括四通球阀、焦炭塔顶第一道油气阀、焦炭塔顶第二道油气阀、焦炭塔进料隔断阀、焦炭塔顶油气环阀、焦炭塔甩油第一道阀、焦炭塔放空第一道油气阀。

因此焦化装置节能要特别关注蒸汽细节。

第二节　分馏塔操作

分馏塔是焦化装置的核心工艺单元，承担着分离产品和采出、分配焦化油气过剩热的双重任务，操作好坏将严重影响装置的产品分布和用能。本节将说明几个相关问题。

一、进料油气构成

了解分馏塔的操作，需首知其进料油气。但由于无流量表和无法取样分析，来自焦炭塔的高温油气的流量和物性不得而知。常用的方法是借助隔离体系物料平衡，由出方物料到拟合。

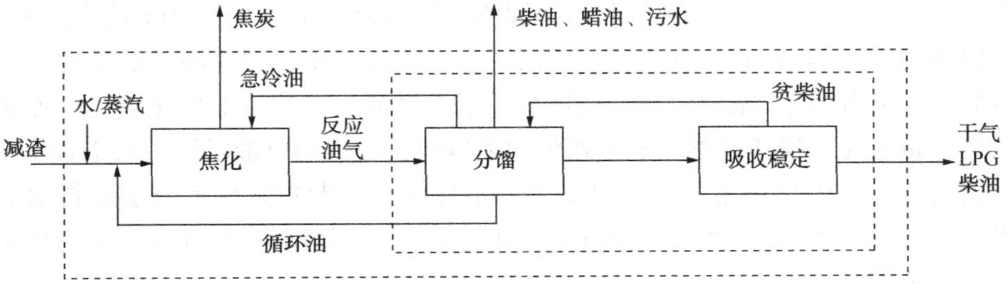

图 11-2-1　延迟焦化装置的一般构造

图 11-2-1 是延迟焦化装置的一般结构，对其分馏和吸收稳定子系统进行物料平衡，有：

$$F_{gas}-F_{w}+F_{rec}=\sum_{1}^{5}F_{i}+F_{que} \tag{11-2-1}$$

式中　F_{gas}——进入分馏塔的焦化油气流量；

$F_1\sim F_5$——分别是产品干气、LPG、稳定汽油、柴油和蜡油的流量；

F_{rec}——循环油流量；

F_w——炉管软化水/蒸汽注入量；

F_{que}——焦炭塔急冷油流量。

如果吸收稳定系统加工外来料(如原油蒸馏装置初、常顶气，馏分油加氢精制装置汽提塔顶气等)，则式(11-2-1)变成：

$$F_{gas}-F_{w}+F_{rec}=\sum_{1}^{5}F_{i}+F_{que}-F_{dry}-F_{lpg}-F_{gl} \tag{11-2-2}$$

式中　F_{dry}、F_{lpg}和 F_{gl}——外来料中干气、LPG 和汽油组分的随带量。

如果焦化原料泵采用蜡油做封油，则式(11-2-2)变为：

$$F_{gas}-F_{w}+F_{rec}=\sum_{1}^{5}F_{i}+F_{que}-F_{dry}-F_{liq}-F_{gl}+F_{blo} \tag{11-2-3}$$

式中　F_{blo}——进入原料中的封油量。

可见，只要知道了各分项的流量和物性，就可以利用 PRO/Ⅱ、Aspen Plus、HYSIS 等大型商用化工流程模拟(process simulation)软件的混合器(mixer)计算出分馏塔进料油气的流量和物性。

上述拟合过程中要注意几点：

1）干气和 LPG 需知其分子组成；液体油品，如汽油、柴油、蜡油需知其密度和恩氏蒸馏馏程；

2）急冷油可能是蜡油，也可能是中段回流；

3）要正确确定循环油的性质。循环油渗入在塔底油中，无法取样。要根据其比原料轻、比蜡油重的特点，用试差法，契模拟拟合得到。经验表明，循环油性质对分馏塔计算精度影响很大。

知道了进料油气，就可以基于流程约束、设备约束、产品质量约束对焦化装置分馏、吸收稳定、加热、传热和流体输送部分实施全流程模拟了。至于焦化部分，由于没有成熟的机理模型，还基本不能计算。

二、避免蜡油带柴油

由于分馏塔中下部设有中段回流和蜡油回流，故部分重质柴油馏分被下压，导致蜡油带柴油是难以避免的(比较而言，催化裂化分馏塔由于不设二中，回炼油中随带的柴油馏分则相对较少)。这不但降低了柴油收率，还提高了下游蜡油加工装置如催化裂化、加氢裂化的处理量，当尽量避免。操作调整是减少蜡油回流取热，或提高分馏塔第一块塔板下方的油气温度。但前者不利于优化利用分馏塔过剩热，不建议；后者则需尽量调小原料油的上进塔量，效果有限。看图 11-2-2 所示的例子(图中，圆弧内的数据是以 10^4kcal/h 为计量单位的有效热负荷，下同)。

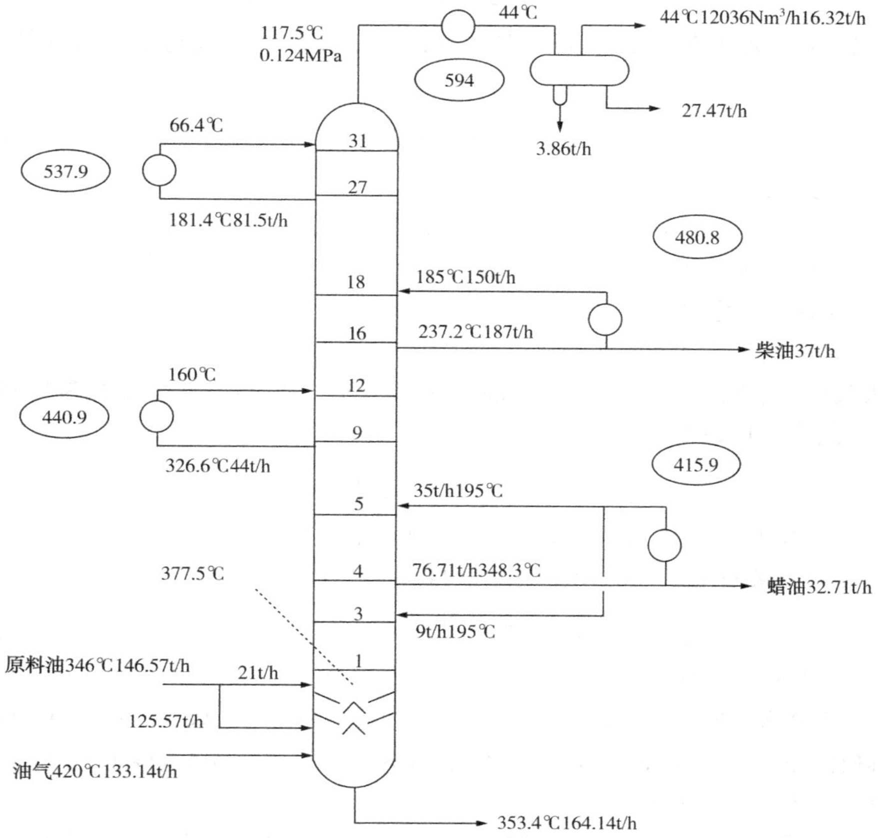

图 11-2-2　某焦化分馏塔操作情况

图中，当上进料量调小到 21t/h，仅占比总进料 14.3%时，第一块板下方的气相温度仍只有 377.5℃。对应蜡油 30.92t/h、柴油 37t/h，蜡油 30%点馏程 350.1℃(见表 11-2-1)。说明蜡油严重带柴油，装置轻收低，也说明单凭操作调整是很困难的。

表 11-2-1　图 11-2-2 所示焦化分馏塔系统产品质量

项目	单位	柴油	蜡油	项目	单位	柴油	蜡油
20℃密度	kg/m^3	829	931.1	$t_{70\%}$	℃	275.3	367.8
馏程 $t_{1\%}$	℃	118	192.3	$t_{90\%}$	℃	316.5	384.6
$t_{10\%}$	℃	183.1	332.7	$t_{95\%}$	℃	328	392.4
$t_{30\%}$	℃	206.8	350.1	$t_{98\%}$	℃	337.7	404
$t_{50\%}$	℃	241.9	360.1				

最有效的方法是设置侧线蜡油汽提塔，见图 11-2-3。

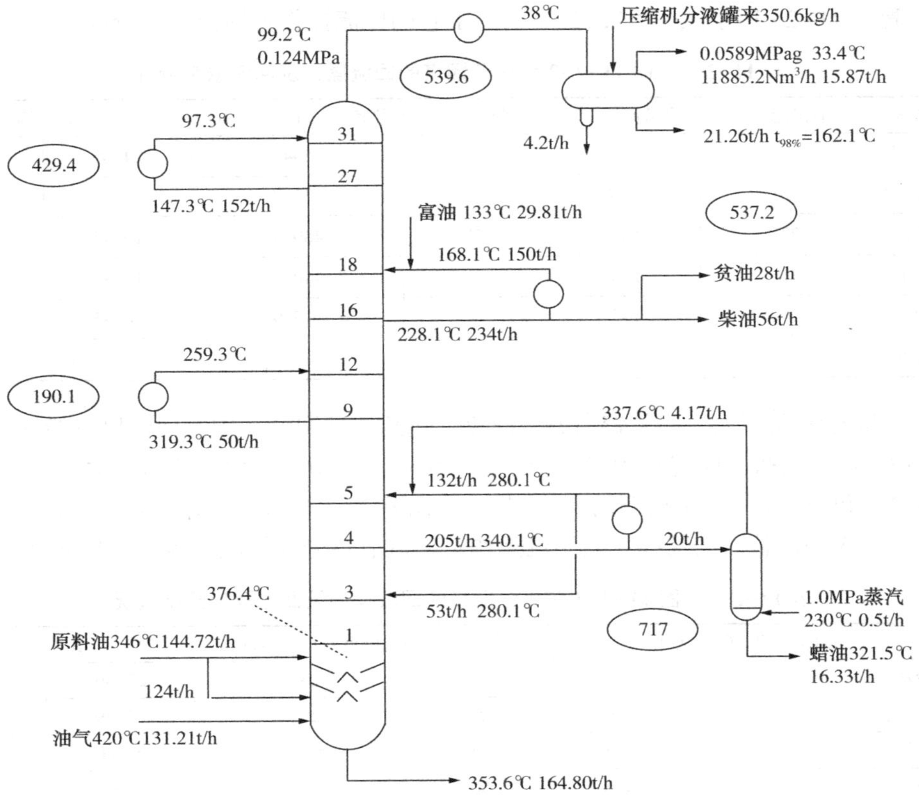

图 11-2-3　设置蜡油汽提塔后的某焦化主分馏塔操作情况

图 11-2-3 中，从第四块抽出的产品蜡油不经换热自压进新增的汽提塔，在 0.5t/h、1.0MPa 汽提蒸汽的作用下，随带的 4.17t/h 柴油馏分被气化。表 11-2-2 给出了相应的产品情况。

表 11-2-2　图 11-2-3 所示焦化分馏塔系统产品质量

项目	单位	柴油	蜡油	项目	单位	柴油	蜡油
20℃密度	kg/m^3	838.0	941.1	$t_{70\%}$	℃	303.0	374.2
馏程 $t_{1\%}$	℃	113.2	340.5	$t_{90\%}$	℃	341.1	387.8

续表

项目	单位	柴油	蜡油	项目	单位	柴油	蜡油
$t_{10\%}$	℃	173.9	345.8	$t_{95\%}$	℃	351.2	395.9
$t_{30\%}$	℃	199.9	360.4	$t_{98\%}$	℃	361.0	407.6
$t_{50\%}$	℃	250.6	369.4				

可见，蜡油30%点馏程由350.1℃升到了360.4℃，蜡油产量从32.71t/h降到了16.33t/h，相应柴油产量则由37t/h增加到56t/h，效果十分明显。

三、优化回流操作和回流取热分配

高温油气进入分馏塔，其所带入的过剩热被塔顶冷却系统和回流系统取走。故在保证分离要求的前提下，让下部高温回流多取热，上部低温回流少取热是十分必要的。

还是看图11-2-2例子，表11-2-3列出了它的回流操作及回流取热分配。

表11-2-3　图11-2-2焦化分馏塔的回流操作及回流取热分配

回流名称	抽出温度/℃	返塔温度/℃	流量/(t/h)	热负荷/(10^4kcal/h)	比例/%	
塔顶冷却	117.5	44	47.65	594	24.05	45.83
顶循环回流	181.4	66.4	81.5	537.9	21.78	
柴油回流	237.2	185	150	480.8	19.47	54.17
中段回流	326.6	160	44	440.9	17.85	
蜡油回流	348.3	195	44	415.9	16.85	
合计				2469.5	100.00	

可见，取热情况不佳。一是较高温位回流，包括柴油回流、中段回流以及蜡油回流取热只占54.17%；二是蜡油回流和中段回流的流量都只有44t/h，而抽出和返塔温差却分别达到了153.3℃和166.6℃，是典型的“小流量、大温差”操作，导致回流热品质低。

图11-2-3是调整后的情况。其回流操作及回流取热分配情况如表11-2-4所示。

表11-2-4　图11-2-3焦化分馏塔的回流操作及回流取热分配情况

回流名称	抽出温度/℃	返塔温度/℃	流量/(t/h)	热负荷/(10^4kcal/h)	比例/%	
塔顶冷却	99.2	38	40.98	539.6	22.36	40.15
顶循环回流	147.3	97.3	152	29.4	17.79	
柴油回流	228.1	168.1	150	537.2	22.26	59.85
中段回流	319.3	259.3	50	190.1	7.88	
蜡油回流	340.1	280.1	185	717	29.71	
合计				2413.3	100.00	

表11-2-4中，最高温位的蜡油回流的流量提到了185t/h，抽出返塔温差降到了60℃，实现了“大流量、小温差”操作；较高温位回流取热比例从54.17%提到了59.85%，大大改善了输出热品质。综合使柴油、中段、蜡油回流的输出热㶲从624.6×10^4kcal/h提到了704.8×10^4kcal/h，增幅12.8%(见表11-2-5)。

表 11-2-5　调整前后分馏塔高温位回流热㶲分布

回流	图 11-2-2 操作				图 11-2-3 操作			
	热负荷/(10^4kcal/h)	平均温度/℃	平均能级 $\bar{\varepsilon}$	热㶲/(10^4kcal/h)	热负荷/(10^4kcal/h)	平均温度/℃	平均能级 $\bar{\varepsilon}$	热㶲/(10^4kcal/h)
柴油回流	480.8	211.1	0.4358	209.5	537.2	198.1	0.4204	225.8
中段回流	440.9	243.3	0.4711	207.7	190.1	289.4	0.5144	97.8
蜡油回流	415.9	271.7	0.4987	207.4	717	310.1	0.5317	381.2
合计	1337.6			624.6	1444.3			704.8

所以以调整回流流量的方式优化分馏塔的回流操作和回流取热分配是有益的，应成为装置操作优化的日常工作。但需注意几个问题。

1）新的回流板操作点(A)必须仍在负荷性能曲线的有效范围之内。见图 11-2-4。

图 11-2-4 中，五条曲线依次是气相负荷上限线、液泛线、液相负荷上限线(又称降液管超负荷线)、漏液线和液相负荷下限线。调整后回流板，包括抽出板和返回板的液相负荷(L_s)不能太大，否则将淹没整个降液管，气相负荷(V_s)也不能太小，否则液体将直接从浮阀或筛孔滴落。

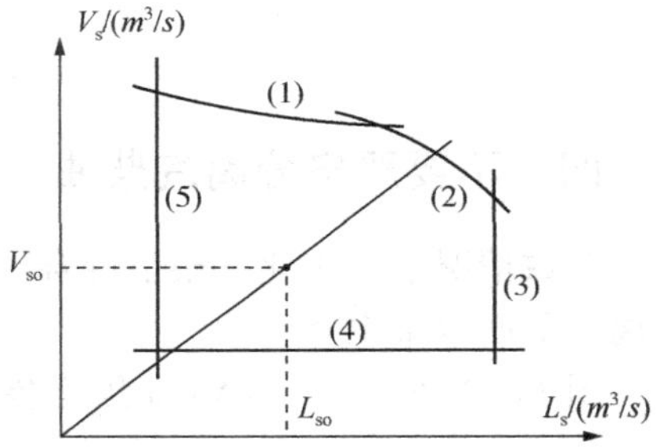

图 11-2-4　塔板负荷性能曲线

对同一块板，五条曲线的形状和定位不是固定不变的，除与塔径(D)和塔板结构，如板间距(H_T)、堰长(l_w)、进口堰高(h'_w)、出口堰高(h_w)、弓形降液管宽度(W_d)、无效区宽度(W_C)、破雾区宽度(W_S)等参数有关外，还与流经该板的流体的气相负荷(V_s)、液相负荷(L_s)以及物性，如气体密度(ρ_V)、液体密度(ρ_L)、液体表面张力(σ)、发泡性能(φ)等有关。因此，做大调整时要进行专门的流程模拟和水力学验算。

2）新流量不超出回流泵的额定值。

如上例中，蜡油量将从 76.71t/h 提到 205t/h，变化幅度很大，要查蜡油泵是否适应。

3）换热流程能适应回流参数变化。

以蜡油回流为例，调整前流量 44t/h、抽出 348.3℃、返回 195℃、热负荷 415.9×10^4 kcal/h，调整后流量 185t/h、抽出 340.1℃、返回 280.1℃、热负荷 717×10^4kcal/h。那换热流程能否适应这个变化呢？若不能，则返塔温度达不到要求，全塔热平衡、产品分布将被破坏。因此，回流换热流程必须要有充足的弹性。

一般具有如下两个特征的换热流程弹性较强：

①控制热阻在回流侧：

换热器总传热系数(K)的计算公式是：

$$1/K = 1/\alpha_i + 1/\alpha_o + R_{ei} + R_{eo} + R_{ew} \tag{11-2-4}$$

式中　　α——膜传热系数；

R_e——热阻；

下标 i、o、w——管内、管外和管壁。如果物流的污垢热阻不足够大，有：

$$U < \min(\alpha_i,\ \alpha_o) \tag{11-2-5}$$

说明只有提高控制热阻侧的膜传热系数，即加大控制热阻侧的流量才有可能比较有效地提高总传热系数，提高换热器消化回流热变化的能力。以图 11-2-5 示意的某回流换热流程为例，就是应将 E1、E2、E3 的控制热阻分别设计在壳程、管程和壳程。

② 末级换热器有较大的冷端温差：

如图 11-2-5 所示，就是 E3 中，回流返塔温度 t_2 与冷流进口温度 t_{c1} 之间有较大的差值（宜 40~50℃），只有这样返塔温度才能自如调节。

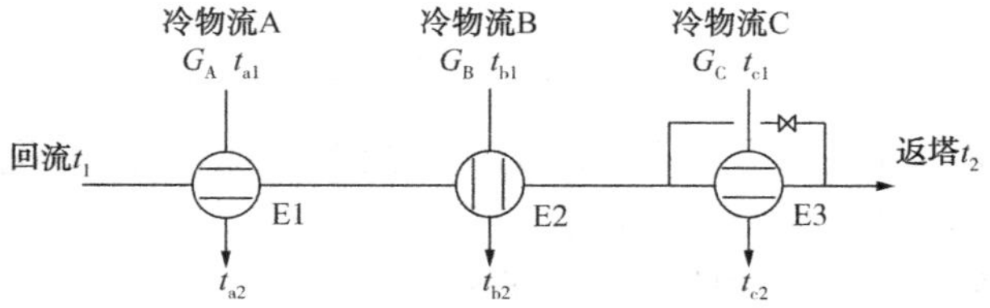

图 11-2-5　回流换热流程示意

四、不要严格分离汽柴油

多数情况下，焦化汽柴油混合加氢精制，因此在分馏塔系统没有必要实施严格的汽柴油分离。下面以某案例说明。

图 11-2-6 是某 1.8Mt/a 焦化装置分馏塔的操作情况。

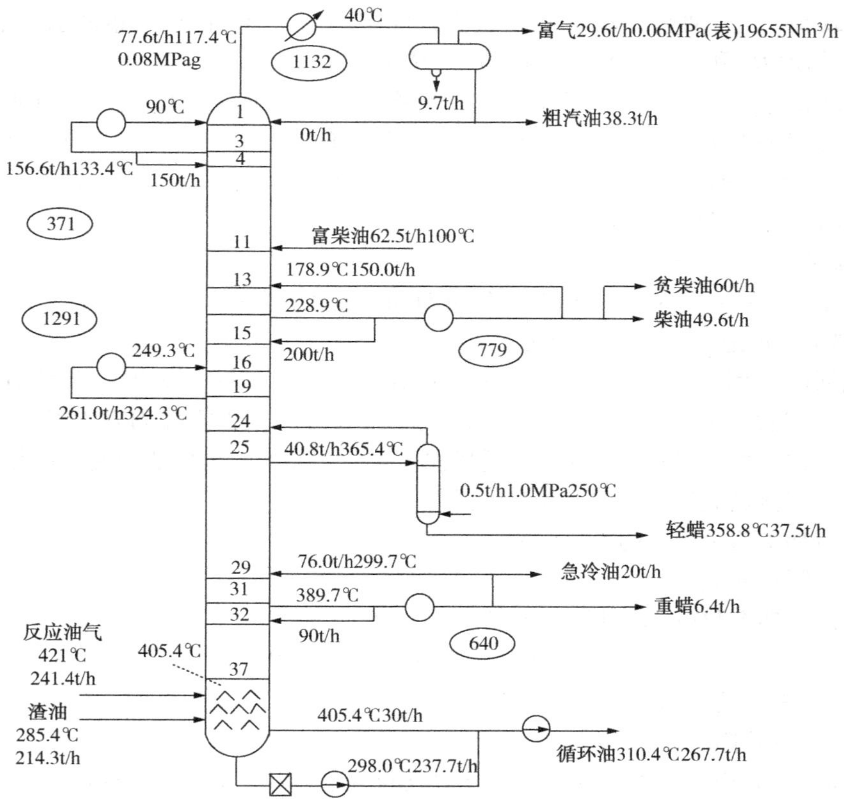

图 11-2-6　某 1.8Mt/a 焦化装置分馏塔操作情况

装置采用可调循环比工艺，循环比 0.25，没有设置侧线柴油汽提塔。表 11-2-6 是其产品质量。

表 11-2-6　图 11-2-6 分馏塔系统产品质量

项目	单位	粗汽油	稳定汽油	柴油	轻蜡油	重蜡油
20℃密度	kg/m^3	732.8	726.8	854.5	917.4	927.2
馏程 $t_{1\%}$	℃	-26.7	13.1	152.7	372.1	306.9
$t_{5\%}$	℃	57.1	57.3	222.7	383.7	387.5
$t_{10\%}$	℃	66.9	59.2	239.6	388.7	399.9
$t_{50\%}$	℃	130.3	115.3	293.8	409.4	443.4
$t_{70\%}$	℃	154.2	146.2	327.2	421.7	453.2
$t_{90\%}$	℃	183.5	177.2	347.3	448	469.4
$t_{95\%}$	℃	199.9	196.7	358.9	455.6	473.5
$t_{98\%}$	℃	213	211	370.7	461.5	479.6

用稳定汽油 95%点馏程与柴油 5%点馏程的差值表征汽柴油分离程度。

$$\theta = t_{g,95\%} - t_{d,5\%} \tag{11-2-6}$$

式中，θ——脱空度或重叠度℃。对应图 11-2-6 操作，θ = 196.7-222.7 = -26℃，说明是脱空操作，汽柴油被严格分离。

下面基于流程模拟分析 θ 变化对操作的影响(分析过程中，塔顶保持零冷回流不变)。

1. 对产品质量的影响

表 11-2-7 是不同重叠度下的产品质量。

表 11-2-7　重叠度变化对产品质量的影响

产品	项目	θ=-26℃	θ=-18.2℃	θ=-0.6℃	θ=2.5℃	θ=10.8℃	θ=16.3℃
重蜡油	20℃密度	927.2	927.2	927.2	927.2	927.2	927.2
	馏程 $t_{1\%}$	306.9	306.9	306.9	306.9	306.9	306.9
	$t_{98\%}$	479.6	479.6	479.6	479.6	479.6	479.6
轻蜡油	20℃密度	917.4	917.4	917.3	917.3	917.3	917.3
	馏程 $t_{1\%}$	372.1	372.1	372.1	372.1	372.1	372.1
	$t_{98\%}$	461.5	461.5	461.5	461.5	461.5	461.5
柴油	20℃密度	854.5	852.7	848.7	847.3	841.3	836.6
	馏程 $t_{1\%}$	152.7	143.7	131.3	127.9	114.3	103.9
	$t_{5\%}$	222.7	213	189.4	184.4	168.8	158.9
	$t_{95\%}$	358.9	358.6	357.8	357.5	356.3	355.3
稳定汽油	20℃密度	726.8	725.8	723.2	722.2	718.5	715.6
	馏程 $t_{1\%}$	13.1	13.1	13	12.7	11.2	10.1
	$t_{5\%}$	57.3	57.3	57.2	57.2	57.1	57
	$t_{95\%}$	196.7	194.8	188.8	186.9	179.6	175.2

续表

产品	项目	θ=-26℃	θ=-18.2℃	θ=-0.6℃	θ=2.5℃	θ=10.8℃	θ=16.3℃
粗汽油	20℃密度	732.8	731.9	729.8	729	726.2	724.3
	馏程 $t_{1\%}$	-26.7	-26.8	-26.8	-26.8	-26.9	-26.9
	$t_{5\%}$	57.1	57.1	57.1	57.1	57	57
	$t_{95\%}$	199.9	198.6	194.5	192.9	188.2	185.7

从表11-2-7可以看出，提高汽柴油重叠度基本不影响蜡油质量，但会促使更多的汽油馏分进入柴油，使得稳定汽油 $t_{95\%}$ 点明显下降，同时柴油变轻、初馏点下降。

2. 对物料平衡的影响

见表11-2-8。

表11-2-8　重叠度变化对物料平衡的影响

产品量/(t/h)	θ=-26℃	θ=-18.2℃	θ=-0.6℃	θ=2.5℃	θ=10.8℃	θ=16.3℃
干气	8.6	8.6	8.6	8.6	8.6	8.7
LPG	9.4	9.4	9.4	9.4	9.4	9.4
汽油	46.7	45.7	43.2	42.3	38.6	35.5
柴油	49.6	50.6	53.1	54	57.7	60.7
轻蜡油	37.5	37.5	37.5	37.5	37.5	37.5
重蜡油	6.4	6.4	6.4	6.4	6.4	6.4
合计	158.2	158.2	158.2	158.2	158.2	158.2

说明，提高重叠度会多产柴油、少产汽油，但蜡油、LPG和干气产量基本不变。

3. 对物流抽出温度的影响

表11-2-9列出了重叠度变化对相关物流抽出温度的影响。

表11-2-9　重叠度变化对相关物流抽出温度的影响

物流抽出温度/℃	θ=-26℃	θ=-18.2℃	θ=-0.6℃	θ=2.5℃	θ=10.8℃	θ=16.3℃
分馏塔顶油气	117.4	115.8	111.8	110.4	104.6	100.3
顶循	133.4	128.3	120.8	118.7	111.1	105.4
侧线柴油	228.9	219.5	203.8	199.2	182.5	170.7
中段回流	324.3	324.2	324.1	324	323.9	323.8
轻蜡油	365.4	365.4	365.4	365.4	365.4	365.4
重蜡油	389.7	389.7	389.7	389.7	389.7	389.7
解吸塔底物流	156.2	155.6	154	153.5	151	148.9
稳定塔底物流	188.7	187.7	185.1	184.2	180.2	176.8

说明增加重叠度，可降低塔上部温度，包括塔顶温度、顶循抽出温度和柴油抽出温度；但塔下部温度，包括中段回流抽出温度，轻蜡油、重蜡油抽出温度均不变化。同时，由于汽油变轻，解吸塔底及稳定塔底温度也一定程度下降。

4. 对分馏塔回流量的影响

见表 11-2-10。

表 11-2-10　重叠度变化对分馏塔回流量的影响

回流量/(t/h)	θ=-26℃	θ=-18.2℃	θ=-0.6℃	θ=2.5℃	θ=10.8℃	θ=16.3℃
塔顶气相量	77.6	76.7	74.3	73.4	69.8	67
顶循流量	156.6	114.8	85.4	82.2	79	85.3
柴油回流量	150	220	300	320	390	440
中段回流量	261	261	261	261	261	261
蜡油回流量	76	76	76	76	76	76
粗汽油流量	38.3	37.1	34.3	32.2	28.9	25.4

可见重叠度增加，柴油回流量明显提高，而塔顶油气量、顶循流量降低；但中段回流流量及蜡油回流量不变，粗汽油流量明显降低。

5. 对分馏塔回流取热和装置能耗的影响

计算结果见表 11-2-11。

表 11-2-11　重叠度变化对分馏塔回流取热和装置能耗的影响

回流取热和能耗/(10^4kcal/h)	θ=-26℃	θ=-18.2℃	θ=-0.6℃	θ=2.5℃	θ=10.8℃	θ=16.3℃
分馏塔顶冷却负荷	1132	1114	1069	1053	989	938
顶循取热	371	239	142	127	89	70
柴油回流取热	779	980	1199	1252	1433	1558
中段回流取热	1291	1291	1291	1291	1291	1291
蜡油回流取热	640	640	640	640	640	640
解吸塔再沸负荷	866	856	832	823	786	756
稳定塔再沸负荷	357	351	339	335	317	304
稳定塔顶冷却负荷	336	336	336	336	336	336
富气压缩机轴功率*/kW	1835	1839	1849	1852	1869	1882

*基于等熵压缩效率 75%。

说明重叠度增加改变了分馏塔上部取热，热量从塔顶冷却和顶循回流转移给了柴油回流，提高了上部输出热能级；并塔下部取热，包括中段回流取热和蜡油回流取热均不变化。同时，解吸塔再沸负荷、稳定塔再沸负荷均一定程度降低，而压缩机功耗略有增加。

事实上，因重叠度增加使汽油变轻，在贫柴油量和补充吸收剂量维持不变的情况下，干气质量控制变得更方便(本例干气中≥C_3组分含量低于 2%)。

综合来看，汽、柴油模糊分离，适量提高其重叠度对装置用能以及操作是有益的。

第三节　换热流程

分馏塔利用塔顶冷却和回流系统将来自焦炭塔的高温油气过剩热取出，交给换热流程。换热流程接受热量，用以加热原料，向解吸塔、稳定塔供热，以降低加热炉负荷和推动吸收稳定系统行进。可见，换热流程是消化过剩热的具体环节，运行好坏将直接决定装置能耗。本节将就延迟焦化装置换热流程的几个问题展开讨论。

一、过剩热分配

以某焦化装置为例。图 11-3-1 是其分馏塔的操作情况。

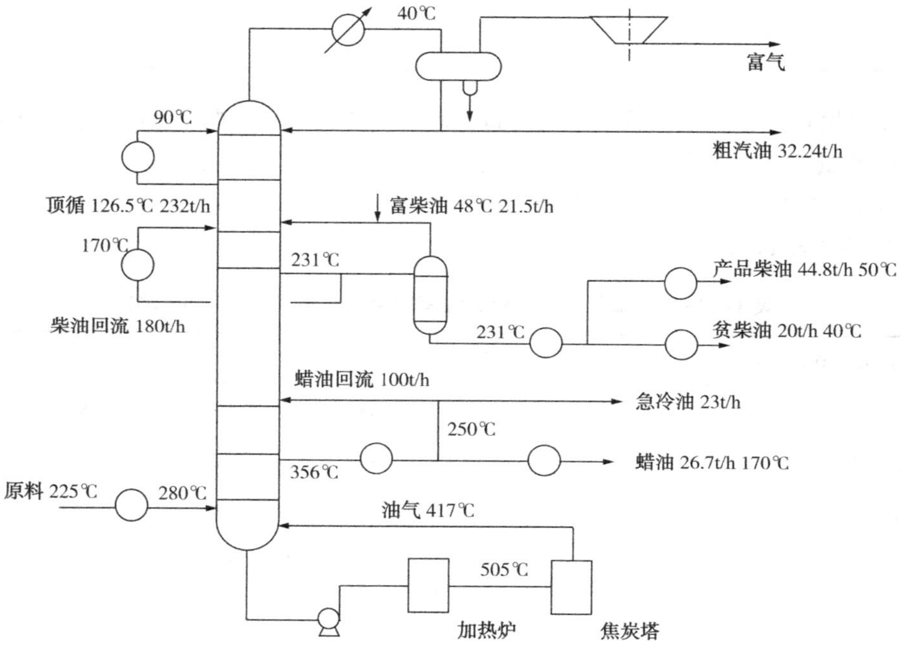

图 11-3-1　某焦化装置分馏塔操作情况

图中，油气 417℃ 进塔，与被蜡油回流加热到 280℃ 的原料渣油直接换热后进精馏段，得到蜡油、柴油、粗汽油和富气，过剩热则由塔顶冷却系统、顶循、柴油和蜡油回流取出。三个回流的热负荷分别为 5390kW、7660kW、8102kW，合计 21152kW（1817×10^4 kcal/h）；平均温度分别为 108. 3℃、200. 5℃、303℃；平均能级分别为 0. 2839、0. 4232、0. 5259。顶部油气因含焦粉，热量不便回收，被空气和循环水直接冷却。

图 11-3-2 是吸收稳定系统的操作情况。

图中，解吸塔利用柴油回流热，蒸发凝缩油中的 C_2 组分，以保证脱乙烷汽油中 C_2 组分含量≤0. 3%（体）；稳定塔从蜡油回流处取得热量，蒸出 LPG，得到稳定汽油。为了降低塔底再沸负荷，缓和柴油回流的压力，解吸塔设置了中间再沸器，用稳定汽油二次作热源。

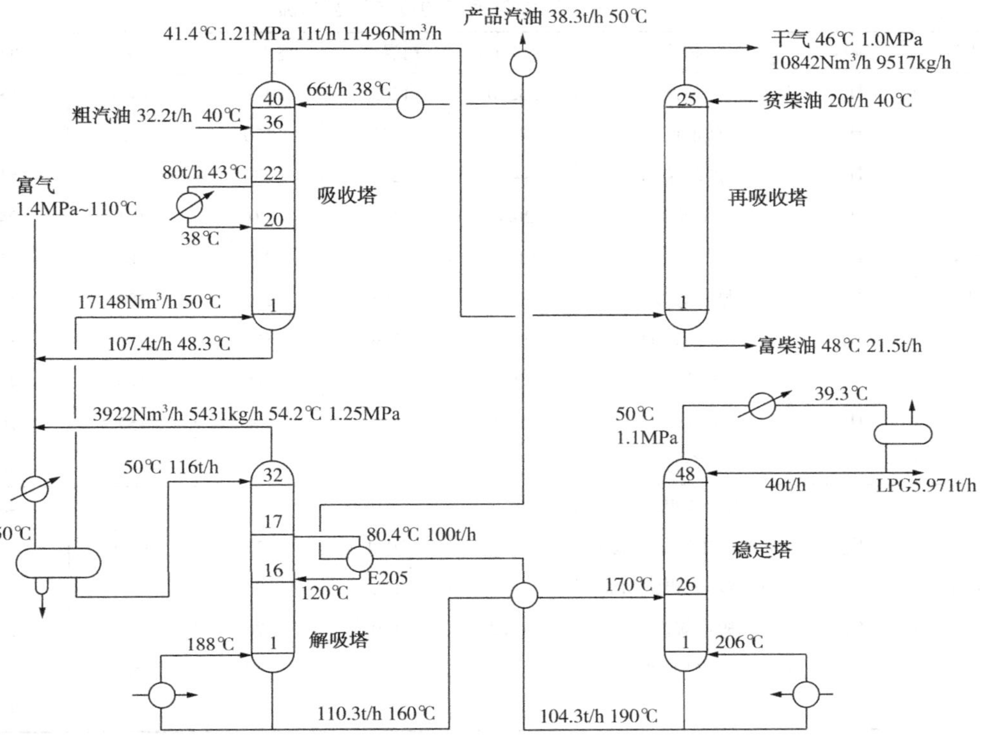

图 11-3-2 某焦化装置吸收稳定系统操作情况

相关油品物性参数如表 11-3-1 所示。

表 11-3-1 某延迟焦化装置相关油品物性参数

项目	单位	汽油	柴油	蜡油	原料	E205 冷流	顶循
密度(20℃)	g/cm³	0. 735	0. 845	0. 94	0. 967	0. 764	0. 662
恩氏馏程 HK	℃	56	175	345	496	80	
5%	℃	68	196	363	498	120	
10%	℃	87	215	375	499	135	
30%	℃	108	235	395	530	151	9. 0
50%	℃	125	261	418	558	159	95
70%	℃	139	287	446	619	169	128
90%	℃	157	320	475		182	154
95%	℃	168	333			194	169
98%	℃	180	350			213	178

表 11-3-2 是装置中能参与换热的冷、热工艺物流。

表 11-3-2 能参与换热的冷热工艺物流

项目	编号	物流	流量/(t/h)	初温/℃	终温/℃	温差/℃	热负荷/kW
工艺热物流	H_1	顶循	232.0	126.5	90	36.5	5390
	H_2	柴油回流	180.0	231	170	61	7660
	H_3	产品柴油	44.8	231	50	181	5146
	H_4	贫柴油	20.0	231	40	191	2410
	H_5	蜡油回流	100.0	356	250	106	8102
	H_6	循环急冷油	23.0	356	250	106	1863
	H_7	产品蜡油	26.7	356	170	186	3609
	H_8	产品汽油	38.3	190	50	140	4156
	H_9	补充吸收剂	66.0	190	38	152	7614
		合计					45950
工艺冷物流	C_1	解吸塔底再沸物流		160	188	28	4889
	C_2	解吸塔中间加热物流		80.4	120	39.6	3737
	C_3	稳定塔底再沸物流		190	206	16	4866
	C_4	脱乙烷汽油	110.3	160	170	10	1129
	C_5	原料渣油		225	280	55	6104
		合计					20725

可见，全装置能参与换热的工艺热物流有 9 股(分馏塔顶气、压缩富气、稳定塔顶气、吸收塔中段虽然也是热物流，但因含焦粉，或温度太低等原因热量不宜回收，而只能被空冷、水冷直接冷却)，总热负荷 45950kW(3947.1×10^4kcal/h)；工艺冷物流有 5 股，总负荷 20725kW(1780.3×10^4kcal/h)。两项相减，装置热过剩 25225kW(2166.8×10^4kcal/h)，约占总热量的一半(45.1%)。

图 11-3-3 以夹点技术(pinch technology)网格图(grid diagram)[6]的形式描述了 9 股热物流与 5 股冷物流的换热流程(括号内的数据是以 kW 为计量单位的热负荷)。图中，因热阱少，大量汽油、柴油、蜡油，以及全部顶循的热量没有利用。过剩热分布如表 11-3-3 所示。

表 11-3-3 图 11-3-2 换热流程的过剩热分布

物流	流量/(t/h)	初温/℃	终温/℃	热负荷/kW
顶循	232.0	126.5	90	5390
柴油回流	180.0	192.1	170	2771
产品柴油	44.8	231	50	5146
贫柴油	20.0	231	38	2410
蜡油回流	100.0	259.3	250	774
急冷油	23.0	259.3	250	177.6
产品蜡油	26.7	259.3	170	1652.4
产品汽油	38.3	129	50	2369.2
补充吸收剂	66.0	129	38	4534.8
合计				25225

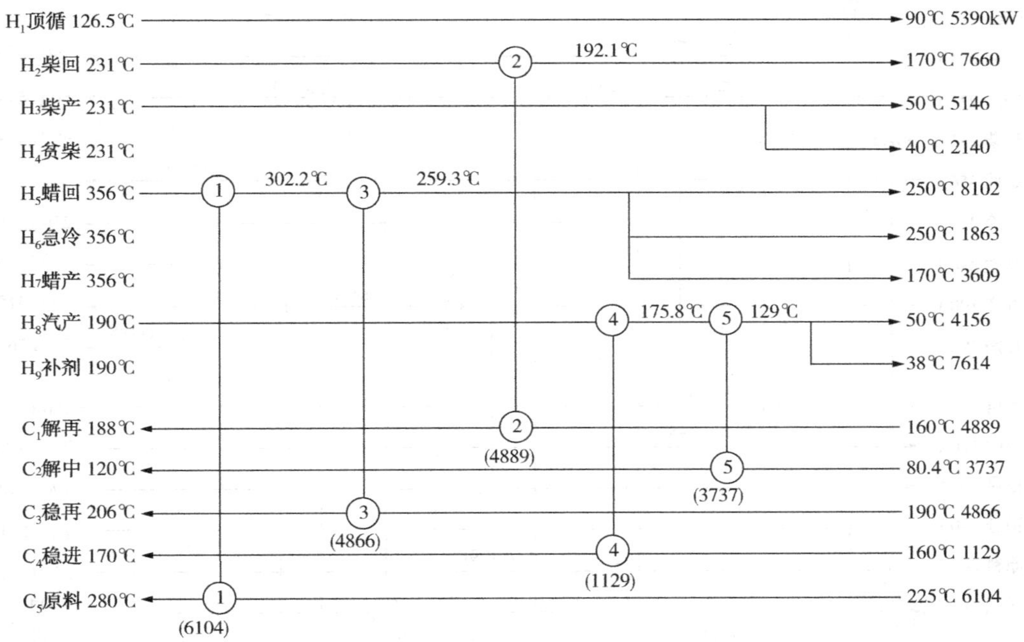

图 11-3-3 表 11-3-2 所示物流的换热流程

从表 11-3-3 和图 11-3-3 可以看出：

1）热过剩 25225kW（2166.8×10^4kcal/h）。如冷却，需消耗 6℃传热温差的当量循环水 3611t/h。

2）170℃以上的过剩热 7871kW（676.9×10^4kcal/h），其中蜡油 2604kW、柴油 5267kW。若回收，可产 0.45MPa（表）饱和蒸汽约 12t/h（饱和温度 155.8℃）；若送旁边的污水汽提装置，可省汽提蒸汽约 10t/h。

3）稳定塔再沸器算术平均传热温差 82.8℃，造成蜡油二次热高质低用。鉴于再沸器面积富裕，宜增加一次加热原料的负荷，以降低加热炉能耗。

4）顶循温度 90℃以上，过剩热 5390kW（463.5×10^4kcal/h），若回收，可发生 65~95℃热水 154.3t/h，送邻近的气分装置，可省汽耗 4~5t/h。

因此必须想办法消化这些热量。

1. 发生蒸汽和热水

图 11-3-4 是方案之一。图中，换热器 1~5 继续加热表 11-3-2 所示的 5 股冷工艺物流；新增了除氧水~产品柴油三次换热器（换 6）和五台蒸汽发生器（换 7~换 11），产 1.1MPa（表）、188.1℃饱和蒸汽 3.2t/h，0.45MPa（表）、155.8℃饱和蒸汽 9.76t/h，合计 12.96t/h；投用了三台热水换热器（换 12~换 14），发生 65~95℃热水 314.8t/h；综合使剩余热由 25225kW 降到 5490kW（由 C_1~C_4冷却器消化），下降 19735kW，降幅 78.2%，节能效果十分明显。不足之处是产汽点太多，且两个等级，流程复杂。更因焦化实为半连续操作，原料波动大，有的产汽点未必能长周期稳定产汽。

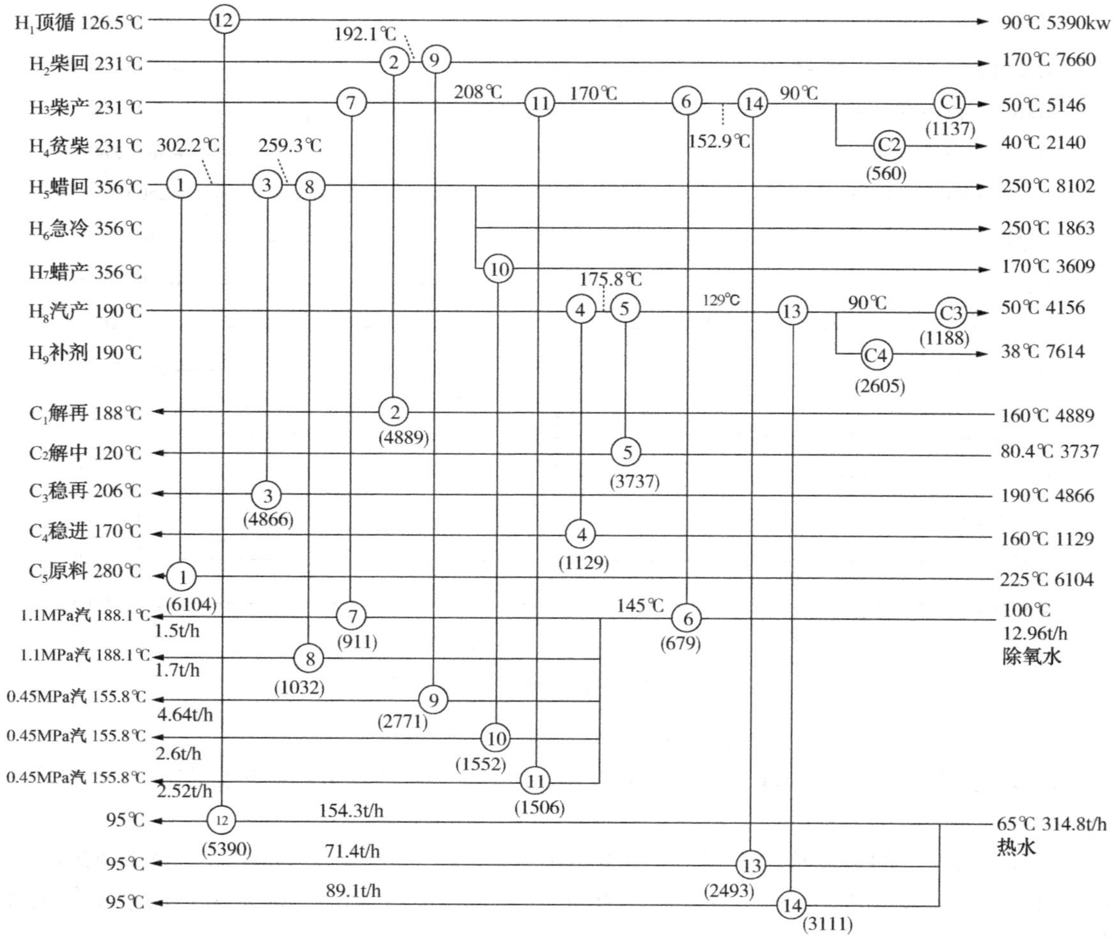

图 11-3-4 发生蒸汽和热水方案示意

2. 提高原料换热终温

如图 11-3-5 所示，将蜡油进稳定塔再沸器(换 3)的温度由 302.2℃降到 292.9℃(对应再沸器算术平均传热温差由 82.8℃降到 73.5℃)，驱动热量前移，进而使原料换热器(换 1)的负荷从 6104kW 增加到 7262.2kW，使原料进加热炉的温度从 280℃提到 290.4℃，增加 10.4℃，装置能耗将因此降低约 1 个单位。

当然，提高终温的代价是蜡油三次不产汽，即停图 11-3-4 中的换 8，负荷 1032kW (88.6×10^4kcal/h)，折合蒸汽约 1.3t/h。

3. 通过热联合向邻近装置转移热量

如图 11-3-6 所示，将柴油回流二次(192.1℃)送到旁边的酸性水汽提装置，做其第二汽提塔即脱氨塔的部分再沸热源(见换 6)。该措施输出热量 2771kW(238×10^4kcal/h)，使酸性水汽提装置少消耗 1.0MPa 蒸汽约 4.0t/h。

总之，焦化热过剩是客观存在的。为了降低能耗，当在优化利用过剩热方面下功夫。

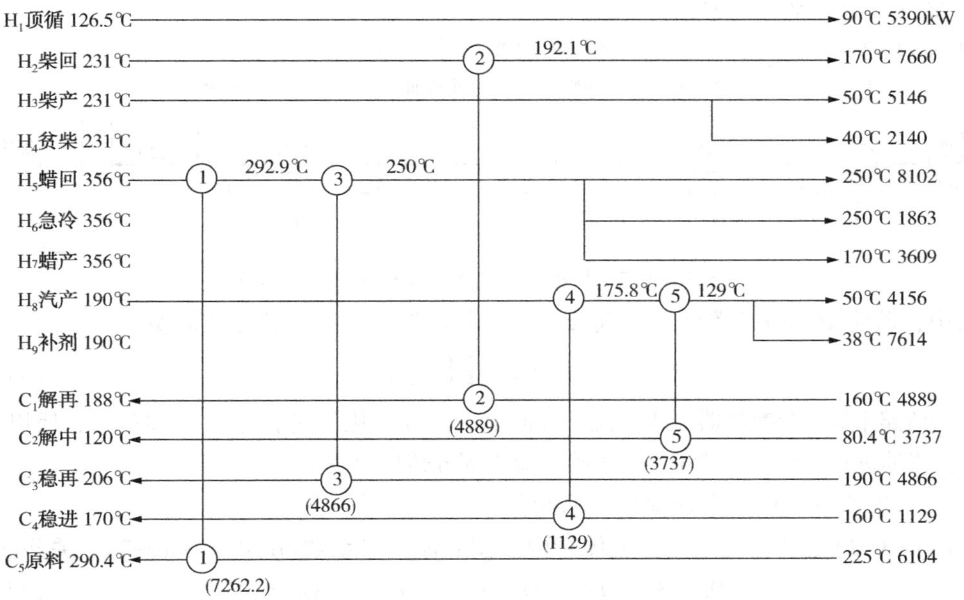

图 11-3-5　提高渣油换热终温方案示意

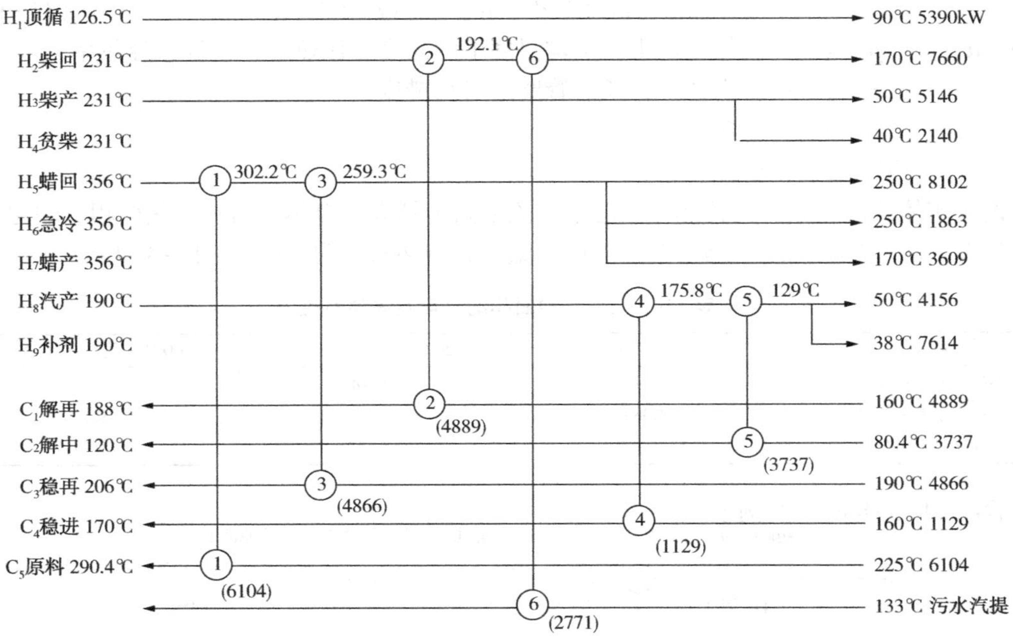

图 11-3-6　热联合方案示意

二、热进料

指在条件许可的情况下，尽量提高减渣出常减压、进焦化的温度。实施减渣热进料，可以采取以下措施：

1. 降低焦化炉的热负荷

以图 11-3-7 所示某焦化装置原料渣油换热流程为例。

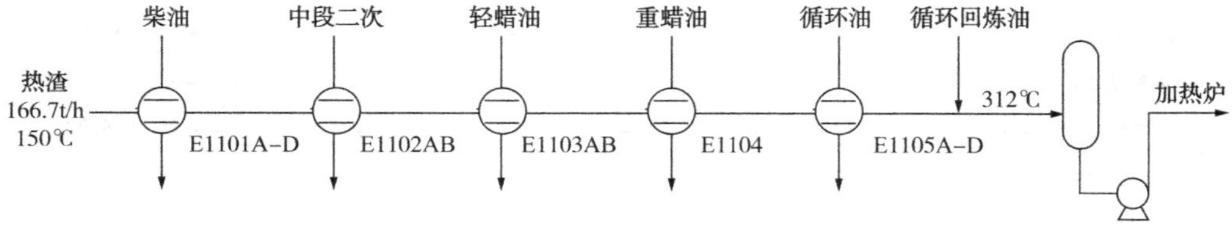

图 11-3-7　某焦化装置渣油原料换热流程示意

图中，若将渣油进装置温度提高 Δt_{in}，焦化炉进口温度将相应增加 Δt_f。

$$\Delta t_f = \Delta t_{in} \prod_{i=1}^{5} \delta_i \tag{11-3-1}$$

δ_i 是流路上第 i 台换热器在渣油流动方向上的温度变化传递能力[7]。$0 \leqslant \delta \leqslant 1$，所以 $\Delta t_f > 0$，即提温，渣油进料所带入的热量将通过换热流程部分转移给焦化炉。

2. 减少渣油换热面积和渣油输送泵功耗

式(11-3-2)是高黏度无相变流体管内强制对流传热系数(α)的 Sieder-Tate 关联式[8]。

$$\alpha = 0.023(\lambda/L)(du\rho/\mu)^{0.8}(c_p\mu/\lambda)^{1/3}(\mu/\mu_w)^{0.14} \tag{11-3-2}$$

式(11-3-3)是直管流体湍流流动阻力(Δp_f)关联式[8]。

$$\Delta p_f = \rho u^2 (L/d)^b (du\rho/\mu)^f (\varepsilon/d)^g \tag{11-3-3}$$

式中　μ、C_p、ρ、λ——流体在进出口平均温度下的黏度、比热容、密度、导热率；

d、L、ε——管内径、管长、管壁绝对粗糙度；

u——流速；

下标 w——壁温。

说明流体黏度越大，其传热系数越小，流动阻力越大，自然所需的传热面积、输送泵功耗就越多。渣油是高黏度、高黏温性流体，温度影响必然更明显(见表 11-3-4)。

表 11-3-4　几种油品的黏度及黏温特性

物流	100℃黏度/Pa·s	200℃黏度/Pa·s	100℃黏度/200℃黏度
常三线柴油馏分	0.0018	0.0006	3.0
减三线蜡油馏分	0.0381	0.0045	8.5
减压渣油馏分	14.6390	0.1832	79.9

看图 11-3-8 所示的例子。

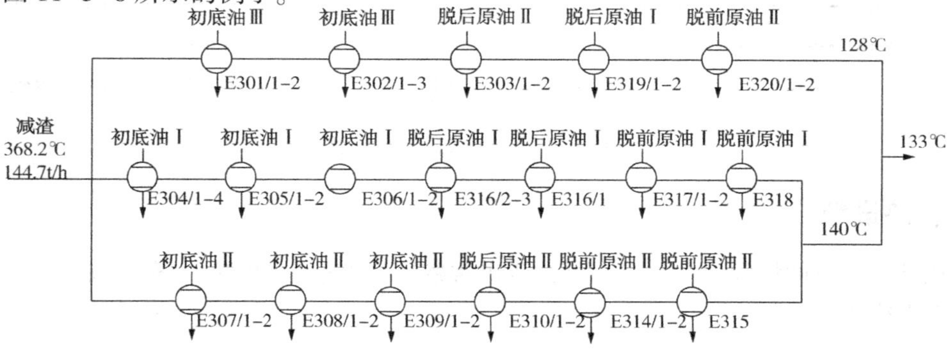

图 11-3-8　某常减压装置调整前的渣油换热流程示意

图中，渣油 133℃送焦化，常减压用了 36 台换热器。但若改成 213.7℃送焦化（见图 11-3-9），则只需 18 台换热器。足见温度影响之敏感。

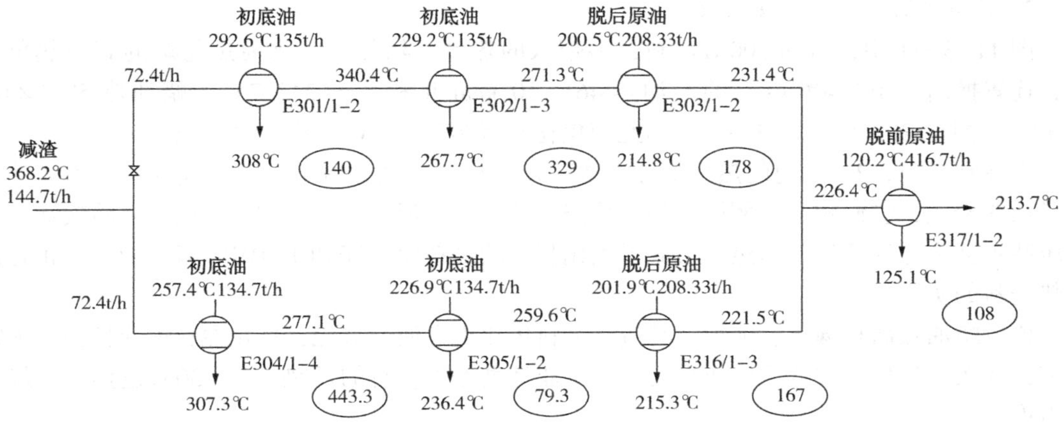

图 11-3-9　某常减压装置调整后的渣油换热流程示意

焦化的情况也同样。图 11-3-10 是某焦化装置原料渣油换热流程示意。

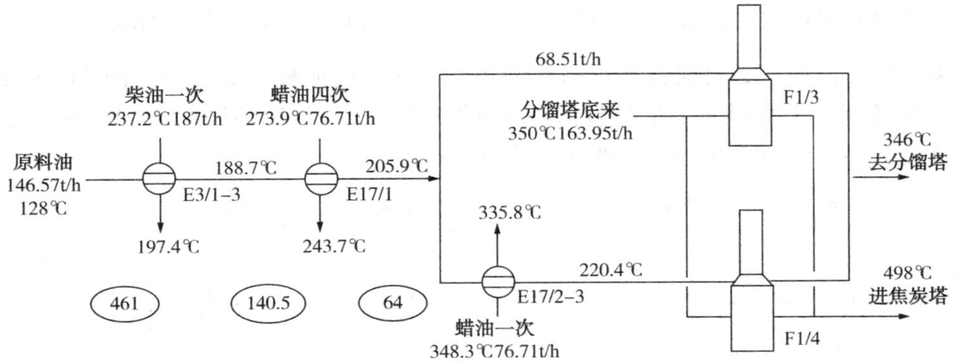

图 11-3-10　某焦化装置原料渣油热进料前的换热流程示意

图 11-3-10 中，原料渣油 128℃进装置，消耗 6 台换热器。但如果提到 200℃进装置，如图 11-3-11 所示，则只需 3 台换热器，且换热终温还提高 4.3℃。

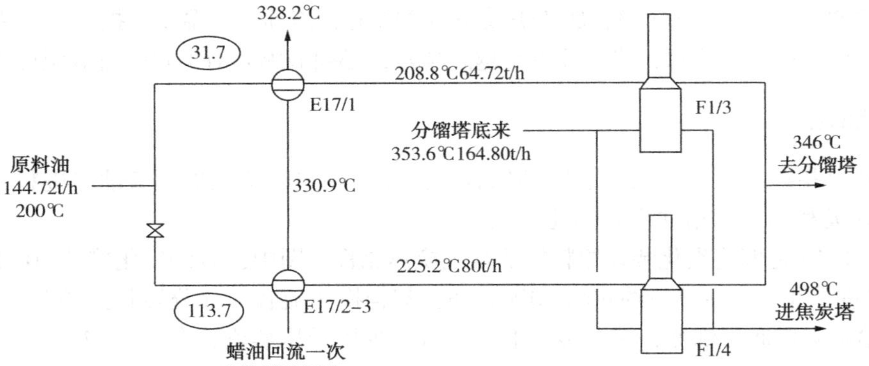

图 11-3-11　某焦化装置原料渣油热进料后的换热流程示意

所以原料渣油热进料是十分必要的，可显著减少常减压和焦化的渣油换热面积，减少散热，同时降低其输送泵功耗。

3. 提高渣油热的能量使用效率

图 11-3-11 中，渣油 200℃进料，多带入的热量，除部分转化为焦化炉的有效热负荷外，还置换出了 197.4℃以上的柴油热 461×10^4 kcal/h 和高于 243.7℃的蜡油热 59.1×10^4 kcal/h，合计 520.1×10^4 kcal/h，将因此使焦化装置多产 1.0MPa 蒸汽约 8t/h。

而在常减压，200℃前的热量十分丰富，有初常顶油气、顶循、常一线等。因为渣油占据了加热份额，它们相当比例被冷却。故渣油热出料不但可以腾出加热空间，还将实质在常减压装置被冷却的低温渣油热升级成了焦化装置的燃料化学能和 1.0MPa 蒸汽能。这正是渣油热进料的实质。

比较蜡油热出料催化、加裂，减渣热进料焦化更方便。首先，焦化原料适应性强，无需调和；其次，焦化、常减压操作平稳，很少非计划停工。有的厂热渣已 230℃进焦化，经验值得推广。

三、提高减渣换热终温

虽然热进料可以直接提高渣油换热终温，但如式(11-3-1)所示，$\prod_{i=1}^{5}\delta_i<1$，多次传递损失，效果有限，因此有必要配合装置用能优化，实施换热流程全面调整。图 11-3-12 便是图 11-3-10 案例的调整结果。措施包括：改可调循环比工艺(循环比取 0.1)，减渣 205℃进装置，优化分馏塔回流取热分配，增加渣油换热器等。

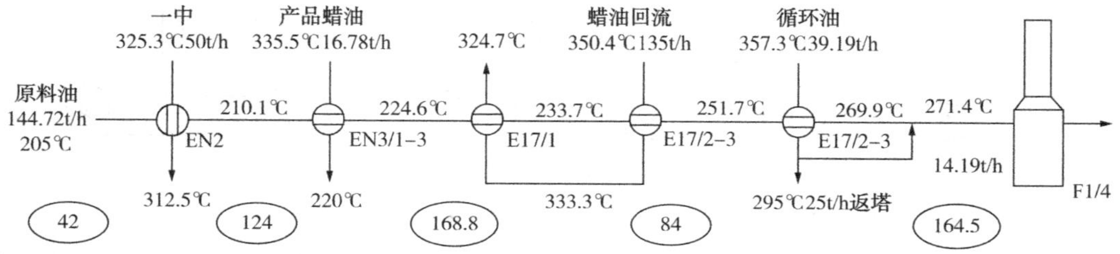

图 11-3-12　调整后的图 11-3-10 原料渣油换热流程

图中，换热终温提到了 274.1℃，因此关停炉 F1/3，节能效果十分明显。

计算表明，当循环比取 0.3、加热炉效率为 92%时，渣油进炉温度每提 10℃，装置能耗约下降 1 个单位。但也要注意，终温并不是越高越好，必须兼顾其对加热炉排烟温度的影响。

四、热出料

热出料是指产品汽油、柴油和蜡油以较高温度出装置。道理如同渣油热进料，推动下游装置能量升级利用。以蜡油出料催化为例。

图 11-3-13 是催化裂化装置原料蜡油常规换热流程。图中，假设焦化蜡油 80t/h，从 80℃提到 160℃进催化，多带热量约 400×10^4 kcal/h，契合换热流程，部分转移给油浆蒸汽发生器，部分转移给解吸塔底再沸器，综合多产中压蒸汽、少用低压蒸汽，合计 6~7t/h。80~160℃蜡油热平均能级 0.3052，1.0MPa 蒸汽能级 0.4025，3.5MPa 蒸汽能级 0.4708，能量升级不言而喻，且这些热量如果不送催化，在焦化也只有被冷却或发热水。足见热出料之必要。

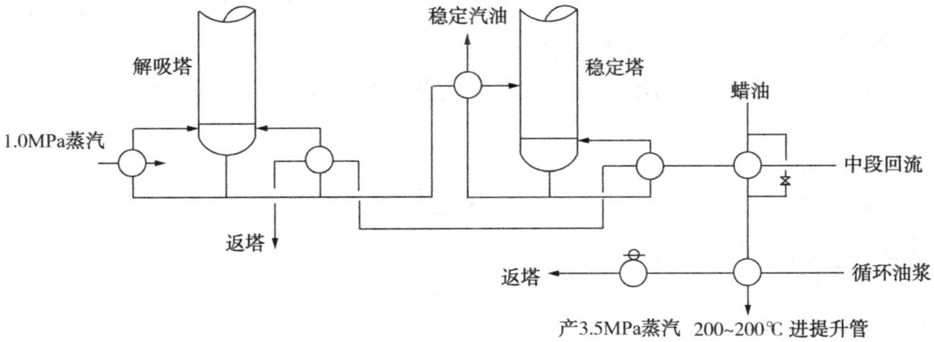

图 11-3-13 催化裂化装置原料蜡油换热流程示意

目前蜡油 160~170℃、柴油 100~115℃、汽油 90~95℃出装置比较普遍。地方炼油企业甚至出现了焦化再吸收塔底富柴油不返回分馏塔，而与热出料柴油和热出料稳定汽油混合送加氢精制的流程。但受制于原料性质调和，蜡油热出料催化或加氢裂化，比减渣热出料焦化难度要大得多。

五、热联合

焦化热过剩，内部消化比较困难，应考虑向周边转移。看三个例子。其一是中国石油某厂用蜡油作旁边污水汽提装置的部分再沸热源。见图 11-3-14。

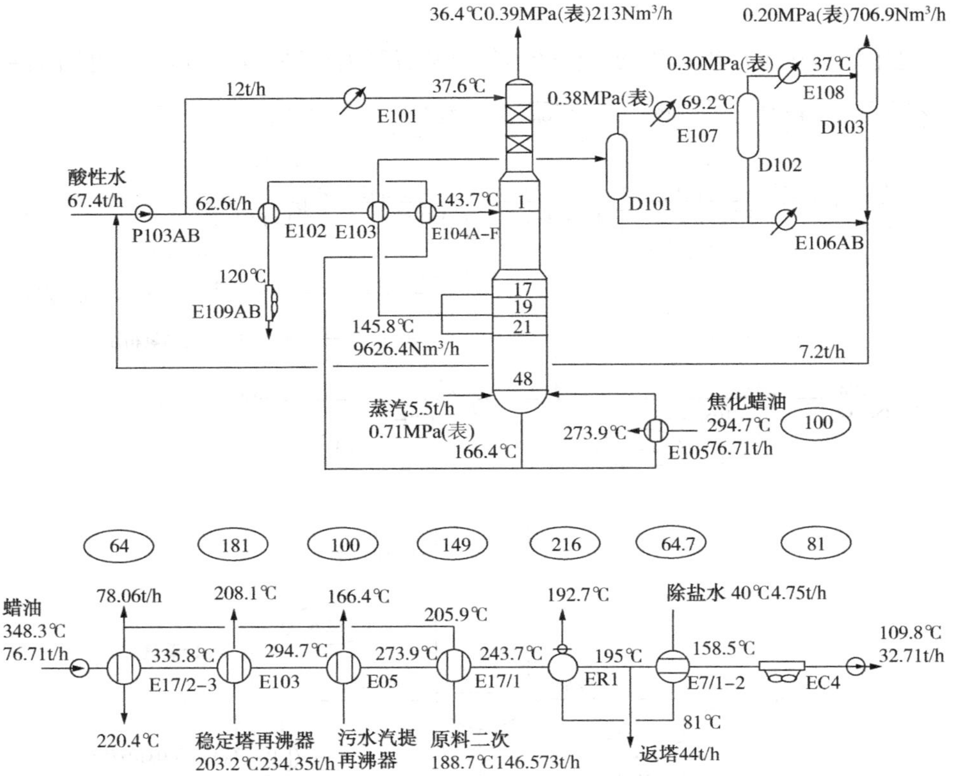

图 11-3-14 某厂用焦化蜡油作旁边污水汽提装置部分再沸热源

图 11-3-14 中，污水汽提塔再沸器 E105 用焦化蜡油三次作热源，负荷 100×10^4kcal/h，节省汽提蒸汽约 1.5t/h(后来改用柴油作热源)。

其二是山东某民营炼油厂用焦化蜡油加热旁边柴油加氢精制装置的分馏塔进料。见图 11-3-15。

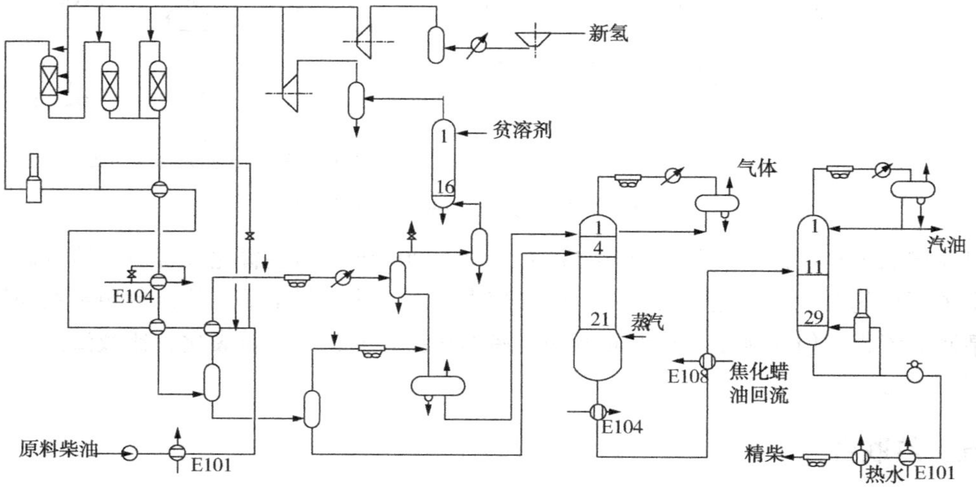

图 11-3-15　某厂用焦化蜡油加热旁边柴油加氢精制装置的分馏塔进料

图 11-3-15 中，E108 的热源就是焦化蜡油，以提高分馏塔进料温度，降低再沸炉的加热负荷。

其三是中国石化某厂用焦化柴油作旁边气分装置脱丙烷塔的再沸热源。见图 11-3-16。

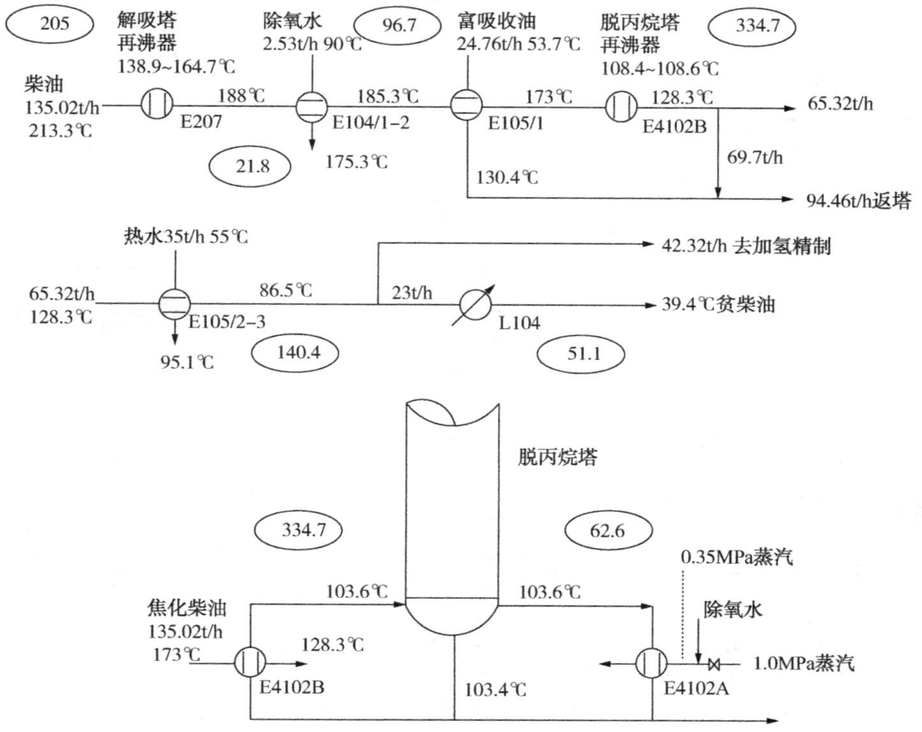

图 11-3-16 某厂用焦化柴油作旁边气分装置脱乙烷塔部分再沸热源

图 11-3-16 中，由于 E4102B 的投用，E4102A 节省蒸汽约 5t/h。

1.0MPa(表)和 0.35MPa(表)蒸汽的饱和温度分别是 184.3℃和 143℃，说明该联合方案大大升级了 128.3~173℃的柴油热，使其达到了与 1.0MPa 蒸汽相当的功能。这正是热联合的热力学特征。哪些装置、单元之间能实施热联合，哪些装置、单元之间不能实施热联合，并没有限制，只要"装置相邻、运行同步、温位匹配、负荷相当"，且辅助措施得当，都可以考虑。

第四节　装置用能优化

本节将基于实例说明如何开展焦化装置用能优化。在这之前，先简单介绍炼油过程能量优化方法。

一、炼油过程能量优化方法

以动量、质量、热量传递和化学反应，简称"三传一反"为特征的工业称为过程工业或流程工业(Process Industry)。关于过程工业能量优化或能量集成的学科叫 PI。PI 是英文 Process Integration，中文"过程能量综合"或"工艺集成"的简称，用世界过程系统工程(Process System Engineering，PSE)协会前主席 Westeberg 的话讲，就是"选择优化的单元设备及其间的联结关系组成一个化工过程系统，从给定的原料生产一定的产品，在最小总费用和最小环境污染条件下安全地生产，并在运行中采取和保持最优的操作条件"。可见 PI 属于 PSE 范畴，涉及化工、系统、控制、计算、环保、经济多学科，大系统、多目标定量化是其重要特征。

石油加工是典型的过程工业，其系统用能特征，装置、单元的相对独立特性和热集成(Heat Integration)的关键作用决定其能量优化研究宜按如下步骤进行(图 11-4-1)。

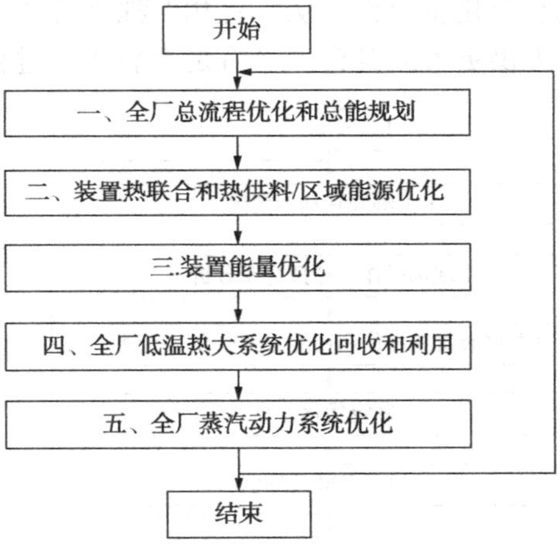

图 11-4-1　炼油过程系统能量优化方法

因含五个步骤，故又称"五步法"。下面简要介绍。

(一) 全厂总流程优化和总能规划

主要任务是基于全厂现有装置结构、工艺流程、原料情况、产品方案、能源消费结构、近中期发展规划、总图布置及与周边能源互供关系等，以全流程模拟、线性规划、系统集成为手段，进行全厂总流程分析和总能源规划，以原则确定全厂最大效益生产流程方案和最佳能源消耗结构，为后续具体能量集成指明方向和明确重点。

该步完成后，例如哪些装置、工段或工艺宜强化、关停或合并；哪些馏分油宜升值；哪些物流产量、质量控制参数宜调整等有关全局性的问题将有较为明晰的规定。全厂用能优化是大机会，要节能、增效并重；且一定条件下，节能要服从增效。

（二）热联合、热供料及区域能源优化

由于工艺不同，装置热平衡是不同的。有的热富余（如焦化），有的热欠缺（如气分）。仅限于单装置内部能量集成，则必然导致热过剩装置能效低、冷却负荷大，而热欠缺装置却大量消耗高能级公用工程。因此有必要打破装置局限，依据“装置相邻、运行同步、温位匹配、负荷相当”的原则，实施装置间热联合，将热量盈余装置的热量直接送到相邻且同步运行的热量欠缺装置。研究方法是在全面考察各装置工艺特性、能量分布以及总图布置的基础上，制定联合方案，再通过建模和最优化计算，确定最优节点参数，如能量数量、品质和深度等。

互供料关系在炼油过程广泛存在。由于多方面的原因，传统工艺大多采用冷出料、冷进料，即上游装置的中间产品先在本装置换热、冷却，再经中间罐区，实施蒸汽加热和维温，然后通过中间泵输送到下游装置，或被换热或被工艺炉加热到规定温度。不但重复换热、冷却，还消耗罐区加热蒸汽和泵功。因此，在一定的辅助条件和安全措施下，在同步运行的装置间实施热出料、热进料是十分必要的，除了减少重复冷却，最主要的是能用上游装置中间原料的中低温位热量置换下游装置的部分高能级加热负荷，实现能量升级利用。研究方法是以中间物料直供温度为变量，通过总体优化，确定最优值。

基于总图布置及装置间能流、物流关系，选择合适的装置片区发展以中心热岛及能源局部自平衡为主要概念的区域能源规划则是以上装置间热供料、热联合能量优化的深化，它将现有石化企业格局从装置相对独立升华为片区相对独立，从而为装置用能优化及工艺流程重组提供更大的舞台，必将是今后化工过程系统集成的重点。

（三）装置能量优化

第一步总流程优化和第二步热出/进料、热联合完成后，装置用能优化的外部条件或边界条件已经具备，接下来则要在 PI 理论的指导下，辅助流程模拟等先进技术手段，对全厂各装置进行操作和用能的定量计算及分析，以找到瓶颈、制定改进措施。方法如图 11-4-2 所示。

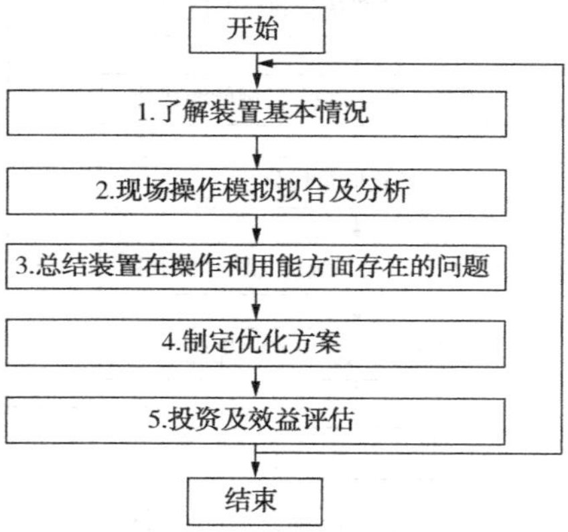

图 11-4-2　装置能量优化方法

还是分五步。

第一步：了解装置基本情况

包括装置在全厂总图中的位置、平竖面布置、详细流程、产品方案、物料平衡、主要设备规格等。同时，还要了解蒸汽、热水产用和原料进装置、中间产品出装置的情况，以及是否与相邻装置、单元有热联合等。

第二步：现场操作模拟拟合及分析

这部分内容较多，主要包括：

1）数据采集。包括 DCS 数据、台账数据、分析数据等。

宜满负荷、典型生产方案采集数据，且全厂各装置、单元同步进行。时间也很重要，北方炼油厂最好是冬季最冷的时候，南方炼油厂最好是夏季最热的时候，能跟全厂标定同步则更好。

2）数据圆整。现场采集的数据不会很准确和完整，要以物料平衡、能量平衡、压力平衡、相平衡、反应平衡和工艺分析及设计和历史数据分析等为技术手段，分单元、工段甚至是单体设备等，对所采集的现场数据进行圆整，以剔除错误数据、修改误差数据和补充必要数据。

3）装置建模。就是建立装置的PRO/Ⅱ全流程严格模拟模型[9]（Aspen、Petrosim、HYSIS模型也可以，研究者视实际情况而定）。全流程是指不要遗漏任何单元，如泵、换热器、阀门、甚至是旁路，严格是指要填充完整的设备参数，以换热器为例，要选 Rigorous HX 模块，不要选 simple HX 模块，其中，壳径、管长、管径、板间距、污垢热阻等参数均要填充。而对那些通用模拟软件尚不能计算或计算困难的单元，如加氢裂化反应器等[10,11]，则要自主建模。

4）模拟拟合。目标是通过细致的软件调试，使模拟计算结果基本拟合现场数据，使误差在工程允许的范围内。

现场调研虽然取得了DCS等现场数据，但信息仍十分有限。以图11-4-3所示的某焦化原料渣油换热流程为例，DCS仅给出8个出方温度，而且5个还不准确，凭其当然不能诊断流程的操作。这时就要利用流程模拟软件的仿真功能，即基于实际流程、实际设备参数（换热器结构）和实际物流输入参数（如流量、温度、压力、物性等），对该流程的各台换热器按路由关系进行模拟，并在模拟过程中不断调整诸如油品污垢热阻、换热器K-valve因子、旁路和支路阀开度、换热器表面及管线散热率、甚至热力学方程等，力争使对应的计算结果与这8个现场温度一致或最大限度接近，如一致或实现了在工程精度范围内的接近，就认为该模拟计算结果仿真了实际操作，与实际操作“拟合”上了。模拟结果十分丰富、全面，不但有全部节点温度，还有各换热器的热负荷、总传热系数、K-valve因子、管壳程流速、传热膜系数、压降以及温度校正系数等，能帮助我们全面和深刻地认识流程及各台换热器的操作。

这个仿真的过程就称为“现场操作模拟拟合”。

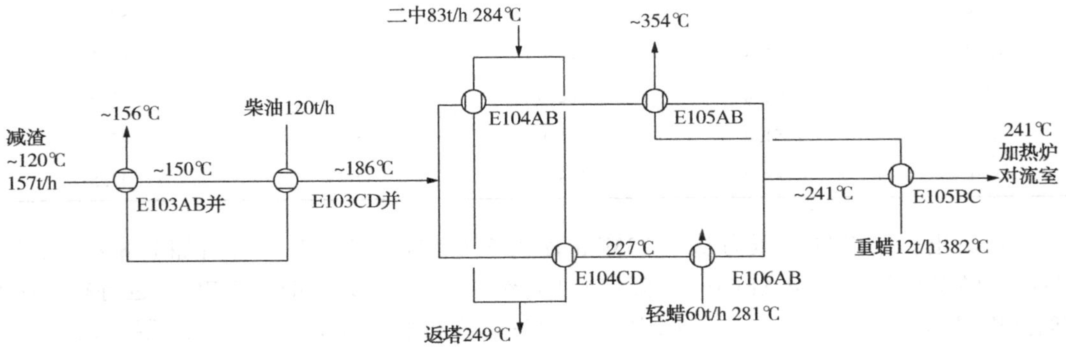

图11-4-3　某原料渣油换热流程实际运行情况

5）操作和用能分析。就是基于仿真模型的计算结果，在PI和相关学科理论的指导下，结合工程经验，对装置各单元和整体进行操作和用能分析。

以图11-4-4所示的某重整装置循环氢压缩机单元为例。

图11-4-4中，正体数据是现场值，斜体数据是模拟值。分别拟合求得压缩机等熵效率71%，轴功1903.8kW；凝汽透平等熵效率80%，出力2589.5kW；两功相差685.7kW，说明

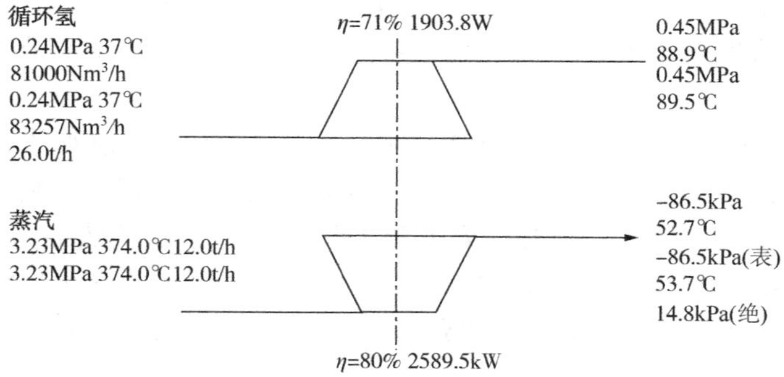

图 11-4-4　某重整装置循环氢压缩机组现场操作模拟拟合情况

机组总效率低。且透平进汽压力仅 3.23MPa，远低于重整自产汽压力(3.7MPa、398.1℃)；同时凝汽压力 14.8kPa(绝)，高出公司热电站凝汽压力 5~6kPa。进一步模拟，得到表 11-4-1 和表 11-4-2 所示计算结果。

表 11-4-1　不同进汽压力下的透平出力

进汽压力/kPa(绝)	出力/kW	出力增加值/kW	出力增加率/%
3.23	2589.5	0	0
3.3	2794.1	204.6	7.9
3.4	2802	212.5	8.2
3.5	2809.6	220.1	8.5
3.6	2816.8	227.3	8.8

表 11-4-2　不同凝汽压力下的透平出力

凝汽压力/kPa(绝)	出力/kW	出力增加值/kW	出力增加率/%	饱和温度/℃
14.8	2589.5	0	0	53.7
12.8	2637.8	48.3	1.9	50.7
10.8	2692.4	102.9	4.0	47.3
9.0	2751.4	161.9	6.3	43.8
8.0	2788.4	198.9	7.7	41.5

可以看出，如果进汽压力从 3.23MPa 提到 3.6MPa，透平出力将增加 8.8%，省汽约 1t/h；如果凝汽压力从 14.8kPa(绝)降到 8kPa(绝)，透平出力将增加 7.7%，也将省汽1t/h。可见该机组不但自身效率较低，还受限于主蒸汽母管和凝汽器及抽空器，需系统改造。

总而言之，模拟拟合为我们提供了定量化的研究平台及丰富的计算信息，要放开思路，充分利用，分析越全面、越深刻，越有利于发现问题和改进优化。

第三步：总结装置在操作和用能方面存在的主要问题

相对来说，这部分内容不多，主要是总结、定性和分类归纳前面分析所发现的问题，明确改进思路。

第四步：制定优化方案

分两步。先基于仿真计算和分析的结论逐条制定优化措施，再结合装置实际进行措施组合，以形成较为完整的优化方案。

优化措施主要有：

1）提高物料效益。

如增加目的产品收率，升级产品质量，避免重复加工，避免原料高质低用，多产高价值馏分或组分，回收轻烃、氢气、蒸汽凝结水等。

2）调整工艺。

如采用新技术、新工艺、新装备，调整局部流程，关停低效能工段或整合全厂同类工段等。

3）提高主要热力和动力设备的效率。

包括加热炉、透平、压缩机、大功率机泵（如焦化辐射进料泵）等。

4）热联合、热进/出料、区域能量集成。

5）调整操作参数。

如改变循环比、回炼比，调整塔压，调整分馏塔回流参数及回流取热分配，避免塔顶过冷、塔底过汽化以及产品质量超标等。

6）调整工艺物流换热流程。

包括提高换热面积的热通量，简化流程，降低冷热公用工程消耗等；重点是按热量梯级利用的原则，优化冷热物流匹配，降低传热㶲损。

7）调整蒸汽产、用流程。

目标是在服从总流程优化、热联合、热进/出料，以及工艺热最大限度为工艺所用的前提下，实现装置产汽等级最高、产量最大，耗汽等级最低、耗量最少。即：

$$G_{i,\ j,\ \min} = \sum_{v=1}^{t} Gs_{v,\ j,\ \min} - \sum_{k=1}^{w} Gp_{k,\ j,\ \max}(i = 1,\ 2,\ \cdots,\ m;\ j = 1,\ 2,\ \cdots,\ z) \qquad (11-4-1)$$

式中 m——全厂装置/单元数；

i——装置序号；

Gs和Gp——耗汽量和产汽量；

t和w——耗汽和产汽单元数；

z——炼油厂蒸汽等级数，如有9.0MPa、3.5MPa、1.0MPa、0.35MPa四个等级，z就取4。

8）低温热升级利用及余热采出和热阱挖掘。

低温热升级利用是最大限度消化装置工艺热的最后措施。可采用多种方式，如适当提高塔压，以提升塔顶气体的相变温度，将原被冷却的热量升级为加热热源；如中间物料热出料、原料热进料、装置间热联合；如热泵流程等。

余热采出则是指建立以热水为取热媒介的换热流程，利用热水比热容大、沸点高、安全、便于长距离输送的特点，回收那些已无工艺利用机会，也不能升级的余热，并将其转移给其他装置或单元，从而使本装置冷却负荷降到最低。

热水流程取热量Q^r为：

$$Q_i^r = \sum_{j=1}^{k} q_{i,\ j}^r (i = 1,\ 2,\ \cdots,\ m) \qquad (11-4-2)$$

式中 k——装置i中参与热水换热的余热物流数；

qr——单股余热物流的贡献。

低温热阱是指那些能消化热水热量的用户，像气分装置脱乙烷塔和丙烯塔再沸器，热电站低温除盐水、轻质油品管线伴热等。它们的负荷越大，能消耗的余热就越多，越利于节能。但在炼油过程中，这类用户并不多，需多方挖掘。如在催化或焦化上吸收式溴化锂热水制冷机组，热水代替蒸汽作驱动源，实现余热升级利用，产品凉水代替循环水冷却补充吸收剂，从而大幅降低吸收塔顶温度，使干气变干；又如冬季向厂外居民区供暖等。这里溴化锂机组和居民区采暖就是挖掘出来的热阱。

装置/单元低温热阱负荷 Q^s 可表述为：

$$Q_i^s = \sum_{j=1}^{k} q_{i,j}^s (i = 1, 2, \cdots, n) \tag{11-4-3}$$

式中　k——热阱数；q^s——子热阱负荷；n——包括全厂各装置以及周边生活区等在内的单元总数。需注意，有些热阱具有负荷、温位随时间变化的特征，如伴热、采暖，它们冬、夏季的负荷差别很大。

总之，余热升级、采出和利用三个环节，相互制约、缺一不可，完整构成全厂余热回收和利用系统。

通过以上 8 个方面的努力，可能的优化措施基本确定，接下来要根据装置的实际情况进行筛选、组合，以形成较为完整的装置能量优化方案。由于角度不同，方案可能有多个，要由简到繁、由浅入深，既相对独立、又与相关装置协同，还与全厂总流程优化、总能规划一致，与全厂检修计划和近中期发展规划契合。单周期内完成不了的大方案，要制定滚动实施计划。

第五步：投资及效益评估

主要是对第四步提出的各优化方案进行技术经济分析，估算工程量、节能量和效益。通过综合评估，给出推荐方案。

（四）全厂低温余热大系统利用

装置能量优化完成后，全厂低温余热和低温热阱的资源和分布已经确定。加和式(11-4-2)将得到全厂低温余热总负荷(Q^r)。

$$Q^r = \sum_{i=1}^{m} Q_i^r \tag{11-4-4}$$

加和式(11-4-3)将得到全厂低温热阱总负荷(Q^s)。

$$Q^s = \sum_{i=1}^{n} Q_i^s \tag{11-4-5}$$

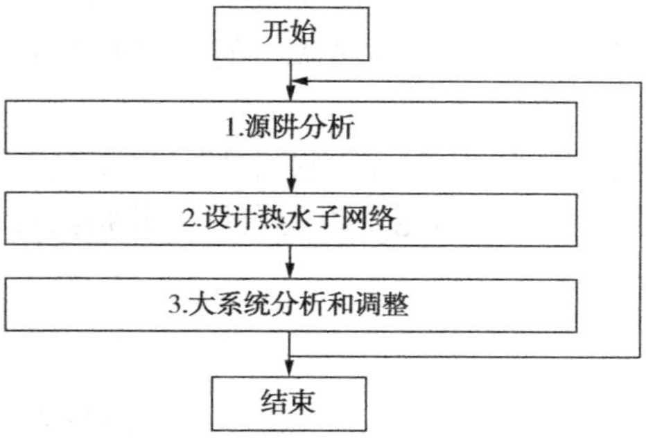

图 11-4-5　低温余热大系统利用方法

接下来将按图 11-4-5 所示的方法进行低温余热大系统利用。

第一步：源阱分析

就是分析低温余热和低温热阱的负荷、分布以及特性，为制定利用方案奠定基础。

1. 负荷分析

先分析总负荷。定义：

$$Q^r - Q^s = Q^0 \tag{11-4-6}$$

$$\delta = Q^s / Q^r = 1 - Q^0 / Q^r \qquad (11-4-7)$$

式中 Q^0——余热剩余；

δ——热阱率。

它们共同表征了全厂余热的供求度。表 11-4-3 就是某北方炼油厂的余热供求。

表 11-4-3 某北方炼油厂余热供求

项目	单位	冬季	夏季
余热负荷(Q^r)	10^4kcal/h	7962.8	7962.8
热阱负荷(Q^s)	10^4kcal/h	11302*	6668.1
余热剩余量(Q^0)	10^4kcal/h	-3339.2	1294.7
热阱率(δ)	%	141.93%	83.74%

*其中居民区采暖负荷 4875×10^4kcal/h。

可见，夏季余热资源过剩，冬季严重不够，热阱率 δ 高达 141.93%。

δ 数值大小，以及其冬、夏差值大小一定程度反映了全厂低温热利用的难易。δ 值越接近 1，冬夏季差值越小，便越好利用，反之越难利用。

再分析局部负荷。就是在总图上，将全厂分为若干个子区，看每个子区的源、阱分布。如果源阱负荷均有一定的规模，且 δ 值比较大，就可考虑在该子区建一个热水网络(也称热水站)，以实现余热就近和平衡利用。因此子区数目要适中，太少，热水网络大、困难操作；太多，投资大。一般 2~5 个为宜。

2. 特性分析

就是分析每股热水和每个热阱的特性，包括稳定性，负荷和温位是否随季节变化，在生产过程中处于什么地位，一旦波动是否能应对等。比喻作为热源，焦化热水的稳定性就比较差，数量和温位易波动；作为热阱气分则十分重要，必须保证热水供应稳定；而采暖热阱就明显随季节变化。所以即使在同一子区，也不能源、阱“拉郎配”，要对生产类热阱(如气分)、辅助类热阱(如除盐水加热)、生活类热阱(如采暖)实施差异化匹配，并最后与区域安排取得折中。

第二步：设计热水子网络

就是按照子区源阱分布设计循环热水流程。热水从装置取得余热，通过管路和换热器转移给热阱用户，不足部分适当补热(如蒸汽加热)，多余部分适当后冷，但负荷均越小越好。设计内容包括选位热水站、安排管径和路由、安排水泵扬程和水罐容量、布置补热和后冷、漏油应急处理等，关键还是按热阱温位高低梯级利用热水，只有这样才能保证余热被充分消化。从经验看，热水流程要少并联，要提高热水流速，无论是管路流速还是在换热器内的流速都要往上限靠，并配置较强的流控，以保证不出现大的偏流。对那些夏季热阱负荷明显降低的子网络，可源头局部停产或少产热水，避免二次冷却。

第三步：大系统分析和调整

以上设计的子网络是相互独立的，应对干扰的能力较弱，应在流程模拟的基础上，进行全厂大系统分析，以找出合适的子网络关联，增强系统的自适应能力。

低温热利用是装置能量优化的落脚点，不落或落得不稳，许多措施、方案就成了“半拉子”工程。大量实践表明，低温热回收和利用能显著降低炼油厂能耗。要在强化余热回收利用的同时，提升热水系统的管理层次，视热水如蒸汽，纳入全厂统一计划和调度。

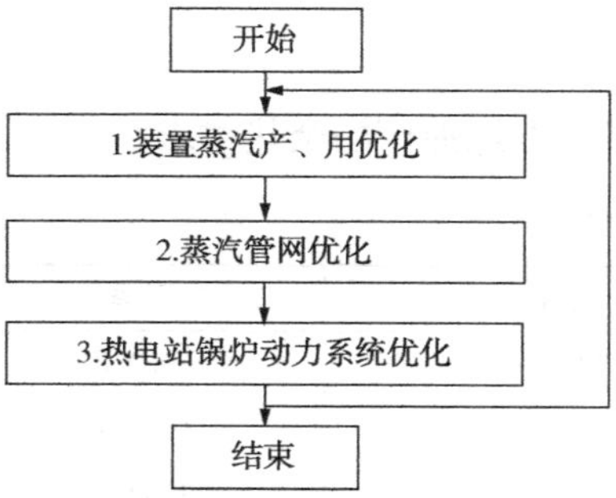

图 11-4-6　蒸汽动力系统优化方法

（五）全厂蒸汽动力系统优化

前四项工作完成后，全厂蒸汽平衡将发生深刻变化，突出表现是装置需求减少，低压蒸汽过剩，故必须对蒸汽以及与之紧密关联的动力系统进行调整。

如图 11-4-6 所示，需开展三项工作。

1. 装置蒸汽产、用优化

该工作实际已在装置能量优化阶段完成，实现了最小蒸汽消耗。累加 $G_{i,j,\min}$ 将得到全厂各级工艺蒸汽的最低总需求：

$$G_{j,\ \min} = \sum_{i=1}^{m} G_{i,\ j,\ \min}(j = 1,\ 2,\ \cdots,\ z) \tag{11-4-8}$$

2. 蒸汽管网优化

研究包括：

1）现场调研。亦从结构、路由、管件、保温、蒸汽参数、排凝、疏水、放空、损失、热备等方面对全厂各级蒸汽管网，包括主网和支网进行普查。

2）管网模拟。建立各级管网的流程模拟模型，通过拟合确定沿程蒸汽流量、温度、压力、饱和度、流速等。这项工作难度不小，主要是现场测量仪表少，缺乏数据，无法倒拟合出各段管路的保温水平（如基于外表面散热的总传热系数等）。

3）问题分析。即基于仿真结果，从拓扑结构、保温、蒸汽品质、流体冲突（俗称“顶牛”）、压头损失等方面分析和总结管网存在的问题；

4）结合装置蒸汽产、用优化，改进管网。目标是满足工艺用汽、简化管网结构、增强管网柔性、提高输送品质，使各级蒸汽管网的总损失量降到最低值（记 $G_{j,\min}^{ls}$）。

3. 热电站锅炉动力系统优化

至此，装置优化和蒸汽管网优化已经完成，综合其对热电站各级蒸汽的最小蒸汽需求为：

$$G_{j,\min}^{t} = G_{j,\min} + G_{j,\min}^{ls}(j = 1,\ 2,\ \cdots,\ z) \tag{11-4-9}$$

总最小需求为：

$$G_{\min}^{t} = \sum_{j=1}^{z}(G_{j,\ \min} + G_{j,\ \min}^{ls}) \tag{11-4-10}$$

向系统提供 $G_{\min}^{t}$ 数量的蒸汽便是热电站的“热”任务，接下来热电站当在满足 $G_{\min}^{t}$ 供汽的条件下，实现最大发电（即所谓“以热定电”）。研究方法是基于线性规划，探寻锅炉、汽轮机组的最佳运行参数。而与蒸汽密切相关的除盐水、除氧水、凝结水系统优化也应在这一阶段完成。

至此，五步法简介完毕。

可见系统性是五步法的根本特征。（一）、（四）、（五）属全厂层面，（二）涵盖多套装置，属区域层面，只有（三）才是装置层面。从全厂到装置，又从装置回到全厂，因此所发现的问题和提出的措施是全面和协调的。同时，无论是用能分析还是措施制定，均基于流程模拟和最优化计算，故方法是定量的，能满足工程需求。最后具有开放性。不但研究方法开放，PI、模拟、最优化计算、㶲分析等均可采用，而且改进措施也开放，一切先进、成熟的工艺、技术和装备均可纳入其中。五步法已成功应用于多个炼油厂的能量集成，证明是科学和有效的。

二、某 1.0Mt/a 焦化装置能量优化案例

以下将按图 11-4-2 所示的方法进行用能优化。

(一) 装置基本情况

装置位于工厂西区，设计加工量 1.0Mt/a(年开工 8000h，每小时加工 125t)，采用一炉两塔、可调循环比工艺(设计循环比 0.15~0.25)；含吸收稳定和干气、LPG 脱硫及溶剂再生；原料外购为主。

限于篇幅，总图位置、原则流程、设计原料和产品性质，设计物料平衡、能耗、主要操作参数及主要设备规格(包括加热炉、塔、换热器、冷却器、机泵、压缩机、透平)等不列出。

(二) 现场操作模拟拟合及分析

某年某月某日进行了现场调研。无直供减渣，罐区料 127t/h(占设计加工量的 102%)，循环油 25.4t/h，对应循环比 0.2；加热炉注水、注汽 2.5t/h；吸收稳定加工 3#加氢酸性气、乙苯装置富丙烯气等合计 6.3t/h。

表 11-4-4 是现场物料平衡。

表 11-4-4 现场物料平衡

入方				出方			
序号	物料	流量/(t/h)	比例/%	序号	物料	流量/(t/h)	比例/%
1	东区直供减渣	0	0	1	干气	5.7(9120Nm^3/h)	4.3
2	西区直供减渣	0	0	2	LPG	13.6	10.2
3	罐区原料	127	95.7	3	汽油	16.1	12.1
4	吸收稳定加工外来料	6.3	4.3	4	柴油	40	30.0
				5	蜡油	31	23.3
				6	焦炭	26.3	19.7
				7	H_2S 气体	0.6	0.4
	合计	133.3	100		合计	133.3	100.00

表 11-4-5 是液相产品质量。

表 11-4-5 液相产品质量

序号	项目	稳定汽油	柴油	蜡油	序号	项目	稳定汽油	柴油	蜡油
1	20℃密度/(g/cm^3)	0.743	0.84	0.962	6	70%/℃	153		440
2	馏程 1%/℃	37	190	208	7	90%/℃	178	347	456
3	10%/℃	69	229	370	8	95%/℃	187	358	460
4	30%/℃	97		404	9	98%/℃	201		
5	50%/℃	128	285	420					

表 11-4-6 是气相产品组成。

表 11-4-6　产品脱硫干气和液化气组成

序号	组分	干气/%(体)	液化气/%(体)	序号	组分	干气/%(体)	液化气/%(体)
1	氢气	36. 19	0. 00	11	异丁烷	0. 13	10. 92
2	氧气	0	0. 00	12	正丁烷	0. 61	30. 06
3	氮气	0	0. 00	13	正丁烯	0. 20	0
4	甲烷	45. 06	0. 00	14	反丁烯	0. 04	2. 56
5	一氧化碳	0	0. 00	15	顺丁烯	0. 03	1. 59
6	二氧化碳	0	0. 00	16	异丁烯	0. 20	0. 00
7	乙烷	14. 51	0. 07	17	正戊烷	0. 1	0. 16
8	乙烯	2. 17	0. 07	18	异戊烷	0. 09	0. 16
9	丙烷	0. 32	39. 84	19	硫化氢	0	0
10	丙烯	0. 35	14. 57		合计	100. 00	100. 00

计算得知吸收稳定加工的外来料中(组成略)，含 C_1～C_2干气组分 0. 762t/h、C_3～C_4液化气组分 3. 213t/h、≥C_5汽油组分 1. 684t/h。将其代入式(11-2-3)，得到分馏塔进料油气总量 138. 5t/h。

上述数据是经圆整后的数据。

下面将开始除焦化外的全流程模拟拟合。其换热部分物流污垢热阻取值如表 11-4-7 所示[12]。

表 11-4-7　换热计算拟采用的物流污垢热阻值

序号	物流	数值/(m^2 · h · ℃/kcal)	序号	物流	数值/(m^2 · h · ℃/kcal)
1	原料油	0. 001002	6	脱乙烷油	0. 000198
2	循环油	0. 001002	7	顶循回流	0. 000198
3	蜡油	0. 001002	8	中段回流	0. 0004
4	柴油	0. 0004	9	除氧水/蒸汽	0. 000198
5	汽油	0. 000198	10	热水(软化水)	0. 000198

为方便起见，分为分馏塔、吸收稳定、换热流程、蒸汽四个单元说明。

1. 分馏塔

图 11-4-7 是分馏塔的现场操作模拟拟合情况。

图中，正体数据为现场值，斜体数据为模拟值，带下划线数据为设计值，圆弧内的数据是以 10^4kcal/h 为计量单位的热负荷(下同)。计算过程中，塔板效率取 60%，精馏段压降取 0. 02MPa。

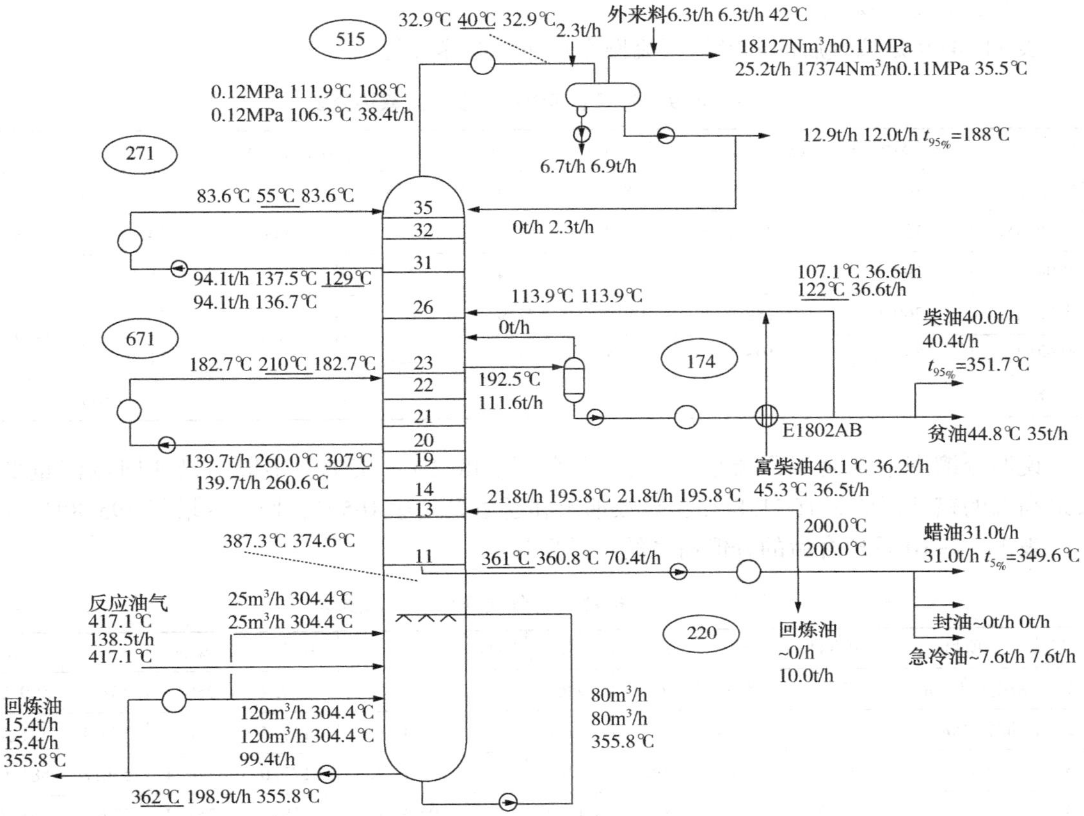

图 11-4-7 分馏塔现场操作模拟拟合

从图 11-4-7 可以看出，斜体模拟数据和正体现场数据比较接近，说明模拟基本仿真了操作，故认为后面基于本计算结果所进行的分析和改进是可信的。

表 11-4-8 是拟合后的分馏塔理论板气液相负荷分布。

表 11-4-8 分馏塔理论板气液相负荷分布

序号	温度/℃	压力/MPa(表)	液相负荷/(t/h)	气相负荷/(t/h)	回流返回/(t/h)	回流抽出/(t/h)	序号	温度/℃	压力/MPa(表)	液相负荷/(t/h)	气相负荷/(t/h)	回流返回/(t/h)	回流抽出/(t/h)
1	106.3	0.12	107.4	38.4	94.1	0	11	296.5	0.13	55.7	132.2	0	0
2	123.2	0.12	116.1	49.5	0	0	12	314.7	0.13	52.6	130.3	0	0
3	136.7	0.12	28.1	58.2	0	94.1	13	324.9	0.13	47.1	127.2	0	0
4	151.3	0.12	28.4	64.2	0	0	14	333	0.13	36.8	121.7	0	0
5	158	0.12	27.2	64.5	0	0	15	343.6	0.14	20.5	111.4	0	0
6	163.8	0.13	24.3	63.4	0	0	16	360.8	0.14	51.0	95.1	21.8	70.4
7	172.9	0.13	17.7	60.5	0	0	17	387.3	0.14	54.3	110.7	0	0
8	192.5	0.13	155.3	53.9	139/72.7	111.6	18	397.2	0.14	54.3	114	0	0
9	231.2	0.13	184.5	90.9	0	0	19	402	0.14	0	114	0	0
10	260.6	0.13	57.6	120.2	0	139							

可见，宜适当提高回流量。

表 11-4-9 是拟合后的分馏塔回流操作及回流取热分配。

表 11-4-9　分馏塔回流操作及回流取热分配

回流名称	抽出温度/℃	返塔温度/℃	流量/t/h	温差/℃	热负荷/(10^4kcal/h)		取热比例/%	
塔顶冷却	106.3	32.9	38.4	73.4	515	960	27.8	51.8
顶循回流	136.7	83.6	94.1	53.1	271		14.6	
柴油回流	192.5	107.1	36.6	85.4	174		9.4	
中段回流	260.6	182.7	139.7	77.9	671	891	36.3	48.2
蜡油回流	360.8	195.8	21.8	165	220		11.9	
合计					1851		100	

说明分馏塔下部高温回流取热占比不高，仅 48.2%；柴油、中段、蜡油回流流量低，其最高温的蜡油回流只有 21.8t/h，导致抽出和返塔温差达 165℃，回流返塔仅 195.8℃。

表 11-4-10 是拟合后的分馏塔系统产品质量。

表 11-4-10　拟合后的分馏塔系统产品质量

序号	项目	粗汽油	柴油	蜡油	回炼油	序号	项目	粗汽油	柴油	蜡油	回炼油
1	密度/(kg/m^3)	736	838	969	986	6	50%/℃	137.2	280.7	481.1	509.2
2	馏程 1%/℃		131.4	274.3	256.1	7	70%/℃	157.5	300.2	500.1	531.7
3	5%/℃	15.3	196.6	349.6	387.8	8	90%/℃	177.6	340.4	550.8	581.9
4	10%/℃	57.2	216.1	386.5	443.9	9	95%/℃	188	351.7	574.8	598.7
5	30%/℃	106.1	259.4	449.7	489.3	10	98%/℃	200.5	362.9	602.5	623.5

可见，回炼油 $t_{50\%}$ 馏程 509.2℃，说明蜡油随带多；蜡油 $t_{5\%}$ 馏程 349.6℃，说明带柴油。那能否调整循环回流油的上、下返塔量，通过改变第一块板下方的气相温度(简称气温)，而改变蜡油的 $t_{5\%}$ 馏程呢？

下面进行灵敏度分析，模拟计算结果如表 11-4-11 所示。

表 11-4-11　上下返塔量对蜡油 $t_{5\%}$ 馏程的影响

序号	上返量/(t/h)	气温/℃	蜡油 $t_{5\%}$/℃	柴油 $t_{98\%}$/℃	序号	下返量/(t/h)	气温/℃	蜡油 $t_{5\%}$/℃	柴油 $t_{98\%}$/℃
1	10	391.0	351.7	362.0	1	80	387.9	351.0	362.5
2	15	389.3	350.7	362.3	2	90	387.6	350.2	362.7
3	20.7	387.3	349.6	362.9	3	99.4	387.3	349.6	362.9
4	25	363.2	348.8	363.2	4	110	387.1	349.0	363.0
5	30	363.7	348.0	363.7	5	120	386.9	348.4	363.2

以上左表变上返塔量(计算中保持各产品量，下返塔量，上、下返塔温度不变)，右表变下返塔量(计算中保持各产品流量，上返塔量及上、下返塔温度不变)，说明均不能明显改变第一块板下方的气相温度，进而改变蜡油的 $t_{5\%}$ 点。

表 11-4-12 则考察了上、下返塔温度的影响，结论同上。所以说契合操作调整改善蜡

油中的柴油馏分随带效果十分有限，最好的方法是增设蜡油汽提。

表 11-4-12 上下返塔温度对蜡油 $t_{5\%}$ 馏程的影响

序号	上返温/℃	气温/℃	蜡油 $t_{5\%}$/℃	柴油 $t_{98\%}$/℃	序号	下返温/℃	气温/℃	蜡油 $t_{5\%}$/℃	柴油 $t_{98\%}$/℃
1	295	386.8	349.3	363.2	1	295	386.6	348.4	363.7
2	300	387.1	349.4	363.1	2	300	386.8	348.9	363.5
3	304.4	387.3	349.6	362.9	3	304.4	387.3	349.6	362.9
4	310	387.7	349.8	362.7	4	310	387.3	350.0	362.9
5	315	388.0	350.0	362.5	5	315	387.5	350.6	362.5

表 11-4-13 是拟合后的分馏塔富气组成。

表 11-4-13 拟合后的富气组成

序号	组分	组成/%(体)	序号	组分	组成/%(体)	序号	组分	组成/%(体)
1	氢气	19.26	9	丙烷	14.60	15	正戊烷	0.10
2	氧气	0.00	10	丙烯	5.50	16	异戊烷	0.10
3	氮气	0.00	11	异丁烷	4.04	17	硫化氢	0.00
4	甲烷	24.47	12	正丁烷	11.31	18	$\geqslant C_6$	0.00
5	一氧化碳	0.00	11	正丁烯	0.00	19	虚拟组分	7.45
6	二氧化碳	0.00	12	反丁烯	0.95	20	水	1.93
7	乙烷	8.44	13	顺丁烯	0.59			
8	乙烯	1.26	14	异丁烯	0.00		合计	100

2. 吸收稳定系统

(1) 富气压缩机组

图 11-4-8 是富气压缩机组的现场操作模拟拟合情况。

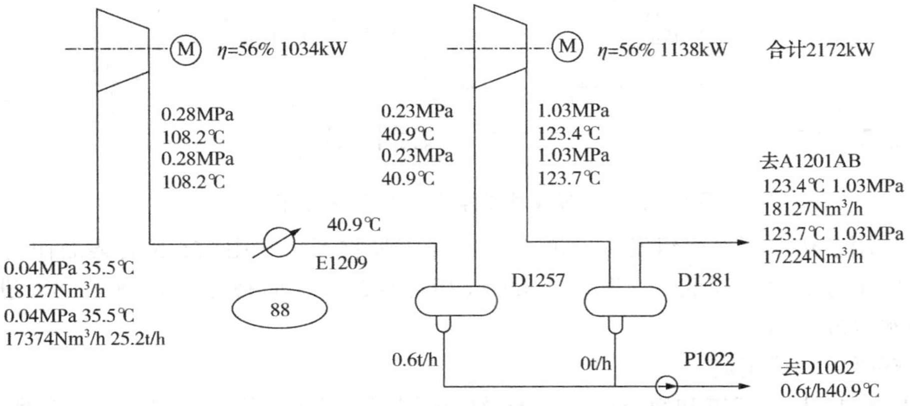

图 11-4-8 富气压缩机组现场操作模拟拟合

可见，压缩机没开返飞动，等熵效率拟合值 56%，两级轴功合计 2172kW；驱动电机电压 10kV、电流 145A、基于功率因数 0.91，计算出力 2239kW。两功基本一致，说明机组效率低。

若改背压透平驱动，按透平等熵膨胀效率 75%计，需中压蒸汽 40t/h。见图 11-4-9。

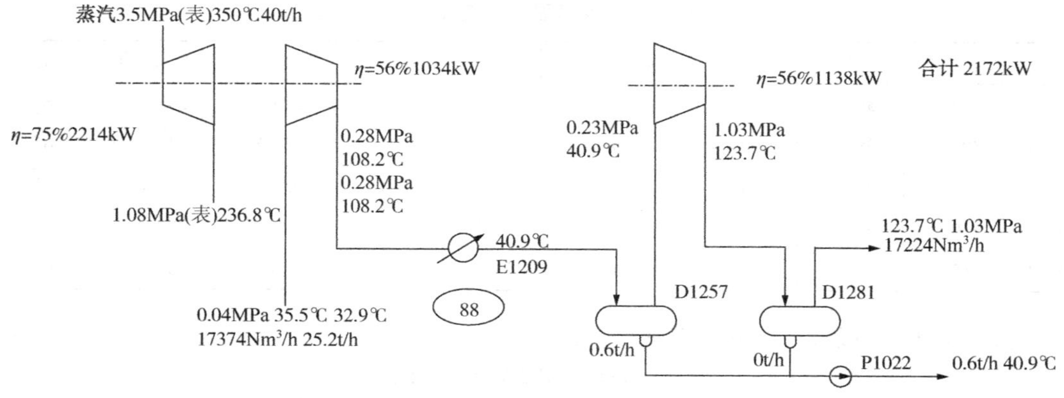

图 11-4-9　富气压缩机-透平机组计算结果

（2）吸收塔和再吸收塔

图 11-4-10 是吸收塔和再吸收塔的现场操作模拟拟合情况。图中，塔板效率均取 30%，压降均取 0.01MPa。

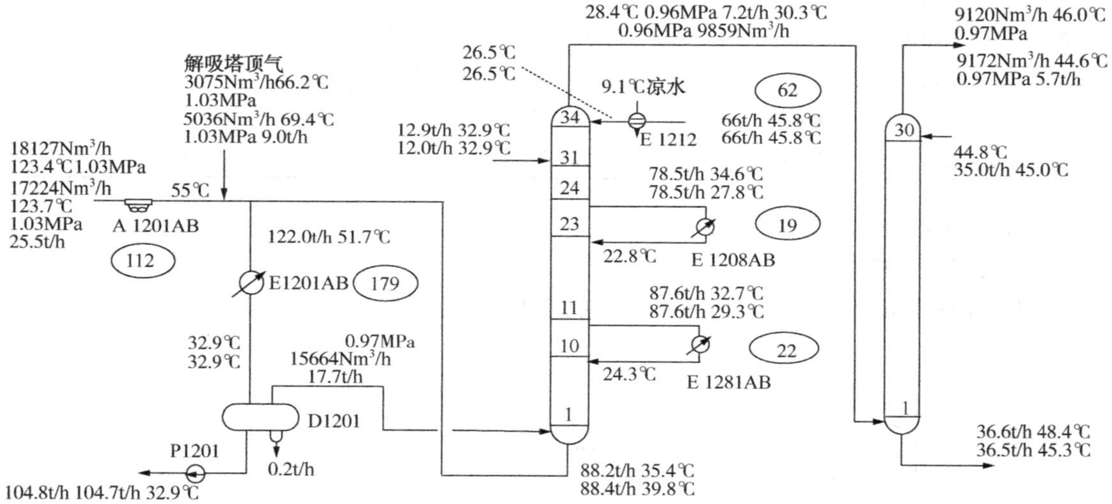

图 11-4-10　吸收塔和再吸收塔现场操作模拟拟合

由于采用了热水制冷机组发生的凉水冷却补充吸收剂，并用 35t/h 贫柴油作再吸收油，干气中≥C_3组分的含量很低，实际仅 1.69%（指标≤2%）。而补充吸收剂 45.8℃进 E1212，提高了凉水冷却负荷，宜≤40℃。

（3）解吸塔和稳定塔

图 11-4-11 是解吸塔和稳定塔的现场操作模拟拟合情况。图中，塔板效率均取 60%。

从图 11-4-11 可以看出：

1）除解吸塔底温度外，模拟值与实际值拟合较好（计算中，脱乙烷汽油中 C_2 含量（摩尔分数）控制在 0.2%）。

2）再沸器 E1235 和 E1285 的算术平均传热温差分别为 123.3℃和 114.9℃，均偏大，说

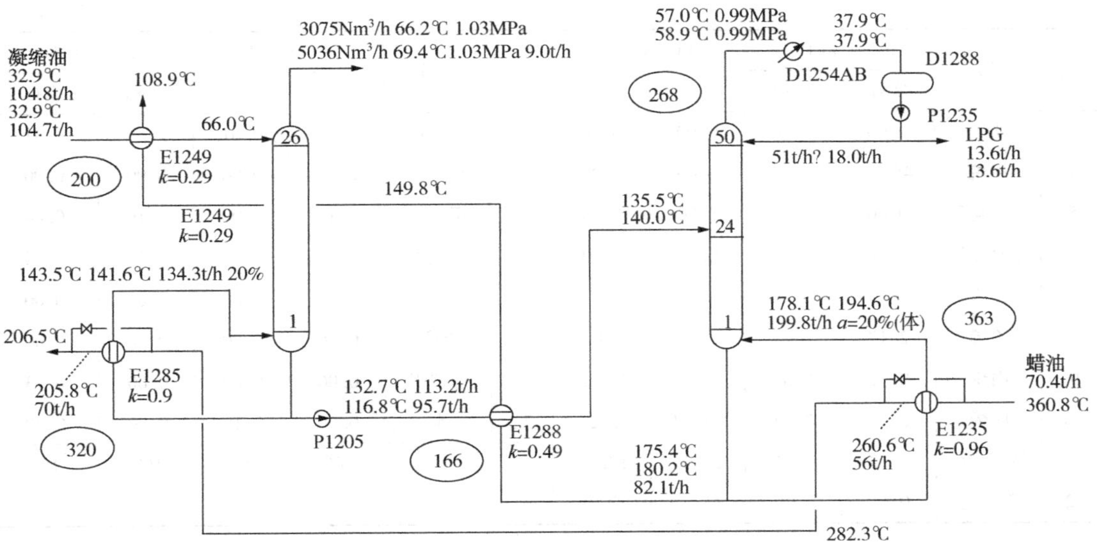

图 11-4-11　解吸塔和稳定塔现场操作模拟拟合

明蜡油热高质低用；但也注意到其总传热系数因子 k 值分别达到了 0.96 和 0.9，说明基本没有面积富余。它们的型号分别是 BJS1000-2.5-340-6/19-4I、B=600mm 和 BJS800-1.6/1.35-160-6/25-4I、B=600mm。

3）可否在解吸塔中部上稳定汽油二次热源中间再沸器，估计将节省 150×10^4kcal/h 高品位蜡油热；

4）为降低吸收稳定系统的内循环量，停 E1249，解吸塔改凝缩油冷进料？但会增加解吸塔再沸负荷。

表 11-4-14 是拟合后的稳定汽油性质及与实际值的对比。

表 11-4-14　拟合后的稳定汽油性质及与实际值对比

序号	项目	实际值	计算值	序号	项目	实际值	计算值
1	流量/(t/h)	16.1	16.1	7	50%/℃	128	114.6
2	20℃密度/(kg/m³)	734	731	8	70%/℃	153	146.8
3	馏程 1%/℃	37	10.6	9	90%/℃	178	172.8
4	5%/℃	60	20.7	10	95%/℃	187	185.4
5	10%/℃	69	57.4	11	98% /℃	201	197.3
6	30%/℃	97	81.3	12	雷氏蒸汽压/kPa		60.6

表 11-4-15 是拟合后的干气和液化气组成及与实际组成的对比。

表 11-4-15　拟合后的干气和液化气组成及与实际组成对比

序号	组分	干气/%(体)		LPG/%(体)		序号	组分	干气/%(体)		LPG/%(体)	
		实际	模拟	实际	模拟			实际	模拟	实际	模拟
1	氢气	36.33	36.38	0.00	0.00	13	正丁烯	0.00	0.00	0.00	0.00
2	氧气	0.00	0.00	0.00	0.00	14	反丁烯	0.04	0.03	2.56	2.32

续表

序号	组分	干气/%(体)		LPG/%(体)		序号	组分	干气/%(体)		LPG/%(体)	
		实际	模拟	实际	模拟			实际	模拟	实际	模拟
3	氮气	0.00	0.00	0.00	0.00	15	顺丁烯	0.03	0.01	1.59	1.41
4	甲烷	45.24	45.26	0.00	0.00	16	异丁烯	0.00	0.00	0.00	0.00
5	一氧化碳	0.00	0.00	0.00	0.00	17	正戊烷	0.10	0.00	0.16	0.04
6	二氧化碳	0.00	0.00	0.00	0.00	18	异戊烷	0.09	0.00	0.16	0.14
7	乙烷	14.57	14.04	0.07	0.79	19	硫化氢	0.00	0.00	0.00	0.00
8	乙烯	2.17	2.21	0.07	0.00	20	$\geqslant C_6$	0.00	0.00	0.00	0.00
9	丙烷	0.32	0.61	39.85	41.25	21	虚拟组	0.00	0.09	0.00	0.73
10	丙烯	0.35	0.37	14.57	15.26	22	水	0.00	0.19	0.00	0.00
11	异丁烷	0.13	0.31	10.92	10.58		合计	100	100	100	100
12	正丁烷	0.61	0.49	30.07	27.48						

从表11-4-15可以看出，干气中$\geqslant C_3$组分含量实际1.69%、模拟1.92%；液化气中$\geqslant C_5$组分含量实际0.2%、模拟含量0.91%，拟合程度较高[因凉水冷却补充吸收剂，贫气中$\geqslant C_3$组分含量6.1%(体)。限于篇幅，贫气组成略]。

表11-4-16是拟合后的物料平衡及与实际值的对比。

表11-4-16　拟合后的物料平衡及与实际值对比　　t/h

序号	项目	实际值	计算值	序号	项目	实际值	计算值
1	干气	5.7	5.7	5	柴油	40	40
2	LPG	13.6	13.6	6	蜡油	31	31
3	急冷油	7.7	7.7	7	循环油	15.4	15.4
4	稳定汽油	16.1	16.1		合计	129.5	129.5

3. 换热流程

分物流说明。

(1) 分馏塔顶气

图11-4-12是分馏塔顶气换热流程的现场操作模拟拟合情况。

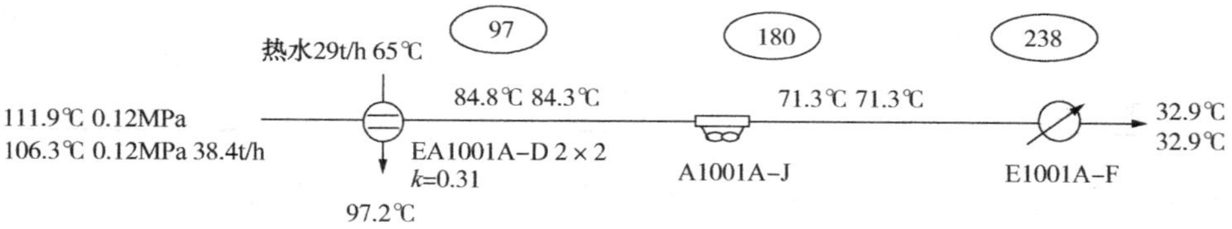

图11-4-12　分馏塔顶气换热流程现场操作模拟拟合

可见，油气设置了热水取热措施，但取热并不多。鉴于油气带焦粉，关停否？

(2) 原料

图11-4-13是原料换热流程的现场操作模拟拟合情况。

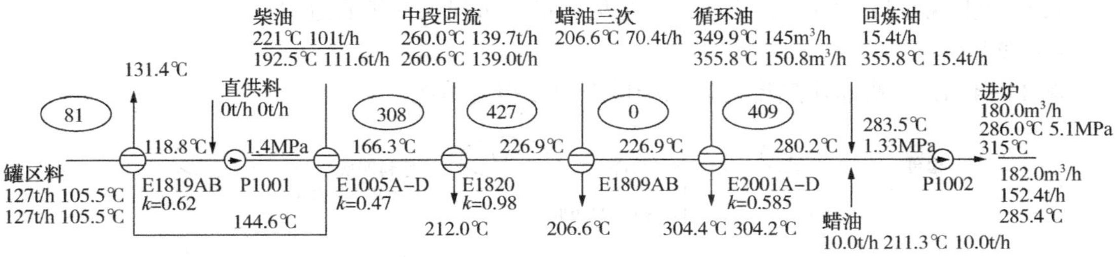

图 11-4-13　原料换热流程现场操作模拟拟合

从图 11-4-13 可以看出：

1）外购料为主，难热进料。

2）原料换热终温 286℃，远低于设计值 315℃。计算显示，回炼比 0.2 时，127t/h 新料如从 286℃升到 315℃进炉，将节省炉子有效热负荷 289.6×10⁴kcal/h，按炉子效率 90%计，将省标准燃料油耗 321.8kg/h，因此降低装置能耗 2.53 个单位。即进炉温度每增 11.4℃，装置能耗下降 1.0 个单位。

3）中段回流温度高，宜与蜡油三次互换位置。

4）原料经过 13 台换热器，合计计算压降 70kPa。

5）泵 P1002 扬程过剩严重。进口取 1.33MPa、283.5℃、152.4t/h，出口取 5.1MPa，按效率 70%计算，轴功 275.7kW；如出口压头降到 3.0MPa，轴功为 120.6kW，减少 155.1kW，降幅 56.3%，装置可因此降低能耗 0.27 个单位。

图 11-4-14 是加热炉的实际运行情况。

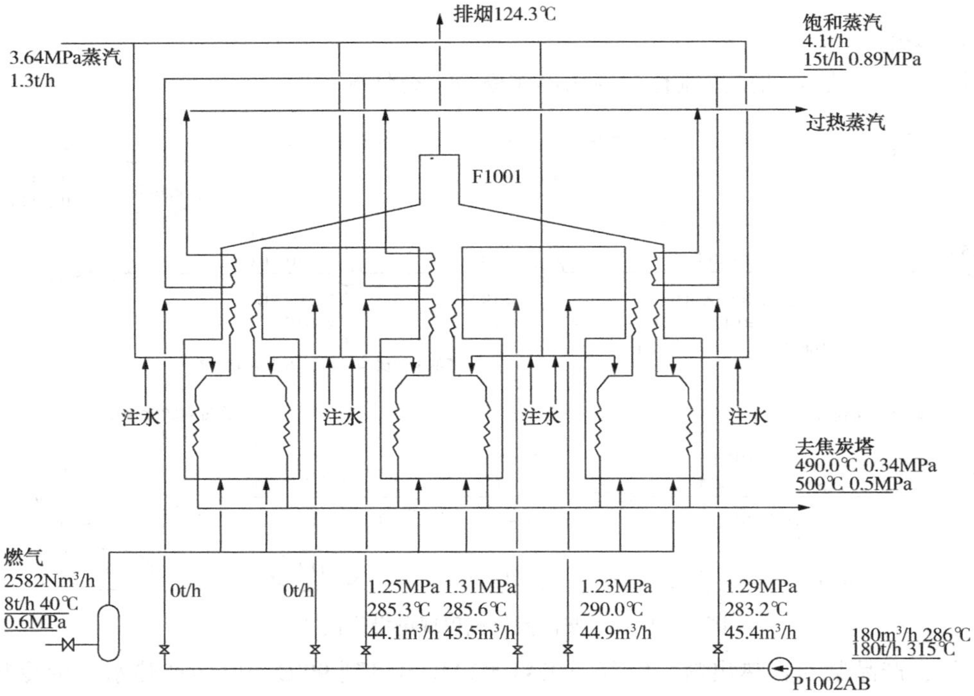

图 11-4-14　加热炉实际运行情况

可见要重视原料泵的扬程处理，以避免大量压头损失在炉管进口阀。

(3) 蜡油

图 11-4-15 是蜡油换热流程的现场操作模拟拟合情况。

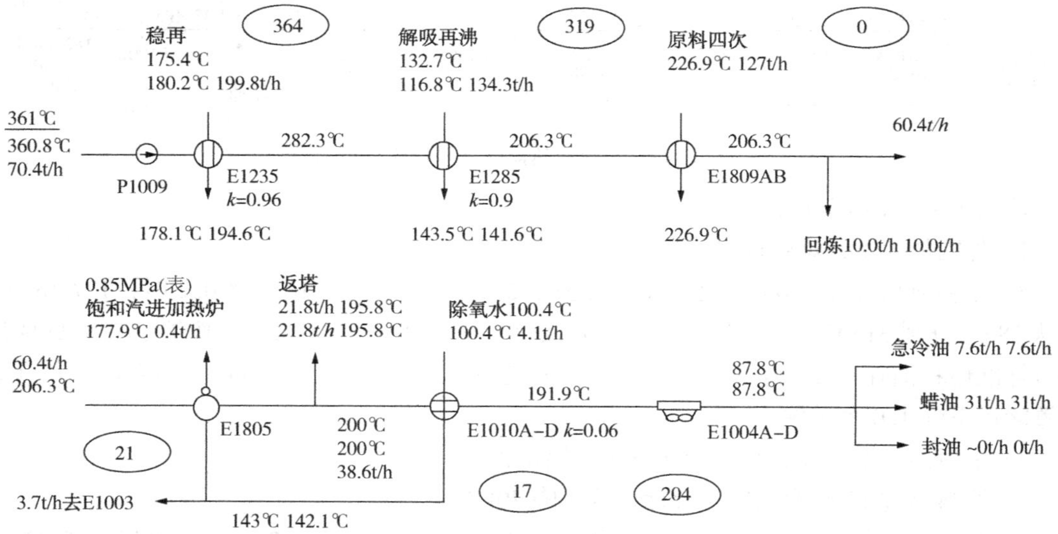

图 11-4-15　蜡油换热流程现场操作模拟拟合

可以看出，蜡油依次作稳定塔和解吸塔再沸热源，高质低用；空冷负荷 204×10^4kcal/h，其≥90℃热量 200.4×10^4kcal/h，宜回收；蒸汽发生器 E1805 仅产汽 0.4t/h；宜实施蜡油热出料。

(4) 柴油

图 11-4-16 是柴油换热流程的现场操作模拟拟合情况。

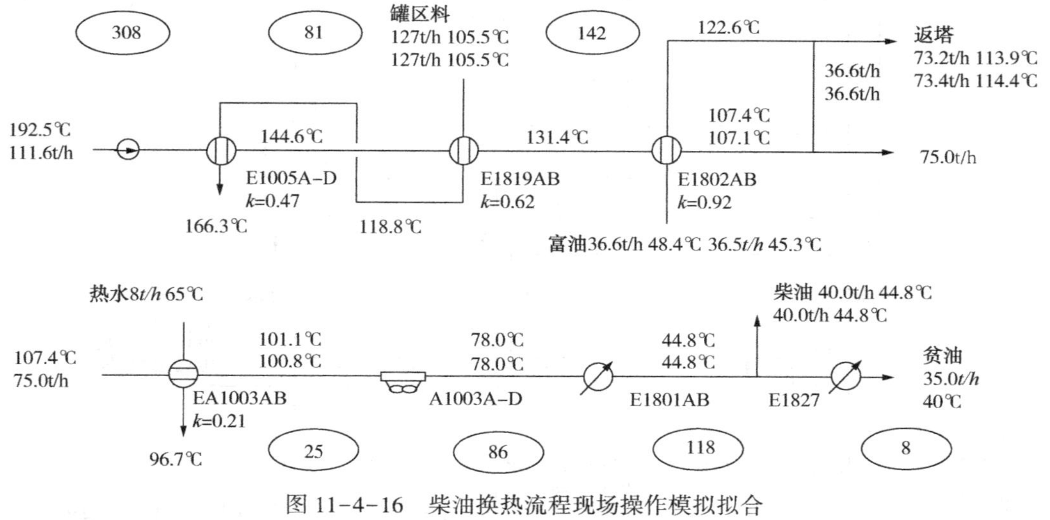

图 11-4-16　柴油换热流程现场操作模拟拟合

可见，产品柴油宜热出料；宜降温 EA1003AB 出口到 90℃，以多产热水，少冷却；富油不返塔，直接与产品柴油混合去加氢精制如何？这样能停富柴油流程，有利于降低富气压缩功耗。

(5) 中段回流

图 11-4-17 是中段回流换热流程的现场操作模拟拟合情况。

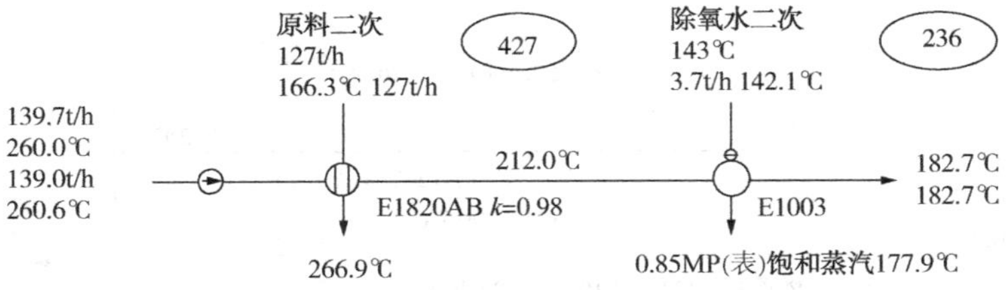

图 11-4-17 中段回流换热流程现场操作模拟拟合

回流返塔温度偏低，导致 E1003 产 0. 85MPa(表)蒸汽(饱和温度 177. 9℃)，有些勉强。

(6) 顶循环回流

图 11-4-18 是顶循换热流程的现场操作模拟拟合情况。

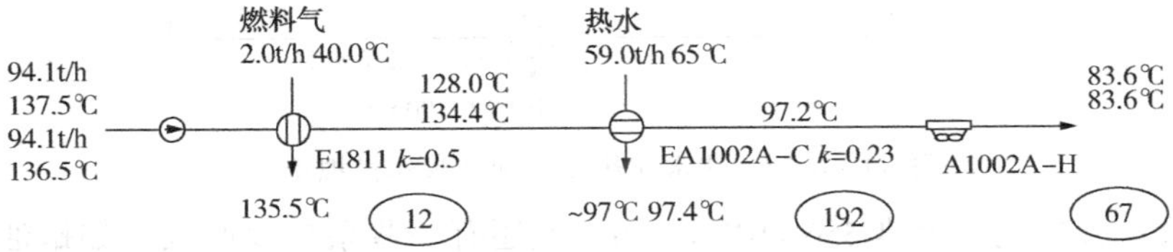

图 11-4-18 顶循换热流程现场操作模拟拟合

宜调整分馏塔操作，加大顶循量，将返塔温度控在 90℃以上，而多产热水、停空冷。

(7) 稳定汽油

图 11-4-19 是稳定汽油换热流程的现场操作模拟拟合情况。

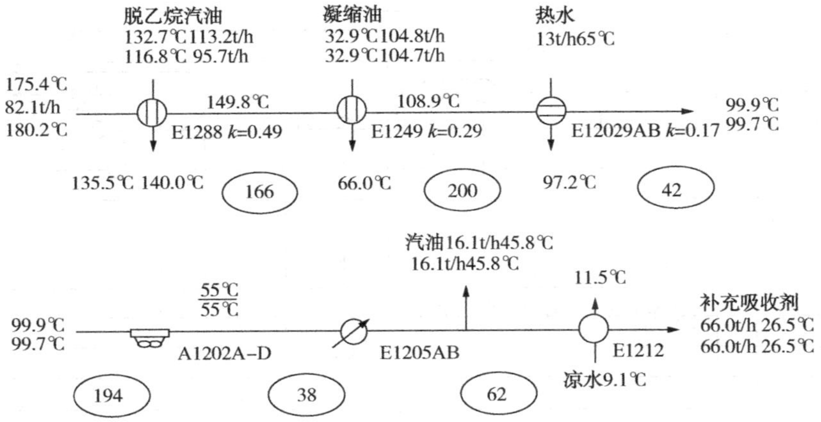

图 11-4-19 稳定汽油换热流程现场操作模拟拟合

图中，稳定汽油二次宜作解吸塔中间再沸热源；宜增加 E1202AB 热水取热，使空冷进口降到 90℃；同时，E1212 补充吸收剂进口应≤40℃。

(8) 热水

图 11-4-20 是热水换热流程的现场操作模拟拟合情况。

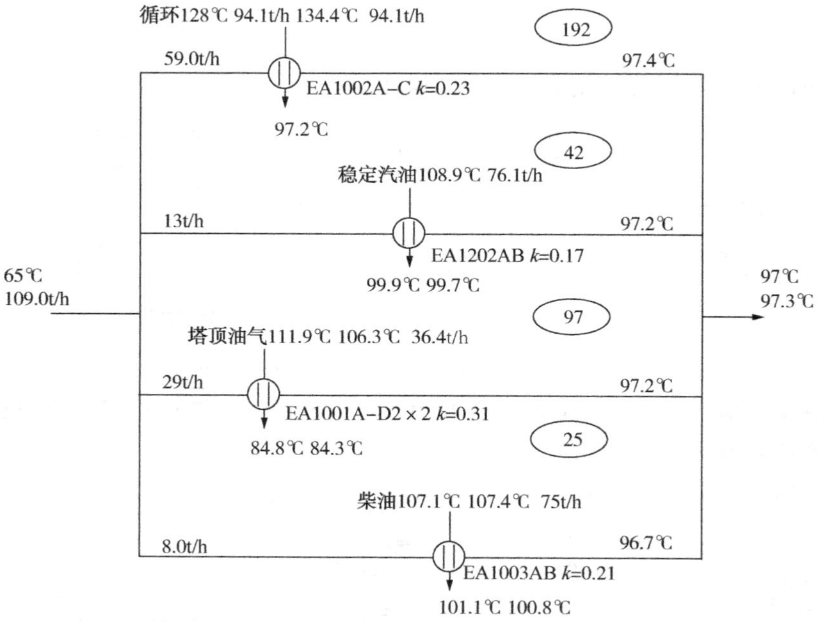

图 11-4-20　热水换热流程现场操作模拟拟合

合计回收 4 股物流的余热 356×10⁴kcal/h。但还有一些余热没回收，如蜡油。塔顶油气产热水则显勉强。

至此，换热流程模拟拟合完成。拟合后的总流程可用夹点技术网格图表述，如图 11-4-21 所示。

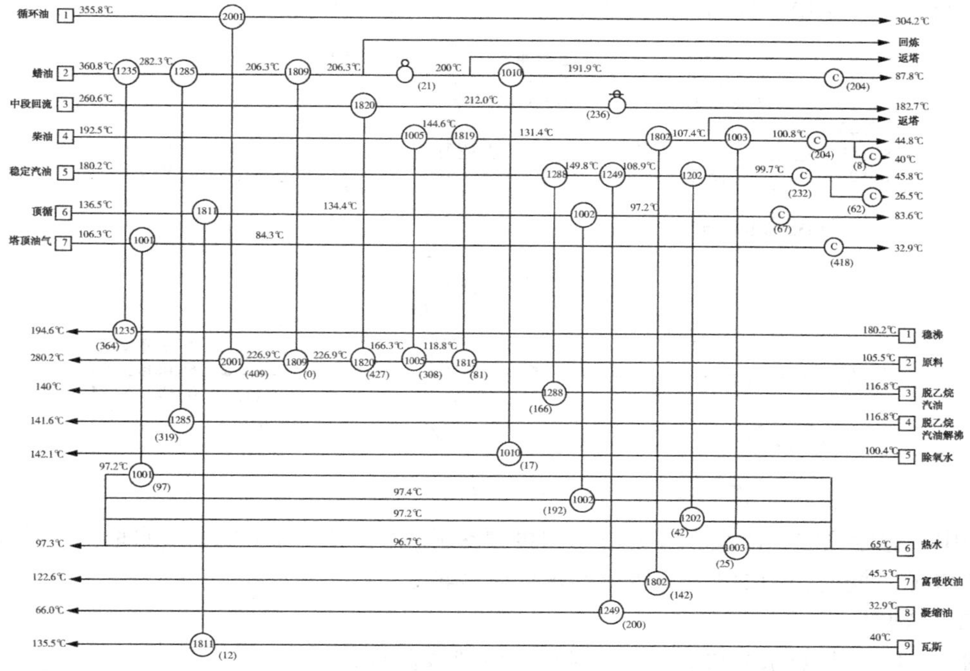

图 11-4-21　拟合后的换热流程网格图

各换热器的模拟运行情况如表 11-4-17 所示。

表 11-4-17(1)　各换热器模拟工作情况

项目	符号	单位	E1001A-D	E1005A-D	E1819AB	E1820AB	E2001A-D	E1235	E1285
k 因子	k		0.31	0.47	0.98	0.98	0.59	0.96	0.9
有效热负荷	Q	10^4kcal/h	96.8	308.4	81.5	426.7	408.5	364.3	319.4
对数平均温差	$LMTD$		11.9	25.9	25.8	39.3	76.4	118.2	112.8
计算换热面积	A	m^2	1103.4	2016.3	457.2	809.6	880.7	169.4	277.7
温度校正系数	F_t		0.8	1.0	1.0	0.9	1.0	1.0	1.0
总传热系数	K	kcal/(h·m^2·℃)	91.2	61.2	69.8	146.4	61.9	185.3	104.7
管内流速	u_i	m/s	0.1	0.7	0.5	0.8	0.6	0.7	0.5
管外流速	u_o	m/s	26.0	0.2	0.3	0.3	0.2	0.6	0.3
管内雷诺数	Re_i		7931.8	15825.2	12676.3	34571.3	10718.1	14388.5	5348.3
管外雷诺数	Re_o		210035.6	280.3	247.0	1808.9	1866.4	44034.6	19618.6
管内膜传热系数	a_i	kcal/(h·m^2)	1029.0	546.3	380.0	630.7	352.8	379.3	193.3
管外膜传热系数	a_o	kcal/(h·m^2)	819.2	249.1	233.3	318.6	278.7	2665.2	1393.1
管内压降	Δp_i	kPa	1.3	9.7	3.1	8.8	6.1	8.2	6.2
管外压降	Δp_o	kPa	5.0	4.3	6.3	6.8	2.0	2.5	1.8

表 11-4-17(2)　各换热器模拟工作情况

项目	符号	单位	E1010A-D	E1802AB	E1003AB	E1002A-C	E1288	E1249	E1202AB
k 因子	k		0.06	0.92	0.21	0.23	0.49	0.29	0.17
有效热负荷	Q	10^4kcal/h	17.3	142.0	25.4	191.7	165.7	199.8	41.9
对数平均温差	$LMTD$		73.4	24.7	20.8	34.6	35.3	79.1	21.2
计算换热面积	A	m^2	241.6	435.7	338.8	604.6	131.4	169.4	338.7
温度校正系数	F_t		1.0	0.8	1.0	1.0	0.9	1.0	1.0
总传热系数	K	kcal/(h·m^2·℃)	9.8	161.7	36.9	93.4	395.5	154.9	60.1
管内流速	u_i	m/s	0.1	0.6	0.1	0.5	0.9	1.3	0.1
管外流速	u_o	m/s	0.4	0.3	0.5	0.5	0.8	0.8	0.7
管内雷诺数	Re_i		4980.7	9018.1	4500.8	30756.1	82193.4	94010.6	7334.2
管外雷诺数	Re_o		4275.4	6726.6	15748.0	37979.5	87338.3	51149.6	76965.2
管内膜传热系数	a_i	kcal/(h·m^2)	543.9	403.5	524.4	3343.2	1091.1	1329.9	968.7
管外膜传热系数	a_o	kcal/(h·m^2)	359.1	499.6	574.8	749.7	1675.6	2351.8	1302.4
管内压降	Δp_i	kPa	0.7	5.5	1.0	6.4	4.8	15.8	2.0
管外压降	Δp_o	kPa	11.8	5.3	16.4	8.5	13.6	10.6	20.9

统计换热器平均总传热系数 49.5kcal/(h · m^2 · ℃)，平均 k 因子 0.47，说明效能偏低。

4. 蒸汽

(1) 产汽

图 11-4-22 是装置产汽流程的现场操作模拟拟合情况。

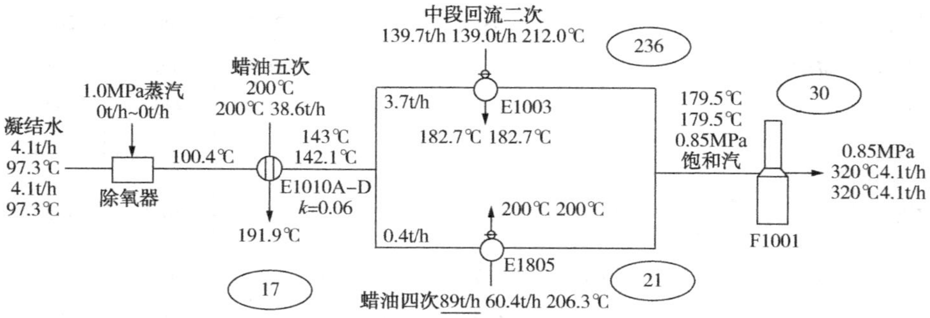

图 11-4-22 产汽流程现场操作模拟拟合

图 11-4-22 中，除氧水换热器 E1010A-D 负荷仅 17×10^{4}kcal/h，可否停？目前装置内溶剂再生所用的 5.4t/h、0.35MPa 蒸汽中有 3.3t/h 来自 1.0MPa 减温减压，故宜改发 0.4MPa 蒸汽；宜停除氧器，除氧水改由旁边 15000Nm^3/h 制氢装置直供；蜡油四次产汽太少，计算值仅 0.4t/h。

(2) 蒸汽平衡

图 11-4-23 是装置蒸汽平衡情况。

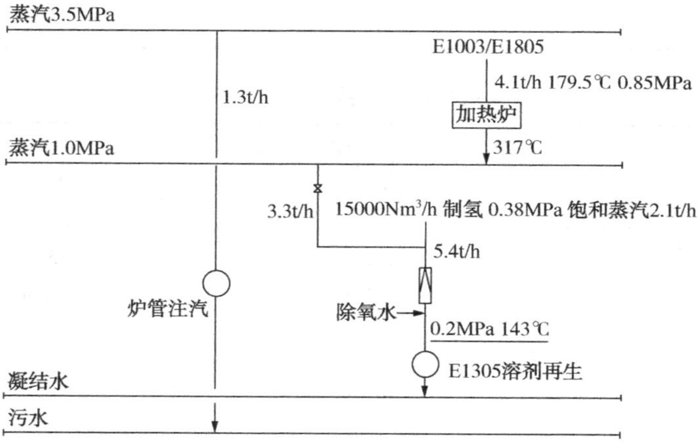

图 11-4-23 装置蒸汽平衡

为向溶剂再生再沸器 E1305 供热，3.3t/h、1.0MPa 蒸汽减温减压。计算表明 3.3t/h、250℃、1.0MPa(表)蒸汽减压到 0.38MPa(表)，取效率 75%，损失做功能力 120kW(排汽 177.7℃)。

至此，装置现场操作模拟拟合及分析完成。

(三) 总结装置在操作和用能方面存在的主要问题

总结以上计算和分析，得到装置在操作和用能方面存在以下问题：

1. 总体

1）因原料外购为主，渣油进装置低，只有 105.5℃；

2）可否停旁边 4.0Mt/a 延迟焦化装置的吸收稳定系统，其加工任务交由本装置完成；

3）宜停本装置以及旁边 1.2Mt/a 柴油加氢精制装置的除氧器（产 0.35MPa 蒸汽 3t/h），其产汽除氧水由旁边 15000Nm^3/h 制氢装置提供（制氢产汽 14.6t/h）；

4）与旁边 1.2Mt/a 柴油加氢精制装置共用一个溶剂再生系统如何（设了循环氢脱硫及富液再生）？

5）能否向旁边 1.2Mt/a 柴油加氢精制装置供热，停其分馏塔底再沸炉？

2. 主分馏塔

1）下部高温回流取热 48.2%，比例低，应调整回流操作，增加下部取热；

2）柴油回流、中段回流、蜡油回流流量小，蜡油回流更是仅为 21.8t/h、使返塔温度低至 195.8℃；

3）蜡油少量带柴油，$t_{5\%}$点馏程 349.6℃；回炼油带蜡油严重，$t_{50\%}$馏程点 509.2℃。

3. 吸收稳定系统

1）富气压缩机等熵压缩效率低，只有 56%；

2）再吸收塔耗贫柴油 35t/h、量偏大；

3）稳定塔再沸器 E1235 和解吸塔再沸器 E1285 的算术平均传热温差分别为 123.3℃和 114.9℃，偏大，导致蜡油热高质低用；

4）可否在解吸塔上稳定汽油二次热源中间再沸器，以置换塔底再沸器的部分高品位蜡油热；

5）可否停换热器 E1249，凝缩油改冷进料解吸塔；

6）补充吸收剂进 E1212 应低于 40℃，以降低热水制冷负荷。

4. 换热流程

1）原料：换热终温 286℃，远低于设计值 315℃；中段回流和蜡油三次的位置宜互换；

2）蜡油：依次作稳定塔和解吸塔再沸热源，热量降级使用；末级 191.9℃进空冷，其高于 90℃的热量有 200.4×10^{4}kcal/h，宜回收；E1805 产汽太少，仅 0.4t/h；产品蜡油宜热出料；

3）柴油：热水换热器取热少；产品柴油宜热出料；富柴油不返分馏塔回炼，直接去加氢精制如何？

4）中段回流：返塔温度偏低，导致二次产 0.85MPa 蒸汽有些勉强；

5）顶循：宜配合分馏塔操作调整，将返塔温度控在 90℃以上，以多产热水、停空冷；

6）稳定汽油：二次宜作解吸塔中间再沸热源；宜增加热水取热；补充吸收剂应≤40℃进 E1212；

7）热水：蜡油余热没回收；

8）换热器效能不高，平均总传热系数只有 49.5kcal/(h · m^2 · ℃)，平均 k 因子只有 0.47。

5. 蒸汽部分

1）产汽：宜改发 0.4MPa 蒸汽；宜停除氧器，除氧水改由旁边的制氢装置提供；

2）有 3.3t/h、1.0MPa 蒸汽减温减压，损失做功能力约 120kW。

（四）能量优化方案

将在以上计算和分析的基础上制定装置能量优化方案。

分三个方案介绍。

1. 方案一

基础条件：

1）加工量与调研期间一致(罐区料 127t/h、回炼油 15.4t/h、回炼蜡油 10t/h、回炼比 0.2)；

2）产品性质不变；

3）受限下游加氢装置原料泵选型，柴油、蜡油出装置温度不变。

主要措施：

1）调整分馏塔回流参数及回流取热分配；

2）新增解吸塔稳定汽油二次热源中间再沸器；

3）稳定塔再沸热源由蜡油一次改为中段回流一次，解吸塔再沸热源由蜡油二次改为中段回流二次；

4）蜡油一次加热原料，以提高原料换热终温；

5）产汽等级从 1.0MPa 降到 0.4MPa；

6）回收蜡油余热产热水；

7）停除氧器，除氧水由旁边 15000Nm³/h 制氢装置提供。

下面分单元开展操作和用能优化。

（1）分馏塔

图 11-4-24 是优化方案一的分馏塔操作情况。

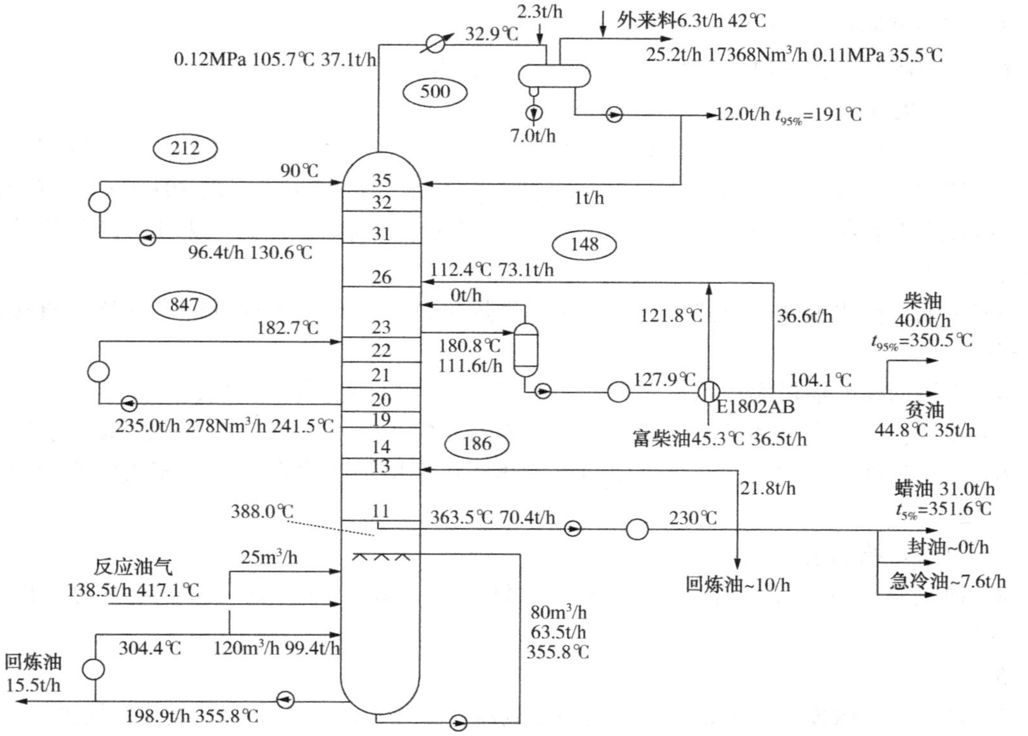

图 11-4-24　优化方案一分馏塔操作情况

全塔理论板气液相负荷分布略；

回流操作及取热分配如表 11-4-18 所示。

表 11-4-18　优化方案一分馏塔回流操作及回流取热分配

回流名称	抽出温度/℃	返塔温度/℃	流量/(t/h)	温差/℃	热负荷/(10^4kcal/h)		取热比例/%	
塔顶冷却	105.7	32.9	37.1	72.8	500	852	26.5	45.2
顶循回流	130.6	90	96.4	40.6	212		11.3	
柴油回流	180.8	104.1	36.6	76.7	140		7.4	
中段回流	241.5	182.7	235	58.8	847	1033	44.9	54.8
蜡油回流	363.5	230	21.8	133.5	186		9.9	
合计					1885		100	

相比调整前(见表 11-4-10)，下部取热比例从 48.2%提到了 54.8%；顶循返塔从 83.6℃提到了 90℃，蜡油回流返塔从 195.8℃提到了 230℃；但中段回流流量 278Nm³/h，远大于设计定额 148Nm³/h，要换回流泵，并要效核塔板水力学(略)。

表 11-4-19 给出了优化方案一分馏塔系统的产品质量。

表 11-4-19　方案一分馏塔系统产品质量

序号	项目	粗汽油	柴油	蜡油	回炼油	序号	项目	粗汽油	柴油	蜡油	回炼油
1	密度/(kg/m³)	737	838	968	985	6	50%/℃	138.1	280.4	480.9	509.3
2	馏程 1%/℃		118.6	276.2	256.1	7	70%/℃	158.9	299.6	500	531.7
3	5%/℃	15.3	190.7	351.6	387.9	8	90%/℃	180.5	339.4	550.5	581.9
4	10%/℃	57.2	214	386.9	443.9	9	95%/℃	191	350.4	574.6	598.7
5	30%/℃	106.5	258.9	449.5	489.4	10	98%/℃	203.2	360.7	602.3	623.6

可见，产品质量能保证，蜡油 $t_{5\%}$ 馏程从 349.6℃(见表 11-4-10)提到了 351.6℃。

(2) 吸收稳定系统

1) 富气压缩机组

压缩功保持 2172kW 不变。

2)吸收塔和再吸收塔：

图 11-4-25 是优化方案一吸收塔和再吸收塔的操作情况。

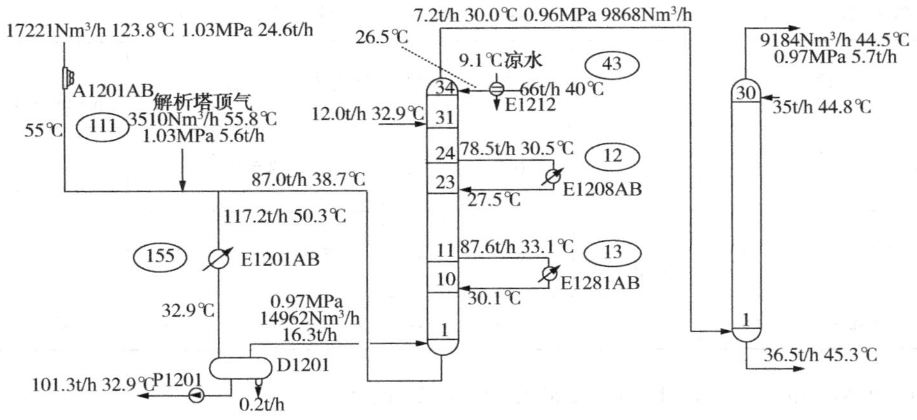

图 11-4-25　方案一吸收塔和再吸收塔操作情况

图 11-4-25 中，补充吸收剂进 E1212 的温度从 45.8℃（见图 11-4-10）降到了 40℃，凉水冷却负荷从 62×10^4kcal/h 降到了 43×10^4kcal/h。干气中≥C_3组分含量为 2.04%（体）。

3）解吸塔和稳定塔：

图 11-4-26 是优化方案一解吸塔和稳定塔的操作情况。

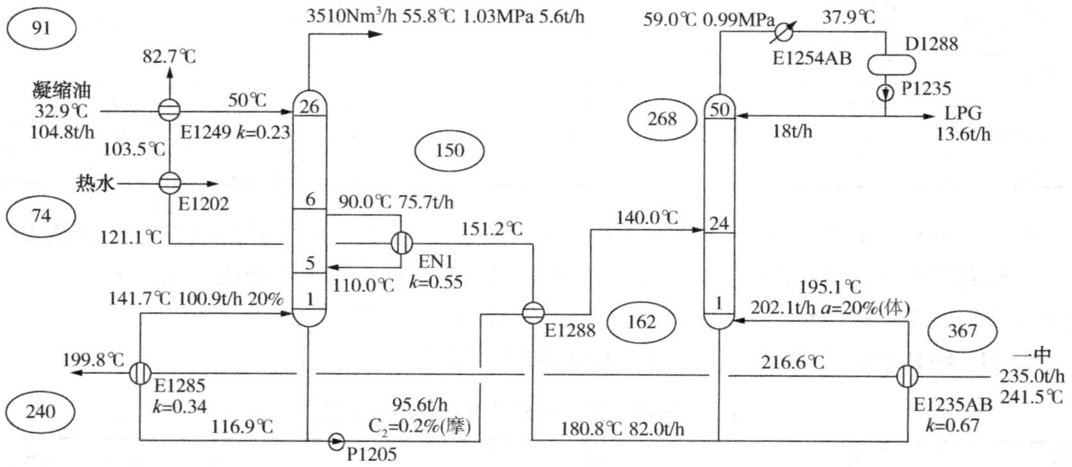

图 11-4-26　方案一解吸塔和稳定塔操作情况

从图 11-4-26 可以看出：

① 凝缩油进塔温度由 66℃降到了 50℃；

② 解吸塔新增稳定汽油二次热源中间再沸器 EN1，热负荷 150×10^4kcal/h，算术平均传热温差 43.6℃。EN1 选型 BES800-2.5-160-6/25-4I、$B=300$mm，运行情况如表 11-4-20 所示。

表 11-4-20　稳定汽油二次热源中间再沸器 EN1 运行情况

序号	项目	符号	单位	数值	序号	项目	符号	单位	数值
1	k 因子	k	—	0.55	8	管外流速	u_o	m/s	0.7
2	有效热负荷	Q	10^4kcal/h	150	9	管内雷诺数	Re_i		97063.2
3	对数平均温差	$LMTD$		34.6	10	管外雷诺数	Re_o		49905.9
4	计算换热面积	A	m^2	169.4	11	管内膜传热系数	a_i	kcal/(h·m²·℃)	1388.9
5	温度校正系数	F_t		0.9	12	管外膜传热系数	a_o	kcal/(h·m²·℃)	1967.3
6	总传热系数	K	kcal/(h·m²·℃)	287.2	13	管内压降	Δp_i	kPa	15.8
7	管内流速	u_i	m/s	1.3	14	管外压降	Δp_o	kPa	6.6

其 HTRI Xchanger Suite 计算结果如图 11-4-27 所示。

说明 EN1 面积富裕 90.87%，能适应要求。

HTRI	Output Summary Released to the fllowing HTRI Member Company *zhuo* *zhuo*	Page 1
XistE Ver. 5.00 2019/11/27 20:57 SN:Friends		MKH Units

Simulation–Horizontal Multipass Flow TEMA BES Shell With Single–Segmental Baffles

See Data Check Messages Report for Warning Messages.
See Runtime Message Report for Warning Messages.

Process Conditions		Cold Shellside		Hot Tubeside	
Fluid name					
Flow rate	(1000–kg/hr)		75.7431		82.0005
Inlet/Outlet Y	(Wt. frac vap.)	0.000	0.133	0.000	0.000
Inlet/Outlet T	(Deg C)	89.98	110.00	150.25	119.09
Inlet P/Avg	(kgf/cm2A)	11.944	11.819	11.589	11.481
dP/Allow.	(kgf/cm2)	0.250	0.000	0.215	0.000
Fouling	(m2–hr–C/kcal)		0.000198		0.000198

Exchanger Performance					
Shell h	(kcal/m2–hr–C)	1704.93	Actual U	(kcal/m2–hr–C)	514.04
Tube h	(kcal/m2–hr–C)	1461.24	Required U	(kcal/m2–hr–C)	269.31
Hot regime	(––)	Sens.Liquid	Duty	(MM kcal/hr)	1.5423
Cold regime	(––)	Flow	Area	(m2)	181.726
EMTD	(Deq C)	31.5	Overdesign	(%)	90.87

Shell Geometry			Baffle Geometry		
TEMA type	(––)	BES	Baffle type	(––)	Single–Seg.
Shell ID	(mm)	800.002	Baffle cut	(Pct Dia.)	20.00
Series	(––)	1	Baffle orientation	(––)	Parallel
Parallel	(––)	1	Central spacing	(mm)	300.001
Orientation	(deg)	0.00	Crosspasses	(––)	16

Tube Geometry			Nozzles		
Tube type	(––)	Plain	Shell inlet	(mm)	128.194
Tube OD	(mm)	25.000	Shell outlet	(mm)	205.004
Length	(mm)	6096.	Inlet height	(mm)	32.181
Pitch ratio	(––)	1.2800	Outlet height	(mm)	46.069
Layout	(deg)	90	Tube inlet	(mm)	128.194
Tubecount	(––)	386	Tube outlet	(mm)	128.194
Tube Pass	(––)	4			

Thermal Resistance/%		Velocities/(m/s)		Flow Fractons	
Shell	30.15	Shellside	1.25	A	0.201
Tube	43.97	Tubeside	1.21	B	0.479
Fouling	22.88	Crossflow	1.75	C	0.141
Metal	2.995	Window	2.16	E	0.122
				F	0.057

图 11-4-27　新增换热器 EN1 的 HTRI 计算结果示意

③ 解吸塔底再沸热源由蜡油二次改为中段回流二次。由于热流流量从 70.4t/h 提到 235t/h，热负荷从 320×10^4kcal/h 降到 240×10^4kcal/h，原 E1285 能平衡热源温度降低所造成的影响。计算显示其算术平均传热温差为 78.5℃，k 因子为 0.34，面积足有富余。

④ 稳定塔再沸热源由蜡油一次改为中段回流一次。虽然温度从 360.8℃ 降到 241.5℃，但流量从 70.4t/h 提到了 235t/h，故热平衡显示其算术平均传热温差为 40.7℃，说明温位够，关键是面积。

E1235 型号 BJS800−1.6/1.35−160−6/25−4I、B=600mm。

三个方案：①新增 E1235B，同型号、串联布置；②新增 E1235B，同型号、并联布置；

③换大 E1235，选型 BJS1200－2.5－412－6/19－4I、$B = 600$mm。三个方案的计算结果如表 11-4-21 所示。

表 11-4-21　三个方案下的稳定塔再沸器运行情况

项目	符号	单位	加一台、串联	加一台、并联	换大
k 因子	k	—	0.67	0.67	0.75
有效热负荷	Q	10^4kcal/h	367	367	367
对数平均温差	$LMTD$		40.7	40.7	40.7
计算换热面积	A	m^2	338.7	338.6	411.5
温度校正系数	F_t		1.0	1.0	1.0
总传热系数	K	kcal/(h · m^2 · ℃)	269.4	276.5	227.5
管内流速	u_i	m/s	3.3	1.6	1.3
管外流速	u_o	m/s	0.6	0.3	0.4
管内雷诺数	Re_i		145995.6	72944.0	59329.7
管外雷诺数	Re_o		44287.8	22173.9	30924.4
管内膜传热系数	a_i	kcal/(h · m^2 · ℃)	1970.0	1127.6	954.3
管外膜传热系数	a_o	kcal/(h · m^2 · ℃)	2929.4	2200.6	2205.3
管内压降	p_i	kPa	98.6	28.4	20.2
管外压降	$\triangle p_o$	kPa	2.6	1.2	1.9
管外污垢热阻		h · m^2 · ℃/kcal	269.5	276.6	227.6
管内污垢热阻		h · m^2 · ℃/kcal	963.0	615.2	547.7

HTRI Xchanger Suite 计算显示，三种情况的面积富裕率分别为 55.13%、23.86% 和 43.87%，建议用方案三。

⑤ 产品稳定汽油 $t_{98\%}$点馏程 200.9℃，LPG 中≥C_5组分含量(摩尔分数)0.93%。

(3) 换热流程

分物流说明。

1) 分馏塔顶气：

图 11-4-28 是方案一分馏塔顶气换热流程的操作情况。

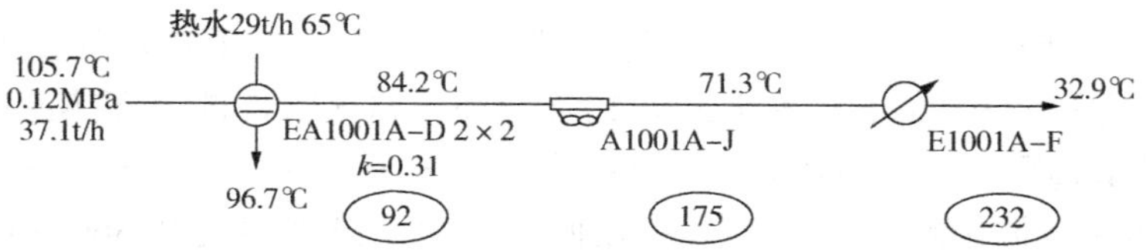

图 11-4-28　方案一分馏塔顶气换热流程操作情况

与原流程(见图 11-4-12)相同。

2)原料：

图 11-4-29 是方案一原料换热流程的操作情况。

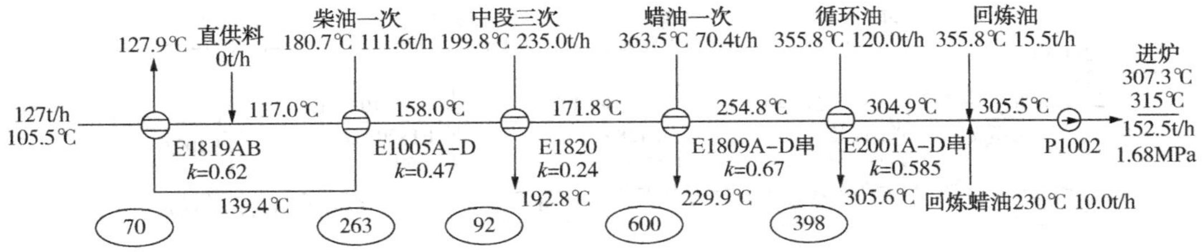

图 11-4-29　方案一原料换热流程操作情况

相比原流程(见图 11-4-13)，E1809AB 开起来了，并新增了两台(同型号)，E2001A-D 由 2×2 改为 4 台串联；回炼蜡油由 200℃提温到 230℃；综合使原料进炉温度从 286℃提到 307.3℃，增加 21.3℃，相应加热炉有效热负荷降低 212×10^4kcal/h，装置能耗降低 1.85 个单位。

3）蜡油：

图 11-4-30 是方案一蜡油换热流程的操作情况。

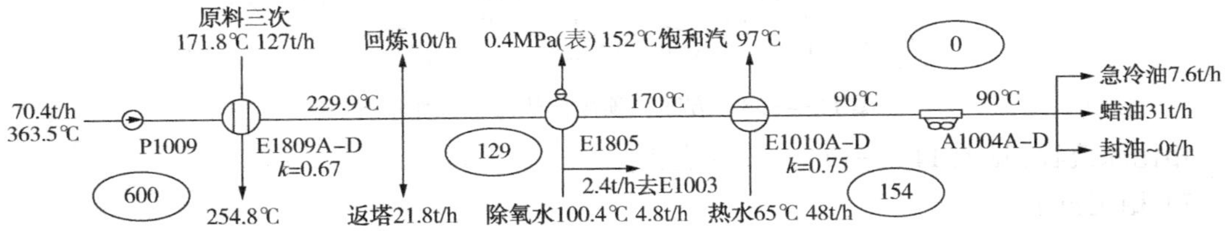

图 11-4-30　方案一蜡油换热流程操作情况

相比原流程(见图 11-4-14)，蜡油不作稳定塔和解吸塔再沸热源，只加热原料；利旧了原除氧水换热器 E1010A-D 产热水；E1805 改产 0.4MPa(表)蒸汽 2.4t/h。

4）柴油：

图 11-4-31 是方案一柴油换热流程的操作情况。

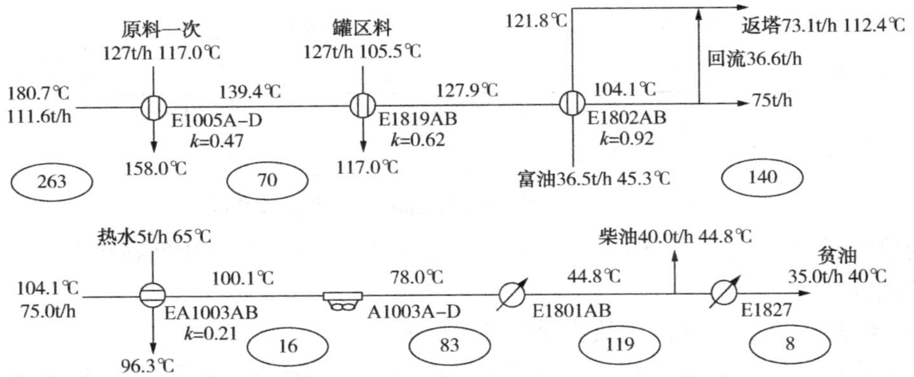

图 11-4-31　方案一柴油换热流程操作情况

相比原流程(见图 11-4-15)，没有变化(EA1003AB 负荷很小，可以考虑关停)。

5）中段回流：

图 11-4-32 是方案一中段回流换热流程的操作情况。

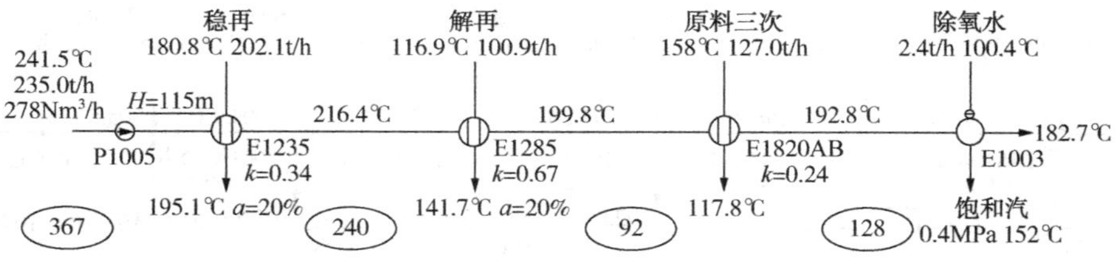

图 11-4-32　方案一中段回流换热流程操作情况

相比原流程(见图 11-4-16)，中段回流先作稳定塔和解吸再沸热源，再走老流程加热原料和产蒸汽，且需换大回流泵 P1005。

6）顶循：

图 11-4-33 是方案一顶循换热流程的操作情况。

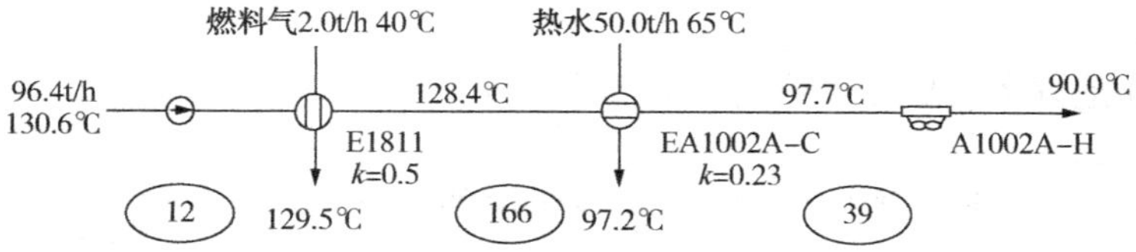

图 11-4-33　方案一顶循换热流程操作情况

相比原流程(见图 11-4-17)，没有改变。

7）稳定汽油：

图 11-4-34 是方案一稳定汽油换热流程的操作情况。

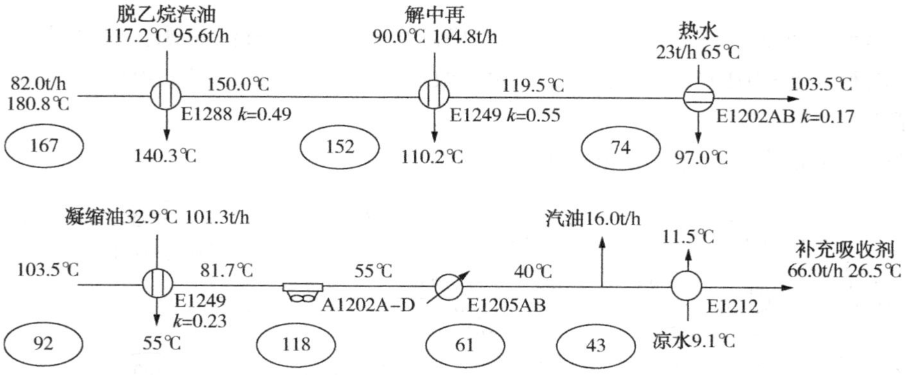

图 11-4-34　方案一稳定汽油换热流程操作情况

相变原流程(见图 11-4-18)，新增了稳定汽油二次热源解吸塔中间换热器。

8）热水：

图 11-4-35 是方案一热水换热流程的操作情况。

相比原流程(见图 11-4-19)，新增了蜡油产热水，共产 65～97℃热水 155t/h，回收余热 507×10^4kcal/h，较改前增加 151×10^4kcal/h。

(4) 蒸汽

1）产汽：

图 11-4-36 是方案一产汽情况。

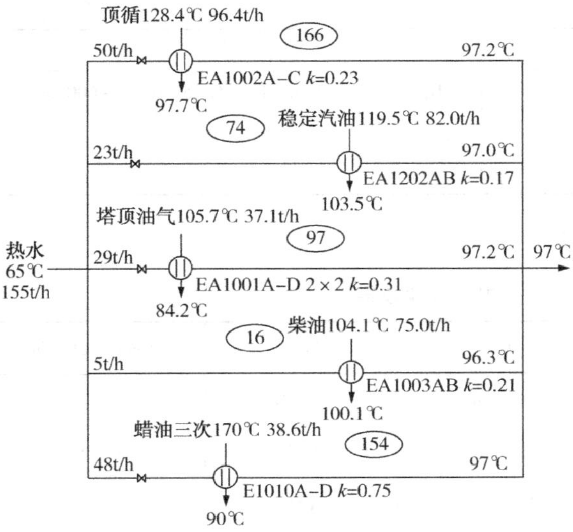

图 11-4-35 方案一热水换热流程操作情况

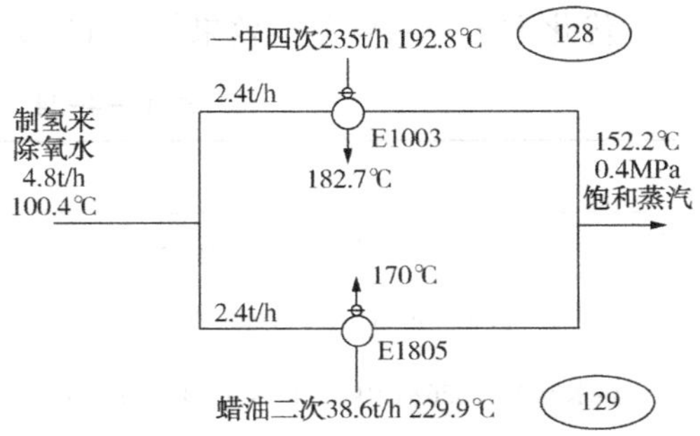

图 11-4-36 方案一产汽情况

相变原流程(见图 11-4-21)，由产 4.1t/h、1.0MPa 蒸汽变为产 4.8t/h、0.4MPa 蒸汽。产汽可直接送溶剂再生。

2）蒸汽平衡：

限于篇幅，略。

表 11-4-22 总结了优化方案一装置的主要冷却负荷分布。

表 11-4-22 方案一装置主要冷却负荷分布

被冷却物流	起始温度/℃	冷后温度/℃	方案一冷却负荷/(10^4kcal/h)	当前冷却负荷/(10^4kcal/h)
塔顶油气	84.2	32.9	407	418
蜡油	90	90	0	204
柴油	100.1	44.8	202	204
顶循	97.7	90	39	67
稳定汽油	81.7	26.5	222	294
压缩富气	128.3	32.9	266	291
合计			1136	1478

可见，相比现有操作，冷却负荷减少 342×10^4kcal/h，降幅 23.1%。

表 11-4-23 总结了优化方案一的主要投资情况。

表 11-4-23 优化方案一主要投资

项目	明细	数量	型号
新增设备	解吸塔中间再沸器 EN1	1	BES800-2.5-160-6/25-4I $B=300$mm
	稳定塔底中段回流热源再沸器	1	BJS1200-2.5-412-6/19-4I $B=600$mm
	原料~蜡油换热器 E1809CD	2	BES900-4.0-205-6/25-4I $B=300$mm
	合计	4	BJS1200-2.5-412-6/19-4I $B=600$mm

续表

项目	明细	数量	型号
关停设备	稳定塔底蜡油热源再沸器 E1235	1	BJS800-1. 6/1. 35-160-6/25-4I　$B=600$mm
	除氧器	1	
	合计	2	

优化方案一主要节能效果如表 11-4-24 所示。

表 11-4-24　优化方案一主要节能效果

项目	单位	数值	折标油/(kgEO/h)
原料进炉从 286℃升到 307. 3℃	10^4kcal/h	212. 0	235. 6
原产 1. 0MPa 汽 4. 1t/h、改产 0. 4MPa 汽 4. 8t/h	t/h	0. 7	-23. 6
热水取热从 356×10^4kcal/h 提到 507×10^4kcal/h	10^4kcal/h	151	46. 3
主要冷却负荷减少	10^4kcal/h	342	—
合计			258. 3
装置能耗降低(加工量 127t/h)	kgEO/t		2. 03

可见，装置能耗将降低 2. 03 个单位。

讨论：方案一不新增蜡油-原料换热器 E1820CD，而利旧原中段回流-原料换热器 E1820AB。计算结果如表 11-4-25 所示。

表 11-4-25　优化方案一讨论

项目	方案一	利旧 E1820AB
原料换热终温/℃	307. 3	299. 3
0. 4MPa 蒸汽产量/(t/h)	4. 8	6. 5
新增原料-蜡油换热器	2	0
装置能耗降低/(kgEO/h)	258. 3	268. 4

可见，讨论方案不但不需增加换热器 E1820CD，节能效果还稍佳，但新增的 1. 1t/h、0. 4MPa 蒸汽要找用户(如作旁边 1. 2Mt/a 柴油加氢精制装置的溶剂再生的部分再沸热源)。

2. 方案二

基础条件：同方案一。

主要措施：在方案一基础上增加：富柴油直接与产品柴油混合送加氢精制。

下面分单元说明优化方案二。

(1) 分馏塔

图 11-4-37 是优化方案二的分馏塔操作情况。

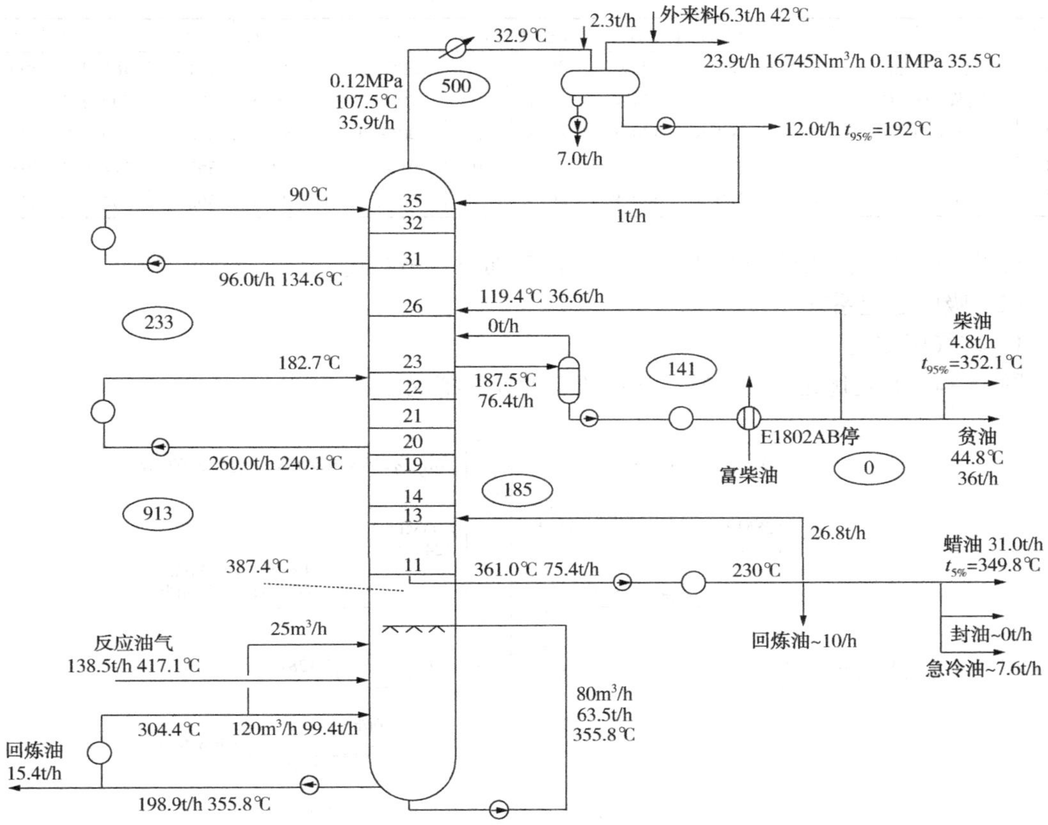

图 11-4-37　优化方案二分馏塔操作情况

图 11-4-37 中，富柴油不返塔，相应关停 E1802AB。

理论板气液相负荷分布略，回流操作及取热分配如表 11-4-26 所示。

表 11-4-26　优化方案二分馏塔回流操作及回流取热分配

回流名称	抽出温度/℃	返塔温度/℃	流量/(t/h)	温差/℃	热负荷/(10^4kcal/h)		取热比例/%	
塔顶冷却	107.5	32.9	35.9	74.6	500	874	25.4	44.3
顶循回流	134.6	90	96	44.6	233		11.7	
柴油回流	187.5	119.4	36.6	68.1	141		7.2	
中段回流	240.1	182.7	260	57.4	913	1098	46.3	55.7
蜡油回流	361	230	26.8	131	185		9.4	
合计					1972		100	

可见，相比调整前(见表 11-4-10)，下部取热比例从 48.2%提到 55.7%；顶循返塔从 83.6℃提到 96℃，蜡油回流返塔从 195.8℃提到 230℃；但中段回流流量 260t/h，超过定额值 148Nm³/h，需换泵；并要效核塔板水力学(略)。

表 11-4-27 是优化方案二分馏塔系统的产品质量。

表 11-4-27　优化方案二分馏塔系统产品质量

序号	项目	粗汽油	柴油	蜡油	回炼油	序号	项目	粗汽油	柴油	蜡油	回炼油
1	密度/(kg/m³)	739	838	969	985	6	50%/℃	141.1	281.1	481.2	509.3
2	馏程 1%/℃	-28.6	130.1	274.4	256.1	7	70%/℃	160.5	300.8	500.2	531.7
3	5%/℃	15.8	194.8	349.8	387.8	8	90%/℃	181.4	340.7	550.8	581.9
4	10%/℃	57.6	216.7	386.9	443.9	9	95%/℃	192	352.1	574.8	598.7
5	30%/℃	111.3	260.5	449.8	489.3	10	98%/℃	203.4	363.4	602.6	623.5

可见，蜡油 $t_{5\%}$ 点馏程 349.8℃，基本不变(原 349.6℃)。

(2) 吸收稳定系统

1) 富气压缩机组：

图 11-4-38 是优化方案二富气压缩机组的操作情况。

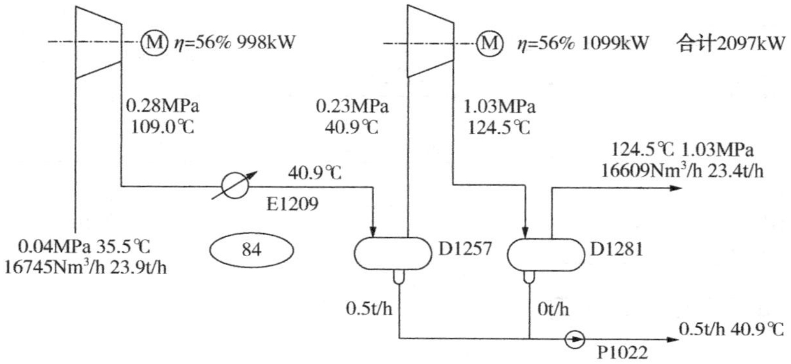

图 11-4-38　方案二富气压缩机组操作情况

相比现有操作(见图 11-4-9)，富气量由 17374Nm³/h、25.4t/h 降到 16745Nm³/h、23.9t/h，压缩机功耗从 2179kW 降到 2079kW，减少 100kW。

2) 吸收塔和再吸收塔：

图 11-4-39 是优化方案二吸收塔和再吸收塔的操作情况。

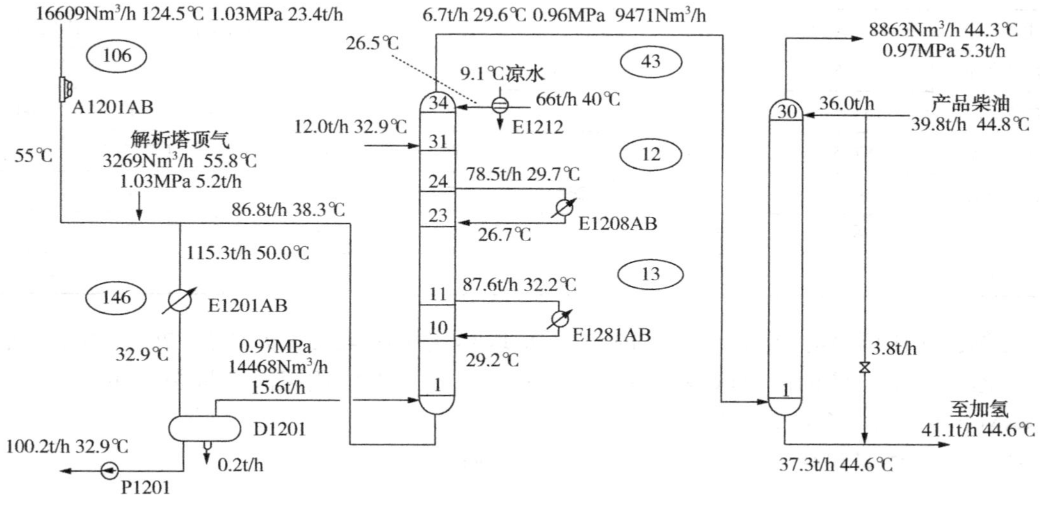

图 11-4-39　方案二吸收塔和再吸收塔操作情况

图 11-4-39 中，富柴油不返塔，直接送精制装置。干气中≥C_3组分含量为 1.57%(体)。

3）解吸塔和稳定塔：

图 11-4-40 是优化方案二的解吸塔和稳定塔操作情况。

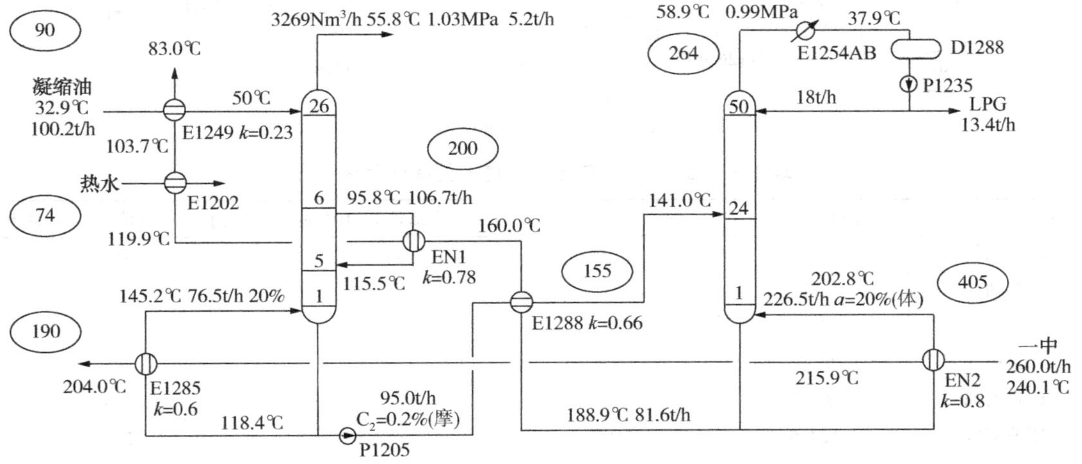

图 11-4-40　方案二解吸塔和稳定塔操作情况

流程同方案一(见图 11-4-25)，解吸塔底再沸器 E1285 保持不变，稳定塔底再沸器改大(编号 EN2，选型 BJS1200-2.5-340-6/19-4I、B=600mm)，EN1 选型同方案一(BES800-2.5-160-6/25-4I、B=300mm)。

产品质量方面，稳定汽油 $t_{98\%}$ 点馏程 201.9℃，LPG 中≥C_5组分含量(摩尔分数)0.48%。

(3) 换热流程

1）原料：

图 11-4-41 是方案二原料换热流程的操作情况。

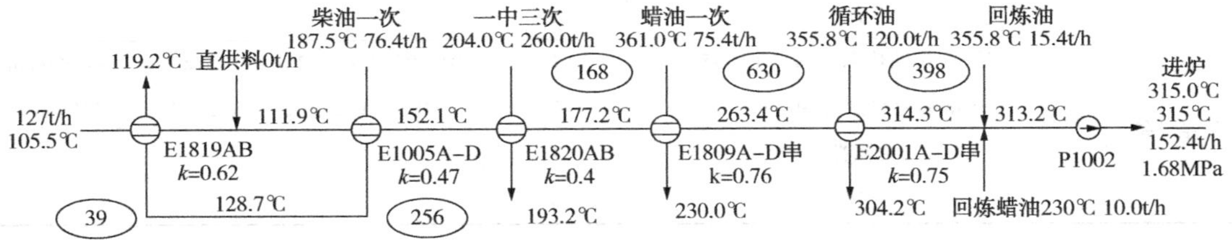

图 11-4-41　方案二原料换热流程操作情况

调整同方案一。相比原流程(见图 11-4-13)，原料进炉温度从 286℃升到 315℃(方案一 307.3℃)，提高 29.0℃，因此降低加热炉有效热负荷 291×10^{4}kcal/h，装置能耗 2.55 个单位。

2）蜡油：

图 11-4-42 是方案二蜡油换热流程的操作情况。

分馏塔顶气、柴油、中段回流、顶循、稳定汽油、热水换热流程以及产汽和蒸汽平衡同方案一，略。

表 11-4-28 总结了优化方案二的装置主要冷却负荷分布。

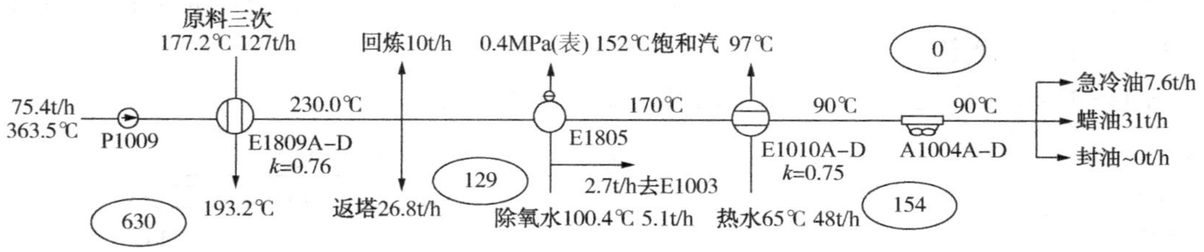

图 11-4-42　方案二蜡油换热流程操作情况

表 11-4-28　优化方案二装置主要冷却负荷分布

被冷却物流	起始温度/℃	冷后温度/℃	方案二冷却负荷/10^4kcal/h	当前冷却负荷/(10^4kcal/h)
塔顶油气	84.2	32.9	397	418
蜡油	90	90	0	204
柴油	100.1	40.8	114	204
顶循	97.7	90	39	67
稳定汽油	81.7	26.5	223	294
压缩富气	124.5	32.9	252	291
合计			1025	1478

可见，冷却负荷降低 453×10^4kcal/h，降幅 30.6%。

表 11-4-29 总结了优化方案二的主要投资情况。

表 11-4-29　优化方案二主要投资

项目	明细	数量	备注
新增设备	解吸塔中间再沸器 EN1	1	BES800-2.5-160-6/25-4I　B=300mm
	稳定塔底中段回流热源再沸器 EN2	1	BJS1200-2.5-340-6/19-4I　B=600mm
	原料~蜡油换热器 E1809CD	2	BES900-4.0-205-6/25-4I　B=300mm
	合计	4	
关停设备	稳定塔底蜡油热源再沸器 E1235	1	BJS800-1.6/1.35-160-6/25-4I　B=600mm
	贫富油换热器 E1802AB	2	BES800-2.5-170-6/25-2I　B=150mm
	除氧器	1	
	合计	4	

表 11-4-30 总结了优化方案二的主要节能效果。

表 11-4-30　优化方案二主要节能效果

项目	单位	数值	折标油/(kgEO/h)
原料进炉从 286℃升到 315℃	10^4kcal/h	291.0	323.3
原产 1.0MPa 汽 4.1t/h、改产 0.4MPa 汽 5.1t/h	t/h	1.0	-5.6
热水取热从 356×10^4kcal/h 提到 554×10^4kcal/h	10^4kcal/h	198	60.7
冷却负荷减少	10^4kcal/h	453	—
富气压缩机省功耗	kW	100	22
合计			400.4
装置能耗降低(加工量 127t/h)	kgEO/t 原料		3.15

可见，方案二将使装置能耗降低 3.15 个单位。

3. 方案三

本焦化装置旁有 1.2Mt/a 柴油加氢精制装置，其产物分馏塔采用再沸炉方案，运行情况如图 11-4-43 所示。

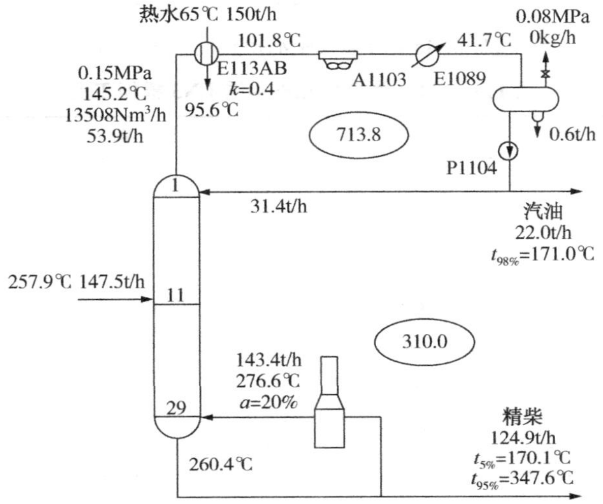

图 11-4-43　旁边 1.2Mt/a 柴油加氢精制装置分馏塔运行情况

其再沸炉负荷小，热效率低，故能否用焦化蜡油热源再沸器代替呢？

此讨论即方案三，基础条件不变，措施只在方案二的基础上改蜡油一次不加热原料，送柴油加氢。因此，分馏塔、吸收稳定系统和产汽及稳定汽油、塔顶油气、柴油、中段回流、顶循、热水的换热流程都不变。仅改变原料和蜡油换热流程。

图 11-4-44 是方案三原料换热流程的操作情况。

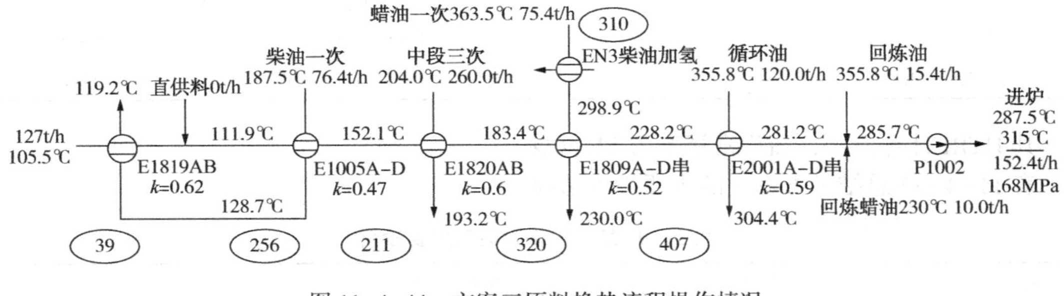

图 11-4-44　方案三原料换热流程操作情况

由于蜡油一次热外供新增的柴油加氢分馏塔底再沸器 EN3（相应停再沸炉），原料换热终温没有提高，与当前温度 286℃持平。

图 11-4-45 是方案三蜡油换热流程的操作情况。

图 11-4-45 中，EN3 算术平均传热温差 62.7℃，选型 BES1200-2.5-508-6/19-6、B=200mm，总传热系数 k 因子 0.7。表 11-4-31 是它的模拟工况。

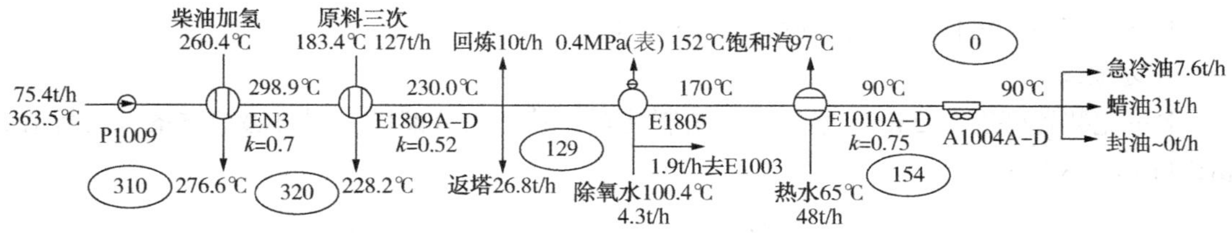

图 11-4-45　方案三蜡油换热流程操作情况

表 11-4-31　焦蜡热源再沸器 EN3 模拟工况

项目	符号	单位	数值
管程介质			焦化蜡油
壳程介质			柴油加氢分馏塔底油
k 因子	k		0.7
有效热负荷	Q	10^4kcal/h	310.0
对数平均温差	$LMTD$		51.4
计算换热面积	A	m^2	507.5
温度校正系数	F_t		0.9
总传热系数	K	kcal/(h · m^2 · ℃)	140.0
管内流速	u_i	m/s	0.6
管外流速	u_o	m/s	0.6
管内雷诺数	Re_i		19510.8
管外雷诺数	Re_o		66591.9
管内膜传热系数	a_i	kcal/(h · m^2 · ℃)	590.5
管外膜传热系数	a_o	kcal/(h · m^2 · ℃)	1103.9
管内压降	$\triangle p_i$	kPa	12.1
管外压降	$\triangle p_o$	kPa	18.9
管外污垢热阻		h · m^2 · ℃/kcal	0.0006
管内污垢热阻		h · m^2 · ℃/kcal	0.001

其 HTRI 计算显示，面积富裕率为 51.36%。

表 11-4-32 总结了方案三的主要投资情况。

表 11-4-32　优化方案三主要投资

项目	明细	数量	备注
新增设备	解吸塔中间再沸器 EN1	1	BES800-2.5-160-6/25-4I　B=300mm
	稳定塔底中段回流热源再沸器 EN2	1	BJS1200-2.5-340-6/19-4I　B=600mm
	原料~蜡油换热器 E1809CD	2	BES900-4.0-205-6/25-4I　B=300mm
	焦蜡热源柴油加氢分馏塔底再沸器 EN3	1	BES1200-2.5-508-6/19-6　B=200mm
	合计	5	

续表

项目	明细	数量	备注
关停设备	稳定塔底蜡油热源再沸器 E1235	1	BJS800-1.6/1.35-160-6/25-4I　*B*=600mm
	贫富油换热器 E1802AB	2	BES800-2.5-170-6/25-2I　*B*=150mm
	除氧器	1	
	柴油加氢装置分馏塔底再沸炉	1	
	合计	5	

表 11-4-33 总结了方案三的主要节能效果。

表 11-4-33　优化方案三主要节能效果

项目	单位	数值	折标油/(kgEO/h)
蜡油热输出柴油加氢装置	10^4cal/h	310	344.4
原产 1.0MPa 汽 4.1t/h、改产 0.4MPa 汽 4.3t/h	t/h	0.2	-53.6
热水取热从 $356×10^4$kcal/h 提到 $475×10^4$kcal/h	10^4cal/h	198	60.6
冷却负荷减少	10^4cal/h	453	—
富气压缩机省功耗	kW	100	22
合计			373.4
装置能耗降低(加工量 127t/h)	kgEO/t 原料		2.94

可见，装置能耗将降低 2.94 个单位。

(五) 投资及节能效果

从节能措施、投资、节能效果三方面总结以上三个优化方案。

1. 节能措施

三个方案的节能措施汇总于表 11-4-34。

表 11-4-34　节能措施汇总

方案	措施
一	1)调整分馏塔回流参数及回流取热分配；2)解吸塔新增稳定汽油二次热源中间再沸器；3)稳定塔再沸热源由蜡油一次改中段回流一次，解吸塔再沸热源由蜡油二次改中段回流二次；4)蜡油一次加热原料，以提高原料换热终温；5)产汽等级从 1.0MPa 调到 0.4MPa；6)回收蜡油余热产热水；7)停除氧器，除氧水由旁边 15000Nm³/h 制氢装置提供
二	1)调整分馏塔回流参数及回流取热分配；2)解吸塔新增稳定汽油二次热源中间再沸器；3)稳定塔再沸热源由蜡油一次改中段回流一次，解吸塔再沸热源由蜡油二次改中段回流二次；4)蜡油一次加热原料，以提高原料换热终温；5)产汽等级从 1.0MPa 调到 0.4MPa；6)回收蜡油余热产热水；7)停除氧器，除氧水由旁边 15000Nm³/h 制氢装置提供；8)富柴油直接与产品柴油混合送加氢精制，相应关停富柴油流程
三	1)调整分馏塔回流参数及回流取热分配；2)解吸塔新增稳定汽油二次热源中间再沸器；3)稳定塔再沸热源由蜡油一次改中段回流一次，解吸塔再沸热源由蜡油二次改中段回流二次；4)蜡油一次热送附近 1.2Mt/a 柴油加氢精制装置，顶替加热炉作其分馏塔再沸热源；5)产汽等级从 1.0MPa 调到 0.4MPa，并停除氧水加热；6)回收蜡油余热产热水；7)停除氧器，除氧水由旁边 15000Nm³/h 制氢装置提供；8)富柴油直接与产品柴油混合送加氢精制，相应关停富柴油流程

2. 投资情况

三个方案的主要设备增减情况如表 11-4-35 所示。

表 11-4-35　设备增减汇总

项目	明细	方案一	方案二	方案三
新增设备	解吸塔中间再沸器 EN1	1	1	1
	稳定塔底一中热源再沸器 EN2	1	1	1
	原料-蜡油换热器 E1809CD	2	2	2
	焦蜡热源柴油加氢分馏塔底再沸器 EN3	0	0	1
	合计	4	4	5
关停设备	稳定塔底蜡油热源再沸器 E1235	1	1	1
	贫富油换热器 E1802AB	0	2	2
	除氧器	1	1	1
	柴油加氢装置分馏塔底再沸炉	0	0	0
	合计	2	4	5

3. 节能效果

三个方案的节能效果如表 11-4-36 所示。

表 11-4-36　节能效果汇总

方案	节省标油/(kg/h)	能耗降低/(kgEO/t 原料)	效益/(万元/年)
一	258. 3	2. 03	723. 2
二	400. 4	3. 15	1121. 1
三	373. 4	2. 94	1045. 5

可见，方案二节能效果最好。基于标油 3500 元/t 计算，可节能增效 1121. 1 万元/年。建议该方案。

参　考　文　献

[1] 林世雄 . 石油炼制工程[M]. 3 版 . 北京：石油工业出版社，2007.
[2] 华贲 . 工艺过程用能分析及综合[M]. 北京：中国石化出版社，1989.
[3] 徐江华，甘丽琳，李和杰，等 . 一种可灵活调节循环比操作的延迟焦化工艺[P]. CN1396236，2003-02-12.
[4] 甘丽琳，徐江华，李和杰 . 可调循环比的延迟焦化工艺[J]. 炼油技术与工程，2003(10)：11-14.
[5] 中国石油化工集团公司 . 石油化工设计能耗计算标准 GB/T 50441—2016(中华人民共和国住房和城乡建设部批准，2017 年 4 月 1 日起实施).
[6] 伊恩 C. 肯普，著 . 项署光，贾小平，夏力，译 . 能量的有效利用-夹点分析与过程集成[M]. 北京：化学工业出版社，2010.
[7] 李国庆 . 换热网络弹性分析[D]. 广州：华南理工大学，1991.
[8] 钟理，伍钦，曾朝霞 . 化工原理[M]. 北京：化学工业出版社，2008.
[9] 孙兰义，王志刚，谢崇亮，等 . 过程模拟实训—PRO/Ⅱ教程 [M]. 北京：中国石化出版社，2017.
[10] Guoqing Li，Yong Xia，Wenqin Zeng. Kinetic mechanism research of an industrial hydrocracker based on strict calculation of stoichiometric coefficients. Fuel. 103 (2013) 285-291.
[11] Guoqing Li，Chuxuan Cai. Estimation parameters of hydrocracking model with NSGA-II (Non-dominated Sorting Genetic Algorithm) by using discrete kinetic lumping model. Fuel. 200 (2017) 333-344.
[12] 刘巍，邓方义 . 冷换设备供应计算手册[M]. 2 版 . 北京：中国石化出版社，2008.

第十二章　过程检测、控制与联锁

第一节　常规过程控制简介

过程自动控制(automatic control)是指在没有人直接参与的情况下，利用控制装置或控制器，使生产过程(称被控对象)的某个工作状态或参数(即被控量)自动地按照预定的规律运行。

在炼油生产装置中，定值控制是一种主要控制形式。为了使控制对象的被控参数控制在预定的值(设定值)或其附近，被控参数的检测仪表测量出被控参数的变化，将变化信号输入到控制器，控制器接收到该信号后与设定值进行比较计算后发出控制指令，该指令作为控制信息通过执行器传递到系统(即控制对象)中去，指令执行之后再把执行的情况作为反馈信息输送回来，并作为决定下一步调整控制的依据，直到被控参数与设定值一致或接近。由被控对象、被控参数检测量仪表、控制器以及执行器组成一个完整的控制链路作为一个控制回路 。

一、常规控制系统结构

在延迟焦化装置中，被控制参数主要是生产过程中温度、压力、流量和液位等一些过程变量。常规控制回路示例(加热炉出口温度控制)如图 12-1-1 所示。

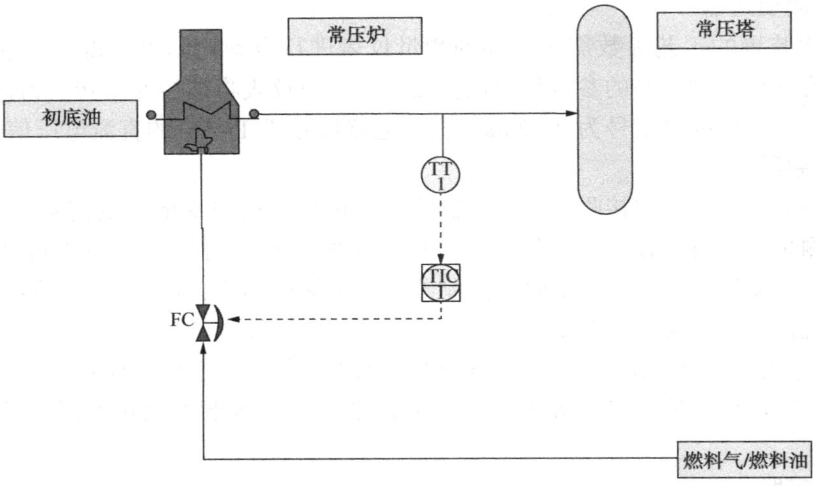

图 12-1-1　加热炉出口温度简单控制系统的组成

加热炉—被控对象(通过加热炉炉膛温度加热介质出口温度)，TT—加热炉介质出口温度测量仪表(被控参数检测变送器)；TIC—温度控制器；FC(调节阀)—执行器为便于分析用，在自动控制中常采用直观图形的方法来表达，即用框图方式直观表示。加热炉出口温度控制回路用框图表示如图 12-1-2 所示。

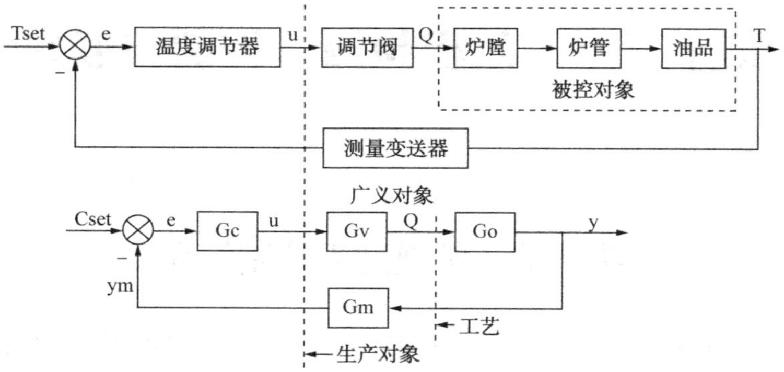

图 12-1-2　加热炉出口温度控制框图

Tset—温度设定值；e—过程被控参数测量值(温度测量值)与设定值的偏差；u—温度调节器(控制器)输出指令；Q—调节阀开度(对应管道介质的流量)；T—加热炉出口介质温度；Gc—控制器的传递函数；Gv—执行器的传递函数；Go—对象控制通道的传递函数；Gm—检测及变送装置

框图中箭头方向表示的是信号的流向，指向与指离的关系(或输入/输出的关系)，是原因与结果的关系。

所以一个常规控制系统的结构主要由被控对象(加热炉)、检测变送、控制器(温度调节器)以及执行器(调节阀)组成。

(一) 被控对象

延迟焦化装置的被控对象主要有加热炉、分馏塔、换热器、分液罐及机泵等。一般一个被控对象有多个被控参数，例如分馏塔的液位、塔顶温度、进料流量以及塔顶压力等，所以一个被控对象的被控参数不止一个，当生产工艺过程中需要控制的参数只有一个，如加热炉的出口温度控制，则生产设备与被控对象是一致的。

(二) 检测变送器

延迟焦化装置的工艺参数需用不同的测量仪表进行自动检测以获得可靠的过程生产信息，其中需要进行自动控制的参数称为被控变量，测量仪表将被控变量转换为标准电信号输送到控制器。一般标准电信号为 4~20mA 直流电流信号或 1~5V 的直流电压信号。

(三) 控制器

控制器也称调节器，它接收测量变送器的输出信号(被控变量测量信号)。将被控变量的设定值与测量值进行比较得出的偏差信号按一定控制规律(控制算法)进行计算后输出控制信号，当被控变量符合工艺要求时，控制器的输出保持不变，否则，控制器的输出发生变化，控制器就发出控制命令，对系统施加控制作用，使被控变量回到设定值。常规控制器一般采用 PID(比例、积分、微分)算法。被控变量的测量值与设定值在控制器内进行比较后得到偏差值，控制器根据偏差值的大小按控制器预设的 PID 控制算法进行运算后，输出控制信号。

(四) 执行器

控制器的输出控制信号经转换和放大后去推动执行器使过程被控变量改变。延迟焦化装置的执行器主要为气动控制阀、电动调节阀及变频调速器等。一般调节阀执行器应用较多的是气动控制阀，控制器的输出信号经过电/气转换器转化成气信号作用到气动调节阀，调节阀的开度与气信号的大小对应。如果采用的是电动执行器，则控制器的输出信号经伺服放大器放大后才能驱动执行器，以推动控制阀开闭。

二、控制器的作用方式

对于常规控制系统，控制器是根据被控变量测量值与设定值进行比较得出的偏差值进行计算后对被控对象进行控制的。被控对象的被控变量通过传感器检测与变送器的作用转换成电信号，将该信号反馈到控制器的输入端，就构成一个闭环控制回路，简称闭环控制。如果系统的被控变量只是被检测和显示，并不反馈到控制器的输入端，则是一个没有闭合的开环控制系统，简称开环控制。例如上述加热炉出口温度控制系统，将控制器的输出与调节阀的输入断开，手动给调节阀一个开度信号，加热炉出口温度会基本稳定在某一值上。如果燃料气的压力变化，虽然调节阀的开度没有变化，但燃料气的流量会发生变化，加热炉出口温度也会跟随变化，所以开环控制系统只按对象的输入量变化进行控制，即使系统是稳定的，其控制品质也较低。开环控制一般是自动控制系统因故障而失效后或在某些紧急情况下或在某些控制品质要求不高的场合，对系统进行手动控制。

在闭环控制回路中，控制系统的输出通过检测变送器返回到控制系统的输入，反过来作用于控制系统，这种控制称为反馈控制。有两种形式的反馈：即正反馈与负反馈。正反馈的作用会扩大不平衡量，是不稳定的。如采用正反馈去控制加热炉出口温度，当温度超过设定值时，加热炉会增加热量，使加热炉出口温度继续升高；当温度低于设定值时，它又减少热量，使加热炉出口温度进一步降低。所以具有正反馈的控制回路，总是将被控变量锁定在高端或低端的极值状态下，这种性质是不符合控制目的的。如采用负反馈，其作用与正反馈相反，总是力求系统恢复到设定温度，即保持在规定的设定值范围内。具有负反馈作用的控制回路，一般称为反馈控制。这种控制系统能密切监视和控制被控对象输出变量的变化，抗干扰能力强，能有效地克服对象特性变化的影响，有一定的自适应能力，因而控制品质较高，是在过程控制领域应用最广、研究最多的控制系统。

控制回路通过选择控制器作用方式实现控制系统负反馈功能。控制器的作用方式有正作用和反作用二种方式，控制器的输出与输入正相关即控制器的输入信号增加控制器的输出也增加，则该控制器的作用方式为正作用，反之控制器的输入信号增加，控制器的输出减小，则该控制器的作用方式为反作用。在工程实践中如何确定控制器的作用方式，首先确认调节阀的作用方式，调节阀在小信号作用下处于关闭状态为气开阀，用 FC 表示，该调节阀输入信号增大，调节阀的开度增大。调节阀在小信号作用下处于开启状态为气关阀，用 FO 表示，该调节阀输入信号增大，调节阀的开度减小。以图 12-1-1 为例确定温度控制器 TIC 的作用方式，该控制回路中调节阀的作用方式为 FC，即调节阀输入信号增大，调节阀的开度增大。假设 TIC 控制器的作用方式为正作用，如果加热炉出口温度升高，温度检测变送器输出信号增大，温度控制器 TIC 的输入信号增大，温度控制器 TIC 的输出信号增大，调节阀输入信号增大，调节阀的开度增大，进加热炉的燃料量增大，加热炉炉膛温度升高，加热炉出口温度会进一步升高，显然 TIC 控制器的作用方式为正作用，使得控制进一步偏离了设定温度，所以 TIC 控制器的作用方式为反作用才能使系统恢复到设定温度，这样就确定 TIC 控制器的作用方式为反作用。

三、控制系统的性能指标

一个控制系统的优劣在于该控制系统的设定值发生变化或系统受到扰动作用后，能否在控制器的作用下稳定下来，以及克服扰动造成的偏差而回到设定值的准确性、平稳性和快速性如何。通过对控制系统的准确性、平稳性 和快速性性能指标评价来确定规控制系统优劣。

控制系统的几项性能指标：

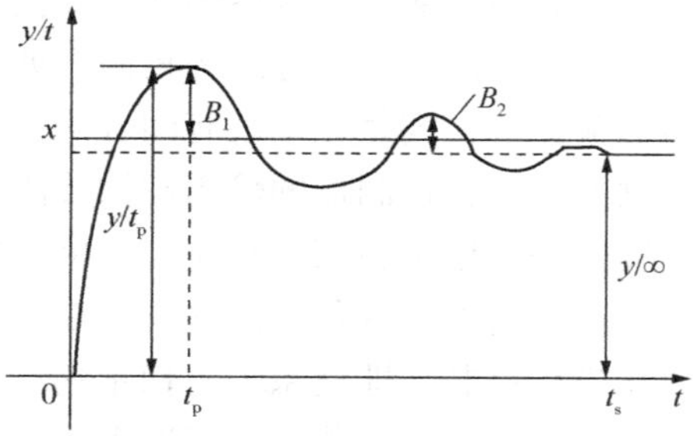

图 12-1-3　过程阶跃响应曲线图

1. 衰减比：衡量过渡过程稳定程度的动态指标

图 12-1-3 是设定值由 0 阶跃变化到 x 时控制系统的典型过程响应曲线。设被控变量最终稳态值是 $y(\infty)$，超出其最终稳态值的第一个波峰瞬态偏差为 B_1，超出其最终稳态值的第二个波峰瞬态偏差为 B_2。B_1 与 B_2 的比值为衰减比 n，$n=B_1/B_2$。

$n<1$：发散振荡[图 12-1-4(a)]；

$n=1$：等幅振荡[图 12-1-4(b)]；

$n>1$：衰减振荡图[图 12-1-4(c)]；

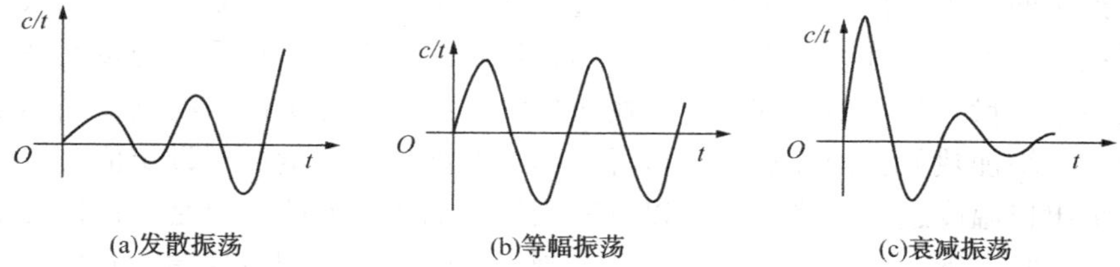

图 12-1-4

n 越大，衰减越大，系统越接近非周期过程。为保持足够的稳定裕度，在整定控制器 PID 参数时，衰减比一般取(4∶1)~(10∶1)，这样，大约经过两个周期，系统趋于新的稳态值。

2. 最大偏差(或超调量)

最大偏差(或超调量)是一个反映超调情况和衡量稳定程度的指标。则定义超调量为：

$$\text{超调量}\ \delta=\frac{y(t_p)-y(\infty)}{y(\infty)}\times100\% \tag{12-1-1}$$

3. 调节时间 t_s

调节时间是从过渡过程开始到结束所需的时间。过渡过程要绝对地达到新的稳态，理论上需要无限长的时间，一般认为当被控变量进入新稳态值附近±5%或±2%以内区域，并保持在该区域内时，过渡过程结束，此时所需要的时间称为调节时间 t_s。调节时间是反映控制系统快速性的一个指标。

在同样的振荡频率下，衰减比越大，则调节时间越短。而在同样的衰减比下，振荡频率越高，则调节时间越短。因此，振荡频率在一定程度上也可作为衡量控制快速性的指标。

4. 余差

余差 $e(\infty)$ 是系统的最终稳态偏差，即过渡过程终了时新稳态值与给定值之差。

$$e(\infty)=x-y(\infty)$$

余差是反映控制精确度的一个稳态指标，相当于生产中允许的被控变量与给定值之间长期存在的偏差。

四、过程控制中被控对象的特性

在炼油生产过程中伴随着复杂的物理变化和化学反应，还有物质和能量的转换和传递，生产过程的复杂性决定了对它进行控制的艰难程度。有的生产过程进行很缓慢，有的则进行得非常迅速，过程中许多参数之间互相关联耦合，这就为对象的辨识带来困难。

在延迟焦化装置中过程对象主要是物理变化和能量的转换和传递，过程参数之间相互影响，加热炉及分馏塔等对象的储存能力大，惯性也较大，被控参数不可能立即产生响应。控制方案的确定、控制参数的整定都要以对象的特性为依据，而对象的特性又如上述那样复杂而难以充分地认识，要完全通过理论计算进行控制系统设计与控制参数的整定，至今仍没有找到好的办法，目前已设计出各种各样的控制系统，一般是通过必要的理论论证和通过对过程长期的运行、试验、分析、总结得到的，只要对各控制回路的参数整定方法得当，就能够得到相当满意的控制效果。

（一）被控对象近似传递函数

过程对象的特性如上述那样复杂很难建立完整准确的数学模型，为便于分析被控对象的特性，采用简单近似的过程对象的传递函数。典型的工业过程的传递函数可以用一阶惯性加纯滞后表示，如：

$$G(s)=\frac{Ke^{-\tau}}{T_S+1} \qquad (12-1-2)$$

式中　K——被控对象放大系数；

T_S——被控对象的时间常数；

τ——被控对象时滞系数。

用曲线图表示被控对象的开环阶跃响应趋势图如图 12-1-5 所示，K、T_S、τ 的含义如图所示。

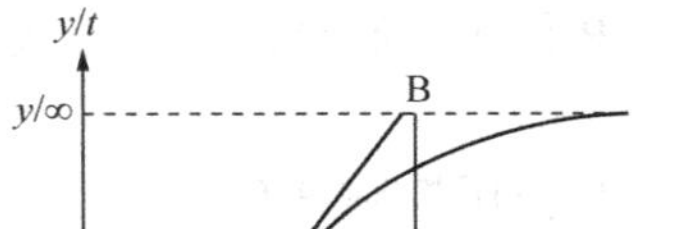

图 12-1-5　开环阶跃响应趋势图

实际上炼油化工领域的过程对象的数学模型非常复杂，特别是动态数学模型更为复杂，但被控对象的主要特性比较相似。

（二）被控对象近似传递函数中各参数的特性

1. 放大系数 K 的影响

被控对象的增益 K 越大，则控制器控制作用的影响越强，反之，K 越小，则控制作用的影响越弱。对于图 12-1-1 所示的被控对象，K 越大说明加热炉的燃料气的流量变化会迅速反映到加热炉介质出口温度上。

2. 时间常数 T_S 的影响

T_S 的变化主要影响控制过程的快慢，T_S 越大，则响应过程越慢。T_S 的变化将同时影响系统的稳定性。T_S 越大，系统越易稳定，过渡过程越是平稳。

3. 时滞系数 τ 的影响

滞后的大小决定于生产设备的结构和规模，生产设备的规模越大，物质传输的距离越长，热量传递的阻力越大，过程响应滞后越严重。τ 的存在不利于控制。测量方面有了时滞，则使控制器无法及时发现被控变量的变化；控制对象有了时滞，则使控制作用不能及时产生效应。

五、常规控制器 PID 控制算法及控制规律

在炼油化工领域，实际工程应用比较广泛的常规控制规律为比例(Proportion)、积分(Integral)、微分控制(Differential)，简称 PID 控制

(一) PID 控制算法

在控制器中，设定值 s 与测量值 y 相比较，得出偏差 $e=s-y$，控制器依据偏差的情况，通过相应的控制策略，给出控制作用，作用到被控对象，使得被控对象稳定在设定值或附件。常规控制规律的组成有以下三种形式：

① 与 e 成比例的分量，称为比例(P)控制作用。

② 与 e 对时间的积分 $\int_0^t e\mathrm{d}t$ 成比例的分量，称为积分(I)控制作用 。

③ 与 e 对时间的导数 $e=\mathrm{d}e/\mathrm{d}t$ 成比例的分量，称为微分(D)控制作用。

常用的表示形式：

$$u = K_c(e + \frac{1}{T_i}\int_0^t e\mathrm{d}t + T_d\frac{\mathrm{d}e}{\mathrm{d}t}) \qquad (12-1-3)$$

式中　K_c——放大倍数(比例度)；

T_i——积分时间；

T_d——微分时间。

(二) PID 控制器参数的作用

1. 比例(P)作用的控制算法

P 作用控制算法的方程式：

$$u=K_c e \qquad (12-1-4)$$

P 作用控制具有以下特点：

① 比例(P)作用的控制称作比例调节，比例调节及时，响应速度快，比例度越大控制作用越强。

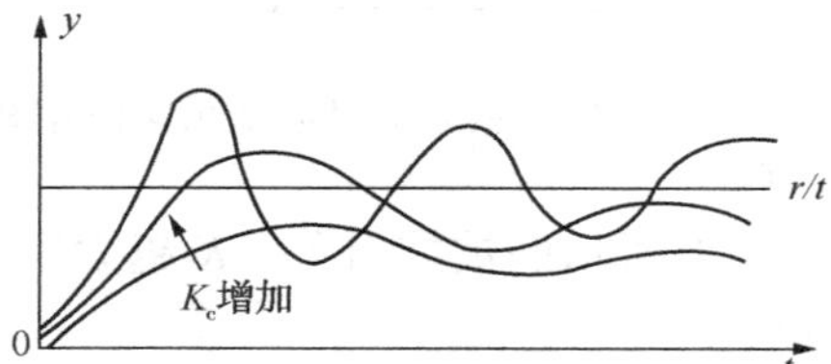

(a)设定作用下

图 12-1-6

② 比例调节一般会存在稳态误差，也就是说控制趋于稳态的时，只有比例调节的控制被控变量和设定值之间存在一定的偏差。

③ K_c 会影响闭环系统的稳定性，K_c 越大，闭环系统的稳定性越低。另外，K_c 越大，控制系统的振荡频率越高，振荡倾向越强，如图 12-1-6 所示。

2. 积分作用的控制算法

$$u = K_c(e + \frac{1}{T_i}\int_0^t e\mathrm{d}t) \qquad (12-1-5)$$

式中　T_i——积分时间，在一般的控制器中，可在数秒至数十分的范围内调整。

(1) 积分对控制系统的影响

T_i越短，则积分作用越强，减小 T_i，导致闭环系统的振荡倾向加强，稳定裕度会下降。图 12-1-7表示在同样的 K_c 值条件下减小 T_i 值对过渡过程的影响。

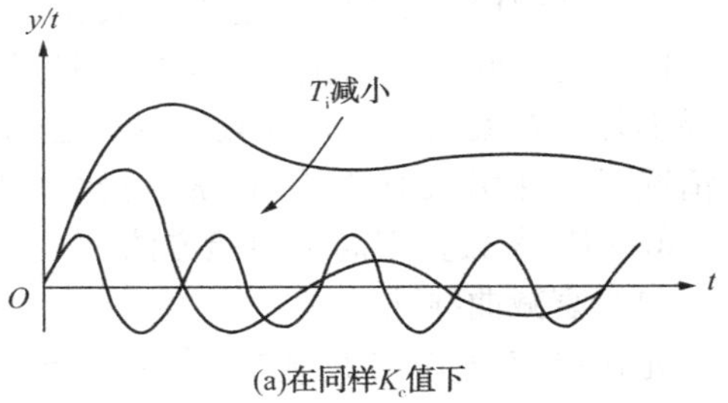

图 12-1-7　T_i 值对过渡过程的影响

(2) 积分规律可消除稳态误差

由于积分的作用，微小的偏差随着时间的推移都能使控制作用增强，使系统回到稳定值内。

(3) 积分饱和及其防止

积分饱和是控制器输出达到一定限值后不再继续上升或下降了，但控制器的积分仍在进行中，这是一种饱和特性，是一种积分过量现象。这种积分过量会导致输入偏差反向时，控制器的输出会推迟一段时间起作用，这一时间上的推迟，使初始偏差加大，也使以后调节过程中的动态偏差加大，甚至失控。

如何防止出现积分饱和现象，一般在控制器加一条件判断去积分功能，即当控制器的输出到最大值或最小值时，控制器切换成仅有 P 作用的控制，以防止积分饱和现象的出现。现在一般控制系统都具有抗积分饱和功能。

3. 微分(D)作用的控制算法

D 作用控制算法的方程式：

$$D=T_d\frac{de}{dt} \tag{12-1-6}$$

式中　T_d——微分时间，或者称为预调时间。

微分 D 作用适当，可使系统的稳定裕度提高，D 作用太强，会降低控制系统的稳定裕度。所以选择微分时，微分时间小一点有好处。

引入微分 D 作用的目的是为改善高阶对象的控制品质。D 作用是按照偏差的变化趋势来控制，控制作用更加及时。所以对温度和成分控制系统，引入 D 作用往往是必要的。

(三) 控制器 PID 参数整定

设置和调节控制回路中控制器的 PID 参数，使控制系统达到满意的品质，这一过程统称为控制器参数整定。控制回路的性能好坏基本取决于该控制回路中控制器 PID 参数的整定。在石油化工领域过程控制对象十分复杂，各被控制参数相互关联，所以整定好相关控制回路控制器 PID 参数的是十分困难的，需要长期的实践摸索和经验总结。以下是控制器 PID 参数的整定的一些基本规则。

① 被控对象的传递函数的增益(放大系数)为 K，控制器的比例增益(比例度 P)是 K_c，当 K 大的时候，K_c应该小一些；K 小的时候，K_c 应该大一些。设某一温度控制系统变送器的测量范围原为 0~500℃现改为 200~300℃，则 Kc 应降为原来的 1/5。

② 被控对象的动态参数，可取 τ/T 作为特征值。τ/T 越大，系统越不易稳定，因此 K_c 应该选择小一点。一般常取积分 T_i为 2τ 左右，微分 T_d为 0.5 T_τ左右。

③ 在 P、I、D 三个作用中，P 作用往往是最基本的控制作用，所以一般先用单纯的 P 作用，选出合适的 K_c值，然后适当引入 T_i 和 T_d，对 T_i和 T_d值进行挑选。

④ 积分 I 作用的引入既有利又有弊。应尽量发挥 I 作用消除控制余差，缩小 I 作用不利于稳定的弊端。一般取 $T_i\approx 2\tau$ ，或 $T_i\approx(0.5\sim1)T_p$(T_p是振荡周期)。在引入 I 作用后，K_c 应比单纯 P 作用时减小 10%左右。

⑤ 积分 D 作用的引入是为了减少(或消除)被控对象的过渡滞后对调节过程的不利影响。D 作用主要用于以温度或组成为被控变量的系统，一般取 $T_d \approx (0.25 \sim 0.5) T_i$。$T_d$太小，效果不好；$T_d$太大，会带来较大的相位超前，振幅值比增加，会导致系统稳定性的下降。一般情况下，在引入 D 作用后，K_c 可比单纯 P 作用时增加 10%左右。

⑥ PID 参数整定简单经验方法

(1) 衰减曲线法

先在单纯 P 作用下测试比例度 δ 值，衰减比 n 取(4 : 1)~(10 : 1)之间，找出满足相应衰减比下的比例度 δ。同时测出上升时间 T(即从被控变量明显地开始变化到接近第一个峰值所需的时间)。表 12-1-1 给出了采用衰减曲线法的整定控制器参数。

表 12-1-1 衰减曲线法的 PID 参数的经验取值

控制作用	比例度 δ	积分时间 T_i	微分时间 T_d
P	δ	—	—
PI	1.2δ	$2T$	—
PID	0.8δ	$1.2T$	0.4T

注：曲线振荡两次后基本平衡，可以近似认为衰减比达到 4 : 1

(2) 临界振荡比例度法

控制系统达到等幅振荡时相当容易观察到。先用单纯 P 作用，比例度自宽向窄作调整，当系统达到等幅振荡时，此时的比例度称为临界比例度，这时候的工作周期是周期 T_k，然后按表 12-1-2 整定控制器的 PID 参数。

表 12-1-2 临界振荡比例度法的 PID 参数的经验取值

控制作用	比例度 δ	积分时间 T_i	微分时间 T_d
P	2δ	—	—
PI	0.2δ	$0.85T_k$	—
PID	1.7δ	$0.5T_k$	$0.125T_k$

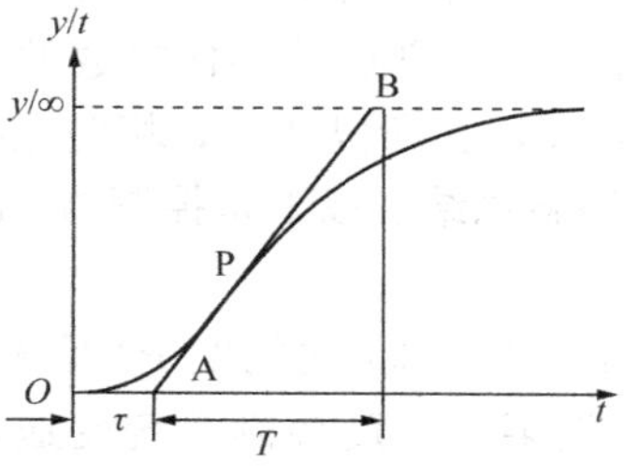

图 12-1-8

这种方法危险性比较大，一般工艺过程不允许，特别是装置在运行过程中，被控参数波动大可能会引起装置停车或对产品质量造成较大的影响。

(3) 反应曲线法

当操作变量做阶跃变化时，被控制变量随时间的变化曲线称为反应曲线如图 12-1-8 。通过反应曲线用图解法可以得出被控对象的特性参数 K、τ 及 T，然后按照表 12-1-3 整定控制器的 PID 参数

表 12-1-3 反应曲线法的 PID 参数的经验取值

控制作用	比例度 δ	积分时间 T_i	微分时间 T_d
P	$K(\tau/T)\times100$	—	—
PI	$1.1K(\tau/T)\times100$	3.3τ	—
PID	$0.85K(\tau/T)\times100$	2.0τ	0.5τ

六、过程控制常用的控制回路

（一）串级控制

图 12-1-9(a)为分馏塔顶温度单回路控制，塔顶温度通过调节塔顶油回流量稳定在设定值，这种调节直接、简单，但控制作用不及时，系统克服扰动的能力不够，例如塔顶回流油由于压力波动引起塔顶回流油流量变化，这时只有当这种变化影响到塔顶温度时，温度控制才起作用。图 12-1-9(b)塔顶温度控制回路与塔顶回流流量控制回路组成串级控制，塔顶温度控制的输出作为塔顶回流流量控制的给定，塔顶温度控制为主控制回路，塔顶回流流量控制为副控制回路。通过副回路的调节，可以减小副回路中相关的扰动对主被控量的影响，例如塔顶回流油由于压力波动引起塔顶回流油的流量变化，这时流量控制会先起作用进行调节，以减小对塔顶温度的影响，通过主回路温度控制的进一步调节，使出口温度调回设定值，这样会减轻主回路的负担，提高控制系统的性能指标。

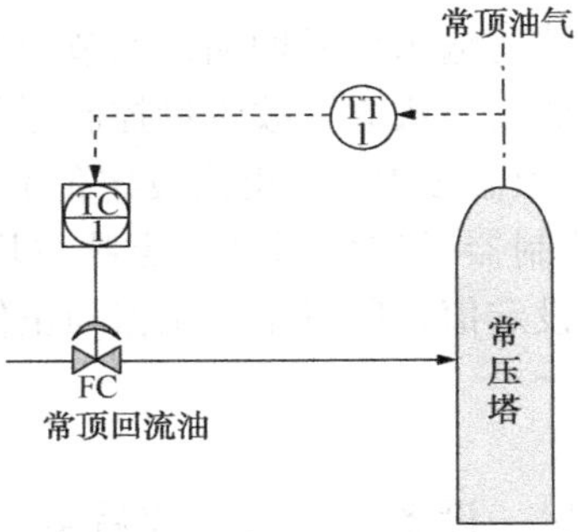

图 12-1-9(a) 塔顶温度控制

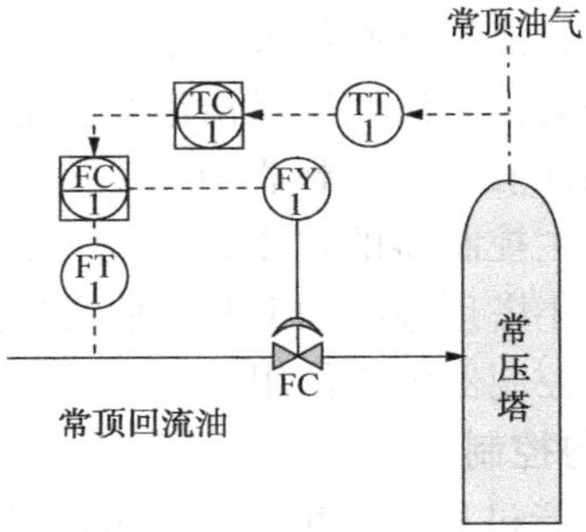

图 12-1-9(b) 塔顶温度串级控制

塔顶温度串级控制图如图 12-1-10 所示。

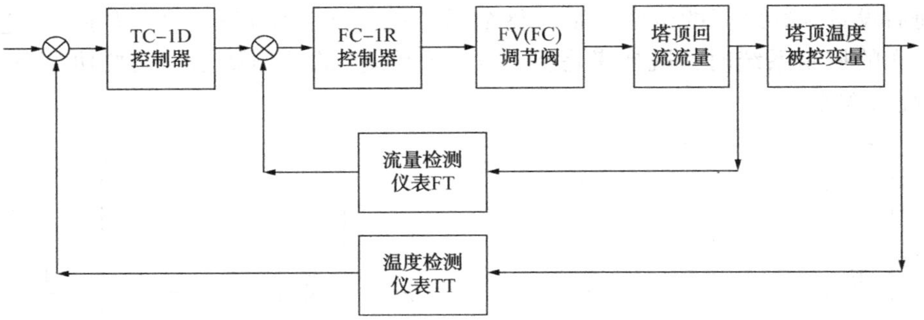

图 12-1-10 塔顶温度串级控制框图

1. 串级控制的特点

① 对进入副回路的干扰有很强的抑制能力；

② 减小了调节通道的惯性，提高系统的工作频率，在主、副调节器的同时作用下，加快了调节阀动作速度，即加强了控制作用。

2. 串级控制主、副回路的匹配

(1) 主、副控制器的控制规律的选择

在串级控制系统中，主控制器是定值控制，副控制器是随动控制。主回路一般要求无差，主控制器的控制规律应选取 PI 或 PID 控制规律；副控制回路要求控制的快速性，可以有余差，一般情况选取 P 控制规律而不引入 I 或 D 控制。如果引入 I 控制，会延长控制过程，减弱副回路的快速控制作用；也没有必要引入 D 控制，引入 D 控制会使调节阀的动作过大，不利于整个系统的稳定控制。

(2) 主、副控制器的正反作用的确定

一个过程控制系统正常工作必须使控制回路采用的反馈是负反馈。串级控制系统有两个回路，主、副控制器作用方式的确定必须要保证两个回路均为负反馈。一般先确定副控制器的作用方式，然后再确定主控制器的作用方式。

例如图 12-1-9(b)为塔顶温度串级控制回路，调节阀的作用方式为 FC(故障关或气开式)，调节阀的输入信号增加，调节阀的开度增大。假设流量控制器的作用方式为正作用，当流量增加时，流量检测仪表信号增加，流量控制器的输出信号增加，调节阀开度增大，流量会进一步增大，无法使流量稳定在设定值，所以假设不成立，故流量控制器的作用方式应为反作用。同样假设主控制器 TC1 为正作用，当塔顶温度升高(相比设定值)，温度检测仪表信号增加，主控制器的输出信号增加，则流量控制器设定值增加，意味着塔顶回流量增加，这样会减小塔顶温度的上升，使塔顶温度回到设定值，所以主控制器为正作用的假设成立，故确定主控制器为正作用。

(二) 均匀控制

在连续生产过程中，前一设备的出料往往是后一设备的进料，前后生产过程相互关联。如图 12-1-11 中的前塔要求液位稳定，后塔要求进料稳定。稳定前塔的液位要通过改变后塔的进料流量来实现，而稳定后塔进料的流量又要通过改变前塔的液位来实现，前后系统的控制存在一定的矛盾。如果在设计中只关注局部系统控制指标，不能很好地照顾到前后设备物料之间的协调关系，整个系统就无法正常运行。所以在设计包含多个塔串联工作的控制系统时，既要考虑到各个"子系统"的控制要求，又要协调各个"子系统"间的配合关系。

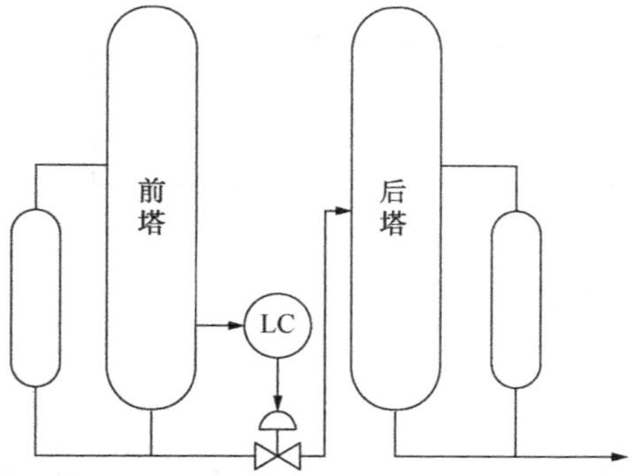

(a) 单回路液位控制

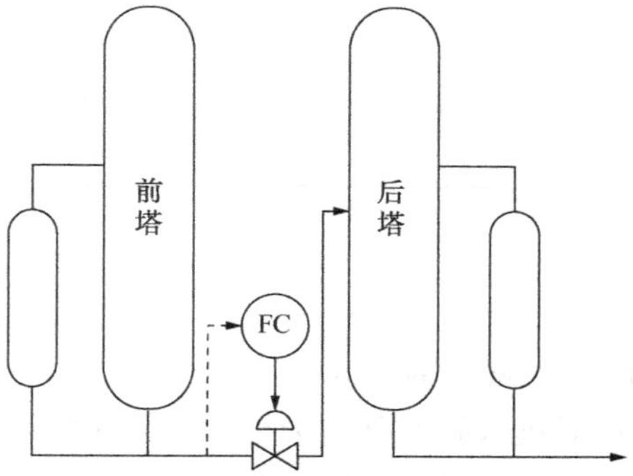

(b) 单回路流量控制

图 12-1-11　前后分馏塔的控制

均匀控制是解决此类问题的较好的控制方案。所谓的均匀控制系统就是在一个含有多个相互串联“子系统”的系统中兼顾两个被控量控制的控制系统。图 12-1-11 中的两个控制系统都可以设计成为均匀控制系统，它的控制策略是既要照顾到前塔的液位波动不大，又要照顾后塔进料稳定。即通过均匀控制系统使液位在允许的范围内波动，物料的流量变化也可以控制在被控过程允许的变化范围，图 12-1-12 是液位控制、流量控制和均匀控制的控制效果比较图，可见均匀控制系统是以降低了两个被控量的控制指标来实现兼顾对两个量的同时控制。

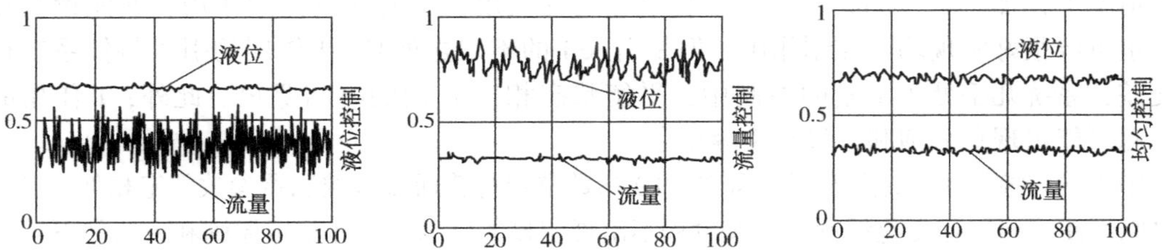

图 12-1-12　液位控制、流量控制和均匀控制的效果图

1. 串级均匀控制系统

图 12-1-13 是串级均匀控制系统示意图，将前塔塔底的液位作为主被控量，进料流量作为副被控量，组成串级均匀控制系统。副回路的调节作用可以很大程度上削弱流量变化对液位的影响，可以提高系统的控制质量。串级均匀控制系统与普通串级控制系统的区别主要体现在整定控制器 PID 参数时液位控制器控制品质可以要求低一些，其比例度更大些，积分时间更长些。副控制器常采用比例积分调节器，加入积分的目的是为了增强控制作用。副控制器在整定控制器 PID 参数时要求控制相对缓慢，振幅小一些。例如延迟焦化富气压缩机出口分液罐液位与解析塔进料流量以及解析塔塔底液位与稳定塔进料流量组成串级均匀控制系统。图 12-1-14 为某焦化装置解析塔塔底液位与稳定塔进料流量组成的串级均匀控制示意图。

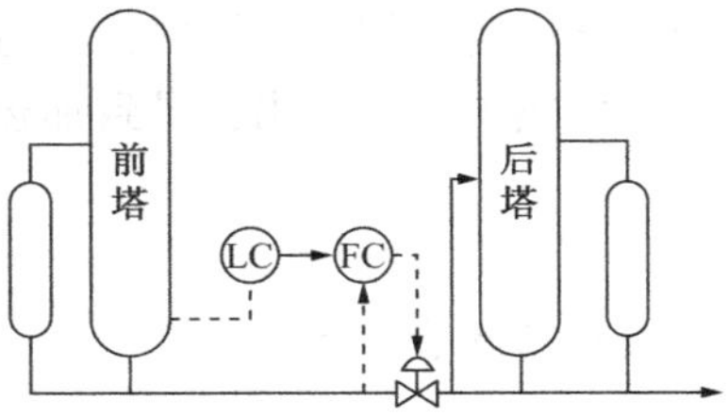

图 12-1-13　串级均匀控制系统

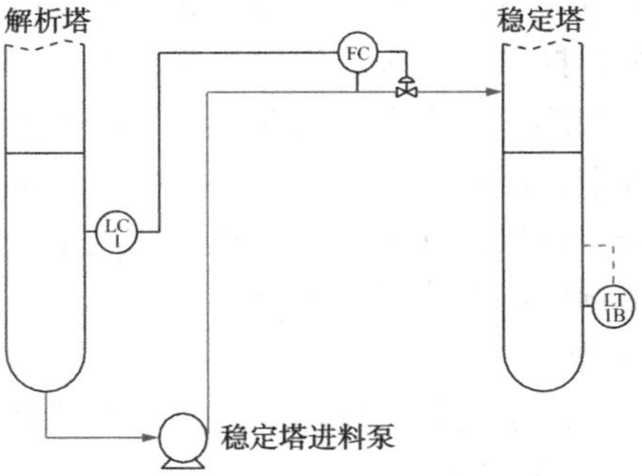

图 12-1-14　解析塔塔底液位与稳定塔进料串级均匀控制

2. 均匀控制系统的特点

① 均匀控制系统采用一个控制器实现对两个被控量的控制。

② 均匀控制系统采用的系统与普通的控制系统结构相似，均匀控制是通过控制器参数合理整定实现的。

③ 均匀控制器的整定原则是比例度较大些，积分时间常数较长些。

3. 均匀控制系统的参数整定

简单均匀控制系统的控制器一般采用 P 控制而不采用 PI 控制，其原因是均匀控制系统的控制要求是使液位和流量在允许范围内缓慢变化，允许被控量有余差。由于在控制器参数整定时比例度设置较小，控制器输出引起的流量变化一般不会超越流量的允许变化范围，满足系统的控制要求。当然，为了照顾流量参数使其变化更稳定，有时也采用 PI 控制，当液位波动较剧烈或输入流量存在急剧变化场合、系统要求液位没有余差则要采用 PI 控制规律，在此情况下，加入 I 作用相应增大了控制器的比例度，削弱比例控制作用，使流量变化缓慢，也可以很好实现均匀控制作用。但是引入 I 的不利之处是，I 作用的引入将使系统稳定性变差，系统几乎处于不断的控制中，平衡状态相比 P 制的时间要短。此外，I 作用的引入，有可能出现积分饱和，导致洪峰现象。

串级均匀控制中的流量副控制器的 PID 参数整定与普通流量控制器参数整定相似，其整定主要原则使控制过程变化缓慢，过渡过程不出现明显的振荡。具体整定原则和方法如下：

① 保证液位不超出波动范围，先设置好控制器参数。

② 修正控制器参数，充分利用容器的缓冲作用，使液位在最大允许范围内波动，输出流量尽量平稳。

③ 根据工艺对流量和液位的要求，适当调整控制器的参数。

④ 先将比例度放置在估计液位不会超过允许限定值内，通过观察过程运行曲线调节比例度，如果液位最大波动值小于允许范围，则可以增大比例度，如果液位最大波动范围超出允许波动范围，则可以减小比例度；反复调整，直到得到满意的运行曲线为止。

⑤ 对于 PI 控制。首先确定比例度 P，方法与④整定方法相同；然后适当加大比例度后加入 I 控制，逐渐减小积分时间，直到流量曲线将要出现缓慢周期性衰减振荡过程为止。

（三）比值控制系统

生产过程常需保持两种物料的流量成一定的比例关系，比例失调就会影响产品质量和增加装置运行成本，甚至造成生产和安全事故。通常把这种能够实现保持两个或多个参数比值关系的过程控制系统称为比值控制系统。

例如加热炉的空燃比控制，为了保证燃料的充分燃烧，防止大气污染，在加热炉的燃料燃烧过程中，需要自动保持燃料量与空气量按一定比例混合后送入炉膛。燃料比例过大，燃烧不充分，导致大气污染；燃料比例过小，大量的热量随加热炉烟气排出，导致加热炉效率降低，影响生产经济指标下降。

1. 概念

比值控制系统是实现两个或多个参数符合一定比例关系的调节系统。

2. 控制的目的

如图 12-1-14 所示，比值控制的目的是实现副流量 F_2 与主流量 F_1 成一定的比值关系。

$$K=F_1/F_2 \tag{12-1-7}$$

式中 K——实际流量比值系数。

例如图 12-1-15 加热炉空燃比控制系统由主动量回路和一个跟随主动量变化的随动控制回路组成，该控制使主、从控制按照预定的比例稳定运行。如果要改变运行负荷，只需缓慢改变主动量控制回路的给定值，从动量就可以自动跟踪变化，保持系统设定的比值不变。

图 12-1-16 所示延迟焦化加热炉空燃比控制系统为双闭环比值控制系统的控制框图，主动量回路作为整个串级控制系统(如燃烧控制系统)的一部分，在保证加热炉出口温度控制的前提下，可保证燃料与空气的动态比值关系。使用双闭环比值控制系统时需要注意的一个问题是防止控制系统产生“共振”。因为当主动量采用定值控制后，由于调节作用，从动量控制器调节变化的频率往往会加快，从而通过比值器使从动量控制器的给定值处于不断变化中。当它的变化频率与从动量控制回路的工作频率接近时，有可能引起共振，使系统不能稳定运行。

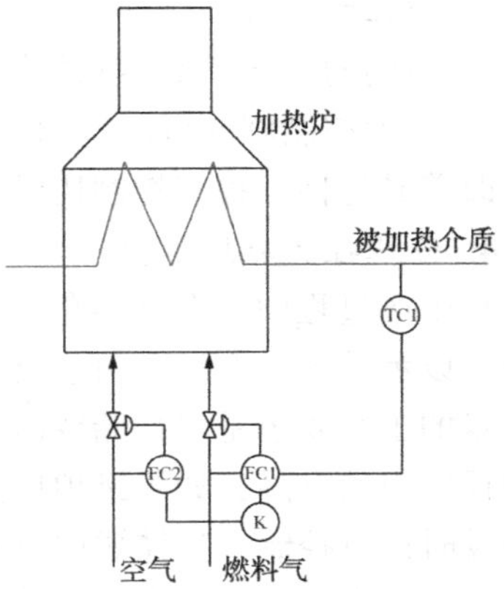

图 12-1-15 加热炉空燃比控制系统

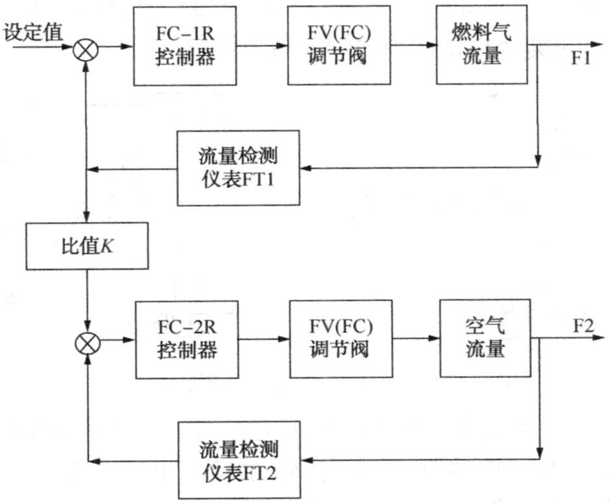

图 12-1-16 加热炉空燃比控制系统控制框图

3. 比值控制器参数的整定

比值控制调节器控制规律要根据不同控制方案和控制要求而确定。一般对于双闭环控制的主、从动量回路的控制器均选用 PI 控制规律，因为它不仅要起比值控制作用，而且要起稳定各自的物料流量的作用；变比值控制可仿效串级调节器控制规律的选用原则。对于定值控制(如双闭环比值控制中的主回路)可按单回路系统进行整定。对于随动系统(如单闭环比值控制、双闭环的从动控制回路及变比值的控制回路)，要求从动量控制器能快速、正确跟随主动量变化。

(四) 分程控制

1. 概念

分程控制系统通过有选择地切换控制通道使各通道的各环节工作在不同区域内，从而扩大了系统的控制范围，有效地提高了过程控制系统的控制能力，能够满足更高要求的被控过程的控制指标。一个控制器控制两个或更多个执行器，而各个执行器的工作范围不同。

2. 工作范围

控制器的输出信号一般可分为 2~4 段，每一段带动一个控制阀或执行器动作。

3. 分程的目的

① 不同的工况需要不同的控制手段。

② 扩大控制阀的可调范围。将两个调节阀当作一个调节阀使用，从而可扩大其调节范围，改善其特性，提高控制质量。分程控制能够大大提高调节阀的调节能力。

4. 分程控制应用示例

在生产过程中，有许多存放着石油原料或产品的储罐，为保证使这些原料或产品与空气隔绝，以免被氧化变质或引起爆炸危险，常采用罐顶充氮气的方法与外界空气隔绝。采用氮封技术的工艺要求是保持储罐内的氮气压力呈微正压。当储罐内的原料或产品增减时，会引起罐顶压力的升降，如果罐顶压力不加以控制将引起储罐变形，甚至破裂，造成事故。所以必须及时进行控制，当储罐内介质增加时，即液位升高时，应停止充氮气并及时适量排空罐内氮气；反之，当储罐内介质减少，液位下降时，应及时停止氮气排空并及时向储罐内充氮气。同样，为保持塔罐的压力，必须及时补充或排放油气，这种压力控制采用分程控制。例如图 12-1-17 的延迟焦化装置稳定塔顶回流罐压力控制。

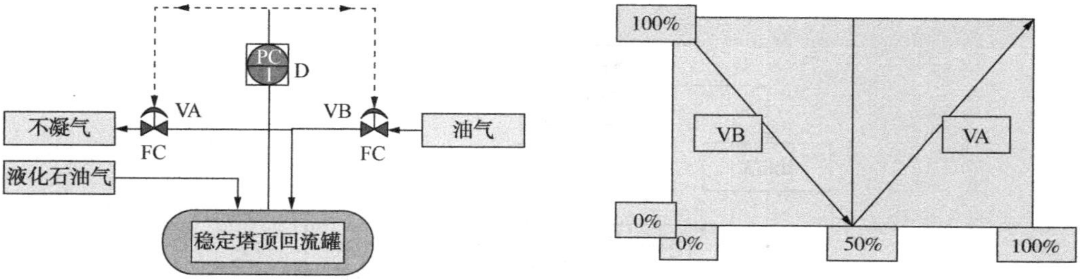

图 12-1-17　塔顶回流罐分程控制系统

在图 12-1-16 分程控制系统中，控制器 PC1 为正作用，控制器的输出信号分成 2 段，0～50%、50%～100%，0～50%对应调节阀 VB 输入(加反向 100%～0)，50%～100%对应调节阀 VA(0～100%)。当罐内压力上升时，控制器 PC1 的输出信号增加，调节阀 VB 输入信号逐渐减小，直至阀门关闭，当罐内压力继续上升时，控制器 PC1 的输出信号继续增加，超过 50%，这时，调节阀 VA 的输入信号逐渐增加，阀门逐渐开启，排放油气以减小罐内压力。

(五) 选择控制

1. 概念

选择性控制系统是把生产过程中的限制条件所构成的逻辑关系，叠加到正常的自动控制系统上去的一种组合控制方法。在控制回路中引入选择器(高选或低选)的控制称为选择性控制系统，或称取代(超弛)控制系统。

2. 选择性控制系统和结构

选择控制系统中通常有两个控制器，通过(高、低值)选择器选出能适应生产安全状况的控制信号，实现对生产过程的自动控制。正常情况下当生产过程趋近于危险极限区，但还未进入危险区时，用于控制不安全情况的控制器通过高、低值选择器将取代正常生产情况下工作的控制器，限制生产过程进一步趋于危险极限区，当生产过程重新恢复正常，又通过选择器使原来的控制器重新恢复工作。

3. 选择性控制的应用示例

图 12-1-18 为加热炉燃料气选择控制系统，在正常情况下，用控制燃料气的流量来维

持加热炉出口介质温度的稳定。当出口介质温度增加时，温度控制器(反作用)的输出信号会减小，加热炉燃料气的流量控制器FC1输出减小，调节阀(FC)会逐渐关小，同时，燃料气压力也随燃料气流量的减小而降低。当燃料气压力超过某一安全极限时，会产生熄火现象，造成生产事故。为此，设计加热炉燃料气流量控制与燃料气压力控制的选择性控制系统如图12-1-19所示。

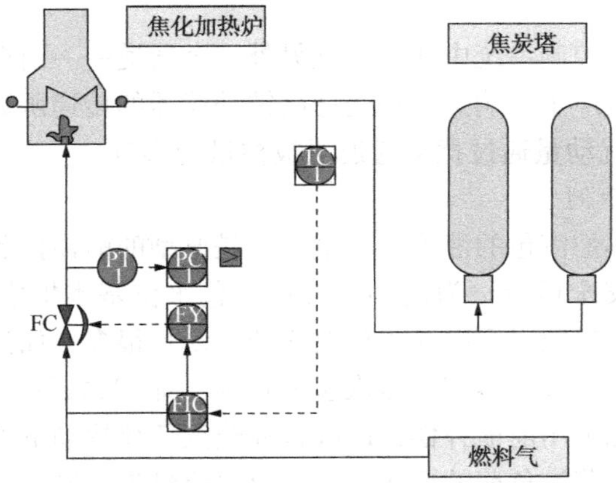

图12-1-18　加热炉燃料气选择控制系统

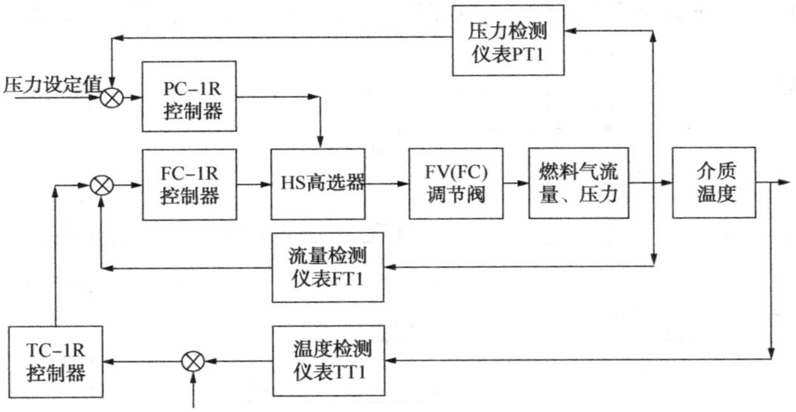

图12-1-19　加热炉燃料气选择控制系统框图

在正常情况下，燃料气流量控制器FC1输出信号大于燃料气压力控制器PC1输出信号，高值选择器HS选中FC1去控制调节阀。当FC1输出信号大幅度降低，调节阀关得过大，阀后压力接近熄火压力时，压力控制器PC1输出信号迅速增加，被选择开关HS选中来取代燃料气流量控制器的工作去开启调节阀的开度，避免熄火现象的发生，起到自动保护作用。当燃料气的流量恢复正常时，经自动切换，燃料气流量控制器FC1重新恢复运行。

4. 选择控制器的参数整定

由于被控量的控制对控制精度要求较高，同时要保证产品的质量，所以一般选择带积分的PI控制；如果过程存在较大的滞后，也可以选用PID控制；对于取代控制器，由于在正常情况下为开环备用，仅在出现极端情况时，能迅速及时采取措施，防止事故发生，所以一般选用比例P控制。另外取代控制器投入工作时，需要发出快速较强的控制信号，所以其比例度应整定得小一些。如果需要积分控制时，积分控制也应整定得弱一点。

在选择性控制中，总有一个控制器处于开环状态，此时一定存在偏差，而且一般为单一极性的大偏差，只要有积分作用就可能产生积分饱和现象。所以选择控制的控制器必须采取抗积分饱和措施。

(六) 前馈控制系统

1. 前馈控制的原理是

前馈控制的原理是在控制系统中通过建立另外一个通道——前馈控制通道，使同一个扰动通过两个通道对被控量产生影响。合理选择前馈补偿器的传递函数，使两个通道的作用完全相反，就可以“补偿”扰动量通过扰动通道对被控量的影响。

2. 前馈控制的应用示例

在炼油过程中，加热炉汽包的液位三冲量控制是典型的前馈控制。汽包水位控制主要是为了保证加热炉汽包的安全运行，为此必须维持汽包水位基本恒定。在汽包给水自动控制中，以汽包液位作为被控参数。而引起水位变化的扰动量很多，如汽包的蒸汽流量、给水流量、炉膛热负荷及汽包压力等。蒸汽量是汽包的负荷，显然这是一个可测而不可控的扰动，因此对蒸汽负荷可以考虑采用前馈补偿，以改善在蒸汽负荷扰动下的控制品质。最后，从物质平衡关系可知，为适应蒸汽负荷的变化，应以给水流量为控制变量。在三冲量给水控制系统中，控制器接受汽包水液位、蒸汽流量及给水流量三个信号(冲量)，如图 12-1-20 所示。图中 FT2 、F1、LC 分别为蒸汽流量、给水流量、水位测量变送器的转换系数。

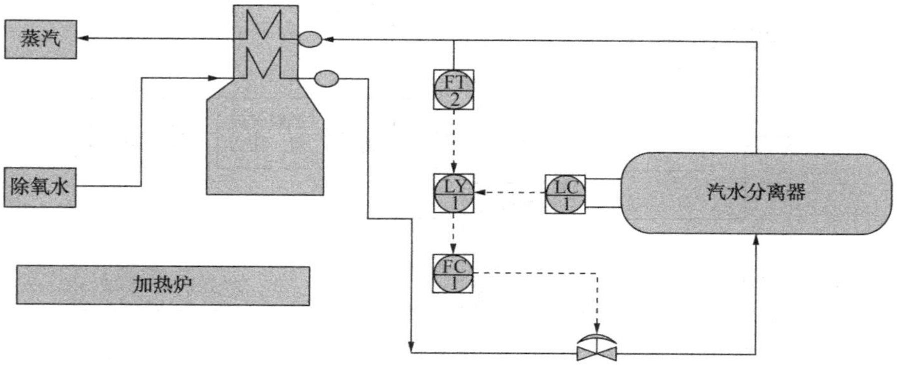

图 12-1-20　汽包水位前馈-串级三冲量控制系统示意图

FT—蒸汽流量测量仪；FC—给水流量控制器；FY—前馈计算模块；LC—液位控制器

在这种三冲量给水控制系统中，汽包水位信号是主信号，也是反馈信号，在任何扰动引起汽包水位变化时，控制器都会动作，以改变给水阀门开度，使汽包水位恢复到允许的波动范围内。因此，以水位信号为被控量形成的外回路能消除各种干扰对水位的影响，保证汽包水位维持在工艺允许的变动范围内。蒸汽流量是系统的主要干扰，而应用了前馈补偿后，就可以在蒸汽负荷变化的同时按准确方向及时改变给水流量，以保证汽包中物料的平衡关系，从而保证水位的平稳。另外，蒸汽流量与给水流量的恰当配合，又可消除系统的静态偏差。给水流量信号是内回路反馈信号，它能及时地反映给水量的变化，当给水调节阀门的开度没有变化，而由于其他原因使给水压力发生波动引起给水流量变化时，测量给水量的流量计信号迅速响应，在被控量水位还未来得及变化时，流量控制器就可消除给水的扰动而使过程稳定下来，因此，由给水信号局部反馈形成的内回路能迅速消除该系统的内部扰动，以稳定给水量。式(12-1-8)为汽包液位三冲量控制前馈计算模块的计算公式。

$$FY1_{OP}=FT2_{PV}\times K+\frac{LC_{OP}-50}{100}FC1_{刻度} \quad (12-1-8)$$

式中　$FY1_{OP}$——前馈计算模块输出值；

$FT2_{PV}$——蒸汽流量的测量值；

$FC1_{刻度}$——给水流量计的刻度流量；

LC_{OP}——汽包液位控制器的输出值。

第二节　延迟焦化装置的主要检测控制

延迟焦化装置为石油炼制行业中处理渣油的重要装置。减压渣油经原料油泵加压后，通过换热器换热后与焦化分馏塔底循环油混合后进入进料缓冲罐。然后由辐射进料泵抽出进入焦化加热炉并加热到500℃，再经过四通阀进入焦炭塔底部。

原料油在焦炭塔内进行裂解和缩合反应，生成焦炭和油气。高温油气自焦炭塔顶至焦化分馏塔下段，经过洗涤板从蒸发段上部进入蜡油集油箱以上的分馏段，分馏出富气、汽油、柴油和蜡油馏分，焦炭聚结在焦炭塔内。

延迟焦化装置，反应过程相对简单。整个装置的控制回路大部分为单回路控制和串级控制，加热炉的负荷控制为装置比较复杂的控制。另外延迟焦化水力除焦和密闭除焦系统是比较复杂的程序控制系统，这部分控制见本书相关章节的论述。

一、分馏塔底液位控制

(一) 控制方案流程简图

分馏塔底液位与装置循环量组成串级控制回路(见图12-2-1)，分馏塔底液位低时，减小循环量；塔底液位高时，增大循环量 。

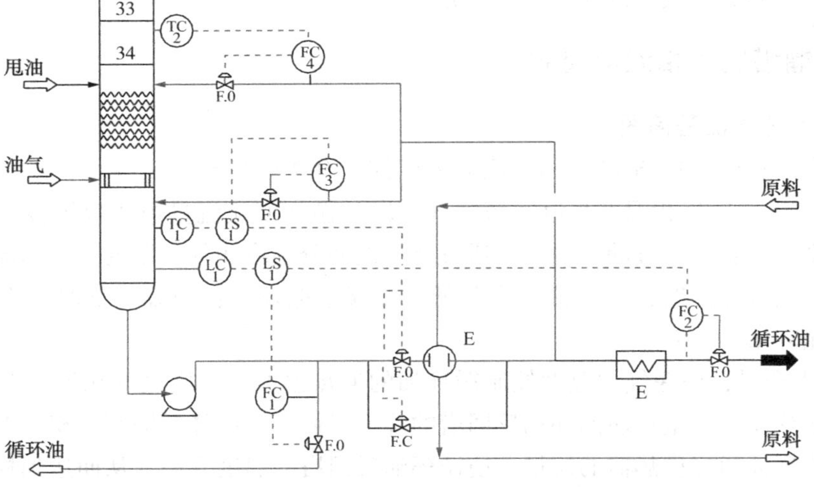

图12-2-1　分馏塔液位串级控制及塔底温度控制系统

（二）控制回路方框图

分馏塔底液位与循环油流量串级控制回路方框图见图 12-2-2。

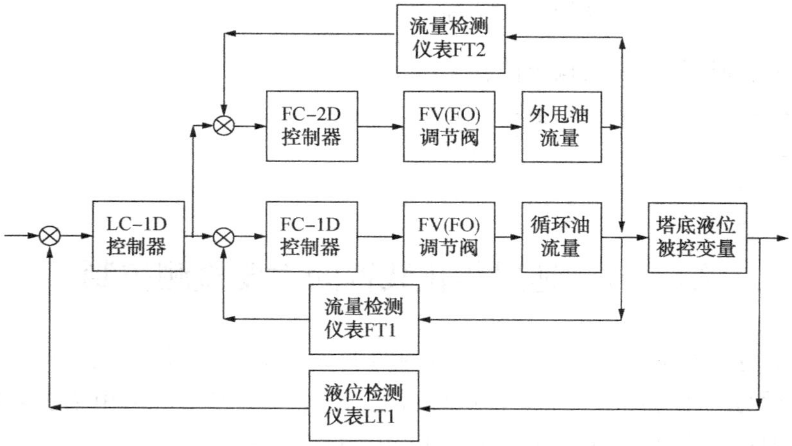

图 12-2-2　分馏塔底液位与循环油流量串级控制

LC-1—分馏塔塔底液位控制(正作用)；FC-1、FC-2——循环油流量控制器(正作用)；
FV-1、FV-2——循环油流量调节阀(气关阀)；FT-1A、FT-1B——循环油流量检测元件

（三）控制目的及过程

分馏塔液位由进料流量、塔底出料以及进料温度影响，分馏塔液位控制与塔底抽出油流量控制组成串级控制。为正确判断和控制分馏塔，分馏塔塔底设置两套液位变送器(一般采用一台双法兰液位变送器和一台内浮球液位变送器)测量液位，互为备用；以确保分馏塔液位安全操作。

当分馏塔液位 LT-1 增加时，主调节器 LC-1 输出增加(正作用调节器)，副控制器FC-1和 FC-2 的 SP 增加，FC-1 和 FC-2 的输出减小(FC-1 和 FC-2 为正作用控制器)，调节阀 FV-1 和 FV-2 的开度增加(FV-1 和 FV-2 为气关阀)，塔底抽出油的流量增加，使分馏塔塔底液位减小，起到调节液位的作用，反之亦然。

二、分馏塔底气相温度控制

（一）控制方案流程简图

控制方案流程简图见图 12-2-1。塔底温度控制有 2 种情况：

① 开工时，塔底气相温度与返回塔底气相段的循环回流流量组成串级控制回路，分馏塔底气相温度直接影响装置的循环比。通过调节返回分馏塔底气相段的循环回流量来控制塔底温度稳定，当温度高时，塔底液位会降低，要减小循环量；当温度低时，塔底液位会升高，要增大循环量。

② 正常生产时，塔底气相温度控制循环油的换热温度，当塔底气相温度升高时，增加循环油通过换热器的流量；使循环油反回塔的温度降低，从而降低塔底气相温度，当温度降低时，减少循环油通过换热器的流量，使循环油反回塔的温度升高，从而达到控制塔底气相温度的目的。

（二）控制回路方框图

分馏塔塔底气相温度控制框图见图 12-2-3。

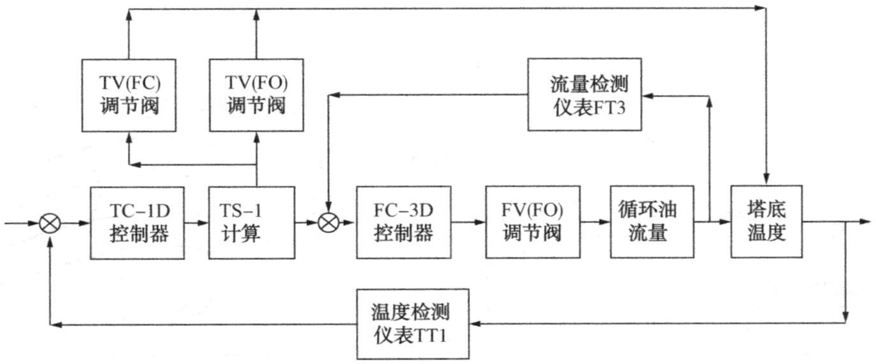

图 12-2-3　分馏塔塔底气相温度控制框图

TC-1—分馏塔塔底气相温度控制器（正作用）；FC-3—循环油进塔流量控制器（正作用）；
FV—循环油进塔流量调节阀（气关阀）；FT-3—循环油进塔流量检测元件；
TT1—分馏塔塔底气相温度检测元件

（三）控制方案说明

开工时，塔底气相温度控制器 TC1 的输出通过切换开关和循环油回流流量组成串级控制回路，当塔底气相温度温度升高时，由于温度控制器 TC1 为正作用调节器，TC1 的输出值（$TC1_{OP}$）会增大；经过切换开关 TS1 后作为循环油返回流量控制器 FC3 的给定值 SP，此时 SP 值增加，意味着循环油返回流量控制器 FC3 的测量值（$FC1_{PV}$）值减小，支路流量控制器 FC3 为正作用，FC3 输出信号（$FC3_{OP}$）会减小，FV3（作用方式是 FO）会逐渐打开，以增加循环油的返回流量，由于循环油的温度低，所以塔底气相温度会降低。

正常生产时，塔底气相温度控制器 TC1 的输出通过切换开关切换到循环油的换热控制，当塔底气相温度温度升高时，由于温度控制器 TC1 为正作用调节器，TC1 的输出值（$TC1_{OP}$）会增大；循环油通过换热器的调节阀 FV（作用方式是 FO）会逐渐打开，换热器的旁路调节阀 FV（作用方式是 FC）会逐渐关闭，循环油的返回温度会降低，所以塔底气相温度会降低。

三、焦化分馏塔塔顶压力控制

整个分馏系统的压力是分馏塔塔顶压力为基准，稳定分馏塔塔顶的压力对整个分馏塔的操作十分重要，同时对稳定吸收稳定系统的压力也起到关键作用，因此分馏塔塔顶压力是分馏系统的重要控制参数。整个分馏系统的压力以分馏塔塔顶分液罐压力为基准，通过控制富气压缩机的转速来稳定分馏塔的压力。一般富气压缩机为离心式压缩机，由蒸汽透平驱动。分馏塔塔顶压力控制流程简图见图 12-2-4 。离心式压缩机出入口的压力与转速有密切关系如图 12-2-5 所示，从图中可以看出压缩机出口/入口压力比 p_d 与转速的关系，当转速从额定转速的 80%，上升到 90%时，p_d 从 p_2 上升到 p_1，如果出口压力不变，入口压力就会相应降低，所以调节压缩机转速，可以调节出入口压力，压缩机转速增加，压缩机入口压力就会降低。

焦化装置富气压缩机为大型离心式旋转设备，离心式压缩机在运行过程中存在喘振现象。在离心式压缩机在运行过程中，当压缩机负荷下降到一定量时（压缩机的入口流量），气体会在压缩机输送过程中出现强烈的振荡，压缩机也会随之振动，这种现象称之为压缩机喘振。压缩机出现这种现象会对该机组造成严重损伤。通常采用反喘振控制克服压缩机喘振现象的发生。

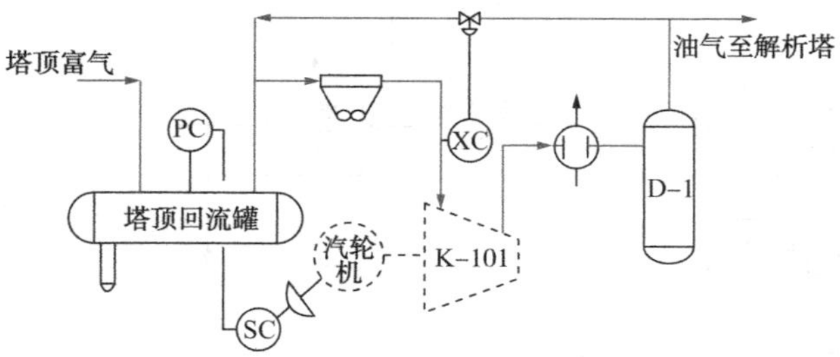

图 12-2-4　分馏塔塔顶压力及富气压缩机控制简图

D-1—分液罐；K-101—富气压缩机；XC—反喘振控制器；SC—压缩机转速控制器；PC—压力控制器

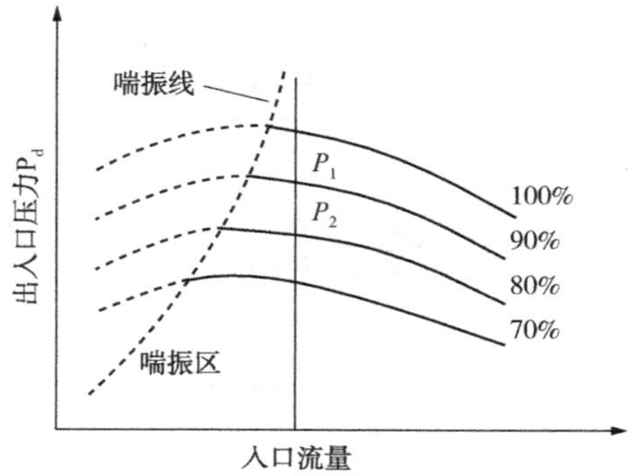

图 12-2-5　离心式压缩机特性曲线

如图 12-2-5 所示，当离心机工作在某转速时，如果其入口流量低于某一极限值，压缩机就会进入喘振区(图 12-2-5 喘振线的左侧区域)，为防止离心式压缩机在运行中进入喘振区，就必须使压缩机工作点运行在喘振线的右侧区域，也就是控制压缩机的入口流量不低于某一极限值，因此采用部分回流的办法(如图 12-2-4 压缩机出口通过调节阀 XV 返回入口)，使压缩机既适应工艺低负荷生产要求，又能满足压缩机入口流量大于极限值(喘振点流量)。

为了减少压缩机的能量损失，不同工况压缩机的工作负荷不同，通常通过调节压缩机的转速来调节压缩机的负荷，因此不同工况(不同转速)下，压缩机的喘振极限流量不同(如图 12-2-5所示)，不同喘振极限流量点连成的线称为喘振线，如图 12-2-6 所示 M_1 与 M_2 的连线。考虑一定的安全控制裕量，压缩机喘振控制保护线(如图 12-2-6 所示 B 线)应当位于喘振线的右边，防喘振控制的操作点控制在此线的右侧。

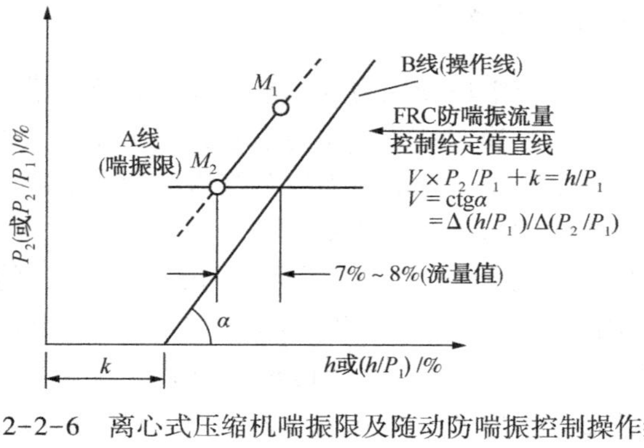

图 12-2-6　离心式压缩机喘振限及随动防喘振控制操作线

防喘振安全保护线的数学模型如下所示：

$$h/P_1 = V \cdot P_2/P_1 + k$$

式中　H——压缩机入口流量差压变送器量程的百分数；

P_1——压缩机入口压力(绝)变送器量程的百分数;

P_2——压缩机出口压力(绝)变送器量程的百分数;

V——喘振限直线的斜率;

K——随动防喘振控制操作线的截距。

图 12-2-6 所示喘振线为一直线,选择两个不同的转速(如 100%额定转速,70%额定转速)下两个喘振点 M_1 和 M_2,连接 M_1M_2 作出的直线为喘振线,此线左侧为喘振区域,在喘振线右侧划一条与之平行的直线即为防喘振流量控制线,两个直线的间距为 7%~8%流量值。所以防止离心式压缩机在运行中进入喘振区,实际上就是控制压缩机的入口流量,使压缩机工作点运行在喘振线的右侧区域。

四、焦化装置加热炉的控制

加热炉是焦化装置的大型加热设备,工艺介质通过加热炉受热升温,其温度的高低直接影响焦化装置的工艺操作的质量。炉温过高,会使工艺介质在炉管中结焦而烧坏炉管。炉温过低,会影响焦化装置的反应深度。因此,有必要对炉温进行严格控制。加热炉属于明火加热设备,由燃料的燃烧产生炽热火焰和高温气流,主要通过辐射的方式将热量传给炉管管壁,然后由管壁传给炉管中的工艺介质。加热炉的主要控制指标是工艺介质的出口温度,在此温度控制系统中,控制变量为加热炉的燃料油或燃料气的流量。加热炉被控变量的主要干扰因素有:工艺介质进料的流量、温度、组分以及燃料油或燃料气的压力、组分、燃料油的雾化情况,空气的过量情况及加热炉烟道阻力等也是干扰因素。在这些扰动因素中有的是可控的,有的是不可控的。为保证加热炉出口温度稳定,就必须对扰动采取必要的控制措施。常见的加热炉温度控制方案有以下几种。

(一) 加热炉出口温度与燃料气和燃料油串级控制

加热炉介质出口温度与加热炉的燃料气和燃料油进口流量的串级控制如图 12-2-7 所示。加热炉介质出口介质温度控制器为主控制回路,燃料气/燃料油的流量控制器为副控制回路,控制目的主要是通过控制燃料气/燃料油的流量来维持稳定加热炉的炉膛温度,进而稳定加热炉出口介质温度。同时为了防止燃料气调节阀由于超调而关闭引起火嘴熄火,设置燃料气压力限制控制,当加热炉出口介质温度增加时,温度控制器(反作用)的输出信号会减小,加热炉燃料气的流量控制器 FC1 输出减小,调节阀(FC)会逐渐关小,同时,调节阀阀后燃料气的压力也随燃料气流量的减小而降低。当燃料气压力超过某一安全极限时,燃料气压力控制器通过选择性控制器选择使调节阀停止进一步关小,以避免燃料气火嘴熄火。

在满足工艺介质加热要求的同时,如何通过控制加热炉的相关参数稳定加热炉的高效率工作也是至关重要的。加热炉的热效率(经济燃烧)主要反映在烟气成分和烟气温度两个方面。烟气中各种成分如 O_2、CO_2、CO 和未燃烧的烃的含量基本上可以反映加热炉的燃烧情况,最简单的方法是用烟气中氧含量来表示加热炉的燃烧情况,如图 12-2-8 所示。由燃烧反应方程式,可计算出使燃料完全燃烧时所需的氧量,进而可得到所需的燃烧空气量。一般把使燃料完全燃烧时所需的空气量称为理想空气量。但实际情况是完全燃烧所需的空气量要比理论计算的值大得多,即要有一定的过量空气。另外加热炉烟气的热损失占加热炉热损失的绝大部分,当过剩空气量增多时,烟气流量增加会带走大量的热量,使炉膛热效率下降,

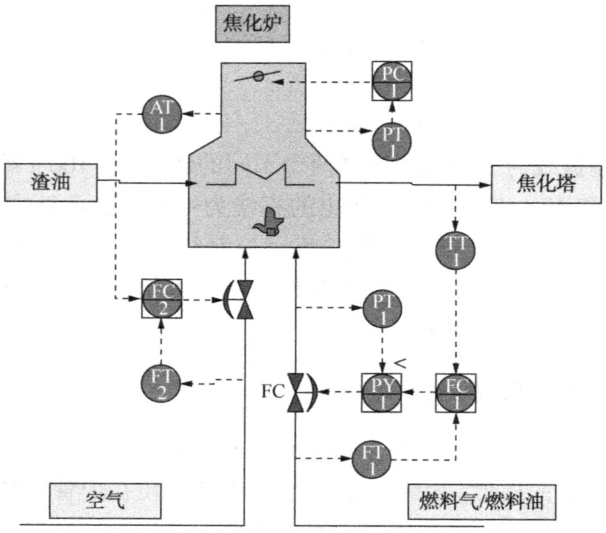

图 12-2-7　加热炉出口温度与燃料流量串级控制流程示意图

造成热损失增多。因此对不同的燃料，过剩空气量都有一个最优值，即所谓最经济燃烧，如图 12-2-9 所示，加热炉烟气中未燃烧 CO 含量及烟气中含氧量与加热炉效率之间的关系，从图中可看出，加热炉效率最高时对应烟气中的 O_2 含量为 1.5%~3.5%。因此烟气中的 O_2 含量可作为直接测量热效率的指标。

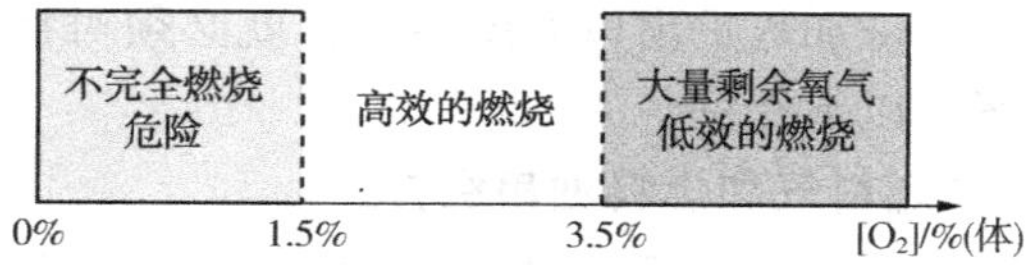

图 12-2-8　烟气中氧含量与加热炉的运行状况图

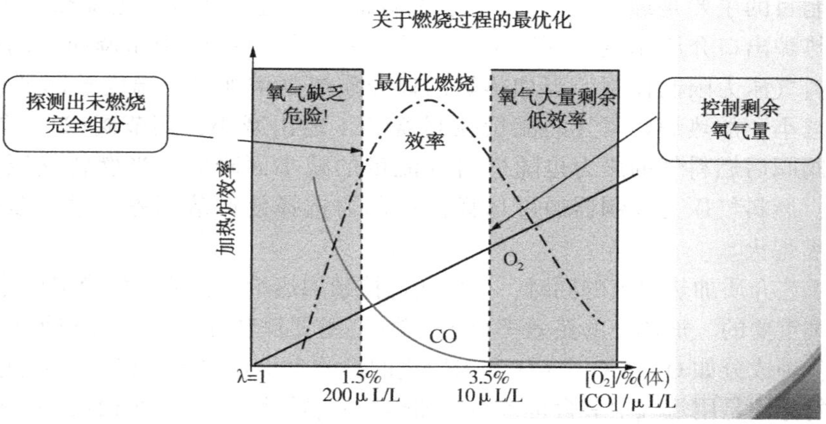

图 12-2-9　加热炉效率与烟气中氧含量及 CO 含量之间的关系图

保持炉膛负压稳定也是加热炉控制的重要组成部分。如果炉膛负压减小甚至为正，则炉膛内火焰及热烟气会往外冒出，会影响设备和操作人员的安全；如果炉膛负压太大，会使大量冷空气漏进炉内，从而使热量损失增加，降低燃烧效率。

显然，加热炉燃烧控制系统是一个多输入/多输出控制系统，有三个被控变量，燃料流量、空气流量及烟气排放流量。由烟气中含氧量控制进风量，由炉膛负压控制烟气挡板控制烟气的排放量，加热炉出口温度控制燃料气和燃料油的流量，所以加热炉燃烧控制系统是由燃料量、进风量以及烟气排出量相互协调的控制系统组成，如图 12-2-10 所示。其中燃烧控制子系统通过控制燃料量和送风量使加热炉出口介质温度稳定在设定值；送风量控制子系统保证加热炉燃烧的高效率；加热炉炉膛负压控制子系统保持炉膛负压值稳定。这三个控制子系统组成了不可分割的一个整体，统称为加热炉燃烧控制系统，共同保证加热炉燃烧系统运行的安全性和经济性。

（二）空燃比控制

1. 加热炉空燃比控制流程示意图

在加热炉出口温度与燃料气及燃料的流量控制组成串级控制中，如果加热炉出口介质温度低，温度控制器会控制燃料调节阀打开，这时由于进加热炉的空气量不变，就会造成加热炉的燃料过量，不完全燃烧，出现加热炉烟囱排黑烟现象，造成环境污染情况。加热炉空燃比控制可以很好克服这种现象发生。加热炉空燃比控制流程示意图如图 12-2-10 所示。

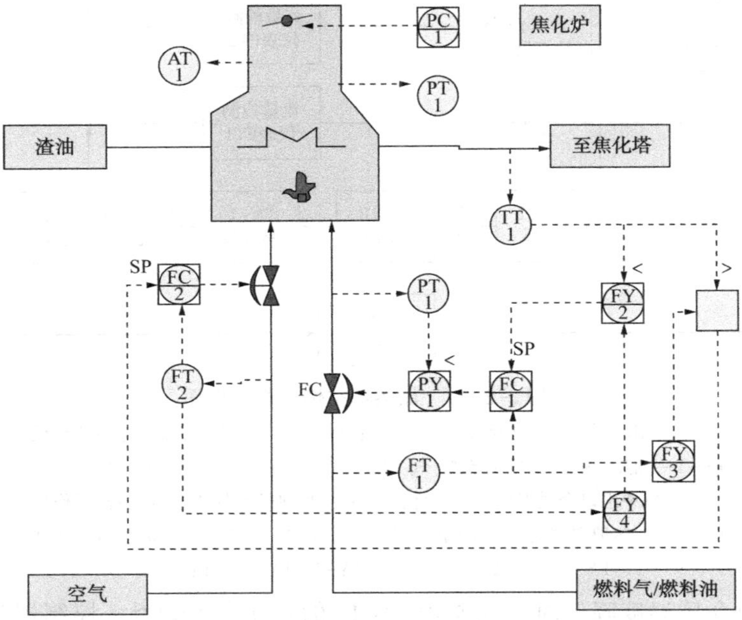

图 12-2-10 加热炉空燃比控制流程示意图

2. 加热炉空燃比控制的目的

① 满足环保要求；

② 降低能耗；

③ 燃料与空气按照优化比例控制。

3. 加热炉空燃比控制原理

采用选择控制可以很好地实现上述要求，即加热炉负荷增加(被加热介质出口温度需要升高时)，先增加空气，再按照一定比率增加燃料，加热炉负荷减小时先减小燃料，再按照一定比率减小空气。调节送风量与燃料量的比例，保证加热炉燃烧的高效性，既不能因空气量不足而使烟囱冒黑烟，也不能因空气过量而增加热量损失。在加热炉出口温度稳定的情况下，要使燃烧效率最优，燃料量与空气量应保持一个合适的比值(或者烟气中含氧量应保持一定的数值)。由燃料流量控制与空气流量控制组成比值控制系统，使燃料与空气保持一定的比例，获得良好燃烧。通常如果加热炉燃料为燃料气，则燃料气与空气的比率为13.6。如图12-2-10中加热炉出口介质温度控制为主回路，送风量随燃料量变化而变化的比值控制为副回路，同时采用在双闭环比值控制系统的基础上增加选择控制环节，保证足够的送风量使燃料完全燃烧，在加热炉出口介质温度(负荷)减小时，先增大送风量，然后再增加燃料量；在加热炉出口介质温度增大时，先减少燃料量，然后再减小送风量。

(三) 控制回路方框图

加热炉空燃比控制框图如图12-2-11所示。

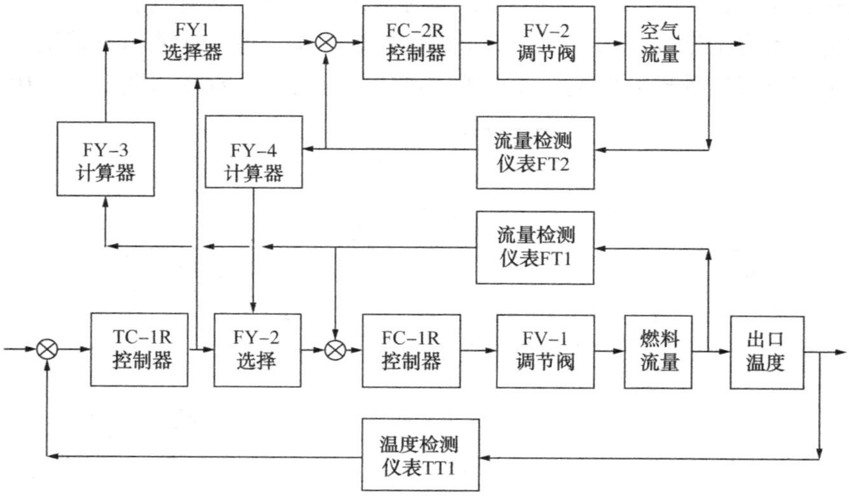

图12-2-11　加热炉空燃比控制框图

TC-1—加热炉出口介质温度控制器(正作用)；FC-1—加热炉燃料流量控制器(反作用)；
FV-1—加热炉燃料流量调节阀(气关阀)；FT-1—加热炉燃料流量检测元件；
TT1—加热炉出口介质温度检测元件；FC-2—加热炉空气流量控制器(反作用)；
FV-2—加热炉空气流量调节阀(气关阀)；FT-2—加热炉空气流量检测元件；
FY-1、FY-2—选择模块；FY-3、FY-4—计算模块

加热炉出口介质温度降低时，控制器(TC1)的输出信号增大(控制器为正作用)，通过高选器(FY1)选择以空气流量为主导控制系统，即先增加空气流量，空气流量(FT2)信号增大，信号通过比值计算器(FY4)计算后按照比值增加、经过信号选择器 (FY2)选择作为燃料气流量控制器(FC1)给定，从而导致燃料气流量也增加。如果加热炉出口温度升高时，控制器(TC1)的输出信号减小，通过信号选择器(FY2)选择以燃料气流量为主导控制系统，即先降低燃料气流量，燃料气流量(FT1)信号减小，信号通过比值计算器(FY3)计算后按照比值减小，通过信号选择器(FY1)选择作为空气流量控制器(FC2)给定，从而减小空气流量。

第三节　延迟焦化装置主要检测仪表

一、温度检测仪表

（一）就地温度检测仪表

焦化装置就地温度测量基本采用双金属式温度计，双金属式温度计是把两种膨胀系数不同的金属薄片焊接在一起制成的，结构简单、牢固。温度变化时，感温元件的弯曲率会发生变化，并通过指针轴带动指针偏转，在刻度盘上显示出温度的变化。

（二）温度检测仪表

焦化装置远传温度测量基本采用热电偶和热电阻测温元件，热电偶测温原理是基于热电效应。两种不同材料的金属丝 A 和 B 两端牢靠地接触在一起（如图 12-3-1 所示），当两个接触点温度 T 和 T_0 不相同时，回路中产生电势，并有电流产生，一般电势大小与两段的温度差成正比，这种把热能转换成电能的现象称为热电效应。通常情况下热电偶的一端 T 感应被测介质温度，另外一端 T_0 为环境温度。

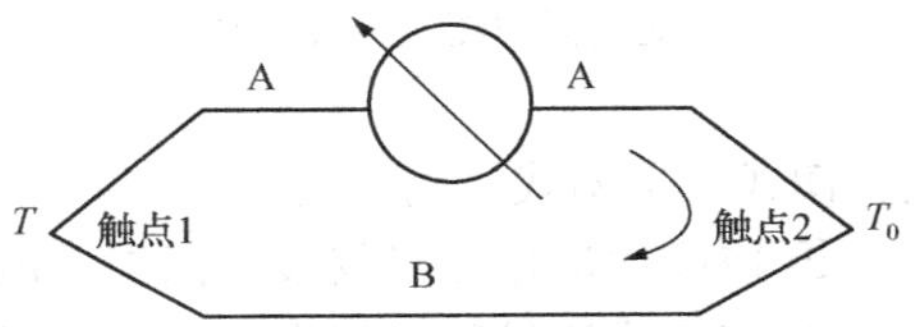

图 12-3-1　热电偶热电势示意图

热电偶测温时必须考虑其参考端温度补偿的问题，通常用热电性质与热电偶相近的材料制成导线，用它将热电偶的参考端延长到环境温度比较的地方（控制室），而且不会对热电偶回路引入超出允许的附加测温误差。

热电阻温度计是利用导体和半导体的电阻随温度变化这一性质进行测温的。热电阻温度计最大的特点是测量精度高，在测量 500℃以下高温时，其输出信号比热电偶大得多，性能稳定，灵敏度高，常用的金属热电阻有铂热电阻和铜热电阻。

二、压力仪表

（一）就地压力测量仪表

焦化装置的就地显示压力表一般是基于弹性元件受力变形的原理，将被测压力转换微位移来实现测量，通常采用弹簧管、膜片以及膜盒。弹簧管是一根弯曲成圆弧形、横截面呈椭圆形或几乎椭圆形的空心管子。它的一端焊接在压力表的管座上固定不动，并与被测压力的介质相连通。被测压力介质从开口端进入并充满弹簧管的整个内腔，弹簧管的自由端产生位移，在一定的范围内，该位移与被测介质压力成线性关系。膜片式压力表一般用于介质黏度比较大的场合；介质压力比较低的用膜盒式压力表测量。

（二）压力远传测量仪表

在过程检测仪表中，压力测量是比较成熟的测量仪表，使用比较广泛的压力变送器一般采用电容式或硅片压电式测量原理。如图 12-3-2 所示，差动电容式压力变送器的测量部分采用差动电容结构，介质压力是通过两腔室中的填充液作用到中心可动极板上。一般采用硅油等理想液体作为填充液。隔离膜片的作用既传递压力，又避免电容极板受损。当正负压力

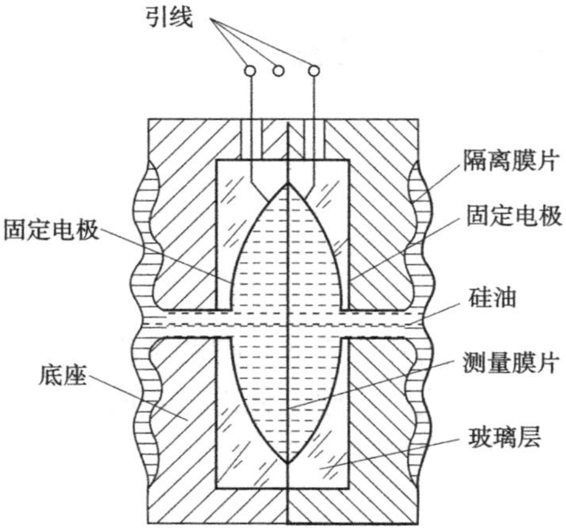

图 12-3-2　差动电容式压力变送器的测量原理示意

(差压)由正负压导压口加到膜盒两边的隔离膜片上时，通过腔内硅油液体压力传递到中心测量膜片上，中心测量膜片产生位移，使可动极板和左右两个极板形成差动电容。差动电容的相对变化值与被测压力成正比。

三、流量仪表

炼油化工过程的流量检测介质以及操作条件比较复杂，流量仪表的检测类型非常多，按照检测量的不同，流量仪表检测方法可以分为体积流量检测和质量流量检测，按照检测原理，流量检测可分为速度法、容积法和质量法。在延迟焦化装置中常用到流量仪表有下列几种形式：

① 节流元件(差压式流量计)：孔板、文丘里、楔式、平衡式、阿牛巴。

② 速度式流量测量仪表：涡街、电磁、超声波。

③ 容积式流量测量仪表：腰轮流量计、刮板式流量计、双转子流量计。

④ 质量式流量测量仪表：质量流量计。

(一) 节流元件(差压式流量计)

差压式流量计是在流通管道上安装节流元件(如图 12-3-3)，流体在通过节流元件时，流束将在节流元件处形成局部收缩，使流速增大，静压力降低，于是在阻力元件前后产生压力差。该压力差值可以通过压差仪表检测，流体的体积流量或质量流量与压差仪表所测得的压差值有确定的数值对应关系，通过测量压差值便可求得流体的流量。根据伯努利方程可以推导出介质流量与压差之间的关系式[式(12-3-1)及式(12-3-2)]。

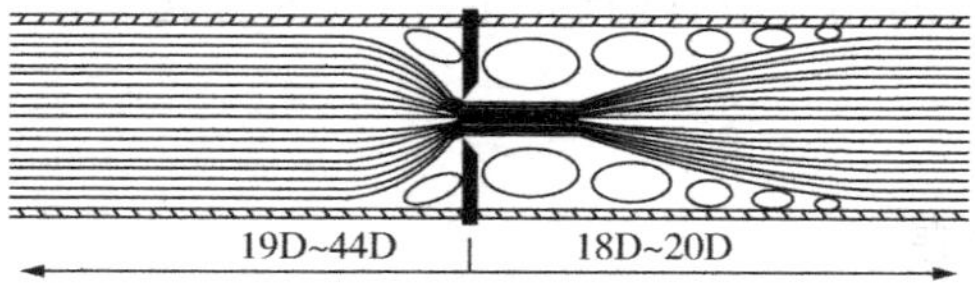

孔板流量计直管段要求很长

图 12-3-3　节流装置示意图

质量流量与差压的关系由下式确定：

$$q_m = \frac{C}{\sqrt{1-\beta^4}} \varepsilon \frac{\pi n}{4} d^2 \sqrt{2\Delta p \cdot \rho_1} \qquad (12-3-1)$$

体积流量与差压的关系由下式确定：

$$q_v = \frac{C}{\sqrt{1-\beta^4}} \varepsilon \frac{\pi n}{4} d^2 \sqrt{\frac{2\Delta p \cdot}{\rho_1}} \qquad (12-3-2)$$

式中　q_m——流体的质量流量，kg/s；

q_v——流体的体积流量，m^3/s；

C——流出系数；

ε——可膨胀系数，对于液体 $\varepsilon=1$，对于气体、蒸汽 $\varepsilon<1$；

d——节流件开孔尺寸，mm；

β——直径比，$\beta=\sqrt{nd}/D$；

D——管道内径，mm；

ρ——被测流体密度，kg/m^3；

Δp——差压，Pa；

n——为节流件开孔数。

国际国内标准化组织对标准节流装置进行过大量的实验研究，已经有一整套十分完整的数据资料，并形成了一套完整的标准规范(ISO 5167、GB/T 2624)，只要按标准规定设计、制造和安装，即可满足相应精度要求。标准节流装置是延迟焦化装置应用最广泛的流量测量仪表。在使用过程中需要注意以下问题：

1. 节流装置的温度压力补偿

式(12-3-1)中流量系数 C 与介质温度、压力及黏度相关，节流元件的开口 d 尺寸及直径比 β 与温度相关(节流元件材料受温度影响会有一定的变形)，介质密度 ρ 也会随介质温度、压力变化而变，所以如果被测介质温度、压力变化也会影响节流装置的测量精度。

在工程设计时，节流装置的口径是根据介质正常操作状态下计算的，所以只要被测介质的特性(温度、压力及密度)和计算状态下的条件不一样，就会产生附加误差，与计算状态下的条件偏离越大测量误差越大。

可以通过温度、压力补偿方式补偿部分误差。式(12-3-1)中流量系数 C、节流件开口 d 尺寸及直径比 β 受温度、压力的影响是无法补偿的，对于黏度变化造成的偏差也是无法补偿的。由于介质温度、压力与介质密度存在着确定的数值对应关系，可以用一定的函数表达，因此由介质温度、压力引起被测介质密度变化造成的偏差可以通过补偿修正。例如：对于气体流量测量一般采用温压补偿，补偿公式如下：

$$q_{v2}=q_{v1}\times P_1\times(273+T_2)/P_2\times(273+T_1) \tag{12-3-3}$$

式中　q_{v1}——设计状况下的流量；

P_1——设计状况下压力；

T_1——设计状况温度；

q_{v2}——工作状况下的流量；

P_2——工作状况下压力；

T_2——工作状况温度。

对于水蒸气测量，因为水蒸气的密度与水蒸气温度、压力的关系只能通过相关标准中通过查表的方式得到，所以水蒸气密度与温度、压力补偿只能通过查表方式得到。

2. 差压式流量计引压管堵塞问题

差压式流量计需要靠引压管将差压引至差压测量仪表(如图 12-3-4)，将差压信号转换成标准电信号传输到监视控制系统。引压管一般比较细，在施工焊接时容易被焊渣堵塞(施工焊接质量问题)。也可能被黏稠介质或介质中携带的固体颗粒堵塞。这样就会造成流量差

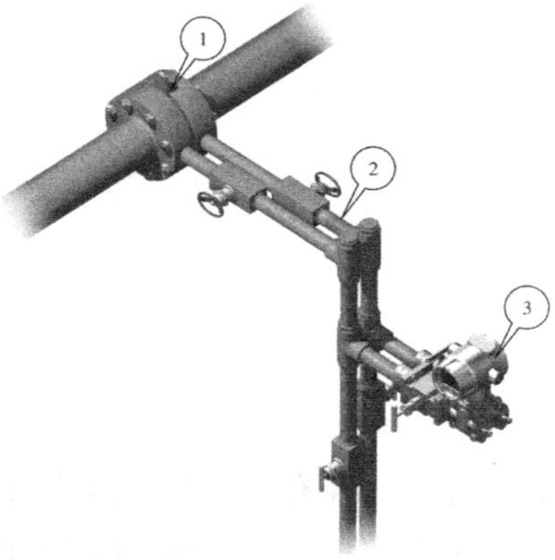

图 12-3- 4　差压式流量计示意图

1—节流装置；2—引压管；3—差压变送器

压测量信号失真导致流量测量偏差。

3. 引压管凝结

焦化装置中蜡油、渣油等黏稠介质在环境温度下容易凝结，也可能在高温下结焦，这样会导致引压管凝结或结焦造成引压管导压不畅，引起流量压差信号失真，导致流量信号失真。焦化装置中也有些介质黏度不大但含水，这些介质在环境温度较低时也容易在引压管中凝结，造成引压管导压不畅，引起流量差压信号失真。对于黏度不大但含水的介质通过加强仪表引压管的伴热保温或增设仪表引压管隔离液等方法可以解决上述问题。对于蜡油、渣油等容易结焦的黏稠介质采用引压管加冲洗液的方法防止引压管中介质凝结或结焦。焦化装置加热炉入口分支管线的渣油温度非常高，容易结焦，测量该管线介质的压力采用单法兰压力变送器，流量采用楔式节流装置加双法兰差压变送器。为防止高温介质在管线中结焦，在每个加热炉入口分支管上都有蒸汽注入点。同样为防止该管线上测量仪表结焦也可以在测量仪表管嘴附近注入蒸汽，如图 12-3-5，这样既可以防止介质在测量管嘴附近结焦，也可以降低测量元件的温度(冲洗蒸汽的温度比介质温度低)。图 12-3-6是蒸汽冲洗配管示意图。

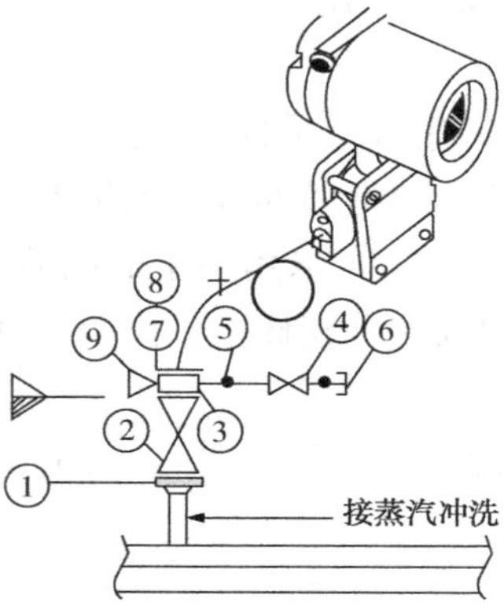

图 12-3-5　单法兰压力测量示意图

1—管嘴；2—次阀；3—冲洗环；4~9—连接管件

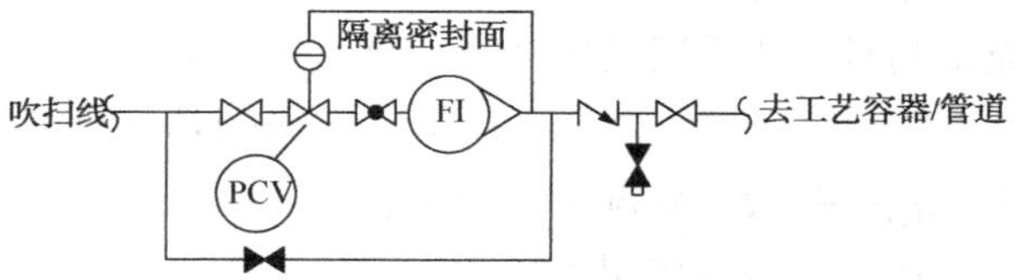

图 12-3-6　蒸汽冲洗示意图

PCV—自力是调节阀；FI—冲洗介质流量指示仪

注：流量计及调节阀正常流量为 20kg/h，
最大流量为 40kg/h。

4. 气体流量中引压管中的积液

采用节流元件测量介质的流量是通过测量节流元件前后的差压实现的，一般差压为10kPa、16kPa、25kPa，部分差压更小。炼油化工过程中的气体一般为饱和性气体，由于环境温度的变化以及介质本身温度和压力的变化，测量气体流量时仪表引压管容易产生液柱，并且很多气体本身带有部分液体，如果在引压管中产生 20mm 的液柱，就可能产生 2%的附加误差。这种误差可以通过仪表维护调校时定期将仪表引压管内产生的凝液排出，或者通过改变安装方式避免引压管中形成一定的积液，一般可将测量变送器安装在比测量点高的位置，引压管应有一定的坡度，这样引压管中形成的积液会沿引压管流入过程介质中。

5. 液体流量中引压管中的气泡

同样在炼油化工过程中的液体一般容易挥发，由于环境温度的变化引压管中液体容易产生气体或液体中本身夹带的气体很容易在引压管上积聚产生气泡，这种气泡会造成流量测量产生比较大的附加误差。克服这种偏差可以通过仪表引压管上的放空阀将引压管中的气体排出或者变送器位置安装比测量点的低，引压管应有一定的坡度，使气体沿引压管进入介质中。

（二）电磁流量计

电磁流量计是根据电磁感应原理制成的一种测量导电液体体积流量的仪表。电磁流量计的测量原理图如图 12-3-7 所示，在均匀磁场中(由 EPD 电极产生的磁场)，垂直于磁场方向有一个直径为 D 的管道。管道由不导磁材料制成，当导电的液体在导管中流动时，导电液体切割磁力线，在磁场及流动方向垂直的方向上产生感应电动势，如在产生感应电动势的方向上安装一对电极，则电极间将产生和流速成比例的电动势。感应电动势的大小为：

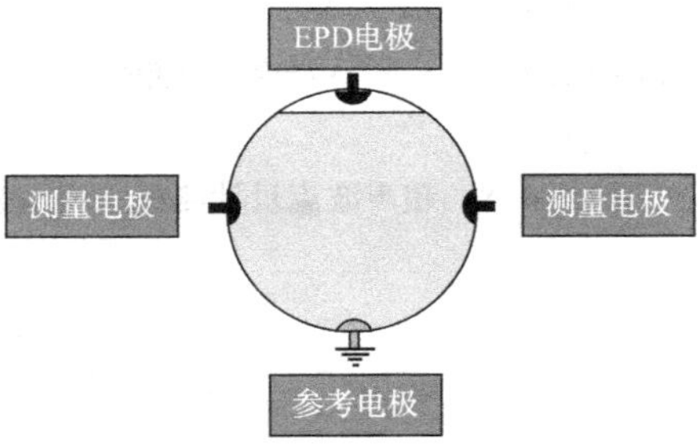

图 12-3-7　电磁流量计测量原理示意图

$$E = BDv \tag{12-3-4}$$

式中　B——为磁感应强度；

D——为管道直径；

v——为流体平均流速。

由于电磁流量计的测量导管内无可动部件或突出于管道内部的部件，因而压力损失极小。流量计的输出电流与体积流量呈线性关系，且不受液体温度、压力、密度、黏度等参数的影响。电磁流量计反应迅速，可以测量脉动电流，其量程比一般为 10 : 1，精度较低的量程比可达 100 : 1。电磁流量计的测量口径范围很大，可以做到 1mm 以上，测量精度高于 0. 5 级。电磁流量计可以测量各种腐蚀性介质：酸、碱、盐溶液以及带有悬浮颗粒的浆液。电磁流量计只能测量导电液体，因此对于气体、蒸汽以及含大量气泡的液体，或者电导率很低的液体不能测量。由于测量管内衬材料一般不宜在高温下工作，所以目前一般的电磁流量计也不能用于测量高温介质。为了保证电磁流量计测量精度，在安装时应注意如下事项。

① 要求液体充满管道。

② 电磁流量计对直管段要求不高，前直管段长度 $10D$，后直管段长度 $5D$ 以上。

③ 安装地点应避免强烈振动，并远离电磁场。

（三）超声波流量计

当超声波在流体中传播时，会受流体的流速的影响。因此，根据对接收到的超声波信号进行分析计算，可以检测到流体的流速，进而可以得到流量值。超声波流量测量方法一般为时差法。时差法的基本原理是通过测量超声波脉冲在顺流和逆流传播过程中的速度之差来得到被测流体的流速。超声波速度差法原理图如图 12-3-8 所示。在测量管道中，装两个超声波发射和接收器 F1 和 F2，F1 和 F2 与管道轴线夹角为 c，管道直径为 D，流体由左向右流动，速度为 v，此时由 F1 到 F2 或 F2 到 F1 的超声波传播速度如图 12-3-9 所示。超声波流量计外形图如图 12-3-10 所示。

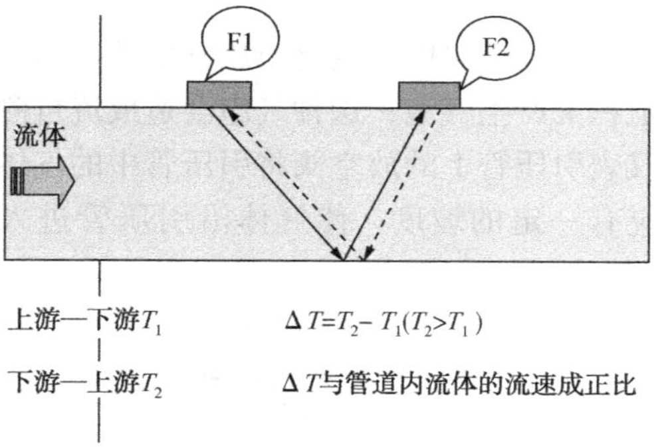

图 12-3-8　超声波流量计测量原理示意图

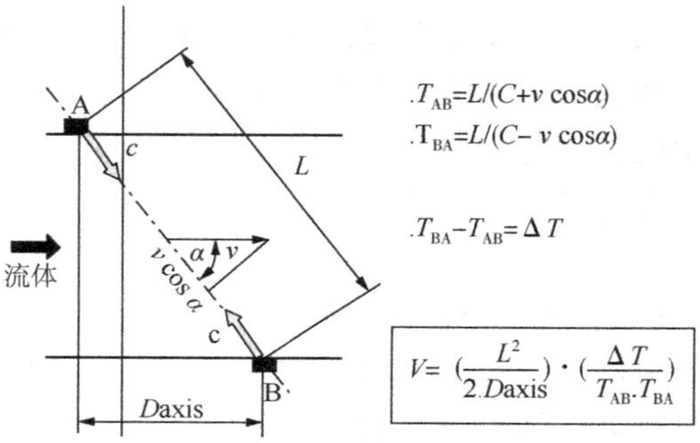

图 12-3-9　超声波流量计测量原理示意图

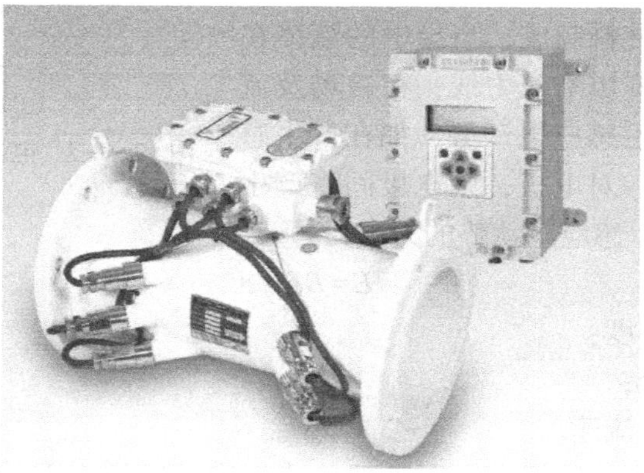

图 12-3-10　超声波流量计外形图

在测量时，超声波收发器置于管道外，不与流体介质直接接触，不破坏流体的流场，没有压力损失。超声波流量计可用于测量腐蚀性、高黏度液体和非导电液体的流量，尤其在测量大口径管道流量方面存在着性价比较高的优势。在延迟焦化装置中超声波流量计常用于测量高黏度蜡油、渣油等介质的流量。特别是可以在同一台仪表采用多个独立检测器和变送器，这样在要求控制和安全联锁检测元件独立设置时可以利用这种结构优势。

（四）容积式流量计

容积式流量计是直接根据流量计排出流体体积进行流量累计的仪表。它由测量室、运动部件、传动和显示部件组成。以刮板流量计为例（如图 12-3-11），A-B、B-C、C-D 以及 D-A之间空腔为测量室，测量室的固定标准容积为 V，在某一时间间隔内经过流量计排出的流体的固定标准容积数为 n，则被测流体的体积总量 $Q=nV$。利用计数器通过传动机构测出运动部件的转数 n，可测量出被测流体的流量 Q。容积式流量计的运动部件有往复运动和旋转运动两种。延迟焦化装置中一般用到的容积式流量计有刮板流量计、腰轮流量计、双转子流量等，通常用在进出装置的工艺介质的计量。由于容积式流量计有许多机械运动部件，易磨损、易卡死，故障率比较高。在使用容积式流量计时一般需要加除气器、过滤器以除去被测介质中的夹带的气泡和颗粒杂质。

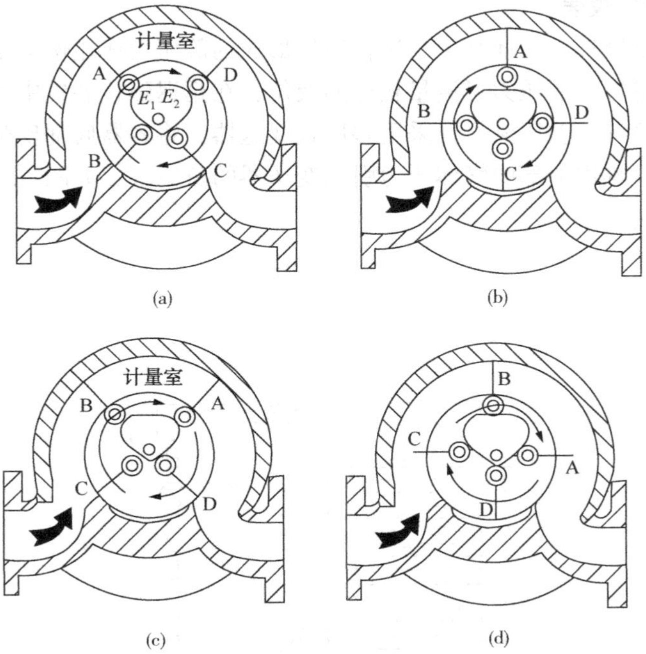

图 12-3-11　刮板流量计示意图

(五) 质量流量流量计

科氏力质量流量计是利用流体在振动的弯管中流动时，产生与质量流量成正比的科氏力而制成的一种直接式质量流量计。利用科氏力构成的质量流量计有直管、弯管、单管、双管等多种形式。以双管质量流量计为例，如图 12-3- 12 所示双管质量流量计由两根金属 U 形管组成，其端部连通并与被测管路相连，这样流体可以同时在两个 U 形管内流动，在两管的中间各装有一组由电能驱动的振荡器。振荡器在交变电压作用下使两根 U 形管彼此一开一合地振动，当被测介质在 U 形管内流动时将产生科氏力使 U 形管相位变形，此相位差的大小与质量流量成正比。通过变送器将此相位变形转换成直流 4～20mA 或脉冲信号。

图 12-3-12　科氏力质量流量计示意图

科氏力质量流量计的测量精度较高，主要用于黏度和密度相对较大的单相和混相流体的流量测量。由于结构等原因，这种流量计适用于中小尺寸的管道的流量检测。在延迟焦化装置中主要用于工艺介质的进出装置计量。

四、液位仪表

液位是过程控制中重要的物理量，在延迟焦化装置的生产过程中，需要对油罐、塔以及各种储液罐的液位进行检测，在延迟焦化装置中常用的液位测量仪表一般为基于静压式和浮力式测量原理的液位仪表。

（一）静压式液位仪表

基于液体静力学原理，液面高度与液柱质量形成的静压力成比例关系，当被测介质密度不变时，通过测量参考点的压力可测量相应的液位，在延迟焦化装置中大部分远传液位测量都是采用差压式液位计。差压液位计采用差压式变送器，将容器底部反映液位高度的压力引入变压器的正压室，容器上部的气体压力引入变送器的负压室，如图 12-3-13 所示。

差压变送器的两端差压：

$$\Delta P=\rho_1 H+\rho_1 h_1-\rho_2 h_2 \tag{12-3-5}$$

式中　ρ_1——隔离液体密度；

　　　ρ_2——被测液体的密度。

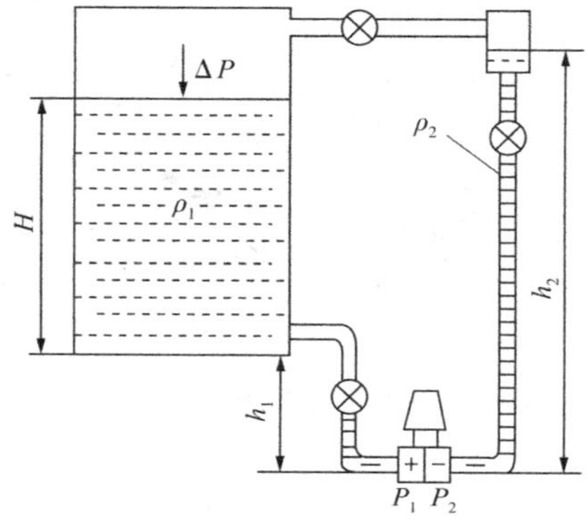

图 12-3-13　差压液位计测量原理示意图

（二）浮力式液位仪表

浮力式液位测量仪表是基于阿基米德定律，当飘浮于液面上的浮子或浸没在液体中的浮筒，在液位发生变化时其浮力发生相应的变化，将因浮力变化引起的变化量转化成成比例的电信号。通过这种方式来测量液位的有浮子式液位计和浮筒式液位计，在延迟焦化装置中使用比较多的为测量分馏塔液位的浮球式液位计以及测量各回流罐界位的浮筒式液位计。浮筒式液位计的测量原理图如图 12-3-14 所示。

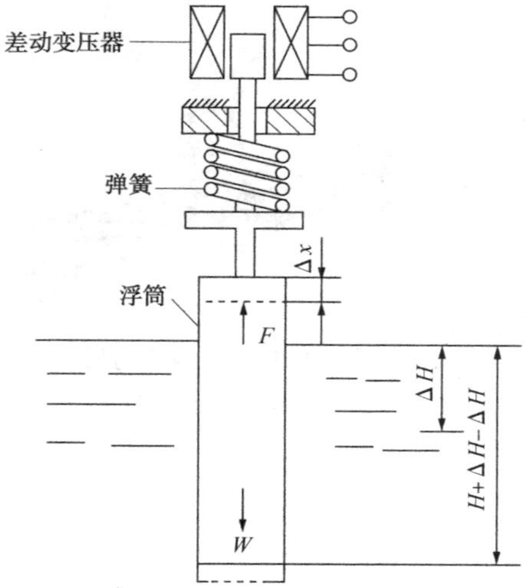

图 12-3-14　浮筒式液位计测量原理图

液面刚接触浮筒处为液面零点。当浮筒的一部分被液体浸没时，浮筒受到液体对它的浮力作用向上移动。当浮力与弹簧力和浮筒的重力平衡时，浮筒停止移动。通过差动变压器使输出电压与位移成正比关系。也可将浮筒所受到的浮力通过扭力管达到力矩平衡，把浮筒的位移量变成扭力矩的角位移，将角位移转换为电信号。

五、在线分析仪表

在线分析仪测量原理：

为了监视焦化装置分馏塔的分馏精度，通常需要在线测量柴油、蜡油等组分的馏程，这种测量介质组分馏程的分析仪表称为馏程分析仪。

组分馏程的测量原理(图 12-3-15)与实验室测量方式一样，样品进入仪表中的蒸发器，通过加热蒸发使得蒸发量和蒸发器中剩余量保持预设的百分比，该稳定状态下的温度为所测介质的馏程点。

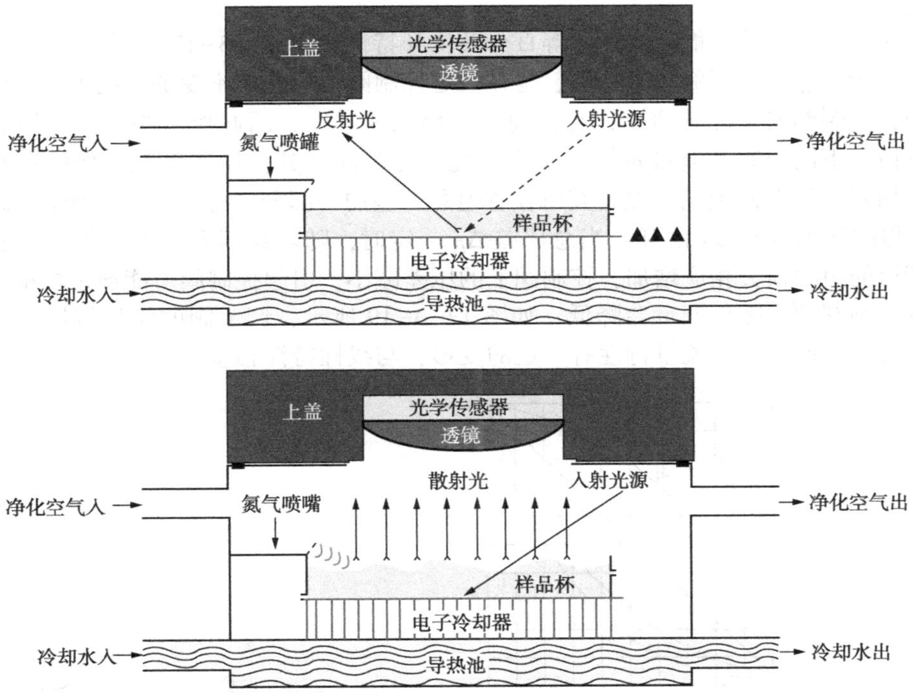

图 12-3-15 馏程测量原理图

在线倾点分析：样品进入在线分析仪的蒸发器加热蒸发，分析仪每隔 1℃用净化空气对蒸发器中的液体进行吹扫，在吹空气后瞬间由于样品表面的搅动就会导致照在油品表面的光大量漫反射。油品的流动性越好，来自于油品表面的漫反射信号就越多，在某一温度下样品不会再有漫反射信号出现，说明被测油品凝结，在吹空气后油品表面没有波动。这时分析仪就知道样品已经在此温度下完全凝结(凝点)。根据 ASTM 的规定此温度点提前 3℃为样品的倾点。

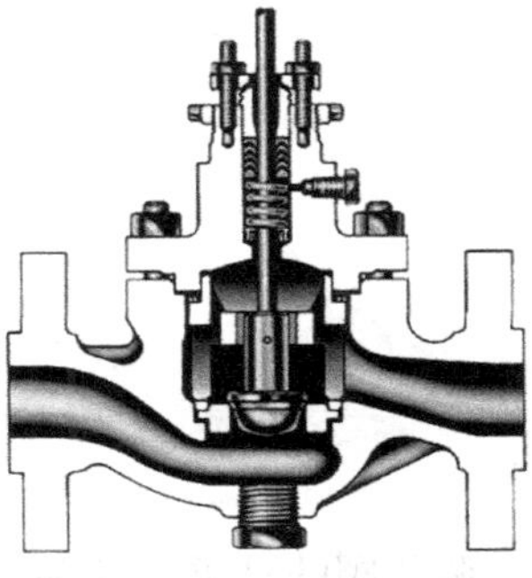

图 12-3-16 调节阀结构图

六、执行机构（调节阀）

执行机构是将控制器的输出信号转换为推力或位移推动的调节机构，控制调节阀阀芯的动作，改变调节阀阀芯与阀座间的流通面积，从而改变被测介质的流量或压力。如图 12-3-16 所示，由于阀芯随着阀杆在阀体内移动，改变了阀芯和阀体之间的流通面积，即改变了控制阀的阻力系数，被控变量的流量也发生了相应的改变，以实现控制工艺变量的目的。

调节阀的流通能力可以通过式(12-3-6)计算，该方程式是以伯努利方程为基础得到的。

$$Q_V = \xi C_V \sqrt{(p_1 - p_2)/\rho} \tag{12-3-6}$$

式中 C_V——为调节阀的流通能力；

p_1——调节阀的入口压力；

p_2——调节阀的出口压力；

ρ——介质密度；

ξ——阻力系数。

调节阀的流量特性一般有线性、等百分及快开特性如图 12-3-17 所示。图 12-3-17 所示的是调节阀理想状态下的流量特性，是在假定控制阀前后差压不变的情况下得到的，在实际应用中，控制阀安装在管道上，与其他设备串联或并联，因此控制阀前后差压总是变化的。这种情况下的控制阀流量特性会发生变化。控制阀与其他设备串联工作的示意图如图 12-3-18 所示，调节阀上的压差是其所在管道总压差的一部分，总压差 Δp 等于管路系统的压差 Δp_1 与控制阀压差 Δp_2 之和。当总压差 Δp 一定时，随着阀门开度的增加，引起流量的增加，管道的阻力损失相应增加，控制阀上的压差减小，引起控制阀所能通过的最大流量减少，所以控制阀的实际可调量会降低，如图 12-3-19 所示，调节阀的流量特性为线性，但在实际运行时，调节阀的流量特性有一定的变形，与线性特性相差较远。

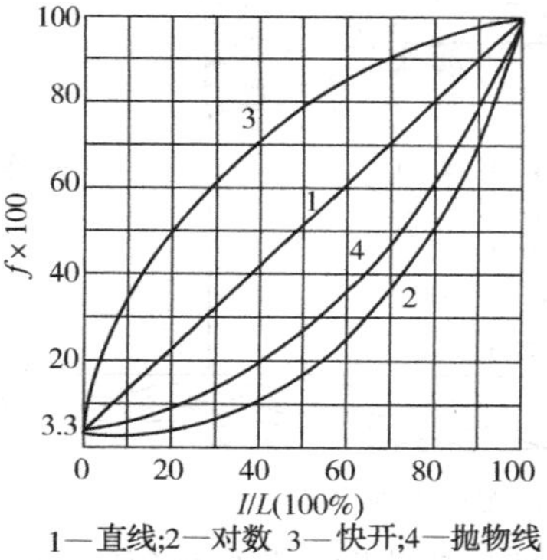

图 12-3-17　调节阀的特性示意图

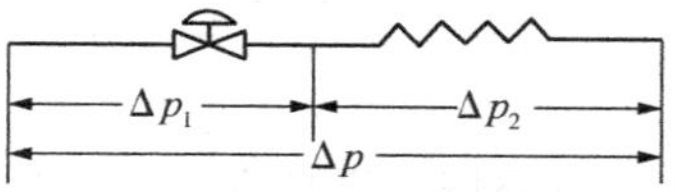

图 12-3-18　控制阀与其他设备串联工作的示意图

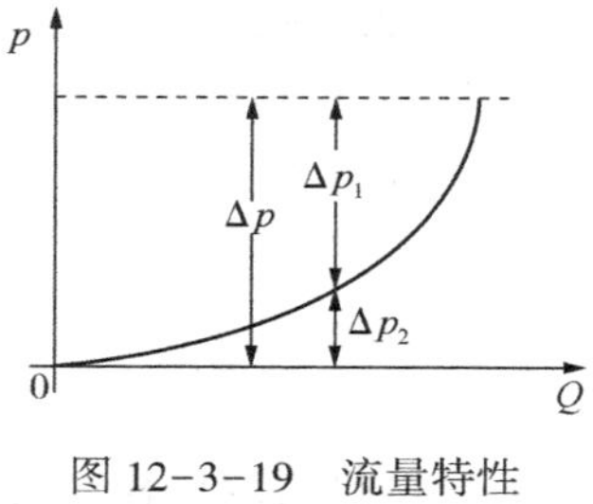

图 12-3-19　流量特性

调节阀的种类比较多，要根据工艺介质状况选择。在焦化装置中使用的调节阀种类相对比较简单，使用比较广泛的调节阀为单/双座调节阀(单座调节阀结构如图 12-3-16)和套筒式调节阀，对于黏度较大工艺介质如蜡油、渣油等，通常采用偏心旋转阀。因为偏心旋转阀的结构简单(如图 12-3-20 所示)，调节能力大，不容易卡死。由于是偏心设计，阀芯和阀座在开关时不摩擦，使用寿命相对长一些。

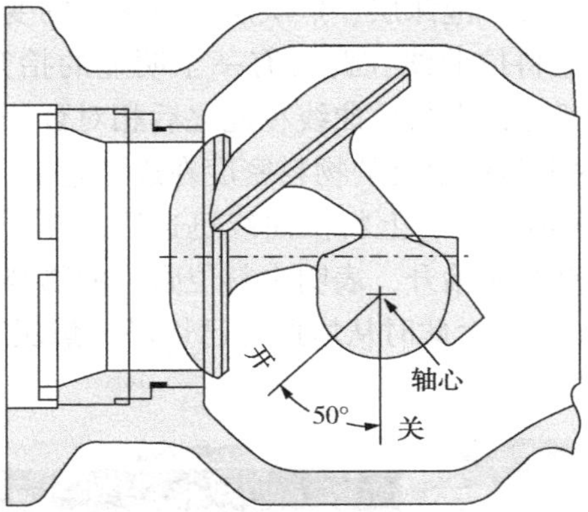

图 12-3-20　偏心旋转调节阀结构图

七、放射性料位计

延迟焦化装置焦炭塔的料位监测十分重要，焦炭塔的料位监测可以监视焦炭塔内介质的位置，防止泡沫从塔顶油气出口溢出，确保装置生产的安全性。焦炭塔的料位监测可以提高焦炭塔利用率，在固定的时间内尽可能大地提高焦炭塔的处理量。焦炭塔的料位监测可以准确有效地加入消泡剂，控制泡沫层高度，了解焦炭层、泡沫层上升趋势，了解冷焦水注水和放水的过程，指导工艺操作。焦炭塔的料位测量有 2 种形式的料位计，一种是点测量的中子料位计，另一种是连续大量程的铯 137 放射性料位计。

(一) 中子料位计

焦炭塔中子料位计的中子源为 50mCi(毫居)的镅-铍放射源，中子源向焦炭塔内放射快中子，快中子与焦炭塔内介质轻质元素特别是氢原子极易发生弹性反散射碰撞并经多次碰撞后被“慢化”为低能量的“慢”中子，“慢”中子的数量与焦炭塔内介质的密度有关，通过测量“慢”中子可以测量出焦炭塔内测点附近介质的密度的变化，从而测量出焦炭塔内测点附近泡沫层、焦炭层及冷焦水的变化。

中子料位计能监测出焦炭塔内不同物料密度及各物料界面(泡沫层、焦炭层上沿及冷焦水)的变化规律，精细化地指导焦化生产。通常在焦炭塔上部、中部及下部设置 3 个中子料位计，焦炭塔上部中子料位计作为上限泡沫监测报警，能有效地监测焦炭塔内油气、泡沫、焦碳层和水的位置。

上料位：一般设在焦炭塔上切线以下 2~4m 处，作为上限报警点，以此为安全生产监控。

中料位：一般设在上料位以下 3~5m 处，焦层最终到达的位置，同时依据此点物料密度值的变化情况，决定加入消泡剂的起始时机。

下料位：一般设在中料位以下 3~6m 处，正常处理量情况下焦炭层应超过此点。根据此点的历史趋势记录，可以有效地对物料分布规律提出预报。

中子料位计灵敏度高、重复性好、响应时间快、测量稳定性好、抗干扰能力强，密度测量精度≤±2%。50mCi 镅-铍中子源裸源距其 1m 处的辐射剂量当量率小于 2.5μCi/h，符合国家放射性物质安全卫生防护标准。

通常焦炭塔油气层百分密度为3%~10%，泡沫层百分密度为20%~45%，焦炭层百分密度为55%~65%，冷焦水百分密度为75%~85%。中子料位计的密度测量精度≤±2%，所以可以测量出焦炭塔测点附近油气、泡沫层、焦炭层及冷焦水的变化。

图 12-3-21 中(4)表示上料位曲线在此时有一个明显的抬升，相对百分密度超过 8%，说明上料位检测点已检测到稀泡，上料位曲线在此之后相对百分密度值逐渐增加，其数值由8%经 30%到 40%。表明塔内上料位附近的物料密度在逐渐增加，物料状态由稀泡变为浓泡。图中(5)表示此时从塔顶注入消泡剂，上料位曲线迅速回落至 5%左右，表明塔内上料位附近已没有泡沫，中料位曲线有明显抬升，表明中料位附近的物料密度在增加，表示焦炭层已经到中部料位计附近。图中(6)表示此时从塔此时已切塔，焦炭塔停止注油，进行吹扫，中料位泡沫层回落。

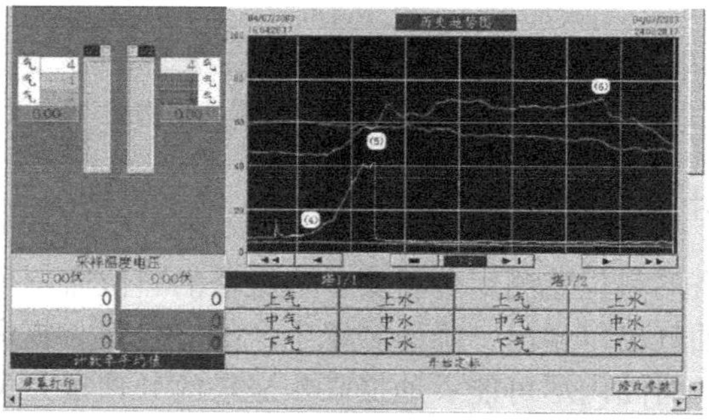

图 12-3-21　中子料位计测量显示图

（二）放射性料位计

焦炭塔料位的另外一种测量方式如图 12-3-22 所示，放射性源采用$^{60}C_o$(大约为 30~50mCi，根据焦炭塔的壁厚和直径确定)或$^{137}C_s$。放射源①发出射线，射线穿过焦炭塔到接收器②时，射线被焦炭内不同高度的介质吸收，接收器接收到射线的强度就能测量焦炭塔内的介质密度及介质的高度，此料位计可以连续测量焦炭塔内介质的高度。焦炭塔上部设置料位开关如图 12-3-22③④所示，此料位开关一般设在焦炭塔上切线以下 2~4m 处，作为上限报警点，作为焦炭塔安全生产监控。

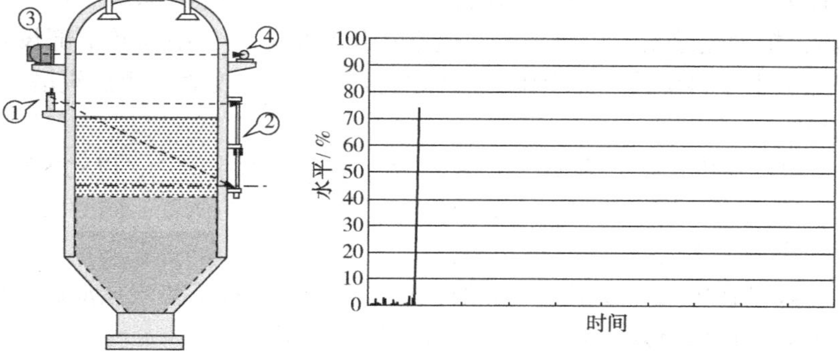

图 12-3-22　放射性料位计测量示意图

①—放射源；②—连续料位接收器；③—放射源；④—开关接收器

图 12-3-23 右侧的趋势图表示焦炭塔内介质高度的变化情况：①表示泡沫层逐渐增加到加消泡剂后回落的过程，②表示焦炭塔内焦炭逐渐上升的过程。当连续料位计测量焦炭的高度达到 80%时切塔。

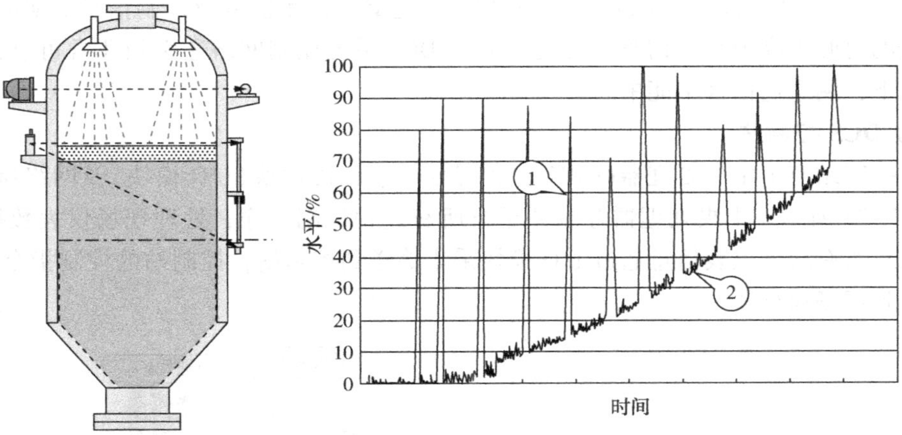

图 12-3-23 放射性料位计测量示意图

1—泡沫层；2—焦炭

八、控制系统

在石油化工领域，目前控制系统基本都采用分散型控制系统(DCS)，DCS 融合了计算机技术、通讯技术和图形显示技术，以微处理器为核心，对生产过程进行集中操作管理和分散控制，具有控制精确度高、可靠性好和维护工作量少等特点，能够实现工艺装置的集中控制、平稳操作，从而提高产品产量和质量，降低能耗。同时可以充分发挥工艺装置的生产加工能力，提高装置的经济效益。

DCS 系统的结构图如图 12-3-24 所示，由工程师站、操作员站、控制站、数据库以及控制网络组成。

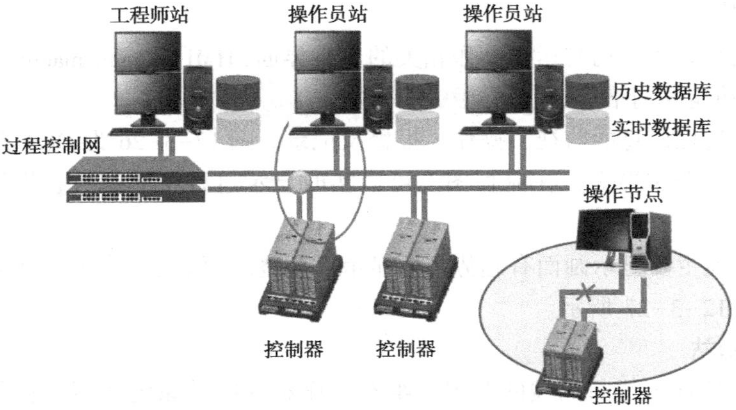

图 12-3-24 DCS 系统的结构图

（一）DCS 控制网

DCS 控制网是将若干个控制器（过程站）、操作站以及相关控制设备通过网络连接在一起，各控制器通过网络可进行数据交换。操作站通过网络收集生产数据，传达操作指令。DCS 控制网对于 DCS 的系统来说是十分重要的。它必须满足监视及控制信息的实时性要求，即在一定的时间限度内完成信息的传送。同时 DCS 系统控制网络还必须非常可靠，无论在任何情况下，网络通信都不能中断。

（二）DCS 控制站

DCS 控制站有由中央处理器（CPU）、信号输入、输出模块（I/O 模块）及网络接口组成，如图 12-3-25 所示。中央处理器存放并运行所有过程控制程序，处理现场仪表数据，执行控制决策。所有现场仪表信息通过 I/O 模块采集输送到控制站，控制站的控制指令通过 I/O 模块输出到现场执行器。

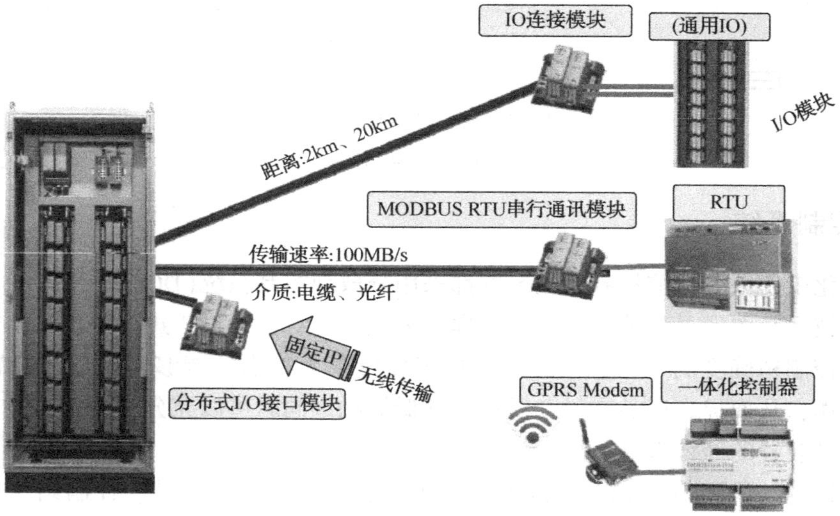

图 12-3-25　DCS 系统控制站示意图

（三）操作站

DCS 操作站是处理一切与运行操作相关的人机界面（HMI-human machine interface 或 operator interface）功能的网络节点。

操作站用于过程信息的监视、操作、报警及记录。图 12-3-26 为 DCS 流程图显示画面，为系统主要监控和操作界面，在流程图上可以实时显示过程工艺参数、报警信息以及运行状态。

操作站的其他主要显示画面有趋势画面显示、调整画面显示、报警画面以及联锁逻辑图画面显示，如图 12-3-27 所示。

（四）工程师站

工程师站是对 DCS 进行离线的配置、组态工作和在线的系统监督、控制、维护的网络节点，其主要功能是对 DCS 系统进行组态，并在 DCS 在线运行时实时地监视 DCS 网络上各个节点的运行情况，使系统工程师及时调整系统配置及一些系统参数的设定。

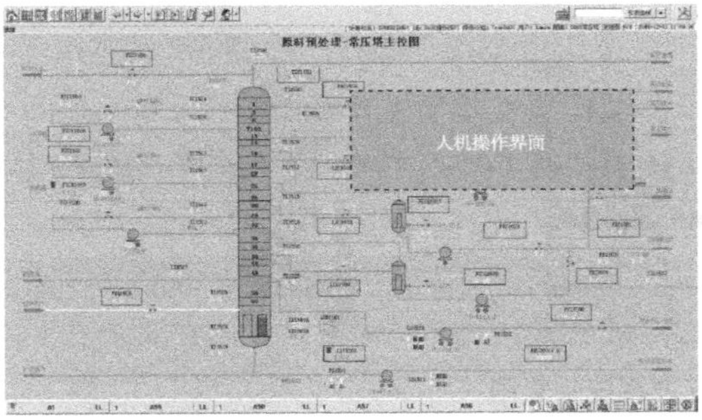

图 12-3-26　DCS 流程图显示画面

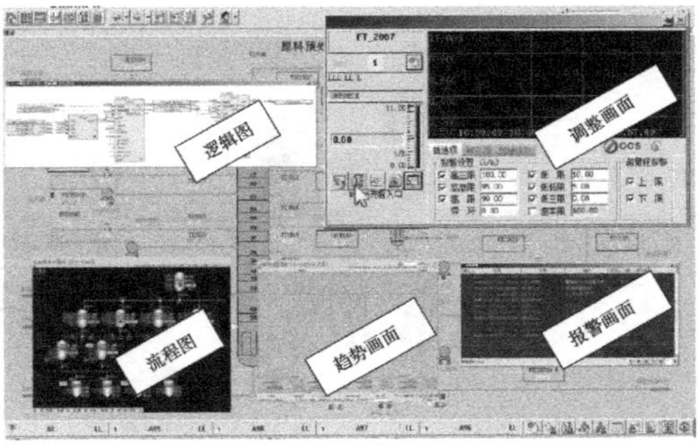

图 12-3-27　DCS 显示画面

第四节　延迟焦化装置安全联锁系统

SIS 系统(Safety Instrumented System 安全仪表系统)用于保障工艺装置安全生产的系统，安全等级高于 DCS 的控制系统。当生产过程出现异常时，SIS 会进行干预，使工艺过程处于安全状态(装置自动停车)或隔离危险装置，降低事故发生的可能性，以达到对装置和人员的保护等功能。

如图 12-4-1 所示，正常情况下，工艺参数在控制系统的控制下处于正常波动范围内，但由于某种原因，控制失效，失控的过程参数就会超出正常范围达到临界报警值，通过发出报警的方式提醒操作人员进行进一步的干预，使失控参数回到正常控制范围内。如果失控参数进一步恶化，达到安全联锁值，安全仪表系统的逻辑运算单元就会执行预定程序，使失控参数相关过程停止运行处于安全状态，防止失控参数继续恶化而造成严重事故。

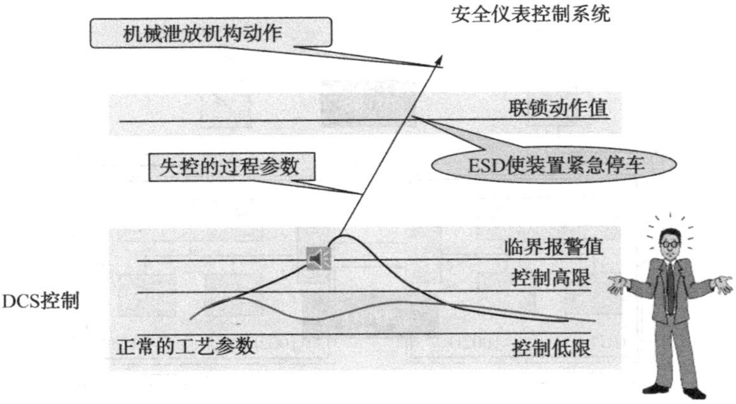

图 12-4-1 安全控制示意图

安全仪表系统包括传感器、逻辑运算控制器和最终执行元件，即检测单元、控制单元和执行单元，如图 12-4-2 所示。SIS 系统可以监测生产过程中出现的或者潜伏的危险(检测单元)，发出告警信息或直接执行预定程序(控制单元)，立即执行操作指令(执行单元)，防止事故的发生、降低事故带来的危害及其影响。

SIS 系统应满足工艺过程要求的特定安全完整性等级(SIL)要求。

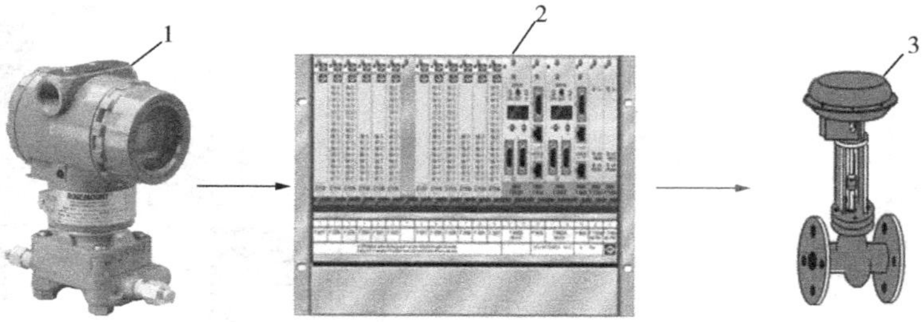

图 12-4-2　安全仪表系统示意图

1—传感器；2—逻辑运算控制器；3—执行元件

一、SIS 系统的控制单元

符合 IEC61508 和 IEC61511 国际安全协会的安全标准规定，具有特定安全完整性等级(SIL)认证。

容错性的多重冗余系统，SIS 系统的控制单元一般采用多重冗余结构以提高系统的硬件故障裕度，单一故障不会导致 SIS 系统的控制单元安全功能丧失。

SIS 系统的控制单元系统结构主要有双重化、TMR(三重化)及 2004D(四重化)等。

TMR 结构：它将三路隔离、并行的控制系统(每路称为一个分电路)和广泛的诊断集成在一个系统中，用三取二表决提供高度完善、无差错，高可靠性的控制。

2004D 结构：2004D 系统由 2 套独立并行运行的系统组成，如图 12-4-3 所示，通讯模块负责其同步运行，当系统自诊断发现一个模块发生故障时，CPU 将强制其失效，确保其输出的正确性。一个输出电路实际上是通过四个输出电路及自诊断功能实现的。这样确保了系统的高可靠性、高安全性及高可用性。

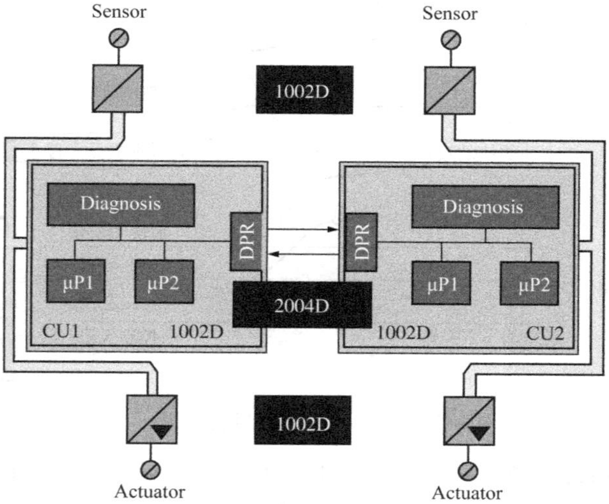

图 12-4-3　2004D 结构示意图

自诊断覆盖率大，可实现从传感器到执行元件所组成的整个回路的安全性设计，具有 I/O 短路、断线等监测功能。

响应速度快，从输入变化到输出变化的响应时间一般在 10～50ms 左右，一些小型 SIS

的响应时间更短。

二、SIS 系统的检测单元

SIS 系统的检测单元，实际上目前石油化工生产装置采用的是过程控制检测元件，但随着国家安全标准体系的完善、工业产品以及产品使用经验数据库的建立，SIS 系统的检测单元也应该具有特定安全完整性等级的安全功能，根据过程特定安全完整性等级的要求，可根据检测元件自身安全等级采用 1~3 个检测元件，组成 2 取 1、2 取 2 或 3 取 2 方式。

三、SIS 系统的执行元件

执行元件在石油化工生产装置的安全仪表系统中投资比例相对比较高，特别是装置规模大型化后，执行元件的投资比例进一步升高，所以在满足过程特定安全完整性等级要求时应尽可能减少执行元件数量。

通常情况下，在满足过程特定安全完整性等级要求时为提高装置运行的可靠性，执行元件紧急切断阀采用双电磁阀并联方式，如图 12-4-4 所示，任何一个电磁阀失效都不会影响装置正常运行。

在过程特定安全完整性等级要求更高的情况下，执行元件采用双紧急切断阀配双电磁阀并联方式，如图 12-4-5 所示任何一个电磁阀失效不会影响装置正常运行，同时任何一个切断阀失效不会影响过程的安全功能。通常大型延迟焦化装置加热炉的燃料切断阀采用这种方式。

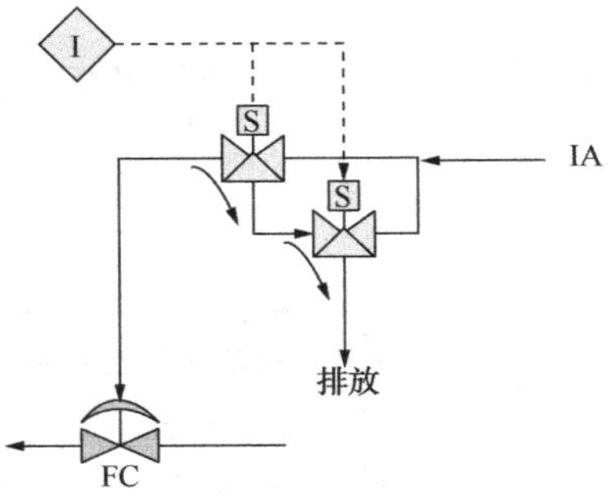

图 12-4-4　切断阀双电磁阀并联气路示意图

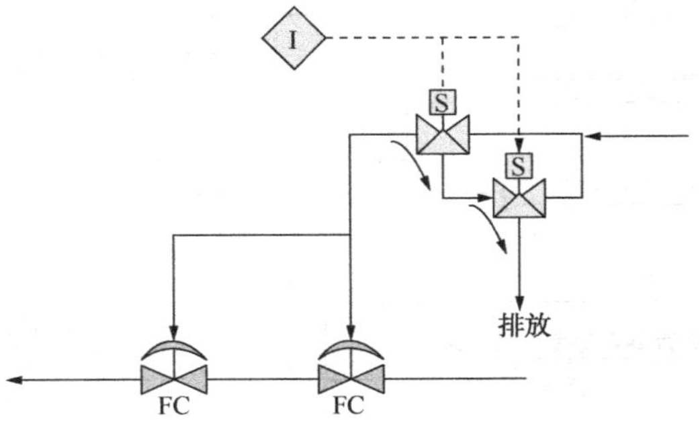

图 12-4-5　双切断阀双电磁阀并联气路示意图

四、焦化装置的安全联锁

焦化装置的安全联锁关系相对比较简单，装置主要的安全保护联锁子系统有：富气压缩机安全联锁、焦化加热炉安全联锁、高压水泵安全联锁等。用逻辑图能够详细表示安全保护联锁子系统的原因与结果之间的联锁逻辑关系，图 12-4-6 所描述的是延迟焦化装置加热炉的联锁逻辑关系。

当加热炉长明灯压力变送器 PT-A\\B\\C 的压力正常时经过三取二后为“1”，当长明灯复位按钮为“0”，加热炉切断按钮(常闭)为“1”，此时长明灯切断阀开。

当长明灯压力变送器 PT-A\\B\\C 中有两个或两个以上为“0”时经过三取二后为“0”，

长明灯切断阀的电磁阀失电，此时长明灯切断阀关。

由于长明灯压力变送器 A\\B\\C 在长明灯切断阀后，该切断阀不打开，长明灯压力变送器 A\\B\\C 就不能恢复正常，因此需要有一个强制复位，当复位按钮按下时输出为“1”并保持 10s，长明灯切断阀的电磁阀带电，此时长明灯切断阀打开，在阀开这 10s 内使长明灯压力变送器 A\\B\\C 压力正常。

当主燃料气压力变送器 PT-A\\B\\C 中有两个或两个以上为“0”时经过三取二后输出为“0”，主燃料气切断阀的电磁阀失电，此时主燃料气切断阀关。1h 后如果燃料气不能恢复正常，或者加热炉出口温度低于设定值，加热炉进料支路流量调节阀的电磁阀失电关闭，进料支路蒸汽注汽切断阀打开。

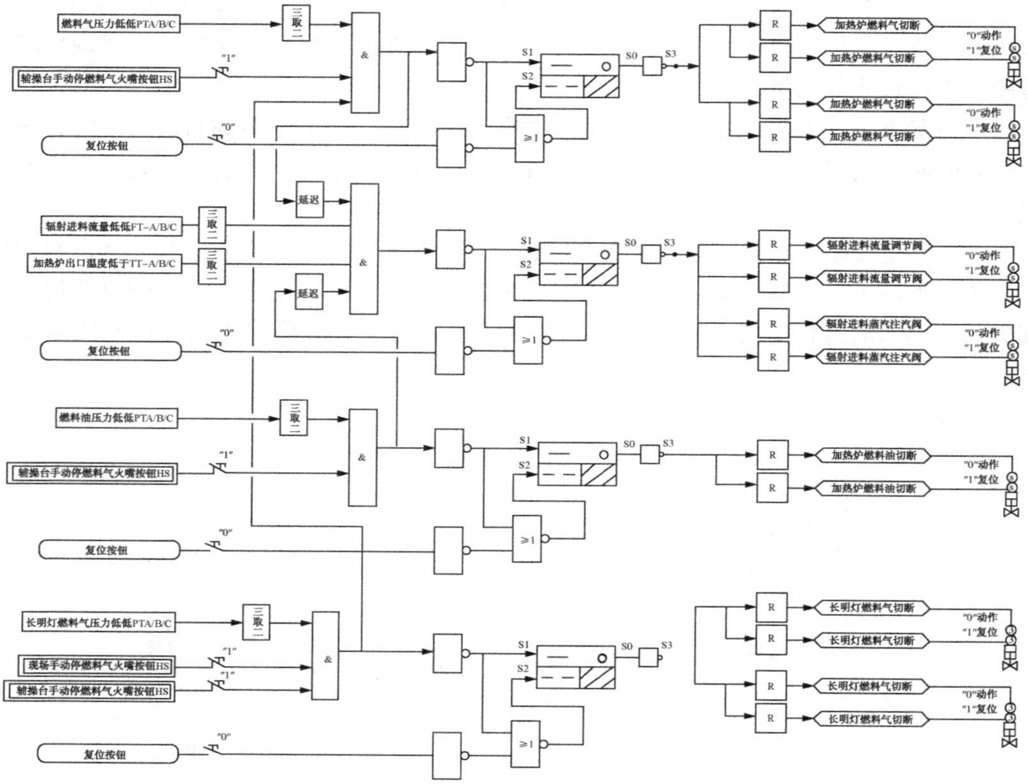

图 12-4-6　延迟焦化装置加热炉联锁逻辑图

当燃料油压力变送器 PT-A\\B\\C 中有两个或两个以上为“0”时经过三取二后仍为“0”，燃料油切断阀的电磁阀失电，此时燃料油切断阀关，雾化蒸汽压力调节阀的电磁阀失电，雾化蒸汽的压力调节阀关。1h 后如果燃料油不能恢复正常，或者加热炉出口温度低于设定值，加热炉进料支路流量调节阀的电磁阀失电关闭，进料支路蒸汽注汽切断阀打开。

焦化加热炉任一进料支路流量低低时，此时主燃料气切断阀的电磁阀失电，主燃料气切断阀关；燃料油切断阀的电磁阀失电，燃料油切断阀关，进料支路蒸汽注汽切断阀打开。

紧急状态时，按下加热炉紧急切断按钮，紧急按钮的输出为“0”，此时长明灯切断阀的电磁阀失电，长明灯切断阀关；主燃料气切断阀的电磁阀失电，主燃料气切断阀关；燃料油切断阀的电磁阀失电，燃料油切断阀关；雾化蒸汽压力调节阀的电磁阀失电，雾化蒸汽的压力调节阀关。

参 考 文 献

[1] 戴连奎，于玲，田学民．过程控制工程[M].3版．北京：化学工业出版社，2012.
[2] 陆德民，张振基，黄步余．石油化工自动控制设计手册[M].3版．北京：化学工业出版社，2001.

第十三章　先进控制技术应用

第一节　先进控制基本概念

一、先进控制技术发展历程

（一）先进控制技术的发展历程

先进控制（APC）的概念，是相对于基于比例积分微分（PID）控制的传统经典控制技术而言的，基于现代控制理论的过程控制技术。

为了把现代控制理论应用于过程控制领域，解决工业生产过程控制中的难题，20 世纪 70 年代以来，人们进行了不懈的努力，加强了建模理论、辨识技术及最优控制等工程化的研究。这些研究工作，对深入认识连续生产过程控制的特点和规律起到了重要作用。在此基础上，并从工业过程的特点出发，提出了一些对数学模型要求不高，在线计算方便并有较强鲁棒性的实用控制策略和方法，如推理控制、鲁棒控制、自适应控制等，并在实际生产过程中得到了一些应用。

但直到 20 世纪 70 年代末，模型预估控制的出现，才使得先进控制技术逐渐被工业界广泛接受。1980 年前后，来自过程控制界的两位专家 J. Richalet 和 C. R. Cutler 分别报道了解决实时动态环境下带约束多变量耦合系统控制问题的有关研究成果，这就是著名的模型预测启发式控制（MPHC）和动态矩阵控制（DMC）。自此，过程工业界便开始广泛接触现代控制理论的概念，引发了预估控制等先进控制策略在工业过程控制中的大量实际应用。

模型预估控制，具有建模方便、鲁棒性强、适应范围广、便于实施等优点，与其相应的理论基础和设计方法也得到了深入研究。通过在模型辨识、优化算法、控制结构分析、参数整定和有关控制稳定性和鲁棒性等一系列深入研究，基于模型控制的理论体系和工程技术体系逐步形成和完善。整个 80 年代，出现了许多基于模型预估控制的工程化软件包，为先进控制技术的工业应用打下了坚实的基础。

模型预测控制，已成为目前工业过程控制中应用最成功、也最具有发展前途的先进控制策略。

（二）中国石化先进控制技术推广应用中主流 APC 软件简介

在中国石化各炼化企业的先进控制系统建设中，采用的 APC 软件主要是：美国艾斯本科技公司的 Aspen DMCplus 控制器软件及 Aspen IQ 软仪表软件；美国霍尼韦尔公司的 Honeywell Profit Sute 软件，该软件的控制器部分，过去被称为 RMPCT 控制器软件。由于这两个品牌的 APC 软件应用广泛，本文就不再详细介绍了。

近年来，国内自主品牌的 APC 软件，也取得了长足的进步。其中浙江中控的 SUPCON

APC Suite 已经在化工领域和石化企业有了不少应用案例。起步于 2014 年由石化盈科联合清华大学合作开发的 PROCET 先进控制软件，近几年已经在催化裂化、气体分馏、重整、延迟焦化等装置上成功应用。

1. SUPCON APC-Suite 软件

浙江中控先进控制软件 APC-Suite 由先进控制平台 APC-iSYS、多变量鲁棒预测控制软件 APC-Adcon、智能软测量软件 APC-Sensor 等关键组件组成，参见图 13-1-1。

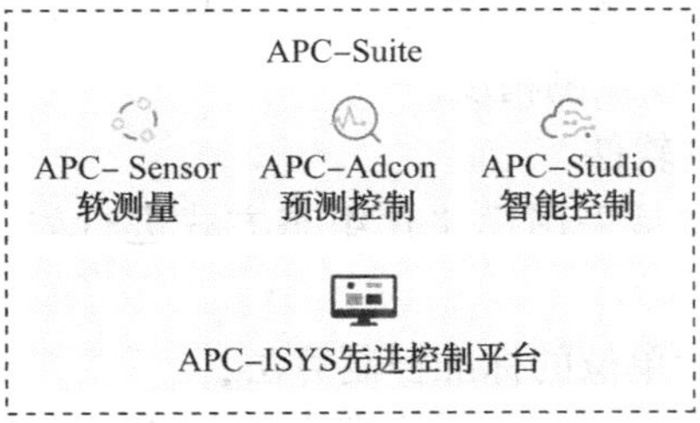

图 13-1-1　SUPCON APC-Suite 的组成

(1) APC-iSYS 先进控制平台

APC-iSYS 先进控制平台是一个模块化、标准化、开放性的数据平台，可实现工业生产过程数据的采集、处理、存储和应用，并支持对生产过程的监控、先进控制与优化以及过程统计管理等，为先进控制系统提供数据支撑。由核心实时数据库、应用组件、组态组件等模块组成，是实现先进控制、软测量、工艺计算和过程模拟优化的基础数据平台，可提供以下功能：

① 提供秒级、长期(2~3 年以上)生产运行数据的存储；

② 支持对生产实时数据、历史数据的采集；

③ 支持数据的历史回溯与备份；

④ 强大的数据分析和数据管理；

⑤ 提供标准的 OPC DA2.0 接口，支持 OPC 协议通讯。

(2) APC-Adcon 多变量预测控制软件

APC-Adcon 多变量预测控制软件是 APC-Suite 的核心软件，适用于多变量、强耦合、大时滞、带约束的复杂生产过程的平稳控制和动态优化，包括建模、控制器设计、仿真、组态和在线应用等多个组件，可提供以下功能：

① 实现定值控制和区域控制：可以将被控变量(CV)设置为设定值控制，也可以设置为区域控制，满足工艺变量多元化控制需求，通过对工艺变量的平稳控制和“卡边”优化，在确保安全的前提下将装置运行工况逐渐推进到最优状态；

② 有效抑制可测扰动：对可测扰动(如进料量、蒸汽压力、冷却水温度等)同时建模，预测扰动变量(DV)对过程的影响，实现自动有效补偿，提高装置运行的平稳性，降低劳动强度；

③ 提供多目标动态优化：通过对表征装置运行过程中的安全、稳定、质量、产量、能耗等方面的多个工艺参数进行优先级设置，按照权重优先级依次满足，自动解耦寻优，实现在确保装置安全、稳定、产品质量合格的前提下，达到提高产品收率、降低能耗的目的。

(3) APC-Sensor 智能软测量软件

APC-Sensor 智能软测量软件以工艺机理建模、神经网络和多元统计回归等技术方法为核心，集数据预处理、辅助变量选择、离线建模与仿真、在线运行、数据校正等功能于一体，利用可测工艺变量实时估算未知变量，是生产操作和先进控制的重要辅助软件，可提供以下功能：

① 实时、准确的预测生产过程不可直接测量的关键工艺参数；

② 提供炼油、石化、化工过程特定工艺对象的工艺机理模型和数据驱动模型；

③ 采用独特的在线模型滚动校正和化验室数据偏差校正的双重校正技术，对预测结果或预测模型进行校正，提高在线预测精度。

（4）APC-Studio 智能控制软件

APC-Studio 智能控制软件是采用模块化组态方式进行先进控制方案设计的有效工具。可提供以下功能：

① 提供一系列以功能块为单位的标准控制算法；

② 支持工艺与控制专家经验的控制功能模块的自定义开发和固化；

③ 提供便捷的功能块拖放和数据连接，支持特殊控制功能的自定义实现；

④ 为多元化行业解决方案提供模块化设计环境，支持解决方案的标准化实现，提高实施效率。

2. PCITC PROCET-APC 软件

PROCET 先进控制软件(PROCET-APC)是具有国内完全自主知识产权的先进控制套装软件，由石化盈科与清华大学合作开发。PROCET-APC 的核心功能是实现多变量协调控制和质量指标软测量。

（1）PROCET-APC 软件组成

如图 13-1-2 所示，PROCET-APC 软件包括离线和在线两大部分。离线部分包括软测量建模、模型辨识和控制器组态与仿真组件。在线部分包括软测量、多变量控制器、监控器和数据平台组件。

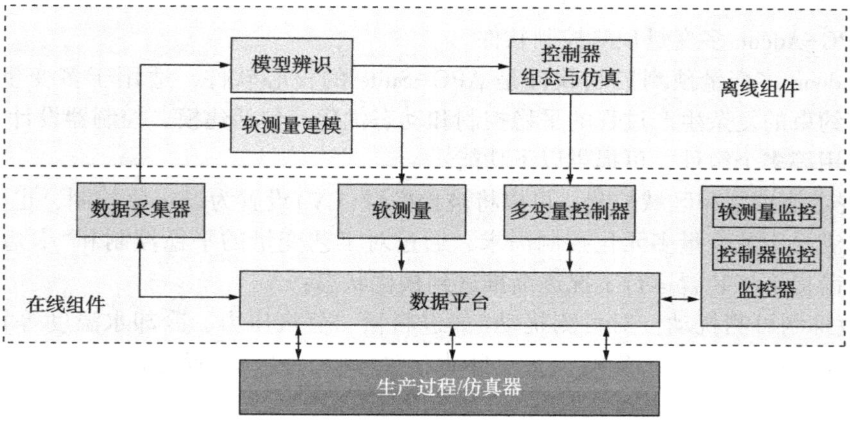

图 13-1-2　PROCET-APC 的组成

（2）PROCET-APC 多变量控制器

多变量控制器是 PROCET-APC 的核心软件，其相关的组件包括模型辨识器、组态与仿真器、在线控制器等。其功能特点为：

① 以预测控制算法为基础，对工艺复杂、相互关联严重、大滞后的多变量系统，实现快速平稳控制。

② 对多变量约束过程进行实时决策，提供快速协调或全局优化二种决策机制的多变量协调策略。

③ 提高控制的鲁棒性，包括区域控制和解决动态矩阵病态下的求解问题等技术。

④ 采用与动态控制融合为一体的局部稳态在线优化，根据生产实际情况实现增加高价值产品的收率或节能降耗等。例如，使常压塔、减压塔轻质油收率最大。

⑤ 模型辨识采用正则化最小二乘法、高阶积分等技术，提高辨识的精度和鲁棒性。

⑥ 所有控制和模型参数可在线调整，易于在线整定和维护。

(3) PROCET-APC 软测量

PROCET-APC 软测量软件包括软测量建模和在线组件，通过软测量软件建立质量指标的静态或动态模型，并在线实时计算，实现质量指标开环指导或闭环控制。其功能特点为：

① 提供了多种建模方法，可支持数据驱动的建模和自定义机理建模。数据驱动的建模方法包括偏最小二乘 PLS、神经元网络等。

② 提供了适应动态变化过程的动态软测量技术，支持稀疏化验数据条件下的动态软测量建模。

③ 可对原始变量进行机理变换，方便融入机理知识。

④ 提供化验室数据和分析仪数据两种校正，提高在线计算的精度。

⑤ 提供炼油化工过程特定工艺对象的机理计算模型。

(4) 专用智能控制器

PROCET-APC 软件，还包括专用控制器。专用控制器是在通用多变量预测控制技术无法满足控制需求或不能取得更好的控制效果的情况下，采用人工智能、工艺机理、专家知识、预测控制等先进控制技术和在线优化技术，针对一类生产装置对象开发的控制器，以取得更好的控制效果。

目前已开发了延迟焦化炉智能控制器；专用智能控制器在总体架构下具有扩展性，可根据特殊生产需求而开发特殊控制算法。

二、先进控制的特点

(一) 与常规 PID 控制的不同

在生产过程自动控制中使用最为广泛的是 PID 控制算法，其原因是 PID 算法鲁棒性强、操作简单方便。但是由于装置处理量不断增大，工艺过程越来越复杂，对自动控制的要求也越来越高。为追求更好的控制性能、更有效的抗干扰能力和更能控制体现产品质量的性能指标，PID 算法已不能满足人们的要求。开发和应用更先进的控制方法，例如基于模型的控制算法(先进控制算法)，便成了近三十多年来的热点。

常规 PID 适用于单回路对象或者由快慢回路组成的串级控制对象，无法将一个操作单元作为整体对象来处理。先进控制可以理解为一个多对多的大串级控制器，与串级的区别是其采用的算法不是 PID，而是基于对象模型矩阵的预测控制算法。

PID 控制算法是单输入单输出简单反馈控制回路的核心算法，其理论基础是经典控制理论，主要采用频域分析方法进行控制系统的分析设计和综合。预测控制是直接从工业过程应用中提出的一类基于模型的优化控制算法。它的产生首先是工业实践的迫切需求，也是来自对生产过程及其特点深入观察研究的灵感。它的出现使得过程控制中强耦合、大迟延等难题迎刃而解，为过程控制增添了新的活力。

（二）对于装置对象的针对性

常规 PID 控制仅有三个参数可以调整，比例度 P、积分时间 I、微分时间 D，无法准确应对被控对象的动态特性与稳态特性，控制效果不一定是最佳的。预测控制普遍采用参数模型或者非参数模型，能够有效地表达被控指标(因变量)受操作手段以及干扰因素(自变量)的影响。

（三）系统实现与运行特点

先进控制系统的实现，往往需要基于大规模的计算(数据处理与传输、模型辨识与预测计算、控制规律的计算、控制性能的评价、整体系统的监视——包括统计计算、各种图形显示——等均依赖于计算机)，因而需要借助于上位机的计算资源来实现。

先进控制一般采用周期性方式运行，根据对象的时间常数特性确定合适的运行间隔，每个间隔里从 DCS 控制系统读取数据，进行计算，并输出到 DCS 控制系统执行。

三、预测控制

（一）阶跃响应

先进控制中也常常使用像阶跃响应曲线和脉冲响应曲线等形式的非参数模型，它们的获取和在先进控制算法中的应用都是比较容易的。

实验建模是目前先进控制应用中较为常用的方法。由于过程的输入输出一般可以测量，而过程的动态特性必然表现在这些输入输出数据中，利用相应的算法对所获输入输出数据进行分析以便获得被控对象数学模型的过程，即被称作辨识。就工程实现难易程度出发，实验建模有一定的优越性。因为无须深入了解过程机理，只是借助于成熟的数学方法，设计合理的实验来获得过程信息，容易实现先进控制应用的通用建模。

（二）预测控制模型

预测控制模型是用来在控制算法中表达对象特性的数学模型，用模型预测未来时刻被控对象的运动和误差，以其作为确定当前控制作用的依据。一般可以是阶跃响应、脉冲响应、传递函数等。

动态矩阵控制是一种基于对象阶跃响应模型的预测控制算法。模型算法控制(MAC)是一种基于脉冲响应模型的计算机控制算法，其基本思想与动态矩阵控制一样。基于状态空间模型的预测控制算法综合了预测控制和状态反馈控制的优点，具有跟踪和抑制噪声能力强的优点，能方便地应用于多变量过程。在状态可测时，该算法适合于开环不稳定的被控过程。

（三）预测控制工作机理

预测控制大体可以用以下三个基本特征来加以描述：

1. 模型预测

用模型来预测未来时刻被控对象的运动规律和被控参数的误差，以之作为确定当前控制作用的依据，使控制策略适应被控对象的存储性、因果性和滞后性，可得到预想的控制效果。

2. 反馈修正

利用可测信息，在每个采样时刻对被控参数的预测值进行修正，抑制模型失配和干扰带来的误差。用修正后的预测值作为计算最优控制的依据，使控制系统的鲁棒性得到明显提高。

3. 滚动优化

预测控制是一种最优控制策略，其控制目标是使某项性能指标最小，并采用预测偏差来计算控制作用序列，但只有第一个控制作用序列是实际加以执行的。在下一个采样时刻还要根据当时的预测偏差重新计算控制作用序列。这种控制作用序列的计算，不像最优控制那样一次计算出最优结果，而是按采样时间周而复始地不断进行，故被称为滚动优化。

预测控制的上述三个基本特征，是控制论中模型、反馈控制、优化概念的具体体现。它继承了最优的思想，提高了鲁棒性，可处理多目标及各种约束，因而符合工业过程的实际要求，故在理论和应用中得到迅速发展。

到目前为止，预测控制代表性的算法有基于卷积模型的 MAC、基于阶跃响应模型的 DMC 算法、基于差分方程模型的广义预测控制算法 GPC、基于状态空间模型的 SFPC 算法和基于系统矩阵模型的 UPC 等等算法。近年来，基于非线性模型和神经网络模型的预测控制也受到了关注，并有一些应用案例。

四、控制器模型

（一）模型辨识

模型辨识是在输入输出数据的基础上，从一类特定的系统（模型）中确定一个在某种准则下与所测系统等价的系统（模型）。

在商业 APC 软件中广泛使用的是非参数模型，包括有限脉冲响应模型（FIR 模型）或有限阶跃响应模型（FSR 模型）。FIR 模型与 FSR 模型的关系为：

$$S_j = \sum_{k=1}^{j} g_k$$

式中　S_j——j 时刻阶跃响应系数；

g_k——k 时刻脉冲响应系数。

目前应用较广泛的模型辨识方法包括最小二乘法和子空间辨识方法。本节主要介绍最小二乘法辨识 FIR 模型。

（二）最小二乘法辨识 FIR 模型

如图 13-1-3 所示，设单入单出（SISO）开环稳定对象模型为：

$$y(t) = G_0(q)u(t) + v(t)$$

式中　q——移位算子，$qu(t) = u(t+1)$；

$v(t)$——噪声，与输入 $u(t)$ 独立。

$$G_0(q) = \sum_{k=1}^{\infty} g_k^0 q^{-k}$$

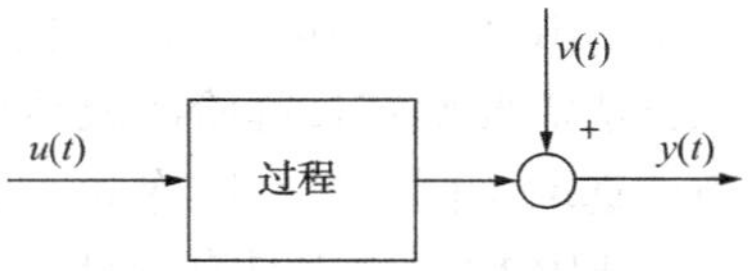

图 13-1-3　被辨识过程

式中　g_k^0——过程真实的脉冲响应系数，$k=1$，…，∞。

对于稳定的对象，其脉冲响应系数随着 k 的增加逐渐趋于零，因此取前 n 个脉冲响应系数进行截断，得到 n 阶 FIR 模型：

$$G(q,\ \theta) = \sum_{k=1}^{n} g_k q - k$$

$$\theta = [g_1 \quad \cdots \quad g_n]^T$$

辨识 FIR 模型的目的是求取 θ。

已获得 M 组输入输出数据，$y(t)$，$u(t)$，$t=1$，…，M，于是，有关于系统的观测方程：

$$\begin{bmatrix} y(n+1) \\ y(n+2) \\ y(n+3) \\ \vdots \\ y(n+N) \end{bmatrix} = \begin{bmatrix} u(n) & u(n-1) & u(n-2) & \cdots & u(1) \\ u(n+1) & u(n) & u(n-1) & \cdots & u(2) \\ u(n+2) & u(n+1) & u(n) & \cdots & u(3) \\ \vdots & \vdots & \vdots & \ddots & \vdots \\ u(n+N-1) & u(n+N-2) & u(n+N-3) & \cdots & u(N) \end{bmatrix} \begin{bmatrix} g_1 \\ g_2 \\ g_3 \\ \vdots \\ g_n \end{bmatrix} + \begin{bmatrix} v(n+1) \\ v(n+2) \\ v(n+3) \\ \vdots \\ v(n+N) \end{bmatrix}$$

写为矩阵形式：

$$Y_N = \Phi_N \theta + V_N$$

式中　$N = M - n$；

$Y_N \in R^N$，其第 i 行为 $y(n+i)$；

$V_N \in R^N$，其第 i 行为 $v(n+i)$；

$\Phi_N \in R^{N\times n}$，其第 i 行为 $[u(n+i-1) \quad \cdots \quad u(i)]$。

考虑准则函数：

$$V_N(\theta) = \| Y_N - \Phi_N \theta \|^2$$

极小化准则函数可求得过程脉冲响应模型：

$$\theta = (\phi_N^T \phi)^{-1} \phi_N^T Y_N$$

在实际应用中，为消除初值的影响，对模型采用增量处理：

$$\Delta y(t) = G_0(q) \Delta u(t) + \Delta v(t)$$

其中：$\Delta y(t) = y(t) - y(t-1)$；

$\Delta u(t) = u(t) - u(t-1)$。

在辨识 FIR 模型时，若系统为多入多出（MIMO）系统，一般采用多入单出（MISO）模型辨识，可由上述 SISO 过程推广得到。MISO 系统的模型为：

$$y_i(t) = \sum_{j=1}^{m} G_{0j}(q)\ u_j(t)\ + v_i(t)$$

其中，m 为输入个数。

采用 FIR 模型具有以下优点：

① FIR 模型由输入输出数据直接辨识，所需要的先验知识较少，不必像其他参数模型辨识方法需要确定过程阶次或结构。事实上，FIR 模型阶次与过程到达稳态的时间有关，可以通过选取不同的模型阶次 n，选择其中最能描述过程动态特性的。

② FIR 模型辨识具有统计无偏性，即估计的期望等于真值。

③ FIR 模型估计具有一致性，即当数据个数趋于无穷时，估计值趋于真值。

其不足之处为：模型参数多，且不能直接应用线性控制系统设计方法。

（三）正则化最小二乘法

正则化最小二乘辨识，在准则函数中增加参数的惩罚项，可降低噪声对辨识结果的影响。

$$V_N(\theta)=\|Y_N-\Phi_N\theta\|^2+\gamma\,\theta^T D\theta$$

其中，$\gamma>0$ 为平滑因子，决定正则化度，D 为惩罚矩阵。

对上式进行极小化，得到解析解：

$$\theta=(\phi_N^T\phi+\gamma D)^{-1}\phi_N^T Y_N$$

正则化处理的效果如图 13-1-4 所示。

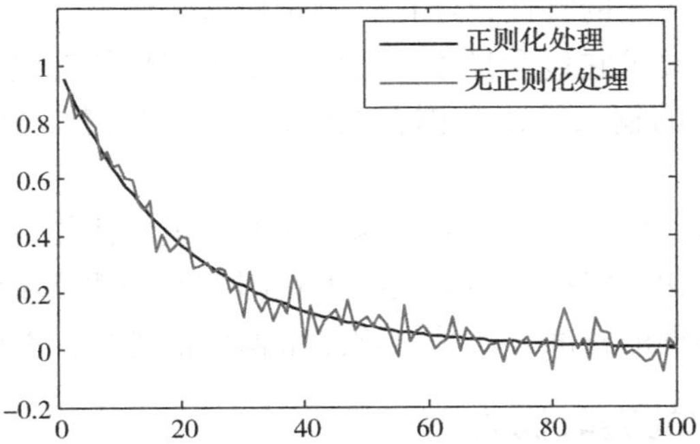

图 13-1-4 模型辨识中的正则化处理

可以看出，正则化处理后脉冲响应序列比较平滑，降低了噪声的影响。

五、软仪表技术

(一) 软仪表可行性

软仪表(soft-instrument)也称之为软测量(soft-sensor)。它是对一些难于测量或暂时不能测量的重要变量，选择另外一些常规仪表容易测量的变量，通过构成某种数学关系用计算机软件来推断和估计，以用来代替仪表功能。

实际上软测量与常规测量仪表相比，原理上并无本质的区别，像流量变送器将压力传感器测量信号通过变送器内的电子元件或气动元件转换为流量输出信号、早期通过单元组合仪表实现分馏塔的内回流的计算，也是利用类似的方法得到不能直接测量的变量，只不过是它们是利用测量仪表内的模拟计算元件或模拟单元组合仪表来实现简单的计算，而不是利用计算机软件来实现的。

现阶段过程控制界对软测量较为普遍的定义为：软测量就是选择与被估计变量相关的一组可测变量，构造某种以可测变量为输入、被估计变量为输出的数学模型，用计算机软件实现重要过程变量的估计。

(二) 软仪表模型

软测量模型是软测量技术的核心。软测量建模技术主要有两大类，一是基于过程反应机理的机理建模技术，该类方法通过分析过程的反应机理，运用物理、化学等基本定律来表述过程的内部规律，建立过程模型。另一类是基于数据的统计建模技术，该类方法在建模时，将对象看作一个黑箱，通过输入输出数据建立与过程外特性等价的模型。这种方法的优点在于，不需要研究对象的内部规律，只需要获得足够多的数据，即可建立对象的软测量模型。软测量模型是软测量技术的核心。它不同于一般意义下的数学模型，强调的是通过二次变量来获得对主导变量的最佳估计。

（三）实时校正

由于过程的复杂本质，随着过程稳态工作点的漂移或生产方案的调整，过程工况发生变化，被估计对象特性也会变化，软仪表的计算结果会偏离实际值，这种偏差是可以通过软仪表估计值和取样的离线实验室检测结果的对比来发现，其现象正如常规仪表在使用过程中会发生“零漂”现象一样。

软仪表本质上是基于广义模型的，因此过程软仪表在投运过程中，模型的在线校正功能是至关重要的。必须根据变化的特性，修正软测量模型，调整估计值输出，以适应变化的工况。对于机理分析模型，要求它包含足够多能反映工况变化的变量；对于辨识模型，一般要及时提供工况变化后过程的输入输出数据，在线调整模型参数，形成适应新工况的软测量仪表。

但在工业应用中，为简便计，日常的软测量偏差校正，往往不是通过改变软测量模型来校正计算偏差，而是依靠化验室检测结果及时更新(校核)软测量计算输出值，即校准零位。目前先进控制软件中，常见的校准方法是对软测量输出值进行误差的加权校正。

六、先进控制器中的实时优化

（一）动态控制与稳态优化

生产过程处于不断变化的动态中，但是稳态过程才是操作追求的终极目标。在先进控制系统中，稳态优化为动态控制提供终值目标，动态控制是实现稳态优化的具体调节手段。常规的思路是通过建立线性规划模型求解稳态优化问题，然后通过一系列动态控制步骤来实现稳态优化目标。

（二）线性规划

先进控制实施的目的是平稳操作，卡边优化，实现经济效益，经济效益可以看作是产品收益增加或者生产成本的降低。稳态优化一般针对经济效益指标，其目标是最小化一系列操作手段的成本之和，或者最大化一系列产品收益之和，以及前两者的某种线性组合，多采用线性规划来计算。一个标准的线性规划如下面描述的数学表达式：

$$\begin{aligned} &\text{minimize} && c^{T}X \\ &\text{subject to} && Ax \leqslant b \\ &\text{and} && x \geqslant 0 \end{aligned}$$

求解上述问题，可以得到 X 向量的各个决策变量数值。

（三）先进控制器的实时优化设计

在先进控制器的每个控制周期，首先进行稳态优化计算，确定 CV、MV 的稳态目标值，然后通过优化求解，计算 MV 动作序列，使得过程对象从当前状态平稳过渡到稳态目标值，并执行第一步动作；采用这种滚动时域(receding horizon control)的方式周而复始。

七、先进控制的作用和经济效益

（一）先进控制的作用

先进控制，通过装置或过程单元的多变量协调控制和约束控制，可以充分发挥 DCS 常规控制回路的潜力，协调管理各调节回路，降低各被控参数的运行波动。先进控制，能提高装置操作的平稳性。

先进控制，通过软仪表或在线质量分析仪，实现产品质量的在线实时检测和直接闭环控制。先进控制，为装置操作人员提供一个方便的协调控制工具，承担大多数常规平稳操作的任务，相当于一个优秀的操作员全天 24h 持续工作。先进控制，能降低操作人员的劳动强度。

在提高装置平稳性的基础上，先进控制器采用成熟的寻优技术，在操作弹性区域中找出最优操作点，并协调管理各调节回路，实现卡边操作，将装置稳定在最优点，从而提高高价值产物的收率、提高装置处理量、降低装置能耗等。

(二) 先进控制的经济效益

先进控制的经济效益，体现为间接经济效益和直接经济效益。

不便于核算的或核算方法很复杂的、但显然具有的经济效益，称为间接经济效益。

例如，装置平稳性的提高和产品质量的直接闭环控制，可以降低操作人员劳动强度，降低产品的不合格率，显然具有经济效益。但降低操作人员劳动强度所形成的经济效益，通常难以准确核算。而不合格产品，通常要返回处理或进污油系统，因此，降低产品不合格率，最终体现在装置能耗或操作费用的降低和/或装置处理量的提高。不合格产品的处理，通常涉及其他装置，效益核算比较复杂，且不一定能单独准确核算。这两方面的效益，通常归入间接经济效益。

可以通过本装置相关数据、简单核算得出数据的经济效益，称为直接经济效益。例如：提高高价值产物的收率、提高装置处理量、降低装置能耗等，就是可以简单核算的直接经济效益。

(三) 延迟焦化装置先进控制直接经济效益的核算

对于延迟焦化装置，先进控制的直接经济效益体现在：①轻质油收率、液相产品收率的提高；②焦化加热炉热效率的提高和综合能耗的降低；③干气中 C_{3+} 含量的降低；④液化气和稳定汽油切割的优化；⑤装置处理量的提高。

提高轻质部分的收率，通常伴随着主分馏塔、稳定塔能耗的增加，核算时应当考虑在内。

经济效益的核算，需要首先确定对比数据时间段，考虑到数据可获得性、原料性质变化、产品方案变化等因素。为简化核算过程，通常选择先进控制全面投用后一段时间的数据，和阶跃测试之前的相同时间长度一段时间的数据。时间长度可以是一周、两周、一个月，更长时间的数据是没有必要的。如果原料性质不稳定、燃料气组成不稳定，产品方案有变化，反而影响对比结果的客观性。

对比数据的获得方法，可以是装置标定数据，也可以是实际运行数据。

第二节　延迟焦化先进控制策略

一、延迟焦化装置的特点和控制要求

(一) 延迟焦化装置的特点

延迟焦化技术是最主要的重油加工工艺之一，一般为“一炉两塔”或“两炉四塔”工艺路线，当生焦塔充满后，焦化油则会切换另一个生焦塔继续生焦。但生焦塔的切换过程会给整

个装置带来极大的扰动，如此延迟焦化是既连续又间歇的生产过程，其半间歇特性，使其成为最难控制和操作的炼油装置之一。

（二）延迟焦化装置的控制要求

延迟焦化装置的控制要求，按控制单元分主要包括：加热炉单元的控制要求、分馏塔单元的控制要求、吸收稳定单元的控制要求。

1. 加热炉单元的控制要求

加热炉的主要控制参数有加热炉各支路进料流量、加热炉各支路炉出口温度，及加热炉余热回收部分的加热炉各炉膛烟气氧含量、加热炉各炉膛负压等。

炉出口温度是加热炉最主要的控制指标，对装置的焦炭产率和轻油收率有较大的影响。提高加热炉出口温度，可以降低焦炭产率，但炉管结焦的倾向增加，焦炭切割的困难度增加。在炉管结焦倾向与当前操作相当的前提下，将炉出口温度控制在上限，可以改善产品分布。建议采用调整炉出口温度的上限的操作策略，根据原料性质及炉管的结焦倾向适度提高炉出口温度的上限以降低焦炭收率。加热炉 APC 控制器的最主要任务是平稳炉出口温度，使其更接近上下限，有利于降低焦炭产量或提高处理量。

加热炉余热回收部分包括加热炉烟气氧含量、炉膛负压、烟气换热后温度等重要工艺参数，是有关加热炉炉效率的核心部分。该装置加热炉余热回收部分由四路空气挡板、四路烟气挡板及鼓风机和引风机来协同进行控制。鉴于这些操作手段与工艺控制参数之间的强耦合关系，如图 13-2-1 所示。另外炉子进料量及炉出口温度的调整也会对这一部分形成干扰。余热回收部分人工控制强度较大且不易实现最优控制，而先进控制可充分发挥其多变量模型预测控制多变量实时调节的优势，来解决加热炉余热回收部分操作变量（MV）和干扰变量（DV）与被控变量（CV）之间的强耦合关系，以平稳炉膛负压，优化烟气氧含量，提高加热炉炉效率。

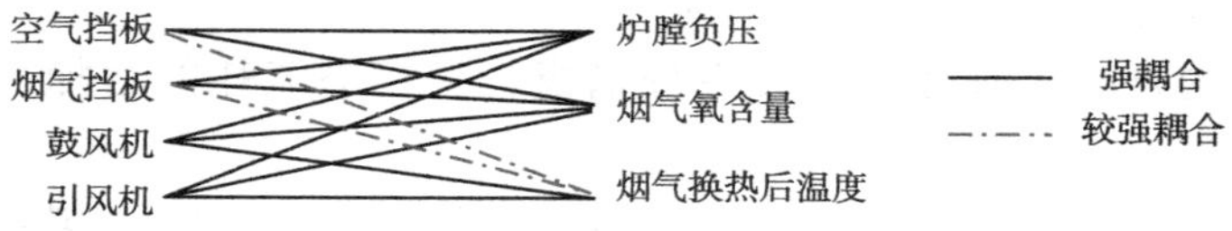

图 13-2-1　加热炉余热回收部分耦合关系示意图

2. 分馏塔单元的控制要求

装置汽柴油产品混合去下游加氢装置，汽柴油产品不需要精确分离。而根据市场及后续装置的能力，优化柴油与蜡油的分离，改善这两种产品的切割，是分馏塔的主要操作目标，但还需兼顾蒸汽的发生及原料的预热，所涉及的调节手段有柴油上回流、柴油热回流、蜡油上回流的三个取热量以及柴油、蜡油产品抽出量等，具有明显的多变量的特点，APC 控制器可更好地协调各调节变量的动作。APC 控制器中还将包括柴油 95%点的在线预测，并根据实验室分析数据加以校正，作为质量控制目标，实现质量卡边操作。焦化装置还需能抵御焦炭塔切换所带来的对柴油、蜡油质量的重大扰动，APC 控制器将发挥多变量模型预测控制前馈控制的优势，克服扰动对柴油、蜡油质量的影响。

焦化装置循环比下降，油品总收率会提高，焦炭产率、装置能耗下降，但轻质油品产率也下降。APC 控制器会将循环比作为控制目标纳入先进控制，只是本装置工艺上焦炭塔顶的油气是与蜡油热回流直接换热后冷凝出循环油落入塔底，循环比的调节能力有限，APC

控制器会在限定范围内优化循环比，提高高附加值产品收率。

分馏塔顶压力是权衡馏分油收率与轻油收率的一个手段，但本装置压缩机另有单独 CCS 控制系统专门控制，因此分馏塔顶压力的控制不作为操作变量，而只作为前馈干扰变量纳入先进控制器。

3. 吸收稳定单元的控制要求

吸收稳定单元主要控制的质量指标液化气中 C_{2-} 和 C_{5+} 含量、干气 C_{3+} 含量。为使先进控制达到更好的控制效果，建议增设干气 C_{3+} 含量、液化气 C_{2-} 和 C_{5+} 含量在线分析仪。APC 将对稳定汽油初馏点或 10%点进行在线预测，以控制汽油与液化气的切割。

吸收过程要求吸收后干气中尽量少含 C_{3+} 组分，要求解吸后的脱乙烷汽油中尽量不含 C_2。若脱吸塔底重沸器出口温度过低，脱乙烷汽油中的 C_2 组分解吸不出去，造成液化气中 C_2 含量较高。脱吸塔底温度过高容易引起解吸过度，造成吸收部分负荷过大，对吸收条件不利。先进控制将通过实时控制吸收塔顶部补充吸收剂量、瓦斯出装置压力，脱吸塔底重沸器出口温度来实现上述指标的控制。

稳定塔的主要目的是限制在稳定汽油产品中丁烷 C_4 的量和液化气中 C_5 以上含量。丁烷的含量对塔底温度很敏感，但过高的塔底温度又会使液化气中 C_5 以上含量增多，且能耗增加。另外稳定塔塔顶回流流量越高，则在液化气中 C_5 以上的烃类含量就越低，但同样会增加能耗。先进控制将通过实时优化稳定塔塔底重沸器出口温度、稳定塔塔顶回流流量、稳定塔顶压力来实现上述指标的控制。

在保证干气和液化气质量的合格前提下，先进控制还基于节能降耗的目的重点考虑三点：合理控制吸收液气比，根据富气量的变化实时调节补充吸收剂，达到节能降耗的目的；脱吸塔底温度卡下限操作；另外稳定塔顶液化气回流量能很好地反映稳定塔顶的负荷情况，APC 控制器会根据该指标实时优化稳定塔底温度，达到节能降耗的目的。

二、先进控制应对切塔过程扰动的策略

（一）切塔过程的特点及影响

焦化分馏塔一个很重要的特点是焦炭塔切换过程中带来的周期性干扰。其中预热阶段持续 3.5h 左右，是从生焦塔向待生焦塔引入油气加热待生焦塔的过程，预热初期会引起分馏塔温度大幅度下降，随后温度也会回升，但过程很缓慢。切换(小吹汽)阶段持续 0.5h 左右，是待生焦塔切换为生焦塔的过程，原生焦塔进行小吹汽将油气吹扫进分馏塔，切换初期温度极剧下降，随后温度又会较快速的上升。大吹汽阶段一般持续 1h，原生焦塔进行大吹汽，吹油气进分馏塔改为进放空塔，大吹汽初期主要是分馏塔上部温度下降，随后分馏塔温度会整体上升。大吹汽后 1~2h 内分馏塔温度回升至正常温度，分馏塔单元恢复正常操作。

（二）先进控制应对策略

焦炭塔单元预热、切换(小吹汽)、大吹汽的几个过程会对整个装置的操作带来很大的干扰，包括加热炉单元炉出口温度、氧含量、负压的波动；分馏塔各部分温度的波动；吸收稳定单元富气量及各部分温度的波动等。针对如上的干扰，需要解决的是如何准确判断上述预热、切换等过程的发生，并需要描述上述事件对装置各单元的影响。

首先，装置中某些阀门的阀位回讯信号、温度、压力等在线测量信息可准确地判断预热、切换(小吹汽)、大吹汽等事件的发生；其次将预热、切换(小吹汽)、大吹汽等事件的

发生作为干扰变量(DV)，并辨识多变量模型，通过模型可描述事件对装置各单元的影响。

通过如上的判断和设计之后，多变量控制器可做出相应的前馈补偿以平稳操作，达到抵御焦炭塔切换带来的干扰的目的。需要说明的是应考虑多变量控制器能有一定的时间来响应预热、切换(小吹汽)、大吹汽事件的前馈扰动。

三、加热炉支路平衡控制策略

加热炉支路平衡控制器的控制目标为实现加热炉支路平衡操作，延缓焦化炉管的结焦，在满足工艺约束的前提下优化装置处理量等。其控制策略主要有：

延缓焦化炉管的结焦：通过各支路炉膛最高温度、各支路炉管壁最高温度的约束，在预测到有违反约束的情况发生时，通过适当降低加热炉出口温度，来保护炉管，延缓焦化炉管的结焦。

炉出口温度卡边控制：在满足最高炉膛温度和炉管壁温度约束的前提下，先进控制器将实现加热炉炉出口温度卡上限操作，建议根据原料性质及炉管的结焦倾向适度提高炉出口温度的上限以降低焦炭收率。

优化装置处理量：正常情况下，先进控制器将实现各支路进料流量设定卡调度要求操作，但在焦炭高度指示显示后，先进控制器可根据焦炭高度指示的操作约束，在各支路进料流量允许的波动范围内，适当优化提高加热炉各支路进料流量设定，提高装置处理量。

加热炉支路平衡：通过各支路流量与平均值偏差、各支路炉出口温度与平均值偏差的约束，实现加热炉单元支路平衡。

四、加热炉炉效率控制策略

加热炉炉效率控制器的控制目标为节能降耗，提高加热炉炉效率。其控制策略主要有：

① 提高加热炉炉效率：通过引风机挡板开度、各支路空气挡板开度实施调节烟气氧含量、负压，优化降低烟气氧含量，优化降低排烟温度，以提高加热炉炉效率。

② 燃烧室平衡：通过各燃烧室烟气氧含量与平均值偏差、各燃烧室负压与平均值偏差的约束，实现加热炉烟气氧含量与负压的支路平衡。

五、主分馏塔先进控制策略

主分馏塔控制器的控制目标为克服焦炭塔切换过程中带来的干扰，优化分馏塔温度，提高轻质油收率，提高分馏塔高品质热量的利用等。其控制策略主要有：

克服焦炭塔预热、换塔等间歇过程的影响：设计事件干扰变量，以变幅度的扰动序列描述上述三个扰动事件，先进控制器根据事件干扰变量判断事件发生后，将及时调整操作，保证装置平稳运行。

保证产品质量，提高液收、轻收：①通过协调优化各回流量等，平稳并优化分馏塔各部分温度；②提供柴油95%点等质量指标的工艺计算，用于质量指标控制或参考指导。

提高处理量：先进控制在满足分馏塔底液位的约束下，可通过优化降低循环比，适当提高新鲜进料流量，实现提高装置处理量。

提高分馏塔高品质热量的利用：在保证产品质量的前提下，优化分馏塔各回流换热，提高分馏塔高品质热量的利用。

液位控制：在分馏塔底液位未实现 PID 的控制情况下，先进控制对分馏塔底液位进行自动控制，减轻操作人员劳动强度。

六、吸收稳定先进控制策略

吸收稳定控制器的控制目标为提高产品回收率，在产品指标的优化点进行操作，控制温度、热负荷、回流比、压力等满足对被控变量的工艺要求等。其控制策略主要有：

产品指标控制：①平稳控制吸收稳定各部分工艺指标，满足工艺要求；②提供稳定汽油蒸汽压或初馏点等质量指标的工艺计算，用于质量指标控制或参考指导；③若能够增加在线色谱分析仪，将实现产品指标的实时在线控制。

节能降耗：在保证产品质量的前提下，优化解吸塔底温度、稳定塔底温度，优化稳定塔顶回流量、补充吸收剂流量、贫吸收剂流量，以达到节能降耗的目的。

七、质量指标的在线检测

随着流程工业对生产过程控制、计量、节能增效和运行可靠性等要求越来越高，各种测量要求日益增多。常规过程检测仪表仅获得温度、压力、流量等过程参数，已经不能满足工艺操作和控制的要求。随着经济发展和环境管理的进步，生产装置对产品质量控制要求越来越高。焦化粗汽油干点、柴油 95%馏程温度、稳定汽油蒸汽压或初馏点、干气中 C_{3+} 含量、液化气 C_{2-} 含量等质量指标的在线实时检测需求，越来越强烈。

为解决工业过程的测量需求，经常采用两种测量途径：一是实现直接测量，即采用在线分析仪表；二是采用间接测量，即利用直接获得的有关常规测量信息，通过计算机来实现对常规不可测变量的预测计算，即软测量。采用在线分析仪表，需要较大的设备投资，后续维护投入也比较大。采用软仪表，需要准确可靠的足够的建模数据，且需要准确的化验数据经常校准。

第三节 先进控制系统的建设

一、先进控制系统集成架构

（一）系统集成架构

先进控制系统的集成结构，采取上位机方式，通讯接口实现上位机与 DCS 之间数据的实时交换。常规 PID 控制运行在 DCS 上，多变量预估控制器、软测量在上位机运行，并最终通过常规 PID 控制来实现。另外上位机服务器可与企业管理网相连。见图 13-3-1 所示。

（二）通讯接口

通讯接口是指 APC 服务器与 DCS 间的数据通讯接口。目前一般采用 OPC 通讯方式。

OPC 是 OLE for Process Control 的缩写，即把 OLE 应用于工业控制领域。

OLE 原意是对象链接和嵌入，随着 OLE 2 的发行，其范围已远远超出了这个概念。现在的 OLE 包容了许多新的特征，如统一数据传输、结构化存储和自动化，已经成为独立于计算机语言、操作系统甚至硬件平台的一种规范，是面向对象程序设计概念的进一步推广。

OPC 的出现为基于 Windows 的应用程序和现场过程控制应用建立了桥梁。在过去，为

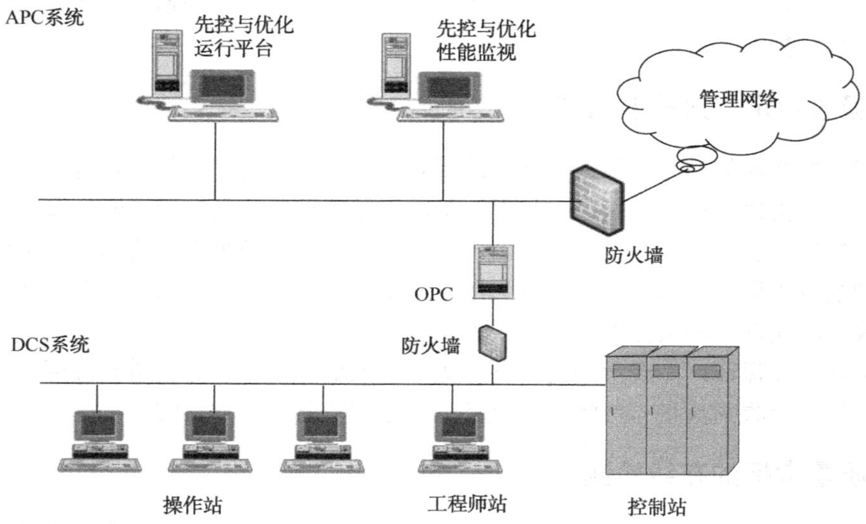

图 13-3-1　先进控制系统架构图

了存取现场设备的数据信息，每一个应用软件开发商都需要编写专用的接口函数。由于现场设备的种类繁多，且产品的不断升级，往往给用户和软件开发商带来了巨大的工作负担。通常这样也不能满足工作的实际需要，系统集成商和开发商急切需要一种具有高效性、可靠性、开放性、可互操作性的即插即用的设备驱动程序。在这种情况下，OPC 标准应运而生。

OPC 建立在 OLE 规范之上，它为工业控制领域提供了一种标准的数据访问机制。

（三）先进控制平台

APC 平台硬件设备主要包括：APC 服务器、APC 工作站和 OPC 服务器。APC 服务器、OPC 服务器软硬件系统需选择兼容性好、稳定、可靠，满足企业级工业标准的服务器。APC 平台配置，建议如下：

配置 1 台 OPC 服务器(含硬件和软件)，对于每一套 APC 应用大型装置(如原油蒸馏)，读写数据点数在 3000 点以上；

配置 1 台 APC 服务器，安装 APC 软件；

可配置 1 台 PC 机作为 APC 工作站，置于操作室，供操作人员使用；或置于工程师站，供工艺工程师使用。

（四）APC 平台软件及网络运行环境

软件运行环境方案：

服务器：Windows 系列、Office 系列、APC 软件；

客户端：Windows 系列、Office 系列、APC 软件(客户端)；

其中：APC 软件的选用应考虑 APC 软件的先进性、可靠性、开发性、易用性，以及易于系统集成，建议选取成熟的主流先控软件产品。

网络环境方案：

先进控制系统网络环境为先进控制子网，先进控制子网符合 ISO/IEEE 的通讯标准，通讯速度不低于 5Mb/S，网络设备间通讯应是对等方式。

先进控制子网与控制网、管理网之间应有防火墙保护。

（五）DCS 配套功能组态

先进控制器在 DCS 上的配套组态工作主要有：

① 建立一批 APC 参数缓存点、操作开关点；

② 建立 DCS 操作画面，供操作人员执行：监视 APC 运行状态，投用、切除、调整 CV/MV 上、下限。

③ 建立先进控制器“投用与紧急切除”管理逻辑，该逻辑中监控上位机与 DCS 的通讯状态。

软仪表在 DCS 上的配套组态工作主要有：

① 对于每一软仪表，在 DCS 上新建一个数据缓存点，该缓存点接受上位机软仪表程序写下来的计算结果，在 APC 操作画面上显示，并可以为 APC 平台中的先进控制器读为 CV 当前值；

② 化验校正 DCS 操作画面。

二、先进控制项目工程实施概述

项目的实施遵循先进控制方法论，项目主要实施工作分为如下十个步骤。在以下每一步骤中，给出了阶段工作的简要说明，这些工作内容是必要的，但不限于此。

（一）工程条件会

工程条件会（或称项目开工会）主要完成如下工作内容：

① 对系统配置和规格进行详细确认，确定本项目的所有供货清单、服务条款及具体的交付时间；

② 如果有必要，工程条件会议时还可再次确认项目组织与详细计划进度；

③ 会议上确认的文件即成为技术附件，具有合同附件的同等效力。

（二）初步设计和现场基础条件准备

工作内容：

① 搭建 APC 平台，并建立必要的过程数据、化验分析数据的采集系统；

② 详细了解、交流装置的工艺过程、操作特点和先进控制系统的功能，达到双方技术人员对装置先进控制方案设计思想的一致，完成 APC 系统功能和结构的初步设计。

（三）软仪表（在线工艺计算）离线开发

工作内容：根据 APC 系统的初步设计，完成必要的软仪表（在线工艺计算）模型的离线开发。

（四）软仪表下装、调试

工作内容：

① 完成软仪表的安装以及所需要的 DCS 系统的配套组态；

② 软仪表系统的调试、整改，使软仪表投入工业运行。

（五）装置阶跃测试

工作内容：

① 装置测量仪表、控制回路的运行状况，以及 P、I、D 参数整定的核查确认；

② 阶跃测试：为找出先进控制器的模型，对每个 MV 和 DV 实施阶跃性的变化，记录所有 CV 的响应；

③ 软仪表系统评价和整改完善。

（六）控制器建模与离线仿真

工作内容：

① 根据装置阶跃测试的结果，完成先进控制器功能和结构的详细设计；

② 先进控制器模型的建立和控制器离线组态；

③ 先进控制器的离线仿真，模拟验证先进控制器预期达到的控制效果。

（七）培训和技术转移

工作内容：先进控制工程项目的培训工作分为两个部分：工程师培训、操作人员培训。

工程师培训和技术转移：

① 培训对象：工艺、信息、仪表专业工程师。

② 培训目标：对用户的技术人员进行技术理论培训；用户的技术人员参与项目实施过程，与开发单位的工程师共同进行项目实施，实现技术转移；项目实施结束后，用户的技术人员能够承担先进控制系统的日常操作和维护工作。

操作人员培训：

① 培训对象：企业项目组技术人员及装置操作人员。

② 培训目标：熟悉控制器的启停、操作限调整、变量启停等基本操作，了解控制器的结构和工作原理，明白如何充分发挥出控制器的优化作用。

（八）APC 系统集成和投用

工作内容：

① 先进控制器的现场安装；

② 先进控制系统所需要的 DCS 的配套组态(包括 DCS 建点、操作画面组态等)；

③ 先进控制器调试和参数整定；

④ 先进控制系统投入运行。APC 系统投用前需完成 FAT。

（九）先进控制器状态采集与监控

工作内容：在装置各控制器投入正常运行后，将装置各控制器的投用状态以及投用率月累计信息采集到企业实时数据库中，同时将每个控制器中的关键 CV、MV 也采集到企业实时数据库中，并建立中国石化 APC 远程监控。

（十）现场运行考核

工作内容：先进控制系统以 95%以上的投用率投入生产实际运行，对先进控制系统的性能和效果进行考核。现场运行考核时间三个月；考核结束，进入项目最终验收。

三、软仪表构建

（一）软仪表

软仪表，又称软测量，通过一种建模方法，得出主导变量与输入变量的数学关系，从而在线实时估计主导变量的值。参见图 13-3-2：

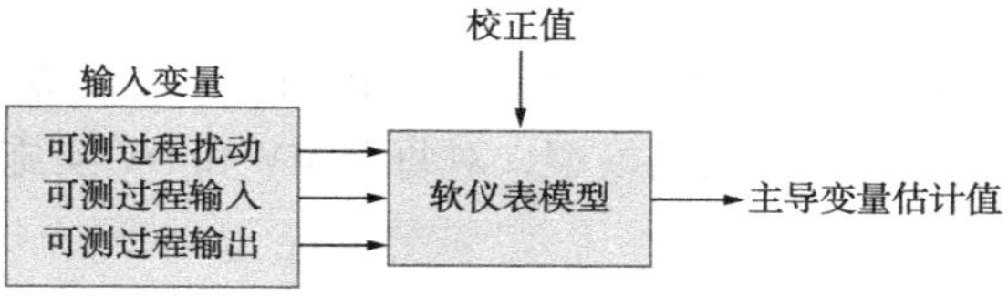

图 13-3-2　软仪表建模

主导变量，即被软仪表估计(/观测)的工艺参数，通常是产品质量指标，也可以是反应等复杂过程的一些难以采用常规仪表直接检测的过程参数。

软仪表建模的理论依据，基于工艺机理分析、物理化学理论、线性系统理论和数据统计分析。

（二）机理半机理建模

机理建模，就是依据物理化学原理和工艺过程机理，推导出主导变量和输入变量的数学关系，逐步解构、组合成主导变量与中间变量的简单线性关系：

$$Y=A_0+A_1*X_1+A_2*X_2+\cdots$$

模型系数，通常可由工艺设计、运行数据计算获得。有时，为简化计算，也可由生产运行数据回归获得。

半机理建模，同机理建模过程基本相同，模型型式是一样的。但因工艺过程的发杂性，在机理推导过程中，需要确定一些经验假定，并采用线性系统理论来处理一些难以确定的局部数学关系。模型系数通常也难以直接计算得出，而是采用实际运行数据回归获得。因此，称为半机理模型。

对于半机理模型，上式中线性项的系数(即模型系数)的正负，应当是明确的，线性项不应过多，以2或3项为常见。零位项A_0通常也是能够确定正负的。

回归获得模型系数时，为提高模型适应性，建模数据应当尽量做到样本遍历的要求。

（三）黑箱回归建模

采用机理、半机理方法无法建立主导变量与输入变量确定的简单线性关系时，就只能采用灰箱回归方法来建立软仪表模型。

黑箱回归建模方法，基于非线性系统线性化理论。线性系统理论的基本结论指出：非线性系统，可以通过划分工作点区间，分段线性化。

对于炼油化工过程单元，从温度、压力、流量等可测参数，到质量指标，通常是严重非线性的，但过程单元通常运行在比较小的波动范围。因此，在正常操作条件下，可以将它们之间的关系线性化。

APC工程实施经验表明：模型关系越简单(输入变量少)，模型稳定性越好；反之，模型关系越复杂(输入变量多)，模型稳定性越差。

（四）软仪表建模数据

软仪表的建模，需要采集一定时间段的建模数据。建模数据中，包括所有输入变量、主导变量的过程运行数据，必须包含运行数据的时间戳(采样时间)。没有时间戳的数据，无法确定输入变量和主导变量的对应关系，无法建模。

选择建模数据，需要考虑：数据及采样时间的准确性、过程运行变化的显著性，以及主导变量数据来源、建模方法。软仪表建模数据应满足以下要求：

① 建模数据段，尽量做到“样本遍历”，即：应包含主导变量数值的显著变化，在正常数值范围内变化幅度越大越好，重复多次变化是有利于提高模型精度的。同时，应尽可能地挑选到各输入变量均有显著变化的过程。

② 建模数据中，样本采样时刻的准确性是非常关键的。输入变量通常是DCS历史数据，采样时刻是准确的。主导变量数据如果是在线分析仪数值，则采样时刻也是准确的。主导变量数据如果是人工采样化验值，则采样时刻往往存在较大的随机偏差，甚至化验数值也存在

一定的随机误差，这是导致过去许多软仪表模型精度差的主要原因，需要通过管理和技术手段的改进，达到采样时刻和数值的准确性。

③ 采用不同的建模方法，需要的样本数据长度是不同的。机理建模时，只要主导变量数值有一两次显著变化即可；半机理建模，需要主导变量、各输入变量均有显著变化；而灰箱回归建模，则需要主导变量、各输入变量均有多次重复的显著变化。

（五）实时校正

多数软仪表，采用半机理或黑箱回归模型，并非严格的机理推算建模，因而具有对不同工况的适应性；并且，建模数据中的化验数据，采样和化验均为人工操作，存在较多的随机误差，模型系数本身就存在一定偏差；而装置原料性质、反应深度、操作条件的变化，必然会造成新的模型偏差，特别是零位飘移。因此，实时校正是必要的。

实时校正数据源，通常有化验数据、在线分析仪数据。

既然有了在线质量分析仪，为啥还要建立软仪表？由于在线分析仪数据存在一些不持续准确的因素：有的分析仪，需要周期性的停用来清洗采样系统；有的分析仪，本身采样间隔就比较长，例如数十分钟；有的分析仪需要定期停用来保养维护。建立软仪表，可以充分发挥计算机软件的优势，剔除非正常数据、侦测分析仪不出结果的时间段里的过程变化。

先进控制软件中的软仪表组件，本身均具有实时校正模块，在系统建设时完成组态配置，即可实现实时校正功能。

四、阶跃测试

（一）阶跃测试概述

作为目前先进控制（APC）的主要手段，多变量预估控制器建立在过程动态模型的基础上。所谓动态模型，是由多个被控变量（CV）对操纵变量（MV）阶跃响应曲线构成的矩阵。

要得到这个模型，需要在现场进行装置测试，逐个对 MV 和可控 DV 作施加扰动，得到相应的 CV 响应曲线，由专用的辨识软件对测试数据进行处理得到数学模型。因此，装置测试是实施 APC 项目非常重要的一步。

装置测试的基本方法是阶跃测试法。为了既能得到过程的稳态信息（如增益、稳态时间等），又能得到过程的动态信息（如滞后时间、反向特性等），根据反应-分馏-吸收稳定部分建模情况，测试的阶跃信号设计如图 13-3-3 所示，图中 T_{au}表示 CV 的响应达到稳态值 63% 所用的时间，如有多个 CV，则取其最大值。图中方波的振幅，表示测试幅度。测试序列不是固定不变的，也可以根据现场实际情况，作出调整。

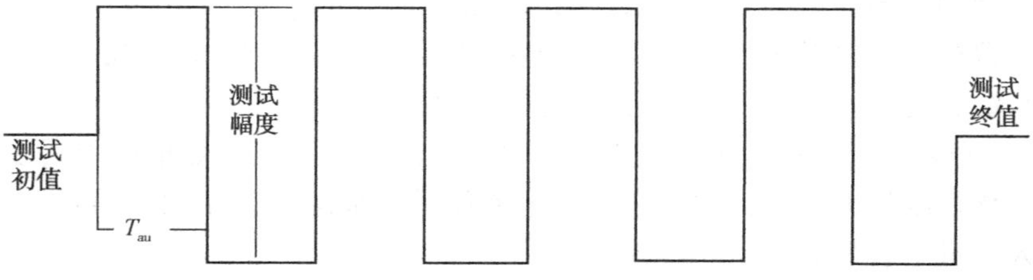

图 13-3-3　测试的阶跃信号设计

由于是开环测试，为确保装置安全操作并适当兼顾产品质量，阶跃测试的幅度不应过大。但为了获得较好的模型，必须保证主要 CV 有足够大的信噪比。

(二) 阶跃测试执行

装置模型的准确性对先进控制器的控制品质好坏非常关键。为了能够从装置测试数据中得到准确的模型，需要尽量减少影响装置的其他扰动。

装置测试期间对工厂操作条件要求：

① 正常的装置操作模式，例如在装置测试期间尽量不要进行进料切换；

② 装置应该维持在正常的操作负荷，主要的调节阀应维持在非饱和状态(饱和状态指调节阀开度为0%或者100%)；

③ 装置的进料应维持在正常的品质，尽可能减少原料性质的波动；

④ 工厂的主要设备和塔器以及分析仪表和控制回路都运行正常；

⑤ 产品质量和产品产量都处于正常操作水平；

⑥ 在测试期间尽量不安排会影响测试的操作，例如设备检修、切换等；

⑦ 主要控制回路应该在要求的控制模式；

⑧ 仪表的检测范围足够大可以保证在测试期间过程变量变化后的正确测量。

装置测试前的准备工作：

装置测试开始之前下面的准备工作必须完成：

① 所有相关的仪表工作正常，控制回路完成参数整定且运行良好(如果测试前装置经过大修，要特别注意控制回路的参数整定)，确保所有的MV都能理想地动作；

② 在装置测试开始之前应对测试计划中给出的相关控制回路列表的控制回路，按照要求进行准备和检查；

③ 所有的在线分析仪都已进行调校并正常工作；

④ 一般说来，应检查所有的仪表确保其正常工作和范围合理；

⑤ 数据采集程序工作正常，需采集的数据点已全部建立完毕；

⑥ 实时数据接口不能有启停现象。

(三) 阶跃测试对延迟焦化装置运行和产品质量的影响

在进行阶跃测试期间，生产调度需要尽量保持装置原料、油品规格和加工量的稳定，减小油品性质和加工量的变化对装置的干扰。

测试期间，装置生产方案不作调整：维持原料进料、加热炉和分馏塔、吸收稳定等工艺过程的平稳操作，除装置安全要求之外，不作任何调整。即：除当前测试变量之外，各MV、可控DV的控制回路，均投保持APC设计的控制模式、不作调节。

阶跃测试必然会对汽油、柴油、干气、液化气的质量控制产生扰动。生产质量管理部门应适当放松测试期间对产品、中间产品质量指标的考核，但测试时不应出现产品质量严重不合格(例如导致污油产出)的状况。

变量测试前提是安全生产。当班操作人员及工艺技术人员配合测试人员进行测试，尽量避免调整幅度过大，避免质量事故的发生。各相关配合测试人员明确测试对象的关联项，同时做好相关事故预案。

五、无扰切换和安全管理

(一) 无扰切换的机理

常规自动控制回路的控制模式无扰切换，体现在：在控制模式切换时，控制回路的输出是连续的，没有阶跃性或脉冲性的变化。先进控制与常规控制之间的无扰切换，也参照这一这原则要求。

先进控制器的 MV，通常是 DCS 常规控制回路的设定值。当然也有先进控制的 MV 直接设计为控制回路阀位输出值的情形。

先进控制器的每一周期，首先读取 MV 当前值，控制器运算得出是控制增量，叠加到读入的 MV 当前值上，最终给出的 MV 控制输出，受到 MV 控制步幅(通常很小，是正常运行所允许的)的限制。先进控制器 MV 从常规控制切换到先进控制，一个运行周期的调节动作幅度，相当于操作员对设定值(或输出值)的正常人工调节，幅度甚至更小，符合无扰动的要求。先进控制器 MV 从先进控制切换到常规控制，只要没有 DCS 控制回路没有其它因素导致设定值(或输出值)突变，就不会有扰动。

因此，先进控制与常规控制的切换是无扰动的。

(二) 安全管理与紧急切除

先进控制系统通常运行在上位机服务器上，上位机与 DCS 通过以太网连接。为确保通信故障、先进控制器中止、装置工况异常等情况时，DCS 上的 MV 控制回路能做出正确、及时的响应，需要在 DCS 建立安全管理与紧急切除逻辑，实现以下要求：

① 上位机与 DCS 通信监控(看门狗)：通信中断、先进控制器程序中止时，将各控制回路切先进控制模式，返回到预先确定的常规控制模式；

② 当装置工况异常或较大波动时，一键整体切除先进控制；

③ 检查 MV 控制回路的模式是否符合先进控制设定的模式要求，确保先进控制能够正常地调节。

为防止通信接口中异常因素的影响，也可以在安全管理逻辑中增加调节幅度检查限制、以及其他实时跟踪措施。

第四节 先进控制系统的操作与运维

一、先进控制操作界面

(一) PC 机操作界面

PC 机操作界面，即 APC 商业软件设计的 APC 操作界面，因 APC 软件厂家不同而各异，包括 APC 操作信息信息和工程师参数信息。因 PC 机界面在具体操作时并不符合操作人员操作习惯，且放置在中控室的 PC 至多有 1 台。PC 操作界面主要供工程师使用。

(二) DCS 操作画面

基于中国石化先进控制推广应用经验，操作人员更习惯于在 DCS 操作画面上进行先进控制的操作。为方便操作人员、节省硬件设备，通常在 DCS 上设计实施 APC 操作界面。

DCS 操作界面的设计，在具体实施时可遵循装置操作人员的习惯和企业管理规范。在先进控制器的 DCS 界面上，至少应当给出以下信息：

① 控制器总开关：操作人员通过设置该开关量进行整个控制器的开关请求操作；

② 控制器状态：上位机先进控制器返回的信息；

③ 计时器：框中为计时器当前值，如果不停的变化，则说明先进控制器与 DCS 通信

正常；

④ 变量开关：该值为一开关变量，由操作人员设定，1 表示变量投运，0 表示主动切除出控制器；

⑤ 变量位号：显示变量的 DCS 位号名；

⑥ 变量状态：上位机先进控制器回的变量信息，“正常”表示该变量在投运，或者具备投运条件，“不正常”则表示不能投运；

⑦ 变量下限：由操作人员设定的变量下限；

⑧ 变量上限：由操作人员设定的变量上限；

⑨ 当前值：该变量当前值；

⑩ 目标值：上位机 APC 计算该变量将要达到的值或控制目标；

⑪ 回路模式：该列只适用于操作变量，有“CAS”“AUT”“MAN”等模式显示，便于判断该回路是否真正投运；

⑫ 当前调节量：该列只适用于操作变量，当前控制周期 MV 的改变量。

二、先进控制运行操作与监控

（一）日常操作监控要点

APC 系统日常操作监控，主要包括如下五个要点：

① 启动或关闭先进控制器；

② 监视装置和先进控制器的运行；

③ 设置操作变量和被控变量的上、下限；

④ 由于故障或为了维护而停用某个变量；

⑤ 向控制工程师汇报情况。

（二）正常生产的运行操作

APC 系统正常生产的运行操作，包括控制器投用/切除、单个 MV 投用/切除、单个 CV 投用/切除、通信中断先进控制器的自动切除、操作变量/被控变量上下限设置等。

控制器的投用/切除、MV 或 CV 变量的投用/切除，其操作与具体的 APC 软件和 DCS 画面实施有关，需要参照 APC 操作手册，此处不再详述。仅就 MV/CV 的上、下限设置给出指南性的说明。

操作变量上下限的设置：

① 进控制器只能在操作上下限内改变操作变量的值，不会超越这个范围

② 必须根据工艺条件合理设定上下限，不能随意给定。

a. 如果上下限范围太大，控制器可能会使操作变量变化到不合理的值，影响装置的安全生产；

b. 如果上下限范围太窄，则削弱了该操作变量的调节能力。不必要地缩小关键操作变量的上下限，可能人为地使装置控制在某些点上，控制器将无法实现最优目标和经济效益。

③ 当先进控制器正在运行时，改变操作变量的上下限时，应考虑调节的幅度。

a. 如果变化的调节范围太大，会影响装置的平稳运行；

b. 一般控制器需用约半个稳态时间将装置推到新的更优点；

c. 不应大幅度地改变上下限，而应该间隔半个稳态时间，逐步改变上下限的值。

被控变量上下限的设置：

① 应当根据生产方案、原料性质、产品质量标准的变化而调整。

② 被控变量会超出上下限的，所以设定的变量上下限要比实际控制范围窄。

③ 设置上下限时，必须判断哪些变量处于卡边条件。当被控变量或操作变量的稳态目标值等于上限或下限，也就是说处于卡边条件。

④ 考虑处于卡边条件的变量时，如果把过多的关键变量的上限或下限缩小，可能会人为地使装置控制在某点上，而不是在实际的操作限制上。操作变量和被控变量的上下限应当是装置限制条件或产品质量规范的真实体现。

⑤ 被控变量上下限的修改也要缓慢，改变幅度大会使装置产生较大的扰动。

（三）工艺工程师的监控管理

工艺工程师的监控管理，主要包括：

① 在需要时，调整相关工程师参数，如 CV 优先级、MV 调节速率等；

② 监视上位机的运行，保证上位机与 DCS 之间通信正常；

③ 在遇到难解决的异常问题时，咨询项目实施开发人员。

三、先进控制系统日常维护

（一）日常巡检与维护

日常巡检与维护的主要工作：

① 检查 APC 服务器的运行状态是否正常，OPC 通信是否正常，所有控制器的投用状态是否正常。

② 查看 APC 系统运行日志，对所有可能的异常情况进行分析，并排除异常原因以消除应换。

③ 定期检查软件授权是否有效。

（二）先进控制系统常见故障

① OPC 通信中断，先进控制器全部掉线。需要查找原因，恢复 OPC 服务器，重新启动 APC 服务器，投用所有控制器。

② APC 服务器运行时间长了，有的会出现系统锁死的情况。需要重新启动 APC 服务器，投用所有控制器。

③ 由于操作人员在 DCS 的 PID 操作界面直接改变操作变量的状态，APC 系统还认为该变量在投用状态，有时会出现通讯错误，造成控制器掉线。需要在服务器后台重新启动控制器，并投用该控制器。

（三）CV 参数常见故障与处理

① 主要控制作用的 CV 上下限范围设置太宽，相关联的操作变量未能起到应有的调整作用。需要根据工艺和操作要求，对 CV 上下限做调整。

② 用来做约束的 CV 上下限范围太窄，影响其他控制变量的调整作用。对于约束作用的 CV，根据约束要求，放宽其上下限范围，控制变量的值只要在这个范围中即可。

③ 两个或两个以上相关的 CV 上下限范围冲突，比方说塔顶温度和塔顶灵敏盘温度，一个卡上限，另一个卡下限，相关联的操作变量会失去调整作用。对于这个问题，根据工艺要求，设定一个做主要控制参数，其他的适当放宽范围作为约束变量。

④ 多个 CV 对应相同的 MV，根据工艺和控制要求，分清楚哪些是做控制用的，哪些是做约束用的，按照控制变量适当收窄控制范围，约束变量适当放宽控制范围的原则分别设定好上下限。

（四）MV 回路常见故障与处理

① MV 的上下限范围设置太窄，无法根据 CV 的要求及时调整，未能起到优化控制作用。需要根据工艺和操作要求，对 MV 上下限做调整。

② MV 投用中，已经卡到上限或者下限。需要根据工艺条件和相关的 CV 判断，此时状态是否合理，如果工艺条件允许此 MV 继续调整，则调整 MV 的上下限，使其不再被卡住。如果工艺条件认为当时的上下限就是合理的，那么保持原状。

第十四章　流程模拟

第一节　延迟焦化装置流程模拟建模过程

一、数据准备

（一）建模范围

根据建模范围确定建模所需数据（见表14-1-1），建立延迟焦化装置流程模拟模型，模型涉及工艺范围包括焦化反应器、焦化分馏塔、吸收稳定部分以及相关设备。因此，建模过程中需要中间产品和产品的化验分析数据、装置流程及装置操作数据、设备数据、物料平衡数据等。另外，焦化分馏塔模型中原料油分析数据是通过对产品进行反混计算的方法来得到的。

表14-1-1　延迟焦化装置流程模拟所需数据源

类型	需求
原料和产品的分析数据	中间产品包括富气、粗汽油、循环油等的密度和馏程数据；产品包括干气、液化气、稳定汽油、柴油及蜡油的密度和馏程数据；富气、干气及液化气需要组成分析数据
装置操作参数	主分馏塔各侧线抽出量、抽出位置和抽出温度，主分馏塔温度分布，各中段回流流量、返回温度，大油气管线温度、吸收稳定四塔的塔顶/底温度压力等
装置流程及设备数据	包括精馏塔、泵、换热器以及各设备连接顺序，塔板数、进料位置、各侧线抽出位置、塔板设计数据、中段回流抽出和返回数据
物料平衡数据	一段时间内的原料和各产品的物料平衡数据

以下以某套延迟焦化装置为例进行说明。

（二）建模数据

1. 分析数据

所需分析数据见表14-1-2~表14-1-10。

表14-1-2　富气组成

序号	组成	体积分数/%
1	甲烷	26.53
2	乙烷	15.78
3	乙烯	1.36
4	丙烷	6.87

续表

序号	组成	体积分数/%
5	丙烯	2.665
6	异丁烷	0.47
7	正丁烷	1.28
8	正异丁烯	0.48
9	丁二烯	0
10	反丁烯	0.11
11	顺丁烯	0.07
12	≥碳五	0.97
13	硫化氢	13.325
14	氢气	7.76
15	氧气	4.09
16	二氧化碳	0.145
17	一氧化碳	0.27
18	氮气	17.825

表 14-1-3　粗汽油性质

项目	数据	
密度(20℃)/(kg/m³)	748.7	
馏程(D86)/℃	0	40
	5	71.5
	10	83.5
	30	114
	50	141
	70	167
	90	195.5
	100	220.5

表 14-1-4　柴油性质

项目	数据	
密度(20℃)/(kg/m³)	863	
馏程(D86)/℃	0	162
	10	226
	50	271
	90	320
	95	330
	100	342

表 14-1-5　富吸收油性质

项目	数据	
密度(20℃)/(kg/m³)	852.5	
馏程(D86)/℃	0	62.5
	5	106
	10	197.5
	30	256.5
	50	276.5
	70	298.5
	90	327
	95	336.5
	100	343

表 14-1-6　蜡油性质

项目	数据	
密度(20℃)/(kg/m³)	951	
馏程(D86)/℃	0	224
	5	328
	10	344
	50	385
	90	436
	95	452
	100	473

表 14-1-7　循环油性质

项目	数据	
密度(20℃)/(kg/m³)	985	
馏程(D86)/℃	0	257
	5	346
	10	377
	50	457
	90	528
	95	541
	100	557

表 14-1-8　稳定汽油性质

项目	数据	
密度(20℃)/(kg/m³)	750	
馏程(D86)/℃	0	38
	10	60
	50	120
	90	184
	100	210

表 14-1-9 液态烃组成

序号	项目	体积分数/%
1	碳二	0.04
2	丙烷	44.43
3	丙烯	15.39
4	异丁烷	6.53
5	正丁烷	18.10
6	正丁烯	8.66
7	异丁烯	0.83
8	反-2-丁烯	0.80
9	顺-2-丁烯	1.17
10	碳五	0.70
11	硫化氢	4.451

表 14-1-10 干气组成

序号	项目	体积分数/%
1	氢气	13.93
2	氧气	0.85
3	氮气	4.66
4	一氧化碳	0.24
5	二氧化碳	0.23
6	甲烷	44.60
7	乙烷	19.14
8	乙烯	1.94
9	丙烷	0.62
10	丙烯	0.52
11	异丁烷	0.05
12	正丁烷	0.23
13	正丁烯	0.03
14	异丁烯	0.06
15	反-2-丁烯	0.02
16	顺-2-丁烯	0.02
17	硫化氢	12.86

2. 操作数据

操作数据见表 14-1-11～表 14-1-16。

表 14-1-11　延迟焦化反应器

设备	项目	单位	数值
加热炉	炉出口温度	℃	490
	炉出口压力	kPa	510
	蒸汽流量	kg/h	220
	蒸汽温度	℃	200
	蒸汽压力	kPa	1150
焦炭塔	出口温度	℃	432.2
	出口压力	kPa	200

表 14-1-12　分馏塔进料

项目	进料位置	进料温度/℃	流量/(t/h)	备注
油气	42	415	215	产品返混数据
富吸收油	11	115	43	

表 14-1-13　分馏塔侧线回流

项目	抽出位置	回流位置	返回温度/℃	流量/(t/h)
顶循上回流	4	1	115	145
顶循环下回流	4	5	150	40
柴油上回流	15	13	180	170
柴油下回流	15	16	220	10
中段回流	20	16	170	113
蜡油上回流	32	28	250	115
蜡油下回流	32	33	340	40
循环油下回流	42	43	248	60
循环油上回流	42	36	248	110

表 14-1-14　分馏塔抽出

项目	抽出位置	抽出温度/℃	流量/(t/h)
顶馏出	1	115	
柴油抽出	15	220	52
蜡油抽出	32	340	50
循环油抽出	42	320	40

表 14-1-15　分馏塔汽提塔抽出

项目	位置	温度/℃	流量/(t/h)
蜡油抽出	32	340	50
汽相返回	30	338	
汽提蒸汽	汽提塔底	270	0.5

表 14-1-16　吸收稳定部分操作数据

项目	单位	数值
吸收塔顶压	MPa(表)	1.22
吸收塔粗汽油进料量	t/h	38
吸收塔一中返塔温度	℃	29.5
吸收塔二中返塔温度	℃	25.7
再吸收塔顶压	MPa(表)	1.2
再吸收塔贫吸收油	t/h	40
解析塔顶压	MPa(表)	1.245
解析塔顶油气流量	Nm^3/h	10000
解析塔中段返塔温度	℃	95.8
稳定塔顶压	MPa(表)	1
液化气采出量	t/h	12
稳定塔回流量	t/h	27
稳定汽油出装置流量	t/h	49

3. 设备数据

每个塔内的关键参数设定见表 14-1-17。

表 14-1-17　各塔基本情况

编号	塔板数	冷凝器	再沸器
分馏塔	42	None-Top pump	None-Bottom feed
蜡油汽提塔	6	None	None
吸收塔	40	None	None
再吸收塔	30	None	None
解吸塔	41	None	Thermosiphon
稳定塔	42	Partial-Vapor-Liquid	Thermosiphon

4. 装置物料平衡数据

装置物料平衡数据见表 14-1-18。

表 14-1-18　物料平衡数据

项目	物料量/(t/h)	
原料:	返混油气	186
产品:	干气	23
	液态烃	12
	焦化汽油	49
	焦化柴油	52
	焦化蜡油	50

5. 控制指标

质量分析控制指标见表 14-1-19。

表 14-1-19　质量分析控制指标

样品名称	分析项目	指标
粗汽油	干点/℃	≤225
柴油	95%点/℃	≤350
稳定汽油	干点/℃	≤225
干气	C_{3+}含量/%(体)	≤3
液化气	C_2 含量/%(体)	≤0.1
	C_5 含量/%(体)	≤1

二、物性系统准备

(一) 进料表征

焦化反应器炉进料表征如表 14-1-20 所示。

表 14-1-20　焦化反应器进料表征

项目	数据	
密度	1020	
硫含量/%(质)	5.964	
碳含量/%(质)	9.373	
氮含量/(μg/g)	6263	
馏程(D2887)/℃	IBP	389.9
	5	444.0
	10	498.0
	30	549.8
	50	601.8
	70	651.8
	90	739.9
	95	783.4
	FBP	828.9

(二) 物性包选择

一般适用于石油组分的物性方法有四种，如表 14-1-21 所示。

表 14-1-21　适用于石油组分的物性方法对比

物性方法	选用模型	适用温度/℃	适用压力/atm	其他
BK10	Braun K10 K-值模型	大于-140 小于 826	<10	不适用有轻气体的混合物
CHAO-SEA	Chao-seader 液相逸度；Scatchard-Hildebrand 活度系数	大于-73 小于 260	<140	不适用含氢气的混合物
GRAYSON/GRAYSON2	Grayson-Streed 液相逸度，Scatchard-Hildebrand 活度系数	大于 16 小于 426	<204	不适用于近沸点组分的分离
MXBONNEL	Maxwell-Bonnell 液相逸度		<10	与 BK-10 类似，可用于混合物临界点附近

注：1atm=101.325kPa。

GRAYSON 属性方法是为含有碳氢化合物和轻质气体的系统开发的，例如二氧化碳和硫化氢。当系统含有氢时，建议使用 GRAYSON。

对非极性或弱极性混合物适合使用 RK-SOAVE 属性方法。实例是烃和轻质气体，例如二氧化碳、硫化氢和氢气。因此在吸收稳定部分选用 RK-SOAVE 方程。

三、延迟焦化装置工厂模型开发

（一）模型设计

采用 Aspen Hysys V10 对延迟焦化反应器进行单独建模，模拟流程如图 14-1-1 所示，其中反应器采用 Delayed Coker 模型，物性方法采用 Peng-Robinson。

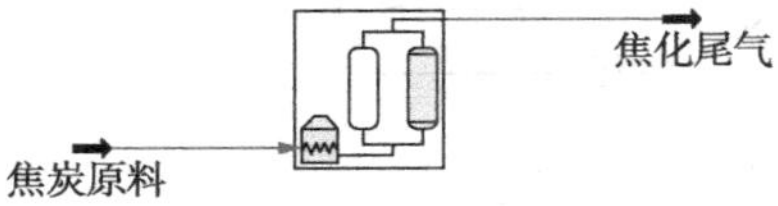

图 14-1-1　延迟焦化装置反应器模型

采用 Aspen Plus 流程模拟软件建立延迟焦化装置分馏部分和吸收稳定部分的模型，其中：焦化分馏塔采用 PetroFrac 模型，吸收塔、再吸收塔、解吸塔、稳定塔选用 RadFrac 模型，换热器采用 Heater 模型，分离器采用 Flash2 模型，混合器采用 Mixer 模型，分流器采用 FSplit 模型，泵采用 Pump 模型，气压机采用 MCompr 模型，蒸汽透平采用 Compr 模型；物性方法分馏塔采用 GRAYSON，吸收稳定采用 RK-SOAVE。

典型的主分馏塔模型见图 14-1-2，分馏塔采用 PetroFrac 模型，换热器采用 Heater 模型，泵采用 Pump 模型，油气分离器采用 Flash2 模型，此外还用到了 Split 模型。其中分馏塔模型有多个中段回流，用以取走多余的热量；引入塔板 Murphree 效率来拟合理论塔板与真实塔板之间的差异。

在实际生产过程中，无法对焦化分馏塔的进料进行采样分析，因此，必须对主分馏塔的进料数据进行特殊的处理。由于分馏塔中只发生物理分离，不发生化学反应，因此可以采取产品返混(back blending)的方法反推进料性质。在实际建模中，一般也是采用产品的数据反推油气的数据。

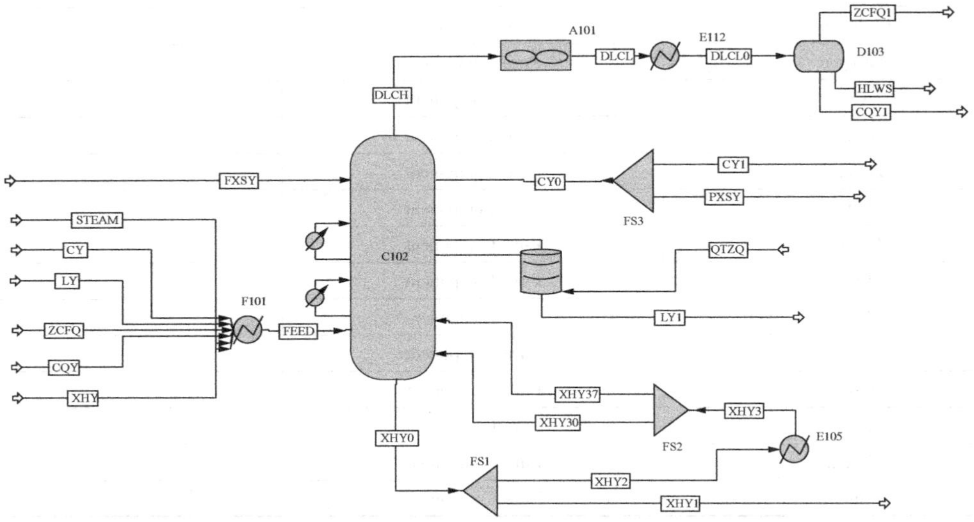

图 14-1-2　延迟焦化装置分馏塔模型

吸收-稳定部分包括吸收塔、解吸塔、再吸收塔、稳定塔，均采用 RadFrac 模型，油气分离器采用 Flash2 模型，换热器采用 Heater 模型，此外还用到了 Split 模型。其中吸收塔模型有中段回流，以取走吸收过程中放出的热量；解吸塔和稳定塔由塔釜再沸器提供热量；稳定塔顶设立了冷回流；四塔均引入塔板效率来拟合理论塔板与真实塔板之间的差异。典型焦化装置吸收稳定系统模型见图 14-1-3。

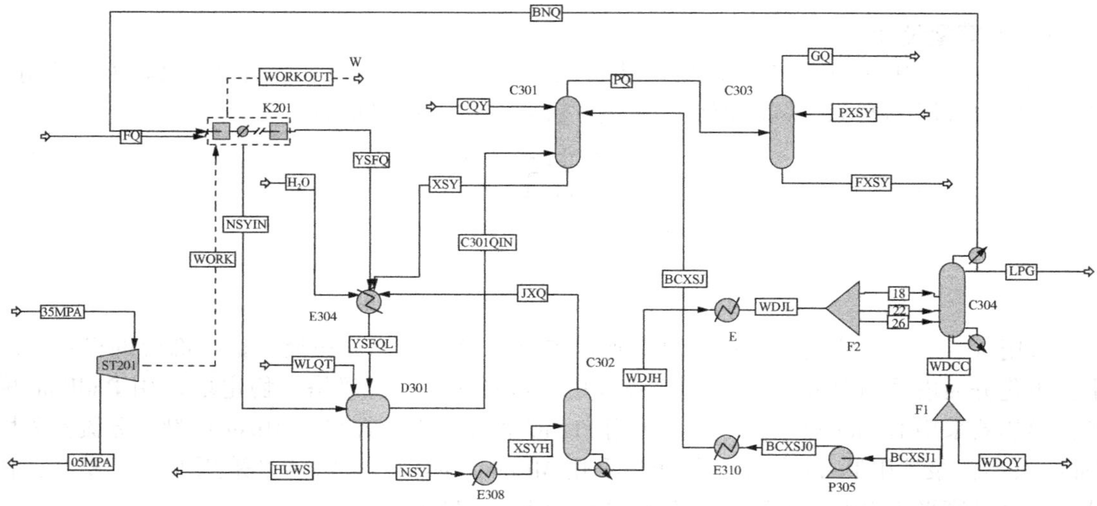

图 14-1-3　典型焦化装置吸收稳定系统模型

以某套延迟焦化装置为例进行流程模拟，模型以装置标定数据为依据建立。

（二）关键单元模块的建模

1. 组分的输入

模拟组合见表 14-1-22 和表 14-1-23。以下图表中数据按建模需要以英文显示。

表 14-1-22　焦化反应体系模拟组分

Component	Type	Group
Hydrogen	Pure Component	
Nitrogen	Pure Component	
CO	Pure Component	
Oxygen	Pure Component	
Methane	Pure Component	
Ethylene	Pure Component	
Ethane	Pure Component	
CO_2	Pure Component	
H_2S	Pure Component	
Propene	Pure Component	
Propane	Pure Component	
i-Butane	Pure Component	
i-Butene	Pure Component	
1-Butene	Pure Component	

续表

Component	Type	Group
13-Butadiene	Pure Component	
n-Butane	Pure Component	
cis2-Butene	Pure Component	
tr2-Butene	Pure Component	
i-Pentane	Pure Component	
1-Pentene	Pure Component	
2M-1-butene	Pure Component	
n-Pentane	Pure Component	
Cyclopentane	Pure Component	
H_2O	Pure Component	
36~40*	User Defined Hypothetical Component	Assay Hypos
40~50*	User Defined Hypothetical Component	Assay Hypos
50~60*	User Defined Hypothetical Component	Assay Hypos
60~70*	User Defined Hypothetical Component	Assay Hypos
70~80*	User Defined Hypothetical Component	Assay Hypos
80~90*	User Defined Hypothetical Component	Assay Hypos
90~100*	User Defined Hypothetical Component	Assay Hypos
100~110*	User Defined Hypothetical Component	Assay Hypos
110~120*	User Defined Hypothetical Component	Assay Hypos
120~130*	User Defined Hypothetical Component	Assay Hypos
130~140*	User Defined Hypothetical Component	Assay Hypos
140~150*	User Defined Hypothetical Component	Assay Hypos
150~160*	User Defined Hypothetical Component	Assay Hypos
160~170*	User Defined Hypothetical Component	Assay Hypos
170~180*	User Defined Hypothetical Component	Assay Hypos
180~190*	User Defined Hypothetical Component	Assay Hypos
190~200*	User Defined Hypothetical Component	Assay Hypos
200~210*	User Defined Hypothetical Component	Assay Hypos
210~220*	User Defined Hypothetical Component	Assay Hypos
220~230*	User Defined Hypothetical Component	Assay Hypos
230~240*	User Defined Hypothetical Component	Assay Hypos
240~250*	User Defined Hypothetical Component	Assay Hypos
250~260*	User Defined Hypothetical Component	Assay Hypos
260~270*	User Defined Hypothetical Component	Assay Hypos
270~280*	User Defined Hypothetical Component	Assay Hypos
280~290*	User Defined Hypothetical Component	Assay Hypos
290~300*	User Defined Hypothetical Component	Assay Hypos
300~310*	User Defined Hypothetical Component	Assay Hypos
310~320*	User Defined Hypothetical Component	Assay Hypos
320~330*	User Defined Hypothetical Component	Assay Hypos

续表

Component	Type	Group
330~340*	User Defined Hypothetical Component	Assay Hypos
340~350*	User Defined Hypothetical Component	Assay Hypos
350~360*	User Defined Hypothetical Component	Assay Hypos
360~370*	User Defined Hypothetical Component	Assay Hypos
370~380*	User Defined Hypothetical Component	Assay Hypos
380~390*	User Defined Hypothetical Component	Assay Hypos
390~400*	User Defined Hypothetical Component	Assay Hypos
400~410*	User Defined Hypothetical Component	Assay Hypos
410~420*	User Defined Hypothetical Component	Assay Hypos
420~430*	User Defined Hypothetical Component	Assay Hypos
430~440*	User Defined Hypothetical Component	Assay Hypos
440~450*	User Defined Hypothetical Component	Assay Hypos
450~460*	User Defined Hypothetical Component	Assay Hypos
460~480*	User Defined Hypothetical Component	Assay Hypos
480~500*	User Defined Hypothetical Component	Assay Hypos
500~520*	User Defined Hypothetical Component	Assay Hypos
520~540*	User Defined Hypothetical Component	Assay Hypos
540~560*	User Defined Hypothetical Component	Assay Hypos
560~580*	User Defined Hypothetical Component	Assay Hypos
580~600*	User Defined Hypothetical Component	Assay Hypos
600~650*	User Defined Hypothetical Component	Assay Hypos
650~700*	User Defined Hypothetical Component	Assay Hypos
700+*	User Defined Hypothetical Component	Assay Hypos

表 14-1-23　焦化分离体系模拟组分

Component ID	Type	Component name	Alias
H_2	Conventional	HYDROGEN	H_2
O_2	Conventional	OXYGEN	O_2
N_2	Conventional	NITROGEN	N_2
CO	Conventional	CARBON-MONOXIDE	CO
CO_2	Conventional	CARBON-DIOXIDE	CO_2
CH_4	Conventional	METHANE	CH_4
C_2H_6	Conventional	ETHANE	C_2H_6
C_2H_4	Conventional	ETHYLENE	C_2H_4
C_3H_8	Conventional	PROPANE	C_3H_8
C_3H_6	Conventional	PROPYLENE	C_3H_6-2
IC_4H_{10}	Conventional	ISOBUTANE	C_4H_{10}-2
NC_4H_{10}	Conventional	N-BUTANE	C_4H_{10}-1
C_4H_8	Conventional	1-BUTENE	C_4H_8-1
IC_4H_8	Conventional	ISOBUTYLENE	C_4H_8-5
TC_4H_8	Conventional	TRANS-2-BUTENE	C_4H_8-3

续表

Component ID	Type	Component name	Alias
CC_4H_8	Conventional	CIS-2-BUTENE	C_4H_8-2
C_5H_{12}	Conventional	N-PENTANE	C_5H_{12}-1
C_6H_{14}-01	Conventional	N-HEXANE	C_6H_{14}-1
H_2S	Conventional	HYDROGEN-SULFIDE	H_2S
CQY	Assay	粗汽油	
CY	Assay	柴油	
LY	Assay	蜡油	
XHY	Assay	循环油	
FXSY	Assay	富吸收油	
ZY	Assay	渣油	
WATER	Conventional	WATER	H_2O

2. *原料的输入*

析料输入见图 14-1-4 和图 14-1-5。

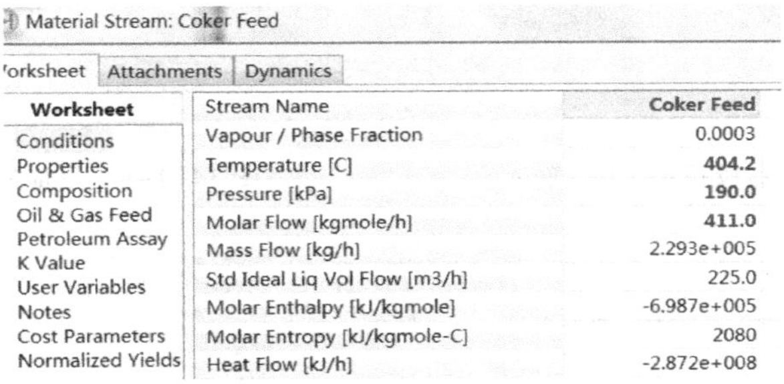

图 14-1-4　焦化反应器进料输入

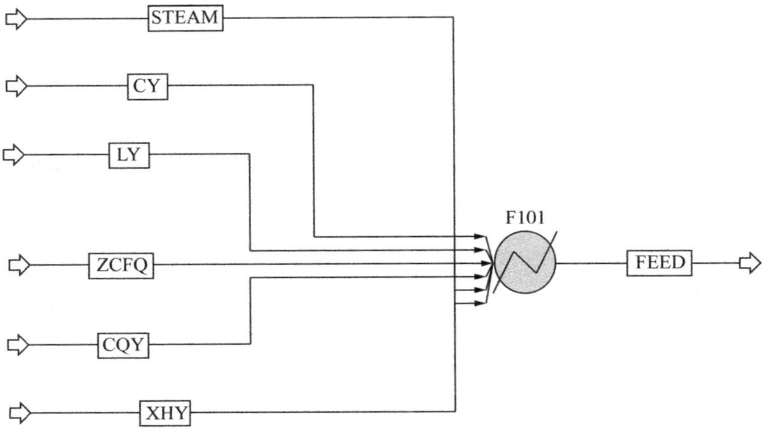

图 14-1-5　多股产品返混作为分馏塔进料

3. *反应器的设定*

反应器的设定见图 14-1-6~图 14-1-15。

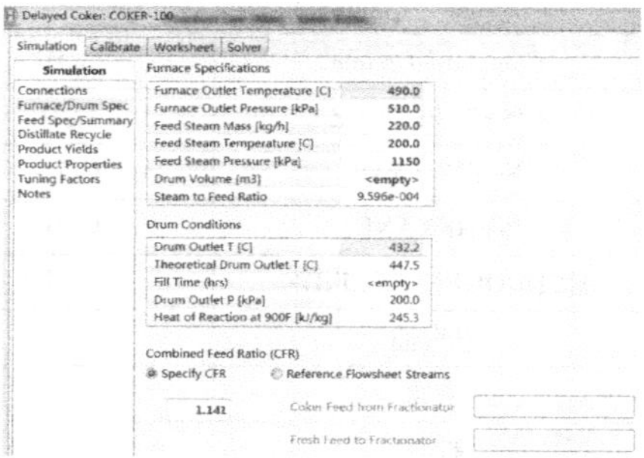

图 14-1-6　加热炉和蒸汽设置

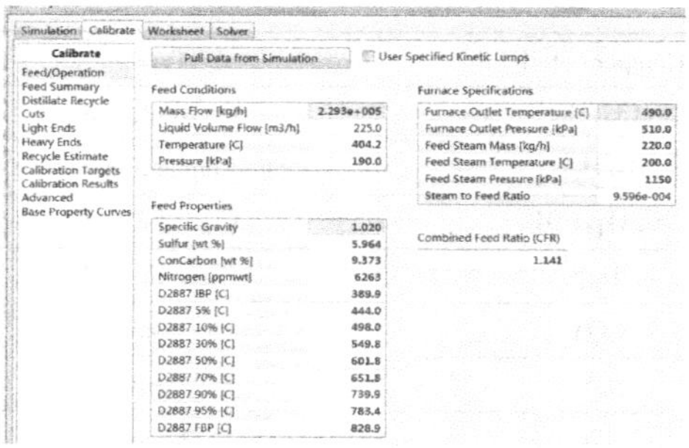

图 14-1-7　反应器校正-进料条件设置

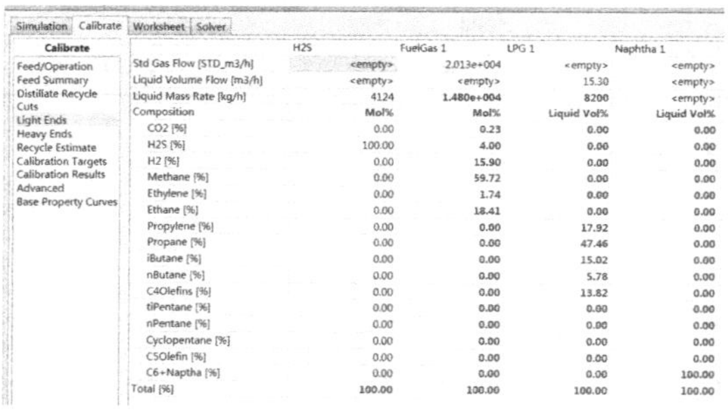

图 14-1-8　反应器校正-轻组分输入

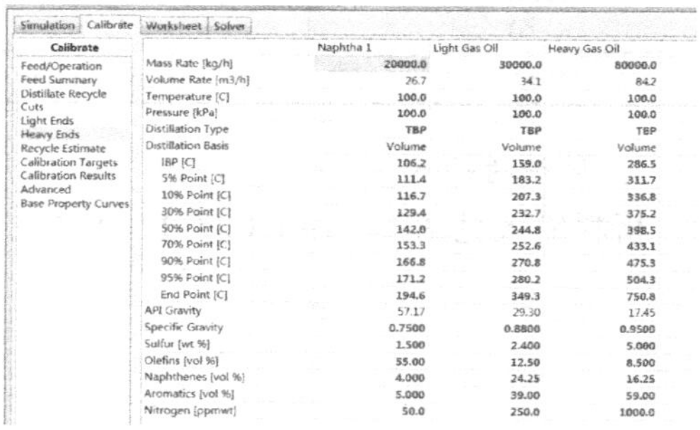

图 14-1-9　反应器校正-重组分输入

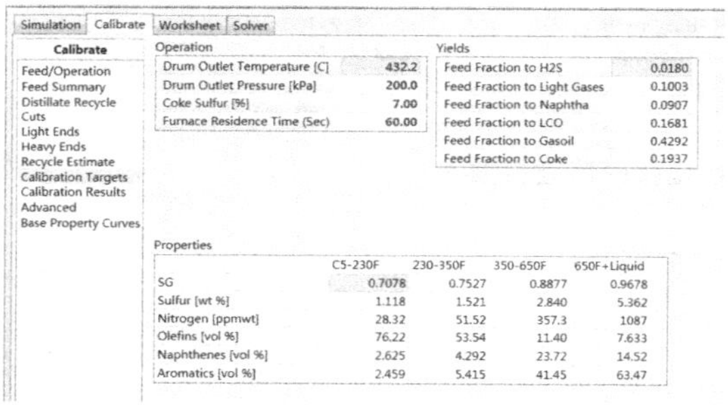

图 14-1-10　反应器校正-校正目标输入

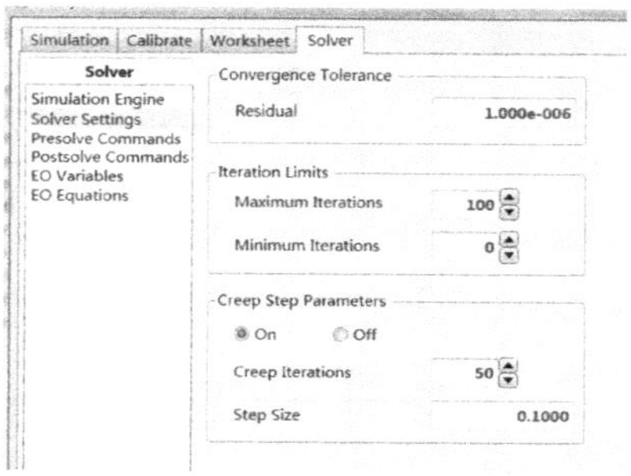

图 14-1-11　反应器校正-solver 设置

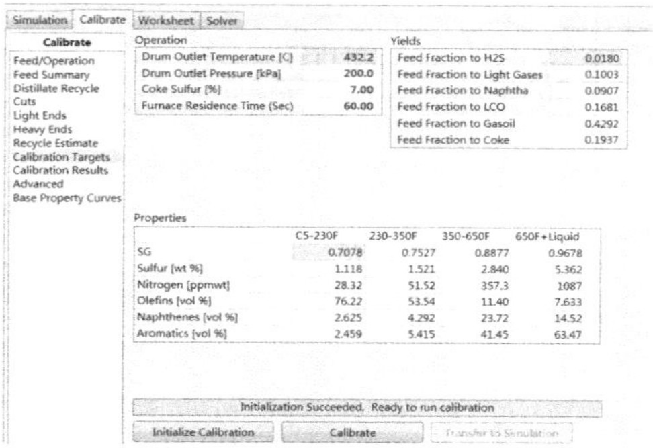

图 14-1-12　反应器校正-校正初始化

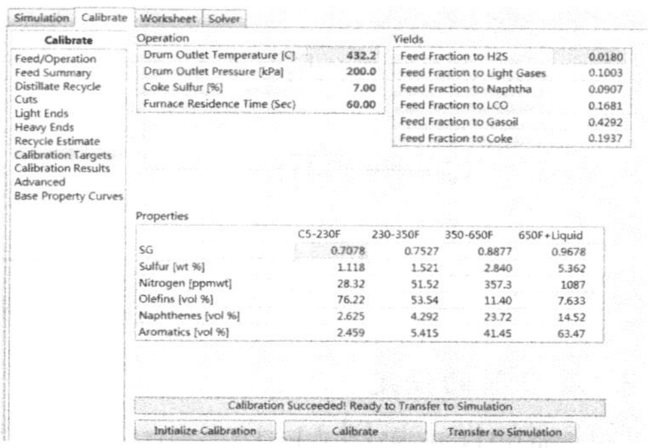

图 14-1-13　反应器校正-校正

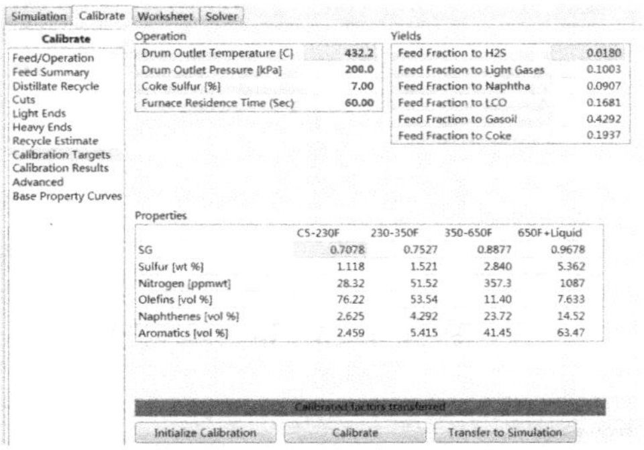

图 14-1-14 反应器校正-传递到模拟

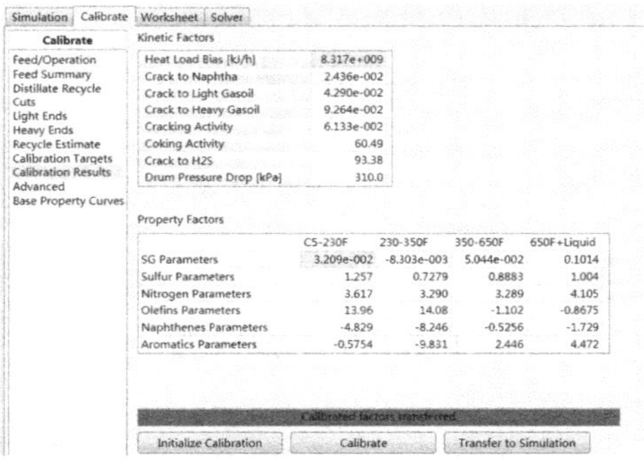

图 14-1-15 反应器参数校正结果

4. 分馏塔的设定

分馏塔的设定见图 14-1-16~图 14-1-24。

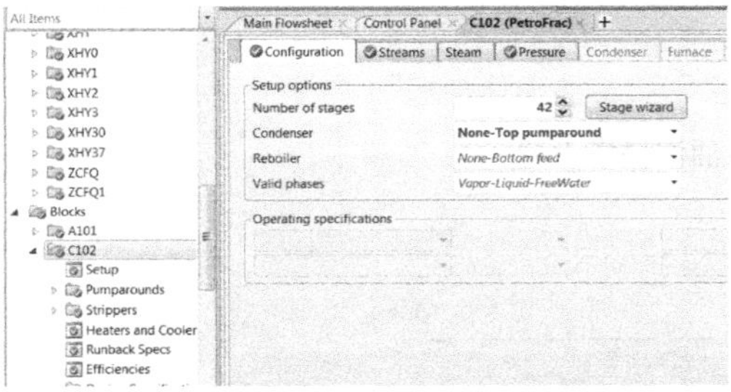

图 14-1-16 分馏塔的板数、冷凝器和再沸器方式

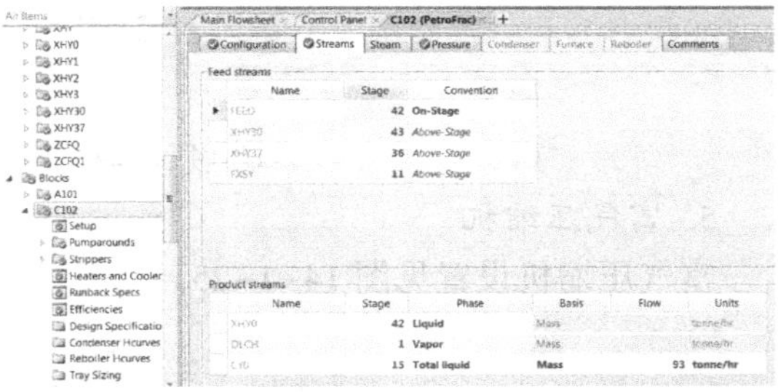

图 14-1-17 分馏塔进料位置及侧线抽出设置

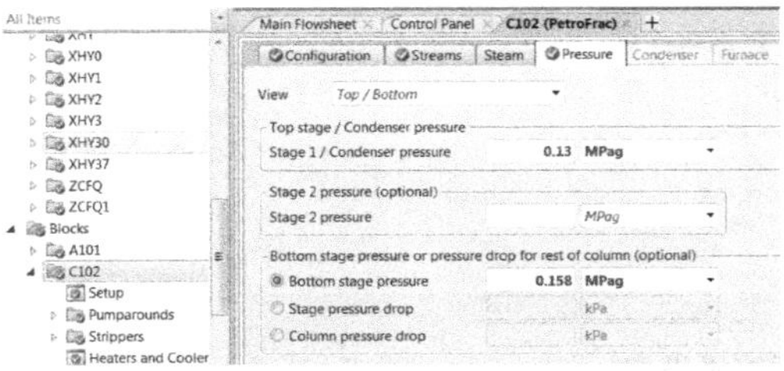

图 14-1-18 分馏塔塔压设置

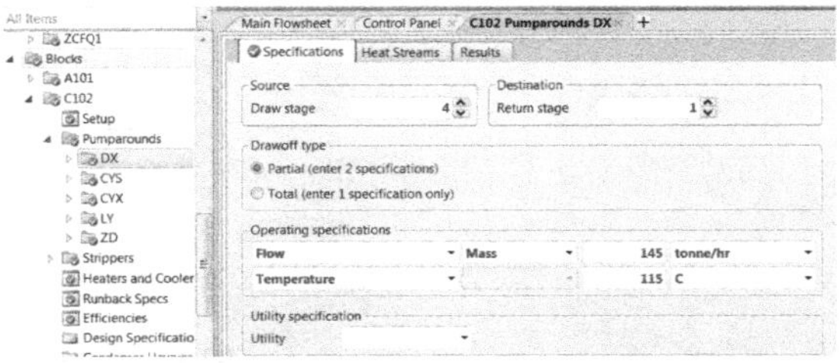

图 14-1-19 分馏塔顶回流设置

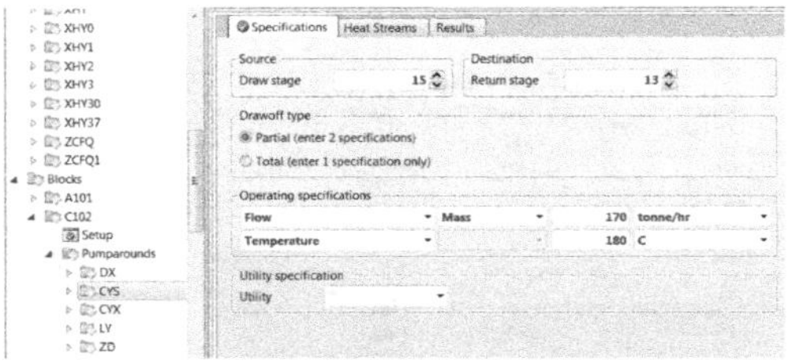

图 14-1-20 柴油上返塔设置

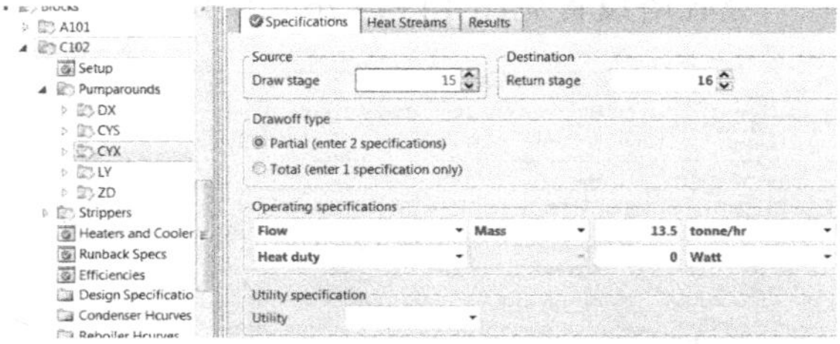

图 14-1-21 柴油下返塔设置

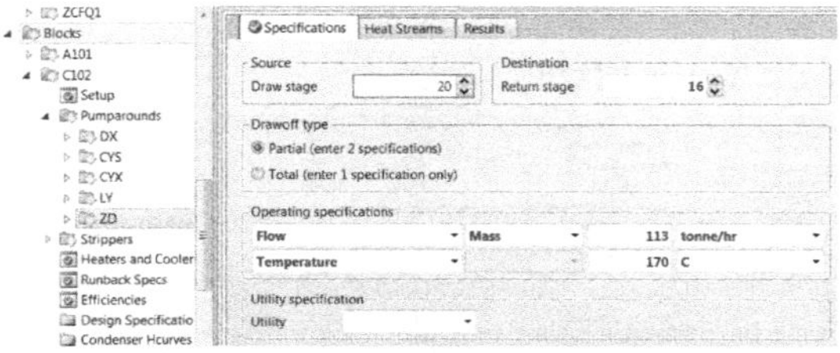

图 14-1-22 中段循环设置

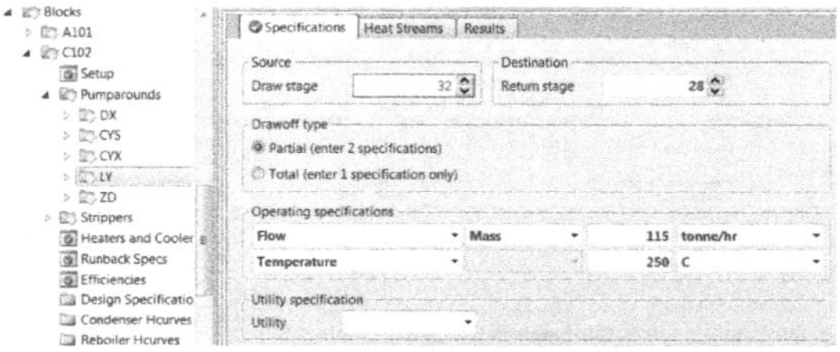

图 14-1-23 蜡油循环设置

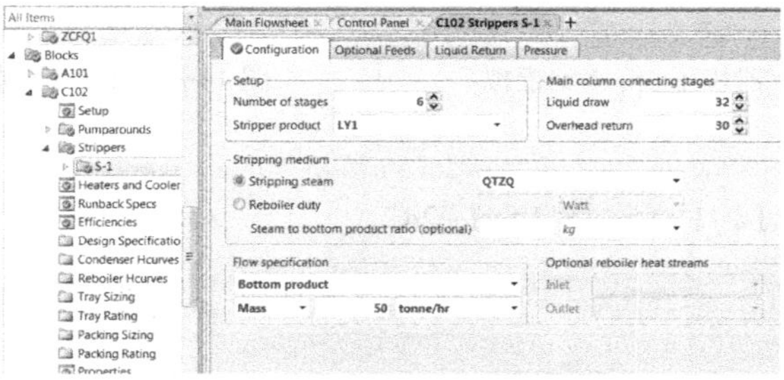

图 14-1-24 分馏塔蜡油汽提塔设置

5. 富气压缩机

富气压缩机设置见图 14-1-25。

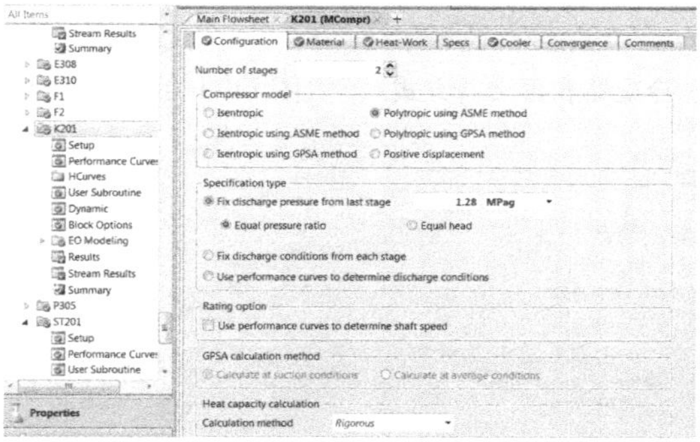

图 14-1-25 富气压缩机设置

6. 吸收塔

吸收塔设置见图 14-1-26~图 14-1-29。

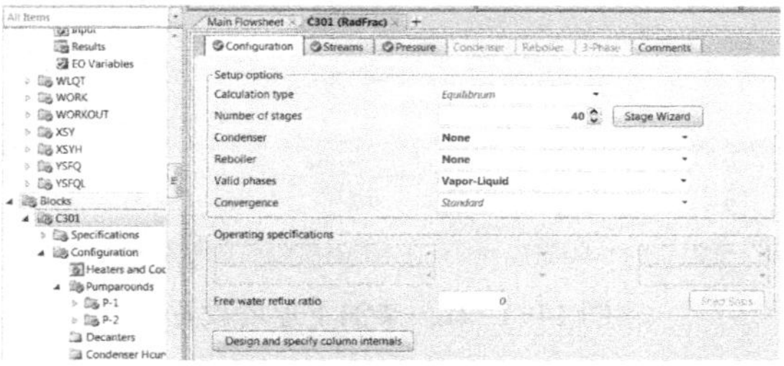

图 14-1-26 吸收塔板数、冷凝器及再沸器设置

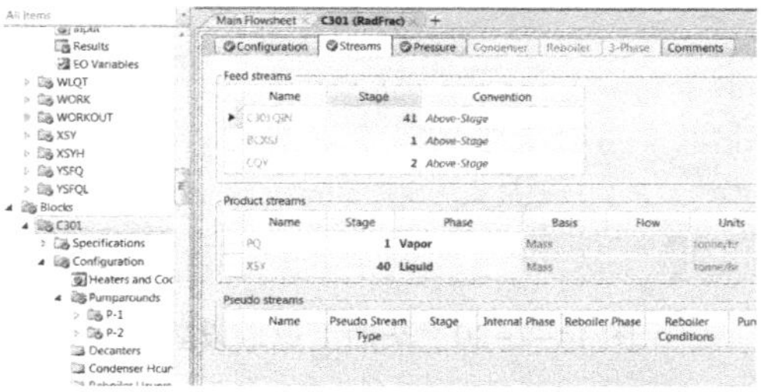

图 14-1-27 吸收塔进料位置设置

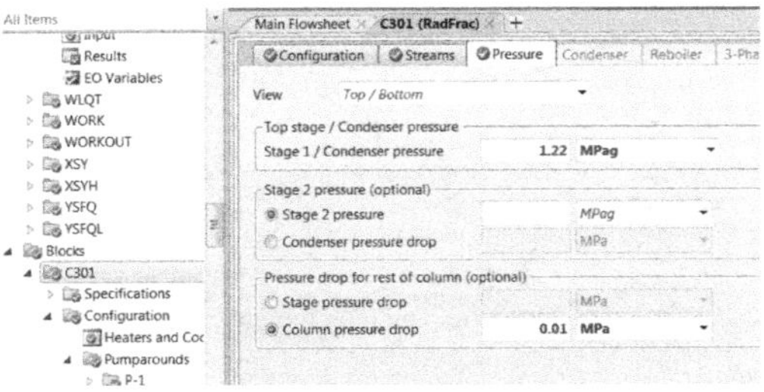

图 14-1-28　吸收塔塔压设置

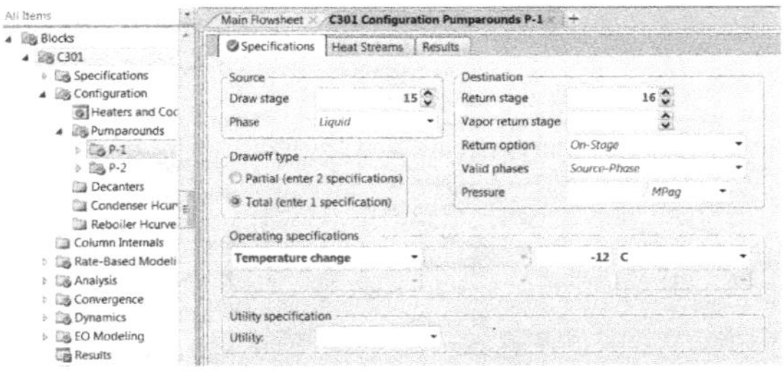

图 14-1-29　吸收塔一中、二中设置

7. 再吸收塔

再吸收塔设置见图 14-1-30～图 14-1-33。

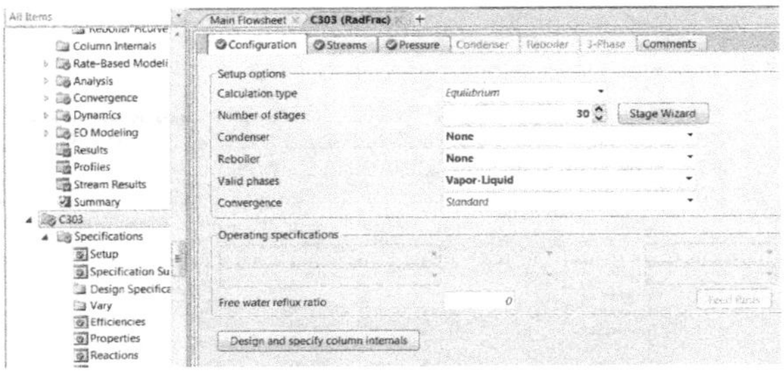

图 14-1-30　再吸收塔塔板数、冷凝器及再沸器设置

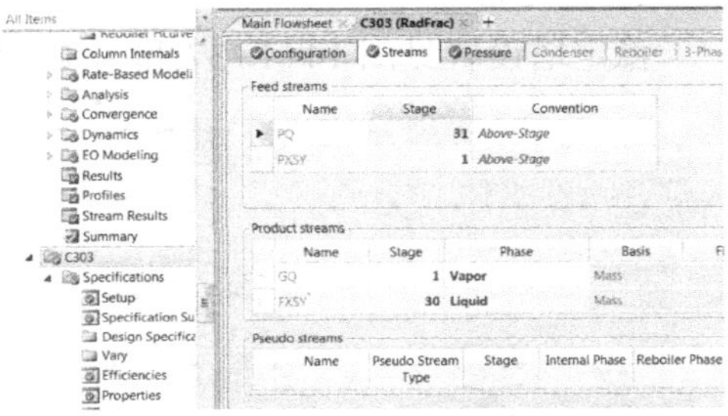

图 14-1-31　再吸收塔进料位置设置

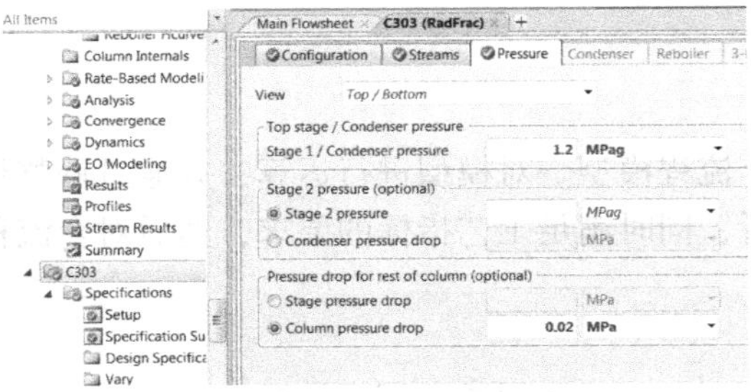

图 14-1-32　再吸收塔塔压设置

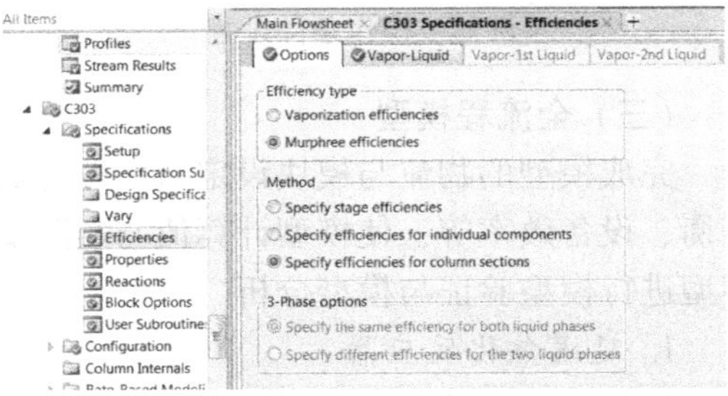

图 14-1-33　再吸收塔塔板 murphree 效率

8. 解析塔

解析塔设置见图 14-1-34～图 14-1-36。

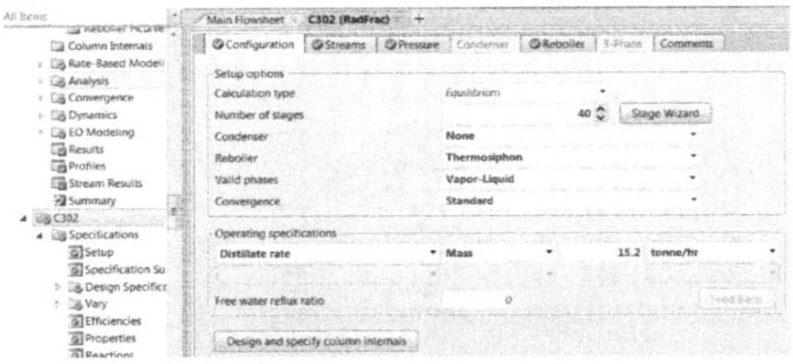

图 14-1-34　解析塔板数、冷凝器
再沸器及操作变量设置

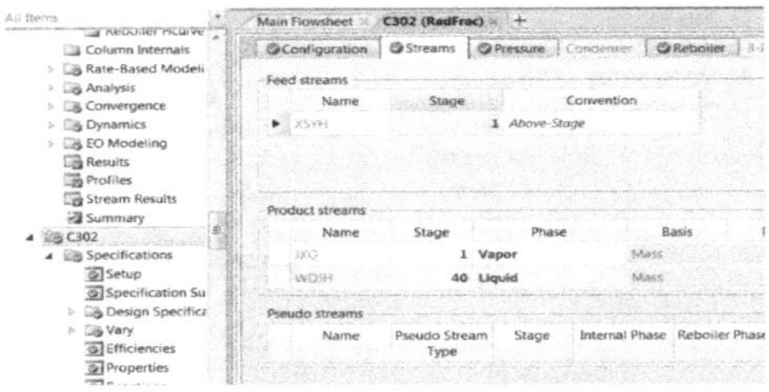

图 14-1-35　解析塔进料位置设置

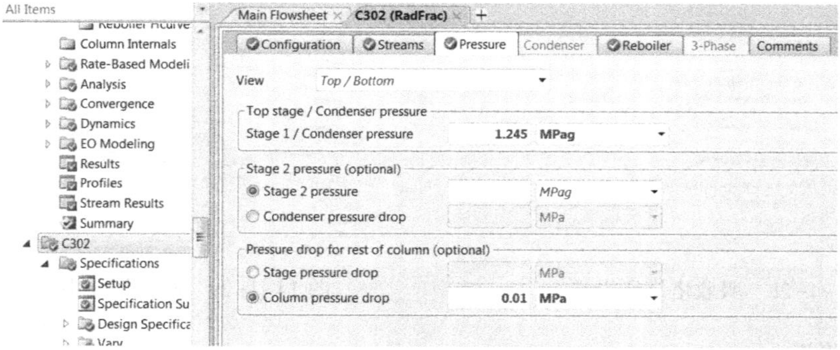

图 14-1-36　解析塔塔压设置

9. 稳定塔

稳定塔设置见图 14-1-37 和图 14-1-38。

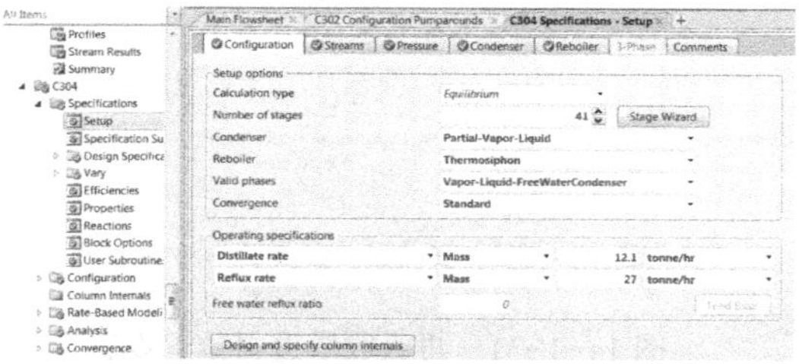

图 14-1-37　稳定塔板数、冷凝器再沸器及操作条件设置

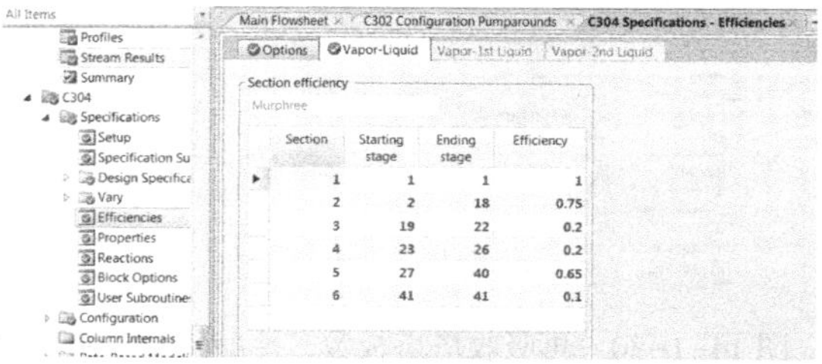

图 14-1-38　稳定塔 murphree 效率的设定

（三）全流程模型

完成模型的物流与模块设定后，即完成了全流程模型。对模型进行运算，并通过调整热平衡、设备效率等，使模型计算值与实际值接近，同时满足工艺指标的要求，然后对全流程模型进行模型验证与模型分析。

1. 延迟焦化反应器

焦化反应器模拟结果如下(见图 14-1-39 和图 14-1-40 以及表 14-1-24)：

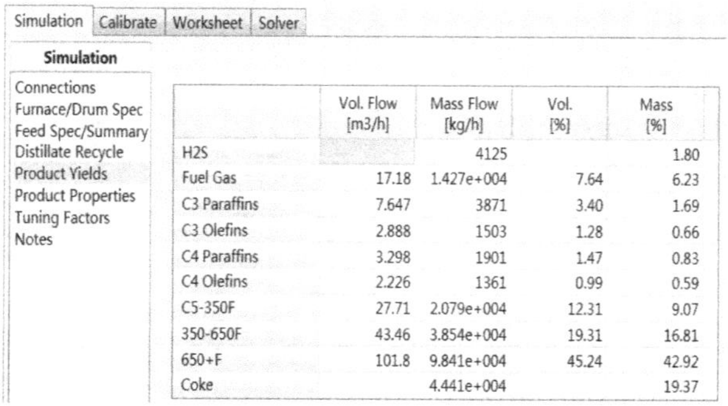

图 14-1-39　产品收率模拟结果

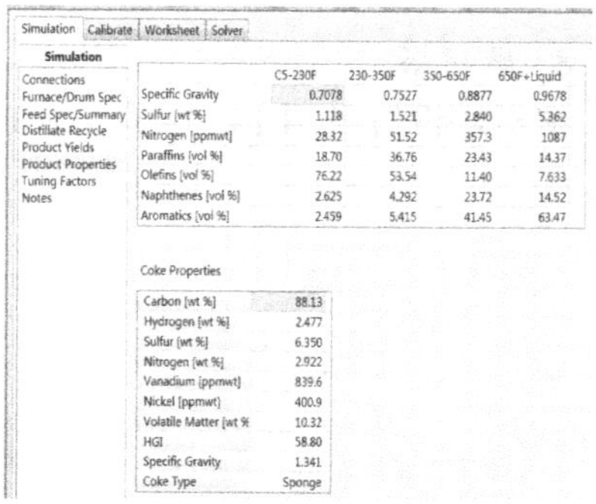

图 14-1-40　产品性质模拟结果

表 14-1-24　反应器标定数据与模拟数据对比

项目	模拟数据	标定数据
出口温度/℃	432.2	432.2
出口压力/℃	200	200
焦炭硫/%(质)	6.35	7

2. 主分馏塔

焦化装置主分馏塔计算结果比较如下(见表 14-1-25)：

表 14-1-25　主分馏塔标定数据与模拟数据对比

项目	模拟数据	标定数据
塔顶温度/℃	128	127
顶循抽出温度/℃	147	150
柴油抽出温度/℃	216	213
蜡油抽出温度/℃	323	330
塔底抽出温度/℃	326	320
粗汽油干点/℃	215	220
柴油 95%点/℃	330	330
蜡油 95%点/℃	457	452

3. 吸收稳定系统

吸收稳定系统主要包括吸收塔、再吸收塔、解吸塔和稳定塔，模拟结果与实际比较如下(见表 14-1-26)：

表 14-1-26　吸收稳定系统标定数据与模拟数据对比

项　　目	模拟数据	标定数据
吸收塔顶温度/℃	40.7	39
吸收塔底温度/℃	37.0	36
再吸收塔顶温度/℃	36.3	37
再吸收塔底温度/℃	51.4	49
解吸塔塔顶温度/℃	56.7	55
解吸塔塔底温度/℃	133.6	134
稳定塔塔顶温度/℃	54.0	53
稳定塔塔底温度/℃	170.4	172
稳定汽油干点/℃	221	220
液化气 C_2 含量/%(体)	0.064	≤0.1
液化气 C_5 及以上含量/%(体)	0.49	≤1
干气 C_3 及以上含量/%(体)	1.48	≤3

第二节　延迟焦化装置模型的应用

利用模型对延迟焦化装置分馏部分和吸收稳定部分的关键操作参数进行分析与优化，进而对装置操作进行优化。

一、分馏部分优化分析

（一）分馏塔各段取热优化

焦化装置主分馏塔的各段取热主要用于预热原料和作为解吸塔、稳定塔的塔釜热源，对各段取热比例进行合理分配，尽量多取高温位热量，提高热能的回收和利用，以提高原料的换热终温，减少加热炉瓦斯消耗。某装置分馏塔各段取热情况分布如图14-2-1所示。

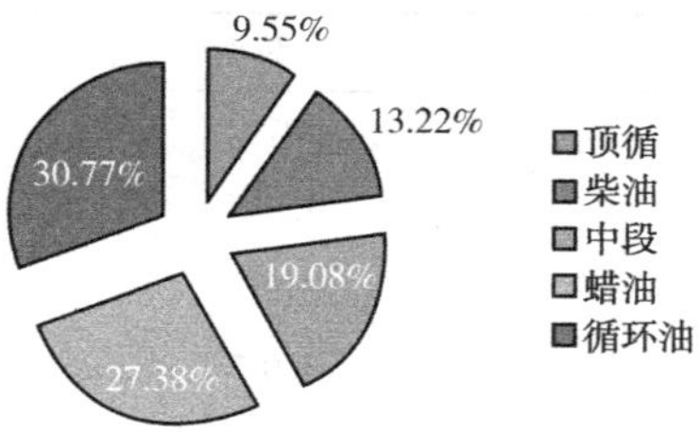

图 14-2-1　分馏塔各段取热情况

可以看出，分馏塔各段取热量由高到低分别是循环油—蜡油—中段—柴油—顶循，下部高温热量利用率相对较高，取热分布相对较好。

（二）降低柴蜡油重叠度，提高装置效益

装置设有蜡油汽提塔，通过汽提蒸汽将蜡油中的柴油组分汽提出来，从而降低柴蜡重叠度，提高柴油收率。图 14-2-2、图 14-2-3 分别为模型计算的蜡油汽提塔蒸汽流量和温度对柴蜡重叠度的影响。由图可知增加汽提蒸汽流量和提高温度均能使柴蜡重叠度降低，但流量的影响更明显。

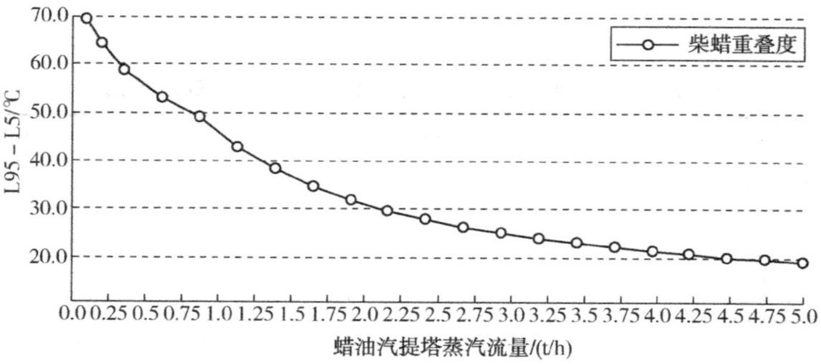

图 14-2-2　蜡油汽提塔汽提蒸汽流量对柴蜡重叠度的影响

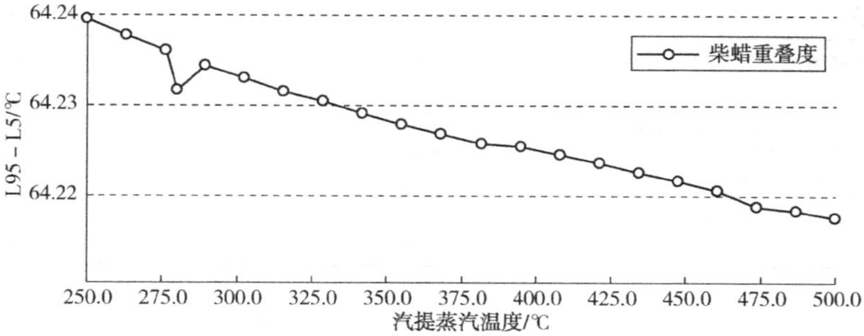

图 14-2-3　蜡油汽提塔汽提蒸汽温度对柴蜡重叠度的影响

在对装置进行操作优化时，应综合考虑柴油、蜡油的市场价格，装置加工方案和蒸汽消耗等因素，寻找经济效益最大化的操作方式。

（三）富吸油温度对分馏塔顶负荷与柴油95%点的影响

图14-2-4为模型计算的富吸收油温度对分馏塔顶负荷和柴油95%点的影响。由图可知，随着富吸收油进塔温度的降低，分馏塔顶循环量也随之减小，而柴油95%点基本没变。由于富吸收油与出装置柴油换热，降低富吸收油温度使得柴油热出料温度提高，同时低温位的顶循取热减小，有利于分馏塔热量的有效利用。

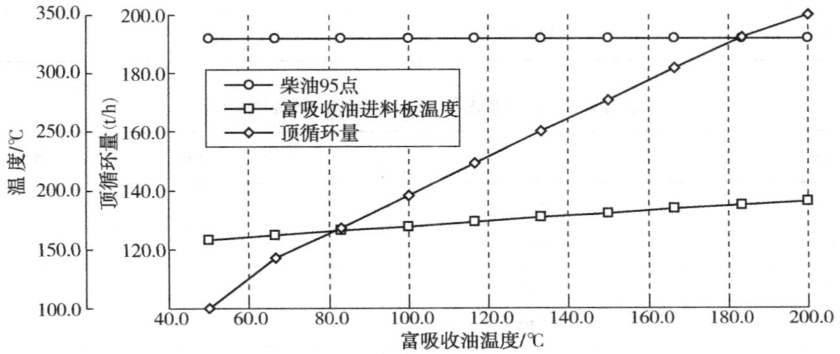

图14-2-4　富吸收油温度对分馏塔顶负荷与柴油95%点的影响

（四）中段回流量对柴油95%点的影响

图14-2-5为模型计算的中段回流量对柴油95%点的影响，中段回流量对柴油95%点具有明显的影响，提高中段取热将使得柴油的95%点降低。

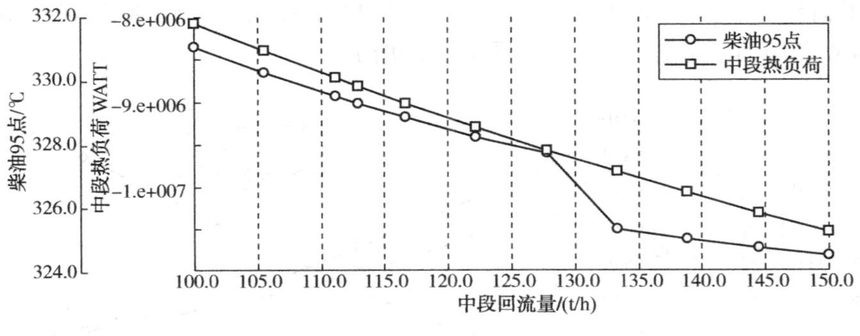

图14-2-5　中段回流量对柴油95%点的影响

（五）柴油上、下返塔量对柴油95%点的影响

表14-2-1和表14-2-2分别为模型计算的柴油上、下返塔量对柴油95%点的影响。由表可知，柴油上返量对柴油95%点的调节作用微小，而下返量对柴油95%点的影响较大。因此，在实际操作中，可结合中段回流和柴油下返量，灵活地调整柴油95%点。

表 14-2-1　柴油上返量对柴油 95%的影响

柴油上返量/(t/h)	柴油 95%点/℃	柴油上返量/(t/h)	柴油 95%点/℃
100	329.8	167	329.3
111	329.7	170	329.3
122	329.6	178	329.2
133	329.5	189	329.2
144	329.4	200	329.1
156	329.4		

表 14-2-2　柴油下返量对柴油 95%的影响

柴油下返量/(t/h)	柴油 95%点/℃	柴油下返量/(t/h)	柴油 95%点/℃
5	331	24	326
9	330	28	323
13	329	32	323
14	329	36	322
17	328	40	321
21	327		

（六）蜡油上返塔量和柴油下返塔量变化分别对柴油干点及产量以及柴蜡重叠度的影响

图 14-2-6、图 14-2-7 分别为模型计算的蜡油上返塔量和柴油下返塔量对柴油干点、产量以及柴蜡重叠度的影响。由图 14-2-6 可知，蜡油上返塔量的提高将使得柴油 95%点和柴油产量的降低，同时还增加了柴蜡重叠度；由图 14-2-7 可知，柴油下返塔量的提高也会使柴油 95%点和柴油产量的降低，柴蜡重叠度的增加。

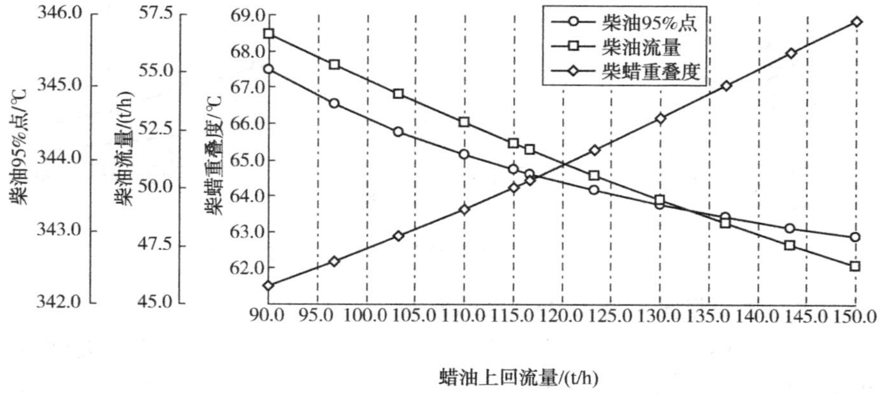

图 14-2-6　蜡油上回流量对柴油干点及产量以及柴蜡重叠度的影响

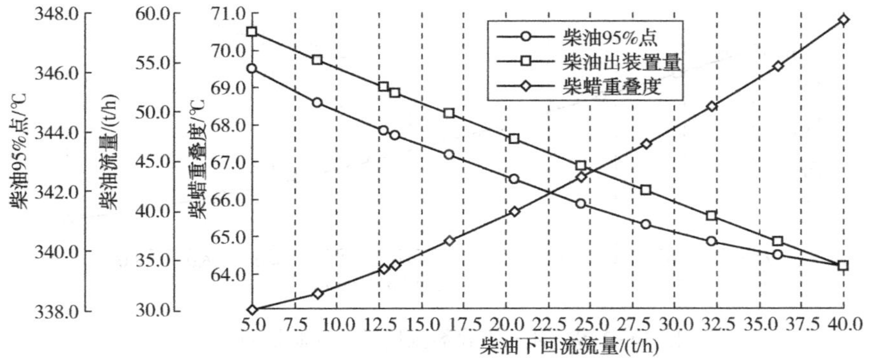

图 14-2-7　柴油下回流量对柴油干点及产量以及柴蜡重叠度的影响

由于柴油价格的波动以及各个时期多产柴油任务的紧迫性转换，通过对影响柴蜡油重叠度的控制手段的量化灵敏度分析，可以更加明晰地掌握柴蜡油的分离程度及各自质量。

此分析中两路回流的变化范围选定符合实际，且柴油干点的变化也涵盖了平时操作对柴油(95%)要求的变化范围，因此对实际生产操作过程非常具有指导意义。

二、吸收稳定部分优化分析

(一) 吸收稳定系统的压力对干气质量的影响

图 14-2-8 为模型计算的吸收塔压力对干气中 C_{3+} 含量的影响。由图可知，通过提高吸收塔操作压力来降低干气 C_{3+} 含量的作用有限，而且吸收塔顶压力受限于系统后路压力(干气去脱硫系统压力调节)和富气压缩机出口压力。相反，从节能角度来看，在满足干气 C_3 以上组分含量不大于 3%的情况下，由目前的 1.2MPa 可以将压力下调至 1.1MPa 左右。

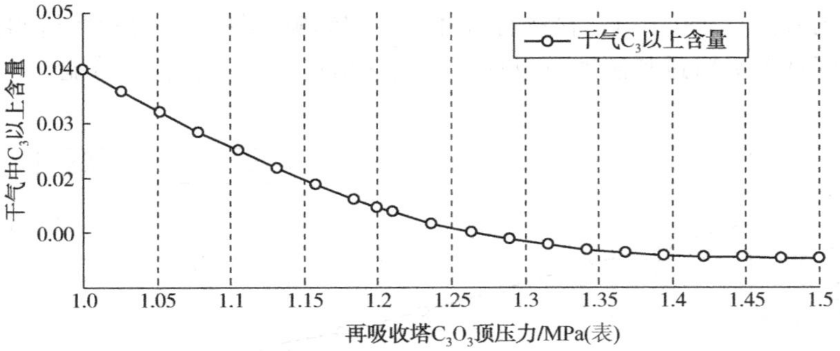

图 14-2-8　吸收稳定系统压力对干气质量的影响

(二) 分析补充吸收剂流量及温度对干气质量的影响

图 14-2-9、图 14-2-10 分别为模型计算的补充吸收剂的流量和温度对干气中 C_{3+} 含量的影响。由图可知，补充吸收剂量和温度对干气 C_{3+} 的影响较大，温度越低、流量越大，干气 C_{3+} 含量越低。但是增加补充吸收剂量后，使得大量的稳定汽油在吸收-解吸-稳定三塔之间循环，这就增加了装置能耗；同时补充吸收剂的温度取决于冷换设备和循环水的进装置温度，所以需结合装置实际操作条件和干气质量控制寻求最优的补充吸收剂量。

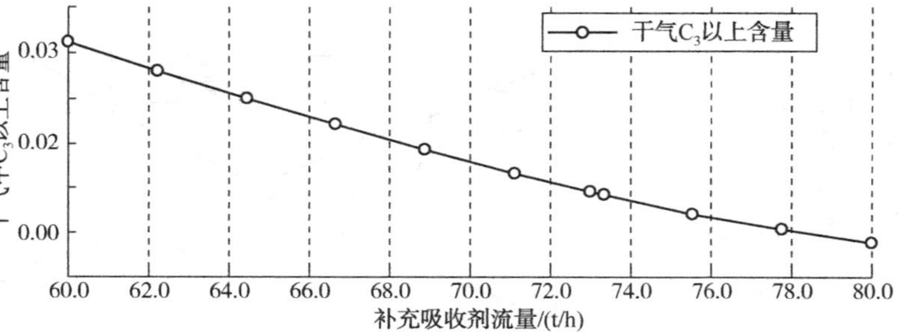

图 14-2-9　补充吸收剂流量对干气质量的影响

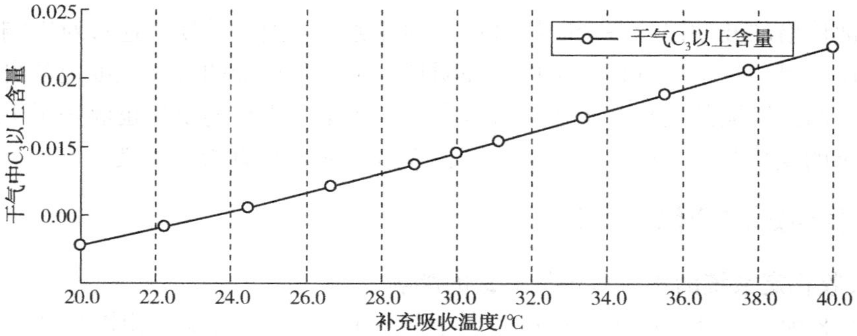

图 14-2-10　补充吸收剂温度对干气质量的影响

（三）分析解吸塔进料温度对干气质量的影响

图 14-2-11 为模型计算的解吸塔进料温度对干气中 C_{3+}含量的影响。由图可知，随着解吸塔进料温度的升高，干气中 C_{3+}含量有所降低，但影响不明显。解吸塔进料是通过稳定汽油来加热的，降低解吸塔进料温度可以提高汽油热出料温度，有利于节能。

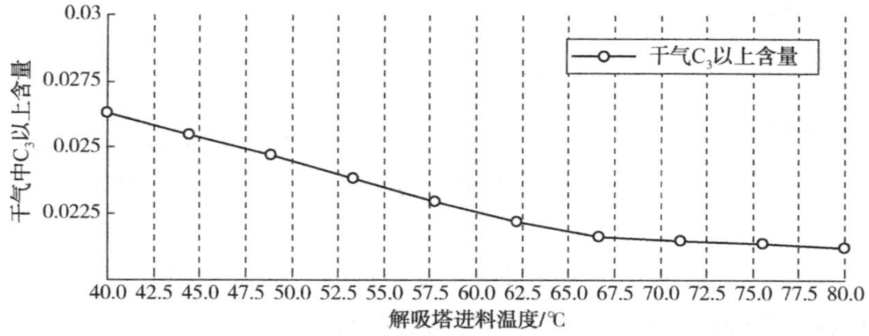

图 14-2-11　解吸塔进料温度对干气质量的影响

（四）吸收塔中段回流温度对干气质量的影响

图 14-2-12 为模型计算的吸收塔中段回流温度对干气中 C_{3+}含量的影响。由图可知，降低吸收塔一中、二中冷却温度有利于干气中 C_{3+}含量的减小，且效果明显。“高压低温”有利于吸收，在冷却介质能满足的条件下，降低补充吸收剂温度，加大吸收塔一中、二中回流的取热，从而使干气中 C_{3+}含量降低。

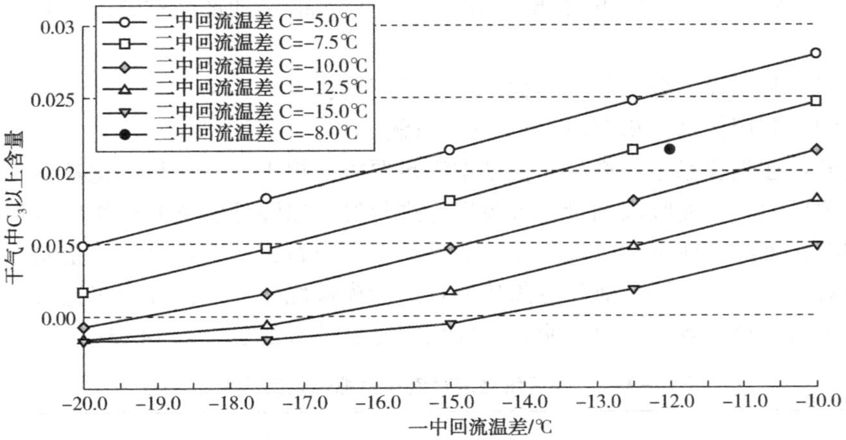

图 14-2-12 吸收塔中段回流温度对干气质量的影响

（五）稳定塔底温度对液化气质量和稳定汽油饱和蒸汽压的影响

图 14-2-13 为模型计算的稳定塔底温度对液化气质量和稳定汽油饱和蒸汽压的影响。由图可知，稳定塔底温越高，汽油的饱和蒸汽压越低，液化气中 C_5以上含量越高。由于补充吸收剂的温度一定，提高稳定塔的塔底温度，稳定汽油中 C_4组分下降，这样就增加了补充吸收剂在吸收塔中的吸收效率，有助于提高干气的产品质量；由于液化气中 C_5以上组分随着塔底温度的提高而升高，因此提高塔底稳定温度的同时，要适当提高塔顶回流比，控制良好的塔顶温度，既要保证液化气中 C_5以上组分合格，又要防止回流比过大。

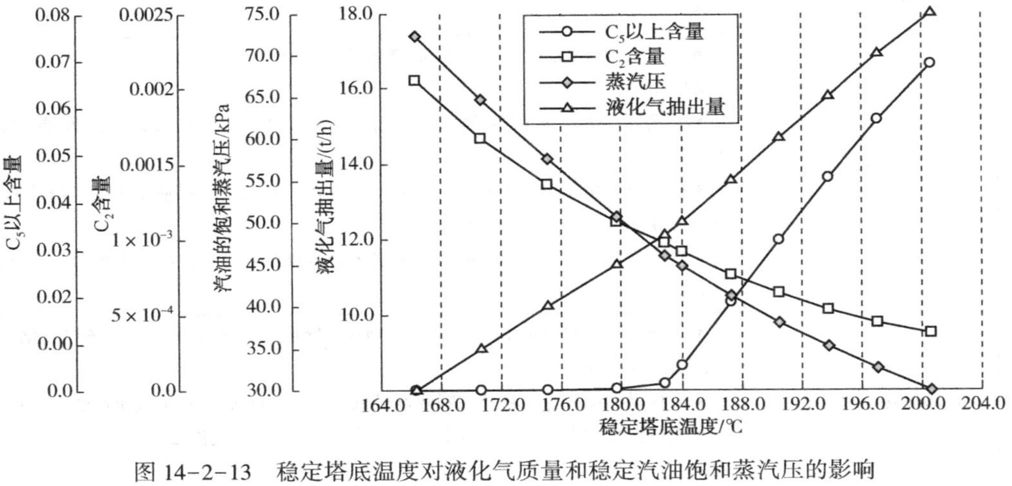

图 14-2-13 稳定塔底温度对液化气质量和稳定汽油饱和蒸汽压的影响

第三节 延迟焦化模拟应用案例

应用流程模拟软件，可以对延迟焦化装置进行如下优化应用：

优化点一：优化焦化主分馏塔取热，在保证产品合格情况下，提高高温位取热量，多产中低压蒸汽，降低装置能耗；

优化点二：针对多产汽油方案/柴油方案，降低汽油/柴油产品重叠度，利用模型快速做出操作调整；

优化点三：利用模型分析解决焦化干气不干问题；

优化点四：利用模型分析解决 LPG 质量问题；

优化点五：在吸收稳定各产品质量基本满足要求前提下，进一步优化各参数如：稳定塔顶回流和塔顶压力、补充吸收剂量、解吸塔冷进料等，以降低装置的操作成本和装置能耗。

在中国石化炼油事业部和科技开发部的推动下，由石化盈科联合生产企业，利用流程模拟技术共同对中国石化下属企业延迟焦化装置进行模拟优化，优化方案实施后，降低了装置能耗，提升了装置经济效益，效果明显，优化实施后结果汇总于表 14-3-1。

表 14-3-1　延迟焦化装置流程模拟优化实施效果汇总

编号	企业装置	应用情况
1	九江石化延迟焦化	•优化取热后，渣油换热终温由 280℃ 提升至 300℃，降低加热炉瓦斯消耗 0.79Nm^3/t；多产 1.0MPa 蒸汽 0.5t/h； •干气 C_{3+}由 7.65%降低至 4.92%，液化气由 3.05%提高到 3.15%；共计效益 407.1 万元/a
2	武汉石化延迟焦化	•优化分馏塔取热，提高蒸汽品质，并多产 1.0MPa 蒸汽 3600t/a；经济效益 39.6 万元/a
3	安庆石化延迟焦化	•干气 C_3 含量由 5.0%降低到 4.0%，增产了 LPG； •柴油收率由 36%提高到 36.7%；共计效益 300.8 万元/a
4	天津石化 1#延迟焦化	•柴、蜡油重叠度由 35℃降低到 27℃，液收增加 0.1 个百分点； •干气 C_{3+}含量由 4.5%降到 3.5%，增产 LPG；共计效益 100.36 万元/a
5	天津石化 2#延迟焦化	•降低富吸油温度，优化分馏塔顶负荷和柴油出装置温度，装置能耗下降 0.40kgEO/t； •调整解吸塔进料温度，提高了汽油出装置温度 30℃，装置能耗降低 0.30kgEO/t； •稳定塔系统压力由 1.0MPa 降低至 0.9MPa，液化气产品质量不变，塔顶回流降低了 2.0t/h。装置能耗下降 0.15kgEO/t； •提高焦炭塔油气温度，换热后原料入炉温度提高 4℃，年节省燃料气 500t；共计效益 685.5 万元/a
6	青岛炼化延迟焦化	•将补充吸收剂量由 140t/h 降至 110t/h、吸收剂温度降至 30℃，增加液化气 6.8 t/d，增效 600 万元/a •模拟增加深冷器，将补充吸收剂最低冷却至 20℃后，对干气质量的影响； •模拟将吸收塔一中、二中回流增加深冷器，将回流温度深冷至 20℃时的吸收效果
7	镇海炼化Ⅰ#延迟焦化	•利用模型优化分馏塔各段回流，调整装置循环比，装置液收 1.13%，增效 211 万元/a
8	镇海炼化Ⅱ#延迟焦化	•优化主分馏塔取热分布，渣油原料换热终温由 295℃提高到 302℃，节约燃料气 300Nm^3/h，节能效益 453.6 万元/a •优化吸收稳定操作，稳定汽油蒸汽压由 75kPa 降至 60kPa，干气 C_3 含量由 4.95%降至 3.95%，多产液化气 0.3t/h，增效 360 万元/a；共计效益 813.6 万元/a

续表

编号	企业装置	应用情况
9	济南炼化延迟焦化	优化焦化主分馏塔取热，焦化汽油、焦化柴油产率提高，焦化蜡油收率降低，增加轻收，增效 276.49 万元/a
10	荆门石化延迟焦化	• 提高稳定塔底温度，提高稳定汽油 10%点温度，提高吸收效果，可多产液化气 0.5t/h，增效 520 万元/a
11	石家庄炼化延迟焦化	• 优化中段回流，使取热更加合理，渣油换热终温由 298℃上升到 302℃，并多产蒸汽，装置能耗降低 1.31kgEO/t，年节约燃料 1002.3t，节能效益 240.5 万元/a
12	沧州炼化延迟焦化	• 焦化干气中 C_{3+}组分由 5.19%降低到 2.56%。年多产 LPG 1377 t，增效 375.7 万元/a • 降低了解析塔地热负荷 2052MJ/h，节约瓦斯 260t/a，节能效益 53.35 万元；合计效益 429.05 万元/a
13	塔河炼化Ⅰ常压-焦化联合	• 柴油收率提高 0.5 个百分点，增效 239 万元/a； • 干气 C_{3+}由 5.0%降低到 3.5%，LPG 增收 0.2%，增效 242 万元/a；合计效益 481 万元/a
14	塔河炼化Ⅱ常压-焦化联合	• 柴油收率提高 0.5 个百分点，增效 350 万元/a； • 干气 C_{3+}由 4.0%降低到 2.5%，LPG 增收 0.2%，增效 242 万元/a；合计效益 592 万元/a
15	青岛石化延迟焦化	• 降低重蜡上返塔的回流量，逐步将蜡油上回流量由 80t/h，降至 70t/h；将焦炭塔的塔顶压力由 0.15MPa，提至 0.17MPa；将分馏塔中段回流量逐步由 60t/h，降至 55t/h；将柴油的下回流量逐步由 15t/h，降至 12t/h； • 调整后，柴油收率增加了 4%，瓦斯消耗增加了 0.1t/h，实现创效效益 849 万元/a
合计		15 套装置合计实现挖潜增效 6546 万元/a

下面选取几套延迟焦化装置的典型流程模拟应用案例进行阐述：

1. 塔河分公司 1#常压-焦化联合装置

塔河分公司常压-焦化联合装置通过流程模拟做了如下两方面优化工作：优化主分馏塔操作，提高柴油收率；优化吸收稳定系统，降低干气 C_3含量，增产 LPG。

1）优化分馏塔，柴油抽出卡边操作，提高柴油收率 0.5 个百分点。

根据模型分析，柴油抽出量增加，柴油干点越高，且影响比较明显。但随着中段回流量的增加，柴油干点降低。车间技术人员在柴油抽出量与中段回流量之间寻找到一个最佳的操作点，在确保柴油质量得到保证的前提下，提高了柴油收率约 0.5 个百分点，可以说通过流程模拟的指导，在装置大处理量的情况下，柴油抽出量达到了卡边操作。其年经济效益为：

0.5%×1100000t/a×(2610 元半成品柴油价-2175 元半成品焦蜡价)= 239 万元/a。

2）优化吸收稳定，干气 C_{3+}组分含量由 5.0%(质)降低到 3.5%(质)。

装置产品质量中焦化干气大于 C_3以上组分的含量 5.0%(质)，存在干气不干的问题。针对此问题利用模型对吸收稳定部分的模拟，得到了一系列操作参数。2009 年 10 月份，在操作中对相关参数进行了优化调整：提高吸收剂量，将补充吸收剂的量由原来的 35t/h 提高至 42t/h；提高吸收塔操作压力，由原来的 0.95MPa 提至 1.05MPa；降低吸收剂与再吸收剂的温度，使吸收塔顶部出口温度由原来的38℃降至32℃。通过流程模拟对比调整，2009年10月~12月份与2008年同期相比，干气大于C_3以上组分的含量由原来的5%降至3.5%，相对液态烃收率与同期相比提高了0.2%。其经济效益为：

0.2%×1100000t/a×(2900元液态烃半成品价-1800元干气价)=242万元/a。

两项合计：239+242=481万元/a。

2. 青岛炼化延迟焦化装置

青岛炼化延迟焦化装置主要通过流程模拟解决干气质量问题，以提升装置经济效益。

通过模型综合分析，补充吸收剂温度升高后，干气中C_{3+}含量增加。由于补充吸收剂温度上升，进入吸收塔的吸收剂温度也会随之增高，这使得吸收塔内吸收效果下降，进而影响干气质量，使得干气中C_{3+}含量增加。

基于模拟结果，将现场操作参数更改为补充吸收剂量110t/h(原140t/h)、温度30℃，解析塔塔底≥148℃，稳定塔塔底≥197℃的操作条件后，干气中C_{3+}质量如下(见图14-3-1)：

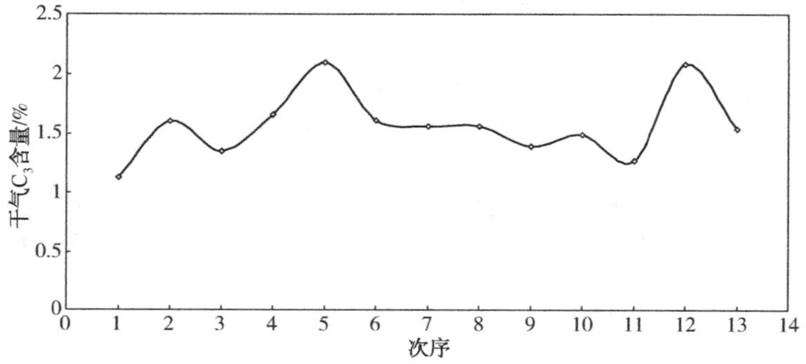

图14-3-1 调整操作参数后的干气质量

可以看出，将补充吸收剂量降低、解析塔和稳定塔塔底温度提高后，采样分析干气质量均在2.1%的控制指标范围之内，避免了C_3组分的浪费。按照干气产量为28t/h计算，调整操作参数后，每天增加6.8t的液化气产量，按照2500元/t价差计算，每天可多增加1.7万元的收益，年增收益600万元。

同时，通过流程模拟提出下一步的改造建议，进一步降低装置能耗，降低干气C_3含量，提升装置经济效益。改造建议如下：

1）将吸收剂贫柴油更换为顶循回流油后，对干气质量有一定影响，比用柴油作C_2O_4的吸收剂，效果要好。

2）降低补充吸收的温度，能够提高干气质量。但受循环水温度的局限，补充吸收剂温度无法降至很低。为此考虑增加深冷器，将其最低冷却至20℃。通过模拟，将补充吸收剂深冷后，干气质量将会有明显提高。

3）通过将吸收塔一中、二中回流增加深冷器，将回流温度深冷至20℃，吸收效果很明显，干气C_{3+}含量能降至1%以内；仅仅给吸收塔中段回流增加深冷器，补充吸收剂温度控制30℃，就能很好地控制干气C_{3+}含量，而且补充吸收剂量也可以降低，进而降低装置能耗。

3. 镇海炼化Ⅱ延迟焦化装置

镇海炼化Ⅱ延迟焦化装置利用模型对装置进行两个方面优化：①优化主分馏塔取热，提高渣油换热终温，降低能耗；②优化吸收稳定操作，降低稳定汽油蒸汽压，降低干气 C_3 含量。

(1) 优化主分馏塔取热，提高渣油换热终温，节约装置燃料气消耗

从分馏塔模型分析中可知：装置分馏塔各侧线取热顺序分别是柴油-中段-蜡油-顶循，高温热部分(蜡油)利用率相对偏低，而低温热部分(柴油)利用较高，不利于装置的节能，为此，利用模型对分馏塔各侧线进行了优化调整，调整前后的情况见表 14-3-2。

表 14-3-2　分馏塔中段取热比例优化

项　目	调整前	调整后	调整前	调整后
	流量/(t/h)	流量/(t/h)	返回温度/℃	返回温度/℃
顶循上回流	180	150	115	105
顶循下回流	30	40	145	145
柴油上回流	200	160	155	170
柴油下回流	6	15	235	235
中段回流	150	170	210	205
蜡油上回流	150	170	275	280
蜡油下回流	40	40	355	355

实施后，分馏塔低温段(顶循和柴油)取热降低了 10 个百分点，分馏塔高温段(中段和蜡油)取热增加了 10 个百分点，由此带来的效果是原料换热终温由调整前的 295℃上升到调整后的 302℃，装置燃料气由调整前的 $4800Nm^3/h$ 下降到调整后的 $4500Nm^3/h$，燃料气降低了 $300Nm^3/h$ 。

节约装置燃料气消耗效益：燃料气密度为 $0.9kg/Nm^3$，每小时节约燃料气 $300Nm^3$，即每小时 0.27t，燃料气公司内部价格为 2000 元/t，装置年运行时间 8400h，则每年的效益为 0.27×2000×8400=453.6 万元。

(2) 降低稳定汽油的蒸汽压，降低干气中 C_3 以上组分

由于吸收塔设计存在一定的问题，吸收塔的压力和补充吸收剂很难进一步提高，装置的干气中的 C_3 以上组分在 5%左右，利用模型进行综合分析，发现单纯采用降低稳定汽油蒸汽压的方法，也能较好地降低干气中 C_3 以上组分。于是通过降低稳定塔顶压力和提高稳定塔底温度的方法降低稳定汽油的蒸汽压，经过连续一周的调整，稳定汽油的蒸汽压由调整前的 75kPa 一直降低到 50kPa，干气中 C_3 以上组分每天分析一次。数据见表 14-3-3。

表 14-3-3　稳定汽油蒸汽压优化

稳定汽油蒸汽压/kPa	75	71	66	60	57	50
干气中 C_3 以上组分/%(体)	4.95	4.73	4.41	3.93	3.71	3.54

由于大幅提高稳定塔底温度，会影响原料的换热终温，从而影响装置的加工量，经过权衡，最终稳定汽油蒸汽压采用 60 kPa，并一直稳定运行，目前装置干气中 C_3 以上组分平均含量为 3.95%，比调整前的 4.95%降低了 1 个百分点。

效益：装置干气中 C_3 以上组分体积平均含量降低了 1 个百分点，相当于质量平均含量下降了 1.8 个百分点，干气流量为 16.6t/h，相当于增长液化气 0.3t/h。干气公司内部价格

为 2000 元/t，液化气为 4000 元/t，装置年运行时间 8400h，则每年的效益为 0.3×(4000-2000)×8400=504 万元，稳定塔底因提温使得稳定塔耗能增加 1MW，相当于年增加能耗消耗 144 万元，故综合年收益为 360 万元。

两项合计：453.6 +360 =813.6 万元/a。

4. 沧州分公司延迟焦化装置

沧州分公司延迟焦化装置主要是针对如何降低干气 C_{3+}组分含量进行了优化调整。

装置干气中的 C_3以上组分在 4%~5%左右，和国内先进水平还有一定的差距，为进一步降低干气中的 C_3以上组分，依据模型计算结果，对影响 C_{3+}组分的几个重要参数进行了优化调整，分析表明：粗汽油量、富气入 C201 温度和稳定塔底温度对干气 C_{3+}组分的影响比较大。在实际操作中，富气入 C201 温度取决于冷换设备和循环水的进装置温度，所以不能一味地降低富气入 C201 温度。粗汽油量和稳定塔底温度有可调空间，成为装置降低干气中 C_3以上组分的重要手段。

经过一系列优化调整后，焦化干气中 C_{3+}组分由 5.19%降低到 2.56%。相当于 2011 年多回收干气中液化气组分 1377t，按照液化气价格 4780 元/t，干气价格按照 2052 元/t 计算，产品经济效益：1377t×(4780-2052)元/t×5040h=375.7 万元；

调整操作过程中增加电耗 125kW，折合增加费用 125×0.58×5040=36.54 万元；

JP2操作中降低了解吸塔地热负荷 2052MJ/h，折合瓦斯量：2052MJ×5040h/39775MJ=260t/a，节能效益：260×2052 元/t×10^{-4}=53.35 万元；

2011 年合计增加效益 375.7+53.35-36.54=392.5 万元/a。

第十五章　腐蚀与防护

第一节　金属材料基础

什么是金属？一般认为是具有良好的导电性、导热性、延展性(塑性)和金属光泽的物质。上述定义并不严谨，例如锑并不具有良好的延展性，铈和镨导电性还不如某些非金属元素。比较严格的定义是金属是具有正的电阻温度系数的物质，所有的非金属的电阻都随着温度的升高而下降，其电阻温度系数为负值。

非金属元素原子最外层电子数最多 7 个，最少 4 个，易于获得电子，原子变为负离子；金属元素原子最外层电子一般为 1~2 个，最多不超过 4 个，原子核与最外层电子结合力弱，外层电子容易摆脱原子核束缚，成为自由电子，金属原子变为正离子。非金属原子结合方式是离子键和共价键，离子键是阴离子和阳离子靠静电作用形成的化学键，共价键是相邻原子共用它们外层价电子形成的化学键。金属原子结合主要方式是金属键，金属键是公有的自由电子及排列成晶格状的金属离子之间靠静电作用形成的化学键。正是由于金属键，所以金属才具有良好的导电性、导热性、延展性(塑性)和金属光泽，但随着温度的升高，金属正离子振动的振幅加大，增加了电子运动的阻力，使电阻升高。

一、金属种类

金属材料通常分为黑色金属、有色金属和特种金属材料。

黑色金属又称钢铁材料，包括杂质总含量<0.2%及含碳量不超过 0.0218%的工业纯铁，含碳 0.0218%~2.11%的钢，含碳大于 2.11%的铸铁。广义的黑色金属还包括铬、锰及其合金。

有色金属是指除铁、铬、锰以外的所有金属及其合金，通常分为轻金属、重金属、贵金属、半金属、稀有金属和稀土金属等。

特种金属材料包括不同用途的结构金属材料和功能金属材料。其中有通过快速冷凝工艺获得的非晶态金属材料，以及准晶、微晶、纳米晶金属材料等；还有隐身、抗氢、超导、形状记忆、耐磨、减振阻尼等特殊功能合金以及金属基复合材料等。

二、铁及其合金

铁及其合金是近代工业中使用最早、用量最大的基本材料。特别是 20 世纪 50 年代以来，氧气转炉炼钢、炉外喷吹、连续铸钢和连续轧制等新技术被普遍采用，大幅度改善了碳素钢的质量，扩大了其使用范围，不但广泛应用于建筑、桥梁、铁道、车辆、船舶和各种机械制造工业，而且在近代的石油化学工业、海洋开发等方面，也得到大量使用。

(一) 铁碳相图

通过熔炼、烧结或其他方法将一种金属元素同一种或几种其它元素结合在一起所形成的具有金属特性的新物质称为合金。在合金生产中，合金溶液温度降低至某熔点温度时开始结晶形成固态合金。在金属或合金中成分相同、结构相同并与其他部分有界面分开的均匀组成部分称为相。溶质原子溶入溶剂晶格中而仍保持溶剂类型的合金相，称为固溶体。通常把组成合金的最简单、最基本、能独立存在的物质称为组元，合金中各组元原子彼此按一定比例和一定的位置关系相互作用形成的新物质称为金属化合物，在金属化合物中除离子键、共价键外，金属键也参与作用。

由两个或两个以上组元按不同比例配制成的一系列不同成分的合金，称为合金系。相图是表示在平衡条件下合金系中合金的状态与温度、成分的关系的图解。铁碳合金相图是研究铁碳合金的工具，是研究碳钢和铸铁成分、温度、组织和性能之间关系的理论基础，也是制定各种热加工工艺的依据，其基本组元是纯铁和 Fe_3C，图 15-1-1 是铁碳相图。

铁碳相图中有：两个组元，铁(Fe)性能表现为强度和硬度较低，塑性和韧性较好；渗碳体(Fe_3C)性能表现为硬而脆；四个基本相，液相(L)、铁素体(F)、奥氏体(A)和渗碳体(Fe_3C)；两个次生相，珠光体和莱氏体。

铁素体是碳在 α-Fe 中的间隙固溶体，用符号 F(或 α)表示，体心立方晶格。铁素体溶碳量很小，最多只有 0.0218%(727℃时)，室温时几乎为 0，因此铁素体的性能与纯铁相似，硬度低而塑性高，并有铁磁性。

奥氏体是碳在 γ-Fe 中的间隙固溶体，用符号 A(或 γ)表示，面心立方晶格。奥氏体溶碳量较大，最多可达 2.11%(1148℃时)，727℃时为 0.77%。在一般情况下，奥氏体是一种高温组织，稳定存在的温度范围为 727～1394℃，奥氏体的硬度低，塑性较高，奥氏体具有顺磁性。

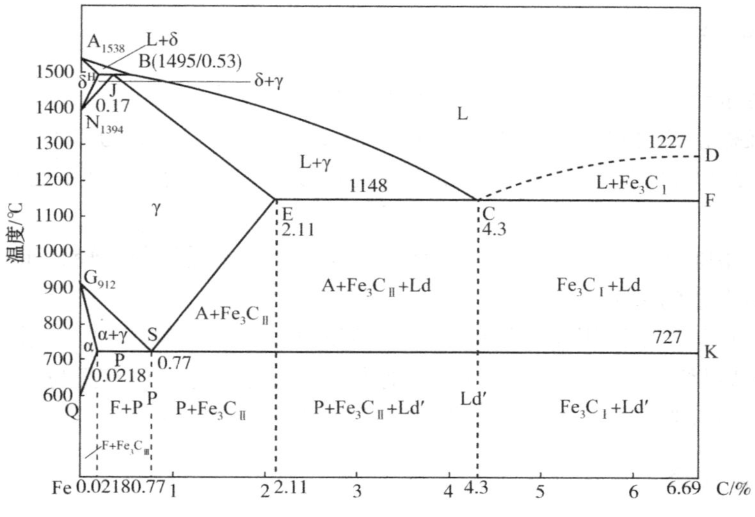

图 15-1-1　铁碳相图

渗碳体是铁和碳形成的具有复杂结构的金属化合物，用化学分子式 Fe_3C 表示。它的碳质量分数 Wc=6.69%，熔点为 1227℃，质硬而脆，耐腐蚀。渗碳体是钢中的强化相，根据生成条件不同渗碳体有条状、网状、片状、粒状等形态，它们的大小、数量、分布对铁碳合金性能有很大影响。渗碳体分为一次渗碳体(由液相直接生成的 Fe_3C，用 Fe_3C_{I} 表示)、二次渗碳体(从奥氏体中析出的 Fe_3C 称为二次渗碳体，Fe_3C_{II} 表示)和三次渗碳体(从铁素体析出的 Fe_3C，Fe_3C_{III} 表示)。

珠光体是铁素体和渗碳体一起组成的机械混合物，用符号 P 表示，碳素钢中珠光体组织的平均碳含量约为 0.77%。它的力学性能介于铁素体和渗碳体之间，即其强度、硬度比铁素体显著增高，塑性、韧性比铁素体要差，但比渗碳体要好得多。

莱氏体是钢铁材料基本组织结构中的一种，当温度高于 727℃时，莱氏体由奥氏体和渗碳体组成，用符号 Ld 表示；在低于 727℃时，莱氏体是由珠光体和渗碳体组成，用符号 Ld′表示，称为变态莱氏体。因莱氏体的基体是硬而脆的渗碳体，所以硬度高，塑性很差[2]。

铁碳相图中 ABCD 为液相线，AHJECF 为固相线，三条水平线(HJB、ECF、PSK)表示三个恒温反应。

包晶转变线(HJB 线)：1495℃的 HJB 水平线为包晶转变线，J 点为包晶点，即从液相中结晶出成分为含碳 0.09%的 δ 固溶体与成分为 0.53%的剩余液相发生包晶反应生成含碳量为 0.17%的奥氏体。

1148℃水平线 ECF 为共晶反应线，碳质量分数在 2.11%~6.69%之间的铁碳合金，在平衡结晶过程中均发生共晶反应生成莱氏体。

727℃水平线 PSK 为共析反应线，碳质量分数为 0.0218%~6.69%的铁碳合金，在平衡结晶过程中均发生共析反应生成珠光体，PSK 线亦称 A_1 线。

GS 线是合金冷却时自 A 中开始析出 F 的临界温度线，通常称 A_3 线。

ES 线是碳在 A 中的固溶线，通常叫作 Acm 线。由于在 1148℃时 A 中溶碳量最大可达 2.11%，而在 727℃时仅为 0.77%，因此碳质量分数大于 0.77%的铁碳合金自 1148℃冷至 727℃的过程中，将从 A 中析出 Fe_3C，析出的渗碳体称为二次渗碳体(Fe_3C_{II})。Acm 线亦为从 A 中开始析出 Fe_3C_{II} 的临界温度线。

PQ 线是碳在 F 中固溶线，在 727℃时 F 中溶碳量最大可达 0.0218%，室温时仅为 0.0008%，因此碳质量分数大于 0.0008%的铁碳合金自 727℃冷至室温的过程中，将从 F 中析出 Fe_3C，析出的渗碳体称为三次渗碳体(Fe_3C_{III})。PQ 线亦为从 F 中开始析出 Fe_3C_{III} 的临界温度线，Fe_3C_{III} 数量极少，往往予以忽略。

Ac_1：在加热过程中，奥氏体开始形成的温度。

Ac_3：在加热过程中，奥氏体完全形成的温度。

Ar_1：在冷却过程中奥氏体完全转变为铁素体或铁素体加渗碳体的温度。

Ar_3：在冷却过程中奥氏体开始转变为铁素体的温度。

Ar_{cm}：在过共析钢冷却过程中渗碳体开始沉淀的温度。

Ac_{cm}：在过共析钢加热过程中，渗碳体完全转化为奥氏体的温度。

铁碳相图上的合金，根据含碳量和组织的不同分为三类：工业纯铁，碳含量小于 0.02%；钢(碳含量在 0.02%~2.11%之间)，其中碳含量小于 0.77%的钢称为亚共析钢，含碳量大于 0.77%的称为过共析钢，含碳量等于 0.77%称为共析钢；白口铸铁(碳含量在 2.11%~6.69%之间)，其中碳含量小于 4.3%的称为亚共晶白口铸铁，含碳量大于 4.3%的称为过共晶白口铸铁，含碳量等于 4.3%称为共晶白口铸铁。

图 15-1-2 是含 0.10%C 和 0.30%C 亚共析钢的显微组织。图中白色颗粒是铁素体(F)

晶粒，黑色颗粒是珠光体团，因放大倍数过低无法分辨珠光体结构。可以看出含碳量较高0.30%C 的亚共析钢显微组织中，P 所占面积较大。

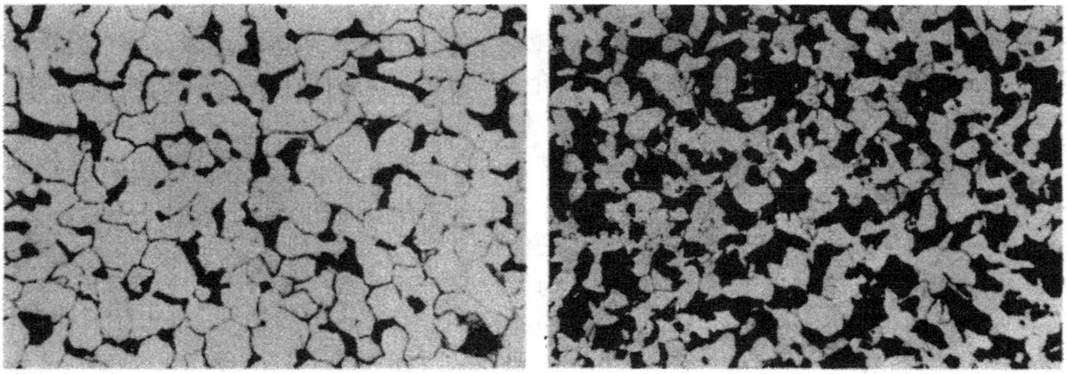

10%C　　30%C

图 15-1-2　亚共析钢显微组织

亚共晶铸铁冷凝后组织为初生 A 和莱氏体(Ld)，在继续冷却过程中，初生 A 先析出 Fe_3C_{II}，之后含碳量为 0.77%的奥氏体再通过共析反应转变为珠光体。亚共晶白口铸铁的最终组织为 $P+Fe_3C_{II}+L'd$，其中的 $P+Fe_3C_{II}$ 由初生 A 转变而成，图 15-1-3 是亚共晶铸铁的显微组织。

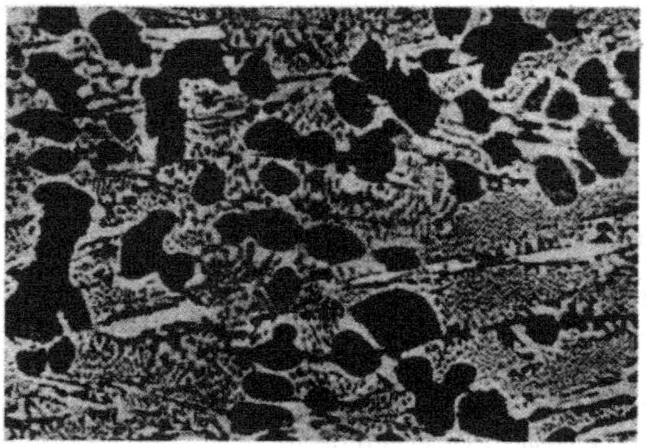

图 15-1-3　亚共晶铸铁的显微组织

(二) 钢的热处理

钢在加热至 Ac_1或 Ac_1以上时，珠光体将转变为奥氏体；对于亚共析钢来说进一步提高温度和延长保温时间，铁素体将转变为奥氏体，超过 Ac_3时，所有的铁素体均将转变为奥氏体；对于过共析钢来说进一步提高温度和延长保温时间，过剩的渗碳体铁素体溶入奥氏体中，加热至 Acm 以上时，所有的渗碳体全部溶入奥氏体中。

钢在高温下形成奥氏体，过冷至 A_1 以下时，可成为处于热力学不稳定的过冷奥氏体。在不同的过冷度下，过冷奥氏体可转变为珠光体、上贝氏体、下贝氏体、马氏体等，从而获得不同的性能。图 15-1-4 是共析钢过冷奥氏体等温转变曲线。

因此钢的性能与热处理状态息息相关，钢的热处理是利用钢在固态范围内的加热、保温和冷却以改变其组织，获得所要求性能的一种加工工艺。按照热处理的操作及其过程所发生的组织变化的不同，将热处理分为退火、正火、淬火、回火、稳定化处理、固溶处理及化学热处理。

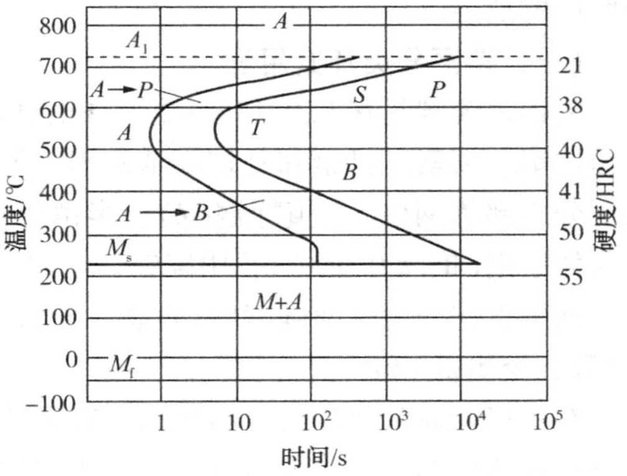

图 15-1-4 共析钢过冷奥氏体等温转变曲线

1. 退火

退火处理时用来消除钢材在焊接、铸造或锻造后遗留下来的粗晶组织和内应力，降低硬度，增加塑性和韧性，消除偏析。退火又分为完全退火、球化退火、去应力退火。完全退火是指将亚共析钢加热到 Ac_3以上 20～30℃，保温后随炉缓慢冷却，以期得到接近于平衡组织(珠光体型组织)的热处理工艺方法，又叫重结晶退火。球化退火是使钢中碳化物球化而进行的退火，得到在铁素体基体上均匀分布的球状或颗粒状碳化物的组织，主要用于过共析钢，其目的是降低硬度，改善加工性能。球化退火加热温度为 Ac_1+(20～40)℃或 Acm−(20～30)℃，保温后等温冷却或直接缓慢冷却。去应力退火又称为低温退火，加热至小于临界点 PSK 的温度而后缓慢冷却，目的是消除工件在焊接或加工过程中所形成的内应力，以防脆裂。

2. 正火

正火是一种改善钢材韧性的热处理。将钢构件加热到 Ac_3温度以上 30～50℃后，保温一段时间出炉空冷。主要特点是冷却速度快于退火而低于淬火，正火时可在稍快的冷却中使钢材的结晶晶粒细化，不但可得到满意的强度，而且可以明显提高韧性，降低构件的开裂倾向。

3. 淬火

淬火是将钢加热到临界温度 Ac_3(亚共析钢)或 Ac_1(过共析钢)以上温度，保温一段时间，使之全部或部分奥氏体化，然后以大于临界冷却速度的冷速快冷到 Ms 以下(或 Ms 附近等温)进行马氏体(或贝氏体)转变的热处理工艺。目的是使过冷奥氏体进行马氏体或贝氏体转变，得到马氏体或贝氏体组织。

4. 回火

回火是将淬火后的钢重新进行不超过临界温度(GS 线)时加热，使之得到较为稳定的组织。根据对零件机械性能的具体要求，回火的加热温度分为低、中、高温三种。目的：消除淬火后工件的内应力，并降低材料的脆性。钢件在淬火后，几乎总是跟着回火。

5. 固溶处理

固溶处理是指将合金加热到高温单相区恒温保持，使过剩相充分溶解到固溶体中后快速冷却，以得到过饱和固溶体的热处理工艺。

6. 稳定化处理

稳定化处理是指含钛或含铌的奥氏体不锈钢的一种提高抗晶间腐蚀能力的热处理方法。在奥氏体不锈钢冶炼时加入数倍于含碳量的钛或铌元素，可在形成 $Cr_{23}C_6$之前优先形成钛或铌的碳化物，这些碳化物几乎不固溶于奥氏体中。在焊接从高温冷却时，即使经过易析出 $Cr_{23}C_6$的敏化温度区间(850～450℃)时也不会沿晶界大量析出 $Cr_{23}C_6$，从而大大提高了抗晶间腐蚀的能力。

（三）碳钢分类及其用途

碳钢是含碳量在0.0218%~2.11%的铁碳合金，也叫碳素钢。按用途可以把碳钢分为碳素结构钢、碳素工具钢和易切削结构钢三类；按冶炼方法可分为平炉钢、转炉钢；按脱氧方法可分为沸腾钢(F)、镇静钢(Z)、半镇静钢(b)和特殊镇静钢(TZ)；按含碳量可以把碳钢分为低碳钢($W_C \leqslant 0.25\%$)，中碳钢($W_C = 0.25\% \sim 0.6\%$)和高碳钢($W_C > 0.6\%$)；按钢的质量可以把碳素钢分为普通碳素钢(含磷、硫较高)、优质碳素钢(含磷、硫较低)和高级优质钢(含磷、硫更低)和特级优质钢。

石化行业通常使用碳素结构钢，碳素结构钢又分为碳素结构钢[3]和优质碳素结构钢[4]。

碳素结构钢主要保证力学性能，故其牌号由代表屈服强度的字母、屈服强度、质量等级符合、脱氧方式等4个部分组成，如Q235AF。

数字表示，符号“Q”为屈服点“屈”字的汉语拼音字首，数字表示屈服点数值，例如Q275表示屈服点为275MPa。若牌号后面标注字母A、B、C、D，则表示钢材质量等级不同，含S、P的量依次降低，钢材质量依次提高。若在牌号后面标注字母“F”则为沸腾钢，“Z”为镇静钢，“TZ”为特殊镇静钢，在牌号组成表示方法中符号“Z”与“TZ”可以省略不写。例如Q235-A·F表示屈服点为235MPa的A级沸腾钢，Q235-C表示屈服点为235MPa的C级镇静钢或特殊镇静钢。统一数字代码“U”表示碳素钢，第一位数字“1”表示碳素结构钢；第2位~第4位数字表示屈服强度；最后一位数字表示等级。对于沸腾钢，“0”表示等级A，“3”表示等级B；对于镇静钢或特殊镇静钢，“2”表示等级A，“5”表示等级B，“8”表示等级C，“9”表示等级D。

优质碳素结构钢中除含有碳(C)元素和为脱氧而含有一定量硅(Si)(一般不超过0.37%)、锰(Mn)(一般不超过0.80%，较高可到1.20%)合金元素外，不含其他合金元素(残余元素除外)。此类钢必须同时保证化学成分和力学性能。其硫(S)、磷(P)杂质元素含量一般控制在0.035%以下。对于由原料带进钢中的其他残余合金元素，如铬(Cr)、镍(Ni)、铜(Cu)等的含量一般控制在$Cr \leqslant 0.25\%$、$Ni \leqslant 0.30\%$、$Cu \leqslant 0.25\%$。有的牌号锰(Mn)含量达到1.40%，称为锰钢。优质碳素结构钢性能与碳含量关系极为密切，故其牌号用两位数字表示，其含义就是钢平均含碳量的万分数。如08钢，其平局碳含量为0.08%。统一数字代码“U”表示碳素钢，第一位数字“2”表示优质碳素结构钢；第2位钢的细分，“0”表示普通含Mn，“1”表示较高含Mn；第3位和第4位数字表示含碳量；最后一位数字表示等级[5]。

压力容器用钢对材料的成分、外形尺寸都进行详细规定，请参考GB/T 713—2008锅炉和压力容器用钢板[6]。

表15-1-1是国内外常用碳钢牌号对照表。

表15-1-1　国内外常用碳钢牌号对照表

中国	德国		日本	英国	美国	
GB	DI N	W-Nr.	JI S	BS	ASTM	UNS
Q215A Q215B	USt34-2 RSt34-2	1.0028 1.0034	SS 330	040A12	A283M Gr. C A573M Gr. 58	

续表

中国	德国		日本	英国	美国	
Q235A Q235B Q235C Q235D	S235JR S235JRG1 S235JRG2	1.0037 1.0036 1.0038	SS 400	S235JR S235JRG1 S235JRG2	A570Gr. A A570Gr. D A283M Gr. D	K02501 K02502
10	CK10		S10C	040A12	1010	
20	C22E Ck22	1.1151	S20C	C22E 070M20	1020	G10200
Q235R	ASt41	1.0425	SB410 SM400B		A515 Gr 60 A516 Gr 60	

（四）合金钢

含有铁、碳元素外，还加入了其他的合金元素的钢称为合金钢。合金钢根据添加元素的不同，以及适当的加工工艺，可获得高强度、高韧性、耐磨、耐腐蚀、耐低温、耐高温、无磁性等特殊性能。

1. 合金元素作用

常用的合金元素有铬、镍、钼、钨、钒、钛、铌、锆、钴、硅、锰、铝、铜、硼、稀土等。磷、硫、氮等在某些情况下也起到合金的作用。

(1) 铬(Cr)

铬可以促使钢表面形成钝化膜，因此一定量的铬加入钢中，就会显著提高钢的耐蚀性能和抗氧化性的能力。铬是不锈钢主要组成元素之一。

铬与铁连续固溶，缩小奥氏体相区域。铬与碳可以形成多种碳化物，与碳的亲和力大于铁和锰，低于钼和钨。

铬可使珠光体和奥氏体中碳的极限溶解度减少，减缓奥氏体分解速度，显著提高钢的淬透性，使钢经过淬火回火处理后具有较好的综合力学性能，但也增加回火脆性倾向。在含铬量高的铁铬合金中，若有金属间化合物 σ 相(FeCr)析出，金属的冲击韧性显著下降。

铬在调质结构中的主要作用是提高淬透性，使钢经淬火回火后具有较好的综合力学性能，在渗碳钢中还可以形成含铬的碳化物，从而提高材料表面的耐磨性。

含铬的弹簧钢在热处理时不易脱碳。铬能提高工具钢的耐磨性、硬度和红硬性，有良好的回火稳定性。在电热合金中，铬能提高合金的抗氧化性、电阻和强度。

(2) 镍(Ni)

镍可以和铁无限固溶，扩大奥氏体区域，是形成和稳定奥氏体的主要合金元素。镍加入钢中不仅能耐酸，而且也能抗碱，对大气及盐都有抗蚀能力，镍是不锈耐酸钢中的重要元素之一。

镍在钢中强化铁素体并细化珠光体，提高强度，对塑性的影响不显著。随着镍含量的增加，钢的屈服强度比抗拉强度提高得快，因此含镍钢的强度比普通碳素钢高。镍在提高钢强度的同时，对钢的韧性、塑性以及其他工艺的性能的损害较其他合金元素的影响小。

镍可以提高钢对疲劳的抗力和减小钢对缺口的敏感性。镍降低钢的低温脆性转变温度，这对低温用钢有极重要的意义。含镍 3.5%的钢可在-100℃时使用，含镍 9%的钢则可在-

196℃时工作。

(3) 钼(Mo)

钼可以固溶与铁素体、奥氏体和碳化物中，是缩小奥氏体相区域的元素。钼可增加合金的钝化能力，使其具有抗还原性介质腐蚀和耐氯离子腐蚀的能力。在Fe-Cr合金中添加Mo，合金的钝态稳定性和耐点蚀能力大大增加。

钼在钢中能提高淬透性和热强性，防止回火脆性。在调质钢中，钼能使较大断面的零件淬深、淬透，提高钢的抗回火性或回火稳定性，使零件可以在较高温度下回火，从而更有效地消除(或降低)残余应力，提高塑性。

若钼含量超过3%，当温度在800℃以上时，由于MoO_3的热分解，会加速钢的氧化，使钢的抗氧化性能恶化。

(4) 钛(Ti)和铌(Nb)

钛和氮、氧、碳都有极强的亲和力，与硫的亲和力比铁强。因此，它是一种良好的脱氧去气剂和固定氮和碳的有效元素。钛虽然是强碳化物形成元素，但不和其他元素联合形成复合化合物。碳化钛结合力强，稳定，不易分解，在钢中只有加热到1000℃以上才能缓慢地溶入固溶体中。由于钛和碳之间的亲和力远大于铬和碳之间的亲和力，在不锈钢中常用钛来固定其中的碳以消除铬在晶界处的贫化，从而消除或减轻钢的晶间腐蚀。

铌部分溶入固溶体，起固溶强化作用。溶入奥氏体时显著提高钢的淬透性。但以碳化物和氧化物微粒形式存在时，细化晶粒并降低钢的淬透性。它能增加钢的回火稳定性，有二次硬化作用。微量铌可以在不影响钢的塑性或韧性的情况下提高钢的强度。当含量大于碳的8倍时，几乎可以固定钢中所有的碳，使钢具有良好的抗氢性能。在奥氏体钢中可以防止氧化介质对钢的晶间腐蚀。由于铌固定碳和沉淀硬化作用，能提高热强钢的高温性能，如蠕变强度等。

(5) 硫(S)

提高硫和锰的含量，可以改善钢的被切削性能，在易切削钢中，硫作为有益元素加入。硫在钢中偏析严重。恶化钢的质量，在高温下，降低钢的塑性，是一种有害元素，它以熔点较低的FeS形式存在。单独存在的FeS的熔点只有1190℃，而在钢中与铁形成共晶体的共晶温度更低，只有988℃，当钢凝固时，硫化铁析集在原生晶界处。钢在1100~1200℃进行轧制时，晶界上的FeS就将熔化，大大的削弱了晶粒之间的结合力，导致钢的热脆现象，因此对硫应严加控制。一般硫含量要控制在0.020%~0.050%。为防止因硫导致的脆性，应加足够的锰，使其形成熔点较高的MnS。若钢中含流量偏高，焊接时由于SO_2的产生，将在焊接金属内形成气孔和疏松。

(6) 磷(P)

磷在钢中固溶强化和冷作硬化作用强。作为合金元素加入低合金结构钢中，能提高其强度和钢的耐大气腐蚀性能，但降低其冷冲压性能。磷与硫和锰联合使用，能增加钢的被切削性能，增加加工件的表面质量，用于易切削钢，所以易切削钢含磷也比较高。磷用于铁素体，虽然能提高钢的强度和硬度，最大的害处是，偏析严重，增加回火脆性，显著增加钢的塑性和韧性，致使钢在冷加工时容易脆裂也即所谓“冷脆”现象。磷对焊接性也有不利影响。磷是有害元素，应严加控制，一般含量不大于0.03%~0.04%。

2. 常用合金钢

合金钢种类很多，按合金元素含量多少分为低合金钢(含量<5%)、中合金钢(含量5%

~10%)、高合金钢(含量>10%);按特性和用途又分为合金结构钢、不锈钢、耐酸钢、耐磨钢、耐热钢、合金工具钢、滚动轴承钢、合金弹簧钢和特殊性能钢(如软磁钢、永磁钢、无磁钢)等。在石化行业应用较多的是合金结构钢、耐热钢、不锈钢,其中不锈钢在下一节讨论。

合金结构钢分为低合金高强度结构钢[7]和合金结构钢[8]。

低合金高强度结构钢是在碳素结构钢($W_c \leq 0.2\%$)的基础上加入少量合金元素而制成的结构钢,具有良好的焊接性能,塑性、韧性和加工工艺性,较好的耐蚀性,较高的强度和较低的冷脆临界转换温度。它的牌号表示方法与碳素结构钢相同。低合金高强度结构钢适用于制造建筑桥梁、船舶、车辆、铁道、高压容器锅炉、汽车、拖拉机等大型钢结构及大型军事工程等方面的结构件。

合金钢的牌号一般采用“数字 1+元素+数字 2”表示,其中“数字 1”:两位数字表示平均含碳量的万分数;“元素”:表示添加的合金元素;“数字 2”:表示合金元素含量的百分数。对“数字 2”:①合金元素含量小于 1.5%,不标,如 16Mn,C:0.12~0.20,Mn:1.20~1.60。②合金元素在 1.5~2.49,2.5~3.49,……,相应标为 2,3,……,例如 36Mn2Si:C:~0.36%,Mn:1.5%~1.8%,Si:0.4%~0.7%;③有些合金元素含量很低,但对钢起到重要作用,所以要标出,如 V、Ti、Nb、Al、B、稀土,例如 20MnVB,V:0.07%~0.12%,B:0.001~0.005%。

锅炉和压力容器用钢板[6]、高压锅炉用无缝钢管[9]、石油裂化用无缝钢管[10]对石油化工常用的合金钢进行了规定。表 15-1-2 是常用合金钢国内外牌号对照表。

表 15-1-2 常用合金钢国内外牌号对照表

中国	德国		日本	英国	美国	
GB	DI N	W-Nr.	JI S	BS	ASTM UNS	
Q345 AQ345 BQ345 CQ345 D Q345 E	S355JR S355J0 S355J2G3		SM490A SM490B SM490C	50B 50C 50D		
15MoG	15Mo3	1.5415	STPA12		A335 Gr P1	
12CrMo			STPA 20 STBA 20		A335 Gr P2	
12Cr5MoI	12CrMo195	1.7380	STPA 25 STBA 25		A335 Gr P5	
12Cr9MoI	X12CrMo91	1.7386	STPA 26 STBA 26		A335 Gr P9	
12Cr1MoV	13CrMo44	1.7335	STPA 23 STBA 23		A335 Gr P11	
15CrMo	13CrMo44	1.7335	STPA 22 STBA 22		A335 Gr P12	
12Cr2Mo	10CrMo910		STPA 24 STBA 24		A335 Gr P22	

（五）不锈钢

不锈钢(stainless steel)以不锈、耐蚀为主要特性，且铬含量至少为10.5%，碳含量最大不超过1.2%的钢[11]。不锈钢常按组织状态分为：马氏体钢、铁素体钢、奥氏体钢、奥氏体-铁素体(双相)不锈钢及沉淀硬化不锈钢等。另外，可按成分分为：铬不锈钢、铬镍不锈钢和铬锰氮不锈钢等，还有用于压力容器用的专用不锈钢。

不锈钢的牌号中用两位或三位阿拉伯数字表示碳含量最佳控制值(以万分之几计或十万分之几计)；合金元素含量，以化学元素符号及阿拉伯数字表示，具体表示方法：平均含量小于1.5%时，牌号中仅表明元素，一般不表明含量；平均含量为1.50%~2.49%、2.50%~3.49%、3.50%~4.49%、4.50%~5.49%……时，在合金元素后相应写成2、3、4、5……；化学元素符号的排列推荐按含量值递减排列。如201牌号为12Cr17Mn6Ni5N，表示碳(C)含量为万分之十二(0.12%)；304牌号为06Cr19Ni10，表示碳含量为万分之六(0.06%)；316L牌号为022Cr17Ni12Mo2，表示碳含量为十万分之二十二(0.022%)。

1. 铁素体不锈钢

铁素体不锈钢含铬量在13%~30%，一般不含镍，具有导热系数大、膨胀系数小、抗氧化性好、抗应力腐蚀优良等特点，多用于制造耐大气、水蒸气、水及氧化性酸腐蚀的零部件。铁素体不锈钢又分为普通铁素体不锈钢和高纯铁素体不锈钢两大类。

普通铁素体不锈钢包括低、中、高三种铬含量。低铬铁素体不锈钢，含铬大约为11%~14%，如00Cr12，0Cr13Al。低铬铁素体不锈钢具有良好的韧性、塑性、冷变形性及可焊性；钢中铬含量较低，因此有一定的抗氧化性和不锈性。中铬铁素体不锈钢，铬含量为14%~19%，如1Cr17、1Cr17Mo。中铬铁素体不锈钢有着较好的耐锈性和耐蚀性。高铬铁素体不锈钢含铬量19%~30%，如Cr18Si2、Cr25等，有良好的抗氧化性。

高纯铁素体不锈钢含有极低碳、氮；高铬、钼、钛、铌等元素。如00Cr17Mo、00Cr18Mo2、00Cr26Mol、00Cr30Mo2，高纯铁素体不锈钢有良好的力学性能(特别是韧性)，焊接性能，耐晶间腐蚀性，耐点蚀、缝隙腐蚀性，优异的耐应力腐蚀破裂性。如18-2在硝酸、醋酸、NaOH中有良好耐蚀性，在3%NaCl和$FeCl_3$中耐点蚀性相当或超过18-8奥氏体钢，耐SCC性远超过18-8奥氏体钢。30Cr-2Mo在保持耐应力腐蚀同时具有更高耐点蚀、缝隙腐蚀性。

普通铁素体不锈钢易产生脆性：

1）室温脆性：普通铁素体不锈钢对缺口敏感，脆性转变温度除了低铬(如405)外均在室温以上，铬量愈高冷脆性愈大。冷脆性与钢中碳、氮等间隙元素有关，而超纯铁素体钢由于碳、氮等间隙元素含碳非常低，可得到良好的韧性，脆性转变温度可降至室温以下。

2）σ相脆化：高铬(>17%)铁素体钢在528~954℃长期使用，在金属组织中产生FeCr化合物，称为σ相。如果σ相过多，就会导致钢的冲击韧性显著降低，同时由于σ相析出造成了贫Cr区，引起钢晶间腐蚀和抗氧化能力降低。

3）475℃脆性：高Cr不锈钢长期在316~540℃使用，导致强度升高，韧性大幅度下降，并伴随着耐蚀性降低。由于多见于475℃左右，因此称为475℃脆性。形成475℃脆性的原因是主要由于富Cr的α相在特定晶面或位错上析出，使滑移难于进行，同时孪生易于进行，在孪晶界面形成解理断裂的核，提高了韧脆转换温度，导致钢的脆化。已发生475℃脆性的钢加热至600℃以上可以消除。

2. 奥氏体不锈钢

奥氏体不锈钢，是指在常温下具有奥氏体组织的不锈钢。钢中含 Cr 约 18%、含 Ni8%～25%、含 C 约 0.1%时，具有稳定的奥氏体组织。奥氏体铬镍不锈钢包括著名的 18Cr-8Ni 钢和在此基础上增加 Cr、Ni 含量并加入 Mo、Cu、Si、Nb、Ti 等元素发展起来的高 Cr-Ni 系列钢。

18Cr-8Ni 奥氏体不锈钢中 W_c<0.08%，含有大量的 Ni 和 Cr，使钢在室温下呈奥氏体状态，具有良好的塑性、韧性、焊接性、耐蚀性能和无磁或弱磁性，在氧化性和还原性介质中耐蚀性均较好，用来制作耐酸设备，如耐蚀容器及设备衬里、输送管道、耐硝酸的设备零件等。18Cr-8Ni 奥氏体不锈钢的常用牌号有 06Cr19Ni10(304)、022Cr19Ni10(304L)等。

铬镍钼奥氏体不锈钢与 18Cr-8Ni 奥氏体不锈钢相比，增加了钼元素，如 06Cr17Ni12Mo2(316)、022Cr17Ni12Mo2(316L)等，在稀硫酸、磷酸、各种有机酸，尿素及耐氯化物孔蚀等方面有明显提高。

超级奥氏体不锈钢是在铬镍钼奥氏体不锈钢的基础上，进一步提高元素 Mo 的含量，如 015Cr20Nil8Mo6CuN 等，不仅在还原性介质中有良好的耐蚀性，而且在含氯化物介质中也有优良的耐点蚀和缝隙腐蚀的性能。

奥氏体不锈钢一般采用固溶处理，即将钢加热至 1050～1150℃，然后水冷或风冷，以获得单相奥氏体组织。

3. 奥氏体-铁素体双相不锈钢

双相不锈钢，指铁素体与奥氏体各约占 50%，一般较少相的含量最少也需要达到 30% 的不锈钢。在含 C 较低的情况下，Cr 含量在 18%～28%，Ni 含量在 3%～10%。有些钢还含有 Mo、Cu、Nb、Ti、N 等合金元素。

双相不锈钢兼有奥氏体和铁素体不锈钢的特点，与铁素体相比，塑性、韧性更高，无室温脆性，耐晶间腐蚀性能和焊接性能均显著提高，同时还保持有铁素体不锈钢的 475℃ 脆性以及导热系数高，具有超塑性等特点。与奥氏体不锈钢相比，强度高且耐晶间腐蚀和耐氯化物应力腐蚀有明显提高。但仍有高铬铁素体不锈钢的各种脆性倾向，不宜用在高于 300℃ 的工作条件。

4. 马氏体不锈钢

马氏体不锈钢可以通过热处理(淬火、回火)对其性能进行调整，通俗地讲，是一类可硬化的不锈钢。这种特性决定了马氏体不锈钢必须具备两个基本条件：一是在平衡相图中必须有奥氏体相区存在，在该区域温度范围内进行长时间加热，使碳化物固溶到钢中之后，进行淬火形成马氏体，也就是化学成分必须控制在 γ 或 γ+α 相区，二是要使合金形成耐腐蚀和氧化的钝化膜，铬含量必须在 10.5%以上。按合金元素的差别，可分为马氏体铬不锈钢和马氏体铬镍不锈钢。

马氏体不锈钢强度高，但塑性和可焊性较差，常用牌号有 1Cr13、3Cr13 等。

马氏体不锈钢因含碳较高，故具有较高的强度、硬度和耐磨性，但耐蚀性稍差，用于力学性能要求较高、耐蚀性能要求一般的一些零件上，如弹簧、汽轮机叶片、水压机阀等。

马氏体不锈钢必须在淬火、回火处理后使用的。

表 15-1-3 是常用不锈钢牌号对照表。

表 15-1-3　常用不锈钢牌号对照表

数字代号	国标 GB/T 20878—2007	美国 ASTM A240/240M-15	日本 JIS G1301：2012 JIS G4305：2012	欧标 EN 10028-7：2008 EN 10088-1 2014	常用名称
S30408	06Crl9Ni10	S30100，304	SUS304	1.4301 X5CrNil8-10	304
S30403	022Crl9Ni10	S30403，304L	SUS304L	1.4306 X2CrNi19-11	304L
S30409	07Crl9Ni10	S30409，304H	SUI304H	1.4948 X6CrNil8-10	304H
S30458	06Crl9Ni10N	S30451，304N	SUS304N1	1.4315 X5CrNiN19-9	304N
S30478	06Crl9Ni9NbN	S30452，XM-21	SUS304N2	—	
S30453	022Cr19Ni10N	S30453，304LN	SUS304LN	1.4311 X2CrNiN18-10	304LN
S30908	06Cr23Nil3	S30908，309S	SUS309S	1.4950 X6CrNi23-13	309
S31008	06Cr25Ni20	S31008，310S	SUS310S	1.4951 X6CrNi25-20	310
S31252	015Cr20Nil8Mo6CuN	S31254	—	1.4547 XlCrNiMoCuN20-18-7	254SMO
S31608	06Crl7Nil2Mo2	S31600，316	SUS316	1.4401 X5CrNiMo17-12-2	316
S31603	022Crl7Nil2Mo2	S31603，316L	SUS316L	1.4404 X2CrNiMo17-12-2	316L
S31609	07Crl7Nil2Mo2	S31609，316H	SUS316H	—	316H
S31668	06Crl7Nil2Mo2Ti	S31635，316Ti	SUS316Ti	1.4571 X6CrNiMoTil7-12-2	316Ti
S31658	06Crl7Nil2Mo2N	S31651，316N	SUS316N	—	316N
S31653	022Crl7Nil2Mo2N	S31653，316LN	SUS316LN	1.4429 X2CrNiMoN 17-13-3	316LN
S39042	015Cr21Ni26Mo5Cu2	N08904，904L	—	1.4539 X1NiCrMoCu25-20-5	904L
S31708	06Cr19Ni13Mo3	S31700，317	SUS317	—	317
S31703	022Cr19Ni13Mo3	S31703，317L	SUS3I7L	1.4438 X2CrNiMo18-15-4	317L
S32168	06Cr18Ni11Ti	S32100，321	SUS321	1.4541 X6CrNiTi18-10	321
S32169	07Cr19Ni11Ti	S32109，.321H	SUS321H	14541 X6CrNiTi18-10	321H
S34778	06Cr18Ni11Nb	S34700，347	SUS347	1.4550 X6CrNiNb18-10	347
S34779	07Cr18Ni11Nb	S34709，347H	(SUS347H)	14912 X7CrNiNb18-10	347H
S21953	022Cr19Ni5Mo3Si2N	S31500	—	—	
S22253	022Cr22Ni5Mo3N	S31803	SUS329J3L	1.4462 X2CrNiMoN22-5-3	2205
S22353	022Cr23Ni5Mo3N	S32205，2205	—	1.4462 X2CrNiMoN22-5-3	2205
S23043	022Cr23Ni4MoCuN	S32304，2304	—	1.4362 X2CrNiN23-4	
S25554	03Cr25Ni6Mo3Cu2N	S32550，255	—	1.4507 X3CrNiMoCuN26-6-3-2	
S25073	022Cr25Ni7Mo4N	S32750，2507	—	1.4410 X2CrNiMoN25-7-4	2507
S22294	03Cr22Mn5Ni2MoCuN	S32101	—	1.4162 X2CrMnNiN21-5-1	
S22153	022Cr21Ni3Mo2N	S32003	—	—	
S11348	06Cr13Al	S40500，405	SUS405	1.4002 X6CrA113	0Cr13Al
S11972	019Cr19Mo2NbTi	S44400，444	SUS444	1.4521 X2CrMoTi18-2	
S11306	06Cr13	S11008，410S	SUS410S	1.4000 X6Cr13	0Cr13

三、其他常用合金

（一）钛及钛合金

钛属于热力学不稳定金属，具有强烈钝化倾向的金属，在空气中和氧化性或中性水溶液中能迅速生成一层稳定的氧化性保护膜，如海水、氯化物溶液、氧化性酸溶液(硝酸、铬酸、乳酸、醋酸等)，小于3%的盐酸、4%的硫酸以及尿素等。即使因为某些原因膜遭破坏，也能迅速自动恢复。因此钛在氧化性、中性介质中具有优异的耐腐蚀性。但在还原性酸溶液、不含水的强氧化性介质，如氢氟酸、氟硅酸、氟硼酸、含量大于3%的盐酸和4%的硫酸，发烟硝酸、干氯气等中不耐蚀。氢氟酸和氟硅酸是钛及其合金的强腐蚀性介质，在硝酸、甲酸、醋酸等溶液中，如果含有氟离子，也会导致严重腐蚀。

钛表面的氧化膜可以阻止氢原子向钛及其合金基体吸氢而脆化，但在高温含氢气氛中、还原性酸腐蚀过程中，发生缝隙腐蚀或应力腐蚀时，钛容易吸氢，一旦吸氢量达到80~150μg/g时，就会导致氢化腐蚀。

钛耐缝隙腐蚀性能较好，尤其是Ti-0.3Mo-0.8Ni及Ti-0.2Pd合金，因此Ti-0.3Mo-0.8Ni及Ti-0.2Pd合金广泛用于容器设备的密封面材料，以解决设备密封面缝隙腐蚀问题。

（二）耐蚀合金

纯镍具有良好的塑韧性，是一种优良的耐蚀材料，但在还原性酸中的耐蚀性能稍显不足，耐氧化性酸腐蚀和抗高温氧化、硫化等的性能较差。研究中发现具有良好耐蚀性的元素，如Cr、Mo、W、Cu、Si等在镍中的溶解度比铁中大，因此发展了一系列的耐蚀合金，即保留了镍的优良性能，又兼有合金化元素的特性。耐蚀合金分为铁镍基耐蚀合金、镍基耐蚀合金。

1. NS1103

曾用牌号NS113、00Cr25Ni35AlTi，是20世纪70年代为满足我国核反应堆蒸发器耐应力腐蚀的需要而研制的一种合金。由于合金中Cr、Ni含量的配比，NS1103表面膜结构以铬的尖晶石为主，致密度、稳定性和塑性等十分优良，耐氯化物和苛刻介质的应力腐蚀性能优良。

2. NS1402

NS1402，曾用牌号NS142、0Cr21Ni42Mo3Cu2Ti，国外牌号Incoloy 825，简称825，可耐硫酸等还原性酸介质和海水以及含氯离子水溶液的腐蚀，在石化企业已广泛应用于加氢装置高压空冷器。

3. NS3306

NS3306，曾用牌号NS336、0Cr20Ni65Mo10Nb4，国外牌号Inconel 625，简称625，在很多介质中都表现出极好的耐腐蚀性。在氯化物介质中具有出色的抗点蚀、缝隙腐蚀、晶间腐蚀和侵蚀的性能。具有很好的耐无机酸腐蚀性，如硝酸、磷酸、硫酸、盐酸等，同时在氧化和还原环境中也具有耐碱和有机酸腐蚀的性能。

第二节　腐蚀类型及特征

一、氯化铵腐蚀

在焦化热裂解反应过程中原料油的氮化物约有7%~10%转化为氨，同时原料油中残余的氯化物在此反应过程中水解生成氯化氢，这两种物质在分馏塔上部聚集，一般在120~140℃（顶循抽出口附近）发生化合反应生成氯化铵（NH_4Cl）。氯化铵既可以细小的颗粒被油气携带到上层塔盘，也可在分馏塔内液相夹带，还能在塔内件表面沉积，从而造成堵塞，影响正常操作。氯化铵一旦沉积，易吸收水分潮解，对设备造成腐蚀。

（一）腐蚀特征

氯化铵是无色晶体或白色颗粒性粉末，极易潮解，吸湿点一般在76%左右，当空气中相对湿度大于吸湿点时，氯化铵即产生吸潮现象。氯化铵350℃以上可分解成氨气和氯化氢。

氯化铵是一种强酸弱碱盐，在水溶液中会发生水解：

$$NH_4Cl + H_2O \rightleftharpoons HCl + NH_3 \cdot H_2O$$

温度的升高有利于氯化铵进一步水解，溶液中的 H^+浓度增大，可致使氯化铵水溶液的 pH 值随温度的升高逐渐降低。表 15-2-1 列出了不同温度、氯化铵浓度下氯化钠水溶液的 pH 值。

表 15-2-1　不同温度、氯化铵浓度下氯化钠水溶液的 pH 值

NH_4Cl 浓度/%（质）	不同温度下氯化铵溶液的 pH 值				
	25℃	30℃	40℃	50℃	60℃
0.005	6.63	6.47	6.28	6.20	6.17
0.05	6.02	6.04	5.91	5.81	5.72
0.5	5.63	5.55	5.35	5.18	5.07
1	5.37	5.26	5.09	4.95	4.81
5	5.34	5.18	4.99	4.78	4.60
10	5.26	5.11	4.90	4.67	4.54
20	5.36	5.20	4.99	4.75	4.57

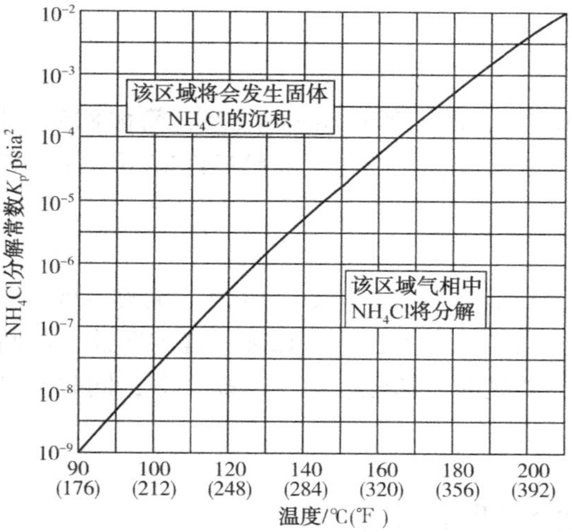

图 15-2-1　氯化铵沉积温度与氨和氯化氢 K_p 值的关系

炼化行业中氯化铵盐随高温工艺介质的冷却而沉淀，积盐温度与 NH_3 和 HCl 的在工艺介质中的含量相关（氯化铵的沉积温度可用图 15-2-1 进行估算）。氯化铵腐蚀可表现为均匀或局部腐蚀，但通常表现为点蚀，一般发生在铵盐沉积处，在高于水的露点温度也能对设备造成腐蚀。在冲洗过程中形成的氯化铵溶液对设备造成的腐蚀也不能忽视。

（二）影响因素

1. 温度

随着温度的升高，一方面有利于金属腐蚀反应的进行；另一方面温度升高可使氯化铵在水中的水解程度增加，使溶液的酸性增强，从而促进了金属的腐蚀。图 15-2-2 是 20#钢在不同温度下，在 1%（质）和 10%（质）氯化铵水溶液中的腐蚀速率。

2. 氯化铵浓度

氯化铵浓度越高，水溶液中由氯化铵水解生成的 H^+浓度越高，溶液的酸性越强，因此 20#钢和 15CrMo 钢的腐蚀速率均随氯化铵浓度的升高而增大。图 15-2-3 是 20#钢和 15CrMo 钢在 80℃不同浓度的氯化铵水溶液中的腐蚀失重结果。

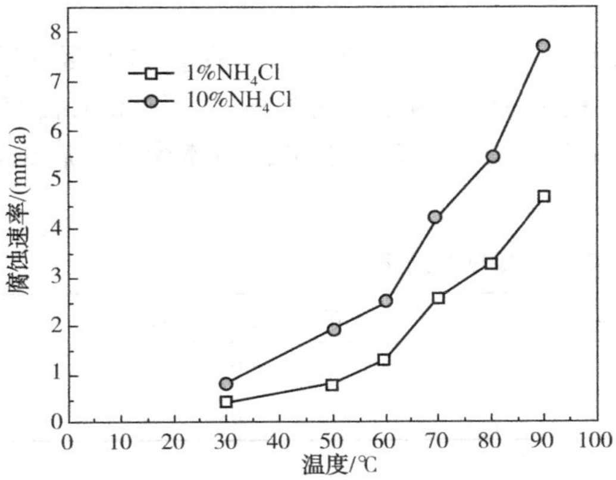

图 15-2-2　温度对 20# 钢在氯化铵水溶液中腐蚀速率的影响

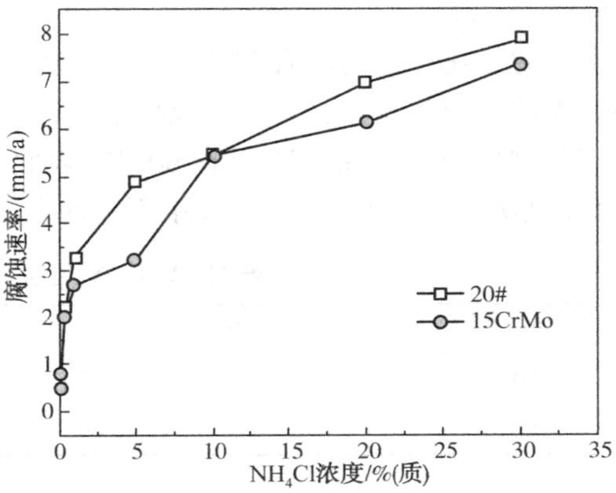

图 15-2-3　氯化铵浓度对 20# 钢和 15CrMo 钢在氯化铵溶液中腐蚀速率的影响

3. 材质

在 80℃、较高浓度的氯化铵水溶液中对 316L、2205 和 825 合金进行耐蚀性能评价，结果见表 15-2-2。虽然 316L、2205 和 825 合金在氯化铵水溶液中的耐均匀腐蚀性能优异，但对于氯化铵腐蚀还应该考虑耐点蚀性能和抗应力腐蚀的性能。

表 15-2-2　五种金属材料在高浓度氯化铵水溶液中的腐蚀速率

材质	温度/℃	腐蚀速率/(mm/a)		
		10%(质) NH_4Cl	20%(质) NH_4Cl	30%(质) NH_4Cl
20#	80	5.426	6.943	7.870
15CrMo	80	5.419	6.088	7.333
316L	80	0.0031	0.0042	0.0037
2205	80	0.0041	0.0050	0.0053
825	80	0.0012	0.0014	0.0012

4. 流速

表 15-2-3 是在不同介质流速下、氯化铵水溶液中 20# 钢和 15CrMo 钢腐蚀试验结果。在 80℃、氯化铵的浓度 5%(质)、流速 2.5 m/s 时，20# 钢和 15CrMo 钢的腐蚀速率分别为 42.83 mm/a 和 20.05 mm/a，因此对于碳钢和低合金管线，在注水冲洗过程中要特别注意控制流速。

表 15-2-3　在不同流速条件下、在 20%(质)氯化铵水溶液中 20# 钢和 15CrMo 钢腐蚀试验的评价结果

材质	温度/℃	NH_4Cl 浓度/%(质)	不同流速下腐蚀速率/(mm/a)			
			0m/s	0.4m/s	1.1m/s	2.5m/s
20#	80	20	6.943	17.81	25.29	94.58
15CrMo	80	20	6.088	8.49	11.11	28.67

5. 垢下腐蚀

干燥的氯化铵盐不具有腐蚀性，但是由于其具有极强的吸湿性，沉积在金属表面以后，能够吸收油气中的水分，从而造成垢下腐蚀。20#钢和316L的垢下腐蚀试验，结果见表15-2-4。20#钢呈均匀腐蚀；316L在60℃时表面出现零星锈斑，无点蚀坑，整体光亮，腐蚀轻微，而在80℃时表面出现大量大小不一的点蚀坑。

表15-2-4　氯化铵垢下腐蚀失重试验结果

温度/℃	20#钢腐蚀速率/(mm/a)	316L腐蚀速率/(mm/a)
60	2. 403	0. 024
80	7. 609	0. 087

二、高温硫腐蚀

（一）高温硫腐蚀的腐蚀机理与特征

1. 温度范围

高温硫对设备的腐蚀从240℃开始随着温度升高而迅速加剧，426~480℃时，高温硫化物对设备腐蚀最快；温度大于480℃，硫化氢近于完全分解，腐蚀速率下降。因此，高温硫腐蚀需要防护的温度范围为240~480℃。

2. 腐蚀机理

原油中的硫，一部分作为单质硫存在，大部分则与烃类结合以不同类型的有机硫化物的形式存在。不同的原油，所含有机硫化物的种类和含量大不相同。

根据硫和硫化物对金属的化学作用，又分为活性硫化物和非活性硫化物，因此，高温硫腐蚀过程包括两部分。

活性硫化物如硫化氢、硫醇和硫单质，这些成分在大约350~400℃时都能与金属直接发生化学作用，如下式：

$$H_2S + Fe \longrightarrow FeS + H_2$$

$$RCH_2CH_2SH + Fe \longrightarrow FeS + (RCH{=}CH_2) + H_2$$

硫化氢在340~400℃时按下式分解：

$$H_2S \longrightarrow S + H_2,\quad S + Fe \longrightarrow FeS$$

分解出来的硫单质比H_2S有更强的活性，使得腐蚀更为激烈。

在活性硫的腐蚀过程中，还出现一种递减的倾向，即开始腐蚀速度很大，一定时间以后腐蚀速度才恒定下来。这是由于生成的硫化铁膜阻滞了腐蚀反应进行的缘故。

非活性硫化物，包括硫醚、二硫醚、环硫醚、噻吩等。

原油中所含硫化物除硫化氢、低级硫醇和硫单质外，还存在大量的对普通碳钢无直接腐蚀作用的有机硫化物，如高级硫醇、多硫化物、硫醚等。原油中的硫醚和二硫化物在130~160℃已开始分解，其他有机硫化物在250℃左右的分解反应也会逐渐加剧。最后的分解产物一般为硫醇、硫化氢和其他分子量较低的硫醚和硫化物，由于原油产地不同，各种硫化物的热稳定性也不一样，因此其分解作用的快慢和分解程度的高低也不同。这些有机硫化物分解生成的硫单质、硫化氢，则对金屑产生强烈的腐蚀作用。例如：戊硫醇($C_5H_{11}SH$)在高温下由于分子引力而被吸附于有催化活性的碳钢表面上，使硫醇基SH断裂变成自由基：

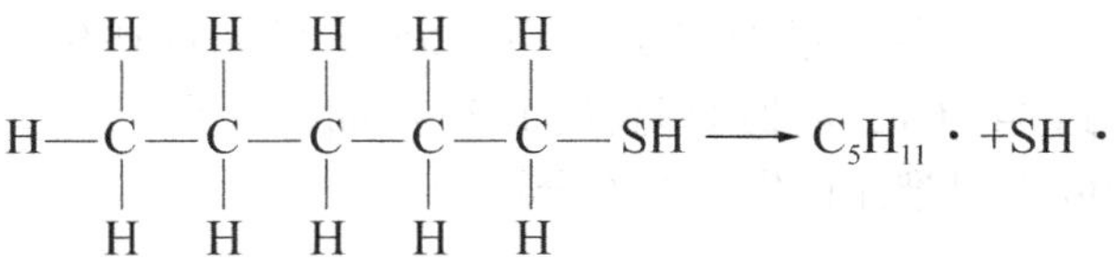

生成的自由基会进一步与尚未分解的硫醇 $C_5H_{11}SH$ 作用而生成硫化氢：

$$C_5H_{11}SH+SH \longrightarrow C_5H_{10}SH+H_2S$$

二硫醚的高温分解有两种方式，可以生成硫单质，也可以生成硫化氢：

$$\left.\begin{matrix}RCH_2CH_2S\\RCH_2CH_2S\end{matrix}\right| \longrightarrow RCH_2CH_2SH+RCH=CH_2+S$$

或

$$\left.\begin{matrix}RCH_2CH_2S\\RCH_2CH_2S\end{matrix}\right| \longrightarrow \begin{matrix}RCH=CH\\RCH=CH\end{matrix} > S+H_2S+2H_2$$

（二）高温硫腐蚀影响因素

1. 硫化物种类

图 15-2-4 是采用直馏蜡油（密度 912.6kg/m³，硫含量 2592μg/g，氮含量 1483μg/g，基本不含酸，初馏点 275℃，95%馏出温度为 523℃）加入单种形态的硫化合物（单质硫、甲硫醚、二甲基二硫醚、十二硫醇）10G 的腐蚀评价结果。根据腐蚀评价结果作者推测了不同硫化合物的腐蚀过程：

硫单质的外部电子结构，不像氧以分子状态存在，一般以硫原子的形式存在。由于这种原因，硫单质在高温下不需要离解或催化过程，可直接在金属表面吸附发生反应腐蚀金属，所以硫单质在较低的温度下造成金属的腐蚀比氧更为强烈。由于硫单质的这种性质致使硫单质表现出了最强的腐蚀性。

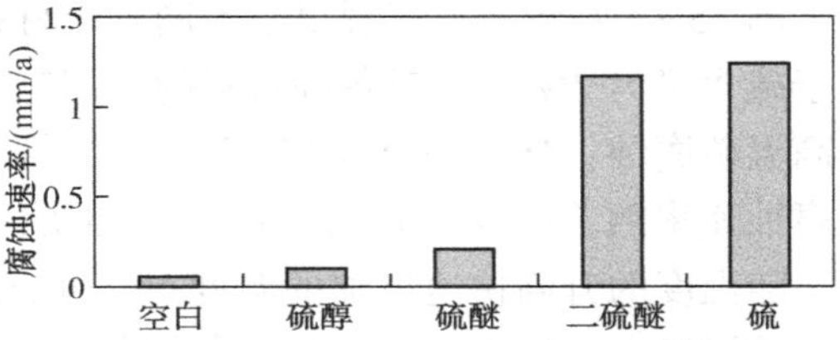

图 15-2-4　10G 在不同硫化物环境下的腐蚀速率

二硫化物，也称二硫醚官能团“→S→S→”化学性质十分活泼，受热极易分解，生成硫自由基，因此对金属具有很强的腐蚀性。

硫化氢在高温下由于通过氢原子吸附在金属表面，其吸附作用和硫自由基相比稍弱，因此其腐蚀性应弱于硫单质和二硫化物。

硫醇在热作用下可以形成·SH 自由基，也可以在金属表面催化腐蚀金属，因此腐蚀性应比硫化氢弱，但强于其他非活性硫化物。

硫醚中的官能团“→S→”化学性质较为稳定，只有分解生成硫自由基才能腐蚀金属。

四氢噻吩分子中由于存在环状结构，共轭作用使其稳定性和硫醚相比提高很多，生成硫自由基的可能性大幅度下降，因此其腐蚀性和硫醚相比下降很多。

噻吩类硫化物由于其双环作用，大大增强了其分子内的共轭作用，因此噻吩类化合物性质十分稳定，再热作用下几乎不分解，同时由于其强共轭作用，分散了硫的电子云密度，使硫具有一定的亲电性，因此其可以在金属表面具有一定的吸附量，因而在一定条件下，噻吩类化合物具有一定的缓蚀作用。

2. 温度

随着温度的升高，腐蚀速率可快速增加，图 15-2-5 是采用沙特重质原油（硫含量

2.84%，密度 0.8866 g/cm^3，氮含量 1853μg/g）对 Cr5Mo 的腐蚀评价结果，在 260℃时腐蚀速率为 0.2262mm/a，到 340℃时腐蚀速率高达 1.3593mm/a。所以，加工高硫原油，高温及高流速部位使用 1Cr5Mo 也很难保证生产的安全运行。

3. 材料

采用数理统计方法拟合了硫含量为 2%～3%的原油腐蚀速率与温度的关系，见图 15-2-6。由于拟合数据是在高流速（液体流速 25m/s）下取得的，数据的使用需要根据条件进行换算，根据 API581，如果估算静态情况下的数据，应将以下数据除以 5。

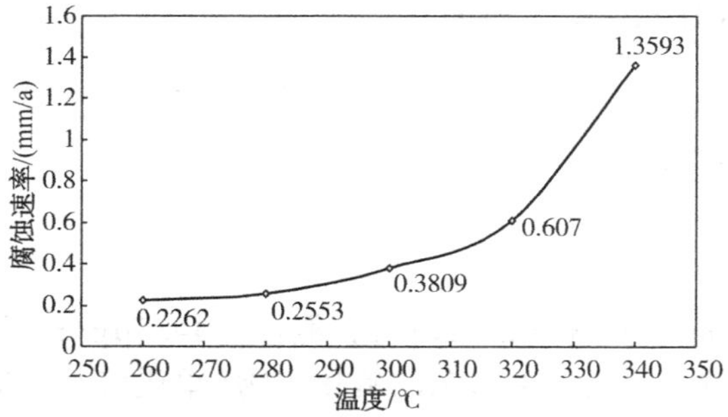

图 15-2-5 沙特重质原油 Cr5Mo 腐蚀评价结果

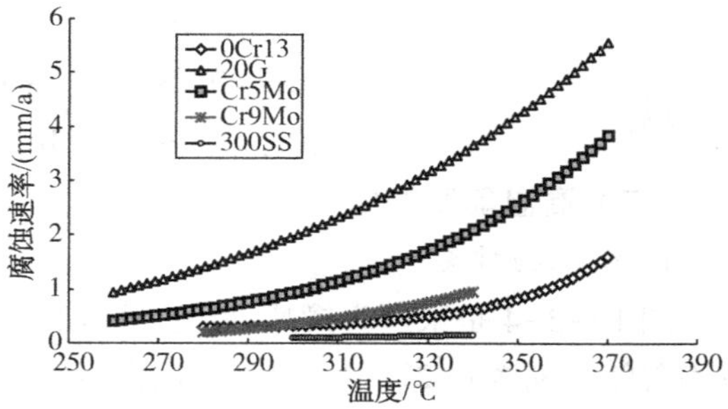

图 15-2-6 不同材料的耐高温硫腐蚀的性能比较

图 15-2-6 清晰地表现出了不同等级材料之间耐高温硫腐蚀的性能差别，同时也表明了对于硫含量为 2%～3%时各种材料的适用范围：碳钢在高温下耐蚀性能较差，因此不适用于抗高温硫腐蚀；1Cr5Mo 和碳钢相比耐蚀性能有较大幅度的提高，但是温度高于 290℃时，其腐蚀速率随着温度的升高增加幅度加快；Cr9Mo 和 0Cr13：Cr9Mo 在 310℃左右存在腐蚀速率随温度的升高快速增加的温度点，0Cr13 在 330℃左右存在腐蚀速率随温度的升高快速增加的温度点；300SS 具有优良的耐蚀性，在高温部位、高流速部位（常减压转油线）或塔内填料等均应考虑使用 300SS。

三、高温环烷酸腐蚀

（一）高温环烷酸腐蚀的腐蚀机理与特征

1. 温度范围及部位

高温环烷酸对设备的腐蚀在 220～400℃范围内随着温度升高而迅速加剧，400℃以后环烷酸在热作用下迅速分解，腐蚀性能急剧下降，在接近 427℃（800℉）的热焦化蒸汽油中也曾发现环烷酸腐蚀。

延迟焦化装置环烷酸腐蚀集中在进料系统和分馏塔系统（采用原料油进到分馏塔底部换热工艺）等，由于焦化装置原料较重，一般原料酸值大于 1.5mgKOH/g 才考虑环烷酸腐蚀。

2. 腐蚀机理

环烷酸（RCOOH，R 为环烷基）为原油中各种酸的混合物，又称石油酸，大约占原油中总酸量的 95%左右。环烷酸是环烷基直链羧酸，其通式为 $C_nH_{2n-1}COOH$，其中五、六环为主的低分子量环烷酸腐蚀性最强，一般是环戊烷的衍生物，分子量在 180～500 范围内变化。

环烷酸在低温时腐蚀不强烈，随着温度的升高腐蚀加剧，在高温无水环境中，腐蚀反应按下式进行：

$$2RCOOH+Fe \longrightarrow Fe(RCOO)_2+H_2\uparrow$$

$$FeS+2RCOOH \longrightarrow Fe(RCOO)_2+H_2S\uparrow$$

由于 $Fe(RCOO)_2$是油溶性腐蚀产物，能被油流所带走，因此不易在金属设备表面上形成保护膜，即使形成硫化亚铁保护膜，也会与环烷酸发生反应，而完全暴露出新的金属表面，使腐蚀继续进行。

环烷酸的腐蚀具有鲜明的特征，腐蚀部位有尖锐的孔洞，在高流速区有明显的流线槽。由于环烷酸具有这种特殊的腐蚀形态，所以特别危险。

原油的酸值在 0.3mgKOH/g 原油时，就应引起注意，当原油中酸值大于或等于 0.5mgKOH/g 原油时，在一定温度条件下，就能发生明显的腐蚀。酸值越高，腐蚀越严重。常减压蒸馏装置高温环烷酸腐蚀，可以从原油酸值大小来判断。

当温度在 270~280℃、350~400℃，酸值在 0.4mgKOH/g 原油以上，环烷酸腐蚀与流体的流速有关。流体速度越高，则在涡流区环烷酸腐蚀越严重。管线内部的突出物，如：引弧点、焊瘤、热电偶插套等处，因突起妨碍了流体的线性流动，在局部区域内引起涡流和紊流而加剧腐蚀。当高温热流冲击时，局部区域压力骤降，产生气泡，高流速气液同时冲击金属表面，使局部基体金属受到破坏，失去保护。

石油酸钠是原油含水所溶解的 $NaHCO_3$与石油酸反应的生成物，它是一种表面活化剂，能够妨碍钢铁表面上形成漆状膜和 FeS_x 膜。当原油中石油酸钠含量低于临界胶团浓度时，石油酸钠含量越高，原油的腐蚀性越强，当石油酸钠在原油中的含量超过临界胶团浓度时，再增加石油酸钠浓度，腐蚀不再增大。

原油的含硫量有一临界值，当原油含硫量高于临界值时，主要为硫腐蚀，当原油硫含量低于临界值时，主要为酸腐蚀。石油酸钠(RCOONa)含量越高，该临界值越高；温度越高则该临界值越低。

（二）高温环烷酸腐蚀评价及影响因素

1. *温度*

环烷酸腐蚀受温度的影响很大，API Recommended Practice 571 指出环烷酸腐蚀通常发生在温度高于 218℃的介质中，腐蚀程度随温度升高而增加，直到 400℃左右。也有文献指出环烷酸腐蚀在 270~280℃时出现极值点。

对于金属在环烷酸介质中主要发生化学腐蚀，通常腐蚀机理如下：

$$2nRCOOH+2M \longrightarrow 2M(RCOO)n+nH_2$$

式中，R 代表环烷基，M 代表活性金属(本文主要为 Fe)，腐蚀产物 M(RCOO)n 可溶于环烷酸或油介质。环烷酸腐蚀过程主要包括：环烷酸分子向金属表面传输、在金属表面吸附、与表面活性中心发生反应、腐蚀产物脱附等 4 个主要步骤，任一步骤的加强或抑制都可能影响整体的环烷酸腐蚀速率。一方面温度的升高，提高了环烷酸分子的活性，降低了环烷酸与金属反应的活化能，从而加速了腐蚀；另一方面，温度的升高，分子热运动加剧，不利于环烷酸分子在金属表面的吸附，抑制了反应的进行，从而降低了腐蚀，这两方面因素相互作用，可导致了环烷酸腐蚀出现不同的腐蚀特征。

2. *环烷酸分子量*

环烷酸分子量对腐蚀影响很大，小分子量的环烷酸与金属反应所需要的活化能较低，在较低的温度下活性较高；大分子量的环烷酸与金属反应所需要的活化能较高，在较低的温度下活性较低。图 15-2-7 是 235~360℃(酸值 4.8mgKOH/g)、360~450℃(酸值 4.3mgKOH/g)以及 450~524℃(酸值 4.3mgKOH/g)馏分油碳钢在不同温度下的腐蚀速率对比图。

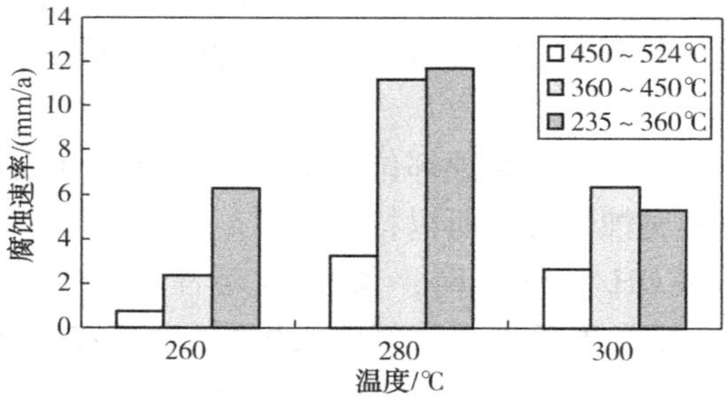

图 15-2-7 235~360℃、360~450℃以及 450~524℃馏分油碳钢的腐蚀速率对比图

3. 材料

一般认为，Cr 是不锈钢的主要合金元素，对耐蚀性起着决定作用；Mo 可以提高不锈钢在非氧化性介质中的稳定性，Mo 的加入能够促进 Fe－Cr 合金的钝化，在钢的表面上形成了富 Mo 的氧化膜。这种含有 Cr、Mo 元素的氧化膜具有高的稳定性，即使在许多非氧化性的强腐蚀介质中也不易被溶解。镍是不锈钢中的另一个主要合金元素，在合金中主要起到提高合金热稳定性和产生钝化作用，扩大钢在酸中的钝化范围，提高钢在氧化性介质中的抵抗能力。由于 316L 中含有 Mo，因此它的耐蚀性能超过 321。图 15-2-8 是碳钢、1Cr5Mo 的在蓬莱 19-3 原油中的腐蚀规律，图 15-2-9 是 321 不锈钢和 316L 不锈钢在蓬莱 19-3 原油中的腐蚀规律。

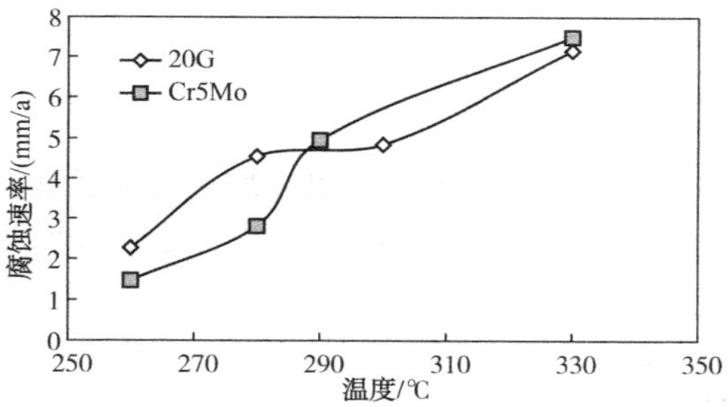

图 15-2-8 Cr5Mo 和 20G 在蓬莱 19-3 原油中的腐蚀规律(25m/s)

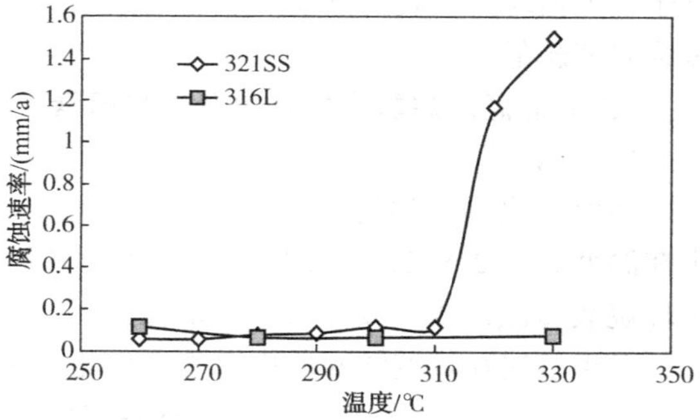

图 15-2-9 321 不锈钢和 316L 不锈钢在蓬莱 19-3 原油中的腐蚀规律(25m/s)

某企业 2009 年 4 月投产，2011 年 10 月停工检修，发现减压转油线防冲板出现明显腐蚀，大片防冲板被腐蚀殆尽，见图 15-2-10。

对冲刷腐蚀的防冲板(3mm)进行了材质确认，发现含 Mo 仅为 0.2%，属于 304 材质，未腐蚀的防冲板 Mo 含量大于 3%，属于 317 材质。非 Mo 奥氏体不锈钢腐蚀速率与实验结果相符。

在高温下 Cr5Mo 的耐环烷酸腐蚀的性能还低于 20G[19]，具体原因目前还不清楚，需要进一步研究。

另外，工业应用表明，对于 316L 不锈钢，如果其 Mo 含量低于 2.3%仍然可能被腐蚀，因此使用在环烷酸环境中的316L不锈钢要求Mo含量大于2.5%。

四、湿硫化氢腐蚀

(一) 湿硫化氢腐蚀机理与特征

图 15-2-10　转油线防冲板腐蚀

典型的湿硫化氢腐蚀损伤为均匀减薄，然而在有氧存在时，也会出现点蚀或垢下腐蚀。在含有CO_2的环境中，腐蚀可能伴随着碳化物应力腐蚀开裂。300系列不锈钢对点蚀非常敏感，也可能发生缝隙腐蚀或氯化物应力腐蚀开裂。

H_2S浓度的增加往往会减小溶液pH值，甚至可达4.5。H_2S和铁生成的FeS，在pH值大于6时，能覆盖在钢的表面，有较好的保护性能，腐蚀率随着时间的推移而有所下降。

在湿硫化氢腐蚀环境中，H_2S和铁将发生下面的电化学反应：

硫化氢在水中离解：

$$H_2S \longleftrightarrow H^+ + HS^-$$
$$HS^- \longrightarrow H^+ + S^{2-}$$

钢在H_2S水溶液中发生电化学反应：

阳极反应：$Fe \longrightarrow Fe^{2+} + 2e$

二次反应过程：$F^{2+} + S^{2-} \longrightarrow FeS$

或：　$Fe^{2+} + HS^- \longrightarrow FeS\downarrow + H^+$

阴极反应：$2H^+ + 2e \longrightarrow 2H \longrightarrow H_2\uparrow$

$2H \longrightarrow 2H$(渗透)

从上述过程可以看出，钢在这种环境中，不仅会由于阳极反应而出现一般腐蚀，而且还由于新生的原子氢具有很强的活性，进入钢的内部，导致钢产生鼓包或裂纹，称为湿硫化氢损伤。

湿硫化氢损伤一般包括四种形式：氢鼓包(HB)、氢致开裂(HIC)、应力诱导氢致开裂(SOHIC)和硫化物应力腐蚀(SSCC)。

氢鼓包是由于腐蚀产生氢原子不能及时地结合成氢分子，氢原子扩散进金属内部在夹杂物或空隙处聚集成氢分子，产生很大内应力，一旦超过金属的屈服极限，则产生明显的塑性变形，导致氢鼓包。

氢致开裂实际上是氢鼓包的一种扩展。氢鼓包可以在金属不同的深度产生，向邻近的氢鼓包相互扩展连接在一起，导致开裂。因此氢致开裂一般具有阶梯状的表面状况。

应力诱导氢致开裂是应力导致氢致开裂，与氢致开裂相似，是一种更具潜在破坏性的开裂形式，裂纹交错排列，首尾相接。应力诱导氢致开裂产生穿透性裂纹，而且裂纹一般垂直于表面。应力诱导氢致开裂一般发生在焊接热影响区，可起源于HIC损伤、缺陷或其他裂纹。

硫化物应力腐蚀开裂是指在湿硫化氢环境中由于拉伸应力和腐蚀共同作用导致金属开裂的现象。硫化物应力开裂实际上是氢应力开裂的一种形式，是由于吸附硫化物腐蚀过程中在金属表面上生成的氢原子引起的。

如果介质中有 CN^-的存在，可使 FeS 保护膜溶解，生成络合离子 $Fe(CN)_6^{4-}$，加速了腐蚀反应的进行：

$$FeS+6(CN)_6^{4-} \longrightarrow Fe(CN)_6^{4-}+S^{2-}$$

$Fe(CN)_6^{4-}$与铁继续反应生成亚铁氰化亚铁：

$$2Fe+Fe(CN)_6^{4-} \longrightarrow Fe_2[Fe(CN)_6]\downarrow$$

亚铁氰化亚铁在水中为白色沉淀物，停工时被氧化而生成亚铁氰化铁——$Fe_4[Fe(CN)_6]_3$，呈普鲁士蓝色，这是在一般炼油厂中较为普遍出现的腐蚀形态。

介质中 CN^-还产生有利于氢原子向钢中渗透的表面，增加氢通量，即增加氢鼓包、硫化物应力腐蚀开裂、氢致腐蚀开裂和应力诱导氢致腐蚀开裂的敏感性。

正由于湿硫化氢腐蚀不但导致腐蚀减薄和点蚀等，而且导致氢鼓包、氢致开裂、应力诱导氢致开裂和硫化物应力腐蚀开裂，具有很强的破坏性，SH/T 3193—2017《湿硫化氢环境下设备设计导则》对湿硫化氢腐蚀环境进行了具体定义：

设备接触的介质存在液相水，且具备下列条件之一时应称为湿硫化氢腐蚀环境：

① 在液相水中总硫化物含量大于 50mg/L；

② 液相水中 pH 值小于 4.0，且总硫化物含量不小于 1mg/L；

③ 液相水中 pH 值大于 7.6 及氢氰酸(HCN)不小于 20mg/L，且总硫化物含量不小于 1mg/L；

④ 气相中(工艺流体中含有液相水)硫化氢分压(绝压)大于 0.0003MPa。

根据湿硫化氢腐蚀环境引起普通碳素钢及碳锰钢材料开裂的严重程度以及对设备安全性影响的程度，将湿硫化氢腐蚀环境分为Ⅰ类和Ⅱ类。

当操作介质温度不大于 120℃时，且具备下列条件之一者为第Ⅰ类腐蚀环境，应考虑 SSC 损伤。

① 液相水中总硫化物含量大于 50mg/L；

② 液相水的 pH 值小于 4.0，且含有少量的硫化氢；

③ 气相中硫化氢分压(绝压)大于 0.0003MPa；

④ 液相水中含有少量总硫化物，溶解的 HCN 小于 20mg/L，且 pH 值大于 7.6。

当操作介质温度不大于 120℃时，且具备下列条件之一者为第Ⅱ类腐蚀环境，除考虑 SSC 外，还要考虑 HIC 和 SOHIC 等损伤。

① 液相水中总硫化物含量大于 50mg/L，且 pH 值小于 4.0；

② 气相中硫化氢分压(绝压)大于 0.0003MPa，且水中总硫化物含量大于 2000mg/L，PH 值小于 4.0；

③ 液相水中总硫化物含量大于 2000mg/L，HCN 含量大于 20mg/L，且 pH 值大于 7.6；

④ 液相水中硫氢化胺(NH_4HS)浓度大于 2%(质)。

(二) 影响因素

1. pH 值

对于腐蚀减薄，pH 值越低，腐蚀性越强。对于湿硫化氢损伤，在 pH 值为 7 时，氢的渗透率和扩散率最低，pH 值无论增加或降低渗透率都会增加。在水中如有氰化物(HCN)则会显著地增加氢在碱性酸水中的渗透力。

2. H_2S 浓度

H_2S 浓度的越高，溶液的 pH 值越低，腐蚀性越强，氢的渗透率会也越高。一般说来，

H_2S 浓度超过 50mg/L，就会引起湿硫化氢损伤；当操作介质的总压力大于等于 0.5MPa、H_2S 分压大于等于 0.35kPa 时，且存在水的条件下就会发生较严重的应力腐蚀开裂。

3. 氨的影响

介质中存在氨，氨可与 H_2S 发生下列反应：

$$H_2S+NH_3 \longrightarrow NH_4HS$$

$$NH_4SH + NH_3 \longrightarrow (NH_4)_2S$$

硫化氨——$(NH_4)_2S$ 能使 H_2S 在冷凝水中的溶解度大大增加，提高了 HS^- 的浓度；硫氢化铵的浓度越大，腐蚀性越强，一般引用硫化氢和氨的百分子摩尔数的乘积表征，K_p：

$$K_p = [H_2S] \times [NH_3]$$

K_p 值越大，硫氢化铵浓度越高，相应的腐蚀越严重。选用碳钢设备时，控制 K_p 在 0.5%以下，而且流速控制在 4.6~6.09m/s；如果 K_p 大于 0.5%，流速低于 1.5~3.5m/s 或高于 7.62m/s 时，选用双相钢、Monel、Incoloy800 等。

另外，碳钢表面的腐蚀产物硫化亚铁与铵离子形成铁离子的氨络合物，其反应如下：

$$FeS + 6NH_4HS \longrightarrow [Fe(NH_3)_6]^{2+} + 6H_2S + S^{2-}$$

腐蚀产物硫化亚铁生成的铁离子氨络合物，剥离了碳钢金属表面的硫化铁保护膜，促进腐蚀。

4. 温度

对于腐蚀减薄，温度升高，腐蚀速率增大；对于湿硫化氢损伤，由于当温度升高时，氢的扩散速度虽然加快，但是向空气中的逸出量也增加，结果使钢中的氢含量反而下降，湿硫化氢损伤的敏感性下降。

在 45℃、65℃，90℃进行了硫化氢分压为 0.1MPa、0.3MPa 和 0.5MPa 的 20G 腐蚀浸泡试验发现：温度 45℃时，六个腐蚀试片有五片出现氢鼓包，温度 65℃时，出现氢鼓包的有两片，而温度 90 ℃时，都没有出现氢鼓包。图 15-2-11 为在 45℃时腐蚀试片在模拟环境中浸泡后去除产物后的形貌。

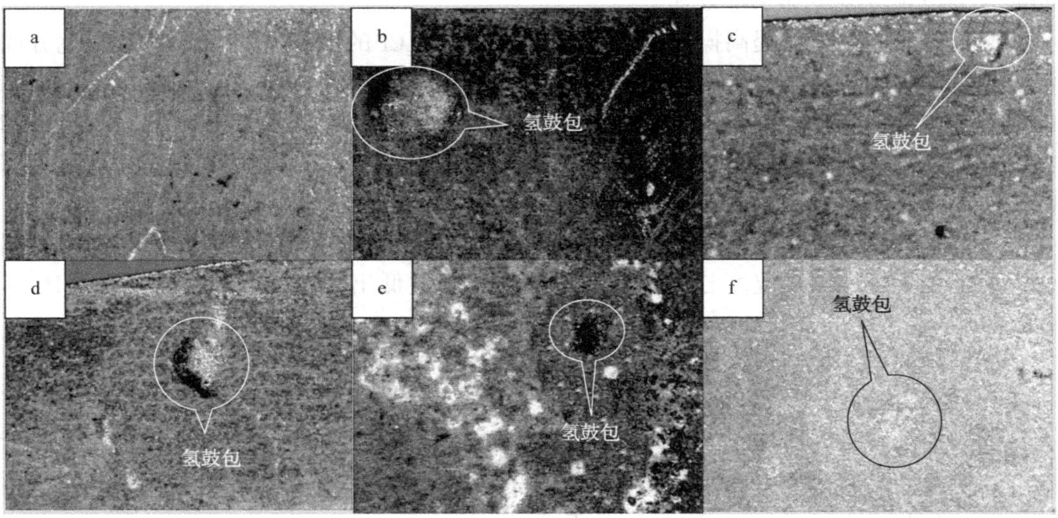

图 15-2-11　45℃腐蚀试片在模拟环境中浸泡后去除产物后的形貌

5. 材料

氢鼓包和 HIC 损伤很大程度上受钢材中的夹杂物和分层的影响，这些缺陷给氢在钢中的扩散和聚集提供了场地。控制钢材中的硫、磷含量，大幅度提高钢的纯净度而定制的抗 HIC 用钢可大大降低氢鼓包和 HIC 损伤的敏感性。

焊后热处理(PWHT) 可非常有效地防止和消除由残余应力和高硬度造成的 SSC，SOHIC 由局部高应力所驱动，所以 PWHT 有时在某种程度上也能减少 SOHIC 损伤。按照 NACE RP0472 标准，炼油厂中使用的一般的低强度碳钢可控制焊接工艺使硬度<200HB。如果不出现局部硬度高于 237HB，这些钢材一般对 SSC 并不敏感。

第三节　工艺防腐

一、分馏塔铵盐沉积

由于近年来各个炼油厂特别是沿海沿江炼油厂加工的原料逐渐变重，且硫氮含量、酸值、氯含量逐年提高，使得进入焦化装置的原料变差；另外随着减压深拔技术的普遍应用，焦化装置的进料进一步劣质化。由此带来焦化分馏塔氯化铵的沉积与腐蚀对生产影响越来越显著，不少企业出现塔盘、顶循泵相关管线结盐的情况，影响了装置的平稳操作及产品质量。

因此在设计及生产操作中，需要既考虑预防氯化铵的生成，又需要设置氯化铵冲洗收集排除设施。

(一) 分馏塔顶温度及回流控制

运行中应尽量避免在分馏塔顶部出现液态水，而且需针对氯化铵的沉积与腐蚀问题采取对应的设计措施。设计核算时，应计算塔顶油气中水露点温度，控制塔顶温度高于水露点温度 14℃以上，最好在 28℃以上。如果有可能使分馏塔顶温度高于氯化铵结晶点，把氯化铵结晶放置到塔顶冷凝冷却系统处理。

实验数据表明，适当提高操作温度，可以延缓 NH_4Cl 的沉积。通常认为当焦化分馏塔顶温度超过 130℃时，NH_4Cl 的沉积会大大降低。但是塔顶温度的提高受到焦化装置产品分布的限制，即汽油干点的限制。对于加工流程中焦化汽柴油混合加氢的炼油厂，提高分馏塔顶温度就有了良好的条件。设计中，可以将石脑油的切割点提高，相应地提高焦化分馏塔顶的温度。

对于设置有顶回流的分馏塔，塔顶回流温度应高于 90℃。如果温度低于此温度，在顶回流返塔的位置可能出现温度分布不均匀，局部温度过低出现液态水，进而引起 NH_4Cl 的沉积。

顶循系统的温度控制也应遵照此原则。

(二) 除盐设施

分馏塔顶部系统结盐后会出现以下现象：塔顶温度侧线温度容易波动；塔顶压力经常发生突变；侧线油品质量变重，馏程重叠严重时出现黑油；塔板压降增大；顶循泵抽空。焦化分馏塔除盐工艺流程示意图如图 15-3-1 所示。

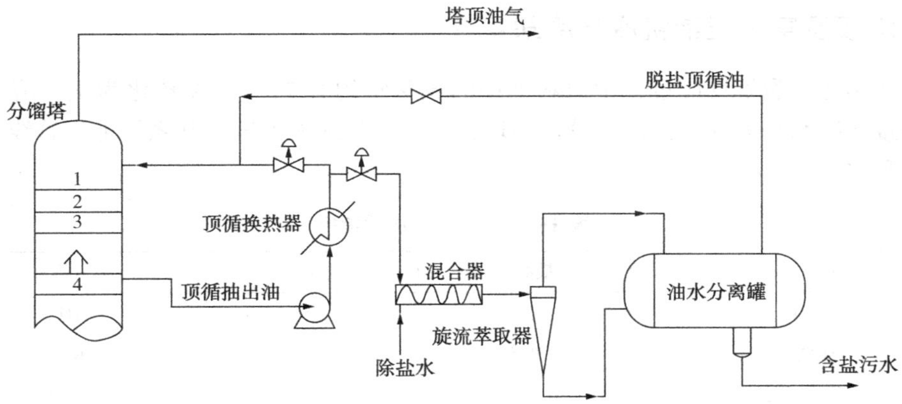

图 15-3-1　焦化分馏塔除盐工艺流程示意图

出现分馏塔顶部结盐后，应及时进行清理。这些盐垢一般都溶于水，可以在顶回流返塔前接除盐水或除氧水，将盐溶于水后洗掉。建议采用在线水洗的流程，可以在不停工情况下洗掉铵盐。含盐的污水从顶循集油箱抽出排至污水系统或和塔顶污水系统汇合送出装置。

某炼油厂在焦化装置分馏塔应用了在线除盐设备，具体工艺流程见图 15-3-1，分馏塔顶循油经过冷却器，分离出约 20t/h 顶循油进入混合器，与 0.5～1.5t/h 除盐水混合，保证水相均匀分散到循环油中，然后进入旋流萃取器，流体在旋流场内的速度分解为轴向、切向和径向三个分量，高进口流速使分量形成较大的剪切应力，显著加强油水的传质过程，保证萃取效果，另外水滴迁移相互碰撞长大，在超重力离心沉降作用下，油品在旋流作用向下逐渐形成径向流，进而形成向上的内旋转流，实现油水粗分离。粗分离后的油品从上部进入油水分离器，粗分离后的水相从下部进入油水分离器，在油水分离器实现油和水分离，脱盐顶循油与其他顶循油一起返塔，含盐污水进入装置酸性水系统，到下游污水汽提装置处理。

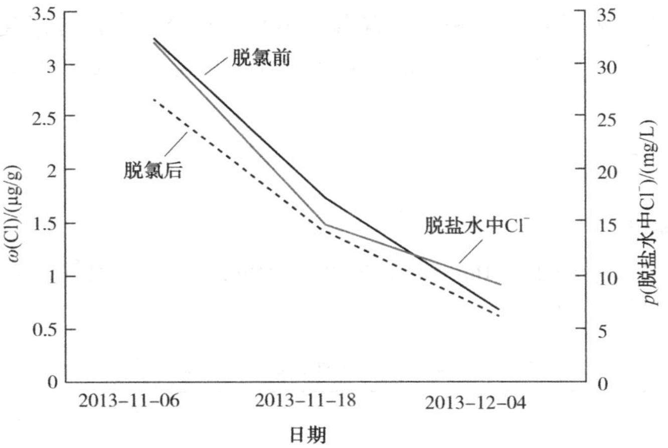

图 15-3-2　顶循油进出除盐设备的氯含量化验结果

采取在线除盐后，对进出除盐设备顶循油进行氯含量化验分析，化验结果见图 15-3-2。分馏塔顶循油经过在线连续脱盐，经过一段时间，顶循油中氯质量分数降到了 1μg/g 以下，可有效避免分馏再次结盐，保证装置的长周期安稳运行。

二、塔顶及富气压缩机冷凝冷却系统

由于在焦化热裂解反应过程中原料油中的氮化物约有7%～10%转化为氨，溶解在冷凝水中，导致冷凝水呈碱性，因此在分馏塔塔顶及富气压缩机冷凝冷却系统油气管线上一般注入缓蚀剂和水。

表15-3-1　注水水质指标

成分	最高值	期望值	分析方法
氧/(μg/kg)	50	15	HJ 506
pH值	9.5	7.0～9.0	GB/T 6920
总硬度/(μg/g)	1	0.1	GB/T 6909
溶解的铁离子/(μg/g)	1	0.1	HJ/T 345
氯离子/(μg/g)	100	5	GB/T 15453
硫化氢/(μg/g)		小于45	HJ/T 60
氨氮/(μg/g)		小于100	HJ 535 HJ 536 HJ 537
CN^-/(μg/g)		0	HJ 484
固体悬浮物/(μg/g)	0.2	少到可忽略	GB 11901

注缓蚀剂的作用是使其在冷凝区域的金属表面形成一层保护膜，将金属与油气介质隔离开，起到保护金属的作用；此外缓蚀剂的表面活性作用使沉积物与金属表面的结合力降低，使沉积物疏松，为冲洗带来方便。

塔顶的注水主要作用是冲洗形成的铵盐与稀释腐蚀介质浓度，注水的量应保证有足够液态水的析出。注水水质要求：可采用本装置含硫污水，补充水宜选择净化水或除盐水，水质要求见表15-3-1。注入方式宜采用可使注剂分散均匀的喷头，喷射角度以不直接冲击管壁为宜。

三、其他工艺防腐

（一）加热炉操作

燃料气硫化氢含量应小于100mg/m^3，宜小于50mg/m^3。初顶气、常顶气、减顶气不得未经脱硫处理直接做加热炉燃料。

表15-3-2　各种材料炉管烧焦控制温度

材料	型号或类别	极限设计金属温度	
		℃	℉
碳钢	B	540	1000
C-1/2Mo钢	T1或P1	595	1100
11/4Cr-1/2Mo钢	T11或P11	595	1100
21/4Cr-1Mo钢	T22或P22	650	1200

续表

材料	型号或类别	极限设计金属温度	
		℃	℉
3Cr-1Mo 钢	T21 或 P21	650	1200
5Cr-1/2Mo 钢	T5 或 P5	650	1200
5Cr-1/2Mo-Si 钢	T5b 或 P5b	705	1300
7Cr-1/2Mo 钢	T7 或 P7	705	1300
9Cr-1Mo 钢	T9 或 P9	705	1300
9Cr-1Mo-V 钢	T91 或 P91	650[a]	1200[a]
18Cr-8Ni 钢	304 或 304H	815	1500
16Cr-12Ni-2Mo 钢	316 或 316H	815	1500
16Cr-12Ni-2Mo 钢	316L	815	1500
18Cr-10Ni-Ti 钢	321 或 321H	815	1500
18Cr-10Ni-Nb 钢	347 或 347H	815	1500
Ni-Fe-Cr	Alloy800H/800HT	985[a]	1800[a]
25Cr-20Ni	HK40	1010[a]	1850[a]

a 该值为断裂强度数据可靠值的上限。这些材料通常用于温度较高、内压很低且达不到断裂强度控制设计范围的炉管。

辐射炉管过热现象时有发生，日常生产应根据加热炉炉管设计温度，控制炉管表面温度，应定期采用红外热成像仪等监测炉管表面温度，一旦发现炉管表面温度超过设计值，建议进行在线烧焦，烧焦时不应超过表 15-3-2 规定值。

控制排烟温度，确保管壁温度高于烟气露点温度 8℃以上，含硫烟气露点温度可通过露点测试仪检测得到或用烟气硫酸露点计算公式估算。

(二) 循环冷却水控制

循环冷却水水质应符合 GB 50050 循环冷却水水质的控制指标要求。使用再生水作为补充水应符合 Q/SH 0628. 2《水务管理技术要求第 2 部分：循环水》要求，具体见表 15-3-3。

表 15-3-3 循环水使用再生水作为补充水水质要求

项目	单位	控制值
pH 值(25℃)		6.5~9.0
COD	mg/L	≤60
BOD	mg/L	≤10
氨氮[a]	mg/L	≤1.0
悬浮物[a]	mg/L	≤10
浊度	NTU	≤5.0
石油类	mg/L	≤5.0
钙硬度(以 $CaCO_3$ 计)[a]	mg/L	≤250
总碱度(以 $CaCO_3$ 计)[a]	mg/L	≤200

续表

项目	单位	控制值
氯离子	mg/L	≤250
游离氯	mg/L	补水管道末端 0.1~0.2
总磷(以 P 计)	mg/L	≤1.0
总铁	mg/L	≤0.5
电导率[a]	μS/cm	≤1200
总溶固	mg/L	≤1000
细菌总数	CFU/mL	≤1000

a 在满足水处理效果(腐蚀速率、黏附速率等)基础上，可对指标进行适当调整。

循环冷却水管程流速不宜小于 1.0m/s。当循环冷却水壳程流速小于 0.3m/s 时，应采取防腐涂层、反向冲洗等措施。循环冷却水水冷器出口温度推荐不超过 50℃。

四、腐蚀控制回路

腐蚀回路是 RBI 分析中把将失效机理相同(一般是材料、温度、压力、介质相同)且彼此相连的设备划定为一个腐蚀回路，用于评估失效的可能性以及失效导致的后果。每个腐蚀回路使用一个唯一的代码标识，说明该腐蚀回路所用的材料、介质环境，工艺条件等。腐蚀回路可简化 RBI 分析，提高 RBI 评估的可靠性。

完整性操作窗口(IOW)是为了操作一个过程单元，对一些操作参数(温度、压力、流量、腐蚀性物质含量等)建立了一套操作范围和限制，操作参数在这些操作范围内变化，过程单元可安全可靠操作；操作参数超出这些操作范围和限制，过程单元安全性和可靠性都会受到影响。例如，按照标准 API 530，加热炉炉管设计温度 510℃(950℉)，设计寿命 100000h。如果高于设计值，则炉管实际寿命就会减少。因而，一旦生产运行温度超过设计温度(950℉)，操作人员就会按照程序调节加热炉，在预定的时间内把温度调到 510℃(950℉)以下。510℃(950℉)的温度限定就是加热炉管 IOW 设定的一个参数。

腐蚀控制回路是以物料回路为基础，分析可能腐蚀类型，确定腐蚀类型在物流前后设备之间变化，再采用完整性操作窗口对具体部位设定操作区间，保证工艺防腐措施连续性和有效性，从而达到控制腐蚀的目的。

例如以焦化分馏塔塔顶及冷凝冷却系统作为一个腐蚀控制回路，参见图 15-3-3。该腐蚀控制回路中包含焦化分馏塔顶部、换热器、空冷器、后冷器、塔顶分液罐及相应管线等设备。

焦化分馏塔顶部可能发生的腐蚀类型有氯化铵腐蚀、酸性水腐蚀。氯化铵腐蚀主要与原料中氯含量相关，塔顶温度、回流与顶循温度低于氯化铵沉积温度焦化分馏塔顶部则会发生氯化铵沉积，导致氯化铵腐蚀，同时氯化铵随塔内液相向塔下部移动，影响顶循系统。据此可以设置塔顶温度、顶循返塔温度、冷回流温度及流量的操作范围，控制原料油的氯含量，避免氯化铵沉积。

分馏塔顶一级换热器是腐蚀控制的重点部位，为避免铵盐沉积，必须做好注水、注缓蚀剂工作。因此设置塔顶挥发线注水量、塔顶挥发线注缓蚀剂作为监测目标，再根据回流罐切水 pH 值和流罐切水铁离子评估工艺防腐效果，调整注入量。

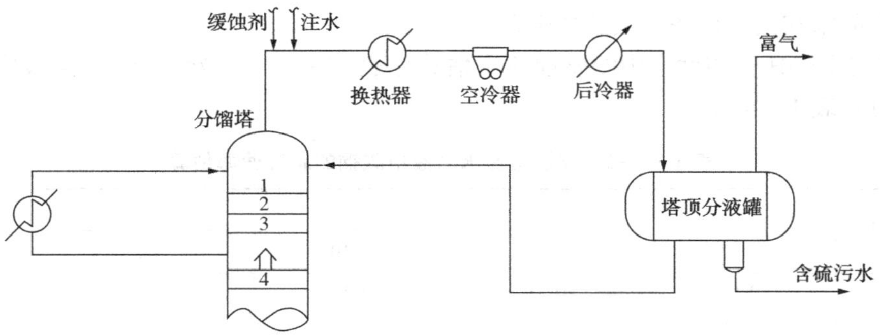

图 15-3-3　分馏塔塔顶冷凝冷却系统流程示意图

物流出分馏塔顶一级换热器，后续设备、管道的主要腐蚀类型是酸性水腐蚀，腐蚀相对轻微。

总之，通过选择腐蚀控制回路，利用信息化控制监测的各种参数，及时调整，可以大幅度提高工艺防腐效果，避免发生设备腐蚀问题，保障生产安全。

第四节　装置选材

装置选材是考虑最严苛的条件，考虑使用年限，选择适当的材料，保障装置安全运行。

一、低温部位选材

延迟焦化装置低温的腐蚀类型是氯化铵腐蚀、酸性水腐蚀。

氯化铵沉积一般发生在焦化分馏塔中上部，可影响顶循系统，其腐蚀是由于氯化铵水解形成的酸性环境。焦化分馏塔氯化铵腐蚀一般应采取工艺防腐。所以焦化装置低温部位选材主要考虑酸性水腐蚀。

焦化分馏塔塔顶温度控制在水露点温度 14℃以上，最好 28℃以上，且各种回流也在水露点温度之上，上部塔壁可选用碳钢+0Cr13，塔内件选择 0Cr13，塔顶挥发性线应选碳钢。焦化分馏塔顶油气的空冷器或换热器（冷却器）一般考虑碳钢，腐蚀严重时管子可采用 022Cr19Ni10。

压缩富气的空冷器或换热器(冷却器)一般考虑碳钢，腐蚀严重时管子可采用 022Cr19Ni10。

表 15-4-1　碳钢在不同 pH 值酸性水中的腐蚀速率　mm/a

pH	温度/℃			
	38	52	79	93
4.75	0.03	0.08	0.13	0.18
5.25	0.02	0.05	0.08	0.1
5.75	0.01	0.04	0.05	0.08
6.25	0.01	0.03	0.04	0.05
6.75	0.01	0.01	0.02	0.03

吸收解析塔塔壁可选用碳钢+0Cr13，塔内件选择 0Cr13。稳定塔上部可考虑选用碳钢+0Cr13，其他筒体一般选择碳钢，塔内件选择 0Cr13。在吸收塔筒体一般选择碳钢，塔内件选择 0Cr13。

塔顶产品罐和其余设备管线选择碳钢。

碳钢在不同 pH 值酸性水中的腐蚀速率估算见表 15-4-1。碱性酸性水溶液中碳钢的腐蚀速率估算见表 15-4-2。

表 15-4-2　碱性酸性水溶液中碳钢的腐蚀速率估算　mm/a

NH_4HS/%(质)	流速/(m/s)				
	3.05	4.57	6.10	7.62	9.14
2	0.08	0.10	0.13	0.20	0.28
5	0.15	0.23	0.30	0.38	0.46
10	0.51	0.69	0.89	1.09	1.27
15	1.14	1.78	2.54	3.81	5.08

注意：

1. 如果硫化氢分压 P_{H_2S}<345kPa，腐蚀速率按如下计算公式调整：

$$CR=\max\left[\left\{\left(\frac{\text{基础腐蚀速率 }CR}{173}\right)\times(P_{H_2S}-345)+\text{基础腐蚀速率 }CR\right\},\ 0\right]$$

2. 如果硫化氢分压 P_{H_2S}≥345kPa，腐蚀速率按如下计算公式调整：

$$CR=\max\left[\left\{\left(\frac{\text{基础腐蚀速率 }CR}{276}\right)\times(P_{H_2S}-345)+\text{基础腐蚀速率 }CR\right\},\ 0\right]$$

二、高温部位选材

焦化装置高温部位腐蚀主要是高温硫腐蚀和高温环烷酸腐蚀，加热炉辐射段炉管外部还有高温氧化腐蚀。加热炉正常操作情况下，辐射段炉管表面温度低于 600℃，高温氧化腐蚀轻微，因此常减压装置高温部位选材主要考虑高温硫腐蚀和高温环烷酸腐蚀。

高温硫腐蚀和高温环烷酸腐蚀与温度关系密切，一般按照原料油情况结合温度段选材：在低于 240℃，一般选择碳钢；240~288℃，对于高硫原油可选 1Cr5Mo，高酸原油可选不含钼的奥氏体不锈钢如 304、347、321 系列不锈钢；高于 288℃，对于高硫原油可选 1Cr9Mo、0Cr13、奥氏体不锈钢，高酸原料油(酸值大于 1.5mgKOH/g)应选含钼的奥氏体不锈钢如 316、317 系列不锈钢。

碳钢在含硫含酸环境中的腐蚀速率估算见表 15-4-3，1Cr5Mo 在含硫含酸环境中的腐蚀速率估算见表 15-4-4，0Cr13 在含硫含酸环境中的腐蚀速率估算见表 15-4-5，非 Mo 奥氏体不锈钢在含硫含酸环境中的腐蚀速率估算见表 15-4-6，316 类在含硫含酸环境中的腐蚀速率估算见表 15-4-7，317 类在含硫含酸环境中的腐蚀速率估算见表 15-4-8。

表 15-4-3　碳钢在含硫含酸环境中的腐蚀速率估算　mm/a

硫含量/%(质)	环烷酸酸值/(mg/g)	温度/℃							
		≤232	260	288	315	343	371	399	>399
0.2	0.3	0.03	0.08	0.18	0.38	0.51	0.89	1.27	1.52
	0.65	0.13	0.38	0.64	0.89	1.14	1.40	1.65	1.91
	1.5	0.51	0.64	0.89	1.65	3.05	3.81	4.57	5.08
	3.0	0.76	1.52	1.52	3.05	3.81	4.06	6.10	6.10
	4.0	1.02	2.03	2.54	4.06	4.57	5.08	7.11	7.62

续表

硫含量/%(质)	环烷酸酸值/(mg/g)	温度/℃							
		≤232	260	288	315	343	371	399	>399
0.4	0.3	0.03	0.10	0.25	0.51	0.76	1.27	1.78	2.03
	0.65	0.13	0.25	0.38	0.64	1.02	1.52	2.03	2.29
	1.5	0.20	0.38	0.64	0.89	1.27	1.91	2.29	2.79
	3.0	0.25	0.51	0.89	1.27	1.78	2.54	3.05	3.30
	4.0	0.51	0.76	1.27	1.78	2.29	3.05	3.56	4.06
0.6	0.3	0.03	0.13	0.25	0.64	1.02	1.52	2.29	2.54
	0.65	0.13	0.25	0.38	0.76	1.27	2.03	2.79	3.30
	1.5	0.25	0.38	0.76	1.27	2.03	2.54	3.30	3.81
	3.0	0.38	0.76	1.27	2.03	2.54	3.05	3.56	4.32
	4.0	0.64	1.02	1.52	2.54	3.05	3.81	4.57	5.08
1.5	0.3	0.05	0.13	0.38	0.76	1.27	2.03	2.79	3.30
	0.65	0.18	0.25	0.51	0.89	1.40	2.54	3.30	3.81
	1.5	0.38	0.51	0.89	1.40	2.54	3.05	3.56	4.32
	3.0	0.51	0.76	1.40	2.16	2.79	3.81	4.32	5.08
	4.0	0.76	1.14	1.91	3.05	3.56	4.57	5.08	6.60
2.5	0.3	0.05	0.18	0.51	0.89	1.40	2.41	3.30	3.81
	0.65	0.18	0.25	0.76	1.14	1.52	3.05	3.56	4.32
	1.5	0.38	0.51	1.02	1.52	1.91	3.56	4.32	5.08
	3.0	0.51	0.89	1.52	2.29	3.05	4.32	5.08	6.60
	4.0	0.89	1.27	2.03	3.05	3.81	5.08	6.60	7.11
3.0	0.3	0.05	0.20	0.51	1.02	1.52	2.54	3.56	4.06
	0.65	0.20	0.38	0.64	1.14	1.65	3.05	3.81	4.32
	1.5	0.51	0.64	0.89	1.65	3.05	3.81	4.57	5.08
	3.0	0.76	1.52	1.52	3.05	3.81	4.06	6.10	6.10
	4.0	1.02	2.03	2.54	4.06	4.57	5.08	7.11	7.62

表 15-4-4 1Cr5Mo 在含硫含酸环境中的腐蚀速率估算 mm/a

硫含量/%(质)	环烷酸酸值/(mg/g)	温度/℃							
		≤232	260	288	315	343	371	399	>399
0.2	0.7	0.03	0.03	0.05	0.10	0.15	0.20	0.25	0.38
	1.1	0.05	0.08	0.10	0.15	0.25	0.25	0.38	0.51
	1.75	0.18	0.25	0.38	0.51	0.64	0.89	1.14	1.27
	3.0	0.25	0.38	0.51	0.76	1.02	1.14	1.27	1.52
	4.0	0.38	0.51	0.76	1.02	1.27	1.52	1.78	2.03

续表

硫含量/%(质)	环烷酸酸值/(mg/g)	温度/℃							
		≤232	260	288	315	343	371	399	>399
0. 4	0. 7	0. 03	0. 05	0. 08	0. 13	0. 20	0. 25	0. 38	0. 51
	1. 1	0. 05	0. 08	0. 10	0. 15	0. 25	0. 38	0. 51	0. 64
	1. 75	0. 05	0. 10	0. 15	0. 20	0. 38	0. 51	0. 64	0. 76
	3. 0	0. 10	0. 15	0. 20	0. 25	0. 38	0. 51	0. 76	0. 89
	4. 0	0. 15	0. 20	0. 25	0. 25	0. 51	0. 64	0. 89	1. 02
0. 75	0. 7	0. 03	0. 05	0. 10	0. 15	0. 25	0. 38	0. 58	0. 64
	1. 1	0. 05	0. 10	0. 15	0. 20	0. 38	0. 51	0. 64	0. 76
	1. 75	0. 10	0. 15	0. 20	0. 25	0. 38	0. 51	0. 76	0. 89
	3. 0	0. 15	0. 20	0. 25	0. 25	0. 51	0. 64	0. 89	1. 02
	4. 0	0. 20	0. 25	0. 25	0. 38	0. 51	0. 76	1. 02	1. 27
1. 5	0. 7	0. 03	0. 05	0. 13	0. 20	0. 38	0. 51	0. 76	0. 89
	1. 1	0. 08	0. 13	0. 25	0. 38	0. 51	0. 76	0. 89	1. 02
	1. 75	0. 13	0. 25	0. 38	0. 51	0. 76	0. 89	1. 02	1. 14
	3. 0	0. 25	0. 38	0. 51	0. 76	0. 89	1. 02	1. 14	1. 27
	4. 0	0. 38	0. 51	0. 76	0. 89	1. 02	1. 27	1. 52	1. 78
2. 5	0. 7	0. 03	0. 08	0. 15	0. 23	0. 38	0. 51	0. 89	1. 02
	1. 1	0. 13	0. 18	0. 25	0. 38	0. 51	0. 64	1. 02	1. 14
	1. 75	0. 18	0. 25	0. 38	0. 51	0. 64	0. 89	1. 14	1. 27
	3. 0	0. 25	0. 38	0. 51	0. 76	1. 02	1. 14	1. 27	1. 52
	4. 0	0. 38	0. 51	0. 76	1. 02	1. 27	1. 52	1. 78	2. 03
3. 0	0. 7	0. 05	0. 08	0. 15	0. 25	0. 38	0. 64	0. 89	1. 02
	1. 1	0. 13	0. 18	0. 25	0. 38	0. 51	0. 76	1. 02	1. 14
	1. 75	0. 18	0. 25	0. 38	0. 51	0. 64	0. 89	1. 14	1. 27
	3. 0	0. 25	0. 38	0. 51	0. 76	1. 02	1. 14	1. 27	1. 52
	4. 0	0. 38	0. 51	0. 76	1. 02	1. 27	1. 52	1. 78	2. 03

表 15-4-5　0Cr13 在含硫含酸环境中的腐蚀速率估算　mm/a

硫含量/%(质)	环烷酸酸值/(mg/g)	温度/℃							
		≤232	260	288	315	343	371	399	>399
0. 2	0. 7	0. 03	0. 03	0. 03	0. 03	0. 03	0. 03	0. 05	0. 05
	1. 1	0. 03	0. 03	0. 03	0. 03	0. 03	0. 05	0. 10	0. 13
	1. 75	0. 05	0. 05	0. 05	0. 10	0. 10	0. 13	0. 20	0. 25
	3. 0	0. 13	0. 25	0. 38	0. 51	0. 64	0. 76	0. 64	1. 02
	4. 0	0. 25	0. 38	0. 51	0. 64	0. 76	0. 64	1. 02	1. 14

续表

硫含量/%(质)	环烷酸酸值/(mg/g)	温度/℃							
		≤232	260	288	315	343	371	399	>399
0. 4	0. 7	0. 03	0. 03	0. 03	0. 03	0. 03	0. 05	0. 08	0. 08
	1. 1	0. 03	0. 03	0. 03	0. 03	0. 03	0. 05	0. 08	0. 08
	1. 75	0. 03	0. 05	0. 05	0. 05	0. 05	0. 10	0. 13	0. 13
	3. 0	0. 05	0. 08	0. 08	0. 08	0. 08	0. 13	0. 25	0. 38
	4. 0	0. 08	0. 10	0. 13	0. 20	0. 25	0. 30	0. 38	0. 51
0. 8	0. 7	0. 03	0. 03	0. 03	0. 03	0. 03	0. 05	0. 08	0. 10
	1. 1	0. 03	0. 03	0. 03	0. 03	0. 03	0. 05	0. 08	0. 10
	1. 75	0. 05	0. 05	0. 10	0. 13	0. 15	0. 15	0. 18	0. 20
	3. 0	0. 08	0. 08	0. 13	0. 20	0. 25	0. 30	0. 38	0. 51
	4. 0	0. 10	0. 13	0. 13	0. 20	0. 25	0. 38	0. 51	0. 64
1. 5	0. 7	0. 03	0. 03	0. 03	0. 03	0. 05	0. 08	0. 10	0. 13
	1. 1	0. 03	0. 03	0. 03	0. 03	0. 05	0. 08	0. 10	0. 13
	1. 75	0. 05	0. 05	0. 08	0. 13	0. 18	0. 20	0. 25	0. 25
	3. 0	0. 08	0. 08	0. 13	0. 20	0. 25	0. 30	0. 38	0. 51
	4. 0	0. 13	0. 20	0. 25	0. 30	0. 38	0. 51	0. 64	0. 76
2. 5	0. 7	0. 03	0. 03	0. 03	0. 03	0. 05	0. 08	0. 13	0. 15
	1. 1	0. 03	0. 03	0. 03	0. 03	0. 05	0. 08	0. 13	0. 15
	1. 75	0. 05	0. 13	0. 18	0. 23	0. 25	0. 30	0. 38	0. 38
	3. 0	0. 08	0. 20	0. 25	0. 38	0. 51	0. 51	0. 64	0. 76
	4. 0	0. 13	0. 25	0. 38	0. 51	0. 64	0. 76	0. 89	1. 02
3. 0	0. 7	0. 03	0. 03	0. 03	0. 03	0. 05	0. 10	0. 13	0. 15
	1. 1	0. 03	0. 03	0. 03	0. 03	0. 05	0. 10	0. 13	0. 15
	1. 75	0. 08	0. 13	0. 18	0. 23	0. 25	0. 30	0. 38	0. 38
	3. 0	0. 10	0. 20	0. 25	0. 38	0. 51	0. 51	0. 64	0. 76
	4. 0	0. 13	0. 25	0. 38	0. 51	0. 64	0. 76	0. 89	1. 02

表 15-4-6　非 Mo 奥氏体不锈钢在含硫含酸环境中的腐蚀速率估算　　mm/a

硫含量/%(质)	环烷酸酸值/(mg/g)	温度/℃							
		≤232	260	288	315	343	371	399	>399
0. 2	1. 0	0. 03	0. 03	0. 03	0. 03	0. 03	0. 03	0. 03	0. 03
	1. 5	0. 03	0. 03	0. 03	0. 03	0. 03	0. 03	0. 03	0. 03
	3. 0	0. 03	0. 03	0. 03	0. 03	0. 05	0. 08	0. 10	0. 10
	4. 0	0. 03	0. 03	0. 03	0. 05	0. 08	0. 10	0. 13	0. 15

续表

硫含量/%(质)	环烷酸酸值/(mg/g)	温度/℃							
		≤232	260	288	315	343	371	399	>399
0.4	1.0	0.03	0.03	0.03	0.03	0.03	0.03	0.03	0.03
	1.5	0.03	0.03	0.03	0.03	0.03	0.03	0.03	0.03
	3.0	0.03	0.03	0.03	0.03	0.05	0.08	0.10	0.10
	4.0	0.03	0.03	0.03	0.05	0.08	0.10	0.13	0.15
0.8	1.0	0.03	0.03	0.03	0.03	0.03	0.03	0.03	0.03
	1.5	0.03	0.03	0.03	0.03	0.03	0.03	0.03	0.03
	3.0	0.03	0.03	0.03	0.05	0.08	0.10	0.13	0.15
	4.0	0.03	0.05	0.05	0.10	0.15	0.20	0.25	0.30
1.5	1.0	0.03	0.03	0.03	0.03	0.03	0.03	0.03	0.03
	1.5	0.03	0.03	0.03	0.03	0.03	0.03	0.03	0.03
	3.0	0.03	0.03	0.03	0.05	0.08	0.10	0.13	0.15
	4.0	0.03	0.05	0.05	0.10	0.15	0.20	0.25	0.30
2.5	1.0	0.03	0.03	0.03	0.03	0.03	0.03	0.03	0.03
	1.5	0.03	0.03	0.03	0.03	0.03	0.03	0.03	0.03
	3.0	0.03	0.05	0.05	0.10	0.15	0.20	0.25	0.30
	4.0	0.03	0.05	0.10	0.18	0.25	0.36	0.43	0.51
3.0	1.0	0.03	0.03	0.03	0.03	0.03	0.03	0.03	0.05
	1.5	0.03	0.03	0.03	0.03	0.03	0.05	0.05	0.05
	3.0	0.03	0.05	0.05	0.10	0.15	0.20	0.25	0.30
	4.0	0.03	0.05	0.10	0.18	0.25	0.36	0.43	0.51

表 15-4-7　316 类在含硫含酸环境中的腐蚀速率估算　　mm/a

硫含量/%(质)	环烷酸酸值/(mg/g)	温度/℃							
		≤232	260	288	315	343	371	399	>399
0.2	0.2	0.03	0.03	0.03	0.03	0.03	0.03	0.03	0.03
	3.0	0.03	0.03	0.03	0.03	0.03	0.05	0.05	0.05
	4.0	0.03	0.03	0.03	0.05	0.10	0.13	0.18	0.25
0.4	0.2	0.03	0.03	0.03	0.03	0.03	0.03	0.03	0.03
	3.0	0.03	0.03	0.03	0.03	0.05	0.05	0.05	0.05
	4.0	0.03	0.03	0.05	0.08	0.10	0.13	0.18	0.25
0.8	0.2	0.03	0.03	0.03	0.03	0.03	0.03	0.03	0.03
	3.0	0.03	0.03	0.03	0.03	0.05	0.05	0.05	0.08
	4.0	0.03	0.03	0.05	0.08	0.13	0.13	0.18	0.25
1.5	0.2	0.03	0.03	0.03	0.03	0.03	0.03	0.03	0.03
	3.0	0.03	0.03	0.03	0.03	0.08	0.08	0.08	0.10
	4.0	0.03	0.03	0.08	0.13	0.13	0.13	0.18	0.25

续表

硫含量/%(质)	环烷酸酸值/(mg/g)	温度/℃							
		≤232	260	288	315	343	371	399	>399
2.5	0.2	0.03	0.03	0.03	0.03	0.03	0.03	0.03	0.03
	3.0	0.03	0.03	0.03	0.05	0.08	0.08	0.10	0.13
	4.0	0.03	0.03	0.08	0.13	0.13	0.15	0.20	0.25
3.0	0.2	0.03	0.03	0.03	0.03	0.03	0.03	0.03	0.05
	3.0	0.03	0.03	0.03	0.05	0.10	0.13	0.13	0.15
	4.0	0.03	0.05	0.08	0.13	0.13	0.15	0.20	0.25

表 15-4-8　317 类在含硫含酸环境中的腐蚀速率估算　mm/a

硫含量/%(质)	环烷酸酸值/(mg/g)	温度/℃							
		≤232	260	288	315	343	371	399	>399
0.2	4.0	0.03	0.03	0.03	0.03	0.03	0.03	0.03	0.03
	5.0	0.03	0.03	0.03	0.03	0.03	0.05	0.10	0.13
	6.0	0.03	0.03	0.03	0.05	0.10	0.13	0.18	0.25
0.4	4.0	0.03	0.03	0.03	0.03	0.03	0.03	0.03	0.03
	5.0	0.03	0.03	0.03	0.03	0.05	0.10	0.10	0.13
	6.0	0.03	0.03	0.05	0.08	0.10	0.13	0.18	0.25
0.8	4.0	0.03	0.03	0.03	0.03	0.03	0.03	0.03	0.03
	5.0	0.03	0.03	0.03	0.03	0.05	0.10	0.10	0.13
	6.0	0.03	0.03	0.05	0.08	0.10	0.13	0.18	0.25
1.5	4.0	0.03	0.03	0.03	0.03	0.03	0.03	0.03	0.03
	5.0	0.03	0.03	0.03	0.03	0.05	0.08	0.13	0.18
	6.0	0.03	0.03	0.08	0.13	0.13	0.13	0.18	0.25
2.5	4.0	0.03	0.03	0.03	0.03	0.03	0.03	0.03	0.03
	5.0	0.03	0.03	0.03	0.05	0.08	0.10	0.13	0.18
	6.0	0.03	0.03	0.08	0.13	0.13	0.15	0.20	0.25
3.0	4.0	0.03	0.03	0.03	0.03	0.03	0.03	0.03	0.05
	5.0	0.03	0.03	0.03	0.05	0.08	0.10	0.13	0.18
	6.0	0.03	0.05	0.08	0.13	0.13	0.15	0.20	0.25

三、选材推荐

随着原油劣质化，国内炼油厂加工高硫、高酸值原油的比例越来越大，为解决炼油装置的腐蚀问题，中国石化编制了加工高硫、高酸原油选材导则（SH/T 3096、SH/T 3129）。加工高硫、高酸原油选材导则的颁布与实施，基本上消除了由于材料选择导致的腐蚀问题。

加工高酸低硫和高酸高硫原油延迟焦化装置设备和管道的推荐用材与装置的流程有关，推荐用材是基于经换热流程加热的原料油与焦化分馏塔底油在加热炉进料缓冲罐中混合，然后进入加热炉进一步加热，再进入焦炭塔进行反应。如果原料油先进分馏塔，然后进加热炉工艺流程，其相关设备、加热炉炉管和管道的材料选择可根据该导则有关原则确定。

在生产装置合理采用工艺防腐措施且达到规定的工艺技术指标的情况下，加工高硫、高酸原油选材导则给出了炼油常规装置的推荐选材。表 15-4-9 是加工高酸低硫和高酸高硫原油延迟焦化装置主要设备推荐用材，表 15-4-10 是加工高酸低硫和高酸高硫原油延迟焦化装置主要管道推荐用材，表 15-4-11 是加工高硫低酸原油延迟焦化装置主要设备推荐用材，15-4-12 是加工高酸高硫原油延迟焦化装置主要设备推荐用材，表 15-4-13 是加工高酸低硫和高酸高硫延迟焦化装置主要管道推荐用材。

表 15-4-9　加工高硫低酸原油延迟焦化装置主要设备推荐用材

类别	设备名称	设备部位	设备主材推荐材料	备注
塔器	焦炭塔	上部壳体	铬钼钢+06Cr13	由顶部到泡沫层底面以下 1500mm~2000mm 处
		下部壳体	铬钼钢	
	焦化分馏塔	顶封头、顶部筒体	碳钢+06Cr13(06Cr13Al)	含顶部 4~5 层塔盘以上塔体
		其他筒体、底封头	碳钢+06Cr13[a]	介质温度≤350℃
			碳钢+022Cr19Ni10[b]	介质温度>350℃
		塔盘	06Cr13	介质温度≤350℃
			022Cr19Ni10[b]	介质温度>350℃
	蜡油汽提塔	壳体	碳钢	介质温度<240℃
			碳钢+06Cr13	介质温度 240℃~350℃
			碳钢+022Cr19Ni10[b]	介质温度>350℃
		塔盘	06Cr13	介质温度≤350℃
			022Cr19Ni10[b]	介质温度>350℃
	接触冷却塔（放空塔）	壳体	碳钢+06Cr13	
		塔盘(挡板)	06Cr13	
	吸收塔、解吸塔	壳体	碳钢+06Cr13(06Cr13Al)	
		塔盘	06Cr13	
	再吸收塔	壳体	碳钢[c]	
		塔盘	06Cr13	
	稳定塔	顶封头、顶部筒体	碳钢+06Cr13(06Cr13Al)	含顶部 4~5 层塔盘以上塔体
		其他筒体、底封头	碳钢[c]	
		塔盘	06Cr13	
容器	塔顶油气回流罐、塔顶油气分离器、压缩富气分离器	壳体	碳钢[c]	采用碳钢时可内涂防腐涂料
	其他容器	壳体	碳钢	油气温度<240℃
			碳钢+06Cr13[d]	油气温度≥240℃
	储罐	壳体	碳钢	可内涂防腐涂料

续表

类别	设备名称	设备部位	设备主材推荐材料	备注
空冷器	塔顶油气空冷器、压缩富气空冷器	管箱	碳钢[c]	
		管子	碳钢[e]	可内涂防腐涂料
	其他空冷器	管箱	碳钢[f]	
		管子	碳钢	
		壳体	碳钢	可内涂防腐涂料
换热器	塔顶油气冷却器、压缩富气冷却器	壳体	碳钢[c]	指油气侧
		管子	碳钢[e,g]	油气侧可涂防腐涂料
	解吸塔底重沸器	壳体	碳钢	
		管子	022Cr19Ni10[b]	
	其他油气换热器、其他油气冷却器	壳体	碳钢[f]	油气温度<240℃
			碳钢+06Cr13[d]	介质温度 240~350℃
			碳钢+022Cr19Ni10[b]	介质温度>350℃
		管子	碳钢[g]	油气温度<240℃
			022Cr19Ni10[h,b]	油气温度≥240℃
加热炉	炉管	对流段	1Cr5Mo	
		辐射段	1Cr9Mo	

a 对于焦化分馏塔的塔体(顶封头和顶部筒体除外)，当介质温度小于 240℃且腐蚀不严重时可采用碳钢。

b 采用 022Cr19Ni10 时可由 06Cr19Ni10 或 06Cr18Ni11Ti 替代。

c 湿硫化氢腐蚀环境，腐蚀严重时可采用抗 HIC 钢。

d 当介质温度小于 288℃且馏分中的硫含量小于 2%时，容器或换热器的壳体可采用碳钢，但应根据腐蚀速率和设计寿命确定腐蚀裕量。

e 对于焦化分馏塔顶油气和压缩富气的空冷器或换热器(冷却器)，当腐蚀严重时管子可采用 022Cr19Ni10 或 06Cr18Ni11Ti，空冷器管箱或换热器(冷却器)管板及其他构件的耐腐蚀性能应与之相匹配。

f 当介质为吸收塔或解吸塔中段油、再吸收塔塔底油(富吸收油)时，与此介质接触的空冷器管箱或换热器壳体应考虑湿硫化氢腐蚀。

g 对于水冷却器，管束采用碳钢时水侧可涂防腐涂料。

h 介质温度为 240~350℃的换热器管子也可根据需要采用碳钢渗铝管或 1Cr5Mo 钢管，管板及其他构件的耐腐蚀性能应与之匹配。

表 15-4-10 加工高硫低酸原油延迟焦化装置主要管道推荐用材

管道位置	管道名称	管道主材推荐材料	备注
分馏塔	塔顶油气管道	碳钢	湿硫化氢腐蚀环境
分馏塔底	塔底重油至加热炉管道	1Cr5Mo	
	循环油管道	1Cr5Mo	
焦炭塔	塔底高温进料管道	1Cr5Mo/1Cr9Mo	
	塔顶高温油气管道	1Cr5Mo/15CrMoR+06Cr13	
加热炉	进口管道	1Cr5Mo	
	出口管道	1Cr5Mo/1Cr9Mo	

续表

管道位置	管道名称	管道主材推荐材料	备注
分馏塔顶油气分液罐	罐顶冷凝管道	碳钢	湿硫化氢腐蚀环境
吸收稳定各塔	塔顶冷凝管道	碳钢	湿硫化氢腐蚀环境
其他	介质温度<288℃ 含硫油品油气管道	碳钢	
	288℃≤介质温度<340℃ 含硫油品油气管道	碳钢/1Cr5Mo [a]	
	介质温度≥340℃ 含硫油品油气管道	1Cr5Mo	

a 可根据操作条件计算腐蚀裕量，从碳钢、1Cr5Mo 中选用合适的材料。

表 15-4-11　加工高酸低硫原油延迟焦化装置主要设备推荐用材

类别	设备名称	设备部位	设备主材推荐材料	备注
塔器	焦炭塔	壳体	铬钼钢	
	焦化分馏塔	顶封头、顶部筒体	碳钢+06Cr13(06Cr13A1)	含顶部 4~5 层塔盘以上塔体
		其他筒体、底封头	碳钢	
		塔盘	06Cr13	
	蜡油汽提塔、接触冷却塔(放空塔)	壳体	碳钢	
		塔盘	06Cr13	
	吸收塔、解吸塔、再吸收塔、稳定塔	壳体	碳钢[a]	
		塔盘	06Cr13	
容器	塔顶油气回流罐、塔顶油气分离器、压缩富气分离器	壳体	碳钢[a]	可内涂防腐涂料
	原料油缓冲罐、加热炉进料缓冲罐	壳体	碳钢	油气温度<240℃
			碳钢+022Cr19Ni10[b]	油气温度≥240℃
	其他容器	壳体	碳钢	
	储罐	壳体	碳钢	内涂防腐涂料
空冷器	塔顶油气空冷器、压缩富气空冷器	管箱	碳钢[a]	
		管子	碳钢	可内涂防腐涂料
	一般空冷器	管箱	碳钢[c]	
		管子	碳钢	
换热器	原料油换热器	壳体 原料油侧	碳钢	原料油温度<240℃
			碳钢+022Cr19Ni10[b,d]	原料油温度≥240℃
		壳体 馏分油(油气)侧	碳钢	
		管子(指原料油侧)	碳钢	原料油温度<240℃
			022Cr19Ni10[b,d,e]	原料油温度≥240℃

续表

类别	设备名称	设备部位	设备主材推荐材料	备注
换热器	塔顶油气冷却器、压缩富气冷却器	壳体	碳钢[a]	指油气侧
		管子	碳钢[f]	油气侧可涂防腐涂料
	其他油气换热器、其他油气冷却器	壳体	碳钢[c]	
		管子	碳钢[f]	
加热炉	炉管	对流段	1Cr5Mo	
			06Cr18Ni11Ti	
		辐射段	1Cr9Mo/06Cr18Ni11Ti	
			07Cr17Ni12Mo2[g]	

a 湿硫化氢腐蚀环境，腐蚀严重可采用抗 HIC 钢。

b 采用 022Cr19Ni10 不锈钢可由 06Cr19Ni10 或 06Cr18Ni11Ti 替代，采用 022Cr17Ni12Mo2 可由 06Cr17Ni12Mo2 替代。

c 当介质为吸收塔或解吸塔中段油、再吸收塔塔底油(富吸收油)时，与此介质接触的空冷器管箱或换热器壳体应考虑湿硫化氢腐蚀。

d 当原料油的温度为 240~288℃且环烷酸酸值(TAN 值)小于 1.5 时，换热器管子也可采用 1Cr5Mo 钢管，壳体采用碳钢+06Cr13 复合板；温度大于或等于 288℃且环烷酸酸值(TAN 值)大于或等于 1.5 时，换热器管子也可采用 022Cr17Ni12Mo2 钢管，壳体采用碳钢+022Cr17Ni12Mo2 复合板。

e 介质温度为 240~350℃的换热器管子也可采用碳钢渗铝管，管板及其他构件的耐腐蚀性能应与之匹配。

f 对于水冷却器，水侧可涂防腐涂料。

g 流速大于或等于 30m/s 的焦化炉炉管采用 07Cr17Ni12Mo2 时，材料中的钼含量应不小于 2.5%。

表 15-4-12　加工高酸高硫原油延迟焦化装置主要设备推荐用材

类别	设备名称	设备部位	设备主材推荐材料	备注
塔器	焦炭塔	上部	铬钼钢+06Cr13	由顶部到泡沫层底面以下 1500~2000mm 处
		下部	铬钼钢	
	焦化分馏塔	顶封头、顶部筒体	碳钢+06Cr13(06Cr13A1)	含顶部 4~5 层塔盘以上塔体
		其他筒体、底封头	碳钢+06Cr13[a]	介质温度≤350℃
			碳钢+022Cr19Ni10[b]	介质温度>350℃
		塔盘	06Cr13	介质温度≤350℃
			022Cr19Ni10[b]	介质温度>350℃
	蜡油汽提塔	壳体	碳钢	介质温度<240℃
			碳钢+06Cr13	介质温度 240~350℃
			碳钢+022Cr19Ni10[b]	介质温度>350℃
		塔盘	06Cr13	介质温度≤350℃
			022Cr19Ni10[b]	介质温度>350℃
	接触冷却塔(放空塔)	壳体	碳钢+06Cr13	
		塔盘	06Cr13	
	吸收塔、解吸塔	壳体	碳钢+06Cr13(06Cr13A1)	
		塔盘	06Cr13	

续表

类别	设备名称	设备部位		设备主材推荐材料	备注
塔器	再吸收塔	壳体		碳钢[c]	
		塔盘		06Cr13	
	稳定塔	顶封头、顶部筒体		碳钢+06Cr13(06Cr13A1)	含顶部 4~5 层塔盘以上塔体
		其他筒体、底封头		碳钢[c]	
		塔盘		06Cr13	
容器	塔顶油气回流罐、塔顶油气分离器、压缩富气分离器	壳体		碳钢[c]	可内涂防腐涂料
	原料油缓冲罐、加热炉进料缓冲罐	壳体		碳钢	介质温度<240℃
				碳钢+022Cr19Ni10[b]	介质温度≥240℃
	其他容器	壳体		碳钢	油气温度<240℃
				碳钢+06Cr13[d]	油气温度≥240℃
	储罐	壳体		碳钢	可内涂防腐涂料
空冷器	塔顶油气空冷器、压缩富气空冷器	管箱		碳钢[c]	
		管子		碳钢[e]	采用碳钢时可内涂防腐涂料
	一般空冷器	管箱		碳钢[f]	
		管子		碳钢	
换热器	原料油换热器	壳体	原料油侧	碳钢	原料油温度<240℃
				碳钢+022Cr19Ni10[b,g]	原料油温度≥240℃
			馏分油(油气)侧	碳钢	介质温度<240℃
				碳钢+06Cr13[d]	介质温度 240~350℃
				碳钢+022Cr19Ni10[b]	介质温度>350℃
		管子	原料油侧	碳钢	原料油温度<240℃
				022Cr19Ni10[b,g,h]	原料油温度≥240℃
			馏分油(油气)侧	碳钢	油气温度<240℃
				022Cr19Ni10[b,i]	油气温度≥240℃
	塔顶油气冷却器、压缩富气冷却器	壳体		碳钢[c]	指油气侧
		管子		碳钢[e,j]	采用碳钢时油气侧可涂防腐涂料
	解吸塔底重沸器	壳体		碳钢	
		管子		022Cr19Ni10[b]	
	其他油气换热器、其他油气冷却器	壳体		碳钢[f]	油气温度<240℃
				碳钢+06Cr13[d]	介质温度 240~350℃
				碳钢+022Cr19Ni10[b]	介质温度>350℃
		管子		碳钢[j]	油气温度<240℃
				022Cr19Ni10[b,i]	油气温度≥240℃

续表

类别	设备名称	设备部位	设备主材推荐材料	备注
加热炉	炉管	对流段	1Cr5Mo	
			06Cr18Ni11Ti	
		辐射段	1Cr9Mo 或 06Cr18Ni11Ti	
			07Cr17Ni12Mo2[k]	

a 对于焦化分馏塔的塔体(顶封头和顶部筒体除外)，当介质温度小于 240℃且腐蚀不严重时可采用碳钢。

b 采用 022Cr19Ni10 时可由 06Cr19Ni10 或 06Cr18Ni11Ti 替代。

c 湿硫化氢腐蚀环境，如果腐蚀严重可采用抗 HIC 钢。

d 当介质温度小于 288℃且馏分中的硫含量小于 2%时，容器或换热器的壳体可采用碳钢，但应根据腐蚀速率和设计寿命取足够的腐蚀裕量。

e 对于焦化分馏塔顶油气和压缩富气的空冷器或换热器(冷却器)，当腐蚀严重时管子可采用 022Cr19Ni10 或 06Cr18Ni11Ti，空冷器管箱或换热器(冷却器)管板及其他构件的耐腐蚀性能应与之相匹配。

f 当介质为吸收塔或解吸塔中段油、再吸收塔塔底油(富吸收油)时，与此介质接触的空冷器管箱或换热器壳体应考虑湿硫化氢腐蚀。

g 当原料油的温度为 240~288℃且环烷酸酸值(TAN 值)小于 1.5 时，换热器管子也可采用 1Cr5Mo 钢管，壳体采用碳钢+06Cr13 复合板；温度大于或等于 288℃且环烷酸酸值(TAN 值)大于或等于 1.5 时，换热器管子也可采用 022Cr17Ni12Mo2 钢管，壳体采用碳钢+022Cr17Ni12Mo2 复合板。

h 介质温度为 240~350℃的换热器管子也可采用碳钢渗铝管，但不应降低管板及其他构件的耐腐蚀性能。

i 介质温度为 240~350℃的换热器管子也可采用碳钢渗铝管或 1Cr5Mo 钢管，但不应降低管板及其他构件的耐腐蚀性能。

j 对于水冷却器，管束采用碳钢时水侧可涂防腐涂料。

k 流速大于或等于 30m/s 的焦化炉炉管采用 07Cr17Ni12Mo2 时，材料中的钼含量应不小于 2.5%。

表 15-4-13 加工高酸低硫和高酸高硫延迟焦化装置主要管道推荐用材

管道位置	管道名称	管道主材推荐用材	备注
分馏塔	塔顶油气管道	碳钢	
分馏塔底	重油至加热炉管道	1Cr5Mo/1Cr9Mo/022Cr19Ni10 [a,c]	
	循环油管道	1Cr5Mo/1Cr9Mo/022Cr19Ni10 [a,c]	
焦炭塔	塔底高温进料管道	1Cr5Mo/1Cr9Mo/022Cr19Ni10 [a,c]	
	塔顶高温油气管道	1Cr5Mo/15CrMoR+06Cr13	
加热炉	进口管道	1Cr5Mo/1Cr9Mo/022Cr19Ni10 /022Cr17Ni12Mo2 [a,b,c]	
	出口管道	1Cr5Mo/1Cr9Mo [a]	
分馏塔顶油气分液罐	罐顶冷凝管道	碳钢	
吸收稳定各塔	塔顶冷凝管道	碳钢	
其他	介质温度<240℃含酸油品油气管道	碳钢	
	240℃≤介质温度<288℃含酸油品油气管道	1Cr5Mo/1Cr9Mo [a]	
	介质温度≥288℃含酸油品油气管道	1Cr9Mo/022Cr19Ni10/ 022Cr17Ni12Mo2 [b,c]	

a 介质温度大于或等于 240℃、小于 288℃时，可根据操作条件从 1Cr5Mo、1Cr9Mo、022Cr19Ni10 中计算腐蚀余量选用合适的材料，但在此温度范围内如果流速大于或等于 30m/s 时，宜选用 022Cr17Ni14Mo2。

b 介质温度大于或等于 288℃时，可根据操作条件从 1Cr9Mo、022Cr19Ni10、022Cr17Ni14Mo2 中计算腐蚀余量选用合适的材料，但在此温度范围内如果流速超过 30m/s 时，宜选用 022Cr17Ni14Mo2。

c 采用 022Cr19Ni10 时可由 06Cr19Ni10 或 06Cr18Ni11Ti 替代，采用 022Cr17Ni12Mo2 时可由 06Cr17Ni12Mo2 替代。

第五节　腐蚀监检测技术

一、腐蚀监检测的意义

炼油化工是高风险领域，在大量地加工含硫含酸原油以来，炼化企业不断出现腐蚀问题，影响了装置长周期运行，导致很多腐蚀事故，甚至发生过人员伤亡，使企业遭受经济损失和产生不良社会影响。腐蚀监检测对于减缓腐蚀、延长装置运行周期和防止由于设备腐蚀带来的安全事故尤为重要，它的意义在于：第一，使生产装置处于监控状态，例如在关键工艺管线上设置腐蚀探针，对腐蚀发生和发展状况进行实时监测；在设备冲刷部位、弯管及泵出口等部位布置测厚点进行超声波定点测厚，对管道或设备的减薄情况进行监测；第二，指导工艺防腐，指导药剂加注，有效减缓腐蚀，延长设备运行周期；第三，掌握设备运行状态，及时发现安全隐患，为准确的安全预警提供科学数据，并进行预知维修，避免安全事故；第四，通过大量的监测，积累数据，建立分析模型，定期地对设备以往运行情况进行腐蚀评估，对未来的腐蚀情况进行预测；第五，实现自动化、智能化、科学化设备腐蚀管理，提高生产管理水平。腐蚀等级划分见表 15-5-1。

表 15-5-1　腐蚀等级划分

项目	级别			
	1	2	3	4
腐蚀程度	无腐蚀	有腐蚀	有腐蚀	严重腐蚀
腐蚀速率/(mm/a)	<0.05	0.05~0.13	0.13~0.25	>0.25
腐蚀裕量/mm	0	≥1	≥2	≥3

二、腐蚀监检测方法

（一）分类

为研究和解决腐蚀问题所采取的监测方法都是腐蚀监检测方法，以往腐蚀监检测方法分类按离线检测和在线检测或电化学和非电化学方法分类，但是由于近年来在线监测越来越广泛，腐蚀监检测方向发展总体是朝着在线监测方向发展，我们知道的常规的定点测厚也在往在线检测方向发展，而按照电化学和非电化学方法分类，只是着眼于方法本身和腐蚀类型，脱离了要解决的实际问题，另外人们常常混淆探针监测腐蚀速率和定点测厚检测实际壁厚或将两者对立起来，所以传统的分类方法已不适于当今的发展和工作需要；生产设备之所以会产生腐蚀是因为有众多的腐蚀影响因素，比如原油中含有腐蚀性介质，硫化氢、水、氯离子、硫、环烷酸，以及促进腐蚀的基本条件，温度、流速、压力等，有这么多影响因素才促成了设备的腐蚀，如果能将各种影响因素控制好腐蚀就会被控制，注氨控制 pH 值、电脱盐控制氯离子含量、原油混炼控制硫含量和酸值都是从腐蚀影响因素也是从腐蚀的源头加以控制，所以我们需要大力发展腐蚀影响因素的在线监测。实际生产中腐蚀仍无法消除，所以在管道或设备里添加缓蚀剂来抑制腐蚀的发生和发展，减缓腐蚀，注剂效果是否达到预期，腐蚀波动或超标是生产操作问题还是药剂质量问题需要实时掌握，所以加强腐蚀发生和发展过程的监测非常重要，电化学探针、电阻探针、电感探针等都是腐蚀发生发展过程监测的有力手段，可以及时地给出腐蚀速率及腐蚀趋势，近来年腐蚀探针的发展最为显著；人们不仅希望了解腐蚀过程，还想知道实际腐蚀结果，设备和管道的剩余壁厚是多少，会不会超出设计值，有没有安全隐患，目前各企业都采用超声测厚进行剩余壁厚测量，此外，找出减薄点主要凭经验进行选点，超声导波方法可以对几十米的管线进行定位和半定量检测，然后可以采用超声测厚方法进行具体检测，超声波测厚和超声导波都是对设备和管道的腐蚀结果的监测。由此，腐蚀监测方法按腐蚀影响因素监测、腐蚀发生发展过程、腐蚀结果监测分类在实际应用中更有意义，也便于我们找出生产中腐蚀监测哪里有不足，从而进一步地寻求解决方案以及开发创新。

（二）几种主要监测方法

1. 氯离子分析

氯离子(Cl^-)在塔顶油气中含量较高，它是发生局部腐蚀、应力腐蚀破裂的主要因素，准确测定介质的氯离子含量是进行腐蚀预测的主要依据。测定氯离子的方法一般有硝酸银滴定法、硝酸汞滴定法、电位滴定法、离子色谱法。

炼化企业进行实验室分析时一般采用销酸银滴定法，测定过程是取塔顶冷凝水并调整其pH值到8.0左右，加入铬酸钾指示剂，用硝酸银溶液滴定，由于氯化银的溶解度小于铬酸银的溶解度，氯离子首先被沉淀，而后铬酸银才以砖红色沉淀出来，表示氯离子滴定的终点，使用硝酸银的量是计算氯离子含量的主要参数。硝酸银滴定法适于氯离子含量在5~250mg/L。

目前炼化企业未见应用在线监测手段测定氯离子含量，但是电力企业有采用电位滴定法在线测量水中的氯离子含量。电位滴定法是在用标准溶液滴定待测离子过程中，用指示电极的电位变化代替指示剂的颜色变化指示滴定终点，电位滴定法可以连续滴定和实现自动测量与分析。腐蚀监测方法见表15-5-2。

表15-5-2　腐蚀监测方法

腐蚀监测类别	腐蚀影响因素监测	腐蚀发生发展过程监测	腐蚀结果监测
监测技术	Cl离子分析、pH分析、S含量分析、酸值分析、温度计、流量计	电化学探针、电感探针、电阻探针、电化学噪声、挂片、Fe离子分析	超声波测厚、涡流法测外表面缺陷、超声导波
成熟的在线监测技术	在线pH值监测、在线热电偶、在线流量计	在线电化学探针、电阻探针、电感探针	在线超声波测厚
需发展的在线监测技术	Cl离子监测、S含量监测、酸值监测	电化学噪声探针、Fe离子在线分析	在线超声波测厚、指纹法在线监测、内置监测技术

2. pH值的在线监测

pH值是判定塔顶挥发线介质腐蚀性的一项重要指标，它是溶液的酸度单位，根据溶液中氢离子的浓度定义溶液的酸碱度：

$$中性溶液中[H^+]=[OH^-]=1.0\times10^{-7}\ mol/L$$

$$酸性溶液中[H^+]>1.0\times10^{-7}\ mol/L>[OH^-]$$

$$碱性溶液中[H^+]<1.0\times10^{-7}\ mol/L<[OH^-]$$

根据以上定义，只要测量氢离子的浓度就可获得溶液的酸碱度。

(1) pH 值的表示方法

氢离子的活度代表溶液的酸碱度，直接用离子的活度表示溶液的酸碱度书写十分不便，为此定义 pH 值即为氢离子活度 a_{H^+}的负对数值来表示：

$$pH=-\lg a_{H^+}$$

由于稀酸、稀碱溶液中氢离子浓度较小，活度系数趋近于 1，所以氢离子活度近似等于氢离子浓度。通常 pH 值常常是指氢离子浓度的负对数。

$$pH=-\lg(H^+)$$

溶液酸碱度的强弱用 pH 值的表示划分。

在 25℃时，纯水的 pH 值是 7。这也就是我们通常所说的中性。pH 小于 7 时，我们把这样的溶液称为酸性；pH 大于 7 时，我们把这样的溶液称为碱性。

由于离子积对温度的依赖性很强，纯水的中性点也会随温度的变化而变化。酸和碱是用水稀释的，也肯定会有上述的 pH 值依赖于温度的情况。

对于过程控制的 pH 值，必须同时知道溶液的温度特性；只有在被测介质处于相同温度的情况下才能对其 pH 值进行比较。

(2) pH 值的在线测量

pH 值的在线测量(原理图见图 15-5-1 和图 15-5-2)采用电位法，精确高，测量速度快。探针是一个玻璃电极，由测量电极和参比电极构成，玻璃电极头是半透膜结构，需要电极内溶液的离子向外渗透，pH 值测量即是对 pH 探针在待测溶液中产生的电动势的测量，也就是两个电极电动势的测量：

$$E=\Phi_{参}-\Phi_{测}=\Phi_{参}-(K-0.059\mathrm{pH})$$

式中　$\Phi_{参}$——参比电极的电位，是一常数；

　　K——常数。

令 $\Phi_{参}-K=K'$则：

$$E=K'-0.059\ \mathrm{pH}$$

上式表明电池电动势与溶液的 pH 值成线性关系。

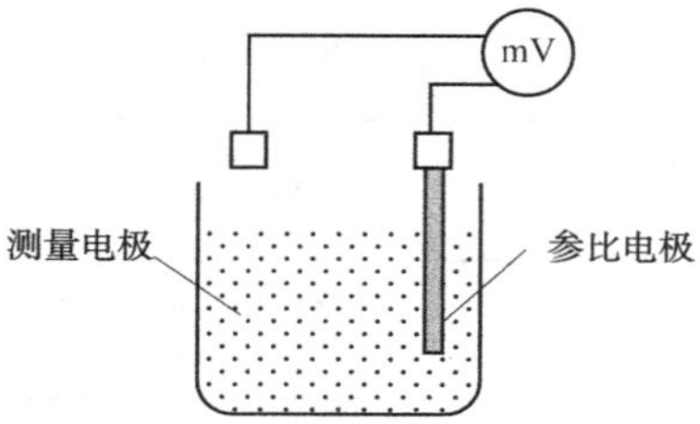

图 15-5-1　pH 测量原理图

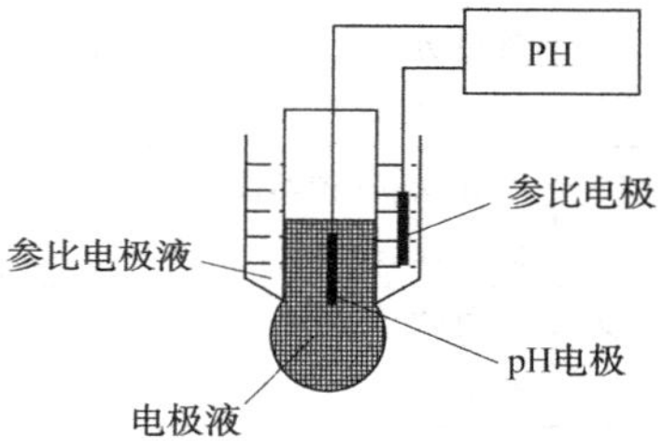

图 15-5-2　pH 复合电极测量原理图

被测电极和参比电极之间的电势差遵循能斯特(Nernst)公式：

$$E=E_0-2.30259\frac{RT}{F}\mathrm{pH}$$

式中　E_0——参比电极的标准电位；

　　F——法拉第常数；

R——体常数。

若在测量时用已知的标准溶液进行标定，并保持相同的测量条件，可消除 E_0，代入法拉第常数 F(96487C/mol)和气体常数 R[8.314J/(K·mol)]：

$$E_{待测液} - E_{标准液} = -58.16\frac{273+t}{293}(pH_{待测液} - pH_{标准液})$$

标定时测得 $E_{标准液}$，测量时得到 $E_{待测液}$，代入式后就可计算 $pH_{待测液}$。

由于pH探针前端是玻璃半透膜，所以pH探针使用的温度和压力是有限制的，一般在0.5kg以下和70℃以下使用。另外当把pH电极安装到现场管道后，易受介质污染，则需要定期清洗，或者采用一种自动清洗加保护的方式延长电极的使用寿命。图15-5-3所示为冷凝水出口在线式pH探针。

图15-5-3　冷凝水出口在线式pH探针

3. 铁离子分析

介质中铁离子含量与设备及管线的腐蚀程度或腐蚀速度是正相关的，准确测定铁离子含量可以帮助我们分析设备及管线的腐蚀，从而采取有利手段控制腐蚀。铁离子的测定方法有邻菲啰啉比色法、邻菲啰啉分光光度法和电化学溶出伏安法。目前实验室多数采用邻菲啰啉分光光度法分析铁离子，为了测定总铁含量，在水样经加盐酸煮沸使各种状态的铁完全溶解成铁离子的条件下，首先利用盐酸羧胺将三价铁离子还原成二价铁离子，之后使亚铁离子在pH值为3~9的条件下与邻菲罗啉(1，10-二氮杂菲)反应，生成桔红色络离子，颜色的深浅与铁离子含量成正比，在最大吸收波长(510nm)处，用分光光度计测其吸光度，从而测定铁离子含量，反应框图如图15-5-4所示。在测定铁离子时，介质中的硫化物和 NH_3 会产生干扰，通常用双氧水去除硫化物的影响，用加热的办法去除 NH_3 的影响。

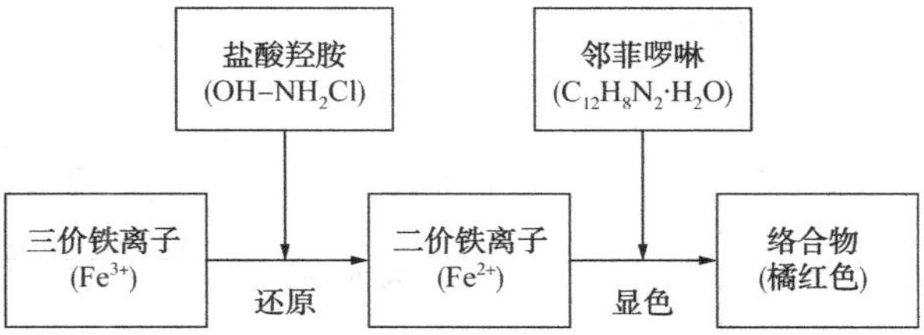

图15-5-4　铁离子分析检测步骤

4. 电化学探针

用于现场的电化学探针(见图15-5-5)基于线性极化法或弱极化法，线性极化法对电极的影响最小，它是在被测电极上施加小于10mV的扰动信号，响应电流与扰动信号呈线性关系，极化阻力 $R_p = \Delta E/I$(R_p中包含介质电阻)，腐蚀速率 $I_{corr} = B/R_p$，B 是塔菲尔系数，需要估算，所以线性极化法误差比较大。为此郑丽群、曹楚南等开发了一种弱极化测量技术，可以用30~40mV的极化测出塔菲尔系数 B，减小了测量误差，但是弱极化法依然不能消除介质电阻的影响及其所带来的误差，郑丽群等人研究了交流阻抗与弱极化相结合的方法，利用交流阻抗测量的高频特点有效地消除介质电阻的影响，使测量更可靠，尤其对准确筛选缓蚀剂和现场监测是有利手段。电化学探针的检测条件是介质中存在电解质，使得在测量探针上形成导电回路，其测量原理如图15-5-6(a)所示，是一个三电极体系，研究电极WE、参考

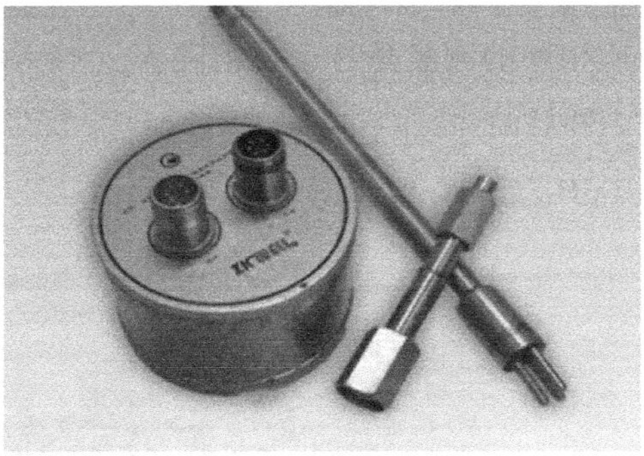

图 15-5-5　电化学探针

电极 RE、辅助电极 CE，A_1、A_2、A_3 为测量电路运算放大器，根据图示的设计各点电位分别为 $U_7=U_1=U_2$、$U_3=U_4=0V$、$U_5=U_6=0V$、$I_1+I_2=I_3$，S_1 和 S_2 是由 CPU 控制的电子开关，ΔE 是极化电压，分别是对研究电极施加的线性极化电压、弱极化电压、高频小幅值正弦波电压。首先 S_1 断开，由 A_1 测出参考电极和研究电极的自腐蚀电位，即 $U_7=-E_{corr}$，由 CPU 控制将 $-E_{corr}$ 经 A/D（模/数）转换器将模拟信号量转成数字信号，再取负数得到 E_{corr}，经过 D/A（数/模）转换成模拟信号施加到 A_2 的反相输入端，这时将 S_1 闭合，由 A_1，A_2 和腐蚀体系构成负反馈恒电位电路，可有：$(E_{corr}-U_5)/R+(\Delta E-U_5)/R=(U_5-U_7)/R$，因：$U_5=0V$，所以 $U_7=-(E_{corr}+\Delta E)$。因 $U_2=U_7$，此时在自腐蚀电位基础上对研究电极施加线性极化电压 ΔE，腐蚀体系产生极化电流 I_4，如图 15-5-6(b) 电化学等效电路，极化电压被施加在极化电阻 R_p 和介质电阻 R_s 上，因此有 $I_4=-\Delta E/(R_p+R_s)$，I_4 通过电流/电压转换器即零电阻电流计 A_3 将电流转换成电位信号输出，有 $I_4=I_5$ 和 $U_8-U_3=-I_5\times R_f$，因此得：$R_p+R_s=\Delta E\cdot R_f/U_8$。$R_f$ 是由 CPU 控制电子开关所选择的取样电阻，是已知的，所以 R_p+R_s 即可求得。在施加直流极化电压时介面电容 C_d 需要充电，CPU 读取 U_8 时要等待充电结束，对于该电路 CPU 读取 U_8 延时 5s。

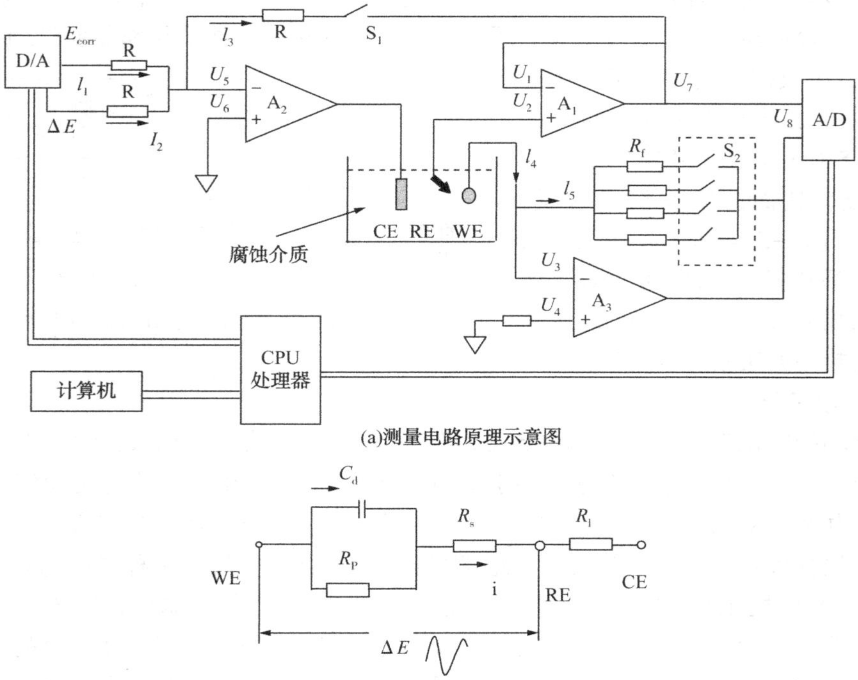

(a)测量电路原理示意图

(b)简单腐蚀体系电化学等效电路

图 15-5-6　测量电路及等效电路

测量介质电阻 R_s 是利用交流阻抗技术的高频端，对研究电极施加幅值小于 10mV 的高频正弦波信号，图 15-5-6(b) 示出了简单电化学等效电路，$R_p \gg Z_{Cd}$，又 $Z_{Cd} \ll R_s$，所以高频信号电压降都降落在 R_s。可得到 $R_s = \Delta E \cdot R_f / U_8$，（$\Delta E$ 为施加的正弦波峰值，U_8 为采集到的输出信号峰值）。

由以上线性极化测得的 $R_p + R_s$ 减去施加高频信号所测得的 R_s 可求出实际的极化电阻值 R_p，消除了介质电阻的影响。

腐蚀速率 $I_{corr} = B/R_p$，B 值是腐蚀体系的塔菲尔系数，由弱极化技术求得。在弱极化区对研究电极分别施加阳极极化和阴极极化，测取阳极极化电流 i_a 和阴极极化电流 $i_c(I_5)$，则 $B = \dfrac{|\Delta E_{弱}|}{2\sqrt{6(a-1)}}$，其中 $a = R_p \sqrt{\dfrac{|i_a| \cdot |i_c|}{|\Delta E_{弱}|}}$。腐蚀速率可以直接用腐蚀电流密度 I_{corr} 表示，也可以折算成年腐蚀深度。碳钢的换算关系为 $1mA/cm^2 = 11.7mm/a$。

对基本参数的设计，因线性极化区的范围是 -10~10mV，极化值越小，电流响应越接近于线性，所以本设计采用 ±5mV 极化；弱极化区的范围是 ±10~±70mV，测得的 a 值在 1.10~1.175 之间时其测量结果才准确[3]，这主要取决于弱极化值，当程序判断出测量的 a 值偏离较远时，减小弱极化值重新测量一次 a 值；在进行弱极化区测量时也有 IR 降产生，从计算 a 值和 B 值的数据模型看 IR 降是可以消除的，但对于实际腐蚀体系是一个非常复杂的问题，所以在求解 a 和 B 的计算公式中代入的 R_p 值为包括 R_s 的值，极化值为实际施加在研究电极和参比电极两端的电压。

应用交流阻抗方法时极化值也取在线性区，信号的频率根据实际体系的极化电阻、介质电阻和界面电容的大小来综合确定。根据参考文献，极化电阻越大的体系，界面电容越大，相应的介质电阻也较大；一个体系在腐蚀过程中当极化电阻减小时，界面电容增大，则有利于介质电阻的测量。据文献，316L 在含 SO_4^{2-} 稀 HCl 中的电化学行为，通过阻抗谱分析当温度升高到 60℃ 时腐蚀体系有两个时间常数，其中多孔膜的电容和电阻分别为 $111\mu F/cm^2$ 和 $3940\Omega \cdot cm^2$，金属基体/膜的界面电容和电荷转移电阻分别为 $223\mu F/cm^2$ 和 $63600\Omega \cdot cm^2$，介质电阻 R_s 是 $35.2\Omega \cdot cm^2$，如果施加频率大于 10kHz 的信号，多孔膜的电容产生的阻抗为 $0.14\Omega \cdot cm^2$，远小于多孔膜电阻和介质电阻，界面电容产生的阻抗为 $0.07\Omega \cdot cm^2$，远小于电荷转移电阻和介质电阻；据文献，由环氧粉末涂层的交流阻抗谱求出了涂层电阻为 $3.872 \times 10^7 \Omega \cdot cm^2$，涂层电容为 $3106PF/cm^2$，涂层电容产生的阻抗为 $5.12 \times 10^2 \Omega \cdot cm^2$，远远小于涂层电阻。因此，施加 10kHz 的交流信号可以满足测量要求。通过分析可以确定检测装置的参数为稳态线性极化：±5mV；稳态弱极化：±40mV；交流正弦波极化：±5mV、10kHz。

5. 电感探针

电感探针(见图 15-5-7)是近年发展的一种灵敏度高、耐候性强的监测方法，探针有片状结构和管状结构，适用于不同管径和工艺条件，小于 159mm 的管线一般采用片状探针，电感探针的温度补偿片距离测量试片很近，所以补偿效果好。电感探针由于激励信号是高频信号，抗干扰性好，测量灵敏度高，并且可以用在低温和高温介质里以及电化学和非电化学腐蚀介质，目前在指导工艺防腐方面电感探针发挥着重要作用。其测量原理是：

图 15-5-7　电感探针

测试系统工作时，测量的是探针内围绕试样的线圈电感 L，它由匝数 N 的平方和磁阻 R_M决定：

$$L = N^2/R_M \tag{15-5-1}$$

线圈的电阻可以写成磁力线的长度 S 与通过磁力线的截面积 A、真空中的磁导率 μ_0和材料相对磁导率 μ_r三者之积的商：

$$R_M = S/(\mu_0 \times \mu_r \times A) \tag{15-5-2}$$

磁阻探头由内置线圈中间并起到"铁芯"作用的试样组成。磁力线回路分为三部分：通过"铁芯"中的部分，磁力线长度为 S_{Fe}，截面积为 A_{Fe}；通过线圈内空气中的部分，磁力线长度为 S，截面积为 A；通过线圈外空气中的部分，磁力线长度为 S_a，截面积为 A_a。其中第一项和第三项分别由于铁的相对磁导率 μ_r远大于 1 和线圈外部可通过磁力线的面积 A_a远大于线圈内部截面积而可以忽略不计，于是线圈的磁阻为：

$$R_M = S/(\mu_0 \times A) \tag{15-5-3}$$

当探针表面试样由于腐蚀或磨蚀而变薄时，线圈内空气中磁力线长度 S 增大。

将式(15-5-3)代入式(15-5-1)可得线圈电感 L：

$$L = (\mu_0 \times A \times N \times N)/S \tag{15-5-4}$$

式(15-5-4)对 S 微分得：

$$E = dL/dS = -(\mu_0 \times A \times N \times N)/(S \times S) = -L/S \tag{15-5-5}$$

则

$$dL/L = dS/S \tag{15-5-6}$$

对 L 和 S 作标定后，测量出线圈电感的变化 ΔL，即可测得磁力线长度 S 的变化 ΔS，从而确定腐蚀或磨蚀损失量。测量时对探针分别施加直流和一定频率的交流信号，由二者阻抗便可得到线圈感抗 ωL 和电感 L，再由式(15-5-6)可得到探头表面试样的腐蚀损失量。

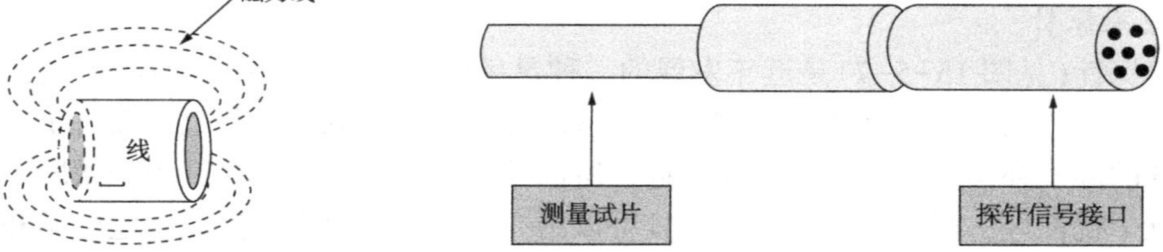

（a）电磁感应信号示意图　（b）电感测试探针原理图

图 15-5-8　电磁感应信号及电感测试探针原理

对探针试制可以采用如下办法，如图 15-5-8，当交流信号加至线圈两端时，在线圈周围就会产生电磁场。而置于其中的金属导磁材料就会影响磁场强度，间接影响线圈电感量 ΔL。金属式样厚度及材质不同，对磁场强度影响也不同，带来的线圈电感量 ΔL 也不同。

所以，将金属试片置于测试线圈所产生的磁场中，当金属试片腐蚀减薄时，会影响测试线圈的等效电感及感抗，通过检测电感变化量 ΔL，就可推算出金属试片的腐蚀减薄量。激励信号及反馈信号都通过探针的信号接口与检测仪器相连。

6. 电阻探针

电阻探针是一种传统的在线腐蚀探针，其优点和电感探针一样可以用于电化学和非电化学介质，但是由于电阻探针的灵敏度远低于电阻探针，对工艺防腐反应不及时，所以近年电阻探针的应用较少。其测量原理是在腐蚀性介质中，作为测量元件的金属丝或金属片被腐蚀后，金属丝长度不变、直径减小，或金属片减薄，其电阻值增大，通过测试电阻的变化来换算出腐蚀减薄量，根据腐蚀时间就能够计算出腐蚀速率。由于采用了电子技术实现了连续在线监测，将数据采集器与电阻探针相连，便可实时采集数据，通过电缆线传送到控制室，也可以采用无线传输方式进行数据收集。电阻探针的优点与挂片失重法相同，适用于电化学腐蚀和化学腐蚀，比挂片失重更具优点的是监测周期大大缩短了，可以在几小时至两三天获得结果。

金属材料电阻率随温度而变化，为避免因介质温度变化引起的测量误差，一般在探头杆内置入温度补偿元件，并与测量元件串连在电路中，通过数学模型的处理，温度对测量数据的影响可消除。

数学模型推导如下：

金属材料在某一温度下电阻值：

$$R = \rho \times L/S$$

式中 ρ——材料的电阻率；

L——材料的长度；

S——材料的截面积。

长度一定的金属材料在腐蚀减薄后其截面积减少，电阻值增大，只要测得其电阻的变化值，即可算出其减薄量。由于金属材料电阻率是随温度变化的，为避免因介质温度变化引起的测量误差，在探头杆内置入温度补偿元件，并与测量元件串连在电路中，温度的影响可被消除。

腐蚀深度计算公式：

$$H = r_0 \times \left(1.0 - \sqrt{1.0 - \frac{R_t - R_0}{R_t}}\right)$$

式中 r_0——丝状试片原始半径(见图 15-5-9)；

R_0——腐蚀前电阻值；

R_t——腐蚀后电阻值。

腐蚀率计算公式：

$$V = \frac{8760 \times (H_2 - H_1)}{T_2 - T_1}$$

式中 T_2-T_1——两次测量时间间隔；

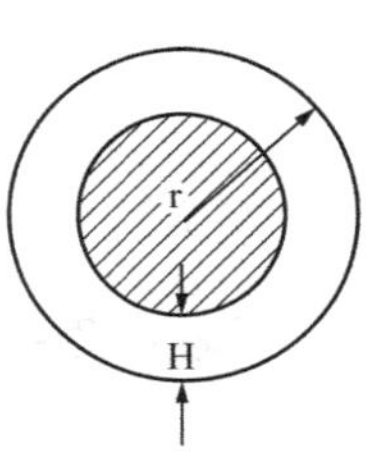

图 15-5-9 探针测量元件截面

H_2-H_1——两次测量腐蚀深度的差值。

图 15-5-10 显示了电阻探针实物图片，分别为可带压拆卸型式和不可带压拆卸型式。如果介质里含大量的硫化氢则需要采用全密闭拆装器，如图 15-5-11 所示为全密闭拆装器的工程示意图。

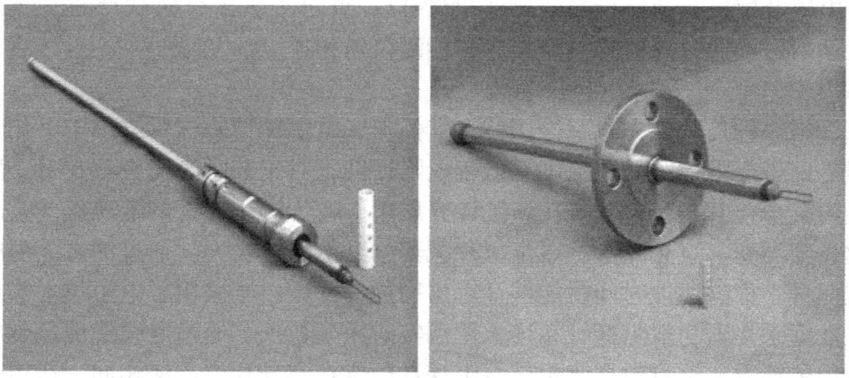

(a)可带压拆卸型式　　(b)不可带压拆卸型式

图 15-5-10　电阻探针

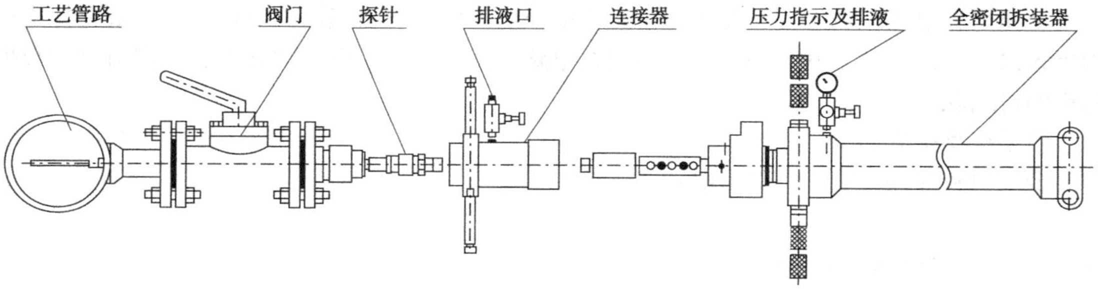

图 15-5-11　全密闭探针拆装器工程示意图

7. 挂片

挂片是经典的监测方法，也是校正各种新方法的工具，图 15-5-12 是各种形式的挂片和挂片架，其中探针挂片器是将在腐蚀探针和挂片连接成一体，同时使用。

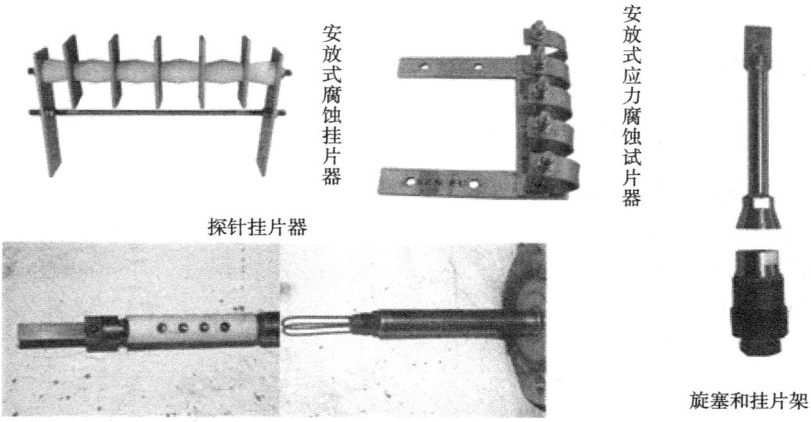

图 15-5-12　挂片器

8. 超声波测厚方法

超声波测厚已成为石化企业设备常规检测方法，其原理是采用超声波脉冲反射原理，通过探头发射超声波脉冲到达金属材料表面，超声波会在材料里传播，当到达材料分界面时，脉冲被反射回探头，通过测量出超声波在材料中传播的时间来确定被测金属材料的厚度。中国石化加工高含硫原油装置设备及管道测厚管理规定[9]要求测厚精度不低于0.1mm，测量误差应在±($H\%$+0.1)mm范围内(H为壁厚，mm)，规定也指出可以用两次测厚的差除以时间间隔来计算腐蚀率，作者通过计算发现，如果两次测厚的测试间隔为6个月，壁厚减薄为0.1mm，计算得腐蚀速率为0.2mm/a，但由于超声测厚误差为0.1mm，所以实际壁厚减薄可以为0.2mm，实际腐蚀速率可以为0.4mm/a，误差为100%，所以利用超声波测厚取得腐蚀速率可能会造成误判。由于超声测厚的灵敏度和精度相对于在线腐蚀探针是很低的，所以它不适用于指导注剂等工艺防腐，但是在剩余壁厚检测和寿命预测、安全评估方面是必备的手段。图15-5-13为测厚选点和现场检测。

(a)带保温高温部位测厚点　(b)低温弯管测厚　(c)储罐测厚

图15-5-13　超声测厚组图

9. 超声导波方法

对管线、设备腐蚀缺陷用上述超声波方法检测需要进行逐点拆除保温，而且它只给出单点减薄或缺陷，而且那些很难接近的部位不易检测。超声导波方法是利用发射主机发出2~3种扭转波和纵波、横波，依靠捆绑在管道上的探头向管道传播，在遇到管道壁厚发生变化的位置，无论壁厚增加或减少，都会有一定比例能量被反射回到探头，依据信号频率变化情况和曲线形状来分析和确定设备或管道缺陷部位和减薄程度，如图15-5-14，一般可以检测10m，如果没有三通、弯管、焊接、支撑等可以一次测到100m长管段，所以超声导波方法可以最大限度地避免拆除保温，能照顾到难以攀爬的部位，测试效率高。超声导波检测时不需要液体进行耦合，采用机械或气压施加到探头上可以保证探头与管道表面接触，从而达到超声波良好的耦合，便于现场操作。超声导波检测在镇海炼化等企业已开始应用，未来还会更广泛地应用。

图15-5-14　超声导波方法现场检测

10. 电化学噪声方法

由于不锈钢的抗高温腐蚀性能和抗晶间腐蚀性能较高，所以它在石化企业广泛使用，但是由于不锈钢在使用中易受Cl^-离子

及以 Cl^- 为代表的卤素离子的侵蚀，而易发生局部腐蚀，严重影响设备的安全性能和使用寿命。在众多的腐蚀监测方法中，大多数只能检测出均匀腐蚀信息，而更具破坏性的是金属设备的局部腐蚀，因此监测局部腐蚀发生发展的趋势对进一步采取有效对策来抑制和消除局部腐蚀是非常有意义的。电化学噪声(Electrochemical Noise，简称 EN)是一种局部腐蚀监测方法，它可以提供局部腐蚀信息，其测量原理是，将两个材质相同的金属电极浸在腐蚀介质中，测量两个电极之间的电流噪声和其中一个工作电极与参比电极之间的噪声电位。下面通过图谱来解释电化学噪声信号与局部腐蚀的关系。

这是一组采用三电极体系，其中两个工作电极为 304 不锈钢、参比电极为饱和甘汞电极、腐蚀介质为 0.5mol/L 的 $FeCl_3$ 溶液所获得的曲线。该组曲线通过 PARSTAT2273 电化学工作站电化学噪声模块(ZRA)获得。电化学噪声图谱包含大量的特征暂态峰，不同的特征噪声峰对应不同的腐蚀过程。从电化学噪声的时域谱中可以看出，腐蚀过程大致可以分为以下几个阶段：

第一阶段：钝态期，电流电位曲线大幅漂移。

如图 15-5-15 所示，304 不锈钢在 0.5mol/L $FeCl_3$ 溶液中的电化学噪声(阶段 1)，在测量初期，噪声时域谱表现为电流噪声和电位噪声的随机大幅漂移，没有明显的暂态峰出现。这可能是溶液中的 Cl 离子在电极表面大量吸附，304 不锈钢受到 Cl 离子的侵蚀性作用，导致表面钝化膜(钝化膜成分为铬氧化合物)的厚度减薄造成的。但是此时整个电极表面仍然有完整的钝化膜覆盖，处于钝化状态。

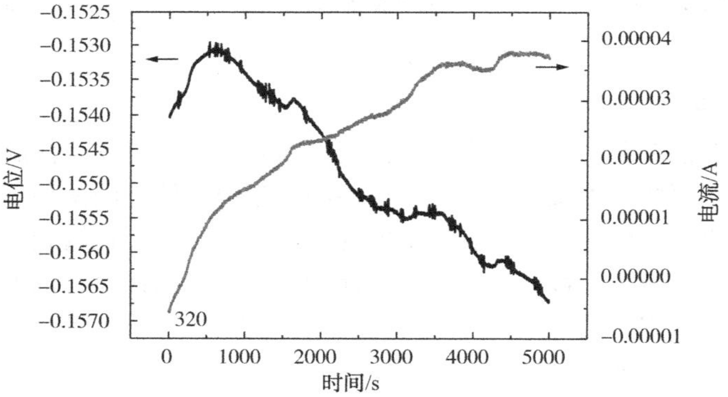

图 15-5-15　304 不锈钢在 0.5mol/L $FeCl_3$ 溶液中的电化学噪声(阶段 1)

第二阶段：亚稳态点蚀期，暂态峰出现，电位电流保持同步同向变化。

试样浸泡 85 小时左右时，电位、电流噪声出现了少量的暂态峰，峰值较小，同时伴随着大量的高频波动电位峰，如图 15-5-16 所示，(阶段 2)。这一过程表明：具有侵蚀性的 Cl 离子在样品表面富集，使得钝化膜的局部离子电导增大，保护性能降低。此时试样由钝化态向亚稳态点蚀过渡。

随着浸泡时间的进一步增加，噪声峰的数量和强度明显增加。蚀点在形成后迅速发生再钝化，如图 15-5-16(b)阶段 2 所示，在这一阶段，电位电流噪声峰较明显地成对出现，但持续时间较短，标志着亚稳态点蚀的形核。在亚稳态点蚀的过程中，每一次电位的突变，都对应一次钝化膜的破裂，随后的电位恢复，对应再钝化过程的发生。

第三阶段：稳态点蚀期，暂态峰强度增大，电位电流同步异向变化。

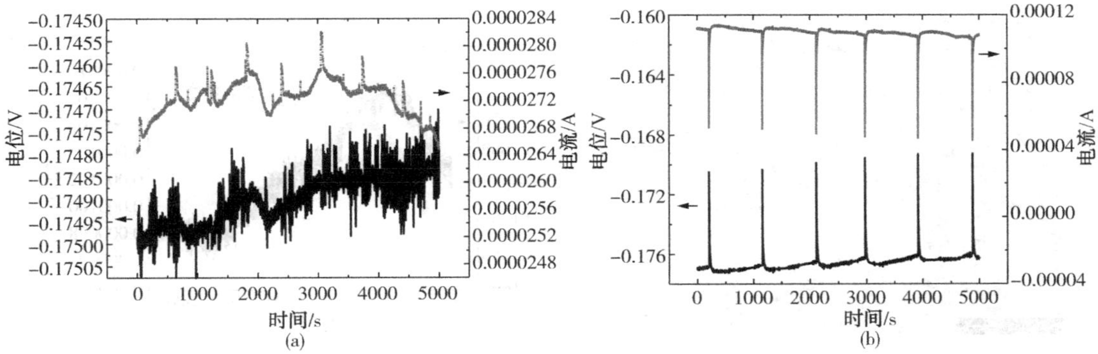

图 15-5-16　304 不锈钢在 0.5mol/L $FeCl_3$溶液中的电化学噪声(阶段 2)

当浸泡时间继续增大到 200h 左右时，时域图谱中的电位电流峰转变为同向的暂态峰，且持续时间较长，此时 304 不锈钢试样表面已经发生了稳态点蚀，且蚀点不断长大，如图 15-5-17(阶段 3)所示。此时电流噪声的寿命与电位噪声基本相当，持续时间均在 500s 以上。

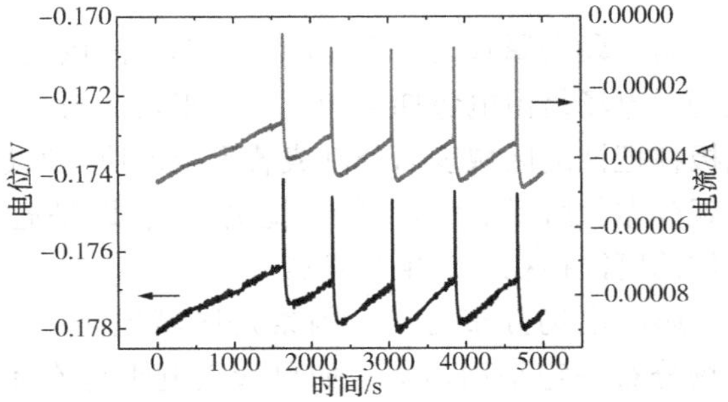

图 15-5-17　304 不锈钢在 0.5mol/L $FeCl_3$溶液中的电化学噪声(阶段 3)

在钝化膜局部溶解穿透后，进入蚀孔的发展阶段，此时整个金属的表面由两部分组成：大部分表面是钝化膜完整的表面，另外在面积很小的局部表面区域是钝化膜已经穿透的表面，在这部分区域金属直接同溶液接触，进行阳极溶解过程。这一过程的电位已经达到点蚀电位，阳极电流密度非常大，使得这些区域的金属表面很快凹陷下去。同时很高的阳极电流密度还使侵蚀性离子如 Cl 离子向这些表面区域迁移，溶解下来的金属离子的水解又使得这部分表面附近的溶液中的 H 离子的浓度升高。

第四阶段：稳态腐蚀后期，重新回到随机漂移阶段。

此时在扫描电镜(SEM)下已经能观察到明显的蚀点，如图 15-5-18 所示，这样的蚀点一旦形成，蚀点周围的金属表面区域上孔核的生长过程就停止或大为减弱，表现在电化学噪声上，一旦在金属试样表面上有腐蚀孔形成，电流或电位的随机波动就消失或大为减弱，并呈现出类似均匀腐蚀的特征。此时的噪声图谱又逐渐恢复到大幅漂移阶段，伴随着大量呈泊松分布的小幅暂态峰，如图 15-5-19(阶段 4)所示。

采用电化学噪声方法进行局部腐蚀检测时重现性不是很好，受外界信号干扰也明显，所以该方法目前在实验应用较多，在炼化企业工业应用很少。

11. FSM 矩阵壁厚监测技术原理和应用

FSM 英文全称 Field Signature Method，中文翻译为“区域特征检测法”。是一种通过监测电场变化来识别管道区域腐蚀的一种在线腐蚀监测技术。

由于是以矩阵方式进行测量电极排列，所以国内对此技术命名为电场矩阵壁厚监测技术。

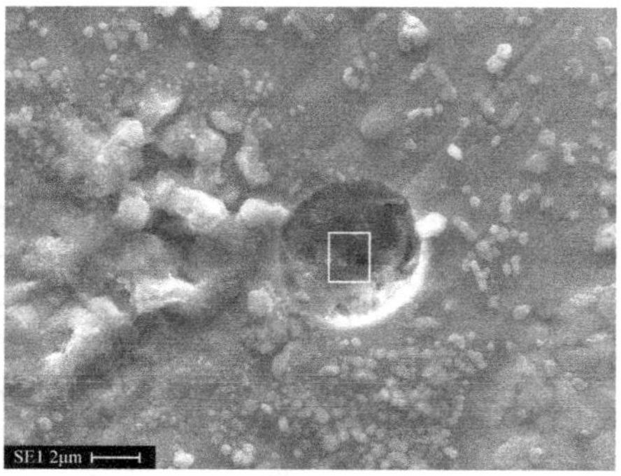

图 15-5-18　在扫描电镜下观察到的局部腐蚀

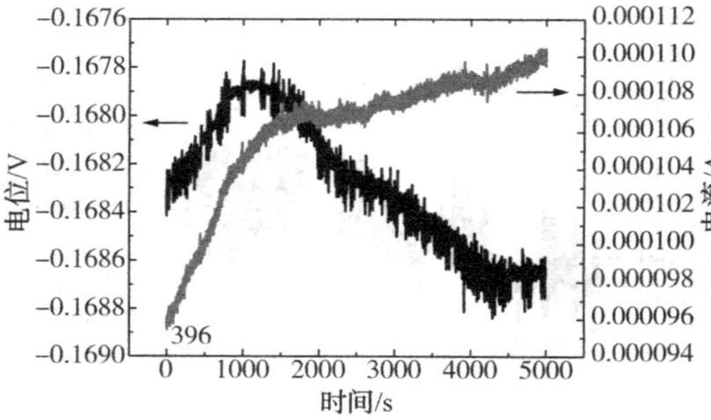

图 15-5-19　304 不锈钢在 0.5mol/L $FeCl_3$ 溶液中的电化学噪声（阶段 4）

给一段金属管道或管道的某一部分区域施加安全恒流电流，在被测区域形成一个稳定的电场。电场是由电势梯度和电流线来表征的，以矩阵的形式在被测区域表面焊接电极柱，用电极柱把被测区域表面分割成若干个区块，通过监测电极柱的电压来表征电场在所有区块的客观分布，所说的"区域特征检测法"，即是通过检测这些区块的电场特征来识别以区块为单位的腐蚀存在、发生和发展。

影响电场分布的唯一因素是区域电阻，如果管道厚度及其金属特性是均匀的，则其电场分布一定是均匀的。如果管道电阻分布不均匀，则施加的电场会根据管道电阻的分布特性而呈现出相对应的分布，即其电场特征与管道电阻特性是对应的。可以把初始电场特征数据储存起来，像人的指纹一样作为识别管道身份及其后续变化的依据，所以区域特征检测法又叫电指纹法。不管初始电场怎样分布，后续管道的减薄、点蚀坑蚀、裂纹等任何能引起管道电阻分布改变的因素，都会引起电场相应的变化，而且这种变化是规律的，具有平移性、对称性和可叠加性等特点。以电场的初始特征，初步分析和判断管道腐蚀的区域分布，以电场后续的变化来识别管道区域腐蚀的发生和发展，此为 FSM 法监测腐蚀的基本原理。

FSM 法的特点和适用条件：

①能同步监测一小段管道的全周向腐蚀，能监测环焊缝的全周向腐蚀，或能同步监测一个矩形区域的腐蚀，同步监测的面积大，效率高；

②只在管道外表面浅焊电极，不用在管道上开孔，相对更安全可靠，特别适合高硫化氢腐蚀环境；

③直接测量管壁，所测即所得，属于一种特殊形式的直接测量方法；

④以区块为单位来表征腐蚀，能测量区域腐蚀是其独有的特点；

⑤只要能实施且环境条件稳定即可持续测量，适用条件基本上不受被测管道工艺条件限制，高温、高压、埋地管道等均可实施。

⑥测量精度为壁厚的 5‰，所以适合于高温管道或埋地管道等长期风险监测，不适用于短期腐蚀速率测量；

⑦是基于一种已经证明了的技术。

FSM 矩阵壁厚监测技术问世为延迟焦化等炼油装置的腐蚀在线监测提供先进技术，可以实现壁厚减薄实时监控和风险预警。目前国内和国外都开展了相关的研究，国内中科韦尔等专业机构开展了先导性开发研究。FSM 矩阵壁厚监测系统组成及应用示意图见图 15-5-20 和图 15-5-21。

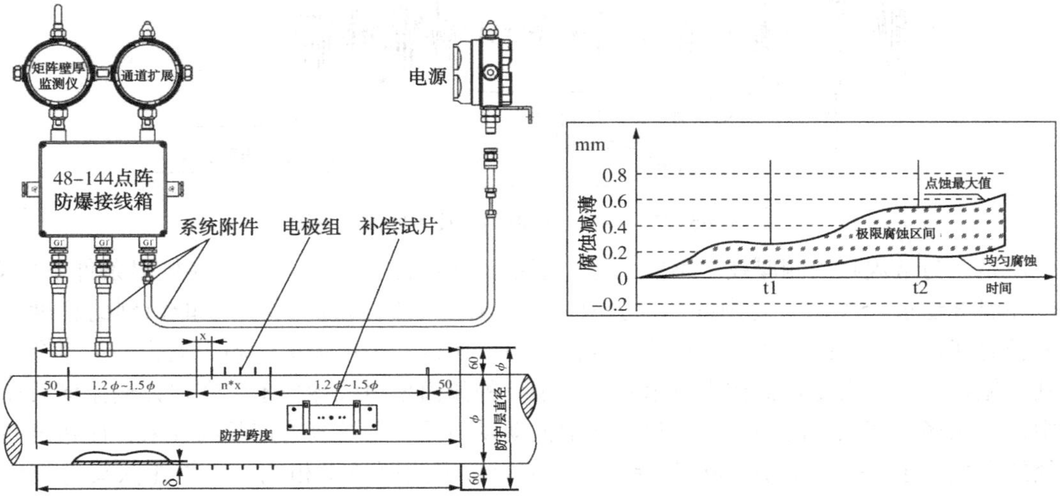

图 15-5-20　FSM 矩阵壁厚监测系统组成

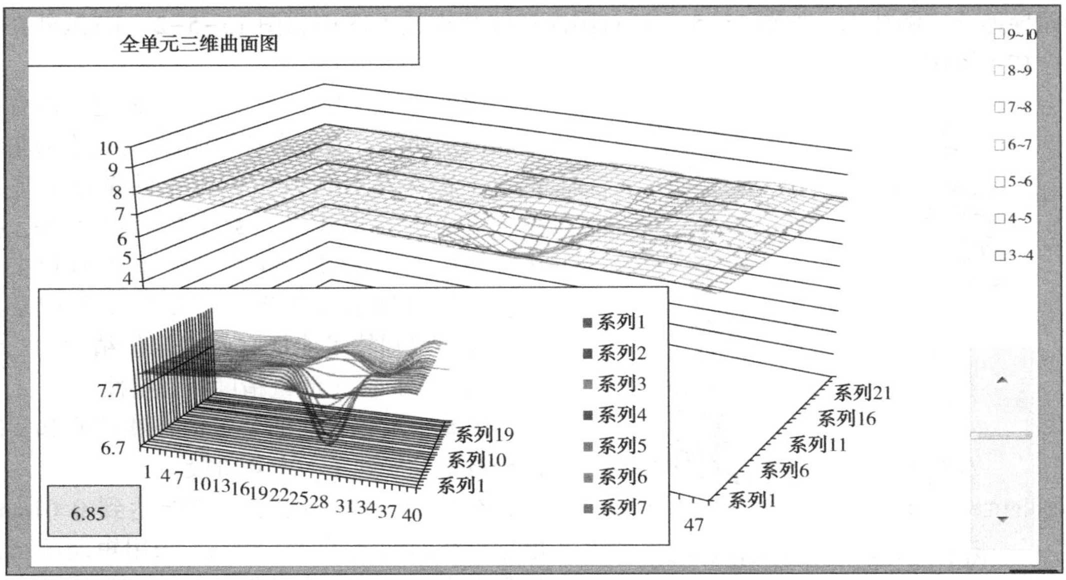

图 15-5-21　FSM 矩阵壁厚监测系统应用示意图

12. 在线超声测厚原理和应用

在线超声监测方法是源于对重点设备实行在线监控，进行实时的风险预警。

在线的超声波定点测厚技术是从常规手持超声测厚技术引申出来的一种厚度测量技术。其测量原理是同根的，通过测量设备外壁和内壁返回声音的时间差，根据声音在介质中的传播速度来计算被测物壁厚。在线超声波测厚技术回波示意图如图 15-5-22 所示。

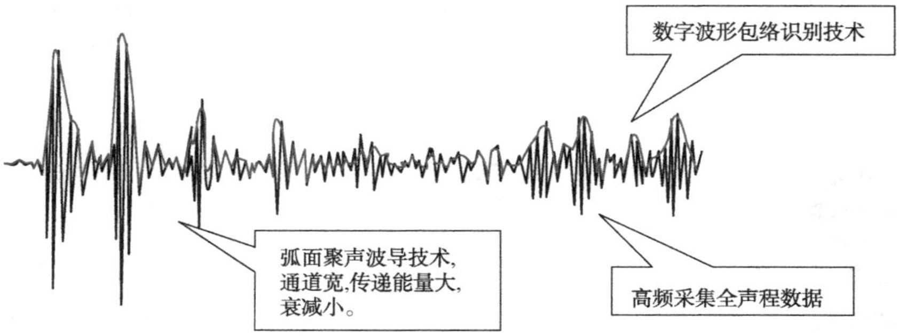

图 15-5-22　在线超声波测厚技术回波示意图

但是，与常规超声测厚技术不同的是，超声探头的晶振发声特性只在低温条件下成立，一般在温度超过 65℃时，超声的振动会衰减，并在短时间内就减弱到不能识别的程度。而需要长时间定点监测的高风险管道恰是高温管道。所以选择偏振横波超声波为测量媒介，根据其偏振特性，国内专业机构中科韦尔发明了一种弧面聚声波导技术，在保证偏振横波在波导中传导顺畅、衰减小的同时，通过波导把振动发声晶片与被测管道隔离开来，使超声晶片所处的环境低于 65℃，保证其振动特性。与常规超声测厚技术相比，只是在探头与管壁之间加了一段波导，作为声音往返公共通道，其测量厚度还是通过内、外壁返回声音的时间差来计算，国外也有英国帝国理工大学发明了一种片状波导，实现了在设备外壁超过 65℃时的超导连续监测技术，如图 15-5-23(a)国内在线超声技术图例和图 15-5-23(b)国外在线超声技术图例。

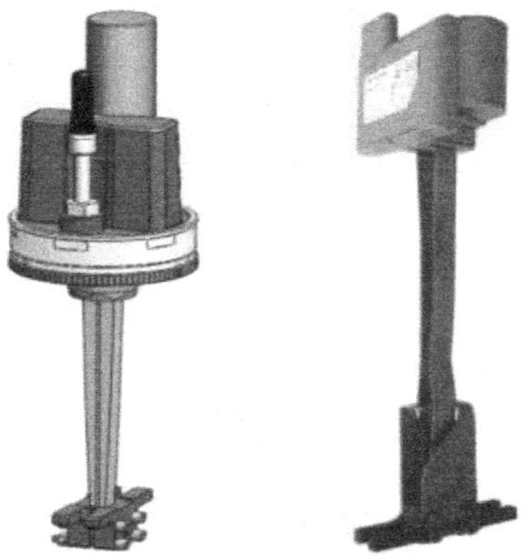

(a)国内在线超声技术图例　　(b)国外在线超声技术图例

图 15-5-23　在线超声技术图例

此外，超声波定点测厚技术强化了声音接收和识别功能，通过高达 40MHz 的频率采集和记录声音从发出到返回过程中的全部波形数据，再通过波形识别、数字滤波技术等，把内、外壁返回的波峰作为一个整体形状来识别。高频数据采集能提高测量精度和记录波形，波形识别技术能提高声音定位精度，二者相辅相承，提高了测量精度和稳定性。

因此，焦化等炼油装置的在线监测和实时预警技术发展到了一个新阶段。

在线超声测量精度一般能达到 0.01mm，电感探针测量灵敏度 100nm，采用短期超声测量数据来进行腐蚀率计算会放大测量误差，所以，超声波定点测厚比较适合于监测壁厚减薄和腐蚀风险预警，指导检维修，而电感探针灵敏度高更适合腐蚀率监测和指导工艺防腐。

超声波定点测厚技术的特点及适用条件：

①通过卡具卡接或通过在管道表面点焊螺柱的方式固定，不在管道上开孔，所以适合高硫化氢腐蚀环境及高温环境；

②适用于 500℃的高温管道。

③只一次性安装，长期在线盯住一个点测量，减小人为操作的误差，数据实时连续，有效体现腐蚀的发生和发展。

④在线超声测量精度为0.01mm。

三、焦化装置的测点及技术选用

每种腐蚀监测方法都有各自的适用范围和优缺点，因此对于延迟焦化装置而言，针对不同的腐蚀部位选用有针对性的腐蚀监测方法就变得尤为重要，合理的腐蚀监测能给整个的腐蚀与防护工作带来正确的指导和参考价值。下面就以一个典型的延迟焦化装置为例，举例说明一下各种腐蚀监测方法如何应用在延迟焦化装置。详情见表15-5-3和图15-5-24。

表15-5-3　延迟焦化装置在线腐蚀监测位置及类型

序号	监测点位置	腐蚀监测类型	监测目的
1	分馏塔顶冷换设备(第1级)入口管线，注水点后	腐蚀探针或腐蚀挂片探针	监测分馏塔顶油气管线注水点后的露点腐蚀、冲刷腐蚀
2	分馏塔顶冷换设备(第1级)出口管线	腐蚀探针或腐蚀挂片探针	监测分馏塔顶油气冷凝液腐蚀
3	分馏塔顶循换热器(第1级)入口管线	腐蚀探针或腐蚀挂片探针	监测顶循油冷却前腐蚀
4	分馏塔顶循换热器(第1级)出口管线	腐蚀探针或腐蚀挂片探针	监测顶循油冷却后腐蚀
5	富气压缩机出口冷换设备(第1级)入口管线，注水点后	腐蚀探针或腐蚀挂片探针	监测富气压缩机出口管线注水点后的腐蚀、冲刷
6	富气压缩机出口冷换设备(第1级)出口管线	腐蚀探针或腐蚀挂片探针	监测压缩富气及凝缩油的腐蚀
7	分馏塔顶油气分离器酸性水出口管线	pH电极(在线pH监测)	监测分馏塔顶油气分离器酸性水pH值
8	富气压缩机出口油气分离器酸性水出口管线	pH电极(在线pH监测)	监测富气压缩机出口油气分离器酸性水pH值
9	分馏塔顶油气管线的弯头(注水点前)	在线超声测厚或FSM	监测分馏塔顶油气管线的壁厚及冲刷腐蚀趋势
10	分馏塔顶冷换设备(第1级)入口管线弯头(注水点后)	在线超声测厚或FSM	
11	分馏塔顶冷换设备(第1级)出口管线弯头	在线超声测厚或FSM	
12	分馏塔顶顶循抽出口管线弯头	在线超声测厚或FSM	监测分馏塔顶循油气管线的壁厚及冲刷腐蚀趋势
13	分馏塔顶循换热器(第1级)入口管线	在线超声测厚或FSM	
14	分馏塔顶循换热器(第1级)出口管线	在线超声测厚或FSM	
15	焦化加热炉进料管线	在线超声测厚或FSM	监测焦化加热炉进料管线的壁厚及冲刷腐蚀趋势

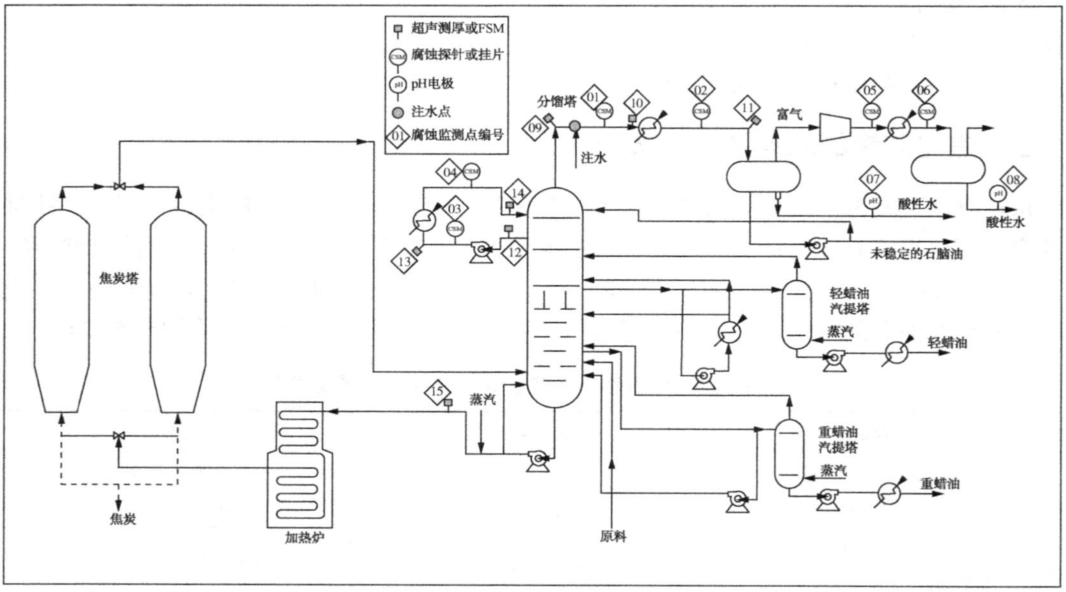

图 15-5-24　延迟焦化装置在线腐蚀监测点分布示意图

第六节　防腐助剂

一、中和剂

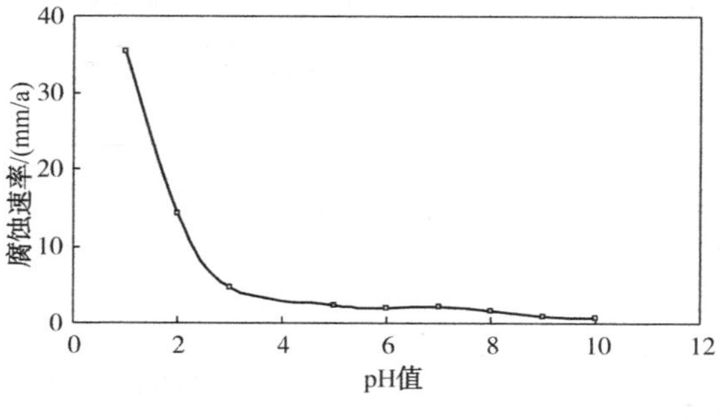

图 15-6-1　碳钢在不同 pH 值的塔顶冷凝水（不含 H_2S）中腐蚀速率

（一）中和剂的作用机理

如果原料油中有含氯化合物，在低温部位初凝区由于 HCl 的水合作用而形成低 pH 溶液，可导致设备腐蚀，碳钢在塔顶冷凝水中的腐蚀速率随冷凝水的 pH 值的变化趋势见图 15-6-1。

中和剂一般是碱性化合物，溶于水后电离生成 OH^-，与酸性物质电离出的 H^+ 反应生成水。因此针对塔顶冷凝冷却系统的腐蚀，尤其是初凝区露点腐蚀，加注中和剂是最有效的防腐措施。由于无机强碱不但引入金属离子，而且在高温下还有发生碱脆的风险，所以一般使用无机氨和有机胺作为中和剂。

（二）中和剂种类及选择

常减压装置“三顶”系统中应用的中和剂分为无机氨和有机胺两种类型，工业现场主要采用单独注入氨水、单独注入有机胺、或者氨水+有机胺混合注入等三种注入方式。

1. 无机氨

早期国内炼油厂使用较多的中和剂为无机氨，氨为炼油厂副产物、价廉易得，但是，使用氨水作为中和剂存在以下缺点。

1）在初凝区露点部位，由于温度较高，NH_3在水中的溶解度较低，因此中和效果较差，不能有效控制露点部位腐蚀。

2）由于氨水的中和曲线在pH值7左右斜率很大，使冷凝水pH值波动较大，难以控制在最有效的防腐范围内，导致设备表面FeS保护膜剥离，形成新的腐蚀，产生“黑水”问题。

3）使用氨水中和剂过量后，容易生成氯化铵盐并沉积在管壁和设备表面，并加剧腐蚀产物FeS的沉积，导致设备结垢、管道和换热管束堵塞，进而导致严重的垢下腐蚀[41]。

2. 有机胺

从20世纪70年代开始，国外采用有机胺代替无机氨，国内部分炼油厂在20世纪90年代以后陆续改注有机胺。有机胺中和剂一般为低分子烷基、烷醇基和烷氧基等类型有机胺，如正丁胺、异丁胺、仲丁胺、单戊胺、二甲基乙胺、二甲基乙醇胺、二甲基异丙醇胺、甲氧基丙胺、吗啉等。与无机氨相比，有机胺沸点较高，多数在露点温度以上，而且中和作用较强，塔顶冷凝水pH值也较易控制，一般控制在5.5~7.5。几种有机胺中和剂、NH_3和单纯稀盐酸随冷凝水比例增加的pH值变化趋势见图15-6-2。

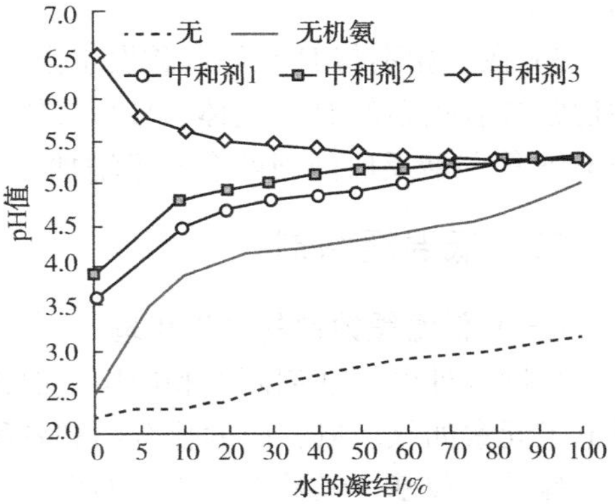

图15-6-2　不同中和剂随冷凝水比例增加的pH值变化趋势

现场工业应用发现，如果注水量不足，使用有机胺也不能完全避免因铵盐结晶导致垢下腐蚀，有机胺盐酸盐的结晶温度与有机胺和HCl的分压有关，含量越高，其结晶温度越高，因此当结晶温度高于水露点温度时就出现积盐。根据有机胺的种类，其盐酸盐为固态或液态，且液态的腐蚀性强于固态。同时，中和剂价格也是需要考虑的因素之一，部分炼油厂为了降低成本将其与氨混合使用。

3. 中和剂的选择

中和剂的选择通常要考虑以下因素：中和剂的沸点、碱性和分子量，中和后形成盐的熔点、盐的形态，中和剂对下游的影响，汽液平衡等。9种不同中和剂及其氯化物的物理性质见表15-6-1。

表15-6-1　不同中和剂及其氯化物的物理性质

序号	中和剂	分子量	沸点/℃	氯化盐溶点/℃	碱性	汽液平衡常数
1	无机氨	17.0	-33	350	1.77 E-5	346.0
2	单乙醇胺	61.1	170	85	2.75 E-5	1.0
3	乙二胺	30.0	118	>300	5.15E-4	1.0
4	吗啉	87.1	129	174	1.99 E-6	15.2
5	二甲基二乙醇胺	89.1	133	57	2.40 E-5	5.4
6	二甲基异丙醇胺	103.2	124	112	5.64 E-5	22.5
7	甲氧基丙胺	89.1	117	100	1.26 E-4	30.1
8	三甲胺	59.1	37	283	6.31 E-5	173.0
9	甲基吡啶类	100.1	128		9.77 E-9	

选择合适的中和剂需要满足以下几个条件：

1）露点条件下迅速溶于水。HCl 气体只有在溶于水的条件下才形成酸，进而造成腐蚀。因此，蒸馏装置塔顶在水的露点条件下会有液态的水析出，合适的中和剂的首要条件是在露点的条件下迅速溶于水，最好要比 HCl 气体溶于水的速度更快。

2）与盐酸反应生成低熔点盐，且生成的盐不溶于油。盐酸的腐蚀趋势降低是由于盐酸与中和剂反应生成了盐；如果生成的盐是油溶性的就会跟随油品到下游装置，在高温条件下会分解造成下游装置腐蚀等问题；如果分馏塔有冷回流会造成盐在分馏塔内蓄积。

3）在气相不与 H_2S 等弱酸发生强烈反应。因为从塔顶馏出的介质为气相，且气相介质中通常含有较多的 H_2S 气体，H_2S 气体在盐酸含量不高的条件下腐蚀能力很差。如果中和剂与 H_2S 等弱酸反应强烈就会明显增加中和剂的用量。

二、低温缓蚀剂

（一）低温缓蚀剂的作用机理

从国内外的缓蚀剂研发和应用情况来看，塔顶系统缓蚀剂多为有机化合物，即含有未配对电子元素如氧、氮、硫的化合物和各种含有极性基团的有机化合物，特别是含有胺基、羟基、巯基、羧基、醛基以及它们的衍生物的各种化合物。缓蚀剂的缓蚀效率与缓蚀剂分子的几何尺寸、分子结构、空间效应、杂原子的电子云密度等因素有关。有机缓蚀剂在金属表面的作用机理主要是吸附机理、软硬酸理论、界面反应成膜理论[45]。

1. 吸附机理

有机缓蚀剂具有以电负性较大的 O、N、S 等原子为中心的极性基团和以 C、H 为中心的非极性基团。有机缓蚀剂中亲水的极性基团可通过物理吸附和化学吸附在金属表面的活性点或整个表面形成吸附层，使金属表面的能量状态趋于稳定；非极性基团位于离开金属表面的方向，通过不同程度的覆盖和润湿作用，构成憎水性膜，使腐蚀环境中电荷转移和腐蚀介质的扩散都受到抑制，从而降低金属腐蚀。

有机缓蚀剂与金属表面的吸附分为物理吸附和化学吸附。物理吸附依据静电引力和范德华力，化学吸附是基于缓蚀剂极性基团的未配对电子、双键或三健不饱和键、苯环上的 π 电子与金属的空 α 电子轨道形成电子共享完成的。非极性基团覆盖在金属表面，通过遮蔽效应起作用，遮蔽效应的范围与有效遮蔽面积、分子的截面积有关，有支链的非极性基团遮蔽面积较大，但也有可能造成空间障碍。

2. 软硬酸理论

软硬酸理论称电子给予体为碱，电子接受体为酸。化学吸附中极性基团为电子给予体，是 Lewis 碱，金属为电子接受体，是 Lewis 酸。酸碱分为软和硬两大类，一般低价金属阳离子是软酸，高价阳离子是硬酸，电负性大的化合物如 N、O 的化合物和苯胺是硬碱，电负性较小的化合物如 S、P、Br、I 的化合物或阴离子为软碱。硬酸与硬碱、软酸与软碱的结合稳定性高。

3. 界面反应成膜理论

缓蚀剂还可以通过与金属结合发生反应和转化、螯合等作用，形成界面膜，起到缓蚀作用。部分缓蚀剂在金属表面的特定条件下，转化为另一种与金属表面作用的较强的物质，或者与金属或离子反应形成稳定的络合物膜，从而起到缓蚀作用。另一类界面反应类型是形成聚合或缩合物膜，这类缓蚀剂效率较高、适应温度范围宽；还有一类缓蚀剂通过其分子中极性基团如—NH_2、—OH 和—COOH 等与金属表面离子形成配位螯合物膜，但是这类膜只有在溶解度低、致密的条件下，才能起到保护作用。

（二）低温缓蚀剂的研究进展

1. 国外缓蚀剂研究进展

国外应用的缓蚀剂大多数是专利产品。据 20 世纪 90 年代末期的不完全统计，国外在石油加工过程中使用的缓蚀剂共有 12 个系列 49 个牌号，但广泛使用的仅 4 个系列 7 个牌号，其中部分缓蚀剂已不再使用。例如美国 PETROLITE 公司 TRETOLITE 分部研制的 KONTOL 系列缓蚀剂产品，约有 16 个牌号，曾被广泛使用的仅有 4 个，大部分为含氮化合物，早期广泛使用的是 KONTOL118；1959 年以后，美国各炼油厂广泛采用 KONTOL123、KONTOL400 和 KONTOL407。

UNICOR 系列缓蚀剂是美国 UOP 公司工艺分部炼制化学品部研制的产品，均属于成膜性缓蚀剂，共 5 个牌号。其中用于常减压蒸馏装置塔顶系统：UNICOR^{R}加入量为 8～16mg/L、UNICOR A 加入量为 4～8 mg/L，均为胺盐与溶剂的混合物；UNICOR C 为有专利权的高分子有机胺与溶剂的混合物，其加入量为 4～8 mg/L。NALCO 系列缓蚀剂是美国 Nalco 化学公司研制的产品，其中 NALCO161 为有机胺类，在早期被广泛使用，后来推出了 NALCO NAL-TROL 系列缓蚀剂，根据不同缓蚀剂的溶解性能分别注入塔顶挥发线或顶循回流管线；20 世纪 80 年代后期 Nalco 化学公司陆续开发了咪唑啉衍生物系列缓蚀剂。NORUST 系列缓蚀剂是法国 CECA 公司 PROCHINOR 分布研制的产品，该系列缓蚀剂含有脂肪族胺类及其衍生物制成的阳离子型化合物。

2. 国内缓蚀剂研究进展

国内较早开发应用的低温缓蚀剂主要是长碳链有机胺、烷基酰胺、长碳链必定衍生物等。从 20 世纪 70 年代开始，国内先后开发了 7019(脂肪族酰胺类化合物)、7201(饱和脂肪族酰胺类化合物)、4502(氯代烷基吡啶)、1017(多氧烷基咪唑啉油酸盐)、兰-4A(聚酰胺型)、尼凡丁-18(聚环氧乙烷十八胺)等缓蚀剂。这些缓蚀剂中以 7019 的性能较好，在金属表面容易吸附形成保护膜，起到保护作用；虽然 7019 的成膜性能好，但由于冲刷等原因，已经形成的膜发生局部破坏，以至缓蚀率降低。如将其用在低 pH 值的 HCl 露点区时，表现出来的缓释性能更差。

20 世纪 80 年代以来开发的缓蚀剂主要是长碳链烷基咪唑啉酰胺、长碳链吡啶衍生物以及含硫化合物，其中以咪唑啉缓蚀剂的研究最多、应用最广泛，如 WS-1 咪唑啉酰胺类油溶性缓蚀剂、HT01(咪唑啉酰胺类)、GAC-968 含氮咪唑啉衍生物、HB-912(咪唑啉型油溶性)。以上缓蚀剂的实验结果表明，咪唑啉类缓蚀剂成膜性能较脂肪族酰胺类好，在较低的 pH 值下仍有比较好的缓蚀性能。同时，上述缓蚀剂要想发挥有效的缓释作用绝大部分要与中和剂配合使用；当与无机氨中和时，容易产生垢下腐蚀，而与露点高的有机氨中和，则具有腐蚀小、效果好等优点，但其价格昂贵。

从 20 世纪 90 年代开始，国内开始研制开发中和胺，并与缓蚀剂复配成中和缓蚀剂，南京某炼油厂首先开发出 A 型中和胺(有机胺和有机酰胺)，其具有成膜和中和的双重功效；随后研发出 JH-2、BH-913 中和缓蚀剂，其中 BH-913 代替了 WS-1。中国石化镇海炼化公司也研制出 BEH-1、SF-121B(有机胺化合物)缓蚀剂，SF-121B 组分为苯胺、醇胺和含磷有机化合物；BEH-1 和 SF-121B 与氨配合使用价格低廉且缓释效果好。

（三）水溶性和油溶性缓蚀剂的分析

国内外常用缓蚀剂分为水溶性和油溶性缓蚀剂两大类。根据文献报道和现场应用分析，水溶性缓蚀剂不易在金属表面形成稳定的保护膜，缓释效果较差，以及具有用量大、与有机胺复配性差的问题，且因其本身带水而造成露点前移问题；另外含有氯离子的水溶性缓蚀剂可能对塔顶系统设备和管线的腐蚀加剧。油溶性缓蚀剂在金属表面成膜性能良好，可溶于油相，随塔顶回流进入塔内，减轻塔内壁和塔内构件的腐蚀，因此缓蚀剂的研究由水溶性向油溶性发展。咪唑啉衍生物具有相溶性好、热稳定性好、毒性低、成膜性能高等特点，是近年来发展较快的一类性能优异的缓蚀剂[49,50]。

目前，在实际应用中，很少单独使用某一类缓蚀剂。体系环境不同，同一类缓蚀剂的效果也不一样。在国内常减压蒸馏装置塔顶环境一般是弱碱性，pH 值为 7~9；而在美国等国外企业，大多数炼油厂塔顶冷凝水 pH 值一般控制在 6~7，体系环境为弱酸性。常用的咪唑啉类缓蚀剂在弱酸环境下的缓蚀效果要好于弱碱体系；不同的塔顶环境，缓蚀剂的用量也会有所不同。此外，缓蚀剂与中和剂、阻垢剂及其他助剂复配使用，有时会产生协同效应，达到更好的效果。

（四）低温缓蚀剂的性能评价

1. 实验室评价方法

缓蚀剂对腐蚀环境具有较强的针对性，目前针对常减压装置塔顶系统缓蚀剂性能的评价没有合适的标准，部分参考 JB/T 7901《金属材料实验室均匀腐蚀全浸试验方法》和 SY/T 5273《油田采出水用缓蚀剂性能评价方法》，但是缓蚀剂供应商和炼油企业之间存在较大分歧。影响常减压装置塔顶系统缓蚀剂效果的因素包括塔顶油气腐蚀环境、缓蚀剂本身的性能、油气性质以及油气在管线中的流动状态。如何快速、经济、高效地筛选出适合特定工况的最佳缓蚀剂成为困扰炼化企业技术和管理人员的重要问题。

中国石化设备防腐蚀研究中心基于常减压装置塔顶冷凝冷却系统的实际工况条件和塔顶缓蚀剂现场应用情况，制定了公司标准 RAD-T-TR 1405—2017《蒸馏装置塔顶低温缓蚀剂性能评价方法》。该标准适用于常减压装置塔顶冷凝冷却系统用缓蚀剂的实验室筛选和评价。该标准选取三种典型腐蚀工况，采用挂片失重法全面评价缓蚀剂的缓蚀性能：①95℃、pH=2.5~3 的稀盐酸腐蚀介质；②75℃、pH=3.8~4.2 的稀盐酸腐蚀介质；③50℃、pH=6.5~7 的氯化铵腐蚀介质。同时，该标准规定了缓蚀剂的乳化倾向、成膜性能和溶解性能等方面的评价方法。

2. 现场评价方法

基于《中国石化炼油工艺防腐蚀管理规定》和《中国石化炼油工艺防腐蚀管理规定实施细则》的要求，针对常减压装置塔顶系统缓蚀剂注入要求为：推荐注入量不超过 20μg/g（相对于塔顶总流出物，连续注入）。注入方式采用可使注剂分散均匀的喷头，喷射角度以不直接冲击管壁为宜；若为油溶性缓蚀剂，可采用石脑油作为溶剂。注入缓蚀剂和中和剂后塔顶冷凝水的控制指标见表 15-6-2。

表 15-6-2　“三注”后塔顶冷凝水的技术控制指标

项目名称	指标	测定方法
pH 值	5.5~7.5(注有机胺时) 7.0~9.0(注氨水时) 6.5~8.0(有机胺+氨水)	GB/T 6920
铁离子含量/(mg/L)	≤3	HJ/T 345
平均腐蚀速率/(mm/a)	≤0.2	在线腐蚀探针或挂片

三、高温缓蚀剂

(一) 高温缓蚀剂的作用机理

1. 高温缓蚀剂的缓蚀机理

针对采用化学添加剂的方法来抑制高温环烷酸腐蚀，归纳其原理主要有两种：一种是通过加入的化学物质和环烷酸发生反应，生成无腐蚀性或腐蚀性更小的油溶性产物；另一种是将加入的化学物质与金属(铁)形成能够吸附在金属表面的油不溶物，进而阻止金属与环烷酸的直接接触。

目前效果较好的各种抑制环烷酸高温缓蚀剂，主要分为磷系、非磷系和混合型缓蚀剂。它们的作用机理主要有吸附理论和界面成膜理论两种。吸附理论认为：缓蚀剂分子中极性基团与金属表面发生吸附，非极性基团在油中伸展，在金属表面形成了一层缓蚀剂分子定向排列的吸附膜，隔离了腐蚀介质与铁的直接接触，从而减缓了金属的腐蚀。一般情况下，缓蚀剂分子的极性越强，其吸附能力就越强，吸附膜层也就越紧密、越牢固，其抑制腐蚀的能力就越强。界面反应成膜理论认为：缓蚀剂分子吸附在金属表面后，会与金属发生化学反应，在金属表面形成钝化膜，阻碍了腐蚀反应的继续进行，从而起到了缓蚀作用。在金属表面形成保护膜是这两种理论的共同点，只是吸附理论强调物理吸附，而界面反应成膜理论强调化学反应。在实际应用过程中，两种或几种缓蚀剂往往复合使用，情况较为复杂，通常是两种情形都存在。

2. 高温缓蚀剂的影响因素

(1) 极性基团

高温缓蚀剂通常为油溶性缓蚀剂。缓蚀剂的分子结构中含有较强的极性基团，才能在金属的表面上形成一层非常牢固的保护膜；如果极性太弱，保护膜容易被破坏、剥落，起不到很好的保护作用。但是缓蚀剂分子的极性也不能太大，因为缓蚀剂分子的极性能够影响到它的油溶性，一般极性越强，油溶性越差。因此，在选择合适的缓蚀剂时，应该在确保形成较牢固的保护膜的同时，尽量改善缓蚀剂的油溶性，否则该缓蚀剂仍然不能成为优良的缓蚀剂。

(2) 烃基的结构与链长

烃基是缓蚀剂分子结构中的非极性部分，其链的长度对缓蚀剂的缓蚀性能影响很大。一方面，随着烃基碳原子数的增多，分子体积增大，吸附层也增厚而且紧密，其缓蚀效果好；另一方面，烃基的碳链过长，缓蚀剂油溶性增大，分子运动阻力增加，吸附速度减慢，诱导期变长而降低了缓蚀效果。Sunder R. 等人研究发现含有碳原子数在 11~19 之间烃基的缓蚀剂性能较好。

烃基结构也是影响缓蚀剂性能的一个重要因素。若缓蚀剂分子具有庞大的烃基结构，分子间的空间位阻效应就会增加，分子之间不能紧密靠拢，分子间的范德华力被降低，导致缓蚀剂形成的吸附膜不紧密，腐蚀介质容易穿过吸附膜发生腐蚀。较好缓蚀剂的烃基主链应含有短侧链的多核基团，而且短侧链应该多以芳香烃基或环烷基为主；这样的分子结构不仅可以在金属表面形成排列紧密的吸附膜，且范德华力也较大，能够在金属表面产生很强的附着力，从而提高了缓蚀性能。

(3) 缓蚀剂的复配效应

研究发现，两种或多种缓蚀剂复配使用往往能够达到取长补短、相辅相成的效果，不过有时候也会因为复配使用而使其效果减弱。按照缓蚀剂复配使用时的效果与单独使用时比较可以分为以下三种情况[56]：①协同效应，两种或多种缓蚀剂复配使用后的总效应与单独使用时效应之和大体接近；②超加和效应，两种或多种缓蚀剂复配使用时的缓蚀效果超过了单独使用时一种缓蚀剂的效应之和；③削弱效应，两种或多种缓蚀剂复配使用后的总效应小于单独使用的效应之和。在实际的实践应用中，经常见到具有各种特长的缓蚀剂复配到一起使用，只要它们之间不发生明显的削减效应，就能得到良好的复配效果。

（二）高温缓蚀剂的种类

高温缓蚀剂以酸碱性可分为中和型和非中和型，前者多为有机胺，主要用于抑制气相腐蚀，后者用于形成保护膜，以避免金属表面与腐蚀物接触。若以化合物的类型可将环烷酸缓蚀剂分为磷系缓蚀剂、非磷系缓蚀剂和混合型缓蚀剂三大类，这是比较常见的分类方法。

1. 磷系缓蚀剂

磷系缓蚀剂是指含磷酸或亚磷酸基的有机化合物，主要有以下几种：磷酸酯、磷酸三烷基酯/磷酸盐碱土金属-酚盐硫醚、亚磷酸芳基酯、硫代(亚)磷酸酯等[59]。

高延敏等人研究了磷酸三苯酯、磷酸三乙酯等在环烷酸腐蚀体系中的缓蚀性能，发现磷酸酯缓蚀剂具有很好的后效性，其中磷酸三乙酯效果最好。James. C. E 等人研制了磷酸三烷基酯/磷酸盐碱土金属-酚盐硫醚高温缓蚀剂，在含有 Kodak 环烷酸的烷烃油中，可将碳钢的腐蚀速率由 2.62mm/a(空白)降至 0.78mm/a。亚磷酸芳基酯主要包括亚磷酸三苯酯、亚磷酸二苯酯、亚磷酸二苯基异癸酯、亚磷酸二苯基异辛酯、亚磷酸苯基二异辛酯及它们的混合物。硫代(亚)磷酸酯主要包括有(一硫代、二硫代、三硫代)单烷基、双烷基、三烷基磷酸酯等成分，其中部分酯中含有一个或两个酸性羟基，这部分酯可以用阳离子铵来中和；它们适用于原油总酸值大于 0.2mgKOH/g 的烃类化合物环境，在 200~400℃ 下对蒸馏塔、塔盘、泵阀、管路及设备腐蚀进行保护。

2. 非磷系缓蚀剂

非磷系缓蚀剂指的是一些含氮、硫等元素的有机化合物，主要有有机聚硫化物、磺化烷基酚、巯基三嗪、脂肪酸氨基酰胺等[60]。

有机聚硫化物由烯烃多硫化物、萜烯多硫化物等组成，其中的硫含量为 10%~60%(质量分数)，优先的分子量范围在 300~600 之间。Philip R. P. 研究发现脂环族聚硫化物比脂肪族聚硫化物具有更高的缓蚀效果，而咪唑啉缓蚀剂不适合于这种高温环境。磺化烷基酚是一类可用来抑制原油、汽油馏分、轻质润滑油、常压塔底和减压塔底中环烷酸腐蚀的缓蚀剂，适用于200~400℃的环境，其中磺酸化壬基酚(NPSA)对于抑制环烷酸腐蚀更有效，它的磺化程度可达到80%。与聚硫化物相同，在铁含量达到10~20mg/L的原油中加注这种缓蚀剂，不会引起后续深加工过程中的催化剂中毒。

3. 混合型缓蚀剂

混合型缓蚀剂是将两种或两种以上具有中和或缓蚀作用的化合物混合到一起，具有相互协同作用的缓蚀剂。主要有磷酸酯-胺、磷酸酯-有机多硫化合物、硫代磷酸酯-咪唑啉等。

磷酸酯-胺混合型缓蚀剂能在炼油装置的表面形成一层黏着力很强的保护膜，胺具有中和作用，稳定保护膜并能防止因磷而引起的催化剂中毒现象。在316~400℃下，该缓蚀剂可在炼油装置的转油线及塔壁上形成一层黏结力很强的保护膜。其膜分子主要是不溶性磷酸铁盐，由于Fe-P原子间的高结合强度，使得所生成络合物非常稳定。磷酸酯-有机多硫化合物混合型缓蚀剂适于流体流速为1.5~75.0m/s环境下，二者的质量比为1∶1~4∶1，加入硫化物是为了增强磷酸酯在高温下的缓蚀效能。

磷系缓蚀剂的效果要优于非磷系缓蚀剂，但应注意磷系缓蚀剂可能导致二次加工装置催化剂中毒和失活(如催化裂化和加氢)。因此，开发含有磷系缓蚀剂组成的高效混合型缓蚀剂，降低缓蚀剂中磷含量是当前的研究发展趋势[59,60]。

(三) 高温缓蚀剂的性能评价

1. 实验室评价方法

目前，采用硫含量和总酸值(TAN)等数据不能准确预测原油的腐蚀性，尤其是存在环烷酸时，原油腐蚀性的预测变得更为复杂和苦难。因此，在目前条件下还没有统一的标准或方法对原油腐蚀性进行评定，高温缓蚀剂的效果评价也只能沿用原油腐蚀的评价方法。常用的原油腐蚀性评价方法包括铁粉试验法和金属挂片法。

铁粉试验法是在高压釜内加热含酸原油和过量的细铁粉，然后将剩余的铁粉过滤后，再用等离子体发射光谱法测定溶解在油中的铁含量，以此考察油品在添加高温缓蚀剂前后的腐蚀性，从而计算出缓蚀剂的缓蚀效率。金属挂片法是通过测定金属试样(碳钢)试验后的质量损失，失重试验是所有腐蚀测定中最常见的一种试验方法。通过测定添加缓蚀剂前后金属试样在油品中的腐蚀速率，计算出缓蚀剂的缓蚀效率。

2. 现场评价方法

高温缓蚀剂效果的现场评价主要是通过采用腐蚀监检测的方法，比较加注高温缓蚀剂前后监检测数据的变化来判别。常用的腐蚀监检测方法包括馏分油中铁和镍含量分析、氢通量检测和高温定点测厚三种方式。

(1) 化学分析(油品中铁和镍含量)

馏分油中铁含量主要来自腐蚀产生，由于环烷酸与金属发生反应的腐蚀产物环烷酸亚铁为油溶性，因此如果设备和管道的材质等级偏低时，因其耐高温环烷酸腐蚀性差导致腐蚀产物环烷酸亚铁进入馏分油中。因此定期分析馏分油中金属(铁、镍)含量变化情况，预测相应的高温设备和管道发生的腐蚀严重程度。

另外，油品中镍主要来自残渣夹带物，而铁同时来自残渣夹带物和腐蚀过程，因此，当设备存在腐蚀时，由于腐蚀过程产生铁离子，则铁/镍比值应是增大，因此对比加工原油改变前后各馏分油中铁/镍比的变化情况可定性判断相应的高温设备和管道腐蚀的相对变化情况。

(2) 氢通量检测

氢通量检测技术是通过测量设备管线外壁渗出的氢原子量作为腐蚀结果。由于氢原子在腐蚀表面(阴极)形成，管内产生的氢原子向管外壁渗透，内壁和外壁的原子形成一定比例，因此通过测量外壁的氢原子渗透量，可以一定程度地反应出设备的腐蚀程度。

按照环烷酸腐蚀机理，腐蚀过程产生氢原子，氢原子可穿过金属壁向外界释放氢气，通过测量释放氢气的量就可以推算环烷酸腐蚀程度。该技术的缺点是其测量数据只是氢的释放量，而不是腐蚀速度，需要通过相应的关联关系式才能确定其腐蚀速度。一般认为通过一定关系式可将活性氢的量转化为腐蚀系数，当腐蚀系数≤1 时，设备和管道的环烷酸腐蚀状况处于安全区；当腐蚀系数>1 时，设备和管道的环烷酸腐蚀状况相对严重。现场应用表明，该技术应用于碳钢和低合金钢材质的腐蚀监测效果较好，针对不锈钢材质的监测应用效果不够理想，可用于快速定性对比分析原油性质改变前后设备腐蚀程度的变化情况。

(3) 定点测厚

定点测厚监测主要用于监测管道腐蚀速度，通常采用超声波测厚的方法。其工作原理是通过探头换能器发出的脉冲超声波；在被测材料表面部分超声波被反射；另一部分超声波穿过被测材料并被材料底面所反射，经换能器被仪器接收。这样，测出两个界面反射波之间的时间差，再根据声速、时间，就可以计算出材料的厚度。

定点测厚是一个长期和积累的过程，超声波定点测厚分为在线定点、定期测厚和检修期间定点测厚；测厚监测主要针对设备和管道的均匀腐蚀和冲刷腐蚀，在新建装置或新投用的设备及管道，在投用前就应确定定点测厚的位置，并取得原始壁厚数据。

四、消泡剂

延迟焦化属于一种非常重油及渣油的热加工技术，其反应是把渣油、重油等高温裂解生成轻质油品。在反应过程中生成的油气，易于焦炭塔内形成泡沫层，而且其中含有大量的焦粉。在生焦过程尾期，随着焦炭层逐步变得越来越高，泡沫层也接近焦炭塔顶部，泡沫就可能进入油气管道以及分馏塔内部引起结焦，进而导致分馏塔不能正常运行。泡沫层越高，焦炭塔生焦容积越小，焦炭塔的利用效率越低。目前为止，解决这个问题的办法主要为使用消泡剂控制泡沫层高度。

(一) 消泡剂的作用与机理

泡沫体系不同，消泡剂的化学结构和性质不同，则消泡的机理也不同。目前关于消泡剂的消泡机理很具有争议性，观点很多，如消泡剂通过改变泡沫局部的表面张力导致泡沫破灭，消泡剂通过破坏泡沫膜的弹性促使泡沫破灭，加入电解质破坏表面活性剂的双电层使泡沫破灭等，但总体而言，消泡剂是通过破坏泡沫的稳定性来达到消泡的目的。

消泡剂必须可以自发地进入液膜内，并在气液界面铺展、分散，改变气液界面液膜的性质，导致气泡破裂，才能起到消泡作用。所以消泡剂抑制泡沫的效果一般从两方面实现：一方面，消泡剂被泡沫膜吸附，消除起泡剂的吸附层，加上消泡剂铺展性能良好，内聚力很小，因此抑制泡沫形成；另一方面，消泡剂通过取代泡沫膜的起泡剂，大幅度降低其弹性，即使在极低的气体压力下也容易破碎，使泡沫无法形成。

消泡剂借助低表面张力在气液界面液膜表面扩展，扩展过程中体系自由能的减小称为消泡剂在气液界面液膜表面的铺展系数 S；消泡剂穿过气液界面进入液膜表面，导致体系自由能的减小称为进入系数 E。E 和 S 可以用下列式计算：

$$E = \gamma_F + \gamma_{DF} - \gamma_D$$

$$S = \gamma_F - \gamma_{DF} - \gamma_D$$

式中　γ_F——泡沫介质的表面张力；

γ_{DF}——消泡剂的表面张力；

γ_D——消泡剂的界面张力。

当 $E>0$ 与 $S>0$ 时，消泡剂能够自发渗入到泡沫中和在液膜表面扩展是热力学自发过程，消泡剂可以具有消泡作用；当 $E<0$ 时，消泡剂不能自发渗入泡沫中；当 $S<0$ 时，消泡剂不能在液膜表面扩展。

消泡剂应具有破泡和抑泡性能，破泡指把已经形成的泡沫快速破坏掉，通常情况下铺展性越好，破泡性能越好；抑泡指抑制介质产生泡沫，通常在介质中的溶解度越低，抑泡性能越好。理想的消泡剂不但具有良好的铺展性，而且还需要在介质中的溶解度小。

（二）消泡剂种类

消泡剂品种繁多，性能各有差异，分类方法多种多样。按照消泡剂的作用类型分为破泡剂、抑泡剂和脱泡剂。按照功能和应用领域分耐酸消泡剂、耐碱消泡剂、食品消泡剂、纸浆消泡剂、炼油工业消泡剂等。按照成分分为天然油脂消泡剂、高碳醇消泡剂、有机硅型消泡剂、聚醚型消泡剂、聚醚改性硅消泡剂、聚硅氧烷消泡剂等。聚醚型消泡剂依据合成原料不同可以细分为 GP 型(聚氧丙烯甘油)消泡剂、GPE 型(聚氧乙烯氧丙烯甘油)消泡剂、GPEP 型(三段共聚醚)消泡剂。

目前石油工业采用的消泡剂主要是有机硅消泡剂、聚醚消泡剂。

1. 有机硅型消泡剂

有机硅型消泡剂(英文名称 organic silicon defoamer)其主要组分为有机硅化合物，如二甲基硅油、二甲基硅油-二氧化硅的分散体、聚醚改性的亲水性有机硅化合物等；载体，包括水、矿物油、动植物油等；助剂，包括乳化剂、分散剂及防腐剂等。

有机硅属于非极性化合物，其溶解度参数与有机化合物有很大差别，既不溶于极性化合物，也不溶于非极性化合物，所以有机硅消泡剂既可用于水体系、又可用于油体系；有机硅表面张力低，常用二甲基硅油(黏度为 $1000mm^2/s$)的表面张力为 20～21mN/m，比水(76mN/m)及一般起泡液的表面张力都低得多；由于 Si—O 键及 Si—C 键比较稳定，所以有机硅热稳定性好、化学稳定性高，可在较高温度或含有少量酸、碱、盐的体系中使用；有机硅消泡剂不仅消泡性能优越，而且可以显著地抑制泡沫的生成。

虽然有机硅型消泡剂性能优良，但是近年来，发现有机硅型消泡剂在延迟焦化过程中，常对下游的加氢精制工艺带来危害。如硅会沉积在精制催化剂上，导致催化剂永久失活，缩短装置的运转周期，石化企业有过多起类似案例，对安稳长期生产极为不利。

有机硅消泡剂在高温条件下，仍然能保持很好的消泡效果，400℃时，消泡率仍能达到90%左右。有机硅消泡剂适宜的加入量为 20～50μg/g，含有交联结构聚硅氧烷的低硅消泡剂消泡效果更为优秀。

中国石化石油化工科学研究院研发了低硅、无毒、用量少、消泡效果显著的 CDF-10 消泡剂，在镇海炼化公司 1.1Mt/a 延迟焦化装置上应用，在优化了注入位置、注入量和注入方式的条件下，应用消泡剂可令焦炭塔的有效利用率从 65%提高到 78%。

抚顺石油化工研究院在300℃条件下，采用重焦化瓦斯油作为发泡液，添加消泡剂50μg/g，考察了加入不同含量的聚硅氧烷的消泡剂(自制)对消泡效果的影响，试验结果见图15-6-3。实验结果表明，在消泡剂加入量相同的情况下，硅含量越高的消泡剂消泡效果越好；消泡剂加入量为50μg/g(焦化处理量)时，硅含量为5%的消泡剂就能满足焦化装置运转要求。因此为了减少消泡剂对下游装置的危害，在能够满足生产需要的同时，应该尽可能地减少有机硅消泡剂的加入量。

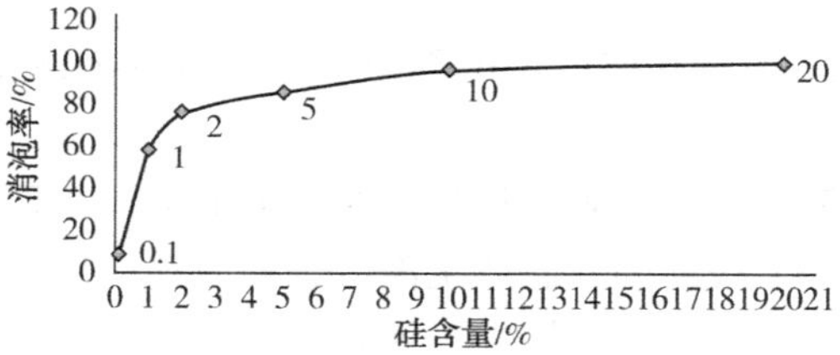

图15-6-3　消泡剂的硅含量对消泡效果的影响

为了适应高温生产工艺及低硅化发展趋势，复合有机硅消泡剂受到重视，例如含氟聚硅氧烷、甘油型树枝状聚醚、高碳醇和溶剂复合，由超高黏度线性聚二甲基硅氧烷、苯基甲基聚硅氧烷、含铁基聚硅氮烷、含乙烯基聚硅氮烷以及溶剂在一定条件下复合等。延迟焦化过程用高效多活性组分消泡剂，在较高使用温度下具有良好的消泡和抑泡性能，同时能保持较高的化学稳定性，不易生成低沸点含硅小分子环化物，避免了其对后续加工过程的不良影响。

2. 聚醚消泡剂

聚醚消泡剂属非离子表面活性剂，兼具聚醚、硅酮类消泡剂的优点，可对不同介质消泡、抑泡，其消泡效果比常规消泡剂强2~3倍，而且具有毒性低、表面活性高、pH适应范围广、表面张力低、铺展速度快等特点。聚醚消泡剂无毒，难溶于水，易溶于有机溶剂，可单独使用，也可配成乳液使用，其中GPE型特别适合于发酵工业使用，PPE(聚丙二醇)适合高温使用。

聚醚型根据合成所用的起始剂不同可分为多元醇型、脂肪酸型和胺醚型三种，其中以多元醇和脂肪酸型消泡剂应用较为广泛。

刘公召研制了一种用于延迟焦化焦炭塔的无硅消泡剂，由30%~50%的高分子嵌段聚醚、20%~40%的脂肪醇和20%~20%的溶剂复合而成。其中嵌段聚醚是乙二醇与环氧乙烷、环氧丙烷的嵌段共聚物，分子量在10000~20000；脂肪醇是异辛醇、3-庚醇或正癸醇，溶剂是30%~50%的乙醇溶液。实验室静态评价与动态评价表明，该无硅消泡剂具有良好的消泡和抑泡性能。2002年开始在中国石化沧州分公司0.6Mt/a延迟焦化装置上进行无硅消泡剂的工业应用，加入量75μg/g。工业应用结果表明，加入无硅消泡剂后，中子料位计上涨率保持在40%以下，比不加消泡剂延长生焦时间4h以上。加大循环比，焦炭塔空塔气速由设计的0.128m/s提高到0.135m/s，分馏塔底循环过滤器差压没有明显变化，表明雾沫夹带并未同步增长。

参　考　文　献

[1] 崔忠圻，刘北兴. 金属学与热处理原理[M]. 哈尔滨：哈尔滨工业大学出版社，2007.

[2] 戈晓岚，杨兴华．金属材料与热处理[M]．北京：化学工业出版社，2004.
[3] 中国国家标准委员会．碳素结构钢，GB/T 700—2006[S]．北京：中国标准出版社，2006：1-9.
[4] 中国国家标准委员会．优质碳素结构钢，GB/T 699—2015[S]．北京：中国标准出版社，2015：1-9.
[5] 王晓梅，GB/T 699—2015《优质碳素结构钢》标准解析[J]．模具技术，2017，3：44-47.
[6] 中国国家标准委员会．锅炉和压力容器用钢板，GB/T 713—2008[S]．北京：中国标准出版社，2008：1-11.
[7] 中国国家标准委员会．低合金高强度结构钢，GB/T 1591—2008[S]．北京：中国标准出版社，2008：1-15.
[8] 中国国家标准委员会．合金结构钢，GB/T 3077—2015[S]．北京：中国标准出版社，2015：1-32.
[9] 中国国家标准委员会．高压锅炉用无缝钢管，GB/T 5310—2017[S]．北京：中国标准出版社，2017：1-25.
[10] 中国国家标准委员会．石油裂化用无缝钢管，GB/T 9948—2013[S]．北京：中国标准出版社，2013：1-18.
[11] 中国国家标准委员会．不锈钢和耐热钢牌号及化学成分，GB/T 20878[S]．北京：中国标准出版社：1-45.
[12] 中国国家标准委员会．承压设备用不锈钢和耐热钢钢板和钢带，GB/T 24511—2017[S]．北京：中国标准出版社：1-31.
[13] 中国国家标准委员会．耐蚀合金牌号，GB/T 15007—2017[S]．北京：中国标准出版社：1-23.
[14] 史军歌，杨德凤．原油中主要无机氯化物的水解反应研究[J]．石油化工腐蚀与防护，2013，30(4)：1-3.
[15] 中国石油化工设备管理协会设备防护专业组．石油化工装置设备腐蚀与防护手册[M]．北京：中国石化出版社，1996：64-89.
[16] API Recommended Practice 571, December 2003, 5-19.
[17] 陈碧凤等．六种材料环烷酸腐蚀的动力学分析[J]．石油炼制与化工，2006(37)：50.
[18] 高延敏，陈家坚，余刚，等．环烷酸对A3钢腐蚀机理的研究[J]．腐蚀科学与防护技术，2000，12(1)：27-29.
[19] 郑玉贵，屈定荣，姚治铭，等．环烷酸腐蚀和硫腐蚀间的交互作用[C]．石油化工设备防腐蚀技术交流会论文集，贵阳，2004.
[20] John E. Slater，Warren E. Berry 等．高温原油腐蚀性研究，腐蚀与防护专题论文选译，1，2002.
[21] API Recommended Practice 584, Integrity Operating Windows, May 2014.
[22] API Recommended Practice 581, Risk-Based Inspection Methodology, APRIL 2016.
[23] 中石化洛阳工程有限公司．SH/T3096—2012，中国标准书号[S]．北京：中国石化出版社，2013.
[24] 中石化洛阳工程有限公司．SH/T3129—2012，中国标准书号[S]．北京：中国石化出版社，2013.
[25] Sztukowski D. M., Yarranton H. W. Oilfield solids and water-in-oil emulsion stability. Journal of Colloid Interface Science, 2005, 285(2): 821-833.
[26] 王兵，胡佳，高会杰．常减压蒸馏装置操作指南[M]．中国石化出版社，2006.
[27] 王学会，朱春梅，胡华玮，等．原油破乳剂研究发展综述[J]．油田化学，2002，19(4)：379-381.
[28] 康万利，李金环，刘桂范．原油破乳剂的研制进展[J]．石油与天然气化工，2004，33(6)：433-437.
[29] 张志庆，徐桂英，王芳．新型酚胺聚醚破乳剂的原油脱水研究[J]．山东大学学报(理学版)，2004，39(3)：84-87.
[30] 李仲伟．聚合物驱原油破乳剂的研究及应用[D]．济南：山东大学，2017.
[31] Al-Sabagh A. M.; Noor M. R.; Morsi R. E. Demulsification efficiency of some novel styrene/maleic anhydride ester copolymers[J]. Journal of Applied Polymer Science, 2008, 108(4): 2301-2311.

[32] Kang W. L.; Meng L. W.; Zhang H. Y. Synthesis and demulsibility of the terpolymer demulsifier of acryl resin [J]. Chinese Journal of Chemical Engineering, 2008, 26(6): 1137-1140.
[33] 周几柱，张巍，赵玉竹，等．聚酰胺-胺星形聚醚原油破乳剂的合成与性能[J]．精细石油化工，2008，25(5)：5-9.
[34] 蒋明康，郭丽梅，刘宏魏．丙烯酸类共聚物原油破乳剂的制备[J]．精细石油化工，2007，24(6)：58-62.
[35] 王洪国，高婧，廖克俭，等．有机硅改性破乳剂的研制与应用[J]．石油化工高等学校学报，2015，28(3)：27-31.
[36] 高婧，王洪国，吴桐，等．有机硅改性破乳剂破乳脱水工艺研究[J]．应用化工，2015，44(4)：630-633.
[37] 吴凯凯，梁光川，马培红，等．聚醚性稠油破乳剂破乳效果影响因素分析[J]．天然气与石油，2010，28(2)：12-14.
[38] 刘长久，张广林．石油和石油产品中的非烃化合物[M]．北京：中国石化出版社，1991，326-327.
[39] 罗艳托，朱建华，张世杰．金属元素对原油加工的危害及分离研究现状[J]．青岛科技大学学报，2003，24(增刊)：34-37.
[40] 张学佳，纪巍，康志军等．原油中钙的危害及脱钙技术[J]．石油与天然气化工，2008，37(4)：307-312.
[41] 贺晓江．原油中镍和钒的危害及脱除技术现状[J]．石油化工腐蚀与防护，2012，29(4)：1-4.
[42] 马永花．胜利原油脱钙技术工业应用[J]．齐鲁石油化工，1997，5(3)：185-187.
[43] 马帅帅．环保型聚合物类原油脱钙剂的制备及应用研究[D]．南京：东南大学，2016.
[44] 楚喜丽，张鸿勋．原油脱钙技术及脱钙剂研究进展[J]．石油化工腐蚀与防护，2006，23(1)：1-4.
[45] 胡乃兵，王国良，张治军，等．KAL 型原油脱钙剂研究[J]．石油化工腐蚀与防护，2006，23(2)：9-13.
[46] Maxwell J. R.; Pillinger C. T.; Eglinton G. Organic geochemistry [J]. Quarterly Reviews Chemical Society, 1971, 25(4): 571-628.
[47] 李振芳，王宗贤．重油中金属杂质脱除技术研究进展[J]．化工进展，2016，35(增刊)：127-131.
[48] Reynolds J. G. Removal of nickel and vanadium from heavy crude oils by exchange reactions [J]. Nickel, 2004, 49(1): 79-80.
[49] Mamadous C. A new class of high capacity chelating agents for Cu ions [J]. Environmental Science and Technology, 1999, 33(5): 820-824.
[50] 周思宇．低聚物石油脱钙剂合成与应用[D]．长沙：湖南大学，2012.
[51] 徐培泽．常减压装置的助剂改进与腐蚀控制[J]．腐蚀与防护，2005，26(11)：490-493.
[52] 郭庆举，巩增利．常减压塔顶腐蚀与中和剂的选择[J]．石油化工腐蚀与防护，2013，30(4)：30-32.
[53] 傅晓萍．蒸馏装置塔顶缓蚀剂技术现状[J]．石油化工腐蚀与防护，2005，22(2)：15-18.
[54] 张广林，王国良．炼油助剂应用手册[M]．北京：中国石化出版社，2003，47.
[55] 蔡晓辉，房立仲，唐静，等．炼油厂塔顶冷凝系统缓蚀剂研究进展[J]．当代化工，2012，41(4)：363-365.
[56] 段永锋，于凤昌．原油蒸馏装置塔顶系统腐蚀与缓蚀技术研究进展[J]．全面腐蚀控制，2014，28(3)：15-19.
[57] 郑莉，石雪莉．抗环烷酸腐蚀缓蚀剂缓蚀机理及缓蚀性能影响因素[J]．清洗世界，2016，32(1)：29-34.
[58] 敬和民，郑玉贵，姚治铭，等．环烷酸腐蚀及其控制[J]．石油化工腐蚀与防护，1999，16(1)：1-7.
[59] 李晓刚，付冬梅，董超芳，等．用神经网络算法分析环烷酸的腐蚀行为[J]．腐蚀科学与防护技术，

2001，13(1)：57-61.
[60] 高滨．炼油厂环烷酸腐蚀及相应缓蚀剂的研究进展[J]. 天津化工，2012，26(5)：12-14.
[61] 张玉芳，路民旭，朱雅红．炼油厂环烷酸腐蚀缓蚀剂的研究进展[J]. 材料保护，2001，34(2)：5-8.
[62] 张冉冉，刘公召，有机硅消泡剂的研究进展及应用[J]. 化工技术与开发，2015，44(8)：20-24
[63] 王玉章，李云龙，李锐，等．CDF-10 延迟焦化消泡剂的应用[J]. 石油炼制与化工，2001，32(4)：17-19.
[64] 王鑫，孙鹏，刘纾言．多种类型延迟焦化消泡剂消泡性能的研究[J]. 石油炼制与化工，2013，44(2)：70-73.

第十六章　安全、环保及职业卫生

第一节　安　　全

延迟焦化装置是炼油厂重要的重油加工装置，具有加工原料重、原料硫含量高、高温操作的特点，物料多数具有易燃易爆、有毒有害的特性。焦炭塔操作温度高于介质的闪点和自燃点，分馏塔顶、吸收稳定塔顶系统硫化氢的含量较高，一旦发生操作失误和设备问题造成物料泄漏，就可能造成火灾、爆炸和人员中毒事故。因此，必须从设计、运行和管理多方面采取措施，预防各类安全事故的发生。

一、过程危险源分析

（一）物料的危险性

延迟焦化装置从加工的原料到馏分产品、中间产物等均为易燃或可燃物质，具有潜在的火灾危险性。可燃气体或轻质油品的蒸汽与空气混合后能形成爆炸性气体混合物，在一定的条件下遇到点火源可发生蒸汽云爆炸。另外，重质油加工过程中还会产生中间产物硫化氢，而硫化氢为高毒物质，人体接触高浓度的毒物可产生不可逆的伤害。

装置中的干气、液化气、汽油、柴油、硫化氢、氢氧化钠溶液被列入国家监管的危险化学品目录，其中干气、液化气、汽油、硫化氢属于国家重点监管的危险化学品；硫化氢还被列入国家高毒物品目录。

表 16-1-1 列出了装置主要物料的安全特性，表中数据主要来源于 GB/T 50493—2019《石油化工可燃气体和有毒气体检测报警设计标准》[1]、GB 50058—2014《爆炸危险环境电力装置设计规范》[2]。

表 16-1-1　装置主要物料的安全特性

物料名称	相对密度①	沸点③/℃	闪点/℃	引燃温度/℃	爆炸极限/%(体)	火灾危险类别
汽油	2.5	50~150	<-18	288	1.1~5.9	$甲_B$
柴油	7.0		43~87	220	0.6~6.5	$乙_B$/$丙_A$
蜡油						$丙_B$
渣油						$丙_B$
干气②	0.6			537	5.0~15.0	甲
液化气					1.0(下限)③	$甲_A$

续表

物料名称	相对密度①	沸点③/℃	闪点/℃	引燃温度/℃	爆炸极限/%(体)	火灾危险类别
硫化氢	1.2			260	4.0~44.0	甲
N-甲基二乙醇胺(MDEA)	4.2		260			丙

①气体(蒸气)相对空气的密度。

②参考甲烷。

③该数据引自文献[1]，其他数据引自文献[2]。

(二) 工艺的危险性

1. 焦化炉

焦化炉出口温度500℃左右，炉膛温度在800℃左右，焦化炉出口管线、阀门、法兰泄漏会自燃着火。焦化炉加热的渣油如果偏流、炉管很容易结焦，炉进料泵压力上升，很容易使法兰、阀门泄漏着火。所以炉子一旦压力上升，就应及时启动清焦工序。

燃料气带液会造成炉膛超温，这也是很危险的，因此，要设置燃料气加热措施，防止燃料气带液。

焦化炉在开、停炉时，容易发生炉膛爆炸。主要是燃料气串入炉内，没有用蒸汽吹扫，或炉膛温度高造成的。这类事故在炼油厂多次发生过，必须制定操作规程，加以防范。

2. 焦炭塔

焦化炉出口500℃的热油气进入焦炭塔进行反应生成各种产品。焦炭塔和进出管线、管件一旦泄漏就会自燃着火。焦炭塔为间歇式切换操作，如切换不当，会造成焦化炉管线憋压，发生管线破裂继发恶性事故，东北某炼油厂就是在切换焦炭塔的过程中造成管线破裂发生火灾，将焦炭塔框架烧坏。焦炭塔温度频繁变化，塔底易变形，由于冷热应力的存在，易将裙座与塔筒体的焊缝拉裂，甚至造成数百吨重的塔底滑落，广东某炼油厂的焦炭塔，就出现过这种危险情况。另外，焦炭塔的大油气线的冲刷或硫腐蚀，容易引起油气线泄漏着火，应从设计选材上加以防范。

3. 分馏塔

分馏塔从上到下依次能分馏出干气、液化气、汽油、柴油、蜡油和塔底循环油，这些物质都是易燃易爆和可燃物质。

分馏塔操作温度较高，进出管线比较多，塔体的开口也比较多，容易发生管线连接处的焊缝开裂泄漏着火事故。分馏塔的下部，蜡油和热油循环系统的设备、管线因高温腐蚀或选材不当会发生泄漏着火。

1998年1月22日，华东某炼油厂，在清理塔底过滤器时，360℃的塔底油流出着火。其原因是与塔连接的阀门，因有焦粉关不严造成的，因此，在不停工检修某一台设备时，要充分考虑到阀门关不严的问题。

4. 压缩机、吸收稳定区域

该区域操作温度不高，但集中了延迟焦化装置的甲类危险物质(轻烃)。一旦泄漏就容易引发火灾爆炸事故。富气压缩机应主要防止富气带液造成的泄漏，吸收塔、稳定塔主要防止气体和液化气的泄漏，尤其是液化气中含H_2S引起的硫腐蚀，容易引起稳定塔塔顶管线、回流罐水界面以下部分腐蚀泄漏。

5. 泵区

泵区主要是热油泵的泄漏着火。热油泵的密封损坏、泵体振动拉裂出口焊缝、压力表导管振坏、长期冲刷高温腐蚀或选材不当等多种原因，可以使热油泄漏，发生火灾。

（三）危险源辨识及评估

对装置内的危险源进行辨识并采取科学的方法加以控制，是预防事故最有效的方法。危险源辨识可根据不同的分析目的，采用预先危险源分析（PHA，Preliminary Hazards Analysis）、故障假设分析（What-If）、安全检查表分析（Checklist）、故障假设/安全检查表分析（What-If /Checklist）、危险与可操作性研究（HAZOP，Hazard and Operability Study）、故障类型和影响分析（FMEA，Failure Mode and Effects Analysis）、故障树分析（FAT，Fault Tree Analysis）等适宜的分析方法。目前，对于新建装置及在役装置，推荐采用 HAZOP 分析方法进行过程的危险源分析。HAZOP 分析可以实现对工艺设计及操作过程全面、系统的审查。

HAZOP 分析首先应划分分析的节点，并对节点内的具体分析对象采用引导词来确定偏差，分析偏差可能产生的原因、偏差可能造成的最严重后果以及现有的保护措施能否满足要求。

目前，国内的 HAZOP 分析可以由工程公司、业主或第三方咨询公司来承担。由于各分析人员的从业背景不同，得到的分析结果差别较大，这对于后续的安全仪表的安全完整性等级（SIL，Safety Integrity Level）的确定也会产生比较大的影响。另外，如果 HAZOP 分析与 SIL 评估由不同的团队来完成，也会由于使用的数据库不同、团队经验不同而造成人为的结果差异，对于后期业主进行数据库及风险的管控也十分不利。在这样的情况下，一体化的 HAZOP-SIL 综合分析方法应运而生，其具有团队人员固定、数据库统一、分析效率高的优势。因此，推荐由一个团队来完成同一套装置的 HAZOP 分析和 SIL 评估，并在 HAZOP 分析中结合风险矩阵及保护层分析（LOPA，Layer of Protection Analysis）方法，对是否需要配置安全仪表系统（SIS，Safety Instrumented System）进行初步的识别。

HAZOP-SIL 综合分析方法将在安全仪表系统部分举例说明。

（四）装置固有危险程度评估

装置固有危险程度反映了工艺装置本身所具有的危险性，可采用重大危险源辨识、道化学公司的火灾爆炸危险指数来评估装置固有危险性。

1. 重大危险源辨识

（1）重大危险源辨识

当生产单元内存在的危险化学品的数量等于或超过临界量时，该单元即为重大危险源。单元内存在的危险化学品为多品种时，可按式（16-1-1）[3]计算并判定单元是否为重大危险源。

$$S = \frac{q_1}{Q_1} + \frac{q_2}{Q_2} + \cdots + \frac{q_n}{Q_n} \geqslant 1 \qquad (16-1-1)$$

式中　S——辨识指标，无量纲；

q_1，q_2，…，q_n——每种危险化学品实际存在量，t；

Q_1，Q_2，…，Q_n——与各危险化学品相对应的临界量，t。

（2）示例

某延迟焦化装置重大危险源辨识结果见表 16-1-2。

表 16-1-2 延迟焦化装置重大危险源辨识表

序号	危险化学品名称	临界量/t	实际数量/t	q_n/Q_n	$\Sigma q_n/Q_n$	是否重大危险源
1	液化气	50	16	0.32		
2	汽油	200	40	0.20		
3	柴油	5000	80	0.02	1.78	是
4	干气	50	22	0.44		
5	硫化氢	5	4	0.80		

2. 火灾、爆炸危险指数

美国道化学公司的火灾、爆炸危险指数评价方法(第七版)(以下简称《道七版》)，通过计算火灾、爆炸危险指数，划分危险等级，并进行采取安全对策措施加以补偿的最终危险指数评价，判定危险度是否可以接受。具体评价方法如下：

(1) 确定评价单元

单元是装置的一个独立部分，与其他部分保持一定的距离，或用防火墙、防爆墙、防护堤等与其他部分隔开。通常，在不增加危险性潜能的情况下，可把危险性类似的单元归并为一个较大的单元。

(2) 单元初期危险度评价

单元初期火灾、爆炸危险指数(*F&EI*)可按式(16-1-2)进行计算。

$$F\&EI = MF \times F_1 \times F_2 \qquad (16\text{-}1\text{-}2)$$

式中 *F&EI*——单元初期火灾、爆炸危险指数，无量纲；

MF——物质系数，无量纲；

F_1——一般工艺危险系数，无量纲；

F_2——特殊工艺危险系数，无量纲。

(3) 单元最终危险度评价

单元初期危险度表示的是不考虑任何预防措施时，单元所固有的危险性。《道七版》从降低单元的实际危险度出发，通过变更设计、采取减少事故频率和潜在事故后果的安全对策措施和各种预防手段来修正、降低其危险性。

安全预防措施分工艺控制、物质隔离、防火措施三个方面。其中，工艺控制补偿系数包括应急电源等 9 项措施，物质隔离补偿系数包括遥控阀等 4 项措施，防火措施补偿系数包括泄漏检测装置等 9 项措施。

补偿火灾、爆炸危险指数(*F&EI*)′可按式(16-1-3)进行计算。

$$(F\&EI)' = (F\&EI) \times C_1 \times C_2 \times C_3 \qquad (16\text{-}1\text{-}3)$$

式中 (*F&EI*)′——补偿火灾、爆炸危险指数，无量纲；

C_1——工艺控制补偿系数，无量纲；

C_2——物质隔离补偿系数，无量纲；

C_3——防火措施补偿系数，无量纲。

补偿系数的取值可按《道七版》所确定的原则选取。无任何安全措施时，*F&EI* 与(*F&EI*)′相等。

最终计算出的火灾、爆炸危险程度分级按表 16-1-3 确定。

表 16-1-3 火灾、爆炸危险等级

F&EI 或(*F&EI*)′值	1~60	61~96	97~127	128~158	>158
危险程度	最轻	较轻	中等	很大	非常大

（4）示例

1）评价单元划分。按照《道七版》评价单元选择的原则，结合延迟焦化装置的生产工艺流程，将装置划分为 3 个评价单元：焦炭塔、吸收塔、稳定塔。

2）初期危险指数(*F&EI*)。依据《道七版》火灾、爆炸危险指数评价方法，利用各单元选取的危险性系数计算单元初期危险指数，见表 16-1-4。

表 16-1-4 延迟焦化装置单元初期火灾爆炸危险指数

装置名称：延迟焦化		焦炭塔	吸收塔	稳定塔
1. 物质系数 *MF*		21	21	21
2. 一般工艺危险性	危险系数范围	危险系数	危险系数	危险系数
基本系数	1.00	1.00	1.00	1.00
A. 放热化学反应	0.30~1.25			
B. 吸热反应	0.20~0.40	0.50		
C. 物料处理与输送	0.25~1.05			
D. 密闭或室内工艺单元	0.25~0.90			
E. 通道	0.20~0.35			
F. 排放和泄漏控制	0.25~0.50	0.50	0.50	0.50
一般工艺危险系数(F_1)		2.00	1.50	1.50
3. 特殊工艺危险性	危险系数范围	危险系数	危险系数	危险系数
基本系数	1.00	1.00	1.00	1.00
A. 毒性物质	0.20~0.80	0.80	0.20	0.20
B. 负压(绝压<66.66kPa)	0.50			
C. 易燃及接近易燃范围的操作(惰性化、未惰性化)				
① 罐装易燃液体	0.50			
② 过程失常或吹扫故障	0.30			
③ 一直在燃烧范围内	0.80			
D. 粉尘爆炸	0.25~2.00			
E. 压力(表压)/kPa	0.10~1.50	0.20	0.40	0.40
F. 低温	0.20~0.30			
G. 易燃及不稳定物质量/kg 物质燃烧热 H_c/(J/kg)				
① 工艺中的液体及气体		1.50	2.50	2.60
② 储存中的液体及气体				
③ 储存中的可燃固体及工艺中的粉尘				

续表

装置名称：延迟焦化		焦炭塔	吸收塔	稳定塔
H. 腐蚀与磨蚀	0.10~0.75	0.20	0.50	0.50
I. 泄漏(接头和填料)	0.10~1.50	0.30	0.30	0.30
J. 使用明火设备				
K. 热油热交换系统	0.15~1.15			
L. 转动设备	0.50			
特殊工艺危险系数(F_2)		4.00	4.90	5.00
工艺单元危险系数($F_1 \times F_2$)		8.00	7.35	7.50
火灾、爆炸指数(*F&EI*)		168	154	157
火灾、爆炸危险等级		非常大	很大	很大

3）补偿危险指数(*F&EI*)′。根据评价单元安全措施补偿系数的选取原则，选取评价单元的安全措施补偿系数，然后对单元进行补偿计算，见表16-1-5。

表16-1-5　延迟焦化装置单元补偿火灾爆炸危险指数

装置名称：延迟焦化		焦炭塔	吸收塔	稳定塔
1. 工艺控制安全补偿系数	补偿系数范围	补偿系数	补偿系数	补偿系数
A. 应急电源	0.98	0.98	0.98	0.98
B. 冷却装置	0.97~0.99			
C. 抑爆装置	0.84~0.98			
D. 紧急停车装置	0.96~0.99	0.98	0.98	0.98
E. 计算机控制	0.93~0.99	0.97	0.97	0.97
F. 惰性气体保护	0.94~0.96			
G. 操作规程/程序	0.91~0.99	0.95	0.95	0.95
H. 化学活泼性物质检查	0.91~0.98			
I. 其他工艺危险分析	0.91~0.98			
工艺控制安全补偿系数(C_1)		0.89	0.89	0.89
2. 物质隔离安全补偿系数	补偿系数范围	补偿系数	补偿系数	补偿系数
A. 遥控阀	0.96~0.98	0.98	0.98	0.98
B. 卸料/排空装置	0.96~0.98	0.98	0.98	0.98
C. 排放系统	0.91~0.97			
D. 联锁装置	0.98	0.98	0.98	0.98
物质隔离安全补偿系数(C_2)		0.94	0.94	0.94
3. 防火措施安全补偿系数	补偿系数范围	补偿系数	补偿系数	补偿系数
A. 泄漏检测装置	0.94~0.98	0.98	0.98	0.98
B. 钢结构	0.95~0.98	0.95	0.95	0.95
C. 消防水供应系统	0.94~0.97	0.94	0.94	0.94
D. 特殊灭火系统	0.91			

续表

装置名称：延迟焦化		焦炭塔	吸收塔	稳定塔
E. 洒水灭火系统	0.74～0.97			
F. 水幕	0.97～0.98			
G. 泡沫灭火装置	0.92～0.97	0.94	0.94	0.94
H. 手提式灭火器材/喷水枪	0.93～0.98	0.97	0.97	0.97
I. 电缆防护	0.94～0.98	0.94	0.94	0.94
防火设施安全补偿系数（C_3）		0.75	0.75	0.75
安全措施总补偿系数（$C_1 \times C_2 \times C_3$）		0.63	0.63	0.63
火灾、爆炸指数（*F&EI*）		168	154	157
补偿火灾、爆炸危险指数（*F&EI*）′		105	97	99
补偿火灾、爆炸危险等级		中等	中等	中等

由表16-1-4、表16-1-5可知：延迟焦化装置固有危险性很高，经过安全措施补偿后装置的危险性大大降低，火灾、爆炸危险等级由补偿前的很大、非常大降至中等。

（五）过程危险有害因素

延迟焦化装置主要的事故类型是火灾、爆炸、中毒事故，其根本原因是危险物质及能量的意外释放。造成危险物质及能量意外释放的原因很多，包括设备失效、人员操作失误及外部灾害等危险因素。此外，装置中还存在碱灼伤、高温灼烫、高处坠落、噪声、触电等可造成人身伤害的其他危险有害因素。

（六）危险岗位及场所

装置主要危险有害因素分布见表16-1-6。

表16-1-6　延迟焦化装置主要危险有害因素及其分布

序号	危险部位	主要危险、有害因素
1	加热炉区	火灾、爆炸、噪声、高温
2	焦炭塔区	火灾、爆炸、中毒、机械伤害、高温、粉尘、高处坠落、射线危害
3	放空洗涤塔区	火灾、爆炸、中毒、高处坠落
4	分馏塔区	火灾、爆炸、中毒、高温、高处坠落
5	吸收稳定区	火灾、爆炸、中毒、高处坠落
6	冷焦水、切焦水处理区	火灾、爆炸、中毒、粉尘、化学灼伤
7	压缩机区	火灾、爆炸、中毒、噪声、触电
8	泵区	火灾、爆炸、中毒、噪声、触电

二、安全防护措施

针对过程危险源分析，应基于安全保护层及“替代、消减、减缓、报警及应急”的策略，从装置的本质安全设计入手，并辅助各类管理措施，以达到降低风险及事故可控的目的。危险源保护层防护策略见图16-1-1。

（一）本质更安全的工艺、设备设计

1. 密闭系统

物料的加工、输送、储存过程均采用密闭的方式，正常生产时各种物料控制在密闭系统内。开停工时可燃气体排入火炬系统；可燃液体排至罐区；污油密闭排至污油罐。

2. 工艺防腐

工艺上采用分馏塔顶、吸收稳定塔顶注缓蚀剂措施，减少物料对设备的腐蚀，降低设备因腐蚀穿孔造成泄漏，从根本上降低物料泄漏造成火灾的概率。

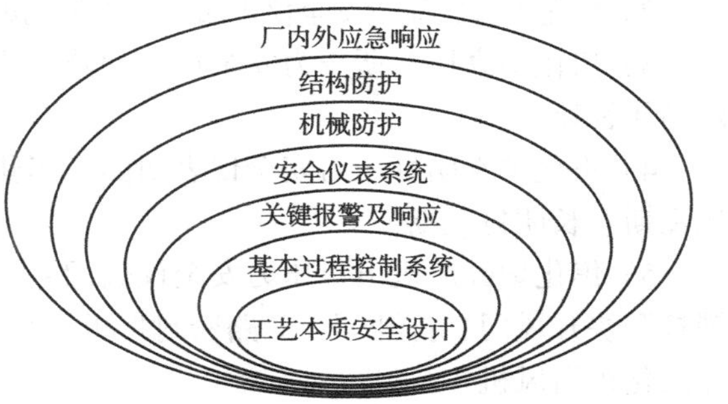

图 16-1-1　危险源保护层防护策略

3. 防结焦

原料油换热前采用加注防结焦剂措施，防止原料结焦造成装置停工。

4. 高温油泵防护

1）设备选型及安装。轴端密封采用符合 SH/T 3156—2019《石油化工离心泵和转子泵用轴封系统工程技术规范》[4] 规定的串级或双端面波纹机械密封。密封冲洗方式推荐采用 plan32+53A，也可采用 plan32+52 或 plan32+54 的冲洗方式。当采用 plan32+52 方式时，应特别要求封液罐及其附件能够承受泵出口压力和介质温度，防止第一级密封失效后介质进入封液罐发生泄漏。封液罐要求配备温度、压力、液位开关、压力开关等监测仪表以及报警等安全措施。

2）出入口阀门设置。对于直径≥DN300 的高温油泵，其出入口阀门要选用电动或气动闸阀，做到在事故状况下能迅速切断物料。

3）增设紧急隔离阀。对于容积大于 10m^{3}的塔和容器，在其与高温油泵的吸入口总管上要设紧急隔离阀，选用电动或气动执行机构，隔离阀门位置与泵的距离不小于 15m。

4）遥控电机开关。可在 DCS 上增设高温油泵关机按钮，紧急状况下可以迅速关闭电机。

（二）过程安全控制及报警

生产过程采用自动化程度高、安全可靠的 DCS 系统对生产进行集中监视和控制。对于过程中一些重要的控制参数，当其超过安全边界可能引发火灾、爆炸及人员中毒事故时必须设置超限报警，报警信号要在控制室进行声光报警，而且要保证操作人员有足够的时间进行响应，以便处理危急情况。

（三）安全仪表系统

为避免装置发生重大的人身伤亡和财产损失，延迟焦化装置还应设置独立于 DCS 的安全仪表系统（SIS）。安全仪表系统应能够确保装置出现紧急情况时使装置局部或全部停车，其操作站设置于有人值守的控制室。

延迟焦化装置的安全仪表系统包括若干个安全仪表回路。每一个安全仪表回路包括测量仪表、逻辑控制器及执行元件三部分，其能够实现一个特定的安全仪表功能（SIF），每个 SIF 的安全完整性等级（SIL）应经评估后确定。

1. 装置典型的安全仪表回路及其安全功能

延迟焦化装置典型的安全仪表回路及其安全功能包括：

1）焦化炉出口转油线温度安全仪表回路。当焦化炉出口转油线温度高高时，报警并联锁切断高压瓦斯。

2）焦化炉进料流量安全仪表回路。当焦化炉进料流量低低时，报警并联锁切断高压瓦斯。

3）焦化炉高压瓦斯压力安全仪表回路。当焦化炉高压瓦斯压力低低时，报警并联锁切断高压瓦斯。

4）焦化炉常明灯压力安全仪表回路。当焦化炉常明灯压力低低时，报警并联锁切断高压瓦斯、长明灯瓦斯。

5）焦化炉鼓风机出口压力安全仪表回路。当焦化炉鼓风机出口压力低低时，报警并联锁打开快开风门、打开烟气旁路密封挡板、打开烟气入预热器密封挡板、停焦化炉鼓风机、停焦化炉引风机。

6）焦化炉引风机入口压力安全仪表回路。当焦化炉引风机入口压力高高时，报警并联锁打开烟气旁路密封挡板、打开烟气入预热器密封挡板、停焦化炉引风机。

7）焦化炉引风机入口温度安全仪表回路。当焦化炉引风机入口温度高高时，报警并联锁打开烟气旁路密封挡板、打开烟气入预热器密封挡板、停焦化炉引风机。

8）分馏塔顶分液罐液位安全仪表回路。当分馏塔顶分液罐液位高高时，报警并联锁停压缩机。

9）封油泵出口封油压力安全仪表回路。当封油泵出口封油压力低低时，报警并联锁停封油泵。

10）压缩机系统安全联锁。当压缩机机组润滑油总管压力低低、密封气与缓冲气差压低低、振动和轴向位移高高、轴承过热、超速、级间分液罐液位高高、一级入口压力低低中任何一个条件满足时均可报警并联锁停压缩机。

11）水力除焦系统安全联锁。包括高压水泵安全联锁、塔顶高压水隔断阀安全联锁、绞车安全联锁及自动的塔顶/底盖安全联锁。

2. 延迟焦化装置安全仪表回路 SIL 分级示例

下面举例说明如何运用 HAZOP-SIL 综合分析方法对某企业焦化加热炉高压瓦斯压力安全仪表回路进行 SIL 分级。

（1）确定安全风险矩阵及安全管理要求

进行 HAZOP-SIL 分析时首先要确定采用的风险矩阵及安全管理要求，风险矩阵推荐采用企业自己的风险矩阵，本例子中该企业的安全风险矩阵见表 16-1-7、可能性分级见见表 16-1-8、后果严重性分极见表 16-1-9。风险管理采用 ALARP 的原则，风险控制的最低要求见表 16-1-10。

表 16-1-7　某企业安全风险矩阵

安全风险矩阵		发生的可能性等级(从不可能到频繁发生) ——→							
		1	2	3	4	5	6	7	8
事故严重性等级(从轻到重)	后果等级	$\leq 10^{-6}$/年	$10^{-6} \sim 10^{-5}$/年	$10^{-5} \sim 10^{-4}$/年	$10^{-4} \sim 10^{-3}$/年	$10^{-3} \sim 10^{-2}$/年	$10^{-2} \sim 10^{-1}$/年	$10^{-1} \sim 1$/年	>1/年
	A	1	1	2	3	5	7	10	15
	B	2	2	3	5	7	10	15	23
	C	2	3	5	7	11	16	23	35
	D	5	8	12	17	25	37	55	81
	E	7	10	15	22	32	46	68	100
	F	10	15	20	30	43	64	94	138
	G	15	20	29	43	63	93	136	200

表 16-1-8　发生的可能性等级分级表

可能性分级	发生的频率 F/(次/年)	可能性分级	发生的频率 F/(次/年)
1	$\leqslant 10^{-6}$	5	$10^{-2} \geqslant F > 10^{-3}$
2	$10^{-5} \geqslant F > 10^{-6}$	6	$10^{-1} \geqslant F > 10^{-2}$
3	$10^{-4} \geqslant F > 10^{-5}$	7	$1 \geqslant F > 10^{-1}$
4	$10^{-3} \geqslant F > 10^{-4}$	8	>1

表 16-1-9　后果严重性分级表

后果等级	健康和安全影响(人员损害)	财产损失影响	非财务性影响与社会影响
A	轻微影响的健康/安全事故： 1. 急救处理或医疗处理，但不需住院，不会因事故伤害损失工作日； 2. 短时间暴露超标，引起身体不适，但不会造成长期健康影响	事故直接经济损失在10万元以下	能够引起周围社区少数居民短期内不满、抱怨或投诉(如抱怨设施噪声超标)
B	中等影响的健康/安全事故： 1. 因事故伤害损失工作日； 2. 1~2人轻伤	直接经济损失10万元以上，50万元以下；局部停车	1. 当地媒体的短期报道； 2. 对当地公共设施的日常运行造成干扰(如导致某道路在24h内无法正常通行)
C	较大影响的健康/安全事故： 1. 3人以上轻伤或1~2人重伤(包括急性工业中毒，下同)； 2. 暴露超标，带来长期健康影响或造成职业相关的严重疾病	直接经济损失50万元及以上，200万元以下；1~2套装置停车	1. 存在合规性问题，不会造成严重的安全后果或不会导致地方政府相关监管部门采取强制性措施； 2. 当地媒体的长期报道； 3. 在当地造成不利的社会影响。对当地公共设施的日常运行造成严重干扰
D	较大的安全事故，导致人员死亡或重伤： 1. 界区内1~2人死亡或3~9人重伤； 2. 界区外1~2人重伤	直接经济损失200万元以上，1000万元以下；3套及以上装置停车；发生局部区域的火灾爆炸	1. 引起地方政府相关监管部门采取强制性措施； 2. 引起国内或国际媒体的短期负面报道
E	严重的安全事故： 1. 界区内3~9人死亡或10人及以上，50人以下重伤； 2. 界区外1~2人死亡或3~9人重伤	事故直接经济损失1000万元以上，5000万以下；发生失控的火灾或爆炸	1. 引起国内或国际媒体长期负面关注； 2. 造成省级范围内的不利社会影响；对省级公共设施的日常运行造成严重干扰； 3. 引起了省级政府相关部门采取强制性措施； 4. 导致失去当地市场的生产、经营和销售许可证
F	非常重大的安全事故，将导致工厂界区内或界区外多人伤亡： 1. 界区内10人及以上，30人以下死亡或50人及以上，100人以下重伤； 2. 界区外3~9人死亡或10人及以上，50人以下重伤	事故直接经济损失5000万元以上，1亿元以下	1. 引起了国家相关部门采取强制性措施； 2. 在全国范围内造成严重的社会影响； 3. 引起国内国际媒体重点跟踪报道或系列报道

续表

后果等级	健康和安全影响(人员损害)	财产损失影响	非财务性影响与社会影响
G	特别重大的灾难性安全事故，将导致工厂界区内或界区外大量人员伤亡： 1. 界区内 30 人及以上死亡或 100 人及以上重伤； 2. 界区外 10 人及以上死亡或 50 人及以上重伤	事故直接经济损失 1 亿以上	1. 引起国家领导人关注，或国务院、相关部委领导作出批示； 2. 导致吊销国际国内主要市场的生产、销售或经营许可证； 3. 引起国际国内主要市场上公众或投资人的强烈愤慨或谴责

表 16-1-10　各级风险的最低安全要求

风险级别	剩余风险值① *RI*(Risk Index)	风险水平	最低安全要求
低风险	$RI<10$	广泛可接受的风险	执行现有管理程序、保持现有安全措施完好有效，防止风险进一步升级
一般风险	$10 \leq RI<15$	容忍的风险(ALARP 区)	可进一步降低风险，设置可靠的监测报警设施或高质量的管理程序
	$15 \leq RI<20$	容忍的风险(ALARP 区)	可进一步降低风险。设置风险降低倍数等同于 SIL1 的保护层
较大风险	$20 \leq RI<40$	高风险，不可容忍的风险	1. 应当进一步降低风险。设置风险降低倍数等同于 SIL2 或 SIL3 的保护层。 2. 新建装置应当在设计阶段降低风险；在役装置应当采取措施降低风险
重大风险	$40 \leq RI<60$	非常高的风险，不可容忍风险	1. 必须降低风险。设置风险降低倍数等同于 SIL3 的保护层。 2. 新建装置应当在设计阶段降低风险；在役装置应当立即采取措施降低风险
	$RI \geq 60$	极其严重的风险，不可容忍的风险	新建装置改变工艺或设计。对在役装置应当立即采取措施降低风险，直至停车

①表征在现有安全措施(安全保护层)下实际存在的风险。

(2) 确定初始事件频率及独立保护层失效概率

初始事件频率及保护层的失效概率数据推荐采用企业的统计数据，若企业没有相关数据，可采用国家标准 AQ/T 3054—2015《保护层分析(LOAP)方法应用导则》[5]中推荐的数据或经企业认可的第三方机构的数据库。

在某些情况下可利用条件事件(初始事件发生的条件)的频率对初始事件频率进行修正，或采用点火概率、人员暴露概率及人员死亡概率对特定的事故场景(火灾、爆炸、毒物泄漏)的概率进行修正。

本例子中初始事件频率采用了该企业的统计数据，并没有考虑条件事件频率及修正因子的影响。

(3) SIL 分级标准

根据初始事件频率、独立保护层失效概率以及安全管理目标，确定要求的安全仪表回路的失效概率，按 GB/T 50770—2013《石油化工安全仪表系统设计规范》[6] 给出的安全完整性等级与失效概率(PFD)的关系确定 SIL[6]，见表 16-1-11。

石油化工行业安全仪表回路的安全完整性等级通常不应超过 SIL3，当分级结果为 SIL4 时，应当采取措施降低 SIL 等级。

表 16-1-11　SIL 等级与失效概率要求的对应关系

安全完整性等级	低要求操作模式的平均失效概率(*PFD*)	目标降低风险 *R*
SIL1	$10^{-2} \leqslant PFD < 10^{-1}$	$10^{1} < R \leqslant 10^{2}$
SIL2	$10^{-3} \leqslant PFD < 10^{-2}$	$10^{2} < R \leqslant 10^{3}$
SIL3	$10^{-4} \leqslant PFD < 10^{-3}$	$10^{3} < R \leqslant 10^{4}$
SIL4	$10^{-5} \leqslant PFD < 0^{-4}$	$10^{4} < R \leqslant 10^{5}$

(4) HAZOP-SIL 综合分析方法示例

某企业延迟焦化装置焦化炉 F101 是为了加热炉管内的原料渣油，使其能够达到焦炭塔的进料温度要求，高压瓦斯线为焦化炉 F101 提供燃料气。高压瓦斯线上设置有瓦斯流量控制(FIC15201 和 FV15201)、压力低报警(PIA15201)、压力低低报警联锁(PALL15202 和 XV15201)等控制仪表，见图 16-1-2。运用 HAZOP-SIL 综合分析方法对焦化炉高压瓦斯压力安全仪表回路进行安全完整性等级的定级，分析结果见表 16-1-12。

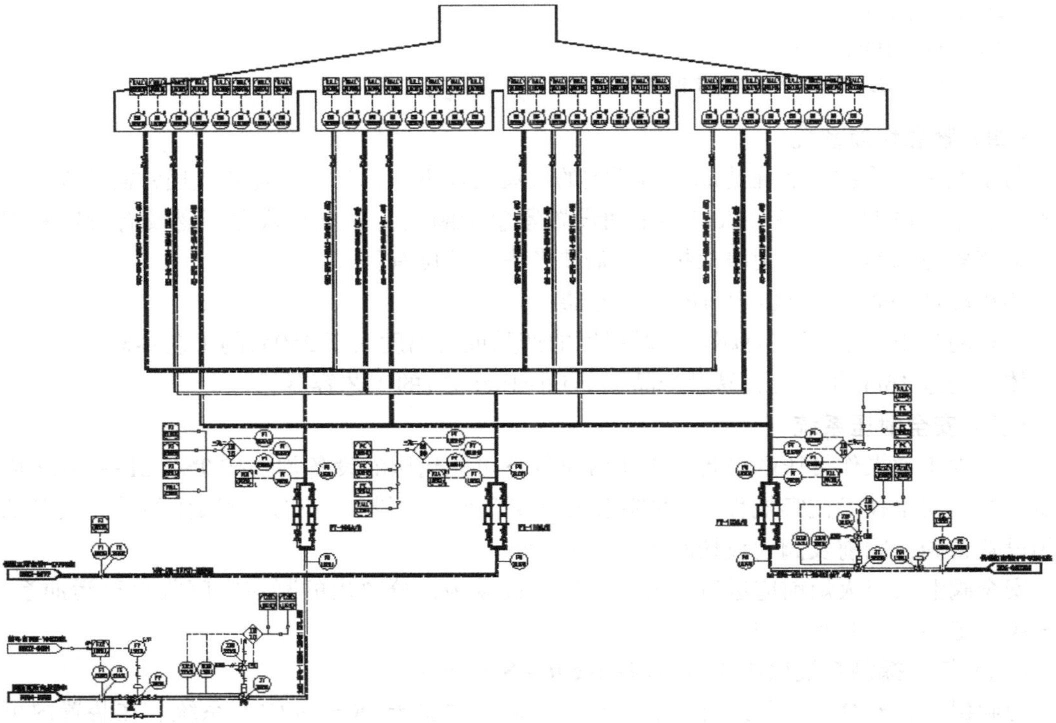

图 16-1-2　延迟焦化装置焦化炉 F101 高压瓦斯线工艺管道及仪表流程示意图

表 16-1-12　延迟焦化装置焦化炉高压瓦斯管线压力 HAZOP-SIL 分析(示例)

节点名称	参数	引导词	偏差	原因	后果	已有保护措施	初始风险		非 SIS 的独立保护层(IPLs)的 PFD①					剩余风险		目标风险		SIL 分配③	
							故障频率	风险等级	基本过程控制系统	关键报警与人员响应②	物理保护	释放后保护措施	其它措施	频率	风险等级	频率	风险等级	PFD_{SIS}	SIL
焦化炉高压瓦斯管线	瓦斯压力	低	瓦斯压力降低	流量控制阀 FV15201 故障关小	造成焦化炉 F101 炉膛熄火，燃料气在炉膛积聚，严重时发生爆炸	1. 燃料气压力低报警 PIA15201；2. 燃料气压力低低报警 PALL15202，联锁切断主燃料气 XV15201 (SIS)；3. 燃料气管道上设阻火器；4. 燃料气管道上设流量指示 FT15201	10^{-1}	D6	1	0.1(燃料气压力低报警)	1	1	1	10^{-2}	D5	10^{-5}	D2	10^{-3}	SIL2

①保护层的失效概率。

②具体项目应进行评估，确保其为独立保护层。

③本表中 SIL 分配为举例，不作为具体工程分级的依据。

(四) 紧急切断系统

为了避免危险物料泄漏造成更为严重的火灾爆炸事故，延迟焦化装置通常需要在一些工艺容器和泵(无密封泵除外)入口阀之间设置紧急切断阀，一旦确认有可燃及有毒物料泄漏时，关闭紧急切断阀，避免事故扩大，需要考虑的部位有：

体积超过 $8m^3$ 轻组分(LPG)的工艺容器；

体积超过 $10m^3$ 并且装有超过自燃温度的产品或者温度大于 250℃ 的工艺容器；

体积超过 $16m^3$ 并且装有易燃产品(闪点小于 28℃)的工艺容器。

(五) 安全泄压系统

装置内正常操作带压的设备及不正常条件下可能超压的设备均要按 TSG 21—2016《固定式压力容器安全技术监察规程》[7] 的要求设置安全阀，关键设备和连续操作的带压设备的安全阀设置备阀，阀前及阀后设切断阀，方便检修。

安全阀泄放至火炬前应进行分液并设置阻火设施，分离出的凝液密闭收集至污油系统。安全阀应定期的校验和维护。

(六) 气体探测系统(GDS，Gas Detection System)

为确保装置安全生产和人身安全，装置应设置独立于 DCS 的 GDS 系统。在装置内可能泄漏可燃气体和有毒气体的释放源附近、容易积聚的场所、有人值守建筑物的新风入口等处设置可燃气和(或)有毒气体检测报警器，报警信号送入控制室，报警采用声光报警。

对于运转设备，气体检测器探头应靠近易发生泄漏的密封点布置；对于静设备且释放点较多时，可根据气体检测器探测范围考虑交叉覆盖布置。

(七) 火灾探测系统(FDS，Fire Detection System)

延迟焦化装置内应设置火灾报警系统，包括自动火灾报警系统和人工火灾报警系统。

1. 自动火灾报警系统

自动火灾报警系统主要是在高温油泵区设置火焰自动报警系统，另外在装置内沿道路一侧设置手动火灾报警按钮。室外火灾报警装置采用声光报警器。

2. 人工火灾报警系统

人工火灾报警系统可采用电话方式，如厂区内设立“119”火灾报警专用电话号，所有电话均可拔“119”进行火灾报警。

3. 接警信号显示

火灾报警信号在工厂内各消防站均设置统一的自动接警电话系统，实现总站接警的同时所有分站能够同步接到火警信息。全厂管控中心作为火警监控主站，全厂所有的火灾报警控制器通过总线方式联网，组成全厂性火灾自动报警系统网络。全厂管控中心及消防站等处设置火灾报警的图形显示终端。

(八) 视频监控系统

装置区主要出入口、火灾危险性较大部位及场所(泵区、加热炉区等)、在生产运行过程中需要随时监视的设备等部位设置摄像仪。摄像仪视频信号通过光缆传送至装置有人值守的控制室，且视频监控系统应能与GDS、FDS联动。

(九) 设备布置

主要工艺设备尽可能露天布置，有利于自然通风和易燃易爆的扩散、稀释。设备之间应按规范设置防火间距。为防止储焦池焦粉无组织逸散，储焦池采用密闭系统。

将液化烃泵、可燃液体泵的泵端伸出管廊的外侧布置；操作温度等于或高于自燃点的可燃液体泵尽量集中布置，与操作温度低于自燃点的可燃液体泵之间留有不小于4.5m的防火间距，与液化烃泵之间留有不小于7.5m的防火间距。当液化烃泵、操作温度等于或高于自燃点的可燃液体泵的上方布置甲、乙、丙类工艺设备时，应用不燃烧材料的封闭式楼板隔离保护。

(十) 灭火系统

1. 消防水系统

(1) 消防供水。装置消防水由装置四周的消防水管道上的消火栓和消防水炮供给，部分由设在装置内的消防水管道上的消火栓、消防水炮供给。

(2) 消火栓。装置内沿消防检修通道设稳高压消防水管道，管道上设消火栓，消火栓间距小于60m，依靠消防车取水提供消防用水。

(3) 消防水炮。高大设备框架和设备群附近应设置消防水炮。

(4) 消火软管卷盘。在炉区、压缩机区附近，泵区及管廊下部应设消火软管卷盘。

(5) 消防竖管。装置中高于15m的甲、乙类设备的框架平台上，设置消防给水竖管和平台消防栓箱。

2. 泡沫灭火系统

装置灭火所需的泡沫混合液由消防车供给。

3. 蒸汽灭火系统

加热炉炉膛内设固定式蒸汽灭火筛孔管；框架平台上及管廊下设半固定式蒸汽接头。

4. 小型灭火器配置

装置内应配置足够的小型灭火器材，供装置内从业人员控制初期火灾及扑灭小火灾。装置区要配置泡沫灭火器或干粉灭火器。装置内变配电、机柜间配备二氧化碳灭火器。

（十一）耐火保护

对装置内由于设备泄漏可能受到明火影响的区域内的承重结构、支架、裙座采取涂刷耐火材料进行保护。电气、仪表电缆要避免在高温油泵区的上方穿行，电缆槽盒必须采取防火措施。

（十二）电气防爆

爆炸危险区域划分和电气设备的选型应符合 GB 50058—2014《爆炸危险环境电力装置设计规范》要求。通常，延迟焦化装置为含液化气、汽油、柴油、硫化氢等易燃可燃物质的爆炸性气体环境危险区域 2 区，爆炸性气体危险环境内电气设备的防爆等级选择为不低于 ExeⅡT3 或 ExdⅡBT4。

（十三）有人值守建筑物抗爆

装置内液化烃这类高挥发性物质泄漏后由于在相对拥挤的设备区扩散不好，可引发蒸汽云爆炸事故。爆炸冲击波对现场有人值守的建筑物内的人员会造成很大的伤害。因此，当装置内设有有人值守的建筑物(如控制室或外操人员休息室)时，应首先将其布置在装置的边缘，远离爆炸危险源，并对可能发生的爆炸后果进行分析评估，使建筑物能够抵御爆炸冲击波的破坏，满足其使用功能下人员的安全。

通常，在识别有人值守建筑物可能遭受的爆炸源影响时，应将其周边的可能存在的潜在爆炸源都考虑在内，比如，装置周边是否分布有液化烃罐区，是否可能遭受 BELEVE (boiling liquid expanding vapour explosion)的影响等。

（十四）事故应急

1. 应急通讯

装置内应设置扩音对讲系统，可作为火灾时的应急广播。另外，可为装置内操作人员配备一定数量的无线对讲机。

2. 疏散通道

装置内所有构架、平台应设有通向地面的通道。装置内应设有应急疏散通道，并保证不少于 2 个出入口与装置周边环状的道路相连，且 2 个出入口应位于不同方位，以方便事故时人员迅速疏散到安全地点。

3. 应急预案

应针对装置可能发生的各类事故，编制事故应急预案，尤其对高温油泵泄漏着火事故应设专章，明确火灾发生时的操作步骤，并定期进行演练，提高紧急状况下的应急处置能力。

（十五）警示标识

在装置的出入口以及可能发生事故的关键部位要设置禁止、警告、指令、提示等警示标识，提醒从业人员注意防范各类危险。

第二节　环境保护

一、环境影响因素分析

（一）正常工况

正常生产过程中延迟焦化装置对环境的影响因素主要体现在产生的废水、废气及噪声方面。随着加工原料和加工流程的不同，延迟焦化装置的污染物数量和污染物浓度也会有所差异，但污染物的种类、形成过程及排放位置基本相同。图 16-2-1 给出了典型延迟焦化装置的污染源分布流程图。

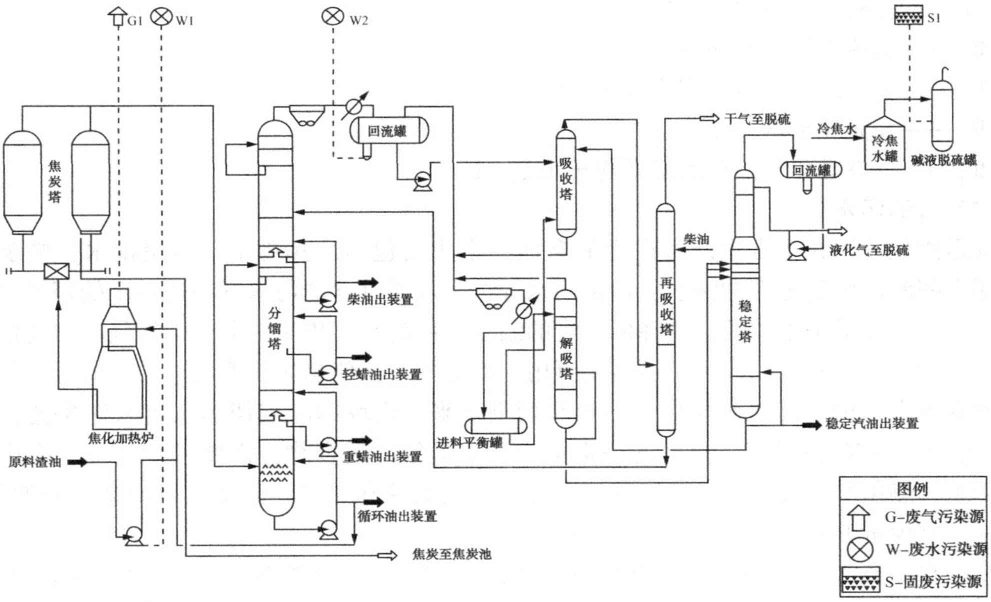

图 16-2-1　延迟焦化装置的污染源分布流程图

1. *废水污染源及主要污染物*

延迟焦化装置在加工过程中排出的废水按照“清污分流、污污分流、分类处理”的原则一般划分为含硫含氨污水、含盐污水和含油污水，各类污水分类处理。

（1）含硫含氨污水

含硫含氨污水主要来自分馏塔顶油水分离器、焦化富气分液罐排水和放空塔顶油水分离罐排水。延迟焦化过程中生成含硫、含氮、含氧的低分子化合物，它们主要集中在气态产品中，主要的生成物是硫化氢和氨。为防止气体产品在分离、冷却过程中硫化氢和氨生成硫化铵结晶堵塞和腐蚀管道，在进入空冷器前注入防腐剂、缓蚀剂和水洗水，使它们溶于水中生成含硫污水，并由分馏塔顶油水分液罐及焦化富气分液罐排出，由密闭管线排至含硫污水汽提装置处理。在一座焦炭塔完成生焦过程后，从该焦炭塔底吹入蒸汽对焦炭进行冷却，吹入的蒸汽将残留在塔中未完全转化的原料及生成物等油气带出焦炭塔进入放空塔，在放空塔中油气和蒸汽冷却为污水、不凝气和污油排出。

含硫污水的水质与原料油性质有关，原料油中杂质含量越高，含硫污水中污染物的浓度也越高。主要的污染物有石油类、COD、硫化氢、氨氮。如原料油中含氧化合物含量较高，含硫污水中就含有酚类污染物。同时，由于焦化的原料杂质较多，降解产物常含有表面活性物质，可使水质发生乳化。又由于受空间的限制，通常在油水分离器内设计的油水分离的时间不够长，致使含硫污水中含油量偏高[8]。

由于这些水与油品直接接触，因而融入较多的污染物，排水中氨、硫化物含量较高，一般需要预处理后才能排入污水处理场污水处理。

根据国家标准 HJ 982—2018《污染源源强核算技术指南 石油炼制工业》[9]，延迟焦化装置含硫含氨废水的产生量可采用式(16-2-1)进行估算。

$$d = W_1 + W_2 + W_3 + W_4 \tag{16-2-1}$$

式中　d——含硫含氨酸性水产生量，t；

W_1——加热炉注水或注汽量，t；

W_2——反应系统密封蒸汽流入量，t；

W_3——补充注水量，t；

W_4——放空塔顶气液分离罐平均排水量，t。

(2) 含油污水

延迟焦化装置在正常生产时产生的含油污水主要包括冷焦排水、切焦排水、机泵冷却水，还有间断产生的地面冲洗水、污染雨水等，一般通过含油污水管网送污水处理场处理。

焦炭在焦炭塔中生成后，为降低焦炭的温度，同时吹出焦炭中夹带的油气，需要使用蒸汽进行吹扫；蒸汽吹扫完成后，还需要再用水冷却焦炭，使焦炭的温度进一步降低。待焦炭的温度降下来后再用高压水切焦，把焦炭切割下来，焦块即随同切焦水落入储焦池，即为“切焦过程”。在吹汽过程中产生的一定量油和水蒸气的混合物，需要进行处理；冷焦过程中由于水和热焦炭直接接触，排出的污水含有大量的油和热量，需要进行冷却和隔油处理；切焦水带有少量油和焦粉，需要单独处理。

冷焦水：自焦炭塔来的冷焦水经过粗过滤后自流到冷焦水缓冲罐，然后由泵抽出经精细过滤至除油器进行油水分离。分出的水相经空冷器冷却后进冷焦水储罐储存、回用；气体经碱液脱硫罐洗涤后放空；油相再经沉降罐沉降后，污油进污油收集罐回用。

切焦水：在切焦过程中高压切焦水切割焦炭后和焦炭一起由焦炭塔底排出，大部分经溜槽自流进入切焦水沉淀池，小部分与焦炭掺混进入储焦池。储焦池内的切焦水自流入储焦池水提升池，由储焦池水提升泵输送至切焦水沉淀池。切焦水提升泵将沉淀后的切焦水压入过滤器，切焦水过滤后进入切焦水高位储罐，供高压水泵切焦使用。切焦水每天使用一次，每次使用时间约为 4h。

机泵冷却水：机泵冷却水分为两类，一类是机泵端面密封冷却排水，这部分水为与填料函直接接触冷却后的排水，经由含油污水管道排入污水处理场。另一类是间接冷却泵体排水，一般采用循环水、冷水进行冷却。如不发生物料泄漏，则循环热水直接返回循环水场，不外排。

地面冲洗水：装置正常运行过程中，因检修、维护、跑冒滴漏等原因会有少量油品洒落在地面，对装置清洁冲洗水或雨水(初期雨水)造成污染，为此在构架及可能冲洗等导致有污染物排放的地方设置围堰，通过装置区围堰收集后并入含油污水管网送污水处理场处理。

围堰内一般设置直埋式阀门，通过阀门切换实现围堰内污染雨水及非污染雨水的流向切换。非污染雨水(围堰内后期雨水及围堰外的雨水)进入雨水明沟，自流进入雨水监控池，监测合格后排放，监测不合格则送污水处理场处理。

表16-2-1给出了延迟焦化装置的废水污染源强示例。

表16-2-1　延迟焦化装置的废水污染源强示例

污水种类	排放规律	排放量/(t/h)	主要污染物浓度/(mg/L)					
			pH值	COD	石油类	硫化物	挥发酚	氨氮
含硫污水	连续	9	8.5	2800	300	2350	50	2130
含油污水	连续	10.5	7.8	400	100	20	20	20

(3)生产废水

余热锅炉或蒸汽发生器汽包内原料水经过加热蒸发产生蒸汽后，原料水因为浓缩需要定期排污、补进新鲜原料水，排污水经扩容冷却后排放，由扩容冷却器或排污降温池排出。

2. *废气污染源及主要污染物*

延迟焦化过程中的废气污染源可分为有组织排放源和无组织排放源。

(1)有组织排放源

有组织排放源主要为焦化加热炉燃料燃烧产生的烟气，其主要污染物为二氧化硫、氮氧化物和烟尘。烟气量及污染物量主要由使用的燃料数量和燃料性质决定。

1)烟气排放量估算：

烟气排放量由加热炉的热负荷及燃烧的空气过剩系数决定：热负荷越大，需要的燃料量越大，排放的烟气量越大；空气过剩系数越大，排放的烟气量也越大。对于工业加热炉空气过剩系数一般根据炉效率、火嘴、燃料气性质和燃烧情况确定。

①加热炉以气体为燃料，排放烟气量可采用式(16-2-2)进行估算。

$$V = B \times \left[\frac{21}{21-\phi} \times \left(\frac{0.264}{1000} \times Q_d + 0.02\right) + 0.38 + \frac{0.018}{1000} \times Q_d\right] \qquad (16\text{-}2\text{-}2)$$

式中　V——标准状态下，燃料燃烧产生的湿烟气量，m^3/h；

B——燃料消耗量，m^3/h；

ϕ—燃烧烟气中的过剩氧含量,%；

Q_d——燃料低位发热量，kJ/m^3。

②加热炉以液体为燃料，排放烟气量可采用式(16-2-3)进行估算。

$$V = B \times \left[\frac{\phi}{21-\phi} \times \left(\frac{0.2}{1000} \times Q_d + 2\right) + \frac{0.27}{1000} \times Q_d\right] \qquad (16\text{-}2\text{-}3)$$

式中　V——标准状态下，燃料燃烧产生的湿烟气量，m^3/h；

B——燃料消耗量，kg/h；

ϕ——燃烧烟气中的过剩氧含量,%；

Q_d——燃料低位发热量，kJ/kg。

2)污染物排放量估算：

加热炉燃烧产生的气体污染物主要由使用的燃料性质决定，其次由燃烧条件决定。

① 烟气中二氧化硫的排放量是由燃料自身硫含量决定的，燃料含硫量越高排放的二氧

化硫量越大，其产生量可采用式(16-2-4)计算。

$$D = 2 \times B \times \frac{W_S}{100} \tag{16-2-4}$$

式中　D——二氧化硫的产生量，t；

B——燃料的消耗量，t；

W_S——燃料中的硫含量，%。

② 氮氧化物的产生主要有三个途径：燃料中含氮化合物在燃烧中氧化生成(即燃料型 NO_x)；空气中氮在高温(1400℃以上)条件下氧化生成(即热力型 NO_x)；燃料中碳氢化合物高温分解成的 CH 自由基，CH 自由基和空气中氮气反应生成 HCN 和 N，HCN 和 N 再进一步与氧气作用快速生成(即快速型 NO_x)。因此氮氧化物的排放量是由燃料的氮含量和燃烧温度等操作条件决定的。以气体为燃料的加热炉，目前多采用低氮燃烧器来控制氮氧化物的产生量；以液体为燃料的加热炉，氮氧化物的产生量可采用式(16-2-5)进行估算。

$$D = (2.46 + 12.53 \times W_N) \times B \tag{16-2-5}$$

式中　D——核算时段内氮氧化物的产生量，kg；

W_N——燃料油中氮含量的百分比，如氮含量为 1.0%，则 $W_N = 0.01$；

B——核算时段内燃料的消耗量，t。

③烟尘的排放量由燃料的性质及燃烧的条件决定，由于液体燃料的碳氢比大于燃料气，所以在加热炉中液体燃料不如燃料气燃烧完全，烟尘的排放量大于燃料气。一般在燃烧充分的工况下，燃料气燃烧排放的烟尘很少。以液体为燃料的加热炉，颗粒物的产生量可采用式(16-2-6)进行估算。

$$D = (0.39 + 1.10 \times W_S) \times B \tag{16-2-6}$$

式中　D——核算时段内颗粒物的产生量，kg；

W_S——燃料油中硫含量的百分比，如硫含量为 1.0%，则 $W_S = 1$；

B——核算时段内燃料的消耗量，t。

(2) 无组织排放源

无组织排放源主要可分为两类，一类为延迟焦化装置的设备和管阀件(包括阀门、法兰和接头、泵和压缩机、泄压装置、开口管线和各种密封等)泄漏排放的挥发性有机物(VOCs)，一类为冷焦、切焦过程中产生的含有挥发性有机物和硫化氢、硫醇、硫醚等的恶臭气体。

挥发性有机物(VOCs)是指参与大气光化学反应的有机化合物，包括非甲烷烃类(烷烃、烯烃、炔烃、芳香烃等)、含氧有机物(醛、酮、醇、醚等)、含氯有机物、含氮有机物、含硫有机物等，是形成臭氧(O_3)和细颗粒物($PM_{2.5}$)污染的重要前体物。

挥发性有机物流经的设备与管线组件密封点泄漏的挥发性有机物排放量可采用式(16-2-7)进行估算。

$$D_{设备} = \alpha \times \sum_{i=1}^{n} \left(e_{TOC,\, i} \times \frac{WF_{VOCs,\, i}}{WF_{TOC,\, i}} \times t_i \right) \tag{16-2-7}$$

式中　$D_{设备}$——核算时段内设备与管线组件密封点泄漏的挥发性有机物的排放量，kg；

α——设备与管线组件的密封点泄漏比例，可取 0.003；

n——挥发性有机物流经的设备与管线组件密封点数；

$e_{TOC,i}$——密封点 i 的总有机碳(TOC)排放速率(泄漏率大于 10000×10^{-6})，kg/h，取值见表 16-2-2；

$WF_{VOCs,i}$——流经密封点 i 的物料中挥发性有机物的设计平均质量分数,%；

$WF_{TOC,i}$——流经密封点 i 的物料中总有机碳(TOC)的设计平均质量分数,%；

t_i——核算时段内密封点 i 的运行时间，h。

表 16-2-2 密封点 TOC 泄漏排放速率 e_{TOC} 取值

序号	设备类型	排放系数/(kg/h/源)
1	连接件	0. 028
2	开口阀开口管线	0. 03
3	阀门	0. 064
4	压缩机、搅拌器、泄压设备	0. 073
5	泵	0. 074
6	法兰	0. 085
7	其他	0. 073

延迟焦化装置冷焦过程和切焦过程挥发性有机物的产生量采用式(16-2-8)核算。

$$D = \sum_{i=1}^{n}\left(\alpha \times \frac{t}{r}\right) + \beta \times W \qquad (16-2-8)$$

式中 D——挥发性有机物的产生量，t；

n——单次循环焦炭塔个数，量纲一的量；

α——冷焦过程挥发性有机物的排放系数，参见表 16-2-3；

t——核算时段内延迟焦化装置年运行时间，h；

r——生焦周期，次/h；

β——切焦过程挥发性有机物的排放系数，参见表 16-2-3；

W——核算时段内装置进料量，t。

表 16-2-3 延迟焦化装置无组织排放挥发性有机物产生系数

序号	无组织排放过程	排放系数
1	冷焦过程	2.59×10^{-2}t/单塔 · 每次循环
2	切焦过程	1.63×10^{-4}t/t 装置进料

延迟焦化的原料均为重油，如：常压渣油、减压渣油、催化油浆、回收的污油等，经过高温深度裂化和缩合，在生成气体、馏分油和焦炭的同时，也将其中的含硫化合物、含氮化合物、含氧化合物分解为硫化氢、氨、酚等低分子量的化合物，以及少量的硫醇、硫醚等恶臭物质。这些恶臭物质大部分进入气体产品中，作为含硫气体的一部分；另一部分随吹汽冷焦放空气体进入放空塔；还有一部分进入冷凝水或气态产品的洗涤水中，作为含硫含氨污水排出；少部分还残留在焦炭中的恶臭物质在切焦过程中进入切焦水，随切焦水的冷却、处理进入大气，其中的恶臭物质虽然浓度很低，但由于其气味特殊，嗅阈值低，在发生跑、冒、滴、漏的同时会产生恶臭污染。

此外，原料油中含有的多环化合物，在生焦的缩合过程中可转换成多环芳烃类(如苯并[a]芘)等危害人体健康(其至可能使人致癌)的毒性化合物，它们会在吹汽过程中被蒸汽带出焦炭塔。

3. 主要噪声源及其声压级

延迟焦化装置加工过程中各种转动机械设备产生的工业噪声，包括加热炉噪声、机泵噪声、压缩机噪声、空冷器噪声以及调节阀噪声等。

(1) 加热炉

加热炉是炼油化工生产过程中非常重要设备之一，其噪声呈低、中频连续性噪声。焦化炉的噪声声压级一般在80dB(A)左右。

(2) 机泵

电机-泵简称“机泵”，是石油化工生产过程中使用量最多的设备，其噪声主要在电机侧，电机噪声一般比泵噪声大5dB(A)左右。所以机泵噪声的治理主要是对电机噪声的控制。大多数电机均为空气冷却，其噪声主要来源于冷却风扇产生的空气动力噪声，其次为电磁噪声、旋转机械噪声等。电机的噪声强度与其功率、转速等参数有关。延迟焦化装置机泵的噪声声压级一般在85~95dB(A)。

(3) 风机及压缩机

风机及压缩机噪声主要由空气动力噪声和机械振动噪声构成。空气动力性噪声是由旋转叶片引起气体介质的涡流和紊流产生的噪声以及叶片对介质周期性的压力产生的脉冲噪声。机械振动噪声是由轴承噪声及旋转部件的不平衡所产生的振动噪声。这些噪声主要由风机进出口、管道、风机壳体以及基础的振动等形式向外辐射。大型压缩机区域的噪声声压级可达90dB(A)左右。

(4) 空气冷却器

空气冷却器噪声主要来源于空冷风机所产生的空气动力噪声、电机噪声和传动系统所产生的机械噪声，其中风机噪声占空冷器噪声的80%。根据现场监测，空气冷却器集中区域的噪声声压级可高达90dB(A)。

(5) 阀门及管道噪声

节流阀、压力调节阀与管道是石化生产过程中的主要噪声源之一，其产生的原因包括空气/流体动力噪声、高速气流在弯头、阀门和其他变径处所产生噪声以及振动噪声。

(6) 气(汽)体放空

在装置开停车、检维修或运行波动时，有时会出现蒸汽或氮气、空气排放过程。当气体从排放口排出时具有较高速度，一旦排入大气，便与周围空气发生强烈混合而产生高频噪声，随其逐渐扩散、混合形成紊流，产生低频噪声。采用消声措施后，其噪声声压级一般小于85dB(A)。

4. 固体废物

延迟焦化过程为热裂化过程，无固体催化剂，除检维修等阶段产生少量检修固体排放物外，正常生产不产生固体废物。根据《国家危险废物名录》，污水池、雨水收集管道产生的含油污泥，换热器管束清洗产生的含油污泥，检修过程中产生的废污油、废过滤介质，均属于危险废物，需要妥善处置。

（二）非正常工况

非正常工况是指装置开停车、检维修、操作不正常或设备故障等情况。非正常工况下排污具有持续时间短、污染负荷高、污染物排放量变化幅度大等特点。

1. 开停工及工艺波动工况

装置开停工是生产过程中重要环节，包括为大修而进行的有计划开停工和出现突发情况（如事故）而进行的非计划停工。

开工过程中在系统稳定、产品合格前由于物料产需不平衡或者物料切换时可能需要放空；运行过程中检修泵、压缩机等容器的排料时，以及操作不正常或设备故障时从安全阀等部位泄压时可能需要放空；停工检修时的吹扫气体也需要放空，放空的物料多为可燃气体、有毒气体或恶臭物质，从安全和环保方面不能直接放空，必须送火炬燃烧处理后排放。

此外，装置开停工、蒸汽试压及大检修时均产生大量的含油污水，并且水量水质波动变化较大。延迟焦化装置开工水运时废水排放时间一般为2~3h，每小时水量可达数百吨。

开停工管线清扫时会产生污油，如果处理不当也会对环境造成影响，需要排入设置的轻、重污油系统进行回收。

2. 事故工况

延迟焦化装置涉及到的物料多数为具有易燃易爆、有毒有害特性的危险化学品，一旦发生火灾、爆炸事故或有毒物料泄漏事故，处理不当会对环境和人体健康造成危害。

发生物料泄漏事故时，泄漏的物料会洒落在装置区地面，如果装置区没有采取相应的防渗措施，泄漏的物料就会渗入土壤，污染土壤和地下水。如果泄漏的物料大量进入排水系统，可能会对污水处理系统造成冲击，影响污水处理系统的正常运行。泄漏的烃类物质挥发进入大气，会对大气环境造成污染。

发生火灾爆炸事故时，燃烧产生的烟气会影响大气环境。灭火过程中泄漏的物料、消防废水及事故时污染雨水等如果经雨水系统进入水环境，会对纳污水体造成污染。

二、环境保护要求及环境保护措施

（一）工艺技术的选择

清洁生产是指不断采取改进设计、使用清洁的能源和原料、采用先进的工艺技术与设备、改善管理、综合利用等措施，从源头削减污染，提高资源利用效率，以减轻或者消除对人类健康和环境危害为目标，减少或者避免生产、服务和产品使用过程中污染物的产生和排放。清洁生产是我国工业可持续发展的重要战略，也是实现我国污染控制重点由末端控制向生产全过程控制转变的重要措施。强调预防污染物的产生，即从源头和生产过程防止污染物产生。2018 年 1 月 1 日实施的 SH/T 3024—2017《石油化工环境保护设计规范》[10] 中明确规定，石油化工环境保护设计应优先选择清洁的工艺与原辅材料，采用行业先进的技术与装备，配备完善可靠的污染防治设施，做到本质环保。

我国 2003 年 6 月 1 日实施的 HJ/T 125—2003《清洁生产标准 石油炼制业》[11] 中，就对延迟焦化装置的清洁生产提出了要求，包括采用密闭式冷焦、除焦工艺、冷焦水密闭循环处理工艺、设置密闭采样设施、处理部分污水处理厂废渣等，并给出了资源能源利用指标和污染物产生指标。

为实现清洁生产，延迟焦化装置应优先选用不产生或少产生污染的工艺及设备，如将机泵的端面密封改为波纹管式端面密封，则可以减少漏油。生产用水宜重复利用、循环使用及回用，减少废水的排放量；生产过程产生的废气，有回收利用价值的应回收利用，没有回收利用价值或不具备回收利用条件的废气应进行净化或无害化处理。

随着加工工艺的进步和环境保护要求的日趋严格，延迟焦化装置在清洁生产方面已经有了显著的改进，特别是中石化洛阳工程有限公司(LPEC)开发的《安全环保型延迟焦化石油焦密闭除焦、输送及存储成套技术》(S-CCHS)，实现了石油焦处理的全程密闭操作，从根本上解决延迟焦化装置的安全环保问题，消除污染严重的现象，实现本质安全。2016 年 12 月，该技术被列入中国石化"十条龙科技攻关项目"。

此外，清洁生产的要求主要体现在精细化管理方面，包括：

1）单独设立物料收集系统，对采样、溢流、检修、事故放料以及设备、管道倒空排出的物料，进行集中密闭回收。物料应回收利用，不能回收利用的，应单独收集处理，禁止将物料排入排水系统。

2）产生含挥发性有机物废气的工艺生产过程，应设计为密闭设备或者空间，并采取污染防治措施；无法密闭的，应当采取措施减少废气污染物排放。

3）在生产装置开(停)工、检维修、生产波动等工况下，安全阀启跳和放空系统排出的含烃类气体应密闭安全排放至火炬系统，设备和管道的扫线、冲洗污水应根据水质确定单独收集处理或进入污水系统处理。

4）在污染区应采取防止雨水漫流的措施并设置合理容积的污染雨水池，污染区的污染雨水与非污染雨水的分流应实现自动切换。

（二）污染源排放指标及监测要求

1. 污染源排放指标

延迟焦化装置的污染物排放应满足环境保护标准的要求。环境保护标准是环境保护法律法规体系的一个组成部分，是环境执法和环境管理工作的技术依据。我国的环境保护标准分为国家环境保护标准、行业环境保护标准和地方环境保护标准。

对延迟焦化装置来说，其水污染物和大气污染物排放目前执行的国家标准为 2015 年 7 月 1 日起实施的 GB 31570—2015《石油炼制工业污染物排放标准》[12]，其中对于延迟焦化装置的加热炉烟气，GB 31570 规定的排放限值如表 16-2-4 所示。其中执行大气污染物特别排放限值的地域范围、时间，由国务院环境保护主管部门或省级人民政府规定。

表 16-2-4　加热炉大气污染物排放限值　　mg/m^3

序号	污染物名称	一般排放限值	特殊排放限值
1	颗粒物	20	20
2	二氧化硫	100	50
3	氮氧化物	150	100

对于国家标准未作规定的项目，地方省级人民政府可以制定地方污染物排放标准；对于国家标准已作规定的项目，地方省级人民政府可以制定严于国家标准的地方污染物排放标准。如北京市地方标准 DB 11/447—2015《炼油与石油化学工业大气污染物排放标准》中就规定，二氧化硫的排放限值为 $30mg/m^3$，氮氧化物的排放限值为 $100mg/m^3$。

对于延迟焦化装置的冷焦水、切焦水，排出装置前应满足表 16-2-5 的限值要求。

表 16-2-5　切焦冷焦水污染物排放限值　mg/L

序号	污染物名称	排放限值
1	苯并(a)芘	0.00003
2	总镍	1.0

对于噪声源强，应满足 GB 12348—2008《工业企业厂界环境噪声排放标准》[13]的要求（见表 16-2-6）。

表 16-2-6　工业企业厂界环境噪声排放限值　dB(A)

时段 场界外声环境功能区类别	昼间	夜间
0	50	40
1	55	45
2	60	50
3	65	55
4	70	55

需要说明的是，当环境影响评价文件或排污许可证要求严于国家标准或地方标准时，按照批复的环境影响评价文件或排污许可证执行。

2. *污染源监测要求*

对于废水污染源，SH/T 3024 规定，苯并(a)芘、总铅、总镉、总砷、总镍、总汞、烷基汞、总铬、六价铬等污染物应在车间或生产设施废水排放口达标。HJ 853—2017《排污许可证申请与核发技术规范》[14]中规定，延迟焦化装置的冷焦水、切焦水废水排放口需要监测苯并(a)芘，每半年监测一次。

对于延迟焦化加热炉烟气，HJ853 规定应监测二氧化硫、氮氧化物和颗粒物，对燃料为净化后干气、瓦斯气、天然气的最低每季度监测一次，其他燃料最低每月监测一次。对于单台额定功率≥14MW 的加热炉，氮氧化物应进行自动监测。

烟气监测采样平台设置应符合 HJ/T 397—2007《固定源废气监测技术规范》[15]、GB/T 16157—1996《固定污染源排气中颗粒物测定与气态污染物采样方法》[16]和 HJ 75—2017《固定污染源烟气(SO_2、NO_x、颗粒物)排放连续监测技术规范》[17]的要求。当采样平台设置在离地面高度≥5m 的位置时，应有通往平台的 Z 字梯、旋梯或升降梯。HJ 75 中规定，当采样平台设置在离地面高度≥20m 的位置时，应有通往平台的升降梯。

采样孔位置应符合 HJ/T 397 和 GB/T 16157 的要求。采样孔距采样平台或地面的距离应不大于 1.5m。

（三）污染控制措施

1. *废水污染控制措施*

目前延迟焦化装置采取的废水污染控制措施主要有：

1）主分馏塔顶、压缩机级间冷却和富气洗涤产生的含硫含氨污水由于与油品直接接触，因而融入较多的污染物，排水中氨、硫化物含量较高，不能直接排入污水处理场，需要送至酸性水汽提装置处理。

2）冷焦水处理。传统的冷焦水处理流程如下：焦炭塔运行至冷焦时，冷焦水泵将冷焦水从冷焦水储罐送入焦炭塔进行冷焦，冷焦溢流水排入溢流储水罐，放空水排入放空储水罐，储水罐上部设周边环形集油槽，污油通过管道进入污油罐。冷焦溢流储罐及放空储水罐出水经冷焦热水泵加压过滤后送至旋流分离器进一步除油，再经空冷器冷却降温后送至冷焦水储罐储存再用。冷焦水处理系统见图16-2-2。

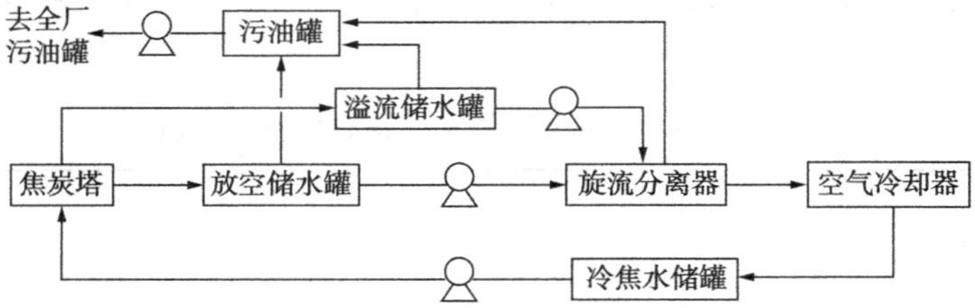

图16-2-2　冷焦水循环利用流程图

3）切焦水处理。传统的切焦水处理流程如下：焦炭塔运行至切焦时，高压水泵从切焦储水罐吸水供焦炭塔进行水力除焦，焦炭和切焦水一起从焦炭塔排入储焦池，从储焦池出来的切焦水经两级沉淀后，经切焦水提升泵加压送至离心分离器进一步去除粉焦后，送入切焦水储水罐储存，供下一次高压水泵切焦用，同时微细粉焦将在储罐内继续沉淀，定期清扫，排入粉焦池。切焦水处理系统见图16-2-3。

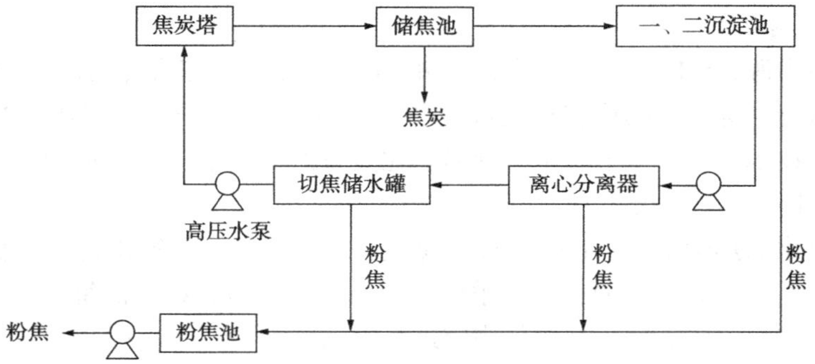

图16-2-3　切焦水循环利用流程图

4）管道及设备排放/凝以及采样点排放设置回收漏斗，轻、重及含油污水（冲洗水）分别回收。

5）泵端设有排水沟，塔、容器底部的排污处设有排污漏斗。

2. 废气污染控制措施

1）采用清洁燃料。由于排放标准要求高，延迟焦化装置加热炉的燃料已经由过去的燃料油逐步改为燃料气。炼油厂燃料管网中的燃料气一般经过脱硫处理，其硫含量要大大低于燃料油的硫含量，目前脱硫后的燃料气中H_2S浓度小于20mg/m^3，可有效地减少外排SO_2量。

2）采用低氮燃烧技术，从源头减少燃烧烟气中氮氧化物的产生。在采用燃料气的情况下，采用低氮燃烧器可以将氮氧化物控制在80mg/m^{3}以下，某些厂家生产的低氮燃烧器甚至可以将氮氧化物控制在50mg/m^{3}以下。

3）除焦及焦炭输送过程的污染控制。延迟焦炭塔除焦过程中，通常采用高压水进行钻孔和切焦，被切割、击碎的焦块与高压水一起通过溜槽进入焦池。在焦池内静置脱水后，焦炭外送出装置，切焦水经沉淀、过滤后循环使用。虽然在除焦前经过吹汽、给水、泡焦等冷却步骤，除焦时焦炭塔内温度依然较高，部分高压水汽化，导致除焦时焦池上方水汽充盈；焦炭富集了原料中的硫化物，造成焦池周边恶臭气体，主要是硫化氢弥漫；在焦炭静置脱水过程中，上层焦炭水分散失，焦粉随风飞扬，遍布焦池周围，形成粉尘污染。另外，除焦操作开启焦炭塔顶盖后，也有水汽、恶臭气体从焦炭塔顶逸出。

中石化洛阳工程有限公司开发的S-CCHS可实现密闭除焦和石油焦的密闭输送，其中密闭除焦系统可实现除焦、脱水、取焦过程密闭作业，消除敞开式焦池焦粉污染问题；废气、尾气由无组织排放改为集中收集治理，非甲烷总烃类(VOCs)、粉尘及恶臭排放指标符合国家标准要求。石油焦密闭输送、存储及装车系统：可实现焦炭输送、存储、装车过程全封闭，实现远程自动化定量装车，消除焦炭转运环节的焦粉污染等问题。

密闭除焦系统主要由焦炭处理、切焦水处理和尾气处理三部分组成，其工艺路线示意见图16-2-4。

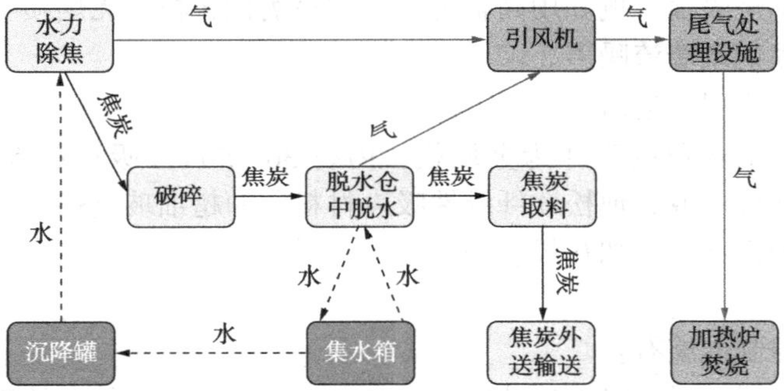

图16-2-4　密闭除焦系统工艺路线示意

密闭除焦系统的主要技术特点包括：

①采用密闭脱水仓代替敞开式焦池。S-CCHS采用密闭脱水仓代替敞开式焦池，脱水仓仅需容纳一塔焦炭，同时具有相应的脱水作用，体积小，便于实现密闭。两个焦炭塔配置一个密闭脱水仓，即可满足装置生焦周期的操作时间要求。

②采用垂直式螺旋取料机代替行车和抓斗。敞开式焦池焦炭转运和装车采用行车和抓斗，需操作人员现场控制。采用密闭脱水仓配合垂直式螺旋取料机，可实现密闭除焦远程控制。

③在焦炭塔顶盖处和脱水仓设置尾气收集设施。在焦炭塔顶盖处和脱水仓设置尾气收集设施，收集在焦炭塔顶盖处和溜槽口处溢出的尾气，以便于集中治理。

④密闭脱水仓采用微负压操作。密闭脱水仓内含有一定量的气体，为防止该气体外溢造成污染，在脱水仓气体管道上设置引风机，使密闭脱水仓保持微负压操作。

⑤设置尾气洗涤脱硫塔。自尾气收集设施收集的气体含有H_2S、挥发性有机物、焦粉等成分。设置尾气洗涤脱硫塔对尾气进行冷却洗涤，脱除焦粉和脱除尾气中的H_2S，脱硫剂采用碱液。

⑥采用净化尾气并入加热炉燃烧脱除VOCs。经洗涤脱硫塔处理后的尾气仍含有微量VOCs，经尾气风机升压后送入加热炉鼓风机入口，作为加热炉配风的一部分。尾气和空气一起在加热炉燃烧，VOCs转化为CO_2和H_2O。

4）装置正常生产时放空塔顶油气分离罐等排出的少量不凝气体，以及装置开停工及生产不正常时从安全阀等部位排出的无法回收的各种油气，送火炬系统。

5）采用泄漏检测与修复（LDAR）技术，控制泄漏源，减少无组织排放的挥发性有机物。SH/T3024 规定，挥发性有机物流经以下设备与管线时，应进行泄漏检测与控制，工程设计应易于泄漏检测与修复操作：①泵；②压缩机；③阀门；④开口阀或开口管线；⑤法兰及其他连接件；⑥泄压设备；⑦取样连接系统；⑧其他密封设备。

3. 噪声污染控制措施

设计中宜选用低噪声工艺流程、优化工艺管道及设备布置，选用低噪声、振动小的设备，从源头减少噪声源的强度和数量。当空冷器、压缩机、机泵等产生的噪声不能满足环境标准时，应采取吸声、消声、隔声等降噪措施。

延迟焦化装置主要噪声源为加热炉、机泵、空冷器及蒸汽放空口等，对主要噪声源采取的治理措施如下：

（1）加热炉

加热炉噪声控制措施有：

①采用低噪声燃烧喷嘴。例如用高辐射燃烧式喷嘴代替板式无焰喷嘴；用多孔喷嘴代替单孔喷嘴，以减少喷射及湍流噪声。

②将自然通风改为强制通风。

③设置消声罩。消声罩的壳体为金属板，内衬 30~50mm 吸声材料。吸声材料采用不燃、耐温的吸声泡沫玻璃或其他松软纤维性吸声材料，如超细玻璃棉等。若采用松软纤维性吸声材料，必须加护面结构，如孔板、钢丝网等。

（2）机泵

电机噪声主要控制措施有：

①设置电机隔声罩。对电机空气动力噪声和电磁噪声均可进行有效控制，一般降噪效果可达 8~10dB。

②对机泵与基础间的隔振或减振处理。

（3）风机及压缩机

风机及压缩机噪声控制方法有：

①进（排）气管道安装消声器，消声量在 25dB（A）以上。

②设备与底座之间设置减振措施。

③设隔声罩。控制由风机壳体所辐射的噪声、电磁噪声以及驱动设备（如电机）噪声。

④设置风机房和压缩机房，对室内需进行声学处理，主要提高墙壁、顶棚的吸声系数，以提高室内吸声量，设置隔声门窗，设置隔声控制室。

（4）空气冷却器

空气冷却器噪声的控制方法主要有：

①降低风机转速。

②设置消声器。空冷风机的顶部风筒是辐射噪声的主要部位，在风筒上部安装片式阻性消声器，可使局部噪声降低 20dB（A）左右。

（5）阀门及管道噪声

节流阀、压力调节阀与管道是石化生产过程中的主要噪声源之一。阀门及管道噪声主要控制方法有：

①选用低噪声阀门。

②管道的合理设计，控制介质的流速，避免介质流向的急剧变化，管径的变化设有光滑的过渡段等。

③管道与振动设备的连接由刚性连接改为弹性连接，避免机械设备激发管道振动。

④设消声器或结合管道保温进行管道隔声包扎。

(6) 气体放空

放空噪声的主要控制方法是在气体排风口安装消声器。对于介质排放压力≥0.4MPa时，可采用小孔喷注结构消声器。这种消声器结构简单，质量轻，消声效果好，一般消声效果可达35dB(A)以上。对于排放量大，介质压力较低的情况，可采用阻抗复合型消声器。阻抗复合结构消声器，一般体积和质量较小孔喷注结构消声器要大，消声效果一般可达25~30dB(A)。

4. 土壤和地下水污染控制措施

土壤和地下水的污染防控一般按照“源头控制、末端防治、污染监控、应急响应”相结合的原则，从污染物的产生、入渗、扩散、应急响应全阶段进行控制。

(1) 源头控制措施

主要包括在工艺、管道、设备、污水储存及处理构筑物采取相应措施，防止和降低污染物跑、冒、滴、漏，将污染物泄漏的环境风险事故降到最低程度。如：提高有毒有害介质设备的设备法兰及接管法兰的密封面和垫片密封等级，或采用焊接连接；自采样、溢流、事故及管道低点排出的物料(如油品、溶剂、化学药剂等)密闭收集，避免就地排放；管道尽可能在地上敷设，做到环境影响“早发现、早处理”，最大程度避免由于埋地管道泄漏而造成的环境影响。对于重力收集管道可采用埋地敷设，埋地敷设的排水管道在穿越厂区干道时采用套管保护等。

(2) 末端控制措施

主要包括污染区地面的防渗措施和泄漏、渗漏污染物收集措施，即在污染区地面进行防渗处理，防止洒落地面的污染物渗入地下，并把滞留在地面的污染物收集起来，集中送至污水处理场处理。

末端控制一般采取分区防渗的方式，根据物料或者污染物泄漏的途径和所处的位置，将装置区划分为非污染防治区、一般污染防治区和重点污染防治区。

非污染防治区：没有物料或污染物泄漏，不会对地下水环境造成污染的区域或部位。

一般污染防治区：裸露于地面的生产功能单元，污染地下水环境的物料或污染物泄漏后，可及时发现和处理的区域或部位。

重点污染防治区：位于地下或半地下的生产功能单元，污染地下水环境的物料或污染物泄漏后，不易及时发现和处理的区域或部位。表16-2-7给出了延迟焦化装置典型的污染分区示例。

表16-2-7　延迟焦化装置典型污染防治分区

序号	设备类别	污染防治区域及部位	污染防治区类别
1	地下管道	生产污水(污染雨水)、污油、各种废溶剂等地下管道	重点
2	地下罐	各种地下污油罐、废溶剂罐、碱渣罐、等基础的底板及壁板	重点

续表

序号	设备类别	污染防治区域及部位	污染防治区类别
3	焦炭池、生产污水井及污水池	生产污水的检查井、水封井、渗漏液检查井和污水池的底板及壁板	重点
4	生产污水预处理	生产污水预处理池的底板及壁板	重点
5	生产污水沟	机泵边沟、油站边沟和生产污水明沟的底板及壁板	一般
6	地面		一般

生产装置内污染区地面四周应设置高度不低于150mm的围堰，不同污染区之间采用围堰等设施分隔。污染区内应根据可能泄漏污染物的性质、数量及场所的不同，设置相应的污染物收集及排放系统。

根据不同的污染防治分区，参照GB/T 50934—2013《石油化工工程防渗技术规范》[18]采取相应的防渗措施。

(3) 污染监控体系

实施覆盖生产区的地下水污染监控系统，包括建立完善的监测制度、配备先进的检测仪器和设备、科学、合理设置地下水污染监控井，及时发现污染、及时控制。

(4) 应急响应措施

包括一旦发现地下水污染事故，立即启动应急预案、采取应急措施控制地下水污染，并使污染得到治理。

(四) 环境风险防范措施

延迟焦化装置的环境风险事故主要表现为事故时排放的有毒有害气体对大气环境的影响和事故时泄漏的物料及消防废水对水体环境的影响。环境风险事故多由安全事故引发，因此做好安全防范措施是防止环境风险事故的重要手段。

为防止事故情况下泄漏物料、消防废水及事故时污染雨水等外排造成水体环境污染事故，全厂一般设有事故储存池，事故时，自延迟焦化装置区泄漏的工艺物料、消防废水、雨水通过雨水沟重力流入事故储存池储存，待事故停止后逐步送污水处理场处理。

第三节　职业卫生

在延迟焦化装置的生产过程中，从业人员可能接触到粉尘、有毒有害物质、噪声、高温以及电离辐射等职业病危害因素，从而对从业人员的人身健康产生潜在的不利影响，因此，应加强各类防控措施，预防职业病的发生。

一、职业病危害因素分析

(一) 生产过程中存在的职业病危害因素

生产过程中存在的职业病危害因素包括粉尘、化学因素、物理因素和放射性因素。

1. 粉尘

粉尘主要存在于焦炭塔除焦作业、储焦池以及焦炭的汽车装运过程。长期吸入生产性粉尘可引起呼吸系统疾病。

2. 化学因素

化学因素是指可能接触到的有毒有害化学物质。典型的延迟焦化装置的原料为常减压装置的减压渣油，产品为干气、液化气、汽油、柴油、蜡油和焦炭。加工含硫原油时还会产生中间产物硫化氢，另外，装置还会用到碱液、消泡剂、缓蚀剂、破乳剂等化学药剂，这些物质对人身健康存在着不同程度的危害。

1）硫化氢。硫化氢主要集中在分馏塔顶回流罐、压缩机分液罐、吸收稳定塔顶回流罐等部位，存在于干气（富气）以及酸性水中，其硫化氢浓度较高，若硫化氢泄漏会造成人员中毒。

硫化氢是强烈的神经毒物，对黏膜有强烈刺激作用。高浓度（1000mg/m^{3}以上）吸入可发生闪电型死亡。严重中毒可留有神经、精神后遗症。长期接触低浓度的硫化氢，可引起神经衰弱综合征和植物神经功能紊乱。

硫化氢中毒被列入我国法定职业病目录。

2）轻质油品。液化气、石脑油、汽油等轻质油品的挥发性较大，为低毒类物质，主要侵犯人的中枢神经系统。汽油为麻醉性毒物，高浓度吸入出现中毒性脑病，极高浓度吸入引起意识突然丧失、反射性呼吸停止。

汽油中毒被列入我国法定职业病目录。

3）燃烧产物。装置加热炉使用炼油厂燃料气或天然气作燃料，在燃烧过程中会产生一氧化碳、二氧化碳、二氧化硫、氮氧化物等燃烧产物。但由于这些有害气体经引风机通过烟囱高空排放，对车间工作场所的空气质量影响不大。

4）氢氧化钠。冷焦水缓冲罐、冷焦水沉降罐油气中含有硫化物，采用氢氧化钠溶液进行脱硫处理。

氢氧化钠有强烈刺激和腐蚀性，皮肤和眼直接接触可引起灼伤。

化学性眼部灼伤及皮肤灼伤均被列入我国法定职业病目录。

工作场所空气中可能接触的化学有害因素的毒物分级及职业接触限值见表16-3-1。

表16-3-1　化学有害因素的毒物分级[19,20]及职业接触限值[21]

物料名称	毒物分级	最高允许浓度MAC /(mg/m^3)	时间加权平均容许浓度 PC-TWA/(mg/m^3)	短时间接触容许浓度 PC-STEL/(mg/m^3)
硫化氢	高度(Ⅱ)	10		
液化气	轻度(Ⅳ)		1000	1500
汽油	轻度(Ⅳ)		300	
柴油	轻度(Ⅳ)			
氢氧化钠		2		
粉尘			8(总尘)	

3. 物理因素

物理因素包括噪声和高温。

1）噪声。噪声主要来自于装置内的转动设备，包括机泵、压缩机、鼓风机、引风机、空冷器等以及加热炉的燃烧器及蒸汽放空口。除蒸汽放空口为间歇性噪声外，其余为连续噪声，长期接触高噪声会对从业人员的听力造成损伤。

噪声聋被列入我国法定职业病目录。

对于装置内的操作人员，工作场所噪声职业接触限值为85dB(A)。

2）高温。装置内加热炉、高温物料加工设备及管线存在高温热辐射。人在高温环境下长期工作可导致中暑。

中暑被列入我国法定职业病目录。

4. 放射性因素

焦炭塔中焦炭的高度检测仪表采用中子料位计，为含密封放射源仪表。正常生产时，放射源如果设置的屏蔽设施或个体防护措施不完善或在料位计检修、存放及运输过程中不严格执行国家有关规定，操作人员可能会受到辐射伤害。

外照射急性放射病被列入我国法定职业病目录。

（二）劳动过程中存在的职业病危害因素

装置生产过程采用分散控制系统(DCS)，生产操作人员在控制室通过人机对话进行生产调节及控制操作，存在视屏作业。由于长时间采用坐姿工作，如果显示器、工作台、座椅等设计不符合人机工效学原理，会使操作人员发生视觉疲劳、下背痛、颈椎病、颈肩腕综合症等工作相关疾病。

（三）生产环境存在的职业病危害因素

生产环境中存在的职业有害因素主要为夏季作业人员室外作业时的太阳辐射和冬季室外作业时的低温环境。

（四）职业病危害因素存在的部位及潜在接触人员

延迟焦化装置主要的职业病危害因素为粉尘、硫化氢及汽油等化学因素、噪声、高温、含密封放射源等。从业人员在巡检、采样、人工操作、检修等过程中可能接触这些职业病危害因素，潜在的接触人员主要包括班长、外操工、检修工、分析化验工等。

装置职业病危害因素存在的主要部位见表16-3-2。

表16-3-2　职业病危害因素存在的主要部位

序号	职业病危害因素	存在的主要设备/区域
一	粉尘	
1	石油焦粉	焦炭塔、焦池、焦炭装运
二	化学因素	
1	硫化氢	焦炭塔、焦化分馏塔、解吸塔、再吸收塔、稳定塔、碱液脱硫罐、泵区
2	液化石油气	稳定塔顶回流罐、液化气采样器
3	汽油	吸收塔、解吸塔、稳定塔、压缩机出口油气分离器、换热器区、泵区
4	碱液	碱液脱硫罐、碱液采样器
三	物理因素	
1	噪声	机泵、压缩机、鼓风机、引风机、空冷器、调节阀、气体放空口
2	高温	加热炉、高温物料设备、管线
四	放射性因素	
1	密封放射源	焦炭塔料位计

二、职业病危害防控措施

预防职业病的发生应采取综合性的防控措施，以工程防控为主、管理手段为辅是预防各类职业病发生的有效手段。

（一）粉尘、毒物防控

1. 生产过程密闭、恶臭气排放控制

1）装置设计为密闭系统，正常生产时有毒有害物料均在密闭状态下使用，不与作业人员接触。

2）设置放空塔洗涤，焦炭塔吹汽、冷焦时产生的大量蒸汽及少量油气进入放空塔洗涤，洗涤后油气密闭送至火炬。

3）采用机械化、自动化密闭除焦工艺，包括焦炭池加盖密闭、焦炭密闭输送、密闭装车等，避免储焦池的扬尘及恶臭物质的逸散，改善作业场所工作环境。

4）开停工时有毒物料密闭收集、处理及排放，气体排至火炬，液体密闭排至罐区。

5）含硫气体送工厂硫黄回收装置制硫；含硫污水送至污水汽提装置处理。

6）含硫化氢、轻烃介质采样选用密闭采样器。

2. 设备布置

加工油品的生产设备、设施尽可能露天布置，以利于泄漏物料能够快速稀释和扩散。当工艺设备布置在厂房或半敞开厂房内时，应设置有效的通风设施，防止泄漏物料的积聚。

3. 毒物泄漏监控

装置内在可能泄漏硫化氢或积聚的场所设置固定式有毒气体监测报警器，信号引至有人值守的控制室。另外，为检修人员配置便携式有毒气监测报警器。

4. 人身防护

（1）在氢氧化钠加注区设置紧急淋浴及洗眼器，以防人员灼伤。

（2）为巡检人员配备防毒面具、空气呼吸器、便携式毒气监测报警器。

5. 警示标识和告知卡

在存在硫化氢的部位设置“当心中毒”“戴防毒面具”等警示标识以及高毒物品告知卡，告知硫化氢的理化特性、对人体健康的危害、防护措施及应急处理、急救电话等内容。

在存在氢氧化钠的设施处设置“当心腐蚀”“戴防护眼镜”等警示标识。

（二）噪声防控

1. 设备选型、降噪

机泵、压缩机、空冷器等转动设备应选用低噪声设备，加热炉选用低噪声火嘴；大型压缩机要安装隔声罩；气体放空口加装消声器。

2. 设备布置

（1）将噪声源集中、分区布置，高噪声区远离控制室、办公室等人员集中场所。

（2）有人值守的办公地点的建筑物采取有效的隔声措施。

3. 个体防护用品

为现场巡检人员配备防噪声耳塞、耳罩。

4. 警示标识

在噪声源集中布置的泵区、压缩机区、空冷区设置“噪声有害”“戴护耳器”等警示标识。

布置于地面的高噪声设备区还可以配合采用标识线进行标识，以及设置“你已经进入高噪声区，请佩戴护耳器”的警示标识。

（三）高温防控

1. 设备、管线隔热

加热炉、换热器、高温物料管线等存在高温及热辐射的设备外部应设置隔热层，使设备、管线表面温度不高于60℃。

2. 采样冷却

高温物料的采样应设置采样冷却器。

3. 建筑卫生

夏季从业人员的办公室应设置空调，并为作业人员提供防暑降温用品。

（四）放射源防控

1. 含密封放射源仪表选型

装置内焦炭塔安装有放射性料位计，放射性仪表使用国家规定的低放射强度的放射源，如：^{137}Cs<28mCi，^{60}Co<8mCi。

设备四周防护应符合职业卫生《含密封源仪表的卫生防护标准》GBZ 125—2002，即距离设备 5cm 处剂量率<2. 5μSv/h；100cm 剂量率<0. 25μSv/h。

2. 个人防护

为进入可能遭受放射源伤害的作业场所的从业人员配备辐射计量仪。

3. 警示标识

存在可能遭受放射源伤害的作业场所或部位设置“当心电离辐射”“佩戴个人计量仪”等警示标识。

（五）车间卫生用室

延迟焦化车间的卫生特征为3级，应为从业人员设置更衣室及盥洗设施。

三、职业卫生的组织管理

延迟焦化车间应配置专职或兼职的职业卫生管理人员，贯彻、落实企业的职业卫生管理制度，如作业场所职业卫生管理、职业病防护设施管理、作业环境监测、个人防护用品管理、职业健康监护管理、职业卫生培训、职业病危害告知等制度和规定。

参 考 文 献

[1] 中国石油化工集团公司 . GB 50493—2019 石油化工可燃气体和有毒气体检测报警设计标准[S]. 北京：中国计划出版社，2019.

[2] 中国工程建设标准化协会化工分会 . GB 50058—2014 爆炸危险环境电力装置设计规范[S]. 北京：中国计划出版社，2014.

[3] 中华人民共和国应急管理部． GB 18218—2018 危险化学品重大危险源辨识[S]. 北京：中国质检出版社，2018.

[4] 中国石油化工集团公司 . SH/T 3156—2019 石油化工离心泵和转子泵用轴封系统工程技术规范[S]. 北京：中国石化出版社，2009.

[5] 全国安全生产标准化委员会化学品安全分技术委员会 . AQ/T 3054—2015 保护层分析(LOAP)方法应用导则[S]. 北京：煤炭工业出版社，2015.

[6] 中国石油化工集团公司．GB/T 50770—2013 石油化工安全仪表系统设计规范[S]．北京：中国计划出版社，2013.
[7] TSG 21—2016 固定式压力容器安全技术监察规程[S]．北京：新华出版社，2016.
[8] 瞿国华．延迟焦化工艺与工程[M]．北京：中国石化出版社，2008：627-632.
[9] HJ 982—2018 污染源源强核算技术指南石油炼制工业[S]．北京：中国环境科学出版社，2018.
[10] 中国石油化工集团公司．SH/T 3024—2017 石油化工环境保护设计规范[S]．北京：中国石化出版社，2017.
[11] HJ/T 125—2003 清洁生产标准 石油炼制业[S]．北京：中国环境科学出版社，2003.
[12] GB 31570—2015 石油炼制工业污染物排放标准[S]．北京：中国环境科学出版社，2015.
[13] GB 12348—2008 工业企业厂界环境噪声排放标准[S]．北京：中国环境科学出版社，2008.
[14] HJ 853—2017 排污许可证申请与核发技术规范 石化工业[S]．北京：中国环境科学出版社，2017.
[15] HJ/T 397—2007 固定源废气监测技术规范[S]．北京：中国环境科学出版社．
[16] GB/T 16157—1996 固定污染源排气中颗粒物测定与气态污染物采样方法[S]．
[17] HJ 75—2017 固定污染源烟气(SO_2、NO_x、颗粒物)排放连续监测技术规范[S]．北京：中国环境科学出版社，2017.
[18] 中国石油化工集团公司．GB/T 50934—2013 石油化工工程防渗技术规范[S]．北京：中国计划出版社，2014.
[19] 赛鼎工程有限公司．HG/T 20660—2017 压力容器中化学介质毒性危害和爆炸危险程度分类标准[S]．北京：科学技术文献出版社，2017.
[20] 中石化炼化工程(集团)股份有限公司．DEP-T-SH 3001—2017 石油化工装置常见职业性接触毒物危害程度分级[S]. 2017.
[21] 全国职业卫生标准委员会．GBZ 2. 1—2019 工作场所有害因素职业接触限值第 1 部分：化学有害因素[S]．北京：科学技术文献出版社，2019.

第十七章　绿色开停工、运行管理、异常工况处理与案例

绿色是当今社会和生活的一个热词，其实质是人类追求自然完美的一种高级表现，实现人与自然的和谐共处。在资源消耗日益增大、环保问题日益突出的今天，对于炼化企业，实现装置的绿色开停工，从而达到节约资源、减少环境污染，是社会各方共同的目标。

对于焦化装置，绿色开停工就是指在装置开停工期间挖掘装置自身潜力，通过优化操作调整，最大限度实现污油、污水、废气回收利用，减少外甩污油，减少外排废水、废气，减少燃料消耗，实现企业与社会、自然的绿色和谐共处。

第一节　绿 色 开 工

实现装置的绿色开工是企业与员工的共同目标，同时也是社会对企业的期许。装置在开工前要做好检查和确认工作，坚持“四不开工”的原则，即检查质量不合格不开工，安全防护设施不齐全不开工，设备堵漏不彻底不开工，环境卫生不符合要求不开工。在装置开工期间进行的吹扫贯通、试压试密、水运、烘炉、柴油联运、引蜡油渣油等过程，要从科学、绿色的角度加以优化完善，以期达到更好的效果。

一、吹扫

吹扫作业是装置开工前的首要步骤。通过吹扫，清除施工过程中进入设备、管道中的焊渣、泥沙以及管道中的油污和铁锈；对设备和管道中的每对法兰和静密封点进行初步的试漏、试压；贯穿流程，熟悉工艺流程及基本操作，暴露有关管线、设备问题；提高操作人员的技术素质和实际操作能力。

如何减少吹扫蒸汽用量、实施密闭吹扫，实现装置绿色开工，是吹扫作业的关键问题。在吹扫作业过程中，采用合适的吹扫方式(如憋压爆破吹扫)和吹扫方案，避免重复吹扫，可达到事半功倍的效果，减少蒸汽的用量。此外，通过增设临时密闭排放管线，将焦化装置吹扫尾气排放至放空塔，在实现密闭吹扫的同时，回收利用吹扫尾气，实现“油不落地、气不上天、声不扰民、尘不飞扬”的绿色吹扫目标。

吹扫要点：

1）吹扫前要掌握每根管道的吹扫流程、吹扫介质，清楚吹扫介质的给入点或临时给入点，每根管道的排放点或临时排放点。对排放点，要做好遮挡工作，防止将污物吹入设备或后路管线。

2）吹扫前，将吹扫流程的所有阀门关闭，在吹扫过程中，再根据需要打开有关阀门。

3）引入蒸汽吹扫前，要脱净凝结水，防止发生水击，若出现水击时，停止蒸汽吹扫，有条件的可用风先把水赶净。引入蒸汽吹扫时，要详细检查流程，清楚那些法兰、短管已拆

开的地方，防止发生烫伤事故。

4）吹扫应分段进行。管道上的单向阀拆下，吹扫、冲洗干净后再装好。沿线的各排凝点或放空点也要逐个打开，排出污物，直至把全部管道吹扫干净为止。

5）在吹扫的过程中，要注意吹扫有关跨线和小管道，以保证装置吹扫不留死角。

6）吹扫过程中，应检查各静密封点的泄漏情况，如发现泄漏应做好标记和记录，待泄压后处理。

7）在吹扫带安全阀的设备管线时，如安全阀定压小于吹扫蒸汽压力，要先关隔断阀，待吹扫完后再打开隔断阀。

8）在吹扫冷换设备时，不论壳程、管程，在入口阀后均应拆法兰。蒸汽先不进冷换设备，改副线，在出口阀前法兰处放空，干净后，关副线，改蒸汽进冷换设备，在出口阀前法兰处放空，干净后，停蒸汽进设备，改通副线，吹扫后续管线、设备。单程吹扫时，另一程必须打开放空，以防憋漏换热器。

9）吹扫要逐条进行，逐条确认，吹扫面不能铺得太大，以免吹扫介质供应不足，压力偏低，影响吹扫效果和质量。

10）吹扫前拆卸的法兰、孔板、调节阀、压力表等附件必须专人记录整理，吹扫结束后恢复原状，并记录备查。

11）吹扫引蒸汽时，必须专人负责，按流程分段进行，注意不要过快，引入阀门开始一定要缓慢打开，待管线充压完成后才可开快。由专人检查各点的泄漏、排空情况，同时，憋压检查管线各法兰泄漏情况。

二、试密试压

试密试压的目的是考察工艺管线和静设备在承受正常的工艺操作条件时的密封性能。试密试压期间，应合理优化方案，节省气密时间和气源使用量，助力绿色开工。

试密试压要点：

1）试密试压前需在指定位置安装经过校验合格的试压用压力表。

2）试密试压前要仔细检查流程，所有管线法兰、阀门、调节阀等全部安装就位，盲板按规定加好，并做好隔离工作。

3）准备好试压流程图，试压过程中要有专人负责检查，必须做好记录与签名工作。

4）试密试压期间要严格执行合格标准，确保效果。

试密试压注意事项：

1）冷换设备一程试压，另一程必须打开放空，以免憋坏设备，水冷要关进出口水阀，打开放空阀。

2）各设备如有副线均需过汽，流量计走副线。

3）联系仪表配合，仪表引出线可在吹扫干净的基础上一同试压，避免重复工作。

4）试压介质升压要缓慢，达到指标后要逐一检查各焊缝、法兰、人孔阀门、仪表引压点等处。

5）引 N_2 时要缓慢，注意控制压力；同时注意安全，防止 N_2 窒息现象，加强人员管理。

三、水运

水运是开工过程中的重要步骤，目的是在水冲洗的基础上，进一步冲洗设备及工艺管线内的杂物；考察阀门、法兰、人孔、管线有无泄漏现象；考察循环系统中的压力、流量和液位等控制仪表的施工质量和调节性能及计量准确度；以水为介质运转装置各设备、让操作人员进行技术练兵，熟悉现场设备、仪表，提高实际操作水平。

在可以满足水运目标的前提下，应通过优化水运方案，完善员工操作调整，尽可能减少新鲜水使用量，增加循环利用程度，节约水资源。水运结束后，应妥善处置使用后的水源，避免乱排乱放污染环境，确保绿色开工顺利进行。

水运过程中，应注意：

1）参加水运的人员必须熟悉水运方案，要严格认真对待，以水代油，避免跑、冒、串。

2）各设备单机试运后，确认参加水运的设备、管线上存在的问题已处理完毕，所有拆下的法兰、孔板、控制阀等均已按原位装好，所有的仪表校核工作完毕，处于投用状态。

3）水运过程中，要认真做好流量、压力、电流等数据的记录，对存在的问题，解决的问题都必须做好详细记录。

4）各备用泵需切换进行，每台机泵连续运行时间不得少于24h，以考察机泵的施工质量和机泵的运行能力。

5）参与水运运行的部位，流量、液面、压力等仪表均应投用，投用控制阀，能进行自控则进入自控状态，让仪表上的问题暴露出来，利于将来正式投料运行。

6）水运时，所有机泵入口必须加装过滤网，发现过滤网堵塞或阀门堵塞，应及时启用备用泵，并拆下堵塞的过滤网进行清洗。

7）水运完毕，设备内的存水从底部排尽，管线内和机泵内的水亦从各低点放空阀处排尽。

8）设备内存水排净后，打开各塔底、容器底人孔，进入内部检查并清扫后，再安装好。

四、加热炉烘炉

加热炉烘炉的目的有：蒸发掉炉体内、烟道内的耐火砖衬里、耐火浇注料内自然水和结晶水，使耐火胶泥缓慢烧结，增强材料强度和使用寿命；考察加热炉火嘴和阀门等是否灵活好用。考察加热炉能投用的仪表控制系统的使用效果。考察燃料系统，供风系统的设计情况。考察炉子施工质量，考察炉体各部件在热状态下的性能。

烘炉期间应注意：

1）烘炉要按烘炉方案进行，严格按升温曲线烘炉。烘炉过程可结合物料升温过程进行，减少瓦斯消耗，实现绿色开工。

2）注意火嘴切换使用，逐个考查燃烧器。

3）烘炉过程中，要保持炉膛受热均匀，应对称点火，对称增点火嘴，按多火嘴、短火焰、齐火苗，先点中心后向外增点的原则。要求火焰不长、不飘、不扑到任何一面炉墙，炉膛明亮清晰，烟道气透明无色，不冒黑烟，炉膛保持负压。

4）烘炉过程中，要随时注意炉子火焰的燃烧情况，并及时调整操作。如火焰过长，可适当调大风门；瓦斯火焰应笔直呈兰紫色，如火焰为枯黄色，应调大配风量，但风门不宜开得过大，以免吹灭。

5）不点的火嘴，风门应关闭。

6）烘炉过程中，加强巡回检查，做好数据记录，最后绘制出实际升温曲线。

7）烘炉时，控制好进出空气预热器各介质温度，防止空气预热器超温爆管。

五、柴油油运

柴油联运的目的是全面考验装置的设计能力及各项经济指标，考察工艺流程走向是否合理；考察装置工艺设计，设备、机泵、管道，仪表、电气、系统配置的施工及制造安装质量；考察水、电、汽、风、瓦斯的消耗情况；考察并了解装置的工艺设备及仪表性能，全面掌握设备操作；对操作人员进行实战练兵；冲洗管线、设备中残留的部分水分；检查验收设备管线的阀门、法兰、焊缝等有无泄漏情况。

柴油联运的流程(以典型焦化流程为例)

不同的焦化装置流程不同，柴油联运的流程必然不同，现以典型焦化流程为例介绍：

柴油进装置→跨原料线→原料阀组→原料罐→原料泵→原料换热器→分馏塔→分馏塔底开工泵→加热炉→四通阀→焦炭塔开工线→焦炭塔顶→焦炭塔底→甩油罐→甩油泵→甩油冷却器→出装置(闭路循环时改进原料罐)。

注意：所有排凝阀排净存水后全部关闭，防止跑油。柴油联运4h左右后，可以静止4h，各处低点安排脱水干净，重新循环，实现较为彻底的脱水，降低脱水时间，从而加快开工进度，实现绿色开工目标。

六、引油及开工注意事项

不同装置，具体流程不同。本文以典型焦化流程进行介绍，各装置可根据自身不同流程进行变动。引油包括引冲洗油、汽油、封油、蜡油等，引油前应联系相关岗位人员和有关单位，准备好开工用油。

引蜡油循环应注意：

1）引蜡油前加强流程检查，确保流程正确，引油前联系调度，在统一安排下引油，引蜡油时加强联系，注意脱水和流程走向，要求“人到哪里，油到哪里”。

2）引蜡油前加热炉点火嘴保持炉膛温度200℃左右。

3）所有分馏塔下部系统和放空塔均需保持连续循环。

4）确认所有非正常流程和旁路均已稍开。

5）所有泵至少开停两次。

6）蜡油低温循环时，各塔液位尽可能低，满足维持循环，以减少污油外甩量。

7）引蜡油过程中，联系相关装置或单位，记录进装置流量和时间。

切换渣油步骤及注意事项：

根据各装置的具体生产情况不同，切换渣油时的条件略有不同，但总体步骤基本相同，具体如下：

1）引渣油前先进行脱水，在原料缓冲罐前转重污油线，而后引渣油入原料缓冲罐，蜡油由闭路循环改为开路循环，经重污油线出装置。注意确认渣油油头至甩油罐后才能升温。

2）加快甩油，控制接触冷却塔底冷却器出口温度不大于100℃。

3）当焦炭塔底油甩尽，炉出口温度升至440~470℃时，迅速关焦炭塔立管甩油阀，同时打开进料阀，切换四通阀，向焦炭塔底进料。在升温阶段控制好炉子辐射量，保证快速升温，缩短蜡油置换和开工的时间，确保绿色开工。

4）切换四通阀正常后，根据加热炉各部分温度指标控制情况，逐步提高装置处理量，并调整好分馏系统的操作。

5）自发蒸汽压力大于系统压力时，打开去加热炉阀，关系统蒸汽补入阀，关放空，蒸汽并入管网。

6）控制好物料平衡、产品质量及物料出装置温度。

第二节　绿色停工技术及注意事项

停工过程是装置在运行期间生产波动较大、环保安全事故易发生的阶段，是生产末期最大的“变更”。在停工前，装置应建立停工各阶段的重要环境因素台账，完善相应的污染控制措施，制订出切实可行的绿色检修方案。同时，在停工过程中，操作人员应认真按照检修操作规程进行操作，废水、废气、废渣应做到有计划处理，废弃物应专门存放，集中管理，确保装置达到绿色环保停工的要求。

一、停工前的准备与检查

1）全面检查停工前的准备工作，准备好停工用的盲板。

2）确认焦炭塔是否达到正常换塔要求。

3）降低装置处理量，同步提高加热炉注汽量。

4）联系电气、仪表、钳工配合装置停工。

5）重污油线扫线贯通，改好甩油罐污油直接外甩流程。

6）组织好停工扫线人员，全体操作人员熟悉停工，扫线方案。

7）停工前封油罐收满封油以作备用。

8）联系上下游装置，做好停工准备，同时准备用于清洗重油系统的蜡油。

二、降温降量

1）加热炉要先降温后降量，防止加热炉出口温度超高。

2）切断原料油后，及时用蜡油置换原料油系统 2h 以上。切断原料，引进蜡油后，系统还有大量的渣油，控制好炉出口温度，焦炭塔四通的切换时间可以比切断进料的时间延迟 0. 5h。以减少污油的排放量，实现绿色停工目标。

3）蜡油置换时，进行切换辐射泵和原料泵操作。

4）辐射泵入口温度不允许高于 270℃，防止辐射泵抽空。

5）开工线脱水要干净，防止冷凝水瞬间汽化，损坏分馏塔塔盘。

6）严密监视接触冷却塔顶油水分离罐、低压瓦斯分离罐污油液面，注意不要让污油带入瓦斯系统。

7）富气压缩机，吸收稳定和干气脱硫系统，视情况作适当的操作调整。吸收稳定系统降压运行，压缩机防喘振阀逐渐全开，尽可能增加瓦斯的回收量，减少向低瓦的排放量，创造绿色停工条件。

8）加热炉相关管线扫线。扫线时，注意保留一定数量的长明灯或火嘴，保持一定的炉出口温度，以保证炉管吹扫效果。

9）炉降温降量时，注意分馏塔底液面，严防辐射泵抽空，塔底液面达到规定值时应及时改用停工泵(蒸汽往复泵)退油，柴油、中段、蜡油视液位情况开、停泵退油。蒸汽发生器汽包蒸汽温度低于饱和温度时，自产蒸汽改放空。

三、退油吹扫

1）退油时，要做好有效隔离，避免流程互窜。

2）分馏塔顶粗汽油需进吸收稳定系统进行处理。

3）吹扫原则：先重后轻，先上后下，先小后大，先主后支。

4）低温泵和控制阀不可长时间吹扫。

5）控制好处装置低瓦及污油的问题。

6）采用密闭吹扫，低点导淋的排放通过接临时吹扫线，进装置放空塔，充分利用焦化装置自身优势，实现污油、污水、废气回收利用，确保装置停工绿色环保。

7）吹扫完毕后，应打开塔顶和各低点放空，防止抽瘪设备。

8）装置吹扫时应通知仪表同时吹扫仪表引压管、引出线。

四、除臭钝化及开人孔

1）尽量排净系统内残留物料，避免影响除臭钝化效果。

2）要按照退净工艺介质——蒸汽吹扫——除臭——蒸汽吹扫——钝化的流程来执行。

3）钝化流程要合理，机泵要切换，减少循环死角。

4）要保证足够的除臭钝化时间，确保效果。除臭剂要分批加入，控制好 pH 值，避免过度使用，浪费资源。

5）塔内温度高于 40℃时严禁打开人孔。

6）打开人孔前，应将与塔相连的阀门关闭，将塔切出。各层服务水畅通。

7）开人孔的顺序是从上至下。

8）开人孔后要安排专人盯 DCS，监控容器的温度变化。

第三节　焦化装置的运行管理

一、日常作业的管控

日常作业的有效管控，可以有效避免焦化装置事故的发生。对于生产装置的日常作业管控，建议做到以下几点：

1）召开“三个会”(作业计划会、JSA 分析会、工前会)。

2）常态化安全督查，对承包商做得好的进行奖励，违章的进行考核。

3）列出“低老坏”问题清单，一段时间内反复检查、整改。

4）每月不定期对班组应急响应进行抽查、点评及奖惩。

5）坚持日、周、月检制度。

二、焦炭塔系统的运行管理

焦炭塔是渣油进行生焦反应的场所。焦炭塔的每个生焦周期都要经历进料生产、冷焦、除焦、试压预热等几个阶段。经过除焦后的焦炭塔为空塔，由于除焦时，焦炭塔的顶、底盖都打开过，所以在再次投入生产前要用蒸汽进行试压、赶空气，其目的就是赶走焦炭塔内残存的空气，检查设备的密封是否达到要求，试压压力一般要略高于生产压力，但不能超过安全阀定压。赶空气试压合格后，新塔还要进行预热，预热的介质是另一生产塔产生的油气。当新塔完成试压预热达到预定温度后，就可以将进料切换入新塔进行生焦。老塔经过给汽、给水冷焦合格后，就可以进行除焦。除焦是用高压水将焦炭塔内的焦炭切割下来，送入焦池，除焦后的焦炭塔又进入下一生焦周期。

焦炭塔是高温低压运行的设备，一个生焦周期涵盖切换四通阀、吹汽、给水、试压赶空气及预热等工作；操作比较频繁。正常操作首先要注意控制好焦炭塔塔内焦高，防止泡沫焦冲塔。其次要注意焦炭塔压力、温度变化，不能超过工艺指标；预热、切换四通阀后焦炭塔历经快速升温的过程，要加强检查，防止设备、管线、法兰泄漏着火。再者，随着原料的劣质化，弹丸焦的生成日益频繁，要通过控制反应温度、循环比和原料性质，控制弹丸焦的产量，避免焦炭塔大幅晃动。

三、放空塔系统的运行管理

放空塔系统是将焦炭塔吹汽、冷焦时产生的大量蒸汽及少量油气进行密闭回收的场所，设计上将焦炭塔安全阀的放空、加热炉的紧急放空等也排入本系统。在操作放空塔系统时重点是要控制好塔顶温度和塔底液位。放空塔底油可作为焦炭塔急冷油，以减少系统污油的产生。控制好放空塔入口温度，设计足够的放空塔顶缓冲罐容积，可以提高放空塔塔顶的油水分离的效果。

四、分馏系统的运行管理

分馏系统的运行管理主要是要搞好塔的热量平衡和物料平衡，同时控制好各产品质量，防止塔顶结盐和塔底结焦。

根据生焦周期来调节好各点温度，控制好塔的热量平衡，保证馏出口产品质量合格；控制好进料量和产品抽出量，搞好全塔的物料平衡；控制好集油箱液面，防止溢流和干板；严格控制分馏塔底液面，确保辐射泵的正常运转。

为防止分馏塔底结焦，控制好分馏塔底温度和蒸发段温度，调节好循环比，严禁蒸发段超温；注意塔底循环泵的运行，保证足够的循环搅拌量；为防止顶循结盐，要注意不同油气分压下分馏塔顶循系统的温度控制，防止过低，出现液态水。控制好原油的电脱盐效果，控制原料中氯离子含量，考虑配备顶循在线洗盐设施，保证顶循系统的长周期运行。

五、加热炉系统的运行管理

加热炉的作用是快速地给原料提供热量，保证其在焦炭塔中能够充分地反应，避免在炉管中开始焦化反应。因此加热炉最重要的控制指标就是辐射出口温度，波动范围不超过±1℃，以保证有足够的反应深度。其次要防止炉管异常结焦，在保证高负荷的前提，延长炉子的烧焦周期。在日常的管理中要保持炉膛热量分布均匀，做到多火嘴、短火焰、齐火苗，发现火嘴结焦堵塞应及时清除，努力降低燃料消耗；要监控好炉管表面温度、入炉压力，和原料性质的变化，及时调整注汽量；配备在线烧焦设施，保证整个装置的生产周期不受加热炉烧焦周期的影响。再则，控制炉膛氧含量提高加热炉的效率。通过监控烟囱整个截面的氧含量和燃烧系统的调整，加热炉氧含量可控制在1%~2%之间。

六、吸收稳定系统的运行管理

常规流程吸收稳定系统共有四个塔，分别是吸收塔、解吸塔、再吸收塔以及稳定塔。在控制好液化气的 C_5 含量和汽油的蒸气压值时，尽可能降低贫气中 C_3 以上组分的控制。

调节贫气中 C_3 以上组分的方法有：提高液气比，适当加大吸收塔吸收剂量；降低吸收剂、压缩富气的冷却后温度，达不到时可通过调整吸收塔中段回流操作来降低和控制吸收温度，在压缩机出口压力允许下，可适当提高吸收压力；搞好吸收塔、再吸收塔的压力平稳；控制稳定汽油的蒸汽压，提高吸收剂质量；适当降低解吸塔底温度。

第四节　异常工况处理及典型运行经验案例

一、顶盖机关闭未确认，崩开着火

1. 事故经过

某公司焦化装置在23日0：30分除焦结束后，除焦人员关闭顶盖机后，未到现场进行确认顶盖机是否关闭到位（操作规程明确要求必须到现场确认锁环状态）。23日18：00左右，另一个除焦班在焦炭塔除焦时，发现生焦塔顶盖机锁环不到位，通知当班班长后，班长联系正在加班的工艺技术员一起到现场进行处理，技术员到现场，发现锁环油缸活塞杆有30mm左右的行程没有回位，总行程40mm（事后了解该工艺技术员工作6年，不懂顶盖机操作原理），主观认为此种状态没有问题，因此未采取任何防护措施（在锁环不到位的情况下，可以采取人工加强紧固的方法）。23日22：30分焦炭塔顶盖机突然崩开，发生着火事故。

2. 事故原因

1）除焦人员在关闭顶盖机后，没有到现场检查确认顶盖机是否关闭到位（操作规程明确要求操作人员到现场检查锁环状态）。

2）在被告知顶盖机锁环没有到位后，装置工艺员及班长对其危害没有识别，也没有采取应对措施。

3）对外委单位的管理存在薄弱环节。操作人员只通过焦炭塔试压效果判断顶、底盖机的关闭情况，没有对除焦人员作业过程和结果进行检查和确认。虽然办理了“延迟焦化装置焦炭塔顶、底盖机开关操作确认单”，但联络单上没有规定明确的检查和验收项目。

3. 经验教训

1）加强对外委单位的管理。对外委单位，尤其是涉及装置操作的，要完善相关制度和规程，严把作业人员入厂关，严格培训和考核。要对外委人员的作业情况实施全过程监管。

2）加强技术和操作人员的设备使用技能培训，提高处理设备故障的能力。

3）加强设备维护，确保设备处于完好状态。设备在使用过程中出现问题时，应及时与设计单位和制造商沟通并进行处理，确保设备各项性能得到发挥。

该事故案例分析图见图 17-4-1。

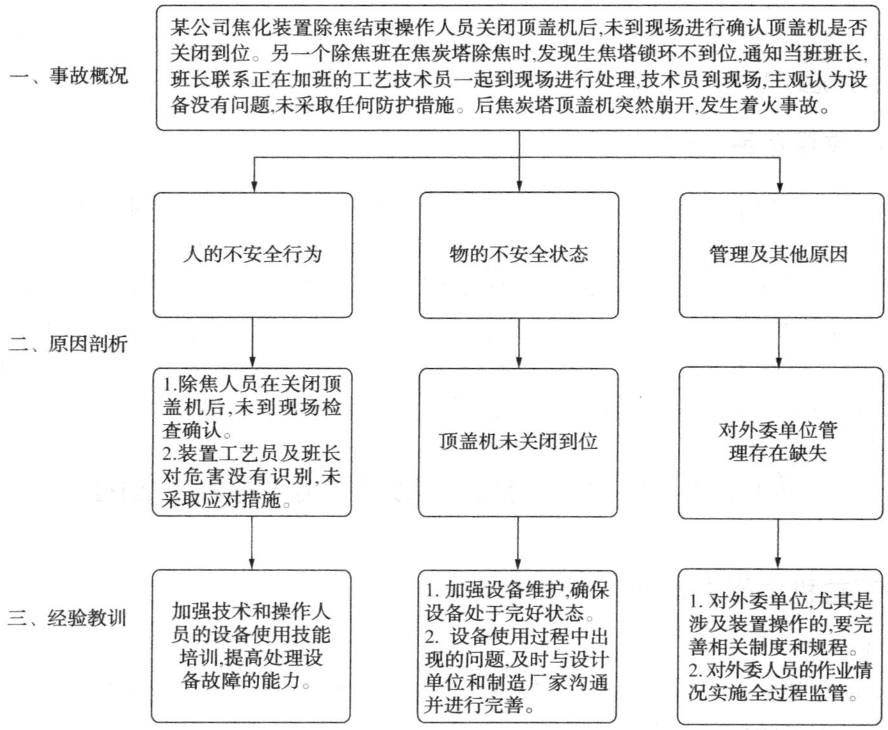

图 17-4-1　事故案例分析图(1)

二、停工甩油隔断阀未关闭，窜油引发着火

1. 事故经过

2017 年 10 月，某公司焦化装置停工检修期间焦炭塔 A 塔发生着火事故。该装置按照检修计划停工检修。其中焦炭塔 A 塔已于当日 0：17 结束清焦，焦炭塔处于空置状态(顶、底盖打开，自然通风)。B 塔生焦结束，装置开始降温降量，8：40 切断进料开始停工，10：10 装置四通阀改为上进料甩开焦炭塔，内部闭路循环，同时 B 塔开始小吹汽，10：38 改为平衡管小吹汽操作。10：42 焦炭塔 A 塔底部溜焦槽处突然着火，随后在塔顶也发生火情，现场人员立即停闭路循环流程，开启焦炭塔附近 2 台固定消防水炮进行掩护，同时报火警。应急指挥中心接到报警后，立即启动应急预案进行应急救援，在救火过程中，操作人员佩戴空气呼吸器到现场确认，发现焦炭塔 A 塔甩油隔断阀未关并及时关闭，11：06 火势得到控制，11：35 扑灭明火。事故没有造成人员伤亡。焦炭塔顶底盖机、照明电缆烧断，A 塔除焦器钢缆被烧断，除焦操作屋损坏严重。

2. 事故原因

1）焦炭塔 A 塔两道甩油隔断阀均未关闭，处于全开状态，在打开焦炭塔 B 塔两道甩油隔断阀进行小吹汽操作时，焦炭塔 B 塔高温物料通过甩油隔断阀进入 A 塔底部溜焦槽和焦池自燃着火。

2）违反操作规程与停工方案，操作工未确认相关流程。操作规程及停工方案中明确“处理塔要进行小吹汽操作，按程序改通处理塔小吹汽流程，把与空置塔相连的阀门关闭”。实际操作时操作人员在B塔改投小吹汽操作时，未按照方案要求对相关流程进行确认，A塔两道甩油隔断阀均未关闭，从而导致高温物料进入到A塔。

3）方案编制不严不细，执行力不强。停工方案中仅将“处理塔进行小吹汽操作”整个步骤作为一个关键控制点，但未明确各阀门状态，实际执行时操作员、当班班长、管理人员均未对该步骤进行确认，没有执行三级确认要求。

4）经验主义、麻痹心理严重。

该公司焦化装置自2011年增设顺序控制系统，除正常生产过程中的生除焦操作外，还经历过2次停工检修。车间管理人员、装置操作人员均认为已熟练掌握两塔切换操作，在处理塔改小吹汽操作时，想当然认为闲置塔流程已经隔断，未去现场确认（A塔顺控处于摘除状态）。

3. 经验教训

1）严格执行操作规范，确认关键流程。

2）做好停工期间变更风险识别，完善停工方案。

3）避免经验主义错误，严格落实各岗位职责。

该事故案例分析图见图17-4-2。

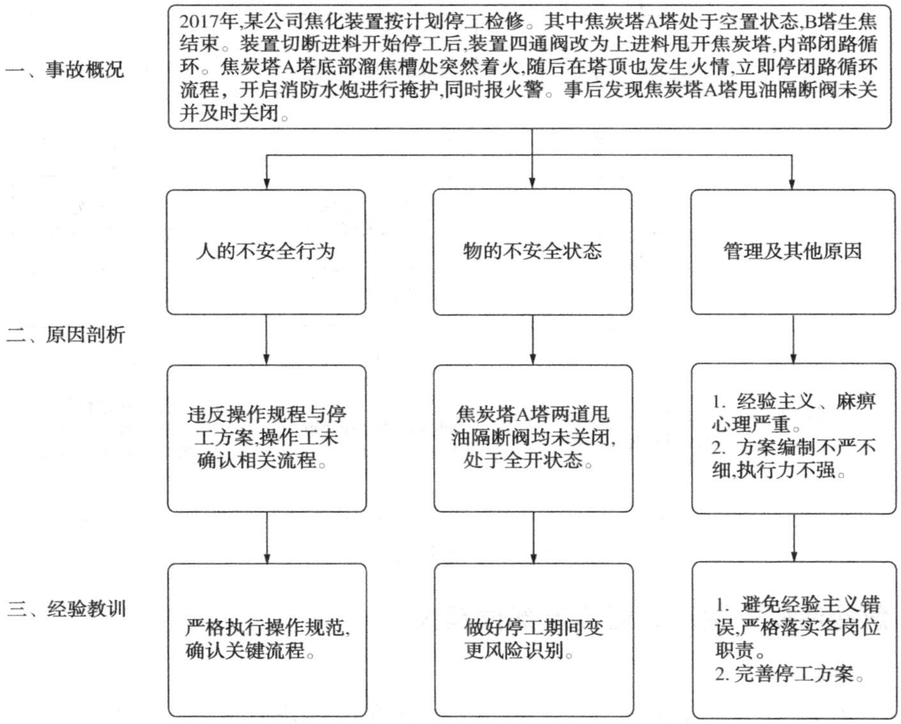

图17-4-2　事故案例分析图（2）

三、误关阀门致憋压，高温油泄漏着火

1. 事故经过

沿海某炼油厂焦化装置，某日21：50，加热炉辐射室外突然着火，立即切断加热炉进料，迅速报警，出动消防车辆数十辆，23：00火被扑灭，无人伤亡。熄火停泵又致使炉管

凝死结焦，导致装置停工，炉管抽出清焦，检修时间延长。

2. 事故原因

操作工切换四通阀，由B塔切入A塔后，应该关闭去B塔的切断球阀，却误操作为关闭去A塔的切断球阀，造成炉出口憋压，加热炉入口压力升高，因泵出口压力最高可达5.0MPa，最终导致加热炉辐射A组入口*DN*40注汽管线单向阀上法兰金属缠绕垫片外圈吹掉，350℃的渣油泄漏着火。

3. 经验教训

1）四通阀增加相关联锁和顺控系统。

2）当加热炉憋压时，应设置切断燃料气、切断进料、炉管通蒸汽等相关低流量联锁动作。

3）加强岗位学习培训，制订四通阀切换操作确认表。

该事故案例分析图见图17-4-3。

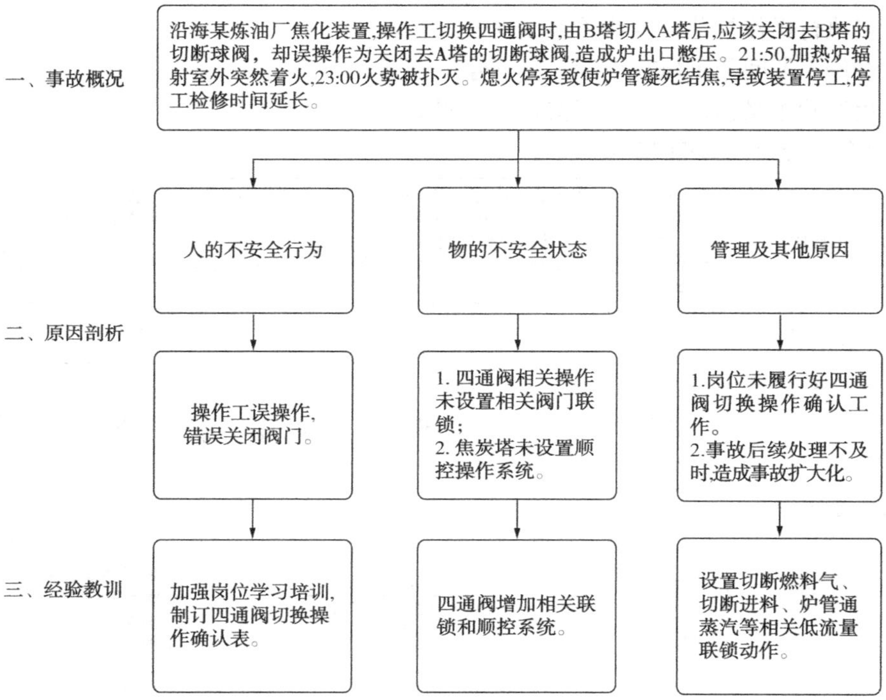

图17-4-3　事故案例分析图(3)

四、急冷油阀未关严，遇高温部位起火

1. 事故经过

2004年10月31日，某公司常压焦化联合装置在进行开工试车。31日24：00，焦炭B塔进行切换，将焦化进料切至B塔。1日12：40左右，除焦班操作人员将A塔底盖的短节拆开后，有油从法兰缝隙流出，沿着溜槽流入除焦池，且油量逐渐增大，直至喷到运行的B塔裸露入口高温短接上，自燃起火，并将除焦池水面浮油引燃。装置紧急停工。14：30火势得到控制，15：10彻底扑灭。

2. 事故原因

1）焦炭塔切换操作中，未关严A塔急冷油管线，急冷油继续进入塔内。

2）焦炭塔放水不彻底，导致大量油品残留A塔内。拆短节前没有根据焦炭塔底压力表进一步确认水是否放净。短接拆开后，大量急冷油喷出。

3）操作工盯表不认真，因急冷油没有切换造成B塔出口10h超温而没有引起重视，没有检查流程，失去了避免事故的时机；同时在A塔冷焦过程中，急冷油经接触冷却塔后，随冷凝水排入除焦池，导致火灾扩大。

3. 经验教训

1）严格执行各项规章制度，增强安全意识和自我保护意识，杜绝各种条件不具备情况下的任何操作。

2）制定了除焦前的确认条件表和焦炭塔的面板操作卡片，并有车间值班干部、班长、操作员三级确认。

3）外操加强巡检，内操加强盯表，对操作动改的流程相关参数要重点关注。

该事故案例分析图见图17-4-4。

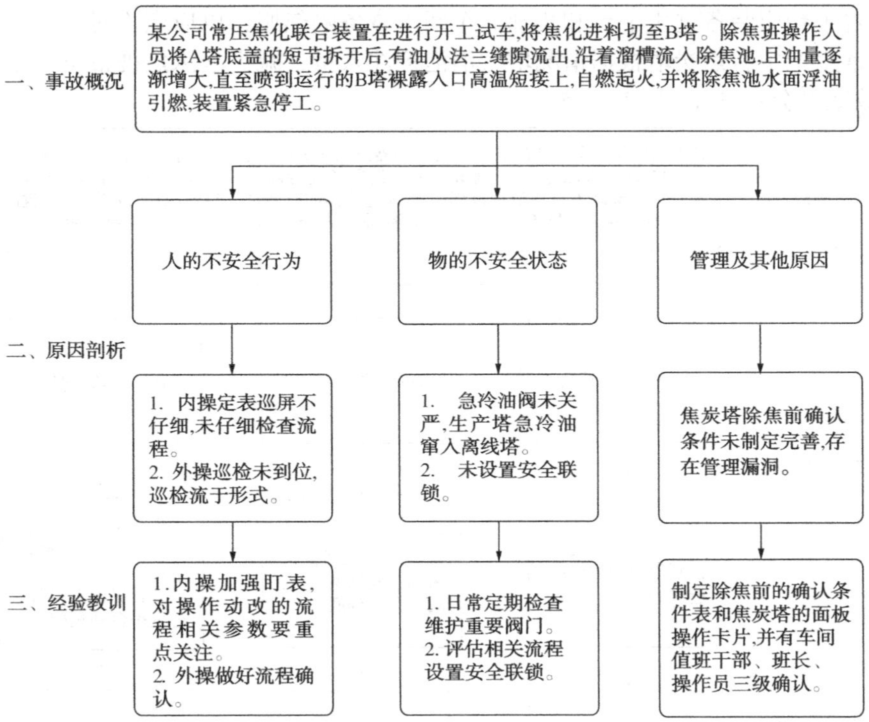

图17-4-4　事故案例分析图(4)

五、清过滤器阀内漏，高温油自燃起火

1. 事故经过

1998年1月22日上午，某炼油厂焦化车间委托工贸公司维修队清洗T102分馏塔底过滤器，8：40维修工到焦化车间主任处办理作业票，车间主任用电话向班组下达清洗过滤器的工作任务。班长在接到任务后即开始做清洗过滤器前的准备工作，于9：30关闭了上、下游阀门，进行自然冷却。下午13：15，车间派工艺员、副班长再次到现场进行确认，同时对维修队作业进行现场监护。维修人员在留有一个螺栓的情况下打开过滤器大盖，并开始清

理过滤器内的焦炭，当清理出 2 桶(约 35kg)焦炭后，发现过滤器内有渣油往上冒的现象，工艺员和维修队班长等三人赶紧用 F 枪关上下游阀，但已关不动。此时管道内的渣油越冒越多。14：40，360℃的热渣油发生自燃着火，在现场的工艺员等三人被大火围困，被迫从 7.5m 高的平台往下跳，造成不同程度的骨折。

2. 事故原因

因过滤器上、下游阀有较深的阀槽，被从焦炭塔携带过来的焦炭(粉)堵住，造成阀门关不到底。维修队在拆卸清洗过程中，使焦炭(粉)松动，管道内的热渣油随之泄漏，360℃的热渣油发生自燃着火。

3. 经验教训

1）加强技术和操作人员的风险识别能力，规范作业程序。对重大作业应召开工前会，进行专项风险分析。

2）重要过滤器拆清时，消防车应到现场监护。

3）装置平台应装备逃生平台和爬梯。车间内常备隔热服，以应变临时突发事故的发生。

4）日常生产中，焦炭塔根据情况增大消泡剂注入量，减少泡沫焦携带量。

该事故案例分析图见图 17-4-5。

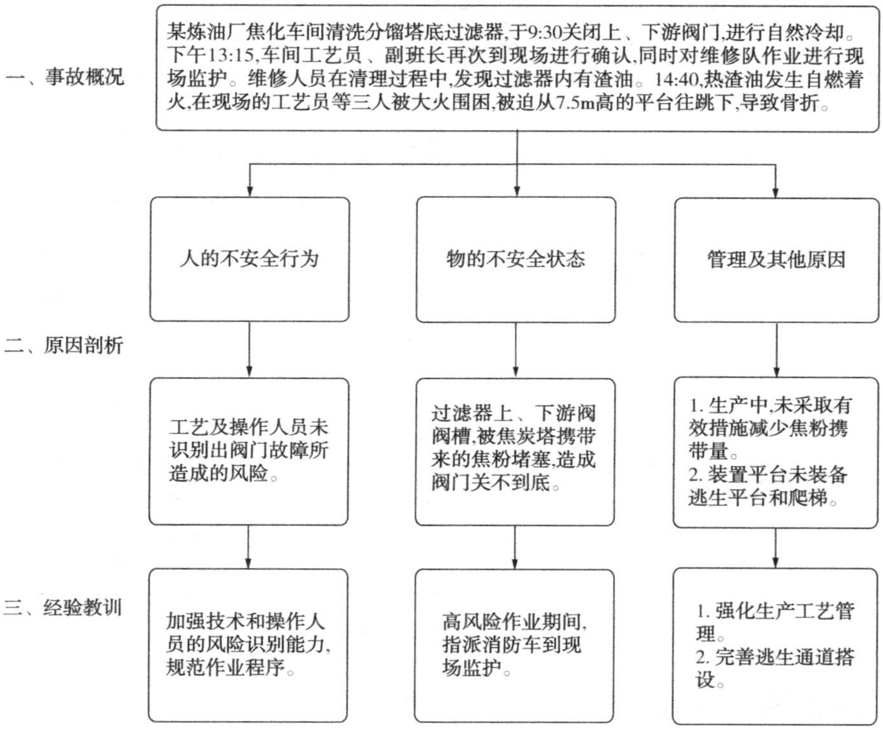

图 17-4-5　事故案例分析图(5)

六、高温管线用碳钢，减薄爆开起大火

1. 事故经过

2007 年 11 月 21 日 6：15 左右，某炼化公司焦化装置分馏系统蒸 102 蜡油三通阀热旁路弯头腐蚀减薄严重，内侧突然穿孔爆开，致使 350℃的高温蜡油喷出自燃。正在巡检的操作

工立即用对讲机告知内操，并迅速报火警。7：00左右全部扑灭。火灾造成部分仪表调节阀、变送器、热电偶、控制电缆和照明灯具等电气设备烧损，该焦化装置紧急停工46h。

2. 事故原因

1）事故的直接原因是蒸102蜡油三通阀热旁路弯头腐蚀减薄穿孔。

2）该管线原设计为20#碳钢，2000年该焦化装置升级改造时，该公司要求该管线材质由碳钢改为Cr5Mo。设计公司出具的改造设计说明书中也写明将该管线改为Cr5Mo材质，但设计公司的有关设计人员按照“旁路以阀门为界，阀前Cr5Mo阀后为20#碳钢”的规则进行设计，未将该管线弯头改为Cr5Mo，而实际该旁路是长期有介质流通的，设计与实际不符，泄漏着火部位正是该管线弯头。由于这一设计错误，造成事故发生，是本起事故的主要原因。

3）2007年4月该公司常减压装置进行加工高酸原油改造后，渣油中酸值明显提高，腐蚀速率相应增大，但焦化装置未根据这一变化，对定点测厚点的相关管线进行检测，也未缩短检测周期，反而超期后仍未检测，失去了发现隐患的机会，是造成事故的次要原因。

4）该公司对2000年焦化装置升级改造时，没有发现设计公司未将管线弯头改为Cr5Mo的错误设计，未严格审图，以致该弯头用错材质的问题一直未能发现，也是造成事故的原因之一。

3. 经验教训

1）对该段管线进行整体更换升级为Cr5Mo材质。

2）加强对设计审图的力度，及时发现错误，将事故消灭在萌芽状态。

3）严格执行“定点、定期”测厚要求对测厚点进行检测工作，特别是加工高酸值原料时，要加大检测频率。

该事故案例分析图见图17-4-6。

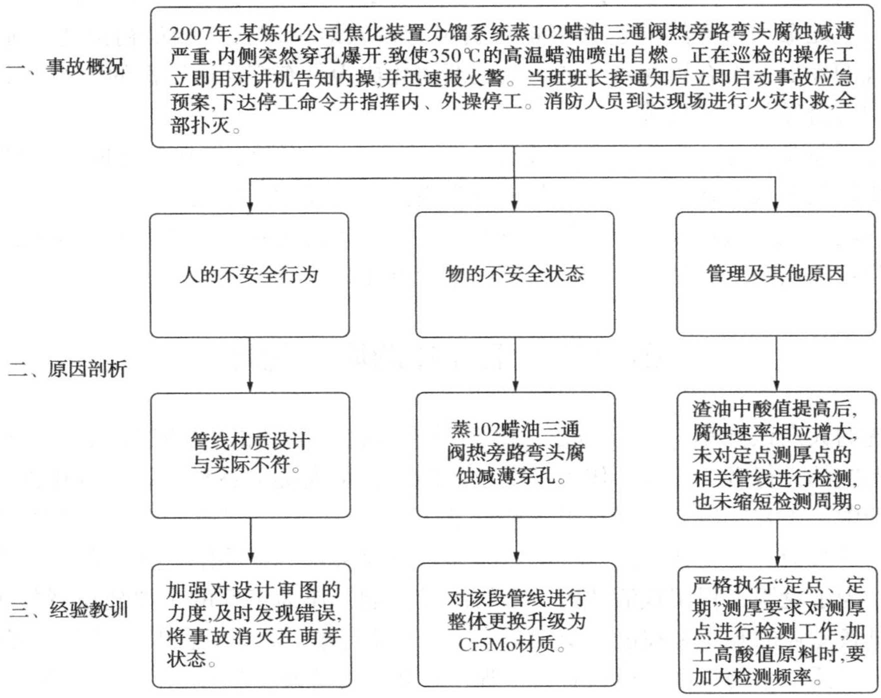

图17-4-6　事故案例分析图(6)

第十八章　延迟焦化工程师工程伦理与职业操守

随着科技的进步，大量新兴科学成果正在迅速转化为技术产业和工程实践。工程实践的高速发展为改善人类生存环境和状态起到了巨大的作用。然而，工程实践的广泛发展同样成为一把“双刃剑”，即在造福人类的同时，也对自然和人类产生灾难性的影响。随着大型工程项目的不断实施，工程实践的社会负面效应越来越突出和严重。其展现出的强大力量、高速发展以及后果的不确定性，使人类社会置身于巨大的风险之中，工程伦理便应运而生。

工程是以满足人类需求的目标为指向，应用各种相关的知识和技术手段，调动多种自然和社会资源，通过一群人的相互协作，将某些现有实体汇聚并建造为具有使用价值的人造产品的过程。人类在工程领域不断发展与突破，带来了诸如生物医药、道路桥梁、航空航天、炼油化工等各行各业的工程实践产物。

伦理是指人与人相处的各种道德规则、行为准则，近代以来伦理也进一步推广为人与外界，以至人与环境之间的关系。伦理在起源之初，便与道德密切相关，两者都包含着传统风俗、行为习惯等内容。在中国文化中，关于道德的论述可追溯到古代思想家老子的《道德经》，老子说：“道生之，德蓄之，物行之，器成之。是以万物莫不尊道而贵德。道之尊，德之贵，夫莫之命而常自然。”这其实也可引申为古人对伦理含义的最初描述。随着历史的变迁和时代的发展，符合道德规范的伦理逐渐演化成为具有广泛适用性的一些准则和在特殊实践活动中应遵循的行为规范。

工程伦理就是阐述、分析工程实践活动(包括活动和结果)与外界之间关系的道理。工程伦理是用以规范人类在工程活动的各种行为规范。工程一旦出现安全环保等影响人类生存和发展的问题，工程造福人类的目标非但不能实现，还会给社会带来灾难。因此，加强工程师在工程伦理方面的学习与教育在当下显得尤为重要。

第一节　工程师的职业伦理

在传统的大众认知里，工程师是从事某项工程技术活动的“专家”，是人类改造自然，开展工程实践的先行者。工程师作为一个职业群体，是人类的各种工程活动中的关键角色。在工程活动中，工程师研究和开发了各种技术和产品，设计、建造和实施了各种工程项目。

在如今的社会，工程在实践过程中，面临着环境风险、质量和安全风险以及群体利益受损的风险。为了克服工程实践活动所带来的消极影响，作为工程的主要建设者的工程师们，不仅需要具备专业的知识和技能，更要具备“正当地行事”的伦理意识。社会各界必须重视工程师在工程活动中的作用，通过有关工程伦理知识的普及、教育、认识，不断深化工程伦理在工程活动中的影响，规范工程师的职业操守，使工程活动产生“积极向善”的结果，使工程伦理指导工程师在工程实践中造福社会和环境。

在工程实践过程中，会逐渐衍生出责任伦理、利益伦理和环境伦理等各种各样的问题。在应对这些问题时，工程师应坚持人道主义、社会公平、人与环境和谐发展等基本原则，并将公众的安全、健康、福祉置于首要的位置。

在我们石化行业，工程师的初心与使命便是保障国民经济发展，为公众的安全、健康服务，为美好生活加油。在实践过程中，逐渐形成了“人本、责任、诚信、精细、创新、共赢”的工程伦理精神。人本——以人为本，发展企业，也就是从广大社会公众的需要和福祉出发，发扬“和谐一家人”的精神，齐心协力共同确定发展方向；责任——报国为民，造福人类，就是要继承弘扬“爱我中华、振兴石化”的石化精神，发扬任劳任怨的“老黄牛”精神，切实履行好国有企业的经济、政治和社会责任；诚信——在企业和个人发展过程中，要坚持诚信为本，方能长远成长；共赢——合作互利，共同发展，也就是要人与环境和谐发展，致力于社会公平。这些无一不体现着工程伦理的基本原则，体现着石化行业的工程伦理立场。

一、工程师职业伦理规范

作为明确的“工程师”职业，从出现至今已有300多年的发展。工程师群体的职业责任也已发生了多次改变。工程师职业责任的演变直接导致了职业伦理规范的发展。当今国际主流工程社团，均将“公众的安全、健康与福祉”作为职业伦理规范的首要条款。而这也代表了工程职业对整个社会做出的共同承诺。

伦理规范较为清晰准确地表达了职业过程中伦理行为标准，帮助工程师理解其职业的伦理含义。面对当今世界在技术推陈出新和社会快速发展问题上的物质主义和消费主义倾向，伦理规范同样从职业伦理的角度表达了对工程师“把工程做好”的时间要求，更寄予工程师“做好的工程”的伦理期望，着力培养并形塑工程师的职业精神。

伦理规范促使工程师将公众的安全、健康和福祉放在首位，并且督促工程师将防范潜在风险、履行职业责任的伦理意识，以良心的形式内化为自身行动的道德情感，思考工程师在工程活动的伦理价值，鼓励工程师主动思考工作，探索工程与人、自然、社会和谐相处的理念，从而形成工程实践中工程师自觉的伦理行为模式，主动履行职业承诺并承担相应的责任。

二、工程师的权利和责任

1. 工程师的权利

工程师的权利指的是工程师的个人权利。作为人，工程师有生活和自由追求自己正当利益的权利，例如在雇佣时不受基于性别、种族或年龄等因素的不公正歧视的权利。作为雇员，工程师享有作为履行其职责回报的接收工资的权利、从事自己选择的非工作的政治活动、不受雇主的报复或胁迫的权利。作为职业人员，工程师有职业角色及其相关义务产生的特殊权利。

一般来说，作为职业人员，工程师享有以下八项权利：①使用注册职业名称；②在规定范围内从事职业活动；③在本人执业活动中形成的文件上签字并加盖职业印章；④保管和使用本人注册证书、执业印章；⑤接受继续教育；⑥对本人执业活动进行解释和辩护；⑦获得相应的劳动报酬；⑧对侵犯本人权利的行为进行申诉。上述八项权利中，最重要的是第二条和第五条。工程师应该了解自身专业能力和职业范围，拒绝接受个人能力不及或非专业领域的业务。

对炼化企业来说，工程师有权利维护本装置的正常安全平稳生产，并对可能影响到公众的安全、健康和福祉的行为进行及时纠正，确保装置可控生产。

2. 工程师的责任

工程师必须遵守法律、标准的规范和惯例，避免不正当的行为，工程师必须“努力提高工程职业的能力和声誉”，严厉禁止随意的、鲁莽的行为，工程师需要对自己工作疏忽造成的伤害承担过失责任。同时，根据已有的工程实践历史及经验，提醒工程师不要因为个人私利、害怕、微观视野、对权威的崇拜等因素干扰自己的洞察力和判断力，对自己的判断、行为切实负起责任。

对炼化企业来说，工程师对上游装置的物料等具有处理接收的责任，同时对下游装置有供给原料的责任，工程师应时刻紧绷这根弦，避免出现不恰当的行为。

三、工程师的职业素质

1. 造福人类是工程师的道德使命

科学知识在道德上是中性的，但工程师的活动却不可能是价值中立的，因为科技知识总有它的应用价值，总要对社会产生认识的、精神的、物质的影响。因此，社会要求科技造福人类。工程师作为社会理性的代表，他们的正义与良知也不允许他们逃避道德责任，不能对其活动的社会影响漠不关心。

在科技成果的运用上。科技既可用于建设性地促进人类和平与幸福，又可运用于破坏性的危害人类，因此，工程师必须做出自己的明确选择追求真理的献身精神。工程师的社会责任意识还应延伸到科技专门活动之外的若干事务上。例如，不少科学家认为，科技人员不仅应在科技活动中体现道德责任，还必须参加社会活动，比如正确地解读 PX，不要把它妖魔化。

2. 求实严谨的职业素质

“科技的精髓是求实创新”。这个“求实”是从实际出发，实事求是，把握客观世界的本质和规律；是工程师诚实不欺的职业品格和严谨踏实的工作作风。严谨求实是工程伦理的重要内容，是工程师应该具有的又一职业道德素质。

工程师应该清清白白地做人，光明磊落地做事，个人名利的获取应该途径正当，手段光明，应当确立起诚实光荣、作伪可耻的是非观和荣辱观。我们应坚定自己的道德信念，提升自己的道德境界，作为社会的精英和时代的脊梁，工程师的思想和行为应该能够代表人类文明发展的方向，是社会成员效法的楷模，因此，淡化名利观念，抵御各种不正当利益的诱惑，维护工程劳动的诚实性，是工程师道德自律的重要方面。

严谨的作风要求在工程活动中一丝不苟、兢兢业业，只有这样才能获得未知世界的第一手材料和真实信息，建设优质工程。

严谨的作风要求从业者正确对待工程活动中的错误。真理和错误往往相伴而行，事实上，无论是观察结果、实验结果和根据观察与实验所得出的推论与结论都可能出错。我们不能犯不诚实的错误，不能犯疏忽大意的错误，因为这是我们工作态度、工作作风的问题，是可以避免的。正确的态度是认识到犯错误的可能，以严谨的态度防止或减少这种可能性。

3. 忠实尽责的服务

从职业伦理的角度来看，工程师的"尽职尽责"体现了"工程伦理的核心"。"诚实、公平、忠实的为公众、雇主和客户服务"是当代工程职业伦理规范的基本准则。

在当前充满商业气息的人类生活中，忠诚尽责的服务是工程师为公众提供工程产品、满足社会发展和实现公众需要的行为或活动，从而呈现出工程师与社会、公众之间最基础的帮助关系。因为工程实践的过程充满风险和挑战，工程活动的目标和结果可能存在不可准确预估的差距，工程产品也极有可能因为人类认识的有限性而对社会发展和公众生活存在不可准确预估的差距，工程产品也极有可能因为人类认识的有限性而对社会发展和公众生活存有难以预测的危害。工程活动及产品通过商业化的服务行为满足社会和公众的需要，并通过"引进创新的、更有效率的、信价比更高的产品来满足需求，使生产者和消费者的关系达到最优状态"，促进社会物质繁荣和人际和谐。由此看来，服务作为现代社会中人类工程活动的一个伦理主题，是经济社会运行的商业要求，服务意识赋予现代工程职业伦理价值观以卓越的内涵。

作为一种精神状态，忠实尽责的服务是工程师对自身从事的工程实践伦理本性的内在认可。

第二节　延迟焦化装置工程师职业操守

一、延迟焦化装置工程伦理问题

随着石化行业生产力的快速发展，人们的生活发生了日新月异的变化。但随之而来，整个行业面临着一系列安全伦理、环境伦理和责任伦理冲突，对可持续发展形成了严峻挑战。比如危险化学品事故造成的后果难控制在工厂范围内，并对周边社区居民和企事业单位产生不利影响，甚至造成严重的生态灾难。

延迟焦化装置作为炼油化工装置，从规划、设计到运营、维护等全过程都蕴藏着安全风险。如果对安全风险估计不足，特别是对装置本身的操作风险和运行风险没有做好风险缝隙、风险控制和应急准备，那么一旦风险触发产生安全事故，往往对厂区、社会和公众造成严重影响。因此安全伦理冲突，是延迟焦化装置工程师需要面对的工程伦理冲突。

与此同时，延迟焦化装置在生产过程中产生的废水、废气和废渣也是环境保护的重点，必须将其妥善处理，并尽可能地降低对环境的影响，避免产生环境问题。因此对环境危害和保护引发的环境伦理冲突，也是延迟焦化装置工程师所要面对的工程伦理冲突。工程师的环境伦理责任包含了维护人类健康，使人免受环境污染和生态破坏带来的痛苦和不便；维护自然生态环境不遭破坏，避免其他物种承受其破坏带来的影响。

延迟焦化装置作为原油二次加工的重要手段，与上下游装置联系紧密。不仅要处理上游装置的渣油、催化油浆等劣质原料的任务，同时要为下游装置提供装置物料。这就要求焦化工程师具备高度的责任感，确保上下游及自身装置的平稳运行，避免因工程师的职业伦理缺失而引发责任伦理冲突。

为了造福社会，保护公众福祉，延迟焦化装置工程师应在工艺过程认识、工艺过程评价、工艺过程监控和工艺过程控制等方面不断提高和改进，并且应该达成以下共识：

①通过行动来减少污染物的排放，这样更符合工程的环境伦理。

②通过行动来改善装置现场面貌，消除安全隐患，这样更符合工程的安全伦理。

③通过行动来维护上下游装置的平稳运行，避免异常影响，这样更符合工程的责任伦理。

二、延迟焦化过程操作中人员的保护

在任何一个企业和车间，员工生命安全是最重要的底线，这也是延迟焦化装置工程师在日常管理和操作过程中需要关注的关键点。中国石化对于延迟焦化装置而言，装置内存在高温易燃介质、有毒有害气体等，对人员的保护应引起格外的重视。

如果作为焦化装置工程师，一味追求指标的完成，而忽视装置现场的管理，造成现场跑冒滴漏多，工作环境差，能源消耗大，那么这也与工程伦理相违背。因此在焦化装置的工程设计中合理设置有毒气体报警仪、正压式空气呼吸器、紧急停车系统等安全设施，这也符合工程伦理中安全伦理的相关要求。在焦化装置日常操作和维护中，现场工程师要对装置存在的运行和操作风险进行充分识别和分析，并采取有效措施将安全风险降至可接受范围。在日常操作，工程师要扎实地开展各项工作，制定严格的操作说明，其中应包含：

①指导安全用具的有效佩戴(如空呼、报警仪、劳保用品)，强化逃生路线及紧急集合点的掌握；

②开展安全事故的学习教育，培养良好的安全意识；

③严格落实应急事故的演练，做到人人熟练；

④事故发生后的应急措施和急救程序；

⑤注重设备维护，发动全员 TPM、定期 LDAR 检查与修复等活动，努力创造设备本质安全的作业环境。

此外，装置工程师应注重人员职业卫生防护，生产选用的原材料和工艺流程，应贯彻执行以“无毒无害”代替“有毒有害”，以“低毒”代替“高毒”的原则。在实施技术改造时，应采取有效措施使作业场所有毒有害因素浓度(强度)符合国家卫生标准。在日常生产中应针对岗位识别职业危害因素，并告知岗位注意事项，同时定期开展健康体检，确保人员职业卫生健康。

焦化装置工程师应从人为因素、工艺危险、设备现状、设备局部失效等诸多方面对人员防护的危险、危害因素进行识别，并对每种危害因素所造成的后果或可能发生的事件制定相应的对策措施和改进建议，并对可能发生的事故制定相应的事故应急救援预案，并进行定期演练，确保装置人员具有对可预见的事故具备自救的能力。企业作为生产主体，要构建安全从心出发、从行出发、从新出发的安全文化，形成良好的安全氛围，做好人员的保护，确保安全这条红线不逾越。

三、延迟焦化过程操作中环境的保护

延迟焦化的原料范围分布广泛，主要有减压渣油、催化油浆、DOA 以及炼油厂其他重油，原料中含有较多的硫化物、氮化物和重金属。在装置在生产过程中，这些物质会转移至废水、废气、污油中，有时还会随烟气和焦粉排放至周围环境中。由于焦化废水、废气中含有的硫化氢、硫醇等恶臭污染物，这些恶臭物质在非常低的浓度时仍能表现出很强的气味特征，在发生跑、冒、滴、漏的同时会产生恶臭污染。

焦化装置在设计时通常会按照清污分流原则进行系统划分，正常生产时，焦化工程师应关注好含硫污水、含油污水、冷焦水、切焦水等。对于含硫污水应做好油水分离，避免携带油气进入下游污水汽提装置。对于冷焦水、切焦水，焦化工程师应积极进行探索和技术改造，如采用先进的泡焦工艺，实施冷切焦水回用工艺、冷焦水密闭循环工艺等，减少污水排放，实施清洁绿色生产。

焦化装置的废气来源主要有三方面：

①加热炉燃烧后产生的废气；

②冷焦过程中产生的废气；

③除焦时顶盖机打开后产生的废气。

对此，焦化工程师应从日常操作管理和新技术应用方面着手，尽可能减少废气排放，以减少对大气的污染。

对于除焦后焦炭的堆放场所——焦池，同样应引起重视，以减少焦池粉尘及挥发性污染物的排放。目前中国石化镇海炼化公司已成功实施密闭除焦改造项目，该项目系全球首套，投用后取得了明显的环保效果。

在焦化装置开停工期间，焦化装置工程师应编制完善的开停工及检修方案，严格落实各项吹扫、退油方案，同时深挖焦化装置自身处理废水、废气、污油的能力，实现绿色开停工。

总之，焦化工程师在生产过程操作中，应严格遵守工程上的环境伦理，对生产操作不断优化，对生产装置不断革新，做到“不污染、不伤人、不扰民”，确保环保这条红线不逾越。

四、延迟焦化装置精益化管理和人才培养

同样的延迟焦化装置，不同的建造者和使用者可能体现出不同的使用效果，作为负责任的焦化装置工程师，应不受外界利害的干扰，客观地评价装置各项参数，追求设备较长的使用寿命，降低化工三剂费用和使装置保持在较低的能耗程度运行，这是焦化装置工程师所应具备的最基本的职业要求。

焦化装置工程师应对装置各个生产环节进行检验和控制，消除浪费，特别是减少对资源和能源不必要的消耗，从而有力地在满足环保指标的大前提下使生产向精益型和可持续型转变。

焦化工程师在日常管理上，应注重双边考核，密切关注旬、月能耗物料指标和平稳率，不断优化操作，实现装置平稳高效；在质量管理上，应对生产参数加强关注，预估到影响质量的操作并及时调整，同时对出现的质量异常情况进行举一反三的分析。装置应该在工程师的管理下走出一条生产上精耕细作、管理上精雕细刻、经营上精打细算、技术上精益求精的发展之路，为建设节约型社会尽自己的一份责任。同时也符合工程伦理中责任伦理、利益伦理的要求。

任何一个焦化装置工程师都有责任通过利用自己的专业知识，并在工程伦理的规范下，将自己的装置通过维护和优化变得更加平稳和高效。高效的焦化装置应有能力长期在满负荷状态下运行，并发生最少的运行中断和指标超标情况。实现这个目的的首要条件就是：焦化装置工程师具备更加专业的技术和更加严格的工程伦理约束。

焦化装置的精益化管理，离不开人才的培养。延迟焦化工艺的发展和完善，更是离不开人才的培养。对于年轻工程师，应从以下方面做好培养工作：

①制定好培养计划(如三年培养计划)，并结对有经验的师傅，帮助其转变角色，适应炼油厂工作环境；

②建立能上能下的工程师晋升通道，对于基础薄弱人员，建立“回炉”机制，强化基层经验学习，确保焦化装置工程师具有扎实的基层班组经验；

③营造积极学习氛围，邀请技术骨干授课答疑，使之形成制度规范，在年轻人间形成“比学赶帮超”的良好氛围。

五、延迟焦化装置安全事故的伦理分析

作为处理劣质化重油的延迟焦化装置，一旦装置出现安全事故，势必会造成极大的安全、环保影响，并显著影响上下游装置的正常生产。安全事故将伴随带来环境伦理问题和社会伦理问题。

鉴于此，焦化装置通常设置有可靠安全的联锁控制系统。但由于工艺操作不当、设备运行异常、仪表和自动化失灵等各种各样的原因，导致焦化装置安全事故时有发生。对于焦化装置工程师来说，在过程操作中，应注重加强自身的伦理道德，增强自律意识，严格执行装置生产中的规章制度。同时应注重安全防范意识，尽可能地减少内在危险，用安全性高的流程代替安全性低的流程，杜绝贪图便捷而盲目操作。

选取第十七章所述的一例典型焦化装置安全事故进行伦理分析。

某公司焦化装置在当日 0：30 除焦结束后，操作人员关闭顶盖机后，未到现场进行确认顶盖机是否关闭到位，而操作规程明确要求必须到现场确认顶盖机的锁环状态。当日 18：00 左右，另一个除焦班在焦炭塔除焦时，发现生焦塔锁环不到位，通知当班班长，班长联系正在加班的工艺技术员一起到现场进行处理，技术员到现场，发现锁环油缸活塞杆有 30mm 左右的行程没有回位，总行程 40mm(事后了解该工艺技术员工作 6 年，不懂顶盖机操作原理)，主观认为此种状态没有问题，因此未采取任何防护措施(在锁环不到位的情况下，可以采取人工加强紧固的方法)。当日 22：30 焦炭塔顶盖机突然崩开，发生着火事故。

工程是社会实验，使得风险如影随形，当潜在的风险尚未演变为现实事故之前，某些工程师和操作人员通常麻痹大意、自欺欺人。本次事故中，除焦人员在关闭顶盖机后，未到现场检查确认顶盖机是否关闭到位，自认为顶盖机关闭，这体现出典型的麻痹大意、自欺欺人的作风。

人类经验的一个普遍特征是，我们倾向于从非常有限的视角来看待问题，并且需要付出特殊的努力才能获得一个较为客观的观点。这就是心理学家所谓的自我中心观点。本次事故中工艺技术员从自我掌握的仅有知识出发，并没有做出客观的决策。

对重要信息的无知是导致潜在风险演变为事故的一个重要因素。在被告知顶盖机锁环没有到位后，装置工艺员及班长没有采取应对措施，被表面现象所蒙蔽，做出了错误的判断和决定，从而失去了防止事故发生的最后机会。

与自我中心倾向一样，微观视野也是一种狭隘的表现，具有微观视野的人可能得到的局部信息是准确的，但是作出的判断却是基于有限范围内的思考。此次事故中，除焦人员狭隘地认为顶盖机已关闭到位，技术人员狭隘地认为锁环不到位是没有问题的。以上两者均是按

照自己狭隘地理解，最终做出了错误的结论，承担了惨重的后果。

对于企业而言，作为焦化装置的共同体，在日常管理中，应当树立“所有事故都可以预防，所有事故都可以追溯到管理原因”的安全理念，切实建立起可行可靠的管理制度，履行好生产安全主体责任，筑牢安全防线，将安全事故消灭于萌芽之中。

当前，我国正处于社会经济转型期，在十分强调保护生态环境、重视社会可持续发展的情况下，工程伦理教育在我国工科教育仍存在着较为严重的缺失。加强工程伦理知识的学习，是工程与社会和自然关系发展的客观要求，也是应对当今社会工程实践的必然要求。面对社会利益冲突、对公众健康和安全的责任、环境污染与防治等一系列伦理问题，工程师不仅要精通技术业务，还要能够创造性地解决有关难题，处理好与工程活动相联的各种关系。长远来看，提高工程伦理道德修养，突破技术眼光的局限，使工程实践活动产生长远而有意义的社会影响，需要全社会的共同参与和关注，未来的道路任重而道。